SCHÄFFER
POESCHEL

Hans-Ulrich Küpper / Gunther Friedl /
Christian Hofmann / Yvette Hofmann /
Burkhard Pedell

Controlling

Konzeption, Aufgaben, Instrumente

6., überarbeitete Auflage

2013
Schäffer-Poeschel Verlag Stuttgart ·

Autoren:
Prof. Dr. Dr. h. c. Hans-Ulrich Küpper, Institut für Produktionswirtschaft und Controlling, Ludwig-Maximilians-Universität München.
Prof. Dr. Gunther Friedl, Lehrstuhl für Betriebswirtschaftslehre – Controlling, Technische Universität München.
Prof. Dr. Christian Hofmann, Institut für Unternehmensrechnung und Controlling, Ludwig-Maximilians-Universität München.
PD Dr. Yvette Hofmann, Institut für Produktionswirtschaft und Controlling, Ludwig-Maximilians-Universität München.
Prof. Dr. Burkhard Pedell, Lehrstuhl für ABWL und Controlling, Universität Stuttgart.

FSC MIX
Papier aus verantwortungsvollen Quellen
FSC® C019821
www.fsc.org

Gedruckt auf chlorfrei gebleichtem, säurefreiem und alterungsbeständigem Papier

Bibliografische Information der Deutschen Nationalbibliothek
Die Deutsche Nationalbibliothek verzeichnet diese Publikation in der Deutschen Nationalbibliografie; detaillierte bibliografische Daten sind im Internet über <http://dnb.d-nb.de> abrufbar.

ISBN 978-3-7910-3211-5

© 2013 Schäffer-Poeschel Verlag für Wirtschaft · Steuern · Recht GmbH
www.schaeffer-poeschel.de
info@schaeffer-poeschel.de

Einbandgestaltung: Melanie Frasch/Jessica Joos
Layout: Ingrid Gnoth | GD 90
Satz: Dörr + Schiller GmbH, Stuttgart
Druck und Bindung: C.H.Beck, Nördlingen

Printed in Germany
April 2013

Schäffer-Poeschel Verlag Stuttgart
Ein Tochterunternehmen der Verlagsgruppe Handelsblatt

Vorwort zur 6. Auflage

Das Controlling hat eine interessante Entwicklung genommen. Ausgehend von den USA, fand es nach 1960 immer mehr Eingang in deutsche Unternehmungen, während ihm die Wissenschaft noch lange deutlich zurückhaltend gegenüberstand. Erst ab 1990 wurden dann an fast allen deutschsprachigen Hochschulen Professuren für Controlling eingerichtet. Heute besitzt dieses Fach in Wissenschaft und Praxis eine fast schon selbstverständliche Anerkennung. Eigenartigerweise ist das Wort Controlling dagegen international eher verschwunden; seine Themen werden dort meist unter dem Begriff des Management Accounting behandelt.

Auffallend ist ferner, dass sich trotz der jahrzehntelangen Diskussion um seinen Gegenstand und die weitgehend selbstverständliche Verwendung des Wortes Controlling bis heute kein einheitliches Verständnis durchgesetzt hat. Seit ich 1980 gefragt wurde, ob ich mich um einen (der wenigen) Lehrstühle zum Controlling bewerben würde, treibt mich diese Frage um. Mit dem »reizvollen und zugleich riskanten« Unternehmen dieses Buches habe ich vor fast 20 Jahren meine Antwort gegeben und versucht, die Entwicklung zu beeinflussen.

Mit dieser Neuauflage ist nun eine Schwelle erreicht. Für mich persönlich, weil meine Zeit an der Universität zu Ende geht. Für das Buch, weil es mit der Ausweitung des Autorenkreises auf eine breitere Basis gestellt wird. Gunther Friedl, Christian und Yvette Hofmann sowie Burkhard Pedell haben jeweils eine Zeit an der Ludwig-Maximilians-Universität München unmittelbar mit mir zusammengearbeitet. Daraus sind ein bleibender enger Kontakt und gute Freundschaft geworden. In dieser Auflage schlägt sich ihre Mitwirkung vor allem in der modernen formalen Gestaltung nieder. Für die kommenden Auflagen wird durch sie sichergestellt, dass die neueren Entwicklungen in Wissenschaft und Praxis stets aufgenommen werden. Für all dies bin ich ihnen sehr dankbar. Ferner danken wir Herrn Daniel Meindl, B. Sc., für technische Unterstützung bei der Überarbeitung sowie Herrn Frank Katzenmayer und Herrn Bernd Marquard vom Schäffer-Poeschel Verlag für die wie immer gute Zusammenarbeit.

Hans-Ulrich Küpper
München, im Winter 2012/13

Vorwort zur 1. Auflage

Gegenwärtig ein Buch zum Controlling zu schreiben, ist ein reizvolles und zugleich riskantes Vorhaben. Reizvoll, weil sich dieses Gebiet in Bewegung befindet und vor allem in der Praxis auf großes Interesse stößt. Riskant in dem Versuch, ihm klarere Konturen und eine stärkere wissenschaftliche Verankerung zu geben.

Den Kern des Controlling sehe ich in der Koordinationsfunktion im Führungssystem. Dieser Ansatzpunkt wurde schon in den ersten Arbeiten zum Controlling betont, aber nicht voll entwickelt und durchgehalten. Mit seiner konsequenten Verfolgung wird diesem Gebiet ein Inhalt gegeben, durch den es sich von anderen Führungsfunktionen abgrenzen lässt und über den Gegenstand einer modernen Unternehmensrechnung deutlich hinausreicht. Dabei werden Aufgaben und Aspekte erkennbar, die bisher zu wenig beachtet wurden. Ob eine derart exponierte Sicht tragfähig ist, muss die Auseinandersetzung in Wissenschaft und Praxis erweisen.

Eine klare Konzeption bildet die Basis für die Kennzeichnung, Erarbeitung und Analyse von Controllinginstrumenten, die vor allem für die Lösung von Problemen in der Praxis wichtig sind. Inwieweit das Controlling zu einem anerkannten Teil der Betriebswirtschaftslehre wird, hängt zugleich von seiner theoretischen Fundierung ab. Deshalb werden Bausteine für eine Theorie des Controlling erarbeitet und ihre Bedeutung für die Analyse sowie Lösung wichtiger Controllingaufgaben gezeigt. Damit zielt das vorliegende Buch sowohl auf die wissenschaftliche Untermauerung als auch die praktische Umsetzung des Controlling. Es soll helfen, sich im Studium mit dessen Problemen und Werkzeugen vertraut zu machen, Controlling in der Praxis für eine effiziente Unterstützung der Führung zu nutzen und es wissenschaftlich weiterzuführen.

Bei einer so umfassenden Thematik ist es notwendig, eine Vielzahl von Ansätzen und Modellen zu nutzen. Das Spektrum an einsetzbaren Instrumenten ist breit und in unterschiedlichen Forschungstraditionen verankert. Deshalb habe ich darauf verzichtet, alle formalen Modelle in einheitlicher Symbolik wiederzugeben, um den Rückgriff auf die jeweiligen Quellen zu erleichtern.

Ein solches Buch könnte ohne die Unterstützung eines Lehrstuhls nur schwer erstellt werden. Von den ersten Arbeiten bis zur Drucklegung haben hieran mehrere Sekretärinnen sowie eine größere Zahl von Assistenten und Student(inn)en intensiv mitgeholfen. Ihnen allen danke ich sehr für ihren Einsatz und die eingehenden Diskussionen, vor allem meinen Assistenten der vergangenen Jahre in München, den Herren Dr. K. Bösl, Dr. V. Breid, Dr. T. Bronner, Dr. H.-A. Daschmann, Dr. St. Helber, Dipl.-Kfm. H. Janssen, Dr. A. Kah, Dr. I. Koch, Dipl.-Kfm. A. Mengele und Dipl.-Kfm. W. Römhild. Da wir in der Drucklegung neue Wege gegangen sind, hatte Herr Dipl.-Wirtsch.-Ing. Ch. Hofmann als Koordinator (»Controller«) viele schwierige Aufgaben zu lösen. Ich bin ihm besonders dankbar, dass er dies unermüdlich, zuverlässig und stets freundlich geschafft hat. Die Zusammenarbeit mit dem Verlag war hervorragend und hat gerade in der Verfolgung technisch neuer Lösungen Freude bereitet. So ließ sich die Zeitspanne zwischen Manuskripterstellung und Erscheinungstermin äußerst kurz halten. Dafür danke ich Herrn Dr. Antoni und seinen Mitarbeitern sehr.

Hans-Ulrich Küpper
München, im Herbst 1994

Inhaltsübersicht

Inhaltsverzeichnis

Teil I Grundlagen des Controlling

Teil II　Aufgaben und Instrumente des Controlling

Teil III   Übergreifende Koordinationssysteme des Controlling

Teil IV   Aufgaben und Instrumente des bereichsbezogenen Controlling

Teil V   Organisation des Controlling

Abkürzungsverzeichnis

A.d.V.   Anmerkung des Verfassers
Abb.   Abbildung
AOS   Accounting, Organization and Society
ASQ   Administrative Science Quarterly
Aufl.   Auflage
AWA   Administrative Wertanalyse
BFuP   Betriebswirtschaftliche Forschung und Praxis
BJE   Bell Journal of Economics
BSP   Business Systems Planning
bzw.   beziehungsweise
CRR   Cash Recovery Rate
Con   Controlling
CSF   Critical Success Factors
CVA   Cash Value Added
DB   Der Betrieb
DBW   Die Betriebswirtschaft
DCF   Discounted Cashflow
DPP   Direkte Produkt-Profitabilität
DU   Die Unternehmung
EAR   European Accounting Review
EBIT   Earnings Before Interest and Tax
EC   Econometrica
EJOR   European Journal of Operational Research
EP   Economic Profit
EPS   Earnings per Share
EU   Europäische Union
EVA   Economic Value Added
FCF   Free Cashflow
F & E   Forschung und Entwicklung
FEI   Financial Executive Institute
GE   Geldeinheiten
HBR   Harvard Business Review
HK   Herstellkosten
HWB   Handwörterbuch der Betriebswirtschaft
HWF   Handwörterbuch der Finanzwirtschaft
HWFü   Handwörterbuch der Führung
HWO   Handwörterbuch der Organisation
HWP   Handwörterbuch des Personalwesens
HWPlan   Handwörterbuch der Planung
HWProd   Handwörterbuch der Produktionswirtschaft
HWR   Handwörterbuch des Rechnungswesens
HWRev   Handwörterbuch der Revision
i.d.R.   in der Regel
insb.   insbesondere
IO   Industrielle Organisation

JAR	Journal of Accounting Research
JET	Journal of Economic Theory
JF	Journal of Finance
JIE	Journal of Industrial Economics
JMAR	Journal of Management Accounting Research
JPE	Journal of Political Economy
KRP	Kostenrechnungspraxis
MAR	Management Accounting Review
MbO	Management by Objectives
MVA	Market Value Added
m.W.	meines Wissens
NB	Neue Betriebswirtschaft
NOPAT	Net Operating Profit After Taxes
NOPLAT	Net Operating Profit Less Adjusted Taxes
o. Ä.	oder Ähnliches
OR	Operations Research
ORS	OR Spektrum
OVA	Overhead-Value-Analysis
PAF	Preis-Absatz-Funktion
PIMS	Profit Impact of Market Strategies
PPBS	Planning-Programming-Budgeting-System
PPS	Produktionsplanungs- und Steuerungssystem
RASt	Review of Accounting Studies
RESt	Review of Economic Studies
RKW	Rationalisierungs-Kuratorium der Deutschen Wirtschaft e.V.
ROCE	Return on Capital Employed
ROE	Return on Equity
ROGI	Return on Gross Investment
ROI	Return on Investment
ROS	Return on Sales
sbr	Schmalenbach Business Review
SVA	Shareholder Value Added
TAR	The Accounting Review
u. a.	und anderes
u. Ä.	und Ähnliches
vgl.	vergleiche
WACC	Weighted Average Cost of Capital
WiSt	Wirtschaftswissenschaftliches Studium
wisu	Wirtschaftsstudium
WPg	Die Wirtschaftsprüfung
z. B.	zum Beispiel
ZBB	Zero-Base-Budgeting
ZfB	Zeitschrift für Betriebswirtschaft
ZfbF	Zeitschrift für betriebswirtschaftliche Forschung
ZfCM	Zeitschrift für Controlling und Management
ZfhF	Zeitschrift für handelswissenschaftliche Forschung
ZfO	Zeitschrift für Organisation
ZOR	Zeitschrift für Operations Research

Hinweise für den Benutzer

Jedes Kapitel dieses Buches wird durch verschiedene Elemente strukturiert.
Sie helfen Ihnen, die vorgestellten Konzepte und Sachverhalte besser zu verstehen.

Einleitung: Die Einleitung verschafft einen ersten Überblick über Fragestellungen und Inhalt des Kapitels.

Marginalie: Marginalien erleichtern Ihnen die Orientierung innerhalb des Textes.

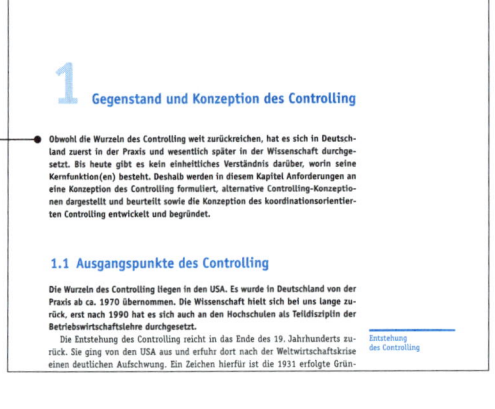

Wiederholungsfragen: Mit diesen Aufgaben überprüfen Sie, ob Sie zentrale Inhalte des Kapitels verstanden haben. Die Fragen lassen sich im Zweifelsfalle durch Zurückblättern beantworten.

Aufgaben und Lösungen: Die Aufgaben gehen über den Inhalt des Kapitels hinaus und erfordern eine Anwendung der Konzepte und Modelle. Daher sind Lösungen zu den Aufgaben auch separat angegeben.

Teil I
Grundlagen des Controlling

1 Gegenstand und Konzeption des Controlling

Obwohl die Wurzeln des Controlling weit zurückreichen, hat es sich in Deutschland zuerst in der Praxis und wesentlich später in der Wissenschaft durchgesetzt. Bis heute gibt es kein einheitliches Verständnis darüber, worin seine Kernfunktion(en) besteht. Deshalb werden in diesem Kapitel Anforderungen an eine Konzeption des Controlling formuliert, alternative Controlling-Konzeptionen dargestellt und beurteilt sowie die Konzeption des koordinationsorientierten Controlling entwickelt und begründet.

1.1 Ausgangspunkte des Controlling

Die Wurzeln des Controlling liegen in den USA. Es wurde in Deutschland von der Praxis ab ca. 1970 übernommen. Die Wissenschaft hielt sich bei uns lange zurück, erst nach 1990 hat es sich auch an den Hochschulen als Teildisziplin der Betriebswirtschaftslehre durchgesetzt.

Die Entstehung des Controlling reicht in das Ende des 19. Jahrhunderts zurück. Sie ging von den USA aus und erfuhr dort nach der Weltwirtschaftskrise einen deutlichen Aufschwung. Ein Zeichen hierfür ist die 1931 erfolgte Gründung des »Controller's Institute of America«, das 1962 in »Financial Executives Institute« (FEI) umbenannt wurde.

In der Bundesrepublik Deutschland begann die Verbreitung des Controlling Ende der 1950er-Jahre. Nach einer *anfänglichen* Zurückhaltung findet man ab Ende der 1960er-Jahre in zunehmendem Umfang Controllerstellen zuerst in Großunternehmungen (vgl. Horváth, 1998a, S. 54 f.; Weber, 1990b, S. 8). Wie das Ergebnis einer Umfrage von 1988 in Abbildung 1-1 erkennen lässt, hatten inzwischen auch mittlere und kleinere Unternehmungen solche Stellen eingerichtet.

In der Praxis scheinen die Akzeptanz und die Erwartungen an das Controlling hoch zu sein. Neben der zunehmenden Einrichtung von Controllerstellen und -abteilungen sprechen hierfür die große Nachfrage nach Hochschulabsolventen mit Controllingkenntnissen und die intensive Beteiligung an Controlling-Seminaren sowie -Kongressen (vgl. Bankhofer/Hilbert, 1995, S. 1435 f.). Dem stehen zwei Phänomene gegenüber. Zum einen gibt es trotz der Verbreitung in der Praxis, der Vielzahl an Tagungen und der inzwischen umfangreichen (vor allem praxisnahen) Literatur kein einheitliches Controllingverständnis. Über den Gegenstand und die Abgrenzung des Controlling werden vielfältige, teilweise deutlich voneinander abweichende Auffassungen vertreten. Empirische Untersuchungen über die Aufgaben von Controllern in der Praxis, wie sie

Abb. 1-1

Verbreitung des Controlling

Beschäftigtenzahl	Zahl der Unternehmen	Unternehmen mit Controlling-Stellen	
bis 199	99	53	(53,5 %)
200–999	123	95	(77,2 %)
1.000–9.999	55	47	(85,5 %)
10.000 und mehr	23	22	(95,7 %)
Alle Klassen	300	217	(72,3 %)

Vergleiche Küpper/Winckler/Zhang 1990, S. 439

Abbildung 1-2 beispielhaft wiedergibt, zeigen ein umfangreiches und eher verwirrendes Bild. Ein Schwerpunkt scheint im Rechnungswesen zu liegen. Jedoch ist nicht einsichtig, warum einzelne Teilaufgaben daraus besonders häufig genannt werden. Zudem sind Controllern viele andere Aufgaben außerhalb des Rechnungswesens übertragen. Auch die Definitionen und Charakterisierungen des Controlling in praxisnahen Schriften sind meist äußerst breit und wenig klar (vgl. Schneider, 1991, S. 765).

Controlling in der Wissenschaft

Zum anderen war in der Wissenschaft eine deutliche Zurückhaltung und Skepsis gegenüber dem Controlling zu beobachten. Vielfach sah man in ihm kein eigenständiges Teilgebiet der Betriebswirtschaftslehre. An einer Reihe von Universitäten gab es keine Lehrstühle für Controlling. Nur an einer begrenzten Zahl von Hochschulen wurde es als Spezielle Betriebswirtschaftslehre angeboten. Auch in Standardlehrbüchern der Allgemeinen Betriebswirtschaftslehre wurde es eher begrenzt behandelt (Wöhe, 1996, S. 200; Bea/Dichtl/Schweitzer, 1989, S. 61; Heinen, 1991, S. 66 f.; Schierenbeck, 1995, S. 114 ff.). Diese Zurückhaltung und Skepsis sind inzwischen gewichen. Controlling hat sich als eigenständiges Teilgebiet der Betriebswirtschaftslehre etabliert (vgl. Wöhe, 2010, S. 188).

Die Diskrepanz zwischen dem teilweise schon selbstverständlichen Umgang mit dem (Wort) Controlling in der Praxis, der Unklarheit seiner Bedeutung und der Zurückhaltung in der Betriebswirtschaftslehre erfordert eine intensive Auseinandersetzung mit diesem Gebiet. Wenn Controlling sich nicht als Modeerscheinung herausstellen soll, scheint es jedoch unerlässlich, dass sich in Praxis und Wissenschaft ein gemeinsames Grundverständnis über seinen Gegenstand, seine wichtigsten Funktionen und seine Abgrenzung gegenüber den eingeführten Funktionsbereichen herausbildet.

Abb. 1-2

Allgemeine Rangliste der Einzelaufgaben

		Anzahl: primäre Aufgabe	Anzahl: sekundäre Aufgabe	1 + 2	Prozentualer Anteil	Gewichtete Punktwerte	Gewogene durchschnitttliche Punktwerte
1	Abweichungsanalyse	104	8	112	95,7	216	1,85
2	kumulierte Erfolgsplanung	103	9	112	95,7	215	1,84
3	Berichtswesen	102	10	112	95,7	214	1,83
4	kumulierte Kostenplanung	100	12	112	95,7	212	1,81
5	Deckungsbeitragsrechnung, Profit-Center-Ergebnisrechnung	101	10	111	94,9	212	1,81
6	Auf- und Ausbau des Controlling-Instrumentariums	97	17	114	97,4	211	1,80
7	Budgetierung	100	11	111	94,9	211	1,80
8	Aufbau/Weiterentwicklung eines Controlling-Systems	95	19	114	97,4	209	1,79
9	operative Unternehmensplanung	97	12	109	93,2	206	1,76
10	betriebswirtschaftliche Sonderberechnungen	90	23	113	96,6	203	1,74
11	Managementberatung	86	24	110	90,6	196	1,68
12	Überwachung von Hauptkennziffern	89	17	106	90,6	195	1,67
13	Kosten- und Erfolgs-Kennzahlensystem	85	23	108	92,3	193	1,65
⋮	⋮	⋮	⋮	⋮	⋮	⋮	⋮
49	Finanzierung	23	27	50	42,7	73	0,62
50	Unternehmensbewertung	19	35	54	46,2	73	0,62
51	Organisation und Verwaltung	20	32	52	44,4	72	0,62
52	Steuerbilanz	25	21	46	39,3	71	0,61
53	Steuerplanung	21	28	49	41,9	70	0,60
⋮	⋮	⋮	⋮	⋮	⋮	⋮	⋮
69	Betriebsunterbrechungsanalyse (Beschaffung)	8 5	20 21	28 26	23,9 22,2	36 31	0,31 0,26
70	Rechtswesen	5	14	19	16,2	24	0,21

Vergleiche Reichmann/Kleinschnittger/Kemper, 1988, S. 39

1.2 Bedingungen für die Herleitung einer Konzeption des Controlling

Da man ein klares Verständnis von Controlling erlangen muss, werden Bedingungen für eine Konzeption des Controlling entwickelt. Bei ihm könnte es sich lediglich um eine neue Bezeichnung für einen bekannten Unternehmensbereich, einen Oberbegriff für mehrere Bereiche oder um einen eigenen Bereich handeln. Damit Controlling eine betriebswirtschaftliche Teildisziplin bilden kann, sollten von ihm die drei Anforderungen einer eigenständigen Problemstellung, der theoretischen Fundierung und der Akzeptanz in der Praxis erfüllt werden. Ansatzpunkte für eine dementsprechende Controlling-Konzeption liegen in den in der Literatur genannten Zwecksetzungen sowie in den betroffenen Führungsbereichen vor.

1.2.1 Bedeutung einer Konzeption des Controlling

Das Herausschälen einer Konzeption des Controlling wurde vor fast 20 Jahren in der Erstauflage dieses Buches als Voraussetzung dafür angesehen, dass sich dieses Gebiet zu einem anerkannten Teilbereich der Betriebswirtschaftslehre entwickelt. Ein einheitliches Verständnis von Controlling ist nicht nur für seine Bedeutung in der Praxis, sondern auch für seine Beachtung in Wissenschaft und Lehre wesentlich. Erst wenn sich wissenschaftliche Untersuchungen zum Controlling auf einen gemeinsamen Gegenstand beziehen, wird man mit einer Verfestigung dieses noch jungen Gebietes rechnen können. Zudem stellt die Ausbildung an den Hochschulen eine maßgebliche Triebfeder für die künftige Gestaltung dieses Bereiches in den Unternehmungen dar, weil sie die Denkmuster von später in ihm tätigen Mitarbeitern beeinflusst.

Controlling als neue Bezeichnung

Bis heute hat sich nicht entschieden, ob und in welcher Ausprägung sich das Controlling als betriebswirtschaftlicher Bereich verfestigt. Grundsätzlich schienen und scheinen noch immer *drei Entwicklungen* vorstellbar. *Erstens* kann sich zeigen, dass Controlling als moderne Bezeichnung für bekannte Aufgabenbereiche verwendet wird. So sprechen manche Entwicklungen dafür, dass es an die Stelle der Bezeichnungen »Internes Rechnungswesen«, bzw. »(Interne) Unternehmensrechnung« oder »Betriebswirtschaft« gesetzt wird. Davon hat man sich eine Aufwertung der entsprechenden Arbeitsgebiete erhofft und vielfach auch erreicht, ohne dass der Inhalt wesentlich verändert worden wäre. Eine besondere Spielart dieser Entwicklungsrichtung ist darin zu sehen, dass man das Wort Controlling lediglich zur bisherigen Bezeichnung ergänzend hinzufügt. Ein solcher Bezeichnungswandel kann für das Ansehen des betreffenden Aufgabengebiets vorteilhaft sein und ihm neue Impulse sowie Schwerpunkte geben. Jedoch zieht er keine Konsequenzen für dessen Behandlung in der Wissenschaft nach sich, da sich die in diesem Gebiet zu untersuchenden Probleme nicht verändert haben. Ob diese Bezeichnung auf Sicht bleibt, wird sich allein in der Praxis zeigen. Möglicherweise kommt es irgendwann zu einem erneuten Austausch der Bezeichnung. Controlling hätte sich damit als Modeerscheinung erwiesen.

Die *zweite* Entwicklung kann darin bestehen, Controlling als Oberbegriff für mehrere Gebiete zu verstehen. Beispielsweise kann man Planung, Kontrolle und Informationssystem unter dieser Bezeichnung zusammenfassen (vgl. Dellmann, 1992, S. 134 ff.). Diese Gebiete müssten auf einen einheitlichen Kern zurückgehen, der sie von anderen Funktionen deutlich unterscheidet. Auch in diesem Fall führt die Einführung des Begriffs Controlling kaum zu neuen wissenschaftlichen Fragestellungen. Allenfalls würden die Beziehungen zwischen den unter ihm zusammengefassten Gebieten stärkere Beachtung finden. Ein im eigentlichen Sinn neues Teilgebiet der Betriebswirtschaftslehre stellt Controlling in diesem Fall nicht dar. Ob sich ein solches Verständnis des Controlling bewähren kann, hängt von den Gemeinsamkeiten der zusammengefassten Gebiete ab. Ist deren Umfang zu weit und schließt Controlling sozusagen fast alles ein, wird der Informationsgehalt des Begriffes gering. Dann kann es für die Abgrenzung

Controlling als Oberbegriff

Abb. 1-3

Entwicklung der Anzahl deutschsprachiger Controllinglehrstühle

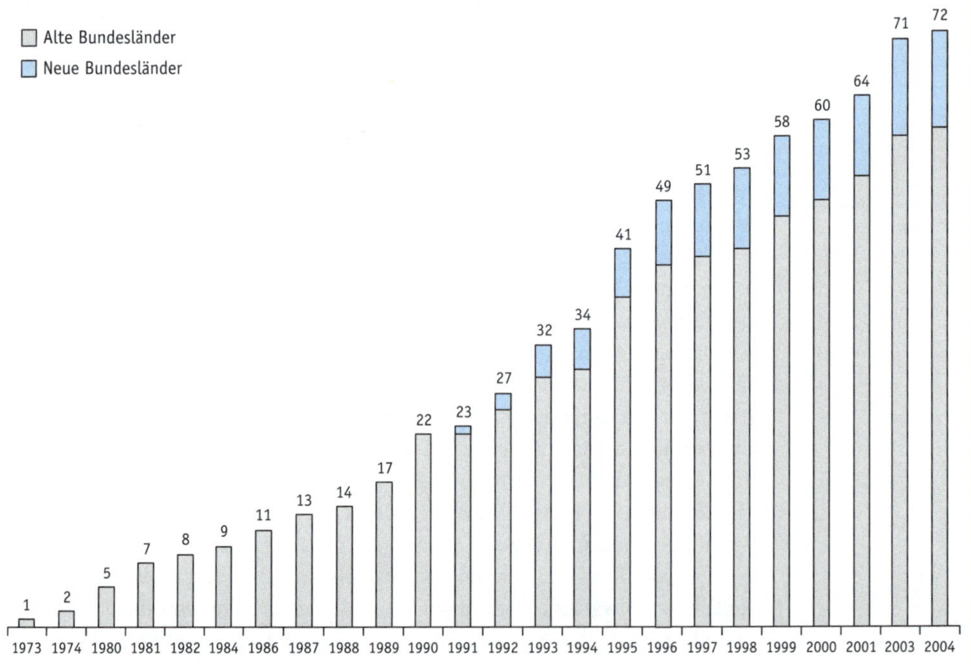

Vergleiche Binder/Schäffer, 2005, S. 102

eines Ausbildungsfaches innerhalb der Betriebswirtschaftslehre und eines organisatorischen Bereichs in der Praxis zu breit werden.

Controlling als neuer Problembereich

Schließlich kann eine *dritte* Entwicklung darin bestehen, dass sich mit dem Controlling ein relativ neuer Problembereich bildet. Wenn auch nicht damit zu rechnen ist, dass völlig neue Fragestellungen auftreten, können durch die Entwicklung in Praxis und Wissenschaft Probleme wahrgenommen werden, die bisher kein entsprechendes Gewicht besaßen. Ihre stärkere Beachtung und Behandlung kann für die Unternehmungen von Vorteil sein. Controlling wäre dann nicht bloß »alter Wein in neuen Schläuchen«. Allein in diesem Fall ist damit zu rechnen, dass durch die wissenschaftliche Beschäftigung mit Controllingfragen neue Erkenntnisse gefunden werden.

Verbreitung des Controlling

Die Verbreitung des Controlling zeigt in den vergangenen 15 Jahren eine Reihe von Merkmalen, die sich noch nicht eindeutig interpretieren lassen. Seine Akzeptanz hat in der Praxis weiter zugenommen. In vielen erwerbswirtschaftlichen Unternehmungen stellt es einen selbstverständlichen und als wichtig angesehenen Teilbereich dar. Darüber hinaus wird es zunehmend in öffentlichen Unternehmungen wie Hochschulen und öffentlichen Verwaltungen eingeführt, wo man sich Effizienzwirkungen von ihm erwartet.

Während in der Wissenschaft bis ca. 1990 noch eine merkliche Zurückhaltung gegenüber dieser Funktion zu beobachten war, ist es danach auch in den Hochschulen zu einem wichtigen Fach der Betriebswirtschaftslehre geworden. Wie Abbildung 1-3 für die Universitäten belegt, wurde eine Vielzahl von Controlling-Professuren eingerichtet.

1.2.2 Diskrepanzen im Controlling-Verständnis

Verbreitung ohne einheitliches Verständnis

In diesem Zeitraum schien sich die Konzeption des Controlling durchzusetzen, welche in der Koordination wichtiger Führungsaufgaben und -teilsysteme dessen charakteristischen Kern sieht (vgl. Dyckhoff/Ahn, 2001, S. 119–120). Eine 1998 von Heinz Ahn durchgeführte Befragung deutschsprachiger Professoren des Verbandes der Hochschullehrer für Betriebswirtschaft deutete entsprechend Abbildung 1-4 darauf hin. Dem wurden jedoch seit Ende der 1990er-Jahre mehrere andere Konzeptionen des Controlling entgegengesetzt und eine neue Debatte um das Verständnis des Controlling ausgelöst. Dies wirkt der zumindest im wissenschaftlichen Bereich zu beobachtenden Entwicklung auf ein einheitliches Verständnis hin entgegen. Die Folge ist das eigenartige Phänomen, dass eine Funktion in Praxis und Wissenschaft große Verbreitung gefunden hat, über deren Kern und Abgrenzung auch nach drei Jahrzehnten intensiver Diskussion noch keine Übereinstimmung besteht. Gleichzeitig wird in Wirtschaft und öffentlicher Verwaltung ebenso wie an den Hochschulen von ihr gesprochen, als sei ihr Inhalt selbstverständlich klar. Darüber hinaus werden an die Leistungsfähigkeit dieser Funktion hohe Erwartungen gestellt.

Internationales Verständnis: Management bzw. Managerial Accounting

Eine weitere Besonderheit liegt darin, dass sich das englische Wort Controlling in der *internationalen* wissenschaftlichen Diskussion nicht wiederfindet.

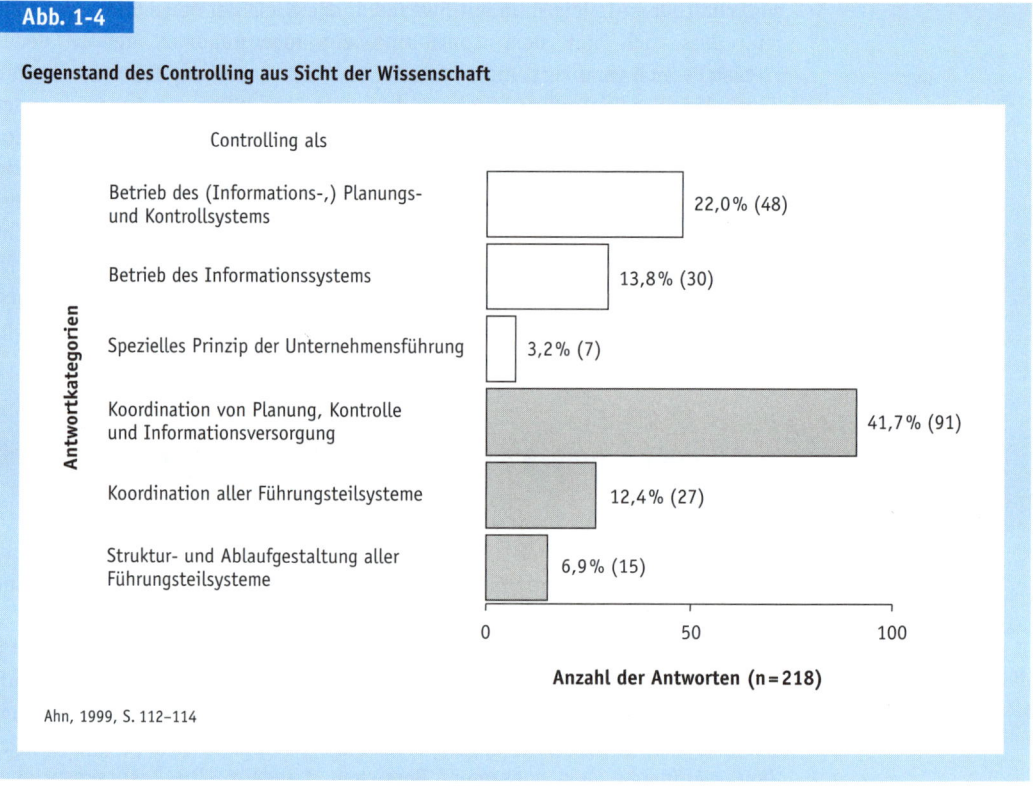

Abb. 1-4

Gegenstand des Controlling aus Sicht der Wissenschaft

Controlling als

Betrieb des (Informations-,) Planungs- und Kontrollsystems — 22,0% (48)

Betrieb des Informationssystems — 13,8% (30)

Spezielles Prinzip der Unternehmensführung — 3,2% (7)

Koordination von Planung, Kontrolle und Informationsversorgung — 41,7% (91)

Koordination aller Führungsteilsysteme — 12,4% (27)

Struktur- und Ablaufgestaltung aller Führungsteilsysteme — 6,9% (15)

Antwortkategorien

0   50   100

Anzahl der Antworten (n = 218)

Ahn, 1999, S. 112–114

Die im deutschsprachigen Raum im Controlling behandelten Probleme werden am häufigsten im Bereich des Management Accounting oder Managerial Accounting diskutiert. Ein Beleg hierfür sind die Bezeichnungen wissenschaftlicher Zeitschriften in diesem Bereich wie Management Accounting Research, Studies in Managerial Accounting, Journal of Management Accounting Research, Management Accounting Quarterly, Advances in Management Accounting (vgl. ferner z. B. Demski, 2002). Auch in der anglo-amerikanischen Praxis hat Controlling nicht dieselbe Verbreitung wie in Deutschland, obwohl dort seine Wurzeln liegen.

Diese sich teilweise widersprechenden Beobachtungen geben der Frage nach der Konzeption des Controlling, seinen charakteristischen Merkmalen und den mit ihm gemeinten Aufgaben neues Gewicht. Es erscheint schwer vorstellbar, dass das Controlling als wichtige Funktion von Unternehmungen und als wesentliche Teildisziplin der Betriebswirtschaftslehre Bestand haben wird, wenn es nicht zu einem wenigstens einigermaßen einheitlichen Verständnis in Praxis und Wissenschaft kommt.

Welchen Weg das Controlling nimmt, lässt sich auch jetzt noch nicht abschätzen, weil Elemente aller drei Entwicklungen beobachtbar sind. Zu einer betriebswirtschaftlichen Teildisziplin mit Bestand dürfte allein der obige dritte Weg führen, dass sich mit dem Controlling ein eigenständiger, relativ neuer Problembereich verankert. Angesichts der weiter bestehenden Diskussion um die Konzeption des Controlling (ein besonders umfassendes Dokument hierfür ist der Sammelband von Scherm/Pietsch, 2004, der von Schneider rezensiert wurde) sowie der Diskrepanz zwischen dem selbstverständlichen Gebrauch der Bezeichnung Controlling und der Verschiedenartigkeit dieser Konzeptionen erscheint diese Verankerung weiterhin (vgl. Schneider, 1991, S. 765 ff., insbesondere S. 771) nicht gesichert. Die immer noch bestehende Offenheit (vgl. Schildbach, 1992, S. 25 ff.) mag zwar anregend für die Auseinandersetzung mit dieser Funktion sein. Jedoch ist kaum damit zu rechnen, dass eine fortwährende Diskussion um seine Konzeption für eine bleibende Verankerung des Controlling förderlich ist.

1.2.3 Anforderungen an eine eigenständige Teildisziplin Controlling

Wenn Controlling letztlich nicht ein anderes Wort für eine traditionelle Funktion oder die Zusammenfassung mehrerer Funktionen sein soll, sind an seine Konzeption entsprechend Abbildung 1-5 drei Anforderungen zu stellen.

Eigenständige Problemstellung

Sie muss *erstens* eine eigenständige Problemstellung erkennen lassen. Die zu ihm gehörenden Fragen und Funktionen müssen ein gemeinsames Merkmal aufweisen. Controlling muss auf eine abgrenzbare und einheitliche Problemstellung abzielen. Es darf sich nicht nur um die bloße Zusammenfassung verschiedener Aufgaben aus mehreren Bereichen handeln. Dies ist umso eher erreichbar, je klarer und geschlossener die Konzeption ist.

Theoretische Fundierung

Die *zweite* Anforderung betrifft die wissenschaftliche Behandlung des Controlling. Für seine Problemstellung müssen theoretische Ansätze entwickelt werden, mit denen man über die bloße Beschreibung von Problemen, empiri-

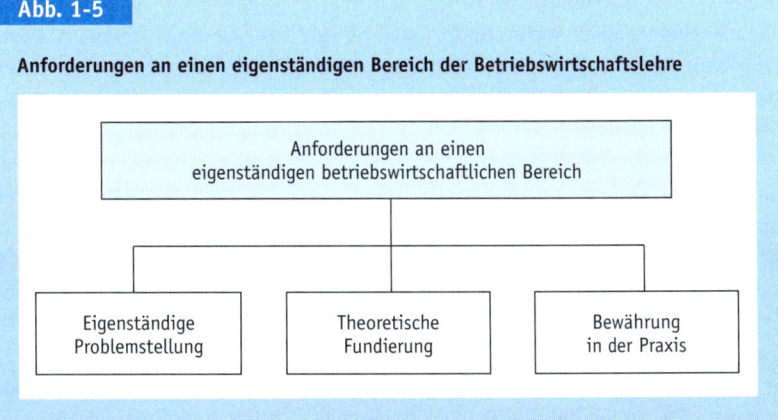

Abb. 1-5

Anforderungen an einen eigenständigen Bereich der Betriebswirtschaftslehre

Anforderungen an einen eigenständigen betriebswirtschaftlichen Bereich

Eigenständige Problemstellung

Theoretische Fundierung

Bewährung in der Praxis

schen Tatbeständen und Instrumenten hinauskommt. Solche Ansätze bestehen aus Lösungsideen und beinhalten Strukturkerne als »Sprachklärungen zwischen den Begriffen der Frage und der Lösungsidee« (Schneider, 1987, S. 55), Musterbeispiele zur Anwendung des Strukturkerns auf empirische Tatbestände und Hypothesen (vgl. Schneider, 1993, S. 157 ff.). Da die vom Controlling erfassten Probleme nicht durchweg neu sein dürften, kann man teilweise auf vorhandene Ansätze zurückgreifen. Eine betriebswirtschaftliche Teildisziplin wird aber erst entstehen, wenn bei der theoretischen Fundierung des Controlling eigenständige wissenschaftliche Leistungen gelingen, die über die bisherigen Ergebnisse hinausgehen. In welchem Umfang sie diese »sprengen« (Schneider, 1991, S. 771) müssen, ist eine Bewertungsfrage.

Die *dritte* Anforderung besteht in der Umsetzung der Konzepte in der Praxis. Letztlich muss sich in ihr erweisen, ob diese Bezeichnung für einen Problembereich zweckmäßig ist und inwieweit ihm eigenständige, neue Aufgaben zukommen. Dort wird sich einer der drei Wege durchsetzen und muss sich zeigen, welche Konzeption Bestand hat.

Akzeptanz in der Praxis

Auch wenn die Wirtschaftspraxis somit die letzte »Instanz« für eine Bewährung des Controlling bildet, dürfte dessen Behandlung in der betriebswirtschaftlichen Forschung und Lehre kein geringes Gewicht besitzen. Sie kann der Praxis Erkenntnisse und Instrumente liefern und über die Ausbildung Einfluss nehmen.

1.2.4 Gegenstand einer Controlling-Konzeption

Mit einer Konzeption des Controlling soll geklärt werden, was man unter dieser Funktion versteht und welche Merkmale diese Funktion charakterisieren. Wie bei anderen betrieblichen Funktionen, beispielsweise der Fertigung, des Marketing oder der Planung und der Kontrolle, fragt man nach dem Kern, der für die Funktion Controlling kennzeichnend ist und was sie von anderen Funktionen unterscheidet. Bei dem oder den für das Controlling typischen Merkmalen sollte es sich also um Aufgaben handeln, die den anderen Funktionen nicht zukommen. Ansonsten liegt keine eigenständige Problemstellung vor.

Maßgebend für die Herausarbeitung einer Konzeption des Controlling, die wie bei Fertigung, Marketing, Planung, Kontrolle usw. die Funktion kennzeichnet, ist ihre strikte Trennung von ihrer organisatorischen Gestaltung. Die Vermischung dieser beiden Dimensionen erscheint ursächlich für teilweise unberechtigte Kritik an einzelnen Konzeptionen (vgl. z.B. Schneider, 1991, S. 770 ff.; Franz, 2004, S. 276 ff.), die Herausbildung neuer Konzeptionen (Weber, 2004a, S. 31 ff.) und Unklarheiten in der Begründung sowie Abgrenzung von Konzeptionen des Controlling. Die Kennzeichnung der Merkmale und Aufgaben, die man mit einer Funktion verbindet, bilden zwar die Basis ihrer organisatorischen Gestaltung; deshalb sollten die Aufgaben von Controllern in der Praxis nichts völlig anderes als die in einer Konzeption gekennzeichnete Funktion des Controlling enthalten. Jedoch hängt die Einbindung einer Funktion in

Funktion und organisatorische Gestaltung

die Organisation einer Unternehmung von einer Vielzahl weiterer Bestimmungsgrößen oder situativen Bedingungen wie der Unternehmensgröße, dem Produktionsprogramm, der grundlegenden Organisationsstruktur usw. ab. Mit der Kennzeichnung einer Funktion ist nicht verbunden, dass für diese eigene organisatorische Bereiche, Abteilungen oder Stellen einzurichten sind. So sind beispielsweise Unternehmungen bei divisionaler Organisation nicht nach den Funktionsbereichen (Beschaffung, Fertigung, Marketing usw.) gegliedert. Deshalb kann einerseits aus der Herausarbeitung von Kernaufgaben des Controlling nicht geschlossen werden, dass diese organisatorisch in speziellen Einheiten zu verselbständigen sind. Dies könnte je nach Rahmenbedingungen zur Aufblähung der Organisation und damit zu Ineffizienzen führen. Auf der anderen Seite kann aus der Existenz organisatorischer Einheiten in der Praxis mit der Bezeichnung Controlling nicht unmittelbar geschlossen werden, dass die in ihnen wahrgenommenen Aufgaben die Funktion Controlling abgrenzen. Sie können vielmehr eine Mischung aus Aufgaben der Funktion Controlling und anderen Funktionen enthalten.

Eine Gleichsetzung von Funktionsbereich und organisatorischer Umsetzung wäre äußerst unzweckmäßig und wird bei keinem anderen betriebswirtschaftlichen Bereich vorgenommen. Beispielsweise werden die Betrachtungsgegenstände von Beschaffung, Produktion, Absatz, Investition oder Finanzierung ebenso wie die von Planung, Kontrolle oder Organisation in der Literatur abgegrenzt, ohne dass man auf Fragen ihrer organisatorischen Einbindung in die Unternehmung eingeht. Die Kennzeichnung der zu einem Funktionsbereich gehörenden Aufgaben besagt nicht, dass man sie auch organisatorisch verselbständigen will. Eine strikte Beachtung des Unterschieds zwischen Inhalt und organisatorischer Umsetzung einer Funktion erscheint notwendig, um die Freiheitsgrade bei der Organisation nicht einzuschränken und die unterschiedlichen Situationsbedingungen der Unternehmungen nicht zu missachten.

Gegenstand
und Gestaltung
des Controlling

Aus diesem Grund werden im Folgenden die Kennzeichnung und Analyse des Gegenstands von Controlling von dessen organisatorischer Gestaltung streng getrennt. Nur so kann man zu einer die obigen Anforderungen erfüllenden Konzeption des Controlling gelangen. Eine Kennzeichnung des Gegenstandsbereichs beinhaltet dabei die Angabe der Funktionen und ihrer Merkmale, die man mit diesem Begriff bezeichnen will. Damit lassen sich die zu ihm gehörenden Aufgaben abgrenzen. Sie bilden die Elemente für die organisatorische Umsetzung in den Unternehmungen, determinieren diese aber nicht und müssen daher unabhängig von der organisatorischen Gestaltung herausgearbeitet werden.

1.2.5 Ansatzpunkte für die Entwicklung von Controlling-Konzeptionen

Für die Entwicklung einer Konzeption des Controlling bieten sich vor allem zwei Vorgehensweisen an. Einmal kann man versuchen, sie induktiv aus den Aufgaben herzuleiten, die von Controllern bzw. in Controllingstellen und -abteilungen in der Praxis wahrgenommen werden. Zum anderen kann man sich bemühen, sie systematisch aus einer oder mehreren Kernaufgaben des Controlling herzuleiten.

Die induktive Herleitung aus der Praxis hätte den Vorteil, dass die obige dritte Anforderung einer praktischen Bewährung damit implizit schon erfüllt ist. Hierbei könnte man sich an der historischen Entwicklung des Controlling in der Praxis orientieren (vgl. Horváth, 2003, S. 23 ff.). Dabei zeigt sich, dass ausgehend vom Rechnungswesen eine Hinwendung zu Einzelproblemen der Planung vollzogen wurde. Die Entwicklung ist in Deutschland jedoch teilweise anders als in den USA verlaufen und hat zu anderen Schwerpunkten geführt (vgl. Stoffel, 1995, S. 123 ff.).

Induktive Herleitung aus der Praxis

Zudem ist Controllingabteilungen und Controllern mit der zunehmenden Verbreitung eine große Vielfalt an Aufgaben zugeordnet worden. Dies zeigen Erhebungen über die in der Praxis vorfindbaren Ausprägungen des Controlling. In einer größeren Zahl von Untersuchungen hat man sie insbesondere über die Auswertung von Stellenanzeigen und über Befragungen ermittelt (vgl. Bramsemann, 1990, S. 52; Kiener, 1980, S. 23; Landsberg/Mayer, 1988, S. 69 ff.; Serfling, 1992, S. 36 ff.). Ein Beispiel für die Vielfalt der Aufgaben, die Controllern in der Praxis übertragen werden, liefern die in Abbildung 1-2 skizzierten Ergebnisse einer von 1. Juli 1985 bis 31. Oktober 1986 von Reichmann, Kleinschnittger und Kemper (vgl. Reichmann/Kleinschnittger/Kemper, 1988, S. 17 ff.) durchgeführten Untersuchung (vgl. ähnlich Weber/Kosmider, 1991, S. 20 ff.; Weber/Bültel, 1992, S. 536 ff.). Die in der Praxis dem Controlling übertragenen Aufgaben schließen traditionelle Gegenstände des internen Rechnungswesens wie die Durchführung von Kosten- und Erfolgsplanung oder Deckungsbeitragsrechnungen ebenso ein wie Planung, Budgetierung, Kennzahlensysteme und Überwachung. Aus der Vielzahl und Verschiedenartigkeit der genannten Einzelaufgaben lassen sich schwer eine oder mehrere Kernaufgaben ableiten. Eher sieht es danach aus, als sei fast keine betriebswirtschaftliche Aufgabe ausgeschlossen.

Controllingaufgaben in der Praxis

Dieser Eindruck wurde durch nachfolgende empirische Untersuchungen nur in begrenztem Umfang eingegrenzt. In einer umfassenden Erhebung von Bernhard Amshoff (1993, S. 206 ff.), die er 1991 bei Unternehmungen ab 500 Mitarbeitern durchführte, hat die Sicherung der Kontrolle die größte Bedeutung. Ihr folgten entsprechend Abbildung 1-6 die Sicherung der Steuerung, der Harmonisation, der Entscheidungsqualität und der Planung. Im Unterschied zu dieser Kennzeichnung ihrer Bedeutung, nahm die Sicherung der Planung einen höheren, die Sicherung der Entscheidungsqualität seltener einen ersten Rang ein als die Sicherung der Harmonisation. Bei den Kontroll- und Steuerungsaufgaben wurden die Ermittlung und Analyse von Abweichungen, bei den Informationsaufgaben das Berichtssystem und bei den Controllinginstrumenten neben der Kostenrechnung Kennzahlensysteme sowie insbesondere die Budgetierung als bedeutsam angesehen (vgl. Amshoff, 1993, S. 321, 317 und 325). Auch andere empirische Untersuchungen lassen erkennen, dass die Budgetierung, die Kontrolle, das interne Berichtswesen sowie die operative Planung und das interne

Aufgabenschwerpunkte

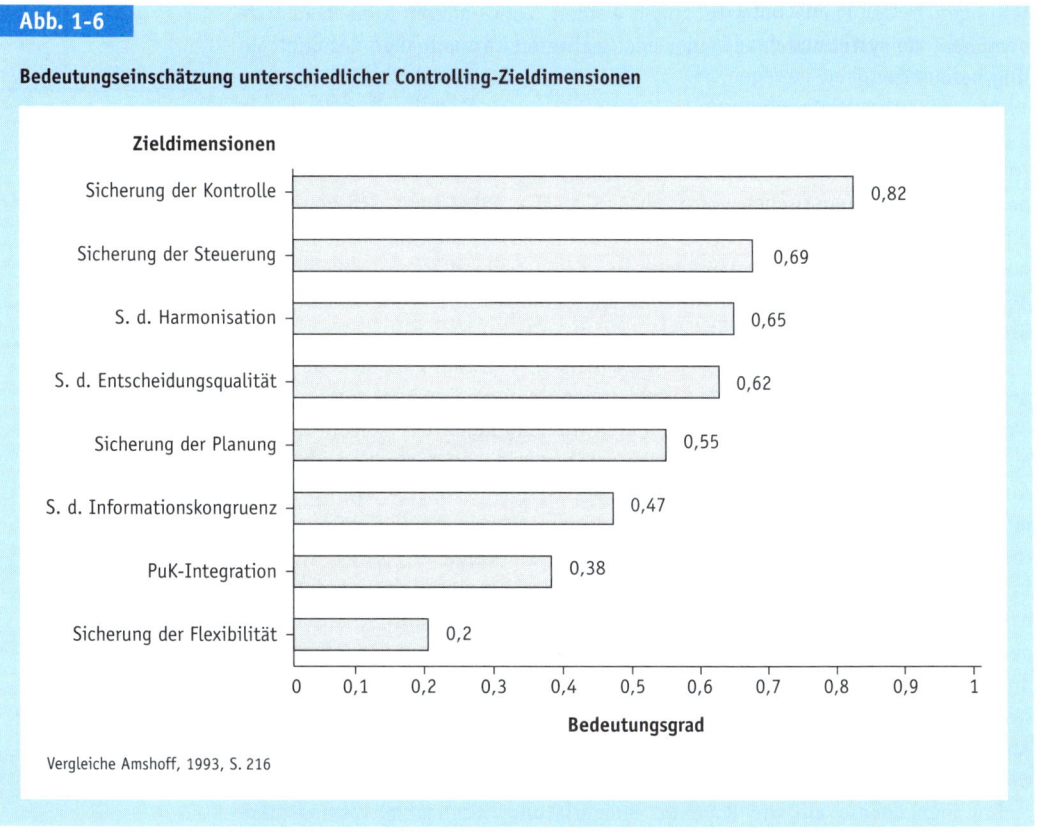

Abb. 1-6

Bedeutungseinschätzung unterschiedlicher Controlling-Zieldimensionen

Vergleiche Amshoff, 1993, S. 216

Rechnungswesen Aufgaben darstellen, an denen Controller mitwirken (vgl. Niedermayr, 1994, S. 215; Stoffel, 1995, S. 157; Schäffer, 2004a, S. 489 ff.).

Kritik an induktiver Herleitung

Die verschiedenen Erhebungen über die Tätigkeit von Controllern in der Praxis enthalten nicht nur eine Breite an Aufgaben oder Einzelaspekten. Vielfach machen sie auch deutlich, dass Controller bei der Erfüllung von Aufgaben mitwirken, aber nur für einzelne von ihnen allein oder federführend bestimmend sind. Dies spricht dafür, dass Controller in starkem Maße in Aufgaben z.B. der Planung, Kontrolle und des Rechnungswesens eingebunden sind, ohne dass ihnen diese Aufgaben voll übertragen werden.

Insgesamt erscheinen die induktiven, von der historischen Entwicklung und der in der Empirie vorfindbaren Gestaltung des Controlling ausgehenden Methoden für die Abgrenzung einer Konzeption wenig geeignet, welche die oben herausgearbeiteten Anforderungen erfüllt. Auf induktivem Weg gelangt man zu einer Menge an Einzelaufgaben, deren Addition keine charakteristische, von anderen abgrenzbare Funktion erkennen lässt. Deshalb erscheint dieser Weg für die Entwicklung einer Controlling-Konzeption nicht ausreichend ergiebig. Aus ihm lassen sich zwar Anhaltspunkte für diese erkennen. Darüber hinaus zeigen die in der Realität an Controller übertragenen Aufgaben, in welchem Bereich sich die Kennzeichnung der für eine Konzeption des Controlling charakteristischen Kernaufgaben bewegen muss, da sie von dem beobachtbaren Handeln nicht völlig abweichen kann und die Bewährung in der Praxis eines der für sie relevanten Kriterien bildet.

Bei der systematischen Entwicklung einer Controlling-Konzeption wird versucht, die charakteristischen Aufgaben der Funktion Controlling aus einer oder wenigen Zwecksetzungen abzuleiten. Da (und solange) die Konzeption hierbei nicht aus einer bestimmten Theorie hergeleitet oder mit ihr begründet wird, wäre es irreführend, sie als theoretisch bzw. als »Definitionsansätze« in der Theorie zu bezeichnen (vgl. Weber, 2004b, S. 469 und 2004a, S. 22).

Den Ausgangspunkt für die nachfolgende Herleitung bildete bei der ersten Auflage dieses Buches eine Auswertung verschiedener wissenschaftlicher Untersuchungen zu Begriff und Gegenstand des Controlling, die in Abbildung 1-7 und 1-8 wiedergegeben ist. Als mögliche Zwecksetzungen oder Funktionen des Controlling wurden vor allem die Ziel- oder Gewinnorientierung, die Koordination, die Unterstützung, die Anpassung, die Innovation, die Spezialisierung und die Rationalität genannt.

Von diesen Merkmalen erscheinen die Unterstützung, die Spezialisierung und die Rationalität als charakteristische Zwecksetzungen des Controlling ungeeignet, wenn es sich durch diese von anderen Funktionen unterscheiden soll. Mit *Unterstützung* ist im Allgemeinen ein Merkmal der organisatorischen Kompetenz gemeint. Sie ist für jede von einem Stab übernommene Aufgabe typisch und kennzeichnet kein eigenständiges Problem. Sofern man mit Controlling eine betriebliche Funktion (wie z. B. Fertigung, Planung oder Organisation) bezeichnet, kann ihr typisches Merkmal nicht darin liegen, dass sie nur unterstützend wirksam wird, keine Entscheidungsaufgabe darstellen und lediglich von Stäben ausgeführt werden kann. Viele Stäbe führen Unterstützungsaufgaben z. B. in der Fertigung oder im Finanzbereich durch, ohne dass man ihre Tätigkeit dem Controlling zurechnet. Aus diesen Gesichtspunkten ergibt sich zum einen, dass Unterstützung kein Merkmal ist, welches die typische Problemstellung des Controlling angeben kann, mit dem es von anderen Funktionen unterscheidbar ist. Zum anderen erscheint es problematisch, eine Funktion von vornherein einem bestimmten organisatorischen Stellentyp zuzuweisen, weil damit die Kennzeichnung der Funktion und ihre Organisation unzulässig vermischt werden.

Entsprechende Gesichtspunkte gelten für die Zwecksetzung der *Spezialisierung*. Auch diese ist eine Komponente der organisatorischen Gestaltung. Spezialisierung liegt bei jeder Zentralisierung gleichartiger Aufgaben vor. Beispielsweise werden Abteilungen gebildet, indem man in ihnen Stellen zusammenfasst, die im Hinblick auf ein Merkmal wie die Verrichtung, das Produkt, die Region oder den Prozess spezialisiert sind. Dann arbeiten in ihr z. B. Fräsautomaten in einer Werkstatt der Fertigung, die für den Vertrieb in einer Region zuständigen Marketingmitarbeiter oder Fachleute für Reorganisationsprozesse. Da in all diesen Fällen eine Spezialisierung erfolgt, kann dies kein typisches Merkmal einer Funktion und damit auch nicht des Controlling sein.

Systematische Entwicklung

Unterstützung

Spezialisierung

Abb. 1-7

Übersicht über Konzeptionen zum Controlling

Autor	Baumgartner	Bottler	Hahn	Harbert	Horváth	Krüger
Zwecksetzung des Controlling						
Ziel-orientierung			Ergebnis-orientierung	Gewinnziel	Zielorientierung	Erfolgsziel-orientierung
Koordination	Koordinations-fähigkeit	Laufende Koor-dination des DV-Prozesses	Koordinations-funktion	Integration und Koordination	Koordination	
Unterstützung			Mitentschei-dungsfunktion	Entlastung der Unternehmens-führung	Unterstützung der Führung	
Anpassung	Reaktions- und Adaptionsfähig-keit				Sicherung der Reaktions- u. Adaptionsfähig-keit	
Innovation	Antizipations-fähigkeit					
Spezialisie-rung				Spezialisierung		
Rationalität				Sicherung rationaler Ent-scheidungen		
Relevante Führungsbereiche						
Operative Planung	X	Planungs-rahmen, Motivation, Koordination	Sicherstellung der Planung, insb. Planungs-rechnung		X	Erfolgs-planung, Plan-koordination
Strategische Planung	X				X	
Steuerung			Sicherstellung der Steuerung		(X)	Überwachung: Vorgaben
Kontrolle	X	Beobachtung, Kontrolle der Zielerreichung, Wirtschaftlich-keit d. Informa-tionsprozesse	Sicherstellung der Über-wachung		X	Überwachung: Überprüfung
Informations-system		Datenverarbei-tungsprozess	Rechnungs-wesen (Infor-mationserstel-lung und -erstattung)		X	

Vergleiche Baumgartner,1980; Bottler, 1975; Hahn, 1986; Harbert, 1982; Horváth, 1979 bzw. 1994; Krüger, 1979

Abb. 1-8

Übersicht über Konzeptionen zum Controlling

Link	Matschke/Kolf	Müller	Serfling	Strobel	Ziener	Zünd
Zwecksetzung des Controlling						
Entwicklung u. Implementierung eines Zielsystems	Ausrichtung auf das Zielsystem				Erfolgsziel-orientierung	
Integration der Informations-wirtschaft	Integration u. Koordination aller Teilsysteme	Koordination von Informationsbedarf u. -beschaffung	Koordinierung		Beitrag zur Sicherung der Koordinations-fähigkeit	Koordination
Servicefunktion	Servicefunktion		Unterstützung der Unternehmensführung	Entlastende Verbesserung der Unternehmensführung	(ergänzend:) Führungsunter-stützung	
	(Unsicherheits-reduktion)		Anpassung			Adaption
						Innovation
				Organisatorische Verselb-ständigung		
Relevante Führungsbereiche						
				X	Administration der Planung	
				X		
				X		
		Abweichungs-analyse, Korrekturvor-schläge		X	Administration der Kontrolle	
Informations-wirtschaft	Erfassung, Aufbereitung, Bereitstellung führungsrelevanter Informationen	X	Informations-versorgendes System	X	Informations-versorgung	Informations-beschaffung u. -bereitstellung

Vergleiche Link, 1982; Matschke/Kolf, 1980; Müller, 1974; Serfling, 1983 bzw. 1992; Strobel, 1978; Ziener, 1985; Zünd, 1979

Rationalität

Dies gilt in gleichem Maße für die *Rationalität* als Merkmal der Entscheidungsfindung. Die gesamte normative Entscheidungstheorie (vgl. hierzu z. B. Laux, 2005; Bamberg/Coenenberg, 2004) ist darauf ausgerichtet, Muster und Instrumente für rationale Entscheidungen zu entwickeln und zu begründen. Sie spielt in den gesamten Wirtschaftswissenschaften sowohl für die Analyse und Erklärung unternehmerischen Handelns als auch für die Bereitstellung von Erkenntnissen sowie Instrumenten der Entscheidungsfindung in der Praxis eine zentrale Rolle. Aus wirtschaftswissenschaftlicher Sicht geht man in der Regel davon aus, dass in allen Funktionsbereichen rationale Entscheidungen getroffen und umgesetzt werden sollen. Dem liegt die Vermutung zugrunde, dass auch die Entscheidungsträger in der Realität rational handeln wollen. Damit wird Rationalität zu einem zumindest angestrebten Merkmal der Entscheidungsfindung und -durchsetzung in allen Unternehmensbereichen. Das Besondere des Controlling kann nicht in ihr liegen, da auch Entscheidungen anderer Funktionsbereiche rational sein sollten.

Zielorientierung

Dieses Argument gilt in entsprechender Weise für die *Zielorientierung*. Ist die Unternehmensführung um rationales Handeln bemüht, wird sie versuchen, die Aktivitäten aller Beteiligten und Bereiche auf die Unternehmensziele auszurichten. Ein besonderer Aspekt wird erst dann herausgeschält, wenn man eine von mehreren Zielsetzungen betrachtet. Insbesondere im Hinblick auf eine Gewinnorientierung des Controlling und die Bedeutung des Liquiditätsziels für das Treasuring lassen sich dazu Argumente vorbringen.

Für die Herleitung von Controlling-Konzeptionen verbleiben dann von den in Abbildung 1-7/8 angeführten Zwecksetzungen die Gewinnzielausrichtung und die Koordination als mögliche charakteristische Zwecksetzungen des Controlling. Anpassung und Innovation können in so enger Verbindung zur Koordination gesehen werden, dass sie nicht die Basis für eigenständige Konzeptionen liefern.

Betroffene Führungs-
bereiche

Neben den Zwecksetzungen ist für die Konzeption des Controlling maßgeblich, auf welche Führungsbereiche es sich beziehen soll. Die in Abbildung 1-7 bzw. 1-8 zusammengefasste Literaturanalyse lässt hier vor allem drei Alternativen erkennen. *Erstens* kann man Controlling auf das Informationssystem begrenzen. Dann versteht man es im Prinzip als Weiterentwicklung des traditionellen Rechnungswesens. *Zweitens* können sich die Funktionen des Controlling zusätzlich auf die quantitative Planung, Steuerung und Kontrolle erstrecken. Sie erfassen damit nur die operative und die taktische Ebene. Qualitative Aspekte werden erst in der *dritten* Alternative berücksichtigt, bei der sich das Controlling auch auf die strategische Ebene bezieht.

Steuerung

Auffallend ist die begrenzte Berücksichtigung der Steuerung, obwohl eine wörtliche Übersetzung von Controlling diesen Aspekt besonders herausheben würde. Ein Grund hierfür kann darin liegen, dass die vielfältige und uneinheitliche Verwendung des Steuerungsbegriffs in der Betriebswirtschaftslehre lange Tradition hat. Sie reicht von den Aufgaben der Fertigungsplanung und -steuerung (vgl. z. B. Schweitzer, 1994, S. 678 ff.) über die kybernetische Steuerung im Unterschied zur Regelung (vgl. Schiemenz, 1993) bis zu den Rechnungszwecken der Kosten- und Erlösrechnung, bei denen die Steuerung erst über agencytheoretische Ansätze eine echte Ausfüllung im Sinne von Verhaltenssteuerung (vgl. Schweitzer/Küpper, 2011, S. 641 ff.) erhielt.

Nach diesen Merkmalen lassen sich Konzeptionen unterscheiden, welche die für das Controlling kennzeichnende Zwecksetzung in der Gewinn- bzw. Ergebniszielorientierung oder in einer Koordination bestimmter Aufgaben sehen. Bei Letzteren kann die Koordination nur das Informationssystem, zusätzlich das Planungs- und Kontrollsystem oder alle Teilsysteme der Führung betreffen. Die sich ergebenden Controlling-Konzeptionen wurden in früheren Auflagen als informations-, planungs- und kontroll- sowie koordinationsorientierte Konzeption bezeichnet.

Gewinn- bzw. Ergebniszielorientierung und Koordination

Trotz der oben herausgearbeiteten Argumente werden seit einigen Jahren Controlling-Konzeptionen vertreten und empfohlen, welche die Sicherung von *Rationalität*, *Effektivität und Effizienz* sowie die *Reflexionsaufgabe* als Kern des Controlling betonen. Ihr gemeinsames Merkmal kann darin gesehen werden, dass sie sich auf bestimmte Aspekte eines jeden Führungsprozesses beziehen.

Rationalität, Effektivität, Effizienz, Reflexion

1.3 Alternative Konzeptionen des Controlling

Nachfolgend werden die wichtigsten, in der Betriebswirtschaftslehre vorgeschlagenen Konzeptionen dargestellt und kritisch analysiert. Sie lassen sich in gewinn- bzw. ergebniszielorientierte, führungsprozessbezogene und koordinationsorientierte Auffassungen systematisieren.

1.3.1 Gewinn- bzw. ergebniszielorientierte Controlling-Konzeption

Die das Controlling bestimmende Problemstellung liegt bei der gewinnzielorientierten Konzeption in der Sicherung der Gewinnerreichung bei allen Entscheidungen und Handlungen der Unternehmung. Nach ihr hat das »Erfolgsziel als Führungsgröße der Ausgangspunkt aller Überlegungen zu sein. Das Erfolgsziel stellt die Deduktionsbasis dar, aus der sich die controllingrelevanten Aufgaben ableiten lassen« (Pfohl/Zettelmeyer, 1987, S. 149). Die Notwendigkeit des Controlling wird damit begründet, dass die Entscheidungsträger und die Unternehmensbereiche vielfach individuelle und bereichsbezogenen Ziele verfolgen. Dann werde es notwendig, durch spezielle Maßnahmen die Beachtung des Gesamterfolgs der Unternehmung als oberstes Ziel zu gewährleisten.

Zwecksetzung: Sicherung der Gewinnerreichung

Der Gewinn oder Erfolg stellt in vielen Unternehmungen eine zentrale Zielgröße der Planung und der Kontrolle dar. Für beide müssen relevante Informationen bereitgestellt werden. Daraus folgt für die gewinnzielorientierte Konzeption, dass sich Controlling vor allem auf die Führungsbereiche Planung, Kontrolle und Informationssystem bezieht. Erfolg oder Gewinn wird jedoch als

Betroffene Führungsbereiche

rein quantitative Größe verstanden. Deshalb ist nach dieser traditionellen Konzeption der Gegenstand des Controlling auf den operativen und taktischen Bereich zu begrenzen. Seine Funktion erstreckt sich dann nicht auf die strategische Ebene (vgl. Pfohl/Zettelmeyer, 1987, S. 150 ff.). Führungsgröße des strategischen Bereichs ist nämlich das Erfolgspotenzial. Die in ihm vorzunehmenden Analysen erforderten ein mehr qualitativ als quantitativ orientiertes Denken. Beides könne aber nicht von denselben Mitarbeitern geleistet werden (vgl. Gälweiler, 1976, S. 179). Deshalb wurde es als zweckmäßig angesehen, die Aufgaben des Controlling nicht auf die strategische Ebene auszudehnen.

Ergebniszielorientierte
Steuerung

Neuerdings ist diese Konzeption von Klaus-Peter Franz (2004) besonders herausgestellt worden. Für ihn bildet die Institution Controlling den Ausgangspunkt und seine Kennzeichnung als Unterstützungsfunktion ein zentrales Element vieler Beiträge und neuerer Controllingansätze. Deshalb empfiehlt er, »Controlling als Unterstützungsfunktion der Führung bei der ergebnisorientierten Steuerung des Unternehmens« zu definieren (Franz, 2004, S. 287). Danach stelle das Controlling eine Unterstützungsfunktion *neben* dem Management dar. Ihm komme eine »Gegenrolle« zu. Durch eine »klare Trennung zwischen Unternehmenssteuerung als Aufgabe des Managements und Unterstützung als Kern des Controlling werden Unklarheiten und ein Verschwimmen der Grenzen zwischen dem Führungs- und dem Controllingbereich so weit wie möglich vermieden« (Franz, 2004, S. 281). Die Ausrichtung auf das Ergebnisziel wird damit begründet, dass bei den in der Literatur angeführten und in der Praxis angewendeten Instrumenten ökonomische Ziele dominieren. Mit Recht wird darauf verwiesen, dass inzwischen auch in der strategischen Perspektive quantitative Ziele der Wertorientierung eine wichtige Rolle spielen (vgl. auch Günther, 1997, 2004). Auch wenn öffentliche Unternehmungen nicht auf einen monetären Erwerb ausgerichtet sind, seien ökonomische Ziele in Form von Kostendeckung und Wirtschaftlichkeit für sie bedeutsam. Daraus lässt sich für sie ebenfalls eine Controllingfunktion im Sinne der ergebniszielorientierten Konzeption herleiten.

Betroffene Führungsbereiche

Ausgehend von diesen grundlegenden Merkmalen sieht Franz das Arbeitsgebiet des Controlling im Anschluss an Hahn und Hungenberg (2001, S. 286) in der »Gestaltung und Weiterentwicklung von Planungs- und Kontrollsystemen, materielle[n] Tätigkeiten bei der Planaufstellung (Information, Beratung, Koordination) und bei der Plankontrolle (Abweichungsermittlungen und -auswertungen) sowie formale[n] Arbeiten beim Einsatz eines Planungs- und Kontrollsystems« (Franz, 2004, S. 284). Diese werden im Hinblick auf die operative und strategische Planung, die operative und strategische Kontrolle sowie die systemische Unterstützung im Einzelnen näher konkretisiert.

Kritik

In der Begründung seiner Konzeption vermischt Franz die Kennzeichnung der *Funktion* Controlling mit deren *Organisation*, soweit er Management im Sinne der organisatorischen Leitung versteht. Zusätzlich hält er eine Abgrenzung zwischen dem Management als einer Funktion und der Funktion Controlling für notwendig (vgl. insbesondere Franz, 2004, S. 276 ff.). Er schreibt dem Controlling bei dessen Konkretisierung bestimmte Teilaufgaben der Planung und Kontrolle zu. Allgemein beinhaltet die Führung der Unternehmung mehrere Funktionen wie Planung, Kontrolle, Organisation, Personalführung und Informationsversorgung. Neben deren Koordination gibt es keine spezifischen Management- bzw. Führungsaufgaben oder »originäre Führungsaufgaben«. Vielmehr bildet Führung bzw. Management den Oberbegriff, der sich in diesen Teilaufgaben niederschlägt. Deshalb erscheint es folgerichtig, Controlling als eine Führungsteilaufgabe *neben* diesen anderen Führungsteilaufgaben zu verstehen. Da das Management bzw. die Führung als Funktion keine eigenständigen Aufgaben neben den Führungsteilaufgaben umfasst, ist die Forderung von Franz fragwürdig, eine inhaltliche Grenzziehung zwischen dem Oberbegriff Führung und dem Controlling als einer seiner Führungsteilaufgaben zu verlangen.

Die Beschreibung dieser Konzeption deutet an, dass bei ihrer Entwicklung organisatorische Überlegungen zumindest im Hintergrund bedeutsam waren (vgl. Pfohl/Zettelmeyer, 1987, S. 148 f.). Die Notwendigkeit der Ausrichtung von Bereichen und individuellen Entscheidungsträgern auf das Unternehmensziel folgt aus einer Dezentralisierung der Organisation und der Planung. Eine Begrenzung des Controlling auf quantitative Probleme hat die organisatorische Zuordnung von Controllingaufgaben zu Personen im Blickfeld. Diese Vermischung von Funktionsbestimmung und organisatorischer Gestaltung erscheint unzweckmäßig. Ferner ist es auch organisatorisch nicht ausgeschlossen, dass innerhalb von Abteilungen mehr qualitativ und mehr quantitativ denkende Personen zusammenarbeiten. Zudem können auf der strategischen Ebene quantitative Erfolgsgrößen wie der Ertragswert oder quantitative Indikatoren des Erfolgspotenzials eine Rolle spielen. Die strategische Planung ist nicht vollständig auf qualitative Größen begrenzt. Aus der Konzentration auf die Erfolgszielorientierung folgt die Beschränkung auf den operativ-taktischen Bereich demnach nicht zwangsläufig. Darüber hinaus liegt in der Verknüpfung zwischen strategischer und taktischer sowie operativer Ebene eine wichtige Koordinationsaufgabe, die durch die gewinnzielorientierte Konzeption nicht erfasst, sondern eher verschärft wird.

Der zentrale Einwand gegen die Gewinnzielausrichtung als grundlegende eigenständige Problemstellung des Controlling liegt aber darin, dass dieses Ziel in vielen erwerbswirtschaftlichen Unternehmungen schon bisher für die Planung, Steuerung und Kontrolle sowie das Informationssystem bestimmend ist. In den Unternehmungen, die den Gewinn als oberstes Ziel verfolgen, ist man auch ohne spezielle Herausstellung des Controlling bemüht, alle Entscheidungen und Handlungen auf dieses Ziel auszurichten. Soweit Bereiche oder Individuen davon abweichende Ziele verfolgen, liegen Schwächen in der organisatorischen Gestaltung, der Personalführung, dem Planungssystem o. Ä. vor, denen durch entsprechende Maßnahmen zu begegnen ist. Dies bedeutet aber nicht, dass zu diesen Führungsteilsystemen ein weiteres hinzutreten muss, das im Unterschied zu diesen die Zielausrichtung bewirkt. Aus diesen Gründen ist nicht zu erkennen, dass die Gewinnzielorientierung eine eigenständige zusätzliche Problemstellung darstellt. Diese Zwecksetzung kann ein für das Controlling maßgebliches, aber nicht charakterisierendes und von anderen Führungsbereichen abgrenzendes Merkmal sein.

Mangelnde Eigenständigkeit der Problemstellung

Problematische
Beschränkung auf
monetäres Ergebnisziel

Für öffentliche Unternehmungen und Verwaltungen führt die Ergebniszielorientierung des Controlling zu dessen Konzentration auf Wirtschaftlichkeitsaspekte, die vielfach, aber nicht grundsätzlich auch in ihnen wichtig sind. Eine solche Abgrenzung des Controlling erscheint grundsätzlich realisierbar, beinhaltet dann jedoch seine Beschränkung auf monetäre Aspekte. Der Gegenstand und die Problemstellungen des Controlling werden damit durch ein (normatives) Ziel abgegrenzt, das nicht für alle Unternehmungen bestimmend ist. Eine solche Kennzeichnung ist für keine andere betriebswirtschaftliche Funktion üblich. Das hätte zur Konsequenz, dass Steuerungsinstrumente wie Kennzahlensysteme und Zielvereinbarungen, wie sie gegenwärtig zum Beispiel für Hochschulen intensiv diskutiert werden, nicht in den Bereich des Controlling fallen.

1.3.2 Führungsprozessbezogene Controlling-Konzeptionen

1.3.2.1 Rationalitätssicherung der Führung

Ursprünglich vertrat Jürgen Weber ein mehrdimensionales Konzept des Controlling, nach dem Planung, Steuerung und Kontrolle die Grundfunktionen des Controlling bilden (vgl. Weber, 1988, S. 23 ff.). Im Anschluss an den mit H.-U. Küpper und A. Zünd verfassten Beitrag (Küpper/Weber/Zünd, 1990) setzte er sich für die koordinationsorientierte Sichtweise ein (vgl. Weber, 1991a, S. 33). Seit 1998 vertritt er zusammen mit Utz Schäffer die Sichtweise, die Sicherstellung einer angemessenen Rationalität der Unternehmensführung bilde die Kernaufgabe des Controlling (vgl. Weber, 1998). Hierdurch soll eine Konzeption erreicht werden, die sich mit dem Praxisverständnis deckt (vgl. Weber, 2004a, S. 29). Den Hintergrund für diese Auffassung bildet die weithin übliche Gliederung des Führungsprozesses oder -zyklus in die Phasen der Willensbildung, Willensdurchsetzung, Ausführung und Kontrolle (vgl. Weber/Schäffer, 1999, S. 734 ff.). Als Vorgehensweisen der Willensbildung werden Reflexion und Intuition unterschieden, zu denen die Improvisation als reaktive Handlungsweise ohne rationale Vorbereitung kommt. In der Willensdurchsetzung soll der als Zweck-Mittel-Relation definierte Wille mithilfe von ergebnis-, prozess- oder faktorbezogenen Anordnungen den ausführenden Stellen übermittelt werden. Durch sie sollte das Handeln so festgelegt sein, dass in der Ausführungsphase keine Freiheitsgrade mehr bestehen. Das in der Kontrolle durch den Vergleich zwischen dem Gewollten und dem tatsächlich Erreichten gewonnene Wissen fließt dann in die Willensbildung zurück.

Die Kernaufgabe des Controlling sehen Weber und Schäffer darin, in allen diesen Phasen Rationalität sicherzustellen. Letztere wird dabei als Zweckrationalität verstanden, die an der effizienten Mittelverwendung im Hinblick auf gegebene Zwecke zu messen ist. Dabei sind sie der Meinung, dass es »letztlich ... für Unternehmen in unserer Gesellschaftsordnung nur einen einzigen Zweck (gibt), welcher selbst nicht auch Mittel ist, nämlich der übergeordnete Zweck der Nutzenmaximierung in Form von Gewinn- oder Wertmaximierung« (Schäffer/Weber, 2004, S. 462). Insofern gehen sie nicht von einer allgemeinen (Zweck-Mittel-)

Hintergrund
der Konzeption

Zwecksetzung: Sicherstellung der Rationalität

Rationalität aus, bei der die übergeordneten Zwecke von der Unternehmung und ihren Entscheidungsträgern zu wählen sind, sondern sehen diesen Zweck allein in der monetären kurz- oder längerfristigen Erfolgsmaximierung. Rationalität selbst wird »als herrschende Meinung von Fachleuten hinsichtlich einer bestimmten Zweck-Mittel-Situation« (Weber, 2004a, S. 51 (im Original kursiv)) verstanden und als stets relativ zu einem vorhandenen Wissensniveau definiert. Das Problem, Fachleute für eine bestimmte Fragestellung eindeutig abzugrenzen, wird gesehen, jedoch als pragmatisch lösbar betrachtet.

Die der Funktion Controlling zugeordnete Sicherung dieser Rationalität ist auf Führungshandlungen bezogen und wird »definiert als die Menge aller Handlungen zur Erhöhung der Wahrscheinlichkeit, dass die Realisierung von Führungshandlungen der antizipierten Zweck-Mittel-Beziehung entspricht« (Schäffer/Weber, 2004, S. 461; vgl. auch Schäffer, 2001, S. 44; zur Kritik: Schneider, 2005, S. 67). Die Sicherungsfunktion bezieht sich auf alle Phasen des Führungszyklus. Bei der Willensbildung wird ein Schwerpunkt darin gesehen, Reflexion und Intuition in ein zweckmäßiges Verhältnis zu bringen. Eine spezifische Aufgabe stellt die Sicherstellung in der Datenbereitstellung dar. Neben der Sicherstellungsfunktion in Durchsetzung und Kontrolle liegen in der Verbindung mit anderen Führungshandlungen weitere Aufgaben der Sicherstellung von Rationalität. Diese betreffen die Verbindung von Planung, Informationsversorgung und Kontrolle sowie deren Beziehungen zu Organisation und Personalführung. Über diese Teilaufgaben sind nach Weber und Schäffer die auf der Koordination aufbauenden Controlling-Konzeptionen angesprochen. Damit erheben sie den Anspruch, eine umfassende Konzeption entwickelt zu haben, welche die wichtigsten anderen Konzeptionen einschließt (vgl. Weber/Schäffer, 1999, S. 739 ff.).

Die Funktion der Rationalitätssicherung dient nach Weber und Schäffer der Unterstützung der Manager, welche die »Verantwortung für die Führung des Unternehmens« (Weber, 2004a, S. 38) tragen. Dem liegt zugrunde, dass Weber (2004, S. 31 ff.) die Funktion des Controlling induktiv aus den Aufgaben der Controller ableitet. Auf diese Weise gelangt er zu drei *delegationsbezogenen Typen* von Controlleraufgaben. Bei den *Entlastungsaufgaben* übernehmen Controller eine reine Zulieferfunktion. Wie das Berichtswesen oder die laufende Abweichungsanalyse sind ihre Aktivitäten auf eine effiziente Datenversorgung und den effizienten Betrieb von Führungshandlungen gerichtet. Eine *Ergänzung* des Management liegt vor, wenn Controller aufgrund ihres spezifischen Fach- und Methodenwissens oder aus anderer Perspektive die Handlungen der Manager auf deren Rationalität hin prüfen. Zu einer *Begrenzung* kommt es, wenn Controller darauf achten, dass Manager innerhalb des ihnen gesteckten Rahmens bleiben und nicht opportunistisch handeln.

Die zentrale Frage dieser Konzeption liegt darin, ob Rationalitätssicherung eine *eigenständige Funktion* darstellt, die anderen betriebswirtschaftlichen Funktionen nicht zukommt und dadurch charakteristisch für das Controlling sein kann. Rationalität ist ein Merkmal, das in der Wirtschaftswissenschaft für *alle* Bereiche und Entscheidungen angestrebt wird. Deshalb kann es nicht das für

Sicherungsfunktion

Unterstützungsfunktion

Kritik: Eigenständigkeit der Rationalitätssicherung?

eine bestimmte Funktion typische Merkmal sein. Seine Sicherung betrifft alle Funktionsbereiche und – wie Weber und Schäffer selbst zeigen – alle Phasen der Führungsprozesse einer Unternehmung. Also kann Rationalitätssicherung zumindest *keine eigenständige Funktion* im üblichen Sinn, wie z. B. Fertigung, Planung oder Kontrolle kennzeichnen. Da Rationalität und ihre Sicherung aus betriebswirtschaftlicher Sicht in allen Unternehmensfunktionen enthalten sein sollte, erscheint es äußerst fragwürdig, in ihr das Spezifische zu sehen, was Controlling von anderen Funktionen unterscheidet. »Jeder, der vernünftig handeln will, wird Rationalitätssicherung anstreben; diese ist also kein Merkmal, das Controlling von anderem unterscheidet« (Schneider, 2005, S. 67). Man fragt sich, wie Rationalitätssicherung eine »originäre Controlleraufgabe« sein kann, wenn Weber zugleich erkennt, dass »Controller zwar nicht jede Form der Rationalitätssicherung wahrnehmen« (Weber, 2004a, S. 46) und diese auch von anderen Akteuren wahrgenommen wird (vgl. Schäffer/Weber, 2004, S. 463).

Hintergrund: Übereinstimmende Aufgaben von Controllern

Den Ausgangspunkt dieser Konzeption bildet das Bestreben, eine hohe Übereinstimmung zu der *Tätigkeit von Controllern* in der Praxis zu erreichen. Deshalb wird versucht, sie auf induktivem Weg aus deren Aufgaben abzuleiten. Zugleich sollen möglichst viele andere Konzeptionen eingebunden werden. Das führt zur Herausstellung eines Merkmals, mit dem sich kaum eine Funktion gegenüber den bekannten anderen Funktionen abgrenzen lässt. Ein solch umfassendes Merkmal, das aus betriebswirtschaftlicher Sicht in allen betrieblichen Funktionen enthalten ist bzw. sein sollte, findet sich folgerichtig in empirischen Untersuchungen auch bei (fast) allen Controllern. Wegen seiner *mangelnden Spezifität* erscheint es aber äußerst fraglich, ob man damit das für eine spezielle Funktion charakteristische Merkmal erfassen kann. Dabei erweist es sich als weiteres Problem, dass Weber und Schäffer nicht klar zwischen Funktion und organisatorischer Gestaltung trennen. Durch deren Vermischung wird die Kennzeichnung der für die Funktion Controlling typischen Merkmale erschwert. Besonders offensichtlich wird dieser Mangel, wenn die Unterstützungsfunktion in den Vordergrund gestellt und für die Funktion Controlling a priori festgelegt wird, dass sie delegierte Aufgaben umfasse.

Verhältnis von Führung und Controlling

Wenn Rationalitätssicherung eine Führungsaufgabe darstellt, ist es zudem problematisch, Management bzw. Führung auf einer Ebene mit dem durch sie gekennzeichneten Controlling zu vergleichen. Sofern man nicht die organisatorische Gestaltung, sondern die Kennzeichnung einer Funktion im Auge hat, wäre Controlling auch im Sinne von Rationalitätssicherung eine Teilaufgabe der Führung. Jedoch gerät man zu einer äußerst komplizierten Begriffsbildung, wenn die Führungsteilaufgabe Controlling zugleich in anderen Führungsteilaufgaben der Planung, Kontrolle oder Personalführung enthalten ist.

1.3.2.2 Effektivität und Effizienz als Rationalitätsmaßstab

Auf eine Präzisierung der Konzeption von Weber und Schäffer zielen Heinz Ahn und Harald Dyckhoff ab (vgl. Dyckhoff/Ahn, 2001; Ahn, 2003; Ahn/Dyckhoff, 2004). Anhand entscheidungstheoretisch geprägter Überlegungen wollen sie den Kern des Controlling klarer herausarbeiten.

Abb. 1-9

Klassifikation von Tätigkeiten nach ihrem Bezug zu Entscheidungs- bzw. Weisungskompetenzen

Tätigkeiten von Akteur 1 im Hinblick auf		Weisungskompetenz	
		unmittelbare Einflussnahme auf Akteur 2	unmittelbare Einflussnahme auf die Leistung selbst
Entscheidungskompetenz	Entscheidungs-findung (Überlegungen)	**Führungsplanung**	**Leistungsplanung**
	Entscheidungs-vollzug (Handlungen)	**Führungsvollzug**	**Leistungsvollzug**

Vergleiche Ahn/Dyckhoff, 2004, S. 505

Hierzu trennen sie im Hinblick auf die Entscheidungskompetenz zwischen der in Form von Überlegungen durchgeführten Entscheidungsfindung und dem sich in Handlungen niederschlagenden Entscheidungsvollzug. Ferner unterscheiden sie Weisungskompetenzen in der Form einer unmittelbaren Einflussnahme auf einen Akteur von dem Einfluss auf eine Leistung in der Leistungserstellung, -vorbereitung und -verwertung. Nach dem ersten Kriterium der Entscheidungskompetenz ergeben sich Tätigkeiten der Planung und des Vollzugs, nach dem zweiten Kriterium der Weisungskompetenz trennen sie zwischen Führung und Leistung. Dies führt entsprechend Abbildung 1-9 zu vier verschiedenen Tätigkeitsarten.

Entscheidungs- und Weisungskompetenz

Den Ansatzpunkt für die Kennzeichnung des Controlling sehen Ahn und Dykhoff darin, dass die Rationalitätssicherungsfunktion »mit der Einwirkung eines Controlling-fokussierten Akteurs auf einen anderen Akteur (wobei ... beide Akteursrollen auch von einer einzigen Person übernommen werden können)« (Ahn/Dyckhoff, 2004, S. 508) verbunden ist. Controller wirken durch rationalitätssichernde Überlegungen bzw. Handlungen auf die Entscheidungsfindung bzw. den Entscheidungsvollzug anderer Akteure ein. Das aus den rationalitätssichernden Überlegungen und Handlungen gebildete Controllingsystem ergänzt nach dieser Konzeption das Führungs- und das Leistungs- (bzw. Vollzugs-)system, ist jedoch andererseits »selbst teils dem Planungssystem, teils dem Vollzugssystem zuzuordnen« (Ahn/Dyckhoff, 2004, S. 509). Im Ergebnis sehen Ahn und Dyckhoff das Controlling nicht als Teil der Führung und beziehen es auch auf das Leistungssystem, da es auf allen Ebenen der Unternehmung die Sicherstellung rationaler Entscheidungsfindung beinhalte.

Einwirkung auf andere Akteure

Mit dieser begrifflichen Klassifizierung von Tätigkeiten gelangen Ahn und Dyckhoff zu einer Kennzeichnung von Führung und Leistung sowie Planung

Problematik der Zuordnung von Controllingtätigkeiten

und Vollzug, die sich an den Organisationsvariablen Weisungs- und Entscheidungskompetenz (vgl. Picot, 2005, S. 69 ff.) orientiert. Die hierdurch erreichte Klarheit gilt nicht gleichermaßen für ihre Kennzeichnung von Controllingtätigkeiten. Auf der einen Seite sagen sie, dass diese in der Einwirkung auf andere Akteure (und wohl nicht unmittelbar auf die Leistungserstellung, -vorbereitung und -verwertung) bestehen. Nach diesem Merkmal müsste es sich bei diesen entsprechend Abbildung 1-9 um Führungstätigkeiten handeln. Andererseits sehen sie Controlling nicht als Teil der Führung, ohne dass verdeutlicht wird, worin das spezifische Merkmal dieser Art von Tätigkeit neben Führung und Leistung liegt.

Operationalisierung
rationalitätsorientierter
Controllingaufgaben

Ansatzpunkte zur Operationalisierung rationalitätsorientierter Controllingaufgaben bietet der *Managementzyklus*, den Ahn und Dyckhoff in die Phasen Lernen, Selektion und Kontrolle einteilen. Jede dieser Phasen enthält als Komponenten eine Ausgangskonstellation, einen reflexiven Teil der Entscheidungsfindung und eine Endkonstellation. Innerhalb jeder dieser Komponenten sehen sie die Aufgaben des Controlling in der Offenlegung der Komponenteninhalte, deren kritischer Analyse und der darauf aufbauenden Erschließung von Verbesserungspotenzialen. Durch diese Aufgaben werde die Sicherstellungsfunktion konkretisiert (vgl. Ahn/Dykchoff, 2004, S. 514 ff.). Nach ihrer Auffassung wird Rationalität mit der Bezugnahme auf die herrschende Meinung von Fachleuten durch Weber und Schäffer nur vage bestimmt.

Konkretisierung
von Rationalität

Um das Rationalitätskonstrukt zu präzisieren, ziehen sie die Begriffe der Effektivität und der Effizienz heran. Dabei definieren sie eine Tätigkeit als »effektiv in Bezug auf bestimmte Zwecke, wenn sie eine Zustandsveränderung bewirkt, mit der diese Zwecke erfüllt werden« (Ahn/Dyckhoff, 2004, S. 519 (im Original z.T. fett)). Sie »heißt effizient in Bezug auf eine bestimmte Teilmenge der relevanten Ziele und Tätigkeitsalternativen, wenn sie eine Zustandsveränderung bewirkt, die bei der Wahl einer anderen Alternative aus der Teilmenge im Hinblick auf keines der im Einzelfall ausgewählten Ziele eine Verbesserung erlaubt, ohne gleichzeitig bei einem anderen der ausgewählten Ziele zu einer Verschlechterung zu führen« (Ahn/Dyckhoff, 2004, S. 519 (im Original z.T. fett)). Effektivität bezeichnet bei ihnen die Zweckmäßigkeit, -erfüllung oder -wirksamkeit einer Tätigkeit, während sich Effizienz auch auf die relevanten Mittel sowie Nebenfolgen bezieht und keine Verschwendung zulässt.

Effektivitäts- und
Effizienzsicherung

Effektivität und Effizienz in diesem Sinne liefern die Bedingungen für zweckrationales Verhalten. Mit diesen Konkretisierungen besteht für Ahn und Dyckhoff eine Kernaufgabe des Controlling in der »Offenlegung, Güteprüfung und Verbesserung der Entscheidungsfindung … im Hinblick auf ihre Effektivität und Effizienz« (Ahn/Dyckhoff, 2004, S. 520) bzw. in der Effektivitäts- und Effizienzsicherung.

Sie weisen darauf hin, dass dies nur *eine* Kernaufgabe des Controlling sein könne, die keine Ausschließlichkeit beanspruche. Im Ergebnis sehen sie in ihrer Konzeption einen eigenständigen rationalitätsorientierten Controlling-Ansatz. Die durch sie herausgestellte Kernaufgabe werde von keiner anderen speziellen Betriebswirtschaftslehre explizit vereinnahmt. Ihre Fundierung liege in einer entscheidungstheoretischen Theorie des Controlling. Ferner ist es nach ihrer Auffassung zwar wichtig, einen eigenständigen Kern des Controlling herauszuarbeiten, eine exakte Grenzziehung zu anderen Gebieten sei aber unbedeutend.

Mit ihrer effektivitäts- und effizienzorientierten Konzeption wollen Ahn und Dyckhoff insbesondere die für das Controlling charakteristischen Tätigkeiten und die Rationalitätsorientierung konkretisieren. Ersteres gelingt ihnen nicht in überzeugender Weise, da sie nicht klären, ob es sich bei diesen um eine eigene Tätigkeitsart neben denen der Führung und der Leistung oder um eine spezifische Klasse von Führungstätigkeiten handelt. Die Kennzeichnung als Einflussnahme auf andere Akteure spricht für die Zuordnung zu Führungstätigkeiten; dann müsste aber geklärt werden, worin das spezifische Merkmal im Unterschied beispielsweise zu Planungs-, Kontroll- oder Personalführungstätigkeiten liegt.

Kritik: Bezug zu Führung

Gewichtiger ist der bereits gegen Weber und Schäffer geltende zentrale Einwand, dass die effektivitäts- und effizienzorientierte Rationalitätssicherung ein Merkmal bildet, welches sich in *allen* betriebswirtschaftlichen Funktionen wiederfindet. Ebenso wie Rationalität gehören Effektivität und Effizienz zu den *Grundbegriffen* der Wirtschaftswissenschaften, deren Ansätze in allen Bereichen darauf gerichtet sind, Entscheidungen und Handlungen aufzuzeigen, die rational in dem von Ahn und Dyckhoff präzisierten Sinn sind. Insbesondere Effizienz ist ein Merkmal, dem in vielen wirtschaftlichen Theorien wie beispielsweise der Entscheidungs- und der Produktionstheorie eine zentrale Bedeutung zukommt. Effektivität und Effizienz sind bisher von keiner speziellen Betriebswirtschaftslehre vereinnahmt, weil sie in allen enthalten sind. Deshalb kann ihre Sicherung nicht das charakteristische Merkmal einer speziellen Funktion und Teildisziplin neben den anderen sein. Um zu erkennen, worin das Spezifische der Funktion sowie der Teildisziplin Controlling liegt, ist aber eine gewisse Grenzziehung der für sie charakteristischen Kernaufgabe oder Menge an Kernaufgaben gegenüber den Kernaufgaben anderer Funktionen und Teildisziplinen unumgänglich.

Allgemeingültigkeit von Effektivität und Effizienz

1.3.2.3 Reflexionsaufgabe als Führungsfunktion des Controlling

Am Führungsprozess setzt ebenfalls die von Gotthard Pietsch und Ewald Scherm vorgeschlagene Konzeption eines reflexionsorientierten Controlling an (vgl. Pietsch, 2003; Pietsch/Scherm, 2001b). Diese weist Bezüge zu den beiden vorab gekennzeichneten Ansätzen auf, stellt aber auf ein anderes Merkmal ab (vgl. Schäffer/Weber, 2004, S. 462).

Grundlegend für ihre Kennzeichnung ist die in Abbildung 1-10 wiedergegebene gedanklich-analytische Betrachtung des Führungsprozesses mit den drei funktionalen Ebenen der *Führung*, *Führungsunterstützung* und *Ausführung* (vgl. Pietsch/Scherm, 2004, S. 532 ff.). Im Mittelpunkt der Führung stehen Entscheidungen, während die Führungsunterstützung auf die Informationsbereitstellung ausgerichtet ist. Grundlegende Operationen zur Komplexitätsbewältigung sind nach dieser Auffassung die *Selektion* und die *Reflexion*. Durch die Selektion werden aus der Gesamtheit der Möglichkeiten eine oder mehrere ausge-

Ebenen des Führungsprozesses

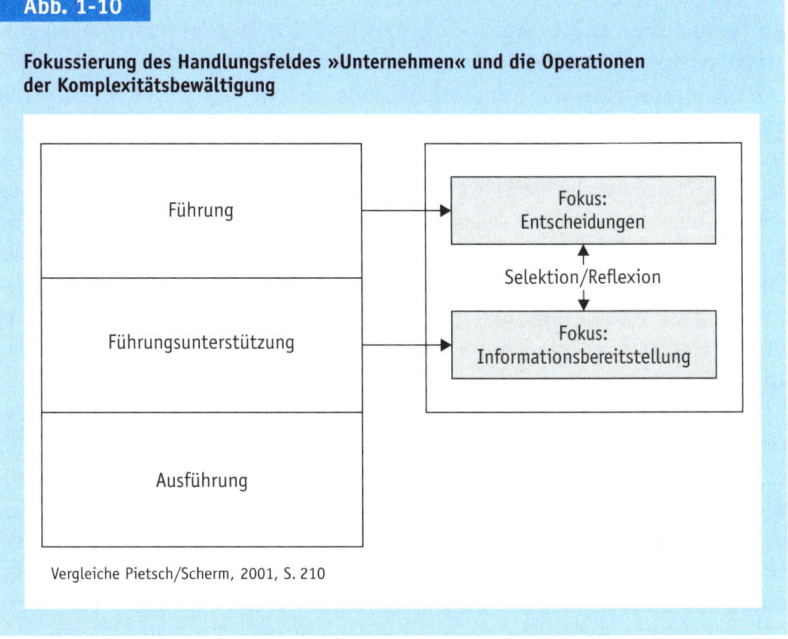

Abb. 1-10

Fokussierung des Handlungsfeldes »Unternehmen« und die Operationen der Komplexitätsbewältigung

Führung → Fokus: Entscheidungen

Selektion/Reflexion

Führungsunterstützung → Fokus: Informationsbereitstellung

Ausführung

Vergleiche Pietsch/Scherm, 2001, S. 210

wählt und damit Komplexität reduziert. Die Reflexion dient demgegenüber dazu, der Gefahr einer falschen Selektion entgegenzuwirken. Sie beinhaltet eine *distanzierend-kritische Gedankenarbeit*, während für die Selektion neben bewussten Überlegungen die Intuition eine Rolle spielt. Nach der Auffassung von Pietsch und Scherm ist Reflexion »die grundlegende Voraussetzung für Flexibilität und Lernen sowie für die Sicherung der Anpassungsfähigkeit von Unternehmen und somit von zentraler Bedeutung für den Erfolg der Unternehmensführung« (Pietsch/Scherm, 2004, S. 536).

Kontroll- und perspektivenorientierte Reflexion

Die Reflexionsaufgabe stellt für sie eine eigenständige Führungsfunktion dar, die abweichungs- und perspektivenorientiert vorgenommen werden kann. Die abweichungsorientierte Reflexion entspricht der traditionellen *Kontrollfunktion* und ist auf Soll-Ist-Vergleiche sowie die Ermittlung von Abweichungen gerichtet. Durch die Kontrolle werden Entscheidungen in Bezug auf Effektivität und Effizienz der realisierten Maßnahmen sowie die Angemessenheit der verfolgten Ziele hinterfragt. Dagegen soll die *perspektivenorientierte Reflexion* neue (Gestaltungs-)Perspektiven aufdecken und die Entscheidungen aus unterschiedlichen Blickwinkeln analysieren.

Führungsunterstützungsfunktion

Pietsch und Scherm verstehen die Reflexionsaufgabe als eine Komponente der Führungsfunktion und als eine *Kernaufgabe des Controlling*. Die Bedeutung des Controlling in Wissenschaft und Praxis reicht für sie jedoch darüber hinaus und umfasst entsprechend Abbildung 1-11 auch die *Führungsunterstützung*. Durch sie hat es »die Aufgabe, die für die Entscheidungsreflexion bedeutsamen

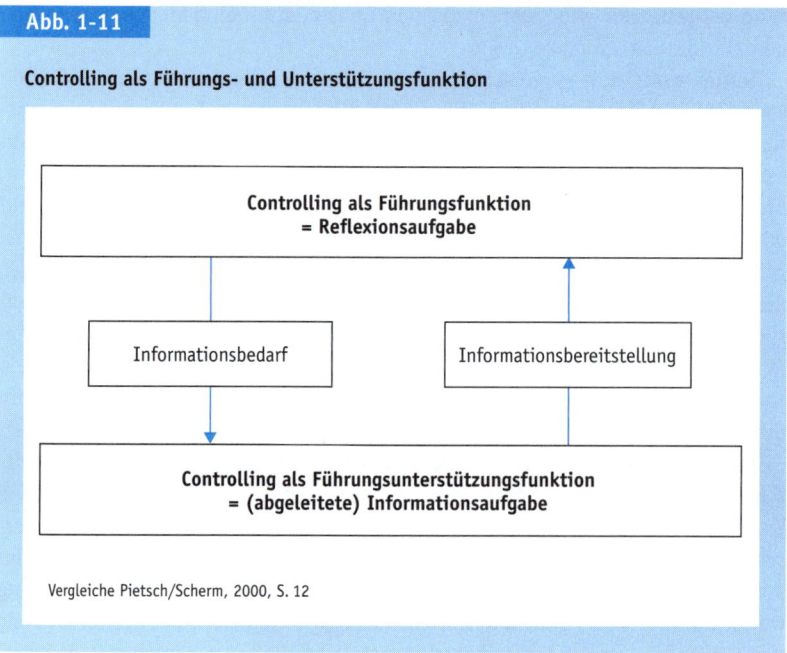

Abb. 1-11

Controlling als Führungs- und Unterstützungsfunktion

Controlling als Führungsfunktion
= Reflexionsaufgabe

Informationsbedarf

Informationsbereitstellung

Controlling als Führungsunterstützungsfunktion
= (abgeleitete) Informationsaufgabe

Vergleiche Pietsch/Scherm, 2000, S. 12

Informationen zu liefern« (Pietsch/Scherm, 2004, S. 540). Unter den gesamten für die Führung erforderlichen Informationen betrifft das Controlling damit nur diejenigen, welche für die Wahrnehmung der Reflexionsaufgabe erforderlich sind. Jedoch können diese Informationen auch für andere Führungsfunktionen wie z. B. Planung, Organisation oder Personalführung nützlich sein (vgl. Pietsch, 2003, S. 26).

Für Pietsch und Scherm ist Controlling eine wichtige Komponente der Führung, die sich auf eine bestimmte Teilaufgabe von ihr beziehe, die in der Reflexion bestehe. Sie stellen damit eine neue Komponente der Führung heraus. Während beispielsweise Planung, Informationsversorgung, Organisation oder Personalführung seit langem in der Betriebswirtschaftslehre als wichtige Teilaufgaben der Führung behandelt werden, wird von den für das reflexionsorientierte Controlling genannten Aufgaben bislang lediglich die Kontrolle betont. Daher stellt sich die Frage, ob die perspektivenorientierte Reflexion eine derartige Eigenständigkeit und Bedeutung besitzt, dass sie als umfassendere Funktion an die Stelle der Kontrolle zu treten hat. Die Konzeption von Pietsch und Scherm bedeutet, dass die Kernaufgabe des Controlling in einer um die Perspektivensicht erweiterten Kontrollfunktion besteht, die um die hierfür erforderliche Informationsbereitstellung ergänzt ist. Eine derartige Beschränkung auf eine (erweiterte) Kontrolle führt zu einer engen Sichtweise, die im Gegensatz zu den meisten in der Wissenschaft vertretenen Auffassungen steht. Auch wenn der Sicherung der Kontrolle in der Praxis eine hohe Bedeu-

Kritik: Enge der Konzeption

tung beigemessen wird, gehen die von Controllern wahrgenommenen Aufgaben klar darüber hinaus.

Abgrenzbarkeit von Reflexion

Ferner kann man im Anschluss an D. Schneider bezweifeln, dass Reflexion ein »Unterscheidungsmerkmal für Controlling gegenüber anderen Führungsfunktionen bietet« (Schneider, 2005, S. 68). Ihr für Pietsch und Scherm charakteristisches Merkmal einer »distanzierend-kritischen Gedankenarbeit« ist in den anderen Führungsfunktionen ebenfalls zu finden. Also kann darin nicht das Spezifische des Controlling liegen. Zudem dienen die anderen Führungsfunktionen ebenfalls der Komplexitätsreduktion. Ein zentraler Einwand gegen diese Konzeption liegt damit wie bei der Rationalitätssicherung und der Effektivitäts- sowie Effizienzsicherung darin, dass mit Reflexion ein Merkmal herausgestellt wird, das in *allen* Führungsfunktionen enthalten ist oder sein sollte. Deshalb kann es nicht das für das Controlling typische Merkmal sein, durch welches dieses sich von den anderen Führungsfunktionen unterscheidet.

Abgrenzung zwischen Controlling und Kontrolle

Die Erweiterung der Kontrollfunktion um die Reflexion über (andere) Entscheidungsperspektiven liefert keine grundsätzlich neuen Aspekte, wenn man Kontrolle nicht auf Soll-Ist-Vergleiche beschränkt. Dann reduziert sich der Vorschlag von Pietsch und Scherm darauf, dass der Kern des Controlling in der Kontrolle liege, die über die Berücksichtigung der Perspektivenorientierung weiter zu fassen sei. Eine solche Sicht hat lange Tradition. Bei der Einführung von Controlling in der Praxis hatte es sich lange mit dem »Vorwurf« auseinanderzusetzen, in Wirklichkeit gehe es bei ihm nur um Kontrolle. Einer solchen Kennzeichnung des Controlling steht entgegen, dass es typische Kontrollfunktionen wie die interne und die externe Kontrolle z. B. durch Wirtschaftsprüfer gibt, die im Allgemeinen weder in der Praxis noch in der Wissenschaft zum Controlling gerechnet werden. Darüber hinaus fallen wichtige Aufgaben wie die Budgetierung oder die Festlegung von Verrechnungspreisen nicht unter dieses Verständnis von Controlling, die ebenfalls typischerweise als Controllingaufgaben angesehen werden. Die Konzeption von Pietsch und Scherm erscheint aus diesen Gründen weder konzeptionell ausreichend klar, noch wird sie durch die Ausgestaltung des Controlling in der Praxis gestützt.

1.3.3 Koordinationsorientierte Controlling-Konzeptionen

1.3.3.1 Integration des Informationssystems

Zwecksetzung: Koordination von Informationsbedarf, -erzeugung und -bereitstellung

Bei der informationsorientierten Controlling-Konzeption wird »das Controlling als eine zentrale Einrichtung der betrieblichen Informationswirtschaft« (Müller, 1974, S. 683) verstanden. Seine Zwecksetzung wird in der Koordination der Informationserzeugung und -bereitstellung mit dem Informationsbedarf gesehen. Sie bezieht sich damit auf eine Problemstellung, die durch den Ausbau des Rechnungswesens zu einem Instrument der Unternehmensführung zunehmend an Gewicht gewonnen hat. Ihre Bedeutung ist vor allem durch den Einsatz der EDV-Unterstützung offener zutage getreten.

Betrachtet man die gängigen Lehrbücher insbesondere zum internen Rechnungswesen, so fällt auf, dass Fragen der Informationsbedarfsermittlung und der Informationsbereitstellung, also des Berichtswesens, in ihnen kaum behandelt werden. Der Informationsbedarf wird indirekt durch die Analyse von Rechnungszwecken und -zielen angesprochen. Fragen des individuellen Informationsbedarfs und Verfahren der Informationsbedarfsermittlung werden nicht systematisch behandelt. Dabei sollten die Informationen des Rechnungswesens auf den jeweiligen Informationsbedarf gerichtet sein und so übermittelt werden, dass die Empfänger sie in hohem Maße nutzen. Die in der Praxis häufig erhobene Klage einer Informationsüberflutung bei gleichzeitigem Fehlen der tatsächlich benötigten Informationen könnte auf eine mangelnde Abstimmung zwischen Informationsbedarf, Informationsbereitstellung und Informationserzeugung zurückzuführen sein.

Damit ergibt sich für die informationsorientierte Controlling-Konzeption eine eigenständige und wichtige Problemstellung. Deren Bedeutung hat durch die Entwicklung leistungsfähiger Systeme der Kosten- und Investitionsrechnung, des externen Rechnungswesens, der Planungs- und Kontrollrechnung sowie der Kennzahlenanalyse und -vorgabe zugenommen. Zudem hat die EDV die Möglichkeiten der Datenermittlung sowie -verarbeitung und damit der Nutzung dieser Rechnungssysteme deutlich erhöht. Die Entwicklungen haben dazu geführt, dass diese Koordinationsaufgabe eine neue Dimension erhalten hat. Das könnte als ausreichende Begründung für die Einführung der neuen Bezeichnung Controlling verstanden werden.

Eigenständigkeit

Mit der Begrenzung auf diese Koordinationsaufgabe wäre auch sichergestellt, dass der Gegenstand des Controlling nicht ausufert. Theoriekonzepte sind zumindest für die Ausrichtung der Informationserzeugung auf Entscheidungen entwickelt worden (vgl. z.B. Kilger, 1988, S. 135 ff.; Riebel, 1994, S. 176 ff.; Schneider, 1994a, S. 305 ff.). Das informationsorientierte Controlling besitzt damit schon ein gewisses theoretisches Fundament.

Klarheit und theoretische Fundierung

Andererseits kann die informationsorientierte Konzeption als notwendige Weiterentwicklung des traditionellen Rechnungswesens verstanden werden. Sie bezieht sich auf einen Koordinationsbedarf, der besonders für das interne Rechnungswesen, aber auch für das externe, schon immer bestand und nur in seinem Gewicht durch die Gestaltungsmöglichkeiten DV-gestützter Informationssysteme zugenommen hat. Ob dies die Einführung der neuen Bezeichnung »Controlling« rechtfertigt, erscheint fraglich. Die Bezeichnungen »Entscheidungsorientiertes Rechnungswesen« oder »Unternehmensrechnung« bringen gleichermaßen eine Veränderung gegenüber dem traditionellen Rechnungswesen zum Ausdruck und deuten stärker auf die Rechnung als zentrales Element hin.

Kritik: Nur Weiterentwicklung des Rechnungswesens

1.3.3.2 Koordination von Planung, Kontrolle und Informationsversorgung

Die Unternehmensrechnung soll insbesondere Daten für die betriebliche Planung und Kontrolle bereitstellen. Deshalb ist sie mit diesen Führungsteilsystemen zu koordinieren. Dabei kann es aber nicht nur darum gehen, wie man das Informationssystem gestaltet. Weitet man den Betrachtungswinkel etwas aus,

Zwecksetzung: Koordination von Planung, Kontrolle und Informationssystem

so rückt das allgemeinere Problem der Abstimmung zwischen Planung, Kontrolle und Informationssystem in das Blickfeld. Dann wird die Funktion des Controlling »in der ergebnisorientierten Koordination von Planung und Kontrolle sowie Informationsversorgung« (Horváth, 1998a, S. 143) gesehen. Diese planungs- und kontrollorientierte Konzeption schließt die Aufgaben der informationsorientierten ein. Darüber hinaus werden zur Problemstellung des Controlling die Koordination innerhalb der Planung sowie ihre Abstimmung mit der Kontrolle gerechnet. Dies geschieht einmal durch die »Schaffung einer Gebilde- und Prozessstruktur, die zur Abstimmung von Aufgaben beiträgt« (Horváth, 1998a, S. 120). Diese systembildende Koordination schlägt sich beispielsweise in der Organisation der Planungs- und Kontrollprozesse oder der Festlegung von Planungs- und Kontrollrichtlinien bis hin zur Gestaltung von Planungsformularen nieder. Ferner betrifft sie die laufende Koordination in den sich vollziehenden Planungs- und Kontrollprozessen.

Diese Konzeption weist enge Beziehungen zu der gewinnzielorientierten auf, geht aber von einer anderen Basiszwecksetzung aus. Der Unterschied liegt in der Betonung des Koordinationsaspekts. Deshalb wird das Controlling nicht auf die operativ-taktische Ebene eingeschränkt. Eine Koordination muss auch zur strategischen Ebene vorgenommen werden. Folgerichtig betonen die Vertreter dieser Konzeption die Notwendigkeit eines strategischen Controlling (vgl. Horváth, 1981, S. 405).

In dieser Konzeption wird ein weiter reichendes Koordinationsproblem zugrunde gelegt als in der informationsorientierten. Deutlicher als bei jener ist erkennbar, dass es sich um eine Koordination von Führungsteilsystemen handelt.

1.3.3.3 Koordination des Führungssystems

Wenn man über die Ausrichtung des Informationssystems auf die anderen Führungsteilsysteme hinausgeht, stellt sich die Frage, warum man das Koordinationsproblem auf einzelne Führungsteilsysteme beschränkt. Koordinationsprobleme bestehen zwischen allen Teilen des Führungssystems. Dies wird in der planungs- und kontrollorientierten Konzeption von Abschnitt 1.3.3.2 schon daran deutlich, dass die in ihr betonte systembildende Koordination vielfach die Schaffung entsprechender Organisationsstrukturen verlangt. Damit wird eine Abstimmung von Planung und Kontrolle mit der *Organisation* notwendig. Ferner ist für das Erreichen von koordiniertem Handeln die Art der Verhaltensbeeinflussung wichtig. Das spricht dafür, die Koordination mit der *Personalführung* – beispielsweise über entsprechende Anreizsysteme – in die Betrachtung mit einzubeziehen.

Diese Konsequenz zieht die umfassende koordinationsorientierte Controlling-Konzeption (vgl. Küpper, 1988a, S. 168 ff.). Nach ihr besteht »die Controlling-Funktion ... im Kern in der Koordination des Führungsgesamtsystems zur Sicherstellung einer zielgerichteten Lenkung« (Küpper/Weber/Zünd, 1990, S. 283). Sie sieht in dieser Koordinationsaufgabe die grundlegende und das Controlling charakterisierende Problemstellung. Deutlicher als bei den anderen Konzeptionen wird damit herausgearbeitet, dass »das Controlling ... eine Komponente der Führung sozialer Systeme« (Küpper/Weber/Zünd, 1990, S. 282) ist. Wie die anderen Führungsbereiche oder Führungsteilsysteme, z. B. die Planung oder die Organisation, »unterstützt (es; A.d.V.) die Führung bei ihrer Lenkungsaufgabe« (Küpper/Weber/Zünd, 1990, S. 282). Die Koordination im gesamten Führungssystem schließt die Funktionen der informationsorientierten sowie der planungs- und kontrollorientierten Konzeption ein.

1.4 Begründung und Kennzeichnung der koordinationsorientierten Controlling-Konzeption

Den Ausgangspunkt für die Begründung und Kennzeichnung der koordinationsorientierten Konzeption bildet die Abgrenzung zwischen Leistungs- und Führungssystem. Eine Folge des Ausbaus von Führungssystemen ist die Notwendigkeit ihrer Teilsysteme. Diese eigenständige Problemstellung wird als Kernaufgabe des Controlling angesehen. Aus ihr lassen sich drei weitere Zwecksetzungen ableiten, die spezifische Aspekte der Koordination und deren Ausrichtung betreffen. Die Koordination im Führungssystem umfasst die Koordination innerhalb jedes Führungsteilsystems und zwischen diesen. Für diese Aufgaben lassen sich Instrumente aus der Organisation, Personalführung, Planung und Kontrolle sowie der Information nutzen, die daher als isolierte Koordinationsinstrumente bezeichnet werden. Charakteristisch für das Controlling sind die übergreifenden Koordinationsinstrumente der zentralen Führung, Budgetvorgabe sowie der Steuerung über Kennzahlen und Ziele sowie über Verrechnungs- bzw. Lenkungspreise, die Elemente aller Führungsteilsysteme aufnehmen.

1.4.1 Koordination im Führungsgesamtsystem als spezifische Problemstellung des Controlling

Die Gegenüberstellung verschiedener Konzeptionen des Controlling in Abbildung 1-7 bzw. 1-8 lässt erkennen, dass die Koordinationsfunktion am häufigsten genannt wird. Allerdings wird sie meist als eine Funktion des Controlling *neben* anderen angesehen (vgl. z. B. Baumgartner, 1980, S. 51 ff.; Hahn, 1986, S. 269 ff.; Horváth, 1998a, S. 112 ff.; Serfling, 1992, S. 36 ff.; Ziener, 1985, S. 28 ff.; Zünd, 1979, S. 15 ff.). Ihre Bedeutung wurde erstmals von Péter Horváth (1979, S. 127 ff. und 163) besonders herausgestellt. Jedoch betont er lediglich die Abstimmung zwischen Planung, Kontrolle und Informationsversorgung und nimmt die Koordination mit Organisation und Personal nur indirekt auf (vgl. auch Horváth, 1998a, S. 147). Sowohl die Entwicklung der theoretischen Fundierung des Controlling mit Hilfe agencytheoretischer Ansätze als auch vielfältige Erkenntnisse der Praxis untermauern demgegenüber die Notwendigkeit einer Berücksichtigung der Interdependenzen zur Personalführung und damit zur Verhaltenssteuerung sowie zur Organisation.

Leistungs- oder Vollzugs-
system

Für die Kennzeichnung der Koordinationsaufgabe ist das Führungssystem näher zu untersuchen. In Unternehmungen werden Sachgüter und/oder Dienstleistungen erzeugt und verwertet. Zu diesem Zweck führt man Realgüterprozesse zur Beschaffung, Herstellung, Lagerung und zum Absatz von materiellen bzw. immateriellen Gütern durch. Mit diesen sind Nominalgüterprozesse der Aufnahme, Bindung und Anlage finanzieller Mittel verbunden. Beide Bereiche, den Güter- und den Geldkreislauf (vgl. Kosiol, 1966, S. 115 f.), kann man zusammen als Leistungs- oder Vollzugssystem der Unternehmung bezeichnen. Maßgeblich ist, dass diese Prozesse unmittelbar auf die Erzeugung bzw. Verwertung von Gütern und nicht auf die soziale Einflussnahme gerichtet sind.

Abb. 1-12

Vorschläge zur Gliederung des Führungssystems von Unternehmungen

Bleicher/Meyer	Wunderer/Grunwald	Wild	Wichtige gemeinsame Komponenten
Politiksystem	**Strukturelle Führung** z. B.		
▶ Zielsetzungssystem	▶ Unternehmenspolitik ▶ Unternehmensziele	▶ Zielsystem bzw. Zielbildungssystem	→ Zielsystem
Managementsystem			
▶ Strukturkomponente			
– Führungsrichtlinien	▶ Unternehmensgrundsätze – Führungs-/Kooperationsgrundsätze – Richtlinien	▶ Allgemeine Führungsprinzipien	→ Führungsgrundsätze
– Organisationssystem	– Organisationsnorm/-formen	▶ Organisationssystem	→ Organisation
▶ Ziel- und Feldkomponente			
– Anreizsystem – Personalbeurteilungs- und -entscheidungssystem	– Personalmanagement (z. B. Lohn- und Gehaltsfestsetzung; Versetzung, Beförderung)	▶ Motivationskonzept und Anreizsystem ▶ Personalentwicklungssystem (Management Development)	→ Personalführungssystem
	Menschenführung		
	– Motivieren – Delegieren		
– Planungssystem	– Planen – Entwickeln – Koordinieren – Bewerten – Entscheiden	▶ Planungssystem	→ Planungssystem
– Willenssicherungssystem		▶ Kontrollsystem	→ Kontrollsystem
– Informationssystem	– Informieren	▶ Informationssystem	→ Informationssystem

Bleicher/Meyer, 1976, S. 92 ff. u. 194 ff.; Wunderer/Grunwald, 1980, S. 106 ff.; Wild, 1974, S. 32 ff.

Meist sind die Entscheidungen und Handlungen zum Vollzug dieser Prozesse auf mehrere Personen verteilt. Daraus folgt die Notwendigkeit, die Handlungen der in einer Unternehmung wirkenden Personen auf gemeinsame Ziele auszurichten. Dies ist Gegenstand der Führung. Sie kann im Anschluss an Wunderer/Grunwald (1980, S. 62) als »zielorientierte soziale Einflussnahme zur Erfüllung gemeinsamer Aufgaben« verstanden werden und dient der »Harmonisation« aller Leistungsprozesse einer Unternehmung (Bleicher, 1991, S. 372).

Führung

Die Führung wird in Unternehmungen nicht nur über eine direkte persönliche Einflussnahme auf Mitarbeiter wahrgenommen. Den institutionalisierten Trägern von Führungsaufgaben stehen von der obersten Geschäftsleitung bis zur untersten Ebene der Meister und Gruppenleiter verschiedenartige Führungsinstrumente zur Verfügung. Diese bilden zusammen mit allen Handlungen der sozialen Einflussnahme und allen Personen, welche diese ausführen, ein Führungs- oder Managementsystem.

Die Möglichkeiten zur Führung von Unternehmungen werden durchsichtiger, wenn man das Führungssystem systematisch gliedert. Die entsprechenden Vorschläge der Literatur erscheinen auf den ersten Blick recht unterschiedlich, wie Abbildung 1-12 veranschaulicht. Ihre genauere Analyse lässt aber erkennen, dass sie sich auf gemeinsame Kerne vereinheitlichen lassen. Als wichtige Teile des Führungssystems werden durchweg die Organisation, die Planung und Kontrolle sowie das Informationssystem angesehen. Ferner werden bei den meisten Autoren das Zielsystem, Führungs- oder Unternehmensgrundsätze und Komponenten eines Personalführungssystems wie das Anreizsystem, Management Development u. Ä. hervorgehoben.

Teile des Führungssystems

Wenn man zu einer möglichst komprimierten Gliederung des Führungssystems gelangen will, können das Zielsystem als Teil des Planungssystems verstanden und die Führungs- bzw. Unternehmensgrundsätze dem Personalführungssystem zugeordnet werden. So lassen sich als grundlegende Teilsysteme der Führung entsprechend Abbildung 1-13 die Organisation, das Planungssystem, das Kontrollsystem, das Informationssystem und das Personalführungssystem unterscheiden.

Mit dieser gedanklichen Aufspaltung der Führung und ihrem Ausbau geht eine gewisse Verselbständigung der Teilsysteme einher. Die Zerlegung bewirkt, dass Beziehungen zwischen eng zusammenhängenden Tatbeständen aufgespalten werden. So sind Planung und Kontrolle darauf angewiesen, vom Rechnungswesen die relevanten Informationen zu erhalten. Planungsmodelle lassen sich nur anwenden, wenn die zu ihrer Lösung erforderlichen Daten verfügbar sind. Für aufbau- und ablauforganisatorische Entscheidungen benötigt man Informationen über die Wirkungen der Organisationsalternativen. Personalführungssysteme wie die Entlohnung oder die Weiterbildung müssen ebenfalls mit Informationen versorgt werden.

Verselbständigung der Teilsysteme

Durch den Ausbau und die Verselbständigung der Führungsteilsysteme werden die Notwendigkeit und die Bedeutung der Koordination im Führungssystem immer offensichtlicher. Das Gewicht dieser Problemstellung tritt klarer hervor. Sie wird durch andere Bereiche wie die Organisation oder die Planung teilweise

Notwendigkeit und Bedeutung der Koordination

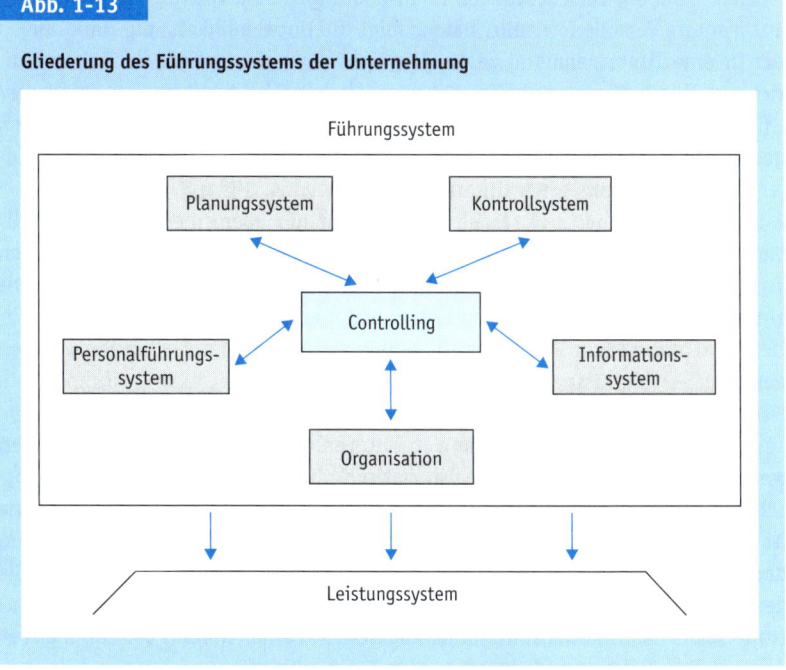

Abb. 1-13

Gliederung des Führungssystems der Unternehmung

erfasst, aber nicht vollständig abgedeckt. Bei ihr handelt es sich um eine eigenständige Problemstellung, deren Gewicht zugenommen hat. Insofern erscheint es (stärker als bei den anderen in Abschnitt 1.3 dargestellten Konzeptionen) gerechtfertigt, für diese Funktion einen speziellen und neuen Begriff einzuführen. Wenn Controlling mehr als eine neue Bezeichnung für bekannte Aspekte oder Bereiche der Führung sein soll, liegt diese Problemstellung in der Koordination des Führungssystems, weil diese Funktion erst durch den systematischen Ausbau eines gegliederten Führungssystems entsteht und Gewicht erhält.

Abgrenzbarkeit der Koordinationsfunktion

Gegen die Konzentration der Controlling-Konzeption auf diese Koordinationsfunktion lässt sich eine Reihe von Argumenten vorbringen. Zum Beispiel könnte diese Konzeption zu weit und wenig abgrenzbar sein, weil in Controlling »zu viele offene Probleme anderer Teilgebiete einbezogen werden, ohne bisher Lösungsansätze bieten zu können« (Schneider, 1991, S. 771). Diesem Einwand kann begegnet werden, indem man die koordinationsorientierte Konzeption ernst nimmt und die Funktion Controlling auf die Koordination im Führungssystem begrenzt. Hierdurch werden neben bekannten Problemen weitere Koordinationsaufgaben ersichtlich, die ansonsten vernachlässigt würden. Lösungsansätze können erst mit einer so verstandenen und auch theoretisch fundierten Weiterentwicklung gefunden werden. Zudem sind für ein derart verstandenes Controlling insbesondere auf Basis der Agencytheorie wertvolle Einsichten und Konzepte entwickelt worden, so dass man kaum mehr behaupten kann, sie habe keine Lösungsansätze vorzuweisen. Auch die entsprechende Behauptung, Controlling als Koordination des Führungsgesamtsystems »… würde das Controlling mit der Unternehmensführung gleichsetzen« (Horváth, 1998a, S. 119), kann nicht überzeugen. Koordination ist eine *spezifische* Aufgabe und nicht ein Oberbegriff für alle Führungsaufgaben, z. B. der Planung und Kontrolle.

Den übergreifenden Begriff, der alle diese Aufgabenbereiche einschließlich der Koordination umfasst, stellt vielmehr die Führung dar. Eine derartige Sichtweise wird bestätigt, wenn gleichzeitig »Controlling als das Subsystem der Führung mit der Funktion der führungsinternen ergebniszielorientierten Koordination« definiert wird (Horváth, 1998a, S. 110), die sich »dabei auf alle Subsysteme der Führung« (Horváth, 1998a, S. 119) erstrecke. Da auch Organisation und Personalführung der Unternehmensführung dienen, ergibt sich daraus konsequenterweise die Einbeziehung der Koordinationsaufgaben bezüglich dieser Führungsteilsysteme. Zudem ist kein klares Kriterium erkennbar (und unseres Wissens vorgetragen worden), mit dem die Koordinationsaufgaben auf bestimmte Führungsteilsysteme beschränkt werden könnten.

Koordination als Kernaufgabe des Controlling

Dass die Koordinationsaufgabe wichtig ist und für sie Lösungen zu suchen sind, wird im Allgemeinen nicht bestritten. Jedoch wird auch argumentiert, die Koordination im Führungssystem sei eine derart *originäre* Führungsaufgabe, dass sie nur von der Unternehmensleitung selbst wahrgenommen werden könne (vgl. Ziener, 1985, S. 32). Bei diesem Einwand wird nicht klar zwischen Funktion und organisatorischer Zuordnung getrennt. Zudem erscheint wenig plausibel, dass sich die Unternehmensleitung alle Koordinationsaufgaben im Führungssystem vorbehält. Es kann sehr wohl zweckmäßig sein, wenn sie nur einige wichtige selbst löst und andere auf untergeordnete Instanzen delegiert bzw. sie von Stäben vorbereiten lässt.

Kritik: Koordination als allgemeine Führungsaufgabe?

Gewichtiger scheint das Argument, die Koordination von Führungsaufgaben enthalte »alle offenen Probleme der Unternehmungsorganisation und Personalführung …« (Schneider, 1991, S. 772). Die Koordination ist eine wichtige Teilaufgabe der Organisation (vgl. Frese, 1995, S. 13 ff.; Grochla, 1982, S. 99 ff.; Hill/Fehlbaum/Ulrich, 1989, S. 28; Kieser/Kubicek, 1983, S. 103 ff.; Laßmann, 1992, S. 12 ff.; Mintzberg, 1979, S. 3 ff.; Schanz, 1982, S. 6 ff.). Jedoch wird eine Reihe von Koordinationsaufgaben, die typischerweise dem Controlling zugerechnet werden, wie die Abstimmung von Informationsbedarf sowie -bereitstellung und -erzeugung, die Koordination der Planung, die Budgetierung u. a. im Allgemeinen nicht als Organisations- oder Personalführungsproblem behandelt. Die Verknüpfung zwischen verschiedenen Führungsteilsystemen spricht vielmehr dafür, dass die Koordinationsfunktion im Führungssystem über eine reine Organisations- oder Personalführungsaufgabe hinausgeht. Das Spezifische dieser Problemstellung besteht gerade in der Betrachtung der Beziehungen zwischen verschiedenen Führungsfunktionen. Darin liegt ein gemeinsames Merkmal, das bei Organisations- und Personalführungsfragen ebenfalls auftreten kann, aber nicht alle Probleme aus diesen Bereichen umfasst und auch den Bezug zu anderen Führungsteilsystemen betrifft. Ob die mit diesem Merkmal er-

Abgrenzbarkeit gegen Organisation und Personalführung

fasste Problemstellung zu umfangreich ist, stellt eine Zweckmäßigkeitsfrage dar, die erst nach Entfaltung der Konzeption beurteilt werden kann. Dann wird auch im Einzelnen erkennbar, wie sich die für das Controlling charakteristische Koordinationsfunktion von derjenigen der Organisation und derjenigen der Personalführung unterscheidet.

Abgrenzbarkeit zu BWL

In die gleiche Richtung geht das Argument, mit der koordinationsorientierten Konzeption werde die Abgrenzung zwischen Controlling und Betriebswirtschaftslehre fließend. Dem steht entgegen, dass betriebswirtschaftliche Funktionen nicht nur in der Koordination liegen. Beschaffung, Produktion und Absatz oder Planung, Kontrolle und Informationsversorgung sind typische betriebswirtschaftliche Funktionen, die Koordinationsaufgaben höchstens als Teilmenge enthalten. Neben ihnen gibt es Aufgaben der Koordination, die eine eigenständige betriebswirtschaftliche Funktion rechtfertigen.

Eigenständigkeit der Koordinationsaufgabe

Die Koordination im Führungsgesamtsystem stellt somit eine *eigenständige* und wichtige Problemstellung dar. Sie erfasst im Unterschied zu allen anderen Vorschlägen eine Funktion, deren Bedeutung durch den Ausbau der Führungsinstrumente gewachsen ist und die von keinem einzelnen anderen Führungsteilsystem wahrgenommen wird, höchstens von ihrer Kombination. Damit ist man jedoch bei einer eigenständigen Funktion. In der Berücksichtigung der Beziehungen zum Personalführungssystem und dem alle Führungsteilsysteme verbindenden Charakter schlägt sich zudem ein *»Steuerungscharakter«* nieder. Damit wird ein Aspekt aufgenommen, der zumindest vom Wort »to control = regeln, steuern« her dem Controlling zugeschrieben worden ist. Aus diesen Gründen ist es gerechtfertigt, diese Controlling-Konzeption im Folgenden zu entwickeln und in ihren Möglichkeiten sowie Grenzen zu analysieren.

1.4.2 Abgeleitete Zwecksetzungen des Controlling

Wenn der Kern des Controlling in der Koordination des Führungssystems gesehen wird, können ihm dennoch weitere Zwecksetzungen zukommen. Aus der Vielzahl der in Literatur und Praxis betonten Funktionen (vgl. Abbildung 1-7 und 1-8) lassen sich zumindest die Anpassungs- und Innovationsfunktion als aus der Koordinationsfunktion abgeleitet interpretieren. Zielausrichtungs- und Servicefunktion können als nähere Spezifikationen für die Art der Koordinationsfunktion verstanden werden. Auf diesem Weg gelangt man zu einem in sich geschlossenen Konzept der Zwecksetzungen des Controlling, das die am häufigsten genannten Funktionen umfasst.

1.4.2.1 Anpassungs- und Innovationsfunktion des Controlling

Unternehmungen werden in einer wirtschaftlichen und gesellschaftlichen Umwelt tätig. Diese ist laufenden Veränderungen unterworfen. Durch eine Reihe von Merkmalen wie z. B. die größer werdenden internationalen Märkte nimmt die Dynamik der Entwicklung eher zu. Daraus erwächst das Erfordernis der laufenden Anpassung, wenn eine Unternehmung erfolgreich bleiben will. Auf den verschiedenen Märkten (z. B. Absatz-, Beschaffungs-, Arbeits-, Kapitalmarkt), auf denen sie aktiv ist, und in der Gesellschaft können Wandlungen (z. B. der Einstellung zu Umweltproblemen) eintreten, auf die das bisherige Handeln nicht mehr zielgerecht passt. Darüber hinaus kann die Unternehmung selbst versuchen, die Entwicklung von sich aus voranzutreiben und die Umwelt zu beeinflussen. Dann übernimmt sie eine Innovationsfunktion.

Diese Anpassungs- und Innovationsfunktion kann man als Koordination der Unternehmensführung mit ihrer Umwelt interpretieren. Insoweit stellt sie ebenfalls eine Koordination des Führungssystems dar und kann als Komponente des Controlling aufgefasst werden. Ihre Bedeutung für das Controlling ist vor allem von André Zünd (1979, S. 22) betont worden. In der Regel ist es Aufgabe der unmittelbar betroffenen Leistungsbereiche, Änderungen der von ihnen bearbeiteten Märkte zu erkennen, Anpassungsmaßnahmen zu ergreifen und durch Innovationen auf Umweltänderungen hinzuwirken. Sie besitzen das erforderliche fachliche Know-how für diese Aufgaben. Durch ihre laufende Tätigkeit sind sie am ehesten in der Lage, die Notwendigkeit von Anpassungen frühzeitig zu erkennen. Die konkrete Erarbeitung von Anpassungsmaßnahmen sowie von Innovationen ist Teil der jeweiligen Leistungsaufgabe. Die Anpassungs- und Innovationsfunktion des Controlling muss daher einen spezifischen Aspekt betreffen, der sich aus dem Koordinationsgesichtspunkt ergibt. Sie bezieht sich auf die Gestaltung von Systemen insbesondere der Informationsbereitstellung (z. B. Früherkennungssysteme) und der Kontrolle, durch welche die Anpassungs- und Innovationstätigkeiten der Leistungsbereiche unterstützt und ggf. auch ausgelöst werden. Damit geht es um die auf Anpassung und Innovation gerichtete Koordination zwischen Führungsteilsystemen.

> Koordination der Unternehmensführung mit ihrer Umwelt

1.4.2.2 Zielausrichtungsfunktion des Controlling

Die Koordination der Unternehmensführung soll dazu dienen, die Unternehmensziele besser zu erreichen, als dies ohne Koordination möglich wäre. Daher liefert das Zielsystem die Kriterien, an denen sich die Koordination orientieren muss. Die Zielausrichtung spezifiziert wie bei anderen Funktionen (z. B. der Planung), zu welchem Zweck und auf welche Ziele hin die Koordination vorzunehmen ist. Sie kommt nicht nur, sondern auch dem Controlling zu.

Maßgeblich sind die von der jeweiligen Unternehmung verfolgten Ziele. Da sie in marktwirtschaftlichen Systemen in Grenzen frei wählbar sind, kann dabei nicht ein einziges bestimmtes Ziel als allgemein geltend angenommen werden. Für die meisten Unternehmungen spielen Erfolgsziele eine maßgebliche Rolle. Ohne ihre Sicherung ist ein Bestand selbständiger Unternehmungen schwer möglich. Daher werden sie in der Regel zu den wichtigsten Unternehmenszielen gehören. Daraus wird die häufige Ausrichtung des Controlling auf Erfolgsziele verständlich.

> Ausrichtung auf Erfolgsziele

Grundsätzlich ist jedoch auch eine Orientierung an anderen Zielen möglich. Dies gilt vor allem für öffentliche Unternehmungen, in denen Bedarfsdeckungsziele in den Vordergrund treten. Zudem verfolgen viele Unternehmungen mehrere Ziele nebeneinander. So ist im Allgemeinen das Liquiditätsziel als strenge

> Ausrichtung auf andere Ziele

Nebenbedingung zu beachten. Darüber hinaus können Umwelt- und Sozialziele sowie Produkt- und Potenzialziele (z.B. Wachstumsziele) ein Gewicht besitzen. Dann wird für die Zielausrichtung des Controlling ein Zielsystem bestimmend (vgl. Heinen, 1976, S. 59 ff.; Hauschildt, 1992).

1.4.2.3 Servicefunktion des Controlling

In zahlreichen Veröffentlichungen wird betont, das Controlling habe eine Service- oder Unterstützungsfunktion (vgl. Harbert, 1982, S. 226 ff.; Horváth, 1998a, S. 144 f.; Serfling, 1992, S. 16 ff.; Strobel, 1978, S. 422 ff.; Ziener, 1985, S. 28 ff.). »Das Controlling übernimmt in den sozialen Systemen nicht selbst Steuerungs- und Lenkungsaufgaben; sonst wäre es von der Leitung nicht mehr unterscheidbar. *Controlling ist Führungshilfe.*« (Küpper/Weber/Zünd, 1990, S. 283) Mit dem Controlling sollten die Führungspersonen entlastet werden.

Bei dieser Fassung der Servicefunktion werden Aspekte der Aufgabenkennzeichnung mit der organisatorischen Gestaltung vermischt. Versteht man Controlling im Sinne der koordinationsorientierten Konzeption als eigenständige Führungsfunktion, so kann sie von der Unternehmensleitung und von einzelnen Führungspersonen wahrgenommen werden. Hierdurch werden diese Personen be- und nicht entlastet. Inwieweit sie die Durchführung der Koordinationsaufgaben z.B. von Stäben vorbereiten lassen und sich damit entlasten, ist eine Frage der organisatorischen Gestaltung, nicht der Abgrenzung des Controlling. Die Einrichtung führungsunterstützender Stellen, an die Aufgaben(teile) delegiert werden, ohne dass sie auch die gesamte Verantwortung übernehmen, ist für alle Bereiche üblich.

Daher stellt sich die Frage, ob und in welcher Interpretation die Servicefunktion für das Controlling charakteristisch sein kann. Als Komponenten der Koordinationsfunktion lassen sich hier mehrere Aspekte erkennen. Zum einen bedeutet Koordination immer eine Abstimmung zwischen mindestens zwei Tatbeständen. Im Führungssystem betrifft sie daher stets mehrere Führungsteilsysteme oder deren einzelne Aufgaben. Insoweit setzt sie die Wahrnehmung dieser Aufgaben voraus. Mit der Abstimmung wird deren Durchführbarkeit verbessert. Die Koordination dient der besseren Erfüllung der isolierten Führungsaufgaben und hat in diesem Sinne einen unterstützenden Charakter.

Zum anderen verlangt Koordination eine Kenntnis der abzustimmenden einzelnen Führungsaufgaben und der zu ihrer Erfüllung verwendbaren Methoden. Sie erfordert damit eine fundierte Methodenkenntnis. Daher lässt sich die Aussage, Controlling zeichne sich durch eine Methodenorientierung aus, in die koordinationsorientierte Konzeption einbinden. Servicefunktion bedeutet dann die Bereitstellung geeigneter Methoden, um eine Koordination zu erreichen und den Führungsteilsystemen Informationen über die für ein koordiniertes Handeln zweckmäßigen Verfahren zu liefern.

In der Literatur wird häufig eine Informationsfunktion des Controlling besonders betont (vgl. Friedl, 1990, S. 40). Sie bietet sich als weitere Interpretation der Servicefunktion an. Der unterstützende Charakter ließe sich dahingehend auslegen, dass die Funktion des Controlling *nur* in der Versorgung mit den

Verbreitung der Service- oder Unterstützungsfunktion

Koordination als Unterstützung

Methodenorientierung des Controlling

Informationsfunktion des Controlling

für die Koordination erforderlichen und zweckmäßigen Informationen bestehe. Sie umfasse nicht die Durchsetzung der Informationsverwendung und damit der Koordination. In der Beschränkung auf das Informieren zeigt sich ebenfalls eine gegenüber der Unternehmensleitung und den Führungspersonen zurücktretende Handlungskompetenz. Mit dieser Argumentation begibt man sich jedoch auf die Ebene der organisatorischen Gestaltung. Deshalb liefert sie nach den hier vertretenen Kriterien keine geeignete Interpretation der Servicefunktion.

Folgt man der strikten Trennung zwischen Funktion und Organisation des Controlling, so stellt sich also die Frage, ob und inwieweit die Servicefunktion ein wesentliches charakteristisches Merkmal des Controlling darstellt. Sie lässt zumindest keine eigenständige Problemstellung für das Controlling erkennen. In den oben hergeleiteten Interpretationen liefert sie eine zweckmäßige Spezifikation der Koordinationsfunktion. Jedoch erscheint ihr Gewicht wesentlich geringer, als dies ansonsten vielfach in der Literatur betont wird. Dies ist darauf zurückzuführen, dass Controlling nach der koordinationsorientierten Konzeption als eigenständige Führungsaufgabe verstanden wird.

1.4.3 Bereiche und Instrumente der Koordination

Die Konzeption des Controlling muss sich daran bewähren, dass sich entsprechend der in Abschnitt 1.2.2 genannten ersten Anforderung Aufgaben mit einheitlichem Kern ableiten und abgrenzen lassen. Diese bilden den Gegenstand der Funktion Controlling. Ihre Kennzeichnung schließt die Herausarbeitung jener Dependenzen und Interdependenzen ein, welche die Grundlage für die jeweilige Koordinationsaufgabe bilden. Zur Analyse dieser Beziehungen können die in Abschnitt 2.3 charakterisierten theoretischen Ansätze herangezogen werden.

Für die Lösung von Controllingaufgaben benötigt man Instrumente. Diese sind entsprechend der hier zugrunde gelegten Konzeption auf eine Koordination gerichtet. Da Controlling (zumindest unter dieser Bezeichnung) ein relativ neuer und zudem bislang uneinheitlich definierter betriebswirtschaftlicher Untersuchungsbereich ist, kann man nicht erwarten, dass für alle Aufgaben schon leistungsfähige Instrumente vorliegen. Andererseits erscheint es widersinnig, nur jene Aufgaben zu der Funktion Controlling zu rechnen, für die solche Instrumente schon vorliegen (vgl. Schneider, 1992b). Da Interdependenz- und Koordinationsprobleme seit langem ein zentraler Forschungsgegenstand der Betriebswirtschaftslehre sind, lässt sich eine Reihe von Instrumenten als Controllinginstrumente interpretieren. Für mehrere Aufgaben sind zudem neue Instrumente entwickelt worden. Wie in anderen Bereichen deckt die Konzeption darüber hinaus Koordinationsaufgaben auf, zu deren Lösung bisher keine geeigneten Instrumente verfügbar sind. Damit weist sie auf Forschungsaufgaben auf dem Gebiet des Controlling hin.

Bedeutung von Controllinginstrumenten

Abgrenzung von
Controlling-Aufgaben

1.4.3.1 Bereiche der Koordination

Die entwickelte Controlling-Konzeption soll die Ableitung und Abgrenzung konkreter Controlling-Aufgaben ermöglichen. Daran muss sich zeigen, ob sich aus ihrer Problemstellung Aufgabenfelder ergeben, die

▸ sich gegenüber den Aufgabenfeldern anderer betriebswirtschaftlicher Funktionen genügend klar abgrenzen,
▸ nicht zu umfassend sind und
▸ einen spezifischen, eigenständigen Charakter aufweisen.

Den Ausgangspunkt für die Abgrenzung von Controllingaufgaben bietet die in Abschnitt 1.4.1 entwickelte Systematisierung des Führungssystems von Unternehmungen. Controlling als Koordination im Führungssystem mit den abgeleiteten Zwecksetzungen der Zielausrichtung, der Anpassung und Innovation sowie des Informationsservices betrifft konsequenterweise zwei Aufgabentypen:

▸ die Koordination *innerhalb* einzelner Führungsteilsysteme und
▸ die Koordination *zwischen* verschiedenen Führungsteilsystemen.

Diese können sich auf die gesamte Unternehmung oder auf einzelne Leistungsbereiche erstrecken. Die Zuordnung zu diesen beiden Aufgabentypen hängt von der Systematisierung des Führungssystems ab. Daran zeigt sich, dass die Koordination im Führungssystem nicht auf eine Koordination zwischen Führungsteilsystemen beschränkt sein kann, sondern die Koordination zwischen verschiedenen Führungskomponenten beinhaltet. Ansonsten wäre die Kennzeichnung von Controllingaufgaben von der Zusammenfassung zu Führungsteilsystemen abhängig.

Systematisierung
des Führungssystems

In Abschnitt 1.4.1 wurde entsprechend Abbildung 1-13 eine relativ einfache Systematisierung des Führungssystems gewählt. Sie beinhaltet im Unterschied zu anderen Vorschlägen (vgl. Abbildung 1-12 sowie Weber, 1995a, S. 61 ff.) eine Zuordnung von Führungsgrundsätzen zum Personalführungssystem, des Zielsystems zum Planungssystem und die Zusammenfassung von Anreiz- und Entlohnungssystemen sowie Management Development zum Personalführungssystem (vgl. Schierenbeck, 1995, S. 133 ff.). Die Zusammenfassung von Führungskomponenten hängt vom Grad ihrer Gemeinsamkeit ab. Da es sich hier um eine gedankliche Gliederung des Führungssystems, nicht um seine organisatorische Ausgestaltung handelt, wird ihre Tiefe von der Zweckmäßigkeit im Hinblick auf die Problemanalyse und die Verständlichkeit der Darstellung bestimmt. Hierfür scheint die Orientierung an der Einfachheit und Kompaktheit angemessen.

Koordination
im Leistungssystem

Ein spezielles Problem liegt in der Beziehung zwischen der Koordination im *Leistungssystem* und der Koordination im *Führungssystem*. Nach dem hier vertretenen Konzept umfasst Controlling nicht alle Koordinationsaufgaben. Seine spezifische Problemstellung liegt in der Koordination des Führungssystems. Die Abstimmung zwischen den Leistungsprozessen beispielsweise in Fertigung oder Absatz muss bei deren konkreter Durchführung geschehen. Insofern ist diese Koordination Teil des Leistungs- und nicht des Führungssystems.

Jedoch wird das Leistungssystem vielfach durch Führungsmaßnahmen gelenkt. So ist seine Koordination ein zentraler Gegenstand der Aufbau- und der Ablauforganisation. Die Organisation hat die Beziehungen zwischen den Personen, Objekten und Arbeitsmitteln der Leistungsprozesse zu gestalten (vgl. Küpper, 1980a, S. 269; Küpper/Helber, 1995, S. 2 ff.) und damit zu koordinieren. Neben ihr werden jedoch weitere Führungsteilsysteme für die Koordination von Leistungsprozessen eingesetzt. Vor allem über Planungsmaßnahmen versucht man, unmittelbar eine Abstimmung zwischen den Leistungsprozessen zu erreichen. Die Koordination der Planung stellt zugleich eine typische Koordinationsaufgabe innerhalb des Führungsteilsystems der Planung dar. Das Führungssystem ist auf die Gestaltung der Leistungsprozesse gerichtet. Deshalb kann eine Koordination seiner Teilsysteme nicht völlig losgelöst von dem Gegenstand erfolgen, auf den sich die Führung bezieht. Hieraus folgt, dass für das Controlling die Aufgaben und Probleme der Koordination im Leistungssystem *indirekt* maßgeblich sind, wobei dieser Bezug bei der Koordination der Planung am deutlichsten wird. Umgekehrt beeinflusst das Controlling als Führungsteilsystem die Koordination im Leistungssystem. Besonders offensichtlich wird dieser Zusammenhang im bereichsbezogenen Controlling, weil es unmittelbar einen bestimmten Leistungsbereich betrifft.

Interdependenzen zum Führungssystem

Koordination innerhalb einzelner Führungsteilsysteme

Die Koordination innerhalb einzelner Führungsteilsysteme wird erst dann zu einer eigenständigen Problemstellung, wenn sich in ihnen verschiedene Bereiche oder Instrumente nebeneinander entwickelt haben, zwischen denen enge Beziehungen bestehen. Dies setzt einen schon weit fortgeschrittenen Entwicklungsstand voraus. An dieser Stelle, aber nicht bei der Abgrenzung der Funktion Controlling, wird der Entwicklungsgrad von Controllinginstrumenten für die Behandlung von Controllingaufgaben relevant (anders Schneider, 1992b). Deshalb betrifft dieser Aspekt nicht alle Führungsteilsysteme in gleichem Maße, auch wenn die Abstimmungsnotwendigkeit grundsätzlich für jedes Teilsystem vorliegt.

Unter diesem Gesichtspunkt lassen sich vor allem das Informationssystem und das Planungssystem herausstellen. Beide sind in Wissenschaft und Praxis weit ausgebaut. Das Informationssystem umfasst mit den verschiedenen Komponenten der Unternehmensrechnung und der EDV ein breit gefächertes Instrumentarium. Zwischen den einzelnen Rechnungssystemen, z. B. zwischen Investitions-, Finanz-, Kosten- und Bilanzrechnung gibt es eine große Zahl an Beziehungen. Um das Informationssystem effizient zu gestalten, müssen die vielfältigen Beziehungen untersucht und Integrationsmöglichkeiten so weit genutzt werden, wie es im Hinblick auf die jeweiligen Rechnungsziele möglich ist.

Koordination im Informationssystem

Die Koordination innerhalb des Planungssystems gehört zu den seit langem untersuchten Problemstellungen der Betriebswirtschaftslehre. Sie betrifft die Abstimmung der sachlich und zeitlich zerlegten Teilplanungen. Hierzu gehört z. B. die Koordination zwischen Investitions- und Finanzplanung, Investitions- und Produktionsplanung, Produktions- und Absatzplanung u. a. Ein schwieriges

Koordination im Planungssystem

Problem liegt in der Verknüpfung der strategischen mit der operativ-taktischen Planung. Zum anderen ergibt sich ein Koordinationsbedarf aus den unterschiedlichen Eigenschaften des jeweiligen Planungssystems. Beispielsweise müssen der Grad sowie die Art der Differenzierung und die verwendeten Planungsmethoden aufeinander abgestimmt werden. Versteht man das Zielsystem als Teil des Planungssystems, so gehört in diesen Aufgabenbereich die Abstimmung zwischen den verschiedenen Zielen einer Unternehmung. Hierzu sind die Beziehungen zwischen den von ihr verfolgten Zielen zu analysieren. Soweit diese miteinander konkurrieren, kann man über Methoden der Konflikthandhabung bzw. -lösung zu einem koordinierten Zielsystem gelangen.

Koordination im Kontrollsystem

Das Kontrollsystem ist in Praxis und Wissenschaft nicht so intensiv als Führungsteilsystem ausgebaut wie das Planungssystem. Koordinationsaufgaben sind bei ihm vor allem in zwei Richtungen erkennbar. Zum einen gibt es innerhalb der Internen Revision als spezifischem Kontrollsystem eigenständige Probleme der Abstimmung zwischen einzelnen Teilaufgaben der Revision. Zum andern könnten außerhalb der Revision Abstimmungsnotwendigkeiten zwischen verschiedenen Formen der Kontrolle, insbesondere zwischen Realisations-, Fortschritts- und Prämissenkontrollen auftreten.

Koordination zwischen Aufbau- und Ablauforganisation

Ein weiteres Problemfeld ist in der Koordination zwischen Aufbau- und Ablauforganisation zu sehen. Diese Bereiche werden in der Literatur weitgehend getrennt behandelt. Jedoch wird darauf hingewiesen, dass es zwischen ihnen eine Vielzahl von Beziehungen gibt. Der hieraus erwachsende Koordinationsbedarf wird (immer noch) wenig untersucht (vgl. Kieser/Kubicek, 1983, S. 25 f.; Hill/Fehlbaum/Ulrich, 1989; Frese, 1995, S. 11 ff.; Küpper, 1979b; Kosiol, 1976; Schweitzer, 1964; Kern, 1967; Hoss, 1965; Gaitanides, 1983).

Koordination im Personalführungssystem

Mit dem Ausbau des Personalführungssystems wachsen die in ihm zu lösenden Koordinationsaufgaben. Rechnet man Führungsgrundsätze zu diesem Teilsystem, so liegt eine wichtige Problemstellung in der Abstimmung zwischen diesen und den anderen Komponenten sowie Instrumenten der Personalführung, insbesondere dem Anreizsystem, dem Personalentwicklungssystem und dem Führungsstil. Durch ihre Beachtung scheint am ehesten eine Umsetzung der Führungsgrundsätze in das konkrete Handeln in der Unternehmung erreichbar.

Koordination zwischen verschiedenen Führungsteilsystemen

Koordination des Informations- mit den Führungsteilsystemen

Zu den in Praxis und Wissenschaft anerkannten Aufgaben des Controlling gehört die Ausrichtung des Informationssystems auf Planung, Steuerung und Kontrolle (vgl. z. B. Horváth, 1998a; Weber, 1995a; Müller, 1974; Schweitzer/Friedl, 1992; Schneider, 1991). Ferner ist zu berücksichtigen, welche Informationen für Organisationsentscheidungen und -maßnahmen erforderlich sind. An dieser Aufgabe wird ersichtlich, dass ein spezifischer Kern des Controlling nicht in einem Informationsziel (vgl. Friedl, 1990; Schweitzer/Friedl, 1992, S. 149 f.), sondern in der Koordination des Informationssystems mit den anderen Führungsteilsystemen liegt. Sie erfordert eine Ermittlung des Informationsbedarfs dieser Systeme, eine entsprechende Gestaltung der Informationserzeugung und eine anwenderbezogene Informationsbereitstellung durch das Berichtswesen.

Planung und Kontrolle sind eng miteinander verbunden. Jedoch wirft die Kontrolle eigene Probleme auf und bedarf spezifischer Instrumente (vgl. Küpper, 1994a, S. 937 ff.). Daraus ergibt sich ein zweites Problemfeld der Koordination. So sind beispielsweise die Ebenen der operativen, taktischen und strategischen Planung mit jeweils spezifischen Kontrollformen und -instrumenten zu verknüpfen. Ein zentrales Instrument zur Koordination von Planung und Kontrolle sind Abweichungsanalysen. Sie werden als Aufgaben des Controlling häufig hervorgehoben, da sie an der Schnittstelle zwischen Planung und Kontrolle stehen (vgl. Reichmann, 1993a, S. 276 ff.; Luhmer, 1975). Ihre Gestaltung bestimmt den Grad der Koordination zwischen diesen.

> Koordination von Planung und Kontrolle

Die Personalführung beinhaltet die unmittelbare Steuerung der Mitarbeiter über Anreizsysteme wie die Entlohnung, Aufstiegschancen, Führungsstil u.a. Planung und Kontrolle führen nur dann zu den beabsichtigten Wirkungen, wenn sie von den betroffenen Mitarbeitern zielentsprechend umgesetzt werden. Diese Koordinationsaufgabe betrifft die Frage, inwieweit über Planungs- und Kontrollmaßnahmen eine entsprechende Steuerung der Mitarbeiter realisiert wird. Deshalb erfordert sie eine Berücksichtigung von Verhaltenswirkungen sowie eine Verknüpfung von Planungs- und Kontrollsystemen bzw. -maßnahmen mit geeigneten Anreizsystemen. Daraus folgt die Notwendigkeit der Koordination von Planung und Kontrolle mit der Personalführung.

> Koordination von Planung und Kontrolle mit Personalführung

Planung, Kontrolle und Informationssystem richten sich nach der Organisation einer Unternehmung. Beispielsweise erfordert eine dezentrale Spartenorganisation andere Planungs-, Kontroll- und Rechnungssysteme als eine zentrale, funktional gegliederte Organisation. Zugleich können z.B. die Möglichkeiten und Zwecke der Planung die organisatorische Strukturierung beeinflussen. Noch deutlicher sind die Beziehungen zwischen diesen Führungsteilsystemen in der Ablauforganisation, die im Fertigungsbereich weitgehend mit der Ablaufplanung zusammenfällt. Deshalb ist in der Koordination von Planung, Kontrolle und Informationssystem mit der Organisation ebenfalls eine Aufgabe des Controlling zu sehen.

> Koordination von Planung, Kontrolle und Informationssystem mit der Organisation

Schließlich sind auch Organisation und Personalführung aufeinander abzustimmen. Sie weisen enge Beziehungen zueinander auf, da mit ihnen einerseits strukturell und andererseits personell das Verhalten der Mitarbeiter beeinflusst werden soll (vgl. Wunderer/Grunwald, 1980, S. 356 ff.). Diese Koordinationsaufgabe wird bei einer Dezentralisation von Entscheidungs- und einer Delegation von Weisungsrechten offensichtlich (vgl. Laux, 1990, S. 18 ff.). Während die ersten beiden Koordinationsaufgaben durchweg zum Controlling gerechnet werden, finden die anderen in ihm noch wenig Beachtung. Besonders erstaunlich ist dies im Hinblick auf die Personalführung, weil der Steuerungscharakter des Controlling oft betont wird. Die letzten beiden Aufgaben werden z.T. innerhalb der Organisation angesprochen (vgl. z.B. Laux/Liermann, 1997, S. 135 ff.). Sie erstrecken sich aber auf Beziehungen zwischen verschiedenen Führungsteilsystemen.

> Koordination von Organisation und Personalführung

1.4.3.2 Instrumente der Koordination

Entsprechend der Vielfalt und Offenheit der Konzeptionen werden dem Controlling in Literatur und Praxis viele Instrumente zugerechnet. So wird in einer Reihe von Lehrbüchern und Aufsätzen die Kosten- und Erlösrechnung als eines der typischen Controllinginstrumente dargestellt (vgl. Serfling, 1992, S. 132 ff.; Peemöller, 1990; Weber, 1995a, S. 174 ff.; Schneider, 1991). Dies führt zu der Frage, inwieweit Controlling etwas anderes als ein führungsorientiertes Rechnungswesen beinhaltet. Häufig werden Abweichungsanalysen und Deckungsbeitragsrechnungen als besonders wichtige Instrumente des Controlling herausgehoben (vgl. Weber, 1993b, S. 153 ff.; Luhmer, 1975; Schneider, 1992b, S. 26; Deyhle, 1990, S. 26 ff.). Sie bilden nach traditionellem Verständnis bedeutsame Bestandteile der Kosten- und Erlösrechnung (vgl. Hummel/Männel, 1986, S. 50 ff.; Kilger, 1987, S. 426 ff.; Kilger, 1990, S. 169 ff.; Kloock/Sieben/Schildbach, 1990, S. 208 ff.; Schweitzer/Küpper, 1995, S. 277 ff.). Worin ihr spezifischer Controllingcharakter liegt, ist oft nicht erkennbar. Die planungs- und kontrollorientierte Controlling-Konzeption führt zu der Tendenz, praktisch alle Planungs-, Kontroll- und Informationsinstrumente als Controllinginstrumente aufzufassen (vgl. Horváth, 1993, S. 669 ff.; Horváth, 1998a). Dies erscheint äußerst unzweckmäßig und widerspricht der Anforderung einer einheitlichen und abgrenzbaren Problemstellung für das Controlling und seine Instrumente.

Zweckmäßiger erweist sich demgegenüber die Begrenzung auf Koordinationsinstrumente. Die Instrumente des Informationssystems und damit insbesondere des Rechnungswesens, der Planung und Kontrolle sowie der anderen Führungsteilsysteme sind jeweils daraufhin zu prüfen, ob mit ihnen Koordinationsaufgaben lösbar sind. Betrachtet man typische Koordinationsinstrumente wie z.B. Koordinationsausschüsse, integrierte Erfolgsrechnungen, simultane Planungsmodelle oder Lenkungspreissysteme näher, so lässt sich ein grundsätzlicher Unterschied herausarbeiten. Koordinationsausschüsse sind ein Organisationsinstrument, integrierte Erfolgsrechnungen Teil des Informationssystems, und simultane Planungsmodelle gehören zur Planung. Solche Instrumente sind jeweils *einem* einzigen Führungsteilsystem zuzurechnen. Daran wird deutlich, dass diese Teilsysteme neben anderen Instrumenten auch Koordinationsinstrumente bereitstellen. Diese dienen nicht nur zur Koordination innerhalb des jeweiligen Teilsystems. So können z.B. organisatorische Regeln auf die Koordination der Planung angewandt werden.

Demgegenüber lassen sich beispielsweise Lenkungspreissysteme keinem einzelnen Führungsteilsystem allein zuordnen. Sie beruhen auf einer dezentralen Planung mit einer organisatorischer Delegation von Entscheidungskompetenzen (vgl. Adam, 1970; Laux/Liermann, 1997, S. 371 ff.). Die ggf. von der Zentrale vorzugebenden Lenkungspreise sind über das Informationssystem (i.d.R. die Kostenrechnung) zu bestimmen (vgl. Schweitzer/Küpper, 2011, S. 509 ff.). Die dezentralen Einheiten sollen über die Maximierung ihrer Bereichsgewinne als Ziele gesteuert und durch die Entscheidungsdelegation motiviert werden. Darüber hinaus können die Bereichsgewinne zur Kontrolle ihrer Entscheidungen dienen und die Gehälter der Bereichsleiter von deren Höhe abhängig ge-

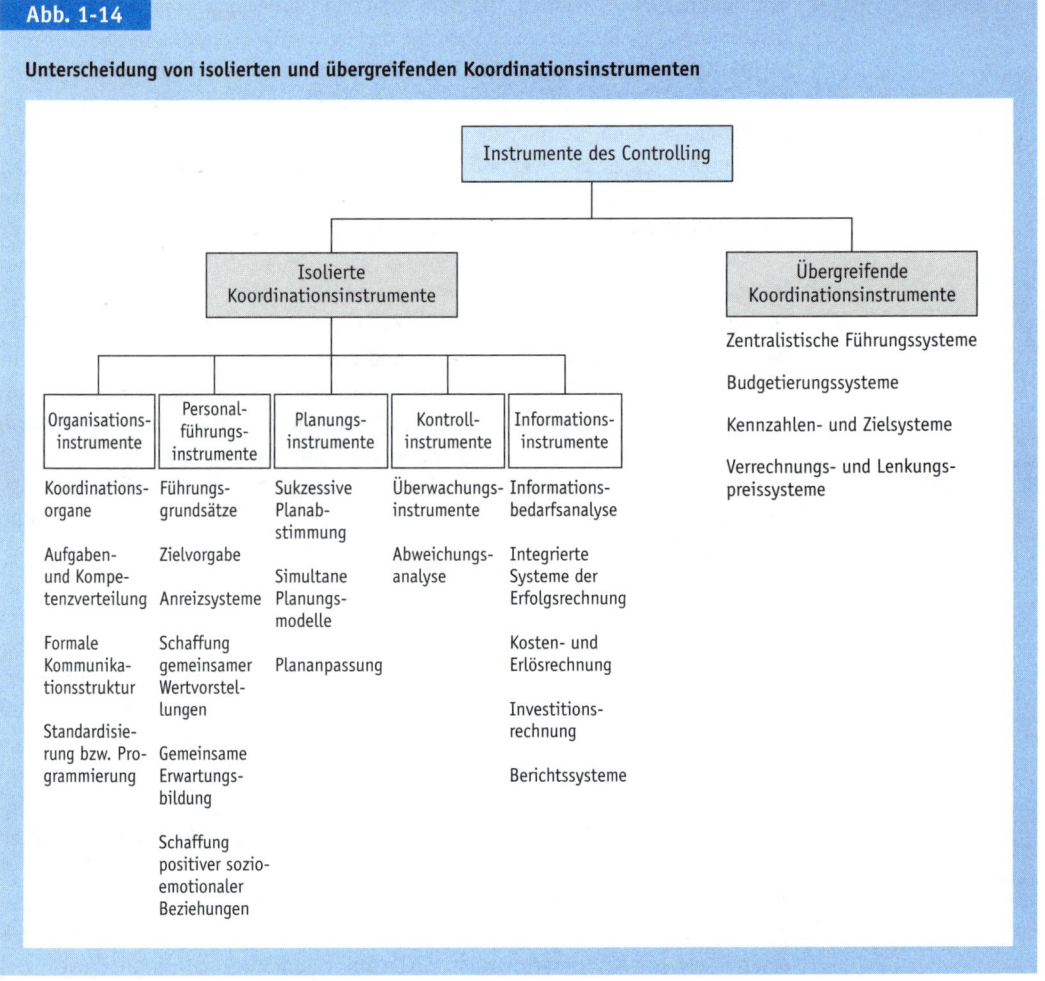

Abb. 1-14

Unterscheidung von isolierten und übergreifenden Koordinationsinstrumenten

macht werden. Daran wird deutlich, dass Lenkungspreissysteme Aspekte *mehrerer* Führungsteilsysteme aufnehmen. Sie werden zu umfassenden Koordinations- und Steuerungssystemen, weil sie Komponenten von jedem Führungsteilsystem enthalten.

Die Berücksichtigung der Zuordenbarkeit zu einem oder mehreren Führungsteilsystemen führt entsprechend Abbildung 1-14 zu einer Unterscheidung von isolierten und übergreifenden Koordinationsinstrumenten. Die isolierten Instrumente stellen Koordinationsinstrumente der einzelnen Führungsteilsysteme dar, die für das Controlling als verknüpfende Funktion eingesetzt werden können. Dabei sind sie nicht auf die Koordination von Führungsaufgaben beschränkt, sondern in der Regel unmittelbar für die Koordination im Leistungs-

Systematik der Koordinationsinstrumente

system entwickelt worden. Deshalb sind sie keine *spezifischen* Controlling-instrumente, sondern können *auch* für das Controlling genutzt werden.

Die übergreifenden Koordinationsinstrumente erfassen dagegen Komponenten mehrerer Führungsteilsysteme. Da sie nicht zu einem einzigen Führungsteilsystem gehören, können sie als originäre und charakteristische Controlling-instrumente angesehen werden. Mit ihnen wird eine Koordination der Führung und daher eine umfassende Steuerung der Unternehmung erreicht. Insofern treffen sie den Kern des Controlling.

Überblick über die isolierten Koordinationsinstrumente

In jedem Führungsteilsystem sind Koordinationsinstrumente entwickelt worden. Da die Organisation u. a. auf die Koordination im Leistungssystem gerichtet ist, gilt dies bei ihr in besonderer Weise. Zu ihr gehören vor allem Koordinationsorgane, die Aufgaben- und Kompetenzverteilung, die formale Kommunikationsstruktur sowie die Programmierung bzw. Standardisierung.

Koordinationsorgane

Koordinationsorgane können in Form von Kollegien oder als Stellen bzw. Abteilungen eingesetzt werden. Ihre zentrale Aufgabe liegt in der Abstimmung unter den Mitgliedern bzw. der von ihnen betreuten Aufgabenträger (vgl. Gaitanides, 1983, S. 220 ff.).

Die Aufgaben- und die Kompetenzverteilung beinhalten die Aufteilung des Aufgaben- und des Entscheidungsfeldes der Unternehmung. Die Art der Zerlegung hat Einfluss auf das Ausmaß, in dem Interdependenzen aufgespalten werden und eine Koordinationsnotwendigkeit auftritt. Sie sollte nach Möglichkeit so erfolgen, dass in einem Leistungs- und/oder Führungsbereich die Tatbestände zusammengefasst sind, zwischen denen enge Interdependenzen bestehen, und die Zahl der Interdependenzen zwischen den Bereichen gering ist. Insofern sind die Aufgaben- und die Kompetenzverteilung Bestimmungsgrößen für die Entstehung von Controllingaufgaben.

Formale Kommunikationsstruktur

Das Handeln verschiedener Personen hängt von den ihnen verfügbaren Informationen ab. Über die formale Kommunikationsstruktur kann man Handlungsträger zur Informationsweitergabe und zum Informationsaustausch verpflichten. Hierdurch können sie in einen Informationsstand versetzt werden, der ein koordiniertes Handeln möglich bzw. wahrscheinlich macht.

Schließlich kann Standardisierung bzw. Programmierung zur Koordination von Führungsaufgaben eingesetzt werden. Hierbei entwickelt man Verhaltensprogramme, aus denen sich ergibt, wie die Aufgabenträger auf Stimuli reagieren sollen. Auf diese Weise lässt sich für absehbare Situationen ein gleichartiges und abgestimmtes Verhalten erreichen (vgl. Gaitanides, 1983, S. 177 ff.).

Schaffung gemeinsamer Wertvorstellungen und Erwartungen

Ein koordiniertes Handeln verschiedener Personen ist dann zu erwarten, wenn sie gleiche Ziele verfolgen, in der Risikobereitschaft übereinstimmen und gleichartige Erwartungen über die Handlungskonsequenzen sowie die Handlungsbeschränkungen besitzen. Deshalb lassen sich diejenigen Personalführungsinstrumente besonders für eine Koordination heranziehen, welche auf die Schaffung gemeinsamer Wertvorstellungen und Erwartungen abzielen. Unterschiedliche Personen werden umso eher dieselben *Ziele* anstreben, je mehr sie dieselben Wertvorstellungen besitzen. Insofern bildet die Wertbasis ein Koordinationsinstrument (vgl. Weber, 1995a, S. 61 ff.). Sie wird hier jedoch dem Personalführungssystem zugerechnet. Entscheidungen hängen aber auch von den *Annahmen und Erwartungen über die künftige Entwicklung* der relevanten Größen ab. Kann beispielsweise ein Vertriebsleiter bei einer Auslandsreise einen nicht vorab erwarteten Großauftrag abschließen, wenn er über dessen Annahme sofort entscheidet, so ist seine Erwartung über die realisierbaren Produktionserweiterungen dafür maßgebend, ob er eine mit der Produktion koordinierbare Entscheidung fällen kann.

Die Übereinstimmung von Zielen, Wertvorstellungen und Erwartungen wird ebenso wie die direkte Zusammenarbeit durch eine positive gefühlsmäßige Einstellung zwischen den betroffenen Personen gefördert. Gute sozio-emotionale Beziehungen liefern bessere Voraussetzungen für ein abgestimmtes Verhalten. Daher stellt die Schaffung eines Vertrauensverhältnisses zumindest ein indirektes Instrument zur Koordination dar.

Auf die Koordination sind auch Unternehmens- und Führungsgrundsätze gerichtet. Durch sie werden eine Ausrichtung der Unternehmensangehörigen auf dieselben Werte sowie Ziele und ein abgestimmtes Verhalten angestrebt. Sie sind in der Regel auf die gesamte Unternehmung bezogen und stellen ein eher allgemeines Beeinflussungs- und Koordinationsinstrument dar.

Unter den Planungs- und Kontrollinstrumenten lassen sich vor allem die sukzessive Planabstimmung, simultane Planungsmodelle, Verfahren der Plananpassung sowie der Abweichungsanalyse zur Koordination verwenden. Sukzessive und simultane Planabstimmung sind zwei unterschiedliche Vorgehensweisen, um zu einer Koordination der Planung zu gelangen. Beim sukzessiven Vorgehen werden partielle Planungsprobleme nacheinander gelöst. Die Abstimmung wird dadurch erreicht, dass der jeweils nachgelagerte Plan auf den Ergebnissen des vorhergehenden aufbaut. Durch die Vernachlässigung der Rückwirkungen kann vielfach nicht die beste Gesamtlösung erreicht werden. Deshalb werden bei simultaner Planung die verschiedenen Entscheidungstatbestände nicht nacheinander, sondern gleichzeitig festgelegt. Hierzu muss man die gegenseitigen Beziehungen zwischen ihnen berücksichtigen. Dies kann durch simultane Planungsmodelle unterstützt werden.

Verfahren der Plananpassung dienen der Koordination von ursprünglich abgeschlossenen Planungen mit unerwarteten Datenänderungen und Umweltentwicklungen. Sie sind damit unmittelbar auf die Anpassungsfunktion des Controlling gerichtet. Zu ihnen gehören insbesondere elastische Maßnahmen wie freie Kapazitäten, Lager oder finanzielle Mittel, Planreserven und Eventualpläne sowie Verfahren der rollenden und der flexiblen Planung.

Viele Kontrollinstrumente sind direkt auf die Überwachung und die Verhaltensbeeinflussung gerichtet. Damit steht der Koordinationszweck nicht im Vordergrund. Ein solcher ist am deutlichsten bei den Instrumenten der Abweichungsanalyse gegeben. Sie dienen dem Erkennen von Abweichungsursachen, um diese abzustellen und bei der künftigen Planung und Durchführung diese Abweichungen zu vermeiden. Damit zielen sie auf eine Koordination der Ergeb-

Schaffung eines Vertrauensverhältnisses

Unternehmens- und Führungsgrundsätze

Sukzessive und simultane Planabstimmung

Plananpassung

nisse vergangener Handlungen mit zukünftigen Entscheidungen und Handlungen ab. Vielfach werden durch die Abweichungsermittlung und -analyse erst neue Prozesse ausgelöst. Abweichungsanalysen stehen somit an der Schnittstelle zwischen aufeinanderfolgenden Prozessen.

Nach der hier entwickelten Konzeption ist die Kosten- und Erlösrechnung nur insoweit ein typisches Controllinginstrument, wie sie auf die Koordination von Führungsaufgaben gerichtet ist. Hierzu können einzelne Verfahren der Kosten- und Erlösrechnung wie z. B. der Bestimmung von Plankosten für eine Ziel- oder Budgetvorgabe, der Abweichungsanalyse im Hinblick auf die Kontrolle, der Ermittlung von Kosten- und Erlöskennzahlen oder von Verrechnungspreisen gehören. Die zentrale Aufgabe des Controlling in Bezug auf dieses Rechnungssystem liegt in seiner Ausrichtung auf die anderen Führungsteilsysteme. Deshalb stellt die Kosten- und Erlösrechnung kein unmittelbares Koordinationsinstrument dar. Vielmehr können ihre Verfahren und Informationen für Koordinationsinstrumente genutzt werden, und ihre Struktur ist so zu gestalten, dass eine möglichst gute Koordination der Führung erreichbar wird. Sie hat daher den Charakter eines unterstützenden (Hilfs-)Instruments für das Controlling. In entsprechender Weise können die anderen Systeme der Unternehmensrechnung wie insbesondere die Investitions-, die Finanz- und die Bilanzrechnung bzw. einzelne ihrer Verfahren zur Koordination von Führungsaufgaben herangezogen werden.

Unmittelbar koordinierend wirken dagegen Verfahren der Informationsbedarfsanalyse, integrierte Systeme der Unternehmensrechnung und Berichtssysteme. Informationsbedarfsanalysen dienen zur Abstimmung zwischen der Informationsnachfrage in den verschiedenen Führungsteilsystemen und der Informationserzeugung in der Unternehmensrechnung. Integrierte Rechnungssysteme sind vor allem zur Verknüpfung von Erfolgs- und Finanzrechnung sowie Investitions- und Kostenrechnung entwickelt worden. Berichtssysteme sollen dazu verhelfen, dass die für Führungsaufgaben benötigten Informationen in der vom Verwender benötigten Weise verfügbar und übermittelt werden.

Überblick über die übergreifenden Koordinationsinstrumente

Die übergreifenden Koordinationssysteme des Controlling setzen jeweils an einem spezifischen Instrument zur Abstimmung und Beeinflussung der Unternehmenseinheiten an. Ferner greifen sie Komponenten aller Führungsteilsysteme auf, deren Ausprägung sich an diesem Instrument ausrichtet. Als charakteristische Typen kann man zentralistische Führungssysteme, Systeme der Budgetvorgabe, Kennzahlen- und Zielsysteme sowie Verrechnungs- und Lenkungspreissysteme ansehen. Die Bedeutung von Budgetvorgabe, Kennzahlen- und Zielsystemen sowie Verrechnungs- und Lenkungspreisen als Instrumenten des Controlling wird vielfältig erkennbar. Sie werden in der Praxis häufig zur Koordination eingesetzt. Ihre Nutzung stellt oft eine maßgebliche Aufgabe von Controller-Abteilungen dar.

Weniger klar ist die Zuordnung zentralistischer Führungssysteme. In ihnen sind die Entscheidungs- und Weisungskompetenzen in hohem Maße zentralisiert. Das vorherrschende Steuerungsinstrument ist die Vorgabe konkreter Handlungsanweisungen in Form expliziter Normen. Die Koordination der Entscheidungen erfolgt im Rahmen einer zentralen Planung. Deren Umsetzung muss durch eine entsprechende Personalführung sichergestellt werden. Die Koordinations- und Steuerungsaufgaben sind weitgehend den Instanzeninhabern übertragen, so dass keine eigenen Controller-Stellen erforderlich sind. Die Funktionen des Controlling werden von den Instanzeninhabern wahrgenommen. Deshalb handelt es sich um eine mögliche Gestaltung der Controllingfunktion und damit auch um ein Controllingsystem.

Durch die Vorgabe von Budgets in Form von Aus- und Einzahlungen, Kosten und Erlösen o. Ä. steckt man dem einzelnen Bereich einen Rahmen, in dem sich seine Maßnahmen bewegen müssen. Hierdurch erhält er einen Entscheidungs- und Handlungsspielraum. Dabei sind die Budgets i. d. R. mit bestimmten Leistungs- oder Aufgabenkomplexen verbunden, deren konkrete Planung und Durchführung dem Bereich obliegt. Über die Festlegung des Rahmens für die verschiedenen Bereiche kann man deren Handeln gegenseitig abgrenzen und aufeinander abstimmen. Maßgebend wird das Verfahren, in dem man die Budgets festlegt. Durch ihre unterschiedliche Ausgestaltung gelangt man zu verschiedenen Systemen der Budgetvorgabe.

Systeme der Budgetvorgabe

Die Koordination der Bereiche kann auch über die Ausrichtung auf Ziele erfolgen. Hierbei kann zum einen ein hierarchisches Zielsystem entwickelt werden, in dem die Unterziele auf ein einheitliches Oberziel gerichtet sind und von den Bereichen sowie Abteilungen zu verfolgen sind. Durch einen Prozess der Zielvorgabe oder Zielvereinbarung über die Hierarchiestufen hinab dienen sie einer vertikalen Koordination. Zum andern kann man eine horizontale Koordination der Bereiche anstreben, indem man ihnen solche Ziele vorgibt, durch die eine Abstimmung und Ausrichtung ihrer Handlungen auf das Gesamtziel(system) der Unternehmung erreicht wird. Quantitative Unternehmensziele stellen zugleich Kennzahlen dar, da sie wichtige Größen für die Unternehmung sind. Zudem können Kennzahlen wichtige Informationen über Bestimmungsgrößen und Indikatoren der Zielerreichung liefern. Deshalb sind die Formulierung von quantitativen Zielsystemen und von Kennzahlensystemen eng miteinander verknüpft.

Kennzahlen- und Zielsysteme

Wenn Unternehmensbereiche verselbständigt und zwischen ihnen oder mit einer Zentrale Güter und/oder Dienstleistungen geliefert werden, sind hierfür Verrechnungspreise anzusetzen. Deren Höhe beeinflusst den jeweiligen Bereichserfolg. Damit bieten sie einen weiteren Ansatzpunkt für die Koordination und Steuerung dezentraler Einheiten. Je stärker diese Zwecksetzung in den Vordergrund rückt, umso mehr werden sie zu Lenkungspreisen. Für ihre Herleitung muss man zwischen mehreren methodischen Ansätzen wählen. Zudem können die Rahmenbedingungen ihrer Geltung sowie das Verfahren zu ihrer Festlegung unterschiedlich gestaltet werden. Dementsprechend gelangt man zu verschiedenen Verrechnungs- und Lenkungspreissystemen.

Lenkungspreissysteme

Die skizzierten Ansatzpunkte zur Koordination lassen sich auch miteinander koppeln. Diese übergreifenden Controllinginstrumente bilden daher charakte-

1.5 Gegenstand und Konzeption des Controlling
Gesichtspunkte und Perspektiven für die Geltung einer Controlling-Konzeption

52

ristische Ausprägungen in einem umfassenderen Kontinuum möglicher Koordinationssysteme. Ihre Analyse ist Gegenstand von Teil III (Kapitel 9 bis 14) dieses Buches.

1.5 Gesichtspunkte und Perspektiven für die Geltung einer Controlling-Konzeption

Ausgangpunkt für ein klares Controlling-Verständnis ist die Trennung zwischen der Funktion Controlling und deren jeweiliger organisatorischer Umsetzung in Unternehmungen. Den Kern einer Controlling-Konzeption bildet die Herausstellung der Funktion, welche für das Controlling spezifisch und kennzeichnend sein soll. In diesem Buch wird sie in der Koordination im Führungssystem gesehen. Deshalb werden die Argumente analysiert, die für und gegen diese koordinationsorientierte Konzeption vorgebracht werden. Auffallend ist die Diskrepanz zwischen der Verbreitung des englischen Wortes Controlling in Deutschland und der internationalen Behandlung vergleichbarer Fragen unter der Bezeichnung Management bzw. Managerial Accounting. Damit stellt sich die Frage, inwiefern sich Controlling auf Sicht entwickeln wird.

Die erneut intensiv geführte Diskussion um das Verständnis von Controlling (vgl. insbesondere Scherm/Pietsch, 2004) mündet in die Frage, welche Gesichtspunkte für die Geltung und den Bestand einer Konzeption maßgebend sein könnten. Gegen alle in den vergangenen ca. 25 Jahren entwickelten Ansätze ist eine Fülle von Argumenten vorgebracht worden.

Funktion und Organisation des Controlling

Grundlegend für die Kennzeichnung und Beurteilung einer Controlling-Konzeption ist die Trennung zwischen der Funktion und der Organisation des Controlling. Auch wenn eine induktive Suche nach dem Gehalt des Controlling anhand von Aufgaben, die in der Praxis Controllern übertragen sind, Anhaltspunkte liefern kann und sich jede Konzeption der praktischen Bewährung stellen muss, erfordert eine saubere Herausarbeitung der Funktion diese Trennung. Der zentrale Grund hierfür liegt darin, dass die organisatorische Gestaltung von einer Vielzahl von Bedingungen abhängig ist und deshalb jede Unternehmung die im Hinblick auf ihre Ziele beste Organisation suchen muss. Sofern Controlling eine betriebliche Funktion wie z.B. Planung oder Kontrolle sein soll, muss ihre Kennzeichnung unabhängig von der jeweiligen organisatorischen Gestaltung erfolgen. Die Nichtbeachtung dieser Forderung in vielen Auseinandersetzungen um das Controlling dürfte maßgeblich für viele Verwirrungen und das von Dieter Schneider angeprangerte »Potpourri« um diese Teildisziplin sein (vgl. Schneider, 2005).

Kernfunktion des Controlling

Die Suche praktisch aller vorgeschlagenen Konzeptionen kreist um die Frage, worin das Spezifische der Funktion Controlling bestehe. Diese Frage kann für die Funktionen des Leistungssystems wie Forschung und Entwicklung, Beschaffung, Fertigung und Absatz, Investition und Finanzierung relativ klar beantwortet werden, auch wenn dies bei präziser Betrachtung beispielsweise im Hinblick auf Dienstleistungsprozesse nicht immer einfach ist. Aber auch in Bezug auf die Führungsfunktionen Planung, Kontrolle, Informationsversorgung und Personalführung gibt es ein relativ einheitliches Verständnis, während man im Hinblick auf Organisation sehr unterschiedliche Kennzeichnungen findet, ohne dass dies ebenso umstritten diskutiert würde wie für das Controlling (vgl. z.B. Kieser/Walgenbach, 2003, S. 1 ff.; Laux/Liermann, 2005, S. 1 ff.; Picot, 2005, S. 50 f.; Picot/Dietl/Franck, 2005, S. 23 ff.; Küpper, 1980a, S. 23 ff.). Wenn man die in Abschnitt 1.2.2 aufgestellte Forderung akzeptiert, dass dem Controlling eine eigenständige Problemstellung zugrunde liegen müsse, darf diese nicht von anderen Funktionen abgedeckt werden. Damit erhält die Abgrenzbarkeit der Funktion Controlling ein Gewicht. Sie muss eine oder mehrere charakteristische Aufgaben bzw. Merkmale enthalten, die sie von anderen Funktionen unterscheiden. Die Beachtung dieser Forderung ist notwendig, damit die Kennzeichnung des Controlling nicht inhaltsleer wird, weil sie für viele oder alle Funktionen gilt. Da die betrieblichen Funktionen in einer Unternehmung auf dieselben Leistungserstellungs- und -verwertungsprozesse einwirken und i.d.R. auf ein Zielsystem ausgerichtet sind, ist aber zugleich zu berücksichtigen, dass sie in Beziehung zueinander stehen und daher nicht völlig disjunkt sein müssen.

Die Analyse der verschiedenen Konzeptionen hat gezeigt, dass sich aus der Forderung nach einer Abgrenzbarkeit der für das Controlling maßgeblichen (Kern-)Funktion zentrale Einwände ergeben. *Rationalität* und deren Sicherung sowie das Streben nach hoher *Effektivität und Effizienz* sind ebenso wie *Reflexion* grundlegende betriebs- bzw. wirtschaftswissenschaftliche Normen, an denen alle betrieblichen Funktionen ausgerichtet werden. Deshalb können sie nicht das Merkmal liefern, durch welches eine Funktion gegenüber den anderen gekennzeichnet und abgegrenzt werden kann. Dasselbe gilt für erwerbswirtschaftliche Unternehmungen im Hinblick auf die *Gewinnzielorientierung*. Sofern es sich in Unternehmungen als notwendig oder zweckmäßig erweist, spezielle organisatorische Einheiten auszugliedern, welche z.B. als (unterstützender) Stab über die Erarbeitung zusätzlicher Informationen oder als mit Sanktionskompetenzen versehene Kontrollabteilungen für die Einhaltung derartiger Normen zu sorgen haben, werden hierdurch zwar Stellen, aber keine eigenständige allgemeine Funktion geschaffen. Gewinn- oder Ergebnisorientierung, Rationalität, Effektivität, Effizienz und Reflexion sind so allgemein gehalten, dass man sie in empirischen Befragungen von Controllern immer wieder findet. Da sie aber zugleich die Aufgaben anderer Stellen prägen, bietet der empirische Befund keinen Hinweis darauf, dass sie ein für das Controlling spezifisches Merkmal liefern.

Abgrenzbarkeit der Kernfunktion des Controlling

Auch gegen die Koordination als Kernaufgabe des Controlling wird der Einwand mangelnder Abgrenzbarkeit vorgebracht, insbesondere für die weiteste koordinationsorientierte Auffassung. So argumentiert beispielsweise Horváth, in der besseren Abgrenzbarkeit liege der Vorzug seiner planungs- und kontrollorientierten Konzeption (vgl. Horváth, 2003, S. 154). Die Koordination im Führungsgesamtsystem als Kern des Controlling zu sehen, gehe zu weit. Im An-

Argumente gegen Koordination als Kernfunktion

1.5 **Gegenstand und Konzeption des Controlling**
Gesichtspunkte und Perspektiven für die Geltung einer Controlling-Konzeption

54

schluss an Schneider (1997, S. 465) sieht er darin eine »Anmaßung«, weil die Abstimmung aller Führungsaufgaben doch Aufgabe der Unternehmensleitung sei. Wie jener *vermischt* er damit *Funktion* und *Organisation*. Aus organisatorischer Sicht ist es meist zweckmäßig, bestimmte Koordinationsaufgaben ebenso wie wichtige Planungs- und Kontrollaufgaben der obersten Unternehmensleitung zu übertragen. Das bedeutet aber nicht, dass die der Unternehmensleitung übertragenen Aufgaben damit keine Controlling-, Planungs- oder Kontrollaufgaben mehr darstellen. Man wird zudem nicht behaupten wollen, alle Koordinationsaufgaben, beispielsweise auch die Abstimmung von Informationsbedarf, -erstellung und -bereitstellung, müssten vom Vorstand wahrgenommen werden. Ferner argumentiert Horváth, Controlling müsse auf das *Ergebnisziel* als das *Formalziel* ausgerichtet sein, weil sich diese Funktion sonst nicht mehr von allgemeinen Führungs- oder Managementaufgaben unterscheiden lasse. Jedoch stellt er nicht klar, worin diese allgemeinen Führungsaufgaben bestehen. Es ist nicht erkennbar, welche »allgemeinen« Aufgaben neben den zum Führungssystem gehörenden Aufgaben bestehen. Die in einer Unternehmung der obersten Leitung vorbehaltenen Aufgaben sind keine allgemeinen, sondern einzelne Führungsaufgaben mit besonders hohem Gewicht. Auch sind sie nicht in dem Sinne allgemeingültig, dass es in allen Unternehmungen dieselben Aufgaben wären.

Aus der gedanklichen und vielfach auch personellen Aufteilung des Entscheidungs- und Handlungsfelds einer Unternehmung in unterschiedliche Funktionen des Leistungs- und des Führungssystems sowie den zwischen diesen bestehenden Interdependenzen ergibt sich die Aufgabe ihrer gegenseitigen Abstimmung, also ihrer Koordination. Dies ist eine *eigenständige Problemstellung*, die im Hinblick auf sämtliche Führungsteilsysteme in Teil II dieses Buches (Kapitel 4 bis 8) im Einzelnen herausgearbeitet wird. Die Kennzeichnung und Analyse geht dabei vom Planungssystem aus, ohne dass diesem eine Vorrangstellung für das Controlling zukommen muss. Sie mündet letztlich in übergreifende Controllingsysteme, wie sie in Teil III (Kapitel 9 bis 14) analysiert werden, die als betriebliche Koordinations- und Steuerungssysteme die für das Controlling charakteristischen Instrumente darstellen.

Da über die Koordination die Interdependenzen zwischen Variablen erfasst und zielorientiert aufeinander abgestimmt werden sollen, ist die Abgrenzung dieser Funktion unvermeidlich anspruchsvoller als beispielsweise die Abgrenzung der Planung einer einzelnen Variablen. Sie schließt nämlich stets die zu koordinierenden isolierten Tatbestände ein. Dies ist jedoch kein Argument gegen die Eigenständigkeit der Problemstellung. Vielmehr ist es notwendig, jeweils den Koordinationsaspekt herauszuarbeiten, wie es in den nachfolgenden Kapiteln versucht wird.

Aus der durch die Interdependenzen begründeten Schwierigkeit einer präzisen Abgrenzung der Koordination folgt, dass schon die Abgrenzung der Koordinationsaufgabe zwischen mindestens zwei Führungsteilsystemen eine anspruchsvolle Aufgabe darstellt. Deshalb kann das Argument von Horváth nicht einleuchten, die Beschränkung auf Planung, Kontrolle und Informationsversorgung führe zu einer abgrenzbaren und klaren Problemstellung für das Controlling, während es durch die zusätzliche Berücksichtigung zu den anderen Führungsteilsystemen nicht mehr abgrenzbar werde. Die Schwierigkeit seiner Abgrenzung nimmt dadurch höchstens quantitativ, aber nicht qualitativ zu. Dafür gelangt man zu einer im Prinzip einfacheren und klareren Kennzeichnung des Controlling. Wenn man den Kern des Controlling in der Koordination einer Teilmenge von Führungsaufgaben sieht, benötigt man ein klares Kriterium, um andere Führungsaufgaben von der Koordination auszuschließen. Ein derartiges Kriterium gibt Horváth nicht an. Möglicherweise ist die von ihm vorgenommene Begrenzung auf bestimmte Führungsteilsysteme eher historisch bedingt und Ausdruck dafür, dass bestimmte Koordinationsaufgaben bislang, möglicherweise in Wissenschaft und Praxis, nicht in der entsprechenden Deutlichkeit wahrgenommen wurden. So ist zu beobachten, dass Performance- und Anreizsysteme mit der Entwicklung der normativen Agencytheorie in der Wissenschaft wesentlich mehr als zuvor untersucht werden. Auch ihre zunehmende Bedeutung für die Steuerung und Entlohnung von Managern in der Praxis spricht dafür, dass man das Gewicht des Personalführungssystems innerhalb der Führung, seine Interdependenzen zu den anderen Führungsteilsystemen und die daraus folgende Notwendigkeit ihrer Koordination stärker beachtet. Diese Überlegungen führen zu dem Schluss, dass mit der Koordination der Führung bislang jene Aufgabe herausgearbeitet worden ist, welche die an eine Controlling-Konzeption zu stellenden Anforderungen am besten erfüllt. In ihr liegt auf jeden Fall eine eigenständige und wichtige Problemstellung. Ob diese auf Sicht in Praxis und Wissenschaft als Kern des Controlling angesehen und mit diesem oder einem anderen Begriff verbunden wird, muss sich erweisen.

Die Entwicklung des Controlling in Deutschland wird auch durch die zunehmende Internationalisierung von Wirtschaft und Wissenschaft beeinflusst. Dabei fällt auf, dass der Begriff Controlling auf der internationalen Ebene nicht dieselbe Verbreitung wie im deutschsprachigen Raum besitzt, obwohl seine Wurzeln in den USA liegen.

Controlling und Management/Managerial Accounting

Wie Abbildung 1-15 verdeutlicht, bilden nicht nur Verfahren und Systeme des Cost Accounting sowie des Cost Management wichtige Forschungsthemen des Management bzw. Managerial Accounting. Insbesondere zählen hierzu auch die (Kapital-)Budgetierung, Verrechnungspreise, Performancemaße sowie die zur Steuerung dezentraler Einheiten geeigneten Zielgrößen und Fragen des strategischen Management.

Die Informationsbereitstellung wird vor allem im Hinblick auf die Entscheidungsfindung und die Verhaltenssteuerung untersucht (vgl. Demski, 2002). Neben empirischen Analysen nehmen Arbeiten einen breiten Raum ein, in denen Ansätze der Informationsökonomie und der normativen Agencytheorie genutzt werden, um Erkenntnisse über die Beziehungen zwischen Informations- und Anreizsystemen sowie deren Gestaltung zu erarbeiten. Mit der Herleitung von Aussagen über die Zweckmäßigkeit unterschiedlicher Zielgrößen für die Steuerung von Bereichen und die Ausprägung optimaler Anreizsysteme gehen diese Forschungsarbeiten über Fragen der Informationsbereitstellung deutlich hi-

Gegenstand des Management Accounting

1.5 Gegenstand und Konzeption des Controlling
Gesichtspunkte und Perspektiven für die Geltung einer Controlling-Konzeption

56

Abb. 1-15

Forschungsthemen des Management Accounting in Nordamerika (Shields) und Europa (Scapens/Bromwich) im Zeitraum von 1990–1996 bzw. 1990–1999

Topics	Number of Papers (in %)	
	Shields	Scapens/Bromwich
Management Control Systems	56	35
▸ Incentives	17	3
▸ Budgets or budgeting	14	7
▸ Performance measurement	14	11
▸ Transfer pricing	5	3
▸ Responsibility Accounting	4	
▸ International Control	2	
▸ Management and organizational control		8
▸ EVA and residual income		3
Cost Accounting	16	18
▸ Cost accounting overall	5	11
▸ Cost allocation	5	7
▸ Activity-based costing	3	
▸ Product costing	2	
▸ Cost variances	1	
Cost Management	9	7
▸ Quality	2	
▸ JIT	3	
▸ Use of costs for decision making	2	
▸ Benchmarking	1	
▸ History	1	
Cost Drivers	7	
Management Accounting, Information, and Systems	5	16
Research Methods and Theories	4	
Capital Budgeting and Investment Decisions	3	6
Management accounting change		11
Strategic Management		5
Other		2

Vergleiche Shields, 1997, S. 5; Scapens/Bromwich, 2001, S. 247

naus. Dasselbe gilt im Hinblick auf die Nutzung von Budgets, Zielvorgaben sowie Verrechnungspreisen für eine gesamtzielorientierte Steuerung von Managern und Bereichen. Zentrale Fragestellungen des Management Accounting sind damit auf die Probleme und die Struktur innerbetrieblicher Koordinations- und Steuerungssysteme ausgerichtet. Dies gibt das Wort Controlling deutlicher als die Bezeichnung Management Accounting wieder.

Unter Berücksichtigung dieser internationalen Komponente erscheinen mehrere Entwicklungsperspektiven für das Controlling plausibel.

Die *erste* Möglichkeit dürfte darin liegen, dass sich eine enge Sichtweise durchsetzt und man insbesondere in der Praxis die Bezeichnung Controlling im

Entwicklungs-
perspektiven
des Controlling

Sinne der *informationsorientierten Konzeption* für die interne Unternehmensrechnung verwendet. Dann wird darunter ein führungsorientiertes Rechnungswesen verstanden, dessen zentrale Instrumente die kurzfristige Kosten- und Erlösrechnung sowie die längerfristige Investitionsrechnung bilden. Gegenüber
deren traditioneller Ausgestaltung wird möglicherweise neben der Informationsbereitstellung für Entscheidungen die Ausrichtung auf den Rechnungszweck
der (Verhaltens-)Steuerung stärker berücksichtigt (vgl. Schweitzer/Küpper,
2003, S. 584 ff.; Ewert/Wagenhofer, 2005, S. 318 ff. sowie S. 406 ff.). Eine wirklich neue Problemstellung wäre hiermit nicht verbunden. Die Durchsetzung des
Controlling wäre dann vor allem ein Übergang auf eine *moderne Bezeichnung*.

Informationsorientiertes Controlling

Die Alternative hierzu besteht darin, dass der Kern des Controlling in der *Koordination des Führungssystems* gesehen wird. Für diese Konzeption bildet die
interne Unternehmensrechnung mit Kosten- und Erlös- sowie Investitionsrechnung ein wichtiges Instrument neben anderen. Bei ihr stehen aber Fragen der
Beziehungen zwischen den verschiedenen Führungsteilsystemen und deren Gestaltung durch betriebliche Koordinations- und Steuerungssysteme im Vordergrund. Der Schwerpunkt verlagert sich durch sie von der Informationsbereitstellung auf die Komponenten, Ausprägungen, Wirkungen und den Einsatz
derartiger Systeme zur zielorientierten Unternehmensführung.

*Koordinationsorien-
tiertes Controlling*

Wenn die Bezeichnung Controlling international nicht stärker aufgegriffen
wird, könnte sich eine *dritte* Alternative durchsetzen. Es ist denkbar, dass das
Wort Controlling auf lange Sicht im deutschsprachigen Raum in der Wissenschaft und bei vielen Unternehmungen durch Management bzw. Managerial Accounting ersetzt wird. Dann wird bedeutsam, ob die intensive wissenschaftliche
Beschäftigung mit Fragen der Unternehmenssteuerung von der Praxis aufgegriffen wird. Hiervon könnte abhängen, ob ein so benannter Unternehmensbereich die interne Unternehmensrechnung oder ein Controlling im Sinne der umfassenden koordinationsorientierten Konzeption ggf. als Management Control
abdeckt (vgl. Shields, 1997, S. 5). Unabhängig von der künftigen Bezeichnung
kommt der *Koordinations- und Steuerungsfunktion* jedoch eine *grundsätzliche*
Bedeutung zu. Daher bildet sie den Gegenstand dieses Buches.

*Management bzw.
Managerial Accounting*

Wiederholungsfragen Kapitel 1

1. *Welche grundlegenden Anforderungen sind an eine Konzeption des Controlling zu stellen und wie lassen sich diese begründen?*
2. *Welche Gesichtspunkte lassen sich für und gegen die gewinn- bzw. ergebniszielorientierte Controlling-Konzeption aus wissenschaftlicher und aus praktischer Sicht vorbringen?*
3. *Worin liegen die Gemeinsamkeiten und wo die Unterschiede zwischen den
   verschiedenen Ausprägungen der führungsprozessbezogenen Controlling-Konzeptionen?*
4. *Kennzeichnen Sie die Controlling-Konzeption der Rationalitätssicherung.*

5. Charakterisieren Sie die grundlegende Zwecksetzung der koordinationsorientierten Controlling-Konzeption.

6. Wodurch unterscheidet sich die koordinationsorientierte Controlling-Konzeption von den beiden anderen ebenfalls auf Koordination gerichteten Controlling-Konzeptionen?

7. Analysieren Sie das koordinationsorientierte Controlling im Vergleich zu den beiden anderen, auf Koordination ausgerichteten Konzeptionen des Controlling an den Beziehungen zwischen Organisationsstruktur, Anreizsystem und Bereichszielen einer Unternehmung.

8. Arbeiten Sie zwei Vorteile und zwei Nachteile der Konzeption der Rationalitätssicherung gegenüber der koordinationsorientierten Controlling-Konzeption heraus.

9. Welche Bedeutung messen Sie der Diskussion um die Konzeption des Controlling für dessen Wirkung in der Praxis bei? Begründen Sie Ihre Auffassung.

10. Von welchen Kriterien ist es nach Ihrer Auffassung abhängig, welche der Konzeptionen auf lange Sicht für das Controlling maßgebend sein werden?

Aufgaben Kapitel 1

1. Vergleichen Sie die gewinnzielorientierte, die informationsorientierte, die planungs- und kontrollorientierte sowie die koordinationsorientierte Controlling-Konzeption anhand folgender Kriterien:
   ▸ Zwecksetzung;
   ▸ Operationalisierung der Zwecksetzung;
   ▸ wichtige Koordinationsinstrumente;
   ▸ relevanter Führungsbereich;
   ▸ (zeitliche) Ebene;
   ▸ Beziehungen zwischen den Konzeptionen.

2. Worin sehen Sie die wichtigsten Vor- und Nachteile dieser Controlling-Konzeptionen?

1. und 2.

*Vergleich der verschiedenen Controlling-Konzeptionen und ihre wichtigsten Vor-
und Nachteile*

Controlling-Konzeption	Gewinnziel-orientiert	Informations-orientiert	Planungs- und Kontrollorientiert	Koordinations-orientiert
Zweck/Funktion	*Zielorientierung*	*Koordination*	*Koordination*	*Koordination*
Operationa-lisierung	*Sicherung der Gewinn-erreichung* *→Erfolgsziel als Führungsgröße*	*Koordination der Informations-erzeugung und -bereit-stellung mit dem Infor-mationsbedarf*	*Koordination zwischen Planung, Kontrolle und Informationssystem* *→systembildende Koordination*	*Koordination des Führungs-gesamtsystems* *→Controlling als Komponente der Führung sozialer Systeme* *mit den abgeleiteten Zweck-setzungen:* *→Anpassungs- und Innovati-onsfunktion Koordination der Unter-nehmensführung mit der Umwelt* *→Zielausrichtungsfunktion Zielsystem liefert Kriterien, an denen sich die Koordina-tion orientieren muss* *→Servicefunktion Bereitstellung von Infor-mationen und Methoden (Führungskräfte werden be- und nicht entlastet)*
Wichtige Koordinations-instrumente		*Gestaltung der Unter-nehmensrechnung, des Berichtswesens und der EDV* *→systeminternes Informations-management*	*Budgetierung, Kenn-zahlensysteme und Lenkungspreise* *→systemübergreifend*	*Budgetierung, Kennzahlen-systeme und Lenkungspreise* *→systemübergreifend*
Relevanter Führungsbereich	*Planung, Kontrolle, Informationssystem*	*Informationssystem*	*Planung, Kontrolle und Informationssystem*	*Planung, Kontrolle, Informati-onssystem, Organisation und Personalführung*
Zeitliche Ebene	*operativ/taktisch* *→Gewinn = quantita-tive Größe*	*operativ/taktisch/ strategisch*	*operativ/taktisch/ strategisch* *→Umsetzung der qualitativen in quantitative Ziele*	*operativ/taktisch/strategisch* *→Umsetzung der qualitativen in quantitative Ziele*
Beziehungen zu anderen Konzeptionen			*beinhaltet die informa-tionsorientierte Kon-zeption; enge Beziehun-gen bestehen zur ge-winnzielorientierten Konzeption, aber an-dere Zwecksetzung*	*beinhaltet sowohl die informa-tionsorientierte als auch die planungs- und kontrollorien-tierte Konzeption*

Controlling-Konzeption	Gewinnziel-orientiert	Informations-orientiert	Planungs- und Kontrollorientiert	Koordinations-orientiert
Kritik	– **Vermischung** von Funktionsbestandteilen und organisatorischen Gesichtspunkten – **Erfolgszielorientierung** beinhaltet nicht automatisch operativ/taktische Ebene (z. B. Ertragswert) – **Koordinationsnotwendigkeit** zwischen operativ/taktischer und strategischer Ebene verstärkt – Nicht für Unternehmen mit **anderen Oberzielen** anwendbar (z. B. öffentliche Verwaltung, Universität) – Gewinnziel war schon in vielen Unternehmen für die Bereiche Planung, Kontrolle und Informationssystem maßgebend, Gewinnziel wird auch ohne Controlling verfolgt **(nur neue Bezeichnung)**	+ Fragen des individuellen **Informationsbedarfs** und Verfahren der **Informationsbedarfsermittlung** bisher nicht systematisch abgehandelt + Theoriekonzepte z. T. vorhanden, d. h. **Theoriefundament** besteht + **Bewährung** in der Praxis – **keine Überprüfung**, ob die Informationen auch verwendet werden	+ **Überprüfung**, ob die Informationen auch verwendet werden – systembildende Koordination verlangt oft Schaffung von entsprechenden organisatorischen Strukturen → Abstimmung mit **Organisation** notwendig – Für koordiniertes Handeln ist Art der Verhaltensbeeinflussung eine notwendige Voraussetzung → Abstimmung mit der **Personalführung** notwendig – Alle Planungs-, Kontroll- und Informationsinstrumente werden als Controllinginstrumente angesehen → **keine klare Abgrenzung** des Controlling und seiner Instrumente	– Konzeption **zu weit** und zu wenig abgrenzbar (**ABER:** Begrenzung auf das Führungssystem) – Koordination im Führungssystem sei eine derart **originäre Führungsaufgabe**, so dass sie nur von der Unternehmensleitung wahrgenommen werden könne (**ABER:** keine Trennung zwischen Funktion und organisatorischer Zuordnung – Koordination sei Teilaufgabe der **Organisation** (**ABER:** Abstimmung von Informationsbedarf mit Informationsbereitstellung und -erzeugung oder Koordination der Planung wird nicht als Organisationsproblem erfasst) – Abgrenzung zwischen Controlling und BWL sei **fließend**, d. h. zu anderen Führungsteilsystemen sowie zwischen dem Führungs- und dem Leistungssystem (**ABER:** Bw. Funktionen liegen nicht nur in der Koordination)
Fazit	Keine eigenständige **zusätzliche** Problemstellung →lediglich »alter Wein in neuen Schläuchen«	Eigenständige (abgrenzbare) und wichtige, aber **zu eng aufgefasste** Problemstellung →lediglich Weiterentwicklung des traditionellen Rechnungswesens	Eigenständige, aber **keine vollständige** Problemstellung →zu eng, da nur ein Teil des Führungsgesamtsystems betrachtet wird →zu weit, da Controllinginstrumente nicht abgrenzbar	**Eigenständige und wichtige Problemstellung** →basierend auf der Verselbständigung der Führungsteilsysteme und dem Ausbau der Führungsinstrumente →wird von keinem anderen Führungsteilsystem vollständig wahrgenommen

2 Controlling, Corporate Governance und Compliance

Ausgelöst durch eine Reihe von Skandalen, eine Stärkung der Kapitaleigner und eine schärferes Vorgehen gegen Korruption haben Fragen der Corporate Governance und der Compliance in Praxis sowie Wissenschaft große Aufmerksamkeit erlangt. Sie bilden eine Rahmenordnung und eine wichtig gewordene Aufgabe der Unternehmensführung. Daher erscheint es notwendig, ihr Verhältnis zum Controlling zu klären.

2.1 Einbindung des Controlling in die Corporate Governance

Mit Corporate Governance bezeichnet man den Ordnungsrahmen zur Leitung und Überwachung. Durch die Vorgabe der übergeordneten Zielsetzung und von Regelungen für die Strukturen, Prozesse sowie Personen der Unternehmensführung soll sie eine Qualitätssicherungs- und Schutzfunktion ausüben. Die Kennzeichnung der Funktionen, Ebenen, wichtigsten Instrumente und Grundsätze der Corporate Governance bietet die Basis, um ihren Einfluss auf das Controlling aufzuzeigen.

2.1.1 Kennzeichnung und Ebenen der Corporate Governance

Das Handeln von Unternehmungen wird maßgeblich durch ihre grundlegenden und langfristig gültigen Regelungen über die Grundrechte und -pflichten der Unternehmensmitglieder sowie die Grundstruktur ihrer Organe und Ziele bestimmt. Dies sind die Komponenten der Unternehmensverfassung (Chmielewicz, 1995, Sp. 4400). Ihre Gestaltung und Probleme werden heute mehr unter dem Begriff der Corporate Governance diskutiert, unter der man »den rechtlichen und faktischen Ordnungsrahmen für die *Leitung* und *Überwachung* eines Unternehmens« versteht (Werder, 2004, S. 160; vgl. auch Küpper, 2011, S. 181 ff.; Crane/Matten, 2004, S. 183 ff.). Mit diesem Begriff berücksichtigt man stärker die Einbindung der Unternehmung in ihr Umfeld und stellt die Bedeutung der Unternehmensführung ins Zentrum der Betrachtung. Unternehmensverfassung und Corporate Governance geben zentrale Parameter der Macht-, Einkommens- und Risikoverteilung in der Unternehmung vor (vgl. Chmielewicz, 1995, Sp. 4401 f.). Dazu gehören die Beziehungen zwischen dem Management und den Anteilseignern oder Shareholdern, aber auch zu anderen Bezugsgruppen oder Stakeholdern wie den Mitarbeitern, Lieferanten, Kunden und Gläubigern. Im Innenverhältnis betreffen sie insbesondere die Beziehung zwischen den verschiedenen Organen der Unternehmensführung. Mit der Zuordnung von Macht ist die Frage der Machtkontrolle verbunden.

Durch Normen der Corporate Governance soll einerseits eine hinreichende Qualität der Unternehmensführung gewährleistet werden (vgl. hierzu Theisen/ Werder, 2004, Sp. 370). Neben dieser Qualitätssicherungsfunktion übernehmen sie andererseits eine Schutzfunktion, indem sie die Qualitätsanforderungen an die Mitglieder der Führungsorgane auf ein vertretbares Maß beschränken. Je stärker ihnen rechtliches Gewicht zukommt, desto mehr werden sie im Streitfall für gerichtliche Auseinandersetzungen in Schadensfällen bedeutsam (vgl. zu dieser Thematik insbesondere Hommelhoff/Schwab, 1996).

Die Corporate Governance stellt ein Regelsystem im Hinblick auf das Verhältnis zwischen der Unternehmensführung und den wichtigsten Stakeholdergruppen einer Unternehmung dar. Ihre *ersten beiden* Gestaltungsfelder (vgl. Werder, 2001, S. 12) umfassen Festlegungen zur übergeordneten Zielsetzung der Unternehmung sowie Regelungen für die Strukturen, Prozesse und Personen der Unternehmensführung. Letztere bilden den Schwerpunkt der Corporate Governance und beziehen sich auf die Organe der Unternehmensführung wie den Vorstand, den Aufsichtsrat und die Hauptversammlung, deren Kernprozesse (beispielsweise die Informationsversorgung des Überwachungsorgans) sowie Vorgaben für die Qualifikationsanforderungen und die Vergütung ihrer Mitglieder. In ein *drittes* Feld können Normen zur regelmäßigen Evaluation von Führungshandlungen beispielsweise des Vorstands und des Aufsichtsrats eingeordnet werden, während solche zur proaktiven Unternehmenskommunikation mit den Stakeholdern ein *viertes* Gestaltungsfeld bilden.

Aus der Art der Verankerung und der Reichweite der enthaltenen Regelungen ergeben sich verschiedene Bezugsebenen der Corporate Governance. Diese reichen von *supranationalen* Normen z. B. der EU über *nationale* Verfassungsbestimmungen sowie Gesetze wie das Gesellschafts- oder das Mitbestimmungsrecht bis zu *überbetrieblichen* und *betrieblichen* Verträgen (z. B. Tarifverträge oder Betriebsvereinbarungen) sowie faktischen Regelungen wie die Trennung von Eigentum und Leitung (vgl. Chmielewicz, 1995, Sp. 4401 f.). Die Regelungen können dabei in Verfassung, Gesetzen bzw. Rechtsnormen rechtlich verankert sein oder auf einer freiwilligen Selbstbindung in Verträgen, Leitlinien o. Ä. beruhen. Dementsprechend erstrecken sich die Bezugsebenen von einer weltweiten Geltung bis zur einzelnen Unternehmung.

Die grundlegenden Regelungen der Corporate Governance stehen in engem Bezug zur wirtschaftlichen Rahmenordnung. Letztere schlägt sich vor allem in rechtlichen Vorgaben und faktischen Ausprägungen in Bezug auf den Gütermarkt, den Kapitalmarkt sowie den Arbeitsmarkt und gesetzlichen Regelungen zur Organisation von Unternehmungen nieder. Diese überbetrieblichen Normen wirken sich auf die Markt-, die Finanz- und die Organisationsverfassung aus (vgl. Chmielewicz, 1995, Sp. 4403 ff.). Die Möglichkeiten zur Gestaltung der Organisationsverfassung richten sich in starkem Maß nach den gesetzlichen Vorgaben für die unterschiedlichen Rechtsformen von Unternehmungen und für die Mitbestimmung.

2.1.2 Instrumente der Corporate Governance

Nach dem Scheitern planwirtschaftlicher Regelungen in den Ostblockstaaten sind als gegenwärtig relevante Mechanismen die markt- und die netzwerkorientierte Corporate Governance anzusehen (vgl. Werder, 2004, Sp. 165). Erstere kommt in den USA, letztere in Deutschland stärker zur Geltung. Der marktorientierte Mechanismus setzt in hohem Maße auf die Steuerung und Kontrolle durch Märkte. Bei ihm sind die Unternehmensziele an den Interessen der Anteilseigner ausgerichtet, während die anderen Stakeholder ihre Interessen über den Arbeits-, Güter- und Kapitalmarkt einbringen. Auch die Kontrolle des Managements durch die Shareholder erfolgt in hohem Maße über den Kapitalmarkt.

Dagegen stehen beim netzwerkorientierten Mechanismus die interne Einflussnahme und Kontrolle im Vordergrund. Anteilseigner und andere Stakeholder, insbesondere die Mitarbeiter und Gewerkschaften im Rahmen der Mitbestimmung sowie die Banken, üben durch eine Mitwirkung im Aufsichts- und ggf. wie bei der Montanmitbestimmung im Leitungsorgan Einfluss sowie Kontrolle aus.

Am deutlichsten sichtbar wird die Corporate Governance in der Organisation und in Kodizes oder Grundsätzen der Unternehmensführung. Erstere umfasst die Organe, welche die maßgeblichen Entscheidungen einer Unternehmung treffen sowie überwachen, deren Kompetenzen und Besetzung. Die wichtigsten Formen der Führungsorganisation lassen sich entsprechend Abbildung 2-1 veranschaulichen (vgl. Chmielewicz, 1995, Sp. 4412).

In einer OHG nehmen alle Gesellschafter die Geschäftsführungsfunktion wahr. Deshalb sind bei dieser Rechtsform die Gesellschafterversammlung und das Leitungsgremium identisch. Bei anderen Personengesellschaften und der GmbH sind die Kompetenzen der Unternehmensführung auf zwei Organe aufgeteilt, die Gesellschafterversammlung und die Geschäftsführung. Letzterer gehören in einer KG die Komplementäre, in einer GmbH deren Geschäftsführer an, die zugleich Gesellschafter sein oder von außen kommen können. Das Zwei-Organ-Modell (Vereinigungsmodell, One-Tier-System) mit der Vereinigung von Geschäftsführung und Überwachung in einem Verwaltungsrat oder Board of Directors herrscht international vor. Bei ihm gehört die Spitze des Managements in der Person des Vorsitzenden der Geschäftsführung oder CEO (Chief Executive Officer) dem Board an und sitzt ihm in der Regel als Chairman of the Board vor.

Dagegen ist für die deutsche Aktiengesellschaft ein Drei-Organ-Modell (Two-Tier-System) aus Hauptversammlung, Aufsichtsrat und Vorstand vorgeschrieben, das sich modifiziert auch in Österreich und für große AGs in den Niederlanden findet (vgl. Gerum, 2004, Sp. 172 ff.). Die Leitungsfunktion liegt bei einem Vorstand, dem ein Vorsitzender oder Sprecher kollegial vorsteht, aber nicht die übergeordnete Funktion wie ein CEO übernimmt. Die Mitglieder des Vorstands werden vom Aufsichtsrat bestellt, dessen Kompetenzen im Aktiengesetz geregelt sind (vgl. §§ 111 AktG; Theisen, 2004, Sp. 62 ff.). Zentrale Aufgabe des Aufsichtsrats ist die formelle und materielle Überwachung des Vorstands. Dies umfasst die Kontrolle der Vergangenheit einschließlich der

Marktorientierter Mechanismus

Netzwerkorientierter Mechanismus

Formen der Führungsorganisation

Zwei-Organ-Modell

Drei-Organ-Modell

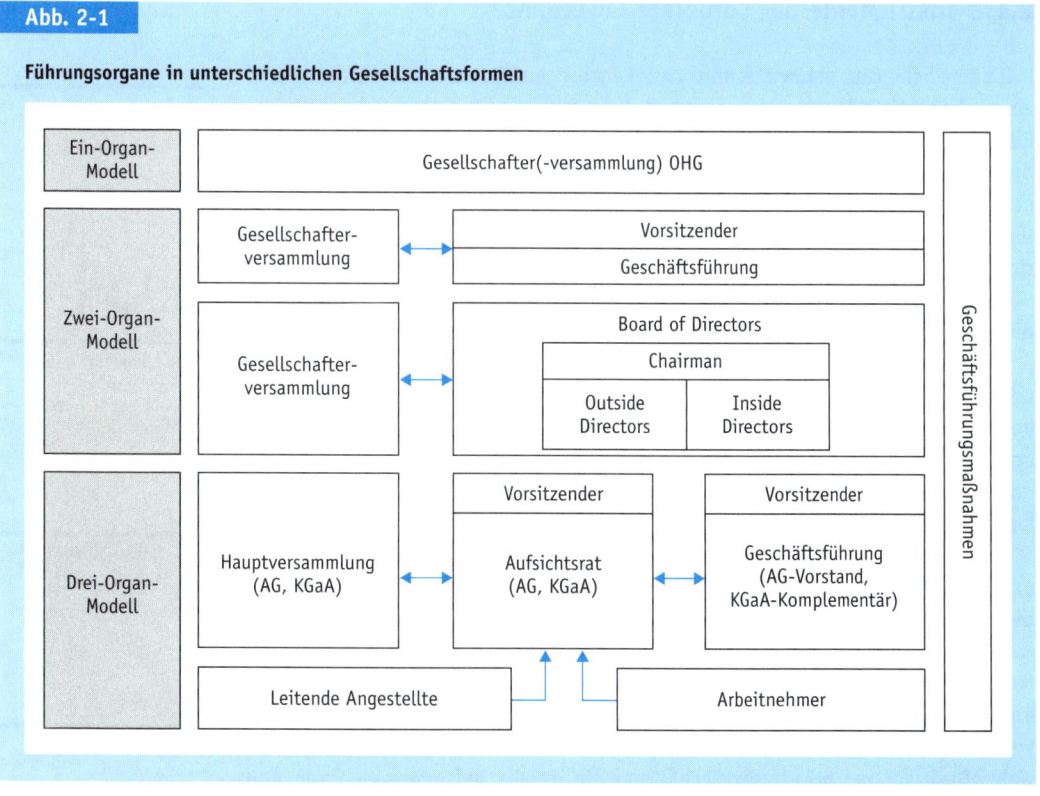

Abb. 2-1

Führungsorgane in unterschiedlichen Gesellschaftsformen

gemeinsam mit dem Vorstand durchzuführenden Feststellung des Jahresabschlusses (vgl. § 172 AktG). Ferner gehören zu ihr die begleitende Überwachung, wie sie sich in zustimmungspflichtigen Geschäften (vgl. § 111 Abs. 4 AktG) besonders klar ausdrücken kann, und die Beratung vor allem in strategischen Fragen. Die Aktionäre bilden die Hauptversammlung. Deren Kompetenzen liegen in der Entlastung von Vorstand und Aufsichtsrat, der Bestellung der Abschlussprüfer, der Entscheidung über die Verwendung des Bilanzgewinns und sogenannten Grundlagenentscheidungen zu Kapitalbeschaffung oder -herabsetzung, Verschmelzung u. Ä. (vgl. u. a. § 119 AktG, §§ 182 ff. AktG, §§ 293 ff. AktG; Lutter, 2004, Sp. 399 ff.). Ihre herausragende Aufgabe ist die Bestellung der Mitglieder des Aufsichtsrats, soweit diese nicht entsendet oder durch die Mitbestimmung von Arbeitnehmerseite gewählt werden.

Betriebliche Mitbe-
stimmung: Betriebsver-
fassungsgesetz von 1952

Eine wesentliche Bedeutung für die Organisation der Unternehmensführung besitzt die Mitbestimmung auf Unternehmensebene, die in Deutschland in Abhängigkeit von der Rechtsform und Größe der Unternehmungen unterschiedlich ausgeprägt ist. Für Kapitalgesellschaften zwischen 500 und 2.000 Beschäftigten gilt die seit dem Betriebsverfassungsgesetz von 1952 bestehende und im Drittelbeteiligungsgesetz von 2004 überarbeitete Regelung, nach der bei bestimmten Rechtsformen ein Drittel der Aufsichtsratsmitglieder von Arbeitnehmerseite kommt.

In Unternehmen der Kohle- und Stahlindustrie herrscht seit 1951 die paritätische Montanmitbestimmung, nach der jeweils die Hälfte des Aufsichtsrats von Betriebsrat und Gewerkschaften bestellt wird, als Aufsichtsratsvorsitzender ein Neutraler zu bestimmen ist und im Vorstand ein Arbeitsdirektor nur mit Zustimmung der Arbeitnehmervertreter im Aufsichtsrat bestellt werden kann. Dieses Gesetz weist in Deutschland unter allen das höchste Maß an Parität und Mitbestimmung auf. **Montanmitbestimmung**

Die größte Verbreitung haben die Regelungen des Mitbestimmungsgesetzes von 1976. Nach diesem gehören dem Aufsichtsrat in Unternehmen mit mehr als 2000 Beschäftigten ebenso viele Arbeitnehmer- wie Anteilseignervertreter an. Bei Stimmengleichheit gibt die Zweitstimme des Aufsichtsratsvorsitzenden den Ausschlag, der von der Anteilseignerseite kommt. Die Arbeitnehmervertreter werden durch die Belegschaft oder deren Wahlmänner bestimmt. Die Mehrheit ihrer Aufsichtsratsmandate muss von Belegschaftsangehörigen besetzt werden. Auf die anderen der Arbeitsnehmerseite zustehenden Mandate können auch Gewerkschaftsvertreter in den Aufsichtsrat gewählt werden. Mindestens ein Arbeitnehmervertreter muss ein leitender Angestellter sein. In den Unternehmungen, welche dem Mitbestimmungsgesetz von 1976 unterliegen, muss das Personalwesen auf Vorstandsebene vertreten und nach Möglichkeit, aber nicht zwangsweise, mit Zustimmung der Arbeitnehmerseite im Aufsichtsrat bestellt werden. **Mitbestimmungsgesetz von 1976**

Während die Regelungen zur Organisation der Unternehmensführung und zur Mitbestimmung schon mehrere Jahrzehnte bestehen, wird die Aufstellung von Kodizes oder Grundsätzen der Unternehmensführung erst neuerdings intensiv diskutiert. Solche Prinzipien der Corporate Governance wurden nach einer Reihe von Einzelvorschlägen von mehreren Institutionen oder Gremien wie der OECD, dem Berliner Initiativkreis 2000 oder einer Regierungskommission unter Leitung von Theodor Baums (2001) ausgearbeitet (vgl. Theisen, 1987; Werder, 1996a; Seibert, 1999). Dabei wurde ihr Gegenstand von Einzeltatbeständen wie der Überwachung auf die gesamte Unternehmensführung ausgeweitet, zugleich haben sich das Interesse der Wirtschaft sowie ihre Akzeptanzbereitschaft für derartige Prinzipien erhöht. Diese zunehmend offene Haltung gegenüber Kodizes der Corporate Governance dürfte auch auf negative Erfahrungen mit unerwarteten Unternehmenszusammenbrüchen und Bilanzfälschungen zurückzuführen sein (vgl. Küpper, 2011, S. 298 f.). **Grundsätze der Unternehmensführung**

Aus den verschiedenen Vorschlägen kristallisiert Axel v. Werder (1996, S. 15 f.) drei Prinzipien heraus, die als allgemeine Normen der Unternehmensführung bzw. ihrer Teilaktivitäten angesehen werden können, die Grundsätze **Allgemeine Normen der Unternehmensführung**

▸ der rechtlichen Zulässigkeit,
▸ der ökonomischen Zweckmäßigkeit und
▸ der sozialen und ethischen Zuträglichkeit.

Der Grundsatz der rechtlichen Zulässigkeit verlangt, dass die Handlungen der Führungsorgane nicht gegen gesetzliche Vorschriften verstoßen. Für ihn ist eine hohe Akzeptanz anzunehmen. Den Grundsatz der ökonomischen Zweckmäßigkeit konkretisiert v. Werder durch die Aussage, »dass Maßnahmen der Unternehmungsführung im Rahmen des Machbaren betriebswirtschaftlich zielführend sein sollten« (Werder, 1996a, S. 15). Im Unterschied zur rechtlichen Zulässigkeit fehlt es hier an klaren Regeln, wie sie in Gesetzen und anderen Rechtsnormen niedergelegt sind, sowie an Verfahren, durch welche die Zweckmäßigkeit überprüft werden kann. Dies gilt noch deutlicher für den Grundsatz der sozialen und ethischen Zuträglichkeit, weil seine Anwendung davon abhängt, was man als sozial und als ethisch ansieht (vgl. auch Werder, 1996a, S. 15).

Systematisierung der Grundsätze

Grundsätze der Unternehmensführung stellen Empfehlungen bzw. Leitlinien dar, an denen sich die Gestaltung wichtiger Führungsprozesse orientieren soll. Gegenstände dieser Grundsätze sind die Leitung der Unternehmung und deren Überwachung. Von daher lassen sie sich weiter in

▸ Grundsätze ordnungsmäßiger Unternehmensleitung (GoU),
▸ Grundsätze ordnungsmäßiger Überwachung (GoÜ) und
▸ Grundsätze ordnungsmäßiger Abschlussprüfung (GoA)

einteilen. Entsprechend Abbildung 2-2 können für jeden dieser Bereiche die *Allgemeinen Grundsätze* zur rechtlichen Zulässigkeit, ökonomischen Zweckmäßigkeit und sozial-ethischen Zuträglichkeit konkretisiert werden (vgl. hierzu Werder, 1996b, S. 27 ff.; Theisen, 1996, S. 75 ff.; Rückle, 1996, S. 107 ff.). Ferner werden in dem von v. Werder, Theisen und Rückle vertretenen Konzept *Besondere Grundsätze* vorgeschlagen, die in Handlungs- und Systemgrundsätze gegliedert sind. Da die einzelnen Aktivitäten der Unternehmensführung von den jeweiligen Situationsbedingungen abhängen, lassen sie sich kaum standardisieren. Deshalb können sich auch die Besonderen Grundsätze nur auf »*Vorkehrungen, Verfahren* und *Modalitäten*« der konkreten Problemlösungen oder Handlungen der Führungsorgane beziehen (Werder, 1996a, S. 17; im Original kursiv). Die in ihnen enthaltenen Systemgrundsätze betreffen die Aufgabenstellungen der Führungsorgane sowie deren Organisation, Kooperation und personelle Besetzung.

Grundsätze ordnungsmäßiger Überwachung

In dieses Konzept ordnet Manuel R. Theisen seinen Vorschlag für Grundsätze ordnungsmäßiger Überwachung mit gewissen Einschränkungen ein (vgl. Theisen, 1987; Theisen, 1996; Theisen/Werder, 2004, Sp. 375 ff.). Zu den Allgemeinen Grundsätzen rechnet er die Prinzipien der *Gesetzmäßigkeit* und der *Richtigkeit* als Bestandteile der rechtlichen Zulässigkeit. Die ökonomische Zweckmäßigkeit kommt in Prinzipien der *Ordnungsmäßigkeit* der Überwachung, deren *Zielgerichtetheit* und *Zweckmäßigkeit* sowie der *Transparenz* der Unternehmensleitung für den Aufsichtsrat zum Ausdruck. Sein Prinzip der *Nachprüfbarkeit* von Überwachungshandlungen lässt sich zumindest teilweise der sozialen und ethischen Zuträglichkeit zuordnen. Auf Basis dieser Grundprinzipien leitet Theisen Grundsätze ab, die einen Rahmen für konkrete Handlungsanweisungen der Überwachung geben. Zu diesen rechnet er die *Unabhängigkeit* der Aufsichtsratsmitglieder, für die eine strikte Trennung zwischen dem überwachten

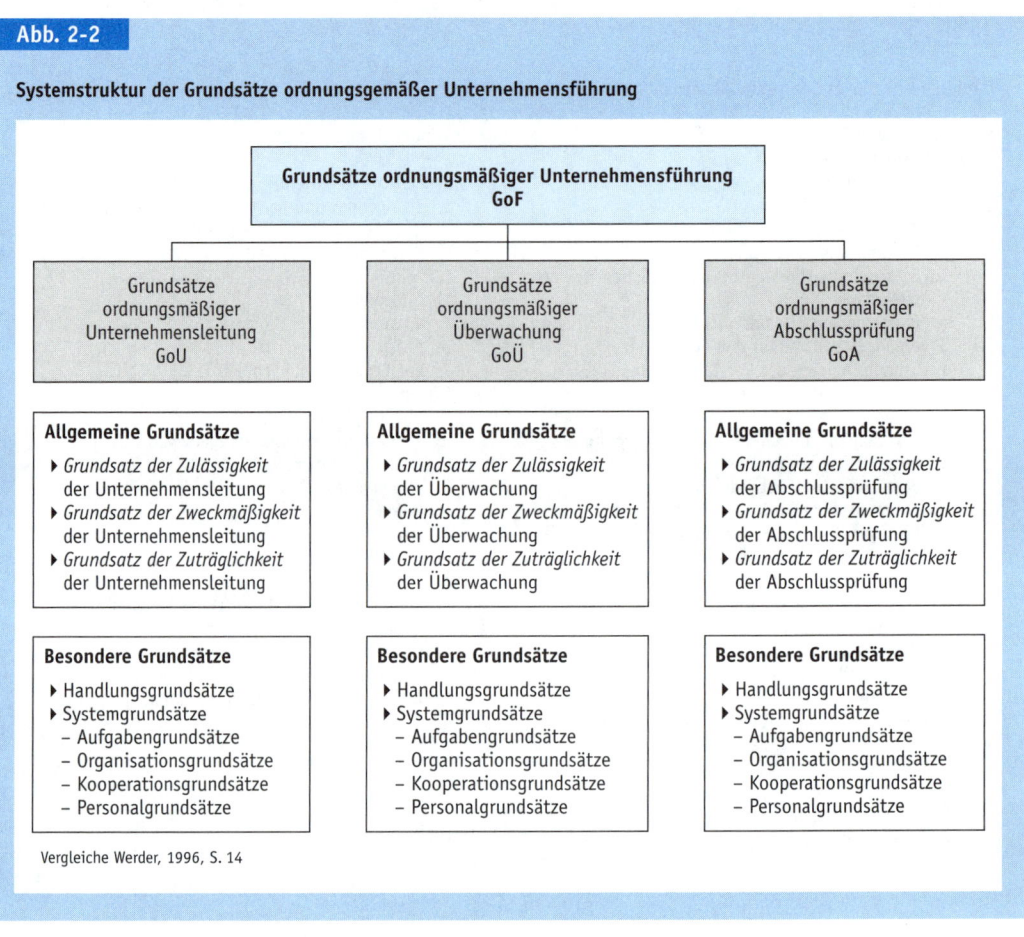

Abb. 2-2

Systemstruktur der Grundsätze ordnungsgemäßer Unternehmensführung

Vergleiche Werder, 1996, S. 14

und dem überwachenden Organ gefordert wird. Der Grundsatz der *Eigenverantwortlichkeit* und *Eigenständigkeit* zielt darauf ab, dass jedes Aufsichtsratsmitglied in der Lage sein muss, seine Überwachungsaufgaben eigenverantwortlich und im Wesentlichen eigenständig durchzuführen. *Funktionsgerechtigkeit* und *Sachverständigkeit* beziehen sich auf das Leistungsprofil dieser Personen, von denen ferner Verschwiegenheit gefordert wird. Der Grundsatz der *Vergütung* und *Entlastung* bringt zum Ausdruck, dass die Aufsichtsräte einen entsprechenden Anspruch haben. Schließlich sollten die Überwachungsmaßnahmen im Hinblick auf die ökonomische Zweckmäßigkeit einem Grundsatz der *Planung und Koordination* folgen.

Diese Beispiele einer Systematisierung von Grundsätzen der Unternehmensführung und ihrer Konkretisierung für einzelne Bereiche deuten auf die Vielzahl möglicher Prinzipien hin, welche für die Corporate Governance normativ formuliert und gefordert werden können. Besondere Aufmerksamkeit haben in

Kataloge von Grundsätzen

Abb. 2-3

Vergleich bekannter Corporate-Governance-Kodizes

German Code of C.G. (Berliner Initiativkreis)	Regierungskommission 2002
I. Grundordnung der C.G.	I. Gesetzliche Regulierung und C.G.-Kodex
II. Kernprozesse der C.G.	1. Zwingendes und nachgiebiges Aktienrecht
1. Personelle Besetzung des Vorstands	2. C.G.-Kodex für die Unternehmensleitungen
2. Informationsversorgung des Aufsichtsrats	börsennotierter Gesellschaften
3. Entscheidungsfindung bei wesentlichen Weichen-	II. Leitungsorgane
stellungen	1. Allgemeines
4. Pflege der Diskussionskultur	2. Vorstand
III. Governancestandards für den Vorstand	3. Aufsichtsrat
1. Grundprinzipien des Vorstandshandelns	4. Vorstand und Aufsichtsrat
2. Aufgaben des Vorstands	III. Aktionäre und Anleger
3. Organisation des Vorstands	1. Die Hauptversammlung
4. Entscheidungsfindung und Willensbildung	2. Aktionärsrechte und Anlegerschutz
5. Persönliches Verhalten	IV. Unternehmensfinanzierung
6. Vergütung des Vorstands	1. Allgemeines
IV. Governancestandards für den Aufsichtsrat	2. Deregulierung
1. Grundprinzipien des Aufsichtsratshandelns	3. Neue Finanzierungs- und Gestaltungsinstrumente
2. Aufgaben des Aufsichtsrats	V. Informationstechnologie und Publizität
3. Organisation des Aufsichtsrats	1. Informationstechnologie und Aktienrecht
4. Personelle Besetzung der Anteilseignerseite	2. Verbesserung der Unternehmenspublizität
des Aufsichtsrats	VI. Rechnungslegung und Prüfung
5. Verfahren der Überwachung	1. Empfehlungen zur Rechnungslegung
6. Persönliches Verhalten	2. Abschlussprüfung
7. Vergütung des Aufsichtsrats	3. Aufsichtsrat und Abschlussprüfung
V. Governancestandards für Anteilseigner und	4. Gründungsprüfung
Arbeitnehmer	
1. Rechte der Anteilseigner	
2. Abschlussprüfung	
IV. Governancestandards zur Transparenz und Prüfung	
VII. C.G. in geschlossenen Gesellschaften	
VIII. C.G. im Konzern	

Deutschland die Vorschläge des Berliner Initiativkreises und der Regierungskommission Deutscher Corporate Governance Kodex erreicht, deren Struktur
aus Abbildung 2-3 ersichtlich ist.

2.1.3 Einfluss der Corporate Governance auf das Controlling

Bestimmungsgröße des
Führungssystems

Wenn man das Controlling als Instrument und Teilsystem der Führung versteht,
stellt sich die Frage seines Bezugs zur Corporate Governance. Ihre Beantwortung ergibt sich aus deren Stellung gegenüber dem gesamten Führungssystem.
Ein wichtiges Instrument der Corporate Governance bildet die Gestaltung der
Führungsorgane einer Unternehmung. Durch sie wird die Spitze der (Aufbau-)
Organisation einer Unternehmung festgelegt. Die Regelungen über die Machtverteilung zwischen den Führungsorganen und deren Kompetenzen sowie Aufgaben stellen einen maßgeblichen Ausgangspunkt der gesamten Organisation

dar. Die Corporate Governance erweist sich schon hieran als Grundlage und Bestimmungsgröße des Führungssystems einer Unternehmung.

Dies wird noch deutlicher, wenn man ihre oben (Abschnitt 2.1.1) unterschiedenen vier Gestaltungsfelder betrachtet. Mit der *übergeordneten Zielsetzung* als *erstem* Gestaltungsfeld wird insbesondere bestimmt, wie stark sich die Unternehmensentscheidungen entsprechend dem Shareholder-Ansatz an den Interessen der Anteilseigner ausrichten und in welchem Umfang sie die anderen Stakeholdergruppen berücksichtigen sollen. Hierdurch wird unmittelbar die Planung beeinflusst, deren erste Phase die Konkretisierung der Ziele beinhaltet. Durch die *Regelungen für die Strukturen, Prozesse und Personen* der Unternehmensführung im *zweiten* Feld werden neben der Organisation vor allem die Kontrolle und das Informationssystem im Hinblick auf die Überwachung durch das Aufsichtsorgan sowie die Personalführung durch Vorgaben für die Qualifikationsanforderungen und Vergütung der Führungspersonen determiniert. Die *Evaluation von Führungshandlungen* im *dritten* und die *proaktive Unternehmenskommunikation* im *vierten* Gestaltungsfeld der Corporate Governance betreffen unmittelbar das Kontroll- und das Informationssystem.

Die Regelungen der Corporate Governance sind damit auch wichtige Prämissen für die Gestaltung des Controlling in einer Unternehmung. Da die Führungsorgane zentrale Unternehmensentscheidungen treffen und die Normen eines Corporate Governance Kodex für alle Unternehmensangehörigen gelten, ist die Corporate Governance eine wesentliche Einflussgröße des Controlling. Ihre Wirkung wird umso deutlicher, je klarer die Corporate Governance einer Unternehmung ausgebaut ist. Dann lässt sich das Controlling als Instrument zur Umsetzung der in ihr enthaltenen Regelungen nutzen.

Generell kann man diesen Zusammenhang an den beiden Polen eines markt- oder netzwerkorientierten Mechanismus der Corporate Governance aufzeigen. Bei *ersterem* richtet man sich vor allem an den Interessen der Anteilseigner aus und setzt auf externe Marktkontrolle. Dies schlägt sich in den abgeleiteten Zwecksetzungen der *Zielausrichtungs-* sowie der *Anpassungs-* und *Innovationsfunktion* des Controlling nieder. In erwerbswirtschaftlichen Unternehmungen gewinnt dann in der Regel das Erfolgsziel, insbesondere als Steigerung des Marktwertes oder Shareholder Values, eine überragende Bedeutung. Die Ansprüche anderer Stakeholder wie der Mitarbeiter, Banken und Lieferanten werden in der Planung eher in Form von Nebenbedingungen berücksichtigt, durch deren Nichtbeachtung die Erreichung der Anteilseignerziele beeinträchtigt werden kann. Bei diesem Mechanismus folgt man bei der Gestaltung der Corporate Governance der Auffassung, dass Märkte besonders effiziente Instrumente der wirtschaftlichen Koordination und Steuerung darstellen. Dies spricht dafür, derartige Mechanismen auch innerhalb der Unternehmung so weit als möglich zu nutzen. Einer marktorientierten Corporate-Governance-Struktur entspricht demnach eine *starke Dezentralisierung* von Entscheidungen mit der Einräumung von Handlungsspielräumen für die betrieblichen Teileinheiten. Wie in Teil III (Kapitel 9 bis 14) gezeigt wird, bieten sich für deren Koordination und Steuerung vor allem Kennzahlen- und Ziel- sowie Verrechnungs- und Lenkungspreissysteme an.

Einfluss der Gestaltungs-
felder

Einfluss eines marktori-
entierten Mechanismus

Einfluss eines netzwerk-
orientierten Mecha-
nismus

Bei netzwerkorientierten Corporate-Governance-Mechanismen vertraut man vor allem auf eine direkte Mitwirkung innerhalb der Unternehmung über Vertreter der jeweiligen Stakeholder von Mitarbeitern, Gewerkschaften, Banken usw. in den Führungsorganen. Dem entsprechen *weniger stark dezentralisierte Formen* der Organisation sowie Planung und Kontrolle. Für deren Koordination bieten sich zentralistische Führungssysteme, in denen sich die Teileinheiten in hohem Maße an Plänen ausrichten, und Systeme der Budgetvorgabe als Controllingsysteme an.

Bedeutung der Corporate
Governance

Die Bedeutung der Corporate Governance ist seit ca. zwei Jahrzehnten mehr in das Forschungsinteresse gerückt. Dies dürfte (auch) auf die stärkere Verbreitung marktwirtschaftlicher Ordnungen nach dem Zusammenbruch des Kommunismus 1990 und zugleich auf Defizite in deren Ausgestaltung zurückführbar sein, die in Skandalen wie bei Enron, WorldCom u. a. sichtbar werden. Die Beziehungen alternativer Mechanismen und Regelungen der Corporate Governance zum Controlling sind daher ein bislang noch wenig beachteter, aber wichtiger Gegenstand der Forschung.

2.2 Unternehmensethische Perspektiven für das Controlling

Compliance beinhaltet die Durchsetzung von Normen in der Unternehmung und gehört damit zum umfassenderen Gebiet der Unternehmensethik. Deshalb ist zuerst deren Bezug zum Controlling aufzuzeigen. Dieser zeigt sich vor allem an den in allen Führungsteilsystemen auftretenden Wertkonflikten und dem Einfluss der in einer Unternehmung verfolgten Werte auf die Struktur und die Wirksamkeit des Controlling.

Beachtung von Unter-
nehmensethik

Durch eine Reihe öffentlich sichtbar gewordener Defizite in der Unternehmensführung, die sich bei Bilanzfälschungen, nicht zu erwartenden Krisensituationen oder Fällen von Korruption besonders deutlich zeigen, sind über die Corporate Governance hinaus Fragen der Unternehmensethik in den Vordergrund gerückt. Die Ausarbeitung von Kodizes der Corporate Governance ist ein Indiz für den Bedarf an Regeln, die man als »Moralprinzipien der Unternehmensführung« interpretieren kann (vgl. Küpper, 2011, S. 186). An ihnen wird der enge Bezug der Corporate Governance zur Unternehmensethik erkennbar.

2.2.1 Verständnis von Unternehmensethik

Ethik

Versteht man unter Ethik eine Wissenschaft, die sich mit dem sittlichen oder moralischen Handeln befasst (Kluxen, 1999, S. 196; Pieper, 2003, S. 17 ff.), so ist mit Unternehmensethik nicht das für eine Unternehmung geltende Normensystem zu bezeichnen. Innerhalb der Betriebswirtschaftslehre als anwendungsorientierter Wissenschaft erscheint es zweckmäßig, mit ihr nicht eine bestimmte moralische oder ethische Position zum Ausdruck zu bringen (vgl. Küpper, 2011, S. 34 f.; Küpper, 2007, S. 251 ff.). Vielmehr wird ihr Gegenstand in der *Untersuchung ethischer Fragestellungen bei wirtschaftlichen Entscheidungen in Unternehmungen* gesehen. Die Unternehmensethik erhält dann ihr Gewicht daraus, dass Unternehmungen ein wichtiger Ort menschlicher Lebensgestaltung sind. Für viele Menschen bildet die Tätigkeit für eine und in einer Unternehmung einen wesentlichen Lebensinhalt.

Gegenstand der Unternehmensethik

In einer marktwirtschaftlichen Ordnung haben Unternehmungen und die in ihnen tätigen Menschen Handlungsspielräume, welche durch die Regeln der rechtlichen und wirtschaftlichen Rahmenordnung nicht determiniert sind. Auch die Entscheidungen und Handlungen in der Unternehmung sind durch wirtschaftliche Gesichtspunkte nicht vollständig bestimmt. Freiräume zu nutzen, ist nicht nur ein konstitutives Element von Marktwirtschaft, sondern eine zentrale Aufgabe jeder unternehmerischen Tätigkeit. Darin liegt ein Kern betriebswirtschaftlichen Handelns, der zumindest die Suche nach Innovationen, die Auswahl konkreter Unternehmensziele, die Delegation von Entscheidungskompetenzen sowie den Umgang mit unvollkommener Information umfasst. Dadurch kommt es zu Konflikten zwischen ökonomischen Kriterien und den vom Einzelnen verfolgten Werten.

Handlungsspielräume als Voraussetzung ethischer Konflikte

2.2.2 Beziehungen zwischen Unternehmensethik und Controlling

Die in einer Unternehmung tätigen Personen bringen ihr eigenes Wertesystem ein. Dieses beeinflusst beispielsweise im Hinblick auf die Suche nach neuen Ideen, die Beurteilung von (unsicheren) Informationen und die Risikobereitschaft ihr Verhalten und damit die betrieblichen Entscheidungsprozesse. Deren Koordination impliziert daher zumindest eine gewisse Abstimmung zwischen den Wertvorstellungen der Entscheidungsträger. Während die ökonomischen Ziele bei der Entscheidungsfindung in hohem Maße offengelegt werden, bleiben die in sie einfließenden Wertungen oftmals im Hintergrund. Aufgrund ihrer Bedeutung für das individuelle Handeln stellen sie aber eine wirksame Ausgangsbedingung für das Controlling dar (vgl. Schäffer, 2004b, S. 59).

Abstimmung zwischen den Wertvorstellungen

Bei einem koordinationsorientierten Verständnis des Controlling werden hierbei zwei Aufgaben ersichtlich. Die erste beinhaltet die Beziehungen zwischen den individuellen Wertvorstellungen der Entscheidungsträger und der Rationalität betrieblicher Entscheidungsprozesse. Dieser Zusammenhang spielt eine besondere Rolle, wenn man eine zentrale Funktion des Controlling in der Rationalitätssicherung sieht (vgl. hierzu Abschnitt 1.3.2.1 sowie Schäffer, 2004b, S. 56 ff.). Die *zweite* Aufgabe betrifft unmittelbar die Koordination von Entscheidungen. In der Wirtschaftswissenschaft ist in umfassender Weise ein spezifisches Rationalitätsverständnis ausgearbeitet worden, das sich in vielen ihrer Methoden und Modelle niederschlägt. Diese Konzepte der *normativen Entscheidungstheorie* können als unternehmensethischer Ansatz interpretiert werden (vgl. Küpper, 2011, S. 112 ff.). Für eine Unternehmung stellt sich die Frage,

Individuelle Werte und ökonomische Rationalität

in welchem Ausmaß diese Konzepte mit den Wertvorstellungen ihrer Entscheidungsträger kompatibel sind. Gibt es hierbei Konflikte z. B. in Bezug auf die Gewichtung von Mitarbeiterinteressen, Umweltwirkungen u. Ä. oder vertreten Entscheidungsträger andersartige unternehmensethische Konzepte beispielsweise einer republikanischen (vgl. Steinmann/Löhr, 1994) bzw. integrativen (vgl. Ulrich, 2001) Dialogethik, erschwert dies die Entscheidungsfindung und -koordination in einer Unternehmung. Daher kann man schon in der Erkundung und Analyse der für die Entscheidungsträger maßgeblichen Wertvorstellungen und ethischen Konzepte eine Controllingaufgabe sehen. Da diese einen – oft nicht unmittelbar erkennbaren, aber wirksamen – Hintergrund des gesamten Führungssystems bilden, erscheint eine Abstimmung der Wertvorstellungen im Hinblick auf eine koordinierte und effiziente Entscheidungsfindung zweckmäßig. Es spricht viel dafür, dass sich Wertkonflikte, ob sie verdeckt sind oder offen zu Tage treten, negativ auf die betrieblichen Prozesse und die ökonomische Zielerreichung auswirken. Deshalb erscheint die empirisch zu prüfende Hypothese gerechtfertigt, dass sich eine Koordination des Wertesystems der in einer Unternehmung zusammenarbeitenden Personen sowohl auf den Unternehmenserfolg als auch auf die individuellen Nutzen positiv auswirkt.

Bedeutung von Wertkonflikten für die Koordination

Unmittelbar schlägt sich dies in der Koordination betrieblicher Entscheidungen innerhalb der Planung nieder. Die Schwierigkeit dieser Controllingaufgabe und die bei ihr anzuwendenden Verfahren hängen (auch) von den Wertvorstellungen der Entscheidungsträger und den ihre Entscheidungen durchführenden Personen ab. Wenn sich bei ihr Konflikte zeigen, ist zu untersuchen, in welchem Umfang diese auf unterschiedliche Wertvorstellungen und Konflikte zwischen ökonomischen und ethischen Kriterien zurückzuführen sind (vgl. Küpper, 1995a). Die Koordination der bei den betrieblichen Entscheidungen beachteten Ziele schließt dann eine Lösung dieser Wertkonflikte mit ein. Dabei hängt es von den individuellen Wertvorstellungen ab, welche *Mechanismen* zur Konfliktlösung von den Betroffenen am ehesten akzeptiert werden und zu einer Annäherung der Wertvorstellungen führen können (vgl. Abschnitt 4.2.3; Küpper, 2011, S. 257 ff.). Beispielsweise ist damit zu rechnen, dass sich bei einer hohen Akzeptanz eines ökonomischen Rationalitätsverständnisses *formalisierte Verfahren* (wie die *Zielgewichtung*) anbieten. Dagegen dürften bei Vorliegen dialogorientierter unternehmensethischer Auffassungen *interaktive Abstimmungsverfahren* geeigneter sein.

Bedeutung von Werten für die Personalführung

Besonders deutlich zeigen sich Beziehungen des Controlling zur Unternehmensethik bei der Personalführung, weil dieses Führungsteilsystem den Einzelnen und seine individuelle Lebensgestaltung unmittelbar betrifft. Das von einer Person akzeptierte Wertesystem zeigt sich an den von ihm verfolgten Präferenzen. Verschiedene Zweige der Forschung beispielsweise in der experimentellen Entscheidungstheorie, der Psychologie und der Neurobiologie lassen erkennen, dass viele Menschen ihr Handeln nicht allein auf ihren individuellen Nutzen ausrichten, wie es die ökonomische Rationalität in der Regel unterstellt (vgl. Küpper, 2011, S. 88 ff.). Relevante Gruppen von Personen orientieren sich an sozialen, d. h. auf andere bezogenen Präferenzen in Form von *Reziprozität,*

Altruismus, Ungleichheitsaversion oder *Neid* sowie *Schadenfreude* u.a. (vgl. Sandner, 2008, S. 7 ff.). Die in der Personalführung anzuwendenden Anreizsysteme, mit denen man ihr Verhalten beispielsweise bei der Umsetzung der Planung und durch Kontrollen beeinflussen will, müssen diese Präferenzen berücksichtigen. Ansonsten kann mit ihnen nicht die angestrebte Koordination z. B. mit der Planung und Kontrolle erreicht werden. Wie sich mit agencytheoretischen Modellen zeigen lässt, bietet sich sogar bei rivalisierenden Präferenzen wie Neid die Chance, sie zu einer Steigerung des Unternehmenserfolgs zu nutzen (vgl. Sandner, 2008, S. 66 ff., 102 ff., 129 ff., 145 ff.; Küpper/Sandner, 2008, S. 18 ff.).

Nach den Erkenntnissen der Neurobiologie werden viele Persönlichkeits- und Charaktermerkmale des Menschen biographisch früh festgelegt und lassen sich dann nur noch begrenzt verändern (vgl. Roth, 2004, S. 398 ff.; Roth, 2007, S. 88 ff.). Die in einer Unternehmung vertretenen Wertvorstellungen werden daher zu einem hohen Grad durch die *Auswahl der Mitarbeiter* und ihre organisatorische Einordnung determiniert. Der Einfluss von Werten in Planung, Kontrolle und Personalführung sowie die Notwendigkeit und die Möglichkeiten einer Koordination von Wertvorstellungen sind deshalb von Personal- und Organisationsentscheidungen abhängig. Diese Persönlichkeitsmerkmale wirken sich darauf aus, welche anderen Ziele und Normen beispielsweise im Hinblick auf die Beachtung der ökologischen Umwelt in der Unternehmung vertreten werden.

Einfluss von Persönlichkeits- und Charaktermerkmalen

Die übergreifenden Koordinationssysteme nutzen verschiedenartige Mechanismen zur Koordination und Steuerung einer Unternehmung. Dadurch geben sie den in ihr tätigen Personen unterschiedliche Handlungsspielräume und beeinflussen deren Möglichkeiten zur Entfaltung ihrer eigenen Fähigkeiten sowie zur Berücksichtigung ihrer individuellen Ziele. Dies kann auf der einen Seite zu Verhaltensweisen führen, die in Konflikt mit den Unternehmenszielen geraten, wenn das Wertesystem des Einzelnen nicht mit diesen Zielen kompatibel ist. Erreicht man hingegen eine (weitgehende) Komplementarität der persönlichen Wertesysteme mit dem Zielsystem der Unternehmung, so können die durch Budgets, Zielvereinbarungen oder eine Koordination über Verrechnungspreise geschaffenen Freiräume andererseits motivierend wirken. Dann besteht die Möglichkeit, dass der Einzelne seine Tätigkeit in und für die Unternehmung als Teil einer positiven Lebensgestaltung empfindet und damit zugleich zu einer besseren Erreichung der Unternehmensziele beiträgt.

Übergreifende Koordinationssysteme und Lebensgestaltung

2.2.3 Einfluss der Wertorientierung in einer Unternehmung auf das Controlling

Die Beziehungen zwischen Unternehmensethik und Controlling deuten darauf hin, dass die von den Angehörigen einer Unternehmung verfolgten Werte die Ausprägung und die Wirkungen des Controlling beeinflussen. Dieser Zusammenhang ist bislang noch wenig untersucht. Maßgeblich ist, inwieweit die in einer Unternehmung tätigen Personen, insbesondere ihre mit Handlungsspielräumen

Kompatibilität des Wertesystems

2.3 Controlling, Corporate Governance und Compliance
Compliance als Instrument zur Umsetzung und Sicherung der Wertorientierung

74

ausgestatteten Entscheidungsträger, eine übereinstimmende Wertorientierung besitzen und ein einheitliches Zielsystem verfolgen. Wenn deren Handlungen durch ein in hohem Maße kompatibles Wertesystem geprägt sind, wird dieses zu einer wichtigen Bestimmungsgröße für die Gestaltung des Controlling.

Wirkung eines Corporate-Governance-Kodex

Dieses Wertesystem kann in einem Kodex der Corporate Governance explizit zum Ausdruck gebracht werden. Die in ihm dargelegten Grundsätze der Unternehmensführung geben die Normen und Werte wieder, an denen sich die Entscheidungen und Handlungen ihrer Mitglieder orientieren sollen. Wenn eine Unternehmung einen derartigen Kodex akzeptiert oder ihn eigenständig entwickelt, dokumentiert sie damit eine bestimmte Wertorientierung. Deren Wirkung hängt von der *Klarheit* der enthaltenen Normen und ihrer *Akzeptanz* bzw. *Internalisierung* durch die in der Unternehmung tätigen Personen ab. Je klarer die Grundsätze beispielsweise in Bezug auf die Einhaltung aller rechtlichen Vorschriften, die ökonomischen Ziele sowie soziale und ethische Kriterien wie die Achtung elementarer Persönlichkeitsrechte wie physische und psychische Unantastbarkeit, Gleichbehandlung sind (vgl. Ulrich, 2001, S. 454 ff.; Küpper, 2011, S. 286 ff.), desto eher lassen sich hieraus Konsequenzen für die Wahl und Gestaltung von Instrumenten des Controlling ziehen.

2.3 Compliance als Instrument zur Umsetzung und Sicherung der Wertorientierung in Unternehmungen

Compliance dient der Umsetzung und Sicherung von Normen, die einer Unternehmung rechtlich vorgegeben oder von ihr selbst gesetzt sind. Dies kann über aktive und passive Formen erreicht werden. Im Hinblick auf die Wirksamkeit der Compliance muss das Controlling wichtige Aufgaben übernehmen, bei denen die koordinierte Ausrichtung aller Compliance-Maßnahmen im Vordergrund steht.

2.3.1 Kennzeichnung der Compliance

Compliance

Eine Reihe von Verfehlungen und Skandalen in aus- und inländischen Unternehmungen wie z.B. den Bilanzskandal bei Enron (vgl. Ballwieser, 2003; Ballwieser/Dobler, 2003) oder die Aufdeckung umfangreicher Korruption bei Siemens haben die Bedeutung der Compliance deutlich in das Bewusstsein gerückt. Mit diesem Wort (»Befolgung«) bezeichnet man in Bezug auf Unternehmungen die *Einhaltung von Gesetzen und rechtlichen sowie freiwilligen Richtlinien*. Zu letzteren können Satzungsbestimmungen sowie freiwillig von einer Unternehmung akzeptierte Grundsätze der Unternehmensführung gehören.

Compliance-Pflichten

Aus rechtlicher Sicht ist es »eine Binsenweisheit, dass der Vorstand verpflichtet ist, sich bei der Leitung des Unternehmens an ›Recht und Gesetz‹, sprich: an Gesetz und Satzung und an die Regeln guter, verantwortungsbewuss-ter Unternehmensleitung zu halten«(Schneider/Schneider, 2007, S. 2061; vgl. auch Fleischer, 2006, § 7 Rz 4 ff. und 29). Dies schließt nach Uwe H. und Sven H. Schneider (2007, S. 2061) drei Arten von Pflichten ein:

▸ *persönliche Verhaltenspflichten* der Mitglieder der Leitungsorgane und der Mitarbeiter,
▸ *Organisationspflichten* der geschäftsführenden Organe sowie
▸ *Deliktverhinderungs- und Schadenabwehrpflichten* der Mitglieder dieser Organe.

Durch die Verhaltenspflichten werden insbesondere die Mitglieder von Lei-tungsorganen persönlich zur Einhaltung der gesetzlichen und freiwillig akzep-tierten Regelungen verpflichtet. Die Organisationspflichten zielen auf die Schaffung organisatorischer Einrichtungen und Regelungen ab, durch die ein entsprechendes Verhalten in der Unternehmung sichergestellt und dessen Ver-letzung aufgedeckt wird. Mit der dritten Pflicht sollen strafrechtliches Verhal-ten sowie Vermögensnachteile durch Rechts- und Regelverletzungen verhindert werden.

Um dies zu erreichen, sind die genannten Pflichten bei den Mitgliedern der Leitungsorgane und bei allen Mitarbeitern zu verankern. Instrumente hierzu sind eine klare Formulierung entsprechender Prinzipien in der Corporate Governance, die Information und Diskussion dieser Grundsätze mit allen relevanten Personen sowie ihre Beachtung durch die jeweiligen Vorgesetzten im Sinne einer Vorbild-funktion (vgl. Frey, 2002, S. 151 ff.). Eine besondere Bedeutung gewinnen orga-nisatorische Regelungen zur Sicherung der Compliance. Deren Einrichtung gehört zu den Pflichten der Leitungsorgane (Schneider/Schneider, 2007, S. 2063 ff.).

Instrumente der Compliance

2.3.2 Gegenstände und Formen der Compliance

Compliance zielt also einmal darauf ab, für die Einhaltung der für eine Unter-nehmung geltenden Rechtsvorschriften zu sorgen. Darüber hinaus dient sie der Umsetzung und Sicherung der Normen sowie Werte, auf die sich eine Unterneh-mung in ihrer Satzung und in einem Corporate-Governance-Kodex verpflichtet hat. Insofern beinhaltet sie die Durchsetzung der formell für eine Unterneh-mung festgelegten Werte.

Auf den ersten Blick erscheint die Einhaltung der rechtlichen Rahmenbedin-gungen eine selbstverständliche Pflicht der Unternehmensführung. Eine Unter-nehmung ist immer in die Rechtsordnung des Staates eingebunden, in dem sie jeweils wirtschaftlich tätig ist. Um dies abzusichern, ist sie externen Prüfungs-systemen wie der *steuerlichen Betriebsprüfung* unterworfen, der unabhängig von Größe und Rechtsform alle Unternehmungen unterliegen, sowie der *Prü-fung des Jahresabschlusses* durch Wirtschaftsprüfer bei Unternehmungen be-stimmter Rechtsform und Größe (vgl. hierzu Coenenberg, 2005, S. 37 f.; Baetge et al., 2003, S. 37; Ballwieser/Clemm, 1999, S. 399 ff.).

Einhaltung der recht-lichen Rahmenbedin-gungen

2.3 Controlling, Corporate Governance und Compliance
Compliance als Instrument zur Umsetzung und Sicherung der Wertorientierung

76

Einfluss der Internationalisierung

Die Einhaltung der rechtlichen Vorschriften erreicht durch die länderübergreifende Tätigkeit sowie die zunehmende Internationalisierung von Unternehmungen, wie sie insbesondere durch die seit 1990 zu beobachtende Globalisierung vorangetrieben wird, eine neue Dimension. Derart tätige und strukturierte Unternehmungen müssen die Rechtssysteme verschiedener Länder beachten und sich mit dem Umgang mit diesen auseinandersetzen. Besonders offensichtlich wird diese Aufgabe an der Problematik der Korruption (vgl. Pritzl/Schneider, 1999, S. 310 ff.). Ihr Beispiel zeigt deutlich, dass sich nicht nur die Vorschriften der Staaten – insbesondere in verschiedenen Kontinenten und Kulturen – in Bezug auf die Zulässigkeit und steuerliche Behandlung von Bestechung, sondern auch die Strenge ihrer Einhaltung sowie Verfolgung und der Art ihres Einsatzes im Wettbewerb unterscheiden. Dadurch wird sie für international tätige Unternehmungen zu einem wichtigen Problem, das dramatische Wirkungen auslösen kann, wie an den Vorgängen bei *Siemens* seit Herbst 2006 sichtbar wird (vgl. Siemens, 2008a, S. 170 ff.; Siemens, 2008b, S. 64 ff.).

Selbst gesetzte Werte und Normen

Gegenstand der Compliance sind auch die Einhaltung der Werte und Normen, die sich eine Unternehmung über die für sie relevanten rechtlichen Vorschriften hinaus selbst setzt. Deren bewusste Gestaltung und Umsetzung als spezifische *Unternehmenskultur* bildet eine eigenständige Führungsaufgabe (vgl. Scholz, 2007, Sp. 1831 ff.). Sie ist eine Komponente der Corporate Governance und hat eine enge Beziehung zur Sicherung der Rechtmäßigkeit, da sie gleichfalls die Ausrichtung des Handelns einer Unternehmung an normativen Regeln beinhaltet.

Formen der Compliance

Sowohl im Hinblick auf die Einhaltung von Rechtsnormen als auch die Beachtung selbst gesetzter Normen erwachsen spezifische Führungsaufgaben, die von den Leitungsorganen einer Unternehmung wahrgenommen werden müssen. Diese Organe müssen die Haltung gegenüber der Rechtsordnung eines bzw. den Rechtsordnungen verschiedener Länder sowie ein ggf. darüber hinausgehendes System von Unternehmensgrundsätzen festlegen. Für deren Umsetzung und Einhaltung bieten sich zwei grundsätzliche Formen an, die sich als »passive« und »aktive« Compliance charakterisieren lassen (vgl. Chayes/Chayes, 1995, S. 11 ff.; Downs et al., 1996, S. 379 ff.; Tallberg, 2002, S. 614 ff.). Die eine Form setzt auf Kontrolle, die andere auf Überzeugung und Problemlösung.

Passive Compliance

Bei der *passiven* Compliance geht es darum, die in einer Unternehmung tätigen Prozesse und Personen daraufhin zu überprüfen, ob die rechtlichen Normen sowie die von der Unternehmung vorgegebenen Grundsätze eingehalten werden, und sicherzustellen, dass es nicht zu einem Verstoß gegen diese Regelungen kommt. Bei ihr kann man im Normalfall erst im Nachhinein erkennen, ob die Normen und Regeln eingehalten wurden. Sie nutzt die verhaltenssteuernde (Droh-)Wirkung von Kontrollen und beeinflusst das Handeln vor allem durch die mit einer Aufdeckung von Verletzungen verbundenen Konsequenzen, welche die handelnden Personen vermeiden wollen.

Aktive Compliance

Eine *aktive* Beeinflussung liegt vor, wenn die Führungskräfte sowie Mitarbeiter einer Unternehmung explizit für die Einhaltung der rechtlichen und betrieblichen Normen *geschult* werden. Dazu gehören als Ausgangspunkt ihre Information über die für ihren Bereich und ihre Entscheidungen relevanten Regelungen sowie deren Verankerung. Führungskräfte und Mitarbeiter sollten davon überzeugt werden, dass es sich hierbei um Rahmenbedingungen handelt, deren Einhaltung ebenso notwendig wie die Ausrichtung auf die Unternehmensziele ist.

2.3.3 Einbindung des Controlling in die Compliance

Die Compliance und deren Sicherung stellen eine wichtige Führungsaufgabe dar. Da es hierbei um grundlegende Rahmenbedingungen sowie die Ausrichtung des unternehmerischen Handelns geht, handelt es sich um einen Teil der Corporate Governance. Dies spricht dafür, die Pflicht zur Einhaltung der Rechtsvorschriften ebenso wie die zentralen Unternehmensgrundsätze dort (ggf. in einem Corporate Governance Code of Conduct) zu verankern.

Compliance als Teil der Corporate Governance

Wie sich am Beispiel der Korruption exemplarisch zeigt, kann sich dabei aus den Unterschieden zwischen Rechtsordnungen verschiedener Staaten oder zu internationalen Ordnungen die Aufgabe stellen, eine grundsätzliche Haltung sowie Strategie der Unternehmung festzulegen und explizit zu dokumentieren. Die Verletzung der Compliance kann derart schwerwiegende Folgen für eine Unternehmung haben, dass diese Aufgabe kaum verdrängt oder auf untere Ebenen verlagert werden darf. Eine Vielzahl von Fällen der vergangenen Jahre weist darauf hin, dass eine klare Position einer Unternehmung zur Compliance und deren Sicherung unumgänglich ist. Diese sollte sich in der Gestaltung der Corporate Governance niederschlagen.

Bedeutung der Compliance

Die verschiedenen Führungsteilsysteme dienen dazu, die in der Corporate Governance verankerten Grundsätze der Compliance in die Entscheidungs- und Handlungsprozesse in der Unternehmung einzubringen und deren Einhaltung zu sichern. Hierzu kann es sich als notwendig erweisen, *organisatorische Einrichtungen* zur Konkretisierung und Überwachung der Compliance zu schaffen. Über Instrumente der Personalführung wie *Führungsgrundsätze,* die Gestaltung der *Anreizsysteme* und *Schulungen* können die Führungskräfte mit den Grundsätzen, der Strategie und konkreten Maßnahmen der Compliance vertraut gemacht sowie auf diese ausgerichtet werden. Dabei öffnet sich im Hinblick auf die unterschiedlichen Rechtsordnungen der Staaten und deren Regeln sowie Verhaltensweisen ein breites Feld *aktiver* Formen zur Sicherung der Compliance. Um beispielsweise in Ländern, in denen Bestechung verbreitet ist, dennoch Geschäftsabschlüsse zu tätigen, kann es sich als notwendig erweisen, explizit geeignete *Verhandlungsstrategien* zu entwickeln und die vor Ort tätigen eigenen Mitarbeiter hierin zu trainieren. Für die *passiven* Formen der Compliance können sich die Verfahren und Organe der *Internen Revision* nutzen lassen. Deren Aufgabenfeld weitet sich damit über die Prüfung des Jahresabschlusses und der Zahlungsvorgänge hinaus aus. Inwieweit hierbei eine organisatorische Erweiterung oder Verselbständigung zweckmäßig ist, hängt von Art und Umfang der Compliance-Aufgaben in der jeweiligen Unternehmung ab.

Verankerung im Führungssystem

Sieht man den Kern des Controlling in der Koordination der Führungsteilsysteme, so kommt ihm bei der Compliance eine Brückenfunktion zwischen der Corporate Governance und diesen betroffenen Führungsteilsystemen sowie in der Abstimmung zwischen letzteren zu. Die Einhaltung der Rechtsvorschriften und der selbst gewählten Codes of Conduct lässt sich in der Regel nicht nur durch passive Formen der Kontrolle oder einzelne aktive Maßnahmen der Schulung usw. erreichen. Im politischen Bereich hat sich beispielsweise in der Europäischen Union (EU) die Kombination von Maßnahmen des »Enforcement«-Ansatzes mit solchen des »Management«-Ansatzes (vgl. hierzu Chayes/Chayes, 1995, S. 11 ff.; Downs et al., 1996, S. 379 ff.) als am wirksamsten erwiesen. Die staatenübergreifenden Regelungen der EU werden danach in den Mitgliedstaaten besser umgesetzt, wenn Kontrollsysteme, Rechtsverfahren und Sanktionen mit unterstützenden Maßnahmen der Regelinterpretation, Transparenz und Ressourcenausstattung gekoppelt werden (vgl. Tallberg, 2002, S. 609 ff.). Dementsprechend wird man über eine Kombination von passiven und aktiven Formen am ehesten zu einem effektiven System der Compliance gelangen. Dieses ist durch die Gestaltung von Planung und Kontrolle, Organisation und Personalführung sicherzustellen. Regelverstöße sollten über das Informationssystem möglichst frühzeitig erkennbar werden. In ein effektives Compliance-System sind somit alle Führungsteilsysteme einzubeziehen. Daraus ergibt sich die Aufgabe ihrer einheitlichen Ausrichtung; diese kommt dem Controlling zu.

Wiederholungsfragen Kapitel 2

1. *Auf welche Gestaltungsfelder bezieht sich die Corporate Governance und welche Elemente umfassen diese?*
2. *Wodurch unterscheiden sich markt- und netzwerkorientierte Mechanismen der Corporate Governance?*
3. *Kennzeichnen und vergleichen Sie die drei typischen Modelle der Führungsorgane von Unternehmungen. Bei welchen Rechtsformen sind sie üblicherweise vorzufinden?*
4. *Wodurch unterscheiden sich Grundsätze ordnungsmäßiger Unternehmensleitung, Überwachung und Abschlussprüfung? Wie lassen sie sich systematisch untergliedern?*
5. *Welchen Einfluss hat die Corporate Governance auf das Controlling?*
6. *Was versteht man unter der Compliance von Unternehmungen? In welcher Beziehung steht sie zu Unternehmensethik?*
7. *Was sind die Merkmale von passiver und von aktiver Compliance? Geben Sie für jede Form mehrere Beispiele an.*
8. *Welche Funktion und Aufgaben können dem Controlling in Bezug auf die Compliance zugeordnet werden?*

Aufgaben Kapitel 2

1. Kennzeichnen Sie mit jeweils einem Satz Controlling, Corporate Governance und Unternehmensethik.

2. Arbeiten Sie anhand dieser Kennzeichnung ihres jeweiligen Gegenstands jeweils zwei wichtige Bezüge zwischen Controlling und Corporate Governance bzw. Unternehmensethik heraus.

3. Welche Bedeutung hat das Controlling für die Verankerung der Wertorientierung einer Unternehmung über das Instrument der Compliance?

Lösungen Kapitel 2

1. Die spezifische Funktion des Controlling besteht nach der koordinationsorientierten Konzeption in der Koordination des Führungsgesamtsystems zur Sicherstellung einer zielgerichteten Lenkung.
Als Corporate Governance bezeichnet man den rechtlichen und faktischen Ordnungsrahmen für die Leitung und Überwachung eines Unternehmens. Unternehmensethik beinhaltet die Untersuchung ethischer Fragestellungen bei wirtschaftlichen Entscheidungen in Unternehmungen.

2. Controlling und Corporate Governance
  ▸ Corporate Governance ist eine wichtige Bestimmungsgröße des Führungssystems und damit des Controlling.
  ▸ Eine mehr marktorientierte Ausprägung der Corporate Governance schlägt sich insbesondere in der Zielausrichtungs-, Anpassungs- und Innovationsfunktion des Controlling nieder. Sie führt zu einer stärkeren Dezentralisierung von Organisation, Planung und Kontrolle als bei netzwerkorientierten Corporate-Governance-Mechanismen.
  Controlling und Unternehmensethik
  ▸ Zu den Aufgaben des Controlling gehören die Erkundung und Analyse der für die Entscheidungsträger einer Unternehmung maßgeblichen Wertvorstellungen und ethische Konzepte, die Bereitstellung von Verfahren zur Lösung von Wertkonflikten und zur Koordination der Wertvorstellungen.
  ▸ Die von den maßgeblichen Entscheidungsträgern vertretenen Werte schlagen sich in den einzelnen Führungssystemen, insbesondere der Personalführung und Organisation, nieder und bestimmen die Ausgestaltung der übergreifenden Koordinationssysteme zum Beispiel im Hinblick auf das Ausmaß an Freiräumen.

3. *Compliance bezieht sich auf die Einhaltung von Gesetzen und rechtlichen sowie freiwilligen Richtlinien. Dem koordinationsorientierten Controlling kommt daher eine Brückenfunktion zwischen diesem Teil der Corporate Governance und den betroffenen Führungsteilsystemen zu. Dies beinhaltet die Umsetzung der Compliance insbesondere in der Organisation, Personalführung und Kontrolle und deren einheitliche Ausrichtung. Die verschiedenen Komponenten der Compliance sind zu koordinieren und mit dem gesamten Führungssystem abzustimmen.*

3 Theorie des Controlling

Die Verankerung des Controlling als betriebswirtschaftliche Teildisziplin erfordert seine theoretische Fundierung. Hierfür sind inzwischen zahlreiche Bausteine entwickelt worden, die unterschiedliche Aspekte erfassen. Diese ergänzen sich gegenseitig, so dass man von einer Theorie des Controlling sprechen kann.

3.1 Notwendigkeit und Ansätze einer theoretischen Grundlegung des Controlling

In der Betriebswirtschaftslehre werden Theorien insbesondere in Form real- oder formaltheoretischer Aussagensysteme formuliert. Diese sind durch unterschiedliche Merkmale charakterisiert. Während bei realtheoretischen Modellen die Überprüfung an der Wirklichkeit im Vordergrund steht, nutzen formaltheoretische Modelle das mathematische Instrumentarium und abstrahieren stärker von der Wirklichkeit, um spezifische Zusammenhänge zu betrachten und zu analysieren.

Das Controlling ist aus der Praxis heraus entstanden. Seine trotz aller Unklarheiten zunehmende Akzeptanz spricht dafür, dass in vielen Unternehmungen ein Bedarf nach einer derartigen Funktion besteht. Diese Entwicklung macht zugleich erklärbar, warum die Literatur eher praxisnah ist und sich in wissenschaftlichen Arbeiten zum Controlling erst Ansätze einer theoretischen Fundierung finden.

In vielen Gebieten der BWL lässt sich erkennen, dass der Fortschritt durch das Zusammenspiel theoretischer Ansätze mit praktischer Umsetzung bestimmt wird. Dies gilt beispielsweise für die Produktions- und Finanzierungstheorie ebenso wie für die Organisationstheorie. In entsprechender Weise benötigt man theoretische Ansätze für das Controlling. Dabei kann es sich um real- oder um formaltheoretische Aussagensysteme handeln. Deren Bedeutung ist in verschiedenen Richtungen zu sehen.

Realtheoretische Modelle sollen Teilzusammenhänge der Wirklichkeit strukturähnlich abbilden (vgl. Küpper, 1974, S. 25 ff.). Damit ermöglichen sie eine Durchdringung des jeweiligen Betrachtungsgegenstands. Sie dienen der empirischen Analyse von Problemen, die zum Gegenstandsbereich des Controlling gehören. Inwieweit sie tatsächlich Abbilder der Realität sein können oder nur Vorstellungen des Modellbildners verdeutlichen, muss ihre Überprüfung und Bewährung an bzw. in der Wirklichkeit zeigen (vgl. Bretzke, 1980, S. 28 ff.; Rieper, 1992, S. 34 ff.). Aber auch in den Fällen, in denen sie eine Strukturierung

Realtheoretische Modelle

für die Realität liefern, kommt ihnen eine wichtige Funktion zu. Sie zeigen dann nämlich, wie ein Zusammenhang in der Vorstellung des Beobachters gestaltet ist. Damit geben sie dem Nutzer in der Praxis ein Instrument in die Hand, von dem ausgehend er seine eigene Vorstellung entwickeln kann, die zur Grundlage seines Handelns wird.

Funktion von Hypothesen

Die Analyse von Zusammenhängen basiert auf Annahmen oder Hypothesen über Beziehungen zwischen den als wichtig erfassten Größen. Diese bilden den Kern realtheoretischer Aussagensysteme (vgl. Stegmüller, 1969, S. 75; Leinfellner, 1965, S. 19; Popper, 1989, S. 31). Als generelle Aussagen über die Realität müssen sie empirisch gehaltvoll und an der Wirklichkeit überprüfbar sein. Sie müssen so für in der Wirklichkeit vorfindbare Anwendungsbedingungen formuliert sein, dass sie sich bei einem Vergleich mit Beobachtungssätzen als falsch erweisen können (vgl. Popper, 1989, S. 77 ff.). Die Betriebswirtschaftslehre verfügt nur in begrenztem Umfang über realtheoretische Aussagensysteme mit einem hohen Grad an Allgemeingültigkeit und empirischer Bewährung. Ein wesentlicher Grund ist darin zu sehen, dass in Bezug auf menschliches Verhalten höchstens stochastische Gesetzmäßigkeiten vorliegen. Deshalb ist auch umstritten, inwieweit allgemeingültige Hypothesen im strengen Sinn für ihren gesamten Gegenstandsbereich überhaupt existieren können. Dennoch wird in Wissenschaft und in Praxis vielfach mit Annahmen gearbeitet, für die man eine gewisse allgemeine Geltung in einem zumindest sachlich und zeitlich begrenzten Bereich unterstellt.

Die Kenntnis über Zusammenhänge ermöglicht die wissenschaftliche Erklärung von beobachtbaren Phänomenen und kann für die Ableitung bzw. Begründung von Prognosen herangezogen werden (vgl. z.B. Schweitzer/Küpper, 1974, S. 19 ff.). Letztere sind erforderlich, um die Konsequenzen von Handlungsalternativen vorauszusagen. Deshalb bilden realtheoretische Hypothesen oder Annahmen auch eine wichtige Komponente von Entscheidungsmodellen. Sie dienen insoweit zugleich für die Ableitung bzw. Begründung von Aussagen über die Vorteilhaftigkeit von Entscheidungsalternativen.

Formaltheoretische Aussagensysteme

In der Wirtschaftswissenschaft spielen formaltheoretische Aussagensysteme eine große Rolle. Sie bestehen aus formalen mathematischen Modellen, deren Funktionen Zusammenhänge wiedergeben, wie sie in der Realität vorliegen könnten. Damit haben die formalen Modelle empirischen Gehalt, sind aber vielfach nicht allein auf empirische Geltung ausgerichtet. Man vereinfacht bewusst gegenüber der Komplexität der Realität, um Ergebnisse aus dem Modell ableiten zu können, und versucht, sich auf die wichtigsten Zusammenhänge zu beschränken. Die Funktionen sollen plausible Hypothesen ausdrücken. Ohne den Anspruch realtheoretischer Aussagensysteme auf strukturähnliche Abbildung zu erheben, möchte man den tatsächlichen Beziehungen näher kommen und damit Aussagen herleiten, die für die praktische Anwendung bedeutsam und verwertbar sind.

Die formaltheoretischen Modelle geben ein Bild von der vereinfacht vorgestellten Wirklichkeit, wie es für ein bewusstes zielgerichtetes Handeln notwendig ist. Derartige Modelle können für die Analyse von Problemen und die Herleitung bzw. Begründung zielorientierter Entscheidungsalternativen verwendet werden. Demgegenüber tritt bei ihnen die Erklärung und Prognose realer Tatbestände vielfach in den Hintergrund, da sie sich nicht dem strengen Anspruch empirischer Geltung wie realtheoretische Aussagen stellen.

Beide Typen theoretischer Aussagensysteme sind für das Controlling notwendig, wenn man zu einer systematischen, nachvollziehbaren Analyse der von ihm zu behandelnden Problemstellungen gelangen will. Darüber hinaus ermöglichen sie die Bewertung von Ansätzen, Verfahren und Aussagen zum Controlling, deren Bezug auf zuvor festzulegende Anforderungen überprüfbar ist und die damit über eine Aneinanderreihung von positiven und negativen Einzelmerkmalen hinausgeht.

3.2 Interdependenz und Koordination als Gegenstand einer Theorie des Controlling

Koordination wird notwendig, wenn Interdependenzen bestehen und verschiedenen Handlungs- bzw. Entscheidungsfeldern zugeordnet werden. Deshalb liegt in ihnen der Ausgangspunkt und zentrale Gegenstand einer Theorie des (koordinationsorientierten) Controlling. Durch eine verrichtungs-, objekt-, rangmäßige und/oder zeitliche Zerlegung von Handlungsfeldern können Sachinterdependenzen in Form von Ziel-, Mittel- und Risikointerdependenzen und/oder Verhaltensinterdependenzen zerschnitten werden. Der Zusammenhang zwischen der Existenz von Interdependenzen und ihrer Zerlegung in verschiedene Entscheidungen wird an einem einfachen Modell zur isolierten bzw. simultanen Produktionsprogramm- und Investitionsplanung veranschaulicht.

3.2.1 Zusammenhang von Koordination und Interdependenz

Wenn man die spezifische Problemstellung des Controlling in der Koordination im Führungssystem sieht, stellen Interdependenzen den zentralen Gegenstand einer Theorie des Controlling dar. Die Notwendigkeit einer Koordination entsteht immer dann, wenn Tatbestände nicht gemeinsam festgelegt werden, obwohl zwischen ihnen Interdependenzen bestehen. Diese liegen dann vor, wenn sich mindestens zwei Tatbestände gegenseitig beeinflussen (vgl. Küpper, 1980a, S. 38 ff.; Cordes, 1976, S. 18 ff.; Laux/Liermann, 1997, S. 195 ff.). Das Entscheidungs- und Handlungsfeld wird in Teile zerlegt, deren Größen nicht unabhängig voneinander sind. Wirkt der Einfluss nur in einer Richtung, so können die Handlungen nacheinander bestimmt werden, ohne die Zielerreichung zu beeinträchtigen. Ist der Einfluss zwischen den in getrennten Teilen (z.B. Planung und Organisation) festgelegten Größen (z.B. Beschaffungs-, Fertigungs- und Absatzplanung einerseits und produktorientierte Spartengliederung andererseits) hingegen interdependent, so wird eine Abstimmung der Handlungen in beiden Richtungen notwendig.

Notwendigkeit der Koordination bei Interdependenzen

Grundlage der Koordination sowie des Einsatzes geeigneter Koordinationsinstrumente ist die Kenntnis der Interdependenzen. Daher folgt aus der Koordination im Führungssystem als spezifischer Problemstellung des Controlling für die Wissenschaft die Aufgabe der Abbildung und Analyse von Interdependenzen. Für eine theoretische Fundierung des Controlling müssen die im Führungssystem der Unternehmung und zu dessen Umwelt bestehenden Interdependenzen sowie die sie beeinflussenden Interdependenzen im Leistungssystem herausgearbeitet werden. Man muss Modelle zur Abbildung und Hypothesen über Art sowie Bedeutung dieser Interdependenzen formulieren und prüfen. Sie bilden die Grundlage für die Entwicklung und Beurteilung von Koordinationsinstrumenten. Somit kann die Analyse von Interdependenzen als theoretische, die Schaffung und Bewertung von Koordinationsinstrumenten als Gestaltungsaufgabe des Controlling verstanden werden.

3.2.2 Arten von Interdependenzen

Interdependenzen führen dazu, dass Tatbestände nicht unabhängig voneinander festgelegt werden können, ohne die Zielerreichung zu vermindern. Die Wirkungen auf den jeweils anderen Tatbestand und deren Rückwirkungen müssen bei der Einzelentscheidung berücksichtigt werden.

Verhaltensinterdependenzen

Zur näheren Kennzeichnung erscheint es zweckmäßig, zwischen Verhaltens- und Sachinterdependenzen zu trennen. Erstere treten auf, wenn das Verhalten einer Person Wirkungen auf das Verhalten einer anderen Person hat, aber zugleich von deren Verhalten bzw. Erwartungen darüber abhängig ist (vgl. Kirsch, 1971b, S. 62; Cordes, 1976, S. 32 f.). Bei diesen Interdependenzen untersucht man insbesondere die psychologischen Hintergründe, die für Handlungen und Entscheidungen bestimmend sind.

Sachinterdependenzen

Sachinterdependenzen geben vor allem technische und wirtschaftliche Beziehungen wieder. Häufig sind sie relativ genau beschreibbar und lassen sich in quantitativen Modellen abbilden. Bei ihnen kann es sich um Ziel-, Mittel- und Risikointerdependenzen handeln (vgl. Adam, 1983, S. 52 ff.; Laux/Liermann, 1997, S. 195 ff.).

Zielinterdependenz

Eine Zielinterdependenz liegt vor, wenn die Wirkung einer Handlung auf ein Ziel von der Ausprägung einer anderen Handlung unmittelbar abhängig ist. Die Variablen, welche die Handlungsmöglichkeiten wiedergeben, sind dann in einer Zielfunktion nicht-additiv miteinander verknüpft und damit nicht separierbar. Strebt man z. B. Gewinnmaximierung an und sind die Absatzmenge x sowie der Preis p zumindest in Grenzen frei wählbar, besteht eine rein zielbedingte Interdependenz beider Variablen. Im Fall proportionaler Stückkosten k hängt der Grad der Zielerreichung

$$Z = (p - k) \cdot x \tag{3-1}$$

bei jedem Preis von der gewählten Absatzmenge ab. Unabhängig davon, ob zusätzlich eine marktbedingte Beziehung zwischen dem erzielbaren Preis und der absetzbaren Menge existiert, sind die beiden Handlungsvariablen p und x durch die Zielfunktion miteinander verknüpft. Derartige Interdependenzen führen beispielsweise in der Kontrollrechnung zu dem Phänomen der Abweichungen höheren Grades, die nicht eindeutig auf die sie bewirkenden Handlungsvariablen aufgespalten werden können (vgl. z. B. Schweitzer/Küpper, 2011, S. 707 ff.).

Beanspruchen Handlungsvariablen denselben begrenzten Vorrat an Einsatzgütern, kommt es zu einer Mittelinterdependenz. Eine gegenseitige Abhängigkeit tritt aber erst auf, wenn beide Variablen darüber hinaus zielwirksam sind. Im Fall der Mittelinterdependenz reicht dabei eine additive Verknüpfung der Variablen in der Zielfunktion aus. Strebt man eine Zielextremierung an, so hat die Veränderung einer Variablen in der Regel Auswirkungen auf die Ausprägung der anderen. In welchem Umfang es zu gegenseitigen Wirkungen kommt, hängt davon ab, welche anderen isolierten Restriktionen die einzelnen Variablen begrenzen.

Dieser Zusammenhang kann an dem einfachen Beispiel der Herstellung von zwei Produkten auf derselben Anlage veranschaulicht werden. Die Periodenkapazität sei auf 100 Fertigungsstunden beschränkt. Zur Erzeugung einer Einheit von Produkt 1 werden zwei Stunden, für Produkt 2 fünf Stunden benötigt. Wenn x_1 bzw. x_2 die Herstellungsmengen der beiden Produkte je Periode bezeichnen, gilt für diese Maschine die Nebenbedingung:

$$2 \cdot x_1 + 5 \cdot x_2 \leq 100 \tag{3-2}$$

Strebt man bei konstanten Stückdeckungsbeiträgen d_1 für Produkt 1 und d_2 für Produkt 2 nach einer Maximierung des Periodendeckungsbeitrags

$$\max Z = d_1 \cdot x_1 + d_2 \cdot x_2 \tag{3-3}$$

so kann (ohne Vorliegen von Absatz- oder anderen Beschränkungen) die Maximalmenge 50 (20) von Produkt 1 (Produkt 2) nur gefertigt werden, wenn man auf die Fertigung des jeweils anderen Produkts verzichtet. Eine Steigerung der Herstellungsmenge eines Produktes ist nur zu Lasten der Herstellung des anderen möglich. Graphisch zeigt sich dieser Zusammenhang entsprechend Abbildung 3-1 durch eine Gerade, deren Schnittpunkte mit der x_1- bzw. x_2-Achse die jeweiligen Maximalmengen bei Verzicht auf die andere Produktart angeben.

Eine Risikointerdependenz wird erst erkennbar, wenn man die Prämisse sicherer Erwartungen aufgibt. Sie ist darauf zurückzuführen, dass die Wahrscheinlichkeitsverteilungen von Größen, die für eine Entscheidung relevant sind, voneinander stochastisch abhängen. Beispielsweise können die Deckungsbeiträge zweier Produkte risikobehaftet sein und miteinander korrelieren. Dann folgt, dass der Beitrag eines Produktes zum Gesamtrisiko des Unternehmens von der Menge des jeweils anderen Produktes abhängt. (vgl. Laux/Liermann, 1997, S. 196). Besondere Beachtung haben Risikointerdependenzen bei der optimalen Gestaltung von Wertpapierportfolios gefunden, wo versucht wird, Wertpapiere so auszuwählen, dass sich deren Risiken im günstigsten Fall gegeneinander aufheben (vgl. z. B. Spremann, 1991, S. 443 ff.).

Mittelinterdependenz

Risikointerdependenz

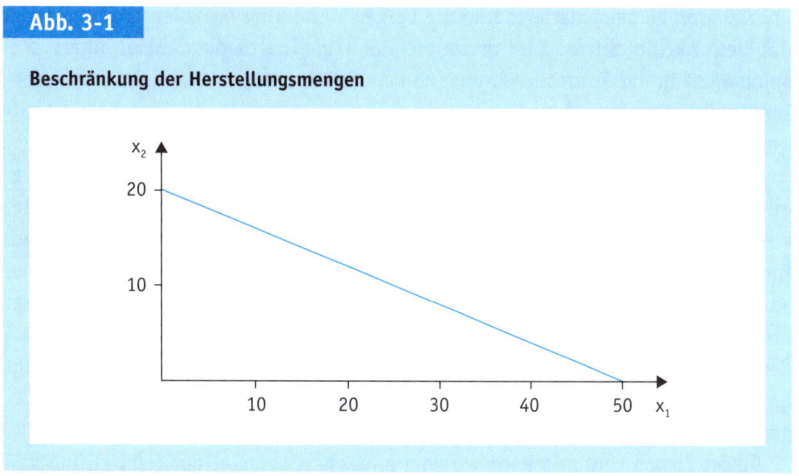

Abb. 3-1

Beschränkung der Herstellungsmengen

3.2.3 Entstehen des Interdependenzproblems durch die Zerlegung von Handlungsfeldern

Zerlegung in partielle Entscheidungsfelder

Wegen der in der Realität gegebenen Ressourcenbeschränkung, der Verknüpfung aller Zielwirkungen und ihrem Niederschlag in den Erwartungen gibt es in Unternehmungen eine Vielzahl von Interdependenzen. Deren Handhabung wird zu einem Problem, weil das gesamte Handlungsfeld einer Unternehmung in partielle Entscheidungsfelder aufgeteilt werden muss. Dies ist aus mehreren Gründen unvermeidlich. So reicht die geistige Kapazität einer Person oder einer Gruppe von Personen nicht aus, um alle relevanten Variablen und Parameter gleichzeitig zu erfassen und zu steuern. Ferner hat sich gezeigt, dass das Problem der Informationsbereitstellung mit zunehmendem Betrachtungsumfang unüberwindliche Hürden aufwirft. Darüber hinaus lässt sich über eine Dezentralisierung von Entscheidungen und Handlungen das Wissen vieler Personen besser nutzen und deren Einsatzbereitschaft erhöhen.

Zerschneidung von Interdependenzen

Durch die Zerlegung in partielle Entscheidungsfelder zerschneidet man Interdependenzen. Die in einem Entscheidungsfeld nicht enthaltenen Variablen werden als Daten behandelt. Damit bleiben deren Variationsmöglichkeiten ebenso wie die Rückwirkungen der Variablen des betrachteten Entscheidungsfelds auf die Zielerreichung in anderen Entscheidungsfeldern unberücksichtigt. Man benötigt zusätzlich Mechanismen zur Abstimmung zwischen den separierten Entscheidungsfeldern, um zur angestrebten Gesamtzielerreichung zu gelangen. Die Existenz von Interdependenzen und die Aufspaltung in partielle Entscheidungsfelder begründen also einen Koordinationsbedarf.

Beispiel zur Programm- und Investitionsplanung

Dieser Zusammenhang kann an einem Beispiel zur Programm- und Investitionsplanung erläutert werden (vgl. Küpper, 1994a, S. 927 ff.). Unterstellt man zuerst, dass über beide Bereiche simultan entschieden wird, so ist ein Modell zu entwickeln, das Produktions- und Investitionsvariablen enthält.

Vereinfachend wird angenommen, dass lediglich zu Beginn des Planungszeit-raumes *(t = 0)* über die Zahl der zu investierenden gleichartigen Anlagen *I* mit den Anschaffungsausgaben *A* entschieden werden kann und hierfür ein Kapital-budget *K* fest vorgegeben ist. Die Beziehungen zwischen den Produktmengen-variablen x_{it} und den Investitionsvariablen *I* sind durch (Un-)Gleichungen zu erfassen. Sie bringen zum Ausdruck, dass die in einer Periode *t* maximal her-stellbare Produktmenge x_{it} bei gegebenen Stückzeiten a_i von der Anzahl der in-vestierten Maschinen *I* beschränkt wird. Wenn jede Maschine eine Periodenka-pazität von *b* Zeiteinheiten besitzt, gilt also:

Simultanmodell

$$\sum_i a_i \cdot x_{it} \le b \cdot I \qquad\qquad (\, I \,=\, \text{ganzzahlig}) \quad \forall t \qquad (3\text{-}4)$$

$$x_{it}, I \ge 0 \qquad\qquad\qquad \forall i,t$$

Ferner werden die Investitionsmöglichkeiten durch eine *Budgetbedingung* be-schränkt:

$$A \cdot I \le K \qquad\qquad\qquad\qquad\qquad (3\text{-}5)$$

In der *Zielfunktion* zur Maximierung des Barwertes der Ein- und Auszahlungen können die Erlöse p_i und die variablen Produktionsauszahlungen k_i unmittelbar den Produktmengen x_{it} zugeordnet werden. Die Anschaffungsauszahlungen für die Anlagen sind den Investitionsvariablen *I* direkt zurechenbar. Mit *q* als Ab-zinsungsfaktor ergibt sich folgende Zielfunktion:

$$Z = \sum_{i,t} \left(p_i - k_i \right) \cdot x_{it} \cdot q^{-t} - A \cdot I \qquad\qquad (3\text{-}6)$$

Damit sind die Wirkungen der unterschiedlichen Produktmengen und der inves-tierten Maschinen auf die Zielgröße berücksichtigt.

Bei einer Zerlegung des Entscheidungsfeldes muss man isolierte Entschei-dungsmodelle zur Programm- und zur Investitionsentscheidung formulieren. Dann ist bei der Programmentscheidung zu unterstellen, dass die Investitions-entscheidung schon getroffen ist. An die Stelle der veränderlichen Kapazität *b · I* tritt eine fest vorzugebende Kapazität *B*:

Isolierte Entscheidungs-modelle: Programm-entscheidung

$$\sum_i a_i \cdot x_{it} \le B \qquad \forall t \qquad\qquad\qquad (3\text{-}7)$$

$$x_{it} \ge 0 \qquad \forall i,t$$

Bei gegebener Kapazität sind die durch die Anschaffung der Anlagen ausgelös-ten Zahlungen für alle Produktionsprogramme gleich hoch und können als nicht relevante Fixkosten betrachtet werden. In der Programmplanung kann man als Ziel $Z^{(P)}$ die Maximierung der abgezinsten Deckungsbeiträge verfolgen:

$$Z^{(P)} = \sum_{i,t} \left(p_i - k_i \right) \cdot x_{it} \cdot q^{-t} \qquad\qquad\qquad (3\text{-}8)$$

Im Investitionsmodell wird jeder investierten Maschine ein Strom an Ein- und Auszahlungen zugerechnet. Damit unterstellt man, dass mit jeder Ausprägung

Investitionsmodell

der Investitionsvariablen I ein ganz bestimmtes Produktionsprogramm erzeugt wird, das zu eindeutigen Zahlungen führt. Sie treten an die Stelle des variablen Deckungsbeitrags in der obigen Simultanplanung. Bei der Investitionsentscheidung ist somit der Kapitalwert $Z^{(I)}$

$$Z^{(I)} = \sum_t E_t(I) \cdot q^{-t} - A \cdot I \qquad (3\text{-}9)$$

unter Beachtung der Budgetbedingung

$$A \cdot I \leq K \qquad (3\text{-}10)$$

$$I \geq 0 \qquad \text{ganzzahlig}$$

zu maximieren.

Kennzeichnung der Interdependenzen

Durch die Aufteilung in zwei isolierte Entscheidungsmodelle werden Beziehungen zerschnitten, die bei simultaner Planung unmittelbar im Modell enthalten sind. Zwischen beiden Bereichen besteht eine enge Interdependenz. Jede isolierte Entscheidung führt zu einem Datum für den anderen Bereich, die für dessen Zielerreichung maßgebend wird. So gibt man einerseits durch die Investitionsentscheidung der Programmplanung die verfügbare Kapazität B vor, welche für die Ausprägung des maximal erzielbaren Deckungsbeitrages bestimmend ist. Andererseits unterstellt man bei der Investitionsentscheidung, dass mit jeder Ausprägung der Investitionsalternativen ein bestimmtes Produktionsprogramm realisiert wird. Die Programmplanung geht über die zugeordneten Zahlungen als Datum in die Investitionsplanung ein und ist bestimmend für den mit jeder Alternative erreichbaren Kapitalwert.

Das Ausmaß des Koordinationsbedarfs hängt davon ab, nach welchen Merkmalen und wie stark das Entscheidungs- und Handlungsfeld einer Unternehmung zerlegt wird. Verschiedene Stufen der Zerlegung sind darin zu sehen, ob lediglich eine gedankliche oder auch eine personelle Aufteilung vorgenommen wird.

Formen der Zerlegung: Verrichtungsmäßige Zerlegung

Als wichtige Formen lassen sich verrichtungsmäßige, objektmäßige, zeitliche und rangmäßige Aufteilung unterscheiden. Da sich die Handlungen verschiedener Produktionsbereiche bei verrichtungsmäßiger Zerlegung auf dieselben Produkte beziehen, wird hier die Zielinterdependenz besonders bedeutsam. Beispielsweise hängt die Höhe des bei einem Produkt erzielbaren Gewinns sowohl von der Absatzpreispolitik und der Fertigungsmenge als auch von den Herstellkosten ab, die durch Beschaffungs- und Fertigungsprozessentscheidungen bestimmt werden. Die Absatzpreise und die Herstellkosten sind mit den Fertigungsmengen multiplikativ verknüpft. Hinzu kommen Mittelinterdependenzen, soweit Funktionsbereiche dieselben Ressourcen beispielsweise an Material, Anlagen, Raum, Personal oder Finanzmitteln beanspruchen.

Objektmäßige Zerlegung

Bei objektmäßiger Zerlegung steht die Mittelinterdependenz im Vordergrund. Die Partialbereiche für verschiedenartige Produkte greifen auf begrenzt verfügbare Ressourcen an Kapital, Personal, Fertigungskapazität usw. zurück. Zielinterdependenzen können hier z. B. durch marktmäßige Verflechtungen entstehen.

Die zeitliche Zerlegung bedeutet eine Zerschneidung dynamischer Beziehungen. Durch gegenwärtige Handlungen werden zukünftige Handlungsmöglichkeiten eröffnet oder eingeengt. Zugleich sind Erwartungen über zukünftige Handlungsmöglichkeiten bestimmend für die Entscheidungen in der Gegenwart. Beispielsweise führt eine Produktion auf Vorrat in der Gegenwart dazu, dass in der Folgeperiode eine größere Produktmenge abgesetzt werden kann. Dafür kann der zusätzliche Einsatz der Produktionsanlagen bewirken, dass ihre Instandhaltungs- und Ersatzzeitpunkte vorgezogen werden müssen. Die Entscheidung über eine gegenwärtige Produktionsausweitung wird maßgeblich von den Erwartungen über die künftigen Absatzmöglichkeiten bestimmt. Die Produktionsentscheidung von heute beeinflusst also z.B. die Absatz- sowie die Instandhaltungs- und Ersatzentscheidungen in der Zukunft. Umgekehrt hängt die heutige Produktionsentscheidung davon ab, wie unter den gegenwärtigen Erwartungen die künftigen Entscheidungen ausfallen sollen. Auch wenn die Entscheidungen der künftigen Perioden jetzt noch nicht endgültig festgelegt werden müssen, beeinflussen sich die gegenwärtigen und die (vorläufig festzulegenden) künftigen Entscheidungen gegenseitig. Deshalb sollten sie eigentlich gleichzeitig getroffen werden. Ihre Abkoppelung kann zu einer verminderten Zielerreichung führen.

Zeitliche Zerlegung

Die rangmäßige Zerlegung führt zu einer sachlich begründeten Unterscheidung von über- oder untergeordneten Handlungsbereichen. Das Kriterium für eine solche Aufteilung kann in der sachlichen und zeitlichen Wirkung sowie in der Revidierbarkeit von Handlungen gesehen werden (vgl. Küpper, 1980a, S. 269). Es zeigt sich an dem Umfang, in dem eine Entscheidung den Handlungsspielraum bei anderen Entscheidungstatbeständen ändert. Beispielsweise hat die Anschaffung einer Maschine eine weitergehende Wirkung als die Festlegung der Auftragsfolge an ihr. Durch ihren Kauf werden in größerem Umfang finanzielle Mittel gebunden, die für andere Maßnahmen nicht mehr zur Verfügung stehen. Ihre Kapazität und ihre technischen Eigenschaften sind während einer längeren Nutzungsdauer bestimmend dafür, welche Arten und Mengen an Produkten erzeugt werden können. Die Anlageninvestition beeinflusst also zumindest in finanzieller und zeitlicher Hinsicht eine größere Zahl weiterer Entscheidungen. Demgegenüber wird durch eine Auftragsfolgeentscheidung lediglich bestimmt, welche Aufträge an ihr früher gefertigt werden. Hierdurch können deren Durchlaufzeiten und Fertigstellungstermine sowie die Reihenfolgen auf nachfolgenden Stufen beeinflusst werden. Die Kapazitätsnutzung in der Periode sowie die Einzahlungstermine und damit die Kapitalbindung der betroffenen Aufträge können in begrenztem Maße von einer Auftragsfolgeentscheidung abhängen. Diese Wirkungen haben offensichtlich viel geringeres Gewicht und eine kleinere Reichweite als die Investitionsentscheidung. An diesem Beispiel erkennt man, dass sich über den Umfang der Wirkungen von Entscheidungen Problemhierarchien entwickeln lassen, auch wenn dies nur eine grobe und pragmatische Rangordnung ermöglicht.

Rangmäßige Zerlegung

Eine zentrale Frage für das Controlling besteht darin, wie sich die Zerlegung des Handlungsfeldes auf die Beherrschbarkeit von Interdependenzen auswirkt. Hierzu müssen die Beziehungen zwischen der Art vorliegender Interdependen-

Zerlegung und Beherrschbarkeit von Interdependenzen

zen, der Form einer Zerlegung in partielle Entscheidungsfelder und den Koordinationsmöglichkeiten erforscht werden (vgl. z. B. Lassmann, 1992, S. 34 ff.). Je stärker eine Zerlegung Interdependenzen zerschneidet und je mehr die Zielerreichung dadurch beeinträchtigt wird, desto notwendiger wird der Einsatz geeigneter Koordinationsinstrumente. Das Gewicht der Funktion Controlling nimmt aus diesem Grund mit der Bedeutung der Interdependenzen und dem Ausmaß ihrer Zerschneidung zu.

3.3 Theoretische Ansätze des Controlling zur Erfassung von Sachinterdependenzen

Für die Analyse und Koordination von Sachinterdependenzen bieten sich integrierte Optimierungs- und Simulationsmodelle sowie kontrolltheoretische Modelle an, wie sie seit langem im Operations Research entwickelt worden sind. An der Struktur von Optimierungsmodellen und ihren Komponenten lassen sich die Wirkung von Interdependenzen und die Möglichkeiten ihrer Koordination verdeutlichen. Durch einen Vergleich von integrierten mit Partialmodellen wird erkennbar, dass z. B. Abschreibungen und Zinssätze als Interdependenzparameter eine spezifische Funktion bei der Abstimmung zwischen isolierten Handlungsfeldern übernehmen. Kontrolltheoretische Ansätze ermöglichen eine Erfassung und Analyse zeitlicher Interdependenzen insbesondere zwischen verschiedenen Planungsebenen.

Notwendigkeit verschiedener theoretischer Ansätze

Für eine theoretische Fundierung des Controlling erscheint es notwendig, verschiedene Ansätze heranzuziehen. Dies ist zum einen darauf zurückzuführen, dass sich die Koordination im Führungssystem auf verschiedenartige Interdependenzen erstreckt. Sach- und Verhaltensbeziehungen sind jeweils durch eigenständige theoretische Aussagen abzubilden. Zum andern ist es für die Analyse eines solchen Untersuchungsgegenstands erforderlich, mehrere methodische Wege zu gehen. Insbesondere verlangt sie sowohl eine formal-analytische Präzisierung als auch eine empirische Bestätigung von Aussagen.

3.3.1 Erfassung von Interdependenzen in integrierten Optimierungs- und Simulationsmodellen

Quantitative Simultanmodelle

Zur Erfassung von Interdependenzen zwischen verschiedenen Variablen des Leistungssystems sind in der Betriebswirtschaftslehre quantitative Simultanmodelle entwickelt worden. Sie stellen formale mathematische Modelle dar, für deren numerische Lösung Verfahren des Operations Research herangezogen werden. Durch eine Verknüpfung der in ihnen enthaltenen Variablen und Parameter mit Tatbeständen der Realität gewinnen sie *empirischen Gehalt*. Die semantische Interpretation des ursprünglich rein syntaktischen Modells macht sie zu Aussagensystemen über die Wirklichkeit.

Die in ihnen enthaltenen Funktionen können realtheoretische Hypothesen, ihre Parameter beobachtbare Einzelereignisse wiedergeben. Deren Geltung lässt sich an der Realität überprüfen. Neben die logische Überprüfbarkeit der aus dem Modell abgeleiteten Ergebnisse tritt damit die *empirische Überprüfbarkeit* ihrer inhaltlichen Aussagen.

Wenn man Optimierungs- und Simulationsmodelle in dieser Weise mit empirischem Gehalt füllt und sich der Anforderung stellt, dass ihre Prämissen an der Empirie zu überprüfen sind und nicht nur denkbare Möglichkeiten wiedergeben, lassen sie sich als realtheoretische Aussagensysteme interpretieren. Dann können sie die Grundlage für eine realtheoretische Fundierung des Controlling liefern.

3.3.1.1 Struktur von Optimierungs- und Simulationsmodellen

Optimierungsmodelle sind i.d.R. aus mehreren als Ungleichungen oder Gleichungen formulierten Nebenbedingungen und einer Zielfunktion aufgebaut (vgl. z.B. Domschke/Drexl, 1995; Neumann/Morlock, 1993; Taha, 1987). Sie geben den Bereich möglicher Lösungen des Problems an und gestatten durch die Zielfunktion den Vergleich verschiedener Alternativen im Hinblick auf die spezifizierte Zielsetzung. Für die Ermittlung derartiger Lösungen werden systematische Verfahren herangezogen. Leistungsfähige Lösungsalgorithmen existieren vor allem für Modelle mit linearer Zielfunktion und linearen Nebenbedingungen sowie für die Lösung nichtlinearer Modelle, sofern diese ganz bestimmte Strukturen aufweisen.

Optimierungsmodelle

Für die *Erfassung von Interdependenzen* in Optimierungsmodellen ist maßgeblich, welche Handlungstatbestände als Variablen und welche Einflüsse lediglich als gegebene Parameter berücksichtigt werden. Ein lineares Modell besteht z.B. aus Nebenbedingungen der Art

Komponenten

$$a_{i1} \cdot x_1 + \ldots + a_{ij} \cdot x_j + \ldots + a_{in} \cdot x_n \leq b_i \qquad \forall i \qquad (3\text{-}11)$$

sowie den Nichtnegativitätsbedingungen

$$x_j \geq 0 \qquad \forall j \qquad (3\text{-}12)$$

und einer Zielfunktion

$$\max Z = c_1 \cdot x_1 + \ldots + c_j \cdot x_j + \ldots + c_n \cdot x_n \qquad (3\text{-}13)$$

In diesen (Un-)Gleichungen geben die Variablen x_j die *Entscheidungs- und Handlungsvariablen* wieder. Bei ihnen kann es sich beispielsweise um Beschaffungs-, Fertigungs- oder Absatzmengen verschiedener Güterarten j, die Anzahl unterschiedlicher Investitionsprojekte j oder die Kapitalmenge mehrerer Finanzierungsarten j handeln. Die Parameter b_i der *Nebenbedingungen* kennzeichnen beschränkt verfügbare Güter wie Maschinen- oder Personalkapazität, Vorräte an Einsatzgütern, Kapitalbudgets u.Ä. Die Koeffizienten a_{ij} geben an, welche Menge eines solchen Gutes i für die Realisation einer Einheit der Variablen x_j beansprucht wird. In der Zielfunktion kennzeichnen die Koeffizienten c_j den Beitrag der jeweiligen Variablen zum Ziel Z.

**Erfassung von Inter-
dependenzen**

Soweit Handlungstatbestände in das Modell als Variablen x_j und nicht als vorgegebene Parameter oder Koeffizienten eingehen, werden die zwischen ihnen bestehenden gegenseitigen Beziehungen erfasst. Jede Nebenbedingung bringt zum Ausdruck, inwieweit sich die Ausprägungen der in ihr enthaltenen Variablen gegenseitig begrenzen und kennzeichnet damit eine Mittelinterdependenz. Der *Umfang* an berücksichtigten *Interdependenzen* hängt davon ab, wie viele Handlungstatbestände als Variablen in das Modell eingehen. Ihre isolierten und ggf. gegenseitigen Beziehungen zu den Mitteln und Zielen müssen durch die Nebenbedingungen und die Zielfunktion abgebildet werden.

Nebenbedingungen

Die Nebenbedingungen geben die Abhängigkeit der Variablen von den Parametern b_i wieder. Wenn die Verfügbarkeit eines Gutes durch modellexogene Entscheidungen der Unternehmung bestimmt ist, kommt in der Nebenbedingung eine *Dependenz* von anderen Handlungsvariablen zum Ausdruck. Man setzt also voraus, dass die Entscheidung über die betreffende (Investitions-, Finanzierungs-, Absatz- oder andere) Variable in einem anderen Entscheidungsbereich gefällt wird. Ferner können sich in den Koeffizienten a_{ij} Handlungen anderer Entscheidungsbereiche niederschlagen. Wenn sie zum Beispiel die Stückzeiten von Produkten auf Maschinen kennzeichnen, sind sie durch die Verteilung der Aufträge auf die betreffenden Maschinen und die Maschinenintensitäten bestimmt. Daran zeigt sich, dass die Zerlegung des Entscheidungsfelds maßgebend dafür ist, welche Variablen in ein Modell eingehen und welche Beziehungen damit in Form von Interdependenzen oder Dependenzen erfasst werden.

Zielfunktion

In der Zielfunktion ist abzubilden, wie die im Modell enthaltenen Variablen auf das zugrunde gelegte Ziel wirken. Dabei wird unterstellt, dass der Einfluss jeder Variablen isolierbar ist und keine Zielinterdependenzen bestehen. Sonst müssen die Variablen nicht-additiv miteinander verknüpft werden, wodurch man zu nichtlinearen Zielfunktionen gelangt. In den Koeffizienten der Zielfunktion können sich darüber hinaus Dependenzen von anderen Entscheidungstatbeständen niederschlagen. Handelt es sich beispielsweise bei Programmplanungsmodellen um Deckungsbeitragskoeffizienten, so hängt auch deren Höhe von den Entscheidungen des Absatzes über die Angebotspreise, des Einkaufs über die zu beschaffenden Materialarten, deren Preise und die Bestellmengen, der Fertigung über die Losgrößen, Arbeitsverteilung, Reihenfolgen usw. ab. In entsprechender Weise sind für die Zahlungsreihen und daraus abgeleitete Kapitalwerte von Investitionsprojekten Erwartungen über die mit dem Projekt erzeugten und abgesetzten Produktmengen, deren Erlöse, Kosten u. a. maßgeblich.

Simulationsmodelle

In Optimierungsmodellen versucht man, über geeignete Lösungsverfahren die nachweisbar beste Alternative zu bestimmen. Diese Zwecksetzung wird mit *Simulationsmodellen* nicht verfolgt (vgl. hierzu insbesondere Witte, 1973; Witte, 1979; Witte, 1993, Sp. 3837 ff.). Durch Experimentieren anhand des Modells kann das Verhalten des betrachteten Systems untersucht werden. In der Regel werden sie als dynamische Systeme mit diskreter oder kontinuierlicher Zeitführung formuliert. Damit kann das Systemverhalten im Zeitablauf für unterschiedliche Parameterausprägungen »durchgespielt« werden. Ein wesentlicher Vorzug liegt darin, dass sie nicht solch engen Grenzen der Berechenbarkeit wie analytische Optimierungsmodelle unterliegen. Für die Durchführung von Simulationen lässt sich eine größere Zahl von Werkzeugen nutzen. Diese enthalten zunehmend graphische Oberflächen und erleichtern so die Modellierung.

Simulationsmodelle besitzen einen breiten Anwendungsbereich. Im Hinblick auf die Entscheidungsunterstützung können mit ihnen »unterschiedliche Steuerungsregeln, Verhaltenspolitiken oder Strategien ausgetestet werden, um festzustellen, welche Konsequenzen sie für das modellierte System haben« (Witte, 1993, Sp. 3845). Damit bieten sie ein vielseitiges Instrument, um das Zusammenwirken verschiedener Variablen und vorzugebender Parameter zu analysieren.

Die Analyse von Interdependenzen und die Lösungssuche müssen nicht auf einen einzelnen Modelltyp beschränkt bleiben. Optimierungs- und Simulationsmodelle lassen sich auch miteinander verknüpfen (vgl. Hoover/Perry, 1990, S. 371 ff.). Hierzu können die Entscheidungstatbestände z. B. nach ihrer Wirkung auf über- oder untergeordnete Unternehmensziele (Kapitalwert, Gewinn, Kosten u. a.), ihrer Ausstrahlung auf andere Entscheidungen (Kapazitäten, Produktmengen, Maschinenbelegung u. a.), ihrer zeitlichen Wirkung (lang-, mittel-, kurzfristig) und ihrer Revidierbarkeit hierarchisch geordnet werden (vgl. Küpper, 1980a, S. 269 ff.). Dann kann man beispielsweise zu einer Gliederung in Produktionsprogramm-, Losgrößen- und Reihenfolgeplanung kommen. Die Ergebnisse der jeweils übergeordneten Modelle bestimmen den Rahmen, in dem die Planung auf der nächstfolgenden Stufe vorzunehmen ist. Die Nutzung verschiedener Modelltypen schafft erweiterte Abbildungsmöglichkeiten. Zudem lässt sich der Bezug zur Organisation und einer entsprechenden Aufteilung der Planungs- sowie Entscheidungskompetenzen herstellen. Die Beziehungen zwischen den verschiedenen Ebenen werden zum einen dadurch aufgenommen, dass Entscheidungen des jeweils übergeordneten Modells z. B. über die in einer Periode herzustellenden Produktarten und -mengen der nächsten Ebene als zu erfüllende Parameter vorgegeben werden. Sie beschränken damit deren Handlungsspielraum. Die Lösung des untergeordneten Modells muss zeigen, ob für diese Werte eine zulässige Lösung existiert. Zum andern können Koeffizienten der Zielfunktion Wirkungen der Entscheidungen auf das andere Entscheidungsfeld enthalten.

Hierarchische Modelle

3.3.1.2 Bedeutung von Optimierungs- und Simulationsmodellen für das Controlling

Optimierungs- und Simulationsmodelle ermöglichen eine Abbildung von einseitigen und gegenseitigen Beziehungen zwischen Handlungstatbeständen der Unternehmung. Ihre Formulierung zwingt dazu, das *Wissen* bzw. die *Vorstellung über Interdependenzen* offen zu legen. Darin kann eine *erste Zwecksetzung* der Modellbildung gesehen werden. Die in ihnen enthaltenen Funktionen sollten nach Möglichkeit auf gut bestätigten Hypothesen beruhen. Beispielsweise ist anzustreben, dass die in einer Zielfunktion enthaltenen Deckungsbeiträge auf

Wissen über Interdependenzen

produktions-, kosten- und preistheoretischen Hypothesen basieren, welche die Annahme eines konstanten Stückdeckungsbeitrags begründen.

Konstruktion

Häufig kann aber ein Anspruch auf »strukturähnliche« *Abbildung* der Realität nicht aufrechterhalten werden. Im Modell werden nur Teilzusammenhänge abgebildet, um die Komplexität zu begrenzen und die Zusammenhänge zu erkennen. Welche Zusammenhänge hierbei als relevant einbezogen und welche außer Acht gelassen werden, hängt von der Bewertung sowie Entscheidung des Modellformulierers ab und lässt sich nicht an der Wirklichkeit überprüfen. Daher spricht eine Reihe von Argumenten dafür, sie als bewusste Definitionen oder Konstruktionen problematisierter Handlungssituationen zu verstehen (vgl. Bretzke, 1980, S. 28 ff.; Rieper, 1992, S. 22 ff.).

Modellbestätigung

Vielfach enthält die Modellbildung Komponenten von beiden Konzeptionen (vgl. Rieper, 1992, S. 37). Sowohl als Wissenschaftler wie als Anwender ist der Ersteller eines Modells daran interessiert, dass sich die in der Modellbildung entwickelte Vorstellung in der Realität bestätigt. Als Indiz einer entsprechenden Bewährung ist es zu werten, dass Modelle von unterschiedlichen Personen bzw. Unternehmungen geprüft und angewandt werden. Dies kann aber auch darauf zurückzuführen sein, dass sich mit ihnen Denkmuster zur Gestaltung der Realität durchsetzen.

Offenlegung und Diskussion

Abbildung der Realität und Modellkonstruktion zwingen dazu, das eigene Wissen, die Vorstellungen über die Beziehungen im betrachteten Bereich und die Ziele in dem formalen Modell darzustellen. Damit kann die Modellkonstruktion zugleich Grenzen der Kenntnisse und Vorstellungen bewusst machen. Das Modell bildet die Basis für eine Diskussion der Zusammenhänge.

Analyse der Interdependenzen

Eine *zweite Zwecksetzung* liegt in der *Analyse* der in Modellen abgebildeten *Interdependenzen*. Anhand der Modelle lassen sich die Wirkungen von Dependenzen sowie Interdependenzen herausarbeiten. Aus der Struktur von Optimierungs- und Simulationsmodellen und der Ergebnisse kann man Schlüsse über die Art und das Gewicht der einzelnen Beziehungen ziehen. Das simulative »Durchspielen« von Modellen für unterschiedliche Parameterwerte und für die Einbeziehung bzw. Vernachlässigung einzelner Variablen kann zeigen, welche Zusammenhänge wichtig und welche von eher geringer Bedeutung sind. Ferner gewinnt man ein Verständnis für das Zusammenwirken der Größen.

Interdependenzparameter

Durch den Vergleich zwischen Partialmodellen und den ihre Entscheidungsfelder einschließenden integrierten Modellen wird die Bedeutung der sie *verknüpfenden Interdependenzparameter sowie -koeffizienten* transparent. Dies lässt sich beispielsweise an Programmplanungs- und Investitionsmodellen verdeutlichen, wie sie in Abschnitt 3.2.3 in ihrer Grundstruktur skizziert wurden. Das partielle Programmplanungsmodell enthält in der Zielfunktion Koeffizienten für die Stückdeckungsbeiträge der Produkte.

Abschreibungen

In der Kostenrechnung wird intensiv diskutiert, ob und in welchem Umfang die darin enthaltenen variablen Kosten anteilige Abschreibungen umfassen. Einerseits hat die hergestellte Produkteinheit keinen unmittelbaren Einfluss auf die Investition bzw. Desinvestition der Anlagen. Andererseits werden die Anlagen nur angeschafft, wenn die Produkte hergestellt werden (sollen). Die Abschreibungen bringen den Zusammenhang zwischen den Entscheidungen über die Anlageninvestition und die Herstellung der Produkte zum Ausdruck. Sie lassen sich nicht für das Programmplanungsmodell bestimmen, ohne Vorstellungen über die Auswirkungen der Programmplanung auf die Anlageninvestition zu besitzen. Zudem handelt es sich bei ihnen um Kostenkoeffizienten, die sich nicht auf direkt beobachtbare Größen beziehen.

Verbindet man dagegen die Programmplanung mit der Anlageninvestition, so werden die Beziehungen zwischen den beiden Entscheidungstatbeständen im Modell erfasst. An die Stelle einer Zurechnung von Abschreibungen zu Produktvariablen treten die Auszahlungen für die Anlagenanschaffung sowie laufende Wartung und Instandhaltung. Daran wird erkennbar, dass Abschreibungen theoretische Begriffe darstellen, die durch die Aufteilung des Entscheidungsfeldes erforderlich werden. Ihre Ausprägung muss durch theoretische Aussagen über die Beziehungen zwischen den verschiedenen Entscheidungsfeldern und -modellen begründet werden. Je besser es gelingt, Interdependenzen modellendogen abzubilden, umso eher kann man auf derartige theoretisch bestimmte Koeffizienten verzichten. Dann wird es möglich, Wirkungen auf Zielgrößen und Handlungsbeschränkungen unmittelbar den Variablen zuzurechnen, mit denen sie auch in der Realität beobachtbar verbunden sind (vgl. Küpper, 1980a, S. 243 ff.).

Entsprechende Überlegungen lassen sich für den Einsatz von Personal und anderen Potenzialgütern anstellen. Besonders deutlich ist dies bei der Funktion von Kalkulationszinsfüßen für den Einsatz von Kapital (vgl. Abschnitt 4.3.3; Hax, 1964, S. 435 ff.; Hax, 1985, S. 65 ff.). Wenn man die verschiedenen Investitions- sowie Finanzierungsmöglichkeiten mit ihren Zahlungsreihen explizit in ein Modell einbezieht, nimmt das Gewicht von Kalkulationszinsfüßen ab. Dann treten nämlich an die Stelle des Zinsfußes die tatsächlichen Ein- oder Auszahlungen, die mit einer Investitions- oder Finanzierungsalternative verbunden sind. Der Zinsfuß bringt also alternative Handlungsmöglichkeiten und damit Interdependenzen zu anderen Entscheidungen komprimiert zum Ausdruck.

Kalkulationszinsfuß

Die vergleichende Analyse lässt erkennen, welche Parameter bei einer Zerlegung von Simultan- in Partialmodelle eine zentrale Bedeutung für die Verknüpfung der verschiedenen Entscheidungen besitzen. Diese »Interdependenzparameter« bilden einen wichtigen Ansatzpunkt für die Koordination. Lassen sich keine integrierten Modelle anwenden, so stehen hinter den Interdependenzparametern Annahmen über die Struktur der nicht berücksichtigten Entscheidungstatbestände. Am klarsten sind derartige Prämissen in Form von »Separationstheoremen« formuliert (vgl. Rudolph, 1983; Hirshleifer, 1958, S. 329 ff.). Diese machen deutlich, an welche Voraussetzungen eine Anwendung des separierten Partialmodells im Prinzip gebunden ist.

Interdependenzparameter und Separationstheoreme

Die *dritte Zwecksetzung* von Optimierungs- und Simulationsmodellen, die unterschiedliche Entscheidungsvariablen und -bereiche enthalten, liegt in der *Koordination der Planung* selbst. Sie erfassen die Beziehungen zwischen den Planungsgegenständen des Leistungssystems. Damit sind sie primär auf die Abstimmung zwischen verschiedenen *Wert*- bzw. *Mengengrößen* gerichtet. Je-

Koordination der Planung

doch ermöglichen sie auch die Erfassung *zeitlicher* Interdependenzen, indem die Ausprägungen der Variablen zu verschiedenen Zeitpunkten bzw. Zeiträumen abgebildet werden.

Funktion und Grenzen
integrierter Modelle

Die Möglichkeiten zur Abbildung von Interdependenzen und die Leistungsfähigkeit von Lösungsverfahren insbesondere der linearen Optimierung haben zur Entwicklung von integrierten Modellen geführt, in welche in zunehmendem Maße Funktionsbereiche einbezogen wurden (vgl. u.a. Albach, 1962b; Hax, 1964; Swoboda, 1965; Jacob, 1968; Schweim, 1969; Blumenrath, 1969; Rosenberg, 1975). Sie haben aber zugleich die Grenzen ihrer Anwendung für die Planung erkennen lassen, die vor allem in der Modellkomplexität, Problemen der Datengewinnung, den Modellierungskosten sowie der fehlenden Berücksichtigung von Organisations- und Personalführungsproblemen liegen. Deshalb ist ihre Bedeutung stärker in der theoretischen Abbildung und Analyse von Interdependenzen zu sehen. Ihre Relevanz für das Controlling wird ferner dadurch begrenzt, dass sie in erster Linie Interdependenzen im Leistungssystem erfassen. Insoweit sind sie auf die Koordination der *Planung* gerichtet. Jedoch lassen sich aus ihnen auch Erkenntnisse über die für die Planung und Kontrolle erforderlichen Informationen ableiten. Deshalb liefern sie darüber hinaus eine Grundlage für die Abstimmung des Informationssystems auf die Planung und Kontrolle.

3.3.2 Erfassung von Interdependenzen in kontrolltheoretischen Ansätzen

3.3.2.1 Struktur kontrolltheoretischer Ansätze

Kennzeichnung
der Kontrolltheorie

Die Kontrolltheorie behandelt die Extremwertbestimmung von Funktionalen (vgl. Feichtinger/Hartl, 1986; Bertsekas, 1987; Tapiero, 1988). Bei diesen hängt eine Größe nicht nur von endlich vielen exogenen Größen, sondern von mindestens einer Funktion ab. Unter Beachtung von Nebenbedingungen werden die Extremwerte von Funktionalen ermittelt. Die Funktionale können den Einfluss der Zeit berücksichtigen und zusammen mit den Nebenbedingungen ein dynamisches System abbilden. Das Instrumentarium der Kontrolltheorie lässt sich zur optimalen *Steuerung* der Prozesse *dynamischer Systeme* nutzen (vgl. Luhmer, 1993, Sp. 2261 ff.). Damit kann es eine theoretische Basis für Probleme des Controlling liefern, in denen es um die Erfassung und Gestaltung zeitlicher Interdependenzen zwischen Entscheidungsvariablen geht.

Komponenten

Maßgebliche *Komponenten* sind zwei vektorwertige Zeitfunktionen des Zustandsverlaufs $z(\cdot)$ und der Steuerung $u(\cdot)$. »Die Kontrolltheorie untersucht, wie man den Prozessverlauf durch Wahl der Steuerung $u(\cdot)$ i.S. eines Zielkriteriums optimal beeinflussen kann« (Luhmer, 1993, Sp. 2261). Dabei wird durch die Steuerung nicht eine einzelne, sondern eine Reihe nacheinander anfallender Teilentscheidungen festgelegt. Die Modelle werden mit diskreter oder kontinuierlicher Zeit sowie deterministisch oder stochastisch formuliert. Durch die Abbildung dynamischer Beziehungen in Differenzen- bzw. Differentialgleichungssystemen und deren Lösung bestimmt man die im Zeitablauf optimalen Alternativen. Unter Verwendung der Symbole z für die Zustandsvariablen, u für die Steuer- oder Entscheidungsvariablen, w für Umwelteinflüsse, t für die Zeit sowie $R(z(T))$ für den endzustandsabhängigen Restwert lässt sich ein *Problem im Sinne der Kontrolltheorie* wie folgt formulieren:

$$\max_{u(t)} = \int_0^T f_0\,(z(t),w(t),u(t),t)\;dt + R(z(T)) \qquad (3\text{-}14)$$

$$\text{mit } \frac{dz}{dt} = f(z,w,u,t) \qquad (3\text{-}15)$$

$z(0)$ vorgegeben, $u(t) \in U$ und $z(T) \geq 0$

Zur Veranschaulichung kann die Bestimmung der *Nutzungsdauer einer Anlage* betrachtet werden. Ihr Ziel besteht in der Maximierung des Kapitalwertes K, der sich aus den abgezinsten Zahlungsüberschüssen und dem abgezinsten Liquidationserlös der Anlage ergibt. Die Überschüsse $\ddot{U}(t)$ können von den Deckungsbeiträgen $d(t)$, der Produktionsrate $x(t)$ und der Instandhaltungsrate $i(t)$ sowie dem Anlagenzustand $z(t)$ abhängen:

Beispiel Anlagennutzungsdauer

$$\ddot{U}(t) = \; d(t)\cdot x(t)\cdot z(t) - i(t) \qquad (3\text{-}16)$$

Während die Produktions- und die Instandhaltungsrate Entscheidungsvariablen darstellen, werden die Deckungsbeiträge von der Umweltentwicklung beeinflusst. Der Liquidationserlös L sei eine Funktion des Anlagenzustands im Ersatzzeitpunkt und des Anlagenalters T:

$$L = S(z(T),T) \qquad (3\text{-}17)$$

Dann lautet die Zielfunktion unter Beachtung der Anschaffungsauszahlung A und der Zinsenergie j:

$$K = \int_0^T \big(d(t)\cdot x(t)\cdot z(t) - i(t)\big)e^{-jt}\;dt - A + S(z(T),T)\cdot e^{-jT} \qquad (3\text{-}18)$$

Maßgeblich für die Bestimmung der optimalen Nutzungsdauer der Anlage ist vor allem die *Änderung des Anlagenzustands dz/dt*. Im betrachteten Beispiel kann sie von der Produktionsrate $x(t)$, der Instandhaltungspolitik $i(t)$, dem Anlagenzustand $z(t)$ und dem Anlagenalter t abhängen:

$$\frac{dz}{dt} = f(x(t),i(t),z(t),t) \qquad (3\text{-}19)$$

Für die Lösung dieses Kontrollproblems spielen der Verlauf dieser Funktion sowie die Produktionsrate eine zentrale Rolle (vgl. Roski, 1986, S. 173 ff.; Winckler, 1991, S. 54 ff.). Nach dem von L. S. Pontrjagin entwickelten *Maximumprinzip* lässt sich das Kontrollproblem grundsätzlich lösen (Pontrjagin et al., 1964). Hierzu wird eine dem Lagrange'schen Multiplikator ähnliche Bewertungsfunktion $p(t)$ eingeführt, mit der man eine *Hamiltonfunktion* $H(z(t),u(t),p(t),t)$ bildet. Die Bedingung für die optimale Steuerung verlangt dann, dass die Ha-

Lösung von Kontrollproblemen

miltonfunktion durch die entsprechende Wahl der Variablen *u(t)* zu jedem Zeitpunkt zu maximieren ist. Dabei sind die Bedingungen für den Anfangs- und
den Endzeitpunkt zu erfüllen. Über das Maximumprinzip wird das dynamische
Problem in viele statische Optimierungsprobleme zerlegt und die Hamiltonfunktion punktweise maximiert. Die Anwendung des Maximumprinzips erfordert die Lösung von Differenzen- bzw. Differentialgleichungen. Dies wirft häufig Probleme auf, die sich analytisch und ggf. auch numerisch nicht bewältigen
lassen. Deshalb sind einer unmittelbaren Anwendung der Kontrolltheorie auf
dynamische Planungsprobleme enge Grenzen gesetzt. Über eine qualitative
Analyse der Struktur des Lösungspfades lassen sich aber vielfach Einsichten in
die Zusammenhänge gewinnen.

Investitionstheoreti-
scher Ansatz

Ferner ist es möglich, für eine Reihe betriebswirtschaftlicher Fragestellungen wie der Bestimmung optimaler Investitionsdauern, von Anlagenkosten u.a.
auf den einfacheren investitionstheoretischen Ansatz überzugehen. Die zentrale Hypothese über dynamische Beziehungen wird in ihm nicht über eine Dif-
ferentialgleichung der Änderung des Anlagenzustands *dz/dt*, sondern indirekt
erfasst. Beispielsweise führt man eine Variable für die kumulierte Beschäftigung ein, in welcher sich der Zusammenhang mit der Beschäftigung in vorhergehenden Perioden niederschlägt. Durch diese vereinfachte Abbildung zeitlicher Beziehungen umgeht man die Probleme einer Lösung des Differentialglei-
chungssystems. Man kann zeigen, dass ein solcher investitionstheoretischer
Ansatz eine spezielle Form eines kontrolltheoretischen Modells darstellt (vgl.
Küpper, 1988b, S. 412 f.; Winckler, 1991, S. 91 ff.).

3.3.2.2 Bedeutung kontrolltheoretischer Ansätze für das Controlling

Koordination zwischen
Planungsebenen

Die Kontrolltheorie liefert ein formal-analytisches Instrumentarium, mit dem
Probleme der optimalen Steuerung im Zeitablauf behandelt werden können.
Primär treten derartige Probleme bei der Koordination zwischen Entscheidungen unterschiedlicher Planungsebenen auf. Deshalb könnten mit der Kontrolltheorie z.B. Erkenntnisse für die Abstimmung zwischen strategischer, taktischer und operativer Planung hergeleitet werden (vgl. Feichtinger/Hartl, 1986,
S. 237 ff.; Bronner, 1995, S. 75 ff.). Damit würde sie für die zeitliche Koordination innerhalb der Planung genutzt. Ihrer intensiven Anwendung stehen jedoch
die Komplexität des verwendeten mathematischen Instrumentariums und die
begrenzte analytische Lösbarkeit der Modelle entgegen.

Koordination zwischen
länger- und kurzfristigen
Entscheidungen

Ein weiteres Anwendungsfeld bildet die Koordination zwischen länger- und
kurzfristig ausgerichteten Teilsystemen der Unternehmensrechnung. Auf ihm
bietet der investitionstheoretische Ansatz als spezielle Form eines kontrolltheoretischen Modells die Möglichkeit, die kurzfristige Kostenrechnung mit der Investitionsrechnung zu verknüpfen. Damit ist ein Ansatz verfügbar, der als Basis
für eine Koordination innerhalb des Informationssystems geeignet erscheint.

Die Koordination zwischen Handlungen zu unterschiedlichen Zeitpunkten
spielt auch in anderen Führungsteilsystemen eine wichtige Rolle. Beispielsweise beziehen sich Kontrollen vielfach auf vorgelagerte Planungen und hängen ihre Wirkungen von den Erfahrungen des Kontrollierten ab. In der Perso-

nalführung haben Erfahrungen ebenfalls einen maßgeblichen Einfluss. Die vom Controlling zu behandelnden Interdependenzen haben vielfach dynamischen Charakter. Deshalb könnte die Kontrolltheorie zu einem Baustein werden, mit dem sich dynamische Beziehungen im Führungssystem der Unternehmung erfassen lassen (vgl. Küpper, 1988).

3.4 Theoretische Ansätze des Controlling zur Erfassung von Verhaltensinterdependenzen

Für die Erfassung von Verhaltensinterdependenzen stehen mit der normativen Principal-Agent-Theorie und Hypothesen der Verhaltenswissenschaften Theorieansätze bereit, die sich gegenseitig ergänzen. Während erstere formalanalytisch vereinfachte Steuerungsprobleme behandeln und für diese optimale Lösungen suchen, liefern die Verhaltenswissenschaften empirische Aussagen über menschliches Verhalten.

Principal-Agent-Modelle zeigen auf, wie ein Principal ein Anreizsystem gestalten muss, damit ein Agent in seinem Sinne handelt, obwohl jeder seinen eigenen Nutzen maximiert, der Agent durch die Tätigkeit für den Principal Arbeitsleid empfindet und Informationsasymmetrie besteht. Entsprechend der Veränderung der Informationsstände von Principal und Agent sowie der Aufeinanderfolge ihrer Handlungen lassen sich verschiedenartige Entscheidungsprobleme und deren Bedeutung für die theoretische Fundierung des Controlling herausarbeiten.

Aus den Verhaltenswissenschaften lassen sich insbesondere psychologische und soziologische Ansätze sowie Erkenntnisse der experimentellen Forschung in die Theorie des Controlling einbauen. Deren Erkenntnisse werden u. a. im Behavioral Accounting sowie zur Analyse der Wirkungen von Budgetvorgaben herangezogen. Principal-Agent-Modelle und verhaltenswissenschaftliche Hypothesen liefern sich ergänzende theoretische Ansätze und Aussagen, um die Wirkung von Führungsinstrumenten aufzuzeigen.

Da die Mitarbeiter einer Unternehmung nicht isoliert handeln und sich gegenseitig beeinflussen, sind Verhaltensinterdependenzen ebenfalls ein zentraler Untersuchungsgegenstand für das Controlling. Der aus ihnen folgende Koordinationsbedarf hat entsprechend Abbildung 3-2 mehrere Ursachen. Die in einer Unternehmung tätigen Personen verfolgen nicht durchweg gleiche Ziele. Hierdurch kommt es zu Zielkonflikten, deren Wirkung auf das Verhalten nicht vernachlässigt werden darf. Sie werden verstärkt durch die unterschiedliche Ausstattung der Handlungsträger mit Informationen. Diese Interessenkonflikte und die Informationsasymmetrie können das einheitliche Handeln der Unternehmung umso mehr beeinträchtigen, je stärker Entscheidungen auf untere Ebenen delegiert und in unterschiedlichen Bereichen dezentralisiert sind.

Die Verhaltensinterdependenzen können eine Reihe unerwünschter Konsequenzen haben, wie sie in Abbildung 3-2 angedeutet sind. So führen Ressort-

Ursachen des Koordinationsbedarfs

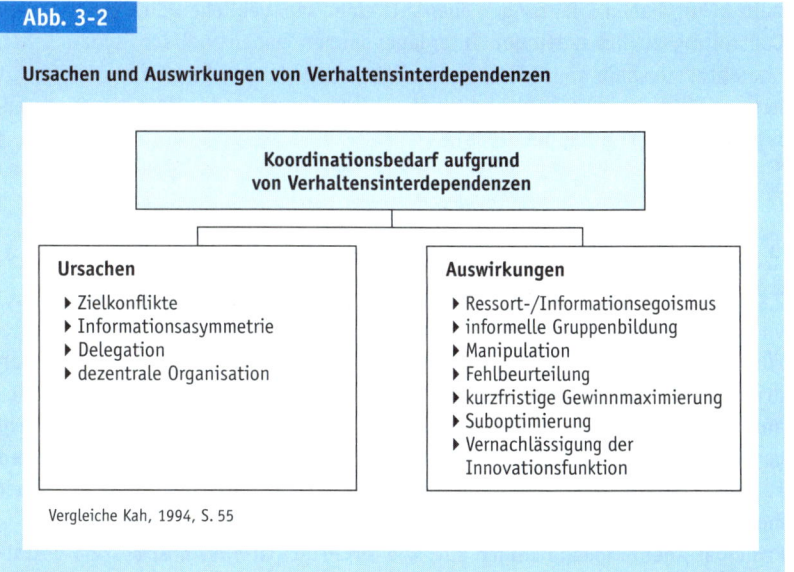

Abb. 3-2

Ursachen und Auswirkungen von Verhaltensinterdependenzen

> **Koordinationsbedarf aufgrund von Verhaltensinterdependenzen**

Ursachen
▸ Zielkonflikte
▸ Informationsasymmetrie
▸ Delegation
▸ dezentrale Organisation

Auswirkungen
▸ Ressort-/Informationsegoismus
▸ informelle Gruppenbildung
▸ Manipulation
▸ Fehlbeurteilung
▸ kurzfristige Gewinnmaximierung
▸ Suboptimierung
▸ Vernachlässigung der Innovationsfunktion

Vergleiche Kah, 1994, S. 55

egoismus, die Manipulation von Informationen oder kurz- statt langfristige Zielorientierung zu einer verminderten Gesamtzielerreichung. Deshalb muss man für das Controlling diese Verhaltensinterdependenzen berücksichtigen, um die Koordination realistischer gestalten zu können. Für die Erfassung von Verhaltensinterdependenzen bieten sich vor allem agencytheoretische und verhaltenswissenschaftliche Ansätze an. Mit ihnen kann man einerseits formal-analytische Modelle und andererseits empirische Erkenntnisse zur Fundierung des Controlling nutzen.

3.4.1 Agencytheoretische Ansätze zur Erfassung von Steuerungsbeziehungen

3.4.1.1 Formen agencytheoretischer Ansätze

Principal und Agent

Durch die Agencytheorie werden Beziehungen zwischen einem oder mehreren Auftraggebern, den Principals, und einem oder mehreren Beauftragten oder Auftragnehmern, den Agents, erfasst. Als Teil der neuen Institutionentheorie wird in ihr vor allem gefragt, wie das Verhalten des bzw. der Beauftragten durch vertragliche Regelungen zwischen Principal und Agent gestaltet wird oder gestaltet werden kann (vgl. u. a. Furubotn/Richter, 1991; Picot, 1991; Breid, 1995). Derartige Beziehungen treten in vielfältiger Weise auf. Besonders deutlich bestehen sie zwischen Eigentümern und angestellten Managern, Unternehmens- und Geschäftsbereichsleitung oder Vorgesetzten und Untergebenen. Deshalb ist das Grundmuster der Agencytheorie auf eine große Zahl von Problemen anwendbar.

Man unterscheidet eine positive und eine normative Richtung der Agency-theorie (vgl. Jensen, 1983, S. 319 ff.). Im positiven Zweig ist man bestrebt, die institutionelle Gestaltung von Auftragsbeziehungen zu beschreiben und zu erklären. Beispielsweise sucht man nach Argumenten, die das Überleben bestimmter Organisationsformen in Wettbewerbsmärkten begründen (vgl. Neus, 1989, S. 12 ff.). Diese Richtung hat einen starken empirischen Bezug. Die normative Agencytheorie versucht über formal-analytische Modelle herzuleiten, wie die Verträge zwischen Principal und Agent bei unterschiedlichen Bedingungen optimal zu gestalten sind. Durch die klare Angabe von Verhaltens- sowie Situationsprämissen und die Argumentation anhand mathematischer Modelle sind ihre Ergebnisse formal abgesichert. Deren analytische Herleitung setzt aber i. d. R. voraus, dass die Modelle nicht zu komplex werden. Mit ihnen lässt sich daher die Realität nur in begrenztem Maße erfassen. Zudem steht zumindest bislang die analytische Herleitung von Ergebnissen im Vordergrund, nicht die empirische Überprüfung der Prämissen und Hypothesen.

In der normativen Agency- oder Principal-Agent-Theorie fragt man danach, durch welche vertraglichen Regelungen der Beauftragte zu einem Verhalten im Sinne des Auftraggebers veranlasst werden kann. Sie betrifft damit das Problem der Verhaltenssteuerung. Hierbei berücksichtigt sie insbesondere die Interessen und den jeweiligen Informationsstand von Principal und Agent. Dies spricht dafür, dass sie ein wichtiges Instrument für eine theoretische Fundierung des Controlling ist (vgl. Ewert, 1992, S. 279 ff.).

3.4.1.2 Prämissen und typische Problemstellungen von Principal-Agent-Modellen

Den Ausgangspunkt für die Formulierung von Principal-Agent-Modellen bildet eine Reihe von Prämissen über die Eigenschaften der Vertragspartner. So unterstellt man, dass jeder seinen individuellen Nutzen verfolgt. Dies führt zu einem Zielkonflikt, wenn das Eigeninteresse des Agent nicht demjenigen des Principal entspricht. Der Principal muss damit rechnen, dass der Agent nicht die ihm vorgegebenen, sondern eigene Ziele verfolgt und sich damit zu Lasten des Principal opportunistisch verhält. Die Interessendivergenz kann durch die Risikoeinstellung, das Streben nach Karriere, Reputation oder nach nicht-pekuniären Nebeneinkünften (fringe benefits) verursacht sein.

Im Grundmodell der Principal-Agent-Theorie nimmt man an, dass der Agent Arbeitsleid empfindet und deshalb nur insoweit im Sinne des Principal tätig wird, wie dies unvermeidlich ist und seinem eigenen Nutzen entspricht. Mit dieser Prämisse wird eine eher einseitige Verhaltensorientierung unterstellt, wie sie in der Realität öfter zu finden ist, aber nicht allgemeingültig sein muss.

Maßgeblich für die Gestaltung der Beziehungen sind die Informationsstände von Principal und Agent. Der Agent besitzt i. d. R. einen Informationsvorsprung in Bezug auf die von ihm zu treffenden Entscheidungen. Er kann deren Ergebnisse besser abschätzen und kennt das von ihm selbst gewählte Anstrengungsniveau. Ferner kann das unvollkommene Wissen des Principal die Eigenschaften des Agent, dessen Verhalten und deren Ergebnisse betreffen, wenn diese nicht

Shirking

beobachtbar und messbar sind. Durch die Unsicherheit über den Agent und die Umwelt entstehen Risiken, die zwischen Principal und Agent aufgeteilt werden müssen. Deshalb werden ihre Risikoeinstellungen maßgebend für ihr Handeln. Für Principal und Agent nimmt man an, dass sie die Maximierung ihres jeweiligen Risiko-Nutzens im Sinne der Bernoulli-Theorie anstreben und die Nutzenfunktionen gegeben sind.

Risikoteilungs-
und Anreizproblem

Der Interessenkonflikt zwischen Principal und Agent sowie die Unsicherheit führen zu einem Risikoteilungs- und einem Anreizproblem. Mit dem zu schließenden Vertrag wird einerseits festgelegt, in welchem Ausmaß jeder von ihnen das Risiko über die Ergebnisse (mit)trägt. Andererseits will der Principal den Agent zu einem Handeln motivieren, das z. B. durch einen intensiven Arbeitseinsatz zu hohen Ergebnissen im Sinne des Principals führt. Deshalb soll durch den Vertrag ein geeignetes Anreiz- oder Belohnungssystem eingerichtet werden. Ein zentrales Problem liegt darin, dass der Principal in den meisten Fällen nicht gleichzeitig eine für ihn optimale Risikoteilung (Risikoallokation) und eine maximale Anreizfunktion erreichen kann. Zwischen beiden Zielsetzungen muss ein Ausgleich gefunden werden.

Typische Problemstel-
lungen der Principal-
Agent-Theorie

Typische Problemstellungen, wie sie in der Principal-Agent-Theorie untersucht werden, lassen sich nach Art der asymmetrischen Informationsverteilung abgrenzen. Sie sind entsprechend Abbildung 3-3 in den Fällen der »hidden characteristics«, »hidden information« und »hidden action« zu sehen (vgl. Breid, 1994, S. 238; Kah, 1994, S. 21; Strong/Walker, 1987, S. 178 f.; Kiener, 1990, S. 25; Dietl, 1991, S. 125).

Hidden Characteristics

In der Situation der hidden characteristics kennt der Principal die Eigenschaften des Agent vor Vertragsabschluss nicht. Ihm sind beispielsweise dessen Begabung und Fähigkeiten, seine Risikoeinstellung und sein Grad der Arbeits-

Abb. 3-3

Formen der Informationsasymmetrie

Vergleichs-kriterium / Typ	hidden characteristics	hidden information	hidden action
Entstehungs-zeitpunkt	vor Vertragsabschluss	nach Vertragsabschluss vor Entscheidung	nach Vertragsabschluss nach Entscheidung
Entstehungs-ursache	ex-ante verborgene Eigenschaften des Agents	nicht beobachtbarer Informationsstand des Agents	nicht beobachtbare Aktivitäten des Agents
Problem	Eingehen der Vertragsbeziehung	Ergebnisbeurteilung	Verhaltens-(Leistungs-)beurteilung
Resultierende Gefahr	adverse selection	moral hazard	moral hazard shirking
Lösungsansätze	signalling screening self selection	Anreizsysteme Kontrollsysteme self selection	Anreizsysteme Kontrollsysteme

aversion verborgen. Deshalb läuft er Gefahr, Verträge anzubieten, auf die sich nicht die geeigneten Partner bewerben. Diesem Problem der *adverse selection* können beide entgegenzusteuern versuchen. So kann der Principal z. B. Personaleinstellungstests vorsehen, die seinen Informationsstand verbessern. Derartige Maßnahmen werden als *screening* bezeichnet. Ferner kann er dem Agent mehrere Verträge anbieten, um von der Auswahl des Agent auf dessen Eigenschaften zu schließen. Die Lösung erfolgt dann über eine sogenannte *self selection*. Beispielsweise wird ein in hohem Grade risikoscheuer Agent eher ein fixes als ein ergebnisabhängiges Gehalt bevorzugen. Auch der Agent kann ein Interesse daran haben, den Principal über seine Eigenschaften zu informieren. Solange der Principal seine Fähigkeiten nicht kennt, muss er sie als durchschnittlich einschätzen und ihm ein entsprechendes Vertragsangebot unterbreiten. Wenn er jedoch von der höheren Qualifikation des Agent überzeugt werden kann, ist ein für diesen besserer Vertrag erzielbar. Um dies zu erreichen, kann der Agent im Sinne eines *signalling* Informationen aussenden, durch die er den Principal von seinen Qualitätseigenschaften überzeugt. Eine derartige Signalling-Funktion kann z. B. Hochschulabschlüssen zugerechnet werden, deren Erwerb für Agenten mit niedriger Produktivität nicht möglich ist.

Die Hidden-Information-Situation kennzeichnet das Problem, dass der Agent im Zeitpunkt der Entscheidung einen Informationsvorsprung besitzt, den er zu seinem eigenen Vorteil gegen den Principal nutzen kann. Beim Vertragsabschluss weisen beide noch denselben Informationsstand auf. Danach erlangt der Agent eine bessere Kenntnis über die verfügbaren Entscheidungsalternativen oder die Wahrscheinlichkeitsverteilung der Umweltzustände bzw. der erzielbaren Ergebnisse. Sie rühren zum Beispiel aus den Erfahrungen, die er nach Vertragsabschluss durch seine Tätigkeit gewinnt, sowie aus seiner Informationssuche im Hinblick auf die anstehende Entscheidung. Da für ihn allein die individuelle Nutzenmaximierung bestimmend ist, wird er sich lediglich in dem Ausmaß um Informationen bemühen und dem Principal nur solche Informationen weitergeben, wie es seinen eigenen Zielen dient. Deshalb kann der Principal nicht ohne weiteres mit einer aktiven Informationssuche sowie einer wahrheitsgemäßen Berichterstattung rechnen. Er muss das mit der Entscheidung des Agent erzielte Ergebnis beurteilen, ohne zu wissen, ob mit dessen Informationsstand bzw. durch die Suche nach weiteren Informationen eine Ergebnisverbesserung möglich gewesen wäre. Es besteht die Gefahr des *moral hazard*, da der Agent die für den Principal nicht optimale Alternative wählen kann.

Um dem zu begegnen, muss der Principal Anreize bieten, welche den Agent zu intensiver Informationssuche und wahrheitsgemäßer Information veranlassen. Die Anreize führen im Sinne der *self selection* dazu, dass der Agent durch die Wahl des Vertrages seinen Informationsstand offenbart. Ferner kann der Principal Kontrollsysteme einrichten, mit denen er den Informationsstand besser erkennen kann, was jedoch Kosten verursacht.

Ein weiteres Problem tritt auf, wenn der Principal zwar die Ergebnisse, nicht aber das Handeln des Agent beobachten kann. Daher ist für ihn nicht feststellbar, inwieweit diese Ergebnisse auf Umwelteinflüsse oder die Anstrengungen

Hidden Information

Hidden Action

des Agent zurückzuführen sind. In dieser Hidden-Action-Situation sind der Informationsstand von Principal und Agent bei Vertragsabschluss und bis zum Entscheidungszeitpunkt gleich. Erst danach kommt es zu einer Informationsasymmetrie, weil der Principal im Unterschied zum Agent dessen Aktivitätsniveau nicht erkennt. Deshalb kann der Agent behaupten, unbefriedigende Ergebnisse seien auf die Umwelt und nicht auf seine mangelnden Anstrengungen zurückzuführen. Der Principal ist nicht in der Lage, das Verhalten des Agent und damit dessen Leistung zuverlässig zu beurteilen. Es besteht die Gefahr, dass sich der Agent um seine Arbeit »drückt« (*shirking*). Ihr kann der Principal wiederum durch geeignete Anreiz- oder durch Kontrollsysteme entgegenwirken. Die Anreize müssen hierbei vertraglich so vereinbart werden, dass der Agent ein Interesse an Aktivitäten hat, die zu einem für den Principal besseren Ergebnis führen. Die mangelnde Beobachtbarkeit des Handelns und/oder des Informationsstands führt zu der Gefahr, dass der Agent individuelle Ziele zu Lasten des Principal verfolgen kann (*moral hazard*). Ihr muss der Principal im Vertrag zu begegnen versuchen. Durch die asymmetrische Informationsverteilung ergibt sich das Problem, inwieweit Ergebnis- bzw. Verhaltenskontrollen zuverlässig durchführbar sind. Mit Ansätzen der Principal-Agent-Theorie versucht man Aussagen zu begründen, bei welchen Situationen Ergebnis- und wann Verhaltenskontrollen besser geeignet erscheinen.

Hidden Intention und Hold Up

Als weitere Problemstellung der Agencytheorie wird häufig der Typ einer hidden intention herausgestellt. Bei ihr geht es darum, dass der Principal mit dem Vertragsabschluss eine oder mehrere Leistungen erbringt, die der Agent zu seinen Gunsten nutzen kann. Beispielsweise wird ein Mitarbeiter auf Kosten des Principal eingearbeitet und erlangt spezifische Kenntnisse über die Unternehmung. Damit entsteht eine sogenannte *Hold-up*-Situation, in welcher der Agent versuchen kann, den Vertrag nachzuverhandeln und für sich zu verbessern. Er kann den Principal also in gewissem Sinn »erpressen«.

Nachverhandlungssichere Verträge

Geht man davon aus, dass Principal und Agent vor Vertragsabschluss über denselben Informationsstand verfügen, so werden sie die Möglichkeit des Entstehens einer Hold-up-Situation mit in Betracht ziehen. Dann wird der Principal darum bemüht sein, den Vertrag nachverhandlungssicher abzuschließen. Dies bedeutet eine Vertragsgestaltung, bei welcher der Agent durch ein Ausnützen der nach Vertragsabschluss entstandenen Situation z. B. durch eine Änderung des Vertrags keinen zusätzlichen Nutzen erzielen kann. Der Principal wird also entsprechend den in der Agencytheorie zugrunde gelegten Prämissen die Möglichkeit des Entstehens einer Hold-up-Situation in seine Entscheidung einbeziehen und entsprechende Konsequenzen in den Vertrag einbauen. So kann er z. B. vereinbaren, dass der Agent bei vorzeitigem Ausscheiden aus der Unternehmung einen Gewinnanspruch verliert. Wenn die Hold-up-Situation erst durch eine Änderung des Informationsstandes nach Vertragsabschluss eintritt, haben beide Vertragspartner vor diesem Zeitpunkt hierüber dieselben Erwartungen und werden die Möglichkeit daher ebenfalls in die Vertragsgestaltung einbeziehen.

Eine nicht zu erwartende Änderung der Situation zugunsten des Agent können sie hingegen nicht in ihren Entscheidungen berücksichtigen. Dann kann sie jedoch auch nicht in die Vertragsgestaltung einbezogen werden und bildet ein typisches Problem unvollständiger Verträge. Deren Theoriekonzepte werden im Folgenden nicht gesondert vertieft (vgl. Coase, 1937; Grossmann/Hart, 1986; Hart/Moore, 1990).

Unvollständige Verträge

Die in Abbildung 3-3 wiedergegebenen Problemstellungen werden noch deutlicher, wenn man sich die Abfolge der Züge entsprechend Abbildung 3-4 auflistet. In einer Hidden-Action-Situation haben der Principal P und der Agent A vor Vertragsabschluss den gleichen Informationsstand über ihre beiden Nutzenfunktionen G und H, den Mindestnutzen des Agent $\bar{H}$ sowie die Erwartungen $f(x|a)$ über die Abhängigkeit des Ergebnisses x von der Anstrengung a des Agent aus der Menge seiner für beide bekannten Handlungsmöglichkeiten A. Der Principal bietet dem Agent einen Vertrag über ein Anreiz- oder Entlohnungssystem s an, über dessen Annahme dieser nachfolgend entscheidet. Anschließend wählt der Agent seine Handlung bzw. Anstrengung a aus der Menge der verfügbaren Handlungsalternativen A. Diese führt abschließend zum Unternehmensergebnis mit den (daraus abgeleiteten) aufgrund des Anreizsystems aufgeteilten Auszahlungen $s(x)$ an den Agent und $(x-s)$ an den Principal. In einer Hidden-Information-Situation bezieht sich der gleiche Informationsstand vor Vertragsabschluss auf die Erwartungen $f(x|a,e)$ über die Abhängigkeit des Ergebnisses von der Anstrengung und zusätzlich einem Umweltmerkmal e aus der Menge E aller Umweltmerkmale. Die Ausprägung des Umweltmerkmals erfährt nur der Agent nach Vertragsabschluss. Mit diesem Wissen wählt er darauf seine Handlung a. Dagegen besitzt oder erhält der Agent in einer Hidden-Characteris-

Abfolge der Handlungen

Abb. 3-4

Zeitstruktur bei verschiedenen Formen der Informationsasymmetrie

Zeitpunkt	0	1	2	3	4
Hidden Action	P bietet Vertrag s	A entscheidet über Annahme	A wählt a	Ergebnis x Auszahlung $s(x)$ für **A** Auszahlung $(x\text{-}s)$ für **P**	
Informationsstand P	$G, H, \bar{H}, f(x/a), A$			x	
Informationsstand A	$G, H, \bar{H}, f(x/a), A$		a Element von A	x	
Hidden Information	P bietet Vertrag s	A entscheidet über Annahme	A erhält Information	A wählt a	Ergebnis x Auszahlung $s(x)$ für **A** Auszahlung $(x{-}s)$ für **P**
Informationsstand P	$G, H, \bar{H}, f(x/a,e), A, E$				x
Informationsstand A	$G, H, \bar{H}, f(x/a,e), A, E$		e Element von E	a Element von A	x
Hidden Characteristics	A erhält Information über c (Element von C)	P bietet Vertrag s	A entscheidet über Annahme	A wählt a	Ergebnis x Auszahlung $s(x)$ für **A** Auszahlung $(x{-}s)$ für **P**
Informationsstand P	$G, H, \bar{H}, f(x/a,c), A, C$				x
Informationsstand A	$G, H, \bar{H}, f(x/a,c), A, c, C$			a Element von A	x

tics-Situation bereits vor Vertragsabschluss ein zusätzliches Wissen c (z. B. über sich oder seinen Bereich), während das sonstige Wissen von Principal und Agent wie in den beiden vorhergehenden Fällen übereinstimmt. Dies gilt auch für die Erwartungen $f(x|a,c)$ über die Abhängigkeit des Ergebnisses x von der Anstrengung und den Eigenschaften c des Agent aus der Menge C seiner Eigenschaften. Die anschließende Zugfolge entspricht der Hidden-Action-Situation.

3.4.1.3 Standardmodell und Erweiterungsmöglichkeiten der Principal-Agent-Theorie

Standardmodell bei Hidden Action

Die Herleitung derartiger Aussagen erfolgt in der normativen Theorie i. d. R. anhand von Entscheidungsmodellen. Das grundsätzliche Vorgehen kann an einem Standardmodell verdeutlicht werden. In ihm »geht es um die rationale Auswahl eines optimalen Belohnungs- und Anreizsystems durch den Auftraggeber« in der Hidden-Action-Situation (vgl. Elschen, 1991, S. 1007; Petersen, 1989, S. 112 ff.). Da der Principal nur das Ergebnis der Handlung des Agent, aber nicht diese selbst beobachten kann, versucht er, den Agent durch das Anreizsystem zu einem hohen Anstrengungsniveau zu veranlassen.

Nutzen des Principal

Der Nutzen G des Principal hängt ausschließlich von dem erzielten finanziellen Ergebnis x (z. B. Zahlungsüberschuss, Cashflow o. Ä.) abzüglich des an den Agent zu zahlenden Anteils s(x) ab:

$$G\big(x - s(x)\big) \tag{3-20}$$

In dieser Nutzenfunktion schlägt sich die Risikoeinstellung nieder. Sofern der Principal risikoneutral oder risikoscheu ist, gilt (vgl. Holmström, 1979, S. 76 ff.):

$$G'\big(x - s(x)\big) > 0 \quad \text{und} \quad G''\big(x - s(x)\big) \leq 0 \tag{3-21}$$

Vielfach geht man von einem risikoneutralen Principal mit einer linearen Nutzenfunktion aus (vgl. z. B. Laux/Liermann, 1997, S. 519 ff.).

Nutzen des Agent

Für den Nutzen H des Agent wird i. d. R. angenommen, dass er von seiner monetären Belohnung und dem von ihm empfundenen Arbeitsleid abhängt. In der allgemeinen Nutzenfunktion

$$H\big(s(x),a\big) = U\big(s(x)\big) \cdot K\big(a\big) - V\big(a\big) \text{ mit } K\big(a\big) > 0 \tag{3-22}$$

geben U den mit der Entlohnung s(x) steigenden und K sowie V den jeweils mit dem Arbeitsleid fallenden Nutzen an. Vielfach wird diese Nutzenfunktion als separabel unterstellt, indem man $K(a) = 1$ (additiv separabel in Bezug auf Entlohnung und Arbeitsleid), $V(a) = 0$ (multiplikativ separabel in Bezug auf Entlohnung und Kosten des Arbeitsleids) oder beides gemeinsam (für Arbeitsleidneutralität) annimmt. Im erstgenannten Fall lautet die Nutzenfunktion des Agent:

$$H\big(s(x),a\big) = U\big(s(x)\big) - V\big(a\big) \tag{3-23}$$

Dabei wird im Allgemeinen davon ausgegangen, dass der Nutzen aus der Belohnung linear oder unterlinear ($U' > 0$ und $U'' \leq 0$), das Arbeitsleid mit wachsender Anstrengung überlinear ($V' > 0$ und $V'' > 0$) zunimmt. Der Agent wird als risikoneutral oder in den meisten Fällen als risikoscheu angenommen.

Der Principal muss für die Bestimmung eines optimalen Anreizsystems ein Entscheidungsproblem lösen. Dabei will er seinen Erwartungsnutzen $E[G(x - s(x))]$ maximieren, also

$$\max_{s(x),a} E\Big[G\big(x - s(x)\big)\Big] \qquad\qquad (3\text{-}24)$$

Erwartungsnutzen des Principal

muss jedoch das erwartete Handeln des Agent und ggf. sonstige Bedingungen seiner Entscheidungssituation berücksichtigen. Sein Handlungsproblem liegt also darin, seine Zielfunktion unter Beachtung von Nebenbedingungen zu maximieren.

Die Art und Zahl der Nebenbedingungen hängt von dem jeweils betrachteten Problem ab. Principal-Agent-Modelle umfassen neben der zu maximierenden Nutzenfunktion des Principal stets eine Kooperations-, Teilnahme- oder Partizipationsbedingung (participation constraint), welche die Bereitschaft des Agent zum Vertragsabschluss zum Ausdruck bringt. Man geht davon aus, dass er nur dann zur Mitwirkung bereit ist, wenn sein erwarteter Nutzen $E[H]$ zumindest so groß wie ein anderweitig zu erzielender Reservationsnutzen $\bar{H}$ ist:

Kooperations-, Teilnahme- oder Partizipationsbedingung

$$E\Big[H\big(s(x),a\big)\Big] \geq \bar{H} \qquad\qquad (3\text{-}25)$$

Über diese Nebenbedingung wird sichergestellt, dass der Agent ein Mindestgehalt erhält, das beispielsweise durch den Arbeitsmarkt für Mitarbeiter gleicher Qualifikation bestimmt sein kann. Über sie wird in Ansätzen ein Marktbezug hergestellt. Ist der Principal nicht bereit, dem Agent einen solchen Mindestnutzen zu gewähren, wird dieser den Vertrag nicht akzeptieren.

Wenn der Principal nur das Ergebnis, nicht aber die es bewirkende Handlung oder Anstrengung des Agent beobachten kann, muss er dem Vertragsabschluss seine Erwartungen über dieses Handeln zugrunde legen. Entsprechend den Prämissen unterstellt er, dass auch der Agent seinen individuellen Nutzen maximiert. Er nimmt also an, dass der Agent das Anstrengungsniveau oder die Aktion a aus der Menge der verfügbaren Anstrengungsniveaus A realisiert, über die er den höchsten Nutzen H erzielt. Dann muss er als weitere Nebenbedingung die Anreiz-, Aktionswahl- oder Motivationsbedingung (incentive compatibility constraint)

Anreiz-, Aktionswahl- oder Motivationsbedingung

$$a = \underset{a \in A}{argmax}\ E\Big[H\big(s(x),a\text{'}\big)\Big] \qquad\qquad (3\text{-}26)$$

berücksichtigen. Der Principal muss dem Agent einen Anreiz geben, das für den Principal beste Anstrengungsniveau zu wählen. Auch wenn es sich dabei um eine Nebenbedingung für den Agent handelt, wird durch sie gleichzeitig der Nutzen des Agent maximiert. Durch das Modell wird demnach erfasst, dass in der Situation des Vertragsabschlusses jeder der beiden Partner seinen höchsten individuellen Nutzen erreichen will. In ihr wird also sowohl die Sicht des Principal wie des Agent berücksichtigt; aus diesem Grund ist es nicht maßgeblich, dass der Vertragsabschluss als Maximierungsproblem des Principal (und nicht des Agent) unter Nebenbedingungen formuliert wird.

Realisationsbedingung

Zu diesen grundlegenden Nebenbedingungen können je nach Problemformulierung weitere treten. Beispielsweise kann man zusätzlich beachten, dass das Anreizsystem $s(x)$ umsetzbar sein muss, und dies durch eine Realisationsbedingung

$$s(x) \geq \underline{s} \qquad (3\text{-}27)$$

berücksichtigen. Diese besagt, dass das Anreizsystem eine gegebene Mindestentlohnung $\underline{s}$ sicherstellen muss. Insbesondere soll dadurch auch eine negative Entlohnung ausgeschlossen werden.

Entscheidungsmodell des Principal

Das Entscheidungsproblem des Principal lässt sich auf diese Weise formal als Entscheidungsmodell wiedergeben, nach dem die Zielfunktion (3-24) unter Beachtung der Nebenbedingungen (3-25), (3-26) und (3-27) zu maximieren ist. Der Zweck seiner Lösung besteht im Allgemeinen nicht darin, ein konkretes Anreiz- oder Entlohnungssystem zu bestimmen. Aufgrund des allgemeinen Charakters der verwendeten Funktionen will man vielmehr zu qualitativen Einsichten gelangen, die Hinweise für die Behandlung der betrachteten Problemstellung geben.

Formales Optimierungsmodell

Für die von Principal und Agent zu treffenden Entscheidungen über den Vertragsabschluss sind ihre jeweiligen Erwartungen maßgebend. Ein zu diesem Vertragsabschluss gleicher Informationsstand drückt sich darin aus, dass beide dasselbe Wahrscheinlichkeitsurteil für die Abhängigkeit des Ergebnisses x von der (Anstrengung verursachenden) Handlung a des Agent besitzen. Sie wissen für jede Handlung a, mit welcher Wahrscheinlichkeit die verschiedenen möglichen Ergebnisse x erzielt werden. Das lässt sich formal als (diskrete) Wahrscheinlichkeitsfunktion $\phi(x|a)$ oder als (kontinuierliche) Dichtefunktion $f(x|a)$ wiedergeben. Das Optimierungsmodell wird sowohl diskret als auch kontinuierlich formuliert (vgl. u. a. Kleine, 1995, S. 48 ff.). Das grundsätzliche Vorgehen vieler Agency-Modelle kann an einem diskreten Modell veranschaulicht werden. Die Zielfunktion ist durch eine Maximierung des Erwartungsnutzens des Principal gegeben

$$\max_{s(x),a} E\Big[G\big(s(x),a\big)\Big] = \max_{s(x),a} \sum_{x \in X} G\big(x - s(x)\big) \cdot \phi\big(x|a\big) \qquad (3\text{-}28)$$

Sie ist unter Beachtung der Kooperationsbedingung

$$E\Big[H\big(s(x),a\big)\Big] = \sum_{x \in X} H\big(s(x),a\big) \cdot \phi\big(x|a\big) \geq \overline{H} \qquad (3\text{-}29)$$

der Anreizbedingung

$$a = \operatorname*{argmax}_{a \in A} \sum_{x \in X} H\big(s(x),a'\big) \cdot \phi\big(x|a'\big) \qquad (3\text{-}30)$$

und der Realisationsbedingung

$$s(x) \geq \underline{s} \quad \forall x \in X \tag{3-31}$$

zu maximieren. Bei diskreter Modellformulierung ist die Menge möglicher Handlungen A endlich. Deshalb kann die Anreizbedingung (3-30) durch $A - 1$ Nebenbedingungen der Art

$$E\left[H\left(s(x),a\right)\right] \geq E\left[H\left(s(x),a'\right)\right] \tag{3-32}$$

geschrieben werden. Sie stellen sicher, dass die maximale Lösung des Principal die Handlung a des Agent beinhaltet, die zu dem für ihn höchsten Nutzen gegenüber allen anderen Alternativen a' führt. Ein derartiges Optimierungsmodell lässt sich über den Lagrange-Ansatz lösen. Die Lagrange-Funktion

$$L = E\left[G\left(s(x),a\right)\right] + \lambda \cdot \left\{E\left[H\left(s(x),a\right)\right] - \overline{H}\right\} \tag{3-33}$$
$$+ \sum_{a' \in A} \mu(a') \cdot \left\{E\left[H\left(s(x),a\right)\right] - E\left[H\left(s(x),a'\right)\right]\right\} + \sum_{x \in X} \xi(x) \cdot \left(s(x) - \underline{s}\right)$$

ist dazu für jedes x partiell nach $s(x)$ abzuleiten, und die Ableitungen sind gleich null zu setzen. Das optimale Anreizsystem $s(x)$ ist für die allgemeine Nutzenfunktion entsprechend der Gleichung (3-22) mit $K(a) > 0$ durch folgende Bedingung charakterisiert:

$$\frac{G'\left(x - s(x)\right)}{H'\left(s(x)\right)} = \lambda \cdot K(a) + \sum_{a' \in A} \mu(a') \cdot \left(K(a) - \frac{K(a') \cdot \phi(x|a')}{K(a) \cdot \phi(x|a)}\right) \tag{3-34}$$

Für eine genauere Analyse des Modells und seiner Lösung fragt man zunächst, welches Ergebnis der Principal im besten Fall erzielen könnte. Es wäre erreichbar, wenn er die Anstrengung des Agent kostenlos beobachten könnte und damit die zweite Nebenbedingung nicht berücksichtigt werden müsste. Diese Lösung wird als First-best-Lösung bezeichnet. In diesem Fall gilt für den Lagrange-Parameter $\mu(a') = 0$ und man erhält

First-best-Lösung

$$\frac{G'\left(x - s(x)\right)}{H'\left(s(x)\right)} = \lambda \cdot K(a) \tag{3-35}$$

Da in diesem Fall $s(x)$ streng monoton wachsend in x ist, wird der Agent umso besser bezahlt und erhält der Principal umso mehr, je höher das Ergebnis ausfällt (vgl. Petersen, 1989, S. 118). Der Lagrange-Multiplikator λ kann als Opportunitätskostensatz interpretiert werden, den der Principal wegen des Vertragsverhältnisses bezahlen muss. Bei kostenloser Beobachtbarkeit der Austragung des Agent reduziert sich das Optimierungsproblem des Principal auf eine effiziente Risikoteilung mit dem Agent (vgl. Borch 1962; Wilson, 1968). Ein wichtiges qualitatives Ergebnis für das Modell der Hidden-Action-Situation liegt darin, dass in den Fällen, in denen einer von beiden risikoscheu und der andere risikoneutral ist, das gesamte Risiko jeweils von dem risikoneutralen Vertrags-

Effiziente Risikoteilung

partner zu tragen ist. Deshalb nimmt das optimale Anreizsystem im Fall eines risikoneutralen Principal bei risikoscheuem Agent die Gestalt

$$s^*(x) = s^* = w\left(\frac{\overline{H} + V(a^*)}{K(a^*)}\right) \tag{3-36}$$

mit $w(\cdot) = H^{-1}(\cdot)$ an. Dann erhält der Agent eine vereinbarte fixe Vergütung in Höhe von s^*, während dem Principal der risikobehaftete Überschuss zufließt. Im umgekehrten Fall muss der risikoneutrale Agent dem risikoscheuen Principal ein Fixum bezahlen, beispielsweise in Form eines Pachtvertrages. Dafür übernimmt der Agent das volle Risiko, und es steht ihm der über das Fixum hinausgehende Überschuss zu.

Second-best-Lösung

Wenn der Principal die Handlungen des Agent hingegen nicht beobachten kann, wird auch die zweite Nebenbedingung wirksam. Damit gelangt man zu der sogenannten Second-best-Situation. Die Lösung dieses Optimierungsproblems ist durch Gleichung (3-34) charakterisiert und hängt von der Art der Risikonutzenfunktionen G und H sowie der Wahrscheinlichkeitsverteilung $\phi(x|a)$ ab. Erfüllt die Wahrscheinlichkeitsverteilung $\phi(x|a)$ die Eigenschaft der sogenannten Monotone Likelihood Ratio Property (vgl. Milgrom, 1981), dann ist bei höheren Ergebnissen von x es umso wahrscheinlicher, dass der Agent eine hohe Anstrengung erbracht hat. In diesem Fall ist die optimale Lösung von (3-34), $s^*(x)$, monoton wachsend in x, und der Agent wird umso besser bezahlt, je höher das Ergebnis ausfällt.

Risikoscheu des Agent

Bei Risikoscheu des Agent ist die perfekte Risikoteilung entsprechend (3-36) nicht mehr optimal für den Principal. Dem Agent muss ein Anreiz gewährt werden, damit er sich anstrengt und hierdurch ein für beide besseres Ergebnis x erzielt. Deshalb muss es zu einem Ausgleich zwischen Risikoteilung und Motivation kommen. »Der Trade-off zwischen optimaler Risikoteilung und Motivation zu einem höheren Arbeitseinsatz ist der Kern vieler Agency-Untersuchungen« (Elschen, 1991, S. 1008).

Risikoneigung beider Vertragspartner

Die Risikoneigung beider Vertragspartner beeinflusst somit gemäß (3-34) die Struktur des optimalen Anreizsystems. Je geringer die Risikoscheu des Agent ist, desto eher sind ergebnisbezogene Anreize geeignet. Mit zunehmender Risikoscheu des Agent gewinnen dagegen verhaltensbezogene Bestandteile in Anreizsystemen an Bedeutung, weil dann ergebnisbezogene Anreize die Risikoteilung für den Principal verteuern. In umgekehrter Weise wirkt die Risikobereitschaft des Principal.

Ferner hängt die Lösung von der Beeinflussbarkeit des Ergebnisses durch die Anstrengung des Agent ab. Man kann zeigen, dass die Second-best-Lösung bei einer sehr geringen und einer sehr hohen Arbeitsproduktivität nahe an der First-best-Lösung liegt (vgl. Shavell, 1979, S. 67 f.; Petersen, 1989, S. 121 f.). Dann lässt sich z. B. bei hoher Produktivität durch kleine Gehaltsänderungen eine hohe Motivation auslösen.

Modellerweiterungen

Eine vertiefte Analyse ist u. a. durch die Betrachtung unterschiedlicher ergebnis- oder verhaltensbezogener Anreizsysteme, die Variation des Zielkonflikts zwischen Principal und Agent oder der Programmierbarkeit der Aufgaben des Agent möglich (vgl. Laux, 1990; Eisenhardt, 1989, S. 62 ff.). Ferner kann die Wirkung von Kontrollsystemen (Monitoring) und deren Kosten, von Maßnahmen des Signalling oder Screening sowie von Indikatoren über die Aktivitäten des Agent untersucht werden. Darüber hinaus lässt sich die Unsicherheit des Principal in Bezug auf die Nutzenfunktion des Agent oder den Zusammenhang zwischen Anstrengung und Ergebnis, d. h. die Arbeitsproduktivität, berücksichtigen. Eine weitere Annäherung an reale Bedingungen wird mit Mehrperiodenmodellen erreicht. Sie untersuchen bei unendlichem oder endlichem Planungshorizont längerfristige Wirkungen (vgl. z. B. Radner, 1981; Radner, 1985; Lambert, 1983; Petersen, 1989, S. 122 ff.). So führen Langzeit-Verträge zu besseren Lösungen in Bezug auf die Risikoteilung und die Anreizproblematik, weil der Principal über die Zeit hinweg die charakteristischen Eigenschaften des Agent kennenlernt und beide Vertrauen aufbauen können. Schließlich lässt sich berücksichtigen, dass auch mehrere Agents z. B. als Untergebene eines Vorgesetzten oder mehrere Principals z. B. in Mehrliniensystemen auftreten können (vgl. z. B. Ma/Moore/Turnbull, 1988; Demski/Sappington, 1984; Mookherjee, 1984; Holmström, 1982).

An diesen Erweiterungen erkennt man, wie breit sich die Principal-Agent-Theorie ausbauen lässt. Dennoch weist sie eine Vielzahl von Grenzen auf, die auf dem äußerst engen Rationalitätsverständnis der individuellen Nutzenmaximierung beruhen (vgl. Levinthal, 1988, S. 154). Dies entspricht nicht der Vielfalt an Verhaltensweisen, wie sie in der Realität zu beobachten sind und ist daher eher als methodisches Konstrukt denn als empirische Verhaltenshypothese zu verstehen. Bezieht man darüber hinaus die Nutzenmaximierung auf ein weitgehend monetäres Eigeninteresse, ist ein beachtlicher Bereich beobachtbaren Handelns nicht abgedeckt. Fasst man den Nutzenbegriff hingegen so weit, dass er beispielsweise altruistisches Verhalten einschließt, werden die Modelle äußerst inhaltsarm. Eine nur begrenzte empirische Plausibilität kommt der Arbeitsleidhypothese zu (vgl. Levinthal, 1988, S. 181 f.). Bei Führungskräften spricht der Augenschein häufig eher für die umgekehrte Hypothese. Dahinter verbirgt sich zudem das Problem, was konkret mit Arbeitsleid bezeichnet und wie die Anstrengung bzw. das Aktivitätsniveau gemessen wird. Des Weiteren unterstellt man konstante Nutzenfunktionen, obwohl sie sich in der Realität mit der Zeit und den Situationsbedingungen ändern können. Um die Komplexität der Modelle zu begrenzen, beschränkt man sich vielfach auf lineare Anreizsysteme oder auf sogenannte LEN-Modelle (mit einer linearen Beziehung zwischen Risiko und Zahlungsüberschuss (L), exponentiellen Risikonutzenfunktionen (E) und normalverteilten Umweltzuständen (N), vgl. u. a. Spremann, 1987, S. 17; Laux, 1990, S. 80 ff.; Wagenhofer/Ewert, 1993). Hierdurch bleiben denkbare effizientere Anreizsysteme außer Acht. In mehrperiodigen Principal-Agent-Modellen unterstellt man im Allgemeinen eine Unabhängigkeit der Perioden und vernachlässigt mögliche Beziehungen zwischen diesen.

Die Agencytheorie stellt die Anreizproblematik in den Vordergrund. Damit konzentriert sie sich auf ein wichtiges, in der Realität in vielfältiger Form auf-

Grenzen von Principal-Agent-Modellen

Funktion der Principal-Agency-Theorie

tretendes Problem. Darin liegt zugleich ihre Beschränkung. Zudem lassen sich mit ihr in erster Linie qualitative Einsichten gewinnen. Praktisch anwendbare Anreizsysteme, die eine gewisse Komplexität aufweisen und über monetäre Entgelte hinausgehende Komponenten berücksichtigen, sind kaum ableitbar.

3.4.1.4 Bedeutung agencytheoretischer Ansätze für das Controlling

Analyse von Führungs-
problemen

Anreizsysteme werden innerhalb von Unternehmungen in erster Linie als Instrument der Personalführung verwendet. Die Gestaltung von Gehalts- und Lohnsystemen gehört in diesen Bereich. Insofern könnte man Agency-Modelle vor allem diesem Führungsteilsystem zuordnen. Eine solche Auffassung wäre jedoch zu eng. Die Principal-Agent-Theorie ist darauf gerichtet, grundlegendere Erkenntnisse über die Steuerung von Beauftragten herzuleiten. Sie werden i. d. R. nicht einfach als ausführende Untergebene, sondern als Entscheidungsträger mit einem eigenen Kompetenzbereich verstanden. Ferner spielen die Informationsverteilung und die Informationen über die Aktivitäten des Agent, die Ergebnisse seiner Entscheidungen sowie die Gestaltung von Anreiz- und Kontrollsystemen eine zentrale Rolle. Hiermit sind Komponenten der Planung und Kontrolle sowie des Informationssystems angesprochen. Principal-Agent-Modelle ermöglichen daher eine umfassende Analyse von Führungsproblemen und liefern Gesichtspunkte für die Gestaltung von Führungsinstrumenten. Da hierbei Verhaltenseigenschaften als grundlegende Prämissen sowie das Handeln von Principal und Agent im Zentrum stehen, sind sie auf die Erfassung von Verhaltensbeziehungen gerichtet. Diese werden primär unter dem Aspekt der Beeinflussbarkeit oder Steuerung des Agent durch den Principal analysiert.

Aspekte aller Führungs-
teilsysteme

Principal-Agent-Modelle betreffen daher entsprechend Abbildung 3-5 wichtige Aspekte aller Führungsteilsysteme. Mit ihnen können Beziehungen zwischen den Zielen der Entscheidungsträger, ihrer Versorgung mit Informationen, den ihnen gewährten Anreizen und ihrem Handeln abgebildet werden. Die individuelle Nutzenmaximierung von Principal und Agent bezieht sich auf ihre Ziele, die sie in die Planung einbringen. Dabei werden sowohl die monetären Ziele berücksichtigt, wie sie im Zielsystem der Unternehmung als Kapitalwert, Gewinn u. a. enthalten sind, als auch Individualziele in Form der Minderung von Arbeitsleid oder des Strebens nach nichtmonetären Anreizen wie Prestige, Erfolg u. Ä. Die Zielkonkurrenz bildet ein grundlegendes Koordinationsproblem der Planung sowie der Abstimmung zwischen Planung und Personalführung. Sie erhält umso mehr Gewicht, je stärker die Planungsprozesse und die Entscheidungen dezentralisiert sind.

Organisation

Daran zeigt sich die enge Verbindung zur Organisation. Durch die Verteilung von Aufgaben, Entscheidungs- und Weisungsrechten entsteht ein Netzwerk von Principal-Agent-Beziehungen. Mit der Aufbauorganisation wird eine Hierarchie zwischen Stellen geschaffen, deren Inhaber im Hinblick auf die darunter liegende Ebene jeweils als Principal, in Bezug auf die übergeordnete Ebene als Agent interpretierbar sind. Zudem lassen sich Probleme der Entscheidungsdelegation mit Principal-Agent-Ansätzen untersuchen (vgl. Laux, 1990, S. 182 ff.).

Abb. 3-5

Analyse des Führungssystems aus Sicht der Principal-Agent-Theorie

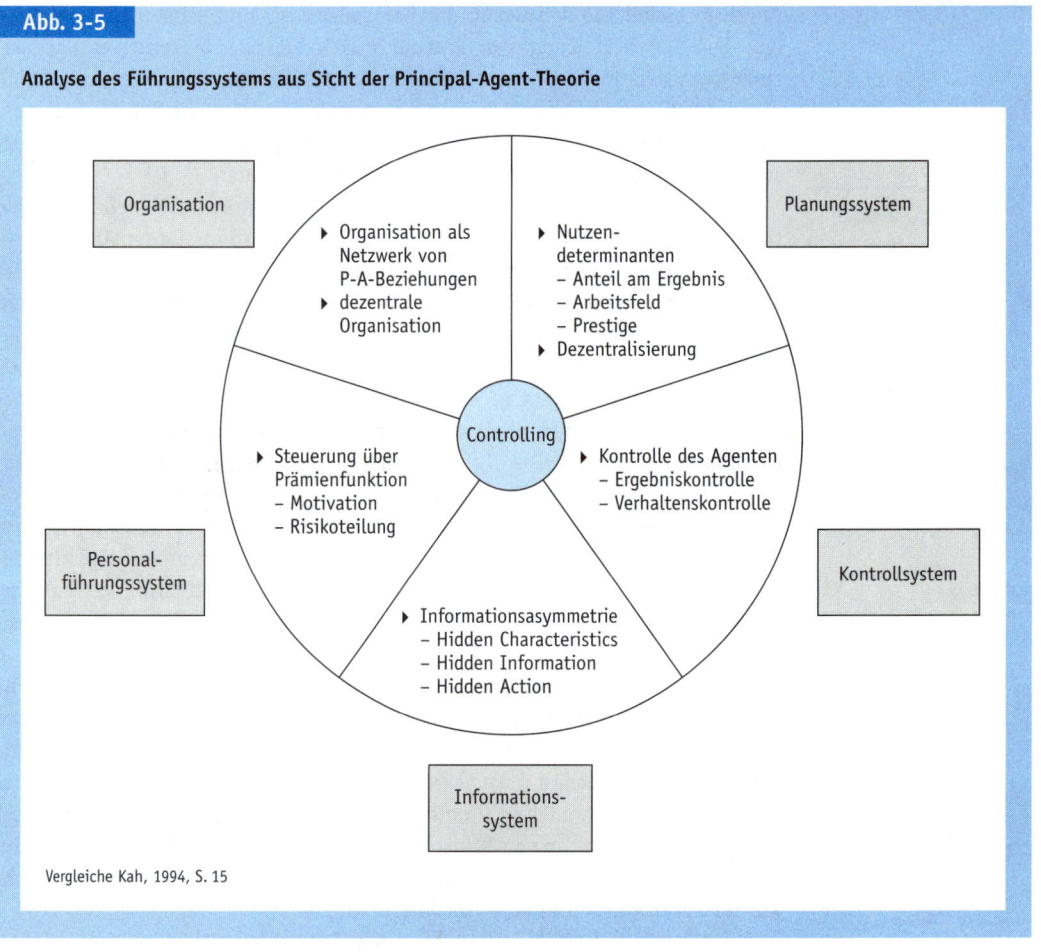

Vergleiche Kah, 1994, S. 15

Das Handeln von Personen verschiedener Hierarchieebenen wird durch die vertikalen Verhaltensinterdependenzen beeinflusst (vgl. Kah, 1994, S. 34f.). Der Charakter einer gegenseitigen Beziehung kommt in Principal-Agent-Ansätzen darin zum Ausdruck, dass einerseits die vom Principal bestimmten Informations-, Kontroll- und Anreizsysteme sowie sein Vertragsangebot von seinen Erwartungen über die Eigenschaften (characteristics), Ziele und Handlungen (actions) abhängen. Andererseits bestimmen diese Entscheidungen des Principal das Verhalten des Agent. Horizontale Verhaltensinterdependenzen zwischen Bereichen und Abteilungen können durch die Entwicklung von Modellen mit mehreren Agents und mehreren Principals zunehmend erfasst werden.

Im Hinblick auf das Kontrollsystem liefern Principal-Agent-Modelle Einsichten in Bestimmungsgrößen für die Zweckmäßigkeit von Ergebnis- oder Verhaltenskontrollen und Hinweise zur Gestaltung von Kontrollsystemen. Mit der spezifischen Beachtung von Verhaltensinterdependenzen über die Wirkung von

Kontroll- und Personalführungssystem

Anreizen stellen sie den Bezug des Kontrollsystems zum Personalführungssystem her. Die Gestaltung von Prämienfunktionen ist ein zentraler Untersuchungsgegenstand. Dabei wird berücksichtigt, dass das Verhalten maßgeblich von der Risikoeinstellung abhängig ist. In dem Konflikt zwischen Motivationswirkung und Risikoteilung schlägt sich das Spannungsverhältnis zwischen Personalführung und gesamtzielorientierter Planung nieder.

Informationssystem

Besonders deutlich wird die Relevanz von Principal-Agent-Modellen für eine theoretische Fundierung des Controlling am Informationssystem. Die Modelle nehmen dabei Ansätze der Informationsökonomie auf (vgl. Marschak, 1954; Demski, 1981; Baiman, 1982; Laffont, 1990). An der besonderen Beachtung von Verhaltensbeziehungen zeigt sich jedoch, dass die Konzepte über das Informationssystem hinausgehen. Die Bedeutung der Informationsasymmetrie zwischen Principal und Agent in Form von hidden characteristics, hidden information und hidden action analysiert man im Hinblick auf die Gestaltung von Informationssystemen. Die Nutzung anderer Führungsinstrumente der Personalführung, Planung und Kontrolle wird in gleicher Weise einbezogen.

Verwendung der Theorie des Controlling

Die Berücksichtigung von Komponenten verschiedener Führungsteilsysteme spricht dafür, dass die normative Principal-Agent-Theorie ein wichtiges Instrument für die Herleitung theoretischer Aussagen zur Koordination der Führung bildet. Sie lässt sich auf alle Führungsteilsysteme und ihre Beziehungen zur Personalführung anwenden.

Dabei greift sie empirisch relevante Tatbestände über das unterschiedliche Wissen in Bezug auf die Handlungseigenschaften, Absichten, Aktivitäten und Handlungswirkungen der Entscheidungsträger auf, ohne ihre Überprüfung und Bewährung in der Realität zu thematisieren. Über die zugrunde gelegten Prämissen und die behandelten Problemstellungen weist sie auf bestimmte Tatbestände wie die Existenz von Informationsasymmetrien, das Verfolgen individueller Ziele, die Möglichkeit opportunistischen Verhaltens oder die nicht wahrheitsgemäße Weitergabe von Informationen hin.

Grenzen

Mit diesem methodischen Ansatz lassen sich auf analytischem Weg Gesichtspunkte für die Gestaltung und Abstimmung wichtiger Führungsteilsysteme gewinnen und begründen. Jedoch sind auch seine Grenzen zu beachten. Die Modelle erreichen schnell eine hohe Komplexität. Vielfach sind sie nur für relativ einfache Prämissen exakt lösbar. Deshalb können sie die Komponenten und Zusammenhänge der Realität nur beschränkt erfassen. Insbesondere gehen sie i. d. R. von äußerst einfachen Annahmen über die verhaltensbestimmenden Größen und den Informationsstand der berücksichtigten Personen aus. Komplexe Beziehungen, wie sie in der Wirklichkeit sowohl zwischen Einzelpersonen als auch durch das Zusammenspiel von mehreren Personen und Gruppen bestehen, lassen sich mit ihnen nicht ohne weiteres analysieren.

3.4.2 Verhaltenswissenschaftliche Ansätze zur Erfassung von Verhaltensbeziehungen

3.4.2.1 Merkmale verhaltenswissenschaftlicher Ansätze

Einen anderen Weg zur Gewinnung von Erkenntnissen über Verhaltensinterdependenzen bieten die Verhaltenswissenschaften (Behavioral Sciences). Ihr Gegenstand sind »die verschiedenen Aspekte und Erscheinungsformen des menschlichen Verhaltens« (Schanz, 1993b, Sp. 4522). Dieses umfasst sowohl das unbewusste Reagieren als auch das vom Willen gesteuerte Handeln. In den Verhaltenswissenschaften ist man vor allem bestrebt, empirisch fundierte Erkenntnisse zu gewinnen. Sie bilden deshalb einen gewissen Gegenpol zu der normativen Agencytheorie. Dies wird an dem zugrunde gelegten Menschenbild besonders deutlich. Während man in Principal-Agent-Modellen rationale und auf individuelle Ziele ausgerichtete Personen unterstellt, orientiert man sich in den Verhaltenswissenschaften unmittelbar an der Realität. An die Stelle der logisch überprüfbaren Ableitung von Aussagen aus formalen Modellen tritt die empirische Überprüfung realtheoretischer Aussagen über Beziehungen der beobachtbaren Wirklichkeit.

Verhaltensbedingungen sind meist nicht auf so wenige und strenge Prämissen reduzierbar, dass man die Ergebnisse mit Hilfe analytischer Methoden ableiten kann. Daher beruhen die Erkenntnisse kaum auf formalen Deduktionen. Ihre Zuverlässigkeit hängt vielmehr von dem Grad an empirischer Bestätigung ab. Dafür stellen sie sich unmittelbar dem Problem der empirischen Geltung, das in der normativen Agencytheorie nur begrenzt betrachtet wird.

Für den Gegenstand des Controlling erscheinen aus der Fülle an Wissenschaften, die sich ausgehend von Biologie und Physiologie auf Aspekte menschlichen Verhaltens beziehen, vor allem Ansätze der Psychologie einschließlich der Sozialpsychologie und der Soziologie bedeutsam. In ihnen ist eine größere Zahl an Theorien entwickelt worden, mit denen menschliche Verhaltensweisen erklärt und ggf. prognostiziert werden sollen. Relevanz für betriebswirtschaftliche Fragestellungen (vgl. Schanz, 1993b, Sp. 4525 ff.) besitzen insbesondere kognitive Motivationstheorien (vgl. Schanz, 1988; Festinger, 1957), psychologische Feldtheorien (vgl. Lewin, 1963) und Theorien zu Arbeitsleistung sowie -zufriedenheit.

Motivationstheorien untersuchen die Motive menschlichen Handelns. Dabei berücksichtigen sie auch das Informations- und Erwartungsproblem. Jedoch suchen sie es zu erklären und sind nicht darum bemüht, rationale Verfahren zu seiner Bewältigung zu finden. Die psychologische Feldtheorie leitet das individuelle Verhalten aus der Interaktion zwischen der betreffenden Person und ihrer subjektiven Umwelt ab. Maßgebend ist die Bewertung der tatsächlichen Ausprägungen der Umwelt durch das Subjekt in der jeweiligen Handlungssituation. Das Verhalten wird dann sowohl auf Persönlichkeits- als auch auf Situationsmerkmale zurückgeführt.

Auf die Erklärung der Arbeitsleistung und Arbeitszufriedenheit ist eine Reihe theoretischer Ansätze gerichtet. Hierzu gehören u. a. die Bedürfnispyra-

Verhaltenswissenschaften

Ansätze aus Psychologie, Sozialpsychologie und Soziologie

Motivationstheorien und Psychologische Feldtheorien

mide von Abraham H. Maslow (1970), Untersuchungen zum Leistungsbedürfnis (vgl. Heckhausen, 1965; McClelland/Atkinson/Clark et al., 1953; Atkinson, 1958) sowie die Modelle der Erwartungs-Valenz-Theorie (Vroom, 1964; Lawler, 1973; Porter/Lawler, 1968; Wunderer/Grunwald, 1980, S. 195 ff.). Sie stellen Hypothesen über die zentralen Bestimmungsgrößen der Leistungsfähigkeit und Leistungsbereitschaft auf, die von den individuellen Motiven abhängig sind. Ferner wird deren Einfluss auf die Arbeitsergebnisse und die Zufriedenheit der Mitarbeiter untersucht. In der Erwartungs-Valenz-Theorie spielen die Erwartungen eine wichtige Rolle. Deshalb gehen sie von den in Form subjektiver Wahrscheinlichkeitsurteile berücksichtigten Einschätzungen einer Person aus, inwieweit ihr Handeln zu einem angestrebten Ergebnis führt.

Labor- und Feldexperimente

Eine Vielzahl von Einzelhypothesen ist in den Verhaltenswissenschaften anhand empirischer Erhebungen entwickelt und getestet worden. Wegen der Komplexität der Beziehungen zwischen verschiedenen Bestimmungsgrößen des Handelns sowie zwischen den untersuchenden und den untersuchten Personen werfen sowohl Labor- als auch Feldexperimente schwierige Probleme auf (vgl. Picot, 1975, S. 109 ff.). Dies gilt in besonderem Maße bei Feldexperimenten mit Untersuchungspersonen in deren natürlicher Umgebung. Wesentlich besser lassen sich Experimente steuern, wenn man die Versuchspersonen für eine abgegrenzte Zeit an einen bestimmten Ort, das »Labor«, einlädt. Solche Experimente werden daher nicht nur in der experimentellen Psychologie, sondern in zunehmendem Umfang auch in der Wirtschaftswissenschaft durchgeführt (vgl. insbesondere Gächter/Königstein, 2002). Generell sind Experimente eine empirische Methode, durch die man unter kontrollierten Bedingungen Hypothesen testen und Erkenntnisse für die Formulierung von Hypothesen gewinnen kann.

Vorteil von Laborexperimenten

Der Vorteil von Laborexperimenten besteht vor allem in der Möglichkeit, den zu untersuchenden Prozess genau zu kontrollieren und ihn zu replizieren. Während bei empirischen Untersuchungen im »Feld« eine Reihe von Determinanten wirksam ist, die man nicht beliebig ausschalten oder genau verfolgen kann, lassen sich Laborexperimente einfach strukturieren und ihre Bedingungen einzeln manipulieren. Auf diese Weise kann man die Ursachen der Ergebnisse isolieren. Ihre Eigenschaft der *Replizierbarkeit* bezieht sich darauf, dass sich ein solches Experiment unter gleichen Bedingungen an anderen Orten und/oder zu anderen Zeitpunkten wiederholen lässt. Hierdurch eignen sich Experimente in besonderer Weise für eine Überprüfung von Hypothesen und Theorien.

Variation der Versuchsanordnung

Die Herausarbeitung der Determinanten von Ergebnissen gelingt durch eine Variation der Versuchsanordnung. Über die Bestimmung dieser »*Treatments*« ergibt sich das »*experimentelle Design*«. Meist umfasst letzteres zwei oder mehr Treatments, durch deren Vergleich man den Einfluss systematischer oder zufälliger Faktoren, die man auch als »Noise« bezeichnet, erkennen und herausfiltern kann. Durch eine entsprechende Gestaltung des Experimentdesigns und die Wahl des Stichprobenumfangs kann man die Probleme der Datenauswertung zumindest verringern. Die Datenerhebung kann sich auf dieselbe oder wechselnde Personen bzw. Gruppen beziehen. Im ersten Fall eines »*between subjects*«-*Design* wird jede Versuchsanordnung eines Designs mit einer anderen Person bzw. Gruppe durchgeführt. Das hat jedoch zur Folge, dass Unterschiede zwischen den Stichproben nicht nur von den Treatments, sondern auch durch unbeobachtbare Eigenschaften der Versuchspersonen bewirkt sein können. Dieses Problem reduziert sich jedoch mit zunehmendem Stichprobenumfang und tritt in einem »*within subjects*«-Design nicht auf. Bei letzterem »entscheidet jedes Individuum (oder jede Gruppe) wiederholt für verschiedene Treatments« (Gächter/Königstein, 2002, Sp. 507). Dafür ist die Reihenfolge der Treatments unter den Versuchspersonen zu verändern, damit nicht Erfahrungseffekte fälschlicherweise auf die Versuchsanordnung zurückgeführt werden.

Der Ablauf und die Dokumentation von Laborexperimenten müssen eine Reihe von Anforderungen erfüllen. Diese beziehen sich u. a. auf die Gewinnung von *Versuchspersonen* und deren spezifische Eigenschaften, die Übermittlung der *Instruktionen* einschließlich erläuternden und ggf. suggestiven Beispielen sowie die Art der *Interaktionen* und die Verteilung der *Spielerrollen*.

Besonders intensiv werden Laborexperimente im ökonomischen Bereich zur Analyse des Entscheidungsverhaltens und seiner Bestimmungsgrößen genutzt (Camerer, 2003; Fehr/Schmidt, 2003; Langer, 2007; Ockenfels, 1999). Häufig zieht man dabei Studierende heran. Durch deren adäquate *Bezahlung* kann man ökonomische Entscheidungssituationen realitätsnah durchspielen, weil bei diesen häufig die (ggf. auch in Wirklichkeit nicht allzu großen) monetären Differenzen zwischen Handlungsalternativen zu bewerten sind.

Analyse des Entscheidungsverhaltens

Die experimentelle Forschung hat sich inzwischen zu einem wichtigen Teil der empirischen wirtschaftswissenschaftlichen Forschung entwickelt. Dieser liefert insbesondere weiterführende Einsichten in die für Entscheidungen maßgeblichen *Präferenzen*. Während man in den traditionellen Modellen der ökonomischen Theorie üblicherweise unterstellt, dass jeder Akteur einen individuellen, häufig darüber hinaus monetären Nutzen maximiert, stützen die Experimente die Zweifel an der Allgemeingültigkeit dieser Hypothese. Ein derart rein egoistisches, als opportunistisch bezeichnetes Verhalten zeigt meist nur ein Teil der Versuchspersonen. Viele Beteiligte orientieren sich an der Norm der *Reziprozität* (Gleichbehandlung), eine Reihe von ihnen sogar an einem stärker *altruistischen* Verhalten. Offensichtlich gibt es neben egoistisch handelnden Personen beachtliche Gruppen, für die Werte wie Fairness, Gleichheit und Kooperation wichtig sind. Ferner wird ein *Einfluss* der jeweiligen *Handlungssituationen* sowie der Erfahrung in wiederholten Spielen ersichtlich. Beispielsweise gehen reziprok orientierte Personen auf ein egoistisches Verhalten über, wenn die Zahl der Mitspieler zunimmt (vgl. Fehr/Fischbacher, 2002, S. C10 f.). Umgekehrt steigt die *Bereitschaft zur Kooperation* bei ursprünglich egoistisch handelnden Personen, wenn sich die anderen kooperativ verhalten und sich deshalb eine Kooperation in einem sequenziellen Spiel als ertragreicher herausstellt (vgl. Fehr/Fischbacher, 2002, S. C15 f.). Der Bezug des Controlling bzw. Management Accounting zur Psychologie (vgl. Shields, 2002) und Soziologie (vgl. Miller, 2002) besitzt in der anglo-amerikanischen Forschung eine längere Tradition. In den vergangenen Jahren ist auch in Deutschland ein stärkerer Zweig der Controllingforschung in dieser Richtung zu beobachten (vgl. u. a. Hartmann, 1998; Hirsch, 2006; Hofmann, 2008).

Erkenntnisse der empirischen Forschung

Behavioral Accounting

Im Hinblick auf die Unternehmensrechnung bildete sich das »Behavioral Accounting«, in dessen Mittelpunkt die *Wirkungen* von Informationen auf das *Verhalten von Menschen* stehen (vgl. hierzu Schweitzer/Küpper, 2011, S. 610 ff.; Hofmann, 2007a; Gillenkirch/Arnold, 2008). In ihm versucht man, empirisch prüfbare und nach Möglichkeit bestätigte Erkenntnisse über die Beziehungen zwischen Unternehmensrechnung und menschlichem Verhalten zu gewinnen. Ausgehend von Untersuchungen von Andrew C. Stedry (1960) wurden z. B. die Determinanten des Leistungsverhaltens analysiert. Dabei wird unter anderem gefragt, wie die relative Höhe sowie die Schwierigkeit von Vorgaben die Leistung beeinflussen und wie sich Partizipation und Führungsstil auf diese auswirken. Laborexperimente von Geert H. Hofstede (1967, S. 148) untermauern Hypothesen über die *Beziehungen zwischen Vorgabehöhe*, *Anspruchsniveau* und *Leistung* (vgl. auch Schweitzer/Küpper, 2011, S. 627f.), nach denen Vorgaben das individuelle Anspruchsniveau berücksichtigen sollten. Zu niedrige Vorgaben wirken eher leistungssenkend, übermäßig hohe Vorgaben leistungsmindernd; die höchste Leistungssteigerung wird bei mittleren Vorgaben erreicht, die etwas über dem individuellen Anspruchsniveau liegen.

Wirkungen von Budgets

Mit der Wirkung von Budgets auf das menschliche Verhalten hat sich schon früh Chris Argyris (1953) befasst. Anthony Hopwood (1972, 1974) untersuchte, inwieweit *starre* oder *flexible* Budgets sowie Leistungs- bzw. *Performancemaße* ein dysfunktionales Verhalten von Untergebenen auslösen. Er sah wichtige *Grenzen* einer Verwendung von Budgets und Performancemaßen für die Leistungsbewertung darin, dass die Größen der Unternehmensrechnung nicht alle Leistungsdimensionen sowie die Ergebnisse und weniger die sie bewirkenden Prozesse erfassen. Ferner kennt man die Kostenfunktionen zur Festlegung von Budgets oft nicht genau. Zudem sind Budgets sowie die Leistungsgrößen auf die kurzfristige Leistung ausgerichtet und erfassen längerfristige Konsequenzen nicht angemessen. In den Untersuchungen von Hopwood zeigten sich sowohl negative als auch positive *Wirkungen starrer Vorgaben*. Deren Richtung ist aber auch von psychologischen Eigenschaften und kulturellen Faktoren im jeweiligen Land sowie der Ungewissheit über die Umwelt oder die Aufgabe abhängig (vgl. Hartmann, 2000; Shields, 2002, Sp. 1634). Neben der Bedeutung einer Partizipation bei der Budgetvorgabe bildet der *Einfluss des Informationssystems* auf das Entscheidungsverhalten einen wichtigen Gegenstand der verhaltenswissenschaftlich ausgerichteten Forschung.

3.4.2.2 Bedeutung verhaltenswissenschaftlicher Hypothesen für das Controlling

Bedeutung in allen Führungsteilsystemen

Eine Reihe der in den Verhaltenswissenschaften untersuchten Beziehungen betrifft Entscheidungstatbestände der Personalführung wie die Gestaltung von Aufgaben- und Arbeitskomplexen, Anreizsystemen sowie Führungsstilen. Mit ihnen kann man Aussagen über die Wirkung unmittelbar personenbezogener Maßnahmen auf das Verhalten der Betroffenen herleiten. Darüber hinaus werden ihre Erkenntnisse für die Analyse institutioneller Regelungen herangezogen. Beispielsweise betrachtet man die Abhängigkeit menschlichen Verhaltens von Regelungen der Organisation oder der Unternehmensverfassung bzw. von der Gestaltung der Planung und Kontrolle sowie des Rechnungswesens.

Daran wird erkennbar, dass diese Hypothesen nicht allein für das Personalführungssystem von Bedeutung sind. Mit den Bezügen zu Organisation, Planung, Kontrolle und Informationssystem werden Probleme des Controlling zum Untersuchungsgegenstand. Deshalb tragen verhaltenswissenschaftliche Theorien zur theoretischen Fundierung des Controlling bei.

Vor allem dienen sie zur Analyse der Wirkung von Führungsinstrumenten auf das persönliche Verhalten. Mit verhaltenswissenschaftlichen Hypothesen lässt sich begründen, inwieweit die Erwartungen über die mit den Instrumenten angestrebten Konsequenzen anhand empirischer Erkenntnisse berechtigt sind. So können sie helfen, Hypothesen über die Wirkungen von Informationen, Planvorgaben sowie Kontrollen auf das Verhalten der betroffenen Personen zu formulieren und empirischen Befunden gegenüberzustellen.

Wirkung von Führungs-instrumenten

Die Zuverlässigkeit verhaltenswissenschaftlicher Erkenntnisse hängt vom Grad ihrer empirischen Prüfung und Bestätigung ab. Da menschliches Verhalten nicht deterministisch bestimmt ist, von vielen Einflussgrößen abhängt und sich in freien Entscheidungsspielräumen vollzieht, kann ihre Geltung nur begrenzt sein. Die Vielfalt an möglichen und beobachtbaren Verhaltensweisen deutet darauf hin, dass sie lediglich in beschränktem Umfang Gesetzmäßigkeiten unterworfen sind. Der Grad an wissenschaftlicher Bestätigung ist bei ihnen geringer als bei Aussagensystemen, für die allein die logische Wahrheit gefordert wird.

Menschliche Verhaltens-weisen

Aus diesem Grund haben verhaltenswissenschaftliche Erkenntnisse nicht die Überzeugungskraft formal-analytischer Modelle der Agencytheorie. Dafür kann mit ihnen ein breiteres Feld menschlicher Verhaltensweisen und ihrer Bestimmungsgrößen erfasst werden. Sie müssen nicht die Grenzen beachten, die bei formalen Modellen in Bezug auf die Komplexität der mathematischen Struktur gesetzt werden.

Die Ansätze der Verhaltenswissenschaften und der normativen Agencytheorie gehen unterschiedliche methodische Wege. Dagegen sind die Übergänge zwischen positiver Agencytheorie und Verhaltenswissenschaften fließend. Während bei den Verhaltenswissenschaften die Gewinnung und empirische Prüfung von Hypothesen im Vordergrund steht, leitet die normative Agencytheorie Aussagen über die Wirkung von Anreiz- und Steuerungsinstrumenten aus Verhaltensprämissen logisch her, für die keine allgemeine empirische Bestätigung gefordert wird. Beide Wege erscheinen notwendig und ergänzen sich gegenseitig. Durch verhaltenswissenschaftliche Ansätze ist herauszufinden, inwieweit, in welchen Bereichen und unter welchen Situationsbedingungen Annahmen über menschliches Verhalten empirische Geltung besitzen. Principal-Agent-Ansätze sollten dagegen helfen, unter der Voraussetzung empirisch haltbarer Prämissen Anreiz- und Steuerungsinstrumente systematisch zu analysieren und zu beurteilen. Für sie spielen nicht nur die am häufigsten auftretenden menschlichen Verhaltensweisen, sondern auch die Grenzfälle eines beispielsweise extrem opportunistischen Handelns eine besondere Rolle.

Verhaltenswissen-schaften und Agency-theorie

3.5 Theoretische Ansätze zur Erfassung von Wirkungen des Controlling

Während sich die bisherigen theoretischen Ansätze auf die Erfassung von Interdependenzen und die Wirkung einzelner Koordinationsinstrumente bezogen, betrachten die nachfolgenden Ansätze, welche Wirkungen das Controlling bzw. das Management Accounting als Institutionen haben und dadurch die Praxis beeinflussen. Die Interpretative Accountingtheorie behandelt die Wirkung von Systemen der Kostenrechnung und des Controlling auf die Tätigkeiten, die Denkweise und die Einstellungen der in einer Unternehmung tätigen Mitarbeiter. Die Institutionalistische Accountingtheorie zeigt auf, wie die Regeln des Management Accounting zur Legitimation gegenüber Stakeholdern genutzt werden können. Der ideologiekritische Ansatz möchte herausarbeiten, dass die Unternehmensrechnung als Instrument zur Interessendurchsetzung verwendet werden kann. Der Labour-Process-Ansatz hebt auf die disziplinierende und kontrollierende Wirkung des Management Accounting bei unvollständigen Verträgen ab, während die Foucauldian Accountingtheorie dessen Disziplinierungsfunktion in den Mittelpunkt stellt. Als übergreifender Theorierahmen lässt sich der strukturationstheoretische Ansatz verstehen, weil sich ihm einige der anderen Konzepte zuordnen lassen. Ausgehend von der Kennzeichnung dieser Ansätze ist ihre Bedeutung für eine Theorie des Controlling aufzuzeigen. Daraus lassen sich Perspektiven für die künftige Forschung in dieser Richtung ableiten.

3.5.1 Ausgangspunkte und Gegenstand des Theoriezweigs

Einfluss des Management Accounting in der Praxis

Eine völlig andere Ausrichtung der Forschung zum Controlling fragt nach dessen Wirkungen. Diese Richtung ist insbesondere in England und Skandinavien verfolgt worden. Sie betrachtet das Management Accounting und untersucht dessen Einfluss in der Praxis. Aufgrund der Unterschiede im Verständnis von Controlling und Management Accounting sowie zwischen den Controlling-Konzeptionen lassen sich die Erkenntnisse dieses Forschungszweiges nicht unmittelbar auf das Controlling in seiner jeweiligen Ausprägung übertragen. Ihr Beitrag wird deshalb auch darin gesehen, dass sie »die Bedeutung der Frage nach dem Kern des Controlling relativieren« können (Becker, 2004, S. 95 (im Original kursiv); vgl. auch Becker, 2003).

Unternehmensrechnung als Teil des Management Accounting

Die Unternehmensrechnung bildet mit ihren Begriffen, Modellen sowie Methoden einen *zentralen Bestandteil des Management Accounting*, während in den meisten Konzeptionen des Controlling dessen Bedeutung als Führungsteilsystem im Vordergrund steht. Dennoch liefern die Ansätze zu den Wirkungen des Management Accounting wertvolle Hinweise zu Fragestellungen, die in der Theorie des Controlling aufgegriffen werden sollten.

Kritische Perspektive der Ansätze

Diese Forschungsrichtung versteht sich als *alternative* (vgl. Baxter/Chua, 2003) oder auch *soziologische* (vgl. Roslender, 1992) oder *kritische* (vgl. Moore,

1991) *Perspektive* gegenüber der traditionellen Accountingforschung. Es fällt auf, dass die hierbei verfolgten Ansätze nicht nur eine sozialwissenschaftliche Orientierung haben, sondern in hohem Maße Fragen der sozialen Macht und deren Kritik in den Vordergrund stellen. Zu Recht weisen sie damit darauf hin, dass ökonomische Theorien und insbesondere institutionenökonomische Ansätze wie die Agencytheorie Annahmen zugrunde legen, die nicht empirisch begründet und daher kritisch zu analysieren sind. Prämissen wie die individuelle Nutzenmaximierung, die zu einem als opportunistisch bezeichneten Handeln führt, und eine Ausrichtung auf Ziele wie die Marktwerte der Eigentümer implizieren bestimmte *Wertungen*; Standardbegriffe wie *moral hazard* oder *shirking* sind ein Indiz dafür (vgl. auch Küpper, 2011, S. 72; Roiger, 2006). Die wissenschaftliche Analyse derartiger impliziter Wertungen sowie die soziale Wirkung der auf ihnen basierenden Instrumente und Systeme bilden daher eine wichtige Forschungsaufgabe.

3.5.2 Überblick über theoretische Ansätze zur Wirkung des Management Accounting

Albrecht Becker unterscheidet *sechs* verschiedene theoretische Ansätze, deren wichtigste Aussagen und Vertreter er in der in Abbildung 3-6 wiedergegebenen Übersicht zusammenfasst (Becker, 2004, S. 101).

Den Hintergrund der interpretativen Accountingtheorie sieht Becker in interpretativen Ansätzen der Soziologie. Nach dem Konzept des *symbolischen Interaktionismus* von Mead (2008) erlangen die Objekte, die der Einzelne wahrnimmt, einerseits erst durch dessen Interpretation ihre Bedeutung für ihn. Auf der anderen Seite lässt sich durch sie in Gruppen ein gemeinsamer Sinn erzeugen. Im Hinblick auf Unternehmensrechnung und Controlling weist dies darauf hin, dass mit ihren Systemen und Instrumenten die *Aufmerksamkeit* der in einer Unternehmung tätigen Personen auf bestimmte Sachverhalte gelenkt und diese dadurch als *relevant* gekennzeichnet werden. Durch sie werden beispielsweise quantitative Größen, bestimmte Bereiche oder einzelne Kennzahlen in den Vordergrund gestellt. Derartige Wirkungen sind vielfach beabsichtigt, was besonders gut sichtbar wird, wenn das Anreizsystem an bestimmte Größen der Unternehmensrechnung wie dem Gewinn, Deckungsbeiträgen oder Kosten anknüpft.

Interpretative Accountingtheorie

Durch die Gestaltung von Systemen der Unternehmensrechnung (z. B. der Bilanz-, Kosten- und der Investitionsrechnung) und des Controlling (z. B. durch Budgetierung, Ziele und Lenkungspreise) werden die *Tätigkeiten*, *Denkweisen* und *Einstellungen* der in ihnen tätigen Mitarbeiter beeinflusst, wie sich auch in empirischen Untersuchen beispielsweise zu deren Selbstverständnis in deutschen und englischen Firmen zeigt (vgl. Ahrens, 1999). Die interpretative Accountingtheorie weist darauf hin, dass die Wirkung von Management Accounting bzw. Controlling davon abhängt, wie es von den Personen verstanden wird. Zudem dient es dazu, die Prozesse in der Unternehmung zu verstehen.

Einfluss der Unternehmensrechnung auf ihre Mitarbeiter

Abb. 3-6

Übersicht über ausgewählte accountingtheoretische Ansätze

	Interpretative Accountingtheorie	Institutionalistische Accountingtheorie	Ideologiekritischer Ansatz	Labour-Process-Ansatz	Foucaultorientierte Accountingtheorie	Strukturationstheoretischer Ansatz
Rolle des Management Accounting (MA)	Ergebnis und Mittel der sozialen Konstruktion von Realität	Institutionalisierte Technik mit der Funktion der Legitimation	Instrument der Herrschaft durch Ideologie	Instrument der Kontrolle des Labour Process	Disziplinierender Diskurs in Organisationen	Set von Praktiken der Steuerung der Reproduktion von Organisationen
Haupt-aussagen	▸ Sinnzuschreibung an MA durch soziale Konstruktion von Realität ▸ MA als Mittel zur Bildung einer geteilten Interpretation der organisationalen Realität ▸ MA konstitutiv für die Existenz von Organisationen	▸ MA als institutionalisierte Technik ist rationalisierter Mythos ▸ Tendenziell entkoppelt von materiellen Prozessen ▸ Instrument der (Selbst-)Beschreibung der Organisation als rationales Gebilde ▸ Legitimation gegenüber Umwelt und Organisationsmitgliedern	▸ Stärkere Konzentration auf Accounting-theorie als auf -praxis ▸ Accountingtheorie als Instrument der Hegemonie durch Ideologie ▸ Verschleierung des Herrschaftscharakters des MA	▸ Kontrollierende Wirkung des MA durch Legitimation von Herrschaft und Kontrolle der Arbeitskraft ▸ MA als Instrument der Lösung des Transformationsproblems	▸ MA als Teil eines Prozesses zur Produktion und Disziplinierung von Subjekten ▸ Wirkung durch Sichtbarmachung, Überwachung und Beeinflussung von Relevanzstrukturen	▸ MA als Interpretationsschema, Norm und Instrument der Herrschaftsausübung in Organisationen ▸ Reproduktion und Modifikation organisationaler Strukturen durch die Anwendung von MA-Praktiken

In Anlehnung an Becker, 2004, S. 101

Die institutionalistische Accountingtheorie baut auf den Arbeiten von Meyer und Rowan (1977) sowie DiMaggio und Powell (1991) auf, nach denen sich Institutionen dafür *legitimieren* müssen, dass sie materielle und immaterielle Ressourcen verbrauchen. An sie werden *Ansprüche* in Form *institutionalisierter Regeln* bzw. *rationalisierter Mythen* gestellt, die sie nicht übergehen können. Diese Funktion wird offen sichtbar von der Bilanzrechnung wahrgenommen, über die eine Unternehmung gegenüber ihren Anteilseignern und anderen Stakeholdern Rechnung legt. Nach der institutionalistischen Theorie wird aber auch das *Management Accounting* »als ritualisierte Übernahme rationalisierter und institutionalisierter Regeln verstanden« (Becker, 2004, S. 98). Mit dessen Instrumenten und Techniken können Unternehmungen nach außen und innen deutlich machen, dass sich ihre Prozesse an rationalen Normen und Verfahren orientieren und sich damit gegenüber diesen verschiedenen Anspruchsgruppen legitimieren. Damit wird in dieser Theorie eine Wirkung betont, welche diejenige Konzeption explizit verfolgt, welche die Kernfunktion des Controlling in der *Rationalitätssicherung* der Führung sieht.

Institutionalistische Accountingtheorie

Der ideologiekritische und der Labour-Process-Ansatz einer »kritischen« Accountingtheorie sehen im Management Accounting ein Instrument, mit dem die Anteilseigner gegenüber den Führungspersonen und Mitarbeitern einer Unternehmung einen *Herrschaftsanspruch* wahrnehmen. Die erste, ideologiekritische Richtung stellt auf den *normativen, ideologischen* Hintergrund des »Mainstream«-Accounting ab, wie er vor allem in den institutionenökonomischen Ansätzen zum Ausdruck kommt. Sie wendet sich dagegen, die Daten der Unternehmensrechnung als objektive Abbildungen der Realität zu bezeichnen, da diese Daten aus ihrer Sicht interessengeleitete Konstruktionen darstellen. Es werde nicht hinterfragt, dass die Unternehmensrechnung ein Instrument zur *Wahrung der Interessen* der Kapitaleigner sei. Ferner würden gesellschaftliche und unternehmensinterne *Machtverteilungen* als quasi naturgegeben angesehen. Der Labour-Process-Ansatz nimmt die unvermeidliche *Unvollständigkeit von Arbeitsverträgen* zum Ausgangspunkt. Aus dieser ergibt sich das Problem, wie das Arbeitsvermögen tatsächlich in Arbeitsleistung transformiert wird. Er stellt die Funktion des Management Accounting in den Vordergrund, den Einsatz des Arbeitsvermögens der Mitarbeiter sicherzustellen. Die Instrumente des Management Accounting üben eine *disziplinierende* und *kontrollierende* Wirkung aus. Insbesondere durch deren Einbettung in Anreizsysteme der Entlohnung wird diese Funktion in vielen Unternehmungen offen angestrebt. Zudem kann die Unternehmensrechnung auch dazu herangezogen werden, für die Mitarbeiter schmerzvolle Entscheidungen wie Entlassungen zu rechtfertigen (vgl. Knights/Collinson, 1987).

Ideologiekritische Richtung und Labour-Process-Ansatz

Bei der Foucauldian Accountingtheorie steht die *disziplinierende Wirkung* des Management Accounting im Vordergrund. Dabei werden die geschichtliche Entwicklung des Rechnungswesens untersucht und seine *Wirkungen* als Komponente in einem *ökonomischen* und *disziplinierenden Diskurs* herausgearbeitet, der das Handeln und Denken der jeweiligen Personen beeinflusst (vgl. Foucault, 2006; Hoskin/Macve, 1986; Hopper/Macintosh, 1993; Hopper/Macintosh,

Foucauldian Accountingtheorie

1998). Dies lässt sich beispielsweise am Übergang von physischen Methoden der Disziplinierung zu ökonomischen Anreizsystemen veranschaulichen (vgl. Bhimani, 1994). In dieser Entwicklung gewinnen wissenschaftliche Methoden und Klassifikationen eine zunehmende Bedeutung. Anthony Hopwood (1990) sieht die disziplinierende Wirkung des Diskurses einmal darin, dass das Management Accounting den Blick auf bestimmte Größen sowie Tatbestände lenkt und hierdurch die Wahrnehmung und *Bewertung der Entscheidungsträger* in einer Unternehmung beeinflusst. Über die Verfahren der Unternehmensrechnung werden ferner *abstrakte ökonomische Sachverhalte* wie z. B. Kosten und Erfolg *messbar* und damit *rechenbar* gemacht. Sie tragen hierdurch zu einer *Objektivierung* ökonomischer Größen bei. Viele Größen der Unternehmensrechnung stellen nicht einfach eine Abbildung beobachtbarer empirischer Sachverhalte, sondern *Konstrukte* dar. Besonders deutlich lässt sich dies an den unterschiedlichen Maßgrößen des ökonomischen Erfolgs von Unternehmungen veranschaulichen. Diese reichen von absoluten Gewinn- oder relativen Rentabilitätsgrößen über den (bilanziellen) Jahresüberschuss sowie den kalkulatorischen Periodengewinn bis hin zu mehrperiodigen Kapital- oder Marktwerten und dem internen Zinsfuß. Alle diese Größen lassen sich nicht unmittelbar in der Realität beobachten, sondern beruhen auf »konstruierten« Rechenregeln. Die Rechensysteme der Unternehmensrechnung liefern kein bloßes Abbild realer Unternehmensprozesse, sondern stellen *soziale Konstruktionen* dar, mit denen bestimmte (Rechnungs-)Zwecke verfolgt werden (können).

Strukturationstheoretischer Ansatz

Der strukturationstheoretische Ansatz unterscheidet zwischen den *formalen Regeln* der Management Accounting Systeme und der *konkreten Praxis* ihrer Anwendung (vgl. Macintosh/Scapens, 1990). Dabei bilden sich Handlungsmuster heraus, die stabile Erwartungen ermöglichen. Die über Rechnungssysteme geschaffenen Praktiken gründen sich auf Strukturen sozialer Systeme, die sich nach der Strukturationstheorie durch *drei Dimensionen* kennzeichnen lassen. Regeln der *Signifikation* bzw. Bedeutung liefern Interpretationsschemata. Die Praktiken bieten ferner Normen der *Legitimation* von Entscheidungen und Handlungen. Die Zuteilung von Ressourcen beinhaltet die Einräumung von *Herrschaft*. So werden auf Basis von Verfahren und Ergebnissen der Unternehmensrechnung Mittel zugewiesen und hierdurch bestimmten Entscheidungsträgern Kompetenzen eingeräumt, mit denen sie das Handeln anderer Personen beeinflussen können. Diese drei Dimensionen sozialer Systeme beziehen sich auf Aspekte, die in mehreren der zuvor gekennzeichneten Theorieansätzen jeweils besonders hervorgehoben werden. Dadurch lassen sich der interpretative Ansatz der *Signifikation*, die institutionalistischen Konzepte der *Legitimation* und die kritische Accountingtheorie der Dimension der *Herrschaft* zuordnen. Auf diese Weise kann man im Sinne von Becker (2003) den strukturationstheoretischen Ansatz als *übergreifenden Theorierahmen* für die Analyse der Wirkungen des Management Accounting sowie von Unternehmensrechnung und Controlling sehen.

3.5.3 Kennzeichnung und Perspektiven für eine Wirkungstheorie des Controlling

Die verschiedenen Theorieansätze, mit denen die soziale und institutionelle Funktion sowie die Praxis des Management Accounting und damit auch der Unternehmensrechnung und des Controlling durchleuchtet werden, unterscheiden sich deutlich von den anderen Komponenten einer Theorie des Controlling. Sie betrachten nicht dessen Hintergründe in Form von Interdependenzen oder die Wirkung einzelner Mechanismen zur Koordination und Steuerung. Vielmehr untersuchen sie grundlegende Wirkungen, die von Rechnungs-, Koordinations- und Steuerungssystemen ausgelöst werden. Dabei fällt auf, dass die meisten dieser Ansätze nicht nur soziologische Kategorien wie Legitimation und Herrschaft betrachten, sondern eine normative Orientierung haben, die in den kritischen Ansätzen besonders klar hervortritt.

Untersuchungsgegenstand der Wirkungstheorien

In ihrer Methodik greifen diese Theorieansätze zwar auf *empirische* sowie *historische* Zusammenhänge zurück und verwenden diese zum Beleg ihrer Aussagen. Jedoch stehen die Aufstellung empirischer Hypothesen und deren Prüfung nicht im Zentrum. Formale Modelle zur logischen Analyse von Sachverhalten und zur Ableitung qualitativer Erkenntnisse werden nicht herangezogen. Das Gewicht wird auf die *konzeptionelle Erklärung* bestimmter grundlegender und gesellschaftlich, auch moralisch relevanter Wirkungen des Management Accounting gelegt.

Methodik der Wirkungstheorien

Das Interesse der Forschung richtet sich damit auf wichtige *Probleme* für die jeweilige *Unternehmung*, die *Wirtschaft* und die *Gesellschaft*. Besonders betont und eher kritisch gewertet werden *Wirkungen* wie die Verwendung des Accounting zur Interpretation und Konstruktion betrieblicher Zusammenhänge, zur Rechtfertigung gegenüber Stakeholdern oder zur Durchsetzung von Zielen sowie Entscheidungen. Diese Wirkungen entsprechen – wenn man es weniger negativ wertend ausdrückt – typischen *Rechnungszwecken* der Unternehmensrechnung und Funktionen des Controlling. Die Unternehmensrechnung will in ihren vergangenheitsbezogenen Ermittlungsrechnungen das realisierte Geschehen in der Unternehmung in den *Kategorien* erfassen, die im Hinblick auf die Unternehmensziele als *relevant* angesehen werden (vgl. hierzu Schweitzer/Küpper, 2011, S. 27). Auf diese Weise bilden Ist-Rechnungen explizit eine Grundlage von *Kontrollen*. Mit der Bereitstellung von Planungs- und Steuerungsinformationen sollen ausdrücklich Entscheidungen und Handlungen von Personen in der Unternehmung auf dieses *Zielsystem ausgerichtet* werden. In noch deutlicherer Weise dienen die Koordinations- und Steuerungsinstrumente des Controlling wie die Vorgabe von Budgets und Zielen sowie der Ansatz von «Lenkungs»-Preisen der *Verhaltensbeeinflussung*. Insoweit sind sie Instrumente zur Verdeutlichung der im Hinblick auf die Ziele als wichtig angesehenen Sachverhalte, zur Ausübung von »Herrschaft« und zur Kontrolle. Dies kann man in einer (negativ) wertenden Sprache als *Disziplinierung* bezeichnen.

Kritische Analyse der Wirkungen des Accounting

Es erscheint berechtigt und notwendig, derartige Wirkungen des Controlling zu untersuchen. Soweit man die herausgearbeiteten Wirkungen wertet bzw. in

Begründungszusammenhang normativer Aussagen

einer wertenden Sprache kennzeichnet, ist es jedoch erforderlich, einen Begründungszusammenhang für derartige normative Aussagen zu liefern (vgl. Küpper, 2006, S. 148 ff.). Schon mit der Verwendung einer *wertenden Sprache* geht man über das Beschreibungs- und Erklärungsziel einer Wissenschaft hinaus (vgl. Schweitzer/Küpper, 1997, 5 ff.). Im Hinblick auf die Verwendung wissenschaftlicher Erkenntnis in der Praxis erscheint dies gerechtfertigt (vgl. Küpper, 2005, S. 835 ff.). Dann ist es auf der einen Seite legitim, die in ökonomischen Aussagen und Systemen, insbesondere der Unternehmensrechnung und des Controlling enthaltenen *Wertgrundlagen* und die daraus folgenden Wirkungen zu analysieren. Andererseits sind jedoch auch die *Wertungen* als solche *offen zu legen* und zu *begründen*, mit denen die jeweils betonten Wirkungen belegt werden. Die bislang vorliegenden theoretischen Ansätze müssten dazu weiterentwickelt werden. Die in Abschnitt 3.5 diskutierten theoretischen Ansätze sollten nicht bei der Hervorhebung bestimmter Funktionen des Management Accounting sowie der Unternehmensrechnung bzw. des Controlling stehen bleiben. Sowohl im Hinblick auf den in vielen Unternehmungen beabsichtigten bewussten Einsatz der Instrumente dieser Führungsteilsysteme als auch die Analyse ihrer Wirkungen aus einer (zumindest teilweise) wertenden Sicht sind die jeweils formulierten *Hypothesen* empirisch zu *prüfen* und zu untermauern.

Die Analyse von Wirkungen des Controlling stellt ein breites Feld empirischer Forschung dar. Diese sollte sich nicht auf die Existenz des Controlling und seiner Ausprägungen beschränken, sondern sich intensiv mit den Wirkungen befassen, wie sie auf der einen Seite in konzeptionellen und formal-theoretischen Ansätzen angestrebt und andererseits durch kritische Ansätze in Frage gestellt werden. Beide normativ fundierten Ausrichtungen müssen ihre jeweiligen Aussagen über Wirkungen des Controlling in der Realität durch Ergebnisse empirischer Forschung untermauern.

Notwendigkeit empirischer Forschung

Wiederholungsfragen Kapitel 3

1. *Was versteht man unter einer Interdependenz und welche Arten von Interdependenzen unterscheidet man? Veranschaulichen Sie jede der von Ihnen genannten Interdependenzarten an einem Beispiel.*
2. *Welche Bedeutung haben Interdependenzen für eine theoretische Fundierung des Controlling in Abhängigkeit von der Controlling-Konzeption?*
3. *Untersuchen Sie den Zusammenhang zwischen der Zerlegung des Entscheidungsfelds und der Art sowie dem Ausmaß der dabei jeweils durch das Controlling zu steuernden Interdependenzen.*
4. *Skizzieren Sie je einen theoretischen Ansatz, mit dem die unter 1. erläuterten Interdependenzarten erfasst werden können.*
5. *Worin sehen Sie die Bedeutung einer theoretischen Fundierung des Controlling?*

6. Vergleichen Sie, welche Arten von Interdependenzen in
  ▸ integrierten Optimierungsmodellen und in
  ▸ Principal-Agent-Modellen
  erfasst werden.
7. Für welche Probleme des Controlling bietet jeder dieser beiden Modelltypen eine Basis? Kennzeichnen Sie deren jeweilige Verwendbarkeit für das Controlling an je einem Beispiel.
8. Kennzeichnen Sie die Bedeutung verhaltenswissenschaftlicher Erkenntnisse für eine theoretische Fundierung des koordinationsorientierte Controlling.
9. Worin liegen die Unterschiede im Forschungsinteresse zwischen theoretischen Ansätzen zur Erfassung von Verhaltensinterdependenzen und von Wirkungen des Controlling?
10. Welche verschiedenen Fragestellungen werden von den theoretischen Ansätzen zur Wirkung des Management Accounting betrachtet?

Aufgaben Kapitel 3

1. Was sind Interdependenzen? Welche Arten von Interdependenzen können unterschieden werden? Aus welchen Gründen können sie entstehen? Geben Sie jeweils eine kurze Kennzeichnung.

2. Welche formalen Modelle eignen sich zur Erfassung der verschiedenen Arten von Interdependenzen?

Lösungen Kapitel 3

1. Interdependenzen
Definition von Interdependenzen: Mindestens zwei Tatbestände beeinflussen sich gegenseitig. In der Regel können sie nicht unabhängig voneinander festgelegt werden, ohne die Zielerreichung zu vermindern.

Definition von Koordination: Abstimmung von Einzelaktivitäten zur Erreichung übergeordneter Ziele.

Arten von Interdependenzen:
Sachinterdependenzen (sachliche Koordination): technische und wirtschaftliche Beziehungen.

Zielinterdependenz:
Die Wirkung einer Handlung auf ein Ziel ist unmittelbar abhängig von der Ausprägung einer anderen Handlung.
Beispiel: multiplikativ verknüpfte (Handlungs-)Variablen in der Zielfunktion (statt additive, d. h. separierbare Zielfunktion): Preis · Menge.

Mittelinterdependenz:
Handlungsvariablen beanspruchen denselben begrenzten Vorrat an Einsatz-
gütern und sind zielwirksam (d. h. in der Zielfunktion).
Beispiel: Zwei Produkte greifen auf die gleiche Ressource zurück (vgl. Neben-
bedingungen im LP-Modell).

Risikointerdependenz:
Bei abhängigen Wahrscheinlichkeitsverteilungen von Größen, die für die Ent-
scheidung relevant sind. Das Gesamtrisiko der Unternehmung wird durch die
Wahl der Handlungen beeinflusst, z. B. Portfolio-Selection.

Verhaltensinterdependenzen (personelle Koordination):
Verhalten einer Person hat Wirkungen auf das Verhalten einer anderen
Person und ist zugleich von deren Verhalten bzw. Erwartungen darüber
abhängig.
Gründe:
- ▸ *Delegation von Entscheidungsrechten*
- ▸ *Interessenkonflikte*
- ▸ *asymmetrische Informationsverteilung*

2. *Formale Modelle*
   Sachinterdependenzen: Optimierungs- und Simulationsmodelle, z. B.:
   - ▸ *Programmplanungsverfahren auf Basis der Linearen Programmierung,*
   - ▸ *Erweiterung zu Investitions- und Finanzierungsplanung,*
   - ▸ *dynamische Modelle auf Basis der mathematischen Kontrolltheorie,*
   - ▸ *stochastische Optimierungsmodelle: z. B. Sicherheitsbestandsplanung in*
     mehrstufigen Distributionssystemen.

   Verhaltensinterdependenzen: Modelle der Principal-Agent-Theorie.

   Sach- und Verhaltensinterdependenzen: Agency-Modell mit mehreren Agents
   und Mittelinterdependenz (beschränkte Ressourcen); Problem: mathemati-
   sche Lösungsschwierigkeiten.

Teil II
Aufgaben und Instrumente des Controlling

4 Koordination innerhalb der Planung

Die Koordination der Planung gehört zu den Kernaufgaben des Controlling. Da Planungssysteme in vielen Organisationen ein hohes Ausmaß an Komplexität haben, sind die Koordinationsaufgaben des Controlling vielschichtig. In diesem Kapitel werden diese Aufgaben systematisch dargestellt und Instrumente zu deren Bewältigung vorgestellt.

4.1 Abgrenzung von Controlling und Planung

Zwischen Controlling und Planung bestehen enge Bezüge. In der Praxis übernehmen Controller vielfach Planungsaufgaben, so dass die genaue Abgrenzung zwischen Controlling und Planung verschwimmt. In diesem Abschnitt werden daher wichtige Komponenten der Planung gekennzeichnet sowie Planung und Controlling voneinander abgegrenzt.

4.1.1 Merkmale und Phasen der Planung

Planung ist ein bewusster geistiger Prozess, durch den zukünftiges Geschehen gestaltet werden soll. Über die gedankliche Vorwegnahme, das Durchdenken künftiger Handlungsmöglichkeiten, der sie begrenzenden Rahmenbedingungen, ihrer Wirkungen auf die eigenen Ziele und andere Größen will man Handlungsalternativen finden, analysieren und auswählen. Damit werden »zukünftige Entscheidungs- und Handlungsspielräume eingegrenzt und strukturiert« (Szyperski/Musshoff, 1989, Sp. 1436). Nach dem hier zugrunde gelegten Verständnis umfasst Planung die Entscheidungsvorbereitung und den Entscheidungsakt, der sich in den Plänen niederschlägt.

Charakteristische Merkmale der Planung liegen in ihrer Zukunftsbezogenheit und Rationalität sowie ihrem Informations-, Gestaltungs- und Prozesscharakter (vgl. Wild, 1974b, S. 13f.; Mag, 1993, S. 5f.). Aus dem ersten Merkmal folgt, dass sie auf Prognosen beruht und damit immer unsicher ist, da sich ein Zustand vollkommener Information nicht erreichen lässt. Sie ist rational, weil man bewusst und zielgerichtet vorgeht. In ihr müssen Informationen gewonnen, verarbeitet, gespeichert und übertragen werden, um künftiges Geschehen zu gestalten. Ihr Prozesscharakter zeigt sich darin, dass sie häufig wiederholt wird und verschiedene Planungsphasen immer wieder zu durchlaufen sind.

Durch Planung kann nicht nur das eigene, sondern auch das künftige Handeln abhängiger Personen gestaltet werden. In ihr will man Risiken erkennen

Merkmale der Planung

Zwecke der Planung

und nach Möglichkeit reduzieren. Zudem sollen Handlungsspielräume eröffnet und die Flexibilität erhöht werden. Wegen der Vielzahl an denkbaren Alternativen und Umweltsituationen muss sich die Planung mit einem komplexen Entscheidungsfeld auseinandersetzen. Im Planungsprozess werden die unsicheren Daten auf bestimmte Erwartungen verdichtet und die Vielzahl von Handlungsmöglichkeiten auf die als relevant und zieloptimal erachteten eingeschränkt. Durch die Konstruktion von Entscheidungsmodellen wird die Realität auf die als wichtig angesehenen Teilzusammenhänge reduziert (vgl. Bretzke, 1980, S. 103 ff.). Auf diesem Weg nimmt man eine Verringerung der Problemkomplexität vor. Wenn Personen planen, wird ihr Verhalten für andere besser vorhersehbar. Insoweit trägt Planung zu einer Stabilisierung von Verhaltenserwartungen bei, was besonders für das Zusammenwirken in einer Unternehmung wesentlich erscheint. Erfolgssicherung, Risikohandhabung, Flexibilitätserhöhung und Reduktion von Problemkomplexität können damit als grundlegende Zwecke der Planung angesehen werden.

Phasen der Planung

Planungsprozesse werden entsprechend Abbildung 4-1 üblicherweise nach den zu lösenden Teilaufgaben in die Phasen der Zielbildung, Problemfeststellung und -analyse, Alternativensuche, Prognose, Bewertung und Entscheidung gegliedert (vgl. Wild, 1974b, S. 46 ff.; Hahn, 1993, Sp. 3185 ff.). Diese Einteilung zeigt die sachlich zu durchlaufenden Phasen, bedeutet aber nicht, dass die Prozesse stets in dieser Reihenfolge nacheinander durchgeführt werden (vgl. Witte, 1968).

Zielbildung

Ausgehend von den meist global formulierten obersten Zielvorstellungen sind in der Zielbildung die für das betrachtete Planungsproblem maßgeblichen Ziele festzulegen. Durch sie sollen die Handlungsalternativen bewertet werden.

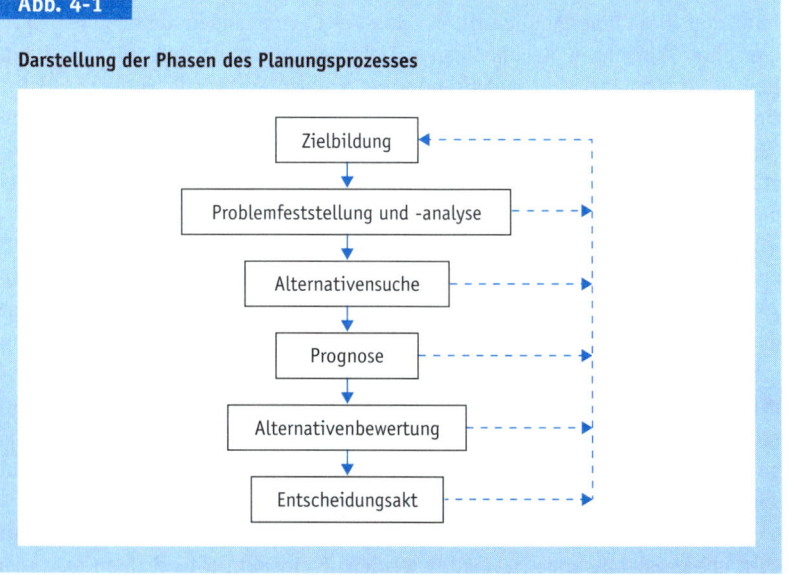

Abb. 4-1

Darstellung der Phasen des Planungsprozesses

Deshalb müssen sie in Bezug auf das Planungsproblem operational sein, sich also auf die Konsequenzen *vorhandener* Lösungsalternativen beziehen. Um zu einer klaren Zielvorstellung zu gelangen, sind neben dem Inhalt der Ziele das angestrebte Ausmaß der Zielerreichung und ihr zeitlicher Bezug festzulegen. Vielfach werden mehrere Ziele als erstrebenswert angesehen. Dann ist über die Analyse ihrer Beziehungen und die Lösung von Konflikten zwischen ihnen ein einheitliches Zielsystem zu schaffen.

Dieses erlangt vorläufige Verbindlichkeit für die nachfolgenden Planungsphasen. Wenn in diesen Änderungen der Daten, Prämissen und einzelner Zielvorstellungen erkennbar werden, können sich Zielüberprüfungen und Zielrevisionen während des Planungsprozesses als notwendig erweisen.

Planungsprozesse werden durch die Feststellung von Problemen ausgelöst. Das rechtzeitige Erkennen von Problemen ist eine grundlegende Voraussetzung für erfolgreiches Planen und Handeln. Ein Problem liegt vor, wenn ein Zustand als unbefriedigend empfunden wird. Dies ist bei Abweichungen zwischen dem gegenwärtigen oder zukünftigen Zustand und dem angestrebten Sollzustand der Fall. Eine wichtige Quelle der Problemerkenntnis bildet die *Kontrolle*, in der solche Abweichungen aufgedeckt werden.

Feststellung von Problemen

In der Problemanalyse sind die Ursachen für die Entstehung des Problems und seine Konsequenzen herauszuarbeiten. Da es auf ein Auseinanderfallen von Ist- und Sollzustand zurückzuführen ist, können die Ursachen in Änderungen der Umwelt, der Realisation, der Erwartungen oder der Zielvorstellungen liegen. Um sie zu erkennen, sind in einer *Lageanalyse* der gegenwärtige Zustand zu untersuchen und in einer *Lageprognose* Aussagen über die künftigen Wirkungen des Problems zu treffen. Die Problemlücke als Differenz zwischen erwarteter Entwicklung und aus dem Zielsystem abgeleitetem Sollzustand ist ein Maß für das Gewicht des Problems.

Problemanalyse

In der sich anschließenden Problemformulierung ist anzugeben, worin die Lösung des Problems bestehen würde, ohne dass man schon einen Lösungsweg ausarbeitet. Man kennzeichnet den Anfangs- und den gewünschten Endzustand, die erwartete Umweltentwicklung sowie die Bedingungen, unter denen das Problem zu lösen ist (vgl. Pfohl, 1981, S. 67). Wenn die Menge der zulässigen Lösungen aufgrund von Zielen und Nebenbedingungen eindeutig vorgegeben ist, handelt es sich um ein wohldefiniertes Problem. Ist der Alternativenraum dagegen unbestimmt, nennt man es schlecht definiert (vgl. Kirsch, 1994, S. 57 ff.). Diese Unterscheidung ist für die klare Abgrenzung von Problemen und den einzuschlagenden Weg der Alternativensuche sowie -bewertung zweckmäßig. Optimierungsverfahren lassen sich nämlich nur bei wohldefinierten Problemen einsetzen.

In der Phase der Alternativensuche sind zuerst Lösungsideen zu entwickeln und zu sammeln. Durch ihre Verdichtung und die Kombination der Handlungsvariablen gelangt man zu Alternativen. Diese sind im Hinblick auf ihre Realisierbarkeit, Wirkungen und Bedingtheit zu analysieren. Hierdurch können frühzeitig nicht realisierbare Alternativen ausgeschaltet und eine erste Abschätzung der Wirkungen vorgenommen werden. Die Bedingtheit zeigt auf, von welchen Einflussgrößen die Realisierbarkeit und die Wirkungen abhängen.

Alternativensuche

Prognose

Für die Wahl einer Alternative ist maßgeblich, zu welcher Zielerreichung und damit Problemlösung sie in der Zukunft führt. Deshalb müssen die Konsequenzen der Alternativen auf das oder die Ziele sowie die Handlungsbeschränkungen einschließlich der von den Entscheidungsträgern nicht festlegbaren Einflussgrößen prognostiziert werden. In der Prognosephase muss man Voraussagen über alle Komponenten der Alternativen, d.h. über ihre Zielerreichung, die beanspruchten Ressourcen, ihren zeitlichen Vollzug, die Träger ihrer Durchführung sowie die Prämissen der Prognose machen.

Alternativenbewertung
und Entscheidungsakt

Den Abschluss der Planung bilden die Alternativenbewertung und die Auswahl der besten, durchzuführenden Alternative im Entscheidungsakt. In der Bewertung werden den Alternativen Wertgrößen zugeordnet, die sie in eine Rangordnung bringen. Die Werte ergeben sich in der Regel aus dem Erreichungsgrad der verfolgten Ziele. Wichtigste Grundlage der Bewertung sind daher die Prognosen über die Wirkungen der Alternativen auf die Ziele. Sofern mehrere Ziele und/oder die Unsicherheit der Daten berücksichtigt werden, müssen diese in eine umfassende Bewertungs- oder Nutzenfunktion überführt werden.

4.1.2 Elemente und Eigenschaften von Planungssystemen

Elemente des Planungs-
systems

Die Gesamtheit der Planungen einer Unternehmung bildet ihr Planungssystem (vgl. Wild, 1974b, S. 153 ff.). Aufgrund der Komplexität von Planungssystemen ist es zunächst sinnvoll, das Planungssystem in seine einzelnen Elemente zu zerlegen. Gemäß Abbildung 4-2 sind das Planungsträger sowie Planziele, organisatorische Regelungen, Planungsinformationen, Planungsgegenstände und -objekte sowie Planungshandlungen und die Pläne (vgl. Mag, 1993, S. 34 ff.). Zu den *Planungsträgern* lassen sich alle aktiv oder in anderer Weise (z.B. als Informanten) am Planungsprozess mitwirkenden Personen rechnen. *Planziele* können dem einzelnen Planungsprozess vorgegeben oder in ihm erst festzulegen sein. Durch *organisatorische Regelungen* werden die Verteilung der Planungsaufgaben und -kompetenzen sowie der Ablauf der Planungsprozesse bestimmt. *Planungsinformationen* sind neben dem gesamten, im Planungsprozess eingesetzten und verarbeiteten Wissen insbesondere die Planungsmethoden. Pla-

---

Abb. 4-2

Elemente von Planungssystemen

Inputvariablen	Prozessvariablen	Outputvariablen
▸ Planungsträger	▸ Zielbildung	▸ Pläne
▸ Planziele	▸ Problemfeststellung	
▸ organisatorische Regelungen	▸ Alternativensuche	
▸ Planungsinformationen	▸ Prognose	
	▸ Alternativenbewertung	
	▸ Entscheidungsakt	

nungsträger, -informationen, ggf. Planziele und organisatorische Regelungen gehen als Inputvariablen in das Planungssystem ein.

Die *Planungshandlungen* beinhalten Prozesse der Informationsverarbeitung und werden in den Planungsphasen (Zielbildung, Problemfeststellung, Alternativensuche, Prognose, Alternativenbewertung, Entscheidungsakt) vollzogen. Diese stellen somit die intervenierenden oder Prozessvariablen des Planungssystems dar. *Planungsgegenstand* oder *-objekt* sind die im Planungsprozess festzulegenden Tatbestände, die sich vor allem durch die zu ihrer Lösung anwendbaren Maßnahmen als Investitions-, Produktions-, Organisationsproblem usw. sachlich bezeichnen lassen. Dessen Output sind die von den hierfür verantwortlichen Planungsträgern verabschiedeten *Pläne*. In diesen sollten die angestrebten Ziele, das zu lösende Problem, die dem Plan zugrunde liegenden Prämissen und Bedingungen sowie die durchzuführenden Maßnahmen, die einzusetzenden Mittel und Kapazitäten, die Termine, die Träger der Plandurchführung sowie die erstrebten Zielerreichungen angegeben sein (vgl. Wild, 1974b, S. 49 ff.). Nur wenn diese Bestandteile in einem Plan vollständig enthalten sind, liefert er eine klare Vorgabe für dessen Durchführung und Kontrolle.

Um die Planung als Führungsinstrument zu nutzen, müssen die Eigenschaften dieser Elemente des Planungssystems und der zwischen ihnen bestehenden Beziehungen gestaltet werden. So wird z. B. über organisatorische Regelungen festgelegt, welche Planungsträger (z. B. Arbeitsvorbereitung) für welche Planungsgegenstände (z. B. Maschinenbelegung) unter Einsatz bestimmter Methoden (z. B. PPS-System) zur Erreichung welcher Ziele (z. B. schnelle Durchlaufzeiten und niedrige Fertigungskosten) die Phasen der Alternativensuche und -bewertung durchzuführen haben.

Eigenschaften des Planungssystems sind die Variablen, welche eine Unternehmung festlegen kann, um das für ihre Zwecke und Bedingungen günstigste System zu schaffen. An der Vielzahl möglicher Eigenschaften werden die Komplexität von Planungssystemen und deren vielfältige Gestaltungsmöglichkeiten deutlich. Dies veranschaulicht Abbildung 4-3, die formale, inhaltliche, organisatorische und methodische Eigenschaften (vgl. Wild, 1974b, S. 157 ff.; Töpfer, 1976, S. 97 ff.; Fandel, 1983, S. 484 ff.) von Planungssystemen unterscheidet.

Formale Eigenschaften wie Standardisierung und Dokumentation beziehen sich auf die Vereinheitlichung und die Protokollierung von Bestandteilen der Planung (zur genaueren Kennzeichnung vgl. Küpper, 1994a, S. 910 ff.). *Inhaltliche Eigenschaften* betreffen die Planungsgegenstände. Die zu ihnen gerechneten Merkmale des Planungsumfangs, der Zielorientierung, Grad und Art der Differenzierung sowie Koordination und Detailliertheit kennzeichnen, welche Gegenstände in welcher Weise durch die Planung erfasst werden. *Organisatorische Eigenschaften* werden durch generelle Regelungen festgelegt. Ihr Umfang bestimmt den Organisationsgrad eines Planungssystems. Sie können für alle Eigenschaften des Systems getroffen werden. Typisch aufbauorganisatorischer Art sind die Verteilung der Planungsaufgaben und der Planungskompetenzen, während die Reihenfolge der Teilplanungen sowie Planungsschritte und die Plananpassung ablauforganisatorische Aspekte der Planung betreffen. *Methodi-*

Eigenschaften
des Planungssystems

Abb. 4-3

Eigenschaften von Planungssystemen

Formale Eigenschaften	Inhaltliche Eigenschaften	Organisatorische Eigenschaften	Methodische Eigenschaften

▸ Standardisierung
▸ Dokumentation
	▸ Planungsumfang
	▸ Zielorientierung
	▸ Differenzierung
	  – Grad der Differenzierung
	  – Art der Differenzierung
	    • sachlich
	    • zeitlich
	▸ Koordination
	▸ Detailliertheit
		▸ Organisationsgrad
		▸ Aufbauorganisatorisch
		  – Verteilung der Planungs-
		    aufgaben
		  – Verteilung der Planungs-
		    kompetenzen
		▸ Ablauforganisatorisch
		  – Reihenfolge der Teil-
		    planungen
		    • Grad an Simultanität
		      bzw. Sukzessivität
		    • Zeitliche
		      Entwicklungsfolge
		    • Sachliche
		      Ableitungsrichtung
		  – Plananpassung
			▸ Einfachheit
			▸ Vorgehensweise
			▸ Art der Modelle
			  – Präzisionsgrad
			  – Berücksichtigung von
			    Zeitbeziehungen
			  – Berücksichtigung der
			    Unsicherheit
			▸ Art und Umfang der EDV-
			  Unterstützung

sche Eigenschaften ergeben sich aus den eingesetzten Planungsverfahren. Sie lassen sich u.a. durch ihre Einfachheit oder Komplexität, ihr eher intuitives oder streng systematisches Vorgehen, die Art verwendeter Modelle sowie den Umfang und die Art der EDV-Unterstützung charakterisieren.

4.1.3 Ebenen der Planung

Gliederungskriterien

Unter den verschiedenen Gliederungen des Planungssystems, die anhand einzelner Eigenschaften vorgenommen werden können, hat die Einteilung in die Ebenen der strategischen und operativen Planung die größte Bedeutung erlangt. Zwischen beiden wird entsprechend Abbildung 4-4 häufig noch eine taktische Planung unterschieden. Für diese Aufteilung in Planungsebenen werden insbesondere die Eigenschaften *Fristigkeit* (zeitliche Differenzierung), *Planungsumfang*, *Zielorientierung*, *Planungsgegenstand* und *Detailliertheit* herangezogen.

Strategische Planung

Die strategische Planung hat langfristigen Charakter mit einem Planungshorizont von häufig fünf bis zu mehr als zehn Jahren. Sie erstreckt sich auf die gesamte Unternehmung. In ihr geht es um die Schaffung von Erfolgspotenzialen als den Voraussetzungen und Bestimmungsgrößen konkreter Erfolge in Form von Unternehmenswerten und Gewinnen. Zu ihr gehören u.a. die Entwicklung von Produkten, der Aufbau von Marktpositionen, die Schaffung eines qualifizierten Führungspersonals und Mitarbeiterstamms u.Ä. Ihr Planungsgegenstand sind insbesondere Produkt- und Marktstrategien für die verschiedenen Geschäftsfelder der Unternehmung. Ferner befasst sie sich mit grundlegenden Tatbeständen, wie z.B. der rechtlichen Struktur und konzeptionellen

Fragen in Bezug auf Standort, Wachstum, Führung, u. Ä. Zumindest ein Teil der für die strategische Planung maßgeblichen Größen wie die Qualität von Forschung und Entwicklung, Mitarbeitern, Führungskräften oder Produkten, die relativen Wettbewerbsvorteile auf Märkten u. Ä. lässt sich nur ordinal oder nominal messen. Daher arbeitet man in ihr vielfach mit qualitativen Größen. Bei dem großen Planungsumfang ist diese Planung zudem wenig detailliert.

In der taktischen Planung sind die strategischen Alternativen in eine operationale Programm-, Kapazitäts- und Finanzplanung umzusetzen. Zugleich wird sie stärker auf die Bereiche gerichtet. Sie ist mittelfristig orientiert, ihr Planungshorizont kann bis zu ca. fünf Jahre betragen. Die Planungsziele sollten mehrperiodig sein und können quantitativ formuliert werden wie z. B. Kapitalwerte. Zu ihren wichtigsten Planungsgegenständen gehören das Produktionsprogramm, die Produktmengenbereiche, die Investitionsprojekte und Finanzierungsstruktur sowie die Personalausstattung. Auf dieser Ebene kann die

Taktische Planung

Abb. 4-4

Merkmale der strategischen, taktischen und operativen Planung

	Strategische Planung	Taktische Planung	Operative Planung
Planungs-horizont	Langfristig von 5 bis über 10 Jahre	Mittelfristig bis ca. 5 Jahre	Kurzfristig bis 1 Jahr und kürzer
Zielgrößen	qualitative Zielgrößen ‣ Erfolgspotenziale	eher quantitative Zielgrößen ‣ Produktziele	quantitative Zielgrößen ‣ Produktionsziele – opt. Kapazitätsauslastung – Kostenminimierung – Durchlaufzeitenminimierung
	‣ Bestimmungsgrößen des Gewinns	‣ mehrperiodige Erfolgsziele – Kapitalwert – Endwert – interner Zinsfuß	‣ einperiodige und stückbezogene Erfolgsziele – Periodengewinn – Periodendeckungsbeitrag – Stückgewinn – Stückdeckungsbeitrag
		‣ Erhaltung der Zahlungsfähigkeit	‣ Sicherung der Tages-, Monats-, Jahresliquidität
Variablen und Alternativen	‣ Produkt- und Marktstrategien ‣ Geschäftsfelder ‣ Standorte	‣ quantitatives und qualitatives Produktionsprogramm ‣ Investitions- und Finanzierungsprogramme ‣ Personalausstattung	‣ Ablaufplanung ‣ Losgrößenplanung ‣ Bestellmengenplanung ‣ Kapazitätsabstimmung ‣ Personaleinsatzplanung
Charakteris-tische Merkmale	‣ gesamtunternehmensbezogen ‣ hohes Abstraktionsniveau ‣ großer Planungsumfang, geringe Detailliertheit und Vollständigkeit ‣ qualitative Ausrichtung ‣ langfristige Rahmenplanung	‣ funktionsbezogen ‣ mittleres Abstraktionsniveau ‣ mittlerer Planungsumfang, zunehmende Detailliertheit und Vollständigkeit ‣ stärker quantitative Ausrichtung ‣ inhaltliche Konkretisierung der strategischen Planung	‣ durchführungsbezogen ‣ niedriges Abstraktionsniveau ‣ geringer Planungsumfang, hohe Detailliertheit und Vollständigkeit ‣ quantitative Ausrichtung ‣ Umsetzung der taktischen Planung in konkrete Durchführungspläne

Planung weitgehend quantitativ durchgeführt werden. Deshalb müssen in ihren Planungsmodellen die Interdependenzen zwischen den Bereichen berücksichtigt werden. Diese Ebene bildet einen zentralen Ansatzpunkt für die quantitativ gestützte Koordination der Planung.

Operative Planung

Die Planung der einzelnen Prozesse erfolgt auf der operativen Ebene. Ihr Horizont reicht in der Regel bis zu einem Jahr. Als Zielgrößen werden daher vor allem Periodengewinn, -deckungsbeitrag und -kosten sowie die Einhaltung der Liquidität verfolgt. Für die detaillierte Umsetzung insbesondere im Fertigungsbereich spielen darüber hinaus auftrags- und arbeitsträgerbezogene Ziele (vgl. den Überblick in Küpper/Helber, 1995, S. 49 ff.) wie die Durchlaufzeiten und die Kapazitätsauslastung eine Rolle. Auf dieser Planungsebene werden die artmäßige Zusammensetzung des Produktionsprogramms, die Entwicklung der Nachfrage und die Kapazitäten weitgehend als gegeben unterstellt. Typische Planungsgegenstände sind die Produktionsmengen und deren zeitliche Verteilung, die Losgrößen, der konkrete Produktionsdurchlauf, die Bestellung und der Personaleinsatz. Da es um die konkrete Umsetzung geht, sind ein hoher Detaillierungsgrad und eine tiefgehende Aufspaltung in isolierte Planungsmodelle notwendig. Dadurch gelangt man zu wohldefinierten Problemen, die in hohem Maße mit EDV-gestützten quantitativen Methoden lösbar sind.

4.1.4 Aufgaben des Controlling in Bezug auf die Planung

Koordinationsaufgabe in der Planung

Die Koordinationsaufgabe des Controlling wird bei der Planung besonders deutlich und hat in der Praxis großes Gewicht. Die Koordination der Planung soll zu gegenseitig abgestimmten Unternehmensgesamt- und -einzelplänen führen, durch welche die Unternehmensziele möglichst gut erreicht werden. Um dieses Ergebnis als Output des Planungssystems zu erhalten, muss man an der Koordination seiner Elemente und Prozesse ansetzen. Geht man von den in Abschnitt 4.1.2 unterschiedenen Elementen aus, so kann die Koordination die Träger, Ziele, organisatorischen Regelungen, Informationen, Gegenstände und Handlungen der Planung betreffen. Planungsinformationen und Planungshandlungen bilden dabei den wesentlichen Inhalt der Planungsprozesse. Berücksichtigt man ferner, dass organisatorische Regelungen insbesondere auf die Aufgaben- und Kompetenzverteilung unter den Planungsträgern sowie den Ablauf der Planungsprozesse gerichtet sind, so schälen sich als wichtigste Ansatzpunkte die Koordination der

▸ Planziele,
▸ der Planungsträger,
▸ der Planungsprozesse sowie
▸ der Planungsgegenstände und -ebenen

heraus.

Innerhalb der wirtschaftlichen Rahmenbedingungen ist jede Unternehmung in der Wahl ihrer Ziele grundsätzlich frei. Sie muss selbst darüber entscheiden, welche speziellen Ziele sie in welchem Ausmaß verfolgen und inwieweit sie diese für die Planung konkret festlegen will. Dabei kann sie einmal nebeneinander verschiedene Ziele anstreben. Zum anderen können aus den übergeordneten Zielen für einzelne Bereiche Unterziele abgeleitet werden. Im Hinblick auf eine rational ausgerichtete Planung ist aus diesen verschiedenartigen Zielen ein Zielsystem zu bilden. Die zwischen den Zielen bestehenden Beziehungen sind zu analysieren, Zielkonflikte zu lösen. Die Formulierung eines Zielsystems stellt damit eine wichtige Koordinationsaufgabe der Planung dar.

Für die Unternehmensführung ergibt sich dabei die Frage, inwieweit eine Aufdeckung und Lösung aller Zielkonflikte insbesondere im Hinblick auf die Personalführung notwendig und zweckmäßig ist. Die in der Unternehmung tätigen Führungskräfte und Mitarbeiter bringen jeweils auch individuelle Zielvorstellungen ein. Zudem identifizieren sie sich häufig mit ihren Bereichszielen. Eine Lösung und Entscheidung von Zielkonflikten kann daher schwierig sein und motivationshemmend wirken. Daraus werden ein in der Realität zu beobachtender Verzicht auf die Austragung von Zielkonflikten und die explizite Formulierung eines Zielsystems erklärbar. Der Einheitlichkeit des Zielsystems stehen also möglicherweise Verhaltensgesichtspunkte der Personalführung gegenüber. Dieser der Planung übergeordnete Konflikt ist unter den personellen und den Situationsbedingungen der jeweiligen Unternehmung zu klären. Daraus ergibt sich, in welchem Umfang die Koordination der Ziele als Controllingaufgabe aufzugreifen ist.

Mit der Koordination der Planungsträger wird primär der aufbauorganisatorische Koordinationsaspekt angesprochen. An ihm wird deutlich, dass organisatorische Instrumente zur Koordination der Planung herangezogen werden können. Er betrifft die Frage, inwieweit und wie eine Koordination der Planung durch eine Kompetenzaufteilung und -abgrenzung sowie über Gruppen erreichbar ist. Hierarchiebildung sowie Gruppenbildung und Gruppenabstimmung stellen die Instrumente zur Koordination der Planungsträger dar.

Koordination der Planungsträger

Die Koordination von Planungsprozessen betrachtet primär den ablauforganisatorischen Aspekt und die hierfür einsetzbaren Instrumente. Sie beinhaltet die Abstimmung zwischen den Planungsphasen und -handlungen und die Ordnung des gesamten Planablaufs. Wichtige Instrumente stehen in verschiedenen Prinzipien und speziellen Planungsrechnungen bzw. -modellen für die zeitliche Koordination von Planungsprozessen bereit.

Koordination von Planungsprozessen

Die Aktivitäten der Planungsträger in den Planungsprozessen sind auf bestimmte Planungsgegenstände gerichtet. Diese können sachlich zu größeren Planungsbereichen (z. B. Produktions-, Investitionsplanung usw.) und nach ihrer zeitlichen Wirkung zu Planungsebenen (z. B. strategische, operative Planung usw.) zusammengefasst sein. Dementsprechend treten vor allem die Fragen der Abstimmung zwischen sachlich, zeitlich und in ihrer Wirkung unterscheidbaren Planungstatbeständen in den Vordergrund. Bei ihnen gewinnen als Koordinationsinstrumente neben allgemeinen Planungsprinzipien qualitative (z. B. Portfoliomodelle) und quantitative (z. B. lineare Programme) Planungsmodelle eine Bedeutung.

Koordination der Planungsgegenstände

Die Koordination der Planungsträger und Planungsprozesse wird über organisatorische Maßnahmen erreicht. Insofern betreffen sie die Abstimmung der Planung mit der Organisation (vgl. Abschnitt 8.3). Dagegen können die Koordination der Planziele sowie der Planungsgegenstände und -ebenen als Abstimmung innerhalb des Planungssystems verstanden werden.

4.2 Koordination von Entscheidungszielen

In großen Organisationen gibt es eine Vielzahl an Zielen, die zueinander im Konflikt stehen können. Diese Ziele und ihre Beziehungen zueinander transparent zu machen, ist eine grundlegende Aufgabe des Controlling. In diesem Abschnitt werden daher mögliche Beziehungen zwischen Zielen und Instrumente zur Lösung von Zielkonflikten dargestellt.

4.2.1 Komponenten einer Zielvorstellung

Entscheidungsziele

Ausgangspunkt einer rationalen Planung ist die Zielbildung. In ihr sind die Entscheidungsziele festzulegen, deren Erreichung angestrebt wird. Sie dienen zur Bewertung der Alternativen.

Entscheidungsziele beziehen sich auf Konsequenzen von Handlungsalternativen. Aus der Vielfalt an verschiedenartigen Konsequenzen, zu der eine Handlung führt, greift der Entscheidungsträger diejenigen heraus, deren Eintritt ihm wichtig sind und er deshalb zu verwirklichen wünscht (vgl. Küpper, 1974, S. 77; Schildbach, 1993, S. 70). Daher können Entscheidungsziele als Merkmale angestrebter zukünftiger Zustände (vgl. Hax, 1965, S. 26; Kirsch, 1971a, S. 126) definiert werden, die als Maßstäbe zur Ordnung von Alternativen (vgl. Moxter, 1964, S. 8) dienen.

Zielinhalt

Dabei sind einmal die Merkmale festzulegen, deren Verwirklichung angestrebt wird. Sie betreffen den Zielinhalt (vgl. Heinen, 1976, S. 31) oder das Artenmerkmal (vgl. Schildbach, 1993, S. 70). Für eine Kennzeichnung des Zielinhalts ist es erforderlich, das betreffende Merkmal ausreichend zu präzisieren und einen Maßstab für seine Messung anzugeben. Beispielsweise kann es sich bei Erfolgszielen um absolute (z. B. Gewinn) oder relative (z. B. Rentabilität), um perioden- oder stückbezogene, um ein- (z. B. Periodengewinn) oder mehrperiodische (z. B. Kapitalwert), um handelsrechtliche (z. B. Jahresüberschuss), steuerrechtliche (z. B. Betriebsgewinn) oder kostenrechnerische (z. B. Deckungsbeitrag) oder um andere Größen handeln. Erst über die Konkretisierung des Maßstabs oder eines Messsystems (z. B. der Voll- oder Teilkostenrechnung) wird die Zielgröße exakt definiert.

Zielvorstellung

Für die Entscheidungsfindung reicht die Präzisierung des Zielinhalts nicht aus. Hierzu muss der Entscheidungsträger eine Zielvorstellung definieren, durch welche zusätzlich der zeitliche Bezug, das Ausmaß und die erwünschte

Sicherheit der Zielerreichung bestimmt werden. Über den zeitlichen Bezug wird das Entscheidungsziel in einer weiteren Dimension näher bestimmt. Sie gibt an, in welchem Zeitraum oder zu welchem Zeitpunkt eine Zielgröße erreicht werden soll.

Die Zielausprägung (das Entscheidungskriterium (vgl. Kosiol, 1966, S. 201ff.; Schweitzer, 1990, S. 48) oder Höhenmerkmal) zeigt an, welches Ausmaß der Zielerreichung der Entscheidungsträger anstrebt. Neben einer Extremierung als Maximierung oder Minimierung kann er ein bestimmtes Satisfizierungsniveau als Mindest- oder Höchstausprägung oder einen festen Wert als Fixierung realisieren wollen.

In der Regel kann der Eintritt eines Zieles nicht mit Sicherheit erwartet werden. Deshalb muss der Entscheidungsträger weiter angeben, welchen Anspruch er an dessen Eintrittswahrscheinlichkeit erhebt. Für seine Bewertung von Alternativen ist demzufolge maßgebend, ob diese mit größerer oder geringerer Wahrscheinlichkeit die jeweilige Zielausprägung erreichen. Seine subjektive Risikobereitschaft wird daher für die Festlegung seiner Sicherheitspräferenz maßgeblich.

4.2.2 Analyse von Zielbeziehungen als Voraussetzung der Zielkoordination

Wenn eine Unternehmung mehrere Ziele verfolgt, sollten diese im Hinblick auf eine rationale Entscheidungsfindung koordiniert werden. Hierzu sind die zwischen ihnen bestehenden Beziehungen zu analysieren. Anhand ihrer Kenntnis können die Ziele systematisch geordnet werden, so dass ein Zielsystem entsteht.

Entscheidungsziele stellen ausgewählte empirische Konsequenzen möglicher Handlungen dar. Deshalb können zwischen ihnen empirische Beziehungen bestehen. Der Zusammenhang ist von dem jeweiligen Entscheidungsfeld abhängig, in welchem die Handlungsalternative realisiert werden soll. Beispielsweise hängt die Wirkung von Investitionsalternativen auf Liquidität und Kapitalwert davon ab, unter welchen konkreten Kapitalmarktbedingungen sie durchgeführt werden sollen. Die Beziehung zwischen beiden Größen ist aus den jeweiligen empirischen Gegebenheiten herzuleiten und gilt möglicherweise nur für diese.

Empirische Beziehungen zwischen Zielen

Neben den empirischen können zwischen Zielen begriffliche oder definitorische Beziehungen bestehen. In diesem Fall ist die eine Zielgröße eine definitorische Komponente der anderen. Beispielsweise sind Erlöse und Kosten Komponenten des kalkulatorischen Gewinns, da er als Differenz zwischen diesen beiden Größen definiert ist. Ihre Beziehung zum Gewinn ergibt sich nicht aufgrund eines empirischen Zusammenhangs, sondern aufgrund dieser Definition.

Begriffliche oder definitorische Beziehungen zwischen Zielen

Für den Aufbau eines Zielsystems ist zu untersuchen, inwieweit die Zielgrößen in einer komplementären, konkurrierenden oder indifferenten Beziehung zueinander stehen. *Komplementarität* liegt vor, wenn durch die Verwirklichung des einen Zieles die Erreichung des anderen erhöht wird. Dagegen vermindert bei *Zielkonkurrenz* die Verfolgung des einen Zieles das Ausmaß der Erreichung des anderen. Im Fall der *Indifferenz* ist »die Realisierung eines Zieles ohne jeden Einfluss auf den Realisierungsgrad des anderen Zieles« (Bamberg/Coenenberg, 1992, S. 44).

Grundsätzlich ist diese Unterscheidung für die nähere Analyse empirischer und definitorischer Beziehungen relevant. Bei letzteren lassen sich die Beziehungen unmittelbar aus dem definitorischen Zusammenhang erkennen. So führt eine Erhöhung der Kosten als negativer Gewinnkomponente zu einer Gewinnminderung, wenn die Erlöse konstant bleiben. An diesem Beispiel wird aber zugleich deutlich, dass die Wirkung der einen auf die andere Größe von weiteren empirischen Einflüssen abhängig ist. Diese lassen sich allein anhand der definitorischen Beziehungen nicht beurteilen. Beispielsweise kann die Prämisse konstanter Erlöse in der Realität nicht erfüllt sein.

Maßgeblich für die Bildung von Zielsystemen ist daher vor allem das Wissen über Komplementarität, Konkurrenz oder Indifferenz aufgrund empirischer Beziehungen zwischen den Zielgrößen. Sie lässt sich für jeweils zwei Zielgrößen anhand von *Zielbeziehungsfunktionen* (vgl. Heinen, 1976, S. 97 ff.) entsprechend Abbildung 4-5 veranschaulichen. Eine solche Funktion gilt jedoch nur für einen bestimmten Anwendungsbereich und dessen Situationsbedingungen. Dabei ist es möglich, dass sich zwei Ziele teilweise komplementär und teilweise konkurrierend zueinander verhalten. Dies kann beispielsweise für das Verhältnis zwischen (absolutem) Gewinn und Rentabilität gelten, wenn eine Gewinnerhöhung zuerst ohne zusätzliche Kapitalzuführung möglich ist, ab einem gewissen Punkt jedoch eine relativ stärkere Kapitalzuführung verlangt.

Indifferenz tritt in Unternehmungen eher als Grenzfall auf, wenn man zwei Ziele isoliert betrachtet, die sich auf weit voneinander entfernte Bereiche beziehen. Die Begrenzung der finanziellen und sonstigen Ressourcen führt dazu, dass letztlich alle Ziele der Unternehmung in einer komplementären oder kon-

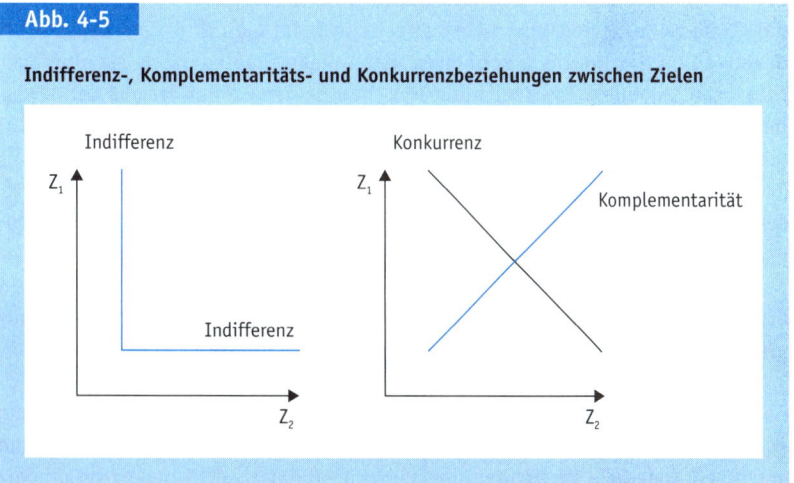

Abb. 4-5

Indifferenz-, Komplementaritäts- und Konkurrenzbeziehungen zwischen Zielen

kurrierenden Beziehung zueinander stehen. Deshalb hängt es vom Grad ihrer Beeinflussung und der Genauigkeit der Betrachtung ab, ob man sie trotzdem als indifferent einstuft.

Die definitorischen und empirischen Beziehungen liefern die Basis für die Bildung eines Zielsystems. Die Stellung in einer Zielhierarchie ergibt sich für erstere aus dem Verhältnis zwischen Ober- und Unterbegriffen. So sind z. B. einzelne Kostenarten den gesamten Kosten untergeordnet, und die Rentabilität ihren Komponenten Gewinn und Kapital übergeordnet. Bei komplementären empirischen Beziehungen kann das eine Ziel als Mittel zur Erreichung des anderen interpretiert werden. Damit lassen sie sich ebenfalls in ein Über- und Unterordnungsverhältnis bringen. Welches Ziel dabei als übergeordnet angesehen wird, hängt bei empirischen Beziehungen von der *individuellen Präferenz des Entscheidungsträgers* ab. Besteht ein Zielkonflikt, so muss dieser gelöst werden, wenn man zu einem einheitlichen Zielsystem gelangen will. Hierfür ist eine Reihe von Verfahren entwickelt worden, wie sie im nachfolgenden Abschnitt beschrieben werden. Sie führen dazu, dass zwischen den konkurrierenden Zielen ein bestimmtes Verhältnis festgelegt wird, das aber nicht in einer eindeutigen Über- oder Unterordnung bestehen muss.

Bildung eines Zielsystems

Die Zuordnung zu einer Hierarchieebene wird somit bei den definitorischen Beziehungen durch den jeweiligen Begriffsumfang der Zielgröße bestimmt. Bei den empirischen Beziehungen hängt sie im Falle der Komplementarität von der subjektiven Bewertung durch den Entscheidungsträger, im Falle der Konkurrenz von dem von ihm gewählten Konfliktlösungsverfahren ab. Letzteren kommt daher für die Koordination der Ziele eine besondere Bedeutung zu.

4.2.3 Die Lösung von Zielkonflikten als Instrument der Zielkoordination

Für die Lösung von Zielkonflikten müssen der oder die Entscheidungsträger ihre Präferenzen gegenüber den Zielen angeben. Sie müssen sich also darüber klar werden, in welchem Ausmaß sie jedes Ziel gegenüber den anderen vorziehen. Mit dieser Frage hat sich die Entscheidungstheorie sehr ausführlich befasst und eine Vielzahl von Lösungsvorschlägen entwickelt.

Probleme der Lösung von Zielkonflikten

Die Koordination von Zielen durch die Lösung von Zielkonflikten stößt auf mehrere grundlegende Probleme. So treten Konflikte zwischen Zielen nicht generell und mit gleichem Ausmaß auf, sondern sind von den jeweiligen Entscheidungsproblemen und -situationen abhängig. Zugleich ist anzunehmen, dass die Stärke des Konflikts und ggf. auch das zu lösende Entscheidungsproblem sowie seine Alternativen Einfluss auf die Zielpräferenzen des Entscheidungsträgers haben. Deshalb fällt es Entscheidungsträgern schwer, sich über ihre Präferenzen ohne genaue Kenntnis des Entscheidungsproblems, der Entscheidungssituation und der realisierbaren Alternativen klar zu werden und diese anzugeben. Aus diesem Grund kann nicht nur die Ermittlung der Zielbeziehungen, sondern auch die Klärung der Präferenzen des Entscheidungsträgers aufwendig sein. Psychologische und rationale Aspekte können miteinander kon-kurrieren. So steht es dem Entscheidungsträger frei, ob er Rationalitätsforde-rungen übernimmt oder nicht. Beispielsweise kann es sein, dass er nacheinander Ziele unterschiedlich gewichtet und dies als individuellen Ziel-kompromiss empfindet.

Problematik
der Offenlegung
von Zielkonflikten

Bei Mehrpersonenentscheidungen verknüpft sich das Problem der empirisch bedingten Konkurrenz zwischen Zielwirkungen mit demjenigen der Konkurrenz zwischen den Präferenzen der verschiedenen Entscheidungsträger. Diese Kom-plexität kann dazu führen, dass man auf eine explizite Analyse, Offenlegung und rationale Lösung von Zielkonflikten verzichtet, um überhaupt zu einer Entscheidung zu kommen. Sie kann leichter erreichbar sein, wenn nicht jedem Entscheidungsträger vollständig deutlich wird, inwieweit er auf die Durchset-zung seiner individuellen Vorstellungen und Ziele zu verzichten hat.

Deshalb ist für die Koordination wichtig, inwieweit eine Offenlegung und Lösung von Zielkonflikten überhaupt angestrebt wird. Die Kennzeichnung die-ser Problematik und ihrer Teilaspekte kann daher als vorgelagerte Controlling-aufgabe angesehen werden.

Bestimmung einer
Nutzenfunktion

Bei mehreren konkurrierenden Zielen besteht das Problem formal in der Be-stimmung einer Nutzenfunktion über die Ergebnisse (vgl. Laux, 1998a, S. 87). Das Nutzenkonzept lässt sich bei zwei Zielgrößen Z_1 und Z_2 mit *Indifferenzkur-ven* veranschaulichen. Letztere geben an, welche Kombinationen der Auspräg-gungen beider Ziele für den Entscheidungsträger gleichwertig sind. Jede Indif-ferenzkurve erhält eine Ordnungszahl, wobei zweckmäßigerweise günstigere Zielkombinationen mit einer höheren Ordnungszahl versehen werden. Je weiter *rechts* (entfernt vom Ursprung) eine Indifferenzkurve im Koordinatensystem verläuft, desto besser werden die Zielausprägungen eingeschätzt.

Trägt man die Zielausprägungen, die für jede der betrachteten Alternativen erreicht werden können, entsprechend den Punkten *A* bis *E* in Abbildung 4-6 in

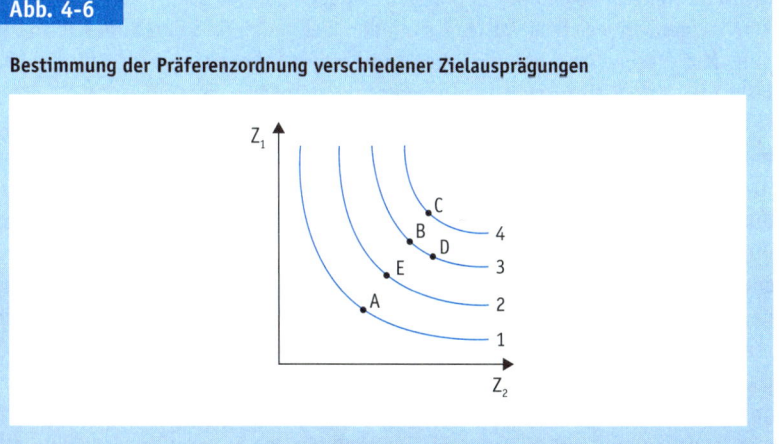

Abb. 4-6

Bestimmung der Präferenzordnung verschiedener Zielausprägungen

dieses Koordinatensystem ein, so lässt sich die Präferenzordnung über deren Ergebnisse leicht ablesen. Im Beispiel von Abbildung 4-6 erreicht Alternative C den höchsten Rang, Alternative A den schlechtesten, während die Alternativen B und D in der Einschätzung des Entscheidungsträgers gleichrangig sind. »Die ... Zuordnung von Zahlen zu Indifferenzkurven (und damit zu jeweiligen Ergebnissen) wird als Nutzenfunktion bezeichnet, die Zahlen selbst als Nutzenwerte.« (Laux, 1998a, S. 88).

Bei mehr als zwei Zielgrößen kann die Nutzenfunktion nicht mehr graphisch dargestellt werden. Dann muss man eine numerische Nutzenfunktion formulieren, die jeder Kombination der Zielausprägungen $Z_1,..., Z_Z$ einen Nutzenwert U zuordnet. Diese muss die Bedingung erfüllen, dass sie zwei beliebigen Zielausprägungen (Ergebnissen) denselben Nutzenwert zuordnet, wenn der Entscheidungsträger zwischen ihnen indifferent ist, und einem beliebigen Ergebnis einen höheren Nutzenwert gegenüber einem anderen, wenn er dieses vorzieht. In diesem Fall lautet die Zielfunktion:

Numerische Nutzenfunktion

$$U\left(Z_1,...,Z_Z\right) \qquad (4\text{-}1)$$

Eine solche ordinale Nutzenfunktion zeigt nur an, ob eine bestimmte Zielausprägung vorgezogen wird oder nicht, sagt jedoch nichts über die Stärke der Präferenz aus. Hierzu müsste eine quantitative (kardinale) Nutzenfunktion formuliert werden. Dies ist u. a. möglich, wenn die Nutzen der einzelnen Ziele für den Entscheidungsträger völlig unabhängig voneinander sind. Dann können die Nutzenwerte der einzelnen Ziele zum Beispiel bei *vollständiger Nutzenunabhängigkeit* addiert werden:

$$U = U_1\left(Z_1\right)+...+U_Z\left(Z_Z\right) \qquad (4\text{-}2)$$

Ist der jeweilige Nutzen darüber hinaus proportional zur Zielausprägung, kommt man zu einer linearen Nutzenfunktion:

$$U = a_1 \cdot Z_1 + a_2 \cdot Z_2 +...+ a_Z \cdot Z_Z \qquad (4\text{-}3)$$

In der Realität sind für viele Entscheidungsträger die Nutzen verschiedener Ziele nicht unabhängig voneinander. Beispielsweise kann die Einschätzung der Gewinnhöhe von der Unternehmensgröße, dem gleichzeitig erreichbaren Vermögenswert am Periodenende o. Ä. beeinflusst sein. Zudem dürften Nutzenfunktionen vielfach nichtlinear sein. Berücksichtigt man darüber hinaus die Schwierigkeit für den Entscheidungsträger, seine Einschätzung verschiedener Ziele in einer solch strengen formalen Formulierung seiner Präferenzen anzugeben, so erweist sich das Nutzenkonzept für praktische Zwecke in der Regel als zu kompliziert. Seine Bedeutung liegt eher in der (didaktischen) Verdeutlichung der Gesichtspunkte, die hinter einer Koordination von Zielen stehen. Für die konkrete Lösung von Zielkonflikten zieht man vereinfachte Verfahren oder Ersatzkriterien heran. Deren Implikationen können dann anhand des Nutzenkonzepts analysiert werden.

Nutzenkonzept in der Praxis

Eine wichtige erste Stufe bei der Suche nach einer auf mehrere Ziele ausgerichteten Lösung kann darin bestehen, die Menge der effizienten Handlungsal-

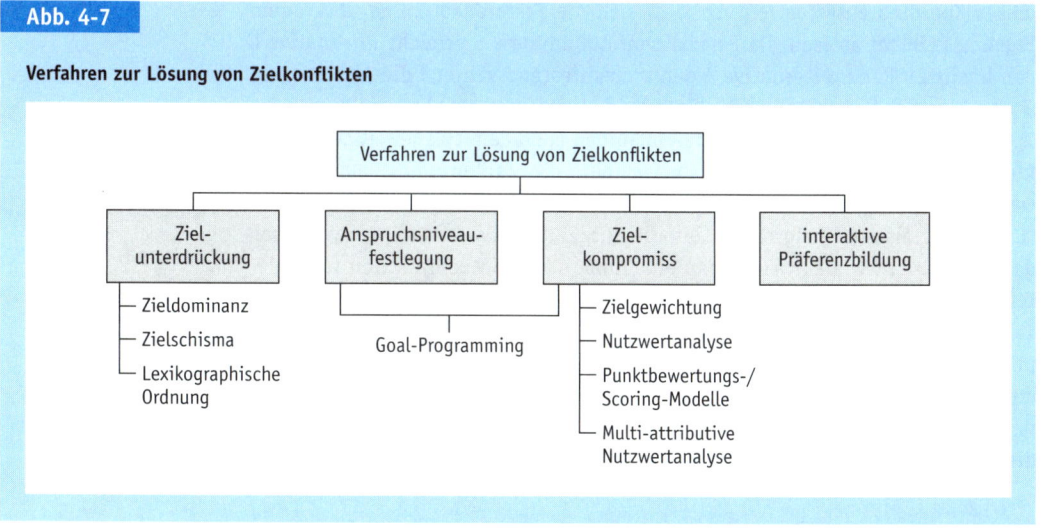

Abb. 4-7

Verfahren zur Lösung von Zielkonflikten

ternativen zu bestimmen und dann unter diesen eine auszuwählen. Eine Alternative ist effizient, wenn sie realisierbar ist und im Falle der Zielmaximierung »zugleich keine andere zulässige Lösung existiert, die bezüglich aller Zielgrößen mindestens ebenso hohe und im Hinblick auf mindestens eine Zielgröße einen höheren Wert bietet« (Laux, 1998a, S. 95). Sie liegt auf dem Rand eines konvexen Lösungsraums. Die optimale Lösung kann sich nur unter den effizienten Alternativen befinden. Mit dieser Vorauswahl wird verhindert, dass man Alternativen berücksichtigt und wählt, die zumindest im Hinblick auf ein Ziel verbesserungsfähig wären, ohne bei den anderen Zielen eine Beeinträchtigung hinnehmen zu müssen. Sofern nicht nur eine effiziente Alternative existiert, muss der Konflikt zwischen den verbleibenden Zielen durch einen der nachfolgenden Ansätze gelöst werden (vgl. Abbildung 4-7).

Für die Bestimmung der effizienten Alternativen sind in der Unternehmensforschung insbesondere für lineare Modelle verschiedene Methoden entwickelt worden (vgl. z. B. Dinkelbach, 1982, S. 156 ff.; Isermann, 1979, S. 3 ff.). Sie können bei komplexen Problemen schwierig und aufwändig werden. Dann liegt es nahe, nicht alle, sondern einige möglichst gute effiziente Lösungen zu ermitteln.

Zieldominanz
und Zielschisma

Grundsätzlich kann die Lösung von Zielkonflikten in der Auswahl eines dominierenden Zieles, der Festlegung von Anspruchs- oder Satisfizierungsniveaus, in der Suche nach einem Kompromiss zwischen den Zielen und in der interaktiven Präferenzbildung liegen. Die erste Form liegt bei der Zieldominanz (-unterdrückung) und dem Zielschisma vor. Wenn sich der Entscheidungsträger dazu entschließt, unter den verschiedenen Zielen nur ein einziges zu berücksichtigen und die anderen zu vernachlässigen, erklärt er dieses zu seinem *dominanten* Ziel. Damit verzichtet er auf eine echte Koordination zwischen den Zielen.

Ein solches Vorgehen der Zieldominanz oder Zielunterdrückung dürfte ihm nur einleuchten, wenn der Grad der Zielkonkurrenz gering ist oder der Zielerreichungsgrad der unterdrückten Ziele bei allen Alternativen gleich bzw. annähernd gleich ist. Beim Zielschisma wird in unterschiedlichen Entscheidungssituationen jeweils ein anderes Ziel verfolgt. Das gesamte Entscheidungsfeld wird dazu in sachlicher, personeller und/oder zeitlicher Hinsicht aufgeteilt. So können bei Finanzinvestitionen allein Erfolgsziele maßgebend sein, während bei Personalentscheidungen Sozialziele berücksichtigt werden. Manchmal wechselt man die bevorzugte Zielsetzung im Zeitablauf. Dies kann durch die Entwicklung der Rahmenbedingungen verursacht sein. Zum Beispiel kann unter normalen Bedingungen das Erfolgsziel den obersten Rang einnehmen, während bei schlechter Konjunktur das Liquiditätsziel in den Vordergrund rückt.

Bei der lexikographischen Ordnung wird zuerst ebenfalls nur ein Ziel berücksichtigt. Sofern es bei der auf dieses eine Ziel ausgerichteten Auswahl zu keiner eindeutigen Lösung kommt und sich also mehrere Alternativen als gleichrangig erweisen, wird das nächstwichtige Ziel betrachtet. Mit ihm werden die bezüglich der obersten Ziele gleichwertigen Alternativen bewertet. Man optimiert also erneut, doch unter der Nebenbedingung, dass die zuvor ermittelte optimale Ausprägung des ersten Ziels nicht unterschritten wird. Sollte sich wiederum eine mehrdeutige Lösung ergeben, geht man zum drittwichtigsten Ziel über usw.

Lexikographische Ordnung

Dieses Verfahren erfordert eine Rangordnung aller Ziele. Die Abstufung zwischen ihnen ist sehr einschneidend, weil nachfolgende Ziele erst relevant werden, wenn für das (bzw. die) vorausgehende(n) Ziel(e) eine beste Lösung erreicht ist. Insofern kommt dieses Verfahren einer Zielunterdrückung recht nahe. Es ist sehr einfach, vernachlässigt jedoch die Abstände der Zielerreichungsgrade zwischen den Alternativen. Beispielsweise werden Alternativen nicht gewählt, die in Bezug auf das erste Ziel nur geringfügig hinter den besten liegen, das zweite Ziel jedoch deutlich besser als diese erreichen. Man bezieht also einerseits – im Unterschied zur Dominanz – mehrere Ziele als wichtig in die Entscheidungsfindung ein, berücksichtigt aber nicht die Kombination ihrer Zielerreichungsgrade bei den verschiedenen Zielen.

Eine stärkere Beachtung finden alle Ziele im Fall der Maximierung einer Zielgröße bei gegebenen Anspruchsniveaus für die anderen Ziele. Hierbei muss der Entscheidungsträger ein Ziel Z_i auswählen, dessen maximaler (oder minimaler) Wert innerhalb des Lösungsraums gesucht wird. Für alle anderen Ziele Z_k $(k \neq i)$ muss er als Anspruchsniveau W_k festlegen, welchen Mindest- bzw. Höchstwert sie erreichen müssen. Diese Ziele werden also satisfiziert, während das erste extremiert wird:

Maximierung einer Zielgröße bei gegebenen Anspruchsniveaus

$$\max Z_i \qquad\qquad\qquad (4\text{-}4)$$

$$\text{mit } Z_k \geq W_K \qquad \forall k \neq i$$

Ein derartiges Vorgehen setzt voraus, dass die Ausprägungen aller Ziele in irgendeiner Form messbar sind. Bei den zu satisfizierenden Größen kann es sich um eine kardinale, ordinale oder auch eine nominale Messung handeln. Dagegen muss die zu extremierende Zielgröße zumindest ordinal sein, um eine beste Lösung bestimmen zu können. Die Anspruchsniveaus wirken als Nebenbedingungen und schränken den Lösungsraum zusätzlich zu den realen Bedingungen der Entscheidungssituation ein. Deshalb ist der Grad der Zielerreichung bei dem zu extremierenden Ziel davon abhängig, wie hoch die Ansprüche bei den anderen Zielen gesetzt werden. Aus diesem Grund muss das zu extremierende Ziel nicht das wichtigste Ziel darstellen. Durch die Festlegung der Anspruchsniveaus wird die Größe des Lösungsraums bestimmt. Er kann so weit eingeschränkt werden, dass es keine realisierbare Lösung mehr gibt. Dann sind die Anspruchsniveaus zu senken, um überhaupt zu einer Lösung zu kommen.

Dieses Verfahren ist einerseits recht praktikabel, weil Entscheidungsträger vielfach in der Lage sind, Vorstellungen über die Mindestausprägungen ihrer Ziele zu entwickeln. Zudem gibt es klassifikatorische Ziele wie die Einhaltung der Liquidität, die von vornherein als Nebenbedingungen zu erfüllen sind. Andererseits kann man in der Regel nicht durchschauen, wie sich die Formulierung von Anspruchsniveaus und ihre Kombination auf die Begrenzung des Lösungsraums und die noch erreichbare Ausprägung des zu extremierenden Ziels auswirken.

Zielgewichtung

Eine Reihe von Verfahren sucht nach einem Kompromiss zwischen den verschiedenen Zielen. Bei ihnen wird das Rangverhältnis zwischen den Zielen in die Betrachtung einbezogen. Dies wird bei der Zielgewichtung unmittelbar einsichtig. In diesem Verfahren maximiert (bzw. minimiert) man die gewichtete Summe der Zielgrößen. Wenn g_j den Gewichtungsfaktor der j-ten Zielgröße Z_j bezeichnet, bildet man die Zielfunktion auf folgende Weise:

$$\max \sum_j g_j \cdot Z_j$$

$$\text{mit } g_j \geq 0 \qquad \forall j$$

(4-5)

Eine derartige Zielfunktion führt stets zu einer effizienten Lösung (vgl. Dinkelbach, 1982, S. 184), sofern überhaupt eine solche existiert. Ihre Bildung setzt voraus, dass den Ausprägungen jeder Zielgröße quantitative Werte zugeordnet sind. Über die Gewichtsfaktoren werden diese gleichnamig und addierbar gemacht. Damit gelangt man zu einer kardinalen Zielfunktion.

Das zentrale Problem dieses Vorgehens besteht in der Bestimmung der Gewichtungsfaktoren. Vielfach lassen sich die Erreichungsgrade verschiedener Ziele nur schwer vergleichen. Die Gewichtung verlangt jedoch vom Entscheidungsträger ein Urteil darüber, wie wichtig ihm eine Einheit des einen Ziels im Verhältnis zum anderen ist. Dabei legt er die Gewichtungsfaktoren fest, ohne deren Auswirkungen auf die sich ergebende Lösung zu durchschauen. Deshalb kann es sein, dass ihn diese nicht befriedigt.

Nutzwertanalyse sowie Punktbewertungs- oder Scoring-Modelle

Eine derartige Gewichtung liegt auch den Verfahren der Nutzwertanalyse sowie den Punktbewertungs- oder Scoring-Modellen zugrunde. Sie werden auf komplexe Entscheidungsprobleme angewandt, bei denen mehrere Ziele zu beachten sind und im Allgemeinen zumindest einige nicht unmittelbar kardinal messbar sind. In einem ersten Schritt sind daher für jede Zielgröße die Art ihrer

Messung festzulegen und den möglichen Ausprägungen Wertziffern zuzuordnen. Beispielsweise kann man im Fall einer nominalen Ausprägung lediglich zwei Klassen (Eigenschaft vorhanden oder nicht vorhanden) und bei ordinaler Messung fünf Klassen (z. B. von sehr gut bis mangelhaft) festlegen. Jeder Klasse wird ein Wert zum Beispiel im Intervall (0,1) zugeordnet. Mit diesem Schritt wird das Zielausmaß messbar gemacht. Darauf müssen in einem zweiten Schritt die Gewichtungsfaktoren zwischen den verschiedenen Zielgrößen festgelegt werden. Da sie eine Abwägung zwischen den Zielinhalten verlangen, wird mit ihnen eine Artenpräferenz bestimmt (vgl. Schneeweiß, 1991, S. 121 ff.). Diese Gewichte können zweckmäßigerweise ebenfalls so normiert werden, so dass ihre Summe gleich 1 ist. Durch Addition der gewichteten Ausprägungen kommt man im dritten Schritt zur Bewertung jeder Alternative.

Beispiele für die Anwendung der *Punktbewertung* finden sich u. a. bei der analytischen Arbeitsplatzbewertung, der Entscheidung über Produktinnovationen und der Lieferantenauswahl. Als *Nutzwertanalysen* werden sie vor allem auf große Investitionsentscheidungen, Forschungs- und Entwicklungsprojekte und im öffentlichen Bereich angewandt. Sie ermöglichen eine Entscheidungsfindung bei komplexen Problemen, in denen sowohl quantitative als auch qualitative Zielgrößen berücksichtigt werden sollen. So einleuchtend und praktikabel die Zielgewichtung erscheint, beinhaltet sie in der Auswahl der Zielgrößen, der Festlegung von Maßstäben zur Bestimmung ihrer jeweiligen Ausprägung und insbesondere der Gewichtung drei schwierige Bewertungsprobleme. Diese muss der Entscheidungsträger subjektiv lösen, ohne dass er die Wirkungen auf die Alternativenauswahl überblicken kann.

Um die mit einem solchen, eher heuristischen Vorgehen verbundenen Probleme zu verringern, bemüht man sich in der Multi-attributiven Nutzentheorie (vgl. Schneeweiß, 1991, S. 125 ff.) um die Herausarbeitung von Bedingungen, unter denen eine additive Wertaggregation gültig ist. Eine additive Präferenzfunktion existiert, wenn die folgenden drei Voraussetzungen erfüllt sind:

Multi-attributive
Nutzentheorie

1. Der Entscheidungsträger ist in der Lage, eine beliebige Kombination zweier Alternativen zu vergleichen. Sein Urteil über die Präferenz einer bzw. der Indifferenz gegenüber den beiden Alternativen ist transitiv.
2. Die Ausprägungen der Zielgrößen sind gegenseitig substituierbar. Dies verlangt, dass die Ausprägungen dicht beieinander liegen.
3. Es besteht eine gegenseitige starke Präferenzunabhängigkeit. Dann muss die Rangordnung von Alternativen im Hinblick auf mehrere Ziele unabhängig von ihrer Ausprägung in Bezug auf die jeweils anderen Zielgrößen sein.

Wenn diese Bedingungen erfüllt sind, lassen sich systematische Verfahren für die Bestimmung der Nutzenwerte jeder Zielgröße sowie der (Skalen-)Faktoren anwenden, mit denen Nutzenwerte gleichnamig gemacht und addiert werden können. Dabei spielt die Substituierbarkeit zwischen den Ausprägungen verschiedener Ziele eine maßgebliche Rolle.

Der wesentliche Vorzug dieses Verfahrens liegt darin, dass die Schritte zur Bestimmung der mehrdimensionalen Zielfunktion über eine geschlossene Theorie »in konsistenter Weise unter vollständiger Nutzung der Voraussetzungen bestimmt werden, die für die Existenz von linearen Präferenzfunktionen gegeben sein müssen« (Schneeweiß, 1991, S. 148). Insofern ist sie dem heuristischen Vorgehen bei der Zielgewichtung überlegen. Jedoch verlangt sie vom Entscheidungsträger, dass er Substitutionsraten zwischen den Ausprägungen der Ziele angeben kann. Diese Bedingung ist schon dann nicht mehr erfüllt, wenn mindestens ein Ziel nur ordinal messbar ist. Der höheren theoretischen Schlüssigkeit stehen daher größere Anforderungen in den Voraussetzungen und an die Urteilsfähigkeit des Entscheidungsträgers gegenüber.

Goal Programming

Als eine Art Kombination der Festlegung von Anspruchsniveaus mit Zielgewichtung kann die ursprüngliche Form des Goal Programming (vgl. hierzu u. a. Dinkelbach, 1982, S. 192 ff.) interpretiert werden. Bei ihr wird für alle t Zielgrößen ein fester Wert bestimmt. Die Zielsetzung besteht darin, die mit λ_i gewichtete Summe der Abstände von diesen Zielwerten zu minimieren. Man sucht also nach einer Lösung x, die möglichst nahe an den vorgegebenen Zielwerten liegt. Der vorzugebende Parameter p bestimmt dabei die »Höhe der Bestrafung« für große Abweichungen. Dieses Verfahren gehört in die Klasse der Kompromiss- oder Zielprogrammierung mit Hilfe von Distanzfunktionen (vgl. Schneeweiß, 1991, S. 302 ff.; Fandel, 1993, Sp. 2852; Domschke/Drexl, 1995, S. 50).

$$\min\ \phi(x) = \left[\sum_{i=1}^{t} \lambda_i \cdot \left| Z_i^* - Z_i(x) \right|^p \right]^{\frac{1}{p}} \tag{4-6}$$

mit $1 \le p < \infty$

Ihre unterschiedlichen Formen ergeben sich insbesondere aus der Wahl der Referenzwerte bei jeder Zielgröße und der Distanzmaße. Neben den vom Entscheidungsträger festzulegenden Anspruchsniveaus für jedes Ziel können auch ein Ideal- oder Antiidealpunkt gewählt werden. Ersterer stellt die bei einer gegebenen Alternativenmenge beste Ausprägung in Bezug auf jedes Ziel, letzterer die jeweils schlechteste Ausprägung dar. In diesen Fällen minimiert man die gewichtete Summe der Abweichungen von den individuellen Zieloptima oder maximiert die Abstände von den schlechtesten Zielwerten. Mehrere Typen gewichteter Distanzfunktionen erhält man, indem man beispielsweise die gewichteten absoluten Abstände vom Idealpunkt, die Wurzel aus den gewichteten quadrierten Abständen o. Ä. summiert. Darüber hinaus sind Kompromissmodelle mit einer multiplikativen Verknüpfung der Zielfunktionen vorgeschlagen worden.

Ein zentrales Problem all dieser Verfahren liegt in der Festlegung der Präferenzen durch den Entscheidungsträger. Diese drücken sich auf unterschiedliche Weise z. B. in der Auswahl eines Ziels bei der Dominanz, der Auswahl zu berücksichtigender Zielgrößen, der Bestimmung von Anspruchsniveaus, erwünschter Zielwerte oder von Gewichtungsfaktoren und der Wahl eines Distanzmaßes aus.

Interaktive Verfahren

Vielfach fällt es dem Entscheidungsträger nicht leicht, diese Anforderungen rational und unter ausreichender Einsicht in ihre Konsequenzen zu erfüllen. Aus diesem Grund sind interaktive Verfahren vorgeschlagen worden (vgl. Fandel, 1972). Sie beruhen auf einem Wechsel zwischen der subjektiven Bewusstmachung der Präferenzstruktur durch den Entscheidungsträger und der objektiven Berechnung von Alternativen. In ihnen wird sich der Entscheidungsträger erst nach und nach über seine Präferenzen unter gleichzeitiger Beachtung möglicher Lösungen bewusst. Grundsätzlich vollziehen sich diese Verfahren in folgenden Schritten (vgl. Dinkelbach, 1982, S. 200 ff.):

1. Berechnung und Präsentation einer Alternative mit Information über deren Eigenschaften.
2. Prüfung durch den Entscheidungsträger, ob er mit dieser schon zufrieden ist (Ende) oder nicht.
3. Bei Unzufriedenheit macht der Entscheidungsträger weitere Angaben über seine Präferenzstruktur und darüber, wie das Verfahren fortzusetzen ist.
4. Berechnung einer weiteren Alternative aufgrund dieser Angaben.
5. Zurück zu Schritt 2.

In der Startphase wird in der Regel eine Ausgangslösung ermittelt. Die Angaben des Entscheidungsträgers in Schritt 3 beziehen sich insbesondere auf Veränderungen in der zu berücksichtigenden Alternativenmenge und Aussagen über lokale Präferenzen. Beispielsweise kann er Anspruchsniveaus für einzelne Zielgrößen formulieren, Präferenzen für Substitutionsraten zwischen einigen Zielgrößen festlegen oder Gewichtungsfaktoren ändern.

Der Entscheidungsträger muss bei interaktiven Verfahren also keine umfassende Kenntnis über seine Präferenzen besitzen und offen legen. Zudem hängt die Analyse und Bestimmung seiner Präferenzen von den betrachteten Alternativen ab. Die Auswirkung seiner Präferenzen auf die Alternativenauswahl wird ihm durch die Berechnungen verdeutlicht. Auf diese, hier nur allgemein beschreibbare Weise »tastet« sich der Entscheidungsträger sowohl an seine Präferenzstruktur als auch an die zu wählende Lösung heran.

Eine weitere Klasse von Verfahren wurde für Situationen entwickelt, »in denen der Entscheidungsträger sich entweder nicht transitiv verhält oder sich nicht in der Lage sieht, bestimmte Alternativen miteinander zu vergleichen.« (Schneeweiß, 1991, S. 328). Ein nichttransitives Verhalten liegt z. B. vor, wenn ein Entscheidungsträger die Alternative A der Alternative B vorzieht, Alternative B der Alternative C und diese wiederum der Alternative A. Zum Beispiel wird in dem von Marc Roubens (vgl. Roubens, 1982) sowie Pastijn/Leysen (vgl. Pastijn/Leysen, 1989) entwickelten Verfahren ORESTE in einer ersten Phase (vorübergehend) eine ordinale Nutzwertanalyse durchgeführt (vgl. ebenfalls Schneeweiß, 1991, S. 327 ff.). Auf sie folgt in einer zweiten Phase eine Konfliktanalyse, in der die nicht miteinander vergleichbaren Alternativen herausgearbeitet werden. Die Menge der Alternativenausprägungen wird mit entsprechender Parameterwahl in Zonen der Indifferenz, Präferenz und Unvergleichbarkeit eingeteilt. Mit ihnen lässt sich erkennen, bei welchen Vergleichen sich eine Präferenz für eine Alternative ergibt, bei welchen Indifferenz besteht und welche Alternativen nicht miteinander vergleichbar sind. Durch Variation der Parameter lassen sich die Zonen verändern, bis nur wenige unvergleichbare Al-

Nichttransitive Verfahren

ternativen übrig bleiben. Möglicherweise erweist sich dann eine Alternative als überlegen, die mit keinem derartigen Konflikt belastet ist. Dann kann der Zielkonflikt trotz des Vergleichbarkeitsproblems zwischen einzelnen Alternativen gelöst werden.

4.3 Koordination von Planungsgegenständen und -bereichen

Werden Absatz- und Produktionsplanung nicht aufeinander abgestimmt, kann ein Unternehmen unter Umständen seine Kunden nicht rechtzeitig beliefern, oder es entstehen hohe Lagerbestände. Vergleichbare Probleme treten auf, wenn die Personalplanung nicht mit dem Kapazitätsbedarf abgestimmt ist. An diesen Beispielen wird deutlich, wie wichtig eine Koordination unterschiedlicher Planungsgegenstände ist. Im folgenden Abschnitt wird erläutert, wie eine solche Koordination erreicht werden kann.

4.3.1 Aufgaben und Vorgehensweise der Koordination zwischen Planungsgegenständen und -bereichen

Koordination des Leistungssystems

Die Koordination der Planung ist vor allem auf das Leistungs- und Vollzugssystem gerichtet. Ihr Kern ist daher die Koordination zwischen den einzelnen Planungsgegenständen. Diese werden aus den Variablen oder Maßnahmen gebildet, über die zielorientiert entschieden werden soll. Für ihre gegenseitige Abstimmung sind die zwischen ihnen bestehenden Interdependenzen maßgebend. Deshalb ist deren Kenntnis und Analyse besonders wichtig.

Analyse der Sachaufgabe

Für die Herausarbeitung und Analyse der Interdependenzen zwischen den Planungsgegenständen des Leistungsvollzugs von Unternehmungen geht man zweckmäßigerweise von dem jeweiligen Produktionsprogramm als ihrem Sachziel aus. Zu seiner Erstellung und Verwertung ist eine Vielzahl sachlicher Einzelmaßnahmen durchzuführen. Sie lassen sich insbesondere durch eine Analyse dieser »Sachaufgabe« nach den organisatorischen Merkmalen der Verrichtungen und Objekte erkennen. Die Analyse der Sachaufgabe nach *Objekten* führt zur Gliederung nach den verschiedenen materiellen Gütern, Diensten und Informationen einschließlich der materiellen oder immateriellen Produkte oder nach den eingesetzten Arbeits- und Betriebsmittel. Geht man von den umfassenderen Einsatzgüterarten der Unternehmung aus, so lassen sich als wichtige Güterklassen Material, Anlagen, menschliche Arbeit bzw. Personal, Informationen und Nominal- oder Finanzgüter unterscheiden. Dem entsprechen als Produkte Sachgüter, Dienstleistungen und Informationen.

Je nach Untergliederung der Gesamtplanung in einzelne *funktionale Planungsbereiche* und deren Gegenstände kommt man zu entsprechenden Darstellungen über die Existenz von Interdependenzen. So zeigt das in Abbildung 4-8

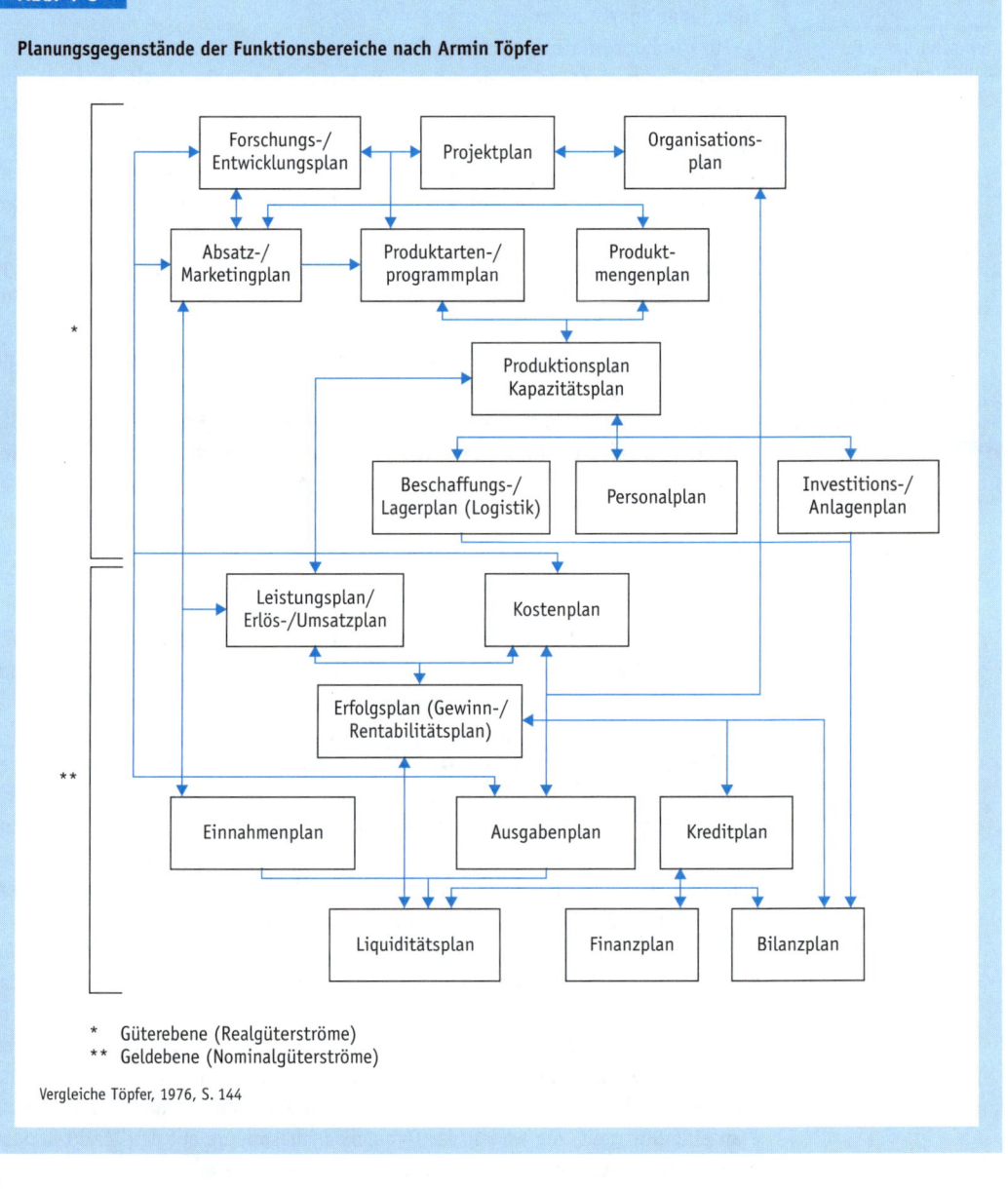

Abb. 4-8

Planungsgegenstände der Funktionsbereiche nach Armin Töpfer

* Güterebene (Realgüterströme)
** Geldebene (Nominalgüterströme)

Vergleiche Töpfer, 1976, S. 144

wiedergegebene Beispiel von Armin Töpfer einen Überblick über die wichtigsten Planungsgegenstände der Funktionsbereiche und ihre Beziehung zur Er-
folgs- und Finanzplanung.

Bei *objektmäßiger* Gliederung ist darüber hinaus zu analysieren, inwieweit
die verschiedenen Produktbereiche miteinander verbunden sind. Diese Ver-

knüpfungen kommen zu den Interdependenzen zwischen den Funktionsbereichen jeder Sparte hinzu.

Kennzeichnung der
simultanen Planung

Für die Koordination zwischen den Planungsgegenständen bieten sich die simultane oder sukzessive Vorgehensweise als grundlegende Alternativen an. Durch die simultane Berücksichtigung und Festlegung der verschiedenen Planungsgegenstände wird ein Höchstmaß an Koordination oder »Planungsintegrität« erreicht. Eine solche Planung liegt vor, wenn mehrere Planungsgegenstände gleichzeitig betrachtet werden. Die Ziel-, Mittel- und Risikointerdependenzen zwischen den Planungsbereichen und ihren einzelnen Handlungsvariablen müssen in der Planung beachtet werden. Damit gehen deren gegenseitige Wirkungen auf die Unternehmensziele, die Nutzung der Ressourcen und die Unsicherheit in die Analyse und Auswahl der durchzuführenden Maßnahmen ein. Insofern scheint eine simultane Planung die besten Voraussetzungen für eine hohe Koordination zu bieten.

Nachteile der simultanen
Planung

Dem steht eine Reihe gewichtiger Nachteile entgegen (vgl. Koch, 1982, S. 24 ff.). So erfordert dieses Planungsprinzip *genaue Kenntnisse* über die Beziehungen zwischen den Variablen, Zielen und Ressourcen. In einem Planungsprozess sowie in dem hierbei zu verwendenden Planungsmodell müssen sehr viele Daten gemeinsam verarbeitet werden. Sie sollten in relativ hoher Präzision zur Verfügung stehen. Da eine simultane Planung mehrere Planungsbereiche und -gegenstände einschließt, weist sie notwendigerweise ein hohes Maß an Komplexität auf. Dies hat zur Folge, dass simultane Planungsansätze häufig nur kurzfristig sind, um sie überhaupt durchführen zu können. Eine Totalplanung, die sich über alle Planungsbereiche und bis zu einem weiten Planungshorizont erstreckt, ist ein praktisch nicht umsetzbares Ideal.

Jedoch kann man nicht einerseits möglichst viele Interdependenzen einbeziehen wollen und eine koordinierte Planung anstreben, andererseits eine hohe Komplexität vermeiden wollen. Die Komplexität folgt aus den realen Bedingungen der existierenden Interdependenzen. Wer zu einer koordinierten Planung gelangen will, muss dazu die Komplexität der Planung bewältigen. Insofern erscheint dieser Einwand gegen eine simultane Planung nicht durchschlagend.

Ein weiterer Nachteil der simultanen Planung liegt in der *mangelnden Planungselastizität*. Schon geringe Änderungen in den Rahmenbedingungen und Daten können eine neue Durchführung der gesamten Simultanplanung erfordern. Wegen der notwendigen Zentralisierung kann man auf derartige Änderungen nicht nur in Einzelbereichen reagieren. Ein Aufrollen der Planung dürfte aber so aufwändig sein, dass man sie nur selten vornimmt. Dann erhält der simultane Plan eine Starrheit, die wegen der Dynamik insbesondere auf den Märkten dazu führt, dass mit ihm häufig suboptimale Lösungen realisiert werden.

Noch gewichtiger erscheint das Argument, dass bei simultaner Planung das Wissen und die *Mitwirkungsbereitschaft der dezentralen Planungsträger* zu wenig genutzt werden. »Wie will man das mittlere und untere Management motivieren, wenn ihnen die Mitwirkung an den Planungsentscheidungen vorenthalten bleibt und sich ihre Rolle auf das Zutragen von Informationen beschränkt?« (Koch, 1982, S. 27) Die Motivation von Mitarbeitern steigt vielfach mit dem

Grad ihrer Mitwirkungs- und Entscheidungskompetenz. Zudem besitzen sie in der Regel die genauesten Kenntnisse über die Zusammenhänge ihres Bereichs. Vielfach dürfte es schwierig oder unmöglich sein, diese Informationen in vollem Umfang in eine zentrale simultane Planung einzubringen. Die Bereitschaft der dezentralen Handlungsträger zur Informationsübermittlung dürfte nicht groß sein, wenn sie nur wenig Einfluss auf die Planung nehmen können. Aus diesen Gründen beachtet eine (rein) simultane Planung »die *organisatorische Struktur* des Planungsprozesses zu wenig.« (Kistner/Steven, 1990, S. 248)

Diese Argumente sprechen für ein *sukzessives Vorgehen* bei der Planung der verschiedenen Gegenstände und Bereiche. Eine Koordination wird bei diesem Planungsprinzip erreicht, wenn die Ergebnisse der zuerst geplanten und festgelegten Tatbestände zu Rahmenbedingungen für die nachfolgenden Bereiche werden. Dies bedeutet, dass in jede Teilplanung zumindest grobe Vorstellungen über die nach ihnen zu planenden Gegenstände eingehen müssen. Erst bei der nachfolgenden Planung kann sich zeigen, inwieweit diese Annahmen zutreffen. Ist dies nicht der Fall, kann sich der zuerst festgelegte Plan im Extremfall als nicht realisierbar erweisen. Beispielsweise kann man in einer Absatzplanung unrealistische Prämissen über die Fertigungsmengen und -zeiten gesetzt haben. Dann zeigt die Fertigungsplanung, dass die für den geplanten Absatz notwendigen Produkte nicht rechtzeitig herstellbar sind und der Absatzplan revidiert werden muss. Ferner kann sich erweisen, dass der zuerst erstellte Plan wohl durchführbar ist, wegen falscher Annahmen über die nachfolgenden Planungen jedoch zu einer schlechteren Zielerreichung führt.

Maßgeblich in der sukzessiven Planung wird daher die *Reihenfolge*, in welcher die Bereiche und Gegenstände nacheinander geplant werden. Darüber hinaus ist festzulegen, ob und wann es zu Rückläufen mit einer Anpassung der zuerst erstellten Pläne kommt. Die Reihenfolge der Planung richtet sich vor allem nach der Bedeutung der Bereiche und ihrer Gegenstände. Man wird zuerst die Bereiche festlegen, deren Variablen sich in hohem Maße auf die Ziele auswirken und die eine große sachliche sowie zeitliche Reichweite haben. Durch die Festlegung einer Variablen wird der Handlungsraum anderer Entscheidungen eingeschränkt. Beispielsweise werden durch eine Anlageninvestition die Möglichkeiten bei der Entscheidung über die auf ihr zu fertigenden Produktarten und -mengen begrenzt. Je mehr sachlich andere Planungsgegenstände durch eine Entscheidung beeinflusst werden und je weiter ihre Wirkung in der Zeit reicht, umso größer wird auch ihr Gewicht für die Zielerreichung. Die Planungsreihenfolge orientiert sich hier nach der Bedeutung oder »Ausstrahlung« der Planungsgegenstände (vgl. Küpper, 1980a, S. 269 ff.). Dieser Grundsatz spricht dafür, dass man für eine sukzessive Abstimmung vom strategischen Bereich ausgeht, um anschließend über die taktischen Tatbestände bis zur Planung der operativen Maßnahmen zu kommen.

Die Reihenfolge betrifft die *Ablauforganisation* der Planung. Die Methodik des sukzessiven Vorgehens verlangt daher eine Entscheidung über die Organisation der Planung, woran die in Abschnitt 8.3 behandelte Interdependenz beider Führungsteilsysteme deutlich wird. Als grundsätzliche Alternativen bieten sich

Kennzeichnung der sukzessiven Planung

Reihenfolge der Planung

hierfür die Bottom-up-Planung, die Top-down-Planung und das Gegenstromverfahren an (vgl. Abschnitt 8.3.3.2).

Ein spezielles Prinzip zur Auswahl zwischen ursprünglich eher gleich bedeutenden Planungsgegenständen stellt die Orientierung am *Engpassbereich* dar (vgl. Gutenberg, 1983, S. 162 ff.). Sie ist von der jeweiligen Entscheidungssituation abhängig. In jedem Entscheidungsfeld wird die Realisierbarkeit der denkbaren Alternativen durch Rahmen- oder Nebenbedingungen begrenzt. Um das Ziel zu optimieren, muss man in der Regel begrenzt verfügbare Ressourcen möglichst voll nutzen. Deren Kapazität ist aber meist nicht aufeinander abgestimmt. Deshalb wird die kleinste Kapazität zum Engpass. Er erhält die größte Bedeutung für die Zielerreichung. Wenn man den Engpass kennt und für das Optimum nur ein Engpass wirksam wird, geht man von diesem aus. Dann kann man trotz sukzessiver Planung die optimale Lösung erreichen. So wird vielfach der Absatzbereich als Engpassfaktor oder Minimumbereich angesehen. Bei einer sukzessiven Planung der verschiedenen Funktionsbereiche wird er daher zuerst geplant.

Mit dem sukzessiven Vorgehen lassen sich die Planungsgegenstände in weniger komplexe Teilplanungsprobleme einteilen. Zudem kann man den Informationsstand und die Mitwirkungsbereitschaft der dezentralen Planungsträger nutzen. Dafür stellen sich die Probleme der Aufspaltung in die einzelnen Planungsbereiche und der Reihenfolge ihrer Behandlung. Die Koordination der Planungsgegenstände verlangt häufig einen Verzicht auf die Bestimmung einer optimalen Lösung oder erfordert ein mehrfaches Durchlaufen der Planung.

Bei der hierarchischen Planung werden die Planungsgegenstände zwischen mehreren organisatorischen Ebenen aufgeteilt (vgl. Koch, 1982, S. 32 ff.). »Die oberste Leitung trifft die Entscheidungen über *global gefasste*, d. h. zeitlich und sachlich sehr umfassende, aber wenig detailliert definierte Unternehmensvariablen, z. B. über ganze Produktzweige, über deren Marktanteile, über Absatzregionen und dgl. Sie legt damit den Gesamt-Unternehmensablauf groblinig, aber unter gegenseitiger Abstimmung der verschiedenen Teilbereiche und Variablen fest.« (Koch, 1982, S. 32) In der Regel ist ihr die Entscheidung über die strategischen Planungsgegenstände vorbehalten. Eine erste Konkretisierung kann auf einer mittleren Hierarchieebene erfolgen, die z. B. die taktische Planung vornimmt. Charakteristisch ist auf jeden Fall die Existenz einer unteren Ebene, in der die einzelnen (operativen) Tatbestände für die verschiedenen Funktionsbereiche und/oder Sparten detailliert geplant werden.

Durch die Leitung wird der Rahmen abgesteckt, in dem sich die Umsetzung auf den unteren Ebenen bewegen muss. Über die globale Abstimmung auf der obersten Ebene und ggf. eine genauere Koordination auf der mittleren Ebene wird versucht, ohne Simultanplanung eine Koordination zwischen den Bereichen zu sichern. Je weiter man in der Hierarchie nach unten geht, umso detaillierter und kurzfristiger wird die Planung. Daran zeigt sich der enge Zusammenhang zwischen Detailliertheit und Fristigkeit der Planung, durch den die Beherrschbarkeit der Komplexität erzwungen wird. Ferner wird das Entscheidungsfeld immer stärker in isolierte Planungsbereiche aufgespalten. Hierdurch

Bedeutung des Engpassbereiches

Hierarchische Planung

kann eine zu große Komplexität vermieden werden. Da die detaillierten isolierten Pläne von den Vorgaben der übergeordneten koordinierten Planungen ausgehen, sind ihre Interdependenzen zumindest grob erfasst.

Die hierarchische Planung orientiert sich in starkem Maße an der Organisation der Unternehmung. Mit ihr können die Informationsvorteile und die Mitwirkungsbereitschaft der Planungsträger in den Bereichen genutzt werden. Sie zielt auf einen Ausgleich zwischen der Integration der Planung durch Berücksichtigung von Interdependenzen und der Begrenzung der Planungskomplexität ab. Inwieweit hierbei eine im Hinblick auf die Unternehmensziele optimale oder gute Lösung gefunden wird, hängt von der konkreten Ausgestaltung der Planung und den dabei verwendeten Planungsinstrumenten ab.

Die Koordination der Planung muss in mehreren Dimensionen erfolgen. Erstens ist eine horizontale Abstimmung zwischen Planungsgegenständen derselben Ebene erforderlich. Diese betrifft Entscheidungstatbestände mit annähernd gleicher Bedeutung oder Ausstrahlung. Zweitens müssen die verschiedenen Planungsebenen miteinander verknüpft werden. Dabei geht es um die Abstimmung zwischen Variablen unterschiedlicher Ausstrahlung. Diese beiden Dimensionen beziehen sich auf die sachliche Reichweite von Maßnahmen. Zu ihnen kommt drittens die Koordination zwischen Handlungen unterschiedlicher Zeitpunkte bzw. Zeiträume hinzu.

Die zeitliche Dimension ist in gewissem Umfang mit den beiden sachlichen Dimensionen gekoppelt. So beziehen sich Variablen der operativen Planungsebene vielfach auf eine Planungsperiode. Abgesehen von Ablaufproblemen, bei denen der zeitliche Vollzug festzulegen ist, werden bei operativen Entscheidungsproblemen in der Regel dynamische Beziehungen außer Acht gelassen. Hierdurch will man die Planungskomplexität begrenzen. Zudem sind die zeitlichen Wirkungen auf Unternehmensziele, z. B. bei Zinsen, häufig so gering, dass sie vernachlässigbar erscheinen. Deshalb wird die operative Planung vielfach als Einperiodenplanung durchgeführt. Dagegen gewinnt die zeitliche Dimension bei taktischer und bei strategischer Planung meist ein solches Gewicht, dass sie in der Formulierung der Variablen und der Ziele berücksichtigt werden muss.

Dimensionen der Koordination der Planung

4.3.2 Instrumente zur Koordination innerhalb der strategischen Planung

Im *strategischen* Bereich gewinnen qualitative Größen wie Erfolgspotenziale, Produkt-Markt-Strategien u. Ä. ein starkes Gewicht. Deshalb lassen sich in ihm quantitative Modelle nur in geringerem Umfang einsetzen. Dennoch scheint es möglich, auch in dieser Planungsebene grundlegende Handlungsvariablen und Zusammenhänge quantitativ global abzubilden, um Erkenntnisse über wichtige Interdependenzen und die Zielwirkungen relevanter Alternativen zu erlangen. Zudem ist die Abgrenzung zwischen der taktischen und der strategischen Planungsebene nicht eindeutig, so dass die Modelle je nach Einteilung dem einen oder dem anderen Bereich zugerechnet werden können.

4.3.2.1 Qualitative Instrumente zur Koordination der strategischen Planung

Zu einem wichtigen Instrument der strategischen Planung haben sich Portfolio-Modelle entwickelt. Sie dienen der Analyse strategischer Geschäftseinheiten einer Unternehmung und der Entwicklung von Strategien für deren weitere Beeinflussung. Im Mittelpunkt steht nicht die Betrachtung einer einzelnen Geschäftseinheit, sondern die Frage, ob eine Unternehmung gegenwärtig und für die künftige Entwicklung eine zielentsprechende Kombination aus mehreren Geschäftseinheiten besitzt. Das »Portfolio« ist in Anlehnung an Wertpapier-Portefeuilles die Zusammenstellung der verschiedenen Geschäftseinheiten einer Unternehmung. Insoweit sind Portfolio-Modelle auch Instrumente zur Abstimmung zwischen den strategischen Geschäftseinheiten einer Unternehmung.

Als solche dienen sie der Untersuchung, ob eine Unternehmung eine günstige oder optimale *Kombination* verschiedener Geschäftseinheiten besitzt. Soweit dies nicht der Fall ist, muss sie versuchen, durch Kauf oder Schaffung neuer Geschäftseinheiten, den Ausbau vorhandener und die Schließung bisheriger Geschäftseinheiten eine optimale Kombination zu finden. Zu den zu koordinierenden Aufgaben in der strategischen Planung gehört es daher auch, Alternativen zur Erreichung des Zielportfolios zu erarbeiten und aufeinander abzustimmen.

Unter einer strategischen Geschäftseinheit einer Unternehmung versteht man Entscheidungsfelder, die üblicherweise auf spezifische Produkt-Markt-Kombinationen gerichtet sind. Sie kennzeichnen abgrenzbare Tätigkeitsfelder für relativ gleichartige Produkte bzw. Produktgruppen und Abnehmergruppen. Ihre Differenzierung kann sich an Produkteigenschaften oder an Abnehmerproblemen für bestimmte Abnehmerfunktionen, -gruppen bzw. Lösungstechnologien (z. B. Halbleitertechnologie) orientieren. Markt- und Produktionsbereich werden je Geschäftseinheit gemeinsam betrachtet. Aufgrund der Abgrenzbarkeit zwischen ihnen können die jeweiligen Chancen und Bedrohungen relativ isoliert untersucht werden. Für diese Geschäftseinheiten werden globale Alternativen entwickelt, wobei dem Produktprogramm und dessen Aufnahme am Markt eine besondere Bedeutung zukommt.

In diesem Instrument werden somit die Alternativen und Rahmenbedingungen global betrachtet. Ihr Planungshorizont reicht sehr weit. Dafür handelt es sich nicht um quantitative Modelle. Sie dienen vielmehr der qualitativen Analyse der Kombination von Geschäftseinheiten und ihrer Beeinflussung.

Für die Darstellung und Analyse der Kombination von Geschäftseinheiten einer Unternehmung sind unterschiedliche Portfolio-Modelle vorgeschlagen worden. Ihnen ist gemeinsam, dass sie die Geschäftseinheiten über zwei Dimensionen in einem Koordinatensystem positionieren. Dabei bezieht sich i. d. R. eine Achse (meist die horizontale) auf unternehmensspezifische und die andere auf externe Faktoren. Zudem kann durch die Größe der jeweiligen Geschäftseinheit deren Gewicht (z. B. als Umsatz) zum Ausdruck gebracht werden. Über die Anordnung der Geschäftseinheiten im Koordinatensystem versucht man zu einer Beurteilung ihrer Kombination und zu Strategien für deren künftige Entwicklung zu gelangen. Das auf die Boston Consulting Group zurückgehende *Markt-*

Abb. 4-9

Marktanteils-/Marktwachstums-Portfolio

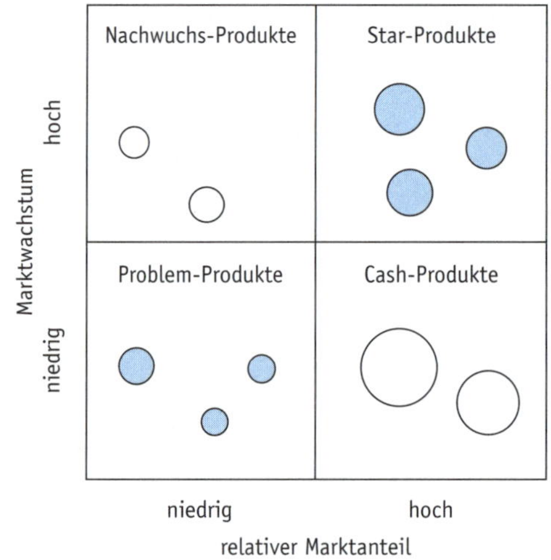

Vergleiche Dunst, 1983, S. 97

anteils-/Marktwachstums-Portfolio trägt entsprechend Abbildung 4-9 auf der Ordinate das Marktwachstum der für die Geschäftseinheiten relevanten Märkte auf. Als externe Größe kann dieser Faktor von der Unternehmung kaum beeinflusst werden.

Eine wichtige Grundlage für seine Abschätzung ist das Lebenszyklusmodell. Dieser theoretische Ansatz (vgl. hierzu u. a. Hedley, 1977; Henderson, 1984; Dunst, 1983, S. 94 ff.) geht davon aus, dass Produkte und Produktmärkte einen zumindest global erfassbaren Zyklus gemäß Abbildung 4-10 aus *Einführungs-, Wachstums-, Reife- und Degenerationsphase* durchlaufen. Wenn man eine Vorstellung über den Verlauf dieser z. B. an der Absatzmenge oder am Umsatz gemessenen Kurven für die Geschäftsfelder und den gegenwärtig auf ihr erreichten Punkt besitzt, lässt sich das prozentuale Wachstum des jeweiligen Marktes abschätzen. Es kann auf der Ordinate linear abgetragen werden. Auf der Abszisse gibt man dagegen den relativen Marktanteil an. Bei ihm handelt es sich um eine unternehmensbezogene Größe. Sie wird an dem Verhältnis zwischen dem eigenen Marktanteil und dem Marktanteil des größten Wettbewerbers gemessen.

Für die Beurteilung der Marktanteile spielt die Erfahrungskurve eine zentrale Rolle. In Abbildung 4-11 ist diese globale Hypothese veranschaulicht. In ihr wird angenommen, dass bei einer Verdoppelung der kumulierten Produktionsmenge ein Kostensenkungspotenzial von 20–30 % der Stückkosten entsteht. Dieser in der Empirie beobachtbare Effekt lässt sich theoretisch über Lern- und

Lebenszyklusmodell

Erfahrungskurve

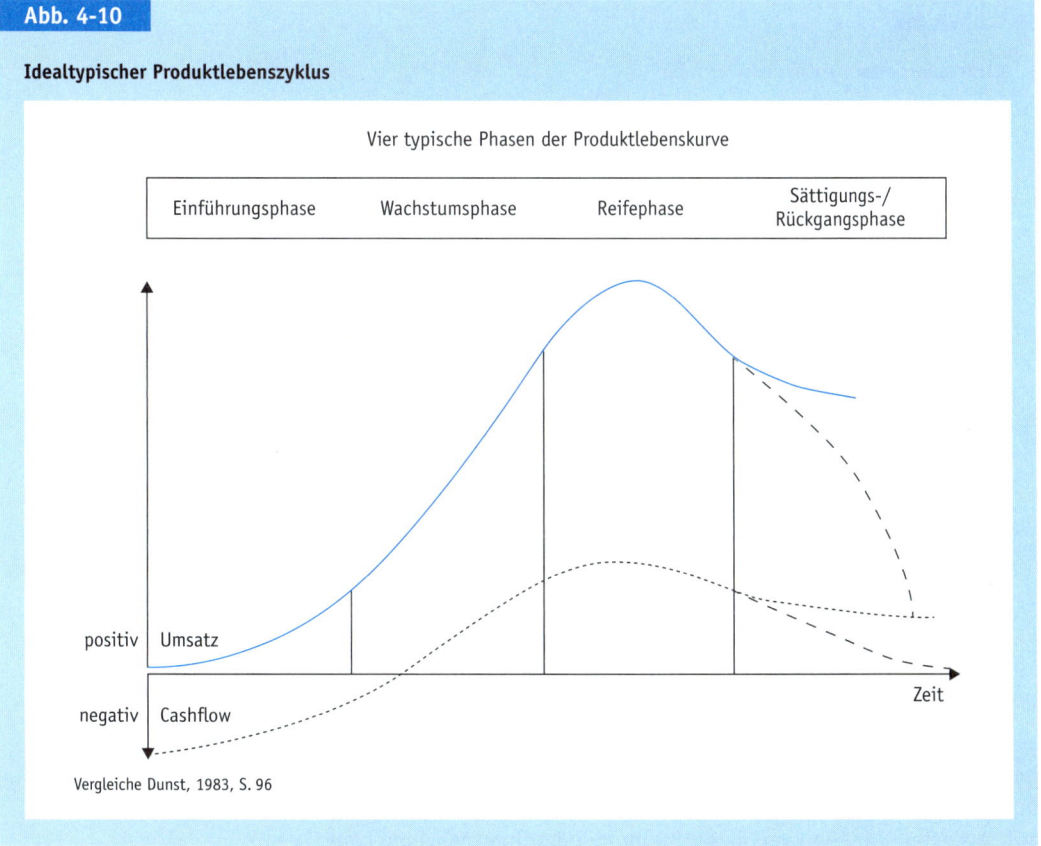

Abb. 4-10

Idealtypischer Produktlebenszyklus

Vier typische Phasen der Produktlebenskurve

| Einführungsphase | Wachstumsphase | Reifephase | Sättigungs-/ Rückgangsphase |

positiv Umsatz

Zeit

negativ Cashflow

Vergleiche Dunst, 1983, S. 96

Betriebsgrößeneffekte sowie den technischen Fortschritt begründen (vgl. Zäpfel, 1989a, S. 62 ff.; Kloock/Sabel/Schuhmann, 1987). Große Marktanteile führen zu einer relativ zu den Konkurrenten hohen kumulierten Produktionsmenge und damit zu Kostenvorteilen.

Felder des Portfolios

Für eine Analyse und Beurteilung der Geschäftseinheiten wird das Koordinatensystem beim Marktanteils-/Marktwachstums-Portfolio in vier Felder eingeteilt. Die in ihnen angesiedelten Geschäftseinheiten bezeichnet man als *Star-, Nachwuchs-* bzw. *Fragezeichen-, Problem-* und *Cash-Produkte*. Für die Einordnung der Geschäftseinheiten sind die Trennlinien maßgebend. Auf der Abszisse zieht man sie häufig bei einem relativen Marktanteil von 1, auf der Ordinate z. B. beim Durchschnittswachstum der Branche, dem Wachstum des Bruttosozialprodukts oder dem Wachstumsziel des Konzerns (vgl. Homburg, 1991, S. 105).

Zu den Star-Produkten zählt man Geschäftseinheiten mit starkem Marktwachstum und großem relativem Marktanteil. In ihnen werden hohe Gewinne erzielt. Jedoch sind wegen des Marktwachstums große Investitionen notwendig. Deshalb ist bei ihnen der Netto-Cashflow ausgewogen. Die Fragezeichen-

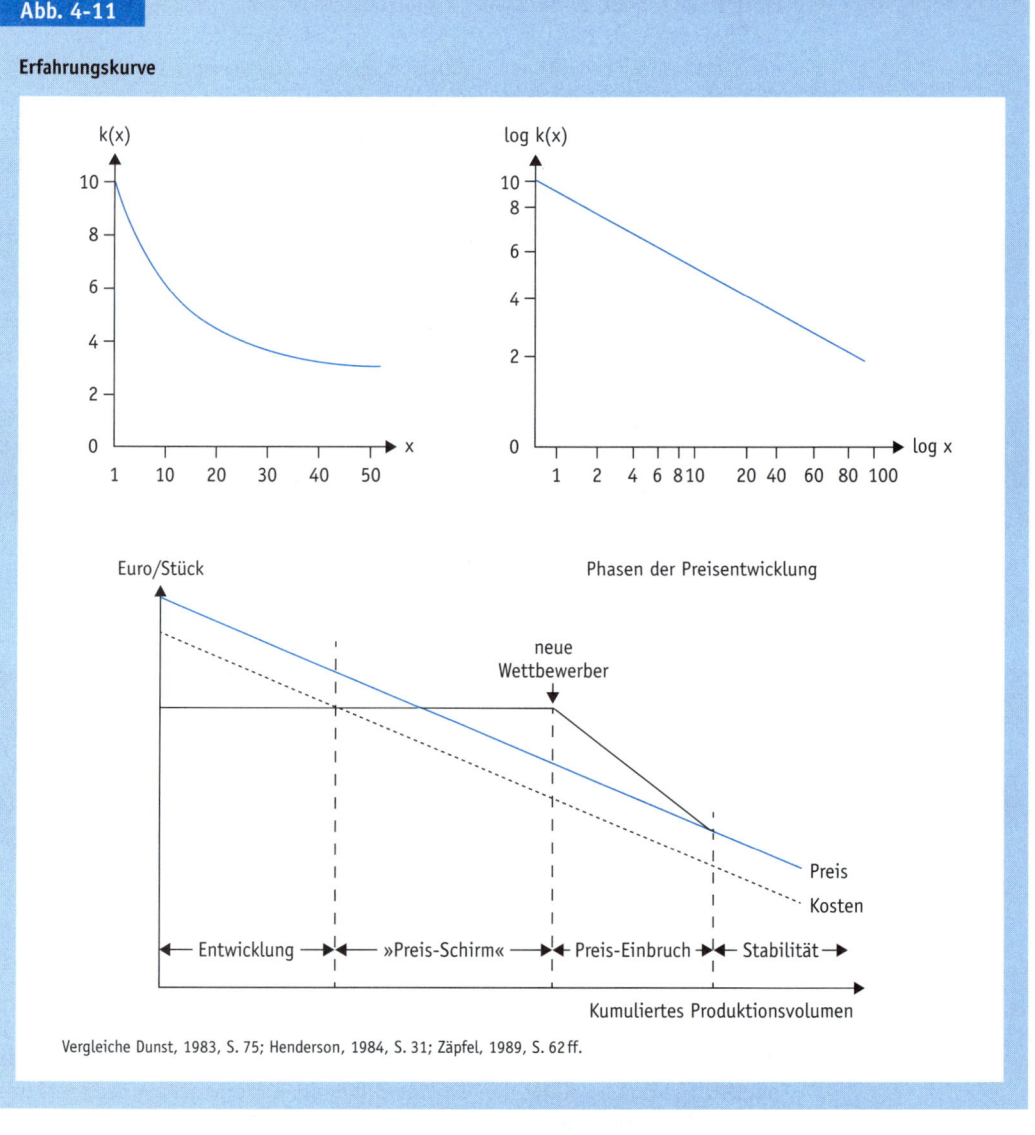

Abb. 4-11

Erfahrungskurve

Vergleiche Dunst, 1983, S. 75; Henderson, 1984, S. 31; Zäpfel, 1989, S. 62 ff.

oder Nachwuchsprodukte benötigen wegen des starken Marktwachstums in größerem Umfang einen finanziellen Mitteleinsatz. Jedoch werfen sie wegen des relativ kleinen Marktanteils geringe Gewinne ab. Wenn bei ihnen eine Steigerung des Marktanteils gelingt, können sie zu Star-Produkten werden. Dann sind sie in Wirklichkeit Nachwuchsprodukte. Ist eine solche Entwicklung nicht realisierbar, besteht die Gefahr von Fehlinvestitionen. Dann werden sie zu »Kapital- oder Cash-Fallen«. Die Problemprodukte haben hohe Stückkosten, können aber noch (niedrige) Gewinne erzielen. Um ihre schwache Marktposition zu halten, ist ein laufender Einsatz von Finanzmitteln nötig. Deshalb ist ihr Netto-Cashflow negativ. Demgegenüber setzen die Cash-Produkte Kapital frei. Ihr hoher Marktanteil bewirkt eine günstige Kosten- und Gewinnsituation, das geringe Marktwachstum hat einen niedrigen Reinvestitionsbedarf zur Folge.

Dem Ist-Portfolio stellt man ein Ziel-Portfolio gegenüber, das durch Ausarbeitung von Normstrategien für die einzelnen strategischen Geschäftseinheiten gewonnen wird. In der Gestaltung des Ziel-Portfolios kommt der Koordinationsaspekt zum Ausdruck. Es sollte sich durch eine Ausgewogenheit zwischen den strategischen Geschäftseinheiten auszeichnen. Diese bezieht sich besonders auf das Verhältnis zwischen Mittelfreisetzung und Mittelbindung sowie das Ausmaß an Fremdfinanzierung gegenüber der Freisetzung eigener Mittel.

Das Marktanteils-/Marktwachstums-Portfolio stellt den *Finanzmittelfluss* in den Vordergrund der Betrachtung. Die Produkte werden insbesondere daraufhin gekennzeichnet, inwieweit sie einen positiven Mittelrückfluss haben. Damit wird ein wichtiger Teilaspekt der strategischen Planung besonders hervorgehoben (vgl. Homburg, 1991, S. 107). Andere Komponenten werden nicht in gleichem Maße berücksichtigt. Zudem hängen die Messung von Marktwachstum und relativem Marktanteil von der konkreten Marktabgrenzung ab. Ferner ist die Abgrenzung der vier Felder im Koordinatensystem nicht frei von Willkür. Schließlich wird kritisiert, dass mit dessen beiden Achsen nur wenige Einflussgrößen der strategischen Entwicklung berücksichtigt werden.

Diesen Einwänden versucht das *Marktattraktivitäts-/Wettbewerbspositions-Portfolio* zu begegnen (vgl. Abbildung 4-12). Bei ihm ist das Marktwachstum nur ein Faktor der Marktattraktivität neben dem Marktvolumen, der durchschnittlichen Rentabilität der Anbieter und entsprechenden Größen. Die Marktattraktivität bringt den Komplex langfristig wirksamer externer Faktoren zum Ausdruck. Die interne Stärke der Unternehmung wird durch ihre relative Wettbewerbsposition (bzw. Wettbewerbsvorteile) erfasst. Sie wird neben dem relativen Marktanteil durch die Stärken und Schwächen der Unternehmung im Hinblick auf die zentralen Erfolgsfaktoren des Marktes wie der Produktqualität, dem relativen Produktions- sowie F & E-Potenzial, der relativen Qualifikation seiner Führungskräfte u. Ä. bestimmt.

Normstrategien

Die Einordnung in ein Portfolio kann zur Herleitung von Normstrategien (vgl. Dunst, 1983, S. 106; Zäpfel, 1989a, S. 83 ff.) für die betroffenen Geschäftsfelder dienen. Mit ihnen soll der langfristige Erfolg der Unternehmung gesichert werden. Deshalb zielen sie auf ein Wachstum und eine hohe Wirtschaftlichkeit ab. Ihre Basis bilden vor allem die Hypothesen über den Produktlebenszyklus und die Erfahrungskurve. Sie stellen allgemein gehaltene, qualitativ formulierte Handlungsalternativen dar, deren Anwendungsbedingungen wenig präzise sind.

Als Standardstrategien werden vor allem *Investitions-* und *Wachstums-, Abschöpfungs-* bzw. *Desinvestitions-* sowie *Selektive Strategien* unterschieden. Investitionen empfehlen sich primär in expandierenden Marktsegmenten und bei Produkten in der Reifephase. Deshalb bieten sich ein Auf- und Ausbau von Kapazitäten, die Nutzung neuer Technologien u. Ä. in Geschäftsfeldern mit hoher Marktattraktivität und/oder großen relativen Wettbewerbsvorteilen an. Die

Abb. 4-12

Marktattraktivitäts-/Wettbewerbspositions-Portfolio

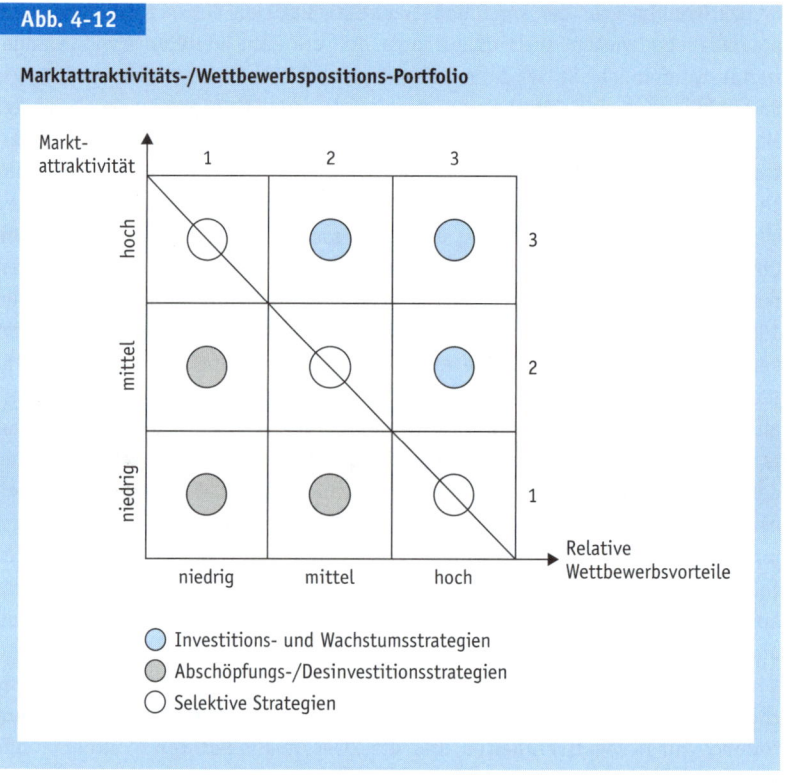

- ⬤ Investitions- und Wachstumsstrategien
- ⬤ Abschöpfungs-/Desinvestitionsstrategien
- ◯ Selektive Strategien

Durchführung von Investitions- und Wachstumsstrategien erfordert aber den Einsatz großer finanzieller Mittel, die erst in späteren Phasen durch hohe Deckungsbeiträge und einen positiven Cashflow wieder »hereingespielt« werden.

In den Feldern mit geringer Marktattraktivität und/oder niedrigen relativen Wettbewerbsvorteilen sind vielfach Produkte angesiedelt, die sich in der Sättigungsphase ihres Produktlebenszyklus befinden. Soweit sie noch positive Deckungsbeiträge erbringen, lohnt sich ihre Beibehaltung im Produktionsprogramm. Da sie künftig keine Steigerungen erwarten lassen, sind Investitionen bei ihnen nicht erfolgsträchtig. Dies spricht für Abschöpfungs- bzw. Desinvestitionsstrategien, durch welche man aus den betreffenden Geschäftsfeldern noch so lange als möglich Nutzen ziehen möchte. Mittelfristig erscheint aber ein Rückzug angebracht, der eine Desinvestition der gebundenen Mittel nahelegt.

Selektivstrategien sind für die Felder auf der Hauptdiagonalen zu entwickeln. Bei ihnen werden entweder eine hohe Marktattraktivität durch niedrige relative Wettbewerbsvorteile bzw. umgekehrt die Wettbewerbsvorteile durch eine niedrige Marktattraktivität kompensiert oder sind beide Komponenten mittelmäßig ausgeprägt. Deshalb ist genauer zu untersuchen, ob sich für die in ihnen angesiedelten Geschäftsfelder Offensiv-, Defensiv- oder Übergangsstrategien empfehlen.

Anwendung von
Portfolio-Modellen

Das Grundmuster der Portfoliobetrachtung hat sich als so anschaulich und praktikabel erwiesen, dass es auf eine größere Zahl weiterer Aspekte angewandt worden ist. So wird im Lebenszyklus-Portfolio (vgl. Homburg, 1991, S. 111 ff.) nach den Wettbewerbspositionen und der Lebenszyklusphase des Marktes unterschieden. Neben den marktorientierten Portfolios wird die Betrachtungsweise auch als strategisches Instrument zur Analyse unterschiedlicher Technologien (Technologie-Portfolios, vgl. Pfeiffer/Dögl, 1990; Pfeiffer/Metze, 1989, Sp. 2011 ff.), der Personalressourcen (Personal-Portfolios, vgl. Odiorne, 1966, S. 204 ff.; Papmehl, 1990 S. 55 ff.; Witt, 1987, S. 271 ff.; Wunderer/Schlagenhaufer, 1994, S. 69 ff.) oder der Kostenrechnung (vgl. Weber, 1991b, S. 470 ff.) herangezogen. Sie bildet eine einfache, plastische und leicht verständliche Grundlage für die Analyse von Zusammenhängen zwischen mehreren strategischen Handlungsfeldern. Man gewinnt mit ihr einen ersten Überblick über deren Eigenschaften im Hinblick auf die in den beiden Achsen erfassten Größen. Aus der Zusammenstellung verschiedener Handlungsfelder und deren Einordnung in das Portfolio zieht man Schlüsse über die Ausgewogenheit der Kombination von Handlungsfeldern. Dahinter stehen recht allgemeine Hypothesen über die längerfristigen Entwicklungsmöglichkeiten der einzelnen Felder des jeweiligen Portfolios, die z. B. bei den marktorientierten Portfolios aus dem Produktlebenszyklusmodell, der Erfahrungskurve und den PIMS-Modellen (vgl. Dunst, 1983, S. 79 ff.; Vendor, 1985; Wakerly, 1984) hergeleitet werden. Ihre Zuverlässigkeit hängt daher von dem Grad an Bestätigung dieser theoretischen Ansätze ab, der recht umstritten ist. Die Aussagen über die Beurteilung von Geschäftseinheiten und die Zweckmäßigkeit von Strategien sind zudem eher unpräzise. Andererseits erscheint der Anspruch zu hoch, im strategischen Bereich mit relativ genauen und quantitativen Hypothesen arbeiten zu können.

Die hohe *Anschaulichkeit* von Portfolio-Modellen wird durch ihre Begrenzung auf wenige Achsen als Einflussgrößen und deren (zwei oder drei) Ausprägungen erkauft. Eine größere Zahl strategischer Bestimmungsgrößen lässt sich nur über komplexe Größen und die mit ihnen zusammenhängenden Messprobleme berücksichtigen.

Trotz dieser Einwände können Portfolio-Modelle eine anschauliche Grundlage für die Analyse strategischer Zusammenhänge bieten. Mit ihnen können Beziehungen zwischen strategischen Einheiten verdeutlicht werden. Ihre Verwendung zur Erarbeitung und Beurteilung von Strategien erfordert die Offenlegung von Hypothesen, mit denen die Einordnung der strategischen Handlungsfelder, Aussagen über ihre künftige Entwicklung und die Ableitung guter Strategien begründet werden.

4.3.2.2 Quantitative Instrumente zur Koordination der strategischen Planung

Beispiel eines strategischen Programmierungsmodells

Als quantitative Modelle einer simultanen strategischen Planung mehrerer Gegenstände und Bereiche sind vor allem lineare und nichtlineare Optimierungsmodelle sowie Unternehmensgesamtmodelle in Form von Simulationsmodellen vorgeschlagen worden. So entwickelt beispielsweise Werner Popp das folgende nichtlineare gemischt-ganzzahlige Programmierungsmodell, das durch Approximation in ein lineares Modell überführt wird (vgl. Popp, 1990, S. 718 ff.).

In ihm werden Beziehungen zwischen Planungsgegenständen des *Investitions-*, *Produktions-* und *Absatzbereichs* erfasst und Abhängigkeiten vom Personal-, Finanz- und Periodenerfolgsbereich berücksichtigt. Als strategische Entscheidungen des Absatzes gehen Substitutionen zwischen Produkten (oder Produktgruppen) sowie Absatzerweiterungen ein. Hinter diesen globalen Variablen verbergen sich konkretere absatzpolitische Instrumente, die in diesem Modell über Absatzschranken, Substitutionsanteile beim Übergang von einem auf ein anderes Produkt und Investitionen zur Erweiterung der Produktions- und der Absatzkapazität grob repräsentiert werden. Die Zusammenhänge zwischen den vorgegebenen Absatzgrenzen, den Substitutionsmöglichkeiten zwischen den Produkten und den Möglichkeiten der Absatzerweiterungen werden durch Absatzbeschränkungen zum Ausdruck gebracht. Analog begrenzen die Produktions- und die Personalkapazität das Produktions- und Absatzprogramm. Die Produktionskapazität kann über Anlageninvestitionen erhöht werden. Durch Nebenbedingungen werden in jeder Periode ein bestimmter Mindestgewinn und ein Mindestbestand an flüssigen Mitteln vorgegeben.

Erfasste Interdependenzen

In der Zielfunktion wird der Kapitalwert *KW* des Zahlungsstroms maximiert:

$$\max KW = \sum_t \rho_t \left[\sum_j d_{tj} \cdot x_{tj} - \sum_{r,k} A_{trk}^P \cdot y_{trk}^P - \sum_{j,s} A_{tjs}^M \cdot y_{tjs}^M - \sum_{i,j} p_{tij} \cdot z_{tij} \right] \qquad (4\text{-}7)$$

Er ergibt sich durch die Diskontierung des in der Klammer angegebenen Zahlungsstroms mit dem Faktors ρ_t. Die in einer Periode t vom Produkt j hergestellte und abgesetzte Menge x_{tj} wird mit der Differenz aus direkt zurechenbaren Ein- und Auszahlungen d_{tj} multipliziert. Von diesem Einzahlungsüberschuss jeder Periode wird eine Reihe weiterer Auszahlungen subtrahiert. Im Produktionsbereich führt ein Kapazitätserweiterungsschritt y_{trk}^P der Art k für die Kapazitätsart r zu einer Auszahlung A_{trk}^P. Entsprechende Auszahlungen A_{tjs}^M fallen im Absatzbereich an, wenn in Periode t für Produkt j die Absatzkapazität durch den Schritt s (z. B. eine Werbemaßnahme) erweitert wird. Der Anteil der Substitution von Produkt i durch Produkt j wird durch die kontinuierliche Variable $z_{tij} \leq 1$ ausgedrückt. Der Koeffizient p_{tij} gibt die erforderlichen Auszahlungen an, wenn das Produkt i in Periode t vollständig durch das Produkt j ersetzt wird.

Es wird angenommen, dass bestimmte absolute Absatzober- und -unterschranken H_{tj}^o und H_{tj}^u durch die Expansions- und Substitutionsprozesse nicht überschritten werden dürfen.

Nebenbedingungen

$$H_{tj}^u \leq \sum_i z_{tij} \cdot \alpha_{tij} \left(H_{ti} + \sum_s H_{tis}^{ex} \cdot y_{tis}^M \right) \leq H_{tj}^o \qquad \forall t, j \qquad (4\text{-}8)$$

Die im Modell festgelegte Absatzobergrenze des Produktes j ergibt sich aus der Summation über die Absatzobergrenzen aller *substituierten* Produkte i und berücksichtigt auch deren Kapazitätserweiterungen des Absatzmarktes $H_{tis}^{ex} \cdot y_{tis}^M$.

Der Koeffizient $\alpha_{tij} \leq 1$ gibt an, wie vollständig die Substitution gelingt. Ist z. B. $\alpha_{tij} = 0{,}8$, so treten Substitutionsverluste von 20 % auf.

Die tatsächlich abgesetzte Menge x_{tj} muss diese Obergrenze nach Substitutions- und Expansionsprozessen einhalten:

$$x_{tj} - \sum_i z_{tij} \cdot \alpha_{tij} \left(H_{ti} + \sum_s H_{tis}^{ex} \cdot y_{tis}^M \right) \leq 0 \qquad\qquad \forall t,j \qquad (4\text{-}9)$$

Ein Produkt i kann maximal zu 100 % durch andere Produkte j (inkl. sich selbst) ersetzt werden:

$$\sum_j z_{tij} = 1 \qquad\qquad \forall t,i \qquad (4\text{-}10)$$

Für jede Periode t und Kapazitätsart r muss eine Kapazitätsschranke eingehalten werden, in der neben der ursprünglichen Kapazität P_{or} auch die bisherigen Kapazitätserweiterungen $P_{t'rk}^{ex} \cdot y_{t'rk}^P$ berücksichtigt werden:

$$\sum_j a_{trj} \cdot x_{tj} - \sum_{t'=1}^{t} \sum_k P_{t'rk}^{ex} \cdot y_{t'rk}^P \leq P_{or} \qquad\qquad \forall t,r \qquad (4\text{-}11)$$

Der Term $a_{trj} \cdot x_{tj}$ gibt an, wie stark die Kapazitätsart r durch das Produkt j in Anspruch genommen wird. Ferner wird unterstellt, dass für die Auslastung der Personalkapazität sowohl Unter- als auch Obergrenzen M_{tw}^u bzw. M_{tw}^o einzuhalten sind:

$$M_{tw}^u \leq \sum_i m_{tjw} \cdot x_{tj} \leq M_{tw}^o \qquad\qquad \forall t,w \qquad (4\text{-}12)$$

Der Koeffizient m_{tjw} gibt an, wie stark Personal der Kategorie w durch Produktion und Absatz einer Einheit von Produkt j in Anspruch genommen wird.

Die beiden letzten Nebenbedingungen dienen der Aufrechterhaltung einer bestimmten Mindest-Liquidität $L_{t'}$ und eines Mindestgewinns $G_{t'}$. In der Cashflow-Nebenbedingung wird dazu mit den *zahlungsorientierten* Koeffizienten der Entscheidungsvariablen gearbeitet, die auch in der Zielfunktion enthalten sind.

$$(4\text{-}13)$$

$$\sum_{t'=1}^{t} \left[\sum_j d_{t'j} \cdot x_{t'j} - \sum_{r,k} A_{t'rk}^P \cdot y_{t'rk}^P - \sum_{j,s} A_{t'js}^M \cdot y_{t'js}^M - \sum_{i,j} p_{t'ij} \cdot z_{t'ij} \right] \geq \sum_{t'=1}^{t} L_{t'} \qquad \forall t$$

Zusätzlich werden dieselben Entscheidungsvariablen in der separaten Gewinn-restriktion teilweise mit *kostenorientierten* Parametern bewertet.

$$(4\text{-}14)$$

$$\sum_{t'=1}^{t} \left[\sum_j g_{t'j} \cdot x_{t'j} - \sum_{t''=1}^{t'} \sum_{r,k} V_{t''t'rk}^P \cdot y_{t''rk}^P - \sum_{j,s} A_{t'js}^M \cdot y_{t'js}^M - \sum_{i,j} p_{t'ij} \cdot z_{t'ij} \right] \geq \sum_{t'=1}^{t} G_{t'} \qquad \forall t$$

Dies gilt zum einen für die Produktions- und Absatzmengen $x_{t'j}$, die in der Gewinnrestriktion mit Deckungsbeiträgen $g_{t'j}$ gewichtet werden. Zum anderen enthält die Restriktion Abschreibungen $V_{t''t'rk}^P$ in Periode t' für die Investition der Periode t'', die zu Kapazitätserweiterungen $y_{t'rk}^P$ im Produktionsbereich führen. Schließlich gelten Nichtnegativitäts- und – für die Investitionsvariablen – auch Ganzzahligkeitsbedingungen.

Eine Besonderheit dieses Vorschlags von Popp besteht in der Berücksichtigung mehrerer Zielgrößen, indem für den *Cashflow* als liquiditätsorientierter Größe und den *Periodengewinn* Mindestniveaus je Periode vorgegeben werden.

Die zentrale Aufgabe derartiger Modelle liegt in der Reduktion auf die maßgeblichen strategischen Variablen, die mit ausreichender Genauigkeit den jeweils hinter ihnen stehenden Variablenkomplex (z. B. des Absatzes) wiedergeben. Ferner muss es möglich sein, die Wirkungen derartiger globaler Variablen auf Zahlungs- und Erfolgsgrößen ausreichend genau abzuschätzen. Dann können solche Modelle geeignet sein, wichtige Beziehungen im strategischen Bereich einer globalen Analyse zu unterziehen.

Funktion strategischer Optimierungsmodelle

4.3.3 Instrumente zur Koordination innerhalb der taktischen Planung

In der taktischen Planung werden die Gegenstände detaillierter als in der strategischen abgebildet. Für sie ist eine Vielzahl von Modellen entwickelt worden, die von der Abstimmung einzelner Bereiche wie *Investition und Finanzierung* (vgl. z. B. Weingartner, 1964; Albach, 1962b und Hax, 1964), *Investition und Produktion* (vgl. z. B. Jacob, 1974 und Swoboda, 1965), *Investition und Personal* (vgl. Domsch, 1970) bis zu Vorschlägen für umfassende Modelle (vgl. Schweim, 1969; Meyhak, 1970; Rosenberg, 1975) reichen. Zur Veranschaulichung werden im Folgenden zwei klassische Beispiele für die Koordination zwischen Investitions- und Finanzplanung sowie zwischen Investitions- und Produktionsplanung dargestellt (vgl. Krahnen, 1993).

4.3.3.1 Integrierte Modelle zur Koordination von Investitions- und Finanzierungsplanung

Investitions- und Finanzierungsmodelle sind i. d. R. mehrperiodig formuliert, um die Entwicklung der Zahlungsströme im Zeitablauf und die unterschiedlichen Zeitpunkte des Zahlungsanfalls zu berücksichtigen. Deshalb legen sie mehrperiodige Ziele wie die Maximierung des Kapitalwertes (vgl. Albach, 1962a), des Endwertes (vgl. Hax, 1964) oder eines gleich bleibenden Entnahmestroms (vgl. Hax, 1964) zugrunde.

An dem einfach strukturierten Modell von *Herbert Hax* kann das grundsätzliche Vorgehen verdeutlicht werden. Für konkrete Planungsaufgaben lässt es sich dann entsprechend erweitern. Dieses Modell setzt voraus, dass sämtliche Investitions- und Finanzierungsmöglichkeiten bis zum Planungshorizont T bekannt sind. Jedes Investitions- (Finanzierungs-)Projekt j (k) ist durch eine Variable I_j (F_k) erfasst. Sie gibt die Anzahl der von ihm durchzuführenden Projekte wieder. Diese ist durch eine Obergrenze C_j (D_k) eingeschränkt. Jeder Projekttyp ist einer Periode zugeordnet, in der er gestartet werden kann. Die Investitions- und die Finanzierungsprojekte werden als beliebig teilbar ange-

Hax-Modell als Beispiel

nommen, so dass keine Ganzzahligkeitsbedingungen beachtet werden müssen. Ferner ist mit jedem Investitionsprojekt vom Typ j ein Zahlungsstrom z_{jt} verbunden, der die Anschaffungsauszahlung in dessen erster Periode und die Auszahlungs- oder Einzahlungsüberschüsse (als negative Auszahlungen) der Folgeperioden bis zum Planungshorizont T angibt. Entsprechend kennt man die mit jeder Finanzierungsart vom Typ k verbundenen Zahlungsströme z_{kt}. Zu Beginn existiert ein Anfangsvermögen V_1, am Planungshorizont muss ein (vorgegebenes) Endvermögen V_T bestehen. Als Ziel soll die konstante periodische Gewinnausschüttung g maximiert werden.

Die *Zielfunktion* zur Maximierung der gleichförmigen Entnahmen g lautet:

$$\max \quad Z = g \tag{4-15}$$

In den *Nebenbedingungen* ist einmal die Einhaltung von Obergrenzen für die Investitions- und die Finanzierungsprojekte abzubilden:

$$I_j \leq C_j \qquad\qquad\qquad \forall j \tag{4-16}$$

$$F_k \leq D_k \qquad\qquad\qquad \forall k \tag{4-17}$$

Ferner ist für jede Periode eine Liquiditätsbedingung aufzustellen. In der ersten Periode steht das (liquide) Anfangsvermögen V_1 für die Finanzierung der in dieser Periode möglichen Investitionsprojekte I_j und die Zahlung der Entnahme g zur Verfügung. Ferner können über die in dieser Periode möglichen Finanzierungsprojekte F_k Einzahlungen zufließen. Berücksichtigt man, dass die Parameter z_{j1} bzw. z_{k1} für die zugeordneten Zahlungen mit positiven Werten Auszahlungen und mit negativen Einzahlungen darstellen, erhält man für die erste Periode die Nebenbedingung:

$$\sum_{j=1}^{J} z_{j1} \cdot I_j + \sum_{k=1}^{K} z_{k1} \cdot F_k + g = V_1 \tag{4-18}$$

Für die Perioden $t = 2, ..., T-1$ gilt entsprechend:

$$\sum_{j=1}^{J} z_{jt} \cdot I_j + \sum_{k=1}^{K} z_{kt} \cdot F_k + g = 0 \qquad t = 2,...,T-1 \tag{4-19}$$

In der letzten Periode T muss zusätzlich das vorgegebene Endvermögen V_T erreicht werden. Dafür gilt die Nebenbedingung:

$$\sum_{j=1}^{J} z_{jT} \cdot I_j + \sum_{k=1}^{K} z_{kT} \cdot F_k + g \leq -V_T \tag{4-20}$$

Ferner sind für die Variablen Nichtnegativitätsbedingungen zu beachten:

$$0 \leq I_j \qquad\qquad\qquad j = 1,...,J \tag{4-21}$$

$$0 \leq F_k \qquad\qquad\qquad k = 1,...,K \tag{4-22}$$

Funktion des Kalkulationszinsfußes

Dieses Modell lässt einen für den Kapitalbereich wichtigen Tatbestand erkennen. In den Verfahren der Investitionsrechnung spielt der Kalkulationszinsfuß eine maßgebliche Rolle. Er ist in diesem Investitions- und Finanzierungsmodell nicht enthalten. An seine Stelle treten konkrete Finanzierungs- und Investitionsprojekte für jede Periode mit den zugehörigen Zahlungsströmen. Das Modell muss also so formuliert werden, dass für jede Periode angegeben ist, in welcher Weise überschüssige finanzielle Mittel angelegt werden können und zu welchen Bedingungen in Form nachfolgender Zahlungsströme bis zum Planungshorizont Geld aufgenommen werden kann. Statt eines einheitlichen Kalkulationszinsfußes, der (mit der vereinfachenden Annahme eines *vollkommenen Kapitalmarkts*) die Möglichkeiten zur Aufnahme oder Anlage finanzieller Mittel wiedergibt, enthält das Modell konkrete Investitions- und Finanzierungsprojekte. Deren Zinsen schlagen sich in den mit ihnen verbundenen Zahlungsströmen unmittelbar nieder. Damit ist dieses Modell realitätsnäher. Jedoch sind seine Anforderungen an die Prognose künftiger Projekte und deren Zahlungsströme höher.

Wenn ein vollkommener Kapitalmarkt vorliegt, können zum einheitlichen Kalkulationszinsfuß beliebig finanzielle Mittel aufgenommen und angelegt werden. Dann ist es nicht notwendig, Investition und Finanzierung simultan zu planen. Sie sind voneinander separierbar. Existiert jedoch kein derartiger Kapitalmarkt, so müssen

▸ die einzelnen Geldaufnahme- und -anlagemöglichkeiten explizit in die Planung aufgenommen und

▸ unter Berücksichtigung ihrer gegenseitigen Beziehungen geplant werden.

Man gelangt dann zu einer Planung, deren Grundstruktur in dem obigen Modell von Hax wiedergegeben ist. Hinter dem Problem der Bestimmung eines Kalkulationszinsfußes steht die Frage der Auswahl zwischen den verfügbaren Geldanlage- und -aufnahmemöglichkeiten. Sie kann in exakter Weise nur unter Zugrundelegung vollständiger Finanzpläne abgebildet werden, die alle Projekte und deren Zahlungsströme aufnehmen.

An dem dargestellten Modell zeigt sich aber auch, dass die hinter dem Kalkulationszinsfuß stehende Problematik nicht völlig verschwindet. Jede Planung und damit die verwendeten Modelle besitzen einen *endlichen Planungshorizont*, weil das Wissen mit zunehmender Periodenzahl schwächer wird. Dennoch kann man kaum unterstellen, dass die Unternehmung am Planungshorizont liquidiert wird. Über den vorzugebenden Vermögensendwert V_T wird indirekt zum Ausdruck gebracht, dass am Ende finanzielle Mittel vorhanden sein müssen, die dem geplanten Wert der Unternehmung am Ende des Planungszeitraums entsprechen. In diesem Wert schlagen sich die gesamten, groben Erwartungen über die Zahlungsströme nach dem Planungshorizont nieder. Er verknüpft stark vereinfachend die Investitions- und Finanzierungsmöglichkeiten vor dem Planungshorizont mit denjenigen nach ihm.

Die Simultanmodelle zur Koordination von Investitions- und Finanzplanung erfassen die Beziehungen zwischen den *Entscheidungen* dieser Bereiche. Diese Beziehungen sind auf die Beschränkung des verfügbaren Kapitals und damit eine Mittelinterdependenz zurückzuführen. Will man nicht sämtliche Investitions- und Finanzierungsmöglichkeiten erfassen, so führt man für die nicht be-

Erfassung von
Interdependenzen

rücksichtigten Kapitalbeschaffungs- und -anlagemöglichkeiten die Prämisse eines vollkommenen Kapitalmarkts ein. Hiermit wird unterstellt, dass zu einem einheitlichen Zinssatz in beliebiger Menge finanzielle Mittel aufgenommen und angelegt werden können. Eine solche Prämisse lässt sich jedoch ökonomisch mit Nebenbedingungen für eine Kapitalbeschränkung nicht vereinbaren (vgl. Weingartner, 1977). Deshalb können derartige Modelle die realen Gegebenheiten nicht widergeben und höchstens als vereinfachte, näherungsweise Planungsinstrumente verwendet werden.

Will man diesen Widerspruch auflösen, so müssen die Entscheidungen der Kapitalgeber explizit in das Modell aufgenommen werden. Hierbei ist zu berücksichtigen, wie der Umfang und die Konditionen der zu Verfügung gestellten Finanzierungsquellen vom beabsichtigten Investitionsprogramm, den anderen Finanzierungsalternativen und möglichen Rückwirkungen des Finanzierungsangebots auf die Investitionsentscheidung abhängen (vgl. Krahnen, 1993, Sp. 1959). Damit werden die Interdependenzen zwischen den *Zahlungsströmen* der Investitions- und der Finanzierungsalternativen erfasst.

Bezug zur Principal-Agent-Theorie Investitionsmodelle mit einem derartigen endogenen Kapitalangebot basieren auf der *normativen Principal-Agent-Theorie* (vgl. Krahnen, 1993, Sp. 1960 ff.; Swoboda, 1987, S. 57 ff.; Barnea/Haugen/Senbet, 1985, S. 80 ff.). In ihnen können der Investor in der Unternehmung als Agent und der Gläubiger als Principal betrachtet werden. Die mit den Investitionen erreichbaren Überschüsse hängen vom Fleiß des Investors ab, den der Gläubiger nicht beobachten kann. Der zwischen beiden abzuschließende Kreditvertrag ist nur dann effizient, wenn er diese zu erwartenden späteren Handlungen des Investors berücksichtigt.

Durch die Erfassung von Interdependenzen zwischen Investition und Finanzierung führen solche Principal-Agent-Modelle weiter. Sie sind jedoch stärker auf eine Erklärung der Investitionspolitik gerichtet. Instrumente zur konkreten Planung stellen sie, zumindest beim gegenwärtigen Stand, noch nicht dar.

4.3.3.2 Integrierte Modelle zur Koordination von Investitions- und Produktionsplanung

Swoboda-Modell als Beispiel Für eine Koordination der Investition mit der Produktion müssen Produktionsvariablen und Beschränkungen des Produktionsbereichs in das Modell aufgenommen werden. Die Beziehung ist vor allem über die Produktionsprogrammplanung herzustellen, da sie nicht so kurzfristig ausgerichtet ist wie die Planungsgegenstände des Produktionsablaufs. Investitionen im Produktionsbereich betreffen in erster Linie die Höhe der Produktionskapazität. In Anlehnung an das von Peter Swoboda (vgl. Swoboda, 1965) entwickelte Simultanmodell bringen die Variablen I_{jt} bzw. D_{jt} die *Investitions-* bzw. *Desinvestitionsmöglichkeiten* bei Projekten des Typs j in der Periode t zum Ausdruck, wobei I_{jt} und D_{jt} Binärvariablen sind (I_{jt}, D_{jt} $\in \{0;1\}$). Das Produktionsprogramm wird über die *Produktionsvariablen* x_{ijt} für die in der Periode t von der Produktart i auf der Anlage j hergestellte Gütermenge erfasst. Wenn die Koeffizienten a_{ij} die Stückzeiten von Produkt i auf Anlage j und b_j die mit einer Anlage vom Typ j bereitgestellte Kapazität in Zeiteinheiten angeben, kommt man zu den *Kapazitätsbeschränkungen*

$$\sum_i a_{ij} \cdot x_{ijt} \le b_j \cdot \sum_{\tau=1}^t (I_{j\tau} - D_{j\tau}) \qquad\qquad \forall j,t \qquad\qquad (4\text{-}23)$$

Sie geben wieder, dass die Herstellmengen der Produkte in jeder Periode von den in ihr und den Vorperioden durchgeführten Investitionen sowie Desinvestitionen bei den Anlagen abhängig sind. Ferner können sie über die Koeffizienten der Bearbeitungszeiten a_{ij} für die Produkte i auf den Anlagen j auch Wahlmöglichkeiten zwischen der Erzeugung desselben Produkts i auf unterschiedlichen Anlagen j zum Ausdruck bringen. So kann eine Neuinvestition zur Folge haben, dass nun das Produkt i auf ihr mit geringerer Stückzeit herstellbar ist.

Anlagen können nur dann desinvestiert werden, wenn sie in irgendeiner der Vorperioden angeschafft worden sind. Diesem Zusammenhang sind die *Desinvestitionsbedingungen*

$$D_{jt} \le \sum_{\tau=1}^{t-1} (I_{j\tau} - D_{j\tau}) \qquad\qquad \forall j,t \qquad\qquad (4\text{-}24)$$

gewidmet.

Ferner werden in diesem Modell die Einflüsse des Absatzbereichs und der Finanzierung über Nebenbedingungen erfasst. Da keine Variablen dieser Bereiche aufgenommen werden, unterstellt man eine einseitige Beziehung, nach der vor der Investitions- und der Programmplanung für jede Periode einerseits Absatzobergrenzen N_{it} für jede Produktart festgelegt und andererseits durch die Finanzierung ein Kapitalbudget bereitgestellt werden. Dann lauten die *Absatznebenbedingungen*:

$$\sum_j x_{ijt} \le N_{it} \qquad\qquad \forall i,t \qquad\qquad (4\text{-}25)$$

Jede Investition ist mit Anschaffungsauszahlungen in Höhe von A_{jt}, jede Desinvestition mit Einzahlungen für den Liquidationserlös von L_{jt} verbunden. Unter Verwendung der vorgegebenen Kapitalbudgets K_t erhält man die *Liquiditätsbedingungen*:

$$\sum_{\tau=1}^t \sum_j (A_{j\tau} \cdot I_{j\tau} - L_{j\tau} \cdot D_{j\tau}) \le \sum_{\tau=1}^t K_\tau \qquad\qquad \forall t \qquad\qquad (4\text{-}26)$$

Sie enthalten keine Einzahlungen aus Produktverkäufen und keine Auszahlungen für die laufende Produkterzeugung. Daran zeigt sich, dass hier nur eine grobe Abstimmung mit der Finanzierung vorgesehen ist.

Für die Zielfunktion unterstellt Swoboda eine Maximierung des abgezinsten Gesamtdeckungsbeitrags. Jede auf der Anlage j hergestellte Einheit von Produktart i erbringt in Periode t einen Stückdeckungsbeitrag d_{ijt}. Ferner wird angenommen, dass jedes Investitionsprojekt vom Typ j pro Periode Fixkosten in Höhe von F_j verursacht. Unter Verwendung der Zinsfaktoren q $(=1+Zinssatz)$ kann man die *Zielfunktion Z* formulieren.

$$\max \ Z = \sum_{i,j,t} d_{ijt} \cdot x_{ijt} \cdot q^{-t} - \sum_{j,t} \sum_{\tau=1}^t (I_{j\tau} - D_{j\tau}) \cdot F_j \cdot q^{-t} \qquad\qquad (4\text{-}27)$$

In diesem Modell werden die Zahlungsströme der Investitionsprojekte weniger genau als in dem obigen zur Investitions- und Finanzplanung erfasst. Sie gehen lediglich mit den Anschaffungsauszahlungen und dem Liquidationserlös in die Liquiditätsbedingung sowie indirekt über die Deckungsbeiträge und die Fixkosten in die Zielfunktion ein. Dafür ist nicht unterstellt, dass jedes Investitionsprojekt genau einen Einzahlungsstrom bewirkt. Dieser hängt auch von den Programmentscheidungen ab. Deshalb schlagen sich die Erfolgswirkungen der Investitionen erst über die Zahl der hergestellten Produkte und deren Deckungsbeiträge in der Zielfunktion nieder.

4.3.3.3 Bedeutung integrierter Modelle für die Koordination der taktischen Planung

Beide Beispiele eines Simultanmodells nehmen *Planungsgegenstände verschiedener Bereiche* als Variablen auf. Sie erfassen jeweils nur einen Teil der gesamten Planung. Beziehungen zu anderen Planungsbereichen bleiben außerhalb der Betrachtung oder werden wie im Ansatz von Swoboda nur einseitig und grob über einschränkende Nebenbedingungen einbezogen. Für die taktische Planung ist es ausreichend, die wichtigsten Planungsgegenstände und deren Beziehungen grob abzubilden. Die Konkretisierung kann in detaillierteren Modellen der operativen Planung erfolgen.

Die hier dargestellten Modelle sollen andeuten, auf welchem Weg die Interdependenzen in einer quantitativen Planung erfasst werden können. Dazu ist eine Vielzahl von Modelltypen und Lösungsverfahren entwickelt worden. Durch sie lassen sich vielfältige Planungsprobleme in unterschiedlicher Weise abbilden. Vor allem für den Produktionsbereich gibt es eine größere Zahl linearer Planungsmodelle der taktischen Ebene, in denen beispielsweise Probleme der Programmplanung, der Auswahl und Gestaltung der Produktionsanlagen und ihres Layouts unter Berücksichtigung der technischen Alternativen und der Umweltwirkungen behandelt und verknüpft werden (vgl. Zäpfel, 1989b, S. 122 ff.).

Die taktische Planung kann als wichtigster Ansatzpunkt für eine Analyse und Berücksichtigung von Interdependenzen zwischen den Planungsbereichen angesehen werden. Damit ist sie ein Kernbereich des Controlling. In ihr lässt sich eine Vielzahl von Planungsgegenständen und Zielwirkungen quantitativ erfassen. Deshalb bietet sich der Einsatz quantitativer Modelle hier in besonderer Weise an.

4.3.4 Instrumente zur Koordination innerhalb der operativen Planung

Zahlreiche Optimierungsmodelle mit exakten und heuristischen Lösungsverfahren sind für die operative Planung entwickelt worden. Da man in dieser Ebene im Allgemeinen kurzfristig plant, lassen sich die erforderlichen Daten oft mit ausreichender *Zuverlässigkeit* und *Genauigkeit* bereitstellen. Zudem sind ihre Planungsgegenstände häufig quantitativ formulierbar. Deshalb bietet sich auch die operative Planung für den Einsatz quantitativer Optimierungsmodelle an. Für realitätsnahe Problemstellungen lassen sich in vielen Fällen zumindest mit heuristischen Verfahren gute Lösungen finden.

Beispiele für Simultanmodelle der operativen Planung finden sich in allen Funktionsbereichen. Besonders zahlreich sind sie in der Fertigung. Deshalb wird aus ihr ein Ansatz zur Verknüpfung von Losgrößen- und Reihenfolgeplanung skizziert (vgl. Pressmar, 1975; Küpper, 1982, S. 157 ff.). Diese beiden Planungsgegenstände müssen miteinander verknüpft werden, wenn man die Losgrößen von mehreren Produkten bestimmt, die auf derselben Maschine erzeugt werden.

Simultanmodell der Losgrößen- und Reihenfolgeplanung

Dabei handelt es sich im einfachsten Fall um ein Problem der Herstellung mehrerer Produktarten auf einer Maschine. Der Bedarf wird für jede Produktart j mit einer kontinuierlichen Absatzgeschwindigkeit d_j als gegeben unterstellt. Für die Umrüstung der Maschine auf die Produktart j fallen Rüstkosten in Höhe von s_j an. Jede Produktart wird mit einer gegebenen Fertigungsgeschwindigkeit i_j hergestellt. Ferner werden die für die Lagerung der Produkte nach ihrer Herstellung anfallenden Kosten über einen Lager- und Zinskostensatz h_j berücksichtigt. Als weitere Prämissen werden offene Produktweitergabe, vollkommene Information, konstante Daten, keine Fehlmengen, ausreichende Lagerkapazitäten sowie -bestände unterstellt. Rüstzeiten werden vernachlässigt. Das Ziel besteht in der Minimierung der Summe aus Rüst- und Lagerkosten der Planperiode.

Wenn man in diesem Problem die kostenminimalen Lose isoliert für jede Produktart bestimmt, kommt man in der Regel entsprechend Abbildung 4-13 zu einem nicht realisierbaren Belegungsplan. Mit den jeweiligen Losgrößen sind nämlich eine bestimmte Fertigungsdauer sowie ein zeitlicher Auflegungsab-

Notwendigkeit der Simultanplanung

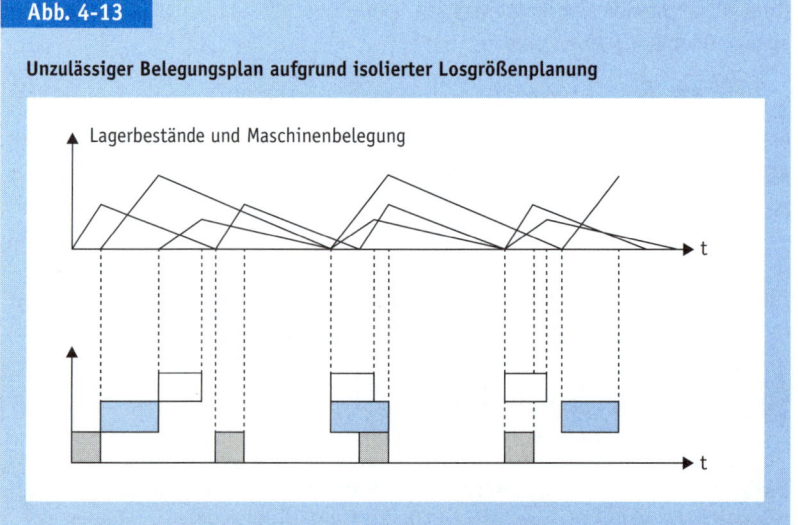

Abb. 4-13

Unzulässiger Belegungsplan aufgrund isolierter Losgrößenplanung

Lagerbestände und Maschinenbelegung

stand verbunden. Dies führt bei einer größeren Produktzahl dazu, dass die Maschine zu einzelnen Zeitpunkten *gleichzeitig* mehrere *unterschiedliche Produkte* fertigen sollte. Um dies zu vermeiden, müssen die Reihenfolge der Lose und damit die Maschinenbelegung simultan mit den Losgrößen bestimmt werden. Daran zeigt sich eine Interdependenz zwischen Losgrößen- und Reihenfolgeplanung. Sie stellt eine Mittelinterdependenz dar, weil verschiedene Produktarten dieselbe Maschinenkapazität beanspruchen.

Modell mit identischen Zyklen

Eine exakte Abbildung dieses Problems führt zu einem Optimierungsmodell, dessen Lösung äußerst schwierig ist (vgl. Dinkelbach, 1964, S. 58 ff.; Dellmann, 1975, S. 151 ff.; Domschke/Scholl/Voß, 1993, S. 78 ff.). Zur Vereinfachung kann man in einer zusätzlichen Nebenbedingung identische Produktionszyklen unterstellen. Sie besagt, dass die Fertigung auf der Maschine in identischen Zyklen durchgeführt wird, in denen alle Produkte jeweils einmal auftreten. Die Losgrößen der Produkte und ihre Reihenfolge innerhalb eines Zyklus sind über die Zyklen hin konstant. Durch die Einführung der zusätzlichen Bedingung einer Fertigung in identischen Zyklen wird eine Koordination zwischen der Planung der verschiedenen Losgrößen und ihrer Reihenfolge auf der Maschine erreicht. Die Reihenfolge der Lose innerhalb eines Zyklus hat dann keinen Einfluss mehr auf die Ausprägung der Zielgröße.

In der Abbildung 4-14 wird für ein Produkt die Entwicklung des Lagerbestands während eines Zyklus der Länge T dargestellt.

Die *Kosten K_j des Produktes j* mit der Produktionsdauer $\tilde{T}_j$ innerhalb eines Zyklus der Länge T setzen sich unter diesen vereinfachenden Prämissen aus den Rüstkosten sowie den Lager- und Zinskosten zusammen:

$$K_j = s_j + \frac{1}{2} \cdot h_j \cdot \left[(i_j - d_j) \cdot \tilde{T}_j \right] \cdot T \qquad (4\text{-}28)$$

Ferner muss die Losgröße jeder Produktart gemäß der *Nebenbedingung* (4-29) ihrer Absatzmenge während eines Zyklus entsprechen, da weder Fehl- noch Verzugsmengen zugelassen sind:

$$d_j \cdot T = i_j \cdot \tilde{T}_j \qquad (4\text{-}29)$$

Setzt man (4-29) in (4-28) ein, so lassen sich die *Kosten eines Zyklus* in Abhängigkeit von dessen Dauer T angeben:

$$K_j = s_j + \frac{1}{2} \cdot h_j \cdot \left[(1 - \frac{d_j}{i_j}) \cdot d_j \right] \cdot T^2 \qquad (4\text{-}30)$$

Dividiert man nun durch die Dauer T und summiert über alle Produkte j, so erhält man die *Gesamtkosten K je Zeiteinheit*:

$$K = \sum_j \frac{K_j}{T} = \sum_j \left(\frac{s_j}{T} + \frac{1}{2} \cdot h_j \cdot \left[(1 - \frac{d_j}{i_j}) \cdot d_j \right] \cdot T \right) \qquad (4\text{-}31)$$

Die einzige Variable dieser Zielfunktion ist die gemeinsame Zykluszeit T für alle Produkte. Ihre Minimierung führt gemäß (4-32) *zur optimalen Zykluszeit T^**:

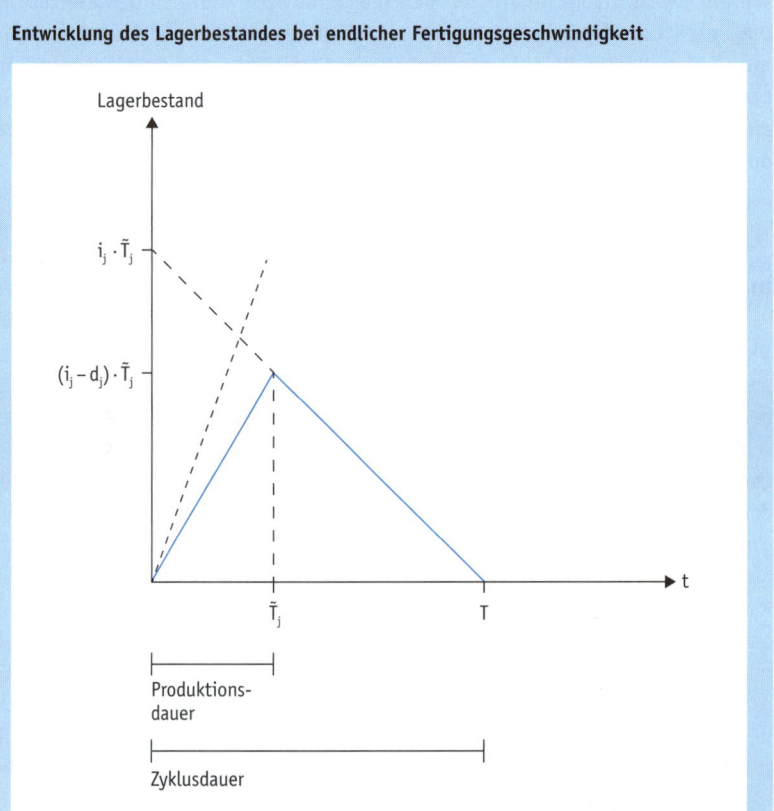

Abb. 4-14

Entwicklung des Lagerbestandes bei endlicher Fertigungsgeschwindigkeit

$$T^* = \sqrt{\frac{2 \cdot \sum_j s_j}{\sum_j h_j \cdot (1 - \frac{d_j}{i_j}) \cdot d_j}} \qquad (4\text{-}32)$$

Die einzelnen *optimalen Losgrößen* q_k^* der Produktarten k lassen sich durch Multiplikation von Nachfragerate und optimaler Zyklusdauer ermitteln:

$$q_k^* = d_k \cdot T^* = \sqrt{\frac{2 \cdot d_k^2 \cdot \sum_j s_j}{\sum_j h_j \cdot (1 - \frac{d_j}{i_j}) \cdot d_j}} \qquad (4\text{-}33)$$

An diesem Beispiel werden die Notwendigkeit einer Verknüpfung mehrerer Planungsgegenstände und die Möglichkeiten zur Bestimmung einer Lösung mit Hilfe der Differentialanalyse erkennbar. Um zu einem einfachen Lösungsweg zu gelangen, ist es erforderlich, eine Reihe von Annahmen (insbesondere über die

Beurteilung des Modells

Art eines Produktionszyklus) zu setzen, durch welche die Lösungsmenge eingeschränkt wird. Damit verzichtet man möglicherweise auf eine bessere Lösung. Die Beachtung der Interdependenz zwischen Losgrößen- und Reihenfolgeplanung bei mehreren Produktarten erhöht im Vergleich zur isolierten Losgrößenplanung die Modellkomplexität. Wendet man das als Beispiel skizzierte Modell an, nimmt man dafür die vereinfachenden Prämissen über den identischen Produktionszyklus in Kauf.

4.3.5 Instrumente zur Koordination zwischen verschiedenen Planungsebenen

Fristigkeit, Detaillierungsgrad und Komplexität

Die Koordination zwischen Planungsgegenständen verschiedener Ebenen wirft zusätzliche Probleme auf. Die Entscheidungen der Ebenen unterscheiden sich in der Reichweite ihrer Wirkungen. Durch die Verknüpfung von Gegenständen verschiedener Planungsebenen nimmt die Zahl der relevanten Daten und Beziehungen deutlich zu. Ihre präzise Abbildung müsste sich einerseits an der Fristigkeit der am weitesten reichenden Planungsebene und andererseits am Detaillierungsgrad der untersten Planungsebene orientieren. Damit steigt der Komplexitätsgrad deutlich an. Eine Erfassung in Simultanmodellen ist daher nur noch im Rahmen eines theoretischen Aussagensystems möglich, das wegen der Vielzahl an Variablen und Nebenbedingungen schon für einfache Beispiele nicht mehr numerisch lösbar ist (vgl. als Beispiel die Verknüpfung von Ausstattungs-, Programm- und Vollzugsplanung bei Küpper, 1980a, S. 240 ff.). Derartige Modelle können daher nur zur Kennzeichnung und formalen Analyse der Problemstruktur dienen. Für praktische Planungszwecke sind sie i. d. R. nicht verwendbar.

Die Schwierigkeiten der Verknüpfung mehrerer Planungsebenen nehmen weiter zu, wenn man qualitative Tatbestände des strategischen Bereichs einbeziehen möchte. Die Umsetzung von qualitativen Faktoren wie strategischen Erfolgspotenzialen, Produkt-Markt-Kombinationen, Marktattraktivitäten oder relativen Wettbewerbspositionen in quantitative Größen oder ihre Verknüpfung mit quantitativen Erfolgsgrößen wie Kapitalwerten bzw. Periodengewinnen erscheint bisher höchstens in Ansätzen möglich.

Aufgrund dieser Schwierigkeiten werden als Instrumente zur Koordination zwischen den Planungsebenen in erster Linie *organisatorische Prinzipien* zur Koordination von Planungsträgern und Planungsprozessen vorgeschlagen und diskutiert (vgl. die Abschnitte 8.3.2 und 8.3.3). Dies ist insoweit berechtigt, als die Kompetenz für die Planung der Gegenstände verschiedener Ebenen meist auf unterschiedliche organisatorische Hierarchieebenen verteilt ist. Die Ansätze zur Verteilung von Planungskompetenzen auf verschiedene Hierarchieebenen, zur Gruppenbildung und -abstimmung sind ebenso wie die Prinzipien zur zeitlichen Koordination von Planungsprozessen bestimmend für die Abstimmung der Planungsgegenstände. Die Entscheidung für eine Form der organisatorischen Strukturierung hängt daher auch von den jeweiligen Planungstatbeständen ab. Eine explizite Verknüpfung der organisatorischen mit den inhaltlichen Planungsaspekten ist jedoch äußerst schwierig. Deshalb werden die organisatorischen Koordinationsinstrumente in der Regel nur unter globaler Berücksichtigung der von den jeweiligen Stellen festzulegenden Planungsgegenstände analysiert.

Bisher gibt es nur wenige Planungsinstrumente zur expliziten Koordination von Planungsgegenständen unterschiedlicher Planungsebenen. Als Beispiel wird im Folgenden die Konzeption der hierarchischen Produktionsplanung charakterisiert (vgl. z. B. Hax/Meal, 1975; Bitran/Hax, 1977; Hax/Candea, 1984, S. 394 ff.; Axsäter, 1981; Bitran/Haas/Hax, 1981; Bitran/Haas/Hax, 1982; Graves, 1982; Stadtler, 1988; Switalski, 1988; Switalski, 1989; Kistner/Switalski, 1989; Kistner/Steven, 1993, S. 302 ff.; Kistner/Steven, 1991; Kistner, 1992; Nam/Logendran, 1992). Sie sucht einen Mittelweg zwischen der Verwendung von Simultanmodellen und dem völligen Verzicht auf Optimallösungen durch den Einsatz isolierter Planungsmodelle und -verfahren. Ihr Grundgedanke besteht in einer Strukturierung des Planungsproblems in zwei oder mehr Ebenen. Auf jeder Ebene wird eine optimale oder befriedigende Lösung mit Hilfe von quantitativen Entscheidungsmodellen und -verfahren ermittelt. Die Beziehungen zwischen den Planungsebenen werden zumindest näherungsweise erfasst.

Hierarchische Produktionsplanung

Hierzu dienen

- ▸ die Dekomposition in Teilplanungsprobleme,
- ▸ die Hierarchisierung der Modellstruktur,
- ▸ die Aggregation der Daten und
- ▸ eine einseitige oder gegenseitige Abstimmung zwischen den Planungsebenen.

Die einzelnen Planungsgegenstände des gesamten Problems sind durch eine Vielzahl von Interdependenzen miteinander verknüpft. Dekomposition bedeutet deren Aufspaltung in Teilprobleme. Sie sollte so erfolgen, dass auf einer Planungsebene und in einem Planungsmodell möglichst die Gegenstände erfasst sind, zwischen denen sehr enge Beziehungen bestehen. Deshalb bietet sich eine Gliederung nach der Rangordnung an. Auf der obersten Ebene werden dann strategische und/oder taktische Planungsprobleme behandelt, während die unter(st)e Ebene operative Tatbestände umfasst. Soweit es möglich ist, können darüber hinaus innerhalb einer Ebene Dekompositionsverfahren (z. B. das Verfahren von Dantzig/Wolfe, 1960) zur Vereinfachung des auf ihr zu lösenden Planungsproblems angewandt werden.

Dekomposition

Mit einer Hierarchisierung wird die Rangordnung zwischen den Ebenen berücksichtigt, indem die Ergebnisse der übergelagerten Modelle zu Vorgaben der unteren werden. Sie schränken den Handlungsspielraum der untergeordneten Ebenen ein. Beispielsweise werden im übergelagerten Modell Gesamtproduktionsmengen für einen längeren Zeitraum ermittelt, die in der nachfolgenden Losgrößen- und Reihenfolgeplanung eingehalten werden müssen und daher in deren Nebenbedingungen als Beschränkungsgrößen eingehen. Ferner werden in die oberen Ebenen die Wirkungen der nachfolgenden Entscheidungen näherungsweise einbezogen.

Hierarchisierung

Aggregation

Die Modelle der oberen Ebenen sind globaler als die der unteren. Deshalb werden die Daten und Variablen aggregiert. Beispielsweise werden Produkt- und Maschinengruppen sowie längere Planungszeiträume gebildet. Eine Zusammenfassung von Produktarten bzw. Maschinen ist vor allem bei hohem Verwandtschaftsgrad möglich, wenn z. B. Produkte weitgehend gleiche Maschinenfolgen, Bedarfe an Rohstoffen und Stückzeiten sowie ähnliche Nachfrageentwicklungen aufweisen. Hierzu sind geeignete Aggregationsverfahren anzuwenden (vgl. Liesegang, 1980, S. 76 ff.; Axsäter, 1981; Manz, 1983, S. 25 ff.; Axsäter/Jönsson/Thorstenson,1983; Axsäter/Jönsson, 1984; Switalski, 1989, S. 81 ff.).

Koordination der Planungsebenen

Die Abstimmung zwischen den Planungsebenen kann in unterschiedlich starker Weise vorgenommen werden. Verzichtet man völlig auf sie, so erreicht die Hierarchisierung schon mit der Vorgabe von Rahmenbedingungen für die unteren Ebenen eine gewisse Kopplung. Befolgt man dabei eine rollierende Planung (vgl. Abschnitt 8.3.3), bei der die weiterreichende Planung in Abständen revidiert werden kann, so können die Ergebnisse der unteren Planungsebene(n) für eine Revision der nachfolgenden Planung auf der oberen Ebene genutzt werden.

Der Grad der Koordination nimmt zu, wenn »die aggregierte Planungsebene die Auswirkungen ihrer Entscheidungen auf die detaillierte Ebene möglichst exakt zu antizipieren versucht.« (Kistner/Steven, 1993, S. 334) Dies lässt sich durch eine Berücksichtigung von Kosten der Modellzerlegung in der Zielfunktion, die Einführung von Reserven (Schlupf) bei den Kapazitäten, Produktionsmengen oder Terminen oder durch den Einsatz stochastischer Modelle erreichen, welche die Unsicherheit über die Entscheidungen der nachfolgenden Ebenen berücksichtigen. Bei dieser Form ist die Abstimmung noch einseitig. Dabei müssen z. B. durch den Ansatz von Reserven in den Kapazitätsnebenbedingungen einer Programmplanung die durch Umrüstungen benötigten Zeiten abgeschätzt werden. Dies hat zur Folge, dass geringere aggregierte Produktionsmengen geplant werden. Sollten sich im nachfolgenden Modell Losgrößen ergeben, deren Rüstzeitbedarf niedriger ist, so bleibt ein Teil der Kapazität wegen der Problemaufspaltung ungenutzt.

Gegenseitige Abstimmung

Derartige Beeinträchtigungen gegenüber der mit einem hypothetischen Simultanmodell vorstellbaren Zielerreichung lassen sich durch eine gegenseitige Abstimmung verringern. Entsprechend dem Prinzip des Gegenstromverfahrens (vgl. Abschnitt 8.3.3) werden dann zwischen den Planungsmodellen der verschiedenen Ebenen ein- oder mehrmalig Rückkoppelungen vorgenommen. Ihr Zeitpunkt richtet sich nach dem Planungsverfahren der übergeordneten Ebene, da die Planungsfrequenz auf den unteren Ebenen größer ist. Anhand der Ergebnisse der untersten Planungsebene wird überprüft, inwieweit die in den übergeordneten Modellen eingeführten Kosten der Zielfunktion, Reserven der Nebenbedingungen oder Erwartungswerte bzw. Wahrscheinlichkeitsverteilungen gerechtfertigt waren. In einem erneuten Modelldurchlauf werden sie entsprechend angepasst. Die Zweckmäßigkeit eines solchen Koordinationsverfahrens hängt von seinem Zeit- und Rechenaufwand ab.

Die Wahl des Kopplungsverfahrens ist nicht unabhängig von der organisatorischen Gestaltung der Planung. Eine gegenseitige Abstimmung der Planungsmodelle bietet sich als Instrument einer zentralen Planung an, da über quantitative Modelle und Verfahren eine Gesamtlösung für alle Planungsebenen ermittelt wird. Damit verringert sich der Entscheidungsspielraum dezentraler Planungseinheiten. Man kann sich jedoch auch vorstellen, dass die Abstimmung nicht durch automatisierte Verfahren erfolgt. Dann dienen die Ergebnisse quantitativer Modelle als Entscheidungshilfen für die dezentralen Planungsebenen, denen unter Beachtung qualitativer Faktoren, der Datenunsicherheit und anderer nicht modellmäßig erfasster Größen die Entscheidung verbleibt.

Als Beispiel wird im Folgenden ein hierarchisches Planungssystem dargestellt, das auf Arnoldo C. Hax, Harlan C. Meal und Gabriel R. Bitran zurückgeht (vgl. Hax/Meal, 1975; Bitran/Hax, 1977; Hax/Candea, 1984, S. 394 ff.). Das Planungssystem besteht aus zwei Entscheidungsebenen. Auf der ersten Entscheidungsebene werden aggregierte Produktionsmengen für sogenannte *Produkttypen* gebildet. Es handelt sich um eine mehrperiodige, dynamische Planung, die mindestens einen Saisonzyklus umfasst. Die zweite Entscheidungsebene betrachtet sachlich lediglich jeweils einen Produkttyp und zeitlich nur die nächste anstehende Periode. Sie teilt die in der ersten Planungsebene festgelegte Produktionsmenge des Typs in der anstehenden Periode auf mehrere sogenannte *Produktfamilien* auf.

Beispiel eines hierarchischen Planungssystems

In einer Produktfamilie werden solche Produkte zusammengefasst, die den gleichen Rüstzustand der Maschinen benötigen. Da zwischen den Produkten einer Produktfamilie keine nennenswerten Rüstvorgänge erforderlich sind, dies jedoch zwischen den verschiedenen Familien gilt, kann es zweckmäßig sein, die Produkte einer Familie immer gemeinsam, d. h. ohne Unterbrechung durch Produkte einer anderen Familie, zu fertigen. In einem Produkttyp werden mehrere verschiedene Produktfamilien zusammengefasst, die ähnliche Kosten je Einheit Produktionszeit und einen ähnlichen saisonalen Bedarfsverlauf aufweisen.

Im Folgenden werden lediglich die Grundzüge der Modelle für die beiden Entscheidungsebenen skizziert und die Disaggregation der Produktionsmengen auf der Ebene von Typen in die Ebene der Familien dargestellt (zur Darstellung vgl. Zäpfel/Gfrerer, 1984). Das Planungsproblem der *ersten Ebene* bringt im einfachsten Fall den Abgleich zwischen den Kosten von Überstunden und den Kosten der Lagerhaltung zum Ausdruck. Die Entscheidungsvariablen sind die Anzahl an Überstunden O_t in Periode t und die Lagerbestände J_{it} der Produkttypen i. Die Kosten einer Überstunde betragen c_t, der Lagerkostensatz für die Lagerung einer Einheit von Produkttyp i über eine Periode ist h_{it}. In der *Zielfunktion* Z_1 für die erste Planungsebene wird die Minimierung der Summe aus Überstunden- und Lagerhaltungskosten gefordert:

Planungsmodell der ersten Ebenen

$$\min \quad Z_1 = \sum_t \left(c_t \cdot O_t + \sum_i h_{it} \cdot J_{it} \right) \tag{4-34}$$

Durch eine *Mengenkontinuitätsgleichung* werden der Lagerbestand am Periodenanfang und am Periodenende zur Produktionsmenge P_{it} und zur Absatzmenge d_{it} der Periode in Beziehung gesetzt:

$$J_{i,t-1} + P_{it} - d_{it} = J_{it} \qquad\qquad \forall i,t \qquad (4\text{-}35)$$

Zusätzlich wird gefordert, dass die *Lagerbestände der Produkttypen* bestimmte untere und obere Schranken SS_{it} bzw. OS_{it} einhalten:

$$SS_{it} \leq J_{it} \leq OS_{it} \qquad\qquad \forall i,t \qquad (4\text{-}36)$$

Die untere Schranke stellt einen Sicherheitsbestand dar, der zum Abfangen von Prognosefehlern erforderlich ist, während sich die obere Schranke z. B. aus einer knappen, produkttypenspezifischen Lagerkapazität ergeben kann.

Die Produktionsmengen aller Produkttypen mit der Stückzeit k_i müssen in jeder Periode die *Kapazitätsschranken* einhalten, die sich aus der regulären Arbeitszeit b_t und den in Anspruch genommenen Überstunden O_t ergeben:

$$\sum_i k_i \cdot P_{it} \leq b_t + O_t \qquad\qquad \forall t \qquad (4\text{-}37)$$

Ferner dürfen *Überstunden, Produktions- und Lagermengen* nicht negativ werden:

$$O_t, P_{it}, J_{it} \geq 0 \qquad\qquad \forall i,t \qquad (4\text{-}38)$$

Bei dem Entscheidungsmodell der ersten Ebene handelt es sich um ein lineares Programm, das mit kommerziell verfügbarer Software auf einem PC in wenigen Sekunden gelöst werden kann. Da die Nachfragedaten durch die Betrachtung von Produkttypen in einem groben zeitlichen Raster, z. B. auf Monatsebene, aggregiert sind, lassen sie sich zum einen vergleichsweise leicht prognostizieren. Zum anderen führt die sachliche und zeitliche Aggregation zu einem kompakten Entscheidungsmodell, das numerisch problemlos lösbar ist.

Planungsmodell der zweiten Ebene

Wenn die Planung auf der ersten Ebene erfolgt ist, so stellt sich die Aufgabe, in der *zweiten Planungsebene* die Produktionsmengen der einzelnen Produktfamilien zu bestimmen. Ähnlich wie in der Losgrößenplanung bei konstanten Absatzgeschwindigkeiten (vgl. Abschnitt 4.3.4) strebt man auf dieser Planungsebene an, von solchen Produktfamilien große Lose aufzulegen, bei denen die familienspezifischen Rüstkosten s_j und die Absatzgeschwindigkeit d_j vergleichsweise groß sind. Dadurch sollen die Rüstkosten möglichst gering gehalten werden. Wenn man mit P_{j1} die Produktionsmenge der Familie j in der ersten Periode bezeichnet, so wird diese Forderung durch die folgende *Zielfunktion* der zweiten Entscheidungsebene zum Ausdruck gebracht:

$$\min \quad Z_{2i} = \sum_{j \in J_{(i)}} s_j \cdot \frac{d_j}{P_{j1}} \qquad (4\text{-}39)$$

Der Index i bezeichnet den gerade betrachteten Produkttyp. Als *Nebenbedingung* ist dabei zu berücksichtigen, dass sich die Produktionsmengen aller Familien eines Typs i zu der in der ersten Entscheidungsebene vorgegebenen Gesamtmenge addieren müssen:

$$\sum_{j \in J_{(i)}} P_{j1} = P_{i1} \qquad (4\text{-}40)$$

Außerdem können auch für die Produktionsmengen der einzelnen Familien bestimmte untere und obere *Schranken* LB_{j1} und OB_{j1} gelten.

$$LB_{j1} \leq P_{j1} \leq OB_{j1}, \qquad\qquad j \in J_{(i)} \qquad (4\text{-}41)$$

Zur Lösung dieses Familiendisaggregationsproblems haben Gabriel R. Bitran und Arnoldo C. Hax ein problemspezifisches Verfahren entwickelt (vgl. Bitran/ Hax, 1977). In ihrer Arbeit wird ferner beschrieben, wie sich die Produktionsmengen auf der Ebene von Familien derart in die Ebene einzelner marktfähiger Produkte disaggregieren lassen, dass die *erwartete Reichweite* des Lagerbestands für alle Produkte einer Familie nach der Produktion der Familie näherungsweise gleich ist. Auf diesem Weg soll verhindert werden, dass die Rüstkosten für die ganze Familie früher als nötig anfallen, weil von lediglich einem einzelnen Produkt der Familie der Lagerbestand erschöpft ist und es eine vorzeitige Neuauflage der Familie erzwingt.

Man erkennt an diesem Beispiel, dass jedes Entscheidungsfeld durch einen bestimmten Planungszeitraum, eine Periodendauer und ein bestimmtes Aggregationsniveau der Parameter und Entscheidungsvariablen gekennzeichnet ist. Deren Auswahl muss problemspezifisch erfolgen. Von zentraler Bedeutung sind die Mechanismen zur Koordination zwischen den Entscheidungsebenen. In dem skizzierten Beispiel erfolgt die Koordination top-down. Die Entscheidungen der unteren Ebene gehen erst in der nächsten Planungsrunde der ersten Ebene über die aggregierten Lageranfangsbestände in die Planung dieser Ebene ein.

Merkmale hierarchischer Planungssysteme

Mit der modellgestützten hierarchischen Produktionsplanung ist ein Konzept entwickelt und für eine Reihe von Problemstellungen bzw. Fällen konkretisiert worden, das über die Produktion hinaus auf andere Planungsbereiche anwendbar erscheint. Insbesondere bietet sich seine Verknüpfung mit der Investitionsplanung an, die der Produktionsplanung vielfach sachlich übergeordnet ist. Dieses Konzept könnte die Grundlage für eine fundiertere Modellunterstützung der Koordination zwischen Problemen der strategischen, der taktischen und der operativen Planungsebene liefern.

Wiederholungsfragen Kapitel 4

1. *Nennen und erläutern Sie die Phasen der Planung.*
2. *Wie lassen sich die Eigenschaften von Planungssystemen systematisch darstellen? Geben Sie für jede Eigenschaft ein konkretes Beispiel.*
3. *Welche Planungsebenen lassen sich unterscheiden? Nennen Sie für jede Ebene deren charakteristischen Merkmale, wichtige Zielgrößen und Variablen.*
4. *Inwiefern lässt sich mit Portfoliomodellen eine Koordination innerhalb der strategischen Planung erreichen?*
5. *Welche Planungsgegenstände sind innerhalb der taktischen Planung zu koordinieren?*
6. *Erläutern Sie den Unterschied zwischen simultaner und sukzessiver Planung.*
7. *Erläutern Sie die Vorgehensweise bei der hierarchischen Planung.*

Aufgaben Kapitel 4

1. Beschreiben Sie zwei konkrete Beispiele für Interdependenzen zwischen mehreren Teilplanungssystemen eines beispielhaften unternehmensweiten Planungssystems.

2. Beschreiben Sie Ziel und Ausgestaltung des Marktanteils-/Marktwachstumsportfolios.

3. Welcher Zusammenhang besteht zwischen den Konzepten des Produktlebenszyklus und der Erfahrungskurve einerseits und dem Marktanteils-/Marktwachstumsportfolio andererseits?

Lösungen Kapitel 4

1. Mögliche Beispiele:
   ▶ Produktionsprogramm-, Bestands- und Absatzplanung,
   ▶ Investitions- und Finanzierungsplanung,
   ▶ Investitions- und Produktionsplanung,
   ▶ Losgrößen- und Reihenfolgenplanung bei Produktion mehrerer Produkte auf einer Maschine.

2. Ziele und Ausgestaltung:
   ▶ Instrument zur Analyse und Steuerung des Produktportfolios (Koordination der strategischen Geschäftseinheiten (SGE): Planung einer effizienten Mittelverwendung)
   ▶ Gestaltung eines Zielportfolios durch Festlegung von Strategien für die einzelnen SGE (Ausgewogenheit)
   ▶ Gegenüberstellung des Zielportfolios mit dem Ist-Portfolio
   ▶ Grundlage für die Programmplanung, Ressourcenplanung und Finanzplanung
   ▶ Portfoliodarstellung nutzt die Kriterien von Marktanteil und Marktwachstum zur Beurteilung der SGE/Produkte
   ▶ Einteilung in Nachwuchs-, Star-, Cash- und Problemprodukte

3. Das Konzept des Produktlebenszyklus ist ein Mittel, das Marktwachstum bestimmter Produkte bewerten zu können. Diese Bewertung ist für die Einordnung in das Marktanteils-/Marktwachstumsprofil notwendig. Das Konzept der Erfahrungskurven begründet, warum hohe Marktanteile vorteilhaft sind. Der wesentliche Grund sind die Kostenvorteile.

5 Koordination des Informationssystems

Das Informationssystem ist für jede Unternehmung das zentrale Basissystem aller anderen Teilsysteme der Führung. Ohne Informationen ist beispielsweise keine Planung denkbar. Gleichzeitig ist das Informationssystem nicht einheitlich, sondern weist häufig völlig unterschiedliche Dimensionen auf, die sich in einer Vielzahl von Berichten niederschlagen. Die Koordinationsaufgabe des Controlling besteht darin, auf ein einheitliches Informationssystem hinzuwirken und eine Abstimmung des Informationssystems mit den anderen Teilsystemen der Führung vorzunehmen.

5.1 Beziehungen zwischen Controlling und Informationssystem

Eine Abgrenzung zwischen dem Informationssystem und dem Controlling ist schwierig, da viele Teilbereiche des Informationssystems häufig mit dem Controlling gleichgesetzt werden. So bezeichnet man die Kostenrechnung häufig als ein zentrales Controllinginstrument. In diesem Abschnitt werden die wichtigen Beziehungen zwischen Controlling und dem Informationssystem dargestellt.

5.1.1 Kennzeichnung des Informationssystems

Führung als zielorientierte Einflussnahme auf Personen erfolgt in den meisten Fällen über die Weitergabe von Informationen. Die Übermittlung von Informationen bildet die wichtigste Voraussetzung für eine Einflussnahme auf das Verhalten der Betroffenen. Der Einsatz der meisten Führungsinstrumente schließt eine Informationsübermittlung ein. So können Pläne nur umgesetzt und Kontrollen wirksam werden, wenn die entsprechenden Plan- bzw. Kontrollinformationen an die handelnden Personen gelangen. Die Umsetzung von Organisationsmaßnahmen erfordert eine entsprechende Information der betroffenen Stelleninhaber, und auch die unmittelbare personale Führung vollzieht sich zu wesentlichen Teilen über die Weitergabe von Informationen des Führenden an den Geführten. Daraus wird ersichtlich, dass dem Informationssystem innerhalb der Führung eine besondere Bedeutung als Basissystem für alle anderen Führungsteilsysteme zukommt.

Es besteht aus den Elementen, durch die in der Unternehmung Informationen ermittelt und bereitgestellt werden. Hierzu gehören Personen und Sachmittel, die Informationen aktiv bearbeiten, Informationen und Informationsinstrumente (z. B. Rechnungssysteme, Softwareprogramme u. Ä., vgl. Hettich, 1981, S. 49 ff.). Im Informationssystem werden Prozesse zur Beschaffung, Speicherung, Verarbeitung und Übermittlung von Informationen durchgeführt. Zweckmäßigerweise begrenzt man das zum Führungssystem gehörende Informationssystem auf die formal geregelte Informationsversorgung. Damit umfasst es nicht die informalen Kommunikationsvorgänge und -beziehungen, da diese nicht direkt gestaltbar und als Führungsinstrument einsetzbar sind.

Definition von Informationen

Informationen definiert man in der Betriebswirtschaftslehre weithin unter Bezugnahme auf Waldemar Wittmann (vgl. Wittmann, 1959, S. 14) als »zweckorientiertes Wissen«. Das Merkmal der Zweckorientierung verlangt, dass das Wissen für die Lösung von Aufgaben verwendbar ist. Man kann synonym von einer Zweck-, Aufgaben- und Entscheidungsorientierung sprechen. Die Verwendbarkeit von Wissen ist personen- und zeitabhängig. Sie wird davon bestimmt, welche Aufgaben eine Person in einem bestimmten Zeitpunkt oder -raum zu lösen hat (vgl. Kosiol, 1966, S. 175).

Echte und latente Informationen

Da es in Unternehmungen eine Vielzahl von Personen und Aufgaben geben kann, die sich zudem im Zeitablauf oft ändern, lässt sich nicht generell angeben, welches Wissen für ihre Zwecke verwendbar ist. Insoweit sind Informationen keine Beobachtungsgrößen. Vielfach kann man erst im Nachhinein feststellen, dass sie für bestimmte Zwecke und Aufgaben verwendet worden sind. Im Voraus kann es sich um »latente« Informationen handeln, die erst später bedeutsam werden. Deshalb umfasst das Informationssystem in der Regel auch Wissen, von dem sich nur sagen lässt, dass es möglicherweise für betriebliche Zwecke verwendbar wird. Dennoch unterscheidet man im betrieblichen Informationssystem nicht explizit zwischen echten und latenten Informationen.

5.1.2 Abgrenzung zwischen Controlling und Informationssystem

Koordination des Informationssystems beinhaltet zum einen dessen Ausrichtung auf den Informationsbedarf sowie die Informationsübermittlung an die anderen Führungsteilsysteme. Hiermit ist die Koordination zwischen den Führungsteilsystemen angesprochen. Controlling bedeutet in diesem Bereich, dass die Informationen gewonnen, verarbeitet und zum richtigen Zeitpunkt sowie in der für den Verwender geeigneten Weise bereitgestellt werden. Diese Aufgabe erstreckt sich auf die gesamte Unternehmung, da an allen Stellen Informationsbedarf besteht.

Koordination mit den anderen Führungsteilsystemen

Abstimmung innerhalb des Informationssystems

Zum anderen beinhaltet Koordination im Führungssystem die Abstimmung innerhalb des Informationssystems selbst. Ansatzpunkte der Integration innerhalb des Informationssystems sind so weit als möglich zu nutzen. Dies erstreckt sich insbesondere auf die Abstimmung der verschiedenen Rechnungssysteme und die datentechnische Verknüpfung. Dabei ist zu beachten, dass unterschiedliche Rechnungszwecke in der Regel jeweils eigenständige Rechnungssysteme erfordern. Zielsetzung kann daher keine vollständige und alle Rechnungssysteme umfassende Integration sein. Vielmehr sind die Gemeinsamkeiten und die Beziehungen zwischen den auf verschiedene Rechnungszwecke ausgerichteten Rechnungen soweit für eine Integration zu nutzen, wie eine Erreichung der jeweiligen Rechnungszwecke gewahrt bleibt.

Einen maßgeblichen Einfluss hat hierbei das Zielsystem der Unternehmung. Aus ihm lassen sich die wichtigsten Rechnungszwecke ableiten. Hieran zeigt sich die Zielausrichtungsfunktion des Controlling. Soweit das Erfolgsziel im Vordergrund steht, erhält die Koordination der erfolgszielorientierten Rechnungssysteme ein besonderes Gewicht. Aus der Anpassungs- und Innovationsfunktion des Controlling folgt im Hinblick auf das Informationssystem eine doppelte Aufgabe. Einmal benötigt die Unternehmung Informationssysteme, durch welche Änderungen in der Umwelt frühzeitig erkannt werden. Zum anderen besteht die Notwendigkeit, die vorhandenen Systeme an neue Entwicklungen anzupassen.

Zielausrichtungs-, Anpassungs- und Innovationsfunktion

Die Koordination innerhalb des Informationssystems ist von der Struktur der Rechnungssysteme abhängig. Deshalb wirkt sich diese Aufgabe auf deren strukturelle Gestaltung aus. Die Controllingfunktion bezieht sich darauf, wie beispielsweise die Investitions-, die Kosten- und die Finanzrechnung aufgebaut und miteinander verbunden sind, nicht auf deren laufende Durchführung.

5.2 Aufgaben und Ansätze zur Koordination innerhalb des Informationssystems

Die Integration der Unternehmensrechnung ist eine der wichtigsten Aufgaben des Controlling. Dazu gehören eine Verzahnung der internen Kostenrechnung mit dem externen Rechnungswesen genauso wie wertorientierte Steuerungskonzepte, die eine Ausrichtung kurzfristiger Steuerungsgrößen an langfristigen Zielen erlauben. In diesem Abschnitt werden Ansätze zu einer Integration verschiedener Teile der Unternehmensrechnung dargestellt.

5.2.1 Ansatzpunkte zur Integration der Unternehmensrechnung

5.2.1.1 Gegenstand der Unternehmensrechnung

Das wichtigste Instrument der betrieblichen Informationserzeugung ist die Unternehmensrechnung. Zu ihr zählt man üblicherweise die Rechnungssysteme der Unternehmung, durch die in Wertgrößen ausgedrückte Informationen für betriebliche Zwecke bereitgestellt werden (vgl. Brink, 1978, S. 565 f.; Kloock, 1978, S. 493 ff.; Weber, 1988, S. 1 ff.; Busse von Colbe, 1990, S. 403; Coenenberg, 1992, S. 23; Coenenberg, 1993, Sp. 3677 f.; Breid, 1994, S. 1 f.). Den traditionellen Kern der Unternehmensrechnung bildet das Rechnungswesen, das sich auf die Finanz- und Betriebsbuchhaltung erstreckt (vgl. Wöhe, 1996, S. 997 ff.; Horváth, 1998a, S. 407 ff.; Coenenberg, 1993, Sp. 3677). Zu ihnen zählen die Bilanzrechnung mit Bilanz, Gewinn- und Verlustrechnung und Cashflow-Rechnung

Rechnungswesen und Unternehmensrechnung

Abb. 5-1

Überblick über wichtige Teilsysteme der Unternehmensrechnung

Entscheidungs-zielbezug — Zeitbezug	Finanzziele	Erfolgsziele	Potenzialziele	Produkt-ziele	Sozial- und Umweltziele
Vergangenheits-orientiert	▸ Liquiditäts-rechnung ▸ Finanzierungs-rechnung	▸ Ist-Kosten- und Erlösrechnung ▸ Ist-Bilanz-rechnung	▸ Anlagenrechnung ▸ Lohn- und Gehaltsrechnung ▸ Humanvermögens-rechnung		▸ Sozialbilanzen
Zukunftsorientiert – kurzfristig	▸ Liquiditäts-planungs- und -kontrollrechnung	▸ Plan-Kosten- und Erlösrechnung ▸ Planbilanz			
– mittel- bis langfristig	▸ Finanzplanungs- und -kontrollrech-nung	▸ Investitions-rechnung			
– langfristig	▸ Chancen-Risiken-Faktoren ▸ Früherkennungssysteme				

Vergleiche Breid, 1994, S. 13; Küpper, 1994, S. 343

einschließlich der vorgelagerten Nebenbuchhaltungen Anlagen-, Lohn- und Gehalts- sowie Materialrechnung und die Kosten- und Erlösrechnung mit ihren Bestandteilen der Kostenarten-, Kostenstellen-, Kostenträger- sowie kurzfristigen Erfolgsrechnung. Mit dem Begriff Unternehmensrechnung bezeichnet man einen umfassenderen Gegenstandsbereich (vgl. Abbildung 5-1), welcher die Finanzrechnung stärker betont und insbesondere Investitionsrechnungen, Humanvermögensrechnungen und Sozialbilanzen einschließt.

Finanzrechnung

Die Notwendigkeit einer stärkeren Berücksichtigung der Finanzrechnung ergibt sich aus der Bedeutung des Liquiditätsziels für jede Unternehmung. Da Zahlungsunfähigkeit unabhängig von der Rechtsform einen Konkursgrund bildet, müssen Unternehmungen zu jedem Zeitpunkt in der Lage sein, ihre fälligen Verbindlichkeiten zu begleichen. Die in der Praxis zu beobachtende zunehmende Tendenz zur Erstellung von Kapitalflussrechnungen auf indirektem Weg aus zwei aufeinanderfolgenden Jahresabschlüssen weist auf den Bedarf nach einem Ausbau der Finanzrechnung hin (vgl. Buchmann/Chmielewicz, 1990, S. 33 ff.).

Investitionsrechnung

Die Investitionsrechnung wird üblicherweise als eigenständige finanzwirtschaftliche Rechnung angesehen, ist aber in vielen Unternehmen inzwischen eng mit dem Rechnungswesen verknüpft. Sie wird bei langfristigen Entscheidungen als Grundlage herangezogen.

Humanvermögens-rechnungen

Mit Humanvermögensrechnungen (Human Resource Accounting) sollen Wertgrößen über die menschlichen Ressourcen einer Unternehmung ermittelt werden. Hierzu »können ... alle Personen gezählt werden, die Beiträge zur Erreichung der Unternehmensziele ... leisten, also die Unternehmensbeteiligten

(Eigen- und Fremdkapitalgeber, Arbeitskräfte, Kunden, Lieferanten u. a.)« (Streim, 1981, Sp. 743; vgl. auch Streim, 1993, Sp. 1682).

Sozialbilanzen beziehen sich auf die gesellschaftlichen und physischen Umweltbeziehungen der Unternehmung. Sie richten sich primär auf die außerökonomischen, nicht über Märkte erfassten Beziehungen und streben die Abbildung des sozialen Nutzens sowie der sozialen Kosten an. Darunter versteht man die von der Unternehmung durchgeführten und nicht ihrem Produktionszweck dienenden Tätigkeiten zugunsten der Gesellschaft bzw. die von ihr verursachten, aber nicht getragenen externen Belastungen. In den meisten vorgeschlagenen Konzepten versucht man, diese Wirkungen zugunsten bzw. zu Lasten der Gesellschaft und Umwelt mit Hilfe von Wertgrößen zu erfassen. Sofern man Sozialbilanzen aufstellt, sollen mit ihnen das entsprechende Handeln der Unternehmung dokumentiert oder Informationen für dessen Planung und Kontrolle gewonnen werden.

> **Sozialbilanzen**

Mit dem Übergang auf die Bezeichnung Unternehmensrechnung wird betont, dass sie als Führungsinstrument auszubauen ist. Die Einbeziehung der Investitionsrechnung macht deutlich, dass sie nicht auf einperiodige Rechnungen beschränkt bleiben kann. Dies erscheint wegen der engen Beziehungen zwischen kurz- und längerfristigen Rechnungen unabdingbar.

> **Unternehmensrechnung**

Neben der auf die Informationsversorgung der gesamten Unternehmung ausgerichteten Unternehmensrechnung gibt es weitere Systeme, die entweder auf einzelne Funktionsbereiche beschränkt sind oder nur Mengengrößen ermitteln. Zu den bereichsbezogenen Rechnungen gehört u. a. die Marktforschung. Sie liefert für den Absatz- und Beschaffungsbereich Informationen über Tatbestände und Beziehungen auf bestimmten Märkten (zum Überblick vgl. z. B. Zentes, 1993, S. 347 ff.). In ihr können Mengen- und Wertgrößen ermittelt werden, indem man beispielsweise Kundenpräferenzen, Nachfragemengen, Preis-Absatz-Funktionen oder wertmäßige Marktanteile bestimmt. Mengengrößen werden u. a. in der Materialbedarfsvorhersage und der Arbeitszeitermittlung gewonnen. In ersterer versucht man, den mengenmäßigen Bedarf bei wichtigen Einsatzstoffen auf der Grundlage des geplanten Produktionsprogramms (programmgesteuert) oder vergangener Güterbedarfe (verbrauchsgesteuert) (zum Überblick vgl. z. B. Küpper, 1993a, S. 217 ff.) zu prognostizieren. Durch die Arbeitszeitermittlung werden im Fertigungsbereich Vorgabe- und Planzeiten der Arbeitsgänge beispielsweise durch Verfahren der Zeitaufnahme nach REFA bestimmt (vgl. z. B. Küpper, 1982, S. 47 ff.; Wöhe, 1996, S. 262 ff.).

> **Weitere Informationssysteme**

5.2.1.2 Systematisierungsmöglichkeiten der Unternehmensrechnung

An den in Abbildung 5-2 wiedergegebenen Gliederungskriterien werden die vielfältigen Gestaltungsmöglichkeiten der Unternehmensrechnung deutlich. Sie kann verschiedene Teilsysteme umfassen, für die es jeweils mehrere Ausprägungen gibt. Damit hat jede Unternehmung die Möglichkeit, ihr zentrales Rechnungssystem nach den eigenen Zwecken aufzubauen.

Mit jeder Rechnung sollen bestimmte Informationen ermittelt werden. Diese Wünsche, durch welche das Ergebnis der Rechnung und damit deren Ziel be-

> **Rechnungszwecke und Rechnungsziele**

Abb. 5-2

Merkmale zur Gliederung der Unternehmensrechnung

Merkmal	Ausprägungen					
Rechnungszweck	Dokumentation		Information zur Planung		Information zur Steuerung	Information zur Kontrolle
Entscheidungs-zielbezug	Erfolgsziel	Finanzziel	Produktziel	Potenzialziel	Sozialziel	Umweltziel
Abbildungs-gegenstand	Bar- und Buchgeld		Forderungen und Verbindlichkeiten		Realgüter	
Basisgrößen	Ein- und Auszahlungen		Einnahmen und Ausgaben		Erträge und Aufwendungen	Erlöse und Konten
Zeitlicher Bezug	Vergangenheit (Ist-, Nach-Rechnungen)			Zukunft (Vor-, Prognose-, Plan-Rechnungen)		
Zeitliche Reichweite	Eine Periode (kurzfristig)			Mehrere Perioden		
				(mittelfristig)		(langfristig)

stimmt wird, führen zum Rechnungszweck und zum Rechnungsziel. Nimmt man eine Differenzierung zwischen diesen Begriffen vor, so kann man im Anschluss an Dieter Schneider unter den *Rechnungszwecken* die Wissenswünsche der Empfänger verstehen (vgl. Schneider, 1993, S. 194 ff.; Weber, 1977, S. 115; Lechner, 1981, Sp. 1412–1414; Kosiol, 1972, S. 137–141; Breid, 1994, S. 8 ff.). Dagegen werden mit *Rechnungsziel* die als Ergebnis einer Rechnung ermittelten Größen wie Jahresüberschuss, Kapitalwert, Produktstückkosten o. Ä. bezeichnet. Rechnungsziele konkretisieren die Rechnungszwecke durch Angabe der im Einzelnen benötigten quantitativen Informationen. Eine derartige begriffliche Trennung erscheint zweckmäßig, ist aber bisher nicht in dieser Weise gängig.

Die Konkretisierung der Wissenswünsche ist Aufgabe der Informationsbedarfsanalyse (vgl. Abschnitt 5.3.1). Sie richtet sich insbesondere nach den Aufgaben und Instrumenten der anderen Führungsteilsysteme. Als allgemeine Rechnungszwecke lassen sich für alle Teilsysteme der Unternehmensrechnung die Dokumentation oder Abbildung sowie die Bereitstellung von Informationen für Planungs-, Steuerungs- und Kontrollaufgaben unterscheiden.

Abbildung und Dokumentation

Abbildung und Dokumentation dienen mehreren Zwecken. Eine Wiedergabe realisierter Prozesse ist notwendig, um Erkenntnisse über ihren Verlauf und die sie bestimmenden Größen erlangen zu können. Sie ist ferner eine Voraussetzung für die Analyse von Zusammenhängen und die Erarbeitung von Hypothesen, mit denen sich Prognosen aufstellen lassen. Darüber hinaus benötigt man sie zur Rechenschaftslegung und Kontrolle. Dokumentation geht über die bloße Abbildung hinaus und beinhaltet eine Aufzeichnung der Daten, die über einen Zeitraum aufbewahrt werden. Damit kann sie für eine Überprüfung der Abbildung herangezogen werden.

Planung

An den Rechnungszwecken der Bereitstellung von Informationen zur Planung, Steuerung und Kontrolle wird der enge Bezug der Unternehmensrechnung zu anderen Führungsteilsystemen deutlich. Im Hinblick auf die Planung hat sie Informationen zu liefern, die für eine Prognose der Wirkungen von Planalternativen auf die Unternehmensziele und andere relevante Tatbestände sowie die Ableitung optimaler Alternativen erforderlich sind.

Mit dem Rechnungszweck der Steuerung ist die Bereitstellung von Informationen zur Verhaltensbeeinflussung von Handlungsträgern angesprochen. Die Informationen sollen der Durchsetzung von Entscheidungen und Plänen dienen. Dabei kann es sich zum einen in sach-rationaler Hinsicht um Informationen handeln, durch welche die Fähigkeit (das Kennen und Können) zum planentsprechenden Handeln unterstützt wird. Zum andern lässt sich in sozioemotionaler Sicht die Motivation des Handelnden beeinflussen (vgl. Koch, 1994, S. 15 ff.). An diesem Rechnungszweck zeigt sich die Verbindung des Informationssystems zur Personalführung deutlich.

Kontrolle kann als Vergleich einer zu prüfenden Größe mit einer Maßstabs- oder Normgröße definiert werden. Sie bildet die Basis für die Einleitung von Anpassungsmaßnahmen und von neuen Entscheidungen, durch welche unerwünschte Abweichungen zwischen den miteinander verglichenen Größen behoben oder zukünftig vermieden werden sollen. In Bezug auf diesen Rechnungszweck sind daher Informationen für die Durchführung der Vergleiche und zur Analyse von Abweichungen zu ermitteln.

Während sich Rechnungszwecke und Rechnungsziele auf das Ergebnis von Rechenprozessen beziehen, geben Entscheidungsziele die Größen an, welche durch die zu treffenden Entscheidungen erreicht werden sollen. Bei der Entscheidungsfindung benötigt man Informationen über die Wirkungen der in Betracht gezogenen Alternativen auf die Entscheidungsziele. Deshalb sind sie ein wichtiger Ansatzpunkt zur Herleitung von Rechnungszielen der Unternehmensrechnung.

In der Betriebswirtschaftslehre sind verschiedene Klassifikationen von Entscheidungszielen vorgeschlagen worden (vgl. Schmidt-Sudhoff, 1967, S. 93 ff.; Heinen, 1976, S. 59 ff.; Schmidt, 1977, S. 114 ff.; Kupsch, 1979, S. 41 ff.; Kubicek, 1981, S. 460 ff.; Schmidt, 1987, Sp. 2084 ff.; Hauschildt, 1992, Sp. 2423 ff.). Im Hinblick auf die Unternehmensrechnung erscheint eine Unterscheidung von Erfolgs-, Finanz-, Produkt-, Potenzial-, Sozial- und Umweltzielen besonders aussagefähig. Erfolgsziele betreffen absolute Gewinngrößen wie (Perioden- und Stück-)Gewinne sowie Deckungsbeiträge und Kapitalwerte oder Rentabilitätsgrößen wie Gesamt- sowie Eigenkapitalrentabilität und den internen Zinsfuß. Finanz- und Liquiditätsziele beziehen sich auf die Zahlungsfähigkeit der Unternehmung und deren Sicherung. Während diese beiden Klassen von Entscheidungszielen Wertgrößen enthalten, erfassen Produkt- und Potenzialziele in stärkerem Maße auch Mengengrößen. So werden mit Produktzielen die Mengen und Qualitäten von erstellten und abgesetzten Sachgütern und Dienstleistungen erfasst. Ziele der Bedarfsdeckung und Leistungsversorgung können zu dieser Klasse gerechnet werden.

Potenzialziele beziehen sich auf Potenzialgüter wie Anlagen, Mitarbeiter, Know-how o. Ä. Zu ihnen lassen sich Wachstums- und Schrumpfungsziele rech-

Steuerung

Kontrolle

Entscheidungsziele

Erfolgsziele, Finanz- und Liquiditätsziele sowie Produktziele

5.2 **Koordination des Informationssystems**
Aufgaben und Ansätze zur Koordination innerhalb des Informationssystems

190

nen. Mit Sozialzielen stellt man auf Merkmale der Unternehmensbeteiligten wie die Arbeitszufriedenheit, die Sicherheit des Arbeitsplatzes, Mitbestimmung u. Ä. ab. Sie werden vor allem für Mitarbeiter formuliert (vgl. Küpper, 1974, S. 92 f.). Die Merkmale der physischen Umwelt wie Wasserbelastung, Luftverschmutzung usw. sind in die Umwelt- oder ökologischen Ziele einzuordnen.

Abbildungsgegenstände und Basisgrößen der Unternehmensrechnung

In der Unternehmensrechnung werden realisierte oder künftige Tatbestände abgebildet. Jede Rechnung erfasst nur einen Teil der für die Unternehmung relevanten Größen. Deshalb unterscheiden sich ihre jeweiligen Abbildungsgegenstände. Sie können Nominalgüter als Bar- und Buchgeld, Forderungen und Verbindlichkeiten sowie Realgüter wiedergeben (vgl. Kosiol, 1966, S. 111 ff.). Aus dem Abbildungsgegenstand leiten sich die Basisgrößen der Unternehmensrechnung her. Die wichtigsten Bewegungsgrößen zur Abbildung von Nominalgütern sind Einzahlungen und Auszahlungen sowie Einnahmen und Ausgaben. Zahlungen sind Bewegungen an Bar- und Buchgeld. Dagegen berücksichtigt man bei Einnahmen und Ausgaben zusätzlich die Veränderungen bei Forderungen und Verbindlichkeiten. Sie erfassen somit Bewegungen von Geld und bestimmten Ansprüchen auf Geld. Zahlungen sowie Einnahmen und Ausgaben gehen in die Finanzrechnung ein. Erträge und Aufwendungen sind die Komponenten von Gewinn- und Verlustrechnungen. Sie ergeben sich aus den Änderungen der in der Handelsbilanz erfassten Güter- und Schuldenbestände. Die Kosten- und Erlösrechnung gibt Vorgänge der bewerteten Güterentstehung und des bewerteten Güterverbrauchs wieder. Investitionsrechnungen werden sowohl mit Zahlungs- als auch mit Kosten-/Erlösgrößen durchgeführt.

Zeitliche Reichweite der Unternehmensrechnung

Wenn sich (Teil-)Systeme der Unternehmensrechnung auf vergangene Zeitpunkte oder Zeiträume beziehen, werden in ihnen als »Ist- oder Nach-Rechnungen« vor allem realisierte Tatbestände abgebildet. Deren Zuverlässigkeit lässt sich gut überprüfen. Sie können einen hohen Grad an Objektivität erreichen. Demgegenüber gehen in zukunftsbezogene »Vor-, Prognose- oder Plan-Rechnungen« zwangsläufig Prognosen, Erwartungen und Ziele ein, die einer Überprüfung nicht in gleichem Umfang zugänglich sind. Berücksichtigt man dabei die Verbindung zwischen den Perioden, so gelangt man von ein- zu mehrperiodigen Rechnungen.

Diese Merkmale weisen auf die vielfältigen Teilsysteme der Unternehmensrechnung hin. Sie ermöglichen nicht nur eine Kennzeichnung und Einordnung der bekannten Rechnungssysteme, sondern lassen auch Schwerpunkte erkennen. So zeigt die in Abbildung 5-1 vorgenommene Gliederung nach den Merkmalen Entscheidungsziel- und Zeitbezug das starke Gewicht von erfolgs- und finanzzielorientierten Rechnungen. Die besondere Ausrichtung auf diese beiden Entscheidungsziele folgt aus deren großer Bedeutung in einem marktwirtschaftlichen System.

Zur Bereitstellung von Informationen für Planungs-, Steuerungs- und i. d. R. auch für Kontrollzwecke benötigt man zukunftsorientierte Rechnungssysteme. Dabei stellt sich die Frage, in welchem Umfang Rechnungen zur Unterstützung des strategischen Bereichs entwickelt werden können. Erste Ansätze stellen Früherkennungssysteme dar. Wegen der Ausrichtung des strategischen Bereichs auf Erfolgspotenziale bietet sich zudem ein Ausbau potenzialzielorientierter Rechnungen an (vgl. Breid, 1994).

5.2.1.3 Integrationsmöglichkeiten und -grenzen in der Unternehmensrechnung

Koordination bedeutet in Bezug auf die Unternehmensrechnung eine Verknüpfung und Zusammenfassung von Teilen, die in verschiedenen Rechnungssystemen in gleicher Weise benötigt werden. Sie mündet damit in eine Nutzung von Integrationsmöglichkeiten. Soweit Systeme auf dieselben Daten zurückgreifen und gleiche Berechnungsverfahren anwenden, sind diese nicht mehrfach zu führen. Ferner können mehrere Rechnungssysteme übereinstimmenden Rechnungszwecken, beispielsweise der Bereitstellung von Informationen für die Planung, dienen. Sind sie darüber hinaus auf dieselben Entscheidungsziele gerichtet, sollten sie von einem einheitlichen Grundkonzept ausgehen. In den genannten Fällen können

Einheitliches Grundkonzept

▸ gemeinsame Datenbestände,
▸ gleichartige Berechnungsverfahren und
▸ gleich ausgerichtete Rechnungsteilsysteme

integriert werden.

Hierdurch lässt sich vor allem die Wirtschaftlichkeit der Unternehmensrechnung erhöhen. Die Integration verhindert überflüssige Mehrfacherfassung und -speicherung von Daten. Doppelberechnungen werden vermieden und die verfügbaren Daten, Speicher sowie Rechenverfahren besser genutzt. Zudem verringert sich die Gefahr widersprüchlicher Daten, weil dieselben Tatbestände nicht mehrfach abgebildet werden. Wenn man Rechnungssysteme, die auf denselben Rechnungszweck und übereinstimmende Entscheidungsziele ausgerichtet sind, nicht weitgehend integriert, können die aus ihnen abgeleiteten Informationen zu konfliktären Entscheidungen und Handlungen verleiten.

Ansatzpunkte für die Integration von Daten liegen in der Erfassung von Ist- und der Bestimmung von Prognosedaten über empirische Sachverhalte innerhalb und außerhalb der Unternehmung. Sie bilden vielfach »Grunddaten« für mehrere Rechnungssysteme, soweit ihre Ausprägung nicht von einem bestimmten Rechnungsziel abhängig ist. Hierzu gehören einmal die gesamten Zahlungen der Unternehmung. Sie sind nicht nur die Basisgrößen der Finanzrechnung und der dynamischen Verfahren der Investitionsrechnung, sondern auch die Ausgangsgrößen für die Abgrenzung der Aufwands- und Ertragsgrößen. Darüber hinaus können auch Kosten und Erlöse aus ihnen hergeleitet werden.

Integration von Daten

Des Weiteren gehört hierzu eine Reihe von Mengen- und Zeitgrößen, die man insbesondere zur Bestimmung der Güterentstehung und des Güterverbrauchs benötigt. Wichtige Beispiele sind die Herstellungs- bzw. Absatzmengen an Zwischen- und Endprodukten, die Einsatzmengen an Material, Einsatz- bzw. Fertigungszeiten bei menschlicher sowie maschineller Arbeit, Nutzungsdauern von Anlagen oder Bindungsdauern von Kapital. Die Istdaten derartiger Größen können zu Teilen mit automatisierten Systemen einer Betriebsdatenerfassung

5.2 **Koordination des Informationssystems**
Aufgaben und Ansätze zur Koordination innerhalb des Informationssystems

192

erhoben werden. Für ihre Prognose benötigt man kausale oder Zeitreihen-Hypothesen, wie sie in der betriebswirtschaftlichen Theorie aufgestellt oder mit statistischen Methoden hergeleitet werden.

Ausgangspunkt und
Grenzen der Integration

Der Ausgangspunkt für eine Integration von Rechnungssystemen liegt in einer gleichartigen Rechnungszweck- und Entscheidungszielorientierung der von ihnen bereitzustellenden Informationen. Hierin liegt zugleich die wichtigste Grenze für eine Integration. Da unterschiedliche Rechnungszwecke und Rechnungsziele nur mit unterschiedlichen Rechnungssystemen zufriedenstellend erfüllt werden können (vgl. Schneider, 1991, S. 766 f.), trägt eine zu weitgehende Integration die Gefahr in sich, nicht relevante Informationen zu verwenden und damit falsche Entscheidungen nahezulegen. Wichtige Grenzen der Integration ergeben sich daher aus den verschiedenen Anforderungen, welche die Rechnungszwecke jeweils an die benötigten Informationen stellen. So sind die für Dokumentationszwecke notwendigen Istdaten wichtig als Ausgangsgrößen für die Herleitung von Prognosen. Ferner benötigt man sie zur Aufstellung und Prüfung von Hypothesen für Prognosefunktionen. Insoweit kann eine Vielzahl der für Dokumentationszwecke erhobenen Daten auch für die Planung genutzt werden, und schließen Planungsrechnungen wie z. B. Plankostenrechnungen i. d. R. Istrechnungen ein. Jedoch benötigt man für die Gewinnung von Planinformationen stets zusätzliche Rechnungssysteme beispielsweise in Form von Prognoserechnungen und Entscheidungsmodellen, aus denen Informationen über die künftigen Wirkungen von Entscheidungsalternativen bestimmbar sind.

Determinanten von
Steuerungsinformationen

Für eine Steuerung sollen Informationen bestimmte Verhaltensweisen wie das Unterdrücken oder Fälschen von Daten verhindern und erwünschte Verhaltensweisen fördern. Die Ausprägung der Informationen ist abhängig von den Annahmen über die Eigenschaften der Informationsempfänger. Beispielsweise kann man Leistungsvorgaben an die individuelle Leistungsfähigkeit des Betroffenen annähern, obwohl der erwünschte Zielwert der Planung über der Vorgabe und der realistisch erwartete darunter liegen. Daran wird zugleich deutlich, dass Ziel-, Vorgabe- und Prognosewert eng zusammenhängen. Der Ziel- und der Prognosewert müssen die Leistungsfähigkeit des Ausführenden berücksichtigen und werden zugleich vom Vorgabewert und der Reaktion des Ausführenden darauf beeinflusst.

5.2.2 Integration erfolgszielorientierter Rechnungen

5.2.2.1 Überblick über erfolgszielorientierte Systeme der Unternehmensrechnung

Unterschiedliche Erfolgs-
begriffe

Die Bilanz-, die Investitions- sowie die Kosten- und Erlösrechnung sind auf das Erfolgsziel ausgerichtet. Die in ihnen verwendeten Erfolgsbegriffe stimmen aber nicht überein. Für die Bilanzrechnung wird der Periodenerfolg als Jahresüberschuss durch das Handelsrecht (§§ 242 ff. HGB) abgegrenzt. Die Fassung des in den internen Rechnungen verwendeten Erfolgsbegriffs liegt letztlich (unter Beachtung der marktwirtschaftlichen Rahmenbedingungen) im freien Ermessen des Unternehmers. Die in der Betriebswirtschaftslehre entwickelten Konzepte des Erfolgsbegriffs und der Erfolgsrechnung stellen daher begründete Vorschläge dar, die insbesondere Rationalitäts- und Zweckmäßigkeitskriterien unterliegen. Unter diesem Aspekt verwundert es nicht, dass sowohl für den Investitions- als auch für den Kostenbereich eine Reihe unterschiedlicher Konzepte mit jeweils eigenen Erfolgsbegriffen vorgeschlagen wird.

Die Systeme der Kosten- und Erlösrechnung gehen durchweg von einem absoluten Gewinn aus. In ihnen werden Stück- und Periodengewinne ermittelt. Darüber hinaus gewinnen in Teilkostenrechnungen ggf. verschiedenartige Stück- und Periodendeckungsbeiträge eine wichtige Bedeutung. Die Unterschiede im zugrunde liegenden Erfolgsbegriff zeigen sich erst bei genauerer Analyse. So führen Voll- und Teilkostenrechnungen durch die unterschiedliche Bestandsbewertung mit oder ohne anteilige Fixkosten bei Bestandsänderungen zu Differenzen in der Gewinnhöhe. Ferner wird über die Kosten- und ggf. auch die Erlösbewertung die Gewinnhöhe maßgeblich beeinflusst. Dies gilt besonders für die kalkulatorischen Kostenarten, speziell die kalkulatorischen Abschreibungen und Zinsen (vgl. Schneider, 1984, S. 2523 ff.; Schweitzer/Küpper, 2011, S. 459 ff.).

Kosten- und Erlösrechnung

Eine Bewertung aller Güterverbräuche zu realisierten Marktpreisen führt zu einer nominalen Kapitalerhaltung. In der Praxis der Kosten- und Erlösrechnung ist eine Bewertung zu Wiederbeschaffungspreisen weit verbreitet. Sie führt zu einer Bruttosubstanzerhaltung. In Übertragung von Überlegungen zum Jahresabschluss (vgl. Schneider, 1984, S. 2524 ff.) erscheint auch für die Kosten- und Erlösrechnung die Orientierung an einer »Nettosubstanzerhaltung« begründet. Diese geht für das eigenfinanzierte Vermögen von Wiederbeschaffungswerten und für das fremdfinanzierte von den Anschaffungs- oder Herstellungskosten aus, weil die Unternehmung einen Teil ihres Kapitals von einem unvollkommenen und unvollständigen Kapitalmarkt beschafft (vgl. Ordelheide, 1993, S. 245 ff.).

Bewertung und Kapitalerhaltung

Der Bilanzrechnung sowie den Verfahren der dynamischen Investitionsrechnung liegen Zahlungen zugrunde. Deshalb werden sie als pagatorische Erfolgsrechnungen bezeichnet. Demgegenüber nennt man die auf Kosten und Erlösen beruhenden Rechnungen kalkulatorisch. Zu ihnen sind auch die statischen Investitionsrechnungen zu zählen, da sie die Vorteilhaftigkeit von Investitionen ebenfalls über Kosten- und Erlösgrößen ermitteln.

Pagatorische und kalkulatorische Erfolgsrechnungen

Für eine grundlegende Kennzeichnung der erfolgszielorientierten Rechnungen ist neben dem Erfolgsbegriff wichtig, ob dieser auf einzelne bzw. mehrere Perioden, Produkte oder andere Handlungsgrößen bezogen wird. Ferner sind die Rechnungsgrößen und die Fristigkeit der Rechnungen maßgebend. Mit diesen Merkmalen kommt man zu der in Abbildung 5-3 wiedergegebenen Übersicht der pagatorischen und kalkulatorischen Erfolgsrechnungen. In sie sind zusätzlich Konzepte aufgenommen, welche auf eine Verbindung dieser Rechnungen abzielen. Hierzu gehört einmal die ertragswertorientierte Bilanzrechnung, in welcher das kapitaltheoretische Konzept, wie es den dynamischen Investitionsrechnungen zugrunde liegt, auf die Bilanzrechnung übertragen wird. Dasselbe Konzept bildet die Basis für die investitionstheoretische Kostenrechnung, die

Überblick über erfolgszielorientierte Rechnungen

Abb. 5-3

Überblick über Systeme der Erfolgsrechnung

	Pagatorische Erfolgsrechnung			Integrierte Erfolgsrechnung			Kalkulatorische Erfolgsrechnung			
Rechnungssysteme	Bilanzrechnung	Ertragswertorientierte Bilanzrechnung	Kombinierte Planbilanzrechnung	Dynamische Investitionsrechnung	Investitionstheoretische Kostenrechnung	Kombinierte Kosten- und Investitionsrechnung	Vollkostenrechnung	Grenzplankostenrechnung	Betriebsplankosten- und -erlösrechnung	Relative Einzelkostenrechnung
Erfolgsbegriff	Bilanzgewinn (Jahresüberschuss)	Kapitaltheoretischer Gewinn	Bilanzgewinn und ökonomischer Gewinn	z. B. Kapitalwert	z. B. Kapitalwert	Periodengewinn und Kapitalwert	Perioden- und Stückgewinn	Periodengewinn, Perioden- u. Stückdeckungsbeiträge	Periodengewinn	Periodengewinn, Perioden- u. Stückdeckungsbeiträge
Bezugsgrößen des Erfolgs	Periode	Mehrperiodiger Planungszeitraum	Periode und mehrperiodiger Planungszeitraum	Mehrperiodiger Planungszeitraum	Mehrperiodiger Planungszeitraum	Periode und mehrperiodiger Planungszeitraum	Periode und Produkteinheit	Periode, Produkteinheiten u. andere Bezugsgrößen	Periode	Periode, Produkteinheiten u. andere Bezugsgrößen
Rechnungsgrößen	Erträge und Aufwendungen	Ein- u. Auszahlungen	Ein- u. Auszahlungen, Erträge und Aufwendungen	Ein- u. Auszahlungen	Ein- u. Auszahlungen	Leistungen u. Kosten, Ein- u. Auszahlungen	Leistungen u. volle Selbstkosten	Leistungen u. variable sowie fixe Kosten	Ausbringungs- und Einsatzmengen sowie Preise	Relative Einzelkosten
Fristigkeit	Eine (oder wenige) Planungsperiode(n)	Mehrere Planungsperioden	Mehrere Planungsperioden	Mehrere Planungsperioden	Mehrere Planungsperioden	Mehrere Planungsperioden	Eine Planungsperiode	Eine Planungsperiode	Eine Planungsperiode	Eine Planungsperiode

eine Verknüpfung von Investitions- und Kostenrechnung herstellt. Ausgehend von einer näheren Analyse der Beziehungen zwischen Bilanz-, Investitions- sowie Kosten- und Erlösrechnung konzentrieren sich die Überlegungen zur Integration der Unternehmensrechnung auf diese Systeme.

5.2.2.2 Beziehungen zwischen Bilanz-, Investitions- sowie Kosten- und Erlösrechnung

Mit den Verfahren der *Investitionsrechnung* werden Informationen über die ökonomische Vorteilhaftigkeit von Investitionsprojekten für die Investitionsplanung bereitgestellt. In sie gehen Prognosen über künftige Zahlungen ein. Demgegenüber dient die *Bilanzrechnung* der externen Rechnungslegung. Deshalb gibt sie weitgehend realisierte Tatbestände wieder. Um ein hohes Maß an Zuverlässigkeit zu erreichen, wird der Spielraum bei zugrunde liegenden Prognosen (z. B. bei der Nutzungsdauer von Anlagen und bei Rückstellungen) durch rechtliche Vorschriften begrenzt. Die Rechtsvorschriften sollen einen Ausgleich zwischen den unterschiedlichen Interessen von Anteilseignern, Gläubigern, Management, Öffentlichkeit u. a. im Hinblick auf den ausschüttungsfähigen Gewinn und den Umfang an zu veröffentlichenden Informationen gewährleisten. Hierfür ist ein hohes Maß an Objektivität und Nachprüfbarkeit der Rechnung notwendig. Dagegen kann die Investitionsrechnung als interne Rechnung von den Entscheidungsträgern nach ihren Zwecken gestaltet werden.

Investitions- und Bilanzrechnung

Dennoch besteht über die verwendeten Basisgrößen der Zahlungen zwischen beiden Rechnungen eine wichtige Verbindung. Für jeden an den gewinnabhängigen Zahlungen der Unternehmung Beteiligten hängt die Höhe des auszuschüttenden Gewinns von seinen Zielvorstellungen in Bezug auf die zeitliche Verteilung der Zahlungen ab. Die für ihn beste Aufteilung in Ausschüttung heute oder Selbstfinanzierung und Ausschüttung morgen wird durch seine zeitlichen Präferenzen bestimmt. Die handelsrechtliche objektivierte Lösung ist notwendig, da die Interessen der verschiedenen Anspruchsberechtigten nicht übereinstimmen. Aus Sicht des einzelnen Anteilseigners stellt die Frage der Gewinnausschüttung bzw. seiner Gewinnentnahmen dagegen ein Entscheidungsproblem dar. Für dessen Lösung wird das kapitaltheoretische Konzept als formaler Ansatz bedeutsam.

Die Bilanz- und die Kosten-/Erlösrechnung greifen teilweise auf dieselben Daten zurück. Zu den *aufwandsgleichen Kosten* gehören vor allem Personal-, Material-, Energie- u. ä. Kosten. Ferner sind die Umsatzeinnahmen die Ausgangsdaten auf der Ertrags- wie der Erlösseite. Die wichtigsten Unterschiede zwischen beiden Rechnungssystemen bestehen in Bezug auf die *neutralen Aufwendungen* und die *kalkulatorischen Kosten*. Letztere sind auf die Orientierung der Kosten- und Erlösrechnung am Sachziel sowie an »betriebsgewöhnlichen« Verbräuchen und auf die rein zweckabhängige Bewertung zurückzuführen. Für Finanzentscheidungen sind gleichermaßen Erfolgswirkungen maßgeblich. Deshalb müssen auch für sie Kosteninformationen bereitgestellt werden. Die Abgrenzung zwischen sachzielbezogenem und neutralem Bereich ist daher nicht unproblematisch. Sie sollte sich danach richten, inwiefern eine Trennung zwi-

Bilanz- und Kosten-/Erlösrechnung

schen verschiedenen Aktivitätsbereichen zur effizienteren Unternehmensführung zweckmäßig ist. Beispielsweise kann es sich in einer personenbezogenen Unternehmung um handelsrechtlich zulässige private Aktivitäten oder in Großunternehmungen um die bewusste Abtrennung eines zentralen Finanzbereichs handeln. Notwendig erscheint jedoch eine genaue Untersuchung, welche Aktivitäten ausgegrenzt bzw. in einer eigenständigen Erfolgsrechnung erfasst werden sollen und welche Interdependenzen durch die Aufspaltung besonders zu beachten sind.

Bilanzrechnung

Für die Bilanzrechnung sind die im HGB kodifizierten *Bewertungsvorschriften* an den handelsrechtlichen Rechnungszwecken orientiert. Die vor allem mit dem Gläubigerschutz begründbare Betonung eines allgemeinen Vorsichtsprinzips wird insbesondere durch das Imparitätsprinzip deutlich. Letzteres schlägt sich in der Bildung von Rückstellungen für drohende Verluste und dem Niederstwertprinzip (zu den Einzelheiten vgl. Coenenberg, 2000, S. 95 ff.; Streim, 1988, S. 49 ff.; Moxter, 1986, S. 20 ff.) nieder. Die Kosten- und Erlösrechnung ist ein Informationsinstrument für die Entscheidungsträger der Unternehmung. Deshalb muss sie sich nicht an einem derartigen Vorsichtsprinzip orientieren (vgl. Schneider, 1994b, S. 400 ff.; Schneider, 1992b, S. 21 ff.). Zweckmäßig erscheint vielmehr, dass sie die *Unsicherheit* der Daten möglichst realitätsgetreu wiedergibt (vgl. Koch, 1994, S. 38 ff.).

Die handelsrechtlichen *Herstellungskosten* stimmen weder mit den variablen noch mit den gesamten *Herstellkosten* überein, mit denen die Bestandsbewertung in einer Teil- bzw. einer Vollkostenrechnung erfolgt. Für die Abschreibungen in der Bilanzrechnung bilden die Anschaffungs- oder Herstellungskosten den Ausgangsbetrag. Demgegenüber kann dieser in der Kosten- und Erlösrechnung zweckabhängig frei gewählt werden. Die Höhe der *bilanziellen Abschreibungen* muss unter Beachtung des Niederstwertprinzips nach den Grundsätzen ordnungsmäßiger Buchführung festgelegt werden. Dabei spielen wegen der umgekehrten Maßgeblichkeit die engeren steuerlichen Vorschriften häufig eine zentrale Rolle. Demgegenüber können die *kalkulatorischen Abschreibungen* ebenfalls rein zweckabhängig bestimmt werden. Sie müssen auch keinen Wertzusammenhang zwischen den Werten aufeinanderfolgender Perioden beachten, wie es sich im Handelsrecht aus den GoBs des Identitäts- und Stetigkeitsprinzips ergibt (§ 252 I HGB).

Als *Zinsaufwendungen* können in der bilanziellen Rechnung lediglich die Fremdkapitalzinsen zu den realisierten Zinssätzen angesetzt werden. Dagegen berechnet man in der Kosten- und Erlösrechnung Zinskosten auf das gesamte, für das Sachziel eingesetzte Kapital mit einem einheitlichen Kalkulationszinsfuß. Für dessen Höhe sind dieselben Überlegungen wie in der Investitionsrechnung maßgeblich (vgl. Küpper, 1985b, S. 26 ff.; Küpper, 1985a, S. 417 ff.; Kilger, 1988, S. 737 f.).

Investitions- und
Kosten-/Erlösrechnung

Die Investitions- und die Kosten- und Erlösrechnung werden für *gleichlautende Rechnungszwecke* eingerichtet. Beide sollen erfolgszielorientierte Informationen für die Planung, Steuerung und Kontrolle liefern. Damit stellt sich die Frage nach ihrer gegenseitigen *Abgrenzbarkeit*. Tendenziell unterstützt die

Abb. 5-4

Vergleich von Investitions- sowie Kosten- und Erlösrechnung

	Investitionsrechnung	Kosten- und Erlösrechnung
Gemeinsam-keiten	Ausrichtung auf das Erfolgsziel Streben nach Wirtschaftlichkeit und Rentabilität	
Unterschiede Planungshorizont	▸ längerfristig	▸ kurz- und mittelfristig
Art des Erfolgsziels	▸ mehrperiodig: Kapital- oder Endwert	▸ einperiodig: Periodengewinn
Planungs-tatbestände	▸ Alternative Lösungen für i. d. R. längerfristig verwendbare Potenziale (z. B. Anlagen, Vertriebssysteme u. a.)	▸ Durchführung der Investitions-alternativen
	▸ Beurteilung und Auswahl von i. d. R. längerfristig verwend-baren Potenzialen	▸ Entscheidung über kurzfristige Planungstatbestände wie Produktionsprogramm, Produk-tionsverfahren u. a.
Rechnungs-größen	▸ Ein- und Auszahlungen	▸ Kosten und Erlöse
Rechnungs-gegenstand	▸ einzelne, längerfristig wirksame Alternativen	▸ laufende Planung, Steuerung und Kontrolle der Unter-nehmensprozesse
Präzisionsgrad	▸ begrenzt	▸ hoch

Investitionsrechnung eher den längerfristigen, die Kostenrechnung den kurz-fristigen Bereich. Das Kriterium der *Fristigkeit* (Planungshorizont) ermöglicht aber keine eindeutige Abgrenzung zwischen den Systemen, da der Übergang zwischen den Planungsfristen fließend ist. In der Investitionsrechnung werden üblicherweise *Projekte* und *Programme* beurteilt, während in der Kosten- und Erlösrechnung die Betonung auch auf *Stellen* und *Bereichen* liegt. Als Kosten- und Erlösträger verwendet man neben den Produkten weitere Bezugsgrößen, zu denen Projekte und Programme gehören können. Dies deutet auf die in Abbildung 5-4 skizzierten unterschiedlichen Schwerpunkte hin. Ein klares *Separati-onskriterium* ist aus ihnen aber nicht herleitbar.

Ein solches könnte in der Ausrichtung auf Zahlungen oder (Real-)Gütermen-genbewegungen bestehen. Finanz- und Realgüterbereich sind jedoch an vielen Stellen miteinander verknüpft. Dies muss auch in der Kostenrechnung beachtet werden, weil die übergeordneten Unternehmensziele i. d. R. zahlungsorientiert definiert sind. Deshalb kann die Kosten- und Erlösrechnung die Wirkungen auf die Zahlungsströme nicht außer Acht lassen und müssen sich ihre planungsre-levanten Informationen auf diese Ziele beziehen. Zudem stellen die Zahlungen unmittelbar messbare Beobachtungsgrößen dar. Erst wenn Kosten aus ihnen über eindeutige Regeln und ggf. theoretische Ansätze hergeleitet werden, ge-winnt die Kosten- und Erlösrechnung wie die Investitionsrechnung eine klare empirische Grundlage.

5.2 **Koordination des Informationssystems**
Aufgaben und Ansätze zur Koordination innerhalb des Informationssystems

198

Umgekehrt sind zumindest bei Sachinvestitionen für die Investitionsrechnung die hinter den Zahlungen stehenden Realgüterbewegungen bedeutsam. Auch wenn man in der betriebswirtschaftlichen Investitionstheorie auf den Zahlungsaspekt abstellt, liegt dahinter ein realwirtschaftlicher Aspekt. Art, Höhe und zeitlicher Anfall der künftigen Zahlungen hängen vielfach von der mit einer Investition geschaffenen Kapazität und deren Nutzung ab. Um die Zahlungsströme zu prognostizieren, benötigt man daher Kenntnisse oder Vorstellungen über das mit dem Investitionsprojekt verbundene reale Geschehen (vgl. Küpper, 1992b, S. 116 f.).

Die skizzierten Gesichtspunkte, d. h. die begrenzte Separierbarkeit nach Planungsfristen, die einheitliche Ausrichtung auf das Erfolgsziel, die Anbindung an empirische Messgrößen und die engen Beziehungen zwischen Realgüter- und Zahlungsbewegungen verhindern eine eindeutige Grenzziehung zwischen Investitions- sowie Kosten- und Erlösrechnung. Deshalb sind im Folgenden Ansätze ihrer *konzeptionellen Verknüpfung* zu untersuchen.

Investitions- sowie Kosten- und Erlösrechnung müssen als spezifische Ausprägungen einer *integrierten betrieblichen Erfolgsrechnung* entwickelt werden. Diese ist ein Instrument zur Unterstützung der Führung von Unternehmungen, in denen das Erfolgsziel als Entscheidungsziel verfolgt wird. Eine Trennung zwischen beiden Rechnungssystemen bleibt von pragmatischen Gesichtspunkten der Anwendung bestimmt.

5.2.2.3 Kapitaltheoretisches Konzept der Erfolgsrechnung

In der Praxis werden zur Beurteilung von Investitionen vielfach auch statische Verfahren herangezogen (vgl. Küpper/Winckler/Zhang, 1990, S. 448 f.). Sie arbeiten mit periodisierten Erfolgsgrößen, die aus der Kosten- und Erlösrechnung gewonnen werden. Zudem besteht eine Tendenz, kostenrechnerische Ansätze und Denkmuster auf den langfristigen Bereich auszudehnen. Am deutlichsten zeigt sich dies in Vorschlägen für eine »strategische Kostenrechnung« (vgl. Holzwarth, 1993; Cooper/Kaplan, 1988; Coenenberg/Fischer, 1991; Fröhling, 1994, S. 100 ff.).

Die Orientierung an Einperiodenzielen bei mehrperiodigen Entscheidungsproblemen und die Vernachlässigung des zeitlichen Verlaufs der Zahlungen sind jedoch äußerst problematisch (vgl. z. B. Kruschwitz, 1995, S. 41 ff.). Rational erscheint eine Orientierung an den langfristigen Zielen, aus denen die kurzfristigen Ziele herzuleiten sind. Die Einteilung in Perioden ist nicht durch wirtschaftliche Tatbestände bestimmt. Zwischen den Perioden bestehen viele Verknüpfungen, welche durch die Beschränkung auf eine Periode zerschnitten und vernachlässigt werden. Soweit kostenrechnerische Ansätze als Durchschnittsbildungen verwendet werden, vereinfachen sie die realen Gegebenheiten. Dies kann in einer Reihe von Anwendungsfällen angebracht sein. In anderen werden hierdurch wichtige Einflüsse des zeitlichen Verlaufs und zeitlicher Beziehungen so stark geglättet, dass unerwünschte Zielbeeinträchtigungen unvermeidlich sind. Deshalb liefert eine Ausweitung kostenrechnerischer Ansätze und Informationen auf den Investitionsbereich kein fundiertes Konzept einer einheitlichen betrieblichen Erfolgsrechnung.

Problematik der
Ausweitung kosten-
rechnerischer Ansätze

Vieles spricht dafür, dass ein solches in der Kapitaltheorie verfügbar ist (vgl. Küpper, 1994b, S. 350 ff.; Breid, 1994, S. 54 ff.). Das kapitaltheoretische Konzept geht davon aus, dass ökonomische Erfolgsziele an den Zahlungen ansetzen. Sie bilden die finanzwirtschaftlichen Basisgrößen. Ihre Realisierung ist in der Wirklichkeit beobachtbar und muss nicht – wie z. B. bei Ausgaben, Aufwendungen und Kosten – über Theorien oder Setzungen erst aus solchen abgeleitet werden.

Kapitaltheoretisches Konzept

In der betriebswirtschaftlichen Entscheidungstheorie ist eine Reihe langfristiger Erfolgsziele vorgeschlagen worden (vgl. z. B. Laux/Franke, 1970, S. 33 ff.; Sieben/Schildbach, 1990, S. 103 ff.). Geht man von einem einzelnen Unternehmer bzw. einer personenbezogenen Unternehmung aus, so lassen sich vor allem die periodischen Entnahmen für Konsum und das Endvermögen am Planungshorizont anführen. Als plausible Zielvorstellungen kann man eine Maximierung der Konsumentnahmen bei vorgegebenem Endvermögen (Entnahmestreben), eine Maximierung des Endvermögens bei gegebenem Konsum (Vermögensstreben) sowie eine Kombination steigender Entnahmen mit wachsendem Vermögen (Wohlstandsstreben) zugrunde legen (vgl. Schneider, 1992, S. 65 f.; Kruschwitz, 1995, S. 12 f.; Schmidt, 1993, Sp. 2036; Hüchtebrock, 1983, S. 7 ff.; Breid, 1994, S. 63 f.). Spezielle Ausprägungen lassen sich durch die Vorgabe einer bestimmten Struktur des Entnahmestroms mit beispielsweise konstanten, steigenden oder fallenden Entnahmen oder einer bestimmten Verknüpfung zwischen Entnahmen und Endvermögen erreichen.

Entnahme-, Vermögens- und Wohlstandsstreben als langfristige Erfolgsziele

Die Erreichung dieser Zielvorstellungen kann mit einem vollständigen Finanzplan, der alle erwarteten Zahlungen einschließlich der Zinsen für angelegte und aufgenommene Finanzmittel enthält, exakt erfasst werden. Dessen Aufstellung wirft jedoch »im praktischen Fall ... kaum lösbare Schwierigkeiten auf« (Schneider, 1992a, S. 71; vgl. Hax, 1967, S. 751; Mahlert, 1976, S. 18; Bitz, 1977, S. 91; Bohr/Schwab, 1984, S. 144). Deshalb sind sowohl für die Ableitung theoretisch fundierter Erkenntnisse als auch für die praktische Anwendung Vereinfachungen vorzunehmen. Hierzu führt man Prämissen ein, die klar zum Ausdruck bringen, worin die Abweichungen liegen und inwiefern die Theorie vereinfachte Teilzusammenhänge abbildet. »Jede Theorie muss mit grob gestutzten Zusammenhängen anfangen und sich Stück für Stück an die Wirklichkeit herantasten.« (Schneider, 1992b, S. 26) Durch systematische Aufhebung der Prämissen ist sie so zu erweitern, wie es für ihre Anwendung notwendig erscheint.

Jeder Entscheidungsträger muss bei Festlegung seines mehrperiodigen Erfolgsziels bestimmen, inwieweit ihm ein heutiger Konsum wichtiger als ein späteres Endvermögen (und damit späterer Konsum) ist. Maßgeblich sind also seine *zeitlichen Präferenzen* hinsichtlich der Zahlungen. Unterstellt man, dass *sichere Erwartungen* sowie ein *vollkommener Kapitalmarkt* existieren, so kann er zu jedem Zeitpunkt zum selben Zinssatz finanzielle Mittel in beliebiger Höhe anlegen und aufnehmen (bei sicheren Erwartungen bedeutet dies, dass (1) weder Transaktionskosten noch Steuern gibt, (2) zu einem Zinssatz beliebig Geld aufgenommen und angelegt werden kann und (3) alle Kapitalgeber diesel-

Kapitalmarktprämissen

ben Erwartungen über die finanziellen Wirkungen der Projekte (homogene Erwartungen) haben, vgl. Franke/Hax, 1999, S. 153). Damit lässt sich jede Entnahme mit dieser Verzinsung in künftiges Endvermögen transformieren und umgekehrt. Unter diesen Annahmen stimmen die Zielvorstellungen der Entnahme- und der Endvermögensmaximierung überein. Zugleich entsprechen sie der Maximierung des Marktwertes des Konsumstromes aus sämtlichen Entnahmen und dem Endvermögen. Unter dem *Marktwert* versteht man den »Preis, für den man diesen Strom kaufen kann« (Franke/Hax, 1999, S. 153 ff.). Die Übereinstimmung der drei Zielgrößen ist in diesem Fall unabhängig von den zeitlichen Präferenzen des Entscheidungsträgers. Für diese strengen Prämissen besteht damit ein *Separationstheorem* zwischen Konsum- und Investitions- sowie Finanzierungs- und Investitionsentscheidungen (vgl. Franke/Hax, 1999, S. 157; Schneider, 1992a, S. 523 ff.; Schmidt/Terberger, 1996, S. 97 ff.; Rudolph, 1983, S. 268 ff.; Breid, 1994, S. 68 ff.).

In der Finanzierungstheorie ist die Erweiterung dieser Zielgrößen auf *unvollkommene Kapitalmärkte* sowie *unsichere Erwartungen* intensiv untersucht worden (vgl. Franke/Hax, 1999, S. 158 ff.; Schneider, 1992a, S. 118 ff.). Damit liegt ein relativ ausgebautes Instrumentarium zur Aufhebung der engen Kapitalmarktprämissen vor. Diese Gesichtspunkte sprechen dafür, zur Entwicklung von Konzepten einer theoretisch fundierten integrierten Erfolgsrechnung im ersten Schritt von den Prämissen

▶ sicherer Erwartungen und
▶ eines vollkommenen Kapitalmarktes

auszugehen.

Für die Annäherung an die realen Gegebenheiten können sie dann systematisch aufgehoben und spezifische Zielvorstellungen unter Berücksichtigung individueller Zeitpräferenzen eingebaut werden.

Endwert

In einem Totalmodell muss das Endvermögen (der Endwert) K_T am Planungshorizont T über einen vollständigen Finanzplan bestimmt werden. Unter den Prämissen sicherer Erwartungen und eines vollkommenen Kapitalmarktes lässt sich das Endvermögen vereinfacht durch Aufzinsung sämtlicher mit einer Alternative verbundenen Einzahlungen E_τ und Auszahlungen A_τ zu den Zeitpunkten (Perioden) τ berechnen:

$$K_T = \sum_{\tau=t}^{T}\left(E_\tau - A_\tau\right)\cdot\left(1+i\right)^{T-\tau} \tag{5-1}$$

Kapitalwert

Wegen des einheitlichen Kalkulationszinsfußes i führt die Maximierung des Kapitalwertes K_t der abgezinsten Ein- und Auszahlungen zum Bezugszeitpunkt t

$$K_t = \sum_{\tau=0}^{T}\left(E_\tau - A_\tau\right)\cdot\left(1+i\right)^{t-\tau} \qquad \forall\, t = 0\ldots T \tag{5-2}$$

zu derselben optimalen Alternative wie die Endwertmaximierung.

»Mit Hilfe der Kapitalwerte kann man auch Periodenerfolge bestimmen. Dies ist der kapitaltheoretische Ansatz zur Ermittlung von Periodenerfolgen.«

(Franke/Hax, 1999, S. 81 ff.) Sie ergeben sich als Differenz zwischen den Kapitalwerten am Ende und am Anfang der Periode unter Berücksichtigung der Auszahlungen A_t^* an und der Einzahlungen E_t^* von den Kapitalgebern:

$$G_t = \left(K_t - K_{t-1} \right) + A_t^* - E_t^* \tag{5-3}$$

Dieser Periodenerfolg G_t wird als ökonomischer Gewinn bezeichnet.

Ökonomischer Gewinn

Im Fall sicherer Erwartungen über die Ein- und Auszahlungen in t gilt (vgl. Franke/Hax, 1999, S. 81 ff.):

$$K_{t-1} = \sum_{\tau=t}^{T} \left(A_\tau^* - E_\tau^* \right) \cdot \left(1 + i \right)^{(t-1-\tau)} = \tag{5-4}$$

$$= \left[A_t^* - E_t^* + \sum_{\tau=t+1}^{T} \left(A_\tau^* - E_\tau^* \right) \cdot \left(1 + i \right)^{(t-\tau)} \right] \cdot \left(1 + i \right)^{-1} =$$

$$= \left[A_t^* - E_t^* + K_t \right] \cdot \left(1 + i \right)^{-1}$$

Durch Umformung erhält man für die Differenz der Kapitalwerte:

$$K_t - K_{t-1} = i \cdot K_{t-1} - A_t^* + E_t^* \tag{5-5}$$

und den ökonomischen Gewinn:

$$G_t = \left(K_t - K_{t-1} \right) + A_t^* - E_t^* = i \cdot K_{t-1} \ . \tag{5-6}$$

Hieran wird erkennbar, dass der ökonomische Gewinn der Verzinsung des Kapitalwertes zu Beginn der Periode entspricht. Sofern in jeder Periode Entnahmen in Höhe des ökonomischen Gewinns erfolgen, bleibt der Kapitalwert bei sicheren Erwartungen gleich und damit der Ertragswert der Kapitalanlage im Unternehmen erhalten.

Im Fall unsicherer Erwartungen muss auch die Änderung des Informationsstandes im Zeitpunkt t berücksichtigt werden. Dann wird die Höhe des ökonomischen Gewinns nicht nur durch die Verzinsung des Kapitalwertes, sondern auch durch die Änderung der Erwartungen bestimmt. Er bringt die künftigen Erfolgswirkungen der betrachteten Handlungsalternative und der Änderungen des Informationsstandes zum Ausdruck. »Von der theoretischen Konstruktion her erscheint der ökonomische Gewinn deswegen als Zielgröße und Erfolgsmaßstab sehr gut geeignet.« (Franke/Hax, 1999, S. 84) Für seine praktische Anwendung liegt das zentrale Problem in der Zuverlässigkeit der Prognosen über die künftigen Zahlungen. Dies ist vor allem im Hinblick auf Kontrollzwecke von Bedeutung. Deshalb stellt er keinen geeigneten Erfolgsmaßstab für die handelsrechtliche Rechnungslegung dar. Als *Referenzgröße* kann der ökonomische Gewinn jedoch verdeutlichen, inwieweit eine praktisch anwendbare Kontrollgröße, die in hohem Maß intersubjektiv überprüfbar und damit zuverlässig ist, von einer theoretisch gut begründbaren Erfolgsgröße abweicht. Da in die Planung stets Prognosen und damit nicht vollständig überprüfbare Größen eingehen, treffen diese Einwände seine Verwendbarkeit für Planungszwecke nicht in gleichem Umfang. Dies untermauert die Zweckmäßigkeit des kapitaltheoretischen Ansatzes für die Konzeption einer integrierten Erfolgsrechnung.

5.2.2.4 Verknüpfung unterschiedlicher Erfolgsrechnungen über das Preinreich-Lücke-Theorem

Bedingungen des Preinreich-Lücke-Theorems

Eine systematische Verknüpfung der zahlungsbezogenen Kapitalwertrechnung mit anderen Erfolgsgrößen, wie sie schon von Gabriel A. D. Preinreich (vgl. Preinreich, 1937) beschrieben worden ist, hat Wolfgang Lücke (vgl. Lücke, 1955, S. 310 ff.; Lücke, 1965b, S. 22 ff.; Franke, 1976, S. 189 ff.; Kloock, 1981, S. 876 ff.; Hax, 1989, S. 157 ff.; Ewert, 1993, Sp. 1154 f.; Ewert/Wagenhofer, 2000, S. 73 ff.) bewiesen. Daher kann man dieses Theorem als Preinreich-Lücke-Theorem bezeichnen (vgl. Küpper, 2000b, S. 1; auch Reichelstein verweist auf Preinreich und Lücke, vgl. Reichelstein, 1997, S. 162 und S. 178). Nach ihm stimmt der Kapitalwert auf Basis von Zahlungsüberschüssen mit dem Kapitalwert auf Basis von Periodenerfolgen überein, sofern zwei Bedingungen erfüllt sind (vgl. Kloock, 1981, S. 876 ff.):

Kongruenzprinzip

1. Die Summe der Zahlungsüberschüsse $\ddot{U}_t = (E_t - A_t)$ aller Perioden muss gleich der Summe aller Periodengewinne G_t sein:

$$\sum_{t=0}^{T} G_t = \sum_{t=0}^{T} \ddot{U}_t \qquad\qquad (5-7)$$

Dabei wird unterstellt, dass die Zahlungen jeweils am Periodenende anfallen, zu Beginn des Planungszeitraums nur Auszahlungen vorliegen ($\ddot{U}_0 = -A_0$) und in Periode $t = 0$ kein Gewinn entsteht ($G_0 = 0$).

Kalkulatorische Zinsen auf den Kapitalbestand der Vorperiode

2. Der als Differenz zwischen den Erlösen und Kosten (oder Erträgen und Aufwendungen) ermittelte Periodengewinn G_t muss um kalkulatorische Zinsen auf den Kapitalbestand der Vorperiode V_{t-1} verringert werden. Die Kapitalbindung ergibt sich als Differenz der bis zur Vorperiode aufsummierten Gewinne und Zahlungsüberschüsse:

$$V_{t-1} = \sum_{s=0}^{t-1} G_s - \sum_{s=0}^{t-1} \ddot{U}_s \qquad\qquad \text{mit:} \quad V_{-1} = 0 \quad \text{und} \quad V_T = 0 \qquad (5-8)$$

Dann erhält man für jeden beliebigen Planungszeitraum T beim Zinssatz i für den Kapitalwert K zum Zeitpunkt 0:

$$K_0 = \sum_{t=0}^{T} \ddot{U}_t \cdot (1+i)^{-t} = \sum_{t=0}^{T} \left(G_t - i \cdot V_{t-1} \right) \cdot (1+i)^{-t} = \sum_{t=0}^{T} G_t^* \cdot (1+i)^{-t} \qquad (5-9)$$

und für den Endwert am Planungshorizont T:

$$K_T = \sum_{t=0}^{T} \ddot{U}_t \cdot (1+i)^{T-t} = \sum_{t=0}^{T} \left(G_t - i \cdot V_{t-1} \right) \cdot (1+i)^{T-t} = \sum_{t=0}^{T} G_t^* \cdot (1+i)^{T-t} \qquad (5-10)$$

Beweis

Dieses Ergebnis lässt sich wie folgt herleiten. Wegen Gleichung (5-8) ergibt sich die Differenz der Kapitalbindungen zweier aufeinanderfolgender Perioden als:

$$V_t - V_{t-1} = G_t - \ddot{U}_t \qquad\qquad (5-11)$$

und der Periodengewinn als:

$$G_t = \ddot{U}_t + \left(V_t - V_{t-1} \right) \qquad\qquad (5-12)$$

Für den Barwert der um die kalkulatorischen Zinsen verminderten Periodengewinne gilt dann:

$$\sum_{t=0}^{T}\left(G_t - i \cdot V_{t-1}\right) \cdot (1+i)^{-t} = \sum_{t=0}^{T}\left(\ddot{U}_t + \left(V_t - V_{t-1}\right) - i \cdot V_{t-1}\right) \cdot (1+i)^{-t} = \qquad (5\text{-}13)$$

$$\sum_{t=0}^{T}\left(\ddot{U}_t - (1+i) \cdot V_{t-1} + V_t\right) \cdot (1+i)^{-t} =$$

$$\sum_{t=0}^{T}\ddot{U}_t \cdot (1+i)^{-t} - (1+i) \cdot \sum_{t=0}^{T}V_{t-1} \cdot (1+i)^{-t} + \sum_{t=0}^{T}V_t \cdot (1+i)^{-t}$$

Wegen V_{-1}, $V_T = 0$ ergibt sich:

$$\sum_{t=0}^{T}\ddot{U}_t \cdot (1+i)^{-t} - (1+i) \cdot \sum_{t=1}^{T+1}V_{t-1} \cdot (1+i)^{-t} + \sum_{t=0}^{T}V_t \cdot (1+i)^{-t} = \qquad (5\text{-}14)$$

$$\sum_{t=0}^{T}\ddot{U}_t \cdot (1+i)^{-t} - \sum_{t=1}^{T+1}V_{t-1} \cdot (1+i)^{-(t-1)} + \sum_{t=0}^{T}V_t \cdot (1+i)^{-t} =$$

$$\sum_{t=0}^{T}\ddot{U}_t \cdot (1+i)^{-t} - \sum_{t=0}^{T}V_t \cdot (1+i)^{-t} + \sum_{t=0}^{T}V_t \cdot (1+i)^{-t} = \sum_{t=0}^{T}\ddot{U}_t \cdot (1+i)^{-t} = K_0$$

Das Preinreich-Lücke-Theorem scheint einen Weg aufzuzeigen, wie kalkulatorische Werte für eine am Zahlungsstrom orientierte Rechnung herangezogen werden können (vgl. Lücke, 1989, S. 226; Kloock, 1981, S. 876 ff.). Das in den Abbildungen 5-5 bis 5-8 berechnete Beispiel zur Ableitung von kalkulatorischen
Zinsen auf Basis des Preinreich-Lücke-Theorems (vgl. Küpper, 1991e, S. 5–9)
veranschaulicht darüber hinaus den Tatbestand, dass diese Aussagen bei Einhaltung der Prämissen (5-7) und (5-8) unabhängig von den verwendeten Erfolgsgrößen und damit der Verteilung des gesamten Zahlungsüberschusses auf
die Perioden gelten.

*Ableitung von kalkulato-
rischen Zinsen*

In dem Beispiel wird von einem zweistufigen Produktionsprozess für eine
Produktart ausgegangen, wobei die Fertigungsdauer bis zur Erzeugung des
Halbfabrikates aus dem Rohstoff sowie des Fertigfabrikates aus dem Halbfabri-
kat jeweils eine Teilperiode betrage. Pro Teilperiode werden jeweils 50 Halb-
bzw. Fertigfabrikate bearbeitet. Die Materialkosten pro Stück betragen 10 GE,
von Lohn und anderen Kosten wird abgesehen. Für die Halb- und Fertigfabrikate jeder Teilperiode ergibt sich ein Wert von 500 GE. Das Material wird jeweils
für zwei nachfolgende Teilperioden beschafft. Der Stückerlös für ein Fertigpro-
dukt beträgt 16 GE. Sowohl für die Materialbeschaffung als auch den Produkt-
verkauf werden Zahlungsziele von je einer Teilperiode gewährt. Betrachtet man
die mit dem Absatz der Fertigprodukte zusammenhängenden Zahlungen und
Bestände, so ergeben sich die in Abbildung 5-5 enthaltenen Daten.

Beispiel

Bei einer diskreten Verzinsung mit einem Zinssatz von $i = 0,10$ je Teilperiode
erhält man für die gesamten mit dem Produktionsprozess verbundenen Zahlungen einen Endwert C_T zum Zeitpunkt $T = 5$:

$$C_T = -1.000 \cdot 1{,}1^4 + 800 \cdot \left(1{,}1^1 + 1{,}1^0\right) = 215{,}9$$

Abb. 5-5

Einfaches Beispiel eines Fertigungsprozesses

Zeitpunkt	0	1	2	3	4	5
Bestände an:						
Material	1.000	500				
Halbfertigerzeugnisse		500	500			
Fertigerzeugnisse			500	500		
Umsatz				800	800	
Debitorenbestand				800	800	
Auszahlung für Material		1.000				
Einzahlungen für Produktverkauf					800	800

Im Falle einer traditionellen Erfolgszurechnung in der Kostenrechnung gelangt man über die Differenz zwischen Erlösen E_t und Kosten K_t zu den in Abbildung 5-6 angegebenen Periodengewinnen G_t. Aus ihnen lässt sich unter Verwendung der Gleichungen (5-8) und (5-10) der Endwert der um die kalkulatorischen Zinsen korrigierten Periodengewinne ermitteln.

Der auf der Basis der korrigierten Periodengewinne ermittelte Endwert stimmt mit dem der reinen Zahlungsreihe überein, wenn die Kapitalbindung entsprechend dem Preinreich-Lücke-Theorem auf der Basis von Gleichung (5-8) berechnet wird. Unter Einhaltung der grundlegenden Prämissen des Preinreich-Lücke-Theorems lässt sich diese Übereinstimmung zwischen dem Kapital- oder Endwert der Periodenerfolge und dem der Zahlungsreihe unabhängig von der Art der Erfolgszurechnung erreichen, wie die Abbildung 5-7 und 5-8 an den beiden Extremfällen einer Gewinnrealisierung zum Zeitpunkt $t = 0$ (z. B. Abschluss des Kaufvertrages) bzw. zum Zeitpunkt $T = 5$ (z. B. Eingang der letzten Zahlung) verdeutlichen.

Abb. 5-6

Endwertberechnung über das Preinreich-Lücke-Theorem bei traditioneller Erfolgszurechnung

t	E_t	K_t	G_t	$\sum_{s=0}^{t} G_s$	$\sum_{s=0}^{t}(E_s - A_s)$	V_t	$i \cdot V_{t-1}$	$G_t^\star$	$G_t^\star \cdot (1+i)^{(T-t)}$
0	0	0	0	0	0	0	0	0	0
1	500	500	0	0	−1.000	1.000	0	0	0
2	1.000	1.000	0	0	−1.000	1.000	100	−100	−133,1
3	1.300	1.000	300	300	−1.000	1.300	100	200	242,0
4	800	500	300	600	−200	800	130	170	187,0
5	0	0	0	600	600	0	80	−80	−80,0
Σ	3.600	3.000	600				410	190	215,9

Abb. 5-7

Endwertberechnung über das Preinreich-Lücke-Theorem im Falle einer Erfolgszurechnung zum Vertragsabschluss

t	G_t	$\sum_{s=0}^{t} G_s$	$\sum_{s=0}^{t}(E_s - A_s)$	V_t	$i \cdot V_{t-1}$	G_t^*	$G_t^* \cdot (1+i)^{(T-t)}$
0	600	600	0	600	0	600	966,31
1	0	600	−1.000	1.600	60	−60	−87,85
2	0	600	−1.000	1.600	160	−160	−212,96
3	0	600	−1.000	1.600	160	−160	−193,6
4	0	600	−200	800	160	−160	−176
5	0	600	600	0	80	−80	−80,0
Σ	600				620	−20	215,9

Abb. 5-8

Endwertberechnung über das Preinreich-Lücke-Theorem im Falle einer Erfolgszurechnung zum letzten Zahlungseingang

t	G_t	$\sum_{s=0}^{t} G_s$	$\sum_{s=0}^{t}(E_s - A_s)$	V_t	$i \cdot V_{t-1}$	G_t^*	$G_t^* \cdot (1+i)^{(T-t)}$
0	0	0	0	0	0	0	0
1	0	0	−1.000	1.000	0	0	0
2	0	0	−1.000	1.000	100	−100	−133,1
3	0	0	−1.000	1.000	100	−100	−121,0
4	0	0	−200	200	100	−100	−110,0
5	600	600	600	0	20	580	580,0
Σ	600				320	280	215,9

Mit dem Preinreich-Lücke-Theorem kann also jede Reihe aus Erfolgsgrößen (z. B. Kosten- und Erlösgrößen auf Voll- und Teilkostenbasis, Aufwands- und Ertragsgrößen o. a.) in eine Reihe von um Zinsen korrigierte Periodengewinne umgeformt werden, deren Abzinsung (Aufzinsung) zum gleichen Kapitalwert (Endwert) führt wie die zahlungsstromorientierte Betrachtung. Zur Berechnung des Kapitalwertes (Endwertes) muss aber die Entwicklung der Periodenerfolge *und* der Zahlungen bis zum Planungshorizont T bekannt sein (vgl. Franke/Hax, 1999, S. 91; Maltry, 1989, S. 31). Sonst lassen sich die Kapitalbindung nach Gleichung (5-8) und die kalkulatorischen Zinsen nicht bestimmen. Damit erfordert die auf anderen Erfolgsgrößen beruhende Kapitalwertberechnung mehr Informationen als die allein vom Zahlungsstrom ausgehende und schließt deren Größen ein. Die zahlungsstromorientierte Kapitalwertberechnung ist also einfacher.

Franke/Hax weisen darauf hin, dass die Maximierung des Kapitalwertes aus den Zahlungsströmen »tendenziell zur Maximierung der angegebenen Periodenerfolgsgröße« (Franke/Hax, 1999, S. 90) führt. Die Erreichung des mehrperiodigen Kapitalwertziels kann also durch eine Rechnung kontrolliert werden, in der die Zinsen nach dem Preinreich-Lücke-Theorem ermittelt sind. Hierzu muss die Periodenerfolgsrechnung aber auch die Ein- und Auszahlungen umfassen. Dann lässt sich die *Kontrolle des Kapitalwertziels* einfacher und genauer durch einen direkten Vergleich zwischen den geplanten und den tatsächlichen Zahlungen als über eine Periodenerfolgsrechnung vornehmen.

Für die *Geltung* des Preinreich-Lücke-Theorems ist bei Einhaltung der obigen beiden Bedingungen die Periodenzuordnung der Gewinne G_t irrelevant. Es ermöglicht zwar die Integration von relativ frei definierbaren Erfolgsgrößen in die Investitionsrechnung (vgl. Kloock, 1986, S. 295). Da es sich um eine *tautologische Umformung* handelt, kann es aber nicht aufzeigen, welche Kosten- und Erlösinformationen für eine am Kapitalwertziel orientierte kurzfristige Planung relevant sind (vgl. Maltry, 1989, S. 31; Schneider, 1989, S. 38).

Diese Gesichtspunkte machen deutlich, dass mit dem Preinreich-Lücke-Theorem zwar eine Verbindung zwischen Kosten-/Erlösrechnung und Investitionsrechnung gelingt. Ein umfassendes Konzept zur Gestaltung einer auf mehrperiodige zahlungsstromorientierte Zielgrößen gerichteten Erfolgsrechnung lässt sich auf ihm aber kaum aufbauen.

5.2.2.5 Verknüpfung von Kosten- und Investitionsrechnung über investitions- und kontrolltheoretische Ansätze

Konsequenter ist es daher, die Kosten- und Erlösrechnung von der Investitionstheorie her zu entwickeln. Im investitionstheoretischen Ansatz (vgl. Küpper, 1985b, S. 26 ff.; Küpper, 1985a, S. 405 ff.) wird hierzu unterstellt, dass ein längerfristiger Plan vorliegt. Die Aufgaben der planungsorientierten Kosten- und Erlösrechnung sollen in dessen Konkretisierung mit Hilfe kurzfristiger Entscheidungen und in ggf. notwendigen Anpassungen an vorübergehend wirksame Datenänderungen bestehen. Zur Entwicklung des Grundkonzepts wird vom Kapitalwert als mehrperiodigem Erfolgsziel ausgegangen, aus dem einperiodige Erfolgsgrößen unter Angabe der jeweiligen Anwendungsbedingungen abzuleiten sind.

Für die Planung müssen die Wirkungen der Entscheidungsvariablen auf die mehrperiodige Erfolgsgröße prognostiziert werden. Dazu sind Funktionen erforderlich, welche die Abhängigkeit der Erfolgsgröße von den Entscheidungsvariablen und ggf. sonstigen Einflussgrößen wiedergeben (Kapitalwertfunktionen). An ihnen ist zu untersuchen, wie sich eine Variation der Entscheidungsvariablen auf diese Zielgröße auswirkt. Kosten werden aus den Wirkungen von (kurzfristigen) Entscheidungen über einen Gütereinsatz auf den künftigen Zahlungsstrom hergeleitet und als die durch den Gütereinsatz bewirkte Änderung der mehrperiodigen Erfolgsgröße definiert.

Beispielsweise bestimmt man den Kapitalwert K_t, der sich aus den mit dem Einsatz von Material, Personal, Anlagen usw. verbundenen Zahlungen zum Zeitpunkt t ergibt. Seine Höhe kann z. B. von dem Alter t des eingesetzten Gutes und dessen bisheriger kumulierter Beschäftigung Y_t abhängig sein. Dann gilt die Kapitalwertfunktion:

$$K_t = K(t, Y_t) \tag{5-15}$$

Die für eine Beschäftigungsentscheidung relevante Information erhält man bei infinitesimaler Betrachtung über das totale Differential:

$$\frac{dK_t}{dt} = \frac{\partial K_t}{\partial t} + \frac{\partial K_t}{\partial Y_t} \cdot \frac{dY_t}{dt} \tag{5-16}$$

Dieser methodische Weg über die Kapitalwertfunktion und deren Variation in Abhängigkeit von den Bestimmungsgrößen wird bei der Anwendung des Ansatzes auf unterschiedliche Kostenarten und Entscheidungsprobleme im Prinzip stets befolgt. Besonderheiten treten auf, wenn man von der infinitesimalen auf eine endliche Variation übergeht (vgl. Küpper, 1984, S. 801). Dann ist eine Differenzenbetrachtung vorzunehmen.

Zur Bestimmung der planungsrelevanten Informationen ermittelt man jeweils den Zahlungsstrom, wie er sich für den betrachteten Gütereinsatz aus der längerfristigen Planung ergibt. Dann wird untersucht, von welchen Variablen die Ein- und Auszahlungen dieses Stromes und damit der Kapitalwert abhängen. Die Ableitung der so bestimmten Kapitalwertfunktion nach der kurzfristig zu variierenden Entscheidungsvariablen führt zu dem gesuchten Kostenwert.

Dieses Konzept ist bisher auf Anlagen- (vgl. insbesondere Hotelling, 1925, S. 340 ff.; Mahlert, 1976; Swoboda, 1979, S. 565 ff.; Luhmer, 1980, S. 897 ff.; Kistner/Luhmer, 1981, S. 165 ff.; Küpper, 1984, S. 794 ff.), Material- (vgl. Küpper, 1985a, S. 409 f.), Werkzeug- (vgl. Küpper, 1985b, S. 33 ff.), Instandhaltungs- (vgl. Zhang, 1990, S. 60 ff.) und Personalkosten (vgl. Streim, 1982, S. 128 ff.; Küpper, 1985b, S. 32. f.) angewandt worden.

Anwendung auf Kostenarten

Am Beispiel von Anlagenkosten lässt es sich besonders anschaulich darstellen. Bei ihnen geht man vom investitionstheoretischen Modell zur Bestimmung der optimalen Nutzungsdauer aus (vgl. Swoboda, 1992, S. 97 ff.; Schweitzer/Küpper, 2011, S. 243 ff.). Unterstellt man als einfachsten Fall eine unendliche identische Investitionskette, so ist die optimale Nutzungsdauer für alle Projekte gleich. In der Investitionsrechnung wird sie durch (partielle) Ableitung des Kapitalwerts nach der Nutzungsdauer T berechnet. Hierbei ist unterstellt, dass der Kapitalwert ohne die Einzahlungen für die Produkterlöse berechnet wird, da diese konstant sind oder über andere Variablen in ein nachfolgendes Entscheidungsmodell eingehen. So ermöglicht er als Kapitalwert des Anlageneinsatzes die Herleitung von Kosten:

Anlagenkosten

$$\frac{\partial K}{\partial T} = 0; \qquad \frac{\partial^2 K}{\partial T^2} > 0 \tag{5-17}$$

Der Kapitalwert K des Anlageneinsatzes zum Zeitpunkt null ergibt sich aus den Anschaffungszahlungen A, den laufenden Anlagenzahlungen C für Instandhaltung, Wartung, Betriebsstoffe u. Ä. sowie dem Liquidationserlös L:

$$K = \frac{1}{1-e^{-iT}} \cdot \left[\int_0^T C \cdot e^{-it} dt + A - L \cdot e^{-iT} \right] \tag{5-18}$$

Man kann z. B. annehmen, dass die Anschaffungswerte gegeben sind, die laufenden Anlagenzahlungen C vom Anlagenalter t, der Periodenbeschäftigung y_t sowie der kumulierten Beschäftigung Y_t und der Liquidationserlös von der Nutzungsdauer T abhängen (zur empirischen Untersuchung derartiger Hypothesen vgl. Zhang, 1990, S. 120 ff.). Um die Anlagenkosten zu bestimmen, ist von dem Kapitalwert K_t des Anlageneinsatzes zum Planungszeitpunkt t auszugehen:

$$K_t = e^{it} \cdot \left[\int_t^T C(t, y_t, Y_t) \cdot e^{-is} ds - L(T) \cdot e^{-iT} + K \cdot e^{-iT} \right] \tag{5-19}$$

Die partielle Differentiation nach dem Anlagenalter t und der kumulierten Beschäftigung Y_t ergibt unter der Annahme einer vorgegebenen konstanten Periodenbeschäftigung $\bar{y}$ bei infinitesimal kleinen Änderungen die Kosten des Anlageneinsatzes:

$$\frac{dK_t}{dt} = \frac{\partial K_t}{\partial t} + \frac{\partial K_t}{\partial Y_t} \cdot \frac{dY_t}{dt} = \frac{\partial K_t}{\partial t} + \frac{\partial K_t}{\partial Y_t} \cdot \bar{y} = D_Z + D_N \tag{5-20}$$

Sie lassen sich als zeit- (D_Z) und als nutzungsabhängige Abschreibungen (D_N)

Zeit- und nutzungsab-
hängige Abschreibungen

interpretieren (zur Kritik an einer derartigen Interpretation: vgl. Maltry, 1989, S. 79 f.):

$$D_Z = i \cdot K_t - D_N - C(t, Y_t) \tag{5-21}$$

$$D_N = \bar{y} \cdot e^{it} \cdot \int_t^{T^*} \frac{\partial C(s, Y_s)}{\partial Y_s} \cdot e^{-is} ds \tag{5-22}$$

Dabei wird mit T^* die an eine Beschäftigungsänderung angepasste, neue optimale Nutzungsdauer bezeichnet.

Kostenrechnerische
Ansätze als Grenzwerte

In entsprechender Weise lassen sich andere Kostenarten aus den jeweiligen Kapitalwertfunktionen bestimmen. Die nähere Analyse der verschiedenen Kostenarten macht deutlich, dass sich bekannte kostenrechnerische Ansätze aus dem investitionstheoretischen für vereinfachende Anwendungsbedingungen als Grenzwerte ergeben. Geht z. B. der Zinssatz gegen null, so wird die zeitabhängige Abschreibung zu:

$$\lim_{i \to 0} D_Z = \lim_{i \to 0} i \cdot e^{it} \cdot \int_t^{T^*} C(t, Y_t) \cdot e^{-is} ds - \lim_{i \to 0} i \cdot e^{it} \cdot L(T) \cdot e^{-iT^*} \tag{5-23}$$

$$+ \lim_{i \to 0} \frac{i \cdot e^{it} \cdot e^{-iT^*}}{1 - e^{-iT^*}} \cdot \left(\int_0^{T^*} C(t, Y_t) \cdot e^{-it} dt + A - L(T) \cdot e^{-iT^*} \right)$$

$$- \lim_{i \to 0} D_N - C(t, Y_t) =$$

$$= 0 - 0 + \frac{1}{T^*} \cdot \left(\int_0^{T^*} C(t, Y_t) \, dt + A - L(T) \right)$$

$$- \bar{y} \cdot \left[C(T^*, Y_{T^*}) - C(t, Y_t) \right] - C(t, Y_t)$$

Sofern die laufenden Anlagenzahlungen C im Zeitablauf konstant sind, wird die nutzungsabhängige Abschreibung null und geht die zeitabhängige in die lineare Abschreibung über:

$$\lim_{i \to 0} D_Z = \frac{1}{T^*} \cdot \left(T^* \cdot C + A - L \right) - C = \frac{A - L}{T^*} \qquad (5\text{-}24)$$

Damit erweist sich die vor allem in Vollkostenrechnungen verwendete Abschreibungsform als Grenzfall der investitionstheoretischen, wenn man (1) Zinsen vernachlässigt oder als eigene Kostenart anders verrechnet und (2) bei den laufenden Anlagenzahlungen keine dynamischen Beziehungen auftreten oder diese durch den Ansatz von Durchschnittswerten geglättet sind.

Die Abweichungen des investitionstheoretischen gegenüber dem traditionellen Ansatz sind tendenziell umso größer, je länger das Einsatzgut gebunden ist und je mehr dynamische Beziehungen vorliegen. So stimmen die investitionstheoretisch bestimmten Material- und Werkzeugkosten mit den üblichen Werten für diese Kostenarten überein, wenn die Zahlungstermine sehr knapp aufeinanderfolgen oder die Zinsen vernachlässigt bzw. über eine eigene Kostenart verrechnet werden (vgl. Küpper, 1985b, S. 35 f.; Küpper, 1985a, S. 410). Die Untersuchung der Zinskosten deutet darauf hin, dass die traditionelle Berechnung von Debitorenzinsen auf Umsatzwerte statt Selbstkosten sowie die Vernachlässigung von Habenzinsen auf zugeflossene Deckungsbeiträge bzw. Gewinne fehlerhaft sind (vgl. Küpper, 1991e, S. 12 ff.).

Die Leistungsfähigkeit des investitionstheoretischen Ansatzes zeigt sich bei der Lösung von Planungsproblemen. Als Beispiele sind vor allem die Entscheidung über das Produktionsprogramm (vgl. Küpper, 1984, S. 804 ff.; Küpper, 1985b, S. 36 ff.; Küpper, 1985a, S. 418 ff.), die Bestimmung optimaler Bestellmengen (vgl. Rieper, 1986, S. 1230–1255; Schramm, 1987, S. 465–482; Maltry, 1989, S. 34–41; Küpper, 1993b, S. 110–113) sowie die Herleitung kurz- und längerfristiger Preisuntergrenzen (vgl. Küpper, 1985b, S. 40–43; Küpper, 1993b, S. 114 f.) untersucht worden. Sie machen deutlich, dass dieser Ansatz Informationen für die Koordination zwischen lang- und kurzfristiger Planung bereitstellt. Die Integration der beiden Rechnungssysteme, d. h. der kurzfristigen Kostenrechnung in die längerfristige Investitionsrechnung, ermöglicht also eine Koordination zwischen lang- und kurzfristiger Planung trotz (zeitlicher) Dezentralisierung der Planung.

> Lösung von Planungsproblemen

Dies lässt sich anschaulich am Beispiel der Bestimmung optimaler Bestellmengen zeigen. Bei Anwendung des investitionstheoretischen Konzepts auf die Bestimmung von Bestellmengen (vgl. hierzu Rieper, 1986, S. 1231 ff.; Schramm, 1987, S. 466 ff.; beide bestimmen die optimale Bestellmenge aus dem Kapitalwert der Zahlungen, ohne auf den investitionstheoretischen Ansatz Bezug zu nehmen) muss im Unterschied zum traditionellen Vorgehen der durch die Beschaffung ausgelöste Zahlungsstrom betrachtet werden. Unterstellt man wie im Grundmodell der optimalen Bestellmenge konstante Daten, so wird im Abstand von w Zeiteinheiten (= ZE) jeweils die feste Menge x angeschafft (vgl. Küpper, 1991 h, S. 56 f.). Bei fixem Güterbedarf r pro Periode können Einzahlungen aus

> Bestimmung optimaler Bestellmengen

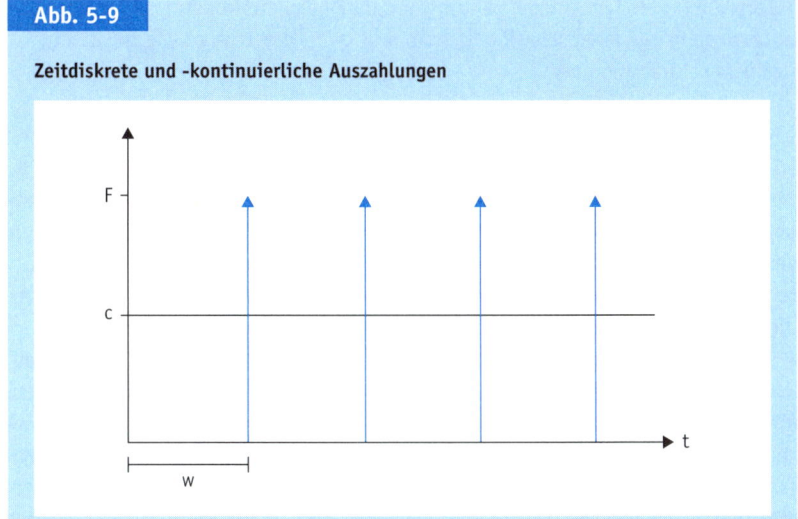

Abb. 5-9

Zeitdiskrete und -kontinuierliche Auszahlungen

dem Güterverkauf ebenso wie lagermengenunabhängige Zahlungen als nicht entscheidungsrelevant unberücksichtigt bleiben. Jede Beschaffung löst entsprechend Abbildung 5-9 bestellfixe Zahlungen in Höhe von F sowie beim Preis q Zahlungen von $q \cdot r \cdot w$ für die bezogene Gütermenge aus. Während der Zeitdauer eines Bestellzyklus fallen darüber hinaus kontinuierlich lagermengenabhängige Auszahlungen in Höhe von c pro Stück und Zeiteinheit an.

Der Barwert der Zahlungen für *einen Bestellzyklus* K_Z kann bei kontinuierlicher Verzinsung mit der Verzinsungsenergie i wie folgt ermittelt werden:

$$K_Z = F + q \cdot w \cdot r + \int_0^w c \cdot r \cdot (w - t) \cdot e^{-it} dt \tag{5-25}$$

Unendliche Kette identischer Bestellzyklen
Sofern keine genaueren Informationen über die künftige Entwicklung des Güterbedarfs vorliegen, erscheint die Prämisse eines konstant bleibenden Bedarfs r je Periode angemessen. Dann lässt sich eine unendliche Kette identischer Bestellzyklen unterstellen, und man kommt zu dem Kapitalwert K:

$$K = \frac{K_Z}{1 - e^{-iw}} = \frac{1}{1 - e^{-iw}} \cdot \left(F + q \cdot r \cdot w + c \cdot r \cdot w \cdot \int_0^w e^{-it} dt - c \cdot r \cdot \int_0^w t \cdot e^{-it} dt \right) \tag{5-26}$$

Die Höhe der Bestellmenge x ist abhängig vom Güterbedarf je Zeiteinheit und der Dauer eines Bestellzyklus w:

$$x = r \cdot w \tag{5-27}$$

Zur Herleitung der optimalen Bestellmenge ist das Minimum der Kapitalwertfunktion (Glg. 5-26) in Abhängigkeit von w zu bestimmen. Man erhält die Optimierungsbedingung erster Ordnung:

$$\frac{dK}{dw} = 0 \tag{5-28}$$

$$r \cdot (q \cdot i + c) \cdot \left(\frac{e^{iw} - 1}{i} \right) = i \cdot F + q \cdot r \cdot i \cdot w + c \cdot r \cdot w \tag{5-29}$$

Aufgrund der Verwendung von Zinseszinsen ist ihre analytische Lösung nur schwer möglich. Als Approximation für die Verzinsung kann man die ersten Glieder der Taylorentwicklung verwenden:

$$\frac{e^{iw} - 1}{i} = \int_0^w e^{it} dt \approx w + \frac{i \cdot w^2}{2} \tag{5-30}$$

Bei diesem Vorgehen werden die Zinseszinsen vernachlässigt, wie sich anhand von Gleichung (5-31) erkennen lässt:

Zinseszinsen

$$w + i \cdot \left[(0,5 + w - 1) + (0,5 + w - 2) + \ldots + (0,5 + w - w) \right] = w + \frac{i \cdot w^2}{2} \tag{5-31}$$

Eine Überprüfung zeigt, dass diese Approximation für relativ kleine Zinssätze und/oder kurze Zyklusdauern w befriedigend ist, bei höheren Zinssätzen oder langem Bestellzyklus jedoch zu großen Abweichungen führt (vgl. Abbildung 5-10).

Abb. 5-10

Überprüfung der Approximation

Zinsatz	Bestellzyklus	exakter Wert	Näherung
0,002	3	3,009	3,009
0,002	5	5,025	5,025
0,002	10	10,101	10,100
0,100	1	1,052	1,050
0,100	10	17,183	15,000
0,500	10	294,826	35,000

Setzt man die Approximation in die Optimierungsgleichung (5-29) ein, so erhält man:

$$r \cdot (q \cdot i + c) \cdot \left(w + \frac{i \cdot w^2}{2} \right) = i \cdot F + q \cdot r \cdot i \cdot w + c \cdot r \cdot w \tag{5-32}$$

Daraus lässt sich die optimale Zeitdauer w^* eines Bestellzyklus herleiten:

Optimale Zeitdauer

$$w^* = \sqrt{\frac{2 \cdot F}{r \cdot (q \cdot i + c)}} \tag{5-33}$$

Wegen Gleichung (5-27) beträgt die optimale Bestellmenge x^*:

Optimale Bestellmenge

$$x^* = r \cdot w^* = \sqrt{\frac{2 \cdot F \cdot r}{q \cdot i + c}} \tag{5-34}$$

5.2 **Koordination des Informationssystems**
Aufgaben und Ansätze zur Koordination innerhalb des Informationssystems

212

Die auf diese Weise ermittelte optimale Bestellmenge entspricht exakt dem traditionellen Ergebnis. Daraus ist zu schließen, dass die Vernachlässigung von Zinseszinsen und die Art der Approximation für die Abweichung von dem auf das mehrperiodige Erfolgsziel ausgerichteten Ansatz bestimmend sind.

Leistungsfähigkeit des Ansatzes

Mit dem investitionstheoretischen Ansatz gelingt somit eine Anbindung der Kostenrechnung an die übergeordnete Investitionsrechnung. Hierdurch liefert er ein klares theoretisches Konzept für eine planungsorientierte Kosten- und Erlösrechnung. Er ermöglicht eine Beurteilung und Einordnung bekannter kostenrechnerischer Verfahren zur Bestimmung relevanter Kosten für die Lösung von Entscheidungsproblemen. Aus ihm ergeben sich Kriterien dafür, inwieweit diese Verfahren als Näherungen einer exakteren Rechnung zulässig erscheinen. Damit können Separationstheoreme begründet werden, mit denen sich die Anwendbarkeit bekannter Verfahren der Kostenrechnung abgrenzen lässt.

Maßgeblich erscheint vor allem, dass dieses Konzept zu teilweise anderen Denkansätzen führt, als sie in der traditionellen Kostenrechnung und der Praxis vorherrschen. Es weist den Planer darauf hin, dass nicht die Verteilung geleisteter Auszahlungen, sondern die Auswirkungen der Entscheidungen auf künftige Zahlungen relevant sind. Damit zeigt es ihm die Richtung, in welcher er Informationen suchen muss. Sein Wissen oder zumindest seine Annahmen über die Abhängigkeit der mehrperiodigen Erfolgsgröße von den Entscheidungsvariablen liefern die Datenbasis, aus welcher die für Planungszwecke relevanten Informationen zu ziehen sind.

Bezug zur Kontrolltheorie

Eine weiterreichende theoretische Fundierung bietet die Verknüpfung der Kosten- und Erlösrechnung mit der Kontrolltheorie (vgl. Abschnitt 3.3.2). Alfred Luhmer (vgl. Luhmer, 1975, S. 46 ff.) und Reinhold Roski (vgl. Roski, 1986; Roski, 1987, S. 526 ff.) haben gezeigt, dass einfache kontrolltheoretische Modelle zur Bestimmung der Anlagenkosten als Abschreibungen herangezogen werden können. Als Zielgrößen legen sie ebenfalls die Maximierung des Kapitalwertes zugrunde. Neben den Ein- und Auszahlungen für Produktverkäufe, Anlagenanschaffung, laufende Anlagennutzung und Liquidation gehen der Anlagenzustand $Z(t)$ und die Anlagenleistung in das Modell ein. Eine zentrale Bedeutung besitzt die Hypothese über die Veränderung des Anlagenzustandes im Zeitablauf. Die Multiplikation der Zustandsänderung dZ/dt mit einem Schattenpreis p für die eingesetzte maschinelle Arbeit führt zu Anlagenkosten, die als nutzungsabhängige Abschreibungen interpretiert werden können. Die Schattenpreisfunktion $p(t)$ muss mit Hilfe des Maximumprinzips aus einer Hamiltonfunktion bestimmt werden.

Man kann zeigen, dass die kontrolltheoretisch ermittelten Anlagenkosten unter übereinstimmenden Anwendungsbedingungen der Änderung des Kapitalwerts K_t entsprechen (vgl. Küpper, 1988b, S. 397 ff.; Küpper, 1988c, S. 43 ff.; Winckler, 1991, S. 30 ff.):

$$p \cdot \frac{dZ}{dt} = \frac{dK_t}{dt} \tag{5-35}$$

Damit erhält man dasselbe Ergebnis wie im investitionstheoretischen Ansatz. Dieser erweist sich als Spezialfall des umfassenderen kontrolltheoretischen Modells. Im investitionstheoretischen Konzept werden die dynamischen Beziehungen über die kumulierte Beschäftigung vereinfacht abgebildet. Es ist in vielen Fällen leichter anwendbar als das kontrolltheoretische, dessen Differentialgleichungen nur in äußerst einfachen Fällen analytisch lösbar sind (vgl. Feichtinger/Hartl, 1986, S. 19). Deshalb liegt die Bedeutung der Kontrolltheorie in der theoretischen Abbildung dynamischer Probleme, nicht in der Bereitstellung praktisch anwendbarer Verfahren.

Die Einbettung des investitionstheoretischen Konzepts in die Kontrolltheorie liefert die Grundlage für eine dynamische Theorie der Kostenrechnung (vgl. Küpper, 1988c; Küpper, 1993b, S. 120 ff.). Dabei erscheinen kontrolltheoretische Modelle eher geeignet, mittel- bis längerfristige Entscheidungsprobleme z. B. der Instandhaltung, der Bestimmung optimaler Nutzungsdauern und sonstiger Investitionsentscheidungen abzubilden, in denen die zeitliche Entwicklung der Variablen und der technische Fortschritt eine zentrale Rolle spielen. Dagegen liefert der investitionstheoretische Ansatz eine Brücke zu kurzfristigen Modellen und praktisch anwendbaren Verfahren der Kostenrechnung, in denen dynamische Beziehungen nur noch mit relativ kleinen Veränderungen wirksam sind und Näherungslösungen bevorzugt werden. Kontroll- und Investitionstheorie bilden zwei Stufen einer theoretischen Fundierung von praktisch anwendbaren Konzepten und Verfahren der planungsorientierten Kostenrechnung.

Dynamische Theorie der Kostenrechnung

5.2.2.6 Grundstruktur einer umfassenden Erfolgsrechnung

Mit der Vereinheitlichung von Investitions- und Kostenrechnung über das investitionstheoretische Konzept wird die Grundstruktur einer umfassenden erfolgszielorientierten Rechnung erkennbar. Deren Teilsysteme zur Abbildung, Dokumentation und Analyse müssten entsprechend Abbildung 5-11 Ermittlungsrechnungen für die Istgrößen der Zahlungen, der verbrauchten und entstandenen Gütermengen, der Produktionszeiten sowie der Kosten und Erlöse sein. Ferner be-

Teilsysteme der Grundrechnung

Abb. 5-11

Gundstruktur einer erfolgszielorientierten Rechnung

Rechnungszwecke	Abbildung, Dokumentation und Analyse	Planung	Steuerung	Kontrolle
Kurzfristige Rechnungen	Ermittlungsrechnungen	Investitionstheoretische Kostenrechnung	Standard-(Budget-) Kostenrechnung	Abweichungsanalyse der Planrealisation
Längerfristige Rechnungen	Prognoserechnungen Risikoanalysen	Investitionsrechnung	Projektkostenrechnung Kostenrechnung des Anlagenbaus	Abweichungsanalysen ▸ der Planungsprämissen ▸ des Planfortschritts ▸ der Planrealisation

nötigt man im kurz- und besonders im längerfristigen Bereich Prognoserechnungen, deren zentrale Bestandteile Kosten- und Erlös- sowie Ein-, Auszahlungs- und Kapitalwertfunktionen bilden. Schließlich sind Risikoanalysen in Form von Sensitivitätsanalysen und wahrscheinlichkeitstheoretischen Unsicherheitsanalysen u. Ä. (vgl. zum Überblick z. B. Bitz, 1993, S. 486 ff.; Franke/Hax, 1999, S. 238 ff.; Perridon/Steiner, 1993, S. 115) durchzuführen. Die Ermittlungs-, Prognose- und Risikoanalyserechnungen könnten zu einer Grundrechnung zusammengefasst werden, die als Daten- und Methodenbank aufgebaut wird.

Auswertungsrechnungen für Planung, Steuerung und Kontrolle

Ihr stehen die zur Planung, Steuerung und Kontrolle dienenden Auswertungsrechnungen gegenüber. Die auf die Planung ausgerichteten Verfahren der investitionstheoretischen Kostenrechnung und der Investitionsrechnung dienen zur Auswahl optimaler Alternative im kurz- bzw. längerfristigen Bereich. Sie sollten Methoden der Entscheidungsfindung bei Unsicherheit einschließen.

Für die Steuerung im kurzfristigen Bereich stellt die Kostenrechnung mit der Standard- oder Budgetkostenrechnung zumindest für produktbezogene Prozesse ein in der Praxis gebräuchliches Instrumentarium bereit. Bei verwaltungsbezogenen Prozessen können die Techniken der Budgetvorgabe genutzt werden (vgl. Kapitel 11). Soweit die Realisation von Investitionsprojekten einen langwierigen und komplexen Prozess darstellt, muss ein zusätzliches Rechnungssystem hinzutreten, mit dem die Investitionsdurchführung gesteuert und kontrolliert werden kann (vgl. z. B. den Abschnitt 19.3).

In Kontrollrechnungen sind die Abweichungen zu ermitteln und deren Ursachen zu untersuchen. Für den kurzfristigen Bereich lässt sich inzwischen eine Vielzahl von Methoden zur Analyse der Abweichungen bei Kosten (vgl. z. B. Kloock/Bommes, 1982, S. 225 ff.; Kloock/Dörner, 1988, S. 129 ff.; Wilms, 1988), Erlösen (vgl. Powelz, 1984, S. 1090 ff.; Albers, 1989, S. 637 ff.) und Deckungsbeiträgen (vgl. Dellmann, 1987, S. 367 ff.; Kloock, 1987, S. 109 ff.; Link, 1987, S. 780 ff.) einsetzen. Sie ermöglichen eine detaillierte Bestimmung der Abweichungsursachen und zeigen verschiedene Wege für die Verteilung der von mehreren Einflussgrößen abhängigen Abweichungen höheren Grades auf. Bei längerfristigen Vorhaben müssen sich die Rechnungen und Analysen vor allem auf die Planungsprämissen und den Planfortschritt beziehen, jedoch ist auch die Planrealisation zu untersuchen.

5.3 Ausrichtung des Informationssystems auf die anderen Führungsteilsysteme

Das Informationssystem dient der Wahrnehmung von Führungsaufgaben. Es muss daher so auf die anderen Führungsteilsysteme ausgerichtet werden, dass deren Informationsbedarf gedeckt wird. Dazu muss zum einen der Informationsbedarf bekannt sein. Zum anderen muss sich das Berichtswesen an diesem Informationsbedarf ausrichten. Die Aufgabe des Controlling besteht in dieser Koordination von Informationsbedarf und -bereitstellung.

5.3.1 Erfassung des Informationsbedarfs der Führung

5.3.1.1 Kennzeichnung des Informationsbedarfs

Der Informationsbedarf umfasst alle Informationen, die zur Erfüllung von Aufgaben in der Unternehmung benötigt werden. Er kann nicht einfach dadurch gekennzeichnet werden, dass man die Art der benötigten Information angibt. Für die Informationsbedarfsanalyse ist es vielmehr notwendig, ihn nach einer Reihe von Merkmalen näher zu charakterisieren. Sonst besteht die Gefahr, dass die bereitgestellten Informationen nicht in der objektiv und subjektiv bedingten Weise genutzt werden können. Zudem geben diese Merkmale Hinweise für die Gestaltung des Informationssystems, da man je nach Art des Informationsbedarfs (z. B. Vergangenheits- oder Zukunftsgrößen) andere Rechnungssysteme heranziehen muss.

Informationsbedarfsanalyse

Merkmale zur Kennzeichnung der benötigten Informationen

Der Inhalt einer Information ist entsprechend Abbildung 5-12 nach ihrem Gegenstand, der Abbildungsdimension, Art, Genauigkeit, Zuverlässigkeit und dem Alter beschreibbar (vgl. Mertens/Schrammel, 1977, S. 82 ff.). Eine Information bildet ein materielles oder immaterielles Objekt ab. Sie bezieht sich damit auf einen Informationsgegenstand. Dies kann ein Produkt, eine Person, eine Zahlung, eine Strategie u. Ä. sein. Von diesem Gegenstand werden in der Information bestimmte Eigenschaften wiedergegeben. Als für die Unternehmung wichtige allgemeine Abbildungsdimensionen lassen sich Mengen-, Zeit- und Wertgrößen trennen.

Informationsgegenstand und Abbildungsdimensionen

Der Unterscheidung nach Informationsarten kommt im Hinblick auf die Gestaltung von Informationssystemen eine große Bedeutung zu. Es macht einen wesentlichen Unterschied, ob ein Entscheidungsträger zuverlässige Informationen über reale Sachverhalte oder z. B. solche über Begriffe und Lösungsverfahren benötigt. An die Informationssysteme sind jeweils andere Anforderungen zu stellen, wenn sie logisch oder faktisch wahr sein sollen. Für Prognosen benötigt man andere und anspruchsvollere Aussagensysteme als für die Ermittlung von Istgrößen. Eine unklare Vermischung verschiedener Informationsarten kann zu einer fehlerhaften Interpretation und Verwendung von Informationen durch den Empfänger führen.

Informationsarten

Faktische, explanatorische und prognostische Informationen sind Aussagen über reale Sachverhalte und empirisch überprüfbar (vgl. Küpper, 1974, S. 45 ff.). Dabei stellen *faktische* Informationen Vergangenheitsaussagen dar. Sie sind Tatsacheninformationen, die man als »Ist-Aussagen« formuliert. *Prognostische* Informationen beinhalten als Annahmen, Erwartungen oder Prognosen zukünftige Zustände oder Ereignisse. Solche »Wird-Aussagen« sind prinzipiell unsicher. *Explanatorische* Informationen (Warum-Aussagen) liefern Erklärungen für reale Tatbestände. Sie werden vor allem mit Hilfe von Hypothesen über Ursache-Wirkungs-Beziehungen gegeben.

Konjunktive Informationen machen »Kann-Aussagen« »... über denkmögliche Zustände, Ereignisse, Beziehungen usw., legen sich aber diesbezüglich

Abb. 5-12

Merkmale zur Kennzeichnung von Informationen

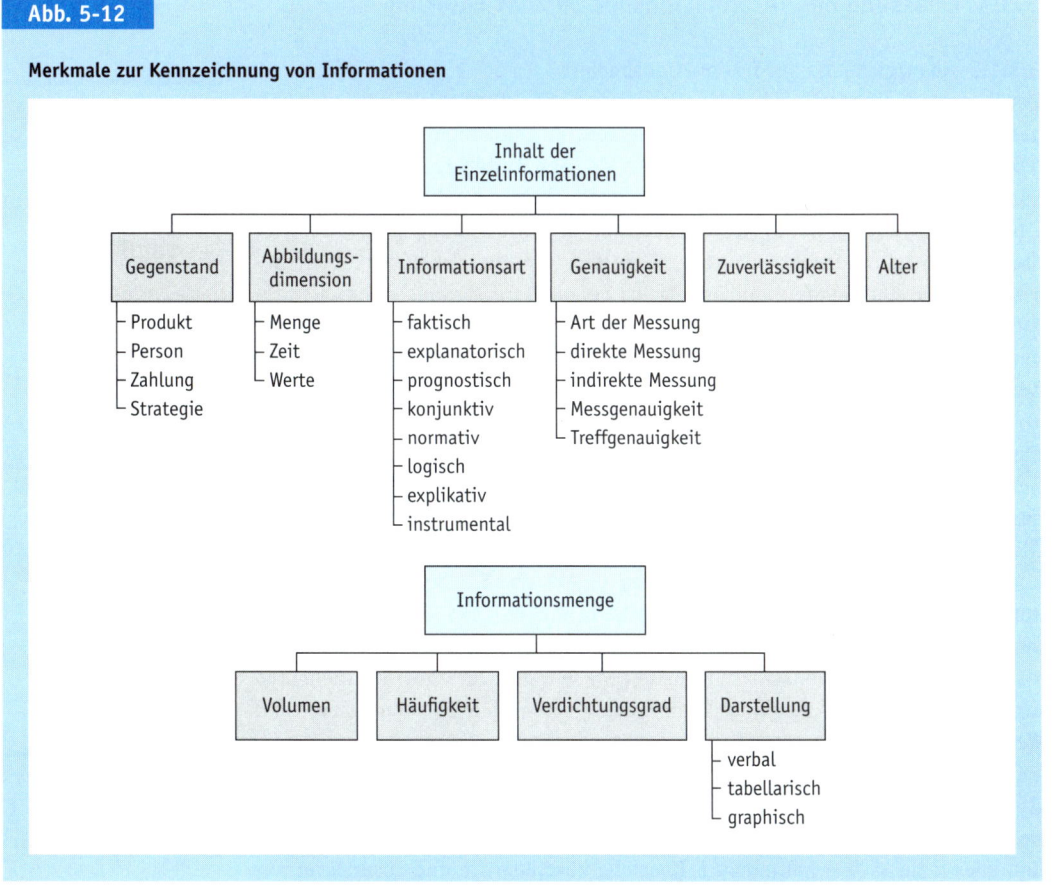

nicht wie faktische und prognostische Informationen fest.« (Wild, 1974b, S. 122) Deshalb stellt sich die Frage der empirischen Überprüfung bei ihnen nicht. Durch *normative* Informationen werden Normen, Ziele, Werturteile und dergleichen wiedergegeben. Sie sind als »Soll-Aussagen« formuliert. Da sie nicht zwangsläufig von allen generell befolgt werden müssen, können sie weder an der Realität noch an logischen Gesetzen überprüft werden.

Logische, explikative und instrumentale Informationen sind metasprachlicher Art und sagen nichts über die Realität aus, sondern über Informationen selbst. Zu den *logischen* Informationen gehören u. a. logische Schlussfolgerungen wie Deduktionen, Beweise und Rechenoperationen. Sie beinhalten denknotwendige logische Beziehungen und sind an logischen Gesetzen zu prüfen. *Explikative* Informationen beinhalten Definitionen oder Sprachregelungen. Deren Festlegung kann nicht wahr oder falsch sein. Methoden, Verfahren und Instrumente des Denkens geben *instrumentale* Informationen wieder.

Der Informationsinhalt kann ferner nach der Genauigkeit der Information näher gekennzeichnet werden. Dieses Merkmal bezieht sich auf den Anspruch an Präzision und kann mehrere Aspekte umfassen. Im Vordergrund steht die *Art der Messung*. Der höchste Präzisionsgrad ist durch eine quantitative Messung erreichbar, bei der eine *Intervall-* und eine *Verhältnisskala* (vgl. Hochstädter, 1993, Sp. 3991) definiert sein müssen. Dann sind die Differenzen zwischen den Messwerten aussagefähig. Dagegen lassen sich mit *Ordinalskalen* nur Aussagen über deren Rangfolgen machen. Die schwächste Form einer Messung liegt bei der Verwendung von *Nominalskalen* vor. Hier werden die Ausprägungen lediglich einzelnen Klassen zugeordnet, zwischen denen keine Ordnung besteht. Die Messung der zu beurteilenden Größe kann *direkt* oder *indirekt* erfolgen. Im ersten Fall stellt man ihre Ausprägung unmittelbar fest. Dagegen schließt man bei indirekter Messung über eine Hypothese von der beobachteten Ausprägung einer anderen Größe auf diejenige der zu kontrollierenden Größe (vgl. Szyperski/Richter, 1981, Sp. 1206 ff.). Neben der Art der Messung können die Mess- und die Treffgenauigkeit betrachtet werden. Unter der *Messgenauigkeit* versteht man die Streuung der Messergebnisse, während die *Treffgenauigkeit* die Abweichung der Messergebnisse von einem wahren Wert erfasst.

Für die Verwendung von Informationen sind ihre Zuverlässigkeit und ihr Alter wichtig. Die Zuverlässigkeit richtet sich nach dem Wahrheitsanspruch einer Aussage. Sie gibt an, für wie wahrscheinlich man die Richtigkeit einer Information hält und wird besonders durch ihre Prüfbarkeit und den Grad ihrer Bewährung beeinflusst. Das höchste Maß an Zuverlässigkeit können logische Informationen erreichen, da ihre (logische) Wahrheit eindeutig überprüfbar ist. Dafür sagen sie nichts über die Realität aus (vgl. hierzu näher Küpper, 1974, S. 45 ff.). Unter den empirisch überprüfbaren Informationen kommt den faktischen der höchste Zuverlässigkeitsgrad zu, da man diese Istaussagen den Beobachtungen direkt gegenüberstellen kann. Dagegen hängt die Zuverlässigkeit erklärender und prognostischer Informationen von dem Bewährungsgrad der für ihre Herleitung verwandten Hypothesen oder Annahmen ab. Letzterer ergibt sich aus der Anzahl und Härte der Tests, denen diese unterzogen worden sind.

Das Alter einer Information zeigt die zeitliche Distanz zwischen dem Auftreten des bezeichneten Ereignisses und ihrem Vermittlungs- bzw. Verwendungszeitpunkt an. Durch das Alter wird die Aktualität von Informationen bestimmt. Informationen mit hohem Neuheitscharakter finden vielfach eine stärkere Beachtung. Dafür können kurze Erhebungsabstände einen höheren Aufwand erfordern.

Merkmale zur Kennzeichnung der Menge an benötigten Informationen

Schließlich gibt es eine Reihe von Merkmalen zur Kennzeichnung der Menge an benötigten Informationen und ihrer Darstellung. Hierzu zählen entsprechend Abbildung 5-12 vor allem das Volumen und die Häufigkeit des Informationsbedarfs selbst sowie der Verdichtungsgrad und die Darstellungsform der Informationen. Das Volumen macht deutlich, in welchem Umfang man unterschiedliche Informationen benötigt. Aus den subjektiven Wünschen folgt im einen Fall ein

Genauigkeit

Zuverlässigkeit

Alter

Volumen

geringes, im anderen ein großes Volumen des Informationsbedarfs. Ferner ist maßgebend, wie häufig dieselbe Art von Informationen einem Empfänger übermittelt werden sollen.

Der Verdichtungsgrad und die Darstellungsform beziehen sich auf die Art der Informationsübermittlung. Mit dem Verdichtungsgrad kennzeichnet man die Zusammenfassung oder Aufteilung von Einzeldaten. So können die Umsatzzahlen von Produktarten zu Produktgruppen bis hin zum gesamten Produktionsprogramm oder einzelner Kunden über Kundengruppen zum Gesamtumsatz verdichtet werden. Die Darstellung von Informationen kann in verbaler, tabellarischer, graphischer oder anderer Form erfolgen. Sie ist wichtig für die Akzeptanz durch den Empfänger. Verdichtungsgrad und Darstellungsform sollten möglichst benutzeradäquat gestaltet sein.

Aus den beschriebenen Merkmalen ergibt sich, welchen Anforderungen die Bereitstellung der Informationen genügen sollte. Informationsbedarfsanalysen müssen herausfinden, wie sie gestaltet sein sollten, um eine hohe Informationsnutzung durch die Empfänger zu gewährleisten. Die Umsetzung der abgeleiteten Anforderungen erfolgt im Berichtssystem (vgl. Abschnitt 5.3.2.2).

Formen des Informationsbedarfs

Der Informationsbedarf kann auf Aufgaben und Personen bezogen werden. Dementsprechend unterscheidet man zwischen einem objektiven, einem subjektiven und einem geäußerten Informationsbedarf (vgl. Berthel, 1975, S. 29; Garbe, 1975, Sp. 1874 ff.). Der objektive Informationsbedarf besteht aus der Menge an Informationen, die einen sachlichen Zusammenhang zu dem jeweiligen Problem aufweisen. Für ein Entscheidungsproblem erhält man ihn z. B. durch eine Untersuchung der verfügbaren Handlungsvariablen, den daraus zu bildenden Alternativen, den sie beschränkenden Nebenbedingungen, dem oder den Entscheidungszielen sowie den Beziehungen zwischen den Variablen, Beschränkungen und Zielen in unterschiedlichen Situationen mit den zugehörigen Wahrscheinlichkeiten.

Demgegenüber steht der subjektive Bedarf in Beziehung zum Informationsempfänger und beeinflusst dessen Verhalten. Er wird bestimmt durch seine Auffassung und sein Empfinden, welche Informationen er für seine Entscheidung und sein Handeln benötigt. Von der Befriedigung des subjektiven Informationsbedarfs kann es abhängen, ob der Betreffende zu einer Entscheidung kommt und inwieweit er mit deren Ergebnis zufrieden ist.

Der geäußerte Informationsbedarf betrifft die konkrete Informationsnachfrage des Verwenders. Diese ist von subjektiven Größen beeinflusst. Sie kann mit dem objektiven Bedarf mehr oder weniger übereinstimmen. Den subjektiven Informationsbedarf gibt sie ggf. nur unvollständig wieder, weil sich der Verwender z. B. darüber selbst nicht genügend klar ist, sich nicht entsprechend ausdrücken kann oder seinen tatsächlichen Bedarf bewusst verheimlichen möchte.

Jede dieser drei Formen des Informationsbedarfs ist für eine umfassende Koordination von Bedeutung. Der objektive Bedarf ist für eine sachgerechte Lösung der Probleme wichtig, der subjektive für eine Verwendung der Information und das Handeln des Empfängers. Der geäußerte Bedarf zeigt, über welche Komponenten beider Formen sich der Empfänger bewusst ist. In der Informationsbedarfsanalyse versucht man daher, die Elemente aller drei Formen zu erfassen.

5.3.1.2 Bestimmungsgrößen des Informationsbedarfs

Für eine Analyse des Informationsbedarfs erscheint es wichtig, seine grundlegenden Bestimmungsgrößen herauszuarbeiten. Diese bilden einen Ausgangspunkt, um sowohl den objektiven als auch den subjektiven Informationsbedarf herzuleiten. Hypothesen über die Art der wichtigsten Bestimmungsgrößen und ihres Einflusses liefern entsprechend Abbildung 5-13 einen Ansatz für eine Fundierung der Informationsbedarfsanalyse.

Grundsätzlich ist die Verwendbarkeit von Informationen als allgemeine Bestimmungsgröße des Informationsbedarfs anzusehen. Deshalb muss man fragen,

Verwendbarkeit
von Informationen

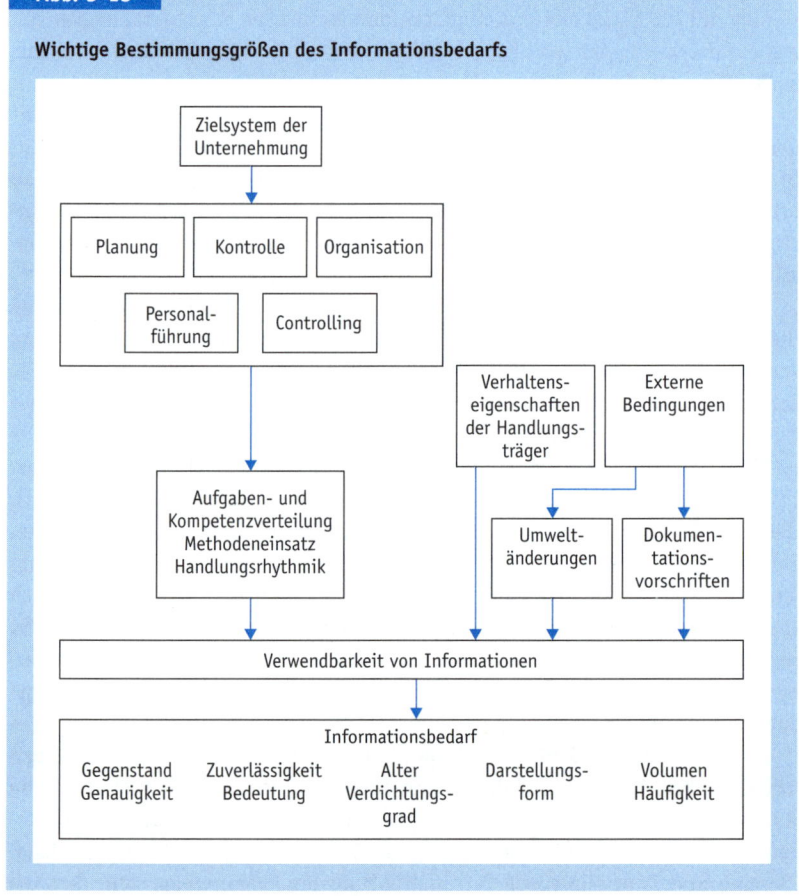

Abb. 5-13

Wichtige Bestimmungsgrößen des Informationsbedarfs

Zielsystem der Unternehmung

Planung · Kontrolle · Organisation
Personalführung · Controlling

Verhaltenseigenschaften der Handlungsträger

Externe Bedingungen

Aufgaben- und Kompetenzverteilung Methodeneinsatz Handlungsrhythmik

Umweltänderungen

Dokumentationsvorschriften

Verwendbarkeit von Informationen

Informationsbedarf

Gegenstand Genauigkeit · Zuverlässigkeit Bedeutung · Alter Verdichtungsgrad · Darstellungsform · Volumen Häufigkeit

von welchen Größen diese in einer Unternehmung abhängig ist. Informationen werden für Entscheidungen und deren Durchführung von den in der Unternehmung tätigen Personen genutzt, deren Handeln vom *Führungssystem* der Unternehmung beeinflusst wird. Sie ist aber zugleich von den *Verhaltenseigenschaften der Handlungsträger* und *externen Bedingungen* abhängig.

Im Hinblick auf eine Untersuchung des objektiven Informationsbedarfs kann man von den Aufgaben ausgehen, welche die einzelnen Personen in der Unternehmung übernehmen. Diese lassen sich weitgehend als Entscheidungsprobleme verstehen. Damit gewinnt man einen Ansatzpunkt, um über deren Variablen, Alternativen, Nebenbedingungen, Wirkungen und relevante Umweltsituationen die jeweils erforderlichen Informationen systematisch herzuleiten. Die einer Person übertragenen Planungs-, Ausführungs- und/oder Kontrollaufgaben sind die Basis für den bei ihr entstehenden Informationsbedarf. Die Zuordnung von Aufgaben sowie Entscheidungs- und Weisungsrechten zu Personen wird in der Organisation festgelegt. Deshalb wird die *Verteilung der Aufgaben sowie der Entscheidungs- und Weisungskompetenzen* zu einer der wichtigsten unmittelbaren Bestimmungsgrößen des Informationsbedarfs. Dabei sind die Aufgabenverteilung auf die Tätigkeiten, die Entscheidungs- und die Weisungskompetenzen nur auf die von Instanzeninhabern wahrzunehmenden Entscheidungs- und Personalführungsaufgaben gerichtet.

Die sich daraus ergebenden Probleme wirken sich auf die Art und den Inhalt der Informationen aus, die der Stelleninhaber zur Lösung benötigt. Für den Informationsbedarf ist darüber hinaus wichtig, auf welche Weise er die Lösung zu erreichen sucht. Dabei kann er unterschiedliche Methoden, Verfahren und Instrumente einsetzen. Der *Methodeneinsatz* bildet eine weitere maßgebliche Bestimmungsgröße für den Informationsbedarf.

Informationen müssen jeweils zu den Zeitpunkten verfügbar sein, an denen die Entscheidungen getroffen und die Handlungen ausgeführt werden sollen. Aus diesem Grund wirkt sich die *Handlungsrhythmik* der Stelleninhaber aus. Sie schlägt sich vor allem in Häufigkeit, Alter und Termindringlichkeit als zeitbedingte Bedeutung des Informationsbedarfs nieder.

Einfluss des Führungssystems

Mit Aufgaben- und Kompetenzverteilung, Methodeneinsatz und Handlungsrhythmik sind die Fragen nach dem Empfänger (wer) und Inhalt (welche, was), der Übermittlungsart (wie) und dem Zeitpunkt der Übermittlung (wann) einer Information angesprochen. Ihre Analyse ergibt neben der Art der Information Hinweise auf den Verwendungszweck und ihre Bedeutung. Das *Wie* lässt sich insbesondere anhand der eingesetzten Methoden näher bestimmen. Es betrifft neben einer Verfeinerung dieser Merkmale vor allem die Genauigkeit, den Verdichtungsgrad und die Darstellungsform. Das *Wann* wird durch die Handlungsrhythmik bestimmt.

In einem weiteren Schritt kann man fragen, wovon diese drei Bestimmungsgrößen selbst abhängen. Die Bedeutung der Organisation für die Verteilung von Aufgaben, Entscheidungs- und Weisungsrechten ist offensichtlich. Diese Unterteilung weist auf die Unterscheidung von Durchführung im Leistungsvollzug, Planung und Kontrolle sowie Personalführung hin. Daran zeigt sich, dass die

Struktur des Führungssystems die Hauptbestimmungsgrößen Aufgaben- und Kompetenzverteilung, Methodeneinsatz und Handlungsrhythmik und damit den Informationsbedarf determiniert. Die Bedeutung des Führungssystems ließe sich noch deutlicher kennzeichnen, indem man z. B. den Einfluss der verschiedenen Eigenschaften des Planungssystems auf den Informationsbedarf im Einzelnen analysiert. Offensichtlich hängen die Art und die sonstigen Merkmale der benötigten Informationen unter anderem vom Planungsumfang, der sachlichen und zeitlichen Differenzierung, Koordination und Detailliertheit der Planung, dem Planungsablauf und der Art der eingesetzten Modelle sowie der EDV-Unterstützung ab.

Für eine rationale Lösung von Problemen muss man deren jeweilige Wirkungen erfassen. Die Auswahl der als relevant angesehenen Wirkungen und deren Bewertung hängen von den jeweils verfolgten Zielen ab. Deshalb gewinnen die Entscheidungsziele eine herausragende Bedeutung für die Ermittlung des Informationsbedarfs. Da am Zielsystem auch die Struktur des Führungssystems ausgerichtet wird, kann es als übergeordnete und zugleich direkt wirksame Bestimmungsgröße des objektiven Informationsbedarfs angesehen werden.

Während die bisher herausgearbeiteten Bestimmungsgrößen unmittelbar von formellen Entscheidungen der Unternehmung abhängen, lassen sich die Verhaltenseigenschaften der Handlungsträger und die externen Bedingungen höchstens indirekt und begrenzt durch sie beeinflussen. Der von einem Handlungsträger empfundene und geäußerte Bedarf an Informationen sowie seine Bereitschaft zu deren Verwendung werden durch seine personellen Eigenschaften bestimmt. Unter diesen erscheinen seine fachliche Qualifikation und Erfahrung, seine eher intellektuelle oder pragmatische Orientierung und seine Präferenzen gegenüber verbaler, schriftlicher oder bildlicher Kommunikation besonders relevant. Ferner kann die Risikoeinstellung eines Handlungsträgers seinen subjektiven Informationsbedarf beeinflussen. Eine risikoscheue Person wird für eine Aufgabenstellung tendenziell mehr Informationen nachfragen als eine risikofreudige. Um ein hohes Maß an Informationsnutzung zu erreichen, muss man die Informationsbereitstellung auf diese Verhaltenseigenschaften ausrichten.

Verhaltenseigenschaften der Handlungsträger

Unter den externen Bedingungen besitzen Umweltänderungen und rechtliche Dokumentationsvorschriften ein spezielles Gewicht. *Änderungen in der Umwelt* führen zum Veralten von Informationen und lösen neue Informationsbedarfe für Anpassungsmaßnahmen aus. Das Informationssystem soll aktuelle Informationen bereitstellen. Ferner können sie eine Anpassung des Informationssystems erforderlich machen. Beispielsweise können Tariflohn- bzw. Wechselkursänderungen eine Anpassung der Lohnsätze in der Kostenrechnung oder der Erlösplanung in der Erlösrechnung sowie der Finanzplanung auslösen.

Externe Bedingungen

Wichtige *Dokumentationsvorschriften* sind die handels- und steuerrechtlichen Gesetze und Verordnungen zur Rechnungslegung. Aus ihnen ergibt sich ein vielseitiger Informationsbedarf, der unabhängig von den konkreten Entscheidungen beachtet werden muss. Die Vorschriften und ihre Auslegung betreffen alle Merkmale des Informationsbedarfs. Sie wirken sich auf die Art der

Informationen aus, indem z. B. vorgeschrieben ist, welche Informationen über einzelne Aktiv- und Passivpositionen bei welchem Unternehmenstyp in der Jahresbilanz auszuweisen sind. So schlägt sich die Zuverlässigkeit von Informationen in den Ausprägungen des Vorsichtsprinzips der Bilanzierung nieder. Die Jahresabschlusstermine bestimmen das Alter der Informationen. Der Verdichtungsgrad und die Darstellungsform werden durch die Gliederungsvorschriften des Handelsrechts relativ genau vorgegeben. Dies zeigt sich z. B. an den nach Unternehmensgröße differenzierten Ausweisvorschriften und der Staffelform der Gewinn- und Verlustrechnung.

5.3.1.3 Verfahren der Informationsbedarfsermittlung

Induktive und deduktive Methoden

Die konkrete Ermittlung des Informationsbedarfs ist eine der Kernaufgaben für eine Koordination des Informationssystems mit den anderen Führungsteilsystemen. Sie muss bewirken, dass die Informationsgewinnung und -verarbeitung auf die Erfordernisse der Führung ausgerichtet ist. Ihre Ergebnisse sind die Grundlage für die Planung des Informationssystems. Aus ihnen muss erkennbar sein, welche Stellen und Personen welche Informationen zu welchen Zeitpunkten benötigen. Damit ist verbunden, an welchen Ort und in welcher Form die Daten geliefert werden müssen.

Um zu einer allgemeinen Kennzeichnung von Möglichkeiten der Informationsbedarfsermittlung zu gelangen, kann man entsprechend Abbildung 5-14 zum einen von den Informationsquellen ausgehen. Zum anderen kann man danach fragen, ob der Informationsbedarf induktiv erhoben oder deduktiv abgeleitet wird. Mit induktiven Methoden analysiert man die tatsächlichen Gegebenheiten in der Unternehmung und versucht, aus ihnen allgemeine Schlüsse auf den Informationsbedarf zu ziehen. Dagegen wird der Informationsbedarf mit deduktiven Methoden auf systematischem Wege bestimmt.

Abb. 5-14

Wichtige isolierte Methoden der Informationsbedarfsermittlung

Informations-quellen	Betriebliche Dokumente	Betriebliche Datenerfassung		Informations-verwender
induktive Analysemethoden	Dokumenten-analyse	Daten-technische Analyse	Organisations-analyse	Befragung ▸ Interview ▸ Fragebogen ▸ Bericht

Informations-quellen	Aufgaben und Ziele der Unternehmung	Planungsmodelle der Unternehmung	Theoretische Planungsmodelle
deduktive Analysemethoden	Deduktiv-logische Analyse	Modellanalyse	

Induktive Methoden der Informationsbedarfsermittlung

Als Quellen für ein induktives Vorgehen bieten sich auswertbare betriebliche Dokumente, die in einer Unternehmung vorgenommenen Datenerfassungen und die Informationsverwender an. Bei der Dokumentenanalyse untersucht man, welche Datenträger den Entscheidungs- und Handlungsträgern zur Verfügung stehen. Man ermittelt also den Inhalt und die Eigenschaften des gegenwärtigen Informationsangebots, wie es in Berichten, Statistiken und Listen usw. dokumentiert ist. Dabei ist zu prüfen, welche Marktdaten, Kosten- und Erlösgrößen u. Ä. in Form von Berichten den verschiedenen Stelleninhabern zur Verfügung stehen. Bei diesem Vorgehen wird von dem bisherigen Informationsangebot auf den Bedarf geschlossen. Dies ist problematisch, weil über die bloße Analyse der Dokumente nicht erkennbar ist, welche Daten von den Empfängern genutzt werden. Man erhält höchstens Anhaltspunkte. Mit dieser Methode lässt sich weder der objektive noch der subjektive Informationsbedarf bestimmen.

In einer Unternehmung werden laufend Daten für unterschiedliche Aufgaben und Zwecksetzungen erfasst. Dies ist unmittelbar sichtbar in der Finanz- und der Betriebsbuchhaltung. Dort werden die gesamten finanziellen Bewegungen und Bestände sowie die innerbetrieblichen Güterverbräuche aufgenommen. Sehr intensiv ist die Datenerfassung auch im Fertigungsbereich, wo in der Regel die Fertigungsmengen und -zeiten sowie die für die Entlohnung relevanten Daten laufend dokumentiert werden. Durch die Auswertung der Datenerfassung gewinnt man einen gegenüber der Dokumentenanalyse vertieften Einblick in wichtige Informationsströme der Unternehmung. Damit gelangt man zu datentechnischen Analysen. In ihnen werden beispielsweise durch Datenbankdiagramme (vgl. Koreimann, 1976, S. 112 ff.) die zwischen Datenelementen bestehenden logischen Beziehungen abgebildet. Diagramme geben in graphischer und/oder tabellarischer Form Verknüpfungen zwischen verschiedenen Aufgaben wieder. Dann erkennt man u. a., welche Funktionsbereiche auf dieselben in einer Datenbank gespeicherten und verwalteten Daten zurückgreifen und erlangt ein recht genaues Bild über das Informationsangebot und die Informationsverwendung. Damit geht man über eine Dokumentenanalyse hinaus. Jedoch wird ebenfalls ein Istzustand erfasst, der sich nicht genau beurteilen lässt. Man erkennt nicht, welche Informationen objektiv zur Lösung der Aufgaben nötig wären und welchen Informationsbedarf die Empfänger subjektiv empfinden.

Die Organisationsanalyse (vgl. Koreimann, 1976, S. 82 ff.) stellt eine Istaufnahme der gegenwärtigen Aufgaben- und Tätigkeitsstruktur in der Unternehmung dar. Sie kann sich auf die gesamte Unternehmung oder einzelne Teilbereiche erstrecken. Ferner kann sie einmalig, laufend oder periodisch vorgenommen werden. Für ihre Durchführung erfolgt also eine spezielle Datenerfassung. Mit ihr wird das organisatorische Gefüge beschreibend dargestellt und kritisch durchleuchtet. Unter Nutzung statistischer Methoden misst man die wichtigsten Mengen- und Wertgrößen der Prozesse in den untersuchten Bereichen. Durch Schätzungen, konkrete Zählungen, Multimomentaufnahmen oder ähnliche Verfahren wird beispielsweise festgestellt, welche verschiedenen Tätigkeiten im Einkauf durchgeführt und welche Informationen dabei verwendet werden. Ferner analysiert man die Kommunikationsbeziehungen in der Unternehmung. Dabei wird festgestellt, welche Stellen und Personen untereinander Informationen austauschen. Neben den formellen Instanzen- und Berichtswegen kann es sich dabei auch um informelle Kanäle handeln. Daneben ist von Interesse, welche Datenträger benutzt werden. Über die Analyse der Kommunikationsbeziehungen erhält man Aufschluss über die Informationswege und -inhalte, die Mittel der Informationsübertragung sowie die Zentren zur Gewinnung, Verarbeitung und Speicherung von Informationen.

Durch Organisationsanalysen erkennt man sowohl den mit Entscheidungs- und Handlungsprozessen verbundenen Informationsbedarf als auch das aktuelle Informationsangebot. Jedoch beschränken sich ihre Ergebnisse auf den Istzustand. Deshalb können auch sie den sachlich notwendigen und den individuell empfundenen Informationsbedarf nur unvollständig aufdecken.

Direkte Befragung

Der subjektive Informationsbedarf lässt sich am besten durch eine direkte Befragung der Informationsverwender ermitteln. Diese Erhebungsmethode hat daher für das induktive Vorgehen ein besonderes Gewicht. Mit ihr werden alle drei Formen des Informationsbedarfs unterstützt. Aus den Aussagen der Entscheidungs- und Handlungsträger gewinnt man nicht nur einen Einblick in ihren individuell empfundenen Informationsbedarf. Aufgrund ihrer Fachkenntnisse und ihres Wissens über die zu lösenden Probleme sowie die hierfür relevanten Situationsbedingungen sind sie zudem eine wichtige Informationsquelle für die Bestimmung des objektiv notwendigen Informationsbedarfs.

Interviews

Befragungen können in Form von Interviews, mit Hilfe von Fragebögen oder durch Berichte erfolgen, welche die Verwender ausfüllen bzw. erstellen müssen. Die Interviews können als Einzel- oder Gruppeninterviews erfolgen und mehr oder weniger stark strukturiert sein. Ihre Ergebnisse werden durch die Persönlichkeit des Fragenden, aber auch des Befragten beeinflusst. Mit ihnen lassen sich ferner Hintergründe von Entscheidungsproblemen herausfinden. Sie können in stärkerem Maße als strukturierte Fragebögen neue Gesichtspunkte und Problemaspekte aufzeigen und bieten sich vor allem für die Erfassung des subjektiven Informationsbedarfs an. Über das Gespräch wird eine bessere Einschätzung der Persönlichkeit des Verwenders möglich und eher die Bereitschaft erreicht, individuelle Informationswünsche offenzulegen.

Fragebögen

Fragebögen sind stärker strukturiert. Meist enthalten sie vorgegebene Antwortalternativen und nur in begrenztem Umfang offene Antworten. Wenn die Verwender jedoch zu häufig mit Fragebögen konfrontiert werden, kann die Bereitschaft zur genauen Beantwortung sinken. Der Vorzug dieser Erhebungsmethode liegt in der systematischen Auswertbarkeit. Hierzu lässt sich eine Vielzahl statistischer Methoden heranziehen. Neben der einfachen *Häufigkeitsauswertung* kann man gegenseitige Beziehungen und Einflüsse z. B. über *Kreuztabellierungen* suchen. Darüber hinaus lassen sich bei entsprechender Fragebogengestaltung uni- und multivariate Methoden beispielsweise der *Regressions-, Faktoren-* oder *Clusteranalyse* (vgl. Hochstädter, 1993, Sp. 3998 ff.; Backhaus et al., 1994, S. 1 ff., S. 189 ff. und S. 261 ff.) anwenden, mit denen sich wichtige Zusammenhänge und Schwerpunkte genauer und besser fundiert herausfinden lassen.

Für eine freie Darstellung des Informationsbedarfs eignen sich Berichte. Deren Aufbau kann dem Verwender in gewissem Maß vorgegeben oder frei überlassen werden. Wenn dieser z. B. die Ermittlung des Informationsbedarfs für sehr wichtig hält, wird er den Bericht aussagefähiger gestalten, als wenn er sie als überflüssige Mühe ansieht. Dafür ist der Aufwand für die erhebende Stelle gegenüber der Erarbeitung eines Fragemusters für ein Interview oder einen Fragebogen wesentlich geringer.

Berichte

Deduktive Methoden der Informationsbedarfsermittlung

Die deduktiven Methoden zielen auf die Ermittlung eines sachlich notwendigen Informationsbedarfs ab. Bei ihnen versucht man, auf logischem oder theoretischem Weg die Informationen herzuleiten, die objektiv für eine Lösung der in der Unternehmung auftretenden Probleme benötigt werden. Ausgangspunkt der Analyse sind die Entscheidungs- und Handlungsprobleme sowie die Ziele der Unternehmung.

Die am wenigsten strukturierte Erhebungsform besteht in der deduktiv-logischen Analyse des Informationsbedarfs aus den Aufgaben und Zielen der gesamten Unternehmung sowie der einzelnen Stellen. Man geht vom Produktionsprogramm als grundlegender Aufgabe und »Sachziel« der Unternehmung aus. Daraus werden, gegebenenfalls über mehrere Ebenen hinweg, Teilaufgaben abgeleitet. Zudem wird angegeben, welche Informationen zu deren Erfüllung im Hinblick auf die Entscheidungsziele erforderlich erscheinen. Da für die Relevanz von Informationen auch empirische Gegebenheiten maßgeblich sind, müssen in solche Analysen Kenntnisse oder Annahmen über empirische Zusammenhänge zumindest implizit eingehen. Auf der logischen Deduktion von Teilaufgaben und Informationen liegt aber das Schwergewicht. Für sie ist das Wissen heranzuziehen, das man allgemein über betriebs- sowie gesamtwirtschaftliche Tatbestände und speziell über die betreffende Unternehmung besitzt. Es wird in der Regel auch von den Stelleninhabern eingebracht. Daran zeigt sich, dass für die konkrete Durchführung von Informationsbedarfsanalysen vielfach deduktive und induktive Methoden zu kombinieren sind.

Ableitung aus Aufgaben und Zielen

Für die Lösung von Entscheidungsproblemen lässt sich eine Vielzahl von Planungsmodellen heranziehen. Deshalb bieten sowohl die in einer Unternehmung konkret eingesetzten als auch die in der Literatur entwickelten »theoretischen« Planungsmodelle Quellen für die Bestimmung des Informationsbedarfs. Erstere zeigen einen unmittelbar zu erfüllenden Informationsbedarf an. In vielen Unternehmungen werden Modelle zur Planung verschiedener Entscheidungstatbestände herangezogen. Diese können nur gelöst werden, wenn die erforderlichen Daten verfügbar sind. Deshalb ergibt sich aus den in einer Unternehmung eingesetzten Modellen eine konkrete Informationsnachfrage.

Planungsmodelle

Die in der Literatur entwickelten Planungsmodelle sind nicht nur auf eine Anwendung gerichtet, sondern liefern darüber hinaus Analysen bestimmter

Entscheidungsprobleme. Bei einer Reihe von Modellen dürfte dieser Analysezweck mehr Bedeutung als die konkrete Anwendung besitzen (vgl. Küpper, 1980a; Küpper, 1980b, S. 67 ff.). In ihnen werden die Handlungsalternativen, Handlungsbeschränkungen und Ziele abgebildet. Damit ist erkennbar, welche Informationen für die Lösung des betreffenden Problems als erforderlich angesehen werden.

Beispiel

Als Beispiel kann das Grundmodell der Produktionsprogrammplanung betrachtet werden. Im einfachsten Fall der Programmplanung geht man davon aus, dass die Produktionsmengen x_i verschiedener Produktarten i für eine Periode zu planen sind. Dabei sind Kapazitätsbeschränkungen B_j für jede Produktionsstufe j und ggf. Absatzhöchstmengen N_i zu beachten. Als Zielfunktion wird die Maximierung des Gesamtdeckungsbeitrags verfolgt. Bei konstanten Produktionskoeffizienten a_{ij} und Stückdeckungsbeiträgen d_i kann man folgendes lineares Planungsmodell formulieren:

$$\max \quad D = \sum_i d_i \cdot x_i$$

unter den Nebenbedingungen

$$x_i \leq N_i \qquad \forall \; i$$
$$\sum_i a_{ij} \cdot x_i \leq B_j \qquad \forall \; j$$
$$x_i \geq 0 \qquad \forall \; i$$

Um das Optimum herzuleiten, müssen folgende Daten bekannt sein:
▸ die Produktionskoeffizienten a_{ij} (z. B. Stückzeiten) für die Inanspruchnahme der Kapazität j (z. B. Maschine) durch eine Einheit der Produktart i,
▸ die verfügbaren Kapazitäten B_j,
▸ die Absatzhöchstmengen N_i für jede Produktart i sowie
▸ die Stückdeckungsbeiträge d_i jeder Produktart i.

Das Modell zeigt also an, welche Informationen bei dieser Problemstellung als relevant erachtet werden. Mit der Abbildung oder Strukturierung der Problemstellung in einem quantitativen Modell lässt sich der Informationsbedarf in klarer Weise kennzeichnen.

Eine derartige Analyse sollte sich auf die verschiedenen Entscheidungsprobleme eines Bereichs erstrecken. Sie kann dann entsprechend dem Beispiel von Abbildung 5-15 nach Problemstellungen, Zielsetzungen und relevanten Erfolgs-, Mengen- und sonstigen Größen systematisch aufbereitet werden. In entsprechender Weise kann der Informationsbedarf für die konkret eingesetzten Modelle charakterisiert werden.

Diese Modelle zeigen, welche Informationsinhalte bei einer entsprechenden Problemabgrenzung für die Lösung als relevant erachtet werden. Sie geben eine klare Strukturierung des betrachteten Problems und liefern dem Entscheidungsträger Hinweise, welche Informationen er benötigt.

Abb. 5-15

Informationsbedarf ausgewählter Entscheidungsmodelle

Modell	Zielsetzung	Erfolgsgröße(n)	Mengengrößen	sonstige Größen
Optimale Losgröße	Kostenminimierung	Lagerungskosten Rüstkosten	Periodenbedarf Fertigungslos	
Portfolio Selection	optimales Wertpapierportefeuille	Erwartungswert/ Varianz der Wertpapierverzinsung		sicherer Kapitalmarktzins
Produktions- und Absatzprogramm	Gewinn-/Deckungsbeitragsmaximierung	Kosten Erlöse	Produktions-/ Absatzmengen	
Simultane Investitions- und Finanzierungsplanung	Endvermögensmaximierung Entnahmestrommaximierung	Ein-/Auszahlungen	Maschinenkapazität Maschinenzahl	
Simultane Personal-, Investitions-, Produktions- und Finanzierungsplanung	Kapitalwertmaximierung	Personalzahlungen Investitionszahlungen Produktpreise	Anz. Arbeitskräfte Absatzmengen	Budget

Vergleiche zur optimalen Losgröße Küpper/Helber, 1995, S. 132 ff.; zur Portfolio Selection Markowitz, 1991; zum Produktions- und Absatzprogramm Zäpfel, 1982; zur simultanen Investitions- und Finanzierungsplanung Hax, 1964; zur simultanen Personal-, Investitions-, Produktions- und Finanzierungsplanung Frese, 1994, S. 272 ff.

Kombinierte Verfahren der Informationsbedarfsermittlung

In der Realität wird man sich nicht auf eines der dargestellten Verfahren der Informationsbedarfsermittlung beschränken. Da sie unterschiedliche Vorteile aufweisen, bietet sich für das praktische Vorgehen eine Kombination aus induktivem und deduktivem Vorgehen an. Hierdurch kann man einerseits das Wissen der Entscheidungs- und Handlungsträger nutzen sowie ihren subjektiv empfundenen Bedarf erfassen. Andererseits liefert das deduktive Vorgehen eine Absicherung und verhindert eine zu starke Orientierung an den jeweiligen Stelleninhabern.

Konkrete Verfahren zur Erhebung und Analyse des Informationsbedarfs sind im Hinblick auf die Gestaltung und den Einsatz EDV-gestützter Informationssysteme entwickelt worden. Sie bestehen im Allgemeinen aus einer strukturierten Menge von Tätigkeiten, die in Phasen zusammengefasst sind. Ihre Durchführung wird Beratern oder internen Projektgruppen unter Mitwirkung von Externen übertragen. Die verschiedenen Verfahren unterscheiden sich in den verwendeten Erhebungs- und Analysemethoden, in Dauer und Aufwand der Untersuchung sowie in der Art und Beständigkeit der Untersuchungsergebnisse. Als Beispiele praktisch einsetzbarer Verfahren können die von IBM entwickelte Methode »Business Systems Planning« (BSP) (vgl. IBM, 1981) und die unter Leitung von John F. Rockart (vgl. Rockart, 1979, S. 84 ff.) ausgearbeitete Methode der »Kritischen Erfolgsfaktoren« (Critical Success Factors – CSF) skizziert werden.

Kombination aus induktivem und deduktivem Vorgehen

5.3 **Koordination des Informationssystems**
Ausrichtung des Informationssystems auf die anderen Führungsteilsysteme

228

BSP-Methode

Die BSP-Methode stellt ein relativ aufwändiges Verfahren dar, das von einer aus vier bis sieben Mitgliedern bestehenden Projektgruppe in einem Zeitraum von sechs bis acht Wochen durchgeführt werden kann. Die Gruppe besteht aus Mitgliedern der Unternehmung und in der Regel einem mit der Methode vertrauten externen Berater. Die Stärke der Projektgruppe und die Projektdauer erfordern eine präzise Organisation der Untersuchung. Dieses Verfahren liefert ein Informationskonzept für die gesamte Unternehmung. Methodisch stellt es eine Kombination aus einer deduktiv-logischen Analyse mit Befragungen über Interviews dar. Sein Ausgangspunkt ist die Bestimmung und Abgrenzung von Geschäftsprozessen. Bei diesen handelt es sich um Gruppen von zusammengehörenden Entscheidungen und Handlungen in der Unternehmung. Man erhält die Geschäftsprozesse durch eine systematische Aufgabenzerlegung nach dem Hauptprodukt bzw. der Hauptdienstleistung sowie den zur Gütererstellung eingesetzten Ressourcen. Über eine gruppenweise Zusammenfassung gelangt man beispielsweise zu Prozessen der Produktion mit Ablauf-, Kapazitäts- und Bedarfsplanung sowie Fertigungssteuerung, der Materialwirtschaft mit Einkauf, Warenannahme, Lagerhaltung und Transport, der Finanzierung mit Finanzplanung, Kapitalbeschaffung und Kapitalanlage usw. Die Gruppen von Geschäftsprozessen werden anschließend den aufbauorganisatorischen Stellen zugeordnet, was man in einer Prozess-Organisations-Matrix veranschaulicht.

Dann ermittelt man die Datenklassen, die in den Geschäftsprozessen erzeugt oder verwendet werden. Jede der 30 bis 60 unterschiedlichen Datenklassen bezieht sich auf eine Kategorie von logisch verbundenen Daten. Beispiele hierfür sind Finanz-, Produkt-, Materiallager-, Maschinenbelegungs-, Bestell- oder Kostendaten. Die Beziehungen zwischen den Datenklassen und den Geschäftsprozessen werden ebenfalls in einer Matrix wiedergegeben. Aus ihr ist erkennbar, welche Datenklassen zur Durchführung welcher Geschäftsprozesse erforderlich sind.

Dem auf diesem Weg aus den Aufgaben und Zielen abgeleiteten Informationsbedarf wird das bestehende Informationssystem gegenübergestellt. Hierzu wird der gesamte Output des Informationssystems ermittelt und in die Prozess-Organisations-Matrix eingetragen. Damit lassen sich sowohl fehlende als auch redundante Informationsbereitstellungen erkennen. In entsprechender Weise wird die gegenwärtige Nutzung von Datenklassen analysiert.

Kritische Erfolgsfaktoren (CSF)

Um die Möglichkeiten zur Verbesserung des Informationssystems abzuklären, schließen sich Interviews an. In ihnen werden die deduktiv hergeleiteten Informationsanforderungen und ihre gegenwärtige Zuordnung überprüft sowie weitere Probleme des bestehenden Informationssystems herausgearbeitet. Die Befragten sollen diese Probleme den Geschäftsprozessen zuordnen sowie künftige Trends und Informationsanforderungen aufzeigen und die Probleme bewerten.

Die über die Interviews bestätigte Struktur der Geschäftsprozesse, der Aufbauorganisation, der Datenklassen mit ihren Zuordnungen sowie die herausgefundenen Informationsprobleme bilden die Grundlage für Änderungen des Informationssystems. Die Reihenfolge von Verbesserungsmaßnahmen richtet sich nach dem Nutzen, der in den Interviews für die Lösung der Informationsprobleme abgeschätzt worden ist.

Mit der Methode Kritischer Erfolgsfaktoren (CSF) strebt man eine Unterstützung der Entscheidungsträger und einen Abbau von Informationsüberflutung an. Dieses Verfahren wird in der Regel von einem oder wenigen unternehmensexternen Beratern durchgeführt. Seinen Kern bilden jeweils zwei bis drei Interviews mit den Personen, für die der Informationsbedarf zu analysieren ist. In diesen soll der Befragte seine betrieblichen Aufgaben und Ziele charakterisieren. Für jede Aufgabe sind unter Beachtung des verfolgten Ziels kritische Erfolgsfaktoren zu bestimmen. Diese werden systematisch in den Bereichen branchenbedingter Faktoren, der Unternehmensstrategie und Marktposition, den Umweltfaktoren, temporären Faktoren der in einer Unternehmung bestehenden Probleme und Chancen, der Position und Person des Entscheidungsträgers sowie dessen individuellen Eigenschaften gesucht. Man erkennt an dieser Stelle die enge Beziehung zu Stärken-Schwächen-Analysen, wie sie vor allem in strategischen Analysen vorgenommen werden.

Durch die Untersuchung der Beziehungen zwischen den betrieblichen Aufgaben sowie Zielen des Befragten und den Erfolgsfaktoren sollen die *kritischen* unter ihnen herausgefunden werden. Eine Gegenüberstellung der Interviewergebnisse bei verschiedenen Personen ermöglicht es, die für die gesamte Unternehmung kritischen Erfolgsfaktoren zu erkennen und diese von individuellen bzw. stellenspezifischen abzugrenzen. Für die unternehmensbezogenen und die individuellen Erfolgsfaktoren sind quantitative Messgrößen sowie geeignete Messverfahren zu finden. Durch den Vergleich mit der bestehenden Informationsbereitstellung ist herauszufinden, inwieweit sie schon bislang den Entscheidungsträgern Messwerte für als kritisch erachtete Faktoren liefert.

Das CSF-Verfahren ist mit begrenztem Aufwand und in relativ kurzer Zeit durchführbar. Es dient zur Analyse ausgewählter Bereiche, nicht der gesamten Unternehmung. Da es induktiv vorgeht, sind seine Ergebnisse weitgehend von der Qualifikation der befragten Personen und der Berater abhängig. Durch die Ausrichtung auf die individuellen Entscheidungsträger sind sie bei organisatorischen Änderungen schnell überholt, so dass sich eine Wiederholung der Analyse als notwendig erweist.

Für die Auswahl von Verfahren der Informationsbedarfsermittlung sollten deren Kosten ihrem Nutzen gegenübergestellt werden. Die Kosten lassen sich in der Regel anhand der eingesetzten internen Mitarbeiter und externen Berater, der Zeitdauer der Studien und der EDV-Beanspruchung abschätzen. Dagegen sieht man sich bei der Bestimmung ihres Nutzens mit einem Zirkel- und Zurechnungsproblem konfrontiert. Die Nutzenbestimmung setzt die Kenntnis der benötigten Informationen voraus. Letztere lassen sich aber erst über den Einsatz des jeweiligen Verfahrens ermitteln. Man ist daher auf vereinfachte Abschätzungen aus vergangenen Erfahrungen mit demselben Verfahren in der eigenen oder fremden Unternehmungen angewiesen. Des Weiteren ist der Einfluss einer Informationsbereitstellung auf die Entscheidungen und das Handeln abzuschätzen. Dieser lässt sich jedoch schwer von anderen Einflüssen abgrenzen.

Auswahl von Verfahren

Die Zurechnung von Erfolgswirkungen auf einzelne Informationen erscheint äußerst schwierig. Daraus folgt, dass die Nutzenbestimmung für jedes Verfahren der Informationsbedarfsermittlung wohl nur äußerst grob vorgenommen werden kann. Eine qualitative Bewertung der Verfahren für ihren Einsatz erscheint dennoch besser als ein Verzicht auf die Prognose ihrer Kosten und eine globale Einordnung des von ihnen erwarteten Nutzens.

5.3.2 Gestaltung des Berichtswesens

5.3.2.1 Kennzeichnung und Zwecke des Berichtswesens

Kennzeichnung

Das Berichtswesen ist ein wichtiges Bindeglied des Informationssystems zu den anderen Führungsteilsystemen. Man kann unter ihm alle Personen, Einrichtungen, Regelungen, Daten und Prozesse verstehen, mit denen Berichte erstellt und weitergegeben werden. Dabei stellen Berichte »unter einer übergeordneten Zielsetzung, einem Unterrichtungszweck, zusammengefasste Informationen« (Blohm, 1969, S. 728) dar.

Mit dieser Abgrenzung wird das Berichtswesen nur als der Teil des Informationssystems verstanden (anders Blohm, 1974), der sich auf die Phase der Übermittlung oder Weiterleitung von Informationen beschränkt. Da diese in geeigneter Form zu erfolgen hat, gehört die Erstellung der Berichte zu seinen Aufgaben. Ferner liegt sein Schwerpunkt (vgl. Horváth, 1999, S. 589 ff.; Koch, 1994, S. 49 ff.) auf der innerbetrieblichen Weitergabe von Informationen. Jedoch können Berichte auch auf externe Empfänger ausgerichtet sein, beispielsweise bei Geschäftsberichten.

Berichtszwecke

Die Berichtszwecke leiten sich aus dem Informationsbedarf ab. Berichte werden dann von Empfängern am besten genutzt, wenn sie deren subjektiven Informationsbedarf voll befriedigen. Deshalb sind die Bestimmungsgrößen des Informationsbedarfs zugleich maßgebend für die Gestaltung der Berichte. Es ist also eine an den Unternehmenszielen ausgerichtete Abstimmung zwischen dem Informationsbedarf und den Möglichkeiten sowie Kosten der Informationsbereitstellung erforderlich. Deshalb sind neben dem Informationsbedarf die verfügbaren Instrumente der Informationserzeugung und -übermittlung sowie die Wirtschaftlichkeit als Bestimmungsgrößen des Berichtswesens anzusehen.

Als wichtigste Berichtszwecke (vgl. Asser, 1971, S. 661) werden

▸ Dokumentation,
▸ Auslösung von Arbeitsvorgängen sowie
▸ Vorbereitung und Kontrolle von Entscheidungen

hervorgehoben. Diese Berichtszwecke folgen aus den grundlegenden Rechnungszwecken der Unternehmensrechnung. Die Notwendigkeit der Dokumentation ergibt sich besonders im Rechnungswesen aus gesetzlichen Vorschriften. Für die Finanzbuchhaltung gelten Dokumentations- und Aufbewahrungspflichten, damit einzelne Tatbestände z. B. gegenüber dem Wirtschaftsprüfer und dem Finanzamt nachgewiesen werden können. Jedoch ist eine Dokumentation von Daten auch für die Zwecke der Planung und Kontrolle notwendig. Man benötigt häufig Daten z. B. in Form von Zeitreihen oder anderen Statistiken, um die Ausgangsgrößen für Prognosen verfügbar zu haben und aus der Datenmenge Hypothesen für Prognosezwecke aufstellen zu können. Kontrollen setzen die Kenntnis und damit im Normalfall die Dokumentation der zu prüfenden Größen voraus.

Mit Informationen aus Berichten können Arbeitsvorgänge ausgelöst werden. Beispielsweise können Informationen über den Umsatzrückgang auf einem Markt oder Wechselkursänderungen erhöhte Aktivitäten in den entsprechenden Vertriebs- oder Finanzbereichen auslösen.

Entscheidungs-vorbereitung

Viele Berichte dienen deshalb der Entscheidungsvorbereitung. Nach der Durchführung einer Entscheidung benötigt man für Kontrollen die realisierten Werte. Diese sollten in der Regel ebenfalls über das Berichtswesen zur Verfügung stehen.

5.3.2.2 Arten von Berichten und Berichtssystemen

Berichte

Die Zwecke, Inhalte und Erscheinungsweisen von Berichten sind ebenso wie die Art und der zeitliche Bezug der in ihnen enthaltenen Informationen sehr unterschiedlich. Zudem können sie auf verschiedenen Datenträgern weitergegeben werden. Ihr Erscheinen wird oft durch ein bestimmtes Ereignis wie die Überschreitung eines Toleranzwertes bzw. eine individuelle Bedarfsmeldung oder nach einem geregelten Zeitablauf ausgelöst. Berichte enthalten Ursprungswerte und Einzelinformationen, komprimierte Kennzahlen oder stark verdichtete Informationen. Diese Hinweise machen deutlich, dass es entsprechend Abbildung 5-16 eine Reihe von Merkmalen gibt, durch die sich Berichte kennzeichnen und unterscheiden lassen.

Als besonders wichtig haben sich drei Berichtstypen herausgeschält:

Berichtstypen

▸ Standardberichte,
▸ Abweichungsberichte und
▸ Bedarfsberichte.

Abb. 5-16

Merkmale von Berichten

Merkmale	Beispiele von Ausprägungen
Berichtszweck	Dokumentation, Planung, Kontrolle u. a.
Berichtsgegenstand	Gesamtunternehmung, Beschaffung, Produktion u. a.
Informationsart	Istwerte, Prognosewerte, Vorgabewerte u. a.
Erscheinungsweise	Regelmäßig, unregelmäßig
Auslösendes Ereignis	Zeitablauf, Toleranzwertüberschreitung, individueller Bedarf
Datenträger	Schriftstück, Speicherkarte, CD-ROM u. a.
Verdichtungsgrad	Ursprungswerte, Kennzahlen u. a.

5.3 **Koordination des Informationssystems**
Ausrichtung des Informationssystems auf die anderen Führungsteilsysteme

232

Für ihre Kennzeichnung sind die Erscheinungsweise und die berichtsauslösenden Ereignisse wichtig.

Den Kern des Berichtswesens bilden Standardberichte. Sie werden in regelmäßigen Zeitabständen erstellt und dienen zur Abdeckung eines früher ermittelten Informationsbedarfs. In ihnen ist jeweils eine »standardisierte« Menge an Daten enthalten, aus denen der Empfänger die für ihn relevanten selbst entnimmt. Der Inhalt und die Form dieser Berichte sind ebenso wie ihr Erscheinungstermin festgelegt. Die Erstellung von Standardberichten basiert zweckmäßigerweise auf einer eingehenden Informationsbedarfsanalyse. Um die Berichte in der am besten geeigneten Weise zu vereinheitlichen, ist ein entsprechender Vorbereitungsaufwand einzusetzen. Da Standardberichte i. d. R. von mehreren oder vielen Empfängern genutzt werden, sind sie relativ wirtschaftlich. Jedoch können sie nicht auf spezielle und aktuell auftretende Informationsbedürfnisse ausgerichtet werden.

Um einer möglichen Informationsüberflutung durch Standardberichte zu begegnen, kann man auf Abweichungsberichte übergehen. Sie werden lediglich erstellt, wenn vorgegebene Toleranzwerte überschritten sind. Beispielsweise erscheinen sie, wenn die Abweichungen zwischen Soll- und Istwerten des Umsatzes, der Kosten oder anderer wichtiger Größen eine festgelegte absolute oder prozentuale Grenze überschreiten. Entsprechend der Konzeption eines »Management by Exception« erhält der Empfänger nur in diesen Ausnahmefällen Informationen, die ihn auf eine nicht plangemäße Realisation und damit ein Problem hinweisen. Die Häufigkeit der Informationsübermittlung und ggf. auch der Informationsinhalt beschränken sich auf den Fall von Abweichungen. Da sich diese Berichte an einem vorgegebenen Plan orientieren, sind sie nur zur Auslösung von Anpassungsmaßnahmen, nicht zur Durchführung umfangreicher neuer Planungsprozesse geeignet. Ihr Berichtszweck besteht in der Kontrolle und der Auslösung von Vorgängen. Sie erscheinen unregelmäßig, ihre Erstellung wird durch die Festlegung der Toleranzwerte bestimmt. Darin liegt ein wichtiges Entscheidungsproblem, weil einerseits Anpassungsmaßnahmen früh ergriffen werden müssen, andererseits eine zu häufige Berichterstattung vermieden werden soll.

Während bei Abweichungsberichten die Berichterstellung letztlich durch die Planung der Toleranzwerte festgelegt wird, hängt sie bei Bedarfsberichten allein von den speziellen Informationsbedürfnissen der Empfänger ab. Dies ist beispielsweise der Fall, wenn ein Verkäufer zur Abgabe eines Angebots nicht auf einen Standardbericht der Kosten zurückgreifen kann, weil es sich um eine Sonderanfertigung handelt und er spezifische Kosteninformationen benötigt. Erst seine Informationsanfrage an das Berichtswesen führt zur Ermittlung der Daten und zur Berichterstellung. Dieser ist direkt auf ihn und den von ihm geäußerten Informationsbedarf gerichtet. Das Berichtswesen muss sich über eine umfassendere Informationsbedarfsermittlung auf mögliche Bedarfsanfragen einstellen. Deshalb ist die Erstellung von Bedarfsberichten lediglich grob planbar. Die jeweils individuelle Erstellung eines Bedarfsberichts kann aufwändig sein. Da dieser lediglich von einem oder wenigen Empfängern genutzt wird, ist seine Verwertung recht eng. Dafür trifft er den geäußerten Bedarf unmittelbar.

Je mehr es dem Empfänger möglich wird, selbständig Informationen aus dem Berichtssystem abzurufen, desto effizienter kann man mit Bedarfsberichten arbeiten. Durch die Nutzung von Datenbanken mit einem direkten Zugriff über vernetzte dezentrale Rechner kommt der Empfänger immer mehr in die Lage, die für ihn wichtigen Daten unmittelbar abzurufen. Wenn er dabei über eine benutzerfreundliche Software verfügt, die ihm ohne spezifische Kenntnisse Datenabfragen in geringer Zeit erlaubt, gewinnen Bedarfsberichte an Bedeutung.

Berichtssysteme

Zur allgemeinen Kennzeichnung des Berichtssystems einer Unternehmung kann man vor allem die Art der Berichtsauslösung und die zur Berichtserstellung genutzte Technik betrachten. Die folgende Einteilung gibt auch nur eine grobe Klassifikation wichtiger Gestaltungsmöglichkeiten wieder. Durch die exponentiell gestiegene Leistungsfähigkeit der EDV und besonders der PC, die Nutzung von Daten- und Modellbanken sowie die Möglichkeiten der Vernetzung ist eine umfassendere und auf die individuellen Bedürfnisse ausgerichtete Erstellung von Berichten möglich geworden.

Als Klassen von Berichtssystemen kann man in Anlehnung an Norbert Szyperski (vgl. Szyperski, 1975, S. 1907 f.) und Mertens/Griese (vgl. Mertens/Griese, 1988, S. 1 ff.) nach der Abhängigkeit vom Auslöser des Berichts
▸ generatoraktive,
▸ benutzeraktive und
▸ Dialogsysteme
unterscheiden.

Bei den generatoraktiven Systemen gehen die Art und die Struktur der Berichte vom Berichtswesen aus. In ihm ist festgelegt, wann und in welcher Form Berichte erstellt werden. Es ist daher für Standard- und Abweichungsberichte geeignet. Wenn deren Gestaltung unveränderlich ist, handelt es sich um ein starres System. Jedoch kann man auch generatoraktive Berichtssysteme einsetzen, in denen sich über Parameter der Inhalt, die Form, der Termin und andere Berichtsmerkmale verändern lassen. Derartige flexible Berichtssysteme sind daher den Informationswünschen leichter anzupassen.

Generatoraktive Systeme

Die Vorteile generatoraktiver Berichtssysteme liegen in der konstanten, umfassenden und systematischen Informationsbereitstellung. Mit ihnen können verschiedene Bereiche und Stellen der Unternehmung auf einen einheitlichen Informationsstand gebracht werden. Dabei können die Berichte als Auslöser von Kontroll- und Planungsprozessen dienen. Zudem lassen sich die Berichte in *Stapelverarbeitung* und damit äußerst effizient erstellen.

In benutzeraktiven Systemen löst der Verwender durch Anfragen an das System die Berichtserstellung aus. Diese Form ist daher vor allem für Bedarfsberichte geeignet. Wichtig ist jedoch, das Berichtssystem so zu gestalten, dass es die Anfragen mit begrenztem Aufwand und in angemessener Zeit beantworten

Benutzeraktive Systeme

kann. Im einfachen Fall kann es nur auf standardisierte Fragen reagieren. Dann ist seine Leistungsfähigkeit begrenzt. Bei seiner Einrichtung muss deshalb vorher genau festgelegt werden, welche Informationen wichtig sind. Es setzt daher eine sehr genaue Informationsbedarfsermittlung voraus. Wesentlich flexibler ist ein Berichtssystem mit freien Abfragemöglichkeiten.

Dialogsysteme

Eine hohe Leistungsfähigkeit lässt sich demzufolge mit Dialogsystemen erreichen. In ihnen erfolgt eine Mensch-Rechner-Kommunikation, in der einzelne Informationsbedürfnisse erfüllt werden können. Ohne EDV-Unterstützung ist diese Form im Prinzip realisiert worden, wenn Mitarbeiter des Berichtswesens (z. B. Fachleute der Kostenrechnung) den Informationsempfänger bei dessen Anfrage und Suche beraten. Zu einem bewusst gestalteten System ist sie jedoch erst mit der Schaffung EDV-gestützter Dialogsysteme geworden. Diese bieten heute eine breite Gestaltungsvielfalt mit äußerst hoher Leistungsfähigkeit durch die Nutzung von Daten- und Modellbanken.

EDV-gestützte Dialogsysteme können eine *Modellbenutzung* einschließen. Über die reine Abfrage von Daten hinaus bieten sie Prognose- oder Entscheidungsmodelle an, mit denen sich unmittelbar interessierende Werte berechnen lassen. Derartige Modelle können z. B. bei einer Zwangssteuerung fest eingebaut oder bei einer Alternativensteuerung sowie in benutzergesteuerten Dialogsystemen auswählbar sein. Sie können sich auf einzelne Funktionsbereiche oder die gesamte Unternehmung beziehen (vgl. Mertens/Griese, 1988, S. 3). Beispiele für die Nutzung von funktionalen Entscheidungsmodellen wären eine Planung von Produktionsprogrammen mit linearen Programmierungsmodellen oder die Erstellung von Maschinenbelegungsplänen mit Hilfe heuristischer Modelle. Die benötigten Daten über Marktpreise, Material- und Lohnkosten, freie Kapazitäten, Stückzeiten u. Ä. werden aus der Datenbank abgerufen, direkt in das Modell eingegeben und eine Lösung ermittelt. Unternehmens-Gesamtmodelle erfassen demgegenüber alle wichtigen Bereiche und sind im Allgemeinen als Simulationsmodelle aufgebaut.

Dialog

Der Dialog zwischen dem Informationssuchenden und dem Berichtssystem kann in aktiver (sequenzieller), interaktiver und paralleler (asynchroner) Weise erfolgen. Beim *aktiven Dialog* sind einzelne *Interaktionspunkte* vorgegeben, an denen eine Kommunikationsbeziehung zwischen dem Benutzer und dem System erfolgt. Dagegen können sich die Dialogpartner bei einem *interaktiven Dialog* zu beliebigen Ablaufzeitpunkten wechselseitig unterbrechen. Damit kann der Benutzer des Systems stärker in den Ablauf eingreifen, um die Suche entsprechend seinem Informationsbedürfnis zu lenken. Eine Verfolgung mehrerer Ablaufpfade ist bei einem *parallelen Dialog* möglich. Hierdurch können verschiedene Informationsanfragen gleichzeitig und unabhängig voneinander durchgeführt werden. Die entsprechenden Pfade bleiben während der Verarbeitung der jeweils anderen aktiviert.

Dialogsteuerung

Die Möglichkeiten des Benutzers in Bezug auf die Bestimmung von Interaktionspunkten und Dialogschritten wird durch die Dialogsteuerung bestimmt. Sie kann beim Programm oder beim Benutzer liegen. Die Interaktionspunkte und die einzelnen Schritte des Dialogs sind im Fall des *programmgesteuerten oder statischen Dialogs* durch das Programm vorgegeben. Besteht hierbei keine Einflussmöglichkeit des Benutzers, so liegt eine *Zwangssteuerung* vor. Der Ablauf des Dialogs ergibt sich aus den Eingabewerten für die Daten und die Parameter. Dagegen kann der Benutzer bei einer *Alternativensteuerung* in Abhängigkeit von der Informationsaufgabe und deren Zwischenergebnissen an festgelegten Interaktionspunkten zwischen mehreren Ablaufpfaden wählen. Hierdurch kann er den Verlauf der weiteren Informationssuche bestimmen.

Im *benutzergesteuerten oder dynamischen Dialog* nimmt der Informationsempfänger einen wesentlich stärkeren Einfluss auf den Verlauf des Dialogs. Bei ihm besitzt er Freiheitsgrade für dessen Gestaltung, die sich vor allem auf die Zahl der Dialogschritte, den Umfang der Ein- und Ausgaben sowie die Art der Ein- und Ausgabemasken beziehen.

Dialogsysteme sind so aufgebaut, dass sie eine möglichst hohe Benutzerakzeptanz sowie Bedienungs- und Ablaufsicherheit erreichen. Zudem ist man bemüht, sie so zweckmäßig zu organisieren, dass mit geringen Kosten schnelle Antwortzeiten erzielt werden. Um eine intensive Nutzung in allen Unternehmensbereichen zu gewährleisten, sind sie eher im Laien- (programmgesteuert) als im Expertenmodus (benutzergesteuert) gestaltet, da der kurze Dialogschritt, viele Hinweisinformationen und benutzergerechte Hilfen bietet.

Die Schaffung relationaler Datenbanken, benutzerfreundlicher Software und wissensbasierter Expertensysteme hat wichtige Fortschritte für die dialogorientierten Berichtssysteme gebracht. Insbesondere für Entscheidungen, die in kurzer Zeit zu treffen sind, wie Angebotsabgaben u.Ä., ist die schnelle und bedarfsorientierte Informationsermittlung am Bildschirm ein wertvolles Hilfsmittel. Die Unterstützung mit Prognose- und Entscheidungsmodellen erlaubt dabei eine fundiertere Entscheidungsfindung.

Dennoch behalten die generatoraktiven Systeme weiter Bedeutung, da mit ihnen große Teile des relativ gleich bleibenden und laufend wiederkehrenden Informationsbedarfs auf wirtschaftliche Weise abgedeckt werden können. Zudem sind Standardberichte für eine koordinierte Informationsversorgung der Führungspersonen wichtig. Durch sie ist die Informationsübermittlung nicht allein auf die Aktivität des Benutzers angewiesen. Sie stellen sicher, dass bestimmte Informationen in der vorgegebenen Form an die Entscheidungsträger gelangen und bilden damit zumindest einen Anstoß für deren Informationsaufnahme.

Vorteile von Dialogsystemen

Bedeutung generatoraktiver Systeme

5.3.2.3 Gestaltungsmerkmale von Berichten

Systematisierung von Berichtsmerkmalen

Die Berichte und das Berichtswesen sind so zu gestalten, dass der Informationsbedarf gedeckt und eine hohe Nutzung der bereitgestellten Informationen gewährleistet werden. Entsprechend Abbildung 5-17 geben die Bestimmungsgrößen des Informationsbedarfs und dessen Merkmale Hinweise auf die Gestaltung der Berichte. Je mehr die Berichte auf den Informationsbedarf gerichtet sind, umso eher ist mit ihrer intensiven Nutzung zu rechnen. Die »*Merkmale*

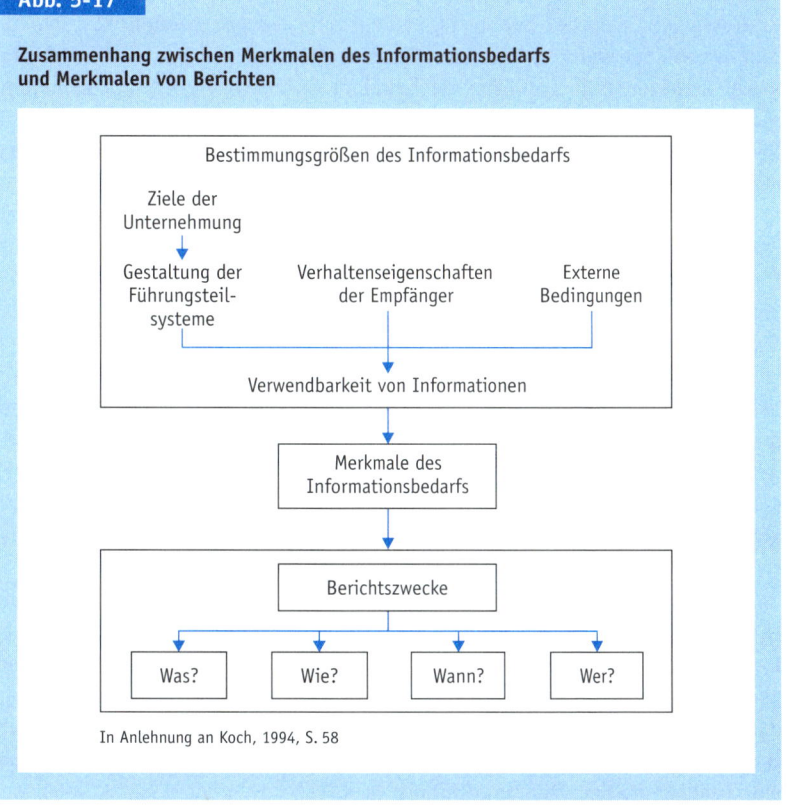

Abb. 5-17

Zusammenhang zwischen Merkmalen des Informationsbedarfs und Merkmalen von Berichten

Bestimmungsgrößen des Informationsbedarfs

Ziele der Unternehmung

Gestaltung der Führungsteil-systeme

Verhaltenseigenschaften der Empfänger

Externe Bedingungen

Verwendbarkeit von Informationen

Merkmale des Informationsbedarfs

Berichtszwecke

| Was? | Wie? | Wann? | Wer? |

In Anlehnung an Koch, 1994, S. 58

des Informationsbedarfs lassen sich somit ... als *Anforderungen* an die *Merkmale von Berichten* interpretieren.« (Koch, 1994, S. 58 f.)

Die Gestaltung von Berichten ist darauf gerichtet, die Berichtszwecke und die hinter diesen stehenden Informationsbedarfe der Empfänger bestmöglich zu erfüllen. Sie lässt sich an den Fragen nach ihren inhaltlichen (was?), formalen (wie?), zeitlichen (wann?) und personalen (wer?) Merkmalen systematisieren (vgl. Abbildung 5-18).

Inhaltliche Berichtsmerkmale

Informationsgegenstand

Inhaltliche Merkmale beziehen sich auf die in den Berichten enthaltenen Informationen. Der Informationsgegenstand zeigt die Tatbestände auf, über die berichtet wird. So können Aussagen über innerbetriebliche Bereiche oder Märkte, über vergangene oder zukünftige Sachverhalte, über Personen, materielle oder immaterielle Güter usw. enthalten sein. Ferner kommt es darauf an, mit welchen Aussagen über den Informationsgegenstand berichtet wird. Für die enthaltenen Begriffe spielt deren Verständlichkeit und Eindeutigkeit eine Rolle. Die Kennzeichnung von faktischen, prognostischen oder anderen Informatio-

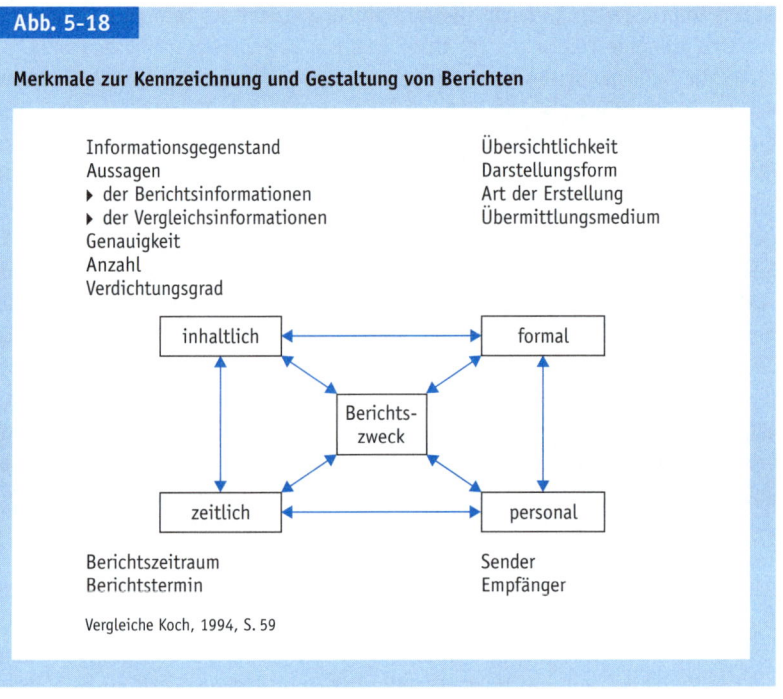

Abb. 5-18

Merkmale zur Kennzeichnung und Gestaltung von Berichten

Informationsgegenstand
Aussagen
▸ der Berichtsinformationen
▸ der Vergleichsinformationen
Genauigkeit
Anzahl
Verdichtungsgrad

Übersichtlichkeit
Darstellungsform
Art der Erstellung
Übermittlungsmedium

inhaltlich ⟷ formal

Berichts-
zweck

zeitlich ⟷ personal

Berichtszeitraum
Berichtstermin

Sender
Empfänger

Vergleiche Koch, 1994, S. 59

nen (vgl. Abschnitt 5.3.1.1) ist v. a. für die Einschätzung ihrer Zuverlässigkeit von Bedeutung. Um Missverständnisse zu vermeiden, baut man häufig Redundanzen ein. Sie liegen vor, wenn eine Nachricht ausführlicher formuliert ist, als es zur Informationsübermittlung unbedingt erforderlich wäre. Der Aussagegehalt von Berichten wird durch Vergleichsinformationen erhöht. Diese erleichtern die Beurteilung der Berichtsdaten. Dabei kann es sich z. B. um vergleichbare Größen aus vergangenen Perioden, anderen Bereichen, Unternehmungen oder der Branche handeln. Neben Ist- können Prognose- oder Vorgabedaten angegeben werden.

Weitere inhaltliche Merkmale sind die Genauigkeit, die Anzahl und der Verdichtungsgrad der Informationen. Die Anzahl der in einem Bericht enthaltenen Daten beeinflusst seinen Informationsgehalt. Mit der Zahl an Daten steigt die Menge der potenziellen Verwender und sinkt die Übersichtlichkeit. Um für den Empfänger leicht verständlich zu sein, darf die Berichtskomplexität nicht zu groß werden. Auch dieses Merkmal ist nur in Ausrichtung auf den Informationsbedarf der jeweiligen Empfänger und deren Verhaltenseigenschaften zu beurteilen. Neben der Anzahl an Daten ist die Anzahl der erstellten bzw. erstellbaren Berichte zu beachten. Durch ihre Erhöhung kann die Datenmenge je Bericht vermindert werden. Deshalb muss man entscheiden, ob man eine größere Zahl spezialisierter oder eher wenige und dafür breiter auswertbare Berichte erstellen will. Neben der Struktur des Informationsbedarfs der verschie-

Anzahl der Informationen

denen Empfänger sind hierfür die Aufnahmekapazität der Informationsadressaten und die angestrebte Wirtschaftlichkeit des Berichtswesens bestimmend.

Verdichtung

Da die Zahl der Daten begrenzt werden muss, ist vielfach eine Verdichtung vorzunehmen. Hierzu werden die ursprünglich erfassten Einzeldaten durch eine entsprechende Klassifikation zusammengefasst. Die Art und der Grad an Verdichtung richten sich nach den Informationsempfängern und dem Informationsziel. Dabei kann es zweckmäßig sein, mehrere Verdichtungen nebeneinander durchzuführen, um eine Datenmenge nach unterschiedlichen Kriterien zu »durchleuchten«. Die mehrdimensionale Deckungsbeitragsrechnung ist ein charakteristisches Beispiel für ein solches Vorgehen (vgl. Abschnitt 8.2.2.2). Höhere Führungskräfte benötigen im Allgemeinen stärker verdichtete Berichte. Jedoch können sie für die Analyse von Abweichungen und von kritischen Problembereichen auch an den Einzeldaten interessiert sein. Dann ist es zweckmäßig, Berichte hierarchisch miteinander zu verknüpfen, so dass man von stark verdichteten Berichten über verfeinerte Berichte ggf. bis zu den Einzeldaten gelangt.

Formale Berichtsmerkmale

Übersichtlichkeit

Formale Merkmale beziehen sich auf die Übersichtlichkeit und die Darstellungsform von Berichten sowie ihre Erstellung und Übermittlung. Die Übersichtlichkeit betrifft die Anordnung der Daten im Bericht. Da die Empfänger immer wieder Berichte erhalten, lässt sich die Übersichtlichkeit durch einen einheitlichen Aufbau vieler Berichte fördern. Eine gleichartige Gestaltung des Berichtskopfes, der Anordnung von Einzeldaten und Summenbildungen sowie übereinstimmende Gliederungsprinzipien erleichtern die Informationsaufnahme.

Darstellungsformen

Als wichtigste Darstellungsformen lassen sich verbale, tabellarische und graphische Berichte unterscheiden. Verbale Ausführungen sind für qualitative Sachverhalte erforderlich. Sie sind flexibel einsetzbar und sollten so klar formuliert sein, dass keine Verständnisschwierigkeiten auftreten. Mit ihnen können auch nichtformalisierte Zusatzinformationen vermittelt werden. Tabellen bestehen aus einem Zahlen- und einem Textteil. Durch sie kann man eine größere Menge an Daten in übersichtlicher und einen Vergleich ermöglichender Form wiedergeben. Sie sind besonders für die Angabe von Datenreihen und damit Entwicklungen geeignet. In graphischer Form können Inhalte besonders anschaulich vermittelt werden.

Art der Erstellung

Die Art der Erstellung zielt darauf ab, wie die Berichte entstehen. Heute ist die maschinelle Erstellung gegenüber der manuellen zum Normalfall geworden. Durch die Vielzahl an (EDV-)Instrumenten gibt es eine breite Palette von Möglichkeiten der Berichtserstellung. Neben den rein technischen Merkmalen ist die Partizipation der Berichtsempfänger an der Erstellung bedeutsam.

Berichte können mündlich, schriftlich und per Bildschirm übermittelt werden. Da die Aufgabe des Berichtswesens in der Erstellung formaler Berichte liegt, sind Schriftstücke und Bildschirm seine zentralen Übermittlungsmedien.

Zeitliche und personale Berichtsmerkmale

Zeitliche und personale Merkmale beziehen sich auf die einzelnen Berichte und betreffen zugleich die Gestaltung des gesamten Berichtswesens. Der Berichtszeitraum zeigt an, für welche Periode die im Bericht enthaltenen Daten gelten. So werden häufig Wochen-, Monats-, Quartals- und Jahresberichte erstellt. Aus den Berichtsterminen ist erkennbar, ob Berichte regelmäßig oder unregelmäßig erscheinen. Der Vergleich zwischen diesen und dem Berichtszeitraum deutet auf die Aktualität der Berichte hin.

Zeitraum – Termine – Sender – Empfänger

In personaler Hinsicht haben Berichte einen Sender und einen Empfänger. Beide können sich aus einer oder mehreren Personen (z. B. Vorstand) zusammensetzen, wobei sich die Sender aus der organisatorischen Gestaltung des Berichtswesens ergeben. Mit dem Empfänger wird der Anknüpfungspunkt zum Informationsbedarf deutlich.

Beziehungen zwischen den Berichtsmerkmalen

Zwischen den angeführten Merkmalen besteht eine Reihe von komplementären und konkurrierenden Beziehungen, welche für die Gestaltung der Berichte zu beachten sind (vgl. Koch, 1994, S. 63 ff.). So ist die Übersichtlichkeit mit dem Verdichtungsgrad positiv verknüpft, nimmt jedoch mit der Anzahl der Daten ab. Verdichtungsgrad und Anzahl der Daten sind ebenfalls gegenläufig verbunden. Will man eine hohe Übersichtlichkeit erreichen, so wird man Verdichtungen vornehmen. Zugleich muss man aber auf die Wiedergabe vielfältiger Einzeldaten verzichten.

Konkurrenz zwischen Übersichtlichkeit sowie Verdichtungsgrad und Anzahl der Daten

Ein besonderes Gewicht kann die Konkurrenz zwischen Informationsgenauigkeit und dem die Aktualität bestimmenden Berichtstermin bekommen. Die Gewinnung präziser Daten ist vielfach zeitaufwändig. So sind die Erfassung von Istgrößen oder die Durchführung fundierter Prognosen oft mit umfangreichen Tätigkeiten verbunden. Auch die Verarbeitung der Daten erfordert vielfach die Mitwirkung mehrerer Aufgabenträger. Häufig kann ein solcher, ggf. mehrstufiger Prozess der Informationsgewinnung, -verarbeitung und -bereitstellung verkürzt werden, wenn man sich mit weniger genauen und zuverlässigen Daten zufrieden gibt. Beispielsweise wird dann nicht intensiv überprüft, ob die ermittelten Daten fehlerfrei sind, und es fehlen Begründungen für ihr Zustandekommen. Insbesondere aus praxisorientierter Sicht wird betont, dass die Aktualität oft wichtiger als die Zuverlässigkeit sei (vgl. Steinbichler, 1990, S. 146; Dürr, 1990, S. 65).

Konkurrenz zwischen Genauigkeit und Aktualität

Derartige Konflikte müssen bei der Gestaltung der Berichte und des Berichtswesens gelöst werden. Maßgeblich hierfür sind die Berichtszwecke. Aus ihnen und den Unternehmenszielen sind die relevanten Kriterien abzuleiten. Daran zeigt sich eine zentrale Koordinationsaufgabe im Hinblick auf das Berichtswesen. Besonders deutlich wird die Notwendigkeit der Abstimmung der inhaltlichen Berichtsmerkmale, der Darstellungsform und der zeitlichen Merkmale im Hinblick auf den Empfänger und dessen Informationsbedarf (vgl. Koch, 1994, S. 66 ff.). Dabei hängen die inhaltlichen Merkmale z. B. des Informationsgegenstands, der Aussagenform und der Genauigkeit vor allem von den

Koordinationsaufgaben

Aufgaben des Empfängers ab. Der Verdichtungsgrad ist stark mit seiner Stellung in der Organisationshierarchie gekoppelt. Die zeitlichen Merkmale (Berichtszeitraum und -termin) stehen in enger Verbindung zum Planungs- und Kontrollsystem, während für die Gestaltung seiner formalen Merkmale die persönlichen Verhaltensmerkmale des Empfängers bedeutsam sind. Hieran erkennt man, dass die Gestaltung des Berichtswesens dessen Koordination zu Organisation, Planung und Kontrolle sowie Personalführung verlangt (vgl. Abbildung 5-17).

5.3.2.4 Gesichtspunkte und Hypothesen zur Gestaltung von Berichten

Phasen und Störungen der Informationsübermittlung

Störungen und Störungs-
ursachen des Berichts-
wesens

Um das Berichtswesen zielorientiert zu gestalten, benötigt man ein Wissen über seine Wirkungen in den anderen Führungsteilsystemen. Zur Aufstellung und Begründung geeigneter Hypothesen kann man den Prozess der Informationsübermittlung näher untersuchen. Die in ihm auftretenden Störungen liefern erste Anhaltspunkte über Wirkungen des Berichtswesens.

Bei der Übermittlung von Informationen kann eine Reihe von Störeinflüssen auftreten, »die zu Informationsverlusten führen bzw. ... die Wirksamkeit der Kommunikation beeinträchtigen oder gar völlig verhindern können.« (Koch, 1994, S. 71) In der Literatur ist insbesondere von Blohm und Heinrich (vgl.

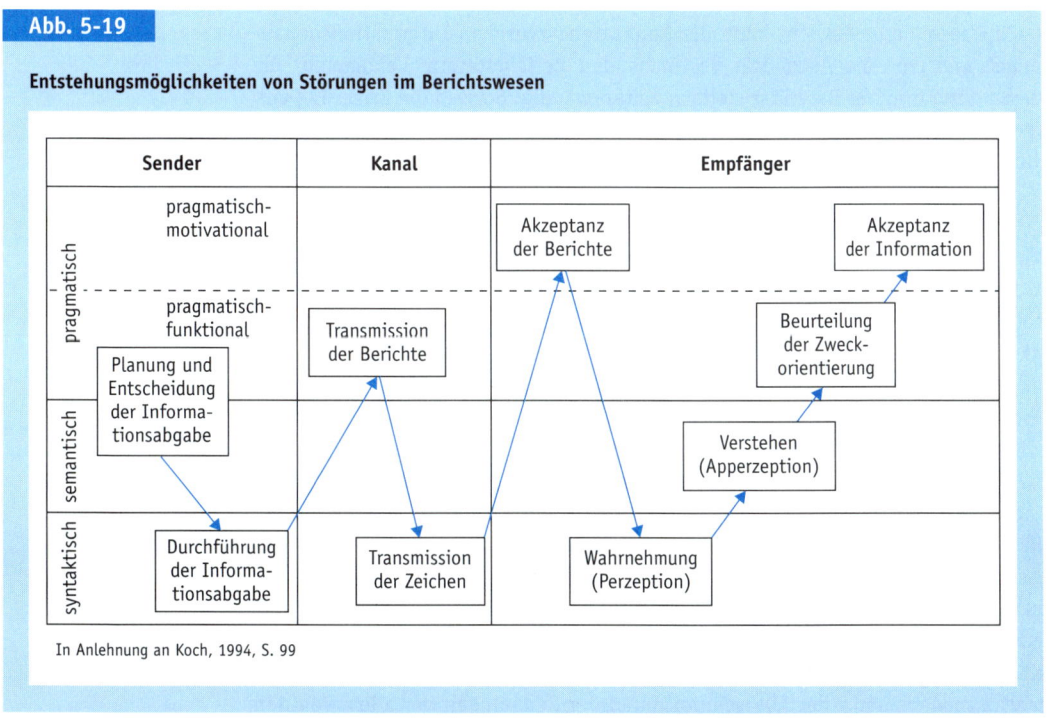

Abb. 5-19

Entstehungsmöglichkeiten von Störungen im Berichtswesen

In Anlehnung an Koch, 1994, S. 99

Blohm/Heinrich, 1965) ein Katalog von Störungen und Störungsursachen des Berichtswesens erarbeitet worden, der auf die Vielfalt von Fehlermöglichkeiten hinweist.

Um diese systematisch zu ordnen, erscheint es im Anschluss an Rembert Koch (vgl. Koch, 1994, S. 72 ff.) zweckmäßig, einerseits von den semiotischen Ebenen der Information und andererseits vom Übertragungsmodell der Informationstheorie (vgl. Brönimann, 1970, S. 47 f.) auszugehen. Hierdurch lassen sich syntaktische, semantische und pragmatische Störungen erkennen, die auf dem Weg vom Sender über den Informationskanal bis zum Empfänger auftreten können. Als wichtigste Übertragungsphasen können die Planung und Entscheidung der Informationsabgabe sowie deren Durchführung als Berichtserstellung, die technische Transmission sowie die Akzeptanz von Berichten, die Wahrnehmung (Perzeption) und das Verstehen (Apperzeption) der Informationen, die Beurteilung ihrer Zweckorientierung und ihre Akzeptanz unterschieden werden. Ordnet man diese den drei semiotischen Ebenen zu, so erhält man das in Abbildung 5-19 wiedergegebene Übertragungsmodell.

Der Sender entscheidet über die Informationsabgabe. Erste Störungen können dadurch auftreten, dass die Berichte nicht die ins Auge gefassten Zwecke erfüllen und nicht die für die Zwecke des Empfängers benötigten Informationen enthalten. Eine derartige Störung betrifft daher die pragmatische Informationsebene. Dabei kann man die in Abbildung 5-20 wiedergegebenen drei Klassen pragmatischer Störungen durch den Sender unterscheiden. Beispiele für solche Störungen sind zu lange Verbalberichte, Doppelberichterstattung, ungeeignete Vergleichsangaben, Fortführung nicht mehr benötigter Berichte u. Ä. Zur semantischen Ebene gehört z. B. die Verwendung fehlerhafter oder missverständlicher Begriffe. Sie betreffen den Informationsgegenstand, der durch den Bericht nicht korrekt abgebildet oder in einer Weise wiedergegeben wird, welche der Empfänger nicht sachgerecht versteht.

Übertragungsmodell

Pragmatische Informationsebene

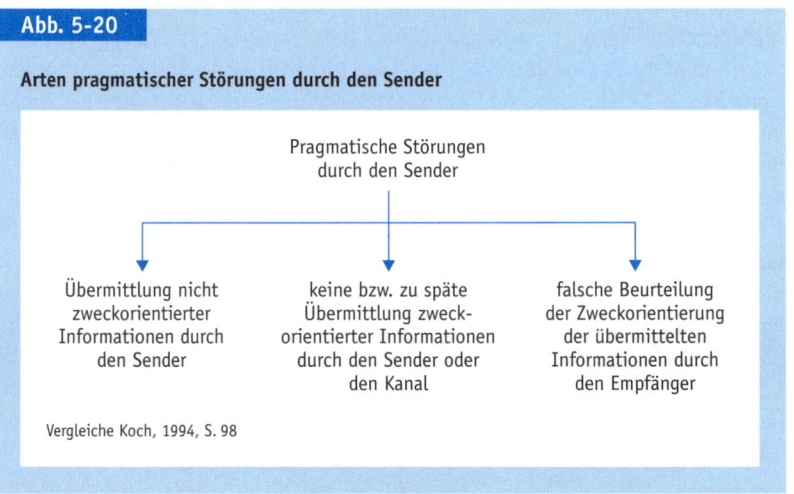

Abb. 5-20

Arten pragmatischer Störungen durch den Sender

Pragmatische Störungen durch den Sender

| Übermittlung nicht zweckorientierter Informationen durch den Sender | keine bzw. zu späte Übermittlung zweckorientierter Informationen durch den Sender oder den Kanal | falsche Beurteilung der Zweckorientierung der übermittelten Informationen durch den Empfänger |

Vergleiche Koch, 1994, S. 98

5.3 **Koordination des Informationssystems**
Ausrichtung des Informationssystems auf die anderen Führungsteilsysteme

242

Informationsabgabe

Die konkrete Übermittlung vollzieht sich mit der Informationsabgabe durch den Sender sowie der Übertragung der Berichte und ihrer einzelnen Zeichen. Sie beginnt mit der technischen Eingabe der Daten in das Übertragungssystem. Dann müssen die Berichte auf der pragmatischen Ebene an die richtigen Empfänger weitergeleitet und die Zeichen technisch korrekt übermittelt werden. Die Phase der Übermittlung wird zwar vom Sender gesteuert, vollzieht sich jedoch im Informationskanal.

Reaktion des Informationsempfängers

Anschließend erfolgt die Reaktion des Informationsempfängers. Analysiert man die einzelnen syntaktischen, semantischen und pragmatischen Komponenten genauer, so gelangt man zu der in Abbildung 5-19 vorgenommenen Unterscheidung zwischen

▸ Akzeptanz der Berichte,
▸ Wahrnehmung,
▸ Verstehen,
▸ Beurteilung der Zweckorientierung und
▸ Akzeptanz der Information.

Akzeptanz der Berichte

Die Akzeptanz der Berichte beinhaltet die grundsätzliche Bereitschaft des Empfängers, diese überhaupt wahrzunehmen. Sie hängt von seiner motivationalen Einstellung gegenüber der vermittelten Informationsmenge ab. So ist es möglich, dass er einen ihm zugehenden Bericht (beispielsweise über Konkurrenzpreise, vom Rechnungshof oder der internen Revision festgestellten Mängel) sofort beiseitelegt, ohne ihn zu lesen, weil dessen Informationen ihm unangenehm sein könnten oder er sich mit anderen Aufgaben ausgelastet fühlt. Einem derartigen Verhalten wird in der Unternehmung insbesondere durch organisatorische Regelungen entgegengewirkt.

Wahrnehmung und Verstehen

Auch wenn der Empfänger den Bericht grundsätzlich akzeptiert, ist dessen zweckgerechte Verwendung noch nicht gesichert. Hierzu müssen die in ihm enthaltenen Daten fehlerfrei übermittelt sein. Alle Signale des Berichts müssen bei ihm unverstümmelt ankommen. Diese Wahrnehmung (Perzeption) auf der *syntaktischen* Ebene ist die Voraussetzung dafür, dass der Empfänger die Daten richtig deutet. Die *semantische* Ebene des inhaltlichen Verstehens (Apperzeption) ist der Gefahr einer Fehlinterpretation ausgesetzt. Dann wird der Inhalt falsch gedeutet, obwohl man die Daten syntaktisch richtig wahrgenommen hat. Beispielsweise könnte ein Empfänger Kostendaten als Vollkosten deuten, obwohl es sich um variable Kosten handelt.

Zweckorientierung der Daten

Des Weiteren muss die Zweckorientierung der in dem Bericht enthaltenen Daten erkannt werden. Der Empfänger muss feststellen, dass es sich nicht nur um Nachrichten, sondern um für ihn geeignete Informationen handelt. Diese Phase betrifft die Beurteilung der Relevanz für seine Entscheidungs- und Handlungsprobleme. Sie korrespondiert mit der Zweckorientierung, welche für die Erstellung und Übermittlung des Berichtes durch den Sender bestimmend war. Der Empfänger muss den Sachzusammenhang zwischen den Berichtsgrößen und seinen Problemen erkennen.

Zusätzlich muss er willens sein, die Information(en) für seine Entscheidungen und sein Handeln zu nutzen. Neben die sachliche Beurteilung ihrer Relevanz tritt damit die motivationale Akzeptanz der Information. Mit diesem Aspekt ist die sozio-emotionale Seite angesprochen. So ist es möglich, dass ein Entscheidungsträger z. B. Anzeichen für Wechselkursänderungen zwar wahrnimmt und ihre Bedeutung für den Kauf von Rohstoffen fachlich richtig beurteilt, die Information aber dennoch verdrängt. Dann führt seine Einstellung, beispielsweise seine Risikoscheu gegenüber einem spekulativen schnellen Ankauf, zu einer Nichtakzeptanz der Information. Der Grund für ein solches Verhalten kann auch in einer Differenz zwischen seinen Zielen oder Motiven und der aus dem Bericht abzuleitenden sachlichen Einschätzung der Daten liegen. Seine sozio-emotionale Einstellung führt zu einer Zurückweisung der Information.

Akzeptanz der Information

Bezugsrahmen für die Verhaltenswirkungen der Informationsübermittlung

Mit der Übermittlung von Berichten und Informationen soll ein auf die Unternehmensziele ausgerichtetes Handeln der Empfänger erreicht werden. Die Berichtsgestaltung soll ihr Verhalten beeinflussen. Um Ansatzpunkte für Hypothesen über diese Zusammenhänge zu gewinnen, lässt sich der Prozess der Informationsübermittlung in einen umfassenden Bezugsrahmen einordnen, wie er von R. Koch (vgl. zum Folgenden Koch, 1994, S. 101 ff.) entwickelt worden ist. In ihm bilden die *Gestaltungsmerkmale von Berichten* entsprechend Abbildung 5-21 die von der Unternehmung beeinflussbaren unabhängigen Variablen. Sie wirken auf die verschiedenen Phasen des Übermittlungsprozesses und die für die Reaktion relevanten Eigenschaften des Empfängers ein.

Gestaltungsmerkmale von Berichten

Eine besondere Bedeutung kommt den Merkmalen des Senders und des Empfängers zu. Die Persönlichkeitsmerkmale des Senders sind Teil des Berichtswesens. Sie können daher als Gestaltungsvariablen des Berichtswesens behandelt werden. Demgegenüber sind die Persönlichkeit, die Aufnahmefähigkeit und das Können des Empfängers aus Sicht des Berichtswesens vorgegeben. Jedoch lassen sich seine Informationserkennung und seine Akzeptanzbereitschaft durch den Prozess der Informationsübermittlung beeinflussen.

Dieser Bezugsrahmen dient dazu, Zusammenhänge zwischen den Gestaltungsmerkmalen von Berichten und den Verhaltensreaktionen ihrer Empfänger herauszuarbeiten. Durch die Formulierung theoretisch fundierter, empirisch bestätigter oder plausibel erscheinender Hypothesen sind Hinweise und Empfehlungen für eine zielorientierte Gestaltung der Berichte sowie des Berichtswesens zu gewinnen. Sie sollen Anhaltspunkte dafür geben, wie die Berichtsmerkmale festzulegen sind, wenn man bestimmte Verhaltensreaktionen bei der Nutzung der Berichte erreichen will.

Funktion des Bezugsrahmens

5.3 **Koordination des Informationssystems**
Ausrichtung des Informationssystems auf die anderen Führungsteilsysteme

244

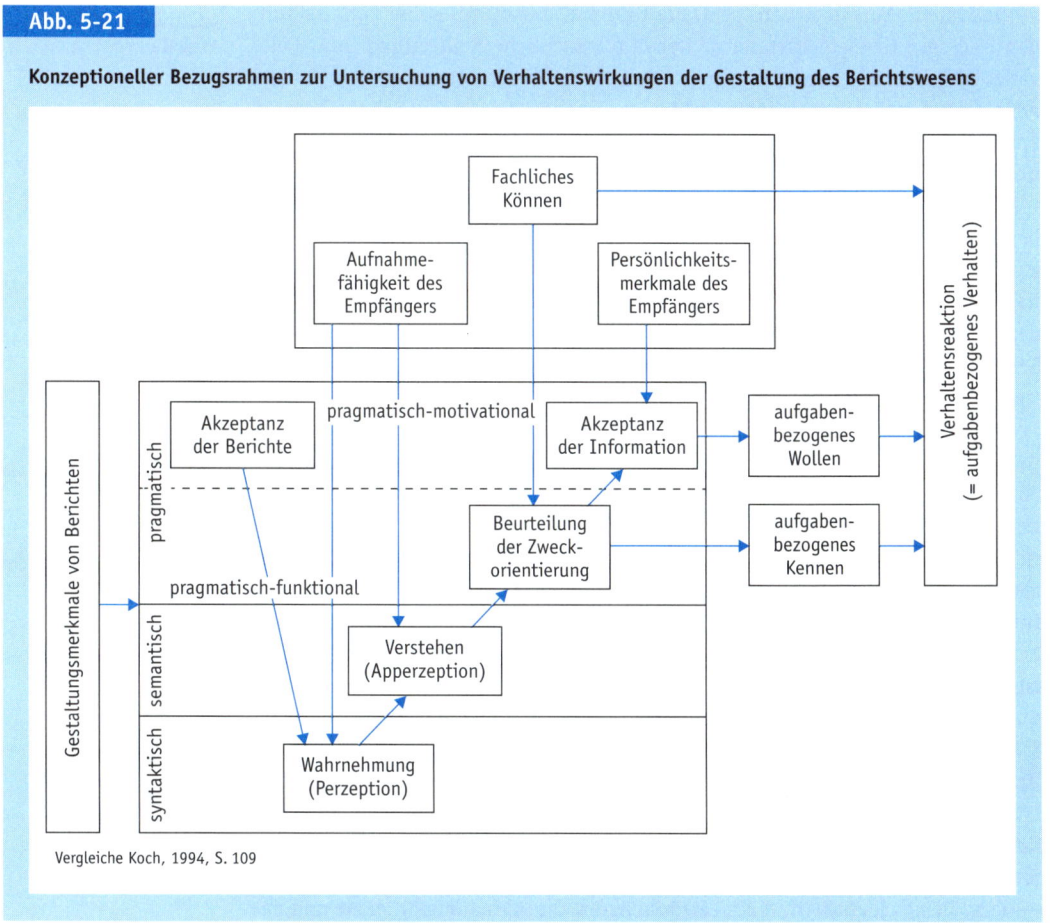

Abb. 5-21

Konzeptioneller Bezugsrahmen zur Untersuchung von Verhaltenswirkungen der Gestaltung des Berichtswesens

Vergleiche Koch, 1994, S. 109

Sach-rationale Bestimmungsgrößen der Wirkung von Berichten

Die verschiedenen Einflussgrößen auf die Wirkungen von Berichten können entsprechend Abbildung 5-22 in sach-rationale und sozio-emotionale Komponenten gegliedert werden (vgl. Koch, 1994, S. 110 ff.). Erstere beziehen sich auf die Wahrnehmung und das Verstehen der in den Berichten enthaltenen Informationen. Sie betreffen damit deren syntaktische und semantische Dimension. Sozio-emotionale Größen beziehen sich auf die Motivation des Empfängers, die seine Akzeptanz der Berichte und ihrer einzelnen Informationen bestimmt.

Übersichtlichkeit

Sach-rationale Einflussgrößen betreffen die Aufnahmefähigkeit des Berichtsempfängers. Seine Wahrnehmung, die perzeptive Aufnahmefähigkeit, hängt vor allem von der Anzahl und dem Verdichtungsgrad der in den Berichten enthaltenen Informationen ab. Deshalb ist die Übersichtlichkeit der Berichte als zentrale Einflussgröße auf dieser Ebene anzusehen. Sie kann besonders

Abb. 5-22

Übersicht über Einflüsse auf die Wirkung von Berichten

	Sach-rationale Einflussgrößen	Sozio-emotionale Einflussgrößen
Inhaltliche Einflüsse	Redundanz	Diskrepanz Einseitigkeit
Formale Einflüsse	Übersichtlichkeit Eindeutigkeit der Begriffe Darstellungsform Übermittlungsmedium	Übersichtlichkeit Eindeutigkeit der Begriffe Darstellungsform Übermittlungsmedium Partizipation bei der Berichts- erstellung
Personengebundene Einflüsse	Fachliches Können des Empfängers	Persönlichkeitsmerkmale des Senders Persönlichkeitsmerkmale des Empfängers

durch die Trennung von Übersichts- und Detailinformationen sowie die Hervorhebung wichtiger und außergewöhnlicher Sachverhalte erhöht werden.

Für die optische Umsetzung dieser Maßnahmen lassen sich Erkenntnisse der Gestaltpsychologie anwenden, nach der die menschliche Wahrnehmung »tendenziell *gute,* d. h. geschlossene, symmetrische, runde, einfache, stabile oder bekannte Gestalten bevorzugt« (Koch, 1994, S. 115). Aus den *Gestaltgesetzen* (vgl. Rosenstiel, 1973, S. 82 ff.; Teigeler, 1982, S. 95 ff.) der Gleichartigkeit, der Nähe, der Geschlossenheit und der Erfahrung lassen sich konkrete Hinweise für die Ausführung von Berichten ziehen. So spricht das Gesetz der Nähe, nach dem beieinander angeordnete Elemente als zusammengehörig wahrgenommen werden, dafür, die Daten in Tabellen nach ihrer Aussageart zu trennen. Dann sind beispielsweise Ist-, Vorgabe- und Prognoseinformationen sowie absolute und relative Abweichungen in jeweils eigenen Spalten unterzubringen und Wochen-, Monats- oder Jahreswerte voneinander zu trennen. Durch entsprechende Umrahmungen wird eine Geschlossenheit zum Ausdruck gebracht, nach welcher der Empfänger die enthaltenen Daten als zusammengehörige Einheit wahrnimmt, während Trennungslinien schon bei der Wahrnehmung auf die Verschiedenartigkeit hinweisen.

Optische Umsetzung

Die Lesbarkeit wird neben dieser makrotypographischen Gestaltung von den verwendeten Schriftarten und -größen als der mikrotypographischen Gestaltung bestimmt. Empirische Untersuchungen haben gezeigt, dass nicht-proportionale und stärker verschnörkelte Schriftarten schlechter lesbar als moderne gebräuchliche Zeitungsschriften sind. Halbfette Schriften werden leichter als fette und magere gelesen, kleine Schriften und in Großbuchstaben geschriebene Wörter sind nicht so gut aufzunehmen. Aus dem Gesetz der Erfahrung lässt sich begründen, dass Berichte möglichst formal einheitlich aufgebaut sein sollten, damit ihr Inhalt schneller wahrgenommen wird.

Lesbarkeit

Für das Verstehen der Informationen kommt vier Einflussgrößen eine besondere Relevanz zu, der Eindeutigkeit, der Redundanz, der Darstellungsform und dem Übermittlungsmedium. Das Verstehen wird gestört, wenn die in Berichten enthaltenen Begriffe für den Empfänger nicht eindeutig sind. Dem kann durch Begriffsnormen, -kataloge und -erläuterungen, die ggf. im Dialog unmittelbar abrufbar sind, und Schulungen entgegnet werden.

Redundanz

Durch Redundanz können Kommunikation gegen Störungen geschützt und das Verstehen gefördert werden (vgl. ausführlich Koch, 1994, S. 124 ff.). Sie lässt sich erreichen, indem man eine Nachricht umfangreicher als unbedingt notwendig formuliert. Syntaktisch bedingte Redundanz setzt an der Wahrscheinlichkeit des Auftretens von Zeichen und Zeichenfolgen an, während sich semantische Redundanz auf die inhaltliche Interpretation von Aussagen bezieht. So kann man Worte und Sätze wegen des Vorliegens von syntaktischer Redundanz richtigstellen, auch wenn einzelne Buchstaben bzw. Worte fehlen oder falsch sind (z. B. Cotroling, Gesinn). Sie wird vor allem durch eine Wiederholung derselben Zeichenfolge erzeugt. Beispielsweise kann eine schriftliche durch eine mündliche Informationsübermittlung ergänzt werden. Größere Bedeutung besitzt die semantische Redundanz. Sie wird u. a. durch die Hinzufügung von Informationen in Tabellen erreicht. So lassen sich über Zwischensummen oder Abweichungen Fehler in den Originaldaten erkennen und häufig nach der Logik des Aufbaus einer Tabelle beseitigen. Graphische Berichte dienen zur Veranschaulichung verbaler oder tabellarischer Berichte und schaffen damit eine Redundanz.

Darstellungsform

Hinsichtlich der Darstellungsform sind graphische Berichte besonders leicht und schnell aufnehmbar. Sie übertreffen Tabellen oft an Aussagekraft und bleiben besser in Erinnerung. Jedoch enthalten sie auch Ansatzpunkte für eine irreführende oder verwirrende Berichterstattung. Beispielsweise kann man mit Balken-, Kreis- und Kurvendiagrammen arbeiten, über deren Größe und Einteilung die Wirkung der Information auf den Empfänger beeinflussbar ist. So lässt sich das Ausmaß von Umsatz- oder Kostenänderungen u. Ä. in einem Kurvendiagramm durch Streckung oder Kürzung der Ordinate mehr oder weniger hervorheben. Da nicht alle Informationen graphisch weitergegeben werden können, bietet sich eine Kombination mehrerer Darstellungsformen an.

Übermittlungsmedium

Als Übermittlungsmedium ist die schriftliche der mündlichen Übermittlung insoweit überlegen, als der Empfänger die Geschwindigkeit und Häufigkeit der Informationsaufnahme selbst bestimmen kann. Deshalb sind Informationen mit höherer Komplexität auf schriftlichem Weg im Allgemeinen besser übertragbar. Dabei kann es zweckmäßig sein, die Empfänger zu Rückmeldungen zu verpflichten. Für die Weitergabe schriftlicher Berichte per Bildschirm sprechen die elegante, platzsparende Verfügbarkeit und die Attraktivität dieses Mediums. Dafür ist wegen der Begrenzung einer Bildschirmseite die Übersichtlichkeit auf Papier höher. Verbale Berichte haben den Vorteil, dass man sofort eine Rückmeldung des Empfängers erhält. Missverständnisse und offene Fragen lassen sich unmittelbar klären.

Die Beurteilung der Zweckorientierung wird vor allem durch das fachliche Können des Empfängers beeinflusst. Die Kenntnis seines Aufgabenbereichs und der in ihm anzuwendenden Instrumente bestimmen seine Auffassungen über die Relevanz von Informationen. Diese Einflussgröße lässt sich durch die Berichtsgestaltung kaum verändern. Für sie sind außerhalb des Berichtswesens liegende Maßnahmen wie die Einwirkung auf die Stellenbesetzung, Schulungen u. Ä. notwendig.

Fachliches Können des Empfängers

Sozio-emotionale Bestimmungsgrößen der Wirkung von Berichten

Die Akzeptanz von Berichten und Daten hängt von der Bereitschaft des Empfängers ab, sich überhaupt mit ihnen zu befassen und die als relevant erkannten Informationen seinen Entscheidungen und Handlungen zugrunde zu legen. Damit wird die persönliche Einstellung des Empfängers für die Wirkung von Berichtsmerkmalen maßgebend. Verhaltenshypothesen über derartige sozio-emotionale Zusammenhänge können vor allem aus Untersuchungen zur psychologischen und soziologischen Kommunikationsforschung hergeleitet werden.

Ein spezifisches inhaltliches Merkmal liegt in der Diskrepanz zwischen der Berichtsinformation und dem ursprünglichen Standpunkt des Empfängers zum betroffenen Informationsgegenstand. Die Vermutung, dass sie zu einer selektiven Wahrnehmung führe, ist durch eine Reihe von Laborexperimenten widerlegt worden. Dagegen hat sich die Hypothese gut bestätigen lassen, dass sowohl das Verstehen als auch die Akzeptanz von Informationen von dieser Diskrepanz abhängig sind (vgl. McGuire, 1969, S. 223; Klis, 1970, S. 131). Je nach dem Unterschied der Information zum eigenen Standpunkt, neigt der Empfänger zu einer verzerrenden Interpretation. Liegt die Information in einer Bandbreite der Akzeptierung, so besteht die Tendenz, die Information der eigenen Einschätzung anzugleichen (Assimilationsfehler). Fällt sie dagegen in die Bandbreite der Zurückweisung, wird sie gerne fehlinterpretiert (Kontrastierungsfehler), während in einer Indifferenzzone keine Verzerrungen auftreten. Zudem kann die Auffassung des Empfängers durch die Information verändert werden. Bei geringer Diskrepanz ist er bereit, seinen Standpunkt der Information anzunähern, in der Indifferenzzone neigt er dazu, seine Einstellung in deren Richtung zu ändern. Im Bereich der Zurückweisung festigt er hingegen den eigenen Standpunkt. Dann bewirkt der Bericht einen »Bumerangeffekt«. An diesen Ergebnissen zeigt sich eine Analogie mit den verhaltenswissenschaftlichen Erkenntnissen zur Wirkung von Vorgaben (vgl. Koch, 1994, S. 157 ff.).

Diskrepanz

Wie im sach-rationalen Bereich haben die Eindeutigkeit der Begriffe, die Anzahl und der Verdichtungsgrad der Informationen Einfluss auf die Akzeptanz der Berichte und ihrer Inhalte sowie auf deren motivierende oder demotivierende Wirkung. Negative Kontrollinformationen lösen meist beim Betroffenen negative Gefühle aus. Dies spricht dafür, dass man eine einseitige Hervorhebung negativer Informationen vermeiden sollte.

Einflussgrößen der Akzeptanz

Die Akzeptanz von Berichten wächst bei einer Partizipation des Empfängers an ihrer Erstellung. Seine Aufnahmebereitschaft ist höher, wenn er den Inhalt eines Berichts und den Zeitpunkt seiner Übermittlung z. B. im Dialogbetrieb

248

5.3 **Koordination des Informationssystems**
Ausrichtung des Informationssystems auf die anderen Führungsteilsysteme

selbst bestimmen kann. Eine weitere formale Einflussgröße bildet das Übermittlungsmedium. Empirisch einheitlich bestätigt ist die These, dass eine Übermittlung im persönlichen Gespräch wirksamer als die Schriftform ist. Die Informationsweitergabe kann nämlich auf die jeweilige Person abgestellt und durch die Atmosphäre sowie sonstige Begleitmaßnahmen gefördert werden. Auf die Kommunikation über Bildschirm wirkt sich die Einstellung des Empfängers gegenüber der EDV, seine EDV-Akzeptanz (vgl. Hirschberger-Vogel, 1990, S. 122), aus.

Übersichtlichkeit und Lesbarkeit

Ferner beeinflussen die Übersichtlichkeit und die Lesbarkeit die sozio-emotionale Haltung des Empfängers. Ein klarer, ggf. einheitlicher Aufbau und eine leichte Lesbarkeit üben einen positiven Anreiz aus. Der Empfänger vermutet (dann eher), dass er mit begrenztem Zeitaufwand wichtige Informationen erfährt. Damit steigt seine Bereitschaft, sich mit dem Bericht zu beschäftigen. Durch die Wahl der Schrift lassen sich gefühlsmäßige Eindrücke hervorrufen. Die Akzeptanz kann darüber hinaus durch unterstützende (werbliche) Maßnahmen gefördert werden. Dem dienen neben der Aufmachung des Berichts und seiner farblichen Gestaltung vor allem graphische Darstellungen. Sie besitzen eine hohe Überzeugungskraft und werden häufig weniger überprüft oder hinterfragt (vgl. Kroeber-Riel, 1986, S. 20 f.).

Persönlichkeitsmerkmale des Senders und des Empfängers

Die Akzeptanz von Informationen stellt einen sozio-emotional beeinflussten Akt des Informationsempfängers dar. Deshalb wirken sich auf sie Persönlichkeitsmerkmale des Senders und des Empfängers aus. Vom Berichtswesen aus kann eine Änderung der Einstellungen des Empfängers vor allem durch Glaubwürdigkeit, Attraktivität und Macht des Senders erreicht werden (vgl. Koch, 1994, S. 169 ff. und die dort angegebene Literatur). Der Empfänger wird eine Information eher für den eigenen Standpunkt übernehmen, wenn er den Sender für *glaubwürdig* hält. Hierbei handelt es sich um eine kognitive oder geistige Einstellung gegenüber dem Sender. Sie kann darauf beruhen, dass der Empfänger dem Sender einen hohen Sachverstand zuschreibt oder ihn als objektiv wahrnimmt. Vermutet er dagegen, dass ihn der Sender beeinflussen möchte, so sinkt die Glaubwürdigkeit. Die Beeinflussungsabsicht des Berichtswesens darf nicht zu stark z. B. durch werbliche Maßnahmen betont werden. Sie ist auf ein angemessenes Maß zu begrenzen. Glaubwürdigkeit muss der Berichtersteller vor allem durch die Zuverlässigkeit seiner Informationen unter Beweis stellen.

Ein Sender ist für den Informationsempfänger *attraktiv*, wenn er ihn als ähnlich und vertraut empfindet oder dieser ihm sympathisch ist. Der Empfänger identifiziert sich mit dem Sender. Diese emotionale Einstellung gilt ziemlich unabhängig von der jeweiligen Position des Empfängers und ist daher relativ dauerhaft. Sie kann durch die Schaffung gemeinsamer Gruppenmerkmale gefördert werden, die beispielsweise darauf beruhen, dass der Sender innerhalb des Berichtswesens denselben beruflichen Hintergrund z. B. als Techniker, Naturwissenschaftler oder Kaufmann, gleichartige Erfahrungen in der Unternehmung u. Ä. aufweist. Dies spricht dafür, den Empfängern bestimmte Ansprechpartner im Berichtswesen zuzuordnen, mit denen sie solche Gemeinsamkeiten entwickeln können.

Wenn der Empfänger eine Information allein aufgrund einer Machtbeziehung akzeptiert, liegt nur eine Verhaltens-, aber keine Einstellungsakzeptanz vor. Dann richtet er sein Handeln nach der Information, weil er sich z. B. aufgrund seines Arbeitsvertrages dazu verpflichtet fühlt oder Belohnungen erhofft. Er erkennt die legitimierte Macht bzw. die Sanktionsgewalt des Senders an. Orientiert sich seine Akzeptanz an der Informations- oder der Identifikationsmacht des Senders, so wirken diese Machtgrundlagen zusammen mit seiner Einschätzung der Glaubwürdigkeit bzw. der Attraktivität des Senders und ändern i. d. R. auch seine Einstellung.

Über die Zugehörigkeit zu formellen oder informellen Gruppen in- und außerhalb der Unternehmung werden vielfach Normen wirksam, welche die Persönlichkeit und das Verhalten des Empfängers beeinflussen. Diese können sich z. B. darauf beziehen, welche Berichte und Informationen er verwendet. Ein zusätzlicher Aspekt liegt darin, wie sehr sich eine Person, unabhängig von den anderen Einflussgrößen der Informationsübermittlung, von jeglicher Kommunikation beeinflussen und überzeugen lässt. Dieses Persönlichkeitsmerkmal hängt nach empirischen Untersuchungen am stärksten von der Selbsteinschätzung ab (vgl. Klis, 1970, S. 138 f.; McGuire, 1969, S. 250 f.). Je höher sie ist, umso kritischer steht eine Person Berichten bzw. Informationen gegenüber und desto bedeutsamer wird ihr bisheriger Standpunkt.

Der skizzierte Überblick zu den Verhaltenswirkungen von Berichten lässt eine Vielzahl von Einflussgrößen erkennen. Daran wird deutlich, wie komplex die Zusammenhänge in der Realität sind. Die verschiedenen Merkmale wirken zusammen und können sich gegenseitig verstärken oder abschwächen. Daher lassen sich in erster Linie wichtige Einflussgrößen qualitativ herausarbeiten und einfache Hypothesen über die Richtung ihrer Wirkung aufstellen. Die empirischen Zusammenhänge in komplexen Funktionen quantitativ zu erfassen, erscheint kaum möglich. Für die Gestaltung des Berichtswesens im Hinblick auf angestrebte Wirkungen der Verhaltenssteuerung liefern diese einfachen Aussagen dennoch eine erste Basis.

Machtbeziehung

Gruppenzugehörigkeit und Selbsteinschätzung

Wiederholungsfragen Kapitel 5

1. *Geben Sie einen systematischen Überblick über wichtige Teilsysteme der Unternehmensrechnung.*
2. *Welche Koordinationsaufgaben hat das Controlling im Hinblick auf die Koordination des Informationssystems?*
3. *Welche Gesichtspunkte sprechen für, welche gegen eine Integration des internen und externen Rechnungswesens?*
4. *Nennen Sie die Annahmen und Aussagen des Preinreich-Lücke-Theorems.*
5. *Inwieweit leistet der investitionstheoretische Ansatz einen Beitrag zur Koordination des Informationssystems?*

6. Geben Sie einen systematischen Überblick über Verfahren der Informationsbedarfsanalyse.
7. Welche Berichtsarten lassen sich unterscheiden?
8. Geben Sie einen systematischen Überblick über Merkmale von Berichten.
9. Inwiefern beeinflussen Verhaltenseigenschaften der Informationsempfänger
   die Informationsaufnahme über Berichte?

Aufgaben Kapitel 5

Der Sportartikelhersteller Panter plant den Verkauf eines innovativen Laufschuhs.
Für die Produktion muss eine neue Anlage angeschafft werden. Hierzu ist bekannt: Nutzungsdauer 5 Jahre, Liquidationserlös 0 €, Investitionsauszahlung
120.000 €.
Die Anlage wird linear abgeschrieben. In den Perioden 1 und 2 können je 5.000
Paar mit Auszahlungen zu 40.000 € hergestellt werden. In den Perioden 3, 4 und
5 werden Lerneffekte wirksam. Nun können 6.000 Paar pro Periode mit periodischen Auszahlungen von 24.000 € produziert werden. Ein Paar Laufschuhe kann
in jeder Periode zu 15 € verkauft werden. Nehmen Sie an, dass der Zinssatz in
den Perioden 1 bis 5 10 % beträgt.

1. Führt der Sportartikelhersteller Panter das Investitionsprojekt durch, wenn er
   sich am Kapitalwert der Zahlungsströme orientiert?

2. Wird das Projekt durchgeführt, wenn sich der Sportartikelhersteller Panter
   am Barwert der Residualgewinne orientiert?

3. Warum kann beim Preinreich-Lücke-Theorem von einer Integration und Koordination innerhalb des Informationssystems gesprochen werden? Welche Bedeutung kann dieser Erkenntnis beigemessen werden?

Lösungen Kapitel 5

1.

t	0	1	2	3	4	5
Einzahlungen E_t		75.000	75.000	90.000	90.000	90.000
Auszahlungen A_t	120.000	40.000	40.000	24.000	24.000	24.000
Zahlungsüberschüsse $Ü_t$	–120.000	35.000	35.000	66.000	66.000	66.000

Kapitalwert $KW = -120.000 + 35.000 \cdot 1{,}1^{-1} + 35.000 \cdot 1{,}1^{-2} + 66.000 \cdot 1{,}1^{-3}$
$+ 66.000 \cdot 1{,}1^{-4} + 66.000 \cdot 1{,}1^{-5} = 76.390$

2. *Residualgewinn $G_t^* = \ddot{U}_t - AfA - i \cdot C_{t-1}$*
   (AfA Abschreibungen, i Zinssatz, C_t gebundenes Kapital in Periode t)
   AfA = 120.000/5 = 24.000

   $C_{t-1} = C_{t-2} - AfA$

   $G_1^* = 15 \cdot 5000 - 40.000 - 24.000 - 0,1 \cdot 120.000 = -1000$
   $G_2^* = 15 \cdot 5000 - 40.000 - 24.000 - 0,1 \cdot 96.000 = 1400$
   $G_3^* = 15 \cdot 6000 - 24.000 - 24.000 - 0,1 \cdot 72.000 = 34.800$
   $G_4^* = 15 \cdot 6000 - 24.000 - 24.000 - 0,1 \cdot 48.000 = 37.20$
   $G_5^* = 15 \cdot 6000 - 24.000 - 24.000 - 0,1 \cdot 24.000 = 39.600$

   Kapitalwert auf Basis von Residualgewinnen

   $KW\,(G^*) = -1000 \cdot 1,1^{-1} + 1400 \cdot 1,1^{-2} + 34.800 \cdot 1,1^{-3} + 37.200 \cdot 1,1^{-4}$
   $+ 39.600 \cdot 1,1^{-5} = 76.390$

3. *Durch das Preinreich-Lücke-Theorem werden der zahlungsorientierte Kapital-*
   wert und der Barwert auf Basis von Periodenerfolgen verknüpft. Das führt zu
   einer Integration der Kosten- und Erlösrechnung mit der Investitionsrech-
   nung.
   Die Höhe des Barwerts der Periodenerfolge ist unabhängig von der Abschrei-
   bungsmethode. Abweichende Periodisierungen der Gewinne wegen unter-
   schiedlicher Abschreibungsverfahren führen durch einen identischen Barwert
   der Residualgewinne nicht zu Fehlentscheidungen. Entsprechende Daten kön-
   nen also für beide Rechnungssysteme verwendet werden. Damit wird eine
   Verbindung von kurzfristiger Periodenerfolgsrechnung und langfristiger In-
   vestitionsrechnung erreicht.

6 Koordination der Kontrolle mit Planung und Informationssystem

Die Kontrolle weist enge Bezüge zur Planung auf, ist allerdings ein eigenständiges Führungsteilsystem. Obwohl sie vielfach weniger stark beachtet wird, hat sie für viele Unternehmungen eine enorme Bedeutung. Diese wird häufig erst dann deutlich, wenn die Kontrolle versagt hat. In diesem Kapitel werden die Aufgaben des Controlling im Hinblick auf die Abstimmung der Kontrolle mit der Planung und mit dem Informationssystem behandelt.

6.1 Beziehungen zwischen Controlling und Kontrolle

Auch wenn in einigen Organisationen dem Controlling Kontrollaufgaben übertragen werden, haben Controlling und Kontrolle unterschiedliche Aufgaben und Schwerpunkte. In diesem Abschnitt werden die Besonderheiten der Kontrolle herausgearbeitet und die Gemeinsamkeiten sowie Unterschiede von Controlling und Kontrolle dargestellt.

6.1.1 Gegenstand der Kontrolle

Häufig findet man die Aussage, Kontrollen würde »ein *Vergleich* zwischen einem »Soll« und einem »Ist« zugrunde(liegen)« (Frese, 1981, Sp. 916). Diese Definition ist zu eng, da Kontrollen nicht in allen Fällen eine Planung (und einen daraus abgeleiteten Soll-Wert) voraussetzen und man auch andere als Ist-Werte prüfen kann. Jedoch beruhen sie stets auf einem Vergleich. Eine der beiden Vergleichsgrößen wird dabei als *Maßstabs- oder Normgröße* betrachtet (vgl. Brede, 1975, Sp. 2218). Diese kann zum Beispiel eine Soll-, eine Prognose- oder eine Istgröße sein. Die Wahl einer Norm steht dem zuständigen Entscheidungsträger zu. Die andere Vergleichsgröße ist die *zu prüfende Größe*. Neben realisierten Werten werden auch Prognosen oder logische Herleitungen einer Kontrolle unterworfen. Durch den Vergleich mit der als Norm angesehenen Größe soll die jeweils betrachtete Größe beurteilt werden.

> Kontrolle als Vergleich

Neben dem Vergleich und der Beurteilung ist für Kontrollen kennzeichnend, dass es sich um eine informationsverarbeitende Tätigkeit handelt, die systematisch durchgeführt wird (vgl. Maune, 1980, S. 39 ff.). Deshalb kann man unter einer Kontrolle einen systematischen informationsverarbeitenden Prozess verstehen, in dem ein beurteilender Vergleich zwischen zwei Größen vollzogen wird. In der Regel schließt die Beurteilung eine Analyse der Abweichungsursachen ein.

> Kontrolle als Prozess

Ferner dient sie zum Ergreifen von Korrekturmaßnahmen. Deshalb beinhalten Kontrollprozesse häufig auch die Abweichungsanalyse und die Entwicklung von Anpassungsmaßnahmen. Jedoch erscheint es nicht zweckmäßig, diese im Allgemeinen sinnvollen Komponenten als Definitionsmerkmale von Kontrollen anzusehen. Dies würde nämlich bedeuten, dass Prüfungen, in denen keine Analyse der Abweichungsursachen erfolgt und/oder keine Anpassungsmaßnahmen vorgeschlagen werden, nicht unter den Begriff der Kontrolle fielen.

6.1.2 Komponenten und Formen der Kontrolle

6.1.2.1 Kontrollzwecke

Mit der Durchführung von Kontrollen sollen bestimmte Zwecke erreicht werden. So will man Abweichungen der zu prüfenden Größe von den Normwerten dokumentieren, Erkenntnisse und Informationen für künftige Handlungen und Entscheidungen gewinnen sowie Menschen oder Prozesse beeinflussen. Dementsprechend kann man als spezifische Kontrollzwecke die Dokumentation, die Erkenntnis- und Informationsgewinnung sowie die Beeinflussung menschlichen Verhaltens und maschineller Prozesse hervorheben (vgl. Treuz, 1974, S. 42 ff.).

Dokumentation

Die Dokumentation dient dazu, die Unterschiede zwischen den jeweiligen Vergleichswerten festzustellen und festzuhalten. Sie umfasst die Ermittlung der Vergleichswerte und ihrer Abweichungen sowie die Niederlegung und Speicherung dieser Ergebnisse in Schriftform oder auf anderen Speichermedien. Zugleich bildet sie häufig eine Grundlage für die weiteren Kontrollzwecke. Zum maßgeblichen Zweck kann die Dokumentation werden, wenn sie durch gesetzliche oder andere Normen bspw. des Handels- oder Steuerrechts vorgeschrieben ist.

Erkenntnisgewinnung

Aus dem Vergleich des zu beurteilenden Wertes mit dem Normwert möchte man häufig Erkenntnisse gewinnen. Beispielsweise will man die dem Normwert zugrunde liegenden Annahmen und Hypothesen bestätigen. Dieser Kontrollzweck steht z. B. bei der logischen oder empirischen Prüfung wissenschaftlich fundierter Aussagen im Vordergrund. Ferner kann erkennbar werden, ob mit den gewählten Handlungen ein gesetztes Ziel und damit der zu beurteilende Wert erreicht worden ist. Also kann man u. a. prüfen, ob zur Prognose eines Planwertes empirisch zuverlässige Hypothesen verwendet wurden oder ob realisierte Handlungen zu den gewünschten Ergebnissen geführt haben. Zeigt der Vergleich keine oder höchstens geringe Abweichungen, wird das bei der Normfestlegung und der Durchführung angewandte Wissen bestätigt. Andernfalls muss man versuchen, bessere Erkenntnisse zu gewinnen. Damit sind die Ergebnisse des Vergleichs die Grundlage für Lernprozesse.

Informationsgewinnung für Entscheidungen

Der Bezug zu künftigen Handlungen verstärkt sich, wenn die Informationsgewinnung für Entscheidungen den zentralen Kontrollzweck bildet. Dabei kann eine Kontrolle darauf gerichtet sein, geplante Entscheidungen zu überprüfen. Dann untersucht man vor allem, ob unterschiedliche Pläne miteinander vereinbar sind. Die ihnen zugrunde liegenden Prämissen dürfen sich nicht widersprechen. Sonst sind die verschiedenen Pläne nicht gleichzeitig realisierbar. Die Kontrolle dient hier dazu, Informationen über ihre Durchführungsmöglichkeit zu gewinnen. Ferner können durch Kontrollen neue Entscheidungsprozesse ausgelöst werden. Dies ist vor allem der Fall, wenn große Differenzen zwischen den Vergleichswerten ein Problem anzeigen, das durch die in einem neuen Planungsprozess zu erarbeitenden Anpassungsmaßnahmen zu lösen ist. Damit geben Kontrollen Impulse für die Planung. Schließlich können mit Hilfe von Kontrollen Pläne und Entscheidungen bewertet werden. Der Vergleich zwischen vorgegebener und eingetretener Zielerreichung ermöglicht eine Beurteilung der Planung bzw. Entscheidung und ihrer Träger.

Der am häufigsten mit Kontrollen verbundene Zweck wird darin gesehen, die Erreichung vorgegebener Ziele und die Durchführung von Plänen zu sichern. Dies betrifft zum einen das Handeln von Menschen. Mit der Ankündigung und Durchführung von Kontrollen soll ihr Verhalten beeinflusst werden. Da die betreffende Person damit rechnet, dass ihr Handeln und dessen Ergebnisse mit den Normgrößen verglichen werden, orientiert sie sich eher an diesen. Zum anderen sind Kontrollen auf automatisierte Prozesse gerichtet. In diesem Fall dienen sie dazu, die von Maschinen ausgeführten Prozesse plangemäß zu steuern. Derartige Kontrollen sind in einen technischen Prozess integriert und sollen einen zielentsprechenden Prozessablauf gewährleisten (vgl. Siegwart/Menzl, 1978, S. 103 f.).

Verhaltensbeeinflussung und Steuerung

6.1.2.2 Kontrollobjekte

Die vielfältigen Gestaltungsmöglichkeiten von Kontrollen werden erkennbar, wenn man sich entsprechend Abbildung 6-1 einen Überblick über mögliche Objekte der Kontrolle verschafft. Durch die Verknüpfung mit der Planung können die verschiedenen Komponenten von Entscheidungen zum Gegenstand von Kontrollen werden. Sie unterscheiden sich nach ihrer Beeinflussbarkeit durch den Entscheidungsträger, der die zu realisierende Alternative auswählt. Seinem unmittelbaren Einfluss unterliegen die Maßnahmen, mit denen das Entscheidungsproblem gelöst werden soll. Ihre Durchführung führt zu Konsequenzen, die sich in der Zielerreichung niederschlagen. Die Ziele kann er also (nur) indirekt beeinflussen. Für seine Entscheidungsfindung sind aber auch Rand- oder Nebenbedingungen maßgeblich sowie empirische Zusammenhänge, auf die er nicht einwirken kann. Beispielsweise können das von ihm nicht veränderbare Verhalten von Konkurrenten oder technologische Bedingungen seinen Handlungsspielraum begrenzen und für die Wirkungen der ausgewählten Alternativen auf seine Ziele bestimmend sein.

Komponenten von Entscheidungen

Für die Gestaltung von Kontrollen gewinnt die Art der zu kontrollierenden Objekte eine wichtige Bedeutung. Beispielsweise ist die Qualitätskontrolle einer integrierten Schaltung völlig anders vorzunehmen als die Kontrolle der Ordnungsmäßigkeit einer Buchführung. Zweckmäßig erscheint eine Trennung der Kontrollobjekte nach Gütern und Prozessen entsprechend Abbildung 6-1.

Art der Objekte

Die Gestaltungsmöglichkeiten der Kontrolle weiten sich zusätzlich aus, wenn man berücksichtigt, dass die Objekte auf unterschiedliche Weise gemessen werden können. Dabei spielen der Präzisionsgrad der zu messenden Größe,

Abb. 6-1

Klassifikation von Kontrollobjekten

Merkmale	Ausprägungen			
Beeinflussbarkeit	Nicht beeinflussbare Daten und Zusammenhänge		Maßnahmen	Wirkungen der Maßnahmen
Art der Objekte	Güter ▸ Sachgüter ▸ Tätigkeiten ▸ Nominalgüter ▸ Informationen		Prozesse ▸ Technische Verfahren ▸ Informatorische Verfahren ▸ Menschliche Verhaltensweisen	
Messbarkeit der Kontrollgrößen				
▸ Präzisionsgrad	Klassifikatorisch	Komparativ		Kardinal
▸ Art der Messung	Direkt		Indirekt	
▸ Art der Maßgrenzen	Mengengrößen	Wertgrößen	Informationelle Größen	Soziale Größen
▸ Zahl der Maßgrößen	Eindimensional		Mehrdimensional	

die Art der Messung sowie die Art und Zahl der Maßgrößen eine zentrale Rolle. Zwischen der Art der Kontrollobjekte und den verwendbaren Maßgrößen gibt es enge Beziehungen. Häufig kann dasselbe Objekt aufgrund seiner unterschiedlichen Eigenschaften durch verschiedene Maße nebeneinander erfasst werden. So kann man eine Maschine hinsichtlich ihrer technischen Leistungsfähigkeit durch Mengengrößen wie die Produktionsgeschwindigkeit, ihre Laufzeit u. Ä. und in Bezug auf ihre ökonomische Bedeutung durch Wertgrößen wie den Kapitalwert oder den Liquidationswert kennzeichnen.

Die Messbarkeit hängt nicht nur vom Präzisionsgrad und der Art der Vergleichsgrößen ab. Die Messung der zu beurteilenden Größe kann direkt oder indirekt erfolgen (vgl. Szyperski/Richter, 1981, Sp. 1208 f.). Im ersten Fall stellt man ihre Ausprägung unmittelbar fest. Dagegen schließt man bei indirekter Messung über eine Hypothese von der beobachteten Ausprägung einer anderen Größe auf diejenige der zu kontrollierenden Größe. Schließlich können in die Kontrolle eine oder mehrere Maßgrößen einbezogen werden.

6.1.2.3 Kontrollträger

Kontrollträger ist derjenige, welcher die Kontrolle ausübt und die Verantwortung für sie übernimmt. Da Maschinen keine Verantwortung tragen können, kommen dafür nur Personen in Betracht (vgl. Treuz, 1974, S. 82 ff.). Üblicherweise ist ein Instanzeninhaber für alle in seinem Bereich durchgeführten Handlungen verantwortlich. Seine Leitungsaufgaben umfassen auch Kontrolltätigkeiten (vgl. Frese, 1968, S. 107 ff.).

Instanzeninhaber

Ferner kann der ausführende Mitarbeiter selbst Kontrollen wahrnehmen und bei Abweichungen ggf. selbständig sofort Anpassungsmaßnahmen ergreifen. Überträgt man Kontrollaufgaben an einenKontrollbeauftragten wie z. B. einen Wirt-

Mitarbeiter oder Kontrollbeauftragter

schaftsprüfer, so ist meist eine genaue Abgrenzung der von ihm zu beurteilenden Objekte erforderlich, da sich diese nicht aus der organisatorischen Aufgabenverteilung ergibt. Darüber hinaus kann seine Kontrollaufgabe zeitlich befristet sein.

Als Kontrollträger können darüber hinaus spezielle Abteilungen eingesetzt werden. Wie bei einem Kontrollbeauftragten besteht dann eine gewisse Distanz zu dem zu kontrollierenden Objekt. Üblich ist vor allem die Übertragung von Kontrollaufgaben auf Revisionsabteilungen. Jedoch werden sie auch von Planungs-, Controlling-, Rechnungswesen-Abteilungen u. a. übernommen. Ferner kann man Kontrollausschüsse einsetzen, denen üblicherweise Mitglieder aus verschiedenen Bereichen angehören. Soweit sich ihre Tätigkeit auf ein Projekt bezieht, ist ihre Kontrollaufgabe zeitlich begrenzt.

Spezielle Abteilungen

6.1.2.4 Formen der Kontrolle

Durch die Verknüpfung unterschiedlicher Arten von Kontrollobjekten, Normgrößen und Kontrollträgern lassen sich verschiedene Formen der Kontrolle herausarbeiten. An den Kontrollobjekten knüpft die Trennung von Ergebnis-, Verhaltens- und Verfahrenskontrollen an (vgl. Frese, 1968, S. 61 f.; Siegwart/Menzl, 1978, S. 105 ff.; Bleicher/Meyer, 1976, S. 75 f.). Bei der *Ergebniskontrolle* wird die Zielerreichung geprüft. Je nachdem, ob hierbei ein Teil- oder das Gesamtziel eines Plans betrachtet werden, handelt es sich um Teil- oder Endergebniskontrollen. Beide beziehen sich mit der Konzentration auf Zwischen- oder Endpunkte nur auf einen Aspekt der Plandurchführung.

Teil- oder Endergebniskontrollen

Man kann auch versuchen, den Prozess der Realisation zu erfassen, der zu diesen Ergebnissen geführt hat. Dann gelangt man in Bezug auf technische und Informationsprozesse zu Verfahrenskontrollen. Mit ihnen wird analysiert, wie der Prozess vollzogen wurde und ob er dem geplanten Ablauf entsprochen hat. Hierdurch kann man Ursachen für die Abweichung der Ergebnisse erkennen.

Verfahrenskontrollen

Im Blick auf die Menschen, welche die Prozesse gesteuert oder durchgeführt haben, kommt man zu Verhaltenskontrollen. Mit ihnen prüft man, ob der Ausführende unter den eingetretenen Situationsbedingungen die geeigneten Maßnahmen ergriffen hat. Im Unterschied zur reinen Ergebniskontrolle berücksichtigt man also Veränderungen im Umfeld der Durchführung. Hierdurch kann sichtbar werden, dass der Kontrollierte trotz intensiven Bemühens kein besseres Ergebnis erreichen konnte, weil sich die Rahmenbedingungen anders als erwartet entwickelt haben. Umgekehrt lässt sich zeigen, dass ein planmäßig erreichtes Ergebnis nicht auf seinen Einsatz, sondern z. B. auf ungeplant günstigere Bedingungen im Umfeld zurückzuführen sind, und er bei entsprechender Anpassung ein wesentlich besseres Ergebnis hätte erzielen können. Daher ermöglichen Verhaltenskontrollen auch eine Beurteilung der Entscheidungs- und Handlungsfähigkeit des Kontrollierten.

Verhaltenskontrollen

Für die verschiedenen Planungsebenen hat sich die Unterscheidung von Realisations-, Planfortschritts- und Prämissenkontrollen als wichtig erwiesen (vgl. Wild, 1974b, S. 44; Zettelmeyer, 1984, S. 130 ff.). Sie bezieht sich auf maßgebliche Komponenten des Planungsprozesses. In Realisationskontrollen werden Endergebnisse überprüft. Sie sind erst nach Abschluss der Durchführung mög-

Realisationskontrollen

lich und erlauben keine Korrektur des Realisationsprozesses mehr. Ihr zentrales Anwendungsfeld liegt in der operativen Planung, da deren Durchführungszeiten relativ kurz sind und ihre Prozesse i. d. R. häufig wiederkehren. Die über Realisationskontrollen erkannten Mängel können daher bei den nachfolgenden Planungen und Realisationen abgestellt werden. In der taktischen und strategischen Planung kommen sie dagegen äußerst spät.

Planfortschrittskontrollen

Wegen der längeren Umsetzungsdauer und ihrer Bedeutung ist es notwendig, während der Durchführung taktischer und strategischer Pläne wiederholt Planfortschrittskontrollen vorzunehmen. Sie beinhalten eine Überprüfung der Umsetzung einzelner Planbestandteile. Dafür muss der Plan in Abschnitte gegliedert sein, an deren Ende die bisherigen Handlungen und Ergebnisse mit Teilzielen verglichen werden können. Auf dieser Grundlage lassen sich fundierte Prognosen über die zu erwartenden Gesamtergebnisse erstellen. In Fortschrittskontrollen kann deshalb geprüft werden, ob das bis zu diesem Zeitpunkt geplante Teilergebnis erreicht wurde. Ferner kann man über die neuen Prognosen fragen, inwieweit mit einer Erfüllung der geplanten Endergebnisse zu rechnen ist. Hierdurch erhält man frühzeitig Anhaltspunkte, um Abweichungen zu erkennen, ggf. Korrekturen vorzunehmen oder die Durchführung des Plans abzubrechen.

Prämissenkontrolle

Einen weiteren Ansatzpunkt für die Kontrolle besonders im taktischen und strategischen Bereich bieten die Planungsprämissen. Erweisen sich die Prämissen als falsch, dürften eine Realisierung des Plans und eine Erreichung der Planziele kaum möglich sein. Ihre Kontrolle ist zugleich notwendig, um Planungsmängel zu erkennen und zu beseitigen. Hierzu müssen die Prämissen während des Planungsprozesses auf ihre gegenseitige Verträglichkeit hin untersucht werden. Die Prämissen beziehen sich auch auf erst später eintretende Tatbestände wie beispielsweise die Entwicklung von Auftragseingängen, Preisen, Löhnen, Wechselkursen u. a. Derartige Prämissen sind während der Realisation zu kontrollieren, um ggf. noch vor Abschluss der Durchführung Anpassungsmaßnahmen zu ergreifen. Die Kontrolle kann dabei nach Eintritt oder erneuter Prognose ihrer Ausprägung erfolgen. Beispielsweise ist es oft notwendig, die Entwicklung von Wechselkursen als wichtiger Prämisse für Aktivitäten im Ausland laufend zu beobachten.

Kontrollformen nach Informationsarten

Die bisher skizzierten Kontrollformen kann man weiter konkretisieren und einfach systematisieren, wenn die miteinander zu vergleichenden Größen betrachtet werden. Kontrollen lassen sich mit Hilfe von faktischen, prognostischen und normativen Informationen (vgl. zu den Informationsarten Abschnitt 5.3.1.1) durchführen. Die Norm- und die zu kontrollierende Größe können realisierte, zukünftige oder angestrebte Ausprägungen der jeweils betrachteten Tatbestände wiedergeben. Kombiniert man dementsprechend Ist-, Wird- und Sollgrößen miteinander, so gelangt man zu den aus Abbildung 6-2 erkennbaren sechs verschiedenen Vergleichsarten (vgl. Pfohl, 1981, S. 59 ff.). Von den kombinatorisch möglichen neun Vergleichsarten ergeben Ist-Wird-, Ist-Soll- und Wird-Soll-Vergleiche keine sinnvollen Kontrollformen, da in diesen Fällen Ist- bzw. Wird-Größen keine geeignete Norm geben können.

Abb. 6-2

Formen der Kontrolle

Merkmale	Ausprägungen					
Art der Kontrollobjekte	Verhalten		Verfahren	Teilergebnis		Endergebnis
Komponenten des Planungsprozesses	Prämissen-kontrolle		Planfortschritts-kontrolle		Realisations-kontrolle	
Informationsarten	Ist-Ist	Soll-Soll	Soll-Ist	Soll-Wird	Wird-Ist	Wird-Wird
Informationsermittlung und -verarbeitung	Persönlich			Maschinell		

Bei Ist-Ist-Vergleichen stellt man realisierte Größen einander gegenüber. Der Vergleich wird also ex post vollzogen. Wenn man dabei die eingetretene Ausprägung einer Größe zu ihren früheren Ausprägungen in Beziehung setzt, spricht man von einem *Zeitvergleich* (vgl. Schweitzer/Küpper, 2011, S. 34 ff.). Ferner kann man die gegenwärtige oder eine vergangene Ausprägung einer Größe mit den realisierten Ausprägungen derselben Größe bei entsprechenden anderen Einheiten zum selben Zeitpunkt vergleichen. Beispielsweise kontrolliert man bestimmte Werte einer Unternehmung wie den Umsatz an dem Umsatz des größten Konkurrenten oder an Durchschnittswerten der Branche. Derartige Vergleiche können auch für innerbetriebliche Einheiten wie Abteilungen, Kostenstellen, Produkte usw. vorgenommen werden. Häufig werden sie als »Betriebsvergleiche« bezeichnet.

Ist-Ist-Vergleiche

Um Ex-post-Kontrollen handelt es sich auch beim Soll-Ist- und beim Wird-Ist-Vergleich. Bei ihnen stellt man der zu prüfenden realisierten Größe die gewünschte Zielausprägung bzw. eine prognostizierte Ausprägung gegenüber. Man untersucht damit, ob durch die Realisation das Ziel erreicht wurde bzw. ob die Erwartungen eingetreten sind und kontrolliert die Plandurchführung bzw. die Prognose. Sollgrößen können nur für die von den Handlungsträgern beeinflussbaren Variablen vorgegeben werden. Sie können sich demnach nur auf Maßnahmen und Ziele beziehen. Deshalb lassen sich Soll-Ist-Vergleiche in Form von Planfortschritts- und von Realisationskontrollen vornehmen. Wird-Ist-Kontrollen betreffen dagegen Prämissenkontrollen, da ihre Vergleichswerte nicht im Verfügungsbereich des Handlungsträgers liegen.

Soll-Ist- und Wird-Ist-Vergleiche

Bei den anderen drei Vergleichsarten der Abbildung 6-2 bezieht sich auch die zu beurteilende Größe auf die Zukunft. Es handelt sich also um Ex-ante-Kontrollen. Soll-Soll-Vergleiche beinhalten eine Gegenüberstellung von Zielgrößen. Sie dienen zur Auffindung von Zielkonflikten und Widersprüchen in den Zielvorgaben der Pläne. Damit sind sie auf eine Kontrolle der Planung sowie der Pläne selbst und nicht auf deren Durchführung gerichtet.

Soll-Soll-Vergleiche

In Soll-Wird-Kontrollen vergleicht man die angestrebte Ausprägung einer Zielgröße mit dem für sie prognostizierten Wert. Hierdurch wird sichtbar, inwieweit eine Erreichung des Soll-Wertes wahrscheinlich ist. Diese Erkenntnis ist vor allem

Soll-Wird-Vergleiche

für Planfortschrittskontrollen wichtig. Deshalb prognostiziert man während der Planrealisation die zu erwartende Ausprägung des Ziels und vergleicht sie mit der ursprünglichen Vorgabe. Aufgrund der bisherigen Realisation und den zusätzlichen Informationen gegenüber dem ersten Planungszeitpunkt lässt sich die Zielerreichung besser voraussagen. Durch ein frühzeitiges Erkennen von Soll-Wird-Abweichungen kann man noch während der Plandurchführung reagieren.

Wird-Wird-Vergleiche

Bei Wird-Wird-Kontrollen werden zwei Prognosewerte einander gegenübergestellt. Sie beziehen sich auf Tatbestände, die nicht im eigenen Handlungsbereich liegen, also in erster Linie die Planungsprämissen. Ein Vergleich von Prognosewerten bietet sich vor allem an, wenn dieselbe Größe mit unterschiedlichen Verfahren prognostiziert wird, oder eine Voraussage aufgrund neuerer Informationen wiederholt werden kann. Ferner ist die Vereinbarkeit unterschiedlicher Prämissen im Planungsprozess zu prüfen, um widersprüchliche Erwartungen bei den Rahmenbedingungen offenzulegen. Damit dient diese Vergleichsart zur Kontrolle von Prognosen innerhalb der Planung und zur laufenden Überprüfung der Planungsprämissen während der Planrealisation. Durch einen Vergleich der ursprünglichen Prognosen mit aktualisierten Voraussagen können Abweichungen frühzeitig erkannt und unzutreffende Prognosen korrigiert werden. Derartige Kontrollen der Planungsprämissen sind sowohl bei der ursprünglichen Planung als auch während der gesamten Umsetzung des Plans wertvoll. Sie können daher eng mit Planfortschrittskontrollen verknüpft werden.

Persönliche und maschinelle Kontrolle

Ein anderer Aspekt wird erkennbar, wenn man darauf blickt, durch wen die Erfassung und Auswertung der Vergleichswerte erfolgt. Er führt zu den Formen der persönlichen und der maschinellen Kontrolle. Werden die Datenermittlung und die Auswertung sowie Beurteilung der Abweichungen von Personen vorgenommen, entsteht eine soziale Beziehung zwischen dem Kontrollträger und dem Kontrollierten. Diese ist bei einer Kontrolle durch Einzelpersonen direkter als gegenüber Kontrollabteilungen. Maschinelle Kontrollen beruhen darauf, dass die Aufnahme der zu beurteilenden Werte und möglicherweise deren Auswertung sowie Beurteilung auf technische Geräte wie Stechuhren, Messgeräte, elektronische Erfassungsgeräte u. a. übertragen ist.

Auch wenn die Beurteilung der Abweichungen letztlich auf menschliche Entscheidungen zurückgeht bzw. bei verantwortlichen Personen verbleibt, erhöht die Verwendung technischer Geräte die Objektivität, aber zugleich die Anonymität der Kontrolle. Andererseits enthalten die sozialen Beziehungen zwischen Kontrollträger und Kontrolliertem ein Konfliktpotenzial. Deshalb hat die Wahl zwischen persönlicher und maschineller Kontrolle einen Einfluss auf die Verhaltenswirkungen von Kontrollen.

6.1.3 Elemente und Eigenschaften von Kontrollsystemen

Zur Durchführung von Kontrollen werden Kontrollsysteme eingerichtet. Sie bestehen aus der geordneten Gesamtheit an Elementen, die an Kontrollprozessen mitwirken. Hierzu gehören die gekennzeichneten Komponenten von Kontrollen, d.h. die Kontrollzwecke, -objekte und -träger sowie die in Kontrollprozessen durchgeführten Handlungen und bearbeiteten Informationen. Aufgrund der engen Beziehungen zur Planung besteht eine hohe Ähnlichkeit zur Struktur von Planungssystemen und deren Eigenschaften (Abschnitt 4.1.2).

6.1.3.1 Input-, Prozess- und Outputvariablen des Kontrollsystems

Die Elemente von Kontrollsystemen lassen sich gemäß Abbildung 6-3 ebenfalls in Input-, Prozess- und Outputvariablen gliedern. Inputvariablen sind die Größen, die von außen in das Kontrollsystem eingehen. Zu ihnen gehören die Träger der Kontrolle, die Kontrollzwecke sowie die organisatorischen Regelungen über die Verteilung der Kontrollaufgaben und -kompetenzen sowie den Ablauf der Kontrollprozesse. Die zu kontrollierenden Objekte oder Gegenstände werden meist durch andere Führungsteilsysteme, insbesondere die Planung, vorgegeben. Sie können aber auch innerhalb des Kontrollprozesses (näher) festzulegen sein. Ferner gehen in die Kontrollprozesse unterschiedliche Informationen ein, zu denen vor allem die Normgrößen zu rechnen sind. Die Kontrollzwecke und die Normgrößen leiten sich aus dem Zielsystem ab und werden insbesondere durch die Planung, die Organisation und die Personalführung bestimmt.

Inputvariablen

Die Kontrollhandlungen sind wie die Planung Prozesse der Informationsverarbeitung und lassen sich in mehrere Phasen einteilen. Sie werden als intervenierende oder Prozessvariablen des Kontrollsystems aufgefasst und im nachfolgenden Abschnitt näher betrachtet.

Prozess- und Output-variablen

In ihnen werden die Kontrollergebnisse erarbeitet, die sich als Outputvariablen des Kontrollsystems interpretieren lassen. Diese liefern Informationen über die Abweichungen zwischen den Vergleichswerten, je nach Umfang der Kontrollprozesse über deren Ursachen und über mögliche Anpassungsmaßnahmen. Zur Bestimmung der Abweichungen und zur Analyse ihrer Ursachen zieht man insbesondere Informationsinstrumente heran, wie sie beispielsweise in der Kosten- und Erlösrechnung entwickelt worden sind (vgl. Abschnitt 6.2.2). Dann erfordert die Kontrolle eine Koordination mit dem Informationssystem.

Abb. 6-3

Elemente von Kontrollsystemen

Inputvariablen	Prozessvariablen	Outputvariablen
▸ Kontrollträger ▸ Kontrollzwecke ▸ organisatorische Regelungen ▸ Kontrollobjekte ▸ Kontrollinformationen, insb. Normgrößen	▸ Aufdeckung eines Kontrollproblems ▸ Festlegung des Vergleichs ▸ Durchführung des Vergleichs ▸ Beurteilung der Abweichungen ▸ Entwicklung von Anpassungsmaßnahmen	▸ Informationen über Abweichungen ▸ Informationen über die Abweichungsursachen ▸ Anpassungsmaßnahmen

6.1.3.2 Phasen der Kontrolle

Die Kontrollhandlungen werden in mehreren Phasen durch die Kontrollträger vollzogen. Anhand sachlogischer Gesichtspunkte erhält man die aus Abbildung 6-3 sichtbare Phasengliederung, die jedoch nicht bei jedem Kontrollvorgang vollständig durchlaufen werden muss. Die einzelnen Schritte sind für eine umfassende Kontrolle notwendig. Mit ihnen wird zugleich der Umfang der Kontrollhandlungen abgegrenzt (vgl. Thieme, 1982, S. 9 ff.).

Aufdeckung eines Kontrollproblems

Ausgangspunkt jeder Kontrolle sind das Erkennen von Kontrollproblemen und die Entscheidung, welche Objekte kontrolliert werden sollen. Erst durch die Aufdeckung eines Kontrollproblems wird ein Kontrollprozess ausgelöst. Maßgeblich für die Einrichtung von Kontrollen ist die Erwartung, dass an dem betrachteten Objekt eine Differenz zwischen angestrebter und tatsächlicher Ausprägung auftreten könnte, die zu einer als wichtig angesehenen Zielbeeinträchtigung führt. Kontrollprozesse verursachen selbst Kosten. Auf die sozialen Beziehungen können sie sich negativ auswirken. Deshalb ist ihre Durchführung nur zweckmäßig, wenn sie mit ausreichender Wahrscheinlichkeit zur Aufdeckung und Beseitigung von Zielabweichungen führen. Da an sehr vielen möglichen Kontrollobjekten Abweichungen auftreten können, stellt sich das Entscheidungsproblem, auf welche Objekte man die Kontrolle erstreckt. Zu seiner Lösung muss man die Bedeutung, d.h. die Wirkungen potenzieller Abweichungen und die Wirksamkeit von Kontrollen abschätzen. Hierzu lassen sich insbesondere Schwachstellen-, ABC- und Sensitivitätsanalysen, Simulationen sowie Netzplantechniken heranziehen (zum Überblick vgl. Küpper, 1994a, S. 943 f.). Die Auswahl der zu kontrollierenden Objekte kann mit Hilfe einfacher Regeln oder auf der Basis von Entscheidungsmodellen (vgl. Streitferdt, 1983) erfolgen, welche die erwarteten Wirkungen der Kontrolle berücksichtigen.

Festlegung des Vergleichs

Nach dem zu kontrollierenden Objekt ist zu bestimmen, in welcher Form und durch welche Kontrollträger die Kontrolle vorzunehmen ist. Mit der Festlegung des Vergleichs wird also entschieden, wie und durch wen der Vergleich erfolgt. Die beiden Tatbestände werden wie das Kontrollproblem häufig generell mit der Übertragung von Kontrollkompetenzen geregelt. Damit ist vorgegeben, welche Größen bei dem Vergleich einander gegenüberzustellen sind und wer für den Vergleich sowie seine Beurteilung zuständig ist.

Durchführung des Vergleichs

Die Durchführung des Vergleichs besteht in der Ermittlung der Normgröße und der zu beurteilenden Größe sowie der Berechnung der Abweichung zwischen beiden. Die Normgröße kann über die Planung unmittelbar vorgegeben sein. Vielfach ist sie aber erst aus Planwerten oder – falls solche nicht vorliegen – aus anderen Werten herzuleiten. Beispielsweise muss man für den Soll-Ist-Vergleich einer Kostenstelle die zu Beginn der Planungsperiode bestimmten Plankosten in die Sollkosten, d.h. die geplanten Kosten der Istbeschäftigung, umrechnen. Soll dagegen ein Betriebsvergleich vorgenommen werden, so ist zu entscheiden, an welchen anderen Werten einer Konkurrenzunternehmung, des Branchendurchschnitts o. Ä. die eigenen Werte zu messen sind. Die zu beurteilende Größe muss über das Informationssystem ermittelt werden. Dabei kann es sich z. B. um eine Istkostenrechnung, die Finanzbuchhaltung, eine Betriebsdatenerfassung oder eine Prognoserechnung handeln.

Über die Beurteilung der Abweichungen sollen deren Bedeutung für die Unternehmensziele bewertet und die Basis für einen Abbau der Abweichungen bzw. der aus ihnen folgenden Konsequenzen gelegt werden. Um geeignete Anpassungsmaßnahmen zu entwickeln, muss man die Ursachen der Abweichungen herausfinden. Da eine eingehende Analyse von Abweichungen selbst Kosten verursacht, ist es meist nicht wirtschaftlich, sie auf alle Abweichungen auszudehnen. Daher bildet die Auswahl der zu analysierenden Abweichungen den ersten Schritt ihrer Beurteilung. Anschließend sind für sie die Ursachen für die aufgetretenen Differenzen zu untersuchen und die Ergebnisse der Abweichungsanalyse mit den kontrollierten Handlungsträgern durchzusprechen. Ferner ist über die rechnerische Behandlung der Abweichungen zu befinden, wem sie belastet werden und wie sie in die Erfolgsrechnung eingehen (vgl. Schweitzer/Küpper, 2011, S. 308 ff., 438 ff., 697 ff.).

Beurteilung der Abweichungen

Die letzte Phase von Kontrollprozessen ist in der Entwicklung von Anpassungsmaßnahmen zu sehen, durch welche die Abweichungen in Zukunft vermieden oder verringert bzw. deren Konsequenzen abgeschwächt werden könnten. Der Kontrollierte, der Kontrollträger und ggf. ein mitwirkender Externer sollen Ideen finden und Lösungsvorschläge ausarbeiten. Da dies einem neuen Planungsprozess entspricht, wird mit dieser Kontrollphase die Brücke zur Planung sichtbar.

Entwicklung von Anpassungsmaßnahmen

6.1.3.3 Eigenschaften von Kontrollsystemen

Die Unternehmung kann ihr Kontrollsystem mehr oder weniger stark ausbauen. Seine Gestaltungsmöglichkeiten reichen von der bloßen Übertragung sämtlicher Kontrollaufgaben auf die jeweiligen Vorgesetzten bis hin zu ausgefeilten Konzepten mit eigenständigen Revisionsabteilungen und eingebauten Kontrollverfahren. Daher ist das Kontrollsystem durch eine Vielzahl von Merkmalen beschreibbar, die sich – wie das Planungssystem (vgl. Abschnitt 4.1.2) – in formale, inhaltliche, organisatorische und methodische Eigenschaften einteilen lassen. Der Überblick in Abbildung 6-4 lässt erkennen, dass eine Reihe von Merkmalen denjenigen von Planungssystemen entspricht, das Kontrollsystem aber auch spezifische Eigenschaften besitzt.

Die formalen Eigenschaften des Kontrollsystems erstrecken sich auf die Vereinheitlichung oder Standardisierung der Kontrollprozesse und ihre Dokumentation. Deren Gestaltung wird vor allem durch externe Vorschriften beispielsweise des Handels- und Steuerrechts sowie die Bedeutung der Kontrollobjekte bestimmt.

Formale Eigenschaften

Maßgebend für die inhaltliche Gestaltung der Kontrolle ist i. d. R. das Planungssystem. Bei enger Verknüpfung zwischen Planung und Kontrolle leitet man die Normwerte aus der Planung her. Die Entscheidungen über die auszuwählenden Kontrollobjekte, den Kontrollumfang und die Form der Kontrolle hängen dann davon ab, welche Gegenstände geplant werden. Soll-Ist-, Soll-Soll- und Soll-Wird-Kontrollen setzen voraus, dass in der Planung Sollwerte be-

Inhaltliche Eigenschaften

Abb. 6-4

Überblick über wichtige Eigenschaften von Kontrollsystemen

Formale Eigenschaften	Inhaltliche Eigenschaften	Organisatorische Eigenschaften	Methodische Eigenschaften

▸ Standardisierung
▸ Dokumentation
	▸ Art der Kontrollobjekte
	▸ Kontrollumfang
	▸ Form der Kontrolle
	▸ Art der Abweichungs-
	analyse
		▸ Organisationsgrad
		▸ Aufbauorganisatorisch
		  – Verteilung der Kontroll-
		    aufgaben
		  – Verteilung der Kontroll-
		    kompetenzen
		▸ Ablauforganisatorisch
		  – Regelmäßigkeit der
		    Kontrolle
		  – Häufigkeit der Kontrolle
			▸ Einfachheit
			▸ Art der Kontroll-
			instrumente
			▸ Art und Umfang der EDV-
			Unterstützung

stimmt werden oder aus ihr herleitbar sind. Wenn sich die Normwerte aus der Planung ergeben sollen, müssen Planungs- und Kontrollbereiche übereinstimmen, die Größen messbar sein und mit gleicher Präzision gemessen werden.

Der Umfang und die Form der Kontrollen hängen von der Art der Kontrollobjekte und ihrer Messbarkeit ab. Ferner sind für deren Auswahl und die Abweichungsanalyse die Möglichkeiten zum Erkennen und zur Beseitigung unerwünschter Entwicklungen bestimmend. Deshalb richtet sich die Gestaltung der Kontrolle vor allem nach der Beeinflussbarkeit der Objekte und ihren Auswirkungen auf die Zielerreichung der Unternehmung. Zugleich ist ihre Einrichtung von den verfügbaren Kontrollkapazitäten und deren Kosten abhängig.

Organisatorische Eigenschaften

Als wichtigste organisatorische Eigenschaften des Kontrollsystems sind der Organisationsgrad, die aufbauorganisatorische Verteilung von Kontrollaufgaben und -kompetenzen sowie die ablauforganisatorische Regelmäßigkeit und Häufigkeit von Kontrollen anzusehen. Da Kontrollen häufig auf Widerstand bei den Betroffenen stoßen, regelt man ihre Durchführung und die Verantwortlichkeit der Kontrollträger vielfach generell. Daraus leitet sich eine Tendenz zu einem hohen Organisationsgrad des Kontrollsystems ab.

Zu den ablauforganisatorischen Eigenschaften des Kontrollsystems gehören die Regelmäßigkeit und Häufigkeit von Kontrollen. Sie lassen sich einmalig, sporadisch, periodisch oder permanent und in unterschiedlichen Zeitabständen (jährlich, monatlich usw.) vornehmen. Daneben kann die Kontrolle vom Eintritt bestimmter Ereignisse wie dem Überschreiten von Kontrollgrenzen abhängig gemacht werden. Für die Festlegung dieser Eigenschaften sind die Bedeutung der Kontrollobjekte, ihre Veränderlichkeit und die Ablauforganisation der Planung maßgeblich.

Methodische Eigenschaften

Methodische Eigenschaften sind insbesondere die Einfachheit des Kontrollsystems, die Art der eingesetzten Kontrollinstrumente sowie der Umfang und die Art der EDV-Unterstützung. Einfachheit, Durchsichtigkeit und Verständlichkeit wirken sich auf die Akzeptanz eines Kontrollsystems aus. Widerstände gegen Kontrollen lassen sich umso leichter abbauen, je eher der Betroffene Kontrollen nachvollziehen und verstehen kann. Bei komplizierten Systemen besteht zudem die Gefahr, dass Kontrollinformationen untergehen, falsch interpretiert werden und man zu spät nach Anpassungsmaßnahmen sucht. Die Auswahl der Kontrollinstrumente hängt von ihrer jeweiligen Leistungsfähigkeit, der Bedeutung des mit ihnen behandelten Kontrollproblems und ihren Kosten ab. Diese Kriterien sind auch für die EDV-Unterstützung bestimmend.

6.1.4 Abgrenzung zwischen Controlling und Kontrolle

Offensichtlich weist die Kontrolle Beziehungen zum Controlling auf. In der Praxis wird man mit zwei Extrempositionen konfrontiert: die eine behauptet, Controlling sei in Wirklichkeit Kontrolle, die andere legt besonderen Wert darauf, Controlling nicht mit Kontrolle zu verwechseln. Die erste Position wird von Gegnern des Controlling vertreten, die behaupten, seine Einführung diene eigentlich der Verstärkung von Kontrollen. Die Gegenposition will Widerstände gegen das Controlling dadurch vermindern, dass sie die in ihm enthaltenen Kontrollaspekte zurückdrängt. Dies mündet in die plakative These »Kontrolle ist gut, Controlling ist besser«.

Extrempositionen

Allgemein wird, vor allem im wissenschaftlichen Bereich, anerkannt, dass Abweichungsanalysen eine wichtige Aufgabe des Controlling sind. Sie bilden einen Kern von Kontrollprozessen. Daran wird deutlich, dass Controlling einen nicht zu vernachlässigenden Bezug zur Kontrolle aufweist.

Abweichungsanalyse als Controllingaufgabe

Eine Gleichsetzung von Controlling mit Kontrolle würde eine unzweckmäßige Verengung seiner Aufgaben bedeuten und viele Impulse außer Acht lassen, die mit seiner Entwicklung in den vergangenen Jahrzehnten verbunden waren. Andererseits gibt es Überschneidungen zwischen Controlling und Kontrolle. Der sachliche Zusammenhang zwischen Planung und Kontrolle erfordert eine enge Koordination dieser beiden Führungsteilsysteme. Die Kontrolle liefert eine Rückkoppelung, durch welche die Realisation der Planung zu gewährleisten und/oder Plananpassungen sowie ggf. neue Planungsprozesse auszulösen sind. Zur Sicherung der Zielausrichtung sind Kontrollen unumgänglich. Wichtige Anregungen für Anpassungen an Datenänderungen werden aus Kontrollinformationen gewonnen.

Für die Wahrnehmung von Koordinationsaufgaben und die Erfüllung der anderen Zwecksetzungen des Controlling erstreckt sich dessen Aufgabenbereich auch auf Kontrolltätigkeiten. Dies kann in der organisatorischen Umsetzung bedeuten, dass zweckmäßigerweise Controllingabteilungen und Controller an bestimmten Kontrollprozessen mitwirken und einzelne Teilaufgaben daraus übernehmen. Jedoch verbleibt die maßgebliche Kontrollkompetenz, welche in der Beurteilung der kontrollierten Objekte und der Entscheidung über Konsequenzen liegt, bei Kontrollinstanzen wie den Vorgesetzten oder eigenständigen Revisionsabteilungen.

Überschneidung von Controlling und Kontrolle

6.2 **Koordination der Kontrolle mit Planung und Informationssystem**
Beziehungen der Kontrolle zur Planung und zum Informationssystem

266

6.2 Gestaltung der Beziehungen der Kontrolle zur Planung und zum Informationssystem

Die Kontrolle muss insbesondere auf die Planung abgestimmt werden, weil diese häufig die wichtigsten Ausgangswerte für die Kontrolle liefert. Eine wichtige Voraussetzung für Kontrollen ist ein ausgebautes Informationssystem. In diesem Abschnitt werden diese Beziehungen systematisch dargestellt und damit die Koordinationsaufgaben des Controllings im Hinblick auf diese drei wichtigen Führungsteilsysteme herausgearbeitet.

6.2.1 Notwendigkeit und Grenzen einer Verknüpfung der Kontrolle mit der Planung

6.2.1.1 Beziehungen zwischen Kontrolle und Planung

Der enge Bezug zwischen Planung und Kontrolle wird vielfach betont. Man findet sogar die These, Planung sei ohne Kontrolle sinnlos und Kontrolle ohne Planung unmöglich (vgl. Wild, 1974b, S. 44). Auch wenn zwischen beiden ein enger Zusammenhang besteht, geht diese These zu weit. Kontrollen sind ohne vorherige Planung und einen Vergleich mit Planwerten möglich. Beispielsweise ist ein Vergleich mit früheren Werten oder anderen Personen bzw. Wirtschaftseinheiten durchführbar, der ebenfalls wirkungsvoll sein kann. Zudem nützt Planung beispielsweise für das Durchdenken von Handlungsmöglichkeiten und das Erkennen von Risiken, ohne dass man danach Kontrollen vornimmt. Sie ist also ohne Kontrollen nicht sinnlos.

Der Zusammenhang zwischen Planung und Kontrolle wird oft als so selbstverständlich angesehen, dass der eigenständige Charakter der Kontrolle fast verloren geht. Dann wird von Planungs- und Kontrollsystemen gesprochen, obwohl die spezifischen Probleme und Instrumente der Kontrolle überhaupt nicht oder nur in geringem Umfang berücksichtigt werden (vgl. Horváth, 1998a, S. 167 ff.; Hahn, 1996, S. 45 ff.).

Normwerte aus Planungssystem

Die Beziehungen der Kontrolle zur Planung sind am deutlichsten bei den Kontrollformen, deren Normwerte man aus dem Planungssystem ableitet. In diesen Fällen orientiert sich die Kontrolle an der Planung und setzt diese damit voraus. Dahinter steht die Ausrichtung sämtlicher Unternehmensaktivitäten auf das Zielsystem der Unternehmung, das in der Planung in Plan- oder Vorgabewerte umzusetzen ist. Die als Vorgaben verstandenen Planwerte bilden entweder unmittelbar die Sollgrößen oder müssen in solche umgerechnet werden. Dann berücksichtigt man Änderungen bei externen Rahmenbedingungen oder den vom jeweils Kontrollierten nicht beeinflussbaren Unternehmensvariablen, um vom ursprünglichen Planwert auf die für ihn maßgebliche Sollgröße als Normwert zu gelangen.

Wird-Wird- und Wird-Ist-Kontrollen

Die Orientierung von Kontrollen an Ergebnissen der Planung erstreckt sich aber auch auf Wird-Wird- und Wird-Ist-Kontrollen. Innerhalb der Planung sind die Ausprägungen der wichtigsten Rahmenbedingungen zu prognostizieren. Neben Vorgabewerten wird eine Vielzahl von Prognosewerten bestimmt. Sie liefern die Prämissen für die Bestimmung zielorientierter Handlungsalternativen und Vorgabewerte. Auf diese Weise erhält man die für Prämissen- und Fortschrittskontrollen benötigten Prognosewerte ebenfalls aus der Planung.

Innerhalb der Kontrolle ist bei der Auswahl näher zu analysierender Abweichungen und der Entwicklung von Anpassungsmaßnahmen die Bedeutung von Abweichungen zu beurteilen. Dies beinhaltet, dass man ihre Beeinflussbarkeit und die Wirkung von Anpassungsmaßnahmen auf die Unternehmensziele abschätzen muss. Hierzu sind Instrumente der Prognose und der Bewertung (z. B. Entscheidungsmodelle zur Auswahl von Abweichungen, vgl. Streitferdt, 1983, S. 68 ff.) heranzuziehen, wie sie in der Planung verwendet werden. Deshalb zeigt sich auch bei diesen Kontrollaufgaben ein Bezug zur Planung.

Bedeutung von Abweichungen

In den dargestellten Fällen ist die Planung eine wichtige Voraussetzung für die Kontrolle. Erst mit ihr wird es möglich, bestimmte Formen der Kontrolle durchzuführen. Jedoch bietet die Kontrolle umgekehrt auch wertvolle Informationen für die Planung. Darin zeigt sich die Interdependenz zwischen Kontrolle und Planung. So können Kontrollen eine Bestätigung der Planung liefern. Durch sie lassen sich die Zuverlässigkeit von Prognosen und Planungsmodellen sowie die Erreichung von Vorgaben überprüfen. Über die in der Kontrolle vorgenommenen Abweichungsanalysen können ggf. Erkenntnisse für deren Verbesserung gewonnen werden. Auf diesem Wege fördert die Kontrolle den Lernprozess im Hinblick auf die in der Planung eingesetzten Instrumente.

Informationen für die Planung

Häufig werden die Ergebnisse von Kontrollen zu einem Ausgangspunkt der Planung. Zeigt die Entwicklung einer wichtigen Zielgröße (z. B. Periodengewinn, Umsatz, Kosten, u. a.) im Zeitablauf oder im Vergleich zu Konkurrenten eine deutliche Abweichung, so kann dies Anlass für das Anstoßen eines Planungsprozesses sein. Von der Kontrolle geht eine Rückkoppelung zur Planung aus.

Die Kontrolle liefert auch wichtige Informationen für die Durchführung der Planung. Durch sie soll sichergestellt werden, dass die Pläne entsprechend den Vorgaben realisiert werden. In sachlicher Hinsicht bedeutet dies, dass man über ggf. laufende Kontrollen frühzeitig erkennt, wenn sich die Umsetzung nicht plangemäß vollzieht, weil sich beispielsweise Rahmendaten anders als erwartet entwickeln. Dann erhält man die Möglichkeit eines frühzeitigen Eingreifens und Gegensteuerns, um die Ziele dennoch zu erreichen.

Informationen für die Durchführung der Planung

Ferner hat die Kontrolle eine wichtige Bedeutung für die Verhaltensbeeinflussung. Durch sie wird das Verhalten der Mitarbeiter auf eine Einhaltung der Planvorgaben hin beeinflusst. Sowohl die Ankündigung von Kontrollen als auch diese selbst können ein am Plan orientiertes Handeln fördern (vgl. Abschnitt 7.4).

Vielfach wirkt sich nämlich schon das Wissen um mögliche, i. d. R. unerwartete Kontrollen auf das Handeln von Personen aus. Sie stellen sich darauf ein, dass sie überprüft werden könnten. Ein charakteristisches Beispiel hierfür liefern die steuerliche Betriebsprüfung und die handelsrechtliche Wirtschaftsprü-

6.2 Koordination der Kontrolle mit Planung und Informationssystem
Beziehungen der Kontrolle zur Planung und zum Informationssystem

268

fung. In beiden Fällen muss die Unternehmung bestimmten Personenkreisen über betriebliche Tatbestände berichten. Durch die Gestaltung der Rechensysteme ist sicherzustellen, dass die für Steuer- bzw. Ausschüttungszahlungen relevanten Erfolgsgrößen auf eine gesetzlich normierte Weise ermittelt werden. Über die laufende bzw. potenzielle Überprüfung durch Wirtschafts- bzw. Betriebsprüfer soll die Richtigkeit der Angaben gewährleistet werden. Diese Kontrollen sind darauf gerichtet, im Sinne der Drohwirkung falsche Angaben zu verhindern sowie ggf. Fehler aufzudecken und zu korrigieren.

Abstimmung von Planungs- und Kontrollsystem

Die engen Beziehungen zwischen Planung und Kontrolle haben zur Folge, dass beide Systeme zweckmäßigerweise in hohem Maß aufeinander abgestimmt werden. Deshalb sollten ihre Eigenschaften soweit als möglich ähnlich gestaltet werden. Das Maß an Dokumentation und Standardisierung ist gegenseitig anzupassen. Die Dokumentation dient dazu, dass die Informationen einerseits für die Wahrnehmung der Kontrollaufgaben gegenüber der Planung und andererseits zur Nutzung der Rückkoppelung von der Kontrolle verfügbar sind. Über eine gleichartige Standardisierung wird eine effiziente Nutzung der oben dargestellten Interdependenzen erreichbar. Hierzu ist ferner eine genaue Abstimmung der Planungs- und Kontrollbereiche nötig. Dies hat zur Folge, dass sich die sachliche und zeitliche Differenzierung der Planung auch an den Möglichkeiten zur Kontrolle der Teilbereiche orientieren muss. Ferner hängt die Auswahl der Kontrollobjekte und der Kontrollformen von der Differenzierung der Planung ab, beispielsweise der Aufteilung in eine strategische, taktische und operative Planungsebene. Besonders deutlich wird der Zusammenhang zwischen Planungs- und Kontrollsystem an der EDV-Unterstützung. Um die Interdependenzen ausreichend nutzen können, müssen dieselben oder zumindest kompatible EDV-Systeme eingesetzt sein. Die Daten der Planung müssen unmittelbar als Normwerte der Kontrolle herangezogen, Kontroll- und Abweichungsinformationen umgekehrt direkt in Planungsprozesse eingeschleust werden können.

6.2.1.2 Verknüpfung von Kontrolle und Planung über kybernetische Regelkreise

Elemente des Regelkreises

Die Verknüpfung zwischen Planung und Kontrolle lässt sich mit dem Konzept eines kybernetischen Regelkreises entsprechend Abbildung 6-5 veranschaulichen und gestalten (vgl. Pfohl, 1981, S. 20 ff.). Dabei stellen die Prozesse oder Bereiche des Leistungssystems die sogenannte Regelstrecke dar. Deren konkrete Gestaltung hängt von der Realisation, d. h. dem Handeln der in ihnen tätigen Personen und Anlagen ab. Der Vollzug wird zugleich von anderen, externen Faktoren beeinflusst, die man im kybernetischen Modell als Störgrößen bezeichnet. Für die Realisation gibt die Planung die Sollgrößen vor. Über das Kontrollsystem wird anschließend ermittelt, ob die realisierten Größen mit dieser Führungsgröße übereinstimmen.

Regelung

Ist dies nicht der Fall, so wird bei der Regelung der Prozess durch die sogenannte Stellgröße an die Führungsgröße angepasst. Nach Realisation des Prozesses (Regelstrecke) werden dessen Ergebnis mit der Führungsgröße (Soll-Wert) verglichen und aufgrund der festgestellten Abweichung ein Stellwert er-

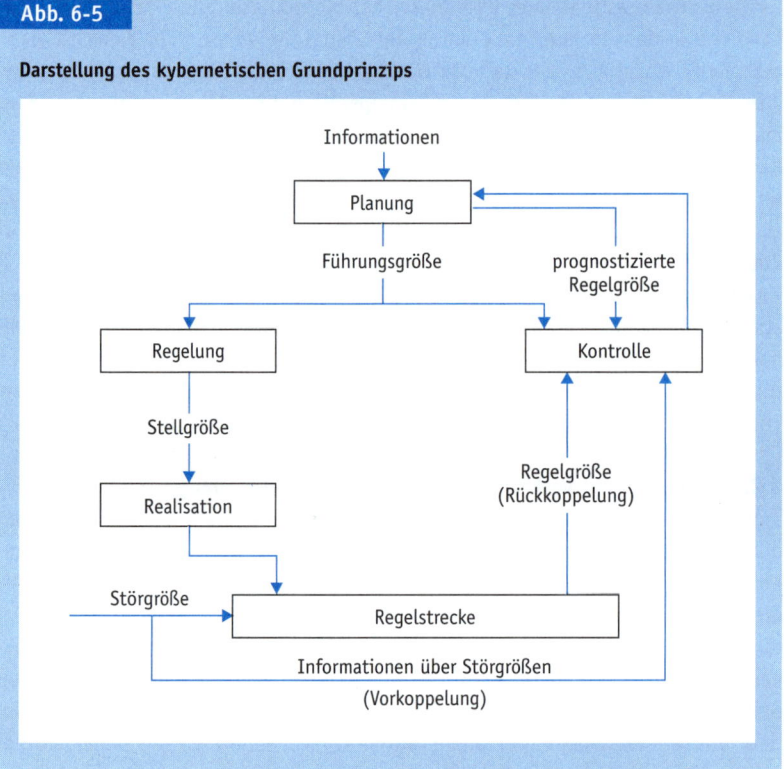

Abb. 6-5

Darstellung des kybernetischen Grundprinzips

mittelt. Über diesen soll der Prozess so beeinflusst werden, dass man die Führungsgröße erreicht. Dieses Konzept ist vergangenheitsorientiert und entspricht dem Vorgehen bei Realisations- und Planfortschrittskontrollen. Da der Eingriff erst nach der Umsetzung und damit dem Einwirken der Störgrößen erfolgt, handelt es sich um eine Rück-(Feedback-)Koppelung, über welche die Störung beseitigt werden soll. Dies ist aber nur möglich, wenn der Prozess entsprechend Planfortschrittskontrollen weiterläuft oder im Fall von Realisationskontrollen ein gleichartiger Prozess erneut durchgeführt wird.

Demgegenüber setzt das kybernetische Steuerungsprinzip früher ein. Bei ihm wird versucht, die Störgrößen direkt zu erfassen bzw. zu prognostizieren. Hierzu lassen sich beispielsweise Früherkennungsindikatoren nutzen. Die Stellgröße wird so festgelegt, dass sie unter Berücksichtigung der zu erwartenden Störungen die Erreichung der Führungsgröße möglichst sicherstellt. Man führt eine Vorwärts- (Feed-forward-)Koppelung durch. Derartige zukunftsorientierte Kontrollen werden bei Prämissen- und Planfortschrittskontrollen in Form von Soll-Wird- und Wird-Wird-Kontrollen vorgenommen. Ihr Vorteil liegt in der gegenüber der Regelung frühzeitigeren Anpassung der Realisation an externe Einflüsse. Offen ist, inwieweit man deren Ausprägung rechtzeitig und zuverlässig erkennen bzw. prognostizieren kann.

Steuerung

6.2 Koordination der Kontrolle mit Planung und Informationssystem
Beziehungen der Kontrolle zur Planung und zum Informationssystem

270

Bestimmung
der Stellgröße

Die zentrale Aufgabe der kybernetischen Koordination besteht in der Schaffung von Verfahren zur Bestimmung der Stellgröße anhand der Abweichungen zwischen Führungsgröße und Ist-Werten im Fall des Regelungsprinzips und Wird-Werten im Fall des Steuerungsprinzips. Über ein solches Verfahren gelangt man zu einer an der Führungsgröße orientierten Selbststeuerung des jeweiligen Bereichs. Mit ihm wird eine Koppelung zwischen den in der Planung festgelegten Zielgrößen als Führungsgrößen und den realisierten und über die Kontrolle zu ermittelnden Größen hergestellt. Ihm obliegt damit die unmittelbare Koordination zwischen Planung und Kontrolle.

Das kybernetische Regelungsprinzip liegt den Verfahren der Abweichungsanalyse zugrunde. Die Bestimmung der Abweichungsursachen dient dazu, Maßnahmen für die künftige Vermeidung oder Verminderung der Abweichungen zu finden. Soweit dies gelingt, erreicht man eine Anpassung an die ursprüngliche Führungsgröße.

6.2.1.3 Grenzen der Verknüpfung von Kontrolle und Planung

Eigenständigkeit von
Kontrolle und Planung

Trotz ihrer engen Beziehungen sind Planung und Kontrolle jeweils eigenständige Instrumente der Führung. Die daraus erwachsenden Grenzen haben zur Konsequenz, dass sie jeweils eigene Führungsteilsysteme und keine vollständige Einheit bilden. Dieses folgt aus ihren spezifischen Charakteristika. Bei Planungen und Kontrollen handelt es sich im Kern um völlig verschiedene Tätigkeiten. Die gedankliche Vorwegnahme künftigen Geschehens ist etwas anderes als die Überprüfung von Tatbeständen. Diese Tätigkeiten lassen sich jeweils isoliert und unabhängig voneinander durchführen, ohne dass sie damit sinnlos würden (vgl. dazu Abschnitt 6.2.1.1).

Hierzu gehören insbesondere alle Kontrollen zur Sicherstellung der Funktionsfähigkeit technischer Einrichtungen. So müssen beispielsweise maschinelle Anlagen immer wieder überprüft werden, um rechtzeitig fehlerhafte Abläufe zu erkennen. Da sich ihre Bestandteile abnutzen, verändert sich die Funktionsfähigkeit im Zeitablauf. Derartige Kontrollprozesse sind beispielsweise für eine vorbeugende Instandhaltung planbar. Dabei handelt es sich um eine Planung der Kontrolle. Die Notwendigkeit der Kontrolle ergibt sich aus den Veränderungen der Anlage in Abhängigkeit von ihrer Nutzung und von der Zeit.

Unterschiedliche
Verhaltenswirkungen

Planung und Kontrolle beeinflussen beide als Führungsinstrumente das Handeln von Personen. Dennoch ist die Art der Verhaltenswirkung von Planvorgaben und Kontrollen unterschiedlich. Deshalb können die Gesichtspunkte zur verhaltensorientierten Gestaltung der Planung nicht einfach auf Kontrollen übertragen werden.

Dies zeigt sich besonders an einigen wichtigen Zwecksetzungen der Kontrolle, zum Beispiel der Selbst- und der extrinsischen Motivation, der Ankündigungs- oder Drohwirkung sowie der Vermeidung fehlerhafter Angaben und normwidrigen Verhaltens. Kontrollen dienen der Selbstmotivation, wenn der einzelne seine eigenen Leistungen in der Zeit sowie mit anderen vergleicht. Hieraus kann er je nach Persönlichkeitsstruktur bei positiven wie negativen Abweichungen einen Ansporn für die künftige eigene Tätigkeit erhalten. Soweit Kontrollen von anderen durchgeführt werden, können sie vor allem bei extrinsisch veranlagten Personen motivierend wirken.

Der Auswahl von Kontrollobjekten, -formen und auszuwertenden Abweichungen entspricht in der Planung die Bestimmung der Planungsgegenstände, des Planungsumfangs und der Planungsmethoden. Jedes dieser Entscheidungsprobleme hat aber einen eigenständigen Charakter. Mit der Festlegung von Planungsgegenstand und -umfang wird zwar die Auswahl der Kontrollobjekte beeinflusst, aber nicht zugleich determiniert. Die verschiedenen Kontrollformen und die Abweichungsanalysen sind Instrumente der Kontrolle, die sich deutlich von typischen Planungsinstrumenten beispielsweise der Prognose und Bewertung unterscheiden.

So hat die Abweichungsanalyse als eines der wichtigsten Instrumente der Kontrolle die gleiche Basis wie Prognosen. Will man die Ursachen von Abweichungen wissenschaftlich begründet herausfinden, benötigt man theoretische Aussagen über die Höhe der kontrollierten Größe (z. B. der Kosten) und deren Einflussgrößen (z. B. der Beschäftigung, Preise usw.). Abweichungsursachen sind in den Änderungen dieser Einflussgrößen zu suchen. Die theoretische Hypothese (z. B. die Kostenfunktion) ermöglicht eine Erklärung der Abweichung. Zugleich kann sie für Prognosen genutzt werden. Wenn man die künftige Ausprägung der Einflussgrößen kennt bzw. selbst festlegen kann, lässt sich über die Hypothese der erwartete Wert der betrachteten Größe prognostizieren. Insoweit werden für Planung und Kontrolle dieselben theoretischen Aussagen genutzt. Dennoch sind Prognose und Erklärung nicht dasselbe, und aus wissenschaftstheoretischer Sicht gibt es strukturelle Unterschiede zwischen ihnen. Die Erklärung zielt auf die Frage nach dem Explanans ab, während die Prognose das Explanandum sucht. Beispielsweise hat der zeitliche Bezug für Prognosen eine wichtige, für Erklärungen dagegen eine untergeordnete Bedeutung. Ferner lassen sich lediglich Einzelereignisse prognostizieren, während auch Gesetze erklärt werden können. Zudem liegt den Verfahren der Abweichungsanalyse trotz dieser gemeinsamen Wurzel eine eigenständige Methodik zugrunde.

Bezüge zwischen Planungs- und Kontrollsystem

Bedeutung der Theorie für Planung und Kontrolle

6.2.2 Ermittlung und Analyse von Abweichungen

6.2.2.1 Gegenstand der Abweichungsanalyse

In der Abweichungsanalyse wird ermittelt, wie stark sich der zu prüfende Wert von dem Normwert unterscheidet und welche Ursachen diese Differenz bewirken. Sie ist ein zentrales Element der Verknüpfung von Kontrolle und Informationssystem. Die im Informationssystem durchgeführten Abweichungsermittlungen und -analysen müssen auf die Kontrollzwecke abgestimmt sein.

Entsprechend dem Regelungsprinzip ist die Abweichungsanalyse darauf gerichtet, die Ursachen der Abweichungen zu erkennen und so zu ändern, dass die Differenz zur Ziel- oder Normgröße abgebaut wird. Da der kontrollierte Prozess schon vollzogen ist, kann er nicht mehr revidiert werden. Jedoch besteht häufig die Möglichkeit, seine unerwünschten Wirkungen durch Anpassungs-

6.2 Koordination der Kontrolle mit Planung und Informationssystem
Beziehungen der Kontrolle zur Planung und zum Informationssystem

272

maßnahmen zu mindern. Beispielsweise können Produktmängel in Nacharbeit ausgebessert werden. Die in fast allen Fällen nutzbare Funktion der Abweichungsanalyse besteht vor allem in der Verbesserung künftiger ähnlicher Prozesse. Man erkennt aus ihr, welche Ursachen zu verändern sind, um in Zukunft derartige Abweichungen zu vermeiden.

Arten von Abweichungs-
ursachen

Die Ursachen von Abweichungen können nicht nur im kontrollierten Prozess, sondern auch in einer fehlerhaften Ermittlung der zu prüfenden Größe oder in einem Fehler bei der Festlegung der Normgröße liegen. Geht man von dem häufigsten Fall aus, dass die Normgröße über die Planung bestimmt wird, so kann man deshalb Planungs-, Erfassungs- und Ausführungsursachen unterscheiden (vgl. Abbildung 6-6). Erstere können ihren Grund in den verwendeten Prognose- oder Entscheidungsmodellen, falsch angenommenen Randbedingungen oder in Fehlern bei der Bestimmung der Normgröße im Planungsprozess haben. Die zu prüfende Soll-, Wird- oder Istgröße muss in einem Entscheidungs-, Prognose- oder Messprozess erfasst werden. Dabei können ebenfalls Fehler auftreten. Diese lassen sich wie die Ausführungsursachen danach unterscheiden, ob es sich um zufällige, von außerhalb der Unternehmung oder von ihr *steuerbare bzw. kontrollierbare Tatbestände* handelt.

Abb. 6-6

Ursachen von Kostenabweichungen

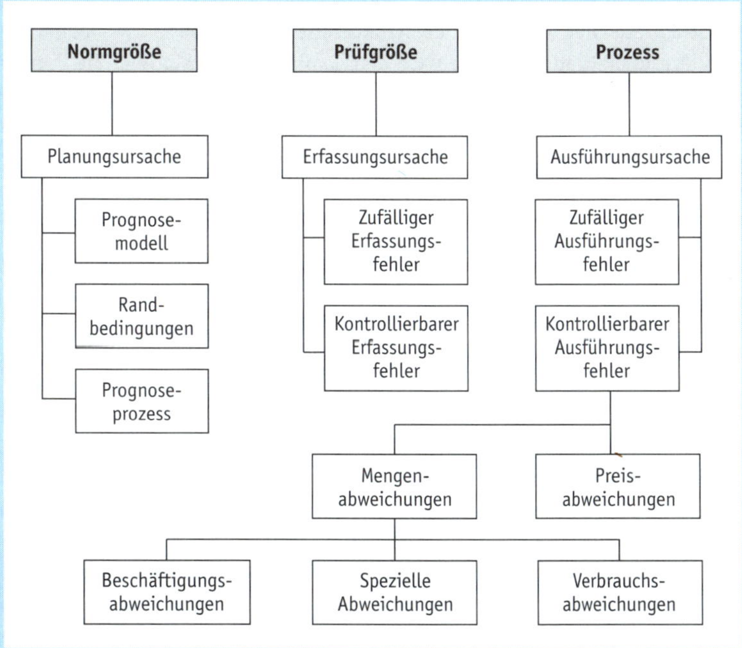

Eine exakte und vollständige Bestimmung der Abweichungsursachen erfordert eine genaue Kenntnis der Zusammenhänge, die für den Vollzug des kontrollierten Prozesses maßgebend sind. Dafür benötigt man eine theoretische Hypothese über dessen externe Bestimmungsgrößen, die ihn beeinflussenden Handlungsvariablen der Unternehmung und deren Wirkungen auf die Ziel- oder Normgrößen. Diese Beziehungen können beispielsweise durch eine Kostenfunktion wiedergegeben werden, in der die Höhe der Kosten K von den Produktmengen x_1 bis x_s und weiteren Einflussgrößen e_1 bis e_z wie der Maschinen- und Personalausstattung, deren Eigenschaften und Intensitäten u. Ä. abhängig ist:

Theoretischer Hintergrund der Abweichungsanalyse

$$K = f\left(x_1,...,x_s,e_1,...,e_z\right) \tag{6-1}$$

Je genauer man die verschiedenen Einflussgrößen und die Funktion f $(...)$ kennt, desto besser lassen sich die Abweichungsursachen herausarbeiten. In der Realität ist dieses Wissen aber meist unvollständig. Zudem arbeitet man in der Planung häufig mit vereinfachten Funktionen. Da viele Zusammenhänge in der betrieblichen Wirklichkeit stochastischer Art sind, treten zufällige Fehler auf. Aus diesen Gründen gelingt es in der Regel nur, einzelne Abweichungsursachen zu isolieren. Die verbleibende Abweichung ist dann – abgesehen von Planungs- und Erfassungsfehlern – auf Bestimmungsgrößen des kontrollierten Prozesses zurückzuführen, die in der Funktion f $(...)$ nicht enthalten sind.

6.2.2.2 Vorgehensweise zur Bestimmung von Abweichungsursachen

Die Vorgehensweise lässt sich an der Kosten- und Erlösrechnung verdeutlichen. In der Kostenplanung geht man i. d. R. von linearen Kostenfunktionen aus. Einfache Kostenrechnungssysteme berücksichtigen als einzige Einflussgröße die Beschäftigung x. Die Kostenfunktion ergibt sich durch Addition der Fixkosten F für die als konstant unterstellten Einsatzgüter der Betriebsbereitschaft (Anlagen, Teile des Personals usw.) und der beschäftigungsvariablen Kosten $k_v \cdot x$:

$$K = F + k_v \cdot x \tag{6-2}$$

Die Plankosten K^p erhält man durch Einsetzen der Planbeschäftigung x^p in diese Kostenfunktion. Für eine aussagefähige Abweichungsanalyse geht man aber nicht von der Differenz zwischen den Istkosten K^i und diesen Plankosten K^p aus. Dabei wird unterstellt, dass die Preisabweichung schon eliminiert ist, also Ist- und Plankosten zu Planpreisen berechnet sind. Da die Kosteneinflussgröße Beschäftigung explizit in der Kostenfunktion enthalten ist, kann man den Einfluss von Beschäftigungsänderungen ermitteln. Die sich ergebende Budgetabweichung ΔK^B entspricht der Differenz zwischen den geplanten Kosten der Planbeschäftigung (Plankosten) K^p und den geplanten Kosten der Istbeschäftigung (Sollkosten) K^s:

Budgetabweichung

$$\Delta K^B = K^p - K^s = F + k_v \cdot x^p - F - k_v \cdot x^i \tag{6-3}$$

Diese Abweichung ist nicht auf die Art der Durchführung des Produktionsprozesses, sondern auf Absatz- oder Fertigungs-Programmentscheidungen zurückzuführen. Den für den Produktionsprozess verantwortlichen Stellen wird

Verbrauchsabweichung

6.2 Koordination der Kontrolle mit Planung und Informationssystem
Beziehungen der Kontrolle zur Planung und zum Informationssystem

274

dagegen die Abweichung zwischen den Istkosten K^i und den Sollkosten K^s als sogenannte Verbrauchsabweichung ΔK^v zugerechnet:

$$\Delta K^V = K^i - K^s \tag{6-4}$$

In ihr sind die Einflüsse enthalten, die in der Kostenfunktion nicht durch weitere Einflussgrößen $e_1, \dots, e_z$ erfasst sind. Macht man die betreffende Kostenstelle für sie verantwortlich, so unterstellt man vereinfachend, dass alle weiteren Einflussgrößen in deren Verfügungsbereich liegen.

An dem oben skizzierten Vorgehen zur Bestimmung der Verbrauchsabweichung wird deutlich, dass über die explizite Berücksichtigung von Variablen in der Kostenfunktion der Einfluss auf die Kostenhöhe und damit die entsprechende Abweichung eliminiert werden kann.

Weitere Abweichungs-
arten

Diese Möglichkeit wird in neueren Kostenrechnungssystemen wie der Grenzplan-, Betriebsplan- und der Prozess- oder Relativen Einzelkostenrechnung erweitert, die explizit mehrere Einflussgrößen berücksichtigen. Beispielsweise werden die Produktmengen (z. B. x_1), Maschinen- und Fertigungszeiten als Maße der Beschäftigung und die Auftragszahl, Kalenderzeiten oder Programmkomplexität (z. B. e_2) usw. als zusätzliche Bestimmungsgrößen eingeführt. Soweit sich deren Einflüsse z. B. in einer linearen Kostenfunktion der Art

$$K = F + k_{v1} \cdot x_1 + c_2 \cdot e_2 \qquad \left(k_{vj}, c_j = \text{konstant} \right) \tag{6-5}$$

additiv verknüpfen lassen, kann man die bei jeder von ihnen auftretende Abweichung

$$\Delta K_1 = k_{v1}^i \cdot x_1 - k_{v1}^p \cdot x_1 \quad \text{bzw.} \quad \Delta K_2 = c_2 \cdot e_2^i - c_2 \cdot e_2^p \tag{6-6}$$

bestimmen und isolieren. Damit verringert sich die auf die allgemeine Unwirtschaftlichkeit der Kostenstelle zurückgeführte Verbrauchsabweichung.

Abweichungen höheren
Grades

Die Bestimmung der Einzelabweichungen wird wesentlich komplizierter, wenn die Einflussgrößen in der Kostenfunktion nicht additiv verknüpft sind. Man gelangt dann zu Abweichungen höheren Grades, die sich den einzelnen Ursachen nicht eindeutig zurechnen lassen. Dieses Problem lässt sich an dem in Abbildung 6-7 wiedergegebenen Beispiel veranschaulichen.

Die Gesamtabweichung

$$\Delta K = K^i - K^p = q^i \cdot r^i - q^p \cdot r^p \tag{6-7}$$

setzt sich aus Abweichungen ersten Grades für die Änderungen der Einsatzgüterpreise q

$$q^i \cdot r^p - q^p \cdot r^p = \Delta q \cdot r^p \tag{6-8}$$

sowie der Einsatzgütermengen r

$$q^p \cdot r^i - q^p \cdot r^p = q^p \cdot \Delta r \tag{6-9}$$

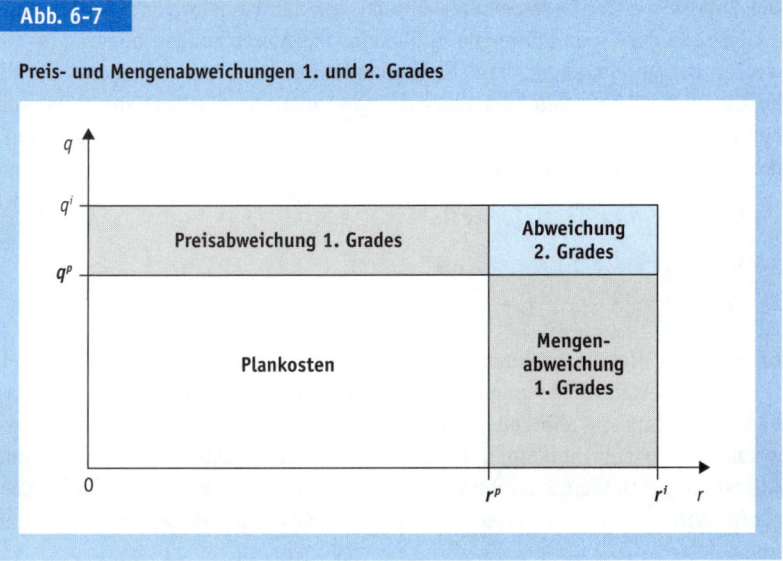

Abb. 6-7

Preis- und Mengenabweichungen 1. und 2. Grades

und der Abweichung 2. Grades

$$\left(q^i - q^p\right) \cdot \left(r^i - r^p\right) = \Delta q \cdot \Delta r \tag{6-10}$$

zusammen. Da letztere sowohl durch Preis- als auch durch Mengenänderungen verursacht ist, kann sie nicht einer der beiden Ursachen zugeordnet werden.

Dieses Problem stellt sich für andere Kosteneinflussgrößen in entsprechender Weise, sofern sie *nicht additiv miteinander verknüpft* sind. Insbesondere erhält man bei mehr als zwei derartig verknüpften Variablen zusätzlich Abweichungen 3. und ggf. noch höheren Grades.

6.2.2.3 Verfahren zur Behandlung von Abweichungsinterdependenzen

Für dieses Problem der Abweichungsinterdependenz sind in der Kosten- und Erlösrechnung mehrere Verfahren vorgeschlagen worden (vgl. Schweitzer/Küpper, 2011, S. 711–713; Kloock/Bommes, 1982; Wilms, 1988, S. 56 ff.). Beispielhaft werden die alternative, die kumulative und die differenziert kumulative Abweichungsanalyse skizziert.

Bei der alternativen Abweichungsanalyse werden die Abweichungen höheren Grades jeder Einzelabweichung zugerechnet. Daher ist die Summe der Teilabweichungen hier größer als die Gesamtabweichung. Im Fall einer Kostenfunktion mit drei Einflussgrößen e_1, e_2 und e_3 errechnen sich die Teilabweichungen wie folgt:

Alternative Abweichungsanalyse

$$\Delta K_1 = f\left(e_1^i, e_2^i, e_3^i\right) - f\left(e_1^p, e_2^i, e_3^i\right) \tag{6-11}$$
$$\Delta K_2 = f\left(e_1^i, e_2^i, e_3^i\right) - f\left(e_1^i, e_2^p, e_3^i\right)$$
$$\Delta K_3 = f\left(e_1^i, e_2^i, e_3^i\right) - f\left(e_1^i, e_2^i, e_3^p\right)$$

6.2 **Koordination der Kontrolle mit Planung und Informationssystem**
Beziehungen der Kontrolle zur Planung und zum Informationssystem

276

Kumulative Abweichungsanalyse

Die Summe der Teilabweichungen stimmt bei der kumulativen Abweichungsanalyse mit der Gesamtabweichung überein. Die Abweichungen höheren Grades werden der jeweils zuerst berechneten Teilabweichung zugeschlagen. Deshalb bestimmt die Reihenfolge der Abweichungsermittlung die Höhe der Teilabweichungen. Folgt man im Beispiel der obigen Kostenfunktion der Nummerierung der Einflussgrößen, so ergibt sich:

$$\Delta K_1 = f\left(e_1^i, e_2^i, e_3^i\right) - f\left(e_1^p, e_2^i, e_3^i\right) \tag{6-12}$$

$$\Delta K_2 = f\left(e_1^p, e_2^i, e_3^i\right) - f\left(e_1^p, e_2^p, e_3^i\right)$$

$$\Delta K_3 = f\left(e_1^p, e_2^p, e_3^i\right) - f\left(e_1^p, e_2^p, e_3^p\right)$$

Differenziert kumulative Abwicklungsanalyse

Im Fall der differenziert kumulativen Verfahren ergänzt man die nach dem alternativen Verfahren bestimmten Teilabweichungen um die explizit ausgewiesenen Abweichungen höheren Grades. Entsprechend ihrem Grad sind diese abwechselnd zu subtrahieren und zu addieren. Sie ergeben aus diesem Grund wiederum die Gesamtabweichung. Sofern in der beispielhaft unterlegten Kostenfunktion die drei Einflussgrößen multiplikativ miteinander verknüpft sind und

$$e_j^i - e_j^p = \Delta e_j \tag{6-13}$$

geschrieben wird, setzt sich die Gesamtabweichung ΔK wie folgt zusammen:

$$\Delta K = \Delta e_1 \cdot e_2^p \cdot e_3^p + e_1^p \cdot \Delta e_2 \cdot e_3^p + e_1^p \cdot e_2^p \cdot \Delta e_3 \tag{6-14}$$

(Abweichungen ersten Grades)

$$+\Delta e_1 \cdot \Delta e_2 \cdot e_3^p + \Delta e_1 \cdot e_2^p \cdot \Delta e_3 + e_1^p \cdot \Delta e_2 \cdot \Delta e_3$$

(Abweichungen zweiten Grades)

$$+\Delta e_1 \cdot \Delta e_2 \cdot \Delta e_3$$

(Abweichung dritten Grades)

Der Planverbrauch eines Produktionsprozesses betrage beispielsweise r^p = 5.000 kg, der Istverbrauch r^i = 6.000 kg, der Planpreis q^p = 2 GE/kg und der tatsächliche Einstandspreis q^i = 2,20 GE/kg. Dann ergibt sich bei einem Ist-Soll-Vergleich über die alternative Abweichungsanalyse die folgende Gesamtabweichung:

$$\Delta K^{Preis} = q^i \cdot r^i - q^p \cdot r^i = 2,20 \cdot 6.000 - 2,00 \cdot 6.000 = 1.200$$

$$\Delta K^{Menge} = q^i \cdot r^i - q^i \cdot r^p = 2,20 \cdot 6.000 - 2,20 \cdot 5.000 = 2.200$$

$$\Delta K^{Gesamt} = 3.400$$

Über die kumulative Abweichungsanalyse erhält man eine Gesamtabweichung von

$$\Delta K^{Preis} = q^i \cdot r^i - q^p \cdot r^i = 2,20 \cdot 6.000 - 2,00 \cdot 6.000 = 1.200$$

$$\Delta K^{Menge} = q^p \cdot r^i - q^p \cdot r^p = 2,00 \cdot 6.000 - 2,00 \cdot 5.000 = 2.000$$

$$\Delta K^{Gesamt} = 3.200$$

Die differenziert kumulative Abweichungsanalyse führt schließlich zu einer Gesamtabweichung von

$$\Delta K^{Preis} \quad\ = \Delta q \cdot r^p \ \ = 0,20 \cdot 5.000 = 1.000$$

$$\Delta K^{Menge} \quad = q^p \cdot \Delta r \ \ = 2,00 \cdot 1.000 = 2.000$$

$$\Delta K^{Menge,Preis} = \Delta q \cdot \Delta r = 0,20 \cdot 1.000 = \ \ \ 200$$

$$\Delta K^{Gesamt} \qquad\qquad\qquad\quad\ = 3.200$$

Das Instrumentarium der Abweichungsanalyse ist um zusätzliche Aufteilungsregeln (vgl. z.B. Link, 1987, S. 786 f.), die Berücksichtigung einer negativen Differenz zwischen Plan- und Istgröße (vgl. Wilms, 1988, S. 96 ff.) u. Ä. erweitert worden. Ferner kann man danach unterscheiden, ob die Abweichungen wie in der bisherigen Darstellung über Ist-Soll- oder als Soll-Ist-Differenzen ermittelt werden.

Für die Auswahl des Analyseverfahrens ist eine Reihe von Anforderungen vorgeschlagen worden (vgl. Kloock/Bommes, 1982, S. 230 ff.; Bommes, 1984, S. 72 ff.; Link, 1987, S. 784 f.; Kloock, 1988, S. 427; Wilms, 1988, S. 13 ff.). Zu ihnen gehören insbesondere die *Vollständigkeit*, mit der eine Erklärung der Gesamtabweichung durch die ausgewiesenen Teilabweichungen gefordert wird. Die *Willkürfreiheit* zielt auf den Ausweis verantwortbarer Abweichungen ersten Grades ab, während die *Invarianz* auf die Unabhängigkeit von der Reihenfolge der Abweichungsermittlung abstellt.

Anforderungen an Analyseverfahren

Demnach besteht keine einheitliche Auffassung darüber, welchen Anforderungen die Abweichungsanalyse genügen muss. Die Art der Abweichungsermittlung z.B. in Form von Ist-Soll- oder Soll-Ist-Differenzen sowie auf Soll- oder Ist-Bezugsbasis und das Verfahren zur Analyse und Aufspaltung von Gesamtabweichungen hängen von den Zwecken der Kontrolle ab. Dabei erscheint es wesentlich, ob die *Analyse empirischer Zusammenhänge* für künftige Prognosen oder die *Verhaltensbeeinflussung* der Mitarbeiter im Vordergrund stehen. Im ersten Fall kommt es auf eine genaue Erfassung der Zusammenhänge und damit einen unverfälschten Ausweis verschiedener Abweichungen höheren Grades an. Auch dürfte es für die künftige Planung wichtig sein, *Rationalisierungspotenziale* zu erkennen, wie sie zum Beispiel über *Istbezugsbasen* sichtbar werden. Dagegen kann es für die *Verhaltenssteuerung* zweckmäßig sein, Abweichungen höheren Grades den verantwortlichen Stellen insgesamt entsprechend dem alternativen oder kumulativen Verfahren oder anteilsweise zuzurechnen. Dem entspricht ein Ausweis der Abweichungen als Differenz zu den Planwerten, d.h. auf *Sollbezugsbasis*. Damit wird deutlich, wer für eine bessere Erreichung der Planwerte zu sorgen hat.

6.2.2.4 Anwendungsbereiche der Abweichungsanalyse

Das Instrumentarium der Abweichungsermittlung und -analyse ist am weitesten für die Kostenrechnung ausgebaut. Seine Anwendungsmöglichkeit beschränkt sich jedoch nicht auf diesen Teil der Unternehmensrechnung. So sind in der Erlösrechnung verschiedene Ansätze zur Untersuchung von Erlösabwei-

Erlösabweichungen

6.2 **Koordination der Kontrolle mit Planung und Informationssystem**
Beziehungen der Kontrolle zur Planung und zum Informationssystem

278

chungen entwickelt worden (vgl. Kolb, 1978, S. 230; Powelz, 1984; Link, 1988; Albers, 1989, S. 637 ff.).

Marktanteils- und Marktvolumeneffekte

Als Beispiel ist in den Abbildungen 6-8 und 6-9 der Vorschlag von *Sönke Albers* wiedergegeben. Aus ihm wird das Bestreben erkennbar, die möglichst unabhängigen Bestimmungsgrößen des Erlöses sowie die Einflussmöglichkeiten der Unternehmung sichtbar zu machen. Auf der Kostenseite werden durch den Ansatz von Festpreisen der Einfluss marktbedingter Abhängigkeiten zwischen Preisen und Mengen weitgehend ausgeschaltet, da die innerbetrieblichen Güterverbräuche im Vordergrund stehen. Deshalb trennt man Mengen- und Preiskomponente. Dagegen stellt Albers die funktionale Abhängigkeit zwischen Absatzpreisen und -mengen in den Vordergrund. Über die Trennung eines wertmäßigen *Marktanteils-* von einem *Marktvolumeneffektes* versucht er, in interne Handlungsvariablen und externe Einflussgrößen aufzuspalten. Dies gelingt, indem er entsprechend Abbildung 6-8 den Absatzpreis p der Unternehmung als *relativen Preis* p/B auf den *Branchenpreis* B und ihre Absatzmenge x als Marktanteil x/V auf das Marktvolumen V bezieht. Der wertmäßige Marktanteil ist vom absatzpolitischen Handeln der Unternehmung abhängig, während das wertmäßige Marktvolumen von dem extern bestimmten Marktvolumen und dem Branchenpreis abhängt.

Interaktionseffekte

Aufgrund der multiplikativen Verknüpfung zwischen Marktanteil und wertmäßigem Marktvolumen ergibt sich bei der Aufspaltung der Erlösabweichungen zwischen ihnen entsprechend Abbildung 6-9 eine Abweichung höheren Grades,

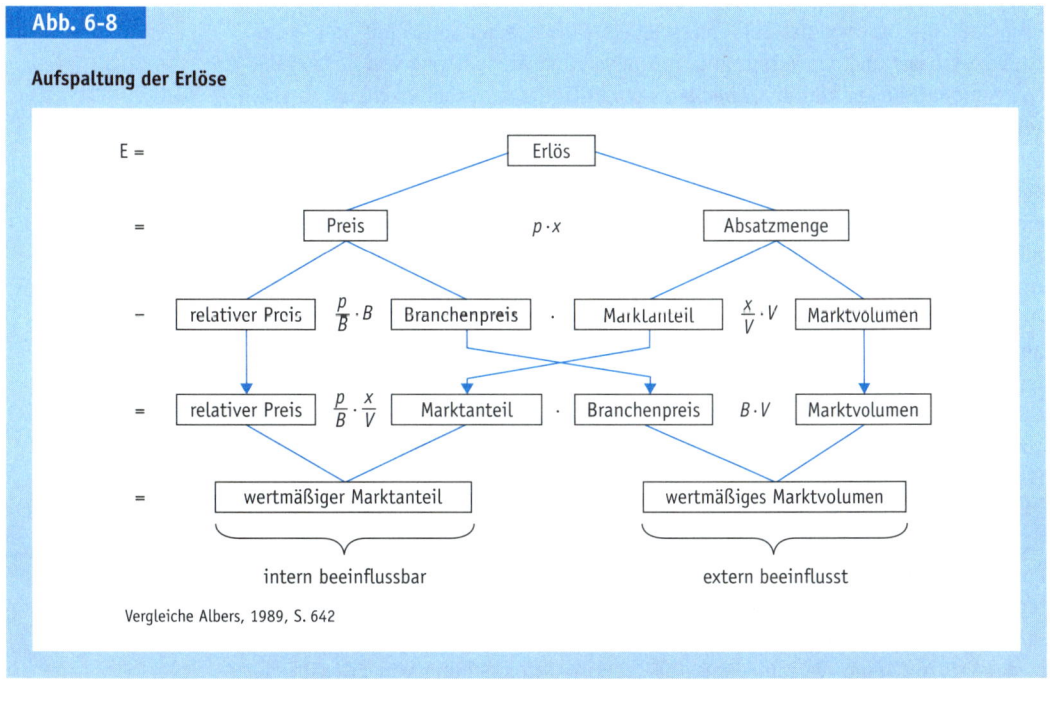

Abb. 6-8

Aufspaltung der Erlöse

Vergleiche Albers, 1989, S. 642

die man als Interaktionseffekt bezeichnen kann. Entsprechend den wichtigsten absatzpolitischen Instrumenten lässt sich der Marktanteilseffekt in weitere Abweichungen aufspalten. Nach dem Vorschlag von Albers gibt die Preiseffektivitätsabweichung die Wirksamkeit der Preispolitik der Unternehmung wieder. Der Einfluss der anderen marketingpolitischen Instrumente kommt in der Marketing-Effektivitätsabweichung zum Ausdruck. Die Plan- und die Realisationsabweichung sind auf Plan- und Durchführungsursachen zurückzuführen. Die Planabweichung bezieht sich auf unerwartete Datenänderungen, die Realisationsabweichung auf die entsprechende Reaktion bei der Durchführung. Der wertmäßige Marktvolumeneffekt wird nach Änderungen beim Branchenpreis, beim Marktvolumen und der sich zwischen ihnen ergebenden Interaktionsabweichung aufgespalten.

In der kurzfristigen Betrachtung bildet der Deckungsbeitrag die zentrale Erfolgsgröße. Das Instrumentarium der Abweichungsermittlung und -analyse kann auch auf die Untersuchung dieser Größe angewandt werden. So zerlegt beispielsweise Josef Kloock (vgl. Kloock, 1978) den Gesamtdeckungsbeitrag in einem Soll-Ist-Ansatz mit Hilfe der differenziert kumulativen Abweichungsanalyse. Unter Verwendung einer mehrstufigen Deckungsbeitragsrechnung (vgl. hierzu Schweitzer/Küpper, 2011) gelangt er z. B. zu kundenbezogenen Stückdeckungsbeitrags-, programmbezogenen Absatzstruktur- und Absatzmengenabweichungen.

Deckungsbeitrags-
abweichungen

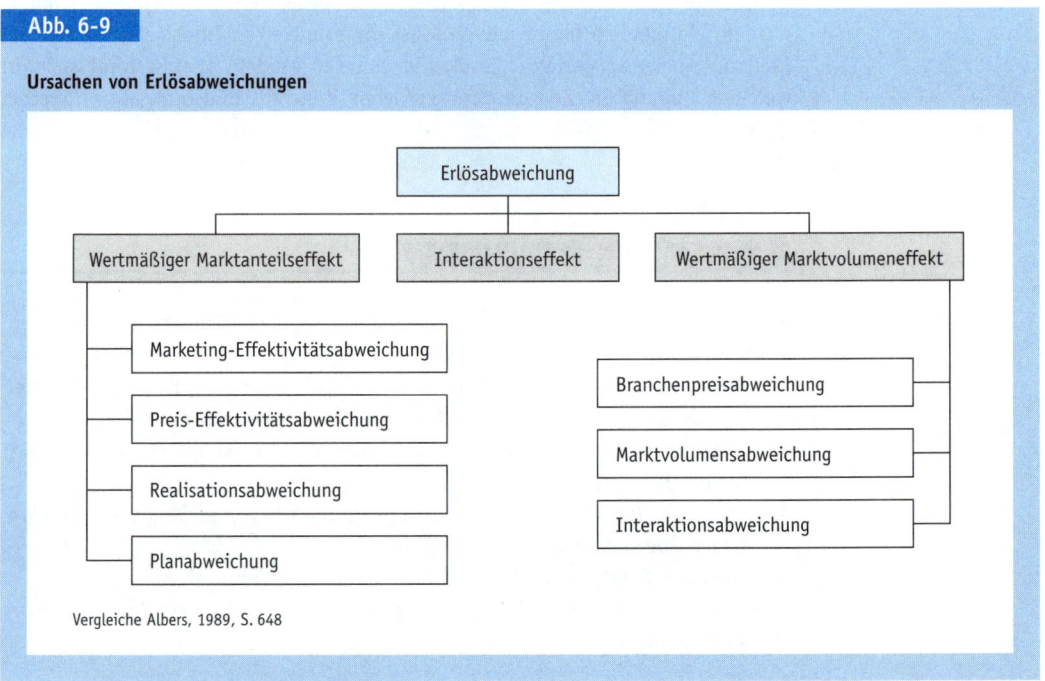

Abb. 6-9

Ursachen von Erlösabweichungen

Vergleiche Albers, 1989, S. 648

Kontrolle der Investitionsplanung

Eine Kontrolle von Investitionsentscheidungen (vgl. hierzu Lüder, 1969; Küpper, 1991b) ist ebenfalls erforderlich, auch wenn sie sich in stärkerem Maße auf Einzelprojekte bezieht, die häufig nur noch schwer revidierbar sind. Umso mehr Gewicht erlangen die laufende Fortschrittskontrolle während des Prozesses der Investitionsdurchführung (vgl. Küpper, 1992b) und die Erkenntnisgewinnung für künftige Investitionsentscheidungen. Zudem ist der Prozess der Investitionsplanung selbst durch Kontrollen zu begleiten (vgl. Küpper, 1990a). Damit können neben den in die Investitionsrechnungen eingehenden Parametern (Ein- und Auszahlungen, Zinssätze u. a.) Größen eine Rolle spielen, die sich auf den Investitionsplanungsprozess beziehen (vgl. Kapitel 19).

Kontrolle der Finanzplanung

In der Finanzplanung bedarf insbesondere die kurzfristige Liquiditätsplanung einer intensiven Kontrolle, um die ständige Zahlungsbereitschaft der Unternehmung sicherzustellen. Damit gewinnen auch die laufende Ermittlung und Analyse von Abweichungen eine Bedeutung (vgl. Lücke, 1965a; Krümmel, 1993, Sp. 1147 f.). Über sie können Fehlentwicklungen schnell erkannt und durch entsprechende Maßnahmen behoben werden.

Kontrolle der Produktionsplanung

Die Kontrolle des Produktionsprozesses (vgl. Rosenberg, 1993) ist stark technisch ausgerichtet. Sie orientiert sich an Zeit- und Mengengrößen der Maschinenbelegung, der Durchlaufzeit von Aufträgen sowie der Einsatz- und Ausbringungsmengen. Deshalb wird sie weniger von der Unternehmensrechnung als von anderen Teilen des Informationssystems, insbesondere einer Betriebsdatenerfassung (vgl. z. B. Budde/Maas, 1986), unterstützt.

Mit Hilfe der EDV können eine Vielzahl von Abweichungen ermittelt und ausgefeilte Verfahren der Aufspaltung von Gesamtabweichungen angewandt werden. Maßgeblich bleibt jedoch, dass die ermittelten Informationen auf die Kontrollzwecke ausgerichtet sind und genutzt werden. Hieran zeigt sich, in welchem Umfang die Koordination zwischen Kontroll- und Informationssystem gelingt.

Wiederholungsfragen Kapitel 6

1. *Welche Vor- und Nachteile sind mit unterschiedlichen Trägern der Kontrolle verbunden?*
2. *Wie lassen sich die Eigenschaften von Kontrollsystemen systematisch darstellen? Geben Sie für jede Eigenschaft ein konkretes Beispiel.*
3. *Diskutieren Sie Notwendigkeit und Grenzen einer Verknüpfung der Kontrolle mit der Planung.*
4. *Stellen Sie die Vorgehensweise zur Ermittlung von Abweichungsursachen am Beispiel der Kostenrechnung dar.*
5. *Erläutern Sie den Begriff Abweichungsinterdependenz.*
6. *Welche Vor- und Nachteile weisen die einzelnen Verfahren zur Zuordnung von Abweichungen auf?*

Aufgaben Kapitel 6

1. *Wodurch entsteht eine Abweichung 2. Grades?*

2. *Nennen Sie drei Verfahren der Zurechnung einer Abweichung 2. Grades.*

Lösungen Kapitel 6

1. *Eine Abweichung 2. Grades entsteht bei einer multiplikativen Verknüpfung von zwei oder mehreren Einflussgrößen auf die zu prüfende Größe. Ein wichtiges Beispiel sind Erlösabweichungen, die sich als Produkt von Preisen und Mengen ergeben.*

2. *Drei Verfahren zur Zurechnung dieser Abweichung sind*
   - *das alternative Verfahren,*
   - *das kumulative Verfahren und*
   - *das differenziert-kumulative Verfahren.*

7 Koordination der Personalführung mit Informationssystem, Planung und Kontrolle

Die Koordination der Personalführung mit dem Informationssystem sowie mit Planung und Kontrolle gehört zu den Kernaufgaben des Controlling. Die Abstimmung von Personalführung und Informationssystem ist von zentraler Bedeutung, da das Verhalten von Mitarbeitern in der Regel über Informationen beeinflusst wird und umgekehrt das Verhalten der für die Informationsbereitstellung zuständigen Mitarbeiter so beeinflusst werden sollte, dass die Entscheidungsträger über die Informationen verfügen, die für die Unternehmenszielerreichung relevant sind.

Die Koordination der Personalführung mit Planung und Kontrolle ist erforderlich, da Pläne häufig in Vorgaben für Bereiche umgesetzt und kontrolliert werden. Werden die Planvorgaben mit dem Anreizsystem verknüpft, so besteht das zentrale Problem darin, eine geeignete Bemessungsgrundlage dafür zu identifizieren, weshalb dieser Aspekt ausführlich diskutiert wird. Um die Wirkungen von Planvorgaben und Kontrollen auf Mitarbeiter einschätzen zu können, ist die Einbeziehung von verhaltenswissenschaftlichen Erkenntnissen erforderlich, z. B. über die Wirkungen der Art von Planvorgaben oder der Persönlichkeitseigenschaften von Mitarbeitern.

7.1 Gegenstand und Bedeutung der Personalführung für das Controlling

Maßnahmen der Personalführung setzen direkt an der zu steuernden Person an und erfordern deren Mitwirkung. Alle anderen Führungsteilsysteme sind dagegen indirekt verhaltenswirksam. Ihr Ergebnis besteht in dokumentierten Informationen wie Plänen, Abweichungen und organisatorischen Regelungen. Maßnahmen der anderen Führungsteilsysteme werden vielfach über die Personalführung wirksam.

Die Personalführung ist jenes Teilsystem der Führung, das unmittelbar auf die Mitarbeitersteuerung gerichtet ist. Es umfasst als Elemente neben den beeinflussten Mitarbeitern die sie steuernden Führungskräfte sowie die Instrumente und Prozesse, mit denen die Verhaltensbeeinflussung erreicht wird bzw. erreicht werden soll. Die mit ihm beabsichtigte Verhaltenssteuerung beruht auf einer asymmetrischen Interaktionsbeziehung zwischen dem Führenden und dem Geführten, die der Willensdurchsetzung dient. Dieser Führungsprozess erfolgt zielorientiert und kann Aktivitäten der Information, Instruktion, Entscheidung, Motivation sowie Konfliktlösung umfassen (vgl. Berthel, 1995, S. 59 f.).

In vielen Abhandlungen zum Controlling wird der Zusammenhang zur Personalführung kaum beachtet. Die Kennzeichnung der Controlling-Konzeptionen

Gegenstand und Elemente der Personalführung

in Abschnitt 1.3 hat gezeigt, dass dieser Bezug nur in die koordinationsorientierte Auffassung explizit aufgenommen wird. Dies ist verwunderlich, da im Controlling entsprechend der Übersetzung von »to control« (= steuern) der Steuerungsaspekt implizit mit angelegt ist.

Verhaltensbeeinflussung

Die Personalführung erfasst als Verhaltensbeeinflussung lediglich einen bestimmten und begrenzten Aspekt der Führung. Das Ergebnis aller anderen Führungsteilsysteme besteht in dokumentierbaren Informationen, über die Personen in der Unternehmung beeinflusst werden sollen. Dabei handelt es sich beispielsweise um Pläne, Hinweise auf Abweichungen und deren Ursachen, organisatorische Regelungen oder Kostenwerte, durch deren Beachtung man zu einem zielgerichteten Handeln der Unternehmung kommen möchte. Diese Systeme werden also *indirekt* verhaltenswirksam.

Unmittelbare Mitarbeitersteuerung

Demgegenüber setzen die Maßnahmen der Personalführung unmittelbar an den zu steuernden Personen an. Im Unterschied zu den Ergebnissen der anderen Führungsteilsysteme erfordert ihr Zustandekommen deren *Mitwirkung*. Zum Beispiel hängen Prämien vom Verhalten des jeweiligen Mitarbeiters ab. Entsprechend kann niemand ohne seine eigene Beteiligung fortgebildet werden.

Auch wenn der Output der anderen Führungsteilsysteme unabhängig von den Betroffenen zustande kommt, werden sie erst dann als Führungsinstrument wirksam, wenn sie das Verhalten beeinflussen. Dies hängt jedoch in hohem Maße von der Personalführung ab, der die Mitarbeiter unmittelbar ausgesetzt sind. Deshalb werden Maßnahmen der Planung, Kontrolle, Informationsversorgung und Organisation vielfach über die Personalführung wirksam oder zumindest von den begleitenden Maßnahmen dieses Führungsteilsystems beeinflusst. Beispielsweise gibt der Vorgesetzte Planvorgaben an den Mitarbeiter weiter und führt wichtige Kontrollen durch.

Daraus folgt, dass die Personalführung für alle Führungsteilsysteme und damit auch für deren Abstimmung eine zentrale Bedeutung besitzt. Aufgrund der »Katalysatorwirkung« dieses Teilsystems bleibt eine Koordination der Führung unvollständig, welche die Personalführung außer Acht lässt.

7.2 Instrumente der Personalführung

Systematisierung von Instrumenten der Personalführung

Zur Personalführung kann eine Vielzahl von Instrumenten eingesetzt werden. Geht man von der Art der Einflussnahme auf den Mitarbeiter aus, so bietet sich eine Gliederung in die Bereiche Führungsprinzipien und Führungsstil, Motivations- und Anreizsystem sowie Personalentwicklungssystem an (vgl. u. a. Berthel, 1995, S. 202 ff.; Schierenbeck, 1995, S. 133 ff.; Weber, 1995a, S. 252 ff.).

7.2.1 Führungsprinzipien und Führungsstil

In Führungsprinzipien drückt man allgemeine Handlungsmaximen der Mitarbeiterführung aus. Sie können als Leitbilder für die Personalführung verstanden werden. Damit bilden sie die Richtschnur für die Auswahl und Gestaltung der anderen Personalführungsinstrumente.

Der Führungsstil kennzeichnet »ein zeitlich überdauerndes und in Bezug auf bestimmte Situationen konsistentes Führungsverhalten von Vorgesetzten gegenüber Mitarbeitern« (Wunderer/Grunwald, 1980, S. 221). Mit ihm wird die Art und Weise gekennzeichnet, in welcher der Führende dem Untergebenen gegenübertritt und ihn beeinflussen möchte. Dabei geht es um die unmittelbare

Abb. 7-1

Spektrum möglicher Führungsstile

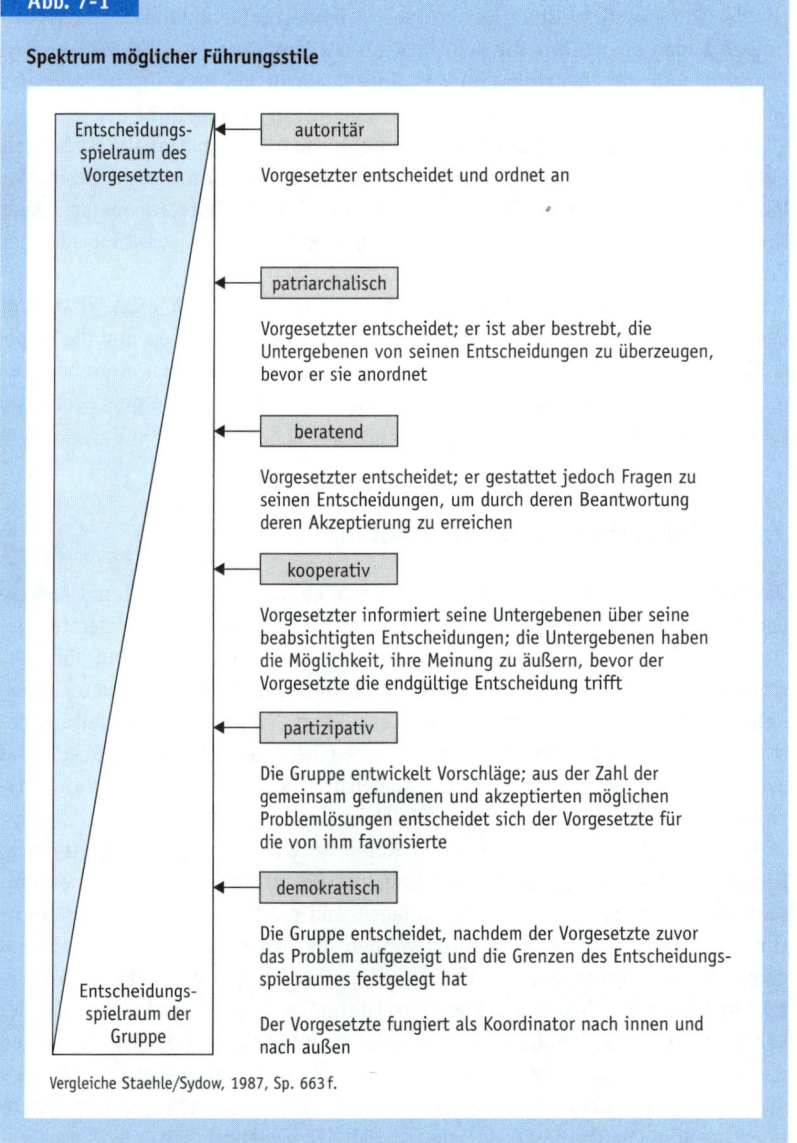

Entscheidungsspielraum des Vorgesetzten

autoritär

Vorgesetzter entscheidet und ordnet an

patriarchalisch

Vorgesetzter entscheidet; er ist aber bestrebt, die Untergebenen von seinen Entscheidungen zu überzeugen, bevor er sie anordnet

beratend

Vorgesetzter entscheidet; er gestattet jedoch Fragen zu seinen Entscheidungen, um durch deren Beantwortung deren Akzeptierung zu erreichen

kooperativ

Vorgesetzter informiert seine Untergebenen über seine beabsichtigten Entscheidungen; die Untergebenen haben die Möglichkeit, ihre Meinung zu äußern, bevor der Vorgesetzte die endgültige Entscheidung trifft

partizipativ

Die Gruppe entwickelt Vorschläge; aus der Zahl der gemeinsam gefundenen und akzeptierten möglichen Problemlösungen entscheidet sich der Vorgesetzte für die von ihm favorisierte

demokratisch

Die Gruppe entscheidet, nachdem der Vorgesetzte zuvor das Problem aufgezeigt und die Grenzen des Entscheidungsspielraumes festgelegt hat

Entscheidungsspielraum der Gruppe

Der Vorgesetzte fungiert als Koordinator nach innen und nach außen

Vergleiche Staehle/Sydow, 1987, Sp. 663 f.

persönliche Beziehung zwischen den Betroffenen. Unterschiedliche Ausprägungen des Führungsstils lassen sich über die Berücksichtigung eines oder mehrerer Merkmale durch ein- bis vieldimensionale Ansätze beschreiben. Mit ihnen kann man das Spektrum möglicher Führungsstile entsprechend Abbildung 7-1 von autoritären bis zu kooperativen, partizipativen und demokratischen Formen klassifizieren (vgl. Tannenbaum/Schmidt, 1958; Wunderer/Grunwald, 1980, S. 218 ff.; Staehle/Sydow, 1987; Berthel, 1995, S. 65).

Machtgrundlagen

Die Beziehung zwischen Führendem und Geführtem stellt eine Machtbeziehung dar. Der Führungsstil wird deshalb davon geprägt, welche Machtgrundlagen der Vorgesetzte einsetzt. Sanktionen in Form von Belohnungen und Bestrafungen bilden ebenso wie die Legitimation des Vorgesetzten, sein Wissen, sein Charisma und die Identifikation des Untergebenen mit ihm Instrumente der Verhaltensbeeinflussung und damit Instrumente der Personalführung.

Wirkungen des Führungsstils

Von dem Führungsstil können erwünschte oder dysfunktionale Wirkungen ausgehen. Deren Bewertung orientiert sich letztlich an den Unternehmenszielen, ist in der konkreten Situation aber meist an abgeleiteten operationalen Kriterien wie z. B. dem Leistungsverhalten, der Arbeitszufriedenheit oder der Personalfluktuation zu messen.

Mit der Formulierung und Überprüfung von Hypothesen über die Wirkungen des Führungsstils haben sich verschiedene Führungsstiltheorien und die empirische Führungsstilforschung auseinandergesetzt. Sie liefern dem Anwender zumindest Anhaltspunkte über die für ihn und seine Situation geeignete Nutzung dieses Steuerungsinstruments (vgl. Staehle, 1991, S. 503 ff.).

7.2.2 Motivations- und Anreizsysteme

Das Verhalten von Mitarbeitern kann maßgeblich durch Motivation und Anreize beeinflusst werden. Während der Führungsstil vom jeweiligen Vorgesetzten gestaltet wird und von personellen Beziehungen zwischen Individuen abhängt, sind Motivations- und Anreizsysteme im Allgemeinen für die gesamte Unternehmung festzulegen. Sie stellen ein stärker von der Unternehmensleitung gestaltbares und nicht nur auf Einzelpersonen bezogenes Instrument dar. Dies zeigt sich besonders an der Leistungsabgeltung. Sie unterliegt Gerechtigkeitspostulaten, die ein Mindestmaß an Gleichbehandlung fordern.

Entgeltsystem

Eine wesentliche Komponente des Anreizsystems bildet das Entgeltsystem. Es umfasst die Arbeits(platz)bewertung, die Gestaltung der Lohnformen einschließlich Prämien oder Leistungszulagen und die Gewährung von Sozialleistungen. Über die Arbeitsbewertung werden die Schwierigkeit der Arbeit und damit die Anforderungen an den jeweiligen Arbeitsplätzen erfasst. Sie bestimmt über die Lohnsätze die relative Lohnhöhe. Dagegen wird mit Hilfe der Lohnform als Zeit-, Stück- oder Prämienlohn und leistungsabhängigen Zulagen die individuelle quantitative oder qualitative Leistung entgolten. An ihr wird die Anreizwirkung besonders deutlich. Zusätzliche Sozialleistungen berücksichtigen persönliche Tatbestände wie die Betriebszugehörigkeit, den Familienstand u. Ä. Diese bringen eine weitergehende Verpflichtung für den Mitarbeiter zum Ausdruck. Die Entlohnung kann durch Systeme der Erfolgsbeteiligung ergänzt werden, welche die Bindung und die Identifikation mit der Unternehmung verstärken sollen.

Motivations- und Anreizwirkungen gehen auch von den *Mitsprache-* und *Mitgestaltungsrechten* aus, die insbesondere durch die betriebliche Mitbestimmung festgelegt werden. Ferner können die *Arbeitsbedingungen*, die *Aufstiegsmöglichkeiten* und das *Betriebsklima* Anreize bieten (vgl. Schierenbeck, 1995, S. 134).

Weitere Komponenten des Anreizsystems

Die Verhaltenswirkungen dieser Instrumente werden seit langem intensiv untersucht. Zur Erklärung werden vor allem soziologische und motivationstheoretische Ansätze herangezogen (vgl. Berthel, 1995, S. 19 ff.). Beispielsweise liefern die Motiv-Pyramide nach Abraham H. Maslow (vgl. Maslow, 1970a), Frederick H. Herzbergs Zwei-Faktoren-Theorie (vgl. Herzberg/Mausner/Snyderman, 1959), kognitivistische Konzepte wie die Erwartungs-Valenz-Theorie nach Porter/Lawler (vgl. Porter/Lawler, 1968) und die Ansätze der Leistungsmotivation (vgl. Berthel, 1995, S. 31 ff.) Hypothesen über Bestimmungsgrößen von Leistungsverhalten und Arbeitszufriedenheit. Diese unterschiedlichen Ansätze lassen sich zu einem Gesamtkonzept zusammenfügen, das zumindest als Orientierungsgerüst für das Verständnis der Steuerungswirkungen verwendbar ist. Nach ihm beeinflussen die Determinanten des Wollens (Motive und Einstellungen, Anstrengungs- und Konsequenzenerwartung, Erfahrung, Persönlichkeitsfaktoren u. a.) die Einsatzintensität und diese zusammen mit den Determinanten des Könnens (Eignung, Arbeitsbedingungen und Arbeitskenntnis) das Leistungsverhalten der Mitarbeiter.

Ansätze zur Analyse von Verhaltenswirkungen

7.2.3 Instrumente der Personalentwicklung

Weitere Instrumente zur Steuerung des Mitarbeiterverhaltens liegen in der Personalentwicklung. Diese setzen ebenfalls am Mitarbeiter an, sind jedoch im Unterschied zu den Motivations- und Anreizsystemen eher indirekt und mittel- bis längerfristig wirksam. Man kann sie in Maßnahmen der Bildung, der Arbeitsstrukturierung und der Laufbahnplanung gliedern (vgl. Berthel, 1995, S. 258 ff.; Marr/Stitzel, 1979).

Zum ersten Bereich gehören die (Berufs-, Trainee- und Anlern-)Ausbildung sowie die Fortbildung innerhalb oder außerhalb der Unternehmung. Beispiele der Personalentwicklung am Arbeitsplatz sind die Unterweisung, der Einsatz als Assistent oder Stellvertreter, eine multiple Führung, Qualitätszirkel oder die Lernstatt, bei der Lerngruppen unter Anleitung durch gemeinsame Themenbearbeitung ihre fachliche und soziale Kompetenz erhöhen. Zu den Formen der Personalentwicklung außerhalb des Arbeitsplatzes gehören neben dem Vortrag und dem Lehrgespräch Fallstudien, Plan- und Rollenspiele u. Ä.

Ausbildung und Fortbildung

Durch die Arbeitsstrukturierung wird das Arbeitsfeld verändert. Seine Vergrößerung verlangt eine entsprechende Änderung der Fähigkeiten und Kenntnisse des Mitarbeiters. Deshalb schließen ihre wichtigsten Maßnahmen – Job

Arbeitsstrukturierung

7.3

Koordination Personalführung – Informationssystem, Planung, Kontrolle
Koordination von Personalführung und Informationssystem

288

Rotation, Job Enlargement, Job Enrichment und die Bildung teilautonomer Arbeitsgruppen – Aspekte der Personalentwicklung ein.

Die Laufbahnplanung zeigt die Aufstiegsmöglichkeiten in einer Unternehmung und die Anforderungen, die der Mitarbeiter erfüllen muss, um in die entsprechenden Positionen zu gelangen. Durch ihre Konkretisierung wird dem einzelnen Mitarbeiter eine Orientierung für die eigene Weiterbildung sowie die Entwicklung seiner Eigenschaften und Persönlichkeit gegeben.

Maßnahmen der Aus- und Fortbildung beeinflussen die fachliche und persönliche Entwicklung von Mitarbeitern. Durch eine geänderte Arbeitsstrukturierung kann ihr Leistungsvermögen erweitert werden. Karrierechancen verstärken die Bindung an eine Unternehmung und beeinflussen die Richtung, in der sich ein Mitarbeiter fortbildet und Erfahrungen sammelt.

Die Maßnahmen der Personalentwicklung sind bisher in viel geringerem Umfang theoretisch untersucht worden als die Wirkung von Führungsstilen und Anreizsystemen. Deshalb ist man bei ihrer Bewertung mehr auf eine Abwägung von Vor- und Nachteilen angewiesen. Ansätze der Führungstheorie können höchstens begrenzt herangezogen werden.

7.3 Koordination von Personalführung und Informationssystem

Die beiden zentralen Ansatzpunkte für die Koordination von Personalführung und Informationssystem bestehen darin, dass Verhaltensbeeinflussung in der Regel über Informationen erfolgt und umgekehrt das Verhalten der für die Informationsbereitstellung zuständigen Personen so zu steuern ist, dass die für die Zielerreichung der Unternehmung relevanten Informationen zur Verfügung stehen. Im Hinblick auf die erste Koordinationsaufgabe wird daher untersucht, welche Verhaltenswirkungen von Vorgabe- und Kontrollinformationen insbesondere des Berichtswesens und der Kosten- und Erlösrechnung ausgelöst werden. Zur zweiten Koordinationsaufgabe gehört insbesondere, Anreizsysteme so zu gestalten, dass einerseits Informationsmanipulationen verhindert und andererseits Anreize für eine adäquate Informationsbeschaffung geschaffen werden. Die Erkenntnisse über diese Beziehungen zwischen Personalführung und Informationssystem sollten wiederum in die Gestaltung steuerungsorientierter Systeme der Kosten- und Erlösrechnung wie der Standardkostenrechnung und dem Target Costing einfließen.

7.3.1 Formen der Informationsbeeinflussung

Da Personalführung über soziale Interaktionen erfolgt, spielen für sie Informationen eine zentrale Rolle. Der Führende versucht in der Regel, seinen Einfluss über Informationen wahrzunehmen. Daraus ergibt sich, dass der Inhalt und die

Art der Übermittlung von Informationen die Verhaltenswirkungen maßgeblich beeinflussen. Informationen stellen ein Instrument zur Verhaltensbeeinflussung dar. Deshalb kann das Informationssystem so gestaltet werden, dass es die zielorientierte Verhaltenssteuerung der Mitarbeiter unterstützt.

In umgekehrter Sicht wird die Informationsbereitstellung durch das Verhalten von Personen gesteuert, welche diese Informationen gewinnen, verarbeiten und weitergeben. Eine weitere Koordinationsaufgabe zwischen Personalführung und Informationssystem liegt deshalb darin, die für die Informationsbereitstellung zuständigen Personen so zu beeinflussen, dass sie die für das Zielsystem der Unternehmung relevanten Informationen weitergeben.

Die Beeinflussungsmöglichkeit durch Informationen folgt daraus, dass Entscheidungen im Rahmen eines Informationsverarbeitungsprozesses getroffen werden (vgl. Kirsch, 1971a, S. 87 ff.). Damit können Daten zu Prämissen der Entscheidung werden und ihre Ausprägung sowie deren Umsetzung maßgeblich bestimmen.

Verhaltensbeeinflussung durch Informationen

Die Art dieses Einflusses lässt sich über die Unterscheidung der Informationsarten (vgl. Abschnitt 5.3.1.1) verdeutlichen. Durch die Weitergabe faktischer Informationen wird der Kenntnisstand des Empfängers verändert. Soweit er die entsprechenden Inhalte akzeptiert, geht er bei seiner Entscheidung von einer anderen Einschätzung der relevanten Fakten aus. Prognostische Informationen können Verhaltenswirkungen hervorrufen, wenn sie sich auf Belohnungen oder Bestrafungen beziehen, die den Informationsempfänger direkt betreffen. Vorgabeinformationen sollen als Handlungsanweisungen das Verhalten des Betroffenen unmittelbar bestimmen. Auch mit Wertungen ist beim anderen eine gleichartige Bewertung erreichbar, die sich auf dessen Verhalten auswirkt. Schließlich kann eine Verhaltensbeeinflussung über konjunktive Informationen bezweckt werden. Diese zeigen lediglich Möglichkeiten auf, ohne einen Tatbestand fest zu behaupten oder vorauszusagen. Mit ihnen wird der Informierte auf denkbare Entwicklungen hingewiesen, damit er ggf. in seiner bisherigen Haltung verunsichert oder zu weiterer Informationseinholung veranlasst wird.

Verhaltenswirkungen von Informationsarten

Maßgebend für die Beeinflussung der Informationsbereitstellung ist die in der Unternehmung bestehende Informationsasymmetrie. Die für sie tätigen Personen sind mit unterschiedlichen Informationen ausgestattet. Ihr Informationsverhalten wird zugleich durch eigene Ziele und Eigenschaften beeinflusst. Die Unternehmensleitung möchte aber, dass jeweils die Informationen ermittelt und weitergegeben werden, die für zieloptimale Entscheidungen und Handlungen benötigt werden. Um diesen Steuerungszweck zu erfüllen, ist das Informationssystem so zu gestalten, dass die Gewinnung, Auswahl und Weitergabe von Informationen durch individuelle Motive gefördert und nicht gestört wird.

Beeinflussung der Informationsbereitstellung

7.3.2 Verhaltenswirkungen von Informationen

Die Koordination zwischen Personalführung und Informationssystem muss an den Wirkungen der Informationen auf die Mitarbeiter ansetzen. Sie bezieht

7.3 **Koordination Personalführung – Informationssystem, Planung, Kontrolle**
Koordination von Personalführung und Informationssystem

290

sich primär auf die Verhaltenswirkungen von Informationen der Kosten- und Erlösrechnung sowie des Berichtswesens. Mit diesem Problembereich befasst sich das Behavioral Accounting (vgl. Schoenfeld, 1993, Sp. 280 ff.; Birnberg, 1993, S. 5 ff.; Belkaoui, 1989).

Rechnungszwecke der Steuerung und Kontrolle

Für die Personalführung werden von der Kosten- und Erlösrechnung Vorgabe- und Kontrollinformationen bereitgestellt. Mit ihnen sollen deren Rechnungszwecke der Steuerung und Kontrolle (vgl. Schweitzer/Küpper, 2011, S. 32 ff.) erfüllt werden.

7.3.2.1 Verhaltenswirkungen von Vorgabeinformationen

Behavioral Accounting

Im Behavioral Accounting wird anhand *empirischer Tests* und unter Verwendung *verhaltenstheoretischer Hypothesen* analysiert, welche Größen die Wirkungen von Vorgabe- und Kontrollinformationen bestimmen. Eine frühe Bedeutung hat die Studie von Andrew C. Stedry (1960) erlangt. Er untersuchte in einem Laborexperiment den Einfluss der Höhe von Zielvorgaben auf das Anspruchsniveau und die Leistung von Aufgabenträgern (vgl. auch Höller, 1978, S. 114 ff.). Dabei zeigte sich, dass die von den Gruppen erreichte Leistung sowohl von der Art der Anspruchsniveaubildung als auch von der Höhe der Zielvorgabe abhing.

Festlegung eines Anspruchsniveaus

Die Festlegung eines Anspruchsniveaus hatte eine deutlich positive Wirkung auf die Durchschnittsleistungen der Gruppen. Sie erreichten die höchste Leistung bei einer Anspruchsbildung nach Bekanntgabe der Zielvorgabe. Die explizite Anspruchsbildung scheint demnach einen günstigen Effekt auf die Leistung auszuüben und von einer zuvor erfolgten Zielvorgabe beeinflusst zu werden.

Die Ergebnisse deuten weiter darauf hin, dass ein niedriger Vorgabewert zu einer geringen Leistung führt. Zwischen der Vorgabehöhe und der erzielten Leistung ist eine positive Beziehung zu beobachten. Hohe Vorgabewerte scheinen die Leistungserbringung zu fördern. Ferner wird ein Zusammenhang zwischen Vorgabehöhe und Anspruchsniveau erkennbar. Die Höhe der Zielvorgabe beeinflusste die Höhe des individuellen Anspruchsniveaus positiv. Letzteres wurde umso mehr angehoben, je schwerer die Vorgabe erfüllt werden konnte.

Andere Labor- und Feldexperimente ließen bei sehr hohen Zielvorgaben ein Absinken der Leistungen oder extreme Leistungsschwankungen erkennen (vgl. Dey/Kaur, 1965; Stedry/Kay, 1966; Hofstede, 1967). Dies deutet auf die Existenz eines Schwellenwertes hin, bei dessen Überschreiten es zu einem Leistungsabfall kommt, was auf eine Resignation des Mitarbeiters oder eine Stressreaktion bei Überforderung zurückzuführen sein könnte.

Beziehungen zwischen Vorgabehöhe, Anspruchsniveau und Leistung

Aus diesen Ergebnissen empirischer Experimente kann man im Anschluss an Geert Hofstede (vgl. Hofstede, 1967, S. 148) die in Abbildung 7-2 wiedergegebenen Hypothesen über die Beziehungen zwischen Vorgabehöhe, Anspruchsniveau und Leistung formulieren. In ihr sind in Abhängigkeit von der Vorgabehöhe v Kurven für das Anspruchsniveau a und die Leistung l eingezeichnet. Ausgehend von der Vorgabe v_0, die zu einer Leistung l_0 führt, die auch ohne Vorgabe erreicht würde, und der Vorgabe v_1 bei Erreichen der Maximalleistung lassen sich vier Fälle unterscheiden. Wenn entsprechend Fall I die Vorgabe un-

Abb. 7-2

Beziehungen zwischen Vorgabehöhe, Anspruchsniveau und Leistung

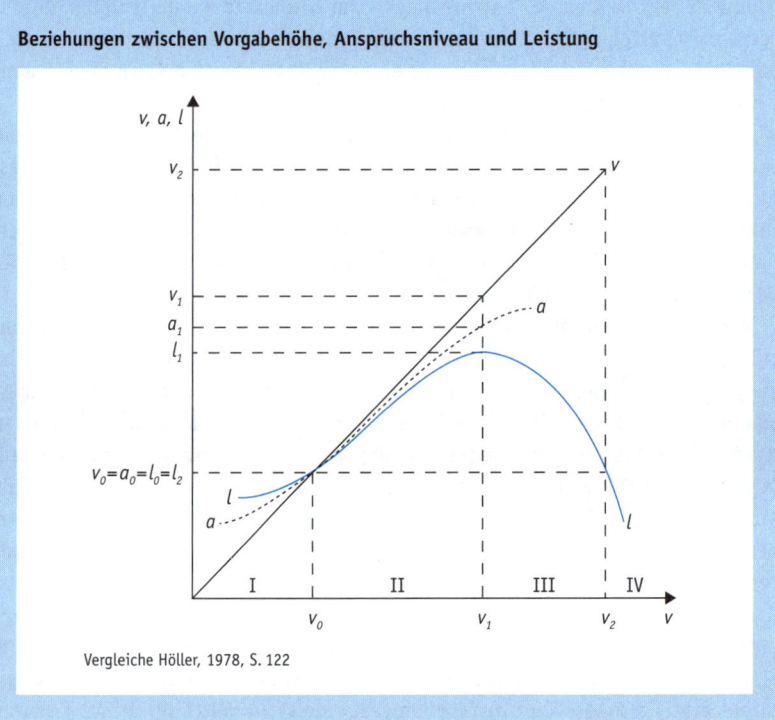

Vergleiche Höller, 1978, S. 122

ter v_0 liegt, wird die Leistung unter den normalerweise realisierten Wert gesenkt. Eine Steigerung der Vorgabe über v_0 hinaus führt entsprechend Fall II zu einer Leistungserhöhung. Damit nimmt zugleich das Anspruchsniveau zu, jedoch möglicherweise in geringerem Ausmaß als die Vorgabe. Vorgabewerte über v_1 hinaus führen zu einem Abfall der Leistung und (wahrscheinlich) auch des Anspruchsniveaus.

Diese Hypothesen können jedoch nur tendenzielle Beziehungen wiedergeben. Vor allem lassen sich keine allgemeinen Aussagen über einen genauen Kurvenverlauf und das Leistungsmaximum machen. Demnach scheinen folgende Erkenntnisse wesentlich:

▸ Vorgaben sollten das individuelle Anspruchsniveau berücksichtigen.
▸ Zu niedrige Vorgaben wirken leistungssenkend.
▸ Übermäßig hohe Vorgaben wirken leistungsmindernd.
▸ Die höchste Steigerung wird bei mittleren Vorgaben erreicht, die etwas über dem individuellen Anspruchsniveau liegen.

Danach sind Vorgabewerte an individuellen Leistungsvorstellungen auszurichten, wie sie sich im jeweiligen Anspruchsniveau niederschlagen. Dem steht die Forderung nach Gleichbehandlung entgegen. Ob im betrieblichen Umfeld eine

Gleichbehandlung

7.3

Koordination Personalführung – Informationssystem, Planung, Kontrolle
Koordination von Personalführung und Informationssystem

292

Festlegung von Vorgabewerten, die ggf. mit monetären oder nichtmonetären Anreizen verknüpft sind, entsprechend dem Grundsatz »suum cuique« durchsetzbar ist, erscheint zumindest fraglich. Dies spricht dafür, dass man vielfach von einem durchschnittlichen Verhalten und entsprechenden Anspruchsniveaus bei den Mitarbeitern eines Bereichs ausgeht.

Ferner wird argumentiert, dass aus verhaltensorientierten Vorgabewerten technisch mögliche Einsparungsmöglichkeiten nicht erkennbar werden. Deshalb wird eine Differenzierung zwischen motivierenden Vorgabewerten und am Optimum orientierten Kontrollwerten diskutiert. Da man letztere kaum geheim halten kann, dürfte eine solche Differenzierung die Motivationswirkung der Vorgabewerte beeinträchtigen.

Einfluss von Persönlichkeitsmerkmalen

Die Geltung der oben wiedergegebenen Hypothesen wird dadurch beeinträchtigt, dass sie sich vorwiegend auf Laborexperimente stützen. Deshalb ist zu prüfen, inwieweit sie auf die jeweiligen betrieblichen Bedingungen übertragbar sind. Zudem dürften neben der Vorgabenhöhe und dem individuellen Anspruchsniveau weitere Größen für die Verhaltenswirkung maßgebend sein (vgl. Höller, 1978, S. 124 ff.). Hierzu gehören Persönlichkeitsmerkmale des Mitarbeiters wie sein Selbstbewusstsein, seine Reife und seine Einstellung zur Arbeit (vgl. Jehle, 1982a, S. 208 ff. sowie Abschnitt 7.4.5). Diese drei Eigenschaften üben einen verstärkenden Effekt auf die Leistungswirkung aus. Ferner ist die Wirkung von Vorgaben davon abhängig, ob der Betreffende eher erfolgsorientiert oder misserfolgsmeidend (vgl. Atkinson, 1975, S. 391 ff.; Höller, 1978, S. 124) ist. Motivationspsychologische Untersuchungen belegen, dass erfolgsorientierte Personen ihr Anspruchsniveau meist in mittlerer Höhe fixieren, während misserfolgsmeidende gerne zwischen Extremen schwanken. Darüber hinaus lassen sich extrinsisch motivierte Personen leichter durch Vorgaben beeinflussen als intrinsisch motivierte.

Weitere Determinanten der Verhaltenswirkung

Neben der Persönlichkeit wird die Verhaltenswirkung von Vorgabeinformationen von Gruppennormen, der übertragenen Aufgabe, der Partizipation an der Festlegung des Vorgabewertes und der Beeinflussbarkeit des Leistungsergebnisses bestimmt. In Arbeitsgruppen entwickeln sich informelle Leistungsnormen, deren Verbindlichkeit mit dem Gruppenzusammenhalt steigt. Solche Normen können sowohl leistungsmindernd als auch leistungsfördernd wirken. Wenn der einzelne die Normen über- bzw. unterschreitet, muss er mit Sanktionen der Gruppe rechnen. Hinsichtlich der Aufgabe (vgl. Birnberg, 1993, S. 9 f.) erscheinen deren Schwierigkeit für den Aufgabenträger und die hierbei empfundene Unsicherheit maßgeblich. Dies steht in enger Beziehung zu dem Einfluss, den er auf ihre Lösung und die Erreichung des Vorgabewertes hat. Die motivierende Wirkung wird umso eher beeinträchtigt, je stärker die Zielerfüllung von anderen Größen abhängig ist. Gegensätzliche Ergebnisse empirischer Untersuchungen deuten darauf hin, dass die Partizipation nicht allgemein zu einer Verstärkung der Leistungswirkung führt (vgl. Höller, 1978, S. 152 ff.; Jehlea, 1982, S. 208 ff.). Eine Reihe von Untersuchungen untermauert die Hypothese, dass dies vor allem für Personen mit hoher intrinsischer Arbeitsmotivation gilt.

7.3.2.2 Verhaltenswirkungen von Kontrollinformationen

Die skizzierten Bestimmungsgrößen werden auch für die Verhaltenswirkungen von Kontrollinformationen relevant. Von diesen können sowohl negative wie positive Wirkungen auf das Verhalten ausgehen. Sie rufen wie die Kontrolle selbst häufig dysfunktionale Wirkungen hervor. Dann werden der künftige Einsatz und die Leistung des Mitarbeiters durch sie geschwächt. Dies kann u. a. zu einer Manipulation von Informationen beim Betroffenen führen oder er nimmt zur Abwehr eine rigide bürokratische Haltung ein. Da er künftige negative Folgewirkungen erwartet, stellt er sich darüber hinaus ggf. völlig gegen das Planungs- und Kontrollsystem (vgl. Schanz, 1993a, Sp. 2009).

Dysfunktionale Wirkungen von Kontrollen

Kontrollinformationen können aber auch motivieren. Erfolgsorientierte und intrinsisch motivierte Personen werden durch die Informationen über Ergebnisse eigenen Handelns angeregt. Empirische Untersuchungen haben die Hypothese eingehend bestätigt, nach der die »Kenntnis der eigenen Leistung bei Leistungsmotivierten eine signifikante Steigerung ihrer Arbeitseffizienz bewirkt« (Jehle, 1982a, S. 211).

Motivationswirkung

Neben den genannten Persönlichkeitsmerkmalen sind für die Wirkung von Kontrollinformationen der zeitliche Abstand zwischen der Handlung und der Information, die Häufigkeit der Rückkoppelung und die Konsequenzen maßgeblich, die aus der Abweichungsermittlung gezogen werden (Schanz, 1993a, Sp. 2008). Je schneller die Information erfolgt, desto unmittelbarer ist sie mit dem verursachenden Ereignis verbunden und desto besser wirkt sie auf den Mitarbeiter ein. Häufige Rückkoppelung erhöht ebenso wie die Präzision die Akzeptanz von Kontrollinformationen.

Zeitlicher Abstand zur Kontrollinformation

Die Haltung des Mitarbeiters hängt ferner davon ab, welche Erfahrung er bisher mit den Konsequenzen gesammelt hat, die aus Kontrollinformationen gezogen worden sind. Wenn sie beispielsweise über entsprechende Abweichungsanalysen und Anpassungsmaßnahmen zu Verbesserungen geführt haben, werden sie seine Leistungsbereitschaft fördern. Haben sie dagegen zu für ihn nachteiligen Sanktionen geführt, gewinnt er eine negative Einstellung. In enger Beziehung dazu steht, inwieweit Misserfolgserlebnisse durch positive Ergebnisse ausgeglichen werden, so dass zumindest ein ausgewogenes Verhältnis besteht. Ferner kann die Verhaltenswirkung von Kontrollinformationen durch zusätzliche Angaben, geeignete Vergleichsgrößen und unterstützende Kommentare sowie Hilfen gefördert werden. Schließlich kommt es darauf an, dass die Information bei komplizierten Zusammenhängen die Leistungsstruktur möglichst gut widerspiegelt. Dies gilt umso eher, je mehr formale Anreize an Kontrollinformationen geknüpft werden. Vielfach wirken sich derartige Anreize deutlich aus, und zwar je nach ihrer Richtung und den Ausprägungen der anderen Einflussgrößen leistungsfördernd oder leistungsmindernd.

Erfahrung mit Kontrollinformationen

Wie aus den skizzierten Hypothesen deutlich wird, ist das Verhalten von einer Vielzahl von Größen abhängig. Zudem sind die betroffenen Personen individuell geprägt und die betrieblichen Situationen nur begrenzt vergleichbar. Dies führt dazu, dass einfache theoretische Ansätze die Wirklichkeit nur ungenau erfassen können. Die Vielfalt und Widersprüchlichkeit der Ergebnisse empiri-

7.3

294

Koordination Personalführung – Informationssystem, Planung, Kontrolle
Koordination von Personalführung und Informationssystem

scher Erhebungen spricht dafür, dass die Komplexität der Realität nur schwer theoretisch abzubilden ist. Dennoch lassen sich aus ihnen zumindest wichtige Einflussgrößen und Tendenzen ihrer Wirkung erkennen. Im Hinblick auf das Controlling erscheint es vor allem wichtig, diese Verhaltensbeziehungen überhaupt mit ins Blickfeld zu nehmen. Für die konkrete Lösung von Koordinationsaufgaben zwischen Personalführung und Informationssystem sind zudem die jeweiligen Situationsbedingungen und Individuen maßgebend. Dies machen die Verhaltenshypothesen und die empirischen Ergebnisse sehr deutlich.

7.3.3 Anreizsysteme zur Verhinderung von Informationsmanipulation

Informationsasymmetrie

Die Unternehmensleitung ist für ihr Entscheiden und Handeln auf Informationen der Bereiche und Stellen angewiesen, die vielfach ein höheres Wissen über ihr jeweiliges internes und/oder externes Entscheidungsfeld besitzen. So kann beispielsweise eine Vertriebsabteilung die künftige Entwicklung des von ihr betreuten Produkt-Markt-Segments besser einschätzen als die Zentrale, kennt die Produktionsleitung die Struktur der Fertigungskosten und deren Entwicklung genauer, oder hat der Einkauf eine zuverlässigere Übersicht über die Preisverläufe auf wichtigen Rohstoffmärkten. In der Regel besteht eine Informationsasymmetrie zwischen Unternehmensleitung bzw. Zentrale und den dezentralen Abteilungen.

Wahrheitsgemäße Berichterstattung

Man kann nicht ohne Weiteres unterstellen, dass die in den Bereichen tätigen Personen ihre Informationen wahrheitsgemäß an übergeordnete Stellen und das Informationssystem weitergeben. Soweit sich Daten nicht objektiv feststellen und überprüfen lassen, ist ihre Informationspolitik häufig von eigenen Interessen beeinflusst. Ein derartiger »Informationsegoismus« wird zusätzlich durch die Unsicherheit der Erwartungen gefördert. Auch wenn ein Mitarbeiter die Absicht hat, zentralen Abteilungen möglichst wahrheitsgetreu zu berichten, kann seine Einschätzung unsicherer Daten durch die eigenen Ziele verändert werden. Die Manipulationsgefahr ist umso größer, je weniger er sich an Normen einer »ehrlichen« Berichterstattung gebunden fühlt.

Informationssuche

Darüber hinaus wird nicht nur die Weitergabe seines Wissens, sondern schon die Informationssuche von eigenen Zielen beeinflusst. Das Bemühen in den dezentralen Abteilungen um die Gewinnung zusätzlicher Informationen, beispielsweise im Auffinden und Ausarbeiten von Investitionsalternativen oder zur Absicherung ihrer Erfolgsbeurteilung, hängt auch von individuellen und Bereichszielen ab.

Informationsökonomie

Mit den Beziehungen zwischen Information, Motivation, Verhalten und Entscheiden hat sich die Informationsökonomie (vgl. Baiman, 1982; Baiman, 1990; Ballwieser, 1991) befasst. Insbesondere mit Hilfe von Principal-Agent-Modellen (vgl. Abschnitt 3.4.1) wird der Zusammenhang von Informationsasymmetrie zwischen Zentrale und Bereichen, Informationssuche und -weitergabe sowie internem Anreizsystem untersucht. Aus diesen Ansätzen können allgemeine Erkenntnisse für die Koordination zwischen Personalführung und Informationssystem gezogen werden. Hierauf hat in besonderer Weise Ralf Ewert hingewiesen (vgl. Ewert, 1992).

7.3.3.1 Anreize zur zielgerechten Informationsweitergabe

Die Manipulation von Informationen betrifft die »hidden information«-Problematik. Zur Veranschaulichung der grundlegenden Fragestellung und ihrer Konsequenzen für die Gestaltung des Informationssystems kann ein Beispiel dienen, das von Jan Pieter Krahnen entwickelt worden ist (vgl. zum folgenden Beispiel Krahnen, 1994, S. 192 ff.). In ihm wird stark vereinfacht eine lediglich zweiperiodige Planung betrachtet. Die Unternehmensleitung muss über die Kapazität einer Anlage zur Getränkeherstellung entscheiden, die in der ersten Periode aufgebaut und in der zweiten genutzt wird. Sie kann entsprechend den in Abbildung 7-3 gegebenen Daten zwischen einer großen und einer kleinen Anlage wählen.

Beispiel zum Hidden-Information-Problem

Abb. 7-3

Anschaffungs- und Verkaufspreise (je hl)

Anlage	Kapazität	Anschaffungs-preis	Anschaffungs-preis je hl	Verkaufspreis je hl
A	Klein (100 hl)	1.000 GE	10 GE/hl	5 GE/hl
B	Groß (200 hl)	1.800 GE	9 GE/hl	5 GE/hl

Nach der zweiten Periode wird die Produktion nicht weitergeführt. Das nicht genutzte Potenzial der Anlagen wird zu einem Verkaufspreis von GE 5 je hl verkauft. Außer dem Anschaffungspreis sollen vereinfachend keine (Herstellungs- oder Vertriebs-)Auszahlungen zu leisten sein. In der Differenz zwischen dem Anschaffungs- und dem Verkaufspreis der Anlage kommen sunk costs (vgl. Krahnen, 1991, insbesondere S. 41–48) zum Ausdruck. Der Endverkaufspreis für das Getränk beträgt 12 GE/hl.

Der Erfolg der Investitionsentscheidung hängt von der unsicheren Nachfrage ab. Die Erwartungen schlagen sich je nach Marketingerfolg in zwei Ausprägungen nieder, einer hohen und einer niedrigen Nachfrage von 200 hl bzw. 100 hl. Dies führt unter Vernachlässigung von Zinsen zu den in Abbildung 7-4 berechneten Erfolgen der vier Alternativen aus Anlagentyp und Marketingerfolg.

Abb. 7-4

Gesamterfolg des Unternehmens (in GE)

Anlagentyp \ Marketingerfolg	Hoch (200 hl)	Niedrig (100 hl)
Klein (100 hl)	$100 \cdot 12 - 1.000 = 200$	$100 \cdot 12 - 1.000 = 200$
Groß (200 hl)	$200 \cdot 12 - 1.800 = 600$	$100 \cdot 12 + 100 \cdot 5 - 1.880 = -100$

7.3 Koordination Personalführung – Informationssystem, Planung, Kontrolle
Koordination von Personalführung und Informationssystem

296

Da der Erfolg bei starker Nachfrage für die große Anlage deutlich höher, bei schwacher dagegen wesentlich geringer ist, wird die Entscheidung der Unternehmensleitung von ihrer Einschätzung des Marketingerfolges bestimmt.

Bedeutung dezentraler Erfolgsrechnung

Das Hidden-Information-Problem tritt auf, wenn die Einschätzung der Umweltentwicklung durch eine Marketingabteilung erfolgt. Deren Anreize sind an ihren Bereichserfolg gekoppelt. Deshalb ist sie geneigt, der Zentrale die Erwartung zu melden, die bei beiden Umweltentwicklungen zu dem für sie günstigsten Bereichserfolg führt. Damit gewinnt die Struktur der dezentralen Erfolgsrechnung Bedeutung für die Informationsübermittlung. Sie kann einen Anreiz zu fehlerhafter, manipulierter Information bieten.

Unterstellt man, dass die Investitionsauszahlung für den Marketingbereich als fix angesehen wird, so berechnet er seinen Erfolg aus der Differenz zwischen den Umsatzerlösen (zu 12 GE/hl) und den relevanten Kosten. Letztere bestehen nach dem Opportunitätskostenprinzip in 5 GE/hl, da dem Bereich für jede genutzte Kapazitätseinheit ein Anlagenverkaufserlös von GE 5/hl entgeht. Dies führt zu den in Abbildung 7-5 berechneten Bereichserfolgen.

Abb. 7-5

Bereichserfolge ohne Schlüsselung der Investitionsauszahlung (in GE)

Anlagentyp \ Marketingerfolg	Hoch (200 hl)	Niedrig (100 hl)
Klein (100 hl)	$100 \cdot (12-5) = \quad 700$	$100 \cdot (12-5) = 700$
Groß (200 hl)	$200 \cdot (12-5) = 1.400$	$100 \cdot (12-5) + 100 \cdot 5 = 1.200$

Das Beispiel ist, um die Problematik der Hidden Information herauszustellen, so konstruiert, dass für den Bereich in beiden Situationen die große Anlage zu einem höheren Erfolg führt. Daraus erwächst für ihn der Anreiz, die Unternehmensleitung so zu informieren, dass sie die größere Anlage anschafft. Diese Information zugunsten einer Anlage widerspricht jedoch der aus Abbildung 7-4 erkennbaren Informationslage für den Gesamterfolg.

Um einen solchen Informationsfehler auszuschließen, müssen die Bereichserfolgsrechnung und das Anreizsystem so geändert werden, dass in ihnen auch die Wirkungen der Investitionsentscheidung berücksichtigt werden. Dies ist beispielsweise möglich, indem man für die Kapazitätsnutzung nicht die aktuellen Opportunitätskosten, sondern anteilige historische Anschaffungsauszahlungen verrechnet. Dann sind bei der kleinen Anlage (1.000 : 100 =) 10 GE/hl und bei der großen (1.800 : 200 =) 9 GE/hl anzusetzen. Daraus resultieren die aus Abbildung 7-6 ersichtlichen Bereichserfolge.

Sie entsprechen für alle Fälle dem in Abbildung 7-4 bestimmten Gesamterfolg. Eine solche Erfolgsrechnung beseitigt den Anreizkonflikt und kann die Übermittlung »wahrer« Informationen von dem Marketingbereich an die Zentrale sichern.

Abb. 7-6

Bereichserfolge mit Schlüsselung der Investitionsauszahlung (in GE)

Marketing-erfolg \ Anlagentyp	Hoch (200 hl)	Niedrig (100 hl)
Klein (100 hl)	$100 \cdot (12-10) = 200$	$100 \cdot (12-10) = 200$
Groß (200 hl)	$200 \cdot (12-9) = 600$	$100 \cdot (12-9) + 100 \cdot (5-9) = -100$

An diesem Beispiel wird das Auftreten von Anreizen zur Informationsmanipulation anschaulich offengelegt. Auch wenn es gegenüber den in der Realität vorfindbaren Zusammenhängen stark vereinfacht ist, macht es das grundsätzliche Problem von Wirkungen des Anreizsystems auf die Informationsübermittlung deutlich. Es zeigt, dass die Struktur von Erfolgsrechnungen nicht ohne Beachtung ihrer Steuerungswirkungen festgelegt werden sollte.

Bedeutung von Steuerungswirkungen

Aus dieser Einsicht hat sich ein wichtiger Forschungszweig entwickelt, in dem Erfolgsrechnungssysteme unter dem Steuerungsaspekt betrachtet werden. Er liefert neue Argumente in der Auseinandersetzung um die Durchführung von Erfolgsrechnungen auf Voll- oder Teilkostenbasis (vgl. Zimmerman, 1979; zum Überblick Pfaff, 1993). Die Verknüpfung von Informations- und Personalführungssystem liefert damit Erkenntnisse für die Gestaltung von Rechnungssystemen.

7.3.3.2 Wahrheitsgemäße Berichterstattung

Das Beispiel hat die grundsätzliche Problematik der Informationsweitergabe veranschaulicht. Wenn Entscheidungen des Principal bei Informationsasymmetrie auf Berichten des Agent basieren, ist er auf eine wahrheitsgemäße Informationsweitergabe angewiesen.

Problem fehlerhafter Informationsweitergabe

Verhaltenswissenschaftliche Erkenntnisse deuten darauf hin, dass dem insbesondere zwei Einflüsse entgegenstehen können. Zum einen besteht bei unsicherem Wissen eine Tendenz, Informationen entsprechend den individuellen Zielen zu filtern und zu interpretieren, um *kognitive Dissonanz* abzubauen (vgl. Festinger, 1957). Dann können Informationen fehlerhaft weitergegeben werden, obwohl man dies nicht beabsichtigt. Zum anderen ist damit zu rechnen, dass ein Agent aufgrund seines individuellen Nutzenstrebens *bewusst* unvollständige oder falsche Berichte liefert, um damit einen Vorteil zu erlangen.

Dieser zweite Fall eines »opportunistischen« Verhaltens wird in der *Agencytheorie* explizit berücksichtigt. Er hat zur Konsequenz, dass man dem Agent spezifische Anreize zur wahrheitsgemäßen Berichterstattung bieten und damit eine *Informationsrente* bezahlen muss. Entsprechend den Prämissen der Agencytheorie geht man davon aus, dass der Agent Informationen nur dann überhaupt und korrekt weitergeben wird, wenn hierdurch sein individueller Nutzen erhöht wird.

Opportunistisches Verhalten

7.3 **Koordination Personalführung – Informationssystem, Planung, Kontrolle**
Koordination von Personalführung und Informationssystem

298

Eine grundlegende Bedeutung hierfür erlangt das *Offenlegungsprinzip (revelation principle)*. Es »besagt, dass in vielen Szenarien jeder Vertrag zwischen Zentrale und Managern, der eine nicht wahrheitsgemäße Berichterstattung der Manager induziert, durch einen *äquivalenten, wahrheitsinduzierenden Vertrag ersetzt* werden kann!« (Ewert/Wagenhofer, 2000, S. 466). Hinter diesem Prinzip steht die Einsicht, dass einem seinen Nutzen maximierenden Agent ein Anreiz geboten werden muss, aber auch in vielen Situationen geboten werden kann, so dass eine korrekte Berichterstattung für ihn mindestens ebenso vorteilhaft wie eine fehlerhafte ist. Dies bedeutet jedoch, dass ihm die Nutzensteigerung, die er aus der Informationsmanipulation ziehen könnte, über den Anreiz entgolten wird (vgl. auch Schiller, 2000a). Das revelation principle ist formal hergeleitet und daher keine empirische Hypothese über wahrheitsgemäßes Verhalten von Agents. Vielmehr weist es auf die Notwendigkeit, aber auch die Möglichkeit hin, durch ein entsprechendes Anreizsystem eine derartige Berichterstattung sicherzustellen.

In die formale Abbildung des Principal-Agent-Problems sind dazu zusätzliche Nebenbedingungen aufzunehmen, durch die der Lösungsraum auf Alternativen mit wahrheitsgemäßer Berichterstattung eingeschränkt wird. Dann treten zu den Kooperations- und Anreizbedingungen solche für eine wahrheitsgemäße Berichterstattung hinzu. Dies ist die Folge, wenn die Handlungsmöglichkeiten des Agent gegenüber dem in Abschnitt 3.4.1.3 dargestellten Grundmodell um seine Informationsweitergabe an den Principal erweitert sind.

Ein *Beispiel* für ein *Anreizsystem zur wahrheitsgemäßen Berichterstattung* ist das sogenannte Weitzman-Schema (vgl. Weitzman, 1976). Es ist auf die Erfassung einer typischen Hidden-Information-Situation gerichtet, in der es nur um die Informationsweitergabe des Agent geht. In den Prämissen geht dieses Konzept davon aus, dass der Agent z. B. als Bereichsmanager im Unterschied zur Unternehmensleitung das zu erwartende künftige Ergebnis seines Bereichs genau kennt. Das betrachtete Problem ist allein auf die korrekte Informationsweitergabe beschränkt. Handlungen des Managers zur Erlangung seines Bereichsergebnisses sowie Investitions- und andere Entscheidungen der Unternehmensleitung werden nicht einbezogen. Vielmehr wird nur berücksichtigt, dass die Unternehmensleitung für ihr Handeln auf eine wahrheitsgemäße Berichterstattung angewiesen ist. Nach Abschluss der Periode kann das tatsächlich erzielte Bereichsergebnis beobachtet werden.

Das Anreizsystem setzt im Kern an der Abweichung zwischen dem Ergebnis $\hat{x}$, das der Manager *im Voraus* berichtet, und dem anschließend realisierten Ergebnis x an. Es umfasst einen fixen Bestandteil S und gewichtet das berichtete Ergebnis $\hat{x}$ mit $\hat{\alpha}$ sowie die positive bzw. negative Abweichung mit α_1 bzw. α_2:

(7-1)

$$s(x, \hat{x}) = \begin{cases} S + \hat{\alpha} \cdot \hat{x} + \alpha_1 \cdot (x - \hat{x}), & \textit{falls } x \geq \hat{x} \\ S + \hat{\alpha} \cdot \hat{x} + \alpha_2 \cdot (x - \hat{x}), & \textit{falls } x \leq \hat{x} \end{cases} \quad \text{mit } 0 < \alpha_1 < \hat{\alpha} < \alpha_2$$

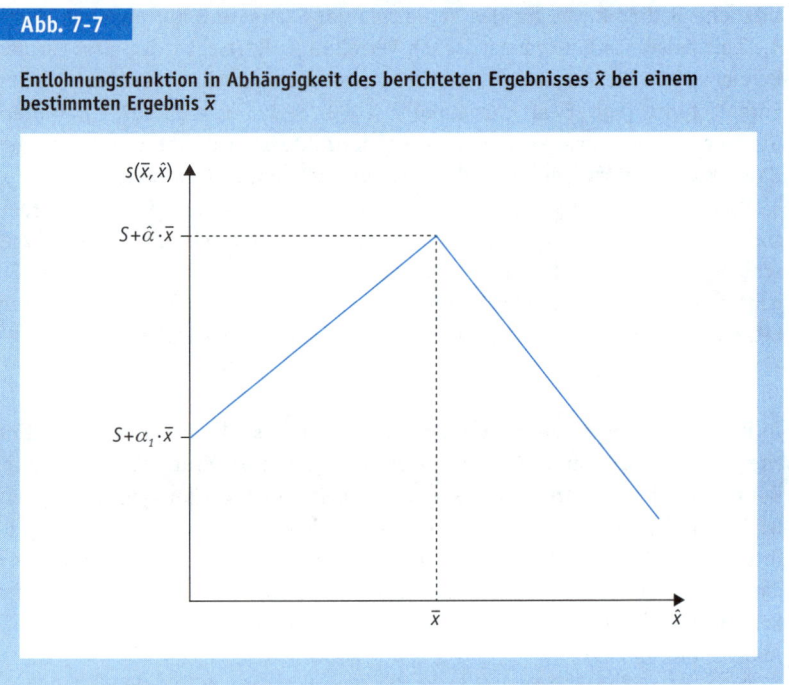

Abb. 7-7

Entlohnungsfunktion in Abhängigkeit des berichteten Ergebnisses $\hat{x}$ bei einem bestimmten Ergebnis $\bar{x}$

Seine nähere Analyse zeigt, dass der Bereichsmanager ein Entgelt von $S + \hat{\alpha} \cdot \hat{x}$ erhält, wenn sein berichtetes Ergebnis mit dem tatsächlichen übereinstimmt. Übertrifft das Ergebnis seine Angabe, so erhöht sich seine Entlohnung um die mit α_1 gewichtete Abweichung. Hat er dagegen einen zu hohen zu erwartenden Wert angegeben, so verringert sich sein Entgelt um die mit α_2 gewichtete Abweichung. Die Gewichtungsparameter α_1, $\hat{\alpha}$ und α_2 sind so zu wählen, dass der Agent die höchste Entlohnung erhält, wenn er das tatsächliche Ergebnis berichtet. Entsprechend Abbildung 7-7 ist dies der Fall, wenn ein (positives) α_1 kleiner als $\hat{\alpha}$ und α_2 größer als $\hat{\alpha}$ gewählt wird. Dann erhöht sich entsprechend Abbildung 7-7 die Entlohnung $s(\bar{x}, \hat{x}) = S + \alpha_1 \cdot \bar{x} + (\hat{\alpha} - \alpha_1) \cdot \hat{x}$ mit der positiven Steigung $(\hat{\alpha} - \alpha_1)$ bis zum tatsächlichen Ergebnis $x = \bar{x}$. Danach fällt die Entlohnung $s(\bar{x}, \hat{x}) = S + \alpha_2 \cdot \bar{x} + (\hat{\alpha} - \alpha_2) \cdot \hat{x}$ mit der (negativen) Steigung $(\hat{\alpha} - \alpha_2)$. $s(\bar{x}, \hat{x})$ zeigt die Entlohnung bei berichtetem Ergebnis $\hat{x}$ und tatsächlichem Ergebnis $\bar{x}$.

Dieses Anreizschema setzt damit jedoch voraus, dass der Agent das zu *erwartende* Ergebnis mit Sicherheit kennt. Ist dies nicht der Fall und das Ergebnis damit risikobehaftet, kann man unterstellen, dass der Bereichsmanager bei asymmetrischer Information die Ergebnisverteilung besser als die Zentrale kennt. Ein risikoneutraler Manager wird jenes Ergebnis als Prognose berichten, mit dem er die höchste erwartete Entlohnung erzielt. Neben den Entlohnungsparametern des Weitzman-Schemas hat dann jedoch die Ergebnisverteilung Einfluss darauf, welche berichtete Prognose für ihn optimal ist. Dann lassen sich zu-

Grenzen des Anreizschemas von Weitzman

7.3 **Koordination Personalführung – Informationssystem, Planung, Kontrolle**
Koordination von Personalführung und Informationssystem

300

sätzliche Bedingungen für das Verhältnis der Parameterwerte ableiten, durch die beispielsweise bei symmetrischen Verteilungen erreichbar ist, dass für den Bereichsleiter die Angabe des von ihm erwarteten Ergebnisses zum höchsten Entgelt führt (vgl. Ewert/Wagenhofer, 2000, S. 473 und S. 507 ff.). Weitere Grenzen des Weitzman-Schemas liegen darin, dass es die bereichsbezogenen Handlungen des Managers und dessen Arbeitsleid außer Acht lässt.

Anreizschema von
Osband und Reichelstein

Diesen Anforderungen wird ein von Osband und Reichelstein (vgl. Reichelstein/Osband, 1984; Osband/Reichelstein, 1985; Reichelstein, 1992) vorgeschlagenes Anreizschema besser gerecht, das explizit von einem unsicheren Ergebnis $\tilde{x}$ ausgeht. In Abhängigkeit von dem berichteten Ergebnis $\hat{x}$ und dem tatsächlichen Ergebnis x schlagen sie folgendes Anreizschema vor:

$$s(x, \hat{x}) = S + l(\hat{x}) + l'(\hat{x}) \cdot (x - \hat{x}) \qquad (7\text{-}2)$$

In ihm ist $l(\cdot)$ eine streng monoton steigende und strikt überlineare Funktion wie z. B. $l(z) = z^2$ (für $z > 0$), deren erste und zweite Ableitung also jeweils größer null ist. Da der Bereichsmanager das Ergebnis nicht sicher kennt, stellt sein Bericht hier eine echte Prognose dar, die zugleich als selbstgesetzte Zielvorgabe interpretierbar ist. Es lässt sich zeigen (vgl. Ewert/Wagenhofer, 2000, S. 474), dass es für einen risikoneutralen Manager optimal ist, bei einem derartigen Schema in seinem Bericht wahrheitsgemäß seinen Erwartungswert des Ergebnisses zu offenbaren.

Dabei nimmt sein Entgelt wegen der Überlinearität der Funktion $l(\cdot)$ mit zunehmendem Erwartungswert der Ergebnisse als Ausdruck des Erfolgspotenzials überproportional zu. Je höher seine Prognose, desto höher ist der Anteilssatz, mit dem der Manager am Ergebnis beteiligt ist. Darin liegt für ihn auch ein Anreiz zu stärkerem Einsatz, um ein höheres Ergebnis prognostizieren und erzielen zu können.

Folgendes Beispiel soll den Mechanismus des Anreizschemas von Osband und Reichelstein zusätzlich veranschaulichen. In Abhängigkeit von dem erwarteten Ergebnis $E(x_i)$ eines Investitionsprojektes i und dem berichteten Ergebnis $\hat{x}_{ij}$, das dem Investitionsprojekt i im Falle des Eintretens des Umweltzustandes j zuzuordnen ist, wird folgender Erwartungswert der Entlohnung s_{ij} unterstellt:

$$s_{ij} = s\left(E(x_i), \hat{x}_{ij}\right) - 500 + \hat{x}_{ij}^2 + 2 \cdot \hat{x}_{ij} \cdot \left(E(x_i) - \hat{x}_{ij}\right) \qquad \forall i, j \qquad (7\text{-}3)$$

s_{ij} betrifft den Fall, dass sich der Bereichsmanager für die Berichtsalternative $\hat{x}_{ij}$ entscheidet, aber Unsicherheit bezüglich des tatsächlich eintretenden Ergebnisses des Investitionsprojekts i besteht. Der Bereichsmanager wählt dann aus der Menge der alternativ zu berichtenden Ergebnisse $\hat{x}_{ij}$ jeweils jenes Ergebnis $\hat{x}_i^*$ für seinen Bericht aus, das bezogen auf ein bestimmtes Investitionsprojekt i zur maximalen erwarteten Entlohnung für ihn führt. Die Orientierung an der Erwartungswertmaximierung ergibt sich aus dem Umstand, dass ein risikoneutraler Bereichsmanager unterstellt wird.

Die Entlohnungsfunktion in Abhängigkeit von dem tatsächlichen Ergebnis x_i und dem berichteten Ergebnis $\hat{x}_i^*$ ergibt sich wie folgt:

$$s_i = s\left(x_i, \breve{x}_i^*\right) = 500 + \breve{x}_i^{*2} + 2 \cdot \breve{x}_i^* \cdot \left(x_i - \breve{x}_i^*\right) \qquad (7\text{-}4)$$
$$= 500 - \breve{x}_i^{*2} + 2 \cdot \breve{x}_i^* \cdot x_i \qquad \forall i$$

Aus Abbildung 7-8 können für unterschiedliche Investitionsprojekte i die Werte der Entlohnung s_{ij}, das letztendlich berichtete Ergebnis $\hat{x}_i^*$ und die Entlohnungsfunktion s_i entnommen werden. An dem konkreten Zahlenbeispiel wird deutlich, dass der Manager zum einen einen Anreiz erhält, wahrheitsgemäß das von ihm erwartete Ergebnis $E\left(x_i\right)$ zu berichten, und zum anderen dazu angeregt wird, ein höheres Ergebnis zu prognostizieren und zu erzielen, da sein Entgelt mit zunehmendem Erwartungswert der Ergebnisse der verschiedenen Investitionsprojekte überproportional steigt. Letzterer Sachverhalt wird anhand Abbildung 7-9 zusätzlich graphisch veranschaulicht.

Problematisch ist der Einsatz des Anreizschemas von Osband und Reichelstein dann, wenn die Unternehmensleitung auf Basis der Berichte mehrerer Bereichsmanager knappe Ressourcen verteilt. Aufgrund der Mittelinterdependenzen ist dann ein Anreizsystem erforderlich, das die Berichte aller Bereiche berücksichtigt (vgl. Abschnitt 14.2.2).

Grenzen des Anreizschemas von Osband und Reichelstein

Abb. 7-8

Beispielrechnung zum Entlohnungsschema von Osband und Reichelstein

Investitions-projekt i	Umwelt-zustände j (jeweils gleich wahr-scheinlich)	mögliche Ergebnisse und damit Berichte $\hat{x}_{ij}$	$E(x_i)$	s_{ij}	$\hat{x}_i^*$	s_i
				$s_{1j} = 500 - \hat{x}_{1j}^2 + 300 \cdot \hat{x}_{1j}$	$\dfrac{ds_{1j}}{d\hat{x}_{1j}} = -2 \cdot x_{1j}^* + 300 \overset{!}{=} 0$	
$i = 1$	$j = 1$	100	150	$s_{11} = 20.500$	$\hat{x}_{1j}^* = 150$	$s_1 =$
	$j = 2$	150		$s_{12} = 23.000$	$\hat{x}_1^* = 150$	$-22.000 + 300 \cdot x_1$
	$j = 3$	200		$s_{13} = 20.500$		
				$s_{2j} = 500 - \hat{x}_{2j}^2 + 400 \cdot \hat{x}_{2j}$		
$i = 2$	$j = 1$	150	200	$s_{21} = 38.000$	200	$s_2 =$
	$j = 2$	200		$s_{22} = 40.500$		$-39.500 + 400 \cdot x_2$
	$j = 3$	250		$s_{23} = 38.000$		
				$s_{3j} = 500 - \hat{x}_{3j}^2 + 500 \cdot \hat{x}_{3j}$		
$i = 3$	$j = 1$	200	250	$s_{31} = 60.500$	250	$s_3 =$
	$j = 2$	250		$s_{32} = 63.000$		$-62.000 + 500 \cdot x_3$
	$j = 3$	300		$s_{33} = 60.500$		

7.3 Koordination Personalführung – Informationssystem, Planung, Kontrolle
Koordination von Personalführung und Informationssystem

302

Abb. 7-9

Graphische Analyse des Anreizschemas von Osband und Reichelstein

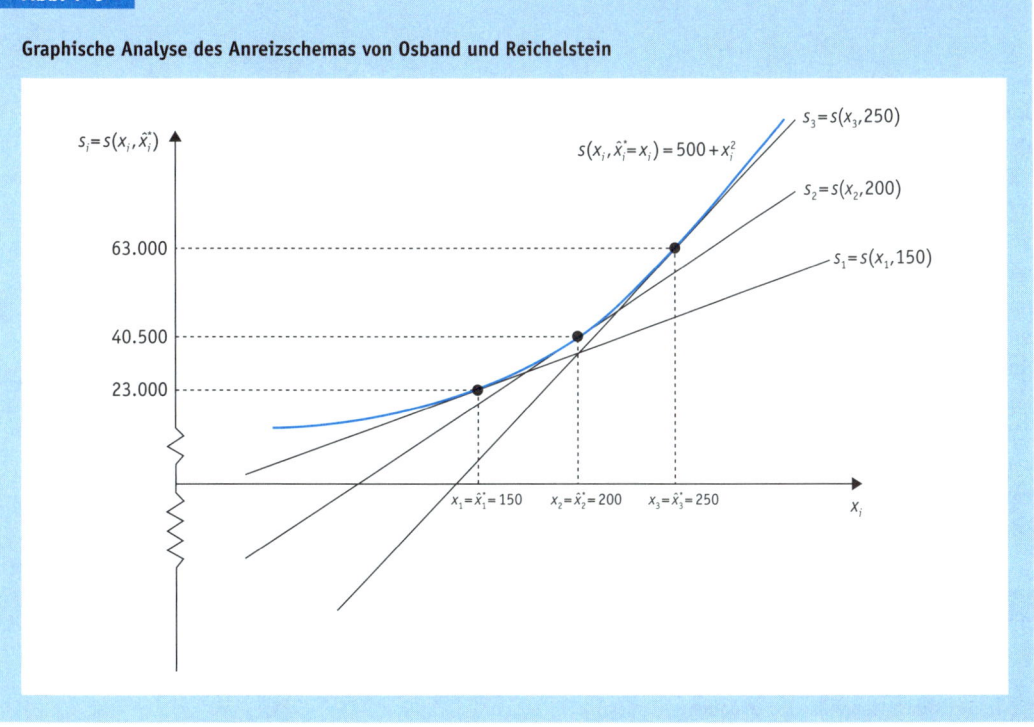

7.3.3.3 Anreize zur Informationsbeschaffung

Principal-Agent-Modell zur Informationsbeschaffung

Zur Gefahr der Fehlinformation kann das Problem der Informationsbeschaffung hinzutreten, das in einem Principal-Agent-Ansatz von Ralf Ewert (vgl. Ewert, 1992) aufgegriffen wird. Er geht von einer in Sparten gegliederten Unternehmung aus, die in beliebiger Höhe Kapital zum Zinssatz r aufnehmen kann. Vereinfacht wird ein Planungshorizont von lediglich einer Periode unterstellt. Die Sparte habe zu deren Anfang das Investitionsvolumen I zu optimieren. Die am Periodenende zu erwartenden Zahlungsüberschüsse $\ddot{u}$ sind risikobehaftet. Ihr Zusammenhang mit I wird über einen zufallsverteilten Vorteilhaftigkeitsparameter v zum Ausdruck gebracht:

$$\ddot{u}(I) = v \cdot f(I) \tag{7-5}$$

$f(I)$ sei dabei eine stets nicht-negative, streng monoton steigende und streng konkave Funktion.

Zielsetzung der Zentrale

Die Zielsetzung der Zentrale liege in der Maximierung des erwarteten Kapitalwerts des von der Sparte realisierten Investitionsprogramms. Spartenmanager und Zentrale werden als risikoneutral unterstellt und weisen im Ausgangszeitpunkt homogene Erwartungen über die Wahrscheinlichkeitsverteilung von v mit dem Erwartungswert μ_0 auf. Daraus ergibt sich der Erwartungswert $\mu_0 \cdot f(I)$

für den Erfolg der Investition. Für die Informationsbeschaffung wird eine Binärvariable angenommen, d. h., der Spartenleiter führt diese Aktivität entweder durch *(IB = 1)* oder nicht *(IB = 0)*. Durch eine Informationsbeschaffung versetzt er sich vom Informationsstand μ_0 in den Informationsstand μ^*, wodurch sein Erwartungswert für den Erfolg der Investition $\mu^* \cdot f(I)$ wird.

Wenn man davon ausgeht, dass die Sparte bei jedem Informationsstand das kapitalwertmaximale Investitionsvolumen realisiert, gelangt sie bei μ_0 zum Investitionsvolumen I_0 und bei μ^* zu I^*. Die Aktivitäten des Spartenleiters und deren Ergebnis sind von der Zentrale nicht beobachtbar. Sie verursachen ihm ein Arbeitsleid in Höhe von *AL*. Dagegen ist die Investitionstätigkeit selbst nicht mit Arbeitsleid verbunden. Vielmehr führt sie für den Spartenleiter zu einer Nutzensteigerung, beispielsweise durch höhere Macht, Ansehen usw. entsprechend der linearen Funktion $\beta \cdot I$. Den am Periodenende erhaltenen Lohn *L* diskontiert der Spartenleiter mit dem Zinssatz *r* auf den Periodenbeginn ab. Sein Nutzen *N* hängt von drei Variablen ab, dem Investitionsvolumen *I*, dem Lohn *L* und seiner als Binärvariable definierten Informationsbeschaffung *IB*. Damit lässt sich seine zu maximierende Nutzenfunktion wie folgt formulieren:

Nutzenfunktion des Spartenleiters

$$N = \beta \cdot I + L \cdot (1+r)^{-1} - IB \cdot AL \tag{7-6}$$

Entsprechend dem Vorgehen in der normativen Principal-Agent-Theorie wird unterstellt, dass der erwartete Nutzen des Spartenleiters bei seiner Tätigkeit mindestens so groß wie ein anderweitig erzielbarer Nutzen N^* sei. Wird ferner unterstellt, dass der nach Informationsbeschaffung aus dem Investitionsvolumen erwartete Nutzen für den Spartenleiter größer als ein Mindestbetrag $N^* - L^*$ ist, so ist für seine Aktivitäten allein die Beziehung

$$E[L] \cdot (1+r)^{-1} - AL \geq L^* \tag{7-7}$$

relevant. Wenn die Unternehmung seine Informationsaktivitäten und deren Ergebnisse beobachten könnte, müsste sie die Mindestzahlung $L^* + AL$ leisten und könnte ihn damit zur Informationsbeschaffung verpflichten. Damit würde ihr Kapitalwert für jeden Informationsstand nach Informationsbeschaffung μ maximiert. Für keinen Informationsstand würde sich eine zu große Investition (»Überinvestition«) lohnen, »weil die Kapitalverluste nicht durch Lohnsenkungen überkompensiert werden können« (Ewert, 1992, S. 290). Deshalb gibt dies die »First-best«-Situation für die Zentrale wieder.

Da die Informationsaktivitäten und deren Ergebnisse jedoch für die Zentrale nicht beobachtbar sind, ist ein Anreizsystem zu suchen, das trotzdem diese Situation herstellen kann. Hierzu wird vereinfachend eine lineare Anreizfunktion mit einem Fixgehalt *F* und einem mit dem konstanten Faktor α proportionalen Betrag zum Residualgewinn *RG* angenommen:

Anreizfunktion

$$L(RG) = F + \alpha \cdot RG \tag{7-8}$$

Den Residualgewinn *RG* berechnet Ewert analog zum »Preinreich-Lücke-Theorem« (vgl. Abschnitt 5.2.2.4) als Differenz zwischen den Zahlungsüberschüssen und dem zu einem zu bestimmenden Lenkungszins θ aufgezinsten Investitionsvolumen *I*:

7.3 Koordination Personalführung – Informationssystem, Planung, Kontrolle
Koordination von Personalführung und Informationssystem

304

$$RG = \ddot{u}(I) - (1+\theta) \cdot I \tag{7-9}$$

Wenn man diesen Ausdruck und den Erwartungswert $\mu^* \cdot f(I)$ für die Zahlungsüberschüsse nach Informationsbeschaffung in die Entlohnungsfunktion $L(RG)$
einsetzt, lautet der erwartete Lohn des Spartenleiters bei Informationsbeschaffung:

$$E[L] = F + \alpha \cdot \left(\mu^* \cdot f(I) - (1+\theta) \cdot I \right) \tag{7-10}$$

Sein erwarteter Nutzen beträgt damit im Falle von Informationsaktivitäten:

$$E[N|IB = 1] = \beta \cdot I + \left(F + \alpha \cdot \left(\mu^* \cdot f(I) - (1+\theta) \cdot I \right) \right) \cdot (1+r)^{-1} - AL \tag{7-11}$$

Wählt man als Lenkungszinssatz

$$\theta = r + (\beta / \alpha) \cdot (1+r) \tag{7-12}$$

wird sein Erwartungsnutzen zu:

$$E[N|IB = 1] \tag{7-13}$$

$$= \beta \cdot I + \left(F + \alpha \cdot \mu^* \cdot f(I) - \alpha \cdot \left(1 + r + (\beta / \alpha) \cdot (1+r)\right) \cdot I \right) \cdot (1+r)^{-1} - AL$$

$$= \beta \cdot I + F \cdot (1+r)^{-1} + \alpha \cdot \mu^* \cdot f(I) \cdot (1+r)^{-1} - \alpha \cdot I \cdot (1 + \beta / \alpha) - AL$$

$$= F \cdot (1+r)^{-1} + \alpha \cdot \left(\mu^* \cdot f(I) - (1+r) \cdot I \right) \cdot (1+r)^{-1} - AL$$

$$= F \cdot (1+r)^{-1} + \alpha \cdot K(\mu^*, I) - AL$$

Steuerung über
Beteiligungsparameter

In (7-13) gibt $K(\mu^*, I)$ den erwarteten Kapitalwert des Investitionsvolumens I
beim Wissen μ^* an. Durch die Erhöhung des Lenkungszinssatzes θ gemäß Gleichung (7-12) über den Marktzinssatz r hinaus wird der Nutzen des Spartenleiters allein vom Kapitalwert des Investitionsprogramms abhängig.

Der Parameter α muss so gewählt werden, dass der Erwartungsnutzen des
Spartenleiters durch eine Informationsbeschaffung gesteigert wird. Ohne Informationsaktivitäten *(IB = 0)* beträgt sein Erwartungsnutzen:

$$E[N|IB = 0] = F \cdot (1+r)^{-1} + \alpha \cdot K(\mu_o, I_o) \tag{7-14}$$

Für diesen Fall ergibt sich der Beteiligungsparameter α

$$\alpha \geq \alpha_{min} = \frac{AL}{E[K(\mu^*, I^*)] - K(\mu_o, I_o)} \qquad \left(0 < \alpha_{min} < 1 \right). \tag{7-15}$$

Dieser Wert muss kleiner als 1 sein, da sonst die Informationsbeschaffung für
die Zentrale unvorteilhaft wird. Setzt man α über dem Mindestwert α_{min} an,
kann das fixe Gehalt so festgelegt werden, dass die Bedingung

$$E[N|IB = 1] = F \cdot (1+r)^{-1} + \alpha \cdot E[K(\mu^*, I^*)] - AL = L^* + \beta \cdot E[I^*] \tag{7-16}$$

erfüllt ist. Mit einem solchen Anreizsystem wird der Manager bei einer maximalen Entlohnung von $L + AL$

▸ zur Informationsbeschaffung und
▸ zum kapitalwertmaximalen Investitionsvolumen für jedes μ

motiviert. Die spezifische Eigenschaft des Anreizsystems liegt darin, dass der »Lenkungszins« θ »*stets oberhalb* der eigentlichen (Grenz-)Kapitalkosten *r* (liegt), obwohl keine *Kapitalknappheit* besteht« (Ewert, 1992, S. 293).

7.3.4 Steuerungsorientierte Systeme der Kosten- und der Erfolgsrechnung

Die Beziehungen zwischen Personalführung und Informationssystem sind eine wichtige Grundlage für die Gestaltung der Unternehmensrechnung. Sie kommen in dem Rechnungszweck der Bereitstellung von Informationen zur Steuerung zum Ausdruck, wie er vor allem für die Kosten- und Erlösrechnung als interne Erfolgsrechnung gefordert wird. Dennoch ist er bislang in geringerem Umfang als der Planungs- und der Kontrollzweck in ihr berücksichtigt worden.

Rechnungszweck Steuerung

7.3.4.1 Standardkostenrechnung

Die Standardkostenrechnung (vgl. Kosiol, 1975b, S. 22 ff.; Schweitzer/Küpper, 2011, S. 683 ff.) ist auf die Steuerung und Kontrolle der mittleren und unteren Instanzen gerichtet. Die in ihr ermittelten Plankosten werden als Maßstab oder Standard vorgegeben, an dem die mengenmäßige Wirtschaftlichkeit oder Technizität der einzelnen Stellen und ihrer Prozesse gemessen wird. Um dies zu erreichen, sollen die Plankosten nur jene Kosten umfassen, deren Höhe von den Entscheidungen und dem Handeln dieser Instanzen abhängig ist. Einflüsse von außerhalb der Unternehmung und der jeweiligen Stellen sind weitgehend auszuschalten. Man will die innerbetrieblichen Mengenverbräuche erfassen. Deshalb werden die Einsatzmengen mit Festpreisen bewertet und Marktpreisschwankungen eliminiert. Ferner sollen die jeweils günstigsten Einsatzmengen vorgegeben werden. Als wichtigste Einflussgröße bildet die Beschäftigung dabei die einzige Variable der Kostenfunktion. Mit ihr lassen sich die im Planungszeitpunkt bestimmten Plankosten (der Planbeschäftigung) auf Sollkosten als den geplanten Kosten der Istbeschäftigung umrechnen. Die Differenz zwischen den zu Festpreisen bewerteten Istkosten und den Sollkosten ergibt die vom Kostenstellenleiter zu verantwortende Verbrauchsabweichung.

Merkmale der Standardkostenrechnung

Dem Konzept, dass die jeweils günstigsten Kosten zum Standard und Maßstab gewählt werden, entspricht die Festlegung der Planbeschäftigung als Optimalbeschäftigung. Sie ist die »wirtschaftlich vertretbare, *real mögliche* Höchstausbringung ...« (Kosiol, 1975a, S. 61). Dabei kann es sich um die Optimalbeschäftigung des Gesamtbetriebes oder der betrachteten Kostenstelle handeln. Daneben wird auch von einer durchschnittlich erzielbaren, mittleren Kapazitätsausnutzung als Normalbeschäftigung ausgegangen.

Optimalbeschäftigung als Planbeschäftigung

Das Instrumentarium zur Bestimmung von Standardkosten ist in der traditionellen Vollkostenrechnung weit ausgebaut worden (vgl. Kosiol, 1979, S. 245 ff.; Schweitzer/Küpper, 2011, S. 279 ff.; Kilger, 1988, S. 135 ff.). Jedoch kann man auch in Teilkostenrechnungen (Kilger, 1988, S. 69 ff.) zwischen steuerungsorientierten Standard- und planungsorientierten Prognosekosten

Anreizwirkungen der Standardkostenrechnung

7.3 **Koordination Personalführung – Informationssystem, Planung, Kontrolle**
Koordination von Personalführung und Informationssystem

306

unterscheiden. Die Anreizwirkungen der Standardkostenrechnung erscheinen nach den Erkenntnissen des Behavioral Accounting und der Principal-Agent-Theorie zumindest zweifelhaft. Sie geht zu sehr von den technisch günstigsten Güterverbräuchen aus und vernachlässigt Verhaltensaspekte. Daher ist fraglich, ob die mit diesem Konzept angestrebte Steuerungswirkung erreicht werden kann.

7.3.4.2 Zielkostenrechnung (Target Costing)

Bedeutung für Produkt- und Prozessgestaltung

Während die Standardkostenrechnung auf die Steuerung der laufenden Produktionsprozesse gerichtet ist, liegt der Ansatzpunkt für die »Zielkostenrechnung« (vgl. Makido, 1989; Tanaka, 1989; Horváth/Seidenschwarz, 1992; Horváth/Niemand/Wolbold, 1993; Seidenschwarz, 1993) in erster Linie in den ihnen vorgelagerten Aktivitäten der Produkt- und Prozessgestaltung. Ein wichtiger Auslöser für ihre Entwicklung bestand in der Erkenntnis, dass mit der Entwicklung und Konstruktion von Produkten i.d.R. schon bis zu 70% der späteren Fertigungskosten festgelegt werden. Mit der periodischen Kostenrechnung, welche die Prozesse der laufenden Produktion erfasst, kann nur noch ein geringer Anteil der Gesamtkosten verändert werden. Deshalb möchte man die Beeinflussung der Kostenhöhe früher ansetzen. Ferner müssen sich die Produktkosten an den am Markt durchsetzbaren Preisen ausrichten. Der Grundgedanke der Zielkostenrechnung besteht darin, dass man Zielkosten bestimmt und vorgibt, die der Entwicklung, Konstruktion und Fertigung als Leitlinien dienen. In Japan, wo dieses Konzept besonders verbreitet ist, werden solche Vorgaben durchweg für die Fertigung und in geringerem Umfang für die Konstruktion sowie den Vertrieb gesetzt (vgl. Franz, 1992, S. 1500).

Marktorientierung

Die Zielkosten können gemäß Abbildung 7-10 aus verschiedenen Bereichen hergeleitet werden (vgl. Seidenschwarz, 1991, S. 199). Eine hohe Marktorientierung wird bei der Ableitung aus dem Markt oder den Kosten der Konkurrenz gewährleistet. Demgegenüber ist mit einer Ableitung aus den Kosten der Einsatzgüter oder den eigenen Standardkosten noch keine Durchsetzbarkeit am Markt verbunden. Dann kann die Zielkostenvorgabe lediglich erreichen, dass sich die von der Konstruktion abhängigen Fertigungskosten in einem vorgegebenen Rahmen halten. Mit der Orientierung sowohl an den Kosten der Einsatzgüter als auch den erzielbaren Marktpreisen werden von Beginn an beide für die Erfolgserzielung maßgeblichen Sichtweisen berücksichtigt.

Zielkostenbestimmung

Die Zielkostenbestimmung wird in mehreren Schritten vollzogen (vgl. Horváth/Seidenschwarz, 1992, S. 145 ff.). Zuerst bestimmt man die verschiedenen Funktionen des geplanten Produkts. Hierbei lassen sich sowohl »harte« Funktionen für den Grundnutzen als auch »weiche« Funktionen für den Zusatznutzen berücksichtigen. Diese werden anschließend über Kundenbefragungen o.Ä. nach ihrer Bedeutung so gewichtet, dass die Summe jeweils 100% ergibt. Dabei kann es zweckmäßig sein, harte und weiche Funktionen jeweils für sich zu betrachten. In weiteren Schritten stellt man in einem Grobentwurf die Produktkomponenten zusammen. Für diese schätzt man einerseits die Erfüllung der Funktionen und andererseits ihre Kostenanteile. Dann werden die Komponenten den

---

Abb. 7-10

Arten der Zielkostenbestimmung

Arten der Zielkosten-bestimmung	Ableitung aus	Markt-orientierung	Einsetzbarkeit für	
			innovative Neuprodukte	Marktstandard-produkte
Market into Company	erzielbaren Marktpreisen	sichergestellt	empfehlenswert	möglich
Out of Company	konstruktions- und fertigungs-technischen Faktoren	möglich	möglich	möglich
Into and out of Company	Marktpreisen und technischen Faktoren	möglich	möglich	möglich
Out of Competitor	Kosten der Konkurrenz	sichergestellt	nicht möglich	empfehlenswert
Out of Standard Costs	eigenen Standardkosten	möglich	möglich	möglich

---

(harten sowie den weichen) Funktionen des Produkts zugeordnet. Durch Addition der gewichteten Einzelkomponenten gelangt man zu einem Zielkostenindex.

Dieses Vorgehen kann an einem einfachen Beispiel veranschaulicht werden. Ein Phasenprüfer bestehe aus den drei Komponenten Glimmlampe, Kontaktstift und Kunststoffgehäuse. Seine wichtigsten Funktionen seien Sicherheit und Anzeigezuverlässigkeit. Die relative Bedeutung der beiden Funktionen für den Endverbraucher wird mit 0,8 für Sicherheit und 0,2 für Anzeigezuverlässigkeit angenommen. Die Erfüllbarkeit der Funktionen durch die Komponenten ist in Abbildung 7-11 wiedergegeben. Multipliziert man für jede Komponente den Erfüllungsgrad mit dem Funktionsgewicht und addiert diese Werte, so erhält man ihr Teilgewicht. Dividiert man dieses durch den aus Abbildung 7-11 ersichtlichen Kostenanteil der Komponente, so erhält man ihren »Zielkostenindex«.

Beispiel

Abb. 7-11

Zielkostenindex für Komponenten

Komponenten	Kosten-anteil	Erfüllbarkeit		Teil-gewicht	Zielkosten-index
		Sicherheit (0,8)	Anzeige-zuverlässigkeit (0,2)		
Glimmlampe	20	10	70	22	1,1
Kontaktstift	30	10	25	13	0,43
Kunststoffgehäuse	50	80	5	65	1,3
	100 %	100 %	100 %	100 %	

7.3 Koordination Personalführung – Informationssystem, Planung, Kontrolle
Koordination von Personalführung und Informationssystem

308

Der Zielkostenindex ist ein Indikator dafür, inwieweit die Kosten einer Produktkomponente deren relativer Bedeutung entsprechen. Ist er kleiner (größer) als eins, so ist die betreffende Komponente eher zu teuer (billig). Da eine solche Aussage höchstens näherungsweise gelten kann, legt man entsprechend Abbildung 7-12 eine Zielkostenzone um den Index von eins fest.

Zielkostenzone

Man versucht, eine optimale Zielkostenzone zu bestimmen, in der sich die Indices der einzelnen Komponenten befinden sollten. Zweckmäßigerweise weicht das relative Funktionsgewicht umso weniger vom Kostenanteil ab, je größer es ist. Wenn die Zielkostenindices für Produktkomponenten oberhalb (unterhalb) der Zone liegen, bringt dies ein Kostensenkungs- (Funktionsverbesserungs-)Potenzial zum Ausdruck.

In diesem Konzept werden Elemente der Funktionsanalyse, Kostenzuordnung und Problemlösung aufgenommen, wie sie aus der Wertanalyse (vgl. Abschnitt 11.4.2.2 sowie Korte, 1977, S. 56 ff.; Jehle, 1991, S. 290 ff.) bekannt sind. Wie diese ist es bei der Verbesserung von Produkten sowie der Entwick-

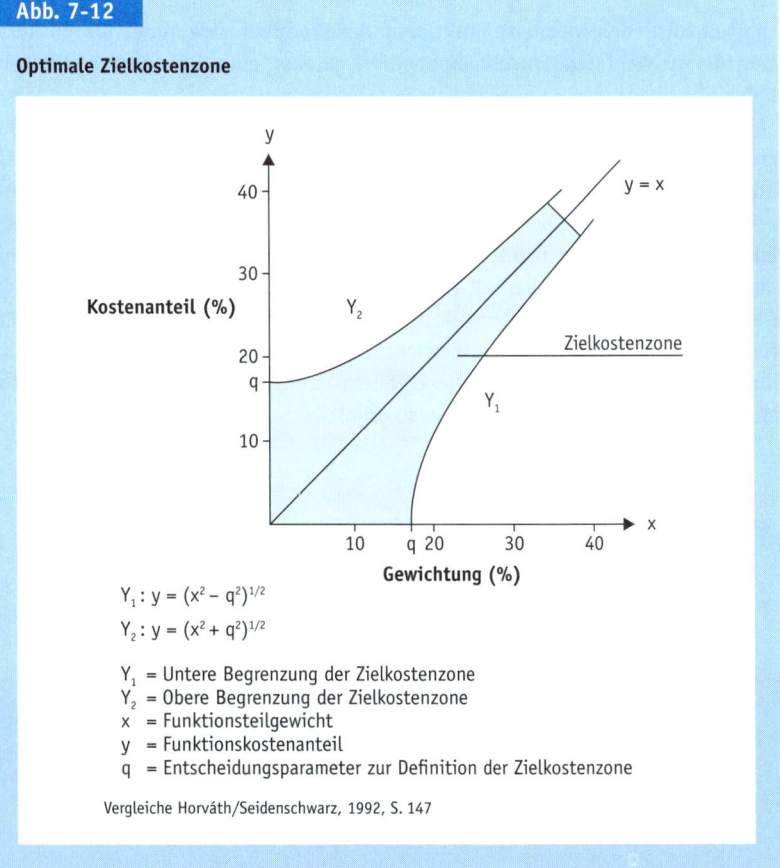

Abb. 7-12

Optimale Zielkostenzone

$Y_1 : y = (x^2 - q^2)^{1/2}$

$Y_2 : y = (x^2 + q^2)^{1/2}$

Y_1 = Untere Begrenzung der Zielkostenzone
Y_2 = Obere Begrenzung der Zielkostenzone
x = Funktionsteilgewicht
y = Funktionskostenanteil
q = Entscheidungsparameter zur Definition der Zielkostenzone

Vergleiche Horváth/Seidenschwarz, 1992, S. 147

lung neuer Produkte anwendbar. Ferner kann es zur erstmaligen Planung und zur Verbesserung von Produktionsprozessen genutzt werden.

An seinen Merkmalen zeigt sich ein deutlicher Unterschied gegenüber den gängigen Kostenrechnungen. Die Zielkostenrechnung dient nicht der laufenden Beeinflussung von stellen- und/oder produktbezogenen Periodenkosten. Vielmehr ist sie ein Konzept zur mittel- bis längerfristigen Kostensteuerung. Hierzu berücksichtigt sie den Zusammenhang zwischen Konstruktion und Fertigung. Ihr maßgeblicher Ansatzpunkt ist die Vorgabe von Zielgrößen, die vor allem aus dem Markt hergeleitet werden. Mit der Zielkostenrechnung sollen in erster Linie das Verhalten in der Konstruktion und der Einsatz in der Fertigung beeinflusst werden. Bei der Wahrnehmung dieser Steuerungsfunktion orientiert sie sich stärker an technischen Gesichtspunkten als an menschlichen Verhaltensaspekten. Insofern ist sie nur indirekt ein Instrument der Personalführung.

Unterschied zu gängigen Kostenrechnungen

7.3.4.3 Anreizverträgliche innerbetriebliche Periodenerfolgsrechnung

Der in der Erfolgsrechnung ermittelte Periodengewinn liefert eine Zielgröße, auf welche man die Entscheidungen ausrichten will. Bei dezentraler Organisation bietet daher die Einrichtung bereichsbezogener Erfolgsrechnungen einen Ansatz zur Steuerung der weitgehend selbständigen Bereiche. Eine entsprechende Wirkung auf die dezentralen Entscheidungsträger wird vor allem erreicht, wenn die ermittelte Erfolgsgröße für sie mit Anreizen z. B. in Form von Entlohnung, Prämien, Karrierechancen usw. verbunden ist. Für die Anreizwirkung sind damit auch psychologische Faktoren relevant. Deshalb ist nicht einsichtig, warum Bereichserfolgsrechnungen keine Anreizsysteme seien, welche die Entscheidungsfreiheit nicht »inhaltlich über psychische Beeinflussungen wieder einengen« (Schneider, 1988a, S. 1183).

Steuerung durch bereichsbezogene Erfolgsrechnungen

Grundsätze für eine anreizverträgliche innerbetriebliche Erfolgsrechnung bei dezentraler Organisation sind von Dieter Schneider vorgeschlagen worden. Durch sie sind die Einflüsse längerfristig wirksamer Entscheidungen so in den Bereichserfolgsrechnungen zu berücksichtigen, dass man »eine bessere freiwillige Abstimmung der unterschiedlichen Entscheidungsfelder« (Schneider, 1988a, S. 1183) von Unternehmensleitung (als Principal) und Bereichsleitung (als Agent) erreicht. Sie sind ein Ansatz, um die strategischen Vorgaben der Zentrale mit den operativen Entscheidungen der Bereiche zu koordinieren. Die vorgeschlagene Wirtschaftsrechnung bezeichnet er als anreizverträglich, weil sie die Stellung am Markt sowie künftige Ertragschancen zumindest tendenziell richtig wiedergibt, Manipulationsspielräume vermindert und die Bereichsleiter am Erfolg gemessen werden können.

Grundsätze des Konzepts anreizverträglicher innerbetrieblicher Erfolgsrechnung

Da eine solche Bereichserfolgsrechnung möglichst leicht umsetzbar sein soll, schlägt Schneider vor, sie zumindest in einer ersten Ausbaustufe als Anhang-Lösung zur gängigen Betriebsbuchhaltung zu verwirklichen (vgl. Schneider, 1988b, S. 1371 ff.). Diese umfasst die Nebenrechnungen für die Bestimmung

Anhang-Lösung zur Betriebsbuchhaltung

- des Wirtschaftsergebnisses,
- des zweckgebundenen Risikokapitals und
- der Planabweichungen,

7.3 Koordination Personalführung – Informationssystem, Planung, Kontrolle
Koordination von Personalführung und Informationssystem

310

die sich als Salden bzw. Endbestände der internen Wirtschaftsrechnung, des Fonds für zweckgebundenes Kapital und des Fonds für Planabweichungen ergeben. Deren Aufbau und wichtigste Positionen sind aus Abbildung 7-13 ersichtlich. Die Fonds treten an die Stelle einer Verrechnung kalkulatorischer Wagnisse.

Die Abzinsung künftig anfallender Zahlungen soll mit einem einheitlichen, nicht nach Risikoklassen differenzierten Kalkulationszinssatz vorgenommen werden. Dafür wird unterstellt, dass die Finanzierung zentral erfolgt. Ferner nimmt man an, dass die Planvorgaben der Zentrale auf Investitionsrechnungen mit Kapitalwerten oder entsprechenden Zielgrößen basieren.

Die Koordination zwischen Zentrale und Bereich erfordert eine stärkere Beachtung der längerfristigen Wirkungen dezentraler Entscheidungen. Hierzu muss man sich insbesondere vom handelsrechtlichen Realisationsprinzip und vom Vorsichtsprinzip lösen. In der dezentralen Rechnung sollen sich die Konsequenzen der Entscheidungen und Einschätzungen des Bereichs niederschlagen.

Abb. 7-13

Bereichserfolgsrechnung als Anhang zur Betriebsbuchhaltung

A.	Interne Wirtschaftsrechnung (Wirtschaftsergebnis)	€
A.1	Ergebnis der Betriebsbuchhaltung	
A.2	Korrekturen wegen Vorwegnahme drohender Verluste	
A.3	Außerplanäßige Gewinne und Verluste (Einstellungen in den Fonds für Planabweichungen)	
A.4	Vermietete Erzeugnisse A.4a Neutralisierung der Betriebsbuchhaltung A.4b Ertragspotenzial	
A.5	Annuität des Ertragspotenzials mehrjähriger Auftragsproduktionen	
A.6	Planmäßige Abschreibungen auf FuE-Investitionen	
A.7	Goodwill in zu konsolidierenden Beteiligungen	
A.8	Nicht im Ergebnis der Betriebsbuchhaltung vorweggenommene Zuführungen zum Fonds zweckgebundenen Risikokapitals	
A.9	Wirtschaftsergebnis (Saldo)	

B.	Fonds für zweckgebundenes Risiko-kapital	€
B.1	Anfangsbestand	
B.2	Korrekturen zum Ergebnis der betrieblichen Erfolgsrechnung (A.2) B.2a Neutralisierung B.2b Umbewertung	
B.3	Zuführungen aus dem Wirtschaftsergebnis (A.8)	
B.4	Neutralisierung von Planabweichungen wegen Ablaufs einer Planperiode (C.5)	
B.5	Endbestand	

C.	Fonds für Planabweichungen	€
C.1	Anfangsbestand	
C.2	Realisierte außerplanmäßige Gewinne und Verluste	
C.3	Änderungen des Ertragspotenzials aufgrund Neuzugangs von Wissen	
C.4	Planabweichungen bei FuE-Investitionen	
C.5	Neutralisierung wegen Ablaufs einer Planperiode (B.4)	
C.6	Endbestand	

Abb. 7-14

Mehrperiodige Vermietung von Erzeugnissen

Auszahlung für Herstellung	−10.000
Fremdkapitalzinsen auf Herstellung	600
Zinszahlungen während der Vermietungsphase	10 % des Restbuchwertes

Gewinnwirkung in der Handelsbilanz

Jahr	1	2	3
Abschreibung		−5.000	−5.000
Zinsen	−600	−1.000	−500
Einzahlungsüberschüsse		+9.000	+9.000
Gewinnwirkung	−600	+3.000	+3.500

Gewinnwirkung in der Wirtschaftsrechnung

Jahr	1	2	3
Zahlungsstrom	−10.600	+9.000	+9.000
Ertragswert	+15.620	+8.182	
Ertragswertabschreibung		−7.438	−8.182
Ökonomischer Gewinn	+5.020	+1.562	+818

Fonds für zweckgebundenes Risikokapital	
Neutralisierung (B.2a)	5.620
an Wirtschaftsergebnis	
Neutralisierung der Betriebsbuchhaltung (A.4a)	600
Ertragspotenzial (A.4b)	5.020

Hierzu formuliert Schneider vier Grundsätze der internen Wirtschaftsrechnung zur

Grundsätze der internen Wirtschaftsrechnung

▶ Erfolgsrealisation,
▶ Periodisierung,
▶ Verlustvorwegnahme und
▶ zur imparitätischen Behandlung von Ermessensspielräumen.

Nach dem internen Realisationsprinzip sollen Erfolge dann ausgewiesen werden, wenn die unternehmerische Marktleistung erbracht ist. Dies ist der Zeitpunkt des Vertragsabschlusses mit dem Nachfrager. Dabei muss man unterscheiden, ob in ihm die Produktion vollzogen ist oder nicht. Im ersten Fall, wie er z. B. bei mehrperiodiger Lieferung oder Leistung vorliegt, soll zu diesem Zeitpunkt ein Ertragspotenzial in Form des Kapitalwertes verrechnet werden. Die Abfolge der Periodengewinne ergibt sich aus dem Kapitalwert in der Periode des Vertragsabschlusses und dem ökonomischen Gewinn (vgl. Abschnitt 5.2.2.3). Das Vorgehen ist beispielhaft aus Abbildung 7-14 ersichtlich, in welcher der Zahlungsstrom bei einem Zins von 10 % zu den angegebenen Ertragswerten und ökonomischen Gewinnen führt. Das Ergebnis der Wirtschaftsrechnung lässt sich dabei als Summe des Kapitalwertes im Jahr 1 und der ökonomischen Gewinne

Internes Realisationsprinzip

7.3 Koordination Personalführung – Informationssystem, Planung, Kontrolle
Koordination von Personalführung und Informationssystem

312

der Jahre 2 und 3 ermitteln. Diese wiederum erhält man durch eine Verzinsung des Ertragswertes zu Beginn eines betrachteten Jahres. Die Ertragswertabschreibung berechnet sich dann als Differenz von Einzahlungen und ökonomischem Gewinn.

Die interne Wirtschaftsrechnung geht entsprechend Abbildung 7-13 von dem Ergebnis der betrieblichen Erfolgsrechnung aus. Dieses ist um Positionen zu neutralisieren, die durch den neuen Erfolgswert, den Kapitalwert, ersetzt werden. Deshalb ist in dem betrachteten Beispiel das betriebsbuchhalterische Ergebnis nicht nur um den Kapitalwert, sondern auch um den Zinsaufwand der ersten Periode zu erhöhen. Der Gesamtbetrag wird gleichzeitig in den Fonds für zweckgebundenes Risikokapital gebucht. Dort bringt er zum Ausdruck, dass die erwartete Gewinnrealisation noch mit Risiko behaftet ist. In den Folgeperioden sind die auf diesen Prozess zurückzuführenden handelsrechtlichen Gewinnwirkungen beim Wirtschaftsergebnis zu neutralisieren. Stattdessen können die ökonomischen Gewinne angesetzt werden. Mit der Einnahmenrealisierung nimmt das Risiko für den Kapitaleinsatz ab. Deshalb liegt es nahe, das zweckgebundene Risikokapital im entsprechenden Fonds zu verringern.

Ist die Produktion demgegenüber (z. B. bei mehrjähriger Auftragsproduktion) noch nicht vollständig durchgeführt, kann das Potenzial nicht insgesamt angesetzt werden. Vielmehr soll es durch Umwandlung des Kapitalwerts in eine Annuität verrentet werden. Die Berechnung wird in dem Beispiel von Abbildung 7-15 veranschaulicht.

Internes Periodisierungsprinzip

Die Verrentung des Kapitalwerts von +3.215 aus der Zahlungsreihe –11.000 im Jahr 1, +2.000 im Jahr 2 und +15.000 im Jahr 3 führt mit Hilfe des Wiedergewinnungsfaktors für eine dreijährige Rente bei einem Zinssatz von 10 % (= 0,4021) zu Periodengewinnen von jeweils 1.175.

Abb. 7-15

Mehrjährige Auftragsproduktion

Leistungswirtschaftlicher Zahlungsstrom

Jahr	1	2	3
Auftragsbezogene Auszahlungen	–10.000	–10.000	
Zinszahlungen	–1.000		
Einzahlungen		+12.000	+15.000
Zahlungssaldo	–11.000	+2.000	+15.000
Kapitalwert am Ende des 1. Jahres: +3.215			

Gewinnwirkung in der Wirtschaftsrechnung

Dreijährige Rente
$$\frac{3.215}{1,1} \cdot \frac{0,1 \cdot (1+0,1)^3}{(1+0,1)^3 - 1} = 2.923 \cdot 0,4021 = 1.175$$

Jahr	1	2	3
Gewinnwirkung	+1.175	+1.175	+1.175

Das interne Periodisierungsprinzip sorgt dafür, dass alle immateriellen Wirtschaftsgüter, nicht nur die entgeltlich erworbenen, gleichmäßig auf die Dauer ihrer Nutzung verteilt werden. Ein derartiges Vorgehen ist insbesondere für die als Investitionsvorhaben eingestuften Forschungs- und Entwicklungsprojekte wichtig. Dabei sieht Schneider vor, dass die Rechnung nur für solche immateriellen Wirtschaftsgüter vorgenommen wird, die eine zu definierende Größenordnung erreichen. Wenn bei ihnen Planänderungen auftreten, sollen sich diese nicht im Wirtschaftsergebnis, sondern im Fonds für Planabweichungen niederschlagen.

Dies lässt sich an dem in Abbildung 7-16 dargestellten Beispiel veranschaulichen. In ihm wird neben den laufenden FuE-Auszahlungen von 400 eine Anfangsinvestition von 1.200 auf die Jahre bis zur Marktreife verteilt. Das Wirtschaftsergebnis wird zusätzlich um die laufenden Auszahlungen in diesen Jahren und um die Abschreibungen für die anteilige Anfangsinvestition verrin-

---

Abb. 7-16

FuE-Investitionen mit vorzeitiger Einstellung

Gewinnwirkung in der Handelsbilanz				
Jahr	1	2	3	4
Gewinnwirkung	−1.600	−400	−400	

Gewinnwirkung in der Wirtschaftsrechnung				
Jahr	1	2	3	4
Laufende Auszahlungen	−400	−400	−400	
Abschreibungen	−300	−300	−300	−300
Gewinnwirkung	−700	−700	−700	−300

Jahr 1
Fonds für zweckgebundenes Risikokapital
   FuE-Investitionen (B.2b)   1.200
an Wirtschaftsergebnis
   Planmäßige Abschreibungen auf FuE-Investitionen (A.6)   1.200

Wirtschaftsergebnis (A.6)   300
an Fonds für zweckgebundenes Risikokapital (B.2b)   300

Jahr 3
Wirtschaftsergebnis (A.6)   300
an Fonds für zweckgebundenes Risikokapital (B.2b)   300

Fonds für Planabweichungen
   Planabweichungen bei FuE-Investitionen (C.4)   300
an Wirtschaftsergebnis (A.6)   300

Jahr 4
Wirtschaftsergebnis (A.6)   300
an Fonds für Planabweichungen (C.4)   300

7.3 Koordination Personalführung – Informationssystem, Planung, Kontrolle
Koordination von Personalführung und Informationssystem

314

gert, um die es im ersten Jahr erhöht werden muss. Die Anfangsinvestition wird in der ersten Periode als zweckgebundenes Risikokapital gebucht, das während der Laufzeit um die entsprechenden Abschreibungen vermindert wird. Erweist sich die Investition beispielsweise im 3. Jahr als erfolglos, so bleibt die ursprüngliche Abschreibung bis zur 4. Periode bestehen. Sie wird nun jedoch in dem Fonds für Planabweichungen gegengebucht, der damit zeigt, dass sich der Bereich getäuscht hat. Diesen negativen können positive Planabweichungen gegenübertreten, die aus einer Unterschätzung positiver Entwicklungen folgen.

Interne Verlustvorwegnahme

Der interne Grundsatz der Verlustvorwegnahme besagt, dass Aufwendungen zur Vorwegnahme drohender Verluste beispielsweise bei kalkulatorischen Wagnissen und Rückstellungsbildung nicht das Wirtschaftsergebnis, sondern das zweckgebundene Risikokapital berühren sollen. Im Unterschied zum Imparitätsprinzip soll die Wirtschaftsrechnung realisierte Gewinne *und* Verluste ausweisen, um sie von Schätzungsermessen frei zu halten. Dagegen werden drohende Verluste im Fonds für zweckgebundenes Kapital gesondert dargestellt. Dieser ist z. B. aus Investitionen gebildet und wird als Risikokapitalvorsorge begriffen. Sind beispielsweise die Wiederbeschaffungskosten von Beständen unter die Anschaffungskosten gesunken, so ist die in der Buchhaltung vorgenommene Abschreibung durch eine entsprechende Belastung des zweckgebundenen Risikokapitals zu neutralisieren. Das Wirtschaftsergebnis und demgemäß das zweckgebundene Risikokapital werden erst verringert, wenn der Verlust tatsächlich eintritt. Wurde er falsch prognostiziert, so ist eine entsprechende Buchung in den Fonds für Planabweichungen vorzunehmen. Schneider (1988, S. 1380 f.) analysiert die verschiedenen Möglichkeiten und ihre Erfassung im Wirtschaftsergebnis und den Fonds.

Interne imparitätische Behandlung von Ermessensentscheidungen

Die Neutralisierung von Fehleinschätzungen ist der Zweck des internen Grundsatzes einer imparitätischen Behandlung von Ermessensentscheidungen. Deshalb sind Planabweichungen für realisierte außerplanmäßige Verluste und Gewinne oder aufgrund eines neuen Wissensstandes in den Fonds für Planabweichungen einzubringen. Durch diese Regel wird das Wirtschaftsergebnis von vorsichtigen Wertansätzen freigehalten, da betonte Vorsicht zwar für die externe Rechnungslegung, aber nicht für unternehmerisches Handeln maßgebend sein sollte. Der Bereichsleiter hat dann nicht die Möglichkeit, sein Wirtschaftsergebnis in schlechten Jahren durch die Auflösung stiller Reserven in guten Jahren zu verbessern. Ist beispielsweise eine außerplanmäßige Abschreibung vorzunehmen, so wird sie dem Fonds für Planabweichungen belastet und das Wirtschaftsergebnis in entsprechendem Umfang erhöht.

Analyse des Konzepts

In dem Konzept von Schneider ist eine Reihe von Regelungen enthalten, welche die Bedeutung des Steuerungsaspekts für die Erfolgsrechnung aufzeigen. Die Aufspaltung in drei verschiedene Rechnungen führt zu Größen, die als Indikatoren für unterschiedliche Entscheidungsaspekte interpretierbar sind. Das Wirtschaftsergebnis gibt die realisierten Gewinne oder Verluste wieder, an denen der Bereichsleiter besser zu messen ist, da er sie weniger manipulieren kann. Der Fonds für zweckgebundenes Risikokapital ist ein Hinweis auf die in längerfristigen Geschäften enthaltenen Risiken, die im Wirtschaftsergebnis als

Erfolge ausgewiesen werden. Durch den Fonds für Planabweichungen, dessen Höhe sich entsprechend der positiven und negativen Fehleinschätzungen verändert, erhält man einen Hinweis darauf, wie zuverlässig die Prognosen des Bereichs sind und inwieweit sie sich gegenseitig ausgleichen.

Mit der Bemessung von künftigen Erfolgswirkungen am Kapitalwert wird ein Bezug zur internen längerfristigen Investitions- und Erfolgsrechnung hergestellt. Damit wird das investitionstheoretische Konzept in eine recht einfache, pragmatisch aufgebaute Nebenrechnung eingeführt. Hieran wird deutlich, dass sich zur Verknüpfung mit längerfristigen Wirkungen ein Übergang auf dieses Konzept anbietet.

Investitionstheoretischer Aspekt

Die anreizverträgliche Wirtschaftsrechnung erweist sich als Konzept, das grundlegende Einsichten der Investitionstheorie und der Principal-Agent-Theorie in praktikable Regelungen umzuformen sucht. Es zeigt damit den Weg, wie man von theoretischen Ansätzen zu konkret umsetzbaren Instrumenten gelangen kann. Dennoch scheint der Vorschlag in einer Zahl von Komponenten noch nicht genügend fundiert und konkretisiert. So lässt sich die Anreizwirkung der drei Nebenrechnungen und ihrer Endgrößen ohne genauere Spezifizierung eines Anreizsystems nur schwach abschätzen. Die vier allgemeinen Grundsätze sind bisher nur auf Einzelfälle angewandt worden, die teilweise – wie die Vermietung von Erzeugnissen – begrenzt repräsentativ sind. Wichtige Probleme wie die Behandlung von Sachinvestitionen sollten analysiert werden. Auch leuchtet die pragmatische Aufzählung unterschiedlicher Regelungsmöglichkeiten für denselben Vorgang nicht durchweg ein. Deshalb ist in diesem Vorschlag noch kein direkt realisierbares Konzept einer steuerungsorientierten Bereichserfolgsrechnung, sondern im Sinne von Schneider ein Denkanstoß zu sehen.

Bewertung des Konzepts

7.4 Koordination der Personalführung mit Planung und Kontrolle

Eine Koordination der Personalführung mit Planung und Kontrolle ist insbesondere dann erforderlich, wenn Pläne in Vorgaben für Organisationseinheiten umgesetzt werden und die Erreichung dieser Vorgaben kontrolliert wird. Werden mit den Planvorgaben Anreize verknüpft, so sollte sich das Anreizsystem an den Belangen der Planung und Kontrolle orientieren. Bei der Ausgestaltung des Anreizsystems sind als Bestimmungsgrößen insbesondere seine Funktion, die Struktur der Belohnungsfunktion, die übergeordneten Unternehmensziele sowie die Beziehungen zwischen Unternehmensleitung und zu beeinflussenden Managern zu berücksichtigen. Das zentrale Problem bei der Gestaltung des Anreizsystems ist die Auswahl einer geeigneten Bemessungsgrundlage für die Belohnung. Zu diesem Zweck sind zunächst die Anforderungen an Bemessungsgrundlagen zu systematisieren. Auf dieser Grundlage sind dann mögliche buchhalterische, zahlungs-, residualgewinn- oder kapitalwertorientierte sowie aktienkursbezogene Bemessungsgrundlagen gegenüberzustellen und auf die Er-

7.4

316

Koordination Personalführung – Informationssystem, Planung, Kontrolle
Koordination der Personalführung mit Planung und Kontrolle

füllung dieser Anforderungen hin zu untersuchen. Diese Analyse kann durch die Einbeziehung verhaltenswissenschaftlicher Erkenntnisse über die Wirkungen von Planvorgaben und Kontrollen verfeinert werden.

7.4.1 Planung und Kontrolle als Instrumente zur Personalführung

Vorgabe von Planungs-größen

Planung und Kontrolle dienen als wichtige Führungsteilsysteme der Unternehmung zur zielorientierten sozialen Einflussnahme. Zum Instrument der Personalführung wird die Planung, indem die in ihr erarbeiteten Pläne in Vorgaben für Organisationseinheiten umgesetzt werden. Hierzu sind den in ihnen tätigen Personen Plangrößen in Form von Zielen, Nebenbedingungen oder konkreten Handlungen vorzugeben. Letztere werden als explizite Verhaltensnormen (vgl. Hax, 1965, S. 73 ff.; Laux/Liermann, 1997, S. 16 ff.) bezeichnet, weil sie für ganz bestimmte Situationsbedingungen die zu wählende Aktion vorschreiben. Demgegenüber lassen Ziele und Nebenbedingungen dem Handelnden einen Spielraum. Er muss selbst die beste Alternative und Aktion auswählen, soll dabei aber das vorgegebene Ziel als implizite Verhaltensnorm verfolgen.

Im Hinblick auf den Aspekt der Personalführung stellt sich die Frage, wann Planvorgaben in der erwünschten Weise befolgt und damit verhaltenswirksam werden. Hieran zeigt sich die Bedeutung der Personalführung für die Planung und Kontrolle.

Wirkung von Plan-vorgaben

Die Wirkung von Planvorgaben hängt in hohem Maße von der Persönlichkeit des jeweiligen Handlungsträgers ab. Bei intrinsischer Motivation streben Menschen aus eigenem Antrieb die Lösung von Aufgaben an. Daher dürften Pläne und Planvorgaben für sie einen Ansporn zur Aufgabenerfüllung bilden. Intrinsisch motivierte Menschen haben das Bestreben in sich, einen Arbeitsbereich nach ihnen übertragenen Normen zu bewältigen. Sie sind vielfach bereit, sich um eine Planerfüllung zu bemühen, soweit diese ihren eigenen Vorstellungen nicht widerspricht. Dagegen legen extrinsisch motivierte Personen Wert auf Belohnungen durch andere. Für sie spielt es eine wichtige Rolle, ob die Planerfüllung mit Anreizen verbunden ist. Diese können beispielsweise monetär als Prämien oder Tantiemen gewahrt werden. Jedoch können auch andere, nicht monetäre Aspekte wie die Behandlung durch den Vorgesetzten in Form von Lob und Tadel, Karrierechancen, Prestige o. Ä. wirksam sein (vgl. auch Laux/Liermann, 1997, S. 484 ff.).

Wirkung von Kontrollen

Kontrollen sind noch deutlicher als Planvorgaben auf eine Beeinflussung des Mitarbeiterverhaltens gerichtet. Zugleich können von ihnen stärker als von Planvorgaben dysfunktionale Wirkungen ausgehen, die dem mit der Kontrolle angestrebten Zweck zuwider laufen. Deshalb gewinnen die Verhaltenswirkungen von Kontrollen eine wichtige Bedeutung und ist ihre Kenntnis die Grundlage für eine Koordination zwischen Personalführung und Kontrollsystem (vgl. Abschnitt 7.4.5).

Da mit Planvorgaben und Kontrollen oft monetäre oder nichtmonetäre Anreize verbunden sind, liegt eine maßgebliche Aufgabe bei der Gestaltung des Planungs- und des Kontrollsystems in der Auswahl der Bemessungsgrundlagen für derartige Anreize. Als Zielgröße für die Entscheidungen des Betroffenen und als Maßstab seiner Kontrolle gewinnen sie zumindest bei extrinsisch Motivierten ein hohes Gewicht. Deshalb ist das Anreizsystem als Instrument der Personalführung auf die für die Planung maßgebenden Unternehmensziele abzustimmen (vgl. Laux/Liermann, 1997, S. 498 ff.).

7.4.2 Gesichtspunkte zur Gestaltung planungs- und kontrollorientierter Anreizsysteme

7.4.2.1 Bestimmungsgrößen für die Gestaltung des Anreizsystems

Für die Gestaltung des Anreizsystems ist eine Reihe von Bestimmungsgrößen zu berücksichtigen. Diese betreffen

▶ die Funktion des Anreizsystems,
▶ die Struktur der Be- oder Entlohnungsfunktion,
▶ die übergeordneten Unternehmensziele sowie
▶ die Beziehungen zwischen Unternehmensleitung und dem zu beeinflussenden Manager.

Anreizsysteme sollen Personen Anreize geben, im Sinne des Auftraggebers zu handeln. Ihre Funktion besteht daher primär in einer Verhaltensbeeinflussung und -steuerung. Unsichere Erwartungen über die Wirkungen von Handlungen auf das verfolgte Ergebnis als Ziel haben zur Folge, dass ein Risiko zu tragen und zwischen dem steuernden Principal und dem handelnden Agent aufzuteilen ist. Damit muss das Anreizsystem auch eine Risikoteilungsfunktion übernehmen. Für die Gestaltung von Anreiz- und Entlohnungssystemen können daneben andere Funktionen wie die Einhaltung von (Lohn-)Gerechtigkeitsvorstellungen oder soziale Kriterien bedeutsam sein. In der Agencytheorie steht die Verhaltenssteuerungsfunktion im Vordergrund.

Funktion des Anreizsystems

Kernelement des Anreizsystems ist die Belohnungsfunktion, welche die Bemessungsgrundlage(n) mit einer Belohnung verknüpft. Ihre Struktur ergibt sich aus der funktionalen Verknüpfung zwischen diesen beiden Merkmalen. Formal gestaltete Anreizsysteme versuchen, durch äußere Anreize das Verhalten zu beeinflussen und bieten daher extrinsische Belohnungen an. Derartige Belohnungsarten können in Geldzahlungen (z. B. Grundgehälter, Prämien, Boni), Unternehmensbeteiligungen, Beförderungen, Lob, Anerkennung u. Ä. bestehen (vgl. Riegler, 2000a, S. 38 f.). Die Struktur der Belohnungsfunktion ist daran erkennbar, in welcher Weise eine oder mehrere Bemessungsgrundlagen mit der oder ggf. den Belohnungsarten verknüpft sind.

Belohnungsfunktion

Den zentralen Parameter eines Anreizsystems bildet die Bemessungsgrundlage, von der die Entlohnung des Agent abhängig gemacht wird. Sie steht in engem Zusammenhang zu der vom Principal verfolgten Nutzengröße. Für das Un-

Unternehmensziele

7.4 **Koordination Personalführung – Informationssystem, Planung, Kontrolle**
Koordination der Personalführung mit Planung und Kontrolle

318

ternehmenscontrolling wird diese in den angestrebten Unternehmenszielen gesehen. Deren Ausprägung hängt von der Fristigkeit des jeweils betrachteten Planungsproblems ab. Darüber hinaus ist die grundsätzliche Orientierung an langfristigen Oberzielen maßgebend. Diese liegen bei erwerbswirtschaftlichen Unternehmungen insbesondere in den kapitaltheoretischen Zielgrößen des Kapital- oder Endwerts. In der Form der Marktwertmaximierung stellen sie für börsennotierte Aktiengesellschaften eine auch theoretisch plausibel begründbare Zielsetzung dar. Während früher in der Praxis die Orientierung an Periodenerfolgsgrößen im Vordergrund stand, hat mit der Verbreitung des Shareholder-Value-Konzepts auch dort die Ausrichtung auf langfristige Erfolgsziele wie dem Marktwert der Unternehmung bzw. des Eigenkapitals zunehmende Bedeutung erlangt. Häufig wird dabei von Wertorientierung bzw. Wertsteigerung der Unternehmung gesprochen.

Probleme der Steuerung von Agenten

Für die Gestaltung planungs- und kontrollorientierter Anreizsysteme lassen sich Ansätze der Principal-Agent-Theorie heranziehen. Unter ihren Modelltypen bezieht sich primär die Hidden-Action-Situation auf die Abstimmung des Anreiz- mit dem Planungs- und Kontrollsystem. Charakteristisch für die Beziehungen zwischen der Unternehmensleitung als Principal und den Managern sowie Mitarbeitern als Agents ist nämlich in vielen Fällen, dass ihre jeweiligen Nutzenvorstellungen sowie Ziele nicht von vornherein übereinstimmen und der Principal weder den tatsächlich eingetretenen Umweltzustand noch das Aktivitätsniveau des Agent beobachten kann. Deshalb kann er auch nicht feststellen, inwieweit der erzielte Erfolg auf die Tätigkeit des Agent oder auf Umwelteinflüsse zurückzuführen ist. Dies eröffnet dem ausführenden Manager oder Mitarbeiter die Möglichkeit, niedrige oder auf eigene Ziele gerichtete Aktivitäten zu entfalten und mangelnde Erfolge mit einer ungünstigen Umweltsituation zu begründen. Deshalb kann die Unternehmensleitung mit dem Manager keinen Vertrag schließen, durch den dieser nur bei dem für die Unternehmung besten Aktivitätsniveau die volle Entlohnung erhält. Wegen der mangelnden Beobachtbarkeit des Managerhandelns kann die Unternehmensleitung nicht die Firstbest-Lösung im Sinne der Agencytheorie implementieren. Daher ist ein Anreizsystem zu finden, durch welches das Handeln des Managers trotz seiner abweichenden Nutzenvorstellung und des von ihm empfundenen Arbeitsleids auf das Unternehmensziel ausgerichtet wird.

Anreizsystem und Risikoteilung

Die Entscheidungen des Managers sind in der Realität unter Unsicherheit zu treffen. Das mit ihnen erzielbare Ergebnis ist daher stets unsicher. Aus diesem Grund muss auch ein Anreizsystem gefunden werden, mit dem das umweltbedingte Risiko pareto-effizient auf Unternehmung und Manager aufgeteilt wird. Dies ist erreicht, wenn bei gegebener Wahrscheinlichkeitsverteilung des Erfolgs die Erfolgsaufteilung zwischen Principal und Agent nicht mehr zugunsten des Erwartungsnutzens des einen verändert werden kann, ohne den Erwartungsnutzen des anderen zu verringern.

Wegen der unsicheren Erwartungen über die Umweltentwicklung ist also eine Aufteilung des Risikos erforderlich. Daher werden die Risikoeinstellungen von Principal und Agent bestimmend für das optimale Anreizsystem. In einer

Reihe agencytheoretischer Untersuchungen (vgl. Laux, 1990, S. 80 ff.; Ewert, 1990, S. 42 ff.) sind Ergebnisse über die Struktur des Anreizsystems für alternative Bedingungen abgeleitet worden. So führt z. B. Risikoneutralität des Agent und des Principal dazu, dass der Agent im Optimum das gesamte Erfolgsrisiko trägt und hierfür keine Prämie fordert. Optimal ist in diesem Fall eine lineare Belohnungsfunktion, nach welcher der Agent an den Principal ein Fixum zahlt und den gesamten (Unternehmens-)Gewinn erhält (vgl. Laux/Liermann, 1997, S. 542 ff.). Dies motiviert zur höchsten Anstrengung zugunsten dieses Gewinns. Als eine derartige Belohnungsfunktion kann beispielsweise die Verpachtung einer Unternehmung an einen Manager mit einem festen Pachtvertrag interpretiert werden. Bei Risikoaversion des Agent und Risikoneutralität des Principal ist die optimale Belohnungsfunktion i. d. R. nicht linear (vgl. Laux/Liermann, 1997, S. 544 ff.). Tendenziell ist die vom Agent geforderte Risikoprämie umso größer, je unsicherer der Erfolg, je stärker sein Anteil daran und je höher seine Risikoaversion sind.

7.4.2.2 Anforderungen an die Bemessungsgrundlagen von Anreizsystemen

Das zentrale Problem für ein auf Planung und Kontrolle ausgerichtetes Anreizsystem besteht in der Wahl der Bemessungsgrundlage für die Belohnung. Durch sie ist die Abstimmung des Verhaltens auf die Unternehmensziele zu erreichen, wie sie der Planung und Kontrolle zugrunde gelegt werden. Die als Bemessungsgrundlage der Belohnung verwendete Zielgröße hat nach Möglichkeit (zumindest) drei Anforderungen zu erfüllen. Sie sollte

▸ auf die Zielsetzung der Unternehmung gerichtet,
▸ von den Entscheidungen des Agent abhängig und
▸ nicht vom Agent manipulierbar sein.

Die erste Anforderung des Zielbezugs verlangt, dass eine Prämiensteigerung nur eintritt, wenn sich durch die Handlung des Agent die Erfüllung des Unternehmensziels erhöht (vgl. Laux/Liermann, 1997, S. 506). Dahinter steht das insbesondere durch die Agencytheorie beleuchtete Problem, dass die individuelle Nutzen- und Zielvorstellung eines Managers oder Mitarbeiters nicht mit dem durch die Anteilseigner (Shareholder) und die Unternehmensleitung festgelegten Gesamtziel(system) der Unternehmung übereinstimmt bzw. übereinstimmen muss. Damit stellt sich das Problem, über Prämien Anreize zu bieten, damit die Manager Entscheidungen im Hinblick auf das (übergeordnete) Unternehmensziel treffen. Deshalb wird diese Anforderung auch als Anreizkompatibilität bezeichnet (vgl. Laux, 1995, S. 75).

Zielbezug bzw. Anreizkompatibilität

Hinter der zweiten Anforderung des Entscheidungsbezugs, die auch als Controllability (vgl. Merchant, 1985, S. 21 f.; Atkinson/Banker/Kaplan/Young, 1997, S. 564 f.; Riegler, 2000a, S. 36 f.) bezeichnet wird, steht die Hypothese, dass eine Anreizwirkung lediglich zu erwarten ist, wenn der Agent die Prämienerhöhung durch seine eigenen Entscheidungen verursacht. Diese Hypothese ist durch verhaltenswissenschaftliche Erkenntnisse recht gut begründet (vgl. z. B. das Erwartungs-Valenz-Modell in Abschnitt 7.4.4). Modelle der Agencytheorie

Entscheidungsbezug bzw. Controllability

7.4 Koordination Personalführung – Informationssystem, Planung, Kontrolle
Koordination der Personalführung mit Planung und Kontrolle

320

machen jedoch deutlich, dass neben dieser Anreizwirkung andere Aspekte wie die Beobachtbarkeit des Managerhandelns relevant sein können. Die Wirksamkeit einer Prämienbemessungsgrundlage kann ggf. durch Größen erhöht werden, die der Agent zwar nicht unmittelbar beeinflussen kann. Da diese jedoch unter Umständen über andere Bestimmungsgrößen des Ergebnisses informieren, erlauben sie einen Rückschluss auf seine Anstrengung und seine Beeinflussung des Ergebnisses (vgl. Feltham/Xie, 1994, S. 429 ff.).

Manipulationsfreiheit

Mit der dritten Anforderung der Manipulationsfreiheit (vgl. Hax, 1989, S. 163 f. u. S. 165–168; Laux/Liermann, 1997, S. 506) wird eine überprüfbare Ermittlung der Bemessungsgrundlage angestrebt. Deshalb wird auch von einer Anforderung der intersubjektiven Überprüfbarkeit (vgl. Laux, 1995, S. 74 f.) gesprochen. Die Agencytheorie hat den Blick stärker auf die Gefahr der Manipulation der Bemessungsgrundlage gelenkt, weil sie in ihren Prämissen von einer strikten Ausrichtung des Agent auf seinen individuellen Nutzen ausgeht, die keinen (z. B. moralischen) Bindungen unterliegt. Deshalb spielt aus ihrer Sicht die Einklagbarkeit des zwischen Principal und Agent geschlossenen Vertrags eine zentrale Rolle. Aus dieser Sicht kann man die Anforderung dahingehend verschärfen, dass eine Beobachtbarkeit der Bemessungsgrundlage verlangt wird (vgl. Riegler, 2000a, S. 37). Hierdurch würden prognostizierte Größen von einer Berücksichtigung in Anreizsystemen ausgeschlossen. Eine derart strikte Fassung der Anforderung erscheint im Hinblick auf die Realität nicht angemessen, weil die Prämissen der normativen Agencytheorie in ihrer strengen Form kein allgemein geltendes empirisches Verhalten wiedergeben. Zudem würden hierdurch im Falle eines Konflikts zwischen den verschiedenen Anforderungen möglicherweise attraktive (Kompromiss-)Lösungen ausgeschlossen. Das Kriterium der Manipulationsfreiheit bringt die weniger strikte Zwecksetzung dieser Anforderung am besten zum Ausdruck. Es wird konkretisiert durch die intersubjektive Überprüfbarkeit der Bemessungsgrundlage, die beispielsweise bei Prognosegrößen grundsätzlich auch möglich, aber in geringerem Ausmaß gegeben ist als bei beobachtbaren (Ist-)Größen.

Weitere Anforderungen

Diese drei Anforderungen stehen in der Diskussion um verschiedene Bemessungsgrundlagen im Vordergrund. Daneben wird eine Reihe weiterer Anforderungen aufgestellt. Die *Aktualität der Ermittlung* der Bemessungsgrundlage besitzt ein Gewicht, weil Anreizwirkungen i. d. R. vor allem dann groß sind, wenn die Prämienerhöhung in einem möglichst frühen Zeitpunkt der Erfolgsverursachung vorgenommen wird (vgl. Kah, 1994, S. 85 ff.). Die Wirkung eines Anreizsystems dürfte ferner umso besser sein, je höher seine *Transparenz und Kommunikationsfähigkeit* sowie seine *Akzeptanz* sind (vgl. Riegler, 2000a, S. 42 f.). Diese Kriterien beziehen sich darauf, dass die Manager und Mitarbeiter die Wirkungsweise des Anreizsystems verstehen und annehmen müssen, damit die Anreize ihre Motivation beeinflussen können. Die von Laux (1995, S. 76) formulierten Kriterien der *pareto-effizienten Risikoteilung* sowie der *Effizienz* stellen ebenso auf allgemein anzustrebende Merkmale für rationale und wirtschaftliche Lösungen ab. Sie sind nicht spezifisch auf die Gestaltung von Anreizsystemen gerichtet.

7.4.3 Ansätze zur Gestaltung planungs- und kontrollorientierter Anreizsysteme

Anreizsysteme können nach ihren Strukturmerkmalen sowie dem von ihnen be- troffenen Adressatenkreis systematisiert werden. Unter den *Strukturmerkmalen* Bemessungsgrundlage, Belohnungsart und Typ der Belohnungsfunktion kommt für die Koordination und Zielausrichtung der Unternehmung der Bemessungs- grundlage eine zentrale Bedeutung zu. Deshalb wird sie nachfolgend betrach- tet. Die Steuerung kann in erster Linie auf die Bereiche als *Adressaten* und da- mit die zweite Hierarchieebene ausgerichtet sein oder die darunter liegenden Hierarchieebenen mit einbeziehen. Um die grundlegende Bedeutung unter- schiedlicher Bemessungsgrößen des Unternehmenserfolgs zu analysieren, wird nachfolgend lediglich die Bereichsebene einbezogen. Gesichtspunkte für die tiefergehende Gestaltung von Anreizsystemen werden bei der Kennzeichnung der vertikalen Steuerung über Zielsysteme erarbeitet (vgl. Abschnitt 12.3.1).

Systematisierungs- kriterien

7.4.3.1 Anreizsysteme mit einperiodigen buchhalterischen Bemessungsgrundlagen

In der Praxis findet man häufig einen aus der Buchhaltung abgeleiteten Be- reichserfolg sowie den Return on Investment (ROI) als Prämienbemessungs- grundlagen. Wegen der Bewertungswahlrechte des Handelsrechts und den Be- wertungsmöglichkeiten in der Kostenrechnung lässt sich der buchhalterische Gewinn manipulieren, sofern die Unternehmensleitung nicht äußerst präzise Regeln vorgibt und deren Einhaltung absichern kann.

Die systematische Abweichung buchhalterischer Gewinne vom Kapitalwert lässt sich an der Wirkung von Abschreibungen aufzeigen. Ein vom Bereichslei- ter geplantes Investitionsprojekt verursache eine Anschaffungsauszahlung A_0 und erbringe während seiner Nutzungsdauer von $t = 1,..., T$ einen Zahlungs- strom mit den Einzahlungsüberschüssen $ü_t$. Es sei voll eigenfinanziert, die Überschüsse werden in anderen Realinvestitionen angelegt oder ausgeschüttet. Dann ist sein Kapitalwert K bei einem Zinssatz i:

Buchhalterischer Gewinn

$$K = \sum_{t=1}^{T} ü_t \cdot (1+i)^{-t} - A_0 \qquad (7\text{-}17)$$

Der Periodengewinn entspricht vereinfachend der Differenz zwischen den Zah- lungsüberschüssen $ü_t$ und den Periodenabschreibungen a_t. Deshalb ergibt sich für den Barwert der Gewinne G^* über die Laufzeit des Projekts:

$$G^* = \sum_{t=1}^{T} (ü_t - a_t) \cdot (1+i)^{-t} = \sum_{t=1}^{T} ü_t \cdot (1+i)^{-t} - \sum_{t=1}^{T} a_t \cdot (1+i)^{-t} \qquad (7\text{-}18)$$

Wenn man davon ausgeht, dass die Summe der Abschreibungen gemäß dem handelsrechtlichen Vorgehen mit den Anschaffungsauszahlungen überein- stimmt, ist die Summe der abgezinsten Abschreibungen für alle positiven Zins- sätze kleiner als die Anschaffungsauszahlung. Damit ist der Barwert der Ge- winne G^* größer als der Kapitalwert K des Projekts. Der Unterschied wird umso

Überinvestitionsproblem

7.4 **Koordination Personalführung – Informationssystem, Planung, Kontrolle**
Koordination der Personalführung mit Planung und Kontrolle

322

deutlicher, je weiter die Abschreibungen in der Zukunft liegen. Verwendet man G^* als Bemessungsgrundlage der Prämie, so besteht »die Tendenz, das Investitionsvolumen in einer für die Anteilseigner nachteiligen Weise zu vergrößern« (Laux/Liermann, 1997, S. 559). Dieser Effekt wird als Überinvestition bezeichnet. Zudem wird ein Anreiz gegeben, Projekte mit späten Abschreibungen gegenüber solchen mit frühen oder Sofortabschreibungen vorzuziehen. Dies kann sich insbesondere auf immaterielle Investitionen wie Forschungs- und Entwicklungsprojekte auswirken, die nicht aktiviert werden dürfen.

Return on Investment

Eine umgekehrte Wirkung kann der Return on Investment auslösen, was sich am Ein-Perioden-Fall *(T = 1)* besonders leicht veranschaulichen lässt. Für den Anteilseigner und damit die Gesamtunternehmung liegt das Optimum bei der Differenz zwischen dem Gewinn G, der hier mit dem Zahlungsüberschuss übereinstimmt und den zum Kalkulationszinsfuß i angesetzten Zinsen. Demgegenüber richtet sich der Bereichsleiter nach dem Verhältnis zwischen dem Gewinn (vor oder nach kalkulatorischen Zinsen) und dem investierten Kapital I.

Unterinvestitionsproblem

Unterstellt man in Abhängigkeit vom Kapitaleinsatz den in Abbildung 7-17 wiedergegebenen Verlauf der Gewinnkurve und der Zinsgerade, so ist das für den Bereichsleiter optimale Investitionsvolumen (bei I_1 für $G/I = max$) i. d. R. kleiner als das für die Gesamtunternehmung (bei I_2 für $dG/dI = i$). Dementsprechend wird mit dem ROI-Konzept tendenziell eher zu wenig Kapital durch die Bereiche angefordert.

Abb. 7-17

Zur Problematik der ROI-Kennziffer

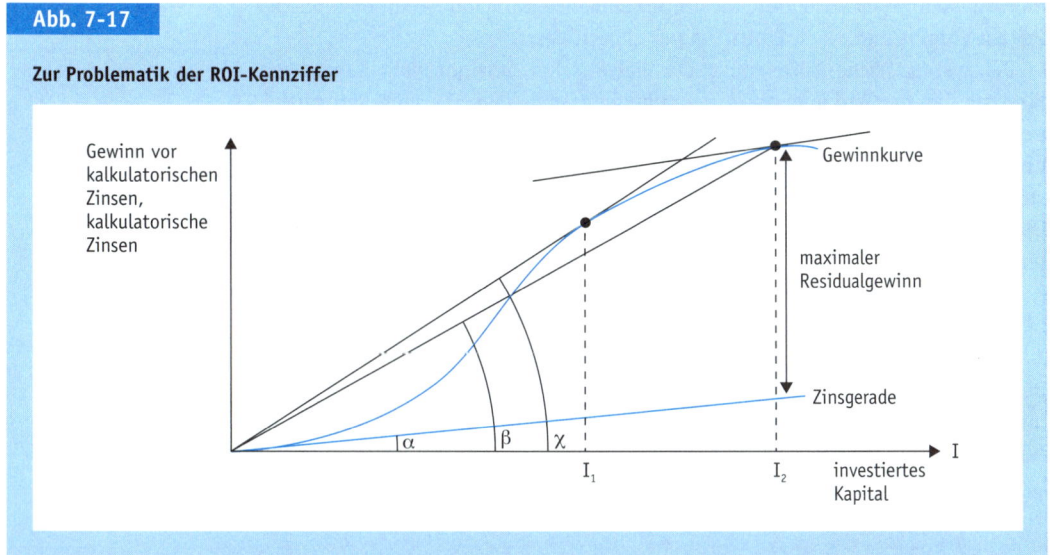

7.4.3.2 Anreizsysteme mit einperiodigen zahlungsorientierten Bemessungs-grundlagen

Wenn man zu eindeutigen Bemessungsgrundlagen kommen und die sich aus den Ansatz- sowie Bewertungswahlrechten des Handelsrechts ergebenden Probleme umgehen will, bietet sich die Verwendung zahlungsorientierter oder Cashflow-basierter Größen an. Diese haben den Vorteil der empirischen Beobacht- und Überprüfbarkeit. In der Praxis findet man in erster Linie eine Verknüpfung von Prämien mit Umsatzgrößen. Reine Zahlungsgrößen sind dabei nur die Umsatzeinzahlungen. Mit Umsatzgrößen wird jedoch nur die Outputkomponente des Erfolgs erfasst und damit lediglich eine teilweise Ausrichtung auf das übergeordnete Erfolgsziel erreicht. Sie erscheinen allenfalls für Bereiche und Manager geeignet, von deren Entscheidungen allein die Umsätze abhängig sind und die keinen Einfluss auf den Gütereinsatz und die Auszahlungen haben. Da diese Bereiche i.d.R. jedoch selbst auch Auszahlungen verursachen, und Absatzmengen sowie deren Preise mit dafür notwendigen Gütereinsätzen und Auszahlungen verbunden sind, ist ein derart isolierter Einfluss auf den Umsatz in der Realität kaum gegeben. Deshalb ist der Umsatz i.d.R. eine zu einseitige und wenig geeignete Bemessungsgrundlage im Hinblick auf das langfristige Erfolgsziel der Unternehmung.

Umsatz

Wie die aus Abbildung 7-18 ersichtlichen Ergebnisse mehrerer Erhebungen veranschaulichen, ist eine Anbindung an den Zahlungsüberschuss oder den Cashflow der jeweiligen Periode in der Praxis kaum zu finden. Dennoch könnte sie für eine auf den Kapital- oder Endwert gerichtete Steuerung geeignet sein. Der Cashflow – beispielsweise der Investitionsprojekte eines Bereichs – ist in wesentlich deutlicherem Maße *manipulationsfrei* als der buchhalterische Gewinn und von den Entscheidungen des Managers abhängig. Maßgeblich für seine Beurteilung ist daher der *Zielbezug*. Vernachlässigt man Beziehungen zwischen den Entscheidungen verschiedener Bereiche, so wird mit dem Kapitalwert des Bereichs auch derjenige der Unternehmung maximiert. Wenn man darüber hinaus unterstellen kann, dass die individuelle Zielsetzung des Managers in der Maximierung des Barwerts der an ihn fließenden Prämien besteht, könnte der Cashflow eine anreizkompatible Bemessungsgrundlage darstellen. Sofern die Prämie jeweils in Höhe eines proportionalen Anteils am Perioden-Cashflow bezahlt wird, führt nämlich die Maximierung der Prämienbarwerte zum höchsten Kapitalwert für die Unternehmung. Die Anforderung des Zielbezugs ist jedoch nur dann erfüllt, wenn im Fall periodenübergreifender Wirkungen, wie sie für Investitionsprojekte typisch sind, der Manager bei dieser individuellen Barwertberechnung *denselben Diskontierungs-Zinssatz* und *dieselbe Laufzeit* wie die Unternehmensleitung zugrunde legt. Damit kann im Normalfall nicht gerechnet werden, weil der Manager häufig andere Zeitpräferenzen besitzen wird und in begrenzter Zeit aus seinem bisherigen Entscheidungsbereich bzw. der Unternehmung ausscheiden kann. Zudem kann seine *Risikoneigung* von derjenigen der Unternehmensleitung abweichen und zu einem anderen Risikozuschlag führen. Auch wenn man also unterstellen könnte, dass sich Manager am Barwert ihrer Entlohnung orientieren, sind *Zielbezug* bzw. *Anreiz-*

Perioden-Cashflow

7.4 Koordination Personalführung – Informationssystem, Planung, Kontrolle
Koordination der Personalführung mit Planung und Kontrolle

324

Abb. 7-18

Verwendung von Bemessungsgrundlagen

Untersuchung	42 DAX-100 Unternehmungen 1998[1] in %	56 DAX-100 Unternehmungen 1999[2] in %	34 österreichische Unternehmungen 1999[3] in %
Gewinngrößen (EBIT[4], Jahresüberschuss, Deckungsbeitrag)	55	50	38
Rentabilitäten (ROS, ROE, ROCE, ROI)[5]	14		50
Umsatz	7	18	
Discounted Cashflow	5		
Economic Value Added	7		
Weighted Average Cost of Capital			3
Absolute Höhe der Shareholder Value Kennzahl		16	
Jährliche Veränderung der Shareholder Value Kennzahl		16	
Dividende			6
Aktienkurs		50	6
Anlegerrendite			5
Earnings per Share			3
Persönliche Zielvereinbarung	12	55	

1 vgl. Pellens/Crasselt/Rockholtz, 1998, S. 8.
2 vgl. KPMG, 2000, S. 34. Dabei waren Mehrfachnennungen möglich.
3 vgl. Hauer, 2000, S. 218 ff.
4 Earnings Before Interest and Tax.
5 Return on Sales; Return on Equity; Return on Capital Employed; Return on Investment.

Vergleiche Riegler, 2000b, S. 158

kompatibilität bei der Prämienbemessungsgrundlage Perioden-Cashflow kaum gegeben.

Rentabilitätskennzahlen

Ferner sprechen die gegen den Return on Investment geltenden Argumente auch gegen die mit dem Cashflow gebildeten Rentabilitätskennzahlen. Bei ihnen wird anstelle des Periodengewinns z. B. der Brutto-Cashflow ohne Investitionsauszahlungen einer Periode auf die Bruttoinvestitionen des Periodenanfangs bezogen und als Return on Gross Investment (ROGI) oder Cash Recovery Rate (CRR) bezeichnet (vgl. z. B. für die Firma Bayer Menn, 1995, S. 230). Der in Abbildung 7-17 dargestellte Zusammenhang gilt entsprechend, da in der einfachen einperiodigen Veranschaulichung der Gewinn vor kalkulatorischen Zinsen gleich dem Cashflow gesetzt werden kann. Derartige Rentabilitätsziffern können daher ebenfalls zu Unterinvestitionen führen.

7.4.3.3 Anreizsysteme mit residualgewinnorientierten Bemessungsgrundlagen

Kennzeichnung des Residualgewinns

Aufgrund der oben geschilderten Einwände gegen traditionelle Bemessungs-grundlagen werden in der wissenschaftlichen Literatur sowie in der Beratungs-praxis Residualgewinngrößen vorgeschlagen und intensiv diskutiert. Diesem Konzept liegt die Erkenntnis des in Abschnitt 5.2.2.4 dargestellten *Preinreich-Lücke-Theorems* zugrunde. Allgemein berechnet sich der *Residualgewinn* R_t als Differenz zwischen dem laufenden Einzahlungsüberschuss $ü_t$ eines Bereichs in einer Periode t vor den Investitionsauszahlungen und seinen Abschreibungen a_t sowie den Zinsen auf das Periodenanfangskapital C_{t-1}:

Beratung

$$R_t = ü_t - a_t - i \cdot C_{t-1} \tag{7-19}$$

Verwendet man den Residualgewinn als Bemessungsgrundlage, so erhält der Manager eine Prämie, die z.B. mit dem Faktor f proportional zum Residual-gewinn ist. Wenn das Preinreich-Lücke-Theorem anwendbar ist, steigt der Bar-wert B_t des Prämienstroms in gleicher Weise wie bei Anbindung der Prämie an den Kapitalwert K_t der Zahlungsüberschüsse:

$$
\begin{aligned}
B_t &= \sum_{\tau=t+1}^{T} f \cdot R_\tau \cdot \left(1+i\right)^{t-\tau} = \sum_{\tau=t+1}^{T} f \cdot \left(ü_\tau - a_\tau - i \cdot C_{\tau-1}\right) \cdot \left(1+i\right)^{t-\tau} \quad (7\text{-}20) \\
&= f \cdot \sum_{\tau=t+1}^{T} ü_\tau \cdot \left(1+i\right)^{t-\tau} - f \cdot \sum_{\tau=t+1}^{T} \left(a_\tau + i \cdot C_{\tau-1}\right) \cdot \left(1+i\right)^{t-\tau} \\
&= f \cdot \sum_{\tau=t+1}^{T} ü_\tau \cdot \left(1+i\right)^{t-\tau} + f \cdot ü_t = f \cdot K_t
\end{aligned}
$$

Der in den Kapitalwert eingehende Zahlungsüberschuss $ü_t$ der Betrachtungs-periode entspricht dem eingesetzten Kapital und ist deshalb i.d.R. negativ.

Erfüllung der Anforderungen an Bemessungsgrundlagen

Die Bemessungsgrundlage Residualgewinn scheint die aufgestellten Anforde-rungen an Anreizsysteme vollständig zu erfüllen. Der *Entscheidungsbezug* ist gegeben, weil ihre Höhe von den Handlungen des Managers abhängt. Sie ist *manipulationsfrei* ermittelbar, da die Höhe des Residualgewinns R_t der jeweili-gen Periode t allein aus realisierten Größen ermittelt wird. Die in Gleichung (7-20) wiedergegebene Übereinstimmung des Barwerts der Prämien mit dem Ka-pitalwert spricht für die Einhaltung auch des *Zielbezugs* bzw. der *Anreizkompa-tibilität*.

Dies ist jedoch nur der Fall, wenn eine Reihe von Voraussetzungen erfüllt ist. Sie betreffen *erstens* die Prämissen des *Preinreich-Lücke-Theorems* (vgl. Ab-schnitt 5.2.2.4 sowie Laux, 1995, S. 164 ff.):

Voraussetzungen für Zielbemessung

(1a) Übereinstimmung der Summe aller Gewinne vor Zinsen und aller Zahlungs-überschüsse bzw. Vermögensbestand von null zum Beginn des Planungszeit-raums und vollständige Liquidation am Planungsende (Kongruenzprinzip),

7.4 Koordination Personalführung – Informationssystem, Planung, Kontrolle
Koordination der Personalführung mit Planung und Kontrolle

326

(1b) periodische Verrechnung von Zinsen auf das am Ende der vorhergehenden (und Beginn der betreffenden) Periode gebundene Vermögen (Kapital),

(1c) Einhaltung des Bilanzidentitätsprinzips (vgl. Laux, 1995, S. 160 und S. 165), d. h. Berechnung des gebundenen Vermögens aus der Differenz der bis zum Periodenanfang aufsummierten Gewinne vor Zinsen und der aufsummierten Zahlungsüberschüsse. Das Bilanzidentitätsprinzip entspricht der von Lücke formulierten Bedingung für die Berechnung des Kapitalanfangsbestands als Differenz der kumulierten Gewinne und Zahlungsüberschüsse (vgl. Küpper, 1998b, S. 537).

Im Hinblick auf die *Prämiengestaltung* müssen *zweitens*

(2a) die Prämien proportional zum Residualgewinn sein und

(2b) eine Verlustbeteiligung einschließen.

Eine *dritte* Klasse von Voraussetzungen bezieht sich auf das *Verhalten* der dezentralen Manager:

(3a) rationales Verhalten im Sinne einer Ausrichtung der individuellen Entscheidungen am Barwert der gegenwärtigen und zukünftigen Prämienzahlungen durch die Unternehmung,

(3b) Abzinsung der künftigen Prämien zum selben Zinssatz wie die Unternehmensleitung, d. h. übereinstimmende Zeitpräferenz und Risikoeinstellung,

(3c) kein vorzeitiges Ausscheiden aus der Unternehmung.

Bemessung von Periodengewinn

Wenn diese Annahmen erfüllt sind, scheinen sowohl der in der *Kosten- und Erlösrechnung* ermittelte als auch der um Zinsen auf das Gesamtkapital korrigierte *handelsrechtliche Periodengewinn* eine geeignete Prämienbemessungsgrundlage zu bilden. Zudem lässt sich eine Vielzahl unterschiedlicher Verfahren der Periodenerfolgsrechnung entwickeln, welche über das Preinreich-Lücke-Theorem zu einem entsprechend geeigneten Periodengewinn führen. Das hätte die verblüffende Konsequenz, dass die Orientierung am Marktwert letztlich nur geringfügige Änderungen im Rechnungswesen verlangen würde.

Die Zahl und Strenge dieser Prämissen deutet jedoch darauf hin, dass die auf den ersten Blick überzeugende, theoretisch begründbare Eignung des Residualgewinns als Bemessungsgrundlage kapital- und marktwertorientierter Anreizsysteme nicht ohne weiteres gegeben ist. Kritisch erscheinen vor allem die Prämisse (1c) über die Berechnung des Vermögensbestands und die Verhaltensannahmen (3).

Verhaltensannahmen

In Bezug auf die Verhaltensannahmen ist davon auszugehen, dass die einzelnen Entscheidungsträger häufig die Prognostizierbarkeit künftiger Entwicklungen und Zahlungen eher skeptisch einschätzen. Daraus folgt eine hohe Bewertung von Istrechnungen und ihrer Gestaltungsmöglichkeiten. Dies schlägt sich auch in einer *Zeitpräferenz* für realisierte und kurzfristige Daten sowie einer eher aversen *Risikoeinstellung* nieder. Die Möglichkeit eines *vorzeitigen Ausscheidens* wirkt in dieselbe Richtung.

Zeit- und Risikopräferenz sowie eine kürzere Planungsperspektive können sich formal im Zinssatz der Bar- bzw. Kapitalwertberechnung niederschlagen. Laux (1995, S. 277 ff.) hat gezeigt, dass der Zielbezug im Fall unterschiedlicher Zeitpräferenzen und Diskontierungsfaktoren für die Unternehmung und ihre dezentralen Entscheidungsträger über im Zeitablauf steigende Prämiensätze hergestellt werden könnte. Dies stößt jedoch auf vielfältige Probleme der praktischen Umsetzung, zumal sich die individuellen Zeitpräferenzen und Diskontierungsfaktoren schwer zuverlässig bestimmen lassen. Auf Rogerson (1997) geht die Erkenntnis zurück, dass divergierende Zinssätze von Unternehmensleitung und Bereichsmanager irrelevant sind, wenn

Unterschiedliche Zeit-präferenzen und Diskon-tierungsfaktoren

▸ die Unternehmensleitung die Struktur der künftigen Zahlungsüberschüsse (Cashflows) kennt und

▸ die Kapitalkosten entsprechend dieser Struktur auf die einzelnen Perioden verteilt.

Die Grundidee lässt sich an einem einfachen Beispiel von Pfaff und Bärtl (1999, S. 100 ff.) veranschaulichen. Hierzu wird ein einziges Investitionsprojekt mit einer Auszahlung von $A = 300$ in $t = 0$ und Einzahlungsüberschüssen von $\ddot{u}_1 = 100$ in $t = 1$ sowie $\ddot{u}_2 = 300$ in $t = 2$ betrachtet. Eine asymmetrische Informationsverteilung kommt hier darin zum Ausdruck, dass der Manager diesen Zahlungsstrom genau kennt, während die Unternehmensleitung lediglich eine Vorstellung über die *Struktur* der Zahlungsströme besitzt. Sie weiß daher in diesem Beispiel, dass die Einzahlungsüberschüsse in $t = 1$ und $t = 2$ im Verhältnis 1 : 3 anfallen werden, also

Beispiel

$$\frac{\ddot{u}_2}{\ddot{u}_1} = 3 = \delta \qquad (7\text{-}21)$$

gilt. Die Kapitalkosten aus Abschreibungen und Zinskosten sind in diesem Verhältnis aufzuteilen. Für eine Investitionsauszahlung von A und die Abschreibungen a_1 sowie a_2 muss dann bei einem Zinssatz i der Unternehmensleitung für die Kapitalkosten k_t gelten:

$$k_1 = a_1 + A \cdot i \qquad (7\text{-}22)$$

$$k_2 = a_2 + \left(A - a_1\right) \cdot i \qquad (7\text{-}23)$$

$$\delta \cdot k_1 = k_2 \qquad (7\text{-}24)$$

Setzt man die Gleichungen (7-22) und (7-23) unter Berücksichtigung von $a_2 = A - a_1$ in Gleichung (7-24) ein und formt entsprechend um, so ergibt sich:

$$\delta \cdot a_1 + a_1 + a_1 \cdot i = A + A \cdot i - A \cdot i \cdot \delta \qquad (7\text{-}25)$$

Schreibt man $1 + i = q$, so folgt daraus:

$$a_1 = A \cdot \frac{q - i \cdot \delta}{q + \delta} \qquad (7\text{-}26)$$

7.4 **Koordination Personalführung – Informationssystem, Planung, Kontrolle**
Koordination der Personalführung mit Planung und Kontrolle

328

Für a_2 erhält man:

$$a_2 = A \cdot \left(1 - \frac{q - i \cdot \delta}{q + \delta} \right) = A \cdot \frac{q \cdot \delta}{q + \delta} \qquad (7\text{-}27)$$

Damit sind die Kapitalkosten k_t in beiden Perioden:

$$k_1 = A \cdot \frac{q^2}{q + \delta} \qquad (7\text{-}28)$$

$$k_2 = A \cdot \frac{q^2 \cdot \delta}{q + \delta} \qquad (7\text{-}29)$$

Für das betrachtete Zahlenbeispiel erhält man die in Abbildung 7-19 wiedergegebenen Werte für die Kapitalkosten k_t und die Residualgewinne R_t bei Zinssätzen von $i = 0{,}1$ und $i = 0{,}2$ der Unternehmensleitung.

Abb. 7-19

Kapitalkosten und Residualgewinne

Zinssätze i	Kapitalkosten k_t		Residualgewinne R_t	
	k_1	k_2	R_1	R_2
0,1	88,54	265,61	11,46	34,39
0,2	102,86	308,57	−2,86	−8,57

Die *Unabhängigkeit des Zielbezugs* des auf diese Weise ermittelten Residualgewinns vom Zinssatz des Managers lässt sich zuerst am Zahlenbeispiel veranschaulichen. Die Vorteilhaftigkeit des Projekts hängt vom Zinssatz ab. Während es für einen Zinssatz von $i = 0{,}1$ einen positiven Kapitalwert von 38,84 aufweist, erreicht dieser bei einem Zinssatz von $i = 0{,}2$ einen negativen Wert von −8,33. Demgegenüber ist der Barwert der Residualgewinne und damit einer hierzu proportionalen Prämie unabhängig vom Zinssatz des Managers für die mit $i = 0{,}1$ berechneten Abschreibungen und Zinskosten *stets positiv* und für die mit $i = 0{,}2$ berechneten Abschreibungen und Zinskosten *stets negativ*.

Formaler Nachweis

Dieser Sachverhalt lässt sich auch formal nachweisen (vgl. Pfaff, 1998, S. 504–509; vgl. auch Rogerson, 1997, S. 780–784; Reichelstein, 1997, S. 161 ff.). Bezeichnet man den Zinssatz der Unternehmensleitung mit i bzw. $q = 1 + i$ und denjenigen des Bereichsmanagers mit i_M bzw. $q_M = 1 + i_M$ und bestimmt die Zentrale die Kapitalkosten entsprechend den obigen Gleichungen nach der Struktur der Zahlungsüberschüsse, so orientiert sich der Bereichsmanager an folgendem Barwert der Residualgewinne:

$$B = \left(\ddot{u}_1 - A \cdot \frac{q^2}{q + \delta} \right) \cdot \frac{1}{q_M} + \left(\ddot{u}_2 - A \cdot \frac{q^2 \cdot \delta}{q + \delta} \right) \cdot \frac{1}{q_M^2} \qquad (7\text{-}30)$$

Sein Ziel besteht in der Maximierung dieses Residualgewinns, um eine möglichst hohe Prämie zu erhalten. Die Optimierungsbedingung lautet unter Berücksichtigung von $\ddot{u}_2 = \delta \cdot \ddot{u}_1$:

$$\frac{\partial B}{\partial A} = \left(\frac{\partial \ddot{u}_1}{\partial A} - \frac{q^2}{q+\delta}\right) \cdot \frac{1}{q_M} + \left(\frac{\partial \ddot{u}_1}{\partial A} \cdot \delta - \frac{q^2 \delta}{q+\delta}\right) \cdot \frac{1}{q_M^2} = 0 \qquad (7\text{-}31)$$

Durch Ausklammern erhält man:

$$\left(\frac{\partial \ddot{u}_1}{\partial A} - \frac{q^2}{q+\delta}\right) \cdot \left(\frac{1}{q_M} + \frac{\delta}{q_M^2}\right) = 0 \qquad (7\text{-}32)$$

Da der zweite Klammerausdruck nicht gleich null sein kann, erreicht der Manager sein Optimum für

$$\frac{\partial \ddot{u}_1}{\partial A} = \frac{q^2}{q+\delta} \qquad (7\text{-}33)$$

Diese für ihn maßgebliche Optimierungsbedingung ist unabhängig von seinem individuellen Zinssatz q_M. Demnach kann die Unternehmensleitung über eine *Verteilung der Kapitalkosten*, die sich an der *Struktur der Zahlungsüberschüsse* orientiert, den Zielbezug des Residualgewinns herstellen.

Maßgeblich hierfür ist aber, ob die Unternehmensleitung über diese Kenntnis tatsächlich verfügt. Auf der einen Seite ist *empirisch* zu prüfen, inwieweit eine solche Annahme gerechtfertigt ist. Zum anderen lassen sich auf *formalem* Weg die *Implikationen* dieser Prämisse herausarbeiten. Die Kenntnis der Struktur der Zahlungsüberschüsse für jedes Investitionsprojekt bedeutet, dass mit dem ersten Zahlungsüberschuss auch die restlichen Überschüsse bekannt sind, weil sie in einem bestimmten Verhältnis zu diesem anfallen. Ab diesem Zeitpunkt besitzt die Unternehmensleitung also *vollkommene Information* über das betreffende Projekt und kann den Manager nach den tatsächlichen Zahlungsüberschüssen entlohnen. Die Informationsasymmetrie bezieht sich also nur auf den ersten Zahlungsüberschuss. Das Problem lässt sich daher auf den Fall eines Projekts mit einer Auszahlung A in $t = 0$ und einem Zahlungsüberschuss $\ddot{u}$ in $t = 1$ vereinfachen. Wenn Zentrale und Manager diesen Zahlungsüberschuss mit unterschiedlichen Zinssätzen q bzw. q_M diskontieren, können sie bei gleichen Anschaffungsauszahlungen A zu einer unterschiedlichen Bewertung der Projekte kommen. Durch eine einfache Umformung erkennt man, dass der Residualgewinn R gleich dem mit dem Zinssatz der Unternehmung aufgezinsten Kapitalwert K des Projekts ist:

Implikationen des Konzepts

$$R = \ddot{u} - A - i \cdot A = \ddot{u} - A \cdot (1+i) = q \cdot (\ddot{u} \cdot q^{-1} - A) = q \cdot K \qquad (7\text{-}34)$$

Damit wird der Zinseffekt der ersten Periode, in der (allein) die Unternehmensleitung den Zahlungsüberschuss $\ddot{u}$ nicht kennt, ausgeglichen. Der Manager muss (implizit) den ihm bekannten oder besser abschätzbaren Überschuss mit dem vorgegebenen Zinssatz der Unternehmensleitung abzinsen und hat keinen Anreiz mehr, falsche Überschüsse zu berichten, um eine für sich günstigere Prämie zu erreichen. Deren Auszahlung wird auf den Zeitpunkt $t = 1$ verschoben,

7.4

330

Koordination Personalführung – Informationssystem, Planung, Kontrolle
Koordination der Personalführung mit Planung und Kontrolle

zu dem die Unternehmensleitung ebenso wie der Manager über vollkommene Information verfügt. Mit der Annahme, dass die Unternehmensleitung die Struktur der Zahlungsüberschüsse kennt, und dem Übergang auf den Residualgewinn wird also in diesem Fall der sich aus der Informationsasymmetrie ergebende Unterschied wieder aufgehoben.

Konflikt zwischen
Manipulationsfreiheit
und Zielbezug

Der Konflikt zwischen der Anforderung der Manipulationsfreiheit, die nur bei eindeutig überprüfbaren, beobachtbaren Bemessungsgrundlagen ausgeschaltet werden kann, und derjenigen des Zielbezugs für ein auf künftige Größen ausgerichtetes Unternehmensziel wie Kapital- oder Marktwert kann für realistische Annahmen auch durch den Residualgewinn nicht vollständig aufgelöst werden. Der Vorzug des Residualgewinns bei Kenntnis der Struktur der Zahlungsüberschüsse liefert jedoch wichtige Einsichten. Im Fall der in der Realität häufig vorliegenden *Informationsasymmetrie* kann die Unternehmensleitung den Zielbezug und die Anreizkompatibilität erhöhen, wenn sie ihre Informationsnachteile gegenüber dem Manager verringert und ihr Wissen zur Gestaltung der Bemessungsgrundlage nutzt. Das kann durch eine entsprechende Bestimmung von Abschreibungen und Zinskosten geschehen. Dazu muss sie sich i. d. R. von gängigen Verfahren der Abschreibung (linear, degressiv usw.) lösen und am Steuerungszweck orientieren.

Erfüllung der Verhaltens-
annahmen in der Realität

Darüber hinaus stellt sich jedoch die Frage, in welchem Maße die anderen Verhaltensannahmen des Preinreich-Lücke-Theorems in der Realität erfüllt sind. Die Vorteilhaftigkeit der Bemessungsgrundlage Residualgewinn bei identischen Zinssätzen von Unternehmensleitung und Manager beruht maßgeblich auf der Annahme, dass die Manager ihr Verhalten am Barwert ihrer Prämien ausrichten. Der Kapitalwertkalkül wird dann von ihnen implizit vorgenommen, ohne dass er von der Unternehmensleitung z. B. für die Auswahl von Investitionsprojekten explizit durch Richtlinien, Genehmigungsverfahren, Prämiensysteme u. a. implementiert ist. Angesichts der vielfach in der Realität zu beobachtenden Investitionsprozesse, bei denen qualitative Kriterien gegenüber kapitaltheoretischen Investitionsrechnungen überwiegen und die Prognose künftiger Zahlungsströme als äußerst schwierig eingestuft wird, ist eine derartige Verhaltensannahme zumindest sehr anspruchsvoll. Man kann daher nicht in jedem Fall davon ausgehen, dass die für das Preinreich-Lücke-Theorem maßgeblichen Prämissen in der Realität erfüllbar sind. Die elegant erscheinende Lösung über Residualgewinne erweist sich damit zumindest als ebenfalls recht problematisch.

Residualgewinnbasierte Performancemaße der Praxis

Konzepte in der Praxis

Der Residualgewinn hat als wertsteigerungsorientiertes Performancemaß in den vergangenen Jahren in der Praxis hohe Attraktivität erlangt. *Beratungsfirmen* haben eine Reihe derartige Konzepte entwickelt und verbreitet. Der Economic Value Added (EVA) stammt von Stern und Stewart (Stewart, 1991, S. 136 f. und S. 224; Stern/Stewart/Chew, 1998), der Economic Profit (EP) von McKinsey (Copeland/Koller/Murrin, 1998, S. 199 ff.) und der Cash Value Added (CVA) von der Boston Consulting Group (Lewis, 1994, S. 125 f.). Ein Konzept des Shareholder

Value Added (SVA) stammt von Arthur Andersen (Brunner, 1999, S. 52 f.), ein weiteres von Rappaport (1998, S. 119 f.). Der Residualgewinn ist von Firmen wie Siemens als Geschäftswertbeitrag (GWB) (vgl. Seeberg, 1999; Neubürger, 2000) eingeführt worden. All diesen Ansätzen liegt das Konzept zugrunde, einen um Zinskosten auf das eingesetzte Eigenkapital verminderten Gewinn zu bestimmen. Sie unterscheiden sich in der Art der Gewinnermittlung und der Modifikation der hierfür verwendeten Größen des Rechnungswesens sowie im Ansatz der Zinskosten.

Eine typische Vorgehensweise kann am EVA-Ansatz verdeutlicht werden. Er geht von dem in der Buchhaltung ermittelten operativen Gewinn einer Periode vor Abzug von Eigen- und Fremdkapitalzinsen sowie nach Steuern aus, dem Net Operating Profit After Taxes (NOPAT). Synonym verwandt wird der Begriff Net Operating Profit Less Adjusted Taxes (NOPLAT). Man erhält diese Gewinngröße, indem man von dem operativen Ergebnis vor Zinsen und Steuern, dem sogenannten EBIT (Earnings Before Interest and Taxes), die zahlungswirksamen Unternehmenssteuern abzieht. Beim EBIT handelt sich um ein um nicht operative Komponenten bereinigtes Betriebsergebnis der handelsrechtlichen Gewinn- und Verlustrechnung. Der EVA ergibt sich, indem hiervon die Zinsen auf das zu Periodenbeginn gebundene Kapital KB_{t-1} abgezogen werden, für die man einen gewogenen Kapitalkostensatz k^{WACC} (Weighted Average Cost of Capital) verwendet:

> Economic Value Added (EVA)

$$EVA_t = NOPAT_t - k^{WACC} \cdot KB_{t-1} \qquad (7\text{-}35)$$

Sowohl der operative Gewinn als auch das gebundene Kapital werden über eine Reihe von Bereinigungen aus den Daten des Jahresabschlusses ermittelt. Hierzu gehören »Korrekturen … zur Aufdeckung stiller Reserven, Aktivierung von Auszahlungen für Erfolgspotenziale, … für Forschung und Entwicklung, Personal- und Marktentwicklung etc., Gewinnrealisationen mit Fertigungsfortschritt, Verzicht auf Verlustantizipation, Eliminierung außerordentlicher Gewinnkomponenten und weitere Anpassungen« (Mengele, 1999, S. 136). Der Kapitalkostensatz k^{WACC} wird als mit den Marktwerten des Eigen- (EK), Fremd- (FK) und Gesamtkapitals (GK) gewichteter Satz aus den Renditeforderungen k_{EK} der Anteilseigner sowie k_{FK} der Fremdkapitalgeber unter Berücksichtigung des Steuersatzes s angesetzt, durch den die Steuerersparnis als Folge der Anrechenbarkeit von Fremdkapitalzinsen berücksichtigt wird (sogenannter Tax Shield):

$$k^{WACC} = k_{EK} \cdot \frac{EK}{GK} + k_{FK} \cdot (1 - s) \cdot \frac{FK}{GK} \qquad (7\text{-}36)$$

Wenn die Bereinigungen des handelsrechtlichen Jahresüberschusses zur Bestimmung des NOPAT so vorgenommen sein sollten, dass die Bedingungen des Preinreich-Lücke-Theorems eingehalten sind, stimmt der Barwert der künftigen EVA mit dem Kapitalwert der an die Anteilseigner fließenden Zahlungen (vgl. Mengele, 1999, S. 139 ff.; Ewert/Wagenhofer, 2000, S. 15) überein und wird als Market Value Added (MVA) bezeichnet. Er ist gleich der Differenz zwischen dem Marktwert des Gesamtkapitals GK und dem zum Beginn des Planungszeitraums t = 0 investierten Kapital KB_0:

> Market Value Added (MVA)

7.4 Koordination Personalführung – Informationssystem, Planung, Kontrolle
Koordination der Personalführung mit Planung und Kontrolle

332

$$MVA = \sum_{t=1}^{T} \frac{EVA_t}{\left(1 + k^{WACC}\right)^t} = GK - KB_0 \qquad (7\text{-}37)$$

Der auf diese Weise bestimmte Unternehmenswert GK entspricht nach Stewart (1991, S. 175) dem aus den Free Cashflows (FCF) ermittelten Discounted Cashflow:

$$GK = \sum_{t=1}^{T} \frac{EVA_t}{\left(1 + k^{WACC}\right)^t} + KB_0 = \sum_{t=1}^{T} \frac{FCF_t}{\left(1 + k^{WACC}\right)^t} \qquad (7\text{-}38)$$

Dieses und entsprechende, in der Praxis verwendete Maße scheinen die für das Residualgewinnkonzept theoretisch begründbaren Eigenschaften für eine wertsteigerungsorientierte Steuerung in hohem Maße zu erfüllen. Zusätzlich zur Problematik, inwieweit die Voraussetzungen für das tatsächliche Zutreffen dieser Eigenschaften in der Realität erfüllt sind, ist aber zu prüfen, ob die jeweiligen Residualgewinngrößen nach den *Bedingungen des Preinreich-Lücke-Theorems* ermittelt werden. Mit ihrer Einhaltung wird eine vollständige Brückenbildung zu den Zahlungsgrößen hergestellt, so dass die Abweichungen der handelsrechtlichen oder kostenrechnerischen Periodenerfolgsgrößen von den Cashflows über die kalkulatorischen Größen wieder aufgehoben werden.

Herleitung aus externer Rechnung

Durch die z. B. von Stewart vorgeschlagenen Bereinigungen der Daten des Jahresabschlusses wird noch keine vollständige Transformation zu den Zahlungsgrößen hergestellt. Auch mit dem in der externen Rechnung geltenden Bilanzidentitätsprinzip ist keine korrekte Ermittlung des Kapitalbestandes sichergestellt. Da in die externe Rechnung nur die tatsächlich gezahlten Fremdkapitalzinsen eingehen, wären die Vermögensbestände und die kalkulatorischen Zinsen über eine kontinuierlich weitergeführte Zusatzrechnung zu bestimmen. In ihr müssten die Aufwendungen und Erträge über die Perioden hinweg so mit den Zahlungen verknüpft sein, dass die Bedingung (1c) des Preinreich-Lücke-Theorems zur Bestimmung des in jeder Periode gebundenen Kapitals erfüllt wird (vgl. Küpper, 1998b, S. 537). Ansatz- und Bewertungsspielräume würden auf diese Weise eliminiert, weil sich die aus ihnen folgenden »Manipulationen« in Zahlungen und/oder Aufwendungen sowie Erträgen niederschlagen. Die gegenwärtige Berechnung genügt dieser Forderung aber nicht.

Herleitung aus Kosten- und Erlösrechnung

Entsprechende Gesichtspunkte gelten für Daten aus der Kosten- und Erlösrechnung, die noch mehr als die Bilanzrechnung als *isolierte* Periodenrechnung durchgeführt wird. Die Berechnung des zu verzinsenden Gesamtkapitals richtet sich in ihr i. d. R. weder nach den Ansätzen und Zahlungen der vorangegangenen Perioden, noch erfolgt eine systematische Periodenverknüpfung. Da in der Kosten- und Erlösrechnung keine periodische Fortschreibung erfolgt, wird in ihr keine Art von Bilanzidentitätsprinzip beachtet. Vielmehr bietet die kalkulatorische Rechnung den dezentralen Entscheidungsträgern vielfältige Spielräume zur Manipulation der Erfolgsermittlung (vgl. Küpper, 1995b; Küpper, 1998a).

7.4.3.4 Anreizsysteme mit kapitalwertorientierten Bemessungsgrundlagen

Die Analyse des Residualgewinnkonzepts macht deutlich, dass sich die Anforderungen des Zielbezugs und der Manipulationsfreiheit nicht gleichzeitig vollständig erfüllen lassen. Diese Erkenntnis ist durch Thomas Pfeiffer (2000, S. 83 ff.) auch formal untermauert worden. Er weist nach, dass sich ein gesamtzielbezogenes Anreizsystem auf Basis von Zahlungsüberschüssen, Abschreibungen und Zinsen nur bilden lässt, wenn die Unternehmensleitung die *gesamten* Zahlungsströme der zugrunde liegenden Investitionsprojekte und die bis zur jeweiligen Periode verrechneten Abschreibungen kennt.

Kann man zudem nicht uneingeschränkt davon ausgehen, dass die Verhaltensannahmen des Preinreich-Lücke-Theorems in der Realität erfüllt sind, stellt sich die Frage, ob der Anspruch an Manipulationsfreiheit zugunsten der Anforderung des Zielbezugs reduziert werden muss. Die insbesondere in *agencytheoretisch* motivierten Untersuchungen vertretene Forderung einer eindeutigen Beobachtbarkeit von Bemessungsgrundlagen (vgl. z. B. Riegler, 2000a, S. 37 und S. 51) überzeugt dann nicht.

Zielbezug und Manipulationsfreiheit

Kapitalwert der Projekte

Der Zielbezug wird in besonderem Maße gewahrt, wenn man die Prämie unmittelbar an den Kapitalwert K_t der Investitionsprojekte bindet. Diese Bemessungsgrundlage hätte auf der einen Seite den Vorteil, dass man nur Zahlungsgrößen zugrunde legt und damit die Probleme der Bestimmung von Abschreibungen sowie gebundenem Kapital vermeidet. Ferner könnte eine hohe Anreizwirkung davon ausgehen, dass die Prämie schon zum Zeitpunkt der Investitionsentscheidung gezahlt wird. Dies könnte die Bereichsmanager dazu motivieren, intensiv nach ertragreichen Investitionsalternativen zu suchen. Auf der anderen Seite liegt der zentrale Nachteil einer solchen Bemessungsgrundlage darin, dass sich der Kapitalwert weitestgehend aus *Prognosewerten* errechnet, die einen hohen Spielraum zur Manipulation eröffnen.

Zielbezug von Kapitalwert

Ökonomischer Gewinn nach Zinsen

Geht man von den einzelnen Investitionsprojekten auf die Betrachtung der Perioden über, gelangt man zu dem ökonomischen Gewinn nach Zinsen als entsprechender Bemessungsgrundlage (vgl. zum Folgenden Laux, 1995, S. 177 ff.; Mengele, 1999, S. 143 ff.). Dieser ergibt sich, indem man von dem ökonomischen Gewinn die Zinsen auf den Ertragswert zu Periodenanfang abzieht. Deshalb nennt ihn Mengele (1999, S. 143) einen »kapitaltheoretischen Residualgewinn«. Der ökonomische Gewinn G_t einer Periode t ergibt sich aus der Differenz der Kapital- bzw. Ertragswerte oder Discounted Cashflows K_t sowie K_{t-1} unter Hinzunahme des Zahlungsüberschusses $\ddot{U}_t$ dieser Periode (vgl. hierzu Abschnitt 5.2.2.3):

Kapitaltheoretischer Residualgewinn

$$G_t = K_t - K_{t-1} + \ddot{U}_t \qquad (7\text{-}39)$$

Dabei werden die Kapitalwerte K_t aus den abgezinsten Zahlungsüberschüssen der nachfolgenden Perioden $t + 1, \ldots, T$ ermittelt, die aus den vor und in der Periode t

7.4 Koordination Personalführung – Informationssystem, Planung, Kontrolle
Koordination der Personalführung mit Planung und Kontrolle

334

getätigten Investitionen zufließen. Deshalb ist der ökonomische Gewinn selbst keine geeignete Bemessungsgrundlage, sofern die Prämien auf den Kapitalwert von Projekten im Investitionszeitpunkt gezahlt werden. Um eine *Doppelzählung von Erfolgen zu vermeiden* und die Prämienzahlung auf die neu aufgenommenen Projekte zu begrenzen, ist der ökonomische Gewinn um die Zinsen auf die schon früher getätigten Investitionen zu verringern. Als Prämienbemessungsgrundlage erhält man den ökonomischen Gewinn nach Zinsen GZ_t:

$$GZ_t = K_t - K_{t-1} + \ddot{U}_t - i \cdot K_{t-1} = K_t - (1 + i) \cdot K_{t-1} + \ddot{U}_t \qquad (7\text{-}40)$$

Bei *sicheren Erwartungen* schlagen sich die vor t getätigten Investitionen vollständig im Kapitalwert zum Periodenbeginn nieder. Sofern in der Periode t in keine neuen Projekte investiert wird, fällt auch keine Prämie an und der ökonomische Gewinn nach Zinsen bleibt gleich null. Im Fall *unsicherer Erwartungen* können zu dem aus neu entdeckten und aufgenommenen Projekten folgenden *Aktionseffekt* Informationsänderungen kommen. Der mit dem Wissen am Periodenende bestimmte Kapitalwert kann von dem zum Periodenanfang prognostizierten Kapitalwert positiv oder negativ abweichen und führt damit zu einem *Informationseffekt*, der die Bemessungsgrundlage neben dem Aktionseffekt beeinflusst.

Verletzung der Manipulationsfreiheit

Daran wird deutlich, dass bei der Verwendung der Kapitalwerte für die Projekte und des ökonomischen Gewinns nach Zinsen die Manipulationsfreiheit nicht gewahrt ist. Der Bereichsmanager kann durch eine optimistische Schätzung der Zahlungsüberschüsse eine hohe Prämie erzielen. Besteht zudem die Tendenz, dass er nur eine begrenzte Zeitdauer in seiner Position bleibt, kann er für abweichende Verläufe oft nicht mehr zur Verantwortung gezogen werden. Er kann sich also *opportunistisch* verhalten und die Informationsasymmetrie zu seinen Gunsten nutzen. Die Risiken einer derartigen Bemessungsgrundlage für die Unternehmung sind durch die einseitige Berücksichtigung des Zielbezugs und die Vernachlässigung der Forderung nach Manipulationsfreiheit groß.

Kapitaltheoretische Prämienannuität

Kennzeichnung des Konzepts

Um den eindeutigen Zielbezug und die Motivationswirkung der Kapitalwertkonzeption zu nutzen, aber zugleich die Manipulationsmöglichkeiten einzuschränken, hat Arnd Kah (1994, S. 136 ff.) ein *modifiziertes kapitaltheoretisches Anreizsystem* vorgeschlagen. Mit ihm wird ein Kompromiss zwischen den Anforderungen des Zielbezugs und der Manipulationsfreiheit geschlossen. Die zentralen Grundgedanken dieses Verfahrens bestehen in

- ▸ einer Bindung der Prämie an den Kapitalwert und die realisierten Zahlungsüberschüsse sowie
- ▸ einer Verteilung der Prämie als Annuität auf die Nutzungsdauer der Projekte.

Kah geht von einer rollierenden Investitionsplanung aus, in welcher der Bereichsleiter für alle von ihm aufgenommenen Investitionsprojekte die geplanten und die realisierten Zahlungen ausweist. Wenn er sich für die Durchführung eines Projektes entscheidet, erhält er zu diesem Zeitpunkt eine zu dessen

Kapitalwert proportionale Prämie gutgeschrieben. Durch diesen frühen Zeitpunkt der Prämiengewährung sollen seine Anstrengungen zur Suche nach Investitionsalternativen sowie Informationen gefördert und belohnt werden. Jedoch wird die Prämie in eine Annuität umgerechnet, deren Einzelbeträge man ihm periodisch auszahlt.

In dem in Abbildung 7-20 wiedergegebenen Beispiel führt die Prämie von 155 (15 % auf den Kapitalwert des Projekts von 1.032) bei einem Zinssatz von 10 % zu einer Annuität von 44. Da die Auszahlung auf die Nutzungsdauer des Projekts verteilt ist, kann die Prämie bei Eintritt anderer Zahlungswerte und Erwartungsänderungen angepasst werden. Damit ist das Risiko der Manipulation durch den Bereichsleiter nicht ausgeschaltet, aber deutlich verringert. Beträgt zum Beispiel der Zahlungsüberschuss in t_2 lediglich 500 anstelle der geplanten 1.000, so reduziert sich (bei gleicher Erwartung für t_3) der Kapitalwert auf 619. Da zu den ersten beiden Zeitpunkten schon Prämien von zusammen 88 ausgezahlt wurden, verringert sich die Annuität für die letzten beiden Jahre auf 5

Beispiel

Ausgangsbeispiel der rollierenden Investitionsrechnung

	t_0	t_1	t_2	t_3
Auszahlung a_0	−1.000			
Überschüsse $\ddot{U}_t$		500	1.000	1.000
Kapitalwert K_0	1.032			
Prämie: 15 % auf K_0	155			
Prämienannuität a	44	44	44	44
gezahlte Prämie P	44			
Guthaben		44	44	44

Prämienanpassung bei abgelaufener Investition

	t_0	t_1	t_2	t_3
Auszahlung a_0	−1.000			
Überschüsse $\ddot{U}_t$		500	500	1.500
Kapitalwert K_0	995			
Prämie: 15 % auf K_0	149			
Prämien alt	93			
Prämienabweichung ΔP	56			
Aufzinsung der Abweichung				75
Guthaben				5 + 75 = 80
Gezahlte Prämie P	44	44	5	80

7.4 Koordination Personalführung – Informationssystem, Planung, Kontrolle
Koordination der Personalführung mit Planung und Kontrolle

336

(gezahlte Prämie in t_2 bzw. Guthaben für t_3). Ergibt sich in der letzten Periode ein Zahlungsüberschuss von 1.500 anstelle der geplanten 1.000, erhält der Bereichsleiter entsprechend Abbildung 7-21 in t_3 eine Prämie von 80. Man berechnet sie durch Aufzinsung der Differenz zwischen den gezahlten Prämien und den Beträgen, die er aufgrund der tatsächlichen Zahlungsüberschüsse hätte bekommen sollen.

Unterschiede zum Residualgewinn

Dieses Konzept unterscheidet sich vom Residualgewinn durch die *abweichende Verteilung der Prämien* auf die Perioden der Nutzungsdauer. Während beim Residualgewinn das Abschreibungsverfahren die Periodenaufteilung bestimmt, ist es im modifizierten Kapitalwertkonzept die Annuitätenbildung. Ferner erhält der Bereichsleiter schon im Zeitpunkt t_0 der Entscheidungsfindung eine Prämie, während ein Residualgewinn erst nach Eintritt von Zahlungsüberschüssen entsteht. Das modifizierte Kapitalwertkonzept führt tendenziell zu früheren Prämienzahlungen als der Residualgewinn. Das Ausmaß dieses Effekts hängt von dem Verlauf der Zahlungsüberschüsse und des Abschreibungsverfahrens ab. Schwankungen in den Zahlungsüberschüssen werden über die Annuitätenbildung geglättet. Stattdessen führen Planabweichungen zu deutlichen Ausschlägen, wie das Zahlenbeispiel veranschaulicht hat. Damit erhält die Zuverlässigkeit der Planung ein starkes Gewicht, ein Gedanke, der schon in Dieter Schneiders anreizverträglicher Erfolgsrechnung (vgl. Abschnitt 7.3.4.3) enthalten war.

Praktische Handhabbarkeit

Beurteilung der Ansätze

Alle vorgeschlagenen Bemessungsgrundlagen für Anreizsysteme erfüllen die aufgestellten Anforderungen nicht vollständig. Ihre praktische Handhabbarkeit ist noch nicht umfassend untersucht und getestet worden. So fehlen Regeln, wie verschiedene Projekte und deren Rechnungsgrößen gegeneinander abzugrenzen sind, wie zusammenhängende Projekte behandelt und wie die laufenden Prozesse einbezogen werden. Erste Überlegungen hierzu hat Arnd Kah (1994, S. 148 ff.) angestellt. Ferner ist zu analysieren, wie man die benötigten Daten aus der Unternehmensrechnung ermitteln kann.

Aus diesen Gründen sind die dargestellten Ansätze noch nicht als direkt umsetzbare Lösungen für das Controlling anzusehen. Sie bilden vielmehr Konzepte für eine Verknüpfung des Anreizsystems mit Planung und Kontrolle, die mit Erkenntnissen der Principal-Agent-Theorie begründet sind.

Berücksichtigung von Kontrollindikatoren

Eine weiterführende Überlegung besteht in der Berücksichtigung von Kontrollindikatoren zusätzlich zu einer Erfolgsgröße. Sie betreffen das zentrale Problem der Hidden-Action-Situation, dass sich die konkreten Handlungen des Agent durch den Principal nicht kontrollieren lassen. Jedoch kann es Indikatoren für sein Verhalten geben, die für beide beobachtbar sind. Diese ermöglichen einen Rückschluss auf sein Anstrengungsniveau. Solche »Monitoring-Signale« können neben dem Erfolg in die Belohnungsfunktion aufgenommen werden und damit den Anreiz verstärken. Hierdurch lässt sich die Lösung für den Principal verbessern. In einer Reihe von Arbeiten (vgl. z. B. Harris/Raviv, 1979; Holmström, 1979; Holmström, 1982; Shavell, 1979; Baiman, 1982; Gjesdal, 1982; Baiman/Evans, 1983; Singh, 1985; Laux, 1990) ist untersucht worden, welche Vorteile sich für ihn hieraus ergeben und »wie die Belohnungsfunktion von der »Genauigkeit« abhängt, mit der der Indikator bzw. die Indikatoren das Aktivitätsniveau messen« (Laux/Liermann, 1997, S. 518).

7.4.3.5 Anreizsysteme mit aktienkursbezogenen Bemessungsgrundlagen

Bei börsennotierten Aktiengesellschaften schlägt sich eine kontinuierliche Bewertung der Unternehmung im Kurs der Anteile nieder. Diese bringt die Erwartungen der Kapitalmarktteilnehmer über die künftigen Dividenden und Marktwerte (Kurse) zum Ausdruck. Daher kann man aus dem Aktienkurs den jeweiligen Marktwert bestimmen und lässt sich für Aktiengesellschaften leichter als für andere Rechtsformen empirisch untermauern, dass die Marktwertmaximierung die langfristige Unternehmenszielsetzung der Anteilseigner bildet.

Deshalb bietet es sich bei Aktiengesellschaften an, die Prämienbemessungsgrundlage des Vorstands am Aktienkurs zu orientieren. Dafür kommen insbesondere der Marktwert der Aktien selbst, die Dividenden sowie ein residualer Marktwertzuwachs in Frage (vgl. Laux/Liermann, 1997, S. 551 ff.). Grundsätzlich scheinen dann der Zielbezug und die Manipulationsfreiheit gegeben. Bei einer Koppelung an den Marktwert der Aktien schlagen sich auch Markteinflüsse, die auf übergreifende Faktoren und nicht auf die Aktivitäten des Vorstands zurückzuführen sind, in der Belohnung nieder. Auch wenn die Marktwertsteigerung das Ziel der Anteilseigner bildet, spricht dies dafür, seine Belohnung an die Überschreitung einer Mindestgrenze oder eines Vergleichswertes zu koppeln. Berücksichtigt man allein den Marktwert der Aktien ohne Dividenden, kann eine solche Bemessungsgrundlage dem Vorstand Anreize für den Versuch bieten, den Aktienkurs durch niedrigere Dividenden positiv zu beeinflussen, um die eigenen Prämien zu Lasten der Anteilseigner zu steigern. Je vollkommener der Kapitalmarkt jedoch ist, desto weniger kann eine derartige Politik gelingen, weil der Kurs entsprechend reagiert.

Bei einer Verwendung der Dividenden als Bemessungsgrundlage der Prämien scheint der Bezug zum Ziel der Anteilseigner ebenfalls gewahrt, sofern für Anteilseigner und Vorstand der Barwert der an jeden von ihnen fließenden Zahlungen bis zu demselben Planungshorizont (bei gleichen Zinssätzen) maßgebend ist. Diese Bedingung ist in der Realität kaum erfüllt. Der Zeithorizont für den Vorstand ist eher kürzer. Daraus erwächst die Neigung, die Dividenden im Zeitraum seiner Tätigkeit bei der Unternehmung zu Lasten späterer Dividenden zu erhöhen (vgl. Laux/Liermann, 1997, S. 555 f.). Zudem kann für den Anteilseigner der Kurswert der Aktien eine Rolle spielen.

Derartige Anreize zur Beeinflussung von Marktwert oder Dividenden, um höhere Prämien für den Vorstand zu erzielen, werden beim residualen Marktwertzuwachs vermieden. Er ist gleich der Differenz zwischen dem Marktwert der Periode M_t unmittelbar vor der Dividendenausschüttung und der aufgezinsten Differenz zwischen dem Marktwert M_{t-1} und der Dividendenausschüttung D_{t-1} der Vorperiode. Bezeichnet man den Zinssatz mit i und gewährt man eine mit dem Faktor f proportionale Prämie auf diese Bemessungsgrundlage, so ergibt sich die Prämie P_t in der Periode t nach der Beziehung:

Marktwert der Aktien

Dividenden

Residualer Marktwertzuwachs

7.4 Koordination Personalführung – Informationssystem, Planung, Kontrolle
Koordination der Personalführung mit Planung und Kontrolle

338

$$P_t = f \cdot \left[M_t - \left(M_{t-1} - D_{t-1} \right) \cdot \left(1 + i \right) \right] \qquad \left(0 < f < 1 \right) \qquad (7\text{-}41)$$

Zusammenhang zum
ökonomischen Gewinn
nach Zinsen

Dieser Ansatz entspricht konzeptionell dem ökonomischen Gewinn nach Zinsen. Jedoch müssen die Marktwerte nicht aus den prognostizierten Zahlungsüberschüssen abgeleitet werden, sondern lassen sich unmittelbar aus den Börsenkursen übernehmen. Ferner ist berücksichtigt, dass die Dividende in *t – 1* ausbezahlt worden ist und daher auf den Betrachtungszeitpunkt aufzuzinsen ist, wie man durch eine entsprechende Umformung von Gleichung (7-41) erkennt:

$$P_t = f \cdot \left[M_t - M_{t-1} - i \cdot M_{t-1} + \left(1 + i \right) \cdot D_{t-1} \right] \qquad \left(0 < f < 1 \right) \quad (7\text{-}42)$$

Wie beim ökonomischen Gewinn nach Zinsen werden damit bei dieser Bemessungsgrundlage lediglich die Aktivitäten der betreffenden Periode belohnt, die zu einer Marktwertsteigerung geführt haben und eine Mindestverzinsung überschreiten.

Aktienkursbezogene
Bemessungsgrundlagen
in der Praxis

In der Praxis haben derartige Bemessungsgrundlagen vor allem in Form aktienkursbezogener Entlohnungsbestandteile für Manager Verbreitung gefunden. Derartige Systeme gibt es in den USA schon seit den zwanziger Jahren des 20. Jahrhunderts, während sie in Deutschland erst in dessen letztem Jahrzehnt eine beachtenswerte Bedeutung erlangten. Die Art ihrer ursprünglichen Ausgestaltung insbesondere in den USA spricht dafür, dass ihre Einführung anfänglich mehr zu einer nicht unmittelbar erkennbaren Erhöhung der Managervergütung als zu deren Ausrichtung auf die Ziele der Aktionäre diente (vgl. Wenger/Knoll, 1999, S. 581 ff.). Dies lässt sich vor allem daraus schließen, dass Lösungen gewählt wurden, die möglichst wenig im Rechnungswesen dokumentiert sind.

Gestaltungsmerkmale
aktienkursbezogener
Entlohnungssysteme

Bei der Einrichtung aktienkursbezogener Entlohnungssysteme ist eine Reihe von Merkmalen festzulegen, so dass man je nach ihrer Ausprägung eine Vielzahl derartiger Programme unterscheiden kann. Als wichtigste Gestaltungsmerkmale lassen sich im Anschluss an Wenger und Knoll unterscheiden (vgl. Wenger/Knoll, 1999, S. 567 ff., Wenger/Knoll/Kaserer, 1999, S. 35 ff.):

▸ der Kreis der Begünstigten,
▸ die Position der Begünstigten und der Unternehmung,
▸ die Ausprägung der Bemessungsgrundlage, insbesondere
  – als Aktie oder Option,
  – die Laufzeit des Ausübungsrechts der Option und des Veräußerungsverbots für Aktien sowie
  – der Basispreis und die Performancebereinigung,
▸ die Art des Programms: real oder virtuell,
▸ die Herkunft der Finanztitel,
▸ die Zahlungswirkungen bei der Gesellschaft und dem Begünstigten,
▸ der Umfang der Entlohnung und
▸ der Begebungsrhythmus des Programms.

Kreis und Position
der Begünstigten

Begünstigte des Programms können die Vorstandsmitglieder und andere Manager der obersten Hierarchieebenen sein. Es gibt Überlegungen, diesen Kreis auch auf darunter liegende Ebenen bis zu tariflichen Mitarbeitern auszuweiten.

Den jeweils Begünstigten können Anreize in Form einer »long«- oder einer »short«-Position gewährt werden. Dabei erhalten sie die Position eines Anspruchsberechtigten, der z. B. über eine Kaufoption an einer positiven Kursentwicklung teilhaben kann, oder Verpflichtungen eingeht, durch die er z. B. über den Verkauf einer Verkaufsoption bei ungünstigen Kursentwicklungen Verluste erleidet. Die hiermit beabsichtigten Anreize werden jedoch nur wirksam, wenn die Position nicht durch ein gegenläufiges Engagement (Hedgen) des Managers auf dem Finanzmarkt abgesichert wird, was in den USA durch Rechtsvorschriften verhindert werden soll. Auf der anderen Seite hat die Unternehmung die Möglichkeit, ihre »offene Position aus einem kursgebundenen Anreizsystem sofort durch Kompensationsgeschäfte mit Dritten glatt(zu)stellen« (Wenger/Knoll, 1999, S. 568).

Wesentliche Gestaltungsmöglichkeiten bietet die Art der Bemessungsgrundlage. Bei deren Konkretisierung geht es grundsätzlich darum, wie, in welchem Umfang und wann sich Kursentwicklungen beim Begünstigten niederschlagen. So kann die Bemessungsgrundlage unmittelbar im Aktienkurs selbst oder in dem Kursverlauf einer Option liegen, indem der Begünstigte im einen Fall Aktien, im anderen dagegen Optionen bzw. Optionsscheine erhält, mit denen er das Recht erwirbt, Aktien zu einem festgelegten Preis zu kaufen. Die Anreizwirkungen und der Wert dieses Rechts hängen vom Aktienkurs und dessen Volatilität, dem risikolosen Zinssatz sowie dem Basispreis und der Laufzeit ab. Ein Entlohnungssystem kann bei der Ausgabe von Aktien den Bezugspreis und eine Sperrfrist für deren Veräußerung festlegen. Bei Optionen sind die Laufzeit des Ausübungsrechts und der Basispreis zu bestimmen. Die Laufzeit gibt den Zeitraum an, *nach dem* bei einer europäischen Option bzw. *innerhalb dessen* bei einer amerikanischen Option Aktien erworben werden können. Der *Basispreis* einer Option legt den Preis fest, zu welchem der Begünstigte Aktien erwerben kann. Wenn sich dieser allein auf den Aktienkurs bezieht, kann er dem Aktienkurs bei Gewährung gerade entsprechen, der Basispreis ist »at the money«. Er kann jedoch auch über (out of the money) oder unter (in the money) dem aktuellen Kurs festgelegt werden.

In der Kursentwicklung schlagen sich neben den Entscheidungen der Manager vielfältige weitere Einflüsse nieder. Dies spricht für eine Performancebereinigung, indem der Ausübungskurs einer Option um die Wertentwicklung eines Referenzportfolios bereinigt wird, in das bestimmte Aktien, ein Aktien- bzw. Branchenindex oder ein Index festverzinslicher Wertpapiere eingehen. Damit richtet sich die Bemessungsgrundlage nach der Differenz zwischen der Kursentwicklung der Aktien der Unternehmung und einer Benchmark. An die Stelle einer derartigen Bereinigung wird in mehreren Programmen auch eine Benchmark in Form einer »Ausübungshürde« beispielsweise als Mindestrendite während der Laufzeit gesetzt. Bei einer solchen Regelung kann der Begünstigte seine Option nur wahrnehmen, wenn diese Hürde überschritten ist. In diesem Fall richtet sich nicht die Höhe, sondern allein das Wirksamwerden der Bemessungsgrundlage nach der Benchmark. Eine wichtige Bereinigung liegt ferner darin, dass die Wirkungen von Kapitalbewegungen zwischen der Unternehmung und den An-

Art der Bemessungsgrundlage

Performancebereinigung

7.4 **Koordination Personalführung – Informationssystem, Planung, Kontrolle**
Koordination der Personalführung mit Planung und Kontrolle

340

teilseignern in Form von Dividenden sowie Kapitalerhöhungen bzw. -herabsetzungen auf den Aktienkurs neutralisiert werden.

Die konkrete Durchführung eines aktienkursbezogenen Entlohnungssystems kann in der Art eines virtuellen oder realen Programms erfolgen. Im ersten Fall werden die aktienkursbezogenen Entlohnungsbestandteile z. B. als *fiktive* Aktien in Form von Phantom Stocks oder als *fiktive* Optionen in Form von Stock Appreciation Rights buchhalterisch simuliert, und erhalten die Begünstigten ihre finanziellen Ansprüche im Fälligkeitszeitpunkt von der Unternehmung ausbezahlt. Bei realen Programmen stellt sich das Problem der *Herkunft der Finanztitel*. Auf der einen Seite besteht die Möglichkeit, für die Ausgabe von Aktien oder von Aktienoptionen eine genehmigte bzw. eine bedingte Kapitalerhöhung durchzuführen. Zum anderen kann die Unternehmung die Titel über Markttransaktionen, z. B. durch Aufkauf eigener Aktien oder durch Erwerb von Aktienoptionen bei Dritten wie einer Bank, erwerben.

Die Umsetzung des Programms bestimmt die Zahlungswirkungen für die Unternehmung. Seine *virtuelle* Gestaltung führt ebenso wie ein Aufkauf eigener Aktien oder von Aktienoptionen zu einem Zahlungsmittelabfluss. Dies ist im Fall einer Kapitalerhöhung nicht der Fall. Dafür erleiden bei ihr die bisherigen Aktionäre einen »Kapitalverwässerungseffekt«, weil das Eigenkapital der Unternehmung (möglicherweise) auf mehr Aktionäre verteilt wird, ohne dass sie selbst ein Bezugsrecht erhalten. Deshalb ist eine bedingte Kapitalerhöhung zur Gewährung eines Aktienoptionsprogramms nach § 192 AktG auf höchstens 10 % des bisherigen Grundkapitals beschränkt. Je nach Gestaltung des Programms kann es beim Begünstigten nicht erst nach einer bestimmten Laufzeit, sondern schon bei Einrichtung des Programms zu einer Zahlungswirkung kommen, wenn er z. B. vertraglich verpflichtet wird, selbst entsprechende Finanztitel in Höhe einer Mindestbeteiligung o. Ä. zu erwerben.

Schließlich ist der Umfang der aktienkursgebundenen Entlohnung im Verhältnis zu den anderen Entlohnungen für die Betroffenen festzulegen. Damit hängt der Begebungsrhythmus zusammen. Erst aus dem Umfang des einzelnen Programms, der Häufigkeit und Regelmäßigkeit seiner Auflegung sowie dem Umfang und der fixen bzw. variablen Ausprägung der anderen Einkünfte, welche die Manager von der Unternehmung erhalten, lässt sich die Gesamtstruktur der Entlohnung erkennen und in ihren Wirkungen abschätzen.

Für die Auswahl der zweckmäßigsten Gestaltungsalternative kann man anhand der in Abschnitt 7.4.2.2 formulierten Anforderungen wichtige Gesichtspunkte ableiten. Der Zielbezug im Hinblick auf den Marktwert des Eigenkapitals wird grundsätzlich durch die Orientierung am Aktienkurs hergestellt. Für eine präzisere Analyse ist darüber hinaus zu untersuchen, wie sich die verschiedenen Gestaltungsalternativen auf die Risikoübernahme auswirken (vgl. zum Folgenden Knoll, 1998b, S. 56, Wenger/Knoll, 1999, S. 570 ff.). Hierbei spielen Annahmen über den Verlauf der Risikonutzenfunktionen von Aktionären und Managern eine wesentliche Rolle. Während man nämlich unterstellen kann, dass Aktionäre eine Portfoliodiversifikation vornehmen und daher gegenüber den unternehmensspezifischen Risiken eher indifferent sind, dürfte bei primär für eine Unternehmung tätigen Managern eine höhere Risikoaversion gelten. Deshalb sollten Lösungen gewählt werden, die den Managern eher weniger Risiko aufbürden. Dies spricht gegen einen festen Basispreis bei Optionen und für dessen Bindung an einen geeigneten Aktienindex. In diesem Fall trägt der Begünstigte nicht das Risiko, dass eine Option unabhängig von seinem Handeln z.B. wegen der gesamtwirtschaftlichen Entwicklung verfällt und kann auch bei insgesamt schlechter Wirtschaftsentwicklung einen Vorteil erzielen. Aus diesem Blickwinkel erscheint eine direkte finanzielle Beteiligung der Manager ebenfalls eher problematisch. Darüber hinaus ist die Anreizwirkung höher, »wenn die Entlohnung des Managers relativ zum Aktienkurs progressiv zunimmt« (Wenger/Knoll, 1999, S. 572), was bei Kaufoptionen oder Optionsscheinen erfüllt ist und gegen Verkaufsoptionen spricht. Aufgrund dieser Gesichtspunkte erscheinen längerfristige Optionen eine zweckmäßige Lösung.

Die Anforderung des Entscheidungsbezugs unterstreicht die Notwendigkeit, in die Bemessungsgrundlage die Differenz des Aktienkurses zu einer Vergleichsgröße aufzunehmen, um gesamtwirtschaftliche, Kapitalmarkt- und Brancheneffekte herauszufiltern. Nur dann ist sie in ausreichendem Maße durch die in der Unternehmung getroffenen Entscheidungen beeinflusst. Aus diesem Kriterium ergibt sich auch, dass eine aktienkursbezogene Entlohnung auf die obersten Hierarchieebenen der Unternehmung beschränkt sein sollte. Bei unteren Führungskräften und Mitarbeitern ist der Einfluss ihres Handelns auf den Aktienkurs zu gering, um eine Anreizwirkung zu erreichen (vgl. Knoll, 1998c, S. 152 f.). | **Entscheidungsbezug**

Die Manipulationsfreiheit ist durch die Orientierung am Aktienkurs ebenfalls im Prinzip erfüllt. Aus ihr folgt aber, dass in der Bemessungsgrundlage die Kapitalbewegungen zwischen Anteilseignern und Unternehmung berücksichtigt sein müssen. Sonst können die Manager versuchen, den Kurs über die Dividendenpolitik und Grundkapitaländerungen für eine günstigere Entwicklung zu beeinflussen. | **Manipulationsfreiheit**

Im Hinblick auf eine effiziente Gestaltung des Entlohnungssystems gewinnen neben diesen anreizorientierten Kriterien insbesondere die steuerlichen Wirkungen sowie die Rechnungslegung und die Publizität an Bedeutung. Bei der Analyse verschiedener Gestaltungsformen sind die steuerlichen Auswirkungen sowohl bei den Begünstigten als auch bei der Unternehmung und damit indirekt den Anteilseignern zu beachten. In Deutschland muss der Begünstigte nach der herrschenden Rechtsprechung die Differenz zwischen dem Börsenkurs und dem ihm gewährten Bezugskurs entsprechend der Bemessungsgrundlage im Ausübungszeitpunkt als Einkommen aus nichtselbständiger Tätigkeit voll versteuern (vgl. zur steuerlichen Behandlung Knoll, 1998a, S. 134 ff.; Jasper/Wangler, 1999, S. 113 ff.; Long, 1992, S. 15 ff.; Scholes/Wolfson, 1992, S. 187 ff.). Wesentliche Unterschiede in der Steuerwirkung verschiedener Gestaltungsformen bestehen jedoch für die gewährende Unternehmung. Bei ihr kommt es nur dann zu einer Verminderung der Steuerlast, wenn die aktienkursbezogene Entlohnung steuerlich als Personalaufwand anerkannt wird. Dies ist bei der Ausgabe von Optionen, die auf einer bedingten Kapitalerhöhung beruhen, höchstens in geringem Umfang der Fall, weil der durch eine Kapitalverwässerung bedingte Nachteil | **Steuerliche Auswirkungen**

7.4 Koordination Personalführung – Informationssystem, Planung, Kontrolle
Koordination der Personalführung mit Planung und Kontrolle

342

im Normalfall bei den Aktionären nicht geltend gemacht werden kann. Damit die Entlohnung zu steuerlichem Personalaufwand der Unternehmung wird, muss das Programm in realer oder virtueller Form aus Mitteln der Unternehmung bestritten werden. Diese können auch aus dem Kauf von Finanztiteln oder einer »normalen« Kapitalerhöhung stammen (vgl. auch Wenger/Knoll, 1999, S. 576; Pellens/Crasselt, 1999, S. 767 ff.).

Rechnungslegung und Publizität

Bislang ist eine Tendenz zu beobachten, die gewährten Anreize im handelsrechtlichen Jahresabschluss eher nicht als Aufwand auszuweisen. Einer derartigen Behandlung in der Rechnungslegung und Publizität stehen nicht nur die steuerlichen Wirkungen entgegen. Eine möglichst hohe Effizienz verlangt, »den Kapitalmarktteilnehmern möglichst richtige und transparente Angaben zu liefern« (Wenger/Knoll, 1999, S. 577). Dies könnte insbesondere durch entsprechende gesetzliche Publizitätsvorschriften in Bezug auf alle Formen der Managerentlohnung erreicht werden, durch die auch Angaben über den Wert der von einer Unternehmung gewährten aktienkursbezogenen Entlohnung veröffentlicht werden müssen.

Es zeigt sich, dass man aus den an Anreizsysteme zu stellenden Forderungen relevante Gesichtspunkte für die konkrete Gestaltung von Managerentlohnungssystemen ableiten kann. Sie liefern wichtige Argumente, um in der Realität die geeignete Form eines derartigen Systems auszuwählen.

7.4.4 Hypothesen über Verhaltenswirkungen von Planvorgaben

Berücksichtigung verhaltenswissenschaftlicher Erkenntnisse

Über die Berücksichtigung verhaltenswissenschaftlicher Erkenntnisse kann die Betrachtung verfeinert werden. Während sich mit der normativen Agencytheorie allgemeine Aussagen über die Struktur planungs- und kontrollorientierter Anreizsysteme ableiten lassen, beziehen sich die Hypothesen der Verhaltenswissenschaften vor allem auf Einzelaspekte. Mit der Struktur von Belohnungsfunktionen und der Wahl ihrer Bemessungsgrundlagen befassen sie sich weniger. Vielmehr analysieren sie Merkmale der konkreten Ausgestaltung sowie Festlegung von Vorgaben und ihrer *Anreizwirkungen*. Zudem beziehen sie sich weniger auf die Entscheidungsfindung als auf die konkrete *Plandurchführung*. Daher sind ihre Aussagen tendenziell mehr auf das Handeln im Leistungsvollzug als auf Führungspersonen gerichtet.

7.4.4.1 Erwartungs-Valenz-Modell als Grundlage für die Analyse von Verhaltenswirkungen

Organisationspsychologische Prozesstheorie

Im Unterschied zu den Inhaltstheorien (vgl. zum Überblick Weinert, 1987, S. 261 ff.; Ulich, 1991, S. 38 ff.; Rosenstiel, 1992, S. 367 ff.), welche die verhaltensbestimmenden Bedürfnisse des Individuums untersuchen, befassen sich die Ansätze der organisationspsychologischen Prozesstheorie mit den Wirkungen von Stimuli und der formalen Abbildung der hierbei ablaufenden Prozesse. Deshalb können prozessorientierte Hypothesen eine Grundlage für die Analyse der Wirkungen von Planvorgaben bieten.

Trotz einer Reihe von Kritikpunkten greift das prozessorientierte Erwartungs-Valenz-Modell (vgl. Rosenstiel, 1975, S. 171 f.; Wunderer/Grunwald, 1980, S. 195 ff.) wie die Principal-Agent-Theorie auf das Handlungsprinzip der Maximierung des Erwartungsnutzens zurück, das sich in der Psychologie in der Theorie des Anspruchsniveaus niedergeschlagen hat (vgl. Lewin/Dembo/Festinger/Snedden Sears, 1944). Das grundlegende Erwartungs-Valenz-Modell von Victor H. Vroom (1964) wurde in verschiedener Weise ausgebaut. Im Folgenden wird seine von Porter/Lawler (vgl. Lawler/Porter, 1967; Porter/Lawler, 1968; Lawler, 1970; Lawler, 1971) vorgeschlagene Konzeption zugrunde gelegt. Danach ist die Arbeitsleistung eines Individuums von drei Größen abhängig (vgl. zum Folgenden Grimmer, 1980, S. 39 ff.):

Erwartungs-Valenz-Modell

▸ seiner Motivation,
▸ seinen Fähigkeiten und
▸ seinem Problemlösungsansatz.

Die Motivation bezeichnet die Energie, die ein Individuum zur Erbringung einer Leistung einzusetzen bereit ist. Sie drückt sich in seiner Anstrengung und seinem Leistungswillen in einer bestimmten Situation aus. Die Fähigkeiten kennzeichnen seine relativ situationsunabhängigen Leistungsmöglichkeiten und beinhalten physische wie geistige Fertigkeiten sowie seine Persönlichkeitsmerkmale. Der Problemlösungsansatz erfasst die Methode, wie das Individuum eine Aufgabe angeht und zu lösen versucht.

Die Motivationstheorie beschäftigt sich vor allem mit den Bestimmungsgrößen der Motivation, für die drei Komponenten als maßgeblich angesehen werden:

Bestimmungsgrößen der Motivation

▸ die Wahrscheinlichkeit, Handlungsergebnisse mit einer bestimmten Anstrengung zu erreichen,
▸ die Wahrscheinlichkeit, dass die Handlungsergebnisse bestimmte Anreize bzw. Belohnungen auslösen, und
▸ der Nutzen dieser Anreize bzw. Belohnungen.

Die Wahrscheinlichkeitskomponente setzt sich bei Porter/Lawler aus zwei *Teilerwartungen* zusammen, welche die Zusammenhänge zwischen Anstrengungen und Handlungsergebnissen sowie zwischen Handlungsergebnissen und Anreizen erfassen (vgl. Porter/Lawler, 1968, S. 19 ff.).

Erstere gibt die Erwartung des Individuums wieder, mit welchen Wahrscheinlichkeiten W es durch eine bestimmte Anstrengung A verschiedene Handlungsergebnisse E_i verwirklichen kann. In Abbildung 7-22 wird diese Erwartung durch $W (A \to E_i)$ symbolisiert.

Wirkungen der Anstrengung auf Ergebnisse

Die *zweite* Erwartung betrifft die Wahrscheinlichkeit, mit der das Individuum annimmt, dass die Handlungsergebnisse zur Gewährung bestimmter Anreize B (z. B. in Form einer monetären Belohnung B_{ik}) führen. Sie wird durch $W (E_i \to B_{ik})$ ausgedrückt. Beides sind subjektive Wahrscheinlichkeiten, deren Werte zwischen null und eins liegen. Im Normalfall betrachtet man sie als voneinander unabhängig.

Wirkungen der Ergebnisse auf Anreize

7.4 Koordination Personalführung – Informationssystem, Planung, Kontrolle
Koordination der Personalführung mit Planung und Kontrolle

344

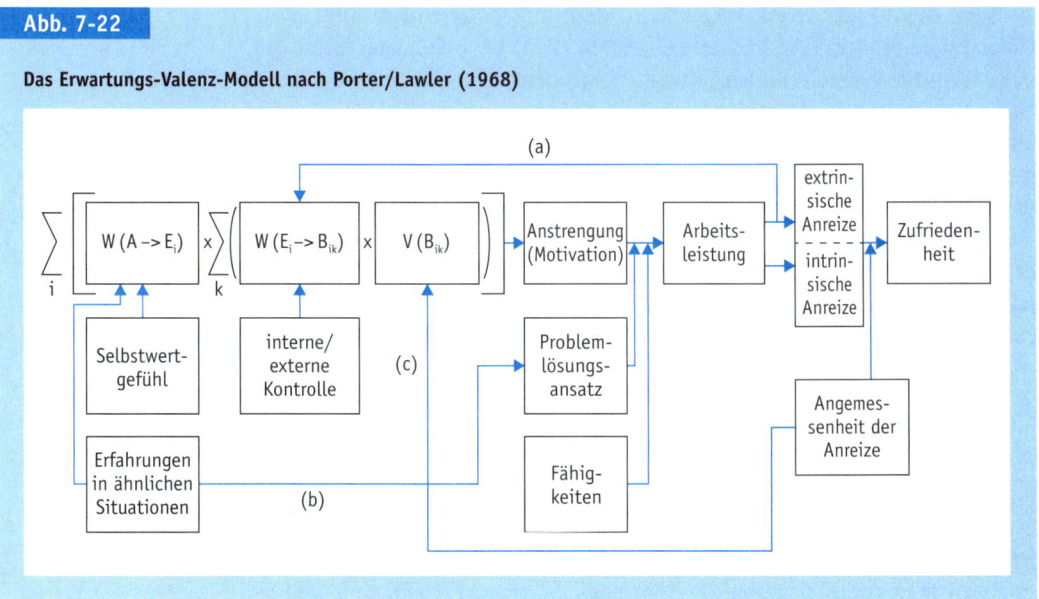

Abb. 7-22

Das Erwartungs-Valenz-Modell nach Porter/Lawler (1968)

Valenz der Anreize

Die dritte Bestimmungsgröße der Motivation wird als Valenz $V (B_{ik})$ bezeichnet. Sie beinhaltet die vom Individuum antizipierte Wünschbarkeit oder Attraktivität der mit der Anstrengung künftig erwarteten Anreize bzw. Belohnungen B_{ik}. Ihre Werte können positiv oder negativ sein. Der Motivationsprozess lässt sich so vorstellen, dass ein Individuum zuerst die Wahrscheinlichkeit abschätzt, mit der es durch eine bestimmte Anstrengung A ein Handlungsergebnis E_i erreichen kann. Dann bildet es seine Erwartung, welche Anreize bzw. Belohnungen B_{ik} mit den jeweiligen Ergebnissen erreicht werden und bewertet deren Attraktivität $V (B_{ik})$.

Multiplikative Verknüpfung

Ein wesentliches Merkmal dieses Ansatzes liegt darin, dass die Komponenten multiplikativ miteinander verknüpft sind. Deshalb ist einmal die Wahrscheinlichkeit der Anreizerzielung mit der Valenz der Anreize zu gewichten. Zum anderen ergibt sich die gesamte Anstrengung über eine Multiplikation der Anstrengungs-Ergebnis-Wahrscheinlichkeit mit der Summe aller Anreizwirkungen.

Die formale Darstellung des Modells in Abbildung 7-22 darf nicht in dem Sinn missverstanden werden, als handle es sich um eine quantitative Theorie. Vielmehr sollen mit ihr *komparative Hypothesen über Verhaltenstendenzen* ausgedrückt werden, die sich durch Plausibilitätsüberlegungen verdeutlichen lassen (vgl. Grimmer, 1980, S. 44). So wird behauptet, dass die Motivation umso größer ist, je höher die Erwartungen bezüglich der Erreichbarkeit der Ziele und der Anreize und/oder die Attraktivität der Anreize sind. Die multiplikative Verknüpfung bedeutet, dass jede der drei Bestimmungsgrößen unabhängig von den anderen wichtig ist. Wird eine von ihnen gleich null, so wird sich das Individuum nicht anstrengen. Darüber hinaus kann eine negative Valenz von Anreizen zu einer negativen Motivation führen, wodurch sich eine Vermeidungshaltung erklären lässt.

Die Ausprägung dieser Komponenten wird entsprechend Abbildung 7-22 durch eine Reihe von Größen beeinflusst. Man unterstellt, dass die Anstrengungs-Ergebnis-Erwartung $W\,(A \rightarrow E_i)$ vom Selbstwertgefühl des Individuums und seiner Erfahrung in ähnlichen Situationen abhängig ist. Die Ergebnis-Anreiz-Erwartung $W\,(E_i \rightarrow B_{ik})$ ergibt sich aus der Überzeugung des Individuums, dass die Ergebnisse seiner Handlung im Sinne einer internen Kontrolle von ihm selbst oder von Umweltfaktoren als externer Kontrolle bestimmt werden. Im ersten Fall ist sie tendenziell höher als bei externer Kontrolle. Sie wird darüber hinaus entsprechend Pfeil a in Abbildung 7-22 von seinen bisher über diese Zusammenhänge gewonnenen Erfahrungen beeinflusst.

Einfluss von Selbstwertgefühl und Erfahrung

Der ebenfalls wirksame Problemlösungsansatz hängt u. a. entsprechend Pfeil b von den Erfahrungen in ähnlichen Situationen ab. In Bezug auf das Zusammenwirken der drei für die Arbeitsleistung maßgeblichen Bestimmungsgrößen Motivation, Problemlösungsansatz und Fähigkeiten werden eine multiplikative und eine additive Verknüpfung diskutiert. Die unterschiedlichen Argumente und empirischen Ergebnisse machen deutlich, dass sich eine allgemeingültige und präzise Hypothese hierfür kaum aufstellen lässt.

Einfluss des Problemlösungsansatzes

Das in Abbildung 7-22 wiedergegebene Prozessmodell des Leistungsverhaltens wird ergänzt um die mit der Arbeitsleistung erzielten extrinsischen und intrinsischen Anreize. Diese wirken zusammen mit ihrer Angemessenheit auf die Zufriedenheit des Individuums. Die Angemessenheit betrifft die erlebte Bedeutung der Anreize nach deren Realisierung. Diese ex-post-Attraktivität wirkt auf die Ex-ante-Valenz der erwarteten Anreize entsprechend Pfeil c zurück. Tendenziell führt eine hohe Zufriedenheit zu einer Steigerung der Anstrengungsbereitschaft in künftigen Situationen und umgekehrt.

Einfluss extrinsischer und intrinsischer Anreize

7.4.4.2 Aussagen über die Wirkungen von Planvorgaben

Herbert Grimmer (1980, S. 67) hat das Erwartungs-Valenz-Modell verwendet, um eine Reihe von Aussagen über die Wirkung von Planvorgaben in Form von Budgets und von Kontrollen herzuleiten. Diese lassen sich teilweise mit den Ergebnissen empirischer Erhebungen vergleichen.

Eine erste Gruppe von Aussagen bezieht sich auf die *Art der Planvorgaben*. Aus dem Erwartungs-Valenz-Modell wird deutlich, dass für den Handelnden die Beeinflussbarkeit eine zentrale Rolle spielt. Er muss der Auffassung sein, dass die Erreichung der Planvorgaben, d. h. der vorgegebenen Handlungsergebnisse, primär von seiner Anstrengung abhängt. Für die Verhaltenssteuerung sind danach nur die beeinflussbaren Größen maßgebend. Dies gilt auch für die Wirkung auf die Anreize. Deren Ausprägung muss sich durch seine Handlungen bestimmen lassen. Unter Steuerungsaspekten kommt es daher beispielsweise in der Kostenrechnung weniger auf die Beschäftigungs- als auf die Dispositionsabhängigkeit von Kosten und Erlösen an. Kostenvorgaben und -kontrollen sollten dementsprechend auf die in der jeweiligen Stelle beeinflussbaren Größen beschränkt werden, zumindest müsste das Anreizsystem an diesen ansetzen.

Beeinflussbarkeit von Planvorgaben

7.4 **Koordination Personalführung – Informationssystem, Planung, Kontrolle**
Koordination der Personalführung mit Planung und Kontrolle

346

Elimination externer
Einflüsse und Anpassung
von Planvorgaben

Starre Vorgaben erscheinen unzulänglich, weil sie keine Elimination externer Einflüsse zulassen. Soweit sich die Wirkung von Einflussgrößen wie der Beschäftigung, des Preisniveaus, einzelner Fertigungsentscheidungen u. Ä. in
Funktionen zur Bestimmung des Vorgabewertes (z. B. Sollkostenfunktionen)
abbilden lassen, kann der Planwert zuverlässig an die Istausprägung dieser Einflussgrößen angepasst werden. Damit lässt sich die Ergebnis-Anreiz-Beziehung
besser beurteilen. Wesentlich schwieriger ist eine Anpassung, wenn die Wirkung von Größen außerhalb des Verantwortungsbereichs des Betroffenen nicht
so klar erfassbar ist. Eine allzu häufige Änderung der Vorgabewerte kann aber
die Kenntnis der Ergebnis-Anreiz-Beziehung schwächen und die Vorgaben un-
glaubwürdig machen. Dies führt eher zu negativen Verhaltenswirkungen. Deshalb erscheint es zweckmäßig, nur bei starken Änderungen der Situationsbedingungen Anpassungen vorzunehmen (vgl. Grimmer, 1980, S. 141 ff.).

Kongruenzprinzip

Aus dem Zusammenspiel zwischen Problemlösungsansatz, Fähigkeiten und der
Beeinflussbarkeit folgt die Anforderung, eine hohe Kongruenz zwischen Aufgabe,
Kompetenz und Verantwortung anzustreben. Dieser aus der Organisationslehre
bekannte Grundsatz lässt sich demnach sozialpsychologisch begründen.

Präzision der
Planvorgabe

Damit der Planausführende die Wirkung seiner Handlungen auf das Ziel und
dessen Verknüpfung mit den Anreizen möglichst gut abschätzen kann, muss
dieses möglichst präzise formuliert sein. Dies spricht für eine genaue inhaltliche und zeitliche Abgrenzung der Planvorgabe. Ungenaue Vorgaben können
schwer mit Anreizen verbunden werden. Bei ihnen wird die Anstrengungs-Ergebnis-Erwartung unbestimmt bis null und damit für das Verhalten bedeu-
tungslos. Deshalb sind nach Möglichkeit quantitative Werte vorzugeben. Qualitative Größen eignen sich im Hinblick auf die Steuerungswirkung wenig, da sie
kaum messbar sind. Der Betroffene kann nicht klar beurteilen, wann ihm der
Anreiz gewährt wird und wann nicht.

Differenzierung
der Planvorgaben

Das Bemühen um messbare und beeinflussbare Vorgabewerte trägt die Gefahr
dysfunktionaler Verhaltenswirkungen in sich, wenn sich wichtige Unternehmensziele mit ihm nicht oder zu wenig abdecken lassen (vgl. Höller, 1978,
S. 205 ff.). So ist es schwierig, nicht quantifizierbare Ziele z. B. in Bezug auf die
Marktposition, die qualitative Kapazität, soziale Aspekte oder Interdependenzen in operationalen Vorgaben auszudrücken. Das könnte zur Folge haben, dass
direkt beeinflussbare und messbare Wirkungen zu stark beachtet und Handlungen mit schwer erfassbaren negativen Konsequenzen zu Lasten anderer Bereiche durchgeführt werden. Diesem Problem ist zum einen durch eine Differenzierung der Vorgaben entsprechend den Planungshorizonten und -bereichen zu
begegnen. Mit zunehmendem Entscheidungsbereich und Zeithorizont nimmt
zwangsläufig die Präzision der Erwartungen und Vorgaben ab. Zum anderen
kann es für die Motivation zweckmäßig sein, Hilfsgrößen (vgl. Grimmer, 1980,
S. 111 f.) in Form von Indikatoren heranzuziehen, deren Erreichbarkeit und
Wirkung auf die Anreize sich vom Handelnden abschätzen lässt, auch wenn ihr
Bezug zu übergeordneten Zielen nicht eindeutig ist.

Differenzierung
der Anreize

Ferner widerspricht eine Gewichtung verschiedener Ziele oder Plangrößen
der Forderung nach Präzision. Sie macht den Zusammenhang zur Anreizgewäh-

rung undurchsichtig, da sie sich über eine Vielzahl von Kombinationen an Zielausprägungen erreichen lässt. Entsprechend der additiven Verknüpfung verschiedener Ziele im Erwartungs-Valenz-Modell erscheint es zweckmäßiger, Planwerte für mehrere Ziele vorzugeben und die Erfüllung eines jeden mit einem eigenen Anreiz zu versehen (vgl. Grimmer, 1980, S. 112 f.).

Um die Erreichbarkeit und Anreizwirkung beurteilen zu können, muss sich die Planvorgabe auf einen genau abgegrenzten Zeitraum beziehen. Dies ist umso eher möglich, je besser die Reichweite von Entscheidungen diesem Zeitraum entspricht. Deshalb sollten beide nach Möglichkeit aufeinander abgestimmt sein. Da mit dem Planungshorizont die Ungewissheit zunimmt, können längerfristige Vorgaben nicht so genau wie kurzfristige sein. Ansonsten verringert sich für den Ausführenden die Wahrscheinlichkeit ihrer Realisierbarkeit. Zugleich nimmt mit der Fristigkeit vielfach die Beeinflussbarkeit der Variablen und Ziele zu. Der darin zum Ausdruck kommende Konflikt zwischen Beeinflussbarkeit und Präzision der Planvorgabe spricht dafür, auf längere Sicht Wertebereiche anstelle von Einzelwerten vorzugeben.

Zeitliche Abgrenzung

Auch empirische Erhebungen haben gezeigt, dass klare Ziele häufig positiv auf die Leistung wirken (vgl. Höller, 1978, S. 89 ff.). Dieses Ergebnis war vor allem bei hoher Leistungsmotivation, entscheidungsfreudigen Personen und solchen, die wenig Unterstützung durch den Vorgesetzten erhielten, zu beobachten. Die empirischen Befunde lassen erkennen, dass »mit einer Präzisierung von Zielvorgaben sehr unterschiedliche Verhaltenswirkungen verbunden (sind)« (Höller, 1978, S. 92). Sie hatte nie eine leistungsmindernde, jedoch bei bestimmten personellen und situativen Bedingungen eine leistungssteigernde Wirkung.

Präzision der Vorgaben

Der Einfluss der Vorgabenhöhe lässt sich auch anhand des Erwartungs-Valenz-Modells untersuchen (vgl. Grimmer, 1980, S. 117 ff.). Empirische Erhebungen, wie sie bei den Verhaltenswirkungen von Informationen in Abschnitt 7.3.2 dargestellt wurden, zeigen die Tendenz, dass *mittlere Vorgaben* die höchste Motivation auslösen. In Bezug auf intrinsische Anreize kann man annehmen, dass leicht erreichbare Vorgaben zwar eine hohe Ziel- bzw. Ergebniserreichungswahrscheinlichkeit $W (A \rightarrow E_i)$ besitzen, jedoch zu wenig als Herausforderung empfunden und daher mit einer niedrigen Valenz versehen werden. Sehr hohe Vorgaben erscheinen dagegen unerreichbar, was sich in einer niedrigen Ergebniserreichungswahrscheinlichkeit niederschlägt. Das spricht dafür, dass mittlere Vorgabewerte in Bezug auf intrinsische Anreize zur höchsten Motivation führen. Bei extrinsischen Anreizen dürften demgegenüber die Wahrscheinlichkeiten für die Erreichung des vorgegebenen Handlungsergebnisses bis zu mittleren Werten diejenige für den Erhalt der Belohnung $W (E_i \rightarrow B_{ik})$ im Gesamtbereich steigen. Damit könnten im Gegensatz zu den empirischen Erkenntnissen auch niedrige Vorgaben motivierend wirken. Fasst man die Wirkungen beider Anreiztypen zusammen, so überwiegt bei niedrigen Vorgaben das Ausbleiben intrinsischer Anreize. Bei mittelschweren Vorgaben verstärken sich extrinsische und intrinsische Anreize gegenseitig, während bei sehr schwierigen Vorgaben weder in- noch extrinsische Anreize eine Leistungsbereitschaft auslösen.

Einfluss der Vorgabenhöhe

7.4 Koordination Personalführung – Informationssystem, Planung, Kontrolle
Koordination der Personalführung mit Planung und Kontrolle

348

In diesen Zusammenhang gehört das Phänomen des »Organizational Slack« bzw. »Budgetary Slack« (vgl. zum Überblick Schoenfeld, 1993, Sp. 286 ff.; Ramanauskas-Marconi, 1989, S. 140 ff.; Höller, 1978, S. 228 ff.; Cyert/March, 1963, S. 36 ff.). Es bezeichnet den Tatbestand, dass Vorgaben unter dem vom Aufgabenträger selbst für realisierbar gehaltenen und ggf. akzeptierbaren Wert liegen. Dies bedeutet vielfach, dass ihm mehr Ressourcen zur Verfügung stehen, als zur Durchführung seiner Aufgaben notwendig wären. Slacks lassen sich durch eine überhöhte Schätzung des Ressourcenbedarfs oder eine Unterschätzung realisierbarer Leistungen erzielen und insbesondere bei guter wirtschaftlicher Lage durchsetzen. Ihre Existenz ist ein Indiz dafür, dass die Ressourcenallokation nicht zieloptimal vollzogen wurde. Die Höhe der Slacks hängt (vgl. Onsi, 1973, S. 535) von der Einstellung der Manager, dem auf sie ausgeübten Druck, der Erreichbarkeit vorgegebener Ziele, deren Relevanz, der Beteiligung an der Planvorgabe und der Verwendung von Abweichungen für finanzielle Anreize ab.

Derartige »Reserven« führen zu verminderter Wirtschaftlichkeit und schleichender Ineffizienz. Andererseits können sie auch positive Verhaltenswirkungen auslösen, indem sie stabilisierend wirken, weil man beispielsweise auf Störungen rasch reagieren kann. Ferner ermöglichen sie die Erfüllung von Individualzielen, die durch formale Anreize zu wenig befriedigt werden, und beeinflussen die Motivation damit positiv. Zusätzlich kann der mit ihnen geschaffene Spielraum innovatives Handeln fördern.

Empirische Erhebungen ließen die Tendenz erkennen, einmal bestehende Slacks zu institutionalisieren, vor allem wenn sich die Planvorgabe an den bisherigen Werten orientiert. Sie deuten ferner darauf hin, dass die Tendenz zur Bildung von Slacks durch eine Partizipation und in technologischen Umfeldern mit geringer Unsicherheit eher abnimmt. Weitere Untersuchungen zeigen, dass ihre Höhe zudem von der Risikoeinstellung der Beteiligten und dem Wahrheitsgehalt der Informationen abhängen (vgl. Waller, 1987, S. 225 ff.; Schoenfeld, 1993, Sp. 287).

7.4.4.3 Aussagen über die Wirkungen einer Partizipation an Planvorgaben

Intensiv und kontrovers diskutiert wird die Motivationswirkung der Partizipation, d. h. der Mitwirkung des Ausführenden an der Festlegung der Planvorgabewerte (vgl. Grimmer, 1980, S. 124 ff.; Höller, 1978, S. 151; Becker/Green, 1962, S. 392 ff.; Becker/Green, 1964, S. 203 ff.; Stedry, 1964, S. 195 ff.; Lowin, 1968, S. 68 ff.; Steers/Porter, 1974, S. 438 f.). Diese führt zu einer Informationsverbesserung beim Ausführenden und im Planungsprozess. Mit ihr kann man das höhere Fachwissen vor Ort nutzen und die Informationsasymmetrie zumindest teilweise ausgleichen. Ferner wirkt sie sich häufig positiv auf die Zusammenarbeit und das Arbeitsklima aus. Dem steht die Gefahr der bewussten oder unbewussten Manipulation von Informationen durch den Betroffenen gegenüber.

Anhand des Erwartungs-Valenz-Modells kann man mehrere positive Konsequenzen der Partizipation ableiten. Mit ihr lässt sich die Anstrengungs-Ergebnis-Wahrscheinlichkeit $W (A \rightarrow E_i)$ erhöhen, weil die Kenntnisse des Ausführenden über das Ziel zunehmen. Zugleich kann er sein Wissen über dessen Erreichbarkeit und seine Erfahrung in ähnlichen Situationen in die Zielfestlegung einbringen. Ferner wirkt die Beteiligung positiv auf sein Selbstwertgefühl. Alle diese Größen erhöhen gemäß Abbildung 7-22 seine Erwartung, mit seiner Anstrengung das Ziel zu erreichen. Zudem kann er den Bezug zu den Anreizen durch die Mitwirkung an der Zielfestlegung besser abschätzen, wodurch auch die Ergebnis-Anreiz-Wahrscheinlichkeit $W\ (E \rightarrow B_{ik})$ steigt. Schließlich lässt sich die Valenz der Anreize $V\ (B_{ik})$ positiv verändern, weil die Partizipation die Bedeutung der Aufgabe für den Betroffenen und seine Autonomie erhöht. Damit ist aus dem Erwartungs-Valenz-Modell die Hypothese ableitbar, dass Partizipation die Anstrengungsbereitschaft erhöht.

Eine Reihe von empirischen Erhebungen hat eine leistungssteigernde Wirkung durch die Mitwirkung an der Festlegung finanzieller Vorgaben festgestellt. Ihnen stehen Experimente gegenüber, in denen dieser Effekt nicht bestätigt werden konnte (vgl. die Übersicht bei Höller, 1978, S. 152 ff.). Die nicht eindeutigen Ergebnisse sprechen dafür, dass die Hypothese einer leistungssteigernden Wirkung der partizipativen Ziel- bzw. Planvorgabe nicht undifferenziert gilt. Empirisch gut bestätigt erscheint nur die Hypothese, dass die partizipative Vorgabe im Allgemeinen nicht leistungsmindernd wirkt.

Ergebnisse empirischer Erhebungen

Für eine Bestätigung präziserer Hypothesen, die sich auch der Frage stellen, wie der Partizipationsgrad zu messen ist, muss der Einfluss weiterer Bestimmungsgrößen berücksichtigt werden. Diese können vor allem in Persönlichkeitseigenschaften und in situativen Merkmalen liegen. Zu ersteren gehören neben dem Selbstwertgefühl das Partizipationsbedürfnis, das Unabhängigkeitsstreben, die autoritäre oder nicht-autoritäre Persönlichkeitsstruktur sowie die Leistungsmotivation des Einzelnen. Die Wirkung einer Beteiligung scheint bei nicht-autoritären Personen und solchen mit hoher Leistungsmotivation stärker als bei autoritären und wenig leistungsmotivierten zu sein. Das Unabhängigkeitsstreben und das Selbstwertgefühl sind eher positiv mit der Partizipation korreliert. Unter den situativen Einflussgrößen dürfte der jeweiligen Aufgabe als dem Partizipationsobjekt und dem Grad der Beteiligung ein besonderes Gewicht zukommen.

Einfluss von Persönlichkeitseigenschaften

Die Komplexität menschlichen Verhaltens ist einerseits ein Anlass für die Forschung, zu besser bestätigten Hypothesen zu gelangen, deren Anwendungsbereich klarer bestimmt und damit vielfach enger ist. Zum anderen weisen sie den in der Praxis Handelnden darauf hin, dass keine deterministischen Zusammenhänge vorliegen und er sich nicht auf eindeutige Erkenntnisse verlassen kann. Vielmehr muss er abwägen, welche Hypothesen für seinen Handlungsrahmen Geltung haben dürften.

Die Realisation der Planung kann durch situative Einflüsse beeinträchtigt werden. Diese muss der Ausführende über seine Fähigkeiten und zusätzliche Anstrengungen aufzufangen versuchen. So kann er bei entsprechendem Können andere Problemlösungen wählen oder sich intensiver für die Erreichung der Vorgabe einsetzen. Letzteres setzt voraus, dass die Motivationskraft der Vorgabe durch extrinsische oder intrinsische (z. B. die Herausforderung) Anreize

Situative Einflüsse

7.4 Koordination Personalführung – Informationssystem, Planung, Kontrolle
Koordination der Personalführung mit Planung und Kontrolle

350

steigt. Die Wirkung situativer Einflüsse sollte man auf ein Mindestmaß beschränken. Hierzu sind externe Faktoren in ausreichendem Maße in die Planung einzubeziehen und anpassungsfähige Anreizsysteme zu schaffen, welche nicht nur das Arbeitsergebnis, sondern auch das Leistungsverhalten berücksichtigen.

7.4.5 Bestimmungsgrößen und Hypothesen über Verhaltenswirkungen von Kontrollen

Die Erreichung der mit Kontrollen beabsichtigten Zwecke hängt in hohem Maße von den Reaktionen des Kontrollierten ab. Häufig werden Kontrollen von den Betroffenen als Beurteilung ihrer Persönlichkeit empfunden. Sie wirken sich auf ihre Selbsteinschätzung und auf die Beziehungen zum Kontrollträger aus. Daraus resultiert eine vielfach vorhandene, bewusste oder unbewusste Abneigung gegen Kontrollen. Deshalb sind sie im Allgemeinen mit einem hohen Konfliktpotenzial behaftet (vgl. Thieme, 1982, S. 68 ff.), was zu unerwünschten, dysfunktionalen Reaktionen beim Kontrollierten führen kann. Um derartige Reaktionen zu vermeiden, benötigt man Kenntnisse über die Verhaltenswirkungen von Kontrollen. Die Zielausrichtung der Kontrolle verlangt eine enge Koordination mit der Personalführung.

Die hierzu notwendigen Erkenntnisse beziehen sich auf empirische Zusammenhänge. Dafür liefern die Verhaltenswissenschaften die zweckmäßigste Grundlage. Zur Ableitung von Bestimmungsgrößen und Hypothesen über Verhaltenswirkungen von Kontrollen sind Theorien über den Menschen sowie Führungs- und Motivationstheorien heranzuziehen (vgl. Abschnitt 3.4.2 sowie zum Überblick Wunderer/Grunwald, 1980, S. 75 ff.). Vor allem lassen sich die Ergebnisse einer Vielzahl empirischer Untersuchungen zur Gewinnung und Überprüfung von Einzelhypothesen heranziehen. Da es sich bei ihnen meist um Labortests (vgl. zu den Merkmalen von Labortests Picot, 1993a, S. 169 ff.) handelt, ist ihre Übertragung auf die betriebliche Situation nicht unproblematisch. Die Ergebnisse sind zudem vielfach nicht eindeutig, uneinheitlich und empirisch kaum bestätigt.

Deshalb erscheint es nur möglich, wichtige Bestimmungsgrößen der Verhaltenswirkungen von Kontrollen herauszuarbeiten und wenig präzise erste Hypothesen zu formulieren. Für die Verwendung verhaltenswissenschaftlicher Erkenntnisse zur Koordination von Kontrolle und Personalführung ist die Vielfalt an teilweise widersprüchlichen Einzelergebnissen in einem Bezugsrahmen zu ordnen. Hierzu bietet es sich an, zwischen den Bestimmungsgrößen zu unterscheiden, die unmittelbar zum Kontrollsystem gehören, und jenen, die ihm von anderen Führungsteilsystemen vorgegeben werden. Zu den letzteren zählen die dem Kontrollierten übertragenen Aufgaben, seine Arbeitssituation und die für ihn relevanten Bezugsgruppen. Diese Bestimmungsgrößen werden durch die Organisation und die Personalführung festgelegt und stammen damit aus der Kontrollumwelt. Demgegenüber können die Eigenschaften des Kontrollierten, die Eigenschaften und das Verhalten des Kontrollträgers sowie die Gestaltungsmerkmale des Kontrollprozesses als wichtigste Bestimmungsgrößen aus dem Kontrollsystem angesehen werden.

7.4.5.1 Bestimmungsgrößen der Kontrollumwelt

Die vom Kontrollierten auszuführenden Aufgaben ergeben sich aus der von ihm eingenommenen Stelle und bestimmen sein fachbezogenes Handeln. Sie haben einen zentralen Einfluss darauf, welche Möglichkeiten der Kontrolle bestehen (vgl. Siegwart/Menzl, 1978, S. 246 f.). Zugleich spricht viel für die Hypothese, dass sie in hohem Maße die Akzeptanz von Kontrollen durch den Aufgabenträger beeinflussen.

Bei der Vielfalt an betrieblichen Aufgaben lassen sich deren kontrollrelevante Merkmale nur mit begrenzter Präzision erfassen. Wichtig erscheinen entsprechend Abbildung 7-23 vor allem ihre Strukturiertheit, die Verfügbarkeit und Zuverlässigkeit von Lösungsverfahren, die Unsicherheit der Daten, die Beeinflussbarkeit der Lösung und ihre Bedeutung für die Unternehmung. Aufgabe

Bei *wohl strukturierten Aufgaben* ist die Menge möglicher Lösungsalternativen abgrenzbar und existieren klare Lösungsverfahren. Daher lässt sich ihre Erfüllung mit Hilfe von Routineprogrammen standardisieren und über präzise Maßgrößen kontrollieren. Dies fördert die Bereitschaft, Kontrollen in Form von Ergebniskontrollen zu akzeptieren. Da man bei *schlecht strukturierten Aufgaben* kein eindeutiges Lösungsverfahren kennt, kann bei ihnen die Qualität der gefundenen Lösung nicht exakt beurteilt werden. Damit ist ihre Kontrolle wesentlich schwieriger. Aus diesem Grund wird der Kontrollierte in geringerem Maß bereit sein, seine Leistung an den Ergebniserwartungen messen zu lassen. Eher erachtet er Verhaltenskontrollen als gerechtfertigt, welche seine Anstrengungen und externe Einflüsse berücksichtigen. Strukturiertheit

Maßgebend ist dabei, in welchem Umfang er geeignete Lösungsverfahren finden kann und wie zuverlässig mit diesen gute Ergebnisse erzielbar sind. Je Unsicherheit

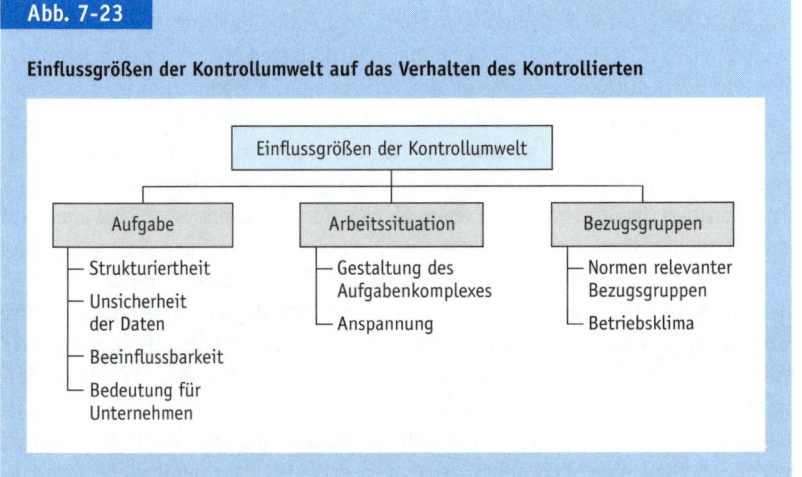

Abb. 7-23

Einflussgrößen der Kontrollumwelt auf das Verhalten des Kontrollierten

7.4 **Koordination Personalführung – Informationssystem, Planung, Kontrolle**
Koordination der Personalführung mit Planung und Kontrolle

352

größer die Unsicherheit über die Daten und die Lösungsmöglichkeiten ist, desto geringer wird die Bereitschaft, Verantwortung für Ergebnisse zu übernehmen.

Beeinflussbarkeit

Für die Einstellung zur Kontrolle erscheint ferner die Beeinflussbarkeit der Lösung maßgeblich. Je weniger sie vom Verhalten des Kontrollierten abhängt, desto weniger ist dieser bereit, sich negative Ergebnisse zurechnen zu lassen und desto kritischer kann seine Haltung gegenüber Kontrollen werden.

Bedeutung

Diese Wirkungen hängen auch davon ab, welche Bedeutung die Aufgabe für die Unternehmung und den Aufgabenträger besitzt. Wenn dieser sich mit der Unternehmung in gewissem Umfang identifiziert, wird er die Notwendigkeit von Kontrollen am ehesten bei wichtigen Aufgaben einsehen. Ihm leuchtet kaum ein, wenn Kontrollen bei Aufgaben von geringem Gewicht stattfinden und ihre Durchführung »um der Kontrolle willen« oder zur Überprüfung seiner Tätigkeit zu erfolgen erscheint. Besitzen die Aufgaben dagegen für die Zielerreichung der Unternehmung und ihn selbst ein hohes Gewicht und erkennt er dies, so nimmt die Akzeptanz von Ergebnis-, besonders aber von Verhaltenskontrollen zu. Er sieht die Notwendigkeit ein, durch Kontrollen die Erreichung der Ziele abzusichern, um ggf. frühzeitig Anpassungsmaßnahmen ergreifen zu können.

Aufgabenkomplex

Jeder Aufgabenträger befindet sich in einer bestimmten Arbeitssituation. Sie lässt sich vor allem durch den Komplex der Aufgaben, die einer Stelle durch die Aufgabenverteilung zugeordnet sind, und die jeweiligen Situationsbedingungen kennzeichnen.

Je einheitlicher die Aufgaben sind, die ein Mitarbeiter zu erfüllen hat, desto mehr Erfahrungen kann er für ihre Lösung sammeln. Mit der Spezialisierung wachsen seine Kenntnisse in Bezug auf den Aufgabenkomplex. Umso eher nimmt seine Unsicherheit über die Konsequenzen seines Handelns auf die Ergebnisse ab. Dies fördert die Akzeptanz der Kontrolle. Ein weiteres Merkmal der Gestaltung seines Aufgabenkomplexes ist in der Entscheidungsautonomie zu sehen. Sie verstärkt bei einem großen Teil der Aufgabenträger aus dem Bedürfnis nach Achtung und Selbstverwirklichung heraus die Motivation (vgl. Siegwart/Menzl, 1978, S. 217 ff.). Bei höher qualifizierten Mitarbeitern scheint der Wunsch nach Autonomie mehr ausgeprägt zu sein. Zudem hängt er von soziokulturellen Faktoren ab. Einschränkungen der Autonomie sind leichter nachvollziehbar, wenn sie auf technologische oder organisatorische Sachzwänge zurückgehen und mit verbreiteten Rollenerwartungen übereinstimmen.

Anspannung

Unter den Situationsbedingungen wirken sich vor allem die Tatbestände auf die Kontrollwirkung aus, die besondere Anforderungen an den Aufgabenträger stellen. Sie betreffen die sachliche und persönliche *Anspannung*. Erstere liegt bei kritischen Handlungssituationen vor, wie sie beispielsweise durch scharfe Wettbewerbs- und Krisenbedingungen hervorgerufen werden (vgl. Siegwart/Menzl, 1978, S. 244). Mit zunehmender Bedeutung ihrer Lösung für die Unternehmung oder den Aufgabenträger ist damit zu rechnen, dass die Bereitschaft gegenüber Kontrollen steigt. In derartigen Situationen wird die Notwendigkeit von Kontrollen eher eingesehen, weil man erkennt, dass gefährliche Entwicklungen früher bemerkt werden und besser bewältigt werden können. Deshalb kann man davon ausgehen, dass viele Menschen in angespannten Situationen ein höheres Maß an Kontrollen akzeptieren.

Die aus den Situationsbedingungen resultierende Anspannung verlangt von dem Aufgabenträger i.d.R eine größere Aufmerksamkeit und mehr Einsatz. Hierdurch steigt auch seine persönliche Anspannung. Sie steigert seine emotionale Empfindlichkeit und Verletzlichkeit. Dies bewirkt eine zunehmende Sensibilität gegenüber Kontrollen. Deshalb kommt es trotz einer grundsätzlichen Akzeptanz verstärkt auf die Art der Durchführung von Kontrollen an.

Jeder Aufgabenträger auf allen Ebenen der Unternehmenshierarchie steht in Verbindung zu sozialen Bezugsgruppen in- und außerhalb der Unternehmung. Dabei kann es sich um gesellschaftliche, landsmannschaftliche und religiöse Vereinigungen, Berufsverbände, Gewerkschaften u.Ä. handeln. Deren Normen und Einstellungen beeinflussen sein Verhalten in der Unternehmung umso mehr, je stärker er sich mit der jeweiligen Gruppe identifiziert und je größer der durch sie erzeugte Zusammenhalt ist (vgl. March/Simon, 1993, S. 53 ff.). Damit wirken sie sich auf seine grundsätzliche Einstellung gegenüber Kontrollen aus. So lassen sich beispielsweise eher zustimmende bzw. ablehnende Haltungen bei Personen mit einer bestimmten weltanschaulichen Auffassung oder gleicher regionaler Herkunft beobachten. Diese Prägungen wirken sich auch auf die Haltung des einzelnen Kontrollierten aus.

Bezugsgruppen

Normen

Eine spezielle Bezugsgruppe ist die Belegschaft der Unternehmung. Ihre Einstellung gegenüber der Unternehmung drückt sich im Betriebsklima aus, das sich in der Verbundenheit und Identifikation der Mitarbeiter mit ihrer Unternehmung niederschlägt (vgl. Küpper, 1974, S. 189). Man kann davon ausgehen, dass die Akzeptanz von Kontrollen mit einem positiven Betriebsklima zunimmt. Es fördert die Beziehung zu dem bzw. den Kontrollträgern und senkt damit das Misstrauen sowie die Empfindlichkeit gegenüber Kontrollen.

Betriebsklima

7.4.5.2 Bestimmungsgrößen aus dem Kontrollsystem

Die Bestimmungsgrößen aus der Kontrollumwelt bilden den Rahmen, in dem die Kontrollprozesse vollzogen werden. Sie haben Einfluss auf die Eigenschaften sowie das Verhalten der an ihnen beteiligten Personen und die Gestaltung der Kontrollprozesse. Die in Abbildung 7-24 wiedergegebenen Merkmale des Kontrollierten, des Kontrollträgers und des Kontrollprozesses bilden die unmittelbaren Bestimmungsgrößen für die Verhaltenswirkungen der Kontrolle.

Eigenschaften des Kontrollierten

Gleichartige Kontrollmaßnahmen können auf Personen unterschiedlich wirken. Bei vielen Kontrollen (z.B. Prüfungen) kann man beobachten, dass der eine durch sie angespornt wird, während sie den andern lähmen. Für diese Wirkungen scheint u.a. eine Reihe von Persönlichkeitsmerkmalen relevant zu sein, die sich in ersten groben Ansätzen erfassen lassen.

Persönlichkeitsmerkmale des Kontrollierten

Nach den maßgeblichen Antrieben trennt man zwischen intrinsisch und extrinsisch motivierten Personen. Da *extrinsisch motivierte Personen* auf Beloh-

7.4 **Koordination Personalführung – Informationssystem, Planung, Kontrolle**
Koordination der Personalführung mit Planung und Kontrolle

354

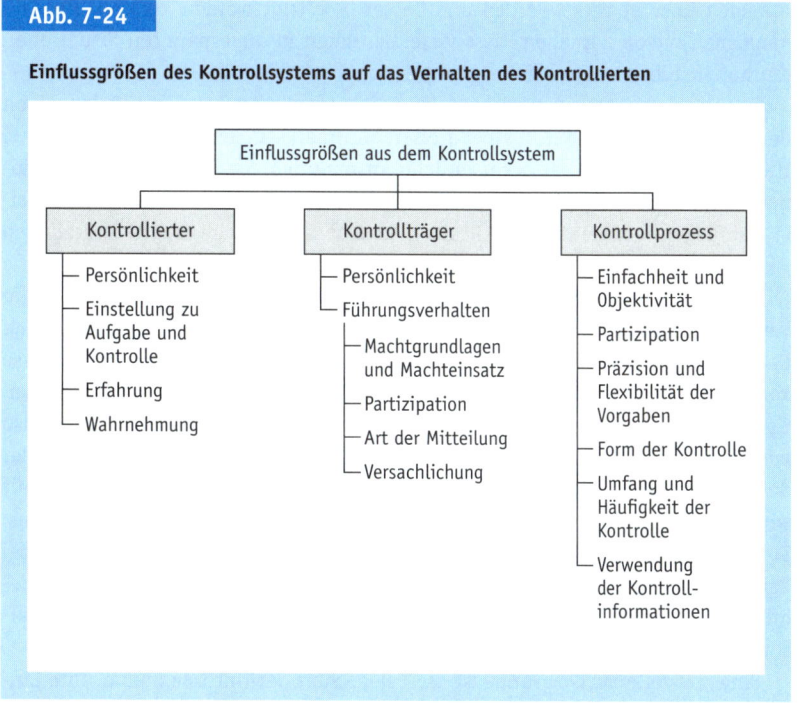

Abb. 7-24

Einflussgrößen des Kontrollsystems auf das Verhalten des Kontrollierten

Einflussgrößen aus dem Kontrollsystem

Kontrollierter
- Persönlichkeit
- Einstellung zu Aufgabe und Kontrolle
- Erfahrung
- Wahrnehmung

Kontrollträger
- Persönlichkeit
- Führungsverhalten
  - Machtgrundlagen und Machteinsatz
  - Partizipation
  - Art der Mitteilung
  - Versachlichung

Kontrollprozess
- Einfachheit und Objektivität
- Partizipation
- Präzision und Flexibilität der Vorgaben
- Form der Kontrolle
- Umfang und Häufigkeit der Kontrolle
- Verwendung der Kontrollinformationen

nungen und andere externe Anreize reagieren, ist anzunehmen, dass sich Kontrollen deutlich auf ihr Verhalten auswirken. Sie lassen sich durch die Androhung von Kontrollen und durch deren Ergebnisse beeinflussen. In welchem Umfang eine Kontrolle die beabsichtigte Wirkung erzielt, hängt von dem Kontrollergebnis und weiteren Persönlichkeitsmerkmalen ab. Während positive Ergebnisse i. d. R. die Leistungsbereitschaft verstärken, können negative Ergebnisse sowohl eine Verstärkung als auch eine Absenkung der Anstrengung zur Folge haben. Bei den aus eigenem Antrieb heraus handelnden *intrinsisch motivierten Personen* dürfte die Wirkung von Kontrollen geringer sein. Sie werden dann die Motivation fördern, wenn die individuellen Ziele des Kontrollierten mit den Unternehmenszielen weitgehend übereinstimmen.

Misserfolgsmeidende vs. erfolgsorientierte Personen

Ein weiteres Persönlichkeitsmerkmal liegt in der grundlegenden Leistungsmotivation des Einzelnen. Viele Menschen sind eher durch ein Streben nach Erfolgserzielung und Entfaltung der eigenen Fähigkeiten sowie Vorstellungen geprägt, während andere vor allem Misserfolge vermeiden wollen (vgl. Atkinson, 1975, S. 391 ff.). Kritik und Tadel empfinden misserfolgsmeidende Typen in höherem Maße negativ als erfolgsorientierte. Da sie sich vor Fehlern fürchten und diese ihren Selbstwert mindern, können Kontrollen und besonders deren negative Ergebnisse bei ihnen ein übervorsichtiges, durch ständige Selbstrechtfertigungen gekennzeichnetes Verhalten fördern. Dagegen tragen Lob und Unterstützung zu einem Abbau von Vermeidungsreaktionen bei (vgl. Thieme, 1982,

S. 81 f.). Misserfolgsmeidungstypen neigen auch dazu, extreme Anspruchsniveaus festzulegen, während sich erfolgsorientierte Menschen eher auf mittlere Schwierigkeitsgrade ausrichten (vgl. Heckhausen, 1965, S. 652 ff.; Rosenstiel, 1992, S. 219 ff.). Aus diesen Gesichtspunkten ergibt sich, dass die beabsichtigten Verhaltenswirkungen bei erfolgsorientierten Typen leichter erreichbar sind, während man bei Misserfolgsmeidungstypen durch Kontrollen schnell dysfunktionale Wirkungen auslöst. Andererseits ist bei erfolgsorientierten Personen der Wunsch nach Autonomie im Allgemeinen stärker ausgeprägt, während misserfolgsmeidende Menschen vielfach geführt werden wollen.

Weitere Bestimmungsgrößen des Handelns sind die Motive des einzelnen Individuums. In der Regel haben für extrinsisch motivierte Personen die Grundbedürfnisse sowie die Sicherheits- und Statusmotive mehr Gewicht, während für intrinsisch Motivierte Kontakt-, Selbstachtungs- und Selbstentfaltungsmotive maßgebend sind (vgl. Steinle, 1975, S. 51 ff.). Je besser es gelingt, eine Übereinstimmung individueller Ziele mit Unternehmenszielen und den von der Unternehmung gewährten Anreizen zu erreichen, desto eher werden auch Kontrollen die erwünschten Wirkungen auslösen. Besitzt der Handlungsträger die Fähigkeiten zur Erfüllung seiner Aufgaben und ein hohes Selbstbewusstsein, so empfindet er Kontrollen in geringerem Maße als Beeinträchtigung (vgl. Thieme, 1982, S. 120 f.; Höller, 1978, S. 125 f.).

Motivstruktur

Die Reaktion auf Kontrollen wird des Weiteren von der Einstellung des Betroffenen gegenüber seinen Aufgaben und der Kontrolle beeinflusst. Diese sind durch die Erfahrung gebildet worden und können rollenspezifisch ausgebildet sein (vgl. Thieme, 1982, S. 104 ff.). So ist allgemein anerkannt, dass bestimmte Tätigkeiten wie die Kassenführung oder die Finanzbuchhaltung relativ häufigen Kontrollen unterliegen. Die Einstellungen des Einzelnen sind wie seine Persönlichkeitsmerkmale relativ dauerhaft. Sie können sich in der Identifikation mit der Aufgabe, der Bewertung von Erfolg und Misserfolg der eigenen Tätigkeit und in der Haltung gegenüber dem bzw. den Vorgesetzten ausdrücken. Eine positive Einstellung gegenüber der Aufgabe und den Vorgesetzten wirkt fördernd auf die Akzeptanz von Kontrollen. Dagegen kann eine ablehnende Haltung die Bereitschaft zur Zurückhaltung oder Manipulation von Kontrollinformationen, also zum »Schummeln« im Sinne der Principal-Agent-Theorie, fördern (vgl. Höller, 1978, S. 111 ff.). Neben der grundlegenden Haltung des Aufgabenträgers gegenüber Kontrollen sind für diese Verhaltenseigenschaften auch seine bisherigen Erfahrungen in der Zusammenarbeit mit dem Kontrollträger und die Einschätzung seiner Persönlichkeit wichtig.

Einstellung gegenüber Aufgaben und Kontrollen

Hieran wird deutlich, dass die Erfahrungen des Aufgabenträgers eine maßgebliche weitere Einflussgröße darstellen. Wenn eine Person große Erfahrung in der Bewältigung von Aufgaben besitzt, steigert dies ihr Selbstvertrauen. Zudem kann sie die jeweils zu bewältigenden Schwierigkeiten besser erkennen und beurteilen (vgl. Höller, 1978, S. 181 ff.). Durch vielfältige Erfahrung wird zugleich die Furcht vor Kontrollen abgebaut. In der umgekehrten Richtung kann mangelnde Erfahrung die Unsicherheit des Aufgabenträgers erhöhen. Er empfindet schneller Stress, wodurch seine emotionale Empfindlichkeit erhöht und impul-

Erfahrungen mit Kontrollen

7.4   **Koordination Personalführung – Informationssystem, Planung, Kontrolle**
Koordination der Personalführung mit Planung und Kontrolle

356

sive negative Reaktionen ausgelöst werden können. Eine spezifische Bedeutung haben die bisher aus Kontrollen gezogenen Konsequenzen. Wenn der Kontrollierte die Erfahrung gemacht hat, dass sie zu keinen Veränderungen führten, wird er ihnen nur begrenzte Bedeutung beimessen. Waren sie mit Konsequenzen verbunden, die er für sich und/oder die Unternehmung nicht positiv einschätzt, steigt seine Abneigung gegenüber Kontrollen. Hat er hingegen den Eindruck gewonnen, dass Kontrollen zu von ihm gut beurteilten Änderungen führten, wird er deren Ernsthaftigkeit, Zweckmäßigkeit und Bedeutung positiv einschätzen.

Wahrnehmung
der Kontrolle

Maßgebend für das Verhalten des Aufgabenträgers sind nicht primär die tatsächlichen Gegebenheiten, sondern seine diesbezügliche Wahrnehmung (vgl. Rosenstiel, 1992, S. 377 f.). Deshalb ist entscheidend, wie er sein Handeln und dessen Ergebnisse im Vergleich zu den Kontrollwerten sieht (vgl. Höller, 1978, S. 189 ff.; Thieme, 1982, S. 115 ff.). In der Wahrnehmung kann es zur bewussten, aber auch zur unbewussten Selektion einzelner Aspekte kommen, so dass er vor allem die erwünschten oder die befürchteten Tatbestände aufnimmt. Dies ist insbesondere von den jeweiligen Persönlichkeitsmerkmalen und Erwartungen abhängig. So neigen zum Beispiel misserfolgsmeidende Personen dazu, realistischen Informationen über sich selbst auszuweichen. Die Einstellung gegenüber der Kontrolle kann die Wahrnehmung steuern und durch deren Wirkung verstärkt werden.

Eigenschaften und Verhalten des Kontrollträgers

Persönlichkeitsmerkmale
des Kontrollträgers

Kontrollen sind, soweit sie nicht in maschineller Form vorgenommen werden, soziale Prozesse. Deshalb wird die Wirkung der Kontrolle auch durch die Eigenschaften und das Verhalten des Kontrollträgers beeinflusst. Weil dessen Persönlichkeitsmerkmale ebenfalls relativ dauerhaft sind, wird ihre Wirkung in hohem Maße durch die Auswahl der Führungspersonen und die Übertragung von Kontrollkompetenzen bestimmt (vgl. Thieme, 1982, S. 143). Im Hinblick auf die Kontrolle erscheint dabei wichtig, ob der Kontrollträger stärker sachlich oder emotional veranlagt ist. Ferner kann er mehr praktisch-handelnd oder geistig-intellektuell ausgerichtet sein.

Über die laufende Tätigkeit stellt sich der Kontrollierte auf diese Eigenschaften ein. Er wird daher Kontrollen akzeptieren, wenn sie seinem hieraus gewonnenen Bild vom Kontrollträger entsprechen, während er abweichendes Verhalten eher kritisch empfindet. Beispielsweise wird einem impulsiv-emotionalen Menschen eine heftige Reaktion auf negative Kontrollergebnisse leichter nachgesehen als einem Menschen, der ansonsten immer ruhig und sachlich bleibt. Emotionale Personen können durch ihre Begeisterung mitreißen, aber auch zu Aggressionen neigen. Dann hängt es davon ab, welches Maß die Aggression erreicht und wie der Kontrollierte aufgrund seiner eigenen Persönlichkeitsstruktur und seiner Selbstsicherheit hiermit umgehen kann. Die Wirksamkeit und Akzeptanz von Kontrollen wächst, wenn der Untergebene die *fachliche Qualifikation* des Kontrollträgers anerkennt oder sich emotional mit ihm *identifiziert*. Die Führungseigenschaften des Kontrollträgers zeigen sich darin, wie er den

Untergebenen beeinflussen und für sich sowie seine Ziele einnehmen kann. Darüber hinaus werden dessen eigene Bedürfnisse, besonders sein Leistungs- und sein Machtstreben, wirksam (vgl. Thieme, 1982, S. 141 ff.). Sind diese stark ausgeprägt, so kann dies auf extrinsische sowie erfolgsorientierte Personen förderlich wirken, während intrinsische und misserfolgsmeidende Typen sich eher abwehrend verhalten.

Der Kontrollträger beeinflusst die Kontrollsituation durch sein Führungsverhalten, das sich über mehrere Aspekte kennzeichnen lässt. Kontrollen sind Ausdruck einer Machtbeziehung. Deshalb ist für das Verhalten des Kontrollträgers bestimmend, über welche *Machtgrundlagen* er verfügt und wie er diese einsetzt. Sein Recht zur Kontrolle ergibt sich aus den ihm übertragenen Kompetenzen als *legitimierter* Machtgrundlage. Sie verschafft ihm beim Kontrollierten eine gewisse Akzeptanz, soweit sich die Kontrolle in dem durch die formale Organisation festgelegten Rahmen bewegt. In der Regel wird sie durch eine Betonung dieser Machtgrundlage kaum gefördert, lässt sich aber durch den Einsatz anderer Machtgrundlagen stärken. Hierzu gehören die Belohnungs- oder Bestrafungsmöglichkeiten sowie das Wissen des Machthabers und die Identifikation des Kontrollierten mit dem Kontrollträger (vgl. French/Raven, 1968). Durch *Belohnungen* wird dem Kontrollierten ein Erfolgserlebnis vermittelt, das ihn für künftiges Handeln motivieren kann. Sie sind in besonderer Weise bei extrinsisch motivierten Personen wirksam. Dagegen mindern *Bestrafungen* die Bedürfnisbefriedigung. Bei extrinsischen und erfolgsorientierten Typen können ihre Androhung oder Verwirklichung die gewünschte Wirkung hervorrufen, sofern sie nicht überzogen sind. Dagegen rufen sie vor allem bei Misserfolgsmeidungstypen Abwehr- und Gegenreaktionen hervor und können dysfunktionales Verhalten z.B. durch eine verstärkte Suche nach Rechtfertigungen, eine Senkung der Risikobereitschaft oder eine Arbeitsverweigerung zur Folge haben.

Der Kontrollträger kann des Weiteren die Beziehungen zum Kontrollierten verbessern, indem er ihn am Kontrollprozess mitwirken lässt. Durch eine solche Partizipation zeigt er dem Kontrollierten seine Wertschätzung. Für den Kontrollierten wird erkennbar, dass der Kontrollträger sein Wissen im Hinblick auf die Gestaltung der Kontrolle als wichtig erachtet. Zugleich kann der Kontrollträger auf diesem Weg Befürchtungen in Bezug auf die Kontrolle frühzeitig erkennen und abbauen. In enger Beziehung zu diesem Aspekt des Führungsverhaltens stehen die *Art der Mitteilung* und die *Versachlichung* des Kontrollprozesses. Unterstützende Kommentare und aufbauende Kritik bieten einen Anreiz zur Überwindung von Misserfolgen und können daher leistungsfördernd wirken (vgl. Höller, 1978, S. 193 f.; Thieme, 1982, S. 138 f.). Mit ihnen kann der Kontrollträger negativen Empfindungen und Reaktionen des Betroffenen unmittelbar entgegenwirken. In dieselbe Richtung zielt die Versachlichung des Kontrollprozesses. Sie besteht unter anderem in dem Einhalten sozialer Regeln im Umgang mit dem Kontrollierten, der strikten Trennung zwischen Arbeits- und Privatbereich sowie der Beschränkung auf das Arbeitsverhalten (vgl. Siegwart/Menzl, 1978, S. 161 ff. u. 200 ff.). Negative Wirkungen der Kontrolle lassen sich eher abschirmen, wenn das Selbstwertgefühl des Kontrollierten nicht verletzt wird

Führungsverhalten

Partizipation

7.4 **Koordination Personalführung – Informationssystem, Planung, Kontrolle**
Koordination der Personalführung mit Planung und Kontrolle

358

und er spürt, dass er im Verlaufe des Kontrollprozesses auch bei ungünstigen Ergebnissen als Person geachtet wird.

Gestaltungsmerkmale des Kontrollprozesses

Einfachheit und wahrgenommene Objektivität

Für die Akzeptanz von Kontrollen spielen die Einfachheit des Kontrollsystems und die wahrgenommene Objektivität von Kontrollen eine Rolle. Das Kontrollsystem sollte nachvollziehbar und zuverlässig sein sowie eine Gleichbehandlung gewährleisten. Die Bedeutung und Ausprägung derartiger Kontrollgrundsätze richtet sich nach der Anerkennung der hinter ihnen stehenden Rechts- und Moralvorstellungen in der Gesellschaft sowie den Bezugsgruppen des Kontrollierten.

Partizipation

Die Partizipation am Kontrollprozess hängt nicht nur vom individuellen Verhalten des Kontrollträgers ab, sondern kann durch das Kontrollsystem geregelt sein. Beteiligt man den Kontrollierten an der Festlegung der Normwerte in der Budgetvorgabe, so werden sein Wissen über die Folgen seiner Handlungen erhöht und seine Informationsselektion bei der Handlungsdurchführung beeinflusst (vgl. Thieme, 1982, S. 164 ff.). Die Mitwirkung an der Vergleichsdurchführung liefert ihm eine unmittelbare Rückinformation über die Ergebnisse seines Handelns. Sie fördert sein Urteilsvermögen über die eigene Leistung und über die Kontrolle. Je stärker er darüber hinaus in die Ursachenanalyse und die Entwicklung von Anpassungsmaßnahmen eingebunden ist, desto eher lassen sich Abneigungen gegenüber der Kontrolle abbauen. Durch die Partizipation gelangt man zu einer Verbindung von Eigen- und Fremdkontrolle, um Vorteile der Eigenkontrolle zu nutzen, ohne auf die Absicherung über eine Fremdkontrolle zu verzichten. Die Beziehung zwischen Kontrollträger und Kontrolliertem wird intensiviert und damit häufig verbessert.

Präzision von Normwerten

Mit der Präzision von Normwerten steigt die Eindeutigkeit von Kontrollergebnissen (vgl. Höller, 1978, S. 89 ff.). Deshalb kann man unterstellen, dass eine zunehmende Präzision die Verhaltenswirkungen in der Regel verstärkt. Mehrdeutige Ergebnisse lassen sich unterschiedlich interpretieren, so dass der Kontrollierte auf andere Ursachen verweisen und seine Verantwortlichkeit herunterspielen kann. Mit zunehmender Eindeutigkeit sind die Kontrollergebnisse für ihn eher zu akzeptieren. Zudem wird seine Reaktion auf Kontrollen in der beabsichtigten oder in umgekehrter Richtung umso deutlicher erfolgen, je klarer deren Ergebnisse und ihre Ursachen auf ihn zurückzuführen sind.

Flexibilität von Vorgaben

In dieselbe Richtung wirkt die Flexibilität von Vorgaben. Wenn sich die Situationsbedingungen gegenüber der Vorgabe verbessert haben, misst man den Kontrollierten bei flexiblen Vorgaben an entsprechend geänderten Werten. Umgekehrt geht eine Verschlechterung der Randbedingungen nicht zu seinen Lasten. In beiden Fällen wird das Handeln des Aufgabenträgers im Kontrollergebnis berücksichtigt. Da bei flexiblen Vorgaben seine Verantwortlichkeit stärker zum Ausdruck kommt, kann seine Akzeptanzbereitschaft gegenüber der Kontrolle gefördert werden.

Ähnliche Gesichtspunkte erscheinen für den Einfluss der Kontrollform relevant. Die Einsicht in die Zuverlässigkeit und Aussagefähigkeit von Kontrollen dürfte zunehmen, je mehr die Handlungsmöglichkeiten des Aufgabenträgers unter den jeweiligen Bedingungen berücksichtigt werden und je zuverlässiger die Vergleichswerte sind. Tendenziell wird er aus diesem Grund eine Kontrolle auf der Basis von Istwerten stärker beachten. Bei Kontrollen auf der Basis von Wird-Größen kann er die Prognosen sowie die ihnen zugrunde liegenden Verfahren in Frage stellen und die Ursachen von Abweichungen leichter mit Faktoren außerhalb seines Wirkungsbereiches in Verbindung bringen. Deshalb wird er sie in geringerem Maße akzeptieren, sofern sie nicht zu seinen Gunsten sprechen. Verhaltenskontrollen werden seinen tatsächlichen Handlungsmöglichkeiten eher gerecht als Ergebniskontrollen. Davon ist ein positiver Einfluss auf die Einstellung gegenüber der Kontrolle zu erwarten. Andererseits besteht bei ihnen die Gefahr, dass durch eine Beurteilung des Verhaltens das Selbstwertgefühl verletzt wird (vgl. Thieme, 1982, S. 181 ff.).

Die Konfliktträchtigkeit von Kontrollen ist für den Einfluss der Kontrollintensität von Bedeutung. Umfangreiche und häufige Kontrollen erhöhen den Druck auf den Kontrollierten und verstärken daher seine Abwehrhaltung (vgl. Thieme, 1982, S. 196 ff.). Sie können bei ihm den Eindruck hervorrufen, dass die Kontrollen um ihrer selbst willen durchgeführt werden und gegen seine Person gerichtet sind. Da für die Einhaltung von Vorgaben Kontrollen häufig unumgänglich sind, spricht dies in vielen Fällen für eine mittlere Kontrollintensität. Regelmäßige Kontrollen dürften leichter akzeptiert werden, da ihnen der Charakter des Außergewöhnlichen genommen ist. Der Kontrollierte kann eher lernen, dass sie ein notwendiger Teil der Führung sind. Zudem verstärkt die Regelmäßigkeit seine Erfahrungen mit der Kontrolle. Ferner wirken Kontrollen im Allgemeinen umso stärker auf das Verhalten, je schneller sie auf den Handlungsvollzug folgen.

Kontrollintensität

Das Gewicht von Kontrollmaßnahmen hängt für den Kontrollierten auch von der Verwendung der Kontrollinformationen ab (vgl. Höller, 1978, S. 198 ff.). Dies gilt sowohl im Hinblick auf ihre Bedeutung für ihn selbst als auch für die Unternehmung. Ihre Verknüpfung mit formalen Anreizen wie Prämien und Tantiemen oder längerfristigen Aufstiegsmöglichkeiten wird vor allem von extrinsisch orientierten Personen beachtet. Sie reagieren umso stärker, je mehr die Kontrollergebnisse mit Anreizen verbunden sind. Daneben wird der Kontrollierte die Bedeutung von Kontrollen umso höher einschätzen und ihre Notwendigkeit anerkennen, je mehr Konsequenzen die Unternehmung aus ihnen für die künftige Planung und Durchführung zieht. Diese Wirkung erscheint vor allem für intrinsisch motivierte Personen wichtig. Werden Kontrollergebnisse nicht für betriebliche Maßnahmen genutzt, erscheinen sie allein auf die Überwachung von Personen gerichtet. Wenn der Kontrollierte dagegen erkennt, dass man über die Auswertung der Kontrollen zu Verbesserungen kommt, leuchtet ihm deren Zweckmäßigkeit eher ein.

Verwendung der Kontrollinformationen

1. *Welche Beziehungen bestehen zwischen der Höhe von Vorgabewerten, dem Anspruchsniveau und der Leistung?*
2. *Welche Größen beeinflussen die Verhaltenswirkungen von Kontroll-informationen?*
3. *Welche zwei Einflüsse stehen nach verhaltenswissenschaftlichen Erkenntnissen einer wahrheitsgemäßen Berichterstattung entgegen?*
4. *Was ist die Grundaussage des Offenlegungsprinzips (revelation principle)?*
5. *Worin bestehen Grenzen des Weitzman-Schemas und des Anreizschemas von Osband und Reichelstein?*
6. *Worin besteht der Unterschied zwischen Target Costing und gängigen Kostenrechnungen im Hinblick auf die Kostensteuerung?*
7. *Was sagen die vier Grundsätze der internen Wirtschaftsrechnung aus, die von Schneider formuliert wurden?*
8. *Welche Anforderungen haben Zielgrößen als Bemessungsgrundlagen von Anreizsystemen zu erfüllen?*
9. *Was ist unter Über- bzw. Unterinvestition zu verstehen und wie sind der buchhalterische Gewinn und der Return on Investment (ROI) im einperiodigen Fall diesbezüglich zu bewerten?*
10. *Inwieweit erfüllt der Residualgewinn die Anforderungen an Bemessungsgrundlagen?*
11. *Wie ist die Erfüllung der Anforderungen an Bemessungsgrundlagen durch aktienkursbezogene Zielgrößen zu beurteilen?*
12. *Welche Größen bestimmen die Motivation im Erwartungs-Valenz-Modell?*
13. *Was ist unter Organizational bzw. Budgetary Slack zu verstehen und was sind dessen mögliche Folgen?*
14. *Welche Größen der Kontrollumwelt beeinflussen die Verhaltenswirkungen von Kontrollen?*
15. *Welche Eigenschaften des Kontrollierten und des Kontrollträgers beeinflussen die Verhaltenswirkungen von Kontrollen?*

1. *Wahrheitsgemäße Berichterstattung*
   Ein Unternehmen besteht aus einer Zentrale und zwei Bereichen, denen jeweils ein Bereichsleiter vorsteht. Die Zentrale benötigt für ihre Planung Informationen von den Bereichsmanagern, die nur diese besitzen. Die Manager müssen daher Berichte mit relevanten Informationen an die Zentrale senden. Die Zentrale hat in letzter Zeit vermehrt bewusst falsche Berichte der Bereichsmanager über deren ihnen mit Sicherheit bekannte Bereichsergebnisse bekommen. Daher überlegt die Zentrale, ein geeignetes Anreizsystem zur wahrheitsgemäßen Berichterstattung zu implementieren. Ein Unternehmens-

berater schlägt vor, zu diesem Zweck das Weitzman-Schema als Entlohnungssystem einzuführen, das folgende Struktur besitzt:

$$s(x,\hat{x}) = \begin{cases} \underline{S} + a \cdot x + \alpha_1 \cdot (x - \hat{x}), \text{ falls } x \geq \hat{x} \\ \underline{S} + a \cdot x + \alpha_2 \cdot (x - \hat{x}), \text{ falls } x < \hat{x} \end{cases}$$

$s(x, \hat{x})$:   Entlohnungsfunktion für den Bereichsmanager

x: tatsächliches, beobachtbares Ergebnis des Bereichs am Periodenende

$\hat{x}$:   Bericht des Managers zu Periodenbeginn

$\underline{s}$:   berichtsunabhängige Entlohnung

$\alpha_1, \alpha_2, \hat{a}$: Gewichtungsfaktoren

Dabei wurden folgende Werte festgelegt: $\underline{S}$ = 15; α_1 = 0,2; $\hat{a}$ = 0,4; α_2 = 0,7. Die möglichen Bereichsergebnisse können entweder 100 oder 50 für Bereichsmanager 1 und 130 oder 85 für Bereichsmanager 2 sein, abhängig davon, ob ein guter Zustand G oder ein schlechter Zustand S eintritt. Die Berichte können ebenfalls jeweils nur die oben genannten Werte enthalten.

a) Zeigen Sie anhand der gegebenen Zahlen, dass es für Bereichsmanager 1 optimal ist, wahrheitsgemäß zu berichten.

b) Zeigen Sie formal oder graphisch, warum ein wahrheitsgemäßer Bericht in dieser Situation für Bereichsmanager 1 und Bereichsmanager 2 stets optimal ist.

2. **Anreizsystem mit kapitalwertorientierter Bemessungsgrundlage**
   Im Rahmen eines Modellwechsels eines Automobilherstellers ist im Fertigungsbereich eine größere Investition notwendig. Um das unternehmenszielkonforme Verhalten des Produktionsvorstands sicherzustellen, wird er am Erfolg der Investitionen beteiligt. Er erhält eine annuitätische Prämie auf Basis der Zahlungsüberschüsse der Jahre 2012 bis 2016, welche jeweils am Jahresende bzw. zu Beginn des Folgejahres ausbezahlt wird.
   Der Produktionsvorstand schätzt die Zahlungsströme für die Jahre 2012 bis 2016 wie folgt ein:

Jahr	2012	2013	2014	2015	2016
Investitionsauszahlungen (jeweils am Jahresanfang)	–50.000	–5.200	–2.000	–1.000	–1.500
Rückflüsse (jeweils am Jahresende)	0	15.000	20.000	30.500	25.000

a) Ermitteln Sie die Zahlungsüberschüsse der einzelnen Zeitpunkte. Bestimmen Sie den Barwert der Investition am 1. Januar 2012. Legen Sie dabei einen Zinssatz von i = 10 % pro Jahr zugrunde.

b) Der Produktionsvorstand erhält eine Erfolgsbeteiligung in Höhe von 25 % des in Teilaufgabe a) bestimmten Barwertes der Investition. Diese soll in Form von jährlichen Prämienzahlungen ausgezahlt werden. Die jährliche Prämie wird jeweils am 1. Januar des Folgejahres ausgezahlt. Die letzte

Auszahlung erfolgt am 1. Januar 2017. Ermitteln Sie die Prämie und die jährlichen Auszahlungsbeträge (Annuitäten).
Hinweis: Der Annuitätenfaktor a ist bei n Perioden und Auszahlung am Periodenende
$a = [(1 + i)^n \cdot i]/[(1 + i)^n - 1]$.

c) Der Vorstand erhält in den Jahren 2012 und 2013 jeweils zum Jahresende seine vereinbarten Prämien. Aufgrund von technischen Schwierigkeiten korrigiert er jedoch am Jahresbeginn 2014 die noch ausstehenden Investitionsauszahlungen und Rückflüsse. Die vorgesehene Investitionsauszahlung werde für 2014 um 150, für 2015 um 200 und für 2016 um 185 erhöht. Die ursprünglich prognostizierten Rückflüsse korrigiert er um jeweils 3 % nach unten. Bestimmen Sie auf Grundlage der veränderten Zahlungsströme die noch ausstehenden Annuitäten des Vorstands.

Lösungen Kapitel 7

1. *Wahrheitsgemäße Berichterstattung*
   a) *Berechnung der Entlohnung des Bereichsmanagers 1 für alle Kombinationen*

   $S (50/50)$ = 15 + 0,4 · 50 = 35
   $S (100/100)$ = 15 + 0,4 · 100 = 55
   $S (50/100)$ = 15 + 0,4 · 100 + 0,7 · (−50) = 20
   $S (100/50)$ = 15 + 0,4 · 50 + 0,2 · 50 = 45

   Bei einem Bereichsergebnis von 50 beträgt die Entlohnung entweder
   $S (50/50) = 35$ oder $S (50/100) = 20$. Also führt eine wahrheitsgemäße
   Berichterstattung zu einer höheren Entlohnung (35 > 20).
   Bei einem Bereichsergebnis von 100 beträgt die Entlohnung entweder
   $S (100/100) = 55$ oder $S (100/50) = 45$. Also führt eine wahrheitsge-
   mäße Berichterstattung zu einer höheren Entlohnung (55 > 45).

   b) *Optimalität wahrheitsgemäßer Berichte*

   Formale Herleitung:
   Feststellung der Beziehungen von $\alpha_1 = 0,2$; $â = 0,4$; $\alpha_2 = 0,7$ und Berechnung der Ableitungen.

   $\alpha_1 < â < \alpha_2$

   Ableitung S nach $\hat{x}$, wenn $x > \hat{x} \rightarrow â - \alpha_1$ oder $0,4 - 0,2 > 0 \rightarrow S$ steigt, wenn $\hat{x}$ erhöht wird.
   Ableitung S nach $\hat{x}$, wenn $x < \hat{x} \rightarrow â - \alpha_2$ oder $0,4 - 0,7 < 0 \rightarrow S$ steigt, wenn $\hat{x}$ gesenkt wird.
   Die wahrheitsgemäße Berichterstattung ist stets optimal.

Graphische Herleitung:

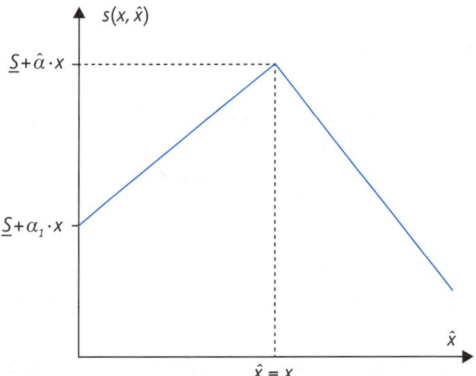

2. *Anreizsystem mit kapitalwertorientierter Bemessungsgrundlage*
   a) *Zahlungsüberschüsse*

Jahr	2012	2013	2014	2015	2016	2017
Einzahlungsüberschuss (Jahresanfang)	−50.000	−5.200	13.000	19.000	29.000	25.000

Barwertberechnung:

$-50.000/(1,1)^0 - 5.200/(1,1)^1 + 13.000/(1,1)^2 + 19.000/(1,1)^3$
$+ 29.000/(1,1)^4 + 25.000/(1,1)^5$
$= -50.000 - 4.727,27 + 10.743,80 + 14.274,98 + 19.807,39 + 15.523,03$
$= 5.621,93$

   b) *Prämie und Annuität*

Prämie (gesamt): $0,25 \cdot 5.621,93 = 1.405,48$
Annuitätenfaktor: $a = (1,1^5 \cdot 0,1)/(1,1^5 - 1) = 0,2638$
Annuität: $A = 0,2638 \cdot 1.405,48 = 370,77$

   c) *Noch ausstehende Annuitäten auf Basis der veränderten Einzahlungs-überschüsse*

Jahr	2012	2013	2014	2015	2016	2017
Investitionsauszahlungen neu (Jahresanfang)	−50.000	−5.200	−2.150	−1.200	−1.685	0
Rückflüsse neu (Jahresende)	0	15.000	19.400	29.585	24.250	0
Einzahlungsüberschuss (Jahresanfang)	−50.000	−5.200	12.850	18.200	27.900	24.250

Alternative 1

Barwertberechnung 01.01.2012:

$-50.000/(1,1)^0 - 5.200/(1,1)^1 + 12.850/(1,1)^2 + 18.200/(1,1)^3$
$+ 27.900/(1,1)^4 + 24.250/(1,1)^5$

$= -50.000 - 4.727,27 + 10.619,83 + 13.673,93 + 19.056,08 + 15.057,34$
$= 3.679,91$

Prämie und Annuität 01.01.2012:
$P_{neu} = 0,25 \cdot 3.679,91 = 919,98$
$P_{bezahlt} = 370,77/1,1 + 370,77/1,1^2 = 643,49$
$P_{ausstehend} = P_{neu} - P_{bezahlt} = 919,98 - 643,49 = 276,49$
$P_{ausstehend\ 01.01.2014} = P_{ausstehend} \cdot 1,1^2 = 276,49 \cdot 1,1^2 = 334,55$

Alternative 2
Barwertberechnung 01.01.2014:
$-50.000 \cdot 1,1^2 - 5.200 \cdot 1,1 + 12.850 + 18.200/(1,1)^1 + 27.900/(1,1)^2$
$+ 24.250/(1,1)^3$
$= -60.500 - 5.720 + 12.850 + 16.545,45 + 23.057,85 + 18.219,38$
$= 4.452,68$

Prämie und Annuität 01.01.2014:
$P_{neu} = 0,25 \cdot 4.452,68 = 1.113,17$
$P_{bezahlt} = 370,77 \cdot 1,1 + 370,77 = 778,62$
$P_{ausstehend} = P_{neu} - P_{bezahlt} = 1.113,17 - 778,62 = 334,55$

Alternative 1 und 2
$a = (1,1^3 \cdot 0,1)/(1,1^3 - 1) = 0,4021$
$A = a \cdot P_{ausstehend\ 01.01.2014} = 0,4021 \cdot 334,55 = 134,52$

8 Koordination der Organisation mit den anderen Führungsteilsystemen

Die Analyse der Koordination zwischen Organisation und den anderen Führungsteilsystemen setzt zunächst eine Abgrenzung zwischen Controlling und Organisation voraus, zumal hinsichtlich der Koordinationsfunktion Überschneidungen zwischen beiden Bereichen bestehen. Bei den Beziehungen der Organisation zu den anderen Führungsteilsystemen wird zum einen jeweils diskutiert, wie die Strukturvariablen der Organisation die Ausgestaltung der anderen Führungsteilsysteme beeinflussen. Zum anderen werden Rückwirkungen dieser Führungsteilsysteme auf die Organisation untersucht.

8.1 Abgrenzung zwischen Controlling und Organisation

Die Abgrenzung zwischen Controlling und Organisation wird dadurch erschwert, dass kein einheitliches Begriffsverständnis von Organisation besteht. Daher erscheint es zweckmäßig, bei der Abgrenzung der beiden Bereiche nicht von Definitionen, sondern von den Aufgaben auszugehen, die den beiden Bereichen jeweils weitgehend einheitlich zugeordnet werden. Mit dieser Vorgehensweise lassen sich typische Organisations- und Controllingaufgaben identifizieren, die nicht Gegenstand des jeweils anderen Bereichs sind. Darüber hinaus ergibt sich ein Überschneidungsbereich an Aufgaben, der insbesondere die Koordination innerhalb der Organisation, Organisationsprobleme der Führungsteilsysteme sowie organisatorische Maßnahmen zur Koordination von Führungsaufgaben umfasst.

8.1.1 Gegenstand der Organisation

Obwohl Organisation zu den zentralen Merkmalen wirtschaftlicher Betätigung und den traditionellen Untersuchungsgegenständen der Betriebswirtschaftslehre gehört, ist ihr Gegenstand nicht eindeutig und einheitlich abgegrenzt. Dies hat seinen Grund auch darin, dass sich mit dem Organisationsphänomen mehrere Disziplinen unter unterschiedlichen Aspekten beschäftigen, die sich teilweise auf verschiedene Gegenstände beziehen.

Innerhalb der Betriebswirtschaftslehre wird weitgehend der instrumentellen oder strukturellen Auffassung gefolgt, bei der Organisation als (Führungs-)Instrument zur zielgerichteten Steuerung betrieblicher Aktivitäten verstanden wird (Schweitzer, 1969, S. 89; Kosiol, 1976, S. 29; Wild, 1966, S. 160 ff.). Dem-

Instrumentelle Auffassung von Organisation

8.1 **Koordination der Organisation mit den anderen Führungsteilsystemen**
Abgrenzung zwischen Controlling und Organisation

366

gegenüber findet man in den Verhaltenswissenschaften das Verständnis von der Organisation im Sinne einer sozialen Institution (Picot, 1993a, S. 104 ff.).

Die Abgrenzung zum Controlling erschwert der Tatbestand, dass innerhalb der instrumentellen Sicht ebenfalls keine einheitliche Auffassung zu erkennen ist. Obwohl über die zentralen Aufgaben der Organisation weitgehendes Einverständnis besteht, zeigen sich sowohl in ihrer begrifflichen Abgrenzung als auch in der Zuordnung einzelner Aufgaben Unterschiede und Widersprüche. So ist in Wissenschaft und Praxis unbestritten, dass Fragen der Aufgabenverteilung, der hierarchischen Ordnung in der Unternehmung oder des raum-zeitlichen Ablaufs von Prozessen zum Gegenstand der Organisation gehören. Schwierig wird es dagegen, wenn man Fragen der Information und Kommunikation, der Motivation und der Kontrolle (vgl. z. B. Laux/Liermann, 1997, S. 2) oder der Festlegung von Losgrößen (vgl. als Problem der Ablauforganisation bei Schweitzer, 1964; Küpper/Helber, 2004, S. 39 u. S. 176 ff.) betrachtet. Sie werden zumindest auch anderen Problembereichen wie der Gestaltung des Informationssystems, der Personalführung bzw. der Produktionsplanung zugerechnet.

Diese Unklarheiten zeigen sich deutlich an Definitionen des instrumentellen Organisationsbegriffs. So wird im Anschluss an Erich Kosiol (1976, S. 29) die Ordnung der Beziehungen in den Vordergrund gestellt und Organisation als »bewußte Gestaltung einer Ordnung zwischen den Elementen betrieblicher Prozesse« (Küpper/Helber, 1995, S. 1; Schweitzer, 1969, Sp. 89; Wild, 1966, S. 160 ff.; Grochla, 1972, S. 13) definiert. Als Elemente können dabei Aufgaben, Subjekte, Arbeitsmittel, Objekte und Verrichtungen unterschieden werden. Das Merkmal der Regelung wird bei Friedrich Hoffmann betont, wenn er Organisation als »System von formalen Regeln, als Ordnungsrahmen zur zielgerichteten Steuerung der betrieblichen Aktivitäten« (Hoffmann, 1980, Sp. 1427) versteht. Demgegenüber heben Laux/Liermann auf »die Tätigkeit der zielorientierten Steuerung der Aktivitäten in einem sozialen System mit mehreren Mitgliedern« (Laux/Liermann, 1997, S. 1) ab. Der Bezug zum Controlling tritt am deutlichsten hervor in der Kennzeichnung von »Organisation als Inbegriff aller auf Aufgabenteilung und Koordination abzielender Regelungen« (Picot, 1993a, S. 104).

Versucht man aus den jeweils behandelten Problemfeldern den Gegenstand der Organisation genau zu erkennen, gelangt man in große Schwierigkeiten. Dies wird besonders deutlich, wenn man dabei Aufgaben der Ablauforganisation (im Unterschied zu vielen Abhandlungen zur Organisation) explizit einbezieht und diese klar zur Aufbauorganisation abgrenzen möchte (vgl. hierzu Küpper, 1980a, S. 28 ff.).

Im Hinblick auf die Herausarbeitung von Problemen der Koordination zwischen Organisation und den anderen Führungsteilsystemen erscheint es zweckmäßig, sich auf die Kernbereiche der Aufbau- und Ablauforganisation zu konzentrieren. Zu ersterer gehören (vgl. zum Folgenden Picot, 1993a, S. 122 ff.) vor allem die Bildung von Teilaufgaben durch eine Mengen- und Artenteilung nach verschiedenen Analysekriterien und ihre Synthese zu Aufgabenkomplexen, die einzelnen Personen übertragen werden können. Ferner richtet man im Rahmen

Keine Übereinstimmung und Unterschiede im Organisationsverständnis

Definitionen des instrumentellen Organisationsbegriffs

Kernprobleme der Aufbau- und der Ablauforganisation

der Aufgabenverteilung organisatorische Einheiten als Stellen, Abteilungen, Projektgruppen oder Gremien ein.

Die Beziehungen zwischen diesen Organisationseinheiten werden über die Gestaltung von Weisungs- und Entscheidungsrechten geregelt. Erstere führen zu dem hierarchischen Leitungssystem, für das die Leitungsspannen und die Gliederungstiefe festzulegen sind. Während die Weisungsrechte die Anordnungsbeziehungen betreffen, wird über Entscheidungsrechte »die inhaltliche Gestaltungskompetenz der Aufgabenerfüllung« (Picot, 1993a, S. 136) bestimmt. Wichtige Aspekte sind dabei die Delegation als Weitergabe von Entscheidungskompetenzen, die Partizipation an der Entscheidungsfindung und die Zentralisation bzw. Dezentralisation von Entscheidungen.

Als Kernprobleme der Ablauforganisation (vgl. hierzu Küpper/Helber, 2004, S. 36 ff.) werden üblicherweise die Gestaltung der raum-zeitlichen Beziehungen zwischen Arbeitsträgern, der Reihenfolgeprobleme von Aufträgen und der Leistungsabstimmung verschiedener Arbeitsträger angesehen. Die räumliche Anordnung von Arbeitsmitteln führt zu unterschiedlichen Organisationstypen beispielsweise der Werkstatt-, Gruppen- oder Fließfertigung. Reihenfolgeprobleme treten bei der Festlegung der Maschinenfolgen für einzelne Aufträge und der Auftragsfolgen an den einzelnen Maschinen auf.

8.1.2 Gegenüberstellung von Organisation und Koordination

Sofern Koordination als zentrale Aufgabe der Organisation und des Controlling verstanden wird, stellt sich das Problem ihrer gegenseitigen Abgrenzung. Nur wenn dies möglich ist, handelt es sich um zwei verschiedene Führungsteilsysteme. Trotz der offensichtlichen Beziehungen zwischen ihnen im Hinblick auf Koordinationsaufgaben ist dieses Abgrenzungsproblem bisher im Controlling weitgehend vernachlässigt worden. Viel stärker wird das Verhältnis zu Kontrolle, Planung und Informationsversorgung diskutiert.

Einen Abgrenzungsvorschlag hat Udo Liedtke (1991, S. 25 ff.) entwickelt. Er weist darauf hin, dass sich die Koordination im Rahmen der Organisation auf Realisationsaufgaben bezieht. Dagegen beinhaltet sie im Controlling »schwerpunktmäßig die Abstimmung der Gestaltungs- und Steuerungsaufgaben im Führungssystem« (Liedtke, 1991, S. 79). Für die Organisation gelte eine Sachziel-, für das Controlling eine Formalzieldominanz. Erstere folge aus der Ausrichtung der Organisation auf die Zerlegung und Synthese der Unternehmensaufgabe, die in der Produkterstellung und -verwertung als ihrem Sachziel gesehen wird. Dagegen beinhalte die Zielorientierung des Controlling eine Ausrichtung auf das Zielsystem der Unternehmung, in dem Erfolgs- und Finanzziele als die Formalziele im Vordergrund stehen. Den Ausgangspunkt der Koordination bildeten für die Organisation die sach-logischen Zusammenhänge, während es in der Führung um die Koordination von Verantwortungsbereichen gehe.

Dieser Vorschlag zeigt Ansatzpunkte einer Abgrenzung auf. Mit der schwerpunktmäßigen Ausrichtung der Organisation auf die Koordination von Realisa-

Koordination des Leistungssystems vs. Koordination des Führungssystems

Abweichung von gängigen Organisationsvorstellungen

8.1 **Koordination der Organisation mit den anderen Führungsteilsystemen**
Abgrenzung zwischen Controlling und Organisation

368

tionsaufgaben bietet sich eine auf den ersten Blick einfache Zuordnung an. Sie betrachtet die Koordination im Leistungssystem als Organisations-, die des Führungssystems als Controllingaufgabe. Dieses Konzept wird am deutlichsten von Jürgen Weber (1996, S. 234) verfolgt. So klar es für das Controlling ist, weicht es doch von gängigen Organisationsvorstellungen stark ab. Beispielsweise gehören die Verteilung von Planungsaufgaben, die Reihenfolge von Planungsschritten, die zeitliche Abfolge im Rechnungswesen oder die Stellen- sowie Abteilungsbildung des Controlling charakteristischerweise zur Organisation. Die Aufgaben der Führungsteilsysteme beziehen sich auch auf das Führungssystem selbst. Deshalb wird der Auffassung von Weber nicht gefolgt, dass z. B. »das Planungssystem … nur die Planung des Ausführungssystems, nicht Planungsaufgaben innerhalb des Planungssystems oder innerhalb der anderen Führungsteilsysteme [umfasst, *Anm. d. Verf.*]. Diese Aufgaben der Sekundärkoordination werden sämtlich dem Controlling zugeordnet.« (Weber, 1996, S. 297 f.) Andererseits gibt es auch Aufgaben der Führungskoordination in einzelnen Leistungssystemen. Dies wird insbesondere am dezentralen Bereichs-Controlling deutlich.

Kernaufgaben als Ausgangspunkt einer zweckmäßigen Abgrenzung

Deshalb lassen sich die Aufgaben von Organisation und Controlling nicht auf eine derart einfache Weise unterscheiden. Für ihre Abgrenzung ist wegen der unterschiedlichen Auffassungen nicht von den Definitionen für diese Bereiche auszugehen. Da sie insbesondere bei der Organisation zu keiner klaren Abgrenzung führen, ist es zweckmäßiger, von den Aufgaben auszugehen, die den Bereichen weitgehend einheitlich zugeordnet werden. Ihre Unterschiede und Gemeinsamkeiten lassen sich eher herausarbeiten, wenn man an den jeweiligen Kernaufgaben ansetzt.

Typische Organisationsprobleme

So sind Fragen der Verteilung von Aufgaben, Weisungs- und Entscheidungsrechten sowie der räumlichen und zeitlichen Anordnung typische Organisationsprobleme, die nicht dem Controlling zugerechnet werden. In der Aufbauorganisation steht die Ordnung der Beziehungen zwischen den Aufgabenträgern und damit den Menschen im Mittelpunkt. Ihre Gestaltung kommt innerhalb der hierarchischen Struktur mit der Kennzeichnung der Handlungs-, Entscheidungs- und Weisungsaufgaben der jeweiligen Stellen am deutlichsten zum Ausdruck. Fragen der räumlichen Strukturierung und besonders der zeitlichen Anordnung von physischen sowie Informationsprozessen werden als charakteristische Tatbestände der Ablauforganisation gesehen, ohne sie zugleich dem Controlling zuzurechnen.

Probleme, die nicht zur Organisation gerechnet werden

Demgegenüber werden z. B. die Koordination der Planungsinhalte, die Bestimmung von Budgetsystemen und Budgets, die Abstimmung von Informationssystemen auf den Informationsbedarf und die Entwicklung des Berichtswesens oder die Gestaltung von Kennzahlensystemen üblicherweise nicht zur Organisation gerechnet. Dies setzt voraus, dass man nicht von einem Organisationsbegriff ausgeht, der praktisch alle Aktivitäten einer zielorientierten Unternehmensführung umfasst. Dann ermöglicht die Beschränkung des Controlling auf die Koordination von Führungsaufgaben eine weitgehend realisierbare und zweckmäßige Abgrenzung zu Organisationsfragen.

Dabei verbleibt jedoch ein Überschneidungsbereich zwischen Organisation und Controlling. Dies ist einmal von dem hier zugrunde gelegten Controllingverständnis her unvermeidlich. Eine koordinierende Funktion bezieht zwangsläufig Tatbestände der Bereiche ein, die sie koordinieren soll. Koordinationsaufgaben innerhalb der Organisation, beispielsweise zwischen Ablauf- und Aufbauorganisation, sind gleichzeitig Organisationsaufgaben und solche der Führungskoordination, also des Controlling. Zum anderen treten Organisationsprobleme in jedem der Führungsteilsysteme auf. Dies wird im Hinblick auf die Organisation der Planung, der Kontrolle und des Informationssystems besonders deutlich. Daraus folgt, dass sich die Koordination zwischen den Führungsteilsystemen auch auf deren organisatorische Aspekte beziehen kann. Zudem können organisatorische Instrumente zur Koordination von Führungsaufgaben herangezogen werden.

Im Ergebnis zeigt sich, dass Organisation und Controlling als Führungsteilsysteme nicht disjunkt gegeneinander abgrenzbar sind. Geht man von ihren Kernaufgaben aus, so erfassen sie jeweils andere Aspekte der Führung. Hierdurch lässt sich eine Vielzahl von Tatbeständen entweder der Organisation oder dem Controlling zuordnen. Jedoch überschneiden sie sich insbesondere dort, wo organisatorische Maßnahmen der Koordination von Führungsaufgaben dienen. Zur Veranschaulichung ist in Abbildung 8-1 der Versuch unternommen worden, die jedem Bereich einzig zuordenbaren Aufgaben und den Überschneidungsbereich zwischen Organisation und Controlling schwerpunktmäßig zu kennzeichnen.

Überschneidungsbereich zwischen Organisation und Controlling

Abb. 8-1

Abgrenzung der Koordinationsaufgaben der Organisation und des Controlling

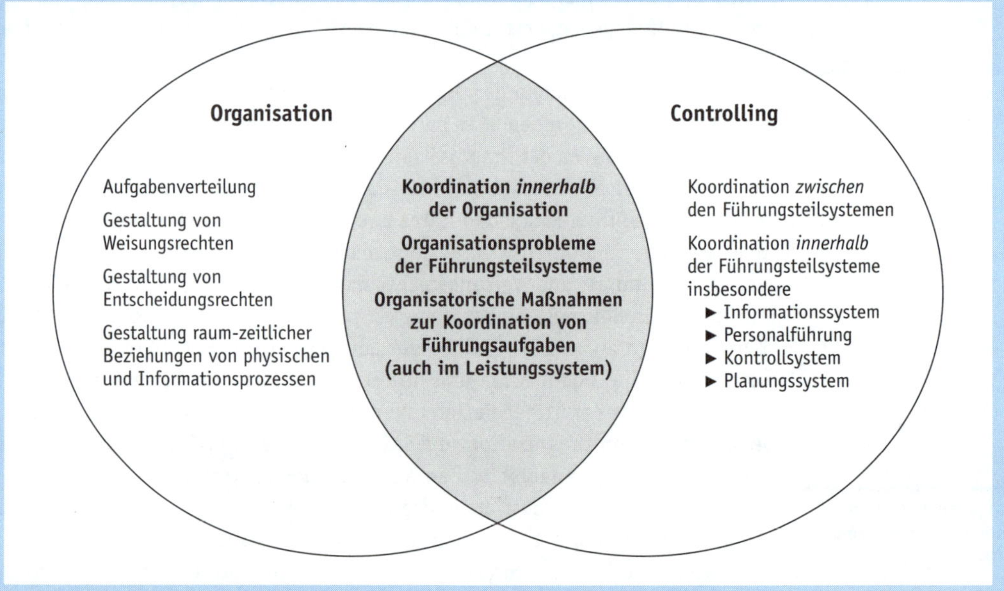

Organisation

Aufgabenverteilung

Gestaltung von Weisungsrechten

Gestaltung von Entscheidungsrechten

Gestaltung raum-zeitlicher Beziehungen von physischen und Informationsprozessen

Koordination *innerhalb* der Organisation

Organisationsprobleme der Führungsteilsysteme

Organisatorische Maßnahmen zur Koordination von Führungsaufgaben (auch im Leistungssystem)

Controlling

Koordination *zwischen* den Führungsteilsystemen

Koordination *innerhalb* der Führungsteilsysteme insbesondere
► Informationssystem
► Personalführung
► Kontrollsystem
► Planungssystem

8.2

Koordination der Organisation mit den anderen Führungsteilsystemen
Beziehungen der Organisation zum Informationssystem

370

8.2 Beziehungen der Organisation zum Informationssystem

Die Analyse von Beziehungen der Organisation zum Informationssystem bezieht sich einerseits auf die Zusammenhänge zwischen den Strukturvariablen der Organisation, wie Verteilung der Aufgaben sowie Entscheidungs- und Weisungsrechte, und der Ausgestaltung des Informationssystems sowie des Berichtswesens. Dabei werden insbesondere Auswirkungen von Organisationsvariablen auf den Informationsbedarf untersucht. Andererseits wird diskutiert, wie Informationsinstrumente eingesetzt werden, um die Beziehungen zwischen Organisationseinheiten zu erfassen. Im Fokus stehen dabei die Segmentierung und die Konsolidierung der Unternehmensrechnung, sowohl bei Bilanz- und Finanzrechnungen als auch in der Kosten- und Erlösrechnung.

8.2.1 Beziehungen zwischen Organisationsvariablen und dem Informationssystem

Notwendigkeit der Analyse

Trotz der Berührungspunkte zwischen Controlling und Organisation werden die Fragen der (gegenseitigen) Beziehungen zwischen der Organisation und den anderen Führungsteilsystemen bisher weitgehend vernachlässigt. Eine Ausnahme bildet Weber (1996, S. 228–238). Für das Controlling ist dabei relevant, welchen Einfluss die Organisation auf die anderen Führungsteilsysteme und umgekehrt deren Gestaltung auf die Organisation haben. Die Organisation der einzelnen Führungsteilsysteme, also beispielsweise des Informationssystems oder der Planung, stellt dagegen eine reine Organisations- und keine Controllingaufgabe dar.

Ansatzpunkte der Analyse

Beziehungen zwischen der Organisation und dem Informationssystem lassen sich herausarbeiten, indem man entsprechend Abbildung 8-2 analysiert, wie sich die Strukturvariablen der Organisation auf den Informationsbedarf, die Bestandteile des Informationssystems sowie das Berichtswesen auswirken und umgekehrt. Dies kann im Folgenden unter zwei Betrachtungsrichtungen veranschaulicht werden. Zum einen wird gezeigt, dass die Verteilung der Aufgaben sowie der Entscheidungs- und Weisungsrechte das Informationssystem maßgeblich beeinflusst. Als Beispiel für Beziehungen in der umgekehrten Richtung werden Konsequenzen aufgezeigt, welche die Entwicklung IT-gestützter Informationssysteme auf die Organisation und ihre Gestaltungsmöglichkeiten haben.

Die Kenntnis derartiger Beziehungen ist die Grundlage für eine gegenseitige Abstimmung von Organisation und Informationssystem. Deshalb zählt ihre Herausarbeitung und Analyse zu den Aufgaben des Controlling.

Aufgabenverteilung und Informationsbedarf

Eine grundlegende Bestimmungsgröße für den Informationsbedarf stellt die Aufgabenverteilung dar. Durch sie legt man die organisatorischen Einheiten in Form von Ausführungs-, Stabs- oder Leitungsstellen, Abteilungen, Projektgruppen und Kollegien fest. Diesen werden die in der Unternehmung durchzufüh-

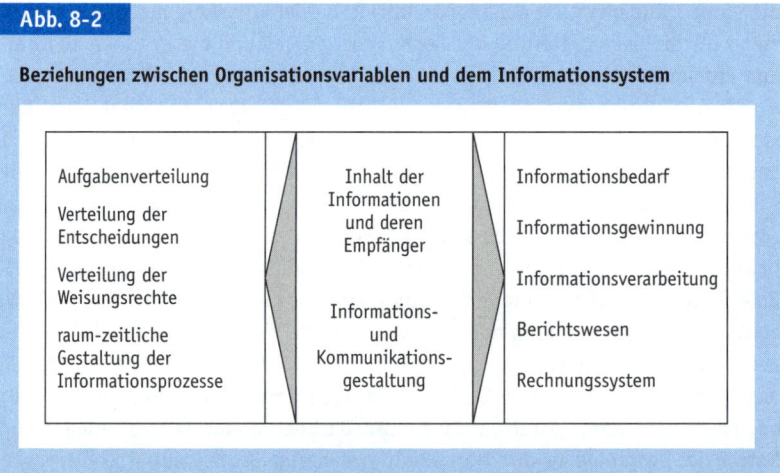

Abb. 8-2

Beziehungen zwischen Organisationsvariablen und dem Informationssystem

Aufgabenverteilung	Inhalt der Informationen und deren Empfänger	Informationsbedarf
Verteilung der Entscheidungen		Informationsgewinnung
Verteilung der Weisungsrechte		Informationsverarbeitung
raum-zeitliche Gestaltung der Informationsprozesse	Informations- und Kommunikations- gestaltung	Berichtswesen
		Rechnungssystem

renden Aufgaben übertragen, für deren zielentsprechende Lösung man Informationen benötigt. Deshalb lässt sich aus der Art der Aufgaben der Informationsbedarf sachlich bzw. deduktiv herleiten (vgl. Abschnitt 5.3.1.3). Die in Abschnitt 5.3.1.1 gekennzeichneten Merkmale des Informationsbedarfs hängen maßgeblich davon ab, welche Aufgabe zu lösen ist.

Die Verteilung der Aufgaben auf organisatorische Einheiten lässt erkennen, wer die Ansprechpartner bei der Informationsbedarfsermittlung sind. Die Bedeutung der Organisation für das Informationssystem schlägt sich damit auch in den angewandten induktiven Verfahren nieder. Zugleich bildet sie eine wichtige Bestimmungsgröße des Berichtswesens. Aus der Aufgabenverteilung ergeben sich die berichtsempfangenden Stellen. Deren Inhaber sind wichtig für die Art der Berichtsgestaltung.

Aufgabenverteilung und Berichtswesen

Durch die Zerlegung in Aufgabenkomplexe und Teilaufgaben wird in enger Verzahnung mit der Planung die Art der Aufteilung der Aufgaben- und Entscheidungsfelder einer Unternehmung bestimmt. Dies hat nicht nur maßgebliche Konsequenzen für den Informationsbedarf und das Berichtswesen, sondern auch für die Gestaltung der Rechnungssysteme.

Über die Verteilung der Entscheidungs- und Weisungsrechte werden diese Aspekte weiter konkretisiert. Mit den Entscheidungsrechten wird primär der Informationsbedarf für die Planung festgelegt. Sie geben an, welcher Stelleninhaber welche Entscheidungen selbst zu fällen hat oder partizipativ an ihnen mitwirken darf. Die Art der von ihm benötigten Informationen hängt von dem jeweiligen Entscheidungsproblem und den zu seiner Lösung eingesetzten Modellen sowie Verfahren ab. Die Verteilung der Entscheidungsrechte auf verschiedene Stellen und deren Inhaber führt zu einer Zerlegung von Entscheidungsfeldern. Darüber hinaus kann die Art der Behandlung dieser Entscheidungen in der jeweiligen Stelle eine weitere sachliche und/oder zeitliche Aufgliederung des ihr übertragenen Entscheidungsfeldes bewirken. Deshalb ist insbesondere

Verteilung der Entscheidungsrechte und Segmentierung der Rechnungssysteme

8.2 **Koordination der Organisation mit den anderen Führungsteilsystemen**
Beziehungen der Organisation zum Informationssystem

372

die von der Organisation abhängige Aufteilung der Entscheidungsfelder bestimmend für die Segmentierung der Rechnungssysteme und die in ihnen zu lösenden Probleme.

Wie die Koordination der Planung in Kapitel 4 gezeigt hat, besitzt deren Aufspaltung einen zentralen Einfluss auf die Art der benötigten Informationen. Für partielle Entscheidungen müssen sehr viel detailliertere Informationen bereitgestellt werden als für umfassende Entscheidungsprobleme. Sind verschiedene Aufgaben in einer Stelle oder einem Bereich zentralisiert, so hat man die Möglichkeit, unter Einsatz geeigneter Methoden simultan über sie zu entscheiden. Eine Verteilung auf mehrere Stellen und Bereiche zieht dagegen i. d. R. eine dezentralisierte Planung mit anderen Planungsmodellen und dementsprechend feinerem Informationsbedarf nach sich. Dies bedeutet für das Informationssystem, dass nicht nur eine größere Zahl spezifischer Informationen für unterschiedliche Empfänger bereitgestellt werden muss. Darüber hinaus hat die Zerlegung der Entscheidungsprobleme im Normalfall schwierige Zurechnungsprobleme zur Folge, weil Bewertungsparameter in Form von Zins-, Lager- und ähnlichen Kostensätzen für gemeinsam genutzte Ressourcen ermittelt werden müssen. Eine Vielzahl derartiger Zurechnungsprobleme der Unternehmensrechnung ist auf die von der Organisation mitbewirkte Aufteilung der Planung zurückzuführen.

Für das Berichtswesen ist die Verteilung der Entscheidungsrechte bedeutsam, weil seine Informationen für die Entscheidungsfindung genutzt werden sollen. Durch Informationen können einmal Entscheidungen ausgelöst werden. Deshalb müssen die Berichte an die Stellen gelangen, durch welche derartige Entscheidungen zu treffen sind. Zum anderen liefern Berichte Informationen für laufende Entscheidungen. Dies setzt jedoch ihre rechtzeitige Verfügbarkeit voraus. Die Zeitpunkte der Berichtserstellung sind auf die Entscheidungstermine abzustimmen.

Über die Festlegung von Weisungsrechten werden hierarchische Beziehungen geschaffen. Für ihre Wahrnehmung müssen die Vorgesetzten mit Informationen versorgt werden, die auf eine Steuerung gerichtet sind. Aus der Verteilung der Weisungsrechte wird erkennbar, welcher Bedarf an derartigen Informationen besteht und an welche Instanzen die in der Unternehmensrechnung ermittelten Steuerungsinformationen gelangen müssen. Während für die Art dieser Informationen vor allem die in Kapitel 7 behandelten Gesichtspunkte der Personalführung maßgebend erscheinen, wirkt sich die Organisation mehr auf die Informationsverteilung in der Unternehmung aus. Dies gilt entsprechend für Kontrollinformationen. Sie werden vielfach in Berichten übermittelt. Deshalb sind diese so zu gestalten und weiterzuleiten, dass die Stelleninhaber ihre jeweiligen Kontrollaufgaben wahrnehmen können.

Der Einfluss dieser Strukturvariablen zeigt sich auch, wenn man Ein- und Mehrliniensysteme betrachtet. Während bei reinen Einliniensystemen die Steuerungsinformationen und die für eine Fremdkontrolle verwendeten Kontrollinformationen auf die jeweiligen Instanzen zu konzentrieren sind, müssen bei Stab-Linien-Organisationen die Stäbe der jeweiligen Instanzen in die Informationsversorgung einbezogen werden. Wesentlich breiter sind Mehrliniensysteme zu versorgen. Wegen der in ihnen vorgenommenen Mehrfachunterstellung tritt ein weit gestreuter Informationsbedarf auf. Dem entspricht eine wesentlich vielfältigere Auffächerung des Berichtssystems. Für die Zugriffsmöglichkeiten auf Daten und Berichte ist die in der Organisation festgelegte Kommunikationsstruktur maßgebend, die unmittelbar die Gestaltung der Informationsbereitstellung und -verteilung betrifft. Die Informations- und Kommunikationsstruktur stellt ebenfalls eine Strukturvariable der Organisation dar (vgl. Picot, 1993a, S. 147 ff.). Ihre Festlegung ist daher eine rein organisatorische und keine Controllingaufgabe.

Die bisher gekennzeichneten Strukturkomponenten wirken sich vor allem auf den Inhalt der bereitzustellenden Informationen und ihre Empfänger aus. Demgegenüber sind ablauforganisatorische Größen für die zeitliche und räumliche Gestaltung der Informationsbereitstellung bestimmend. Dabei steht die ablauforganisatorische Gestaltung der Informationsprozesse im Vordergrund. Auf sie ist der Rhythmus der Informationsgewinnung und -übermittlung abzustellen. Deshalb werden beispielsweise die Festlegung von Planungskalendern und die Organisation des Planungsablaufs zu einem Instrument der Koordination zwischen Organisation und Informationssystem.

Die Anforderungen an die räumliche Verteilung der Informationen ergeben sich aus der Verteilung der Aufgaben und Entscheidungs- sowie Weisungsrechte. Über den Informationsbedarf der jeweiligen Stelleninhaber und deren räumliche Unterbringung wird deutlich, an welche Orte die Informationen und Berichte gelangen müssen.

Die Kombination der verschiedenen Organisationsvariablen führt zu umfassenderen Organisationsstrukturen, auf welche die Struktur des Informationssystems ausgerichtet werden muss. So bestehen beispielsweise für Funktional-, Divisional-, Regional-, Matrix- und Projektorganisationen jeweils eigene Möglichkeiten und Notwendigkeiten für die Zerlegung der Rechnungssysteme, ihre Verbindung zu einem Gesamtsystem der Unternehmung und die dabei auftretenden Zurechnungsprobleme. Allgemein führen Konzepte »mit einer ausgeprägten Autonomie der Unternehmensbereiche, die insbesondere bei der Sparten- und Regionalorganisation gegeben ist, (zu) eine(r) Verstärkung der Diffusionstendenz für planungsbezogene Aufgaben« (Frese, 1993, Sp. 1466) und damit zu einer Segmentierung der Rechnungen.

Die Gestaltung der Organisation wirkt nicht nur einseitig auf das Informationssystem. Vielmehr wird auch durch die Möglichkeiten und die konkrete Ausprägung des jeweiligen Informationssystems die Organisation beeinflusst. Dies lässt sich besonders gut an den Auswirkungen veranschaulichen, welche die moderne Informations- und Kommunikations-Technologie auf sie nimmt (vgl. Liedtke, 1991, S. 160 ff.).

Man kann annehmen, dass diese Entwicklungen nicht zu einer Bevorzugung bestimmter Organisationsformen führen werden. Vielmehr schaffen sie mehr Freiraum bei der Wahl der geeigneten Organisation. So gehen von ihnen sowohl zentralisierende als auch dezentralisierende Wirkungen aus. Die Zweckmäßigkeit einer Verwendung einheitlicher Datenbasen und ihre effiziente Speiche-

8.2 Koordination der Organisation mit den anderen Führungsteilsystemen
Beziehungen der Organisation zum Informationssystem

374

rung in Datenbanken sprechen ebenso wie die Vorteile der Massendatenverarbeitung und der Anwendbarkeit umfassender Planungsmodelle für eine Zentralisierung zumindest der Datenverarbeitung. Dagegen gestattet die hohe Leistungsfähigkeit der Computer ihre Dezentralisierung am Ort der Datenentstehung und des höchsten Informationsstandes. Über die Vernetzung ist es technisch möglich, beide Alternativen miteinander zu verbinden und die jeweils zweckmäßigste Kombination zwischen ihnen zu wählen. Dies bedeutet, dass die Zentralisierung oder Dezentralisierung von Entscheidungen nicht von der Informationstechnologie bestimmt wird.

Freiraum für Führungsaufgaben

Durch diese Technologien lassen sich mehr Aufgaben an einem Arbeitsplatz integrieren. Die Automatisierung von Routineaufgaben und die Datenintegration entlasten die Stelleninhaber und schaffen Freiraum für Führungsaufgaben. Dies ermöglicht eine Anreicherung der Stellenaufgaben und damit der Qualität der Tätigkeit. Umfassendere Aufgaben müssen in geringerem Umfang auf verschiedene Stellen und Personen aufgeteilt und können »ganzheitlich« bearbeitet werden. Die funktionale Aufteilung von Aufgaben wird verringert, die Tendenz ihrer objektmäßigen Zusammenfassung im Hinblick auf divisionalisierte Organisationsformen verstärkt.

Vermehrte Entscheidungsdelegation

Die bessere Informationsversorgung und -verarbeitung vor Ort und die Nutzung der leistungsfähigen Technologie bis hin zu Entscheidungsunterstützungs- und Expertensystemen bieten die Basis für eine vermehrte Entscheidungsdelegation.

Durch den IT-Einsatz können mehr und aktuellere Kontrollinformationen bereitgestellt werden. Zudem lassen sich technisch ausgerichtete Koordinationsinstrumente besser nutzen. Dies spricht für eine Tendenz zu höheren Leitungsspannen, was zu einer Verringerung der Hierarchieebenen führen kann.

Flexibilität von Stellen und Entkoppelung von Arbeitsvorgängen

Die Informationsausstattung und die Aufgabenintegration vermehren die Flexibilität der Stellen, da sie schnell eine Vielzahl von Daten über andere Bereiche abrufen und entscheiden können. Zudem kann man Arbeitsgänge zeitlich entkoppeln. Durch die Möglichkeiten der Datenübertragung lassen sich Arbeitsplätze an vielen Orten einrichten und dennoch eine weitgehende Kommunikation sicherstellen. Dem entspricht eine räumliche Entkoppelung, was zusätzliche Gestaltungsmöglichkeiten für die räumliche Organisation der Arbeit bietet.

8.2.2 Informationsinstrumente zur Erfassung der Beziehungen zwischen mehreren Organisationseinheiten

Segmentierung der Unternehmensrechnung

Die Organisationsstruktur wirkt sich nicht nur auf den Informationsbedarf und die Gestaltung des Berichtswesens aus. Sie schlägt sich auch in den Rechnungssystemen nieder, welche diese Vorgänge und Strukturen der Unternehmung abbilden. Diese sollten eine Analyse der organisatorischen Einheiten ermöglichen und ihren Einfluss auf die Gesamtzielerreichung erfassen. Daraus folgt in erster Linie, dass eine Dezentralisierung der Organisation eine entsprechende Zerlegung der Rechnungssysteme zur Folge haben sollte. Sie führt also zu einer Segmentierung der Rechnung, durch die sich die Vorgänge in dezentralen Bereichen wiedergeben und analysieren lassen.

Auf der anderen Seite sind das Zusammenspiel der dezentralen Einheiten in einer Unternehmung und die Wirkungen auf die Gesamtziele abzubilden. Dies erfordert eine Zusammenfassung der bereichsbezogenen Rechnungen aus Sicht der Gesamtunternehmung. Der Segmentierung steht daher eine Konsolidierung gegenüber. Sie bietet eine Basis, um das Handeln der Bereiche im Hinblick auf die übergeordneten Ziele der Unternehmung zu beurteilen und aufeinander abzustimmen.

Konsolidierung bereichs-
bezogener Rechnungen

Innerhalb der Unternehmensrechnung finden sich Ansätze zur Segmentierung und Konsolidierung in der Bilanz-, der Finanz- und der Kostenrechnung. Soweit die dezentralen Bereiche nicht nur organisatorisch, sondern auch rechtlich selbständige Einheiten innerhalb eines Konzerns bilden, müssen sie eigenständige Jahresabschlüsse erstellen. Die Segmentierung wird hier durch die handels- und steuerrechtlichen Vorschriften erzwungen.

8.2.2.1 Segmentierung in Bilanz- und Finanzrechnung

Auch wenn sie nicht vorgeschrieben sind, können Segmentbilanzen (vgl. Haase, 1974; Haase, 1993, Sp. 1782 ff.) erstellt werden, die auf einer Umkehrung der Konsolidierung (vgl. zum Folgenden insbesondere Haase, 1993, Sp. 1786 ff.) beruhen. Die Posten des Jahresabschlusses, wie z. B. die Anlagen, Vorräte, finanziellen Mittel, Aufwendungen und Erträge, werden nach den unterschiedenen Segmenten aufgegliedert. Eine Reihe von Posten wie das Eigen- und Fremdkapital, Zinsen, Ertragsteuern usw. lassen sich keinem Segment zuordnen und werden als Restbeträge dem Abschluss eines *Allgemeinen Bereichs* zugeordnet. An die Stelle der »Einheitstheorie« in der Konsolidierung tritt eine »Unabhängigkeitstheorie«. Sie unterstellt für die Segmentierung fiktiv die Unabhängigkeit der Bereiche. Daraus folgt, dass in einer *Erfolgssegmentierung* die Bestände sowie Aufwendungen und Erträge der Segmente um die entsprechenden Beträge für Lieferungen und Leistungen zwischen den Segmenten erhöht werden. Als Verrechnungspreise dienen Marktpreise. Dies führt dazu, dass die Bereiche Zwischengewinne und -verluste ausweisen. Ferner werden in der *Schuldensegmentierung* die Schulden um die Beträge und Zinsen aus dem Lieferungs- und Leistungsverkehr zwischen den Segmenten erhöht. Schließlich muss auch eine *Kapitalsegmentierung* erfolgen.

Segmentbilanzen

Bei dem in Abbildung 8-3 wiedergegebenen einfachen Beispiel ist eine einstufige Kapitalverflechtung zwischen den Segmenten und dem Allgemeinen Bereich unterstellt, der als Quasi-Holding verstanden werden kann.

Beispiel

In jedem Segment wird dessen unmittelbar zurechenbares Fremdkapital ausgewiesen, sofern es über ein solches verfügt. Das Eigenkapital von Segment A in Höhe von 70 bzw. B von 80 ergibt sich aus der Differenz zwischen den ihnen direkt zurechenbaren Vermögen von 200 bzw. 150 und ihrem Fremdkapital. Es wird im Allgemeinen Bereich als Beteiligung an Segment A bzw. B. ausgewiesen. Die nicht den Segmenten direkt zurechenbaren Vermögens- und Schuldenbeträge gehen in die Bilanz des Allgemeinen Bereichs ein, dessen Eigenkapital

8.2 **Koordination der Organisation mit den anderen Führungsteilsystemen**
Beziehungen der Organisation zum Informationssystem

376

Abb. 8-3

Kapitalsegmentierung des diversifizierten Unternehmens

Nicht-segmentierte Bilanz 1994			
Anlagevermögen	250	Eigenkapital	250
Umlaufvermögen	500	Fremdkapital	500
	750		750

Bilanz 1994 – Segment A			
Anlagevermögen	80	Eigenkapital	70
Umlaufvermögen	120	Fremdkapital	130
	200		200

Bilanz 1994 – Segment B			
Anlagevermögen	60	Eigenkapital	80
Umlaufvermögen	90	Fremdkapital	70
	150		150

Bilanz 1994 – Allgemeiner Bereich			
Anlagevermögen	110	Eigenkapital	250
Beteiligung an Segment A	70	Fremdkapital	300
Beteiligung an Segment B	80		
Umlaufvermögen	290		
	550		550

von 250 sich aus der Differenz zwischen seinem Vermögen von 550 und seinem Fremdkapital von 300 errechnet und dem Eigenkapital der Gesamtunternehmung entsprechen muss.

Segmentierung der Finanzierungsrechnung

Bei einer Segmentierung der Finanz- bzw. Finanzierungsrechnung kann man neben der Gliederung nach Organisationseinheiten eine Reihe von Merkmalen wie Geschäftsfelder, Produkt(gruppen), Projekte, Regionen oder Disponierbarkeit berücksichtigen (vgl. Gebhardt, 1993, Sp. 1801 ff.). Durch eine periodenbezogene Auswertung lassen sich Finanzmittelüberschüsse und -defizite der einzelnen Bereiche aufzeigen. Dies ist für die kurzfristige operative Liquiditätsplanung wichtig. Aussagen für die längerfristige strategische Finanzplanung können durch eine Analyse der Finanzstruktur gewonnen werden. Hierzu lässt sich die Rechnung beispielsweise nach dem in Abbildung 8-4 wiedergegebenen Vorschlag des Arbeitskreises »Finanzierungsrechnung« aufbauen (vgl. Buchmann/Chmielewicz, 1990, S. 76).

Segmentierung nach Ländern

Soweit eine Segmentierung nach Ländern erfolgt, muss diese auch die Währungen erfassen. Sie kann Anhaltspunkte für eine Analyse des Währungsrisikos und damit eine Basis für das Währungsmanagement liefern (vgl. Gebhardt, 1993, Sp. 1806).

Abb. 8-4

Unternehmensbezogene strategische Finanzierungsrechnung

Pos.	Einzelpositionen	Zeitraum:	zugerechnet auf Geschäftsfelder				nicht zuge-rechnet	Gesamt-unter-nehmen
			A	B	C	Σ		
1	Betriebsergebnis (vor Zinsen)		X	X	X	X		X
2	Abschreibungen		X	X	X	X		X
3	Veränderung Rückstellungen			X	X	X	X	X
4	Desinvestitionen		X	X	X	X		X
5	Beteiligungserträge		X	X		X	X	X
6	Außerordentliche Aufwendungen und Erträge						X	X
7	Steuern	soweit zurechenbar/ nicht zurechenbar					X	X
8	Zinsen						X	X
9	Dividenden						X	X
10	Sonderposten für Investitions-zuwendungen						X	X
11	Cashflow = Kapitaldeckung für Investitionen		X	X	X	X	X	X
12	./. geplante und genehmigte/produktionsnotwendige Investitionen für das laufende Geschäft		X	X	X	X		X
13	Spielraum für strategische Investitionen		X	X	X	X		X
14	./. geplante und genehmigte/strategische Investitionen		X	X	X	X		X
15	Finanzmittelsaldo		X	X	X	X	X	X

8.2.2.2 Segmentierung in der Kosten- und Erlösrechnung

In der Kosten- und Erlösrechnung müssen für segmentierte Rechnungen die Kosten und Erlöse an den Orten ihrer Entstehung erfasst und die Stellen entsprechend der Organisation gegliedert werden. Um den Einfluss der Organisationsstruktur auf den Erfolg sichtbar zu machen, sind die Kosten möglichst differenziert zu erfassen.

Für eine genaue Erfassung, Gliederung und Zuordnung der Kosten und Erlöse einzelner Funktionsbereiche, Sparten oder Projekte sind verschiedene bereichsbezogene Rechnungssysteme entwickelt worden. Hierzu gehören insbesondere Logistik-Kostenrechnungen (vgl. Weber, 1992, S. 878 ff.), Marketing- bzw. Vertriebserfolgsrechnungen (vgl. Weigand, 1992, S. 820 ff.), Qualitätsrechnungen (vgl. Steinbach, 1985), Umweltkostenrechnungen (vgl. Kloock, 1992b, S. 929; Keilus, 1993) oder Projekt-Kostenrechnungen (vgl. Studt, 1983). Sie verlangen eine auf die Bereiche ausgerichtete und vertiefte Gliederung der Kostenarten und der Kostenstellen. So sind zum Beispiel für die Analyse des Logistikbereiches neben den Lager- und Transportkosten auch die Auftragsabwicklungs- und die Verpackungskosten als eigene Kostenarten zu berücksichtigen. Ferner grenzt man zusätzlich eigenständige Logistikkostenstellen für Bestelldisposi-

Bereichsbezogene Rechnungssysteme

8.2 **Koordination der Organisation mit den anderen Führungsteilsystemen**
Beziehungen der Organisation zum Informationssystem

378

tion, innerbetrieblichen Transport u. a. sowie Mischkostenstellen ab, in denen Logistik- und andere Leistungen erbracht werden. Die vertiefte Differenzierung nach Logistik-Kostenarten und -stellen schlägt sich in einer entsprechenden Differenzierung der Kostenträgerrechnung nieder.

Zurechnungsprobleme bei Segmentierung

Bei einer Segmentierung treten stets Zurechnungsprobleme auf. Sie beruhen einmal darauf, dass die Bereiche bestimmte Aktivitäten gemeinsam beanspruchen, weil daraus Synergieeffekte für die Gesamtunternehmung folgen. Für deren Nutzung sind in den Einzelrechnungen Verrechnungspreise anzusetzen, wenn man Bereichserfolge bestimmen will. Zum anderen sind sie darauf zurückzuführen, dass mehrere Bereiche gemeinsam Leistungen erbringen. Dann ist eine Zurechnung von Leistungsanteilen nur unter nicht eindeutig begründbaren Annahmen über den Einfluss des jeweils anderen Bereichs möglich.

Ansätze zur Lösung

Für die Lösung der Zurechnungsprobleme auf der Kosten- und Erlösseite bietet die Unternehmensrechnung eine Reihe von Ansätzen an. Sie reichen von einer relativ willkürlichen Schlüsselung der Kosten (und ggf. der Erlöse) bis zum Verzicht auf jede Schlüsselung. Der erste Weg wird in den Systemen der Vollkostenrechnung beschritten. In der Prozesskostenrechnung (vgl. z. B. Kloock, 1992a, S. 183 ff.; Glaser, 1991, S. 222 ff.; Horváth/Mayer, 1989, S. 214 ff.; Friedl, 1993, S. 37 ff.) wird durch das Zurückgehen auf einzelne Aktivitäten und Prozesse der Versuch unternommen, trotz Schlüsselung der Fix- und Gemeinkosten zu einer aussagefähigeren Kostenzurechnung zu kommen. Die Zweckmäßigkeit eines solchen Vorgehens wird durch den Rechnungszweck bestimmt. Während die Kostenschlüsselung für die Entscheidungsfindung in der Planung äußerst problematisch erscheint, kann sie im Hinblick auf die Steuerung der Bereiche zu erwünschten Wirkungen führen. An dieser Stelle zeigt sich, wie eng eine organisatorisch bedingte Segmentierung der Rechnung mit der Planung oder der Steuerung und damit anderen Führungsteilsystemen verknüpft ist.

Verzicht auf Kosten- und Erlösschlüsselungen

Den Weg eines Verzichts auf Kosten- und Erlösschlüsselungen geht man in den Systemen der Teilkostenrechnung mit dem Instrumentarium der Deckungsbeitragsrechnung. Dort werden die Fixkosten bzw. die Gemeinkosten lediglich der Bezugsgröße zugerechnet, bei der sie ohne Schlüsselung gerade noch ausweisbar sind. Dabei haben sowohl die Systeme mit einer Trennung nach der Beschäftigungsabhängigkeit in variable und fixe Kosten (vgl. Kilger et al., 2012, S. 561 ff.) als auch das von Paul Riebel (1994) entwickelte System mit einer Aufspaltung aller Kosten als relative Einzelkosten gezeigt, dass man zu einer recht weitgehenden Kostenzerlegung gelangen kann. Dies lässt sich am Beispiel mehrstufiger Deckungsbeitragsrechnungen auf der Basis variabler Kosten veranschaulichen.

Zurechenbarkeit und Bindungsdauer von Fixkosten

Ihr Kern ist eine betriebliche Periodenerfolgsrechnung, in der entsprechend dem Beispiel von Abbildung 8-5 für jeden Bereich die Periodenerlöse der Produkte ausgewiesen und über die Subtraktion ihrer variablen Kosten deren Deckungsbeiträge I ermittelt werden. Der Fixkostenblock (im Beispiel 239 GE), der häufig einen hohen Anteil an den Gesamtkosten ausmacht (hier ca. 54 %), lässt sich ohne willkürliche Schlüsselung weiter zerlegen, wenn man die Zurechenbarkeit auf geeignete Bezugsgrößen und/oder deren Bindungsdauer unter-

Abb. 8-5

Beispiel einer mehrstufigen Deckungsbeitragsrechnung

Bereich	Bier				Limonade	
Typ	Weizenbier		Pils		Orange	
Art	hell	dunkel	light	voll	light	voll
Umsatz	100	70	60	130	40	50
Variable Kosten	37	22	17	67	30	32
Deckungsbeitrag I	63	48	43	63	10	18
Produktfixkosten	12	14	10	12	8	8
Deckungsbeitrag II	51	34	33	51	2	10
Gruppenfixkosten	40		49		–	
Deckungsbeitrag III	45		35		12	
Bereichsfixkosten	37				24	
Deckungsbeitrag IV	43				**–12**	
Unternehmensfixkosten	25					
Erfolg	6					

sucht. So fallen beispielsweise einzelne Fixkosten für bestimmte Produktarten bzw. -gruppen, Kostenstellen, Kostenbereiche, Sparten oder andere Einheiten an. Dabei kann es sich z. B. um die Kosten von Einzelvorrichtungen, Werkzeugen, Anlagen oder ganzen Betriebsteilen handeln, in denen nur bestimmte Produkte oder Produktgruppen gefertigt werden. Entsprechend können einzelne Vertriebsmaßnahmen und -systeme, Planungsaktivitäten, EDV-Programme usw. lediglich für bestimmte Produkte, Produktgruppen, Bereiche oder Sparten genutzt werden.

Eine solche Zerlegung kann man an organisatorischen Merkmalen der Zuordnung von Produktarten und -gruppen zu Sparten usw. ausrichten, weil diese für die Entstehung wesentlicher Teile der Fixkosten verantwortlich sind. Z. B. orientiert sich die Zuordnung von Personalkosten an der Stellengliederung. Zudem beruhen Fixkosten meist auf Investitionen, für welche die Entscheidungskompetenzen wesentlich durch den Organisationsaufbau bestimmt sind. Aus diesem Grund können mehrstufige Deckungsbeitragsrechnungen den Einfluss der Organisation auf das Rechnungssystem besonders deutlich wiedergeben.

Die in jeder Stufe ausgewiesenen Deckungsbeiträge zeigen deren Beitrag zur Deckung der Fixkosten und zum Gewinn. Da von einer bestimmten Betriebsbereitschaft ausgegangen wird, ist der Deckungsbeitrag über die variablen Kosten nur für kurzfristige Entscheidungen relevant. Die Deckungsbeiträge höherer Stufen über die Produkte, Produktgruppen usw. können als Indikatoren für die mittel- bis längerfristige Erfolgsträchtigkeit des jeweiligen Segments interpretiert werden. Dies gilt noch stärker, wenn zusätzlich ihre Bindungsdauer angegeben wird. Jedoch zeigen sie lediglich den Bruttogewinn für eine zugrunde gelegte Planungsalternative auf. Insbesondere wird nicht erkennbar, wie hoch

Indikationscharakter von Deckungsbeiträgen höherer Stufen

8.2 **Koordination der Organisation mit den anderen Führungsteilsystemen**
Beziehungen der Organisation zum Informationssystem

380

die Deckungsbeiträge bei unterschiedlichen Ausprägungen der Betriebsbereitschaft und damit der Investitionsausstattung wären. Deshalb dient die Deckungsbeitragsrechnung primär zur Analyse der vorhandenen bzw. geplanten Struktur. Um die Wirkungen alternativer mittel- bis längerfristiger Entscheidungen über Produkte, Bereiche und Sparten zu erfassen, muss auf Investitionsrechnungen übergegangen werden.

Mehrdimensionale Deckungsbeitragsrechnung

Für eine vertiefte Analyse nach Segmenten kann man mehrdimensionale Deckungsbeitragsrechnungen heranziehen. Sie werden insbesondere im Vertriebsbereich eingesetzt. Die Erweiterung beruht darauf, dass man Bezugsgrößen berücksichtigt, bei denen sich die Zurechenbarkeit von Fixkosten überlappt. So lässt sich z. B. der Absatzbereich einer Unternehmung entsprechend Abbildung 8-6 nach Absatzgebieten, Kunden- und Produktgruppen segmentieren.

Die Fixkosten sind danach zu differenzieren, wie sie den einzelnen Dimensionen (z. B. Absatzgebieten, Kunden- oder Produktgruppen) zurechenbar sind:

▸ nach *allen drei Dimensionen* einem einzelnen Element, z. B. einer Kundengruppe, einer Produktgruppe und einem Absatzgebiet;
▸ nach einer Kombination aus *zwei Dimensionen*, d. h. z. B. einer Kunden- und einer Produktgruppe, aber keinem Absatzgebiet oder
▸ nach *einer einzigen Dimension*, d. h. z. B. einer Kundengruppe.

In diesem Fall wird die Reihenfolge, in der man diese Bezugsgrößen wählt, für die Höhe der Deckungsbeiträge maßgebend.

Beispiel

Entsprechend dem Beispiel in Abbildung 8-7 und 8-8 stimmen nur die Deckungsbeiträge über die variablen Kosten, die den Einzelelementen zurechenbaren Fixkosten und das Periodenergebnis in allen Rechnungen überein.

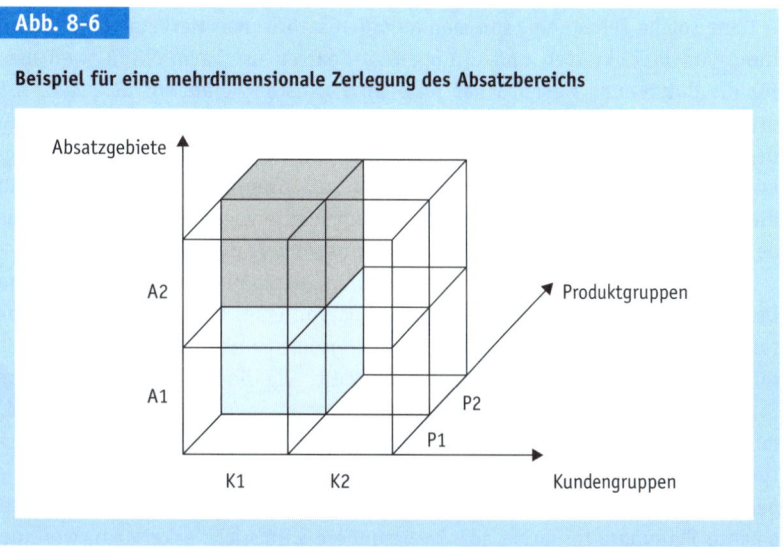

Abb. 8-6

Beispiel für eine mehrdimensionale Zerlegung des Absatzbereichs

Abb. 8-7

Beispiel einer mehrdimensionalen Deckungsbeitragsrechnung mit zwei möglichen Segmentierungen

Absatzgebiete	A1				A2			
Kundengruppen	K1		K2		K1		K2	
Produktgruppen	P1	P2	P1	P2	P1	P2	P1	P2
Umsatz (Euro)	149.800,–	59.900,–	74.900,–	23.960,–	74.900,–	59.900,–	14.980,–	5.990,–
Variable Kosten (Euro)	74.000,–	30.000,–	37.000,–	12.000,–	37.000,–	30.000,–	7.400,–	3.000,–
Versand EK (Euro)	1.800,–	1.900,–	900,–	760,–	900,–	1.900,–	180,–	190,–
DB I (Euro)	74.000,–	28.000,–	37.000,–	11.200,–	37.000,–	28.000,–	7.400,–	2.800,–
Fixkosten (Euro)	10.000,–		5.000,–		10.000,–		12.000,–	
DB II (Euro)	92.000,–		43.200,–		55.000,–		**–1.800,–**	
Agenturen (Euro)	10.000,–				8.000,–			
Verkaufssachbearbeiter (Euro)	110.000,–				45.000,–			
DB III (Euro)	15.200,–				200,–			
Montage (Euro)	14.700,–							
Untern. fixe Kosten (Euro)	15.000,–							
Gewinn/Verlust (Euro)	–14.300,–							

Vergleiche Küpper/Friedl/Hofmann/Pedell, 2011, S. 111 f. u. 332 f.

Abb. 8-8

Beispiel einer mehrdimensionalen Deckungsbeitragsrechnung mit zwei möglichen Segmentierungen

Produktgruppen	P1				P2			
Absatzgebiete	A1		A2		A1		A2	
Kundengruppen	K1	K2	K1	K2	K1	K2	K1	K2
Umsatz (Euro)	149.800,–	74.900,–	74.900,–	14.980,–	59.900,–	23.960,–	59.900,–	5.990,–
Variable Kosten (Euro)	74.000,–	37.000,–	37.000,–	7.400,–	30.000,–	12.000,–	30.000,–	3.000,–
Versand EK (Euro)	1.800,–	900,–	900,–	180,–	1.900,–	760,–	1.900,–	190,–
DB I (Euro)	74.000,–	37.000,–	37.000,–	7.400,–	28.000,–	11.200,–	28.000,–	2.800,–
Verkauf (Euro)	70.000,–		20.000,–		40.000,–		25.000,–	
DB II (Euro)	41.000,–		24.400,–		**–800,–**		5.800,–	
Montage (Euro)	7.800,–				6.900,–			
DB III (Euro)	57.600,–				**–1.900,–**			
Versand (Euro)	18.000,–							
Beratung (Euro)	37.000,–							
Untern. fixe Kosten (Euro)	15.000,–							
Gewinn/Verlust (Euro)	–14.300,–							

Vergleiche Küpper/Friedl/Hofmann/Pedell, 2011, S. 111 f. u. 332 f.

8.2 **Koordination der Organisation mit den anderen Führungsteilsystemen**
Beziehungen der Organisation zum Informationssystem

382

Je nach Reihenfolge der Dimensionen für die Segmentierung erhält man andere Deckungsbeiträge höherer Stufen. Auf diese Weise ergeben sich verschiedene Einsichten, die wie »Scheinwerfer« den Fixkostenblock durchleuchten. So lässt die Hierarchie in Abbildung 8-7 (Abbildung 8-8) erkennen, dass im Segment des Absatzgebiets *A 2* der Kundengruppe *K 2* (der Produktgruppe *P 2* im Absatzgebiet *A 1*) Verluste bei *DB II* = –1.800,– auftreten (*DB II* = –800,– und *DB III* = –1.900,–), die keiner Produktgruppe (Kundengruppe) zurechenbar sind.

Die mehrdimensionale Deckungsbeitragsrechnung ermittelt keine Gewinngrößen für einzelne Segmente. Sie durchleuchtet vielmehr die Zusammensetzung der Deckungsbeiträge aus verschiedener Sicht. Damit liefert sie Indikatoren, um Probleme in einzelnen Segmenten zu erkennen. Da Problemursachen nicht eindeutig dargelegt werden können, müssen sich weitere Analysen anschließen.

8.2.2.3 Konsolidierung in Bilanz-, Finanz- sowie Kosten- und Erlösrechnung

Soweit isolierte Systeme der Bilanz-, Finanz- sowie Kosten- und Erlösrechnung für die Bereiche vorliegen, sind sie auf umgekehrtem Weg zu einer Gesamtrechnung zu konsolidieren. Die Integrationsansätze dienen dazu, die allein durch die organisatorische und ggf. rechtliche Zerlegung verursachten Erfolgswirkungen zu eliminieren. Damit machen sie deutlich, welche Konsequenzen das Handeln der Einzelbereiche für die Gesamtunternehmung hat. Insofern dienen sie einer Koordination der Bereiche. Aus dem Zusammenhang zwischen Einzel- und konsolidierten Rechnungen lassen sich Erkenntnisse über das Zusammenspiel zwischen den Bereichen und der Gesamtunternehmung gewinnen.

Konsolidierung des Jahresabschlusses

Am weitesten ist das Instrumentarium der Konsolidierung für den Jahresabschluss ausgebaut (vgl. z.B. Busse von Colbe et al., 2010; Baetge, 2011; Coenenberg et al., 2012, S. 608 ff.). Es umfasst die Erstellung einer Bilanz sowie einer Gewinn- und Verlustrechnung für den Konzern als Gesamtunternehmung. Eine Konzernbilanz entsteht aus der Konsolidierung des Kapitals, der Eliminierung von Zwischenerfolgen und der Konsolidierung von Forderungen und Verbindlichkeiten. Zur Erstellung einer Konzern-GuV müssen die Innenumsätze, die anderen Erträge und Aufwendungen sowie die innerkonzernlichen Ergebnisübernahmen konsolidiert werden.

Konsolidierung von Finanzierungsrechnungen

Bei rechtlich selbständigen Bereichen wird die Konsolidierung von Finanzierungsrechnungen häufig mit einer Segmentierung verbunden. Dann lässt die sich ergebende Rechnung gleichzeitig die wichtigsten Zahlungspositionen der Bereiche und ihre Zusammenfassung für die Gesamtunternehmung erkennen. Der Konsolidierung der Finanzierungsrechnungen kommt insoweit nicht dieselbe Bedeutung wie der Erfolgskonsolidierung zu, als in vielen Unternehmungen die maßgeblichen Finanzierungsentscheidungen der Zentrale ohnehin vorbehalten bleiben.

Konsolidierung der Kosten- und Erlösrechnung

Auch die Konsolidierung der Kosten- und Erlösrechnung findet bislang nur eine begrenzte Aufmerksamkeit. Sie zeigt sich am deutlichsten bei international tätigen Unternehmungen, wo zu den Problemen einer Vereinheitlichung der Systeme die Währungsumrechnung kommt.

Die Herleitung gesamtunternehmensbezogener Kosten- und Erlös-Informationen setzt voraus, dass das innerbetriebliche Rechnungswesen der Teilunternehmen vereinheitlicht wird. Maßgeblich für den Grad der Vereinheitlichung sind die verfolgten Rechnungszwecke der Planung, Steuerung und Kontrolle, die sich auch auf die Wahl der Kostenrechnungssysteme auswirken. Teilkosteninformationen und Deckungsbeiträge für die Gesamtunternehmung lassen sich nur dann aus den Rechnungssystemen der Bereiche herleiten, wenn in ihnen eine entsprechende Kostenaufspaltung vorgenommen wurde. Dabei muss nicht in der gesamten Unternehmung dasselbe Kostenrechnungssystem angewandt werden, jedoch sind nur bestimmte Systemkombinationen durchführbar.

Die Art der Vereinheitlichung richtet sich nach dem für die Gesamtunternehmung maßgeblichen Erfolgsziel. Die Gewinne und damit auch die Kosten der Bereiche sind so zu definieren, dass sie auf das übergeordnete Erfolgsziel ausgerichtet sind. Aus unterschiedlichen Währungen folgende Umrechnungsdifferenzen haben dabei Kostencharakter (vgl. Müller, 1980, S. 213 ff.). *Ausrichtung auf übergeordnetes Erfolgsziel*

Die Kosten und Erlöse sollten in allen Bereichen nach denselben Merkmalen gegliedert werden. Ferner hat sich ihre Erfassung an denselben Prinzipien und Verfahren zu orientieren. Schließlich sind die Zeitpunkte zu erfassen, an denen die Erlöse durch einen Verkauf außerhalb der Gesamtunternehmung als realisiert gelten können. *Einheitliche Erfassung und Gliederung von Kosten und Erlösen*

Um zuverlässige Planinformationen zu erhalten, müssen die Struktur und die Verfahren der Kosten- und Erlösplanung vereinheitlicht werden. Für die Konsolidierung ist es des Weiteren notwendig, dass für einander entsprechende Produkte, Prozesse und Verwaltungsbereiche gleichartige Bezugsgrößen verwendet werden. *Einheitliche Struktur und Verfahren der Kosten- und Erlösrechnung*

Die für eine Konsolidierung notwendige Vereinheitlichung erstreckt sich bis zur Kostenstellengliederung, Verteilung der Gemeinkosten, innerbetrieblichen Leistungsverrechnung sowie den Kalkulationsverfahren. Fixkostenverteilungen sollten von einheitlichen Schlüsselgrößen ausgehen, um anteilige Fixkosten verschiedener Bereiche sinnvoll weiterverrechnen zu können. Schließlich ist eine hohe Kompatibilität der eingesetzten Hard- und Software eine Voraussetzung dafür, dass die Daten der Bereiche auf effizientem Weg integriert werden können.

Zur Ermittlung gesamtunternehmensbezogener Informationen ist eine Addition der Einzeldaten i. d. R. ungeeignet, weil die Leistungsbeziehungen zwischen den Bereichen zu Doppelzählungen führen (vgl. Müller, 1980). In der Erfolgskonsolidierung werden die Lieferungen und Leistungen zwischen den Bereichen eliminiert und die Kosten, Erlöse sowie Erfolge aus Sicht der Gesamtunternehmung gegliedert. Eine konsolidierte Berechnung von Herstell- und Selbstkosten ist notwendig, wenn Produkte eines Bereichs in einem anderen eingesetzt werden. Dann sind entsprechend Abbildung 8-9 die ggf. im Lieferpreis enthaltenen (Zwischen-)Gewinne zu eliminieren und Kostenbestandteile artmäßig so umzugliedern, wie es der Sicht der Gesamtunternehmung entspricht. In dem Beispiel ist angenommen, dass Produkt P_1 im einen Fall in dem anderen Teilunternehmen zur Erzeugung von P_{12} verbraucht wird und des- *Erfolgskonsolidierung*

8.2 Koordination der Organisation mit den anderen Führungsteilsystemen
Beziehungen der Organisation zum Informationssystem

384

Konsolidierte Ermittlung von Selbstkosten

Produktarten / Kostenarten	Isolierte Kalkulationen der Teilunternehmungen			Gesamtunternehmens-bezogene Kalkulationen	
	P_1	P_{12}	P_{22}	P_1^*	P_2^*
Materialkosten	20	100	50	20	50
Fertigungskosten	50	70	30	120	28
(davon Abschreibungen für P_1)			(20)		(18)
Herstellkosten	70	170	80	140	78
Verwaltungs- und Vertriebs-kosten	20	30	15	50	15
Selbstkosten	90	200	95	190	93
Gewinn	10				
Verkaufspreis	100				

---

halb in dessen Kalkulation zum Fertigungsmaterial zählt. Als zweiter Fall ist unterstellt, dass es lediglich mit einem Abschreibungssatz von 20 % in die Kalkulation von P_{22} eingeht. Die Bestimmung der gesamtunternehmensbezogenen Selbstkosten von P_2^* beschränkt sich dann auf die Eliminierung des in der Abschreibung enthaltenen Gewinnanteils.

Deckungsbeitragsziffern lassen sich für die Gesamtunternehmung über eine additive oder eine konsolidierte Rechnung bestimmen (vgl. Müller/Ordelheide, 1984, S. 172 ff.). Zu deren Erläuterung an dem aus Abbildung 8-10 ersichtlichen Beispiel wird angenommen, dass die Produkte P_1 und P_2 in einem zweiten Bereich weiterbearbeitet werden. Eine additive Ermittlung des Deckungsbeitrags ist nur bei P_1 möglich, weil bei dem Produkt P_2 lediglich eine Teilmenge von 500 GE an den zweiten Bereich U_2 geliefert wird. Das Beispiel zeigt ferner, dass sich die Bewertung der Produkte nach der Höhe ihrer Deckungsbeiträge in den Bereichen und für die Gesamtunternehmung ändern kann. Maßgebend ist die Reihenfolge der gesamtunternehmensbezogenen Rechnung.

Außer der Höhe der Erfolgswerte kann sich durch die Konsolidierung auch der Charakter einzelner Kostenarten ändern. So ist in dem Beispiel von Abbildung 8-11 angenommen, dass die Hälfte des Umsatzes von P_1 für das Produkt P_2 wiedereingesetzt wird. Jedoch wird P_1 nicht beschäftigungsproportional verbraucht, weil es sich beispielsweise um Werkzeuge zur Anlagenreparatur handelt. Die andere Hälfte wird verkauft. Das Produkt P_2 geht voll in ein drittes Produkt P_3 ein. Die aus Sicht des ersten Bereichs variablen Kosten von P_1 sind dann in Bezug auf die Gesamtunternehmung den Fixkosten zuzurechnen. Dies betrifft aber nur die innerhalb der Unternehmung weitergelieferte Menge. Aus deren Fixkosten sind darüber hinaus die Gewinnbestandteile zu isolieren.

Die Ansätze der Segmentierung und Konsolidierung dienen innerhalb der internen Erfolgsrechnung zur Abbildung des Einflusses der Organisation und

Abb. 8-10

Additive und konsolidierte Ermittlung von Deckungsbeiträgen

Produktarten		P_1	P_2	P_3
Teilunternehmung U_1	Nettoumsatz	500	750	–
	– var. Herstellkosten (HK)	300	360	–
	– var. Vertriebskosten (VK)	100	90	–
	DB je Produktart	100	300	–
	Absatzmenge	10	15	–
	DB je Stück	10	20	–
	Produktreihenfolge	(2)	(1)	–
Teilunternehmung U_2	Nettoumsatz	870	850	600
	– var. HK (von U_1)	500	500	450
	– var. HK (sonst.)	100	130	
	– var. VK	120	100	50
	DB je Produktart	150	120	100
	Absatzmenge	10	10	5
	DB je Stück	15	12	20
	Produktreihenfolge	(2)	(3)	(1)
Gesamt-unternehmung	**Additive** Ermittlung			
	Nettoumsatz	1370	–	600
	– var. HK	900	–	450
	– var. VK	220	–	50
	DB je Produktart	250	–	100
	Absatzmenge	10	–	5
	DB je Stück	25	–	20
	Konsolidierte Ermittlung:			
	Netto(außen)umsatz	870	850	600
	– var. HK	400	370	450
	– var. VK	220	160	50
	DB je Produktart	250	320	100
	Absatzmenge	10	10	5
	DB je Stück	25	32	20
	Produktreihenfolge	(2)	(1)	(3)

der in den Organisationseinheiten getroffenen Entscheidungen im Informationssystem. Dann werden sie zu Rechnungsinstrumenten, die als Istrechnungen eine Analyse der Bereiche und ihres Zusammenwirkens ermöglichen. Als Planrechnungen bilden sie eine Grundlage, um die gegenseitigen Wirkungen ihrer Handlungen zu prognostizieren und deren Koordination zu unterstützen. Zugleich liefert die Gegenüberstellung von Plan- und Istrechnungen die Basis für Abweichungsanalysen. In diesen können Vergleiche zwischen den Bereichen neben den Soll-Ist-Vergleichen eine größere Bedeutung erlangen. Zudem treten Kostenstruktur- und Marktstrukturabweichungen in den Vordergrund. Bezüglich der Kostenstruktur sind die in verschiedenen Regionen oder Ländern angesiedelten Bereiche u. U. unterschiedlichen Preisniveaus und Steuer- sowie Abgabenbelastungen ausgesetzt. Auf der Erlösseite können Unterschiede in den Absatzprogrammen, der Kundenzusammensetzung und den

8.3 Koordination der Organisation mit den anderen Führungsteilsystemen
Beziehungen der Organisation zu Planung und Kontrolle

386

Abb. 8-11

Additive und konsolidierte Ermittlung von Deckungsbeiträgen

	P$_1$	P$_2$	P$_3$	Konsolidierte Beträge der Gesamtunternehmung
Variable Kosten				
– aus externem Bezug	60	40	20	30 + 40 + 20 = 90
– aus internem Bezug	–	–	140	–
Fixkosten				
– aus externem Bezug	30	20	50	30 + 20 + 50 = 100
– aus internem Bezug	–	50	–	30
Umsatzerlöse	100	140	250	50 + 250 = 300
Deckungsbeitrag/ Produktart	40	100	90	20 + 100 + 90 = 210
Absatzmenge	10	5	5	P1 (extern): 5; P3: 5
Deckungsbeitrag/Stück	4	20	18	P1 (extern): 4; P3: 42

Konkurrenzverhältnissen zu bedeutsamen Marktstrukturabweichungen führen. Zusätzlich treten bei länderübergreifenden Unternehmungen häufig Währungsabweichungen auf.

8.3 Beziehungen der Organisation zu Planung und Kontrolle

Die Strukturvariablen der Organisation beeinflussen die Gestaltungsmöglichkeiten des Planungs- und Kontrollsystems und hängen zugleich von deren Eigenschaften ab. Daraus erwächst die Notwendigkeit, sie aufeinander abzustimmen. Die Beziehungen zwischen diesen Führungsbereichen zeigen sich darüber hinaus in besonderem Maße bei der (aufbauorganisatorischen) Koordination zwischen Planungs- und Kontrollträgern durch die Bildung von Hierarchien und Gruppen, den Einsatz von Personalführungsinstrumenten sowie der (ablauforganisatorischen) Koordination zwischen Planungs- bzw. Kontrollprozessen. Letztere umfasst sowohl die inhaltliche als auch die zeitliche Koordination von Planung und Kontrolle.

8.3.1 Koordination der Organisation mit dem Planungssowie Kontrollsystem

Die Koordination der Organisation mit Planung und Kontrolle betrifft die Gestaltung der Beziehungen zwischen den Variablen der Organisationsstruktur einerseits und den Eigenschaften des Planungs- sowie des Kontrollsystems andererseits. Dabei können verschiedene Organisationsvariablen als Koordinationsinstrumente eingesetzt werden. Ferner sind die Organisationsstrukturen mit dem Planungs- und Kontrollsystem abzustimmen.

8.3.1.1 Koordination der Organisationsvariablen mit den Eigenschaften des Planungs- und Kontrollsystems

Die Verteilung der Aufgaben und der Entscheidungsrechte steht in enger Beziehung zur Differenzierung als einer wichtigen Eigenschaft des Planungssystems (vgl. die Abschnitte 4.1.2 und 4.1.3). Dies ergibt sich schon aus der Bedeutung der Entscheidungsrechte für die Planung. Der Entscheidungsakt kann als Abschluss der Planung verstanden werden. Über die Verteilung der Entscheidungsrechte wird bestimmt, wer die letzte Kompetenz bei der Festlegung der Pläne besitzt. Ferner schließt die Aufgabenverteilung die Aufgaben der anderen Planungsphasen der Entscheidungsvorbereitung ein. Auch wenn man die Organisation nicht nur als System von Entscheidungen versteht (vgl. Laux/Liermann, 1997, S. 12 f.), wird hieran die enge Verknüpfung zwischen ihr und der Planung offensichtlich. Deshalb sollten die Merkmale der Verteilung von Aufgaben und Entscheidungsrechten sowie der Gliederung des Planungssystems einander weitgehend entsprechen. Wenn sich die Organisation alternativ an Funktionen, Objekten, Regionen oder Projekten orientiert, kann die Planung schwer nach anderen Kriterien untergliedert werden. Dabei kommt organisatorischen Gesichtspunkten i. d. R. das größere Gewicht zu. Jedoch müssen bei der organisatorischen Gestaltung die Konsequenzen für die Planung mit berücksichtigt werden.

Verteilung der Aufgaben sowie der Entscheidungsrechte

Die Notwendigkeit der Ausrichtung an der Verteilung von Aufgaben sowie Entscheidungsrechten gilt in erster Linie für die sachliche Differenzierung der Planung. Sie beeinflusst aber auch die zeitliche Differenzierung und steckt den Rahmen für die Gliederungstiefe in der Planung ab. Im Rahmen der Aufbauorganisation wird die organisatorische Gliederung bis zu den einzelnen Stellen bestimmt. Wenn hierbei die Entscheidungsrechte tiefgehend verteilt werden, ist die Planung zumindest ebenso tief zu dezentralisieren. Mit der Zuweisung einzelner Entscheidungsbefugnisse sind jeweils ganz bestimmte Planungsfristen verbunden. Daher besteht zwar die Möglichkeit, die Planung sachlich und zeitlich noch tiefer zu differenzieren, jedoch kann in ihr kein geringerer Differenzierungsgrad gewählt werden.

Sachliche und zeitliche Differenzierung der Planung

Aus dem durch die Organisation maßgeblich bestimmten Differenzierungsgrad folgt die Notwendigkeit einer Koordination der Planung und des Einsatzes entsprechender Koordinationsinstrumente in der Planung.

Notwendigkeit der Koordination

Freiräume verbleiben für die sachliche und zeitliche Aufgabenverteilung in der Planung und Kontrolle. Die Zerlegung in einzelne Planungsteilaufgaben, die Einrichtung von Planungsstellen und -abteilungen (z. B. als Stäbe), die Übertragung der Planungsaufgaben auf diese usw. betreffen die Organisation der Planung selbst. Sie dienen höchstens indirekt der Koordination und sind daher keine ursprünglichen Koordinationsaufgaben.

Mit der Entscheidungskompetenz wird Verantwortung übernommen. Dem entspricht, dass der Entscheidungsträger Kontrollkompetenz und Möglichkeiten ihrer Wahrnehmung erhält. Eine Partizipation an Entscheidungen führt

Bezüge zwischen Entscheidungs- und Kontrollkompetenzen

8.3 Koordination der Organisation mit den anderen Führungsteilsystemen
Beziehungen der Organisation zu Planung und Kontrolle

388

dazu, dass die Verantwortung mehreren Personen und ggf. auch Untergebenen übertragen wird. Dann kann es zweckmäßig sein, sie auch in die Kontrolle einzubeziehen. Ihre Einbindung in die Entscheidung verstärkt die Tendenz zu partizipativen Kontrollformen. An diesen Beziehungen wird deutlich, dass die Verteilung der Entscheidungskompetenzen auch die Möglichkeiten zur Verteilung von Kontrollkompetenzen beeinflusst.

Bezüge zwischen Weisungsrechten und Kontrolle sowie Planung

Dennoch wirken sich die Entscheidungsrechte mehr auf das Planungssystem, die Weisungsrechte dagegen stärker auf das Kontrollsystem aus. Über die Verteilung der Weisungsrechte werden im Normalfall gleichlaufende Kontrollrechte in der Unternehmung festgelegt. Dies hat zur Folge, dass die Kontrolle in Mehrliniensystemen komplizierter als in Einliniensystemen wird. Wenn ein Mitarbeiter mehreren Instanzen unterstellt ist, muss die Kontrolle genauer geregelt werden als bei einer Abhängigkeit von einem einzigen Vorgesetzten.

Ein begrenzter Einfluss der Weisungsrechte besteht auch auf die Planung. Ihre Organisation entsprechend dem Mehrliniensystem verstärkt die Notwendigkeit einer Integration der Planung. Durch die Mehrfachunterstellung wird der Einfluss verschiedener Funktionen auf die Tätigkeiten in einer Stelle in der Organisation berücksichtigt. Dies spricht dafür, dass man diese Zusammenhänge in der Planung ebenfalls beachten muss und eher zu Formen einer integrierten oder simultanen Planung übergeht.

Organisatorische Gestaltung des Kontrollsystems

Trotz der skizzierten Einflüsse bleibt eine Vielzahl von Möglichkeiten zur organisatorischen Gestaltung des Kontrollsystems offen. Sie betreffen vor allem die Zuordnung der Kontrollobjekte, -träger und -formen, die Ermittlung der Vergleichsgrößen und Abweichungen, deren Beurteilung und Auswahl für die Analyse, die Abweichungsanalyse und die Entwicklung von Anpassungsmaßnahmen. Diese Aufgaben können der ausführenden Stelle, ihrer vorgesetzten Instanz, speziellen Abteilungen oder Beauftragten sowie Kontrollausschüssen übertragen werden. Darüber hinaus besteht die Alternative, Kontrollabteilungen, -beauftragte und -ausschüsse im jeweiligen Bereich oder in der Zentrale anzusiedeln.

Die Entscheidungen über die Kontrollträger, Kontrollobjekte und Kontrollformen sind vielfach so bedeutsam, dass sie auf längere Sicht von der Unternehmensleitung festgelegt werden, zumindest in Bezug auf die grundlegenden Richtlinien des Kontrollsystems und wichtige Kontrollobjekte. Maßgebend für die Kompetenzverteilung der Kontrolle ist, wer die aufgetretenen Abweichungen zu beurteilen hat und damit Kontrollträger wird. Die weiteren Aufgaben der Kontrolle können auch auf andere Aufgabenträger verteilt werden.

Dezentralisierung vs. Zentralisation von Kontrollaufgaben

Für eine Dezentralisierung von Kontrollaufgaben auf die ausführenden Mitarbeiter oder ihre Vorgesetzten spricht deren genaue Kenntnis des jeweils zu betrachtenden Prozesses. Ihr Wissen über die Kontrollobjekte ist für die Aufdeckung von Abweichungsursachen und das Finden von Anpassungsmaßnahmen wichtig. Die Vorteile einer Zentralisation von Kontrollaufgaben bei Kontrollabteilungen, -ausschüssen oder -beauftragten liegen in der quantitativen und qualitativen Entlastung der Aufgabenträger vor Ort (vgl. Treuz, 1974, S. 88 ff. sowie Abschnitt 6.1.2.3). Ferner können die Kontrollaktivitäten vereinheitlicht und objektiviert werden. Die Zentralisation ermöglicht einen stärkeren Einsatz von Kontrollinstrumenten. Man kann homogene Kontrollaufgaben schaffen und diese auf Spezialisten übertragen. Des Weiteren ist die Verbindung zum Informationssystem und besonders zur EDV leichter herstellbar. Damit lassen sich die Interdependenzen zwischen den Bereichen besser berücksichtigen und deren Koordination unterstützen. Siedelt man zentrale Kontrollstellen in den jeweiligen Bereichen an, so werden deren Selbständigkeit gefördert und zu lange Informationswege sowie Reaktionszeiten vermieden (vgl. Treuz, 1974, S. 92). Dagegen bietet ihre Eingliederung in die Unternehmenszentrale der obersten Leitung die Möglichkeit zur schnelleren Information über Abweichungen und zur stärkeren Integration der Bereiche.

Bei der Verteilung von Kontrollkompetenzen liegt ein spezifisches Problem in dem Verhältnis von Eigen- und Fremdkontrolle. Es bezieht sich darauf, in welchem Umfang die Kontrolle auf den Ausführenden oder auf seinen Vorgesetzten bzw. einen anderen Kontrollträger übertragen wird. Jedoch handelt es sich dabei um keine sich vollständig ausschließenden Alternativen (vgl. Baetge, 1993, S. 177). Sie können miteinander gekoppelt werden, um die Vorteile jeder dieser Verteilungsformen zu nutzen und ihre Nachteile zu verringern.

Verhältnis von Eigen- und Fremdkontrolle

Vorteile der Eigenkontrolle liegen in ihrer Effizienz und ihrer Motivationswirkung. Der jeweilige Handlungsträger kennt nicht nur das zu beurteilende Objekt sehr genau, sondern kann als erster Abweichungen feststellen und sie schnell korrigieren. Wenn er allein die Kontrolle wahrnimmt, vermeidet man die Informationsübertragung an andere Stellen. Die Kontrollkompetenz weitet seinen Aufgabenbereich quantitativ und qualitativ aus. Dies kann seine Identifikation mit der Zielvorgabe, seine Zufriedenheit und bei Erreichung der Vorgabe sein Anspruchsniveau erhöhen. Zugleich wird sein Lernprozess durch die Eigenkontrolle gefördert (vgl. Thieme, 1982, S. 154). Diesen Gesichtspunkten stehen mehrere Gefahren gegenüber. Der Handlungsträger wird bewusst verursachte Fehler nicht aufdecken. Soweit seine Fähigkeiten Mängel aufweisen, werden diese durch eine Eigenkontrolle weder erkannt noch beseitigt. Die größte Gefahr liegt darin, dass Kontrollinformationen manipuliert oder nicht weitergegeben werden. Aber auch ohne Verschleierungsabsicht ist es möglich, dass der Ausführende Kontrollhandlungen unbewusst unterlässt und Vergleichsinformationen falsch interpretiert, weil man eher geneigt ist, nach bestätigenden Informationen zu suchen (vgl. Treuz, 1974, S. 96 ff.).

Eigenkontrolle

Diese Nachteile lassen sich durch Fremdkontrollen weitgehend vermeiden. Mit ihnen wird eine größere Neutralität und Objektivität der Kontrolle erreicht. Ihre ergänzende Verwendung kann zweckmäßig sein, weil mehrere Personen eher Fehler erkennen. Dem Kontrollträger verschafft die Übertragung zusätzlicher Verantwortung eine legitimierte Machtgrundlage. Fremdkontrollen sind insbesondere gegenüber extrinsisch motivierten Personen angebracht, da deren Verhalten durch Lob und Tadel deutlich beeinflussbar ist. Diesen positiven Aspekten der Fremdkontrolle steht gegenüber, dass sie zu Konflikten zwischen dem Kontrollträger und dem Kontrollierten führen kann. Die Beziehungen zwischen ihnen können durch die Wahrnehmung der Kontrollaufgabe belastet werden.

Fremdkontrolle

8.3 Koordination der Organisation mit den anderen Führungsteilsystemen
Beziehungen der Organisation zu Planung und Kontrolle

390

8.3.1.2 Organisatorische Koordinationsinstrumente der Planung und Kontrolle

Verteilung der Aufgaben, Entscheidungs- sowie Weisungsrechte und Koordination

Aufgrund des engen Bezugs zwischen Organisation und Planung können die verschiedenen Variablen der Organisation speziell zu Koordinationszwecken herangezogen werden (vgl. auch Abschnitt 1.4.3.2). Damit werden sie zu organisatorischen Koordinationsinstrumenten. So ist die Verteilung der Aufgaben sowie der Entscheidungs- und Weisungsrechte auch darauf gerichtet, eine (ungeplante) Überschneidung von Aufgaben und Kompetenzen zu vermeiden. Mit der Übertragung bestimmter Aufgaben kann eine koordinierte Arbeitsteilung erreicht oder zumindest ermöglicht werden. Die Abgrenzung kann so erfolgen, dass in einem Bereich die Tatbestände zusammengefasst sind, zwischen denen engere Beziehungen bestehen und die Interdependenzen zu den anderen Bereichen damit gering werden. Über die Einrichtung von Mehrfachunterstellungen werden Interdependenzen aufgegriffen und ein Koordinationsbedarf zwischen mehreren Stellen deutlich gemacht.

Durch die Zusammenfassung von Aufgaben wird die Berücksichtigung von Interdependenzen unmittelbar gefördert. Über die Kompetenzverteilung werden die hierarchische Rangordnung und die Weisungsrechte festgelegt. Die Unterordnung mehrerer Personen bzw. Stellen unter eine Instanz bedeutet, dass der Instanzeninhaber auch die Kompetenz und Verantwortung für die Koordination zwischen ihnen erhält. Soweit es sich dabei um eine Koordination von Führungsaufgaben handelt, übernimmt er Controllingaufgaben. Dagegen kann eine Unterstellung unter verschiedene Instanzen zu einem zusätzlichen Koordinationsbedarf führen. Damit ist die Gestaltung der hierarchischen Leitungsbeziehungen ein Instrument zur vertikalen Koordination und zur Beeinflussung des Koordinationsbedarfs.

Mit der Aufgaben- und Kompetenzverteilung wird die Organisationsform der Unternehmung maßgeblich bestimmt. Diese kann insgesamt so gestaltet werden, dass sie der Koordinationsnotwendigkeit in der Führung durch ihre Aufbaumerkmale Rechnung trägt. Dies ist bei der Produkt-, Projekt- und Matrixorganisation besonders der Fall. Bei diesen Organisationsformen wird die Koordinationsaufgabe auf Produkt- oder Projektmanager übertragen, welche alle mit einem Produkt bzw. einer Produktgruppe oder einem Projekt verbundenen Aktivitäten zu betreuen haben.

Programmierung

Durch eine Standardisierung bzw. Programmierung (vgl. Picot, 1993a, S. 142 ff.) versucht man, die organisatorischen Aufgabenträger über die Vorgabe allgemeiner Richtlinien zu steuern. Man entwickelt Verhaltensprogramme, aus denen sich ergibt, wie sie auf Stimuli reagieren sollen (vgl. Gaitanides, 1983, S. 177 ff.). Nach dem Ausmaß, in dem das Verhalten durch Instruktionen festgelegt wird, lassen sich Routineprogrammierung und Rahmenprogrammierung als Extremtypen unterscheiden, zwischen denen es eine Reihe von Übergangsformen gibt (vgl. Hill/Fehlbaum/Ulrich, 1989, S. 266 f.; vgl. auch das System von expliziten und impliziten Verhaltensnormen bei Hax, 1965, S. 73–75).

Routineprogrammierung

Im Fall der Routineprogrammierung bestehen für den zeitlichen Ablauf und den Inhalt von Entscheidungen sowie Handlungen genaue Vorgaben. Wenn ein bestimmtes Ereignis eintritt, wird ein im Voraus festgelegter Prozess gestartet und durchgeführt. Ein charakteristisches Beispiel hierfür ist eine Lagerhaltungspolitik, bei der mit Erreichen einer Meldemenge eine neue Bestellung ausgelöst wird. Diese Form der Programmierung ist auf gut definierte Probleme anwendbar und lässt sich häufig auch automatisieren. Mit ihr kann man wohldefinierte Aufgaben im Voraus genau aufeinander abstimmen.

Bei der Rahmenprogrammierung ist man dagegen bemüht, den Problemlösungsweg und dessen Ergebnis durch Verhaltensrichtlinien einzugrenzen. Instruktionen wie z.B. Richtlinien für Personalentscheidungen geben einen Rahmen an, welche Art von Tätigkeiten durchzuführen ist, welche Informationen man einholen und welche Kriterien man beachten muss. Dem Aufgabenträger verbleibt jedoch ein Handlungsspielraum. So kennt er bei *adaptivem Verhalten* lediglich den Stimulus und muss das konkrete Verhalten situationsentsprechend festlegen. Bei *innovativem Verhalten* sind auch die Stimuli nicht vorgegeben und die Verhaltensvorgaben noch offener. Der Aufgabenträger muss von sich aus eine Problemlösung entwickeln. In beiden Fällen wird er durch die Richtlinien in seinem Handeln lediglich grob gesteuert. Deshalb kann mit diesem Instrument die Koordination im Voraus weniger stark geregelt werden.

Rahmenprogrammierung

Für die Verwendung der Programmierung als Koordinationsinstrument müssen die Verhaltensvorgaben aufeinander abgestimmt werden. Bei ihrer Festlegung sind die Beziehungen zwischen den von ihnen betroffenen Bereichen und Personen zu berücksichtigen. Damit wird ein abgestimmtes Verhalten mehr oder weniger »vorprogrammiert«. Wenn die dann eintretenden tatsächlichen Situationsbedingungen den bei Festlegung der Verhaltensregeln erwarteten entsprechen, werden sich die konkreten Handlungen weitgehend koordiniert vollziehen.

Eine wichtige Grundlage für das koordinierte Handeln verschiedener Personen sind die ihnen verfügbaren Informationen und ihr Informationsaustausch. Deshalb lässt sich die Koordination der Planung auch durch die Gestaltung der Kommunikationsstruktur beeinflussen (vgl. Frese, 1995, S. 105 ff.). Sie beinhaltet Regelungen, durch welche die Aufgabenträger zur Weitergabe von Informationen verpflichtet werden oder ihr Informationsaustausch eingeschränkt wird. *Vertikale Informationspflichten* schaffen die Grundlage für eine Abstimmung zwischen Vorgesetztem und Untergebenem. *Horizontale Informationspflichten* dienen dazu, dass gleichrangige Bereiche, Abteilungen und Stellen gegenseitig Kenntnis von ihren Zielen, Vorhaben, Entscheidungen und Handlungen bekommen. Erst dann können sie sich auf die Pläne der anderen einstellen und ihre eigene Planung damit abstimmen. Koordinierend können insbesondere Regelungen über eine Kommunikationsauslösung und Informationsübermittlung wirken.

Kommunikationsstruktur

Ein unmittelbares Instrument zur Koordination von Planungs- und Entscheidungsträgern steht in der Einrichtung von Koordinationsorganen bereit. Man kann sie z.B. als *Kollegium* einsetzen. Dessen spezifische Aufgabe liegt in der Abstimmung der Planung und Handlungen seiner Mitglieder. Typisch sind Arbeits- oder Projektgruppen, die für einen begrenzten Zeitraum aus Mitgliedern verschiedener Bereiche gebildet werden. Sie sind mit der Planung und Durch-

Koordinationsorgane

8.3 **Koordination der Organisation mit den anderen Führungsteilsystemen**
Beziehungen der Organisation zu Planung und Kontrolle

392

führung einer speziellen Aufgabe (z. B. einer Wertanalyse oder der Festlegung einer Budgetvorgabe) betraut. Handelt es sich um wiederkehrende Koordinationsaufgaben, richtet man regelmäßig tagende Kollegien, Gremien oder Ausschüsse ein. Ihnen können ebenfalls Vertreter unterschiedlicher Bereiche und Rangstufen angehören. Je nach Zwecksetzung werden sie mit Informations-, Beratungs-, Entscheidungs- und/oder Ausführungskompetenzen ausgestattet (vgl. Kosiol, 1976, S. 157 ff.). Beispiele derartiger Kollegien sind auf der obersten Unternehmensebene der aus mehreren Personen zusammengesetzte Vorstand oder auf unteren Ebenen Ausschüsse für Datenverarbeitung, Reorganisation, Rationalisierung usw.

Während bei Kollegien die Koordination durch die Zusammenführung der verschiedenen Aufgabenträger in einem Organ erreicht werden soll, wird mit der Einrichtung spezieller *Koordinationsstellen und -abteilungen* eine Koordination durch Ausgliederung und Übertragung der Koordinationsverantwortung angestrebt. Zu dieser Form eines Koordinationsorgans gehören Projektleiter, denen die Verantwortung für Abläufe an bestimmten, zeitlich befristeten Projekten übertragen wird. Als dauernde Koordinationsorgane können insbesondere Controllingstellen und -abteilungen genutzt werden.

8.3.1.3 Beziehungen zwischen Organisationsstruktur und Planungs- sowie Kontrollsystem

Eine wichtige Bestimmungsgröße für die Anwendbarkeit und Zweckmäßigkeit der einzelnen Organisationsstrukturen liegt in den Interdependenzen des Leistungssystems. Zum Beispiel setzen divisionale, produktbezogene Organisationsstrukturen eine Zusammensetzung des Produktionsprogramms aus verschiedenen Produkten bzw. Produktgruppen voraus, deren Produktionsprozesse mit begrenzten Kosten voneinander isolierbar sind. Ferner bestimmt der Grad an Interdependenzen zwischen den Bereichen den Bedarf an Koordination. Dies untermauert die auch empirisch gestützte Hypothese (vgl. Ackerman, 1970, S. 341 ff.), dass mit der Interdependenz zwischen den Teilbereichen das Engagement der Unternehmensleitung zunimmt.

Funktionale Organisationsstrukturen

In funktionalen Organisationsstrukturen bewirkt die Differenzierung der Planung nach Funktionsbereichen einen Koordinationsbedarf zwischen diesen. So sind beispielsweise Beschaffung, Fertigung und Absatz aufeinander abzustimmen. Diese Funktionen und ihre einzelnen Aktionsparameter lassen sich nur in begrenztem Umfang voneinander abkoppeln. Die Interdependenzen sind durch die Ausrichtung aller Funktionen auf dieselben Produkte bedingt. Dies führt dazu, dass die Wirkungen einer einzelnen Entscheidung auf die Unternehmensziele in hohem Maße von den Entscheidungen anderer Bereiche über das gleiche Produkt abhängen, also eine hohe Zielinterdependenz vorliegt. Aus diesen Gründen ist eine tiefgehende Dezentralisierung der Planung problematisch. Die Koordination erfolgt eher über zentrale Abteilungen oder Ausschüsse (vgl. Frese, 1995, S. 339 f.). Dem entspricht eine Tendenz zur Top-down-Planung (vgl. Müller-Böling, 1989, Sp. 1315 f.). Modelle einer integrierten Planung erweisen sich vielfach als relativ komplex. Da sie sich nur in begrenztem Umfang einsetzen lassen, ist man häufig auf vereinfachende Planungsverfahren mit einer eingeschränkten Berücksichtigung von Interdependenzen angewiesen.

Divisionalisierte Organisationsstrukturen (vgl. zum Folgenden u. a. Frese, 1991, S. 541 ff.) weisen i. d. R. geringere Verflechtungen *zwischen* und ein hohes Maß an Interdependenzen *innerhalb* der Sparten auf. Durch die Verbindung über das Produkt bzw. die Produktgruppe werden in den Sparten neben der Konkurrenz um die in den verschiedenen Funktionsbereichen einsetzbaren Ressourcen Zielinterdependenzen wirksam. Dagegen sind die verschiedenen Sparten oder Divisionen vor allem über den Rückgriff auf die Ressourcen der Gesamtunternehmung wie z. B. F & E oder Kapital miteinander verknüpft. Der Koordinationsbedarf zwischen ihnen ergibt sich aus der Mittelinterdependenz. Ist die Entwicklung bei den für die verschiedenen Produkte bzw. Produktgruppen relevanten Märkten zueinander komplementär oder substitutiv abhängig, so liegt zusätzlich eine Risikointerdependenz vor. Dann besteht eine Koordinationsaufgabe in der Nutzung der Kenntnis über die Abhängigkeitsbeziehungen für eine Zusammenstellung des Gesamtportfolios, durch welche das spezifische Unternehmensrisiko verringert werden kann.

Diese Aspekte unterstützen eine Dezentralisierung der Planung. Wesentliche Teile der Planung werden in die Sparten verlagert. Die operative Planung wird im Allgemeinen voll in den Bereichen vorgenommen. Die Zerlegung eines Entscheidungsfeldes vermindert die Komplexität der Planung. Hierdurch lassen sich quantitative Planungsmethoden in den Sparten eher einsetzen. Die Planung muss einerseits von den Informationen und den Handlungsmöglichkeiten der Bereiche ausgehen. Insoweit bietet sich ein Planungsablauf nach dem Bottom-up-Prinzip an. Andererseits setzt die zentrale Unternehmensleitung die strategischen Ziele. Beide Aspekte zusammen fördern die Tendenz zu einem Vorgehen nach dem Gegenstromprinzip.

Die Aufspaltung in relativ unabhängige Bereiche wird in einer reinen Projektorganisation noch weiter vorangetrieben. In ihr werden »projektbezogene Aufgaben aus den Geschäftsbereichen ausgegliedert und die Projektbeteiligten aus den verschiedenen Unternehmungsbereichen der Projektleitung in einem selbständigen Projektteilbereich zugeordnet« (vgl. Frese, 1995, S. 482). Damit verringert sich die Verflechtung zwischen den Bereichen. Die Mittelinterdependenz zwischen den Projektbereichen erhält besonderes Gewicht, während sie innerhalb eines Bereiches reduziert ist (vgl. Frese, 1995, S. 490 ff.).

Vielfach ist die Projektorganisation mit einer Gliederung nach Funktionen verknüpft, so dass man zu einer Matrixorganisation gelangt. Diese Organisationsform wird auch durch eine Kombination der funktionalen mit einer produktorientierten Gliederung erreicht. Sie ist ein typisches Mehrliniensystem. Durch die Mehrfachunterstellung nach mehreren Kriterien wird eine komplexe Organisationsstruktur geschaffen. Sie beruht auf sachlich vorhandenen Interdependenzen beispielsweise zwischen Funktionen, Produkten oder Projekten und schlägt sich in der Ausrichtung auf mehrere Instanzen nieder.

Die zwischen den Instanzen verschiedener Dimensionen bestehenden Konflikte sind Ausdruck der Interdependenzen z. B. zwischen der Funktions- und

Divisionalisierte Organisationsstrukturen

Projektorganisation

Matrixorganisation

8.3 **Koordination der Organisation mit den anderen Führungsteilsystemen**
Beziehungen der Organisation zu Planung und Kontrolle

394

der Produkt- oder Projektorientierung. Sie müssen im Rahmen eines wechselseitigen Abstimmungsprozesses ausgetragen werden. Der Koordinationsnotwendigkeit wird in den Strukturmerkmalen der Organisation Rechnung getragen. Sie führt zu einer Intensivierung der Suche nach gemeinsamen Lösungen, soweit die Konflikte eine kreativitätsfördernde Wirkung entfalten (vgl. Frese, 1995, S. 490 ff.). Die Koordination der Planung ist wegen der hohen Komplexität in starkem Maße auf die organisatorische Abstimmung zwischen den Planungsträgern angewiesen. Dies unterstützt eine Ablauforganisation der Planung nach dem Gegenstromprinzip.

»Structure follows
Strategy«?

Die Koordination zwischen Organisationsstruktur und Planungs- sowie Kontrollsystem muss sich an ihrer jeweiligen Bedeutung orientieren. Die Frage, ob sich die Planung nach der Organisation zu richten habe oder umgekehrt die Organisation der Planung folge, ist in empirischen »Strategy and Structure«-Beiträgen der Organisationstheorie intensiv untersucht worden. Den Anstoß hierzu lieferte die Hypothese »Structure follows Strategy« von Alfred D. Chandler (1962). Trotz einer Vielzahl von Arbeiten (vgl. zum Überblick Gabele, 1979; Miller, 1986, S. 233 ff.; Miller, 1987, S. 55 ff.) erscheinen Aussagen über den Einfluss von Planungsstrategien auf Organisationsmaßnahmen oder umgekehrt bisher kaum ausreichend bestätigt (vgl. Kirsch/Knyphausen, 1993, S. 92). Ihre weitere und ggf. differenzierte Erforschung ist für das Controlling bedeutsam, weil sie aufzeigt, welches Führungsteilsystem bei der Koordination zwischen Organisation und Planung sowie Kontrolle eher als unabhängige und welches als abhängige Variable zu behandeln ist.

8.3.2 Koordination von Planungs- und Kontrollträgern

Die Planung und die Kontrolle führen Personen durch, denen dafür die Verantwortung übertragen ist. Ihre Koordination ist davon beeinflusst, wie die Kompetenzen personell aufgeteilt sind und inwieweit organisatorische Regelungen und Personalführungsmaßnahmen die Planungs- sowie die Kontrollträger zu einer gegenseitigen Abstimmung veranlassen. Deshalb werden hier vor allem (aufbau-)organisatorische und Personalführungsmaßnahmen wirksam.

Transaktionskosten-
theorie

Betrachtet man die Koordinationsmöglichkeiten in einem umfassenderen Zusammenhang, so können Markt und Hierarchie als Pole eines Kontinuums von Koordinationsmechanismen aufgefasst werden (vgl. Frese, 1989, Sp. 919 f.). Wirtschaftliche Begründungen für die Bildung von Hierarchien in Unternehmungen liefert die Transaktionskostentheorie, unter welchen Bedingungen es zur Bildung von Hierarchien in Unternehmungen kommt; sie werden auf die Kosten der Koordination zurückgeführt. Marktliche Mechanismen bilden sich eher dann aus, wenn die Kosten einer fallweisen oder längerfristigen freivertraglichen Vereinbarung geringer als die Kosten unternehmensinterner Koordination über Arbeitsverträge sowie hierarchische Strukturen sind und umgekehrt (vgl. Picot, 1993a, S. 105). Als zentrale Kostenarten werden hierbei Anbahnungs-, Vereinbarungs-, Kontroll-, Anpassungs- und Abwicklungskosten angesehen.

8.3.2.1 Koordination durch Hierarchiebildung

Eine auf die Planungsträger bezogene Koordination lässt sich über die Festlegung von Weisungs- und Entscheidungsrechten anstreben. Durch sie werden hierarchische Beziehungen geschaffen, die auch für die Kontrolle maßgebend sind. Weisungs- oder Anordnungsrechte dienen der Einrichtung einer Rangordnung unter den Planungsträgern. Über sie wird bestimmt, wer welchen anderen Personen innerhalb des Planungsprozesses Aufgaben übertragen kann und zugleich verantwortlich ist. Entscheidungsrechte beziehen sich darauf, wem die Kompetenz zur Auswahl der durchzuführenden Alternativen zusteht. Sie betreffen damit die inhaltliche Gestaltung der Maßnahmen. Mit der Gestaltung von Weisungsrechten wird die formale Hierarchie im Planungsprozess bestimmt. Die Verteilung der Entscheidungsrechte zeigt darüber hinaus, welche Tatbestände von den einzelnen Planungsträgern festgelegt werden.

Durch die Ordnung der Weisungsrechte kann erreicht werden, dass ein übergeordneter Planungsträger für die Koordination zwischen den verschiedenen, an der Planung beteiligten Personen zuständig wird. Mit seiner Weisungsbefugnis wird es ihm möglich, die Unterschiede in den Zielen und Erwartungen der ihm unterstellten Mitarbeiter zu einem einheitlichen Planergebnis zu führen. Die ihm übertragene Kompetenz gibt ihm die Möglichkeit, trotz unterschiedlicher Auffassungen der an der Planung beteiligten Personen ein einheitliches Ergebnis durchzusetzen. Die Koordination der Planung soll also damit erreicht werden, dass man die Aufgabe der Koordination an bestimmte Planungsträger delegiert, die mit erforderlichen Weisungsrechten ausgestattet werden. Eine am Einliniensystem orientierte Organisation der Planungsträger ermöglicht dies eher als eine Mehrlinienstruktur. Für eine Verteilung der Weisungsbefugnisse können andere Gesichtspunkte sprechen. Eine Koordination der Planungsträger wird durch sie nicht bewirkt. Sie erfordert den Einsatz zusätzlicher Koordinationsinstrumente.

Instanzen für spezielle Koordinationsaufgaben werden mit Weisungsrechten ausgestattet, durch die sie eine Koordination der Planung bewirken können. Deren Aufgabe liegt z. B. darin, alle mit dem Projekt zusammenhängenden Planungen zu koordinieren. Ihre Kompetenz kann aber über den Planungsprozess hinausgehen und sich zusätzlich auf deren Durchführung und Kontrolle beziehen.

Mit der Gestaltung von Entscheidungsrechten ist i. d. R. eine sachliche Aufgliederung des Entscheidungsfeldes verbunden. Der Einfluss auf die Koordination der Planung ist dann davon abhängig, inwieweit durch die Art der Aufgliederung eigenständige und voneinander unabhängige Entscheidungsbereiche geschaffen werden (vgl. Frese, 1995, S. 90 ff.). Die Abgrenzung der Entscheidungskompetenzen führt zu einer Verminderung von Konflikten zwischen den Planungsträgern. Je klarer sie vorgenommen wird, desto weniger kommt es zu Überschneidungen. Deshalb ist die Abgrenzung von Entscheidungskompetenzen ein Instrument zur Vermeidung von Konflikten zwischen Planungsträgern. Eine Koordination zwischen diesen und ihren Planungsbereichen wird hierdurch noch nicht gewährleistet. Dafür müssen weitere Instrumente herangezogen werden.

Koordination über Weisungs- und Entscheidungsrechte

Weisungsrechte

Entscheidungsrechte

8.3 **Koordination der Organisation mit den anderen Führungsteilsystemen**
Beziehungen der Organisation zu Planung und Kontrolle

396

**Entscheidungs-
partizipation**

Eine Komponente der Verteilung von Entscheidungsrechten liegt in der Regelung der Entscheidungspartizipation. Sie »betrifft die Frage, in welchem Ausmaß die Personen einer nachgeordneten Ebene an der Entscheidungsfindung der übergeordneten Ebene(n) beteiligt sind« (Picot, 1993a, S. 135). Durch die Partizipation untergeordneter Planungsträger werden deren Vorstellungen in den übergeordneten Planungsprozess eingebracht. Dies macht eine Auseinandersetzung mit ihren Vorstellungen erforderlich. Sie werden daher die auf der oberen Ebene getroffenen Entscheidungen besser akzeptieren. Zugleich werden die von ihnen auf der unteren Ebene vorzunehmenden Planungen und Entscheidungen stärker mit den übergeordneten Entscheidungen abgestimmt.

Die Schaffung einer klaren Rangordnung und die Abgrenzung von Entscheidungsrechten sind auf eine Koordination durch Reduzierung von Konflikten gerichtet. Dagegen werden bei der Partizipation die Koordination durch eine Mitwirkung mehrerer Personen und die dabei notwendige Austragung von Konflikten angestrebt. Diese verschiedenen Möglichkeiten schließen sich nicht gegenseitig aus, sondern lassen sich miteinander kombinieren.

**Kommunikations-
beziehungen**

Neben der Aufteilung von Weisungs- und Entscheidungsrechten kann die Koordination der Planungsträger über die Regelung ihrer Kommunikationsbeziehungen beeinflusst werden (vgl. Frese, 1995, S. 102 ff.). Zu den aufbauorganisatorischen Instrumenten gehört die Gestaltung der formalen Kommunikationsstruktur. Für die Planung können daher Regelungen getroffen werden, in welchem Umfang die verschiedenen gleich- oder über- bzw. untergeordneten Planungs- und Kontrollträger Informationen austauschen müssen. Die Hierarchiebildung wird damit durch Regelungen über den Informationsfluss zwischen den an der Planung und Kontrolle beteiligten Personen ergänzt.

8.3.2.2 Koordination durch Gruppenbildung

Bestimmungsgrößen von Gruppenprozessen

Gruppenbildung

Ein Gegenstück zur Hierarchiebildung mit ihrer Betonung der Abgrenzung zwischen den Entscheidungsträgern stellt die Gruppenbildung (vgl. Laux/Liermann, 1997, S. 109) dar. Bei ihr soll eine Koordination durch Zusammenfassung der Planungsträger in Gruppen erreicht werden. Diese bringen ihre Entscheidungskompetenzen, ihre Ziele und ihr Wissen ein. Die Zusammenführung und Abstimmung der Gruppenmitglieder ist ein Instrument, um zu einem koordinierten Plan zu gelangen. Häufig gibt es spezielle Gruppen oder Konferenzen beispielsweise für die Einführung neuer Informationssysteme, den Aufbau einer Vertriebsorganisation oder organisatorische Änderungen.

Die Gruppen setzen sich aus Mitarbeitern gleicher oder unterschiedlicher Hierarchieebenen zusammen. Sie können aus demselben oder verschiedenen Bereichen kommen und fallweise oder auf Dauer eingerichtet werden. Zu derartigen Koordinationsgruppen sind daher auch feste organisatorische Einrichtungen wie Abteilungsleiterkonferenzen, die Geschäftsleitung oder der Vorstand zu rechnen.

Sie lassen sich nach Art und Umfang der ihnen übertragenen Aufgaben und Kompetenzen unterscheiden. So können sie beispielsweise Aufgaben einzelner Planungsphasen wie die Problemanalyse, die Alternativensuche oder die Prognose wichtiger Zielwirkungen wahrnehmen. Ihre Kompetenz kann auf die Entscheidungsvorbereitung beschränkt sein oder auch den Entscheidungsakt umfassen. Darüber hinaus können spezifische Teilaufgaben an Gruppen delegiert werden.

Die koordinierende Wirkung derartiger Gruppen hängt von ihrer Struktur und den in ihnen ablaufenden Prozessen ab. Um sie näher zu analysieren, kann ein solches Gremium als Entscheidungsträgersystem (vgl. Küpper, 1974, S. 107 ff.) aufgefasst werden. Die von ihm erbrachten Ergebnisse resultieren aus den in ihm ablaufenden Prozessen. Diese werden durch den Kompetenzbereich und die personale Struktur des Gremiums bestimmt. Hierauf wirken formelle Regelungen sowie die Wertvorstellungen, Qualifikation und Mitwirkungsbereitschaft seiner Mitglieder ein. Aus den formellen Regelungen, wie sie in der Organisation festgelegt werden, ergibt sich einmal der Kompetenzbereich der Gruppe. Er beinhaltet die Aufgaben, welche ihr übertragen sind. Sie lassen sich anhand der *Planungsgegenstände*, mit denen sich die Gruppe zu befassen hat, nach der *Planungsphase*, die an diesen vollzogen werden soll, und nach der *Entscheidungskompetenz* kennzeichnen, welche das Gremium hierbei besitzt.

Gruppe als Entscheidungsträgersystem

Die Zusammensetzung eines Gremiums ist eine maßgebliche Bestimmungsgröße für deren Gruppen-, Kommunikations-, sozio-emotionale und Machtstruktur. Die *Gruppenstruktur* zeigt sich nicht nur an der Größe der Gruppe, sondern auch an ihrer Gliederung in formale (z. B. Ausschüsse) und informale Untergruppen sowie ihrer Geschlossenheit und Einheitlichkeit. Je weniger eine Gruppe in gegensätzliche Untergruppen aufgespalten ist, umso größer werden ihre Einheitlichkeit sowie Geschlossenheit und umso mehr dürfte eine koordinierte Planung erreichbar sein. Die *Kommunikationsstruktur* gibt das Netz der Informationsbeziehungen zwischen den Gruppenmitgliedern wieder. Die Häufigkeit und die Inhalte der Kommunikation innerhalb der Gruppe haben einen Einfluss darauf, inwieweit eine Übereinstimmung und damit eine Koordination erreichbar ist. Als *sozio-emotionale Struktur* wird das Netz der gefühlsmäßigen Beziehungen zwischen den Gruppenmitgliedern bezeichnet. Diese Komponente ist von der Gruppenstruktur abhängig und wird durch die Kommunikation beeinflusst. Je mehr sie durch eine positive Einstellung, d. h. durch gegenseitiges Vertrauen und die Bereitwilligkeit zur Zusammenarbeit charakterisiert ist, desto mehr wächst die Bereitschaft, zu einer koordinierten Lösung zu gelangen. Die *Machtstruktur* erfasst die Machtbeziehungen und die Machtverteilung innerhalb der Gruppe. Sie ist maßgebend dafür, inwieweit die Planungsergebnisse unter gemeinsamer Berücksichtigung der verschiedenen Mitglieder und Untergruppen gefunden werden oder durch einzelne Gruppenangehörige geprägt werden.

Zusammensetzung eines Gremiums

Anhand dieser Komponenten lässt sich eine Reihe von plausiblen und z. T. durch verhaltenswissenschaftliche Theorien sowie empirische Erhebungen fundierte Hypothesen über das Verhalten derartiger »Entscheidungsträgersysteme«

8.3 Koordination der Organisation mit den anderen Führungsteilsystemen
Beziehungen der Organisation zu Planung und Kontrolle

398

aufstellen. Die insbesondere in der Organisationslehre und in den Untersuchungen zur betrieblichen Mitbestimmung (vgl. Küpper, 1974, S. 116 ff.) formulierten Hypothesen lassen sich grundsätzlich auf den Einsatz von Gruppen zur Koordination der Planung übertragen.

Spieltheoretische Analyse von Gruppenprozessen

Merkmale

Anhaltspunkte für die Analyse von Gruppenprozessen finden sich auch in der Spieltheorie (vgl. u. a. Pfohl/Braun, 1981, S. 297 ff.). Auf formale Weise werden in ihr für unterschiedliche Situationen die Verhaltensweisen von zwei oder mehr beteiligten Personen untersucht. Dabei unterstellt man, dass sich die Spieler streng rational verhalten. Das Ergebnis ihrer Handlungen schlägt sich in einer bestimmten Auszahlung an sie sowie an den bzw. die anderen Spieler nieder. Unterschiedliche Arten von Spielen werden nach der Anzahl der Spieler, der Summe der Auszahlungen, der Art der strikt gegensätzlichen oder partiell gleichgelagerten Interessen und der Zulässigkeit der Kommunikation unterschieden.

Nichtkonstantsummen-
spiel

Im Hinblick auf die Einrichtung von Gruppen zur Koordination der Planung wird man davon ausgehen können, dass die Summe der Auszahlungen in der Regel keinem Nullsummenspiel entspricht. Aufgrund der Interdependenzen in der Unternehmung dürfte der Gewinnanteil des einen Koordinationspartners höchstens in Ausnahmefällen voll zu Lasten des anderen gehen. Ferner kann man eine partielle Interessenüberlagerung annehmen, da die Gruppenmitglieder zumindest auch das Gesamtziel der Unternehmung beachten. Findet in der Gruppe ein Kommunikationsaustausch statt, so ist eine Kooperation über Absprachen möglich.

Beispiel: Kooperative
Zweipersonenspiele

Derartige Spiele lassen sich verhältnismäßig einfach darstellen, wenn es sich um zwei Beteiligte handelt. Entsprechend dem Beispiel in Abbildung 8-12 gibt eine Auszahlungsmatrix für jede mögliche Handlungsaktion der beiden Spieler die auf sie entfallenden Beträge an. Übertragen auf das Problem der Planungskoordination könnte es sich hierbei um die Bereichsgewinne von zwei Funktionsbereichen oder Divisionen einer Unternehmung handeln. Charakteristisch für die Verhandlungssituation (vgl. Pfohl/Braun, 1981, S. 314 f.) bei kooperativen Zweipersonen-Nichtkonstantsummenspielen sind der ungestörte Informationsaustausch und die Möglichkeit bindender Absprachen. Ferner nimmt man bei diesem Typ an, dass die Verhandlungen die Spielergebnisse nicht verändern.

Anhand der Auszahlungsmatrix werden unterschiedliche Strategien der Verhandlungspartner untersucht. Dabei wird geprüft, ob es Lösungspunkte und Strategien gibt, die zu einem für beide günstigen Ergebnis führen. Eine Absprache kann z. B. darin liegen, dass man ineffiziente Auszahlungen außer Betracht lässt. Man schließt bei einer solch schwachen Form der Absprache die Auszahlungspunkte aus, bei denen beide schlechter stehen.

Abb. 8-12

Beispiel für die Auszahlungsmatrix eines Zweipersonen-Nichtkonstantsummenspiels

A \\ B	s_1 (B)	s_2 (B)
s_1 (A)	+2, +2	0, +5
s_2 (A)	+5, 0	+1, +1

Dies gilt im Beispiel von Abbildung 8-12 für das nicht fett umrandete Feld. So stellen sich bei der Lösung (s_2 (A),s_2 (B)) beide Verhandlungspartner schlechter als bei (s_1 (A),s_1 (B)). Die anderen Lösungen sind dagegen nur für jeweils einen von ihnen schlechter. Daraus folgt, dass die umrandeten Lösungen *pareto-optimal* sind. Sie liefern noch keine eindeutige Lösung, deshalb spricht man von einer schwachen Kooperation.

Eine starke Kooperation liegt vor, wenn man darüber hinaus aus der pareto-optimalen Restmenge eine eindeutige Lösung auszusondern versucht. Hierzu können auch kompensierende Zahlungen vereinbart werden. Beispielsweise kann A eine Zahlung von 2,5 zusagen, falls B die Alternative s_1 wählt. Dann erreicht jeder ein Ergebnis von 2,5, eine für beide akzeptabel erscheinende Lösung.

Bei Mehrpersonenspielen wird die Analyse komplizierter. Man untersucht in ihnen vor allem die Bildung von Koalitionen und die Aufteilung der erreichten Auszahlungen an die Koalitionsmitglieder. Durch die Ansätze der Spieltheorie lassen sich insbesondere die Probleme derartiger Verhandlungssituationen herausarbeiten. Damit erhält man eine Basis, die zur Entwicklung von Lösungen führen kann.
Mehrpersonenspiele

Die Erkenntnisse der normativen Entscheidungstheorie liefern Instrumente für spezielle Konstellationen und Probleme der Entscheidungsfindung in Gruppen. Mit den spieltheoretischen Ansätzen können die Gegensätze zwischen den Personen veranschaulicht werden, die zu einem koordinierten Ergebnis gelangen sollen. Auch wenn diese Ansätze nur eng begrenzte Probleme und Handlungssituationen aufgreifen, liefern sie wie die verhaltenswissenschaftlichen Aussagen Bausteine für eine Analyse von Gruppenprozessen.

Abstimmungsregeln für Gruppen

Die Untersuchungen zu Abstimmungsregeln sind vor allem auf das Vorgehen bei der Alternativenauswahl gerichtet. Maßgebend für die Konsensfindung sind die ursprünglichen Wertvorstellungen und Präferenzen der Gruppenmitglieder, ihre gegenseitige Einstellung und die Kommunikation zwischen ihnen. In der normativen Entscheidungstheorie hat man vor allem den formalen Prozess der Entscheidungsfindung in einer Gruppe betrachtet (vgl. Laux/Liermann, 1997, S. 87 ff.; Bamberg et al., 2012, S. 211 ff.; Saliger, 1988, S. 179 ff.). Dabei wird danach gefragt, wie aus gegebenen Präferenzordnungen der Gruppenmitglieder über einen geeigneten Aggregationsmechanismus eine Entscheidung gefunden werden kann. Ein solcher Aggregationsmechanismus wird auch als »gerecht« bezeichnet (vgl. Saliger, 1988, S. 183 ff.).
Alternativenauswahl

Zum einen wurde herausgearbeitet, welche plausiblen Anforderungen an einen solchen Mechanismus zu stellen sind. Man sucht also nach Abstimmungsregeln, die als »vernünftig« angesehenen Forderungen genügen. Die in der Entscheidungstheorie erarbeiteten Bedingungen gehen auf Kenneth J. Arrow zurück. So wird mit der Anforderung eines universellen Definitionsbereiches verlangt, dass die Abstimmungsregel auf der Menge aller Präferenzordnungen definiert sein muss. Sie muss demnach in allen vorhersehbaren Situationen anwendbar sein. Die zweite Forderung der positiven Assoziation besagt, dass die durch eine Alterna-
Anforderungen an
Abstimmungsregeln

8.3 **Koordination der Organisation mit den anderen Führungsteilsystemen**
Beziehungen der Organisation zu Planung und Kontrolle

400

tive bei einer Person erreichte Verbesserung bei gleichbleibender Einschätzung aller anderen Alternativen zu keiner Verschlechterung der Stellung dieser Alternative in der kollektiven Präferenzordnung führen darf. Ferner wird gefordert, dass diese Präferenzordnung nicht von außen aufgezwungen wird (Souveränität der Gruppe), es keinen Diktator geben und das Ergebnis nicht von irrelevanten, z. B. nicht realisierbaren Alternativen abhängen darf.

Unmöglichkeitstheorem

Die entscheidungstheoretischen Untersuchungen haben gezeigt, dass es keine Aggregationsmechanismen bzw. Abstimmungsregeln gibt, die alle diese Forderungen gleichzeitig erfüllen. Diese Erkenntnis wird als Unmöglichkeitstheorem von Arrow (1963) (vgl. hierzu Küpper, 2011, S. 122 f.) bezeichnet. Man muss daher von dem Anspruch auf Einhaltung aller Forderungen abgehen. So erscheint es plausibel, die erste Forderung der universellen Gültigkeit zu reduzieren. Beispielsweise wird eine Erfüllung aller Forderungen möglich, wenn die Präferenzordnungen der Mitglieder nicht völlig uneinheitlich sind, sondern eine gewisse Homogenität aufweisen.

Einstimmigkeits-, Single-Vote- und Borda-Kriterium

Die Forderungen bieten eine Grundlage für die Prüfung denkbarer Regeln. Beim Einstimmigkeitskriterium muss eine Alternative sämtliche Stimmen erhalten, wobei jedes Mitglied eine Stimme besitzt. Damit wird es sehr schwierig, zu einer Lösung zu gelangen. Im Fall der Single-Vote-Regel gibt jedes Mitglied ebenfalls eine Stimme ab. Gewählt ist die Alternative, welche die meisten Stimmen erhält. Diese Regel kann zu Pattsituationen führen. Sie ist zudem nicht unabhängig von irrelevanten Alternativen. Vom Borda-Kriterium spricht man, wenn jedes Mitglied alle Alternativen mit Punkten versieht. Dabei gibt es der von ihm präferierten Alternative die höchste Punktzahl. Diese entspricht der Gesamtzahl an Alternativen. Auch diese Regel kann zu Pattsituationen führen und ist ebenfalls nicht unabhängig von irrelevanten Alternativen.

Mehrheitsregel

Bei der Mehrheitsregel wird paarweise über die Alternativen abgestimmt, wobei jedes Mitglied jeweils eine Stimme abgibt. Wird ein solcher Vergleich zwischen allen Alternativen vorgenommen, kann sich eine intransitive Ordnung ergeben. Dann führt z. B. der paarweise Vergleich zwischen drei Alternativen dazu, dass im ersten Vergleich *A1* mehr Stimmen als *A2*, im zweiten Vergleich *A2* mehr als *A3*, jedoch im dritten Vergleich *A3* mehr Stimmen als *A1* erhält.

Mehrheitsentscheid im K.O.-System

Häufig wird der Mehrheitsentscheid im K.O.-System durchgeführt. Dann scheidet die jeweils unterlegene Alternative für das weitere Verfahren aus. Dieses wird so lange durchgeführt, bis über alle Alternativen abgestimmt worden ist. Im Falle eines Patts ist eine zusätzliche Regel (z. B. das Zufallsprinzip) für die Ermittlung der ausscheidenden Alternative erforderlich. Bei dieser Regel kommt der Reihenfolge, in der die Alternativen zur Abstimmung gelangen, eine besondere Bedeutung zu. Deshalb sind die Kriterien für ihre Festlegung genau zu analysieren. Denkbar sind eine Anwendung des Zufallsprinzips, eine Festlegung durch den Vorsitzenden oder eine Orientierung an inhaltlichen Gesichtspunkten der Alternativen wie dem Umfang ihres Wirkungsbereichs. Bei ungerader Mitgliederzahl und in bestimmter Weise homogenen individuellen Präferenzordnungen erfüllt der Mehrheitsentscheid alle oben genannten Anforderungen an eine Abstimmungsregel bis auf die erste.

Die Regeln für Gruppenabstimmungen kennzeichnen formale Vorgehensweisen, um in Entscheidungsgremien bei nicht übereinstimmenden Präferenzen zu einer Lösung zu kommen. Sie erfüllen dabei einfache Anforderungen an die Bildung einer Präferenzordnung, die als vernünftig angesehen werden können.

Regeln für Gruppen-
abstimmungen

Deshalb kann man hoffen, dass die Mitglieder einer Gruppe sich auf derartige Abstimmungsregeln einigen und die mit ihrer Hilfe erzielten Lösungen tragen. Dann werden die Regeln zu einem Instrument für die Koordination der unterschiedlichen Präferenzen einer Gruppe. Über den formalen Weg der Abstimmung und die Anerkennung des Abstimmungsverfahrens können die inhaltlichen Gegensätze soweit abgebaut werden, dass man zu einem gemeinsam verantworteten Handeln kommt.

Die Koordination im Führungssystem verlangt häufig eine Abstimmung zwischen den Vertretern verschiedener Bereiche und deren divergierenden Interessen. In diesen Fällen wird es wichtig, Regeln zu finden, die alle akzeptieren und eine Entscheidungsfindung ermöglichen. Hierzu können die Erkenntnisse der normativen Entscheidungstheorie beitragen. Darin liegt ihre spezifische Bedeutung für das Controlling.

8.3.2.3 Koordination von Planungsträgern über Personalführungsinstrumente

Personalführungsinstrumente können für die Erreichung eines koordinierten Handelns der Planungsträger genutzt werden. Wichtige Komponenten dieses Instrumentariums sind Unternehmensgrundsätze, die Schaffung gemeinsamer Wertvorstellungen, einer gemeinsamen Erwartungsbildung und eines Vertrauensverhältnisses. Diese Instrumente zielen darauf ab, die Entscheidungsprämissen der Planungsträger so zu beeinflussen, dass ein besser abgestimmtes Handeln zu erwarten ist.

Unternehmens- und Führungsgrundsätze (vgl. Kühn, 1993, Sp. 4287 f.) stellen allgemeine Normen für das Handeln der Organisationsmitglieder einer Unternehmung dar. Sie sind auf der Basis eines – häufig breiten – Entscheidungsprozesses der Unternehmung schriftlich fixiert worden und beziehen sich auf alle oder einzelne wichtige Unternehmensbereiche. Mit ihnen wird ein gleichartiges Verhalten der Entscheidungsträger einer Unternehmung angestrebt. Insofern sind sie unmittelbar auf eine Koordination ausgerichtet. Vielfach drückt sich in ihnen ein bestimmtes Leitbild aus, dem die Entscheidungsträger der Unternehmung folgen sollen. Beispielsweise können sie sich auf das Erscheinungsbild der Unternehmung nach außen (Unternehmung mit Produkten hoher Qualität, großer Zuverlässigkeit und Kundenorientierung o. Ä.), die Partizipation und die Wertschätzung der Mitarbeiter, langfristige Unternehmensziele im sozialen und Umweltbereich neben der Erfolgsorientierung, die angestrebte Marktposition u. Ä. beziehen. Als Führungsgrundsätze stellen sie Richtlinien für das generelle Verhalten zwischen Vorgesetzten und Untergebenen dar. Beispielsweise kann betont werden, dass die Beziehungen durch Gerechtigkeit und soziale Rücksichtnahme des Unternehmens gegenüber seinen Mitarbeitern gekennzeichnet sein sollen.

Unternehmens- und
Führungsgrundsätze

8.3 Koordination der Organisation mit den anderen Führungsteilsystemen
Beziehungen der Organisation zu Planung und Kontrolle

402

Mit Unternehmensgrundsätzen will man ein längerfristig konstantes Auftreten der Unternehmung und eine Konsistenz der Entscheidungen auf ihren verschiedenen Hierarchieebenen sichern. Zugleich dienen sie einem koordinierten Handeln der Planungsträger, indem diese auf gemeinsame Wertvorstellungen ausgerichtet werden. Die in ihnen angesprochenen allgemeinen Normen sollen von den Planungsträgern übernommen werden. Damit bilden sie die Basis für ein gleichgerichtetes und abgestimmtes Verhalten.

Als übergeordnete Normen sind Unternehmensgrundsätze zwangsläufig relativ allgemein gehalten. Sie können nur in begrenztem Maß operational sein. Daher stellt sich die Frage, inwieweit sie in den einzelnen Planungsprozessen konkret wirksam werden. Wegen ihrer Unbestimmtheit lassen sie sich unterschiedlich interpretieren. Zudem ist mit der Verabschiedung derartiger Grundsätze nicht gesichert, dass sie von den Planungsträgern auch befolgt werden. Soweit diese die Grundsätze nicht internalisieren und sie mit Überzeugung übernehmen, bietet deren Offenheit einen Ansatzpunkt, eigene abweichende Vorstellungen in der Planung zu realisieren.

Trotz dieser Einschränkungen spricht die zunehmende Verbreitung von Unternehmens- und Führungsgrundsätzen in der Praxis (vgl. Wunderer, 1983) dafür, dass die Unternehmungen ihnen zumindest eine gewisse Bedeutung als Koordinationsinstrument zurechnen. In Verbindung mit anderen Instrumenten kann von ihnen eine integrierende Wirkung ausgehen.

Mit derartigen Grundsätzen werden grundlegende Normen angesprochen. Für das Verhalten der Planungsträger sind vor allem deren Wertvorstellungen und Erwartungen bestimmend. Zu ersteren zählen die grundlegenden Normen und die individuellen Ziele. Beispiele derartiger Wertvorstellungen sind die von ihnen verfolgten ethischen Prinzipien wie des Verhaltens gegenüber anderen Menschen, der Ehrlichkeit und Zuverlässigkeit, der Mitarbeiterbehandlung, der Liefertreue usw. Auch ihre Risikobereitschaft kann hierzu gerechnet werden. Aus diesen Grundeinstellungen ergeben sich die konkreten Ziele und Einstellungen gegenüber der Unsicherheit, welche die Planungsträger in den Planungsprozess einbringen.

Für ein koordiniertes Handeln ist die Übereinstimmung der Wertvorstellungen vor allem wichtig, wenn klare Ziele z. B. wegen der Unsicherheit der Daten bei langfristigen Problemen schwer formulierbar sind oder unerwartete Situationen auftreten, für die im Voraus keine operationalen Ziele ableitbar sind. Dann ist ein mit anderen abgestimmtes Verhalten des Entscheidungsträgers umso eher zu erwarten, je mehr seine Wertvorstellungen denjenigen der anderen entsprechen.

Je einheitlicher diese individuellen Wertvorstellungen der Planungsträger sind, desto leichter wird eine Koordination der Planung erreicht. Deshalb können Maßnahmen der Personalführung darauf gerichtet sein, ein höheres Maß an Übereinstimmung zwischen den Wertvorstellungen zu schaffen.

In dieselbe Richtung geht die Erwartungsbildung der Planungsträger. Maßgebend für ihr Handeln sind neben den Zielen die Erwartungen über die Entwicklung wichtiger Einflussgrößen und Rahmenbedingungen. Wenn Planungsträger beispielsweise das Verhalten von Konkurrenten unterschiedlich einschätzen, können sie trotz gleicher Ziele zu unterschiedlichen optimalen Alternativen kommen. Soweit verschiedene Planungsträger der Unternehmung keine Informationen austauschen, gewinnt die Übereinstimmung ihrer Erwartungen eine zentrale Bedeutung für die Verträglichkeit ihrer Entscheidungen. Sind Planungsträger z. B. räumlich weit getrennt, kann ein häufiger Informationsaustausch schwierig sein. Dann kommt es darauf an, dass sie von gleichartigen Erwartungen ausgehen und auch die Reaktionen des anderen richtig einschätzen.

Schließlich erscheint im Hinblick auf eine Abstimmung des Verhaltens die Schaffung eines Vertrauensverhältnisses zwischen den Planungsträgern bedeutsam. Seine Notwendigkeit zeigt sich schon beim Informationsaustausch. Die persönliche Kenntnis anderer Planungsträger und positive Beziehungen zu ihnen fördern die Bereitschaft, mit ihnen Kontakt aufzunehmen. Vielfach werden dann auf dem »informellen Weg« wichtige Informationen ausgetauscht, welche die Koordination fördern. Je positiver das Klima zwischen den Planungsträgern ist, desto eher werden sie darüber hinaus die Wertvorstellungen und Einschätzungen des anderen aufnehmen, prüfen und sich diesen anpassen. Eine positive Einstellung erhöht die Bereitschaft zur Zusammenarbeit. Schaffung eines Vertrauensverhältnisses

Die Vereinheitlichung von Wertvorstellungen, Erwartungen und gegenseitiger Wertschätzung kann durch verschiedene Personalführungsmaßnahmen gefördert werden. Einen ersten Ansatzpunkt liefert die Personalauswahl. Man versucht dafür zu sorgen, dass die Voraussetzungen für eine Vereinheitlichung gegeben sind und die verschiedenen Personen »zueinander passen«. Des Weiteren werden sie durch eine intensive Kommunikation gefördert. Eine genaue Kenntnis des anderen und seiner Anschauungen ist meist die Voraussetzung für eine Annäherung der Wertvorstellungen, Erwartungen und Einstellungen. Unterstützende Maßnahmen

Die Instrumente der Personalführung sind eher indirekt auf eine Koordination der Planungsträger gerichtet. Sie schaffen die Voraussetzungen dafür, dass ein koordiniertes Verhalten der Planungsträger möglich wird. Da mit ihnen vor allem die Werte und Einstellungen der Planungsträger beeinflusst werden, können sie dem umfassenderen, aber schwer abgrenzbaren Bereich der Unternehmenskultur (vgl. hierzu Heinen, 1987; Lattmann, 1990) zugeordnet werden. Teil der Unternehmenskultur

8.3.3 Koordination von Planungs- und Kontrollprozessen

8.3.3.1 Ansatzpunkte und formale Instrumente für die Koordination von Planungs- und Kontrollprozessen

Über die Planungsträger wirken sich die im vorigen Abschnitt herausgearbeiteten Koordinationsinstrumente auf die Planungsprozesse aus. Die Koordination kann jedoch durch weitere Instrumente unterstützt werden. Während bei der trägerbezogenen Betrachtung aufbauorganisatorische Aspekte im Blickpunkt standen, treten mit der Konzentration auf die Prozesse ablauforganisatorische Gesichtspunkte in den Vordergrund. Ablauforganisatorische Sicht

Soweit man den engen Sachzusammenhang zwischen den Planungsphasen beachtet, werden sie in hohem Maße koordiniert ablaufen. Dies könnte ein

8.3 Koordination der Organisation mit den anderen Führungsteilsystemen
Beziehungen der Organisation zu Planung und Kontrolle

404

Grund dafür sein, dass der Vollzug von Planungsprozessen in der Realität meist nicht entsprechend der sachlichen Phasenstruktur erfolgt. Die in den Phasen enthaltenen Tätigkeiten lassen sich zwar in großer Zahl in Planungsprozessen finden. Sie sind aber unregelmäßig auf die Zeitspanne zwischen Beginn und Entscheidungsakt verteilt (vgl. Witte, 1968).

Standardisierung und Schaffung eines Planrahmens

Konkrete organisatorische Koordinationsmaßnahmen können sich insbesondere auf die inhaltliche, die zeitliche und die formale Gestaltung der Planung sowie der Kontrolle beziehen. In Bezug auf den Inhalt können Regeln und Programme vorgegeben werden, nach denen Entscheidungen und Handlungen durchzuführen sind. Die Standardisierung (vgl. Picot, 1993a, S. 142 ff.) wird damit zu einem wichtigen Koordinationsinstrument.

Ein grundlegendes formales Instrument zur Förderung der Koordination besteht in der Schaffung eines Planrahmens (vgl. Bleicher, 1960, S. 618; Link, 1978, S. 129–134). In ihm werden alle Planaufgaben und -prozesse der Unternehmung sowie ihrer Bereiche dokumentiert. Damit bildet er einen Ordnungsrahmen für die qualitativen und quantitativen sowie die monetären und nichtmonetären Pläne. Als wichtigste Aufgaben eines solchen Rahmens kann man nach Knut Bleicher (1989, Sp. 1407 f.) ansehen:

▸ die Schaffung eines begrifflichen Bezugsrahmens für die einzelnen Plankategorien und -prämissen,
▸ die Klassifikation in Teilplanungen sowie ihrer Planungsunterlagen,
▸ die Schaffung eines Rasters zur aufbau- und ablauforganisatorischen Regelung von Zuständigkeiten und Prozessen der Planung,
▸ Regelungen der Interdependenzen zwischen den Teilplanungen und
▸ die Dokumentation der Planungsprozesse, -ergebnisse sowie Abweichungsanalysen.

Durch die Ordnung der Teilplanungen über einen Planrahmen wird deren Koordination wesentlich erleichtert. Je mehr der Rahmen über die ersten beiden Aufgaben der Begriffsbildung und Planungsgliederung hinausgeht, umso stärker kann er mit Hilfe von organisatorischen Regelungen eine Abstimmung der Teilplanungen und -pläne bewirken.

Kontrollrahmen

Auf analoge Weise lässt sich ein Kontrollrahmen entwickeln. Dieser umfasst dieselben Komponenten wie der Planrahmen und lehnt sich an dessen Struktur an. Hierdurch wird die Verzahnung zwischen Planung und Kontrolle gefördert. Durch ihn ist vor allem zu regeln, in welchem Umfang Kontrollaufgaben in Eigenkontrolle auf den Ausführenden übertragen sind und inwieweit neben dem jeweiligen Vorgesetzten andere organisatorische Einheiten an den Kontrollprozessen mitwirken.

Planungskalender

In vielen Unternehmungen werden die strategische, ggf. eine taktische und die operative Planung in einem festgelegten Rhythmus zeitlich nacheinander vollzogen. Dabei muss genügend Zeit verfügbar sein, um die Abstimmung in den jeweils zuständigen Koordinationsgremien durchzuführen. Deshalb muss ein Terminplan oder Planungskalender bestehen, an dem die Planungsträger ihre Aktivitäten und deren Abschluss ausrichten. Vielfach werden die Planentwürfe in den einzelnen Funktionsbereichen und/oder Divisionen erstellt. Dann ist es notwendig, dass diese Arbeiten zu denselben Zeitpunkten abgeschlossen sind, bevor eine inhaltliche Planabstimmung vorgenommen werden kann. Darüber hinaus finden oft mehrere Planungsdurchläufe statt. Die zeitliche Koordination der Planungsprozesse ist eine wichtige Voraussetzung für ihre inhaltliche Koordination.

Des Weiteren kann sich die Koordination auf die verwendeten Hilfsmittel beziehen. Planung und Kontrolle lassen sich effizienter koordinieren, wenn in den unterschiedlichen Bereichen einheitlich strukturierte Medien wie Tabellen, Bildschirmmasken und Formulare verwendet werden. Dies erleichtert das Verständnis der Planungsinhalte, das Zusammenführen verschiedener Pläne und die Auswertung von Kontrollergebnissen. Zudem kann es zweckmäßig sein, gleichartige oder aufeinander abgestimmte Methoden sowie unterstützende Software-Programme einzusetzen. Ihre Kompatibilität verringert die Schwierigkeiten beim Zusammenführen der Einzelpläne bzw. der Kontrollergebnisse.

Als quantitative Instrumente der Planung und Kontrolle von Prozessen bieten sich vor allem Modelle und Verfahren der Ablauforganisation an. Beispielsweise kann man die Verknüpfungen und die zeitliche Folge von Planungsprozessen mit *Balken-* und *Blockdiagrammen* oder anhand von *Reihenfolgegraphen* und *-matrizen* (vgl. z. B. Küpper/Helber, 2004, S. 129 ff.) veranschaulichen. Ein umfassenderes quantitatives Planungsinstrument, mit dem sich insbesondere die zeitlichen Interdependenzen von Planungsteilprozessen analysieren und Koordinationsmöglichkeiten berechnen lassen, steht in der *Netzplantechnik* zur Verfügung (vgl. bspw. Domschke/Drexl, 1995, S. 86 ff.).

Quantitative Instrumente

Die quantitativen Instrumente zur Prozesskoordination sind i. d. R. nur auf *gut strukturierte Entscheidungsprobleme* anwendbar. Sie setzen eine Kenntnis und Abgrenzbarkeit der Alternativen voraus. Dagegen bieten die anderen formalen Instrumente, insbesondere Standardisierung, Planrahmen sowie Planungskalender, auch eine Unterstützung zur Prozesskoordination bei schlecht strukturierten Problemen an.

8.3.3.2 Prinzipien für die zeitliche Koordination der Planung und Kontrolle

Die zeitliche Koordination der Planung betrifft einerseits die Abstimmung zwischen den sich auf verschiedene Zeitpunkte beziehenden Handlungsvariablen. Dies verlangt eine Kopplung von Plänen unterschiedlicher Fristigkeit. Zum anderen beinhaltet sie die Reihenfolge, in der mehrere Pläne aufeinander abgestimmt werden. Mit der »Entwicklungsfolge« bezieht sie sich auf alternative Ausprägungen der sukzessiven Planung. Das jeweilige Vorgehen ist auch für die Kontrollprozesse maßgebend, die zeitversetzt eine analoge Struktur erhalten.

Koordination von Plänen unterschiedlicher Fristigkeit

Die Vielfalt der Gestaltungsmöglichkeiten lässt sich in Bezug auf die zeitliche Verknüpfung der Pläne nach zwei Merkmalen systematisieren (vgl. Gaitanides, 1989, Sp. 2258 ff.). Erstens erscheint die Zugehörigkeit zu demselben oder verschiedenen Planungszyklen wichtig. Dieses Merkmal betrifft vor allem die Koor-

Klassifikation nach Planungszyklen und zeitlicher Anordnung

8.3 **Koordination der Organisation mit den anderen Führungsteilsystemen**
Beziehungen der Organisation zu Planung und Kontrolle

406

dination zwischen aufeinanderfolgenden Planungen und Kontrollen, also z. B. der in einem und im darauffolgenden Jahr durchgeführten Planung. Zweitens können die Pläne nach ihrer zeitlichen Anordnung klassifiziert werden. Nach dem Grad ihrer zeitlichen Überlappung und Integration erhält man eine serielle, überlappende oder parallele Anordnung. Mit diesen beiden Merkmalen und ihren Ausprägungen kommt man zu der aus Abbildung 8-13 ersichtlichen Systematik von Möglichkeiten oder Prinzipien der zeitlichen Koordination von Plänen.

Reihung

Betrachtet man die Koordination innerhalb eines Planungszyklus, so erhält man für die zeitlich vertikale Abstimmung drei Planungsprinzipien. Sie kennzeichnen zugleich unterschiedliche Grade der zeitlichen Integration (vgl. Wild, 1974b, S. 171 ff.). Bei der Reihung trennt man kurz-, mittel- und langfristige Pläne so voneinander, dass sie sich nicht überlappen. Dies hat zur Folge, dass der kurz- und der mittelfristige Plan auch nicht teilweise in die übergeordneten Pläne integriert sind. Hierdurch vermindert sich der Koordinationsaufwand, dafür sind die Pläne relativ isoliert und wenig aufeinander abgestimmt.

Abb. 8-13

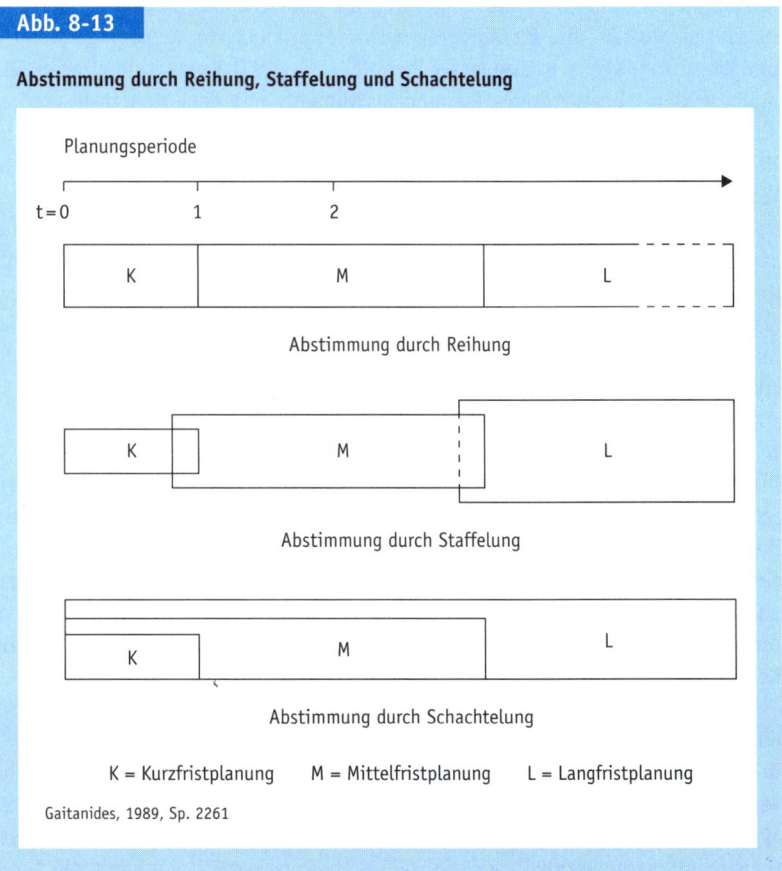

Abstimmung durch Reihung, Staffelung und Schachtelung

Planungsperiode

t = 0   1   2

| K | M | L |

Abstimmung durch Reihung

| K | M | L |

Abstimmung durch Staffelung

| K | M | L |

Abstimmung durch Schachtelung

K = Kurzfristplanung   M = Mittelfristplanung   L = Langfristplanung

Gaitanides, 1989, Sp. 2261

Ein begrenztes Maß an Integration wird mit der Staffelung erreicht. In ihr überlappen sich die Pläne unterschiedlicher Fristen. So reicht die Kurzfristplanung in die mittelfristige und diese wiederum in die langfristige Planung hinein (vgl. Abbildung 8-13). Die überlappenden Teile erfordern dann unmittelbar eine Verknüpfung zwischen den Planungsebenen.

Staffelung

Eine volle Integration liegt dem Prinzip der Schachtelung zugrunde. Bei dieser Form schließt die jeweils übergeordnete Planung die anderen Planungen ein. So enthält die langfristige Planung die mittel- und die kurzfristige, während die mittelfristige entsprechend Abbildung 8-13 auch die kurzfristige beinhaltet. Eine solche Anordnung erfordert eine volle Abstimmung der einzelnen Planungen in die ihnen übergeordneten.

Schachtelung

Diese Prinzipien beziehen sich nur auf die zeitliche Anordnung und Verknüpfung der Pläne. Sie besagen nicht, dass die Pläne mit demselben Detaillierungsgrad erstellt werden. In der Regel nimmt dieser mit steigendem Planungshorizont ab. Zugleich ist mit diesen Prinzipien noch nicht bestimmt, in welcher Reihenfolge die Planung vorgenommen wird, ob sie also von den kurzfristigen über die mittelfristigen zu den langfristigen voranschreitet, umgekehrt oder in einer Mischform aus beidem vorgeht. Die zeitliche Anordnung der Pläne ist von der Entwicklungsfolge der Planung zu trennen (vgl. nachfolgend in diesem Abschnitt sowie Abschnitt 4.3).

Koordination aufeinanderfolgender Planungs- und Kontrollzyklen

Betrachtet man Pläne derselben Ebene und Planungsfrist, so lassen sich diese nicht in entsprechender Weise zeitlich, sondern nur sachlich differenzieren. Für die Koordination aufeinanderfolgender Planungszyklen lassen sich jedoch die dargestellten Merkmale der zeitlichen Anordnung verwenden. Dabei kann sich die Betrachtung jeweils auf Pläne einer oder mehrerer Planungsebenen bzw. -fristen beziehen. Bei dieser Art der Koordination geht es um die zeitliche Verknüpfung zwischen den Plänen, die in verschiedenen Planungszyklen festgelegt werden. Sie kann wie bei der Betrachtung verschiedener Planungsfristen innerhalb eines Planungszyklus seriell, überlappend oder parallel erfolgen.

Bei einer seriellen Anordnung wird entsprechend Abbildung 8-14 im nächsten Planungszyklus die folgende Planung ohne Überlappung angeschlossen. Die im vorhergehenden Zyklus festgelegten Teilpläne werden durchgeführt und keiner Revision unterzogen. Vielmehr macht man im neuen Planungszyklus eine Anschlussplanung, die sich auf den Zeitraum ab dem vorigen Planungsende bezieht. Für dieses Prinzip sind daher Pläne gleicher Frist einander zuzuordnen. Eine solche »anschließende« Planung kann ohne Revision der bisherigen Planung auf jeder Ebene erst vorgenommen werden, wenn der alte Plan voll realisiert ist. Deshalb ist dieses Abstimmungsprinzip nur für die kurzfristige Planung zweckmäßig.

Serielle Planung

Dieser Nachteil kann durch eine rollierende (gleitende) Planung behoben werden (vgl. Abbildung 8-14). Ihr charakteristisches Merkmal liegt darin, dass in jedem Planungs- und Kontrollzyklus der Planungszeitraum rollierend hinausgeschoben und die Pläne nur für den jeweils ersten Zeitraum festgeschrieben

Rollierende Planung

8.3 Koordination der Organisation mit den anderen Führungsteilsystemen
Beziehungen der Organisation zu Planung und Kontrolle

408

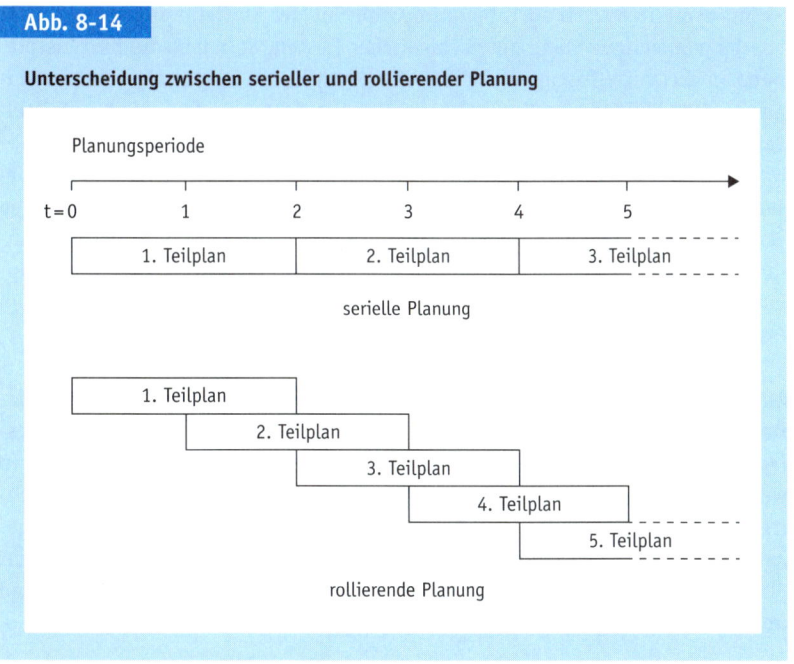

Abb. 8-14

Unterscheidung zwischen serieller und rollierender Planung

werden. Im nächsten Zyklus können die weiterreichenden Planungen revidiert werden. Geht man von Plänen gleicher Frist aus, so werden beispielsweise jedes Mal kurzfristige Pläne für drei oder fünf Perioden vorgenommen. Dabei liegt es nahe, lediglich die nächste Periode detailliert, die nachfolgenden dagegen global zu planen. Im nächsten Zyklus wird dieselbe Zahl an Perioden geplant, wodurch sich der Planungszeitraum um eine Frist hinausschiebt. Die erste (vormals zweite) Periode wird nun detailliert geplant, für die nachfolgenden Perioden wird die Planung soweit nötig revidiert. Die letzte Periode muss völlig neu geplant werden.

Vielfach bezieht sich die rollierende Planung auch auf Pläne unterschiedlicher Fristigkeit. In jedem Planungszyklus wird dann zum Beispiel die Kurzfristplanung detailliert vorgenommen, während die anschließende Mittelfrist- und die Langfristplanung nur global erfolgen. Beim nächsten Planungszyklus wird der entsprechende Teil der vormaligen Mittelfristplanung aufgrund des jetzt verfügbaren Informationsstandes detailliert kurzfristig geplant. Sofern sich der Planungsrhythmus und die Zyklusdauer der Kurzfrist- von der Mittelfristplanung unterscheiden, können dabei aufgrund unzureichender Planungsvorgaben Abstimmungsprobleme resultieren (vgl. Stadtler, 1988, S. 73 ff.). Die Mittelfrist- und die Langfristplanung werden um den Zeitraum des Planungszyklus verlängert und ggf. revidiert. Weitere Verfeinerungen lassen sich vornehmen, indem man z. B. innerhalb der Kurzfristplanung mehrere Detaillierungsgrade unterscheidet. Dann kann u. a. das Rollierungsprinzip auch auf sie angewandt werden, indem man jeweils nur einen Teilabschnitt detailliert plant und die restliche Kurzfristplanung bis zum Ende der Planperiode oder über diese hinaus weiterführt.

Mit dem Prinzip der rollierenden Planung wird eine zeitliche Integration aufeinanderfolgender Planungszyklen erreicht. Es erweitert die Anschlussplanung durch eine gewisse Überlappung. Die Überprüfung und ggf. vorzunehmende Revision der Planung betrifft die mittel- bis längerfristige Planung. Durch die Abstufung im Detaillierungsgrad berücksichtigt man mittel- bis längerfristige Wirkungen, ohne den Planungsaufwand übermäßig zu steigern.

Die revolvierende Planung unterscheidet sich von der rollierenden durch ein höheres Maß an Revision der ursprünglichen Planung. Der Anpassungsrhythmus stimmt bei beiden Prinzipien überein. Im neuen Planungszyklus wird die gesamte Planung um den abgelaufenen Zeitraum verlängert. Jedoch aktualisiert man bei ihr nicht nur die Fortschreibung. »Vielmehr wird geprüft, ob angesichts der Daten der verlängerten Bezugszeit der gesamte Planungsansatz noch gültig ist« (Gaitanides, 1989, Sp. 2265). Man überprüft sämtliche Planungsprämissen und die Auswirkungen des verbesserten Informationsstandes auf alle Teilpläne. Somit wird bei diesem Prinzip das Planungssystem zyklisch überprüft, korrigiert und aktualisiert. Deshalb ist die revolvierende Planung aufwändiger als die rollierende. Die Abstimmungen sind in jedem Planungszyklus ggf. neu vorzunehmen. Aus diesem Grund wird dieses Prinzip häufig auf die Mittel- und Langfristplanung beschränkt.

Revolvierende Planung

Koordination von Plänen verschiedener Hierarchieebenen

Während die bisherigen Prinzipien für die zeitliche Anordnung der Pläne eines oder mehrerer aufeinanderfolgender Planungszyklen gelten, betrifft die *Ableitungsrichtung* (oder *Entwicklungsfolge*) die Reihenfolge, in welcher Teilpläne erstellt werden. Damit geht es nicht um das zeitliche Verhältnis verschiedener Pläne, sondern um die Reihenfolge der Planung. Diese ist auf die zeitliche Folge von Aktivitäten innerhalb des Planungsprozesses gerichtet.

Reihenfolge der Planung

Mit ihr wird bestimmt, welche Pläne zuerst festgelegt werden und inwieweit sie zu Rahmendaten für die nachfolgenden Pläne führen. Grundsätzlich können dabei einseitige und gegenseitige Koordinationsprinzipien unterschieden werden. Sie beziehen sich auf die Abstimmung zwischen den Planungsebenen und -fristen. Damit schließen sie Gesichtspunkte der sachlichen und der zeitlichen Koordination zwischen den Planungsgegenständen ein.

Bei der retrograden oder Top-down-Planung (vgl. Wild, 1974b, S. 191 ff.) geht man z. B. von der strategischen Planung aus. Deren Ergebnisse werden zum Rahmen für die taktische Planung. So kann man sich u. a. strategische Ziele über den Aufbau eines technischen Potenzials, der Eröffnung eines neuen Marktes, die Nutzung von Synergiepotenzialen o. Ä. setzen. Diese sind in der anschließenden taktischen Planung durch Entscheidungen über Investitionen, Vertriebssysteme usw. umzusetzen. Die Entscheidungen der taktischen Ebene gelten wiederum als Daten für die operative Planung. In ihr werden dann z. B. konkrete Maßnahmen zur Nutzung neuer Maschinen, über die Arten und Men-

Retrograde bzw. Top-down-Planung

8.3 **Koordination der Organisation mit den anderen Führungsteilsystemen**
Beziehungen der Organisation zu Planung und Kontrolle

410

gen der auf dem neuen Markt anzubietenden Produkte u. Ä. erarbeitet. Die jeweils rangniedere Planung dient zur Erreichung bzw. Realisierung der auf der höheren Ebene ausgewählten Ziele und Alternativen. Ein zentrales Problem liegt darin, dass sich diese bei der Umsetzung als nicht oder zumindest schwer durchführbar erweisen können.

Progressive bzw. Bottom-up-Planung

Im umgekehrten Fall einer progressiven oder Bottom-up-Planung wird zuerst die operative Planung vorgenommen. Auf ihrer Basis und mit ihren Daten entwickelt man z. B. die taktische Planung, um anschließend aus dieser zu einer strategischen Planung zu kommen. Eine solche Ableitungsrichtung sichert in viel stärkerem Maß als das retrograde Vorgehen eine hohe Realitätsnähe der Pläne höherer Planungsebenen. Dafür kann es an weiterführenden Perspektiven fehlen. Die Planung ist möglicherweise zu sehr an den bisher verwirklichten Alternativen und den unmittelbar sichtbaren Handlungsbeschränkungen orientiert.

Sukzessivität der Planung

Bei der retrograden wie der progressiven Entwicklungsfolge ist die Sukzessivität der Planung vorherrschend. Die Koordination erfolgt einseitig, indem die zuerst durchgeführte Planung der nachfolgenden die Daten setzt. Erst wenn diese sich dabei als nicht mehr durchführbar erweist, muss es zu Revisionen kommen. Bei der zuerst vorgenommenen Planung muss man jeweils eine zumindest grobe Vorstellung über die anderen Planungsebenen zugrunde legen. Da dies nur in sehr eingeschränktem Maß möglich ist, führt die strenge Sukzessivität zu keiner zieloptimalen Koordination. Wenn die Entwicklungsfolge darüber hinaus mit den hierarchischen Organisationsebenen verbunden ist, besitzen im retrograden Fall die Unternehmensspitze, beim progressiven Vorgehen die Fachbereiche ein Übergewicht. Damit werden die auf jeder Hierarchieebene verfügbaren Informationen und Vorstellungen kaum optimal genutzt und miteinander abgestimmt.

Gegenstromprinzip

Aus diesen Gründen bietet sich eine Verbindung beider Ableitungsrichtungen an. Sie liegt dem Gegenstromprinzip zugrunde. Bei ihr beginnt man mit einer langfristigen Planung. Jedoch werden deren Ergebnisse für die Planungen der unteren Ebenen mit kürzerem Planungshorizont nicht als feste Rahmendaten vorgegeben. Sie stellen vielmehr eine vorläufige und revidierbare Orientierung dar. Der retrograde Vorlauf wird über den mittelfristigen Bereich bis zur Kurzfristplanung operationalisiert. Dem schließt sich ein umgekehrter progressiver Rücklauf an, »der die nachgeordneten Pläne schrittweise integriert (koordiniert) und zusammenfasst« (Wild, 1974b, S. 196). Dieser Abstimmungsprozess führt zu einer Anpassung der im Vorlauf bestimmten Plangrößen. Er kann mehrfach durchlaufen werden. Zudem ist es möglich, dass man nicht jedes Mal den gesamten Prozess von oben bis unten und umgekehrt vollzieht. Vielmehr können die Rückläufe unmittelbar zwischen aufeinanderfolgenden Planungsebenen erfolgen. Das Gegenstromprinzip ist hierdurch in starkem Maße auf eine Abstimmung zwischen den Plänen aufeinanderfolgender Fristen und Ebenen gerichtet. Der Planungsprozess ist durch eine Reihenfolge bestimmt, die ein hohes Maß an Koordination über mehrfache Abstimmungsprozesse möglich macht. Jedoch eröffnet dieses Prinzip lediglich die Grundlage für eine Koordination, es beinhaltet keine Instrumente, wie diese konkret vollzogen werden kann.

8.4 Koordination der Organisation mit der Personalführung

Die Koordination zwischen Organisation und Personalführung verlangt entsprechend Abbildung 8-15 eine Abstimmung der *Organisationsvariablen* sowie der daraus gebildeten *Organisationsstruktur* mit den Führungsprinzipien, dem Führungsstil und den verschiedenen Komponenten von Motivations- und Anreizsystemen sowie Personalentwicklung.

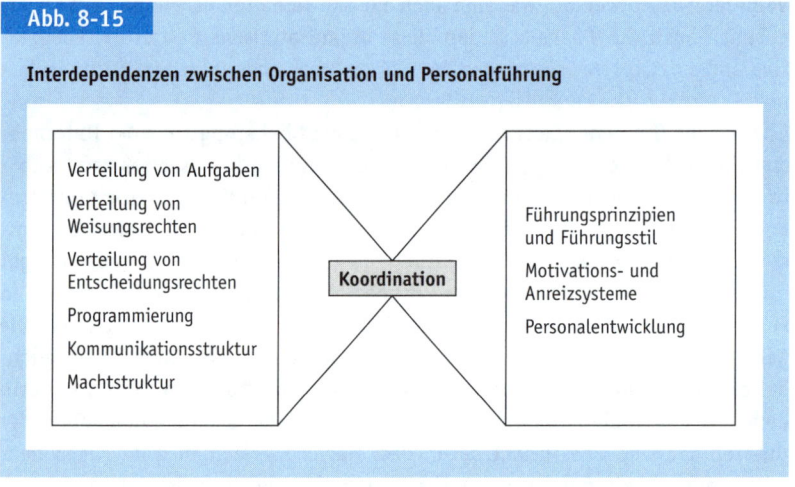

Abb. 8-15

Interdependenzen zwischen Organisation und Personalführung

Verteilung von Aufgaben
Verteilung von Weisungsrechten
Verteilung von Entscheidungsrechten
Programmierung
Kommunikationsstruktur
Machtstruktur

Koordination

Führungsprinzipien und Führungsstil
Motivations- und Anreizsysteme
Personalentwicklung

8.4.1 Beziehungen zwischen den Variablen der Organisation und der Personalführung

Durch die Festlegung von Weisungsrechten werden Vorgesetzten-Untergebenen-Beziehungen begründet. Deshalb ist der Bezug dieser Organisationsvariablen zur Personalführung besonders eng. Sie bildet den Ansatzpunkt für die unmittelbare Gestaltung der Personalführung und den Einsatz ihrer Instrumente. Dies schlägt sich in dem vom jeweiligen Vorgesetzten gepflegten Führungsstil nieder.

Weisungsrechte und Führungsstil

Der Führungsstil hängt nicht nur von dessen persönlichen Eigenschaften ab. Er wird auch von der Gestaltung der Weisungsrechte in der gesamten Unternehmung beeinflusst. Berechtigt scheint die Hypothese, dass Einliniensysteme die Neigung zu weniger kooperativen Führungsstilen fördern. Die Ausrichtung auf einen Vorgesetzten und die Einheit der Auftragserteilung führen zu einem Abhängigkeitsverhältnis. Große Leitungsspannen und eine mögliche Überforderung der Vorgesetzten (vgl. Picot, 1993a, S. 131 f.) wirken einer kooperativen Führung entgegen. Demgegenüber geht von Stäben eine Tendenz zu stärkerer

Einliniensysteme

8.4 Koordination der Organisation mit den anderen Führungsteilsystemen
Koordination der Organisation mit der Personalführung

412

Kooperation aus. Durch ihr Fachwissen sind deren Mitglieder für die Instanz wichtig. Zudem sind die Stäbe in ihrer Informationsgewinnung häufig auf die Bereitschaft der Untergebenen angewiesen, da sie sich ansonsten auf die legitimierte Macht ihres Vorgesetzten berufen müssen. Deshalb wird das Verhältnis der Instanz zum Stab und über diesen zu den Untergebenen in Richtung einer kooperativen Führung beeinflusst.

Mehrliniensysteme

In Mehrliniensystemen ist das Weisungsrecht der Vorgesetzten gegenüber den einzelnen Mitarbeitern eingeschränkt. Diese Tendenz ist in Matrixorganisationen am stärksten ausgeprägt, in denen die Kompetenzbereiche der Vorgesetzten relativ gleichwertig sind. Sie macht eine Zusammenarbeit zwischen den Vorgesetzten notwendig, was sich auch auf das Verhalten gegenüber den Untergebenen auswirkt. Deshalb fördert diese organisatorische Gestaltung kooperative und partizipative Führungsstile, während sich eher autoritäre Führungsformen in ihr schwerer durchsetzen lassen.

Einfluss von Leitungsspannen und Gliederungstiefe

Auch die Größe der Leitungsspannen und die Gliederungstiefe der Unternehmenshierarchie beeinflussen die Personalführung. Ein Vorgesetzter kann sich – in Abhängigkeit von den Arbeitsaufgaben – umso mehr dem einzelnen Untergebenen widmen, je kleiner seine Leitungsspanne ist. Mit zunehmender Leitungsspanne wird eine kooperative Führung eher überproportional zeitaufwändiger und komplizierter. Zudem müssen vermehrt formale Führungsmechanismen in Form schriftlicher Anweisungen, fester Regelungen u. Ä. eingesetzt werden. Die Zahl der Hierarchiestufen steht in Zusammenhang mit den Aufstiegsmöglichkeiten in der Unternehmung. Je tiefer die Organisation gegliedert ist, desto mehr Leitungsstellen gibt es, desto geringer wird aber auch die Kompetenz der unteren Ebenen. Dies spricht dafür, dass flache Hierarchien trotz gegebenenfalls größerer Leitungsspannen mehr Anreize für die Laufbahnplanung bieten, weil die Positionen attraktiver sind. Mit einer Dezentralisierung von Entscheidungen werden eigenständige Führungspositionen geschaffen. Ihre Autonomie und Möglichkeiten zur Aneignung von Führungskenntnissen haben häufig motivierenden Charakter für deren Inhaber.

Entscheidungsdelegation und Führungsstil

Durch die Delegation von Entscheidungen wird der Entscheidungsspielraum unterer Ebenen vergrößert. Zudem besitzen deren Mitarbeiter häufig bessere Kenntnisse über die entscheidungsrelevanten Informationen beispielsweise auf den Märkten. Damit erhöht eine Entscheidungsdelegation die Notwendigkeit einer Zusammenarbeit. Von ihr geht daher eine positive Wirkung in Richtung kooperativer Führungsstile aus. Umgekehrt ist eine Zentralisation von Entscheidungsrechten eher autoritär geprägt. Die Ansammlung von Macht bei einzelnen Personen und das hohe Maß ihrer Verantwortung stärken derartige Verhaltensweisen.

Die organisatorische Festlegung einer Partizipation verlangt eine Zusammenarbeit zwischen dem Vorgesetzten und den betroffenen Untergebenen. Sie bedeutet unmittelbar, dass durch die organisatorische Regelung der Führungsstil weitgehend bestimmt wird.

Einfluss der Aufgabenverteilung

Von der Verteilung der Sachaufgaben gehen Wirkungen auf das Anreizsystem aus. Dessen Gestaltungsmöglichkeiten werden maßgeblich durch die Art der

Aufgabengliederung bestimmt. Wenn eine Zerlegung von Aufgaben gelingt, bei der die Interdependenzen zwischen den Bereichen gering sind, lassen sich Anreizsysteme an bereichsbezogene Größen knüpfen. Je mehr diese Größen von den Handlungen eines Bereichs abhängen, desto wirksamer wird das Anreizsystem. Die Art der Organisation hat maßgeblichen Einfluss darauf, inwieweit sich monetäre Anreizsysteme einsetzen lassen, die an Bereichserfolgsgrößen gebunden sind (vgl. Abschnitt 7.4.2).

Die Organisationsvariable der Programmierung engt den Entscheidungsspielraum ein und verringert damit häufig die Motivation der Entscheidungsträger. Zudem mindert sie deren Möglichkeit, Erfahrungen der Entscheidungsfindung zu sammeln und ihre Führungsfähigkeiten weiterzuentwickeln.

Einfluss der Programmierung

Regelungen für die Kommunikation zwischen den Stellen dienen zur Absicherung ihrer Informationsversorgung. Entscheidungsträger benötigen die relevanten Informationen und sind dabei dem in der Agency Theorie behandelten Problem der »hidden information« ausgesetzt. Durch entsprechende Anreizsysteme kann man die Gefahr verringern, dass Informationen manipuliert werden. Dann tritt ein Instrument der Personalführung an die Stelle organisatorischer Regelungen der Kommunikationsstruktur.

Einfluss von Kommunikationsregeln

Wenn die Organisation einen in hohem Maße freien Informationsaustausch vorsieht, kann dies eine Tendenz zu mehr kooperativen Führungsstilen unterstützen. Auch die Motivation der Führungskräfte und der Mitarbeiter wird durch eine geringe Bindung der Kommunikation eher gefördert.

Für die Personalführung spielt die Organisationsvariable Macht (vgl. Picot, 1993a, S. 154 ff.) eine wichtige Rolle. Durch die Hierarchie der Weisungsrechte werden die Vorgesetzten mit legitimierter Macht ausgestattet. Ihr Verhältnis zu den Untergebenen wird wesentlich davon bestimmt, welche weiteren Machtgrundlagen sie ihnen gegenüber einsetzen. Mit dem Anreizsystem ist die *Sanktionsgewalt* eng verbunden. Über die Ankündigung von Belohnungen schafft der Vorgesetzte Anreize, um den Untergebenen zu einem gewünschten Verhalten zu veranlassen und seine Entscheidungen durchzusetzen. Die Androhung von Bestrafung führt zu einem eher autoritären Führungsstil. Wenn sich der Untergebene mit dem Vorgesetzten in starkem Maße identifiziert, kann Letzterer das Handeln der Untergebenen durch seine *persönliche Autorität* beeinflussen. Die Identifikation bietet eine gute Voraussetzung für die Personalführung, ohne auf andere Machtgrundlagen zurückgreifen zu müssen.

Machtgrundlagen und Personalführung

Ferner kann Fachwissen zur Verhaltensbeeinflussung und zur Durchsetzung von Entscheidungen genutzt werden. Im Verhältnis zum Vorgesetzten kommt es darauf an, inwieweit dieser z.B. aufgrund seiner Ausbildung, Erfahrung, Intelligenz oder seiner Entscheidungs- und Führungsfähigkeit als Experte akzeptiert wird. Sein Führungsverhalten kann durch Sachlichkeit und Überzeugung geprägt sein. Häufig entsteht durch ein höheres, vielfach spezielles Wissen des Untergebenen zugleich eine umgekehrte Machtbeziehung. Dies gilt vor allem für Stäbe, die bewusst mit Experten besetzt werden und auf Informationsgewinnung gerichtet sind. Dann unterstützt die Gegenläufigkeit der Machtbeziehungen eine Tendenz zu kooperativen Führungsstilen.

Fachwissen und Führungsstil

8.4 Koordination der Organisation mit den anderen Führungsteilsystemen
Koordination der Organisation mit der Personalführung

414

8.4.2 Beziehungen zwischen Organisationsstruktur und Personalführung

Die herausgearbeiteten Beziehungen zwischen wichtigen Organisationsvariablen und Instrumenten der Personalführung unterstreichen die Notwendigkeit der Koordination der beiden Führungsteilsysteme. Diese Controllingaufgabe wird noch deutlicher, wenn man den Zusammenhang zwischen Organisationsstruktur und Personalführung betrachtet.

Funktionale Organisationsstruktur und Anreizsystem

In funktionalen Organisationsstrukturen sind die Bereiche durch die Ausrichtung auf dieselben Produkte eng miteinander verbunden. Eigenständige Erfolgsbereiche lassen sich nur schwer abgrenzen. Die Wirkung der Aktivitäten eines Bereichs sowie seiner Stellen auf den Erfolg sind von den Entscheidungen der anderen Bereiche und Stellen abhängig. Die Zielinterdependenzen verhindern eine eindeutige Erfolgszurechnung. Anreizsysteme müssen daher eher an *Inputgrößen* wie dem Güterverbrauch, den Kosten und den Ausgaben ansetzen. Dadurch lassen sie sich nur begrenzt auf die Gesamtziele der Unternehmung ausrichten. Sie müssen ergänzt werden um Systeme, durch welche die Erreichung von *Plangrößen des Outputs* gesichert wird. Hierzu sind die Anreizsysteme an der Einhaltung von Planvorgaben und Budgets zu orientieren. Wegen der begrenzten Zurechenbarkeit von Erfolgswirkungen spielen Kontrollen eine größere Rolle, als wenn man das Handeln an Erfolgsgrößen messen kann.

Zentralisation und Personalentwicklung

Die Verflechtungen zwischen den organisatorischen Einheiten stärken die Tendenz zur Zentralisation der Entscheidungen und die Neigung zu autoritärem Führungsverhalten. Im Hinblick auf die Personalentwicklung erschwert die Zentralisation nach Funktionen den Personalaustausch zwischen den Bereichen. Das Überwechseln beispielsweise aus dem Absatz in die Fertigung ist mit einer großen Veränderung der Tätigkeitsarten und damit der erforderlichen Fachkenntnisse sowie Erfahrungen verbunden. Die funktionale Organisationsstruktur fördert die Tendenz zur Heranbildung fachbezogener Spezialisten.

Die bei dieser Organisationsstruktur vorzufindende starke Interdependenz zwischen den Einheiten erschwert die Einrichtung von Anreiz- und Motivationssystemen. Soweit sich die Interdependenzen beispielsweise wegen der Struktur des Produktionsprogramms nicht vermeiden lassen, wird der Einsatz geeigneter Personalführungsinstrumente umso wichtiger, mit denen trotz dieser Situationsbedingungen eine ausreichende Motivation erreichbar wird.

Divisionale Organisationsstruktur und Anreizsystem

Bei divisionaler Organisationsstruktur erleichtert der geringe Umfang an Interdependenzen zwischen den Bereichen die Segmentierung der Erfolgsrechnung, da sich die Handlungskonsequenzen den Bereichen weitgehend zurechnen lassen. Je nach Grad der Zerlegung und der Reduzierung der Interdependenzen können unterschiedliche Formen von »Profit Centern« oder »Responsibility Centern« eingerichtet werden. Entsprechend den Erfolgskomponenten, mit denen die Tätigkeit des Bereichs gesteuert und gemessen wird, trennt man zwischen Expense, Cost, Revenue, Profit und Investment Centern (vgl. Wolf, 1985, S. 18 f.; Menz, 1973, S. 257; Schultheiss, 1990, S. 25 f.).

Die an Ausgaben, Kosten oder Einnahmen orientierte Steuerung in Expense, Cost oder Revenue Centern berücksichtigt nur jeweils *eine* Erfolgskomponente der Input- bzw. der Outputseite. Sie ist i. d. R. mit Budgetvorgaben sowie Plan-Ist-Vergleichen verbunden (vgl. Kah, 1994, S. 72 f.). Die Bestimmung der Vorgabewerte verlangt eine zentrale Planung. Dies ist notwendig, wenn die Interdependenzen zwischen den Bereichen keine entsprechende Aufgliederung zulassen. Die Steuerungsgrößen Ausgaben, Kosten und Einnahmen bieten aber *gut messbare Anknüpfungspunkte* für Anreizsysteme. Sofern die Probleme der Kostenzurechnung ausgeschaltet oder eindeutig gelöst sind, lässt sich die Ausprägung dieser Größen über die Systeme der Unternehmensrechnung genau messen. Jedoch sind die *Erfolgswirkungen* nur einseitig und damit *unvollständig erfasst*.

Expense, Cost oder Revenue Center

Echte Profit Center liegen vor, sobald sich der Handlungsspielraum der Bereiche auf Einkaufs-, Lager-, Fertigungs- und Absatztatbestände mit den zugehörigen Personalentscheidungen erstreckt und der Unternehmensleitung Investitions- sowie Finanzierungsentscheidungen vorbehalten bleiben. Wenn sich die Handlungskonsequenzen sowohl für die Input- als auch für die Outputseite dezentralen Einheiten zurechnen lassen, kann man sie an der *Saldogröße Erfolg* messen. Als Zielgrößen werden absolute Ergebnisgrößen wie der Jahresüberschuss, das kostenrechnerische Betriebsergebnis und entsprechende Periodenerfolgsgrößen verwendet (vgl. z. B. Wolf, 1985, S. 94 ff.).

Profit Center

Diese Periodenerfolgsgrößen bieten einen zweckmäßigen Ansatzpunkt für monetäre Anreizsysteme. Ihre Ausprägung lässt sich über die Systeme der Unternehmensrechnung relativ eindeutig bestimmen. Bei ihnen handelt es sich um kurzfristige Größen, deren Realisation am Periodenende mit hoher Zuverlässigkeit bestimmbar ist. Deshalb sind die Möglichkeiten der Bereichsleiter zu ihrer Manipulation gering (vgl. zu Handlungsspielräumen und Manipulationsmöglichkeiten in der Kostenrechnung Küpper, 1995b, S. 22–30). Problematisch ist jedoch, dass die längerfristigen Wirkungen des Handelns durch kurzfristige Größen nicht ausreichend wiedergegeben werden. Sie fördern eher ein Verhalten der *kurzfristigen Erfolgsoptimierung* unter Vernachlässigung längerfristiger Aspekte. Mit den Rechnungssystemen lässt sich auch nicht feststellen, inwieweit die Bereiche auf Umweltentwicklungen reagiert und Erfolgschancen genutzt haben. Da sich die Periodenerfolge relativ zuverlässig ermitteln lassen, hat das Hidden-*Information*-Problem ein verringertes Gewicht. Jedoch bleibt das Hidden-*Action*-Problem bestehen. Deshalb muss man versuchen, ihm durch Anreizsysteme zu begegnen, welche die Vorliebe für ein individual- oder bereichszielbezogenes Verhalten zugunsten des Gesamtziels der Unternehmung vermindern.

Beurteilung von einperiodischen Erfolgsgrößen

Den größten Entscheidungsspielraum besitzen Investment Center. Sie übernehmen entsprechend Abbildung 8-16 auch die Entscheidung und Verantwortung für den Einsatz sowie die Nutzung von Kapital (vgl. Wolf, 1985, S. 18). In der Zentrale verbleibt im Allgemeinen die Kompetenz über die Verteilung der Finanzmittel. Wenn das Handeln der Bereiche an einperiodigen Erfolgsgrößen wie dem Return on Investment gemessen wird, sind die langfristigen Investitionswirkungen

Investment Center

8.4 Koordination der Organisation mit den anderen Führungsteilsystemen
Koordination der Organisation mit der Personalführung

416

Abb. 8-16

Mögliche Abgrenzung zwischen Profit und Investment Center

Merkmale	Profit Center	Investment Center
Dezentrale Entscheidungskompetenz	(Einkauf), Produktion, Absatz	Einkauf, Produktion, Absatz, Investition
Zentrale Entscheidungskompetenz	Investition, Finanzierung	Finanzierung
Verantwortungshorizont	Kurzfristige Gewinnverantwortung	Langfristige Gewinnverantwortung
Steuerungskonzept	Pretiale Lenkung des innerbetrieblichen Leistungsaustauschs	Pretiale Lenkung des Kapitaleinsatzes
Charakteristische Steuerungsgrößen	Verrechnungspreise für Realgüter	Kalkulationszinssatz für Kapital
Erfolgsgrößen	Jahresüberschuss, Betriebsergebnis	Kapitalwert, ökonomischer Gewinn

Vgl. auch Kah, 1994, S. 91

wenig berücksichtigt (vgl. Abschnitt 7.4.3.1). Deshalb bietet es sich bei derartigen Organisationsstrukturen an, auf mehrperiodige Erfolgsgrößen wie den Kapitalwert oder den ökonomischen Gewinn überzugehen (vgl. Kah, 1994, S. 76 ff.). Damit wird der Tendenz kurzfristiger Erfolgsmaximierung entgegengewirkt. Durch eine entsprechende Ausgestaltung des Anreizsystems mit frühzeitiger Erfolgszurechnung (vgl. Abschnitt 7.4.3.4 sowie Kah, 1994, S. 84 ff.) kann die Motivation zur intensiven Suche und Prüfung von Investitionsalternativen gefördert werden.

Mehrperiodige Erfolgsgrößen

Bei den mehrperiodigen Erfolgsgrößen Kapitalwert und ökonomischer Gewinn ist der Übergang auf eine Berücksichtigung längerfristiger Wirkungen in der Zielgröße verstärkt mit einer *Hidden-Information-Problematik* verbunden. Die Bereichsleiter können durch ihre Prognosen die Zielgröße, an der sie gemessen werden, manipulieren. Die Prognoserechnung lässt sich nicht so zuverlässig aufbauen, dass diese Wirkung ausgeschlossen wird. Man kann jedoch versuchen, ihr durch eine entsprechende Gestaltung des Anreizsystems zu begegnen. Nach dem von Roger B. Myerson (1979, S. 61 ff.) formulierten »Revelation Principle« kann ein zu verfälschenden Informationen anregender Vertrag stets durch einen die Angabe der Wahrheit induzierenden Vertrag ersetzt werden, durch den keine Partei Nachteile erleidet. Das Anreizsystem ist also so zu entwickeln, dass der Bereich durch eine wahrheitsgemäße Berichterstattung nicht schlechter gestellt wird als bei einer Informationsmanipulation (vgl. Abschnitt 7.3.3 sowie Kah, 1994, S. 138 ff.).

Matrixorganisation

In Matrixorganisationen sind mehrere Gliederungsprinzipien miteinander verknüpft. Deshalb treten die in funktionalen und in divisionalen Strukturen anzutreffenden Probleme und Wirkungen bei ihnen kombiniert auf. Das hohe

Maß an Interdependenzen macht eine isolierte Zurechnung von Erfolgen schwierig, weil ihr das Zusammenwirken mehrerer Linien an der Entscheidungsfindung entgegensteht. Die Ursachen des Erfolgs und die von einzelnen Stellen oder Bereichen ausgehenden Erfolgswirkungen lassen sich höchstens in Sonderfällen und in begrenztem Umfang bestimmen. Dies erschwert die Einrichtung monetärer Anreizsysteme.

An dem Übergang von den rein input- bzw. outputbezogenen zu den an ein- bzw. mehrperiodigen Erfolgsgrößen orientierten Profit-Center-Konzeptionen wird die Interdependenz zwischen Organisationsstrukturen und Anreizsystemen klar erkennbar. Mit der Ausweitung des Entscheidungsspielraums steigt die Möglichkeit, die Bereiche allein über erfolgsbezogene Anreizsysteme zu steuern. Damit gewinnt jedoch das Problem der Verhaltensbeobachtung, d. h. die Hidden-Action-Problematik, der Entscheidungsträger in den Bereichen an Gewicht. Die Reduktion auf eine oder wenige Zielgrößen macht die Analyse der Erfolgsursachen schwieriger. Berücksichtigt man zudem langfristige Erfolgswirkungen, so eröffnet die Unsicherheit der Prognosen zusätzlich Möglichkeiten zur Manipulation von Informationen, d. h. die Hidden-Information-Problematik nimmt zu. Man muss versuchen, beide Entwicklungen durch eine entsprechende Gestaltung des Anreizsystems aufzufangen.

Interdependenzen zwischen Organisation und Anreizsystem

Die Analyse zeigt, dass einerseits die Gestaltungsmöglichkeiten des Anreizsystems von der Organisationsstruktur abhängig sind. Andererseits kann den durch eine Veränderung der Organisationsstruktur ausgelösten Problemen durch die Anpassung des Anreizsystems begegnet werden. Aus diesen Gründen sind die Festlegung der Organisationsstruktur und des Personalführungssystems aufeinander abzustimmen.

Wiederholungsfragen Kapitel 8

1. *Wie lassen sich Controlling und Organisation voneinander abgrenzen und worin bestehen Überschneidungen?*
2. *Wie beeinflusst die Verteilung von Aufgaben sowie Entscheidungs- und Weisungsrechten die Ausgestaltung des Informationssystems?*
3. *Welchen Einfluss hat eine Dezentralisierung der Organisation auf die Unternehmensrechnung?*
4. *Wie lassen sich mit mehrstufigen und mehrdimensionalen Deckungsbeitragsrechnungen Unternehmenssegmente analysieren?*
5. *Wie wirkt sich die Verteilung der Entscheidungs- und Weisungsrechte auf das Planungs- und Kontrollsystem aus?*
6. *Wie wirken sich funktionale und divisionalisierte Organisationsstrukturen auf das Planungs- und Kontrollsystem aus?*
7. *Welche Anforderungen bestehen an Abstimmungsregeln für Gruppen und welche Bedeutung hat in diesem Zusammenhang das Unmöglichkeitstheorem von Arrow?*

8. Wie können Unternehmens- und Führungsgrundsätze zur Koordination von Planungsträgern eingesetzt werden und welche Einschränkungen bestehen dabei?

9. Welche Möglichkeiten bestehen für die Koordination aufeinanderfolgender Planungs- und Kontrollzyklen?

10. Wie lassen sich Pläne unterschiedlicher Hierarchieebenen koordinieren?

11. Welchen Einfluss hat die Gestaltung der Weisungsrechte (insbesondere Ein-linien- vs. Mehrliniensysteme) auf den Führungsstil?

12. Wie unterscheidet sich die Steuerung von Profit und Investment Centern?

Aufgaben Kapitel 8

1. *Entscheidungsverbund bei Delegation*

   Die Unternehmensleitung des Partyservices »Fast Food & Fun« delegiert verschiedene Entscheidungen an die jeweiligen Leiter der Bereiche »Catering« und »Partyzelte«. Die Entscheidungen und Bereichserfolge der Bereichsleiter sind unabhängig voneinander, d. h., es existiert weder ein Restriktions- noch ein Erfolgsverbund zwischen den Entscheidungen dieser Bereiche. Die Unternehmensleitung maximiert den Erwartungsnutzen des Gewinns gemäß folgender Nutzenfunktion:

   $U(G) = \sqrt{G}$

   Diese Nutzenfunktion gibt sie auch den Bereichsleitern »Catering« und »Partyzelte« vor.

   Der Bereich »Catering« kann sich zwischen den beiden Alternativen »A« (Personalbezug über Fachkraftagentur) oder »B« (Personalbezug über Studentenservice) entscheiden. Der Gewinn der beiden Alternativen hängt davon ab, ob in der laufenden Partysaison vornehmlich exklusive Staatsempfänge (Umweltzustand 1) oder lockere Examenspartys veranstaltet werden (Umweltzustand 2).

   Der Bereich »Catering« erwartet bei Alternative »A« und Eintritt von Umweltzustand 1 einen Gewinn von 36,– und bei Eintritt von Umweltzustand 2 einen Gewinn von 25,–. Entscheidet sich der Bereich »Catering« für »B«, erwartet er einen Gewinn von 0,–, falls ausschließlich Staatsempfänge gebucht werden; bei Buchung von Examensfesten rechnet er hingegen mit einem Gewinn von 100,–.

   Der Bereichsleiter »Partyzelte« hat die für Sie relevanten Daten bereits aufbereitet. Betrachtet man die unten angeführte Matrix, so sieht man, dass sich der Bereichsleiter zwischen Alternative »C« (Ersatz des alten Zeltbestandes durch neue Zelte) und Alternative »D« (Kauf von Sonnenschirmen) in Abhängigkeit der Umweltzustände 3 (Jahrhundertsommer) und 4 (viel Regen) entscheiden muss.

Bereich »Partyzelte«	Umweltzustand 3	Umweltzustand 4
Entscheidung C	49,–	64,–
Entscheidung D	81,–	0,–

Die Zustandswahrscheinlichkeiten beider Bereiche können der nachfolgenden Tabelle entnommen werden.

Umweltzustand	1	2	3	4
Wahrscheinlichkeit	1/2	1/2	1/3	2/3

a) Stellen Sie für den Bereich »Catering« die Ergebnismatrix auf.

b) Bestimmen Sie die Nutzenerwartungswerte der isoliert getroffenen Entscheidungen der beiden Bereiche und geben Sie die optimale Entscheidung des jeweiligen Bereichs an.

c) Vergleichen Sie die isoliert getroffenen Entscheidungen der Bereiche mit einer Entscheidungsfindung der Unternehmensleitung ohne Entscheidungsdelegation und interpretieren Sie das Ergebnis.

Hinweis: Die Einzelergebnisse sind auf die zweite Stelle hinter dem Komma auf- bzw. abzurunden.

2. Kontrolle
Kennzeichnen Sie Eigen- und Fremdkontrolle und diskutieren Sie jeweils zwei Vor- und zwei Nachteile dieser beiden Kontrollformen.

Lösungen Kapitel 8

1. Entscheidungsverbund bei Delegation

a) Ergebnismatrix für den Bereich »Catering«

Bereich »Catering«	Umweltzustand 1	Umweltzustand 2
Entscheidung A	36,–	25,–
Entscheidung B	0,–	100,–

b) Isoliert getroffene Entscheidungen der beiden Bereiche

Bereich »Catering«:

$$E\left(U_A^{Ca}(G)\right) = P(U1)\sqrt{E_\pi^{Ca}(A|U1)} + P(U2)\sqrt{E_\pi^{Ca}(A|U2)} = \frac{1}{2} \cdot 6 + \frac{1}{2} \cdot 5 = 5,50$$

$$E\left(U_B^{Ca}(G)\right) = P(U1)\sqrt{E_\pi^{Ca}(B|U1)} + P(U2)\sqrt{E_\pi^{Ca}(B|U2)} = \frac{1}{2} \cdot 0 + \frac{1}{2} \cdot 10 = 5,00$$

Der Bereich »Catering« entscheidet sich für A.

Bereich »Partyzelte«:

$$E\left(U_C^{Pz}(G)\right) = P(U3)\sqrt{E_\pi^{Pz}(C|U3)} + P(U4)\sqrt{E_\pi^{Pz}(C|U4)} = \frac{1}{3}\cdot 7 + \frac{2}{3}\cdot 8 = 7,67$$

$$E\left(U_D^{Pz}(G)\right) = P(U3)\sqrt{E_\pi^{Pz}(D|U3)} + P(U4)\sqrt{E_\pi^{Pz}(D|U4)} = \frac{1}{3}\cdot 9 + \frac{2}{3}\cdot 0 = 3,00$$

Der Bereich »Partyzelte« entscheidet sich für C.

c) *Entscheidung der Unternehmensleitung*
   Zwei Alternativen bei zwei Bereichen ergeben vier Entscheidungs-
   alternativen für die Unternehmensleitung (AC, AD, BC, BD).

$$
\begin{aligned}
E\left(U_{AC}(G)\right) =\ & P(U1U3)\cdot\sqrt{E_\pi^{Ca}(A|U1)+E_\pi^{Pz}(C|U3)} \\
& + P(U1U4)\cdot\sqrt{E_\pi^{Ca}(A|U1)+E_\pi^{Pz}(C|U4)} \\
& + P(U2U3)\cdot\sqrt{E_\pi^{Ca}(A|U2)+E_\pi^{Pz}(C|U3)} \\
& + P(U2U4)\cdot\sqrt{E_\pi^{Ca}(A|U2)+E_\pi^{Pz}(C|U4)} \\
=\ & \frac{1}{2}\cdot\frac{1}{3}\cdot\sqrt{36+49} + \frac{1}{2}\cdot\frac{2}{3}\cdot\sqrt{36+64} + \frac{1}{2}\cdot\frac{1}{3}\cdot\sqrt{25+49} \\
& + \frac{1}{2}\cdot\frac{2}{3}\cdot\sqrt{25+64} \\
=\ & \frac{1}{6}\cdot\sqrt{85} + \frac{2}{6}\cdot\sqrt{100} + \frac{1}{6}\cdot\sqrt{74} + \frac{2}{6}\cdot\sqrt{89} \\
=\ & 9,45
\end{aligned}
$$

$$
\begin{aligned}
E\left(U_{AD}(G)\right) =\ & P(U1U3)\cdot\sqrt{E_\pi^{Ca}(A|U1)+E_\pi^{Pz}(D|U3)} \\
& + P(U1U4)\cdot\sqrt{E_\pi^{Ca}(A|U1)+E_\pi^{Pz}(D|U4)} \\
& + P(U2U3)\cdot\sqrt{E_\pi^{Ca}(A|U2)+E_\pi^{Pz}(D|U3)} \\
& + P(U2U4)\cdot\sqrt{E_\pi^{Ca}(A|U2)+E_\pi^{Pz}(D|U4)} \\
=\ & \frac{1}{2}\cdot\frac{1}{3}\cdot\sqrt{36+81} + \frac{1}{2}\cdot\frac{2}{3}\cdot\sqrt{36+0} + \frac{1}{2}\cdot\frac{1}{3}\cdot\sqrt{25+81} \\
& + \frac{1}{2}\cdot\frac{2}{3}\cdot\sqrt{25+0} \\
=\ & \frac{1}{6}\cdot\sqrt{117} + \frac{2}{6}\cdot\sqrt{36} + \frac{1}{6}\cdot\sqrt{106} + \frac{2}{6}\cdot\sqrt{25} \\
=\ & 7,19
\end{aligned}
$$

$$E\left(U_{BC}\left(G\right)\right) = \quad P(U1U3)\cdot\sqrt{E_{\pi}^{Ca}\left(B|U1\right)+E_{\pi}^{Pz}\left(C|U3\right)}$$
$$+ \ P(U1U4)\cdot\sqrt{E_{\pi}^{Ca}\left(B|U1\right)+E_{\pi}^{Pz}\left(C|U4\right)}$$
$$+ \ P(U2U3)\cdot\sqrt{E_{\pi}^{Ca}\left(B|U2\right)+E_{\pi}^{Pz}\left(C|U3\right)}$$
$$+ \ P(U2U4)\cdot\sqrt{E_{\pi}^{Ca}\left(B|U2\right)+E_{\pi}^{Pz}\left(C|U4\right)}$$
$$= \frac{1}{2}\cdot\frac{1}{3}\cdot\sqrt{0+49}+\frac{1}{2}\cdot\frac{2}{3}\cdot\sqrt{0+64}+\frac{1}{2}\cdot\frac{1}{3}\cdot\sqrt{100+49}$$
$$+\frac{1}{2}\cdot\frac{2}{3}\cdot\sqrt{100+64}$$
$$= \frac{1}{6}\cdot\sqrt{49}+\frac{2}{6}\cdot\sqrt{64}+\frac{1}{6}\cdot\sqrt{149}+\frac{2}{6}\cdot\sqrt{164}$$
$$= 10{,}14$$

$$E\left(U_{BD}\left(G\right)\right) = \quad P(U1U3)\cdot\sqrt{E_{\pi}^{Ca}\left(B|U1\right)+E_{\pi}^{Pz}\left(D|U3\right)}$$
$$+ \ P(U1U4)\cdot\sqrt{E_{\pi}^{Ca}\left(B|U1\right)+E_{\pi}^{Pz}\left(D|U4\right)}$$
$$+ \ P(U2U3)\cdot\sqrt{E_{\pi}^{Ca}\left(B|U2\right)+E_{\pi}^{Pz}\left(D|U3\right)}$$
$$+ \ P(U2U4)\cdot\sqrt{E_{\pi}^{Ca}\left(B|U2\right)+E_{\pi}^{Pz}\left(D|U4\right)}$$
$$= \frac{1}{2}\cdot\frac{1}{3}\cdot\sqrt{0+81}+\frac{1}{2}\cdot\frac{2}{3}\cdot\sqrt{0+0}+\frac{1}{2}\cdot\frac{1}{3}\cdot\sqrt{100+81}$$
$$+\frac{1}{2}\cdot\frac{2}{3}\cdot\sqrt{100+0}$$
$$= \frac{1}{6}\cdot\sqrt{81}+\frac{2}{6}\cdot\sqrt{0}+\frac{1}{6}\cdot\sqrt{181}+\frac{2}{6}\cdot\sqrt{100}$$
$$= 7{,}08$$

Aus Sicht der Unternehmensleitung ist die Alternative BC optimal.

Interpretation:
- *Der Nutzenerwartungswert der Unternehmensleitung setzt sich nicht additiv aus den Nutzenerwartungswerten der Bereiche zusammen.*
- *Bei Entscheidungsverbund können gesamtunternehmerische Entscheidungen von Entscheidungen der Bereiche divergieren. Bei Delegation wären von den Bereichen die Alternativen A und C gewählt worden, während aus Sicht des Gesamtunternehmens die Kombination BC vorteilhaft ist.*
- *Die Delegation von Entscheidungsrechten ist in diesem Fall unvorteilhaft.*

2. *Kontrolle*
Eigenkontrolle
Kennzeichnung:
Durchführung der Kontrolle liegt beim Ausführenden. Kontrollträger und Kontrollierter sind identisch.

Vorteile:
▸ *Handlungsträger kennt das zu beurteilende Objekt sehr genau und kann Abweichungen schnell feststellen und korrigieren*
▸ *Falls er die Kontrolle allein wahrnimmt, ist keine Informationsübertragung an andere Stellen erforderlich*
▸ *Quantitative und qualitative Ausweitung des Aufgabenbereichs kann Identifikation mit der Zielvorgabe, Zufriedenheit und Anspruchsniveau erhöhen*
▸ *Lernprozess wird durch die Eigenkontrolle gefördert*

Nachteile:
▸ *Bewusst verursachte Fehler werden nicht aufgedeckt*
▸ *Mangelnde Fähigkeiten des Handlungsträgers werden nicht erkannt*
▸ *Gefahr, dass Kontrollinformationen manipuliert werden*
▸ *Gefahr, dass Kontrollinformationen nicht weitergegeben werden*

Fremdkontrolle
Kennzeichnung:
Durchführung der Kontrolle wird auf einen Vorgesetzten bzw. anderen Kontrollträger übertragen. Handlungsträger und Kontrollträger sind nicht identisch.

Vorteile:
▸ *Größere Neutralität und Objektivität der Kontrolle*
▸ *Dem Kontrollträger wird mit der zusätzlichen Verantwortung eine legitimierte Machtgrundlage übertragen*
▸ *Verhalten extrinsisch motivierter Personen kann durch Lob und Tadel deutlich beeinflusst werden*

Nachteile:
▸ *Mögliche Konflikte zwischen dem Kontrollträger und dem Kontrollierten*
▸ *Beziehungen zwischen Kontrollträger und Kontrolliertem können dadurch belastet werden*
▸ *Fremdkontrolle kann negative Effekte auf die intrinsische Motivation des Kontrollierten haben*

Teil III
Übergreifende Koordinationssysteme des Controlling

9 Betriebswirtschaftliche Steuerungs- und Lenkungssysteme

Bei den übergreifenden Koordinationssystemen des Controlling handelt es sich um die charakteristischen Controllinginstrumente. Zu diesen zählen insbesondere Budgetierungssysteme, Kennzahlen- und Zielsysteme sowie Verrechnungs- und Lenkungspreissysteme. Diese Systeme erfassen Komponenten mehrerer Führungsteilsysteme, weshalb sie sich nicht einem einzelnen Führungsteilsystem zuordnen lassen. Als betriebswirtschaftliche Steuerungs- und Lenkungssysteme kann man sie in einem Kontinuum zwischen Hierarchie und Markt einordnen. Die Instrumente wirken zudem so umfassend, dass sich mit ihnen ganze Unternehmenseinheiten steuern lassen.

Die Aufgaben des Controlling lassen sich durch eine Vielzahl von Instrumenten erfüllen. Zum einen kann man die in Teil II (Kapitel 4 bis 8) beschriebenen isolierten Koordinationsinstrumente einsetzen. Jedes Führungsteilsystem stellt Instrumente bereit, mit denen Variablen des jeweiligen oder mehrerer Systeme abgestimmt werden können.

Kennzeichnung übergreifender Koordinationssysteme

Während die isolierten Koordinationsinstrumente für die Abstimmung einzelner Aufgaben herangezogen werden, sind die übergreifenden Systeme auf eine weitergehende Koordination gerichtet. Sie stellen Konzepte dar, mit denen die Handlungen der gesamten Unternehmung oder wesentlicher Teilbereiche aufeinander abgestimmt werden können. Damit ist zugleich eine Ausrichtung auf das übergeordnete Zielsystem zur Steuerung der gesamten Unternehmung verbunden.

Die grundlegenden Zwecksetzungen des Controlling, Koordination und Zielausrichtung, werden von diesen Systemen unmittelbar erfüllt. Deshalb kann man in ihnen die charakteristischen Instrumente des Controlling sehen. Dann liegt in ihrer Analyse, Weiterentwicklung und Neukonzeption eine der zentralen Forschungsaufgaben für das Controlling.

Zu diesen übergreifenden Koordinations- und Steuerungssystemen gehören vor allem Systeme der Budgetvorgabe, Kennzahlen- und Zielsysteme (vgl. Reichmann, 2011; Schmidt, 1986) sowie Verrechnungs- und Lenkungspreissysteme. Ihr Charakter als typische Controllinginstrumente ist im Gegensatz zu Kosten- und Erlösrechnung, Planungsmodellen u. Ä. unbestritten. Ordnet man sie entsprechend den Überlegungen der Transaktionskostentheorie (vgl. Williamson, 1975; Ouchi, 1980; Picot, 1982, 1993b) in den umfassenderen Rahmen ökonomischer Steuerungssysteme zwischen Hierarchie und Markt ein, so sind zentralistische Führungssysteme einzubeziehen.

Diese Systeme werden in den folgenden Kapiteln 10 bis 13 dargestellt und analysiert, um anschließend in Kapitel 14 wichtige Verbindungslinien zwischen ihnen herauszuarbeiten. Ihre maßgeblichen Merkmale sind in Abbildung 9-1 zusammengefasst. Dabei werden im Folgenden jeweils die Ausprägungen zu-

Abb. 9-1

Wichtige Merkmale betriebswirtschaftlicher Steuerungs- und Lenkungssysteme

	Zentralistische Führungs-systeme	Budgetierungs-systeme	Zielsysteme		Verrechnungs- und Lenkungs-preissysteme
			Zielvorgabe-systeme	Bereichserfolgs-systeme	
Organisation					
▸ Entscheidungs-rechte	zentralisiert	Budgetfestlegung zentral, operative Maß-nahmen delegiert	Durchführung dezentral, Partizipation durch Zielvereinbarung	starke Delegation, z. T. Partizipation bei zentralen Entscheidungen	starke Delegation, Partizipation bei zentralen Entscheidungen
▸ Weisungsrechte	Einliniensystem	Ein- und Mehr-liniensysteme	insb. Einlinien-systeme	z. T. Mehrlinien-system	Mehrliniensystem
Planung					
▸ Verteilung der Planungs-aufgaben	zentralisiert	zentral: strategisch und taktisch dezentral: operativ	dezentralisiert	zentral: strategisch dezentral: operativ	zentral: strategisch Verrechnungspreise dezentral: (opera-tive) Mengen-entscheidungen
▸ Planungsfolge	Top-down	z. T. Top-down, z. T. Bottom-up, z. T. Gegenstrom-verfahren	Top-down, z. T. Gegenstrom-verfahren	Gegenstrom-verfahren	Gegenstrom-verfahren
Kontrolle					
▸ Kontrollformen	Ergebnis-kontrollen	Ergebniskontrollen	Ergebniskontrollen, Eigenkontrollen	Ergebnis- und Ver-haltenskontrollen	Ergebnis- und Ver-haltenskontrollen
Personalführung					
▸ Führungsstil	eher autoritär	weniger autoritär	eher kooperativ	kooperativ	kooperativ
▸ Belohnungs-system	ggf. Kopplung an Planvorgaben	ggf. Kopplung an Budgets	Koppelung an Ziel-erreichung	Koppelung an Bereichserfolg	Koppelung an Bereichserfolg
Informations-system	einheitliche Unternehmens-rechnung	ausgebaute Kosten- und Erlös-rechnung sowie Finanzrechnung	Kennzahlensystem	Bereichserfolgs-rechnungen	Bereichserfolgs-rechnungen, segmentierte Unternehmens-rechnung

grunde gelegt, die zu einer besonders deutlichen Version des betrachteten Systems führen. Dies besagt nicht, dass es in der Realität in derart »reiner« Form umgesetzt wird. Vielmehr findet man dort viele Mischformen. Um die spezifischen Eigenschaften der einzelnen Systeme zu erkennen, erscheint eine solche Anlehnung an den jeweiligen »Extremtypen« jedoch zweckmäßig.

Wirkungen der Dezentralisation

Diese Koordinationsinstrumente unterscheiden sich insbesondere im Grad der Zentralisation bzw. Dezentralisation von Entscheidungen. Mit der Dezentralisation will man eine Reihe positiver Wirkungen nutzen. Sie müssen bei einer Beurteilung der Koordinationsinstrumente den Einschränkungen oder Nachteilen gegenübergestellt werden, die mit ihnen jeweils verbunden sind. Ein maßgeblicher Grund für eine Dezentralisierung von Entscheidungen liegt in der zwischen Unternehmensleitung und Bereichen bestehenden Informationsasymmetrie. Letztere verfügen i. d. R. über eine genauere Kenntnis der zumindest für die operativen Entscheidungen relevanten Sachverhalte. Zentrale Entscheidungen würden deshalb einen umfangreichen Informationsaustausch erfordern (vgl. Adam, 1970, S. 196 ff.). Dabei besteht die Gefahr, dass die Bereiche aus Eigeninteresse nur einen Teil oder manipulierte Informationen an die Zentrale übermitteln. Eine Begründung basiert auf der Hypothese, dass die Einräumung von Entscheidungsrechten motivierend wirkt. Schließlich beinhaltet eine Dezentralisierung die Aufspaltung des Entscheidungsfeldes. Dies bedeutet eine Komplexitätsreduktion und Vereinfachung der Teilentscheidungen. Dem steht gegenüber, dass die dezentralen Entscheidungsträger eigene Ziele bzw. Interessen haben und ihre Entscheidungen nicht ohne weiteres auf das Gesamtziel der Unternehmung ausrichten.

Durch die Zentralisation einzelner Funktionen will man bestimmte Synergien trotz dezentraler Organisation nutzen. Sie können z. B. in Skaleneffekten durch eine bessere Kapazitätsausnutzung (vgl. Ewert/Wagenhofer, 2000, S. 588), günstigeren Beschaffungsmöglichkeiten durch niedrigere Preise, geringeren Lagerbeständen, Risikoausgleich, einer besseren Koordination von Forschung und Entwicklung sowie der Nutzung von Know-how, in der Schaffung von Marketingvorteilen durch die Kenntnis der jeweiligen Preisangebote u. a. liegen.

Wirkungen der Zentralisation

Wiederholungsfragen Kapitel 9

1. *Kennzeichnen Sie Budgetierungssysteme, Zielvorgabe- und Kennzahlensysteme sowie Lenkungspreissysteme in Bezug auf die Verteilung der Entscheidungskompetenzen und der Planungsaufgaben, die Ablauforganisation der Planung, die vorherrschenden Kontrollformen sowie die Art der Personalführung.*
2. *Arbeiten Sie heraus, inwieweit es sich bei Budgetierungssystemen, Zielvorgabe- und Kennzahlensystemen sowie Lenkungspreissystemen jeweils um übergreifende Controllinginstrumente handelt.*
3. *Vergleichen Sie Budgetierungssysteme, Zielvorgabe- und Kennzahlensysteme sowie Lenkungspreissysteme im Hinblick auf ihre Eignung als übergreifende Controllinginstrumente in Abhängigkeit von Größe und Organisationsform der Unternehmung.*

10 Zentralistische Führungssysteme

Bei zentralistischen Führungssystemen handelt es sich um eine extreme Ausprägung betriebswirtschaftlicher Steuerungs- und Lenkungssysteme. Im Kontinuum zwischen Hierarchie und Markt sind zentralistische Führungssysteme stark hierarchisch geprägt, d.h. die wesentlichen Entscheidungen sind der Unternehmensleitung vorbehalten, und die Unternehmung wird insbesondere über Pläne geführt.

10.1 Merkmale zentralistischer Führungssysteme

Dieser Abschnitt beschreibt die Merkmale zentralistischer Führungssysteme. An der Zentralisation wesentlicher Entscheidungen und der Planung nach dem Top-down-Prinzip orientiert sich die Ausprägung der weiteren Führungsteilsysteme.

Das charakteristische Merkmal zentralistischer Führungssysteme liegt in der Zentralisation der Entscheidungs- und Weisungsrechte. Um die Ausrichtung auf ein Ziel(system) zu gewährleisten und Interdependenzen zu berücksichtigen, wird das Entscheidungsfeld möglichst wenig zerlegt. Alle wesentlichen Entscheidungen werden von der Unternehmensleitung getroffen. Die Zentralisation von Entscheidungen setzt sich über die Hierarchieebenen fort. Entscheidungen werden nur delegiert, soweit dies wegen der begrenzten Verarbeitungskapazität der jeweiligen Instanzen notwendig ist. Untergeordnete Stellen nehmen am Entscheidungsakt nicht teil, ihre Partizipation ist weitgehend reduziert.

Die Verteilung der Weisungsrechte folgt dem Prinzip der »Einheit der Auftragserteilung«. Die organisatorische Hierarchie entspricht dem Einliniensystem. Dieses ist ggf. durch Stäbe ergänzt, welche die jeweiligen Instanzen beraten und deren Kapazität erweitern. Die Aufgaben sind nach Verrichtungen gegliedert.

Die Zentralisation der Entscheidungs- und der Weisungsrechte ist häufig mit einem hohen Maß an Programmierung verbunden. Durch eine Vielzahl von Regelungen für Routine- und Rahmenentscheidungen versucht man, das Entscheidungsverhalten untergebener Stellen zentral zu steuern, ohne die Kapazität der übergeordneten Instanz zu belasten. Ferner ist die Kommunikationsstruktur weitgehend formal geregelt. Über die Einhaltung des Instanzenweges sollen die Informationsversorgung und die Leitungsfunktionen der Instanzen über alle Ebenen hinweg gesichert werden. Für die Wahrnehmung der Leitungsfunktionen werden die Instanzen mit einer großen legitimierten Macht ausgestattet. Diese gibt ihnen die Basis für den Einsatz von Sanktionsgewalt in Form von Belohnungen und ggf. Bestrafungen.

Zentralisation der Entscheidungs- und Weisungsrechte

Programmierung

Eigenschaften des
Planungssystems

Die Eigenschaften des Planungssystems korrespondieren stark mit denen der Organisation. Der Vielzahl organisatorischer Regelungen entspricht eine intensive Standardisierung und Dokumentierung der Planung. Die Differenzierung in Planungsbereiche und Planungstatbestände folgt ebenfalls dem Funktionsprinzip. Die Planungsaufgaben sind weitestgehend zentralisiert, wichtige Teile sind zentralen Planungsabteilungen oder -stäben übertragen. Dadurch ist es möglich, einen hohen Grad an simultaner Planung zu erreichen. Über die Pläne entscheiden die Instanzeninhaber, wobei viele Entscheidungen der Unternehmensleitung vorbehalten sind. Deshalb ist die Ablauforganisation der Planung vom Top-down-Prinzip bestimmt.

Eigenschaften des
Kontrollsystems

In entsprechender Weise sind die Eigenschaften des Kontrollsystems ausgeprägt. Es ist in hohem Maße standardisiert, viele Ergebnisse werden dokumentiert. Um die Durchsetzung der Entscheidungen und Pläne sicherzustellen, werden intensiv Kontrollen eingesetzt. Der Kontrollumfang ist groß, die Kontrollen sind weitgehend auf quantitativ messbare Größen gerichtet. Daher herrschen Ergebniskontrollen vor, die vor allem in Form von Soll-Ist-Vergleichen vorgenommen werden. Als Kontrollinformationen verwendet man in erster Linie Feed-back-Informationen. Dementsprechend geht man davon aus, dass eher die Durchführung als die Planung zu verändern ist (vgl. Weber, 1995a, S. 43 ff.). Die Zentralisierung der Weisungsrechte führt zu einer Betonung von Fremdkontrollen. Die Kontrollaufgaben und -kompetenzen sind auf die Instanzeninhaber übertragen. Zur Absicherung der Planumsetzung sind sie verpflichtet, regelmäßige und häufige Kontrollen durchzuführen.

Eigenschaften der
Personalführung

Die Personalführung ist durch explizite Verhaltensnormen geprägt. Sie schreiben dem Mitarbeiter präzise vor, »welche Informationen zu beschaffen sind und wie auf empfangene Informationen zu reagieren ist« (Laux/Liermann, 1997, S. 450). Durch sie wird sein Handeln maßgeblich bestimmt. Der Führungsstil tendiert zu autoritären Formen. Der unmittelbare Einfluss der Vorgesetzten herrscht als Führungsinstrument vor und besitzt ein hohes Gewicht für die Planrealisierung. Anreizsysteme können mit der Einhaltung von Planvorgaben verknüpft sein. Die Laufbahnplanung ist durch die Einlinienstruktur über eine eher tiefe Hierarchie bestimmt. Wegen der starken Zentralisation von Entscheidungsrechten ist der Entscheidungsspielraum in untergeordneten Instanzen klein. Die Konzentration an der Spitze führt dazu, dass die Zahl attraktiver Positionen mit hoher Entscheidungsautonomie gering ist. Deshalb bieten die Aufstiegsmöglichkeiten höchstens begrenzte Motivationswirkung.

Eigenschaften des
Informationssystems

Das Informationssystem ist wegen der zentralistischen Strukturierung wenig segmentiert. Die Systeme der Bilanz- und der Kostenrechnung bilden jeweils die gesamte Unternehmung ab. Die Planung und Zurechnung von Kosten und Erlösen erweist sich aufgrund der Vielzahl von Interdependenzen als vergleichsweise komplexes Problem.

10.2 Kennzeichnung der Koordination in zentralistischen Führungssystemen

Dieser Abschnitt stellt die spezifischen Anforderungen an die Koordination des Führungssystems vor, die mit der Zentralisation von Entscheidungs- und Weisungsrechten einhergehen. Während einerseits simultane Planungsmodelle dominieren, wird andererseits die Motivation von Mitarbeitern wenig genutzt.

Das spezifische Instrument zur Koordination des Führungssystems und für die Ausrichtung seiner Teile auf das Ziel(system) der Gesamtunternehmung liegt bei diesem Konzept in der Zentralisation der Entscheidungs- und Weisungskompetenzen. Den Instanzeninhabern der Einlinienhierarchie wird die Koordinationsaufgabe übertragen. Durch die Schaffung großer Entscheidungsfelder haben die Entscheidungsträger die Möglichkeit, die Interdependenzen zwischen den Handlungsvariablen in der Entscheidungsfindung zu berücksichtigen. Mit der Übertragung der Weisungsrechte erhalten sie zugleich die legitimierte Macht für die Plandurchführung. Über das Einliniensystem sind die Entscheidungsfelder untergeordneter Instanzen so abzugrenzen, dass sie sich möglichst wenig überschneiden. Die Verteilung der Aufgaben und Entscheidungen hat in einer Weise zu erfolgen, dass sie eine koordinierte Umsetzung der Pläne der Unternehmensleitung über die Hierarchieebenen hinweg gewährleistet.

Entscheidungs- und Weisungskompetenzen

Bei zentralistischen Führungssystemen bietet sich die Nutzung simultaner Planungsmodelle an. Ihre Merkmale der Berücksichtigung zahlreicher Variablen und Interdependenzen entsprechen der Konzentration von Entscheidungskompetenzen. Jedoch stellt sich die Frage, inwieweit die erforderlichen integrierten Modelle verfügbar und praktisch anwendbar sind. Die Komplexität des einer Instanz, insbesondere der Unternehmensleitung, übertragenen Entscheidungsfeldes kann so groß sein, dass seine Aufspaltung für die Entscheidungsfindung unumgänglich ist. Dann muss man trotz Zentralisierung der Planungskompetenzen auf sukzessive Planungsverfahren übergehen. Zudem kann es notwendig sein, Koordinationsgremien einzusetzen, um das Wissen und die Informationen verschiedener Personen in die Entscheidungsfindung einzubringen. Ferner kann die Kapazität von Einzelpersonen durch die Entscheidungszentralisierung überfordert sein, so dass zumindest auf der obersten Ebene ein aus mehreren Personen besetzter Vorstand verantwortlich ist.

Nutzung simultaner Planungsmodelle

Die Zusammenfassung und klare Strukturierung von Kompetenzen scheint auf den ersten Blick ein zweckmäßiges Instrument zu sein, um eine intensive Berücksichtigung von Interdependenzen, Koordination und Zielorientierung zu erreichen. Dem steht aber eine Reihe von Problemen gegenüber. So führt die Konzentration von Aufgaben und Verantwortung zu einer starken Belastung der Instanzeninhaber, die hohe Fähigkeiten von ihnen verlangt. Die Möglichkeiten zur Erhöhung der Informationsverarbeitungskapazität und der verfügbaren Informationen durch die Einbeziehung Untergebener werden nicht oder wenig ergriffen. Ein Ersatz durch Modelle und Verfahren der Planung ist nur in beschränktem Umfang möglich.

Belastung der Instanzeninhaber

Motivierbarkeit der Mitarbeiter

Neben dem Wissen wird die Motivierbarkeit der Mitarbeiter in einem zentralistischen System wenig genutzt. Die eher autoritäre Personalführung und Kontrolle regt die meisten Menschen nicht zu eigenständigem Einsatz an. Damit werden ihre Fähigkeiten und ihre Leistungsbereitschaft kaum zugunsten der Unternehmung aktiviert. Darüber hinaus ist es häufig fraglich, ob sie in dem durch die Planung vorgegebenen Sinn handeln. Die Art der Personalführung und Kontrolle kann Widerstände hervorrufen, welche durch zusätzliche Maßnahmen überwunden werden müssen.

Controllingfunktionen bei Instanzeninhabern

Die Zentralisierung der Aufgaben und Kompetenzen bezieht sich auf die Koordination des Führungssystems. Deshalb werden Controllingfunktionen bei diesem Koordinationssystem zu wesentlichen Teilen von den Instanzeninhabern wahrgenommen. Eigene Controllingstellen oder -abteilungen (zur Organisation des Controlling vgl. Teil V, Kapitel 21 bis 24) passen in dieses Konzept höchstens in Form unterstützender Stäbe der Unternehmensleitung und anderer Instanzen.

Die Koordination des Führungssystems als zentrale Controllingfunktion kann durch eine Zentralisation der Aufgaben und Kompetenzen erreicht werden. Die Controllingfunktion wird von den Instanzeninhabern mit wahrgenommen, ohne dass sie auf eigenständige Controllingstellen übertragen ist. Gerade an diesem Führungssystem zeigt sich die Notwendigkeit und Zweckmäßigkeit einer strengen Unterscheidung zwischen Funktion und Organisation des Controlling.

Wiederholungsfragen Kapitel 10

1. *Kennzeichnen Sie wichtige Eigenschaften von Planungs-, Kontroll- und Informationssystem bei zentralistischen Führungssystemen.*
2. *Beschreiben Sie, inwiefern die Verteilung von Entscheidungs- und Weisungsrechten bei zentralistischen Führungssystemen zur Koordination beiträgt.*
3. *Geben Sie drei Beispiele für charakteristische Koordinationsinstrumente von zentralistischen Führungssystemen.*

11 Systeme der Budgetvorgabe

Im System der Budgetvorgabe räumt die Unternehmensleitung den Leitern dezentraler Organisationseinheiten einen Handlungsspielraum ein. Das Budget stellt einem dezentralen Leiter Ressourcen zur Verfügung und formuliert Erwartungen der Unternehmensleitung. Beispielsweise kann der Leiter Instandsetzung auf eine vorgegebene Anzahl an Mitarbeitern, Materialien oder Geräten zurückgreifen, mit denen eine Mindestverfügbarkeit der betrieblichen Anlagen sowie eine Mindestqualität der gefertigten Produkte sichergestellt werden soll. Mit der Budgetierung legt die Unternehmensleitung die zur Erfüllung ihrer Erwartungen benötigten Ressourcen fest. Hierzu kann sie verschiedene Instrumente wie die Kosten- und Erlösrechnung, die Gemeinkosten-Wertanalyse oder das Zero-Base-Budgeting verwenden.

11.1 Merkmale und Funktionen von Budgets

Der nachfolgende Abschnitt kennzeichnet wichtige Merkmale von Budgets wie den Budgetierungszeitraum, die Vorgabe als starres oder flexibles Budget sowie die Partizipation von dezentralen Bereichsleitern bei der Budgeterstellung.

Die Nachteile der starken Zentralisation fördern die Tendenz, zumindest einen Teil der Entscheidungsrechte zu delegieren. Um dennoch zu einem koordinierten, gesamtzielorientierten Handeln zu kommen, kann man den organisatorischen Einheiten Budgets vorgeben. Diese stellen schriftlich fixierte und in Geldeinheiten bewertete Plangrößen dar, die einem Verantwortungsbereich für eine Periode vorgegeben werden (vgl. Wild, 1974a, S. 325). Charakteristisch ist die Ausrichtung auf eine Organisationseinheit, deren Instanzeninhaber für die Einhaltung des Budgets verantwortlich ist.

Begriff des Budgets

Das Budget ist als Wertgröße formuliert, die in einem genau abgegrenzten Zeitraum durch die Entscheidungen und Handlungen des Bereichs eingehalten werden soll. Mit ihm werden nicht die einzelnen Handlungsvariablen und -alternativen festgelegt, sondern ein Handlungsrahmen. Es lässt dem Bereich einen Spielraum und zeigt nur auf, welche Ergebnisse von ihm erzielt werden sollen.

Budget als Handlungsrahmen

Im Unterschied zu der für eine zentralistische Planung charakteristischen Maßnahmenplanung ist die Budgetvorgabe bereichs- und nicht aktionsbezogen. Ergebnis einer Maßnahmenplanung ist eine bestimmte Kombination von Handlungsvariablen, die zu einer angestrebten Zielerreichung und zur Einhaltung der mit dem Budget gesetzten Bedingungen führen soll. Beispielsweise führt die Planung des Produktionsprogramms zur Auswahl der Produktarten und -mengen als den zu realisierenden Aktionen. Damit setzt die Budgetvorgabe an

Vergleich mit Maßnahmenplanung

den Konsequenzen der Handlungen des Bereichs und nicht an diesen selbst an. Budgets stellen einen Rahmenplan dar, der nicht konkretisiert ist. Der verbleibende Handlungsspielraum ist daher größer als bei Maßnahmenplänen, wo er lediglich in der stärkeren Detaillierung der zu realisierenden Alternative liegen kann. Die Maßnahmenplanung ist auf Entscheidungsprobleme gerichtet, die Budgetvorgabe auf organisatorische Einheiten. Der Sachorientierung steht also die Bereichs- und Personenorientierung gegenüber.

Wertgrößen als Budgets

Budgets können in verschiedenartiger Weise gestaltet und in allen Wertgrößen der Unternehmensrechnung formuliert werden. So kennt man Budgets für Erlöse oder Umsätze und Kosten, für Erträge und Aufwendungen, für Einnahmen und Ausgaben oder Einzahlungen und Auszahlungen. Ferner sind Budgets für Saldogrößen wie Gewinne, Deckungsbeiträge u. Ä. möglich. In der Praxis findet man auch Budgets in Mengengrößen, z. B. für Herstellungs- oder Absatzmengen. Üblich ist jedoch eine weitgehende Beschränkung auf Wertgrößen. Ob man an dieser hier befolgten Konvention festhält, ist eine Frage der sprachlichen Zweckmäßigkeit.

Budgetierungszeitraum

In der Regel beziehen sich Budgets auf einen kurzfristigen Planungszeitraum. Am häufigsten ist die Vorgabe für ein Jahr, jedoch sind auch kürzere Bezugsperioden möglich. Nach dem sachlichen Geltungsbereich kann man beispielsweise Absatz-, Fertigungs-, Beschaffungs-, Investitions-, Verwaltungs- und andere Budgets trennen.

Flexible vs. starre Budgets

Die Erreichbarkeit der Budgets wird durch die Merkmale der Beeinflussbarkeit, des Zielausmaßes und der Flexibilität erfasst. Je mehr die mit ihnen festgelegten Größen allein von den Handlungen des betreffenden Bereichs abhängen, desto besser können sie ihre Steuerungsfunktion erfüllen. Über das Zielausmaß wird die Schwierigkeit bestimmt, mit der man das Budget erreichen kann, und damit der Druck, welcher auf den Bereich ausgeübt wird. Die Einhaltung eines Budgets ist oft auch von Situationsbedingungen abhängig, die der Bereich nicht beeinflussen kann. Bei flexiblen Budgets passt man daher die Vorgabewerte an unerwartete Änderungen wichtiger Bedingungen wie z. B. der Beschäftigung oder der Konjunkturentwicklung an. Dagegen sind starre Budgets unabhängig von der externen Entwicklung einzuhalten.

Anwendung von Budgets

Neben der Art der Budgets sind für ihre Wirkung Merkmale ihrer Anwendung bedeutsam. Sie betreffen das Vorgehen bei der Ableitung, Durchsetzung und Kontrolle der Vorgabewerte (vgl. Grimmer, 1980, S. 30 f.). Für Verhaltenswirkungen spielt bei ihrer Festlegung neben den angewandten Budgetierungstechniken und dem gewählten Budgetausmaß die *Partizipation* der Budgetverantwortlichen eine maßgebliche Rolle. Für die Durchsetzung ist wichtig, inwieweit sich die Betroffenen die Vorgaben zu Eigen machen. Dies wird neben der Partizipation durch die *Art der Mitteilung* der Vorgaben, *Begleitmaßnahmen* zur Unterstützung der Durchführung und das *Vorgesetztenverhalten* beeinflusst. Ferner gewinnt in der Realisation bei Änderung von Situationsbedingungen die *Flexibilität* an Gewicht. In der Kontrolle kommt es darauf an, welche *Anreize* mit der Budgeteinhaltung verbunden sind und in welchem Umfang der Budgetverantwortliche in die Ursachenanalyse einbezogen wird.

Budgets können als spezielle Kategorie von Plänen interpretiert werden. Durch die Ausrichtung auf organisatorische Einheiten sind sie auf den unteren Hierarchieebenen stark differenziert. Zudem sind sie als Wertbeträge (z. B. als Ausgaben) präzise und relativ detailliert definiert. In ihrer häufigsten Verwendung als Jahresbudgets bilden sie i. d. R. die Schnittstelle zwischen der taktischen und der operativen Planung. Ihre Ausprägung ist in diesem Fall aus den lang- und mittelfristigen Maßnahmenplänen herzuleiten. Beispielsweise bestimmt man aus dem für mehrere Jahre aufgestellten Investitions- und Finanzierungsplan die Einnahmen- und Ausgabenbeträge, die einem Bereich für das nächste Jahr zugewiesen werden. Zugleich begrenzen diese Budgets die kurzfristigen Entscheidungen und werden damit bestimmend für die operative Planung, in die sie als Nebenbedingungen eingehen.

An ihrer Bedeutung als Schnittstelle zwischen verschiedenen Planungsebenen zeigt sich die enge Beziehung der Budget- zur Maßnahmenplanung. Einerseits lassen sich Budgets nur über die Planung und Durchführung von Maßnahmen realisieren. Sie müssen also in Maßnahmenpläne umgesetzt werden. Andererseits sind sie im Allgemeinen aus mittel- bis längerfristigen Maßnahmenplänen herzuleiten. Dabei sind die an Entscheidungstatbeständen orientierten Vorhaben und Zielgrößen entsprechend der Organisation der Unternehmung in Wertvorgaben für Unternehmensbereiche, Abteilungen und Stellen umzusetzen. Budgets sind nur dann ein Instrument der koordinierten Zielerreichung, wenn sie mit den weiterreichenden Plänen kompatibel und in kurzfristigere Maßnahmenpläne umsetzbar sind.

Beziehung der Budget- zur Maßnahmenplanung

Ein wesentlicher Grund für die Vorgabe von Budgets liegt in der Hypothese, dass sie stärker als Maßnahmenpläne motivieren können. Durch die Einräumung von Entscheidungs- und Handlungsspielräumen fördern sie bei vielen Personen die Eigeninitiative und die Leistungsbereitschaft. Man möchte damit ihre *Motivationsfunktion* nützen. Ferner sind sie ein Instrument der Planung und Steuerung bei schlecht definierten Problemen, z. B. der Forschung und Entwicklung, für die sich wegen der Unsicherheit der Daten nur schwer exakte Maßnahmenpläne aufstellen lassen. Auf der übergeordneten Ebene ermöglichen sie eine vereinfachte Planung, während der einzelne Bereich bessere Informationen für die Maßnahmenplanung in seinem abgegrenzten Entscheidungsfeld besitzt. Mit Ausgaben- oder Kostenbudgets werden die Mittel angegeben und verteilt, welche die einzelnen Bereiche einsetzen können. Damit übernehmen sie eine *Bewilligungs- und Allokationsfunktion*. Zugleich werden mit den Budgetgrößen zu erreichende Werte gesetzt, die wie Ziele eine *Vorgabefunktion* erfüllen (vgl. Trauzettel, 1997, Kapitel 3). Im Hinblick auf die Durchsetzung sollen sie Handlungen auslösen und so eine *Initiierungsfunktion* übernehmen. Aus ihnen wird nach der Realisation der Maßstab, an dem die Handlungen des Bereichs gemessen werden. Insoweit kommt ihnen dann eine *Kontrollfunktion* zu.

Funktionen von Budgets

Die Bestimmung der Budgets erfordert eine Berücksichtigung der Interdependenzen zwischen den Organisationseinheiten und ihren Entscheidungen. Beispielsweise muss sich die in der taktischen Planung vorzunehmende Koordination zwischen den Planungstatbeständen in Budgets als Rahmen der opera-

Koordinationsfunktion von Budgets

tiven Planung niederschlagen. Damit erfüllen sie eine *Koordinationsfunktion*. Zugleich hat man über die Budgets Anhaltspunkte für eine Prognose der entsprechenden Wertgrößen.

An diesen verschiedenartigen Funktionen von Budgets wird deutlich, dass sie nicht nur ein Instrument der Planung und Kontrolle bilden. Mit ihrer Motivationsfunktion werden sie zu einem Instrument der Personalführung. Durch ihre Geltung für Verantwortungseinheiten sind sie eng mit der Organisation verknüpft. Ihre Bedeutung für die Koordination und Steuerung machen sie zu einem der wichtigsten Controllinginstrumente.

11.2 Bestimmungsgrößen und Merkmale der Budgetvorgabe

Zur Budgetierung kann die Unternehmensleitung verschiedene Techniken verwenden. Die zweckmäßige Technik orientiert sich dabei an den Eigenschaften der zu steuernden betrieblichen Prozesse, wie der Messbarkeit des Prozessoutputs oder den Möglichkeiten zur Standardisierung.

Bestimmung von Budgets

Die Möglichkeiten zur Bestimmung von Budgets hängen vor allem von der Art der betroffenen Planungsprobleme, dem Planungssystem und der Aufbauorganisation der Unternehmung ab. Als quantitative Plangrößen lassen sich Budgets umso leichter bestimmen, je besser strukturiert die Probleme sind. So kann man z. B. den Zusammenhang zwischen der Herstellungsmenge eines Produkts und den hierfür notwendigen Einsatzmengen an Material, menschlicher sowie maschineller Arbeit einfacher erfassen und in empirisch bestätigten Produktions- und Kostenfunktionen abbilden als bei Forschungs- oder Verwaltungsprozessen. Je regelmäßiger die Einflussgrößen und die Handlungsvariablen in einem Bereich auf die Erreichung ökonomischer Größen wie Kosten und Erlöse wirken, desto eher besitzt man ein festes Wissen über diese Zusammenhänge und kann es für die Bestimmung von Budgets nutzen. Eine zuverlässige Planung von Budgets erfordert die Kenntnis oder zumindest Vorstellungen über die Beziehungen zwischen Handlungsvariablen, sonstigen Einflussgrößen und den zu budgetierenden Wertgrößen. Deshalb ist die Kenntnis der jeweils geltenden Produktions-, Kosten- und Erlösfunktionen für die Anwendbarkeit einzelner Techniken der Budgetvorgabe bedeutsam.

Typen betrieblicher Prozesse

Die Erfassbarkeit dieser Zusammenhänge wird von der Struktur der Prozesse bestimmt, die der betreffende Bereich durchführt. Man kann sie entsprechend Abbildung 11-1 insbesondere nach der Art, Messbarkeit und Vielfältigkeit der Outputgüter, dem Wiederholungsgrad und der Mehrdeutigkeit der Input-Output-Beziehungen kennzeichnen. Bei der Erzeugung materieller Güter ist die Herstellungsmenge quantitativ messbar, die in einem Verantwortungsbereich hergestellte Zahl an Güterarten im Vergleich zur Erbringung von Dienstleistungen gering. Die Prozesse werden häufig wiederholt, die Beziehungen zwischen Input und Output sind relativ eindeutig. Derartige materielle Produktionsprozesse sind

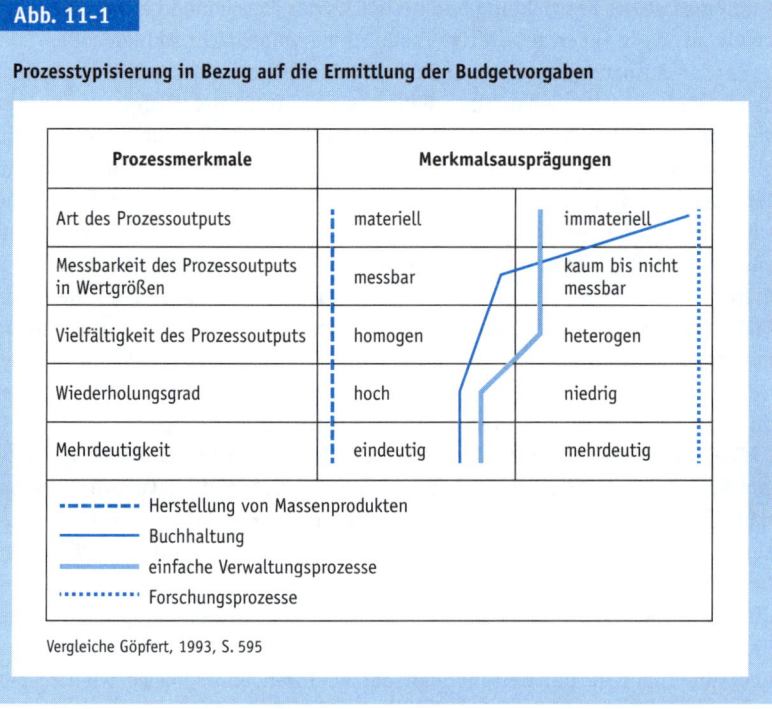

Abb. 11-1

Prozesstypisierung in Bezug auf die Ermittlung der Budgetvorgaben

Prozessmerkmale	Merkmalsausprägungen	
Art des Prozessoutputs	materiell	immateriell
Messbarkeit des Prozessoutputs in Wertgrößen	messbar	kaum bis nicht messbar
Vielfältigkeit des Prozessoutputs	homogen	heterogen
Wiederholungsgrad	hoch	niedrig
Mehrdeutigkeit	eindeutig	mehrdeutig

▪▪▪▪▪▪ Herstellung von Massenprodukten
──── Buchhaltung
──── einfache Verwaltungsprozesse
·········· Forschungsprozesse

Vergleiche Göpfert, 1993, S. 595

so klar strukturiert, dass man die Input-Output-Beziehungen gut kennt oder sich ein entsprechendes Wissen durch eine Prozessanalyse verschaffen kann.

Die Hervorbringung einer Vielzahl von immateriellen Produkten ist charakteristisch für Dienst- und Verwaltungsleistungen. In ihnen werden Tätigkeiten in Form von menschlicher Arbeit (z. B. als Schulung oder Krankenpflege) bzw. maschineller Arbeit (z. B. als Transport) oder Informationen erbracht. Wegen der Verschiedenartigkeit der jeweiligen Tätigkeit und ihres Ergebnisses (z. B. einer Beratung oder medizinischen Untersuchung) kann der Wiederholungsgrad sehr gering werden.

Dienst- und Verwaltungsprozesse

Die *Standardisierbarkeit* reicht von einfachen Arbeiten beispielsweise des Maschineschreibens oder Buchens über kompliziertere Tätigkeiten wie der Durchführung einer Jahresplanung bis zu äußerst komplexen Aufgaben beispielsweise der Forschung. Der Erzeugungsprozess hängt von Einflussgrößen ab, die starken Schwankungen unterliegen, insbesondere den Eigenschaften und Verhaltensweisen der ausführenden Personen. Deshalb sind die Input-Output-Beziehungen in hohem Maße mehrdeutig. Aus diesen Gründen lassen sich die Wirkungen derartiger Prozesse auf die zur Budgetvorgabe verwendeten Wertgrößen nur wenig präzise prognostizieren.

Die *Ungewissheit* über die einen Prozess bestimmenden Beziehungen hängt vor allem von dem in ihm zu erbringenden Ergebnis ab. Während man sie bei einfacheren Verwaltungsleistungen oft zumindest näherungsweise ermitteln kann, sind Prozesse der Entwicklung und besonders der Forschung in hohem Maße unbestimmt, da in ihnen innovative Produkte hervorgebracht werden sollen.

Zusammenhang Planung und Budgetierung

In der Aufbauorganisation werden die Verantwortungsbereiche festgelegt, denen Budgets vorzugeben sind. Will man ein effizientes System der Budgetvorgabe einrichten, muss die aufbauorganisatorische Gliederung auch im Hinblick auf die *Differenzierbarkeit der Planung* vorgenommen sein. Je weniger Interdependenzen zwischen den Planungsbereichen bestehen, desto einfacher wird die Vorgabe von Budgets. Dabei ist wichtig, inwieweit neben der operativen eine strategische und eine taktische Planung vorgenommen werden. Gibt es diese Planungsebenen, so ist die Budgetvorgabe in sie einzubinden. Die für die Budgetvorgabe verwendbaren Techniken richten sich nach eingesetzten *Planungsmethoden*. Sie lässt sich eher durch quantitative Techniken stützen, wenn die taktische und die operative Planung mit quantitativen Entscheidungsmodellen und -verfahren durchgeführt werden.

Problemorientierte Budgetierungstechniken

Die Verschiedenartigkeit der Prozesse erfordert unterschiedliche *Techniken der Budgetvorgabe*. Sie lassen sich nach verschiedenen Merkmalen beschreiben und systematisieren. Den Ausgangspunkt für die in Abbildung 11-2 wiedergegebene Übersicht bildet die Problem- oder Verfahrensorientierung. *Problemorientierte Budgetierungstechniken* gehen von den Handlungsproblemen aus, über die der betrachtete Verantwortungsbereich zu entscheiden hat. Hierzu werden Produktionsfunktionen formuliert, welche das Wissen oder die Vorstellungen über die Input-Output-Beziehungen der zu lösenden Probleme wiedergeben. Ferner setzt man quantitative Prognoseverfahren und Entscheidungsmodelle ein, um einen erwarteten oder optimalen Planwert zu bestimmen. Die *problemorientierten* Budgetierungstechniken lassen sich vor allem bei materiellen Produktionsprozessen sowie einfachen Dienstleistungs- und Verwaltungsprozessen mit hoher Standardisierbarkeit heranziehen.

Verfahrensorientierte Budgetierungstechniken

Verfahrensorientierte Budgetierungstechniken bestehen aus Regeln für den Prozess der Budgetvorgabe. Mit den in ihnen entwickelten Verfahrensschritten

Abb. 11-2

Techniken der Budgetvorgabe

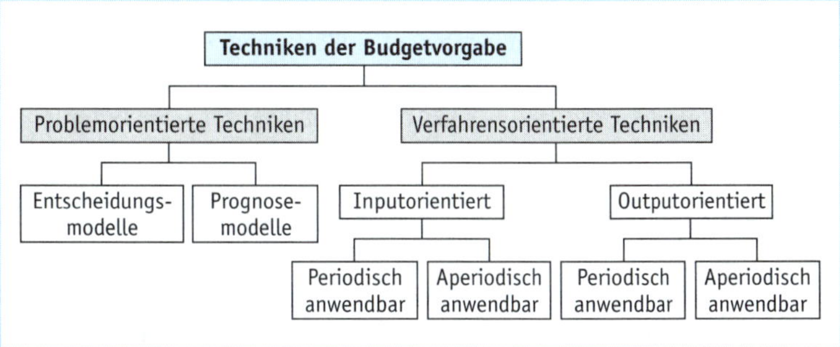

und Verhaltensempfehlungen werden die Budgetwerte hergeleitet. Sie erfassen damit eine den problemorientierten Techniken übergelagerte Ebene und können in diese eingebaut werden. Soweit die relativ exakten problemorientierten Techniken nicht anwendbar sind, ist man allein auf die verfahrensorientierten angewiesen. Deshalb werden letztere insbesondere bei Verwaltungsprozessen eingesetzt.

Bei der Festlegung eines Budgets kann man von dem angestrebten Ergebnis oder von den Gütereinsätzen ausgehen. Nach dieser Ableitungsrichtung lassen sich *output-* und *inputorientierte Budgetierungstechniken* unterscheiden (vgl. Troßmann, 1992, S. 516). Ferner können ein fester (Input- oder Output-)Wert oder die Basis null den Ausgangspunkt bilden. Die erste Form ist beispielsweise bei einer Fortschreibung von Werten der Vorperiode gegeben. Im zweiten Fall werden alle Inputs und Outputs zur Disposition gestellt. Des Weiteren können Budgetierungstechniken regelmäßig anwendbar oder so aufwändig sein, dass ihr Einsatz nur im Abstand von mehreren Perioden zweckmäßig ist. Nach diesem Gesichtspunkt kann man periodische und aperiodische Techniken unterscheiden.

Output- und inputorientierte Budgetierungstechniken

11.3 Problemorientierte Systeme der Budgetvorgabe

Bei materiellen Produktionsprozessen sowie einfachen Dienstleistungs- und Verwaltungsprozessen wie der Montage von Endprodukten oder der Buchung von Geschäftsvorfällen lassen sich Budgets problemorientiert bestimmen. Hierfür wird insbesondere die Kosten- und Erlösrechnung genutzt.

11.3.1 Vorgehen und Ansätze der problemorientierten Budgetvorgabe

Für eine problemorientierte Bestimmung von Budgetwerten sind im Rahmen des betrieblichen Rechnungswesens, der Marktforschung, des Operations Research und der Datenverarbeitung viele sowie leistungsfähige Planungsverfahren entwickelt worden. Grundlage ist in der Regel das *Produktionsprogramm*. Dies zeigt sich darin, dass die Prognose und Planung des Absatzprogramms sowie des Umsatzes häufig entsprechend dem Vorgehen in Abbildung 11-3 den Ausgangspunkt bildet, wenn im Absatz der Engpassbereich der Unternehmung gesehen wird. Die Planung der Kosten und Erlöse im Fertigungsbereich erfolgt auf der Basis einer Planbeschäftigung. Der Materialbedarf wird insbesondere über programmgebundene Verfahren (vgl. Küpper, 1993a, S. 221 ff.; Tempelmeier, 1995) ermittelt.

Produktionsprogramm als Grundlage

Die Bestimmung von Absatz-, Fertigungs- und Beschaffungsbudgets geht also von der Entscheidung über Absatz- sowie Fertigungsmengen aus und ist damit *outputorientiert*. Über die Orientierung am geplanten Produktionsprogramm und die Fundierung durch Produktions-, Kosten- sowie Erlösfunktionen

Outputorientierung problemorientierter Budgetierung

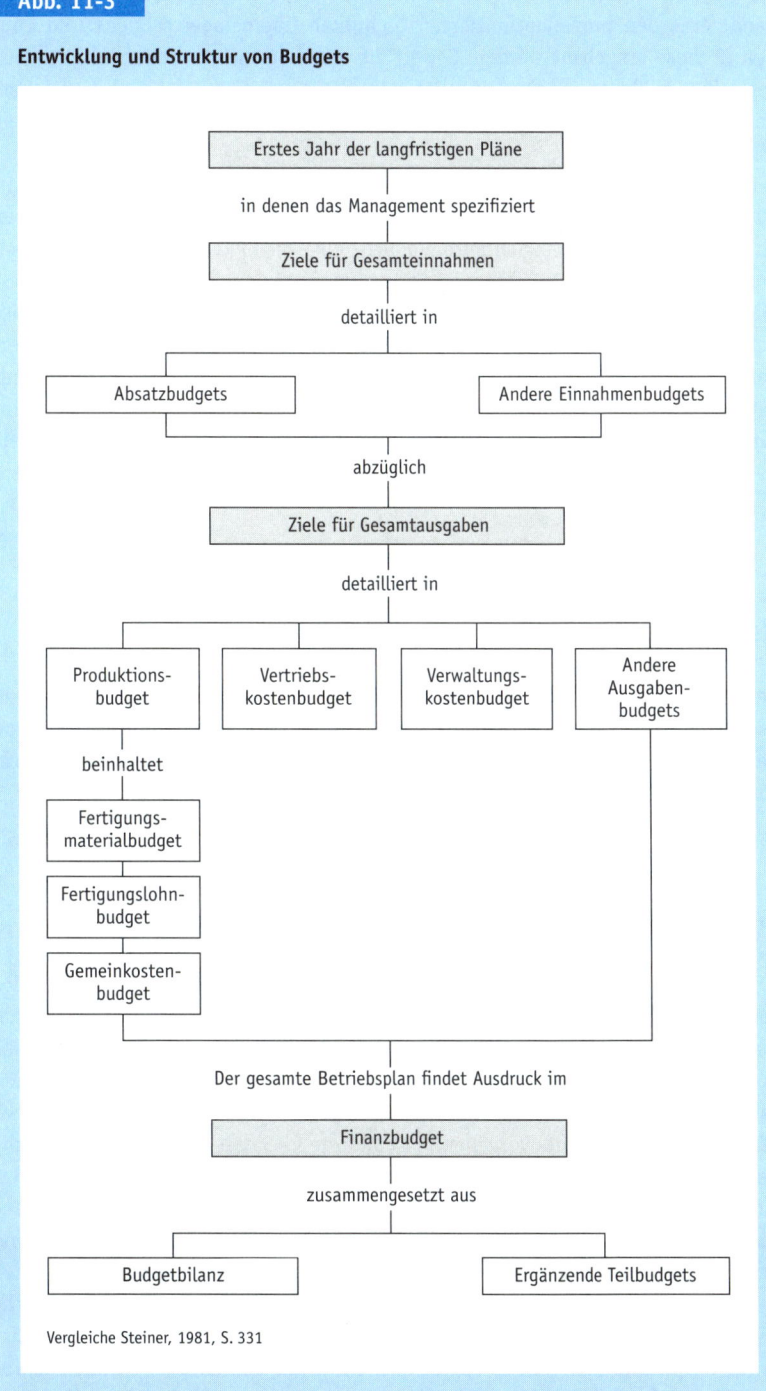

Abb. 11-3

Entwicklung und Struktur von Budgets

Erstes Jahr der langfristigen Pläne

in denen das Management spezifiziert

Ziele für Gesamteinnahmen

detailliert in

Absatzbudgets — Andere Einnahmenbudgets

abzüglich

Ziele für Gesamtausgaben

detailliert in

Produktions-budget — Vertriebs-kostenbudget — Verwaltungs-kostenbudget — Andere Ausgaben-budgets

beinhaltet

Fertigungs-materialbudget

Fertigungslohn-budget

Gemeinkosten-budget

Der gesamte Betriebsplan findet Ausdruck im

Finanzbudget

zusammengesetzt aus

Budgetbilanz — Ergänzende Teilbudgets

Vergleiche Steiner, 1981, S. 331

ist eine Verknüpfung mit der Maßnahmenplanung herstellbar, wenn der Planumsatz und die Planbeschäftigung aus einer mittelfristigen Maßnahmenplanung hergeleitet werden.

11.3.2 Budgetermittlung mit Ansätzen der Kostenplanung

Am weitesten ausgebaut ist die problemorientierte Budgetermittlung in der Kosten- und Erlösrechnung. In den Systemen der Grenzplan- (vgl. Kilger, 1988, S. 40 ff.), der Betriebsplanerfolgs- (vgl. Laßmann, 1968; 1981) und der Prozesskostenrechnung (vgl. Horváth/Mayer, 1989, S. 217 f.) sind Verfahren entwickelt worden, mit denen sich die Gemeinkosten von Kostenstellen in Fertigung, Absatz und Beschaffung sowie mit einem geringeren Genauigkeitsgrad in der Verwaltung planen lassen. Zudem gibt es eine Reihe von Ansätzen, besonders in der Betriebsplanerfolgsrechnung (vgl. Kolb, 1978, S. 29 ff.), zur Planung der Erlöse.

In der *Kostenplanung* behandeln diese Systeme die Beschäftigung als wichtigste Kosteneinflussgröße. Diese kann über eine Reihe von Bezugsgrößen wie die Fertigungs- oder Maschinenzeit, die Rüstzeit, Durchsatzgewichte o. Ä. konkretisiert werden. Daneben lassen sich weitere Größen wie die Auftragszahl, die Jahreszeit, die Temperatur usw. einbeziehen. Aufgrund analytischer Erkenntnisse, physikalisch-technischer Zusammenhänge (vgl. Kilger, 1988, S. 135 ff.) oder mit Hilfe statistischer Regressionsanalysen (vgl. Laßmann, 1981) aus empirischen Daten werden ein- oder mehrvariable Kostenfunktionen ermittelt. Je genauer diese Zusammenhänge geplant werden, desto geringer wird der Handlungsspielraum für die Maßnahmenplanung in den Stellen. Die Kosteneinflussgrößen schließen die Handlungsvariablen der Bereiche ein.

Dienst- und *Verwaltungsleistungen* versucht man durch eine Analyse ihrer einzelnen Prozesse und deren Einflussgrößen zu erfassen. Sowohl in der Grenzplankosten- als auch in der Prozesskostenrechnung arbeitet man dabei heraus, von welchen *Bezugs-* oder *Prozessgrößen* die Kosten der Prozesse beispielsweise der Wareneingangsprüfung, Materialkontrolle oder Angebotserstellung abhängig sind. Abbildung 11-4 vermittelt einen Eindruck von der Art und Vielfalt derartiger Größen. Mit ihnen gelangt man zu einem umfassenden System an Kosteneinflussgrößen, deren Beziehung zur Beschäftigung und den Kostenträgern der Unternehmung vielfach nur noch indirekter Art ist.

Für jede Bezugs- oder Prozessgröße bestimmt man den Kostensatz der zu ihr proportionalen Kosten. Die *Gemeinkosten einer Stelle* ergeben sich durch Multiplikation der Planbezugsgrößen ihrer Prozesse mit diesen Plankostensätzen. Man unterstellt damit vereinfachend lineare mehrvariable Kostenfunktionen, deren unabhängige Variablen die Bezugs- oder Prozessgrößen bilden. Diese Funktionen können ferner Fixkosten umfassen, deren Höhe sich aus den in der Stelle eingesetzten Potenzialgütern wie Mitarbeitern, Maschinen usw. ergibt.

Um den Anteil der einzelnen Prozesse an der Tätigkeit einer Stelle zu ermitteln, führt man häufig *Funktionsanalysen* durch. Dabei wird beispielsweise

Kosteneinflussgrößen und -funktionen

Planung von Dienst- und Verwaltungsleistungen

Gemeinkostenplanung

Funktionsanalysen

Beispiele für Bezugs- und Prozessgrößen

Kostenstelle	Beispiele für Bezugsgrößen
Einkauf	Anzahl bearbeiteter Angebote Anzahl geprüfter Rechnungen
Materiallager/Fertigwarenlager	Anzahl Zugänge bzw. Abgänge Beanspruchter Lagerraum
Finanzbuchhaltung	Anzahl Buchungen
Kalkulation	Anzahl Vorkalkulationen Anzahl Nachkalkulationen

Vergleiche Kilger, 1988, S. 338; Rau/Rüd, 1991, S. 14; Küpper, 1994

durch Zeitmessung oder statistische Verfahren (z. B. Multimomentverfahren) bestimmt, welcher Zeitanteil für die einzelnen Prozesse und Aktivitäten aufgewandt worden ist. Für die Planperiode ist der Anteil der einzelnen Funktionen abzuschätzen.

Diese Verfahren der Kostenplanung werden seit langem im Fertigungsbereich angewandt. Über die Verfeinerung der Bezugsgrößen sind sie auch auf den Material-, den Vertriebs- und den Verwaltungsbereich ausgeweitet worden (vgl. Kilger, 1988, S. 493 ff., S. 506 ff., S. 498 ff.). Ferner wurden sie für spezielle Dienstleistungen beispielsweise in der Logistik (vgl. Weber, 1987; 1991c, S. 133 ff.), in Banken (vgl. Vikas, 1987, S. 44 ff.) u. a. weiterentwickelt. Sie sind dazu geeignet, relativ gut standardisierbare Prozesse zu erfassen. Ihre Grenze liegt bei schwer oder überhaupt nicht standardisierbaren Tätigkeiten. Diese sind so individuell, dass sich keine generalisierbaren Einflussgrößen und Aussagen über die Beziehungen zur Kostenhöhe aufstellen lassen. Dabei kann das Verhalten der Mitarbeiter und deren Motivation maßgeblichen Einfluss gewinnen. Dann tritt die Steuerungs-gegenüber der Planungsfunktion in den Vordergrund.

Kostenstellenpläne

Die Ergebnisse der Kostenplanung gehen üblicherweise in *Kostenstellenpläne* ein. Diese zeigen entsprechend Abbildung 11-5 die Zusammensetzung der Gemeinkosten einer Stelle aus verschiedenen Kostenarten, deren Planverbrauchs-mengen und -preise sowie die Aufteilung in fixe und variable Anteile. Die Plan-bezugsgröße gibt die geplante Tätigkeit und damit den Output der Stelle wieder. Wenn die variablen Kosten über mehrere Bezugs- oder Prozessgrößen geplant werden, ist für jede von ihnen ein eigener Kostenstellenplan aufzustellen.

Flexible Budgetierung

Durch die Aufteilung in fixe und variable Anteile lassen sich die *Plankosten* am Periodenende in *Sollkosten* umrechnen. Damit werden die Kosten an die tatsächliche Ausprägung der Bezugs- oder Prozessgrößen angepasst. Insoweit liegt eine *flexible Budgetierung* vor.

Abweichungsberichte

Der Budgetierungscharakter wird verstärkt, wenn man die Kostenstellen-pläne zu *Berichten* ausbaut, die eine laufende Verfolgung der Gemeinkosten ei-

---

Abb. 11-5

Beispiel für einen Kostenstellenplan mit Aufspaltung in fixe und variable Kosten

Kostenplan								Datum		

Kostenstelle: Kassenschalter Hauptanstalt			verantwortlich: Hr. Keller			Bezugsgröße: Standard-Schalter-Stunden				

Plankostensätze	Gesamt 62.629	Prop 41.722	Fix 20.907			Plankosten	Gesamt 62.629	Prop 41.722	Fix 20.907	

PLZ	Kostenart	HW	Herkunft	Text	ME	Menge	Preis	Gesamt	Prop	Fix
101	4111		A8	Gehalt	Std	510,00	18,35	9.359	7.348	2.011
102			A7	Gehalt	Std	400,00	16,04	6.416	5.037	1.379
103			A6	Gehalt	Std	660,00	14,62	9.649	7.574	2.075
109	4998			Kalk. Pers. Nebenkosten	€	0,00	0,00	23.390	18.363	5.027
110	4520			Büromaterial/ Formulare	€	0,00	0,00	250	150	100
115	4660			Intandhaltung Büromaschinen	€	0,00	0,00	120	0	120
120	4810	002	X 4810	Kalkulatorische AfA	€	0,00	0,00	450	0	450
125	4820	002	X 4820	Kalkulatorische Zinsen	€	0,00	0,00	150	0	150
130	4850	002	121/1	Kalkulatorische Raumkosten	qm	65,00	5,00	325	0	325
131		002	126/1	Kalkulatorische Raumkosten	qm	180,00	23,00	4.140	0	4.140
135	4861	002	321/1	DV-Verrechnung	€	0,00	0,00	2.180	1.050	1.130
140	4870	002	600/1	Kalkulatorische Leitungskosten	€	0,00	0,00	6.200	2.200	4.000

Vergleiche Vikas, 1987, S. 44

---

ner Stelle ermöglichen. Diese enthalten üblicherweise die geplanten Gemeinkosten für unterschiedliche Zeiträume der Planperiode, die Vergleichskosten der Vorperiode sowie die bis zum jeweiligen Zeitpunkt entstandenen Istkosten. Beispielsweise können wie in Abbildung 11-6 für die Bezugsgröße und alle Kostenarten die Istwerte des Vorjahres, der Planwert des gesamten Jahres sowie die geplanten Monatswerte des laufenden Quartals und die restlichen Quartalswerte angegeben sein. Im Abweichungsbericht werden z. B. entsprechend Abbildung 11-7 den Planwerten für den betreffenden und die bisher abgelaufenen Monate deren Istwerte gegenübergestellt und die Abweichungen absolut sowie ggf. prozentual ausgewiesen. Häufig findet man zusätzlich eine von den Istwerten der vergangenen Monate ausgehende Prognose (»Forecast«) für das gesamte Jahr.

Abb. 11-6

Beispiel für ein Budget

	Istwert (Vor-jahr)	Budget Kassenschalter Hauptstelle (aktuelles Jahr)							
		Ganzes Jahr	1. Quartal				2. Quartal	3. Quartal	4. Quartal
			Jan.	Feb.	März	Gesamt			
Bezugsgröße: Schalterstunden		981	1.000	88	80	88	256	250	244	250
Gehalt	25.424	24.941	25.424	2.237	2.034	2.237	6.509	6.356	6.203	6.356
Kalk. Personalneben-kosten	23.390	22.946	23.390	2.058	1.871	2.058	5.988	5.848	5.707	5.848
Büromaterial	250	245	250	22	20	22	64	63	61	63
Instandhaltung Büromaschinen	120	118	120	11	10	11	31	30	29	30
.	.	.	.	.	.	.	.	.	.	.
.	.	.	.	.	.	.	.	.	.	.
Summe:		48.250	49.184	4.328	3.935	4.328	12.591	12.296	12.001	12.296

Vergleiche Steiner, 1981, S. 333 f.

Abb. 11-7

Beispiel für einen Abweichungsbericht

Jahr bis zum Ausfertigungstag			Budget Kassenschalter Hauptstelle, 15. Februar	Dieser Monat bis zum Ausfertigungstag			Forecast Jahr	
Budget	Istwert	Abweichung		Budget	Istwert	Abweichung	Budget	Hochrechnung
125	105	−16 %	*Bezugsgröße: Schalterstunden*	41,67	41,50	0 %	1.000	839
3.178	3.302	4 %	Gehalt	1.059	1.164	10 %	25.424	26.418
2.924	2.444	−16 %	Kalkulatorische Personalnebenkosten	975	1.008	3 %	23.390	19.549
31	26	−18 %	Büromaterial	10	11	8 %	250	206
15	16	9 %	Instandhaltung Büromaschinen	5	0	−100 %	120	131
.	.	.	.	.	.	.	.	.
.	.	.	.	.	.	.	.	.
6.148	5.788	−6 %	Summe:	2.049	2.184	7 %	49.184	46.304

11.3.3 Budgetvorgabe mit Hilfe von Leistungsfunktionen und Deckungsbudgets

Die Planung von Leistungen bzw. Erlösen wird vor allem für Vertriebsstellen vorgenommen. Während die Leistungskomponente in Fertigungsstellen durch die Vorgabe einer Planbeschäftigung oder Planbezugsgröße einbezogen wird, können Absatzstellen die Erlöse unmittelbar beeinflussen. Zu deren Planung lassen sich analog dem Vorgehen auf der Kostenseite *Erlösfunktionen* bestimmen, welche die wichtigsten Bestimmungsgrößen der Absatzmengen und -preise als unabhängige Variablen enthalten. Im Rahmen der *Betriebsplanerfolgsrechnung* ist gezeigt worden, wie sich derartige Funktionen mithilfe statistischer Regressionen aus empirischen Daten herleiten lassen (vgl. Kolb, 1978,

Leistungs- und Erlösplanung

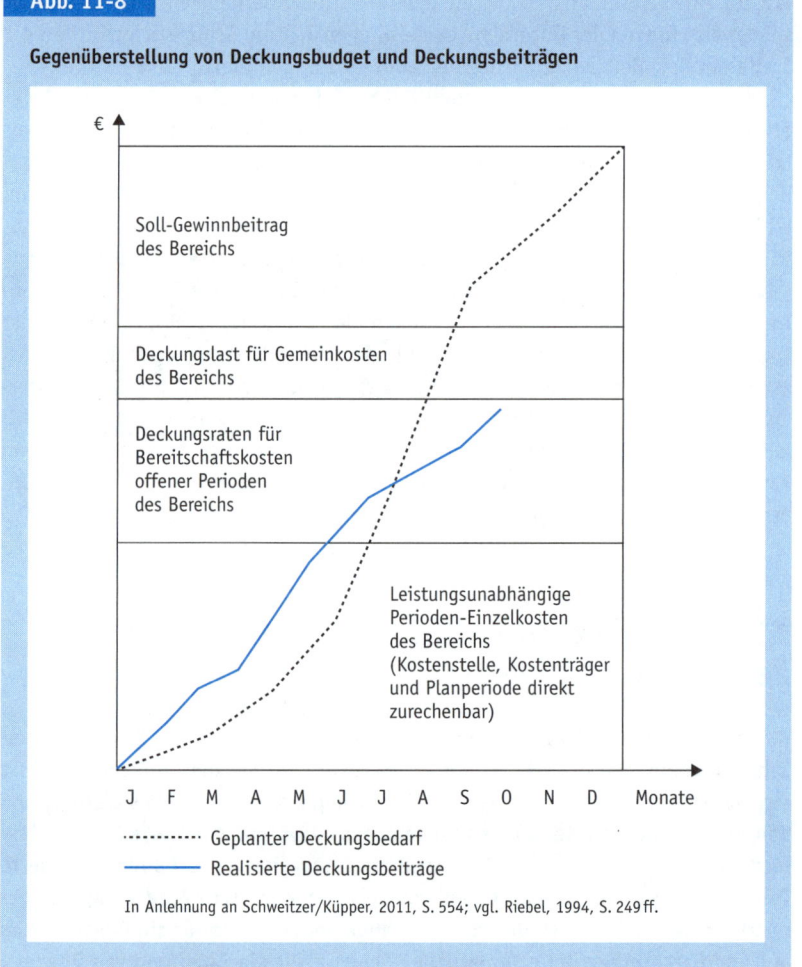

Abb. 11-8

Gegenüberstellung von Deckungsbudget und Deckungsbeiträgen

Soll-Gewinnbeitrag des Bereichs

Deckungslast für Gemeinkosten des Bereichs

Deckungsraten für Bereitschaftskosten offener Perioden des Bereichs

Leistungsunabhängige Perioden-Einzelkosten des Bereichs (Kostenstelle, Kostenträger und Planperiode direkt zurechenbar)

J F M A M J J A S O N D Monate

·············· Geplanter Deckungsbedarf

——— Realisierte Deckungsbeiträge

In Anlehnung an Schweitzer/Küpper, 2011, S. 554; vgl. Riebel, 1994, S. 249ff.

S. 82 f.). Sie enthalten als wichtige Einflussgrößen z. B. das Marktvolumen, einen Zeitfaktor, ggf. Marketingaktivitäten und wichtige Erlöskomponenten wie Rabatte und Skonti.

Ein vereinfachtes Konzept liefern die Vorschläge zur Vorgabe von *Soll-Deckungsbeiträgen* nach Wolfgang Kilger (vgl. Kilger, 1988, S. 766 ff.) bzw. von *Deckungsbudgets* nach Paul Riebel (vgl. Riebel, 1994, S. 475 ff.). Ihr Grundgedanke besteht in einer Gegenüberstellung von Soll- bzw. Budgetwerten und Istwerten. Zur Bestimmung des beispielsweise von einer Vertriebsstelle zu erwirtschaftenden Budgets nimmt man nach Riebel eine Schichtung der Jahreskosten vor. Entsprechend Abbildung 11-8 bilden die geplanten Fixkosten, die der Stelle, den von ihr vertriebenen Produkten und der Planperiode direkt zurechenbar sind, die erste Schicht. Hierauf kommen Deckungsraten für anteilige Bereitschafts- oder Fixkosten, die für mehrere Perioden anfallen, z. B. Abschreibungen für Maschinen der Stelle. Ferner muss die Stelle in einer nächsten Schicht eine Deckungslast für einen Anteil an den Kosten anderer Stellen übernehmen. Hierin sind beispielsweise Kosten der Unternehmensleitung enthalten. Schließlich wird von der Stelle ein Soll-Beitrag zum Unternehmensgewinn gefordert.

Für die Erreichung eines solchen Deckungsbudgets wird z. B. aufgrund der erwarteten Absatzentwicklung ein *Planpfad* für die kumulierten Deckungsbeiträge über die Monate des Jahres hinweg bestimmt. Diesem werden die tatsächlich erzielten kumulierten Deckungsbeiträge gegenübergestellt. Durch einen laufenden Vergleich beider Kurven kann man zu jedem Zeitpunkt erkennen, inwieweit sich die Entwicklung über oder unter den Planwerten bewegt.

Hinter der schichtenweisen Aufteilung über das gesamte Planjahr steht ein Anreizkonzept, das dem Grundgedanken der *Break-even-Analyse* ähnlich ist (vgl. z. B. Schweitzer/Troßmann, 1986). Man unterstellt, dass zuerst eine Kostendeckung angestrebt wird, um dann Gewinne zu erwirtschaften. Deshalb werden nacheinander die Einzelkosten des Bereichs, die übergreifenden Gemeinkosten und schließlich der Gewinn gedeckt. Dem Konzept fehlt es jedoch an Verfahren, wie die einer Organisationseinheit nicht direkt zurechenbaren Gemeinkosten und Gewinnanteile zugeteilt werden sollen.

11.4 Verfahrensorientierte Systeme der Budgetvorgabe

Komplexere Dienstleistungs- und Verwaltungsprozesse wie das Erstellen einer Jahresplanung sind oftmals schwer standardisierbar. Bei diesen Prozessen lässt sich der Zusammenhang zwischen den Erwartungen der Unternehmensleitung und den bereitgestellten Ressourcen nur eingeschränkt mit der Kosten- und Erlösrechnung beschreiben. Folglich werden zur Budgetierung verfahrensorientierte Techniken wie die Gemeinkosten-Wertanalyse oder das Zero-Base-Budgeting genutzt. Diese Techniken stellen lediglich allgemeine Regeln für die Budgetierung auf und beschreiben die erforderlichen Schritte für die Ableitung von Budgets.

11.4.1 Kennzeichen und Übersicht über verfahrensorientierte Systeme der Budgetvorgabe

Für die Budgetvorgabe bei *schwer oder nicht standardisierbaren Prozessen* lassen sich die quantitativen Verfahren der Kosten- und Erlösplanung kaum nutzen. Der Bezug solcher Prozesse zum Produktionsprogramm ist deutlich geringer als bei produktbezogenen standardisierbaren Prozessen. Im Allgemeinen kann der Output derartiger Prozesse nicht quantitativ gemessen werden. Ihre Auswirkungen auf die Wertgrößen Erlöse, Einnahmen oder Einzahlungen lassen sich oft weder präzise planen noch im Nachhinein abgrenzen. Dagegen sind ihr Gütereinsatz und dessen wertmäßige Konsequenzen in Form von Kosten, Ausgaben bzw. Auszahlungen meist quantitativ relativ präzise erfassbar. Deshalb ist eine Vorgabe von Budgets für den Input möglich, für den Output ggf. schwierig. An die Stelle wertmäßiger Outputbudgets müssen vielfach mengenmäßig oder qualitativ definierte Vorgaben für die zu erbringenden Leistungen treten. Zudem weisen die Input-Output-Beziehungen dieser Prozesse und ihre Beziehungen zum Produktionsprogramm i. d. R. nur begrenzte Regelmäßigkeiten auf.

Budgetvorgabe schwer standardisierbarer Prozesse

Durch das Bemühen, im Verwaltungsbereich von Industriebetrieben effizienter zu arbeiten und das Handeln öffentlicher Betriebe genauer zu planen, ist

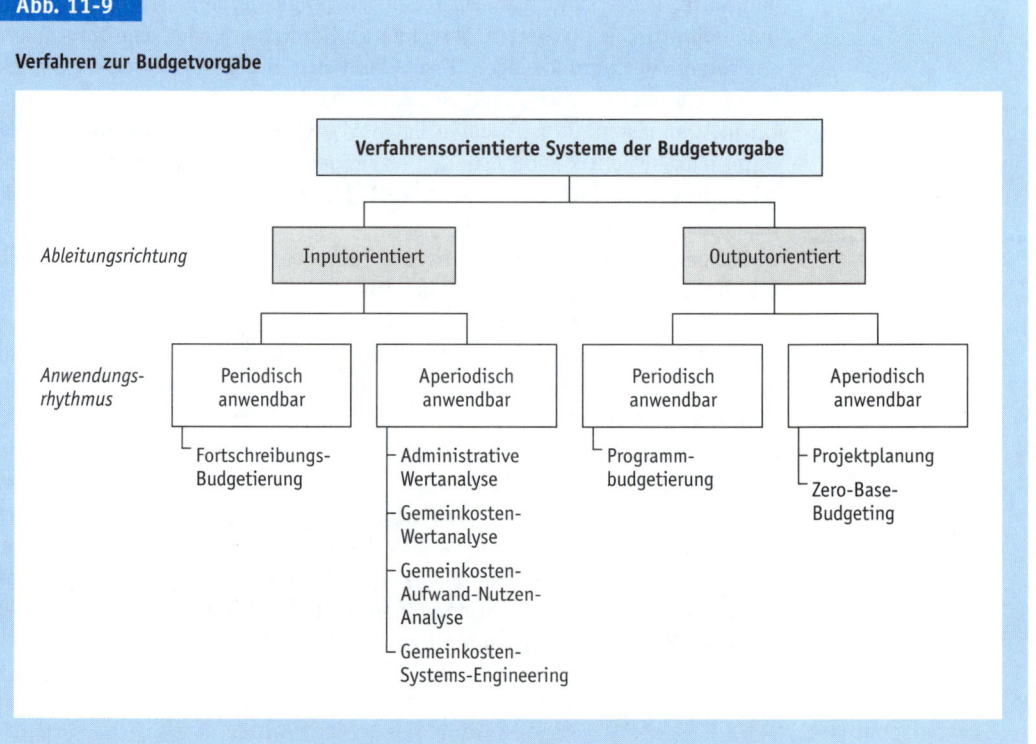

Abb. 11-9

Verfahren zur Budgetvorgabe

Verfahrensorientierte Systeme der Budgetvorgabe

Ableitungsrichtung

Inputorientiert — Outputorientiert

Anwendungsrhythmus

Periodisch anwendbar — Aperiodisch anwendbar — Periodisch anwendbar — Aperiodisch anwendbar

- Fortschreibungs-Budgetierung

- Administrative Wertanalyse
- Gemeinkosten-Wertanalyse
- Gemeinkosten-Aufwand-Nutzen-Analyse
- Gemeinkosten-Systems-Engineering

- Programm-budgetierung

- Projektplanung
- Zero-Base-Budgeting

eine Reihe von Verfahren zur Budgetvorgabe entwickelt worden. Sie sind nicht durch die Art der Input- oder Outputplanung, sondern durch die jeweilige Vorgehensweise bei der Herleitung von Budgetgrößen gekennzeichnet. Abbildung 11-9 gibt eine Übersicht über die wichtigsten dieser verfahrensorientierten Systeme, die nach der Ableitungsrichtung, dem Anwendungsrhythmus und der Ausgangsbasis geordnet werden können.

11.4.2 Inputorientierte Systeme der verfahrensorientierten Budgetvorgabe

Die inputorientierten Verfahren nehmen die zu erbringenden Leistungen als weitgehend gegeben hin. Die Outputseite wird nicht näher untersucht. Man geht im Wesentlichen vom bisherigen Leistungsniveau aus. Budgets werden lediglich für die Einsatzseite und deren Kosten, Ausgaben bzw. Auszahlungen formuliert. Der maßgebliche Unterschied zwischen den periodischen und aperiodischen Verfahren liegt hier darin, in welchem Umfang man auch beim Input vom bisherigen Stand ausgeht oder diesen zu verändern sucht.

11.4.2.1 Fortschreibungsbudgetierung

Fortschreibung bisheriger Werte

Die einfachste Form einer Budgetierung besteht in der Fortschreibung bisheriger Werte. Dabei kann man entweder den jeweils letzten Istwert, einen aus durchschnittlichen Istwerten berechneten Normalwert oder den Vorgabewert der Vorperiode zugrunde legen. Ferner lässt sich dieser Wert durch die Berücksichtigung übergreifender Einflussgrößen wie der Inflationsrate, der Konjunktur u. Ä. anpassen. Je nach deren Entwicklung und Vorgaben für die künftige Unternehmenspolitik kann man den bisherigen Wert um einen bestimmten Zuschlag bzw. Abschlag verändern. Dieses Vorgehen ist vor allem aus dem öffentlichen Haushaltswesen bekannt.

Nachteile

Bei der Fortschreibungsbudgetierung führt man *keine echte Planung* durch. Die Höhe des Budgets wird nicht aus den zu erbringenden Leistungen abgeleitet, die Struktur des Gütereinsatzes nicht näher analysiert. Bisher enthaltene Unwirtschaftlichkeiten werden deshalb nicht erkannt und fortgeschrieben. Mit der Budgetierung können keine neuen Akzente gesetzt werden, die *Motivationswirkung ist gering*. Zudem besteht die Tendenz, die vorgegebenen Werte für Inputgrößen auf alle Fälle einzuhalten, auch wenn dies häufig am Periodenende ineffizientes Verhalten erfordert. Eine Koordination zwischen den Bereichen ist nicht gesichert, da Abstimmungsmängel der Vergangenheit nicht erfasst und ausgemerzt werden. Da sich die Vorgaben nicht an Standardwerten orientieren, ist auch die *Kontrollwirkung gering*. Vorteile der Fortschreibungsbudgetierung liegen allein in der Einfachheit des Vorgehens und der Vermeidung von Widerständen gegen Änderungen des Status quo.

11.4.2.2 Wertanalytische Verfahren

Eine Verbesserung der Effizienz ist das Ziel bei den wertanalytischen Verfahren der Budgetvorgabe. Sie übertragen wichtige Komponenten der Wertanalyse (vgl. Jehle, 1993) auf die Analyse und Budgetierung von Gemeinkosten. In erster Linie streben sie eine Kostensenkung an (vgl. Jehle, 1992, S. 1518 f.), d. h., das *Einsparungsziel* überwiegt. Nur in begrenztem Umfang wird die Zweckmäßigkeit von Leistungen in Frage gestellt. Da sich ihre Analyse weitgehend auf den Input richtet, lassen sie sich den *inputorientierten Verfahren* zuordnen.

Ziel: Kostensenkung

Eine wertanalytische Gemeinkostenbudgetierung kann u. a. mit der *Administrativen Wertanalyse* (vgl. Jehle, 1982b), der *Gemeinkosten-Wertanalyse* (vgl. Roever, 1982; Lisson, 1989), der *Gemeinkosten-Aufwand-Nutzen-Analyse* (vgl. Haberfellner/Witschi, 1978) und dem *Gemeinkosten-Systems-Engineering* vorgenommen werden. Die Anlehnung an das nach DIN 69910 festgelegte Vorgehen der Wertanalyse und die Ähnlichkeit ihres Vorgehens lässt die Übersicht über die Verfahrensschritte der administrativen Wertanalyse und der Gemeinkosten-Wertanalyse in Abbildung 11-10 erkennen.

Verwandte Verfahren

Gemeinsam ist den wertanalytischen Verfahren, dass die Analyse von *Teams* aus Mitarbeitern der betroffenen Unternehmensbereiche sowie ggf. externen Beratern durchgeführt wird. Man will das Wissen sowie die Ideen der Mitarbeiter einsetzen und gruppendynamische Effekte der Teamarbeit nutzen. Ferner wird der Projektablauf im Voraus sachlich und zeitlich genau geplant. Hierbei versucht man, die Bereiche und Verwaltungstätigkeiten herauszufinden, bei denen die größten Rationalisierungen möglich erscheinen. Das wertanalytische Grundkonzept besteht darin, die Funktionen von Produkten bzw. Prozessen und deren Kosten herauszuarbeiten. Das Schwergewicht liegt auf der Entwick-

Wertanalytisches Grundkonzept

Abb. 11-10

Gegenüberstellung der Schritte wichtiger wertanalytischer Verfahren

Wertanalyse	Administrative Wertanalyse	Gemeinkosten-Wertanalyse
1. Projekt vorbereiten	1. Bestimmung von Verwaltungsleistungen mit Wirtschaftlichkeitsreserven	1. Bestimmung von Untersuchungseinheiten (i. d. R. Kostenstellen)
2. Objektsituation analysieren	2. Bestimmung ihrer Funktionen	2. Auflistung der Leistungen für andere Stellen und Abschätzung ihrer Kosten
3. Soll-Zustand beschreiben	3. Bewertung von Kosten und Nutzen dieser Funktionen	
4. Lösungsideen entwickeln	4. Finden neuer Lösungen	3. Entwicklung von Ideen für verbessertes Kosten-Nutzen-Verhältnis
	5. Bewertung dieser Lösungen	4. Bewertung der Ideen in Bezug auf Realisierbarkeit, Wirtschaftlichkeit und Risiko
5. Lösungen festlegen	6. Bestimmung der optimalen Lösung	5. Entwicklung von Aktionsprogrammen für die akzeptierten Ideen
6. Lösungen verwirklichen	7. Verwirklichung der optimalen Lösung	6. Verabschiedung und Realisierung der Aktionsprogramme

lung von Ideen für eine effizientere Erbringung der notwendigen Funktionen, während überflüssige Funktionen abgebaut werden können. Die Umsetzung der realisierbaren und wirtschaftlichen Vorschläge führt zu einem günstigeren Kosten- bzw. Ausgabenbudget.

Die wichtigsten Verfahren der wertanalytischen Gemeinkostenbudgetierung unterscheiden sich vor allem im Umfang der analysierten Leistungen, dem angestrebten Ausmaß der Kostenreduzierung, in der Zusammensetzung der Projektgruppe und in der konkreten Gestaltung der Projektorganisation.

Gemeinkosten-Wertanalyse (GWA)

Als Beispiel wird im Folgenden das Vorgehen der Gemeinkosten-Wertanalyse (vgl. Roever, 1982, S. 249 ff.; Wegmann, 1982, S. 128 ff.) näher betrachtet. Dieses von der Beratungsfirma McKinsey & Company, Inc. entwickelte und eingesetzte Verfahren umfasst eine Analyse des Kosten-Nutzen-Verhältnisses aller Leistungen der Gemeinkostenbereiche. Das Ziel liegt in einer deutlichen *Kosteneinsparung* ohne Reduzierung des Nutzens. Die Ideenfindung wird durch *Techniken der Kreativitätsförderung* unterstützt. Dabei sollen vor allem die Ideen der mittleren Führungskräfte genutzt werden.

Projektorganisation

Das Verfahren ist durch eine umfassende Projektorganisation und genaue *Prinzipien für die Vorgehensweise* gekennzeichnet. Es wird von einem Lenkungsausschuss aus Mitgliedern der Unternehmensleitung oder der nächsthöheren Leitungsebene gesteuert, der die letzte Entscheidungsinstanz bildet. Seine Besetzung mit angesehenen Repräsentanten der Unternehmung soll die hohe Bedeutung des Projekts zeigen und sicherstellen.

Ferner werden mehrere Teams aus Linienführungskräften und einem Methodenexperten gebildet, denen i. d. R. betreuende Berater zur Seite stehen. Diese werden im Vorfeld intensiv geschult und beherrschen die methodischen Einzelheiten. Ihre Aufgaben liegen in der Planung des genauen Vorgehens und des Teameinsatzes sowie der Analyse und der Erstellung von Ergebnisberichten.

Die Teams sind Gesprächspartner für die *Leiter der Untersuchungseinheiten*, den eigentlichen Trägern des Verfahrens. Letztere sind die Leiter der Organisationseinheiten, welche die Dienstleistungen erstellen oder nutzen. Ein zentrales Merkmal des Vorgehens besteht darin, dass es nicht von außenstehenden Fachabteilungen (z. B. dem Controlling), sondern von den betroffenen, mit dem genauesten Wissen ausgestatteten Instanzeninhabern durchgeführt wird. Sie sollen die innerbetrieblichen Leistungen nach Möglichkeit in voller Breite untersuchen.

In die Durchführung wird neben der Personalabteilung der Betriebs- oder Personalrat eingebunden, um dessen Informations- und Mitwirkungsrechte frühzeitig zu beachten. Des Weiteren übernimmt ein Gremium zur Projektkontrolle aus Mitarbeitern der Unternehmung und Methodenexperten die Schulung der Teams, die Überwachung des Verfahrens und die Kontrolle der Maßnahmen.

Außer der Aufbauorganisation wird auch der Ablauf der Vorhaben sehr präzise geplant. Dabei sind jeder kleinste Abschnitt exakt zu spezifizieren und eine genaue Aufgabenverteilung vorzunehmen. Die Gesamtdauer soll bis auf Stunden genau im Voraus festgelegt werden. Bei der Umsetzung ist der Grundsatz einzuhalten, keine Terminverschiebungen zuzulassen.

Die Durchführung der Gemeinkosten-Wertanalyse ist in die drei Phasen Vorbereitung, Analyse und Realisierung gegliedert. Die Vorbereitungsphase umfasst die Bestimmung der Projektorganisation, die Schulung der Beteiligten und die Projektplanung. In ihr werden vor allem die zu untersuchenden Gemeinkostenbereiche gebildet, die Teams zusammengestellt und die Leiter der Untersuchungseinheiten festgelegt.

Durchführung der GWA: Vorbereitungsphase

Die Analysephase ist in vier Grundschritte unterteilt. Diese werden auch als »Takt« bezeichnet und sollen in der Regel jeweils eine Woche dauern. Deshalb hängt die Projektdauer von der Zahl der Untersuchungseinheiten und den Analyseteams ab, die jeweils nicht mehr als drei Einheiten betreuen sollten. Im *ersten* Schritt wird der *Istzustand* aufgenommen. In ihm sind alle Leistungen eines Bereichs zu erfassen und deren Kosten abzuschätzen. Durch die Untersuchung aller durchgeführten Aktivitäten und der dabei eingesetzten Ressourcen werden die Leistungs- und die Kostenstruktur transparent gemacht. Das Ergebnis sind eine Auflistung sämtlicher Leistungen und ihre Zusammenstellung in einem Leistungskatalog je Bereich.

Analysephase

Die *Gegenüberstellung von Kosten und Nutzen* jeder Aktivität im *zweiten* Schritt ist der Anstoß für das Entwickeln von *Einsparungsideen*. In ihm sind alle Leistungen zu analysieren. Bei Leistungen mit einem schlechten Nutzen-Kosten-Verhältnis sollen deutlich bessere Lösungen gefunden werden. Hierzu wird den Leitern der Untersuchungseinheiten das Ziel gesetzt, Vorschläge zu erarbeiten, mit denen die Kosten um mindestens 40 % gesenkt werden können. Durch einen derart hohen Anspruch soll ein Anreiz zu neuen und ggf. unkonventionellen Lösungen geweckt werden. In diesem Schritt wird eine möglichst große Kreativität angestrebt, die durch entsprechende Techniken gefördert werden kann.

Die erarbeiteten Lösungsideen werden im *dritten* Schritt anhand strenger *Wirtschaftlichkeits- und Risikokriterien* auf ihre Realisierbarkeit hin überprüft. Sie müssen dazu innerhalb von zwei Jahren durchführbar und kostengünstiger als die bisherige Lösung sein. Ferner dürfen sie nur ein akzeptables Risiko in sich bergen. Soweit die Vorschläge diesen Anforderungen genügen, werden sie entsprechend der ABC-Analyse als A-Ideen bezeichnet.

Im *vierten* Schritt erarbeiten die Leiter der Untersuchungseinheiten und die Analyseteams die konkreten *Aktionsprogramme* zur Umsetzung von A-Ideen. Diese werden dem Lenkungsausschuss unter Einschaltung des Betriebsrats zur Verabschiedung vorgelegt.

Soweit der Lenkungsausschuss zustimmt, werden die ausgearbeiteten Maßnahmen realisiert und konkrete Durchführungstermine bestimmt. Ferner hat dieser zu entscheiden, in welchem Umfang B-Vorschläge, die nicht alle Realisierungsbedingungen erfüllen, genutzt werden sollen.

Realisationsphase

Meist ist eine Kosteneinsparung nicht ohne *Personalabbau* möglich. Um die mit ihm verbundenen negativen Wirkungen auf die Mitarbeiter und deren Motivation aufzufangen, soll der Grundsatz gelten, die personelle Realisierung ohne unzumutbare Härten für die Beteiligten durchzuführen. Dies kann über die Nutzung der Fluktuation und/oder einen Einstellungsstopp erreicht werden.

Wirkungen der GWA

Es wird berichtet, dass mit Hilfe von Gemeinkosten-Wertanalysen *Einsparungen* in Höhe von wenigstens 10 %, üblicherweise 15–20 % der ursprünglichen Kosten erzielbar seien. Da diese Verfahren insbesondere von Beratungsfirmen durchgeführt werden, sind die veröffentlichten Informationen über ihre Einzelheiten und die tatsächlichen Ergebnisse begrenzt. So kann es sein, dass im öffentlichen Bereich Einsparungsmaßnahmen eingeführt werden, die in den Folgejahren durch Anpassungen mit Kostensteigerungen wieder aufgehoben werden.

Besonderheiten der GWA

Die Besonderheiten der Gemeinkosten-Wertanalyse sind darin zu sehen, dass die Aktivitäten der Bereiche auf die Angemessenheit ihrer Kosten und bessere Lösungen hin untersucht werden. Im Mittelpunkt der Prüfung stehen Leistungen, nicht Personen. Dabei sollen im Prinzip alle bisherigen Leistungen einbezogen werden. Geringe Verbesserungen bei schon weitgehend rationalisierten Prozessen werden ebenso gewürdigt wie große Einsparungen bei entsprechend hohen Reserven. Die Lösungsideen sollen vor allem von den Betroffenen und Verantwortlichen in den Stellen mit ihrer guten Kenntnis der Vorgänge kommen, welche die Vorschläge letztlich umsetzen und mit ihnen arbeiten müssen.

Die Gemeinkosten-Wertanalyse ist jedoch sehr aufwändig. Sie ist außerhalb der normalen Tätigkeit und mit Hilfe einer eigenen Projektorganisation durchzuführen. Deshalb kann sie nur in größeren Abständen vorgenommen werden. Mit ihr werden zwar Ausgaben- und Kostenbudgets für die zu genehmigenden Aktionsprogramme über alle Bereiche hinweg festgelegt. Wegen ihres *aperiodischen* Charakters ist sie aber kein System für eine laufende Budgetvorgabe, sondern mit einem anderen Budgetierungssystem zu verbinden.

11.4.3 Outputorientierte Systeme der Budgetvorgabe

Kennzeichnung output-orientierter Systeme

Bei den outputorientierten Systemen bilden die zu erbringenden Leistungen den zentralen Ausgangspunkt der Analyse. Deren Zweckmäßigkeit sowie Kosten stehen im Mittelpunkt der Betrachtung und werden als grundsätzlich veränderbar angesehen. Neben einer *Beibehaltung* und einem *Abbau* bisheriger Leistungen prüft man intensiv deren *Ausweitung* und die *Einführung neuer Leistungen*.

Die periodische Budgetvorgabe kann die einzelnen Leistungen aus ein- oder mehrperiodigen Programmen herleiten. Diese bestehen aus einem Maßnahmenkomplex, durch den bestimmte Aufgaben und Funktionen verwirklicht werden sollen. Beispielsweise können sie die Einführung von Systemen der Kosten- und Erlösrechnung oder der Planung, von Software für die Lagerhaltung, die Buchhaltung usw. oder Aus- und Weiterbildungskonzepte für Mitarbeiter beinhalten. Für die Entscheidung über solche Programme sind deren Kosten bzw. Ausgaben und Nutzen genau zu analysieren und zu begründen. Hierzu können Methoden der Kosten-Nutzen- (vgl. Küpper/Bronner/Daschmann, 1994, S. 718 f.) oder der Kosten-Wirksamkeits-Analyse eingesetzt werden. Nach Möglichkeit sind dabei unterschiedliche Gestaltungsalternativen und Ausprägungsniveaus mit ihren jeweiligen Wirkungen auf Nutzen und Kosten zu prüfen. In Bezug auf den angestrebten Output sind die einzelnen Programme durch die Angabe der wichtigsten Leistungsmerkmale zu beschreiben, während der Input wertmäßig als Kosten bzw. Ausgaben angegeben wird. Damit kommt man zu einer Programmbudgetierung (vgl. Spies, 1979, S. 234 ff.).

11.4.3.1 Programmbudgetierung und PPBS

Die Ausrichtung der periodischen Budgetvorgabe an Programmen ist für Verwaltungsleistungen insbesondere des öffentlichen Bereichs im Planning-Programming-Budgeting-System (PPBS) umfassend ausgearbeitet worden (vgl. Wild/Schmidt, 1973; Schweitzer, 1977). Seinen Kern bilden mittelfristige Aktionsprogramme (Programming), die einerseits auf eine langfristige Planung (Planning) ausgerichtet und andererseits in die einperiodigen (Haushalts-)Budgets (Budgeting) umzusetzen sind. Ein wichtiges Charakteristikum ist darin zu sehen, dass die Budgets aus einer Mittelfristplanung für systematisch gegliederte Verwaltungsaufgaben hergeleitet und mit einem mehrperiodigen Finanzplan verknüpft werden. Damit ist die Basis für eine fundierte Auswahl von Verwaltungsleistungen gegeben.

Merkmale der PPBS

11.4.3.2 Projektplanung und Zero-Base-Budgeting

Sporadisch anfallende Aufgaben wie die Einführung einer geänderten Organisationsform oder eines neuen Planungssystems können im Unterschied zu den kontinuierlich geplanten Leistungen als Projekte bezeichnet werden. Dann sind in einer mittelfristigen Projektplanung die potenziell durchführbaren Projekte auszuarbeiten, anhand relevanter Kriterien beispielsweise mit Hilfe der Nutzwertanalyse zu bewerten und unter Beachtung der verfügbaren Ressourcen auszuwählen (vgl. Picot/Rischmüller, 1981, S. 341 ff.). Die Budgetvorgabe umfasst hier wie bei der Programmbudgetierung die Festlegung der in einer Periode zu realisierenden Leistungen oder Projekte mit den für sie bereitzustellenden Ausgaben und/oder zulässigen Kosten.

Eine radikale Konzeption der *Disponierbarkeit über alle Programme* liegt dem System des Zero-Base-Budgeting (ZBB), Null-Basis-Budgetierung bzw. Zero-Base-Planning zugrunde (vgl. Pyhrr, 1973; Meyer-Piening, 1990; Lück, 1984, S. 1052 f.). Mit ihm soll dem Fortschreibungsdenken entgegengewirkt werden, indem man alle bisherigen Programme in Frage stellt. Der Planungsprozess beginnt jeweils bei der Basis null. Wie bei den wertanalytischen Verfahren sind die Leiter der organisatorischen Einheiten in seine Durchführung stark eingebunden. Jedoch ist dieses System nicht so weit durchstrukturiert. Man kann es beispielsweise nach Arnulf Meyer-Piening durch die in Abbildung 11-11 angegebenen neun Stufen beschreiben.

Kernmerkmal des ZBB

Grundlage des Vorgehens sind die strategischen und operativen *Ziele der Unternehmung*, die ebenso wie die zu untersuchenden Bereiche von der Unternehmensleitung festgelegt werden. Die Ziele sollen über alle Unternehmensebenen hinweg operationalisiert werden. Dann grenzen die Abteilungsleiter mit Unterstützung eines ZBB-Teams *Teilziele* und *Entscheidungseinheiten* ab. Letztere bilden die Organisationseinheiten, für welche die Budgets zu bestimmen sind. Sie

Zielfestlegung und Entscheidungseinheiten

Abb. 11-11

Vorgehensweise des ZBB-Prozesses

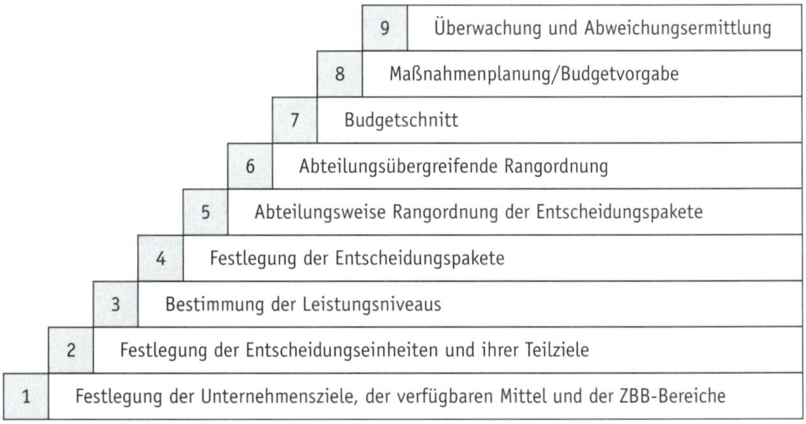

9	Überwachung und Abweichungsermittlung
8	Maßnahmenplanung/Budgetvorgabe
7	Budgetschnitt
6	Abteilungsübergreifende Rangordnung
5	Abteilungsweise Rangordnung der Entscheidungspakete
4	Festlegung der Entscheidungspakete
3	Bestimmung der Leistungsniveaus
2	Festlegung der Entscheidungseinheiten und ihrer Teilziele
1	Festlegung der Unternehmensziele, der verfügbaren Mittel und der ZBB-Bereiche

Vergleiche Meyer-Piening, 1990, S. 16

---

sollen als Arbeitsvolumen mehr als 1 und weniger als 10 Mitarbeiterjahre umfassen. Entscheidungseinheiten können Abteilungen, Stellen, Mitarbeitergruppen, Funktionen, Dienstleistungen oder Projekte sein. Um sie exakt abzugrenzen, kann eine Änderung der Organisation nötig werden.

Bestimmung mehrerer Leistungsniveaus

In den nächsten Schritten sind für jede Entscheidungseinheit *Leistungsniveaus* und die zugehörigen Arbeitstätigkeiten sowie Kosten zu bestimmen. Ein Leistungsniveau umfasst alle nach Qualität und Mengenausprägung gekennzeichneten Arbeitsergebnisse. Für jede Entscheidungseinheit sind drei Leistungsniveaus festzulegen. Als mittleres Leistungsniveau wird das realisierte Arbeitsergebnis angesehen. Zusätzlich werden ein höheres und ein niedrigeres Niveau bestimmt. Das obere Leistungsniveau umfasst die wünschenswerten Leistungen und liegt normalerweise um 20 % über dem Durchschnitt der Vorjahresbudgets (vgl. Jehle, 1992, S. 1513). Dagegen besteht das untere Leistungsniveau aus dem Minimum an Leistungen, die für eine Aufrechterhaltung der Geschäftstätigkeit unbedingt notwendig erscheinen. So kann zum Beispiel für die Personalentwicklung erarbeitet werden, welche Kurse der Aus- und Fortbildung bisher durchgeführt wurden, welche davon zur Weiterführung der Produktion unabdingbar sind und welche für eine längerfristige Steigerung der Mitarbeiterfähigkeiten erstrebenswert erscheinen.

Bei der *Bestimmung dieser Leistungsniveaus* ist zu prüfen, welche Tätigkeiten in welchem Umfang wirklich benötigt werden oder für eine bessere Zielerreichung wünschenswert sind. Ferner ist zu untersuchen, welche Verfahren für ihre Erbringung am effizientesten sind. Ähnlich der Wertanalyse sind die Kreativität der Entscheidungseinheiten zu nutzen und die für jede Leistung wirtschaftlichsten Lösungsmöglichkeiten zu suchen sowie deren Kosten zu ermitteln.

Die bei der Bestimmung der Leistungsniveaus sowie der Analyse des Nutzens und der Kosten ihrer einzelnen Aktivitäten erarbeiteten Informationen werden in sogenannten *Entscheidungspaketen* formularmäßig niedergelegt und für die Entscheidungsfindung systematisch zusammengestellt. Jedes Entscheidungspaket bezieht sich auf jeweils ein Leistungsniveau.

In den folgenden Schritten gelangt man über eine *Rangordnung der Entscheidungspakete* zu einem Gesamtbudget. Hierzu müssen zum einen entsprechend Abbildung 11-12 die verantwortlichen Abteilungsleiter der Entscheidungsbereiche die von ihnen erarbeiteten Entscheidungspakete nach ihren Prioritäten ordnen. Aus den Vorschlägen der Bereiche bildet die nächsthöhere Hierarchieebene (z. B. der Hauptabteilungsleiter) eine übergreifende Rangordnung. Vielfach gehen darin die Entscheidungspakete der Bereiche mit ihrem Minimumniveau ein. Jedoch kann auch stärker in die Rangordnung eingegriffen werden. Aus den Rangordnungen dieser Ebene schafft die nächsthöhere Hierarchieebene bis hin zur Unternehmensleitung eine Gesamtordnung über alle vorgeschlagenen Entscheidungspakete. Für jedes von ihnen werden die erforderlichen Finanzmittel ermittelt. Deshalb kann die Unternehmensleitung durch einen *Budgetschnitt* bestimmen, welche Entscheidungspakete zu realisieren sind. Aufgrund der entsprechend Abbildung 11-13 vorgenommenen Rangordnung über alle Entscheidungspakete hinweg und der mit ihnen verbundenen Ausgaben erfolgt mit dem »*Cut-off*« eine eindeutige Auswahl unter den vorgeschlagenen Aktivitäten.

Entscheidungspakete

Rangordnung
der Entscheidungspakete
und Budgetschnitt

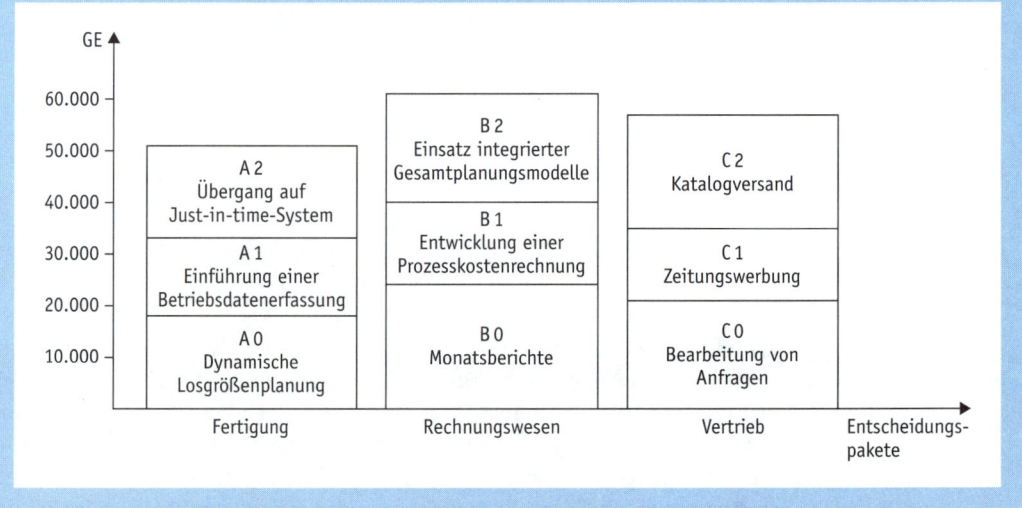

Abb. 11-12

Aufstellen von Entscheidungspaketen mit unterschiedlichen Leistungsniveaus beim Zero-Base-Budgeting

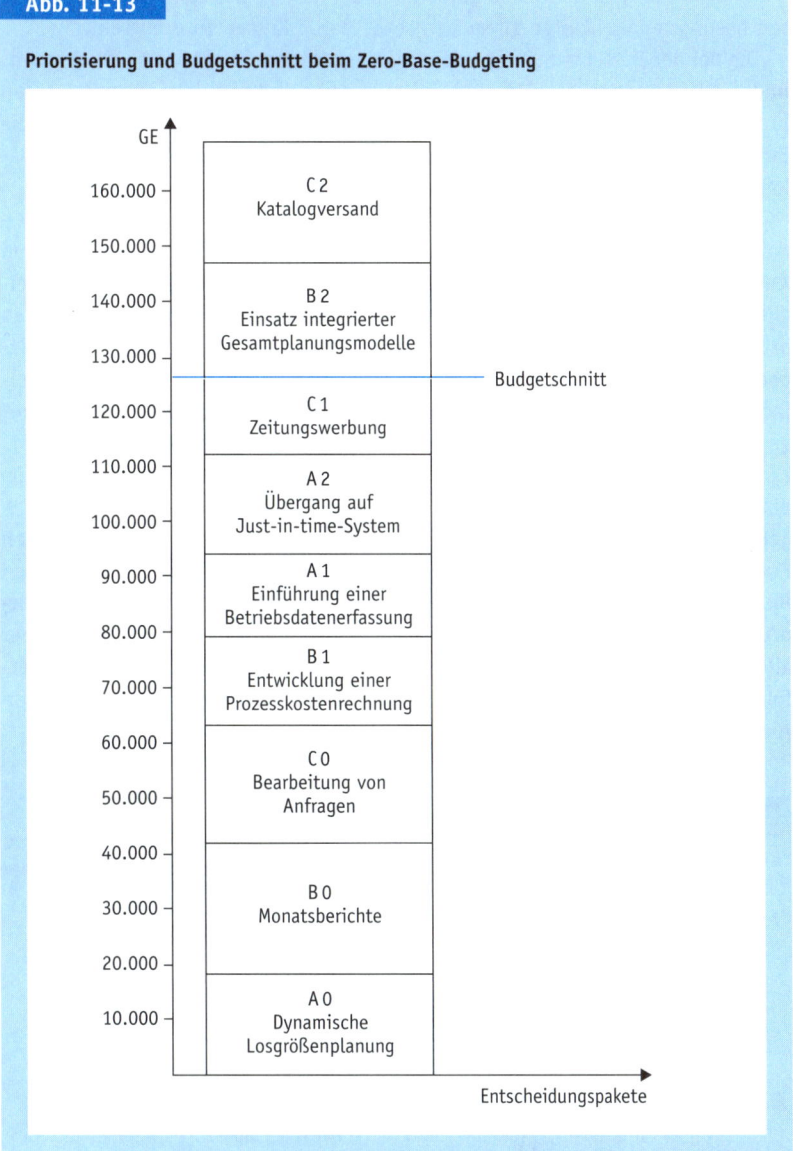

Abb. 11-13

Priorisierung und Budgetschnitt beim Zero-Base-Budgeting

Die letzten Verfahrensschritte dienen der *Umsetzung* und *Kontrolle* der genehmigten Entscheidungspakete. Hierzu sind die konkreten Maßnahmen zu planen und die Mitarbeiter zu informieren. Aus den notwendigen Maßnahmen lassen sich Anforderungsprofile für die bisherigen sowie ggf. zusätzlich benötigte Mitarbeiter herleiten. Ferner sind aus den Entscheidungspaketen Periodenbudgets zu bestimmen und den sie umsetzenden Stellen vorzugeben. Schließlich ist

Umsetzung und Kontrolle

durch eine entsprechende Überwachung sicherzustellen, dass die Maßnahmen tatsächlich durchgeführt werden.

Wie bei der Programmbudgetierung bildet beim Zero-Base-Budgeting die Erarbeitung, Analyse und Bewertung alternativer Leistungen, die jeweils in den Entscheidungspaketen zusammengestellt und dokumentiert werden, die Grundlage für die Vorgabe periodenbezogener Budgets. Die Durchführung eines solchen Verfahrens ist sehr aufwändig, weil es umfassend angelegt ist, alle bisherigen Leistungen einbezieht und eine genaue Organisation der vielfältigen Analyse- und Planungsaktivitäten erfordert (vgl. Marx, 1979, S. 233 ff.; Meyer-Piening, 1990, S. 43). Deshalb kann man es nur in größeren Zeitabständen einsetzen. Seine Zwecksetzung, eine bloße Fortschreibung bisheriger Vorhaben zu verhindern und geeignete neue Leistungsprogramme zu entwickeln, ist nur erfüllbar, wenn kein Gewöhnungseffekt eintritt.

11.5 Kennzeichen von Koordinationssystemen der Budgetvorgabe

Nachfolgend werden die wichtigsten Eigenschaften einer Koordination über Budgets zusammengefasst. Diese konkretisieren die der Budgetierung zugrunde liegenden Ausprägungen der Führungsteilsysteme.

Das Instrument zur Koordination der verschiedenen Führungshandlungen und -personen bildet hier die Vorgabe von Budgets. Der Handlungsspielraum der zu koordinierenden Entscheidungsträger wird durch die Art der Budgets für die Input- und/oder die Outputseite sowie die mit der Budgetierung ausgearbeiteten Maßnahmen mehr oder weniger stark eingeschränkt. Ein wesentliches Element der Budgetierung besteht jedoch darin, dass die Auswahl und Kombination der Handlungsvariablen, die zu einer Erfüllung der Budgets führen, weitgehend bei ihnen selbst liegt. Zudem können sie ggf. ihre Überlegungen und Handlungsabsichten in den Prozess der Budgetierung (z. B. in Form von Entscheidungspaketen) einbringen.

Deshalb setzen Systeme der Budgetvorgabe im Hinblick auf die Organisation eine begrenzte Delegation von Entscheidungsrechten voraus (vgl. Abbildung 9-1). Die dezentralen Bereiche sind für die Umsetzung der (Jahres-)Budgets verantwortlich. Wesentliche Teile der *operativen Planung* sind an sie delegiert. Dagegen bleiben die Entscheidungstatbestände der *strategischen und taktischen Ebene* bei der Unternehmensleitung zentralisiert. Die Budgetvorgabe kann sowohl bei funktionaler als auch bei divisionaler Gliederung der Aufgaben und Kompetenzen angewandt werden. Sie ist auch nicht auf Ein- oder Mehrlinienensysteme beschränkt.

Der Delegation entspricht eine Aufspaltung der Planung in mittel- sowie längerfristige zentrale und kurzfristige dezentrale Planungsaufgaben. Ihre Differenzierung richtet sich nach der organisatorischen Aufgabengliederung.

Planung

In den verschiedenen Systemen der Budgetvorgabe werden unterschiedliche Konzepte für die *Ableitungsfolge* der Planung angewandt. Aus den Unternehmenszielen sollen beispielsweise beim PPBS die Programme und Budgets hergeleitet werden. Damit herrscht bei diesem System das Top-down-Prinzip vor. Dagegen sollen bei den wertanalytischen Verfahren in den dezentralen Einheiten Vorschläge zur Kosteneinsparung erarbeitet werden. Mit Einbeziehung ihrer Ideen enthalten diese Systeme Komponenten einer Bottom-up-Entwicklung. Im ZBB-System folgt i. d. R. auf eine zentrale Festlegung und Aufgliederung der Unternehmensziele die Formulierung der Leistungsniveaus und Entscheidungspakete in den Leistungseinheiten. Die dezentralen Organisationseinheiten schlagen eine Rangordnung ihrer Entscheidungspakete vor, die von den übergeordneten Instanzen höchstens in beschränktem Umfang verändert wird. Mit der Ordnung der Entscheidungspakete aus den verschiedenen Abteilungen und dem Budgetschnitt entscheidet die Unternehmensleitung über die tatsächlich durchzuführenden Programme. In Bezug auf die in Betracht gezogenen Leistungen und die Analyse der für sie notwendigen Aktivitäten überwiegt das Bottom-up-Prinzip, wobei in der Bildung der Rangordnung und der nachfolgenden Konkretisierung der Maßnahmen zur Realisierung der Entscheidungspakete Elemente eines Gegenstromprinzips erkennbar werden.

Kontrolle

Die Kontrolle besteht bei Systemen der Budgetvorgabe aus einem Vergleich der realisierten Wertgrößen, z. B. der Ausgaben und Einnahmen, mit den vorgegebenen Budgetwerten. Es handelt sich also um Ergebniskontrollen. Dabei kann eine Anpassung der Budgets an Änderungen wichtiger Randbedingungen vorgesehen sein. Mit einem Übergang auf flexible Budgets wird ein Schritt in Richtung auf Verhaltenskontrollen vollzogen, wenn man die Einflussgrößen der Budgeterreichung in die Betrachtung einbezieht.

Personalführung

In der Personalführung bietet es sich an, das Anreiz- und Belohnungssystem mit der Einhaltung von Budgetvorgaben zu koppeln. Dies ist aber nicht durchgängig üblich. Das Bemühen in verschiedenen Verfahren, die Kreativität der Führungskräfte der dezentralen Organisationseinheiten und ihrer Mitarbeiter zu nutzen, spricht für einen weniger autoritären Führungsstil. Die Erarbeitung neuer Lösungsvorschläge verlangt bei den wertanalytischen Verfahren wie beim ZBB eine Zusammenarbeit zwischen den Analyseteams und den betroffenen Organisationseinheiten. Damit wird die Tendenz zur Kooperation gefördert. Mit dem hohen Einsparungsdruck bei der Gemeinkosten-Wertanalyse und der Entscheidungskompetenz der Zentrale beim ZBB stehen dem eher autoritäre Elemente gegenüber.

Informationssystem

Das Informationssystem muss die Planung und Einhaltung der Budgets unterstützen. Kosten- und Erlösbudgets erfordern eine ausgebaute Kosten- und Erlösrechnung, zahlungsorientierte Budgets dagegen eine Finanzrechnung. Mit ihnen müssen die für Bereiche und Stellen anfallenden Beträge ermittelt werden können. Deshalb hat sich die Kostenstellenrechnung an der für die Budgetvorgabe relevanten Gliederung der Verantwortungsbereiche zu orientieren. Die Gestaltung der Unternehmensrechnung und die Möglichkeiten zur Ermittlung von input- sowie insbesondere outputbezogenen Wertgrößen für einzelne Einheiten bestimmen die Vorgabe von Input- und Outputbudgets.

Bei der Budgetvorgabe behält die Zentrale ein großes Entscheidungsfeld. Hierarchische Kooperation und Koordination herrschen vor. Gegenüber einer zentralistischen Führung nimmt aber der Einfluss der untergeordneten Abteilungen und Stellen zu. Budgets sind das zentrale Koordinationsinstrument zur Zielausrichtung und Steuerung. Die zentralisierte taktische und strategische Planung muss die Interdependenzen zwischen den funktional oder divisional gegliederten Verantwortungsbereichen erfassen. In diesen Planungsbereichen sind weniger Interdependenzen als in umfassenden Modellen einer zentralistischen Führung zu verarbeiten. Die Wirkungen operativer Maßnahmen werden in der zentralen Planung über die Budgets und damit global berücksichtigt. Dafür besteht das Problem, Budgetwerte zu bestimmen, die sich einerseits aus der strategischen und taktischen Planung ergeben und andererseits für die dezentralen Verantwortungseinheiten realisierbar und motivierend sind.

11.6 Überwindung reiner Planorientierung durch das Beyond Budgeting

In jüngerer Zeit wird in Theorie und Praxis das Konzept des Beyond Budgeting kontrovers diskutiert. Dieses Kapitel beschreibt den Ausgangspunkt für seine Entwicklung, stellt das Konzept vor und nimmt eine Analyse und Einordnung vor.

11.6.1 Ansatzpunkte des Beyond Budgeting

Kritische Erfahrungen mit Systemen der Planung und Budgetvorgabe haben zur Forderung nach einer deutlichen Verbesserung oder einer radikalen Abkehr von derartigen Koordinations- und Steuerungssystemen geführt. Sie fanden ihren Ausdruck in Ansätzen eines »Better« bzw. »Advanced Budgeting« und vor allem des »Beyond Budgeting«.

Deren *kritisierter Ausgangspunkt* richtet sich gegen *Budgetierungssysteme*, die durch eine *hierarchische Führung* mit ausgefeilter *starrer Planung* gekennzeichnet sind. Bei solchen Systemen wird finanzielle Disziplin verlangt (vgl. Fraser/Hope, 2001, S. 438) und spielt *Kontrolle* eine wichtige Rolle. Das von der obersten Führung bestimmte generelle Unternehmensziel, ihre Vision, wird entsprechend der auf Vertreter des Beyond Budgeting zurückgehenden Abbildung 11-14 über einen strategischen Plan an die operativen Manager heruntergegeben, die auf dieser Basis ihre Pläne und Budgets festlegen. Die Handlungen haben sich dann an dem akzeptierten Plan auszurichten, überraschende Änderungen sind von der Zentrale nicht erwünscht.

Ausgangspunkt des Beyond Budgeting

Die traditionelle Planung in derartigen Systemen ist meist auf ein Jahr gerichtet und führt zu einer *kurzfristigen Orientierung*. Die Bestimmung von Budgets erfolgt in hohem Maße in Form einer *Fortschreibung* von Jahreswerten. Das

Mängel traditioneller Systeme

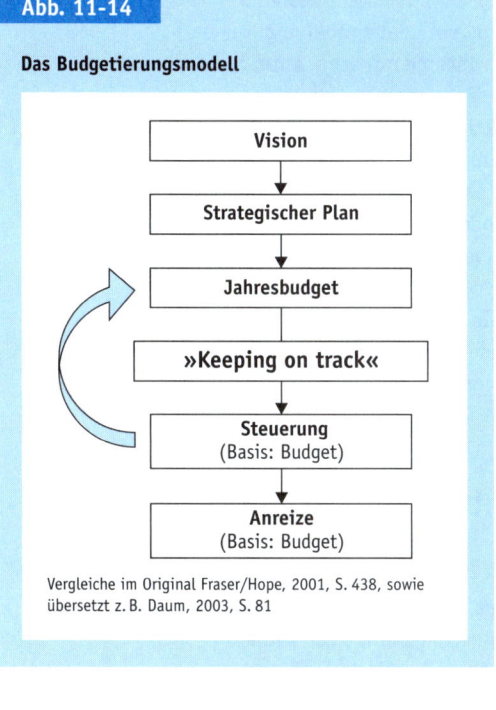

Abb. 11-14

Das Budgetierungsmodell

Vision
↓
Strategischer Plan
↓
Jahresbudget
↓
»Keeping on track«
↓
Steuerung
(Basis: Budget)
↓
Anreize
(Basis: Budget)

Vergleiche im Original Fraser/Hope, 2001, S. 438, sowie
übersetzt z. B. Daum, 2003, S. 81

Kritische Budgetierungs-
techniken

Hintergründe
des Konzepts

System ist stark *formalisiert*, die Planung erstreckt sich über alle Bereiche, ist also möglichst *vollständig* und erfolgt recht *detailliert*. Die dabei festgelegten Vorgabewerte sollen zugleich eine Prognose- und eine Motivationsfunktion erfüllen. Ihre Erreichung wird über *Fremdkontrollen* gesichert. Die *Koordination* verschiedener Bereiche und ihrer Entscheidungen erfolgt über *Pläne*, die im gesamten Prozess eingehend aufeinander abzustimmen sind.

Ein solches Planungs- und Budgetierungssystem ist recht *aufwändig*. Bei einer Reihe von Firmen lässt sich zudem beobachten, dass sich die Budgetplanung weniger an den ökonomischen Unternehmenszielen und den Kundeninteressen als vielmehr an individuellen *Zielen der Akteure* orientiert. Sie pervertiert dann »zu einem Prozess des politischen Taktierens und Handelns« (Daum, 2003, S. 80).

Die *grundsätzliche Kritik* an der Budgetierung, wie sie insbesondere von Robin Fraser und Jeremy Hope (Fraser/Hope, 2001; Hope/Fraser, 2003a; 2003b; Rieg, 2001, S. 572–574) vorgebracht wird, richtet sich damit gegen eine Art der Koordination und Steuerung, die in erster Linie *Komponenten einer zentralistischen Führung* und einfacher Formen der *inputorientierten Budgetvorgabe* enthalten. In ihrer Abgrenzung, mit der sie den Übergang auf Systeme jenseits der Budgetierung empfehlen, beziehen sie sich nicht auf wertanalytisch ausgefeilte inputorientierte oder outputorientierte Formen der Programm- bzw. ZBB-Budgetierung.

Einen weiteren Grund für ein Konzept jenseits der traditionellen Planung und Budgetierung sehen sie in der *Entwicklung der wirtschaftlichen Umwelt* (vgl. Fraser/Hope, 2001, S. 438). Diese sei durch eine *hohe Unsicherheit* gekennzeichnet, da Firmen im 21. Jahrhundert diskontinuierlichen Veränderungen ausgesetzt sind. Das *Gewicht von Innovationen* nimmt zu, es besteht eine hohe *Dynamik*. Durch den Aufschwung der Informations- und Kommunikationstechniken hat die *Informationswirtschaft* eine wesentlich größere Bedeutung erlangt. In vielen Bereichen gibt es starke *Käufermärkte*; deshalb müssen Unternehmungen kunden- und marktorientiert handeln.

Für diese Herausforderungen sei das traditionelle »produzentenorientierte« Managementmodell ungeeignet. Als dieses Modell in den 1920er-Jahren des 20. Jahrhunderts entwickelt wurde, hätten wesentlich stabilere Marktbedingungen geherrscht. Die Vertreter des Beyond Budgeting sind der Auffassung, dass man den heutigen Herausforderungen auch nicht mehr durch die in den letzten Jahrzehnten entwickelten Managementmodelle, -werkzeuge und -techniken begegnen könne. Vielmehr müsse man über die Budgetierung hinausgehen.

11.6.2 Konzept des Beyond Budgeting

Das Konzept des Beyond Budgeting wurde im *Consortium for Advanced Manu-facturing International* (CAM-I) durch den *Beyond Budgeting Round Table* (BBRT) entwickelt (vgl. Hope/Fraser, 2000, S. 32). Den *Ausgangspunkt* bildete die Analyse einer Reihe von Firmen, in denen traditionelle Planungs- und Budgetierungsverfahren angewandt wurden. Ziel war es, ein Führungssystem zu schaffen, das eine dezentralisierte und anpassungsfähigere Organisation unterstützt. Im Zentrum des Konzepts stehen die aus Abbildung 11-15 ersichtlichen zwölf *Prinzipien*. Diese beziehen sich zum einen auf die Unternehmenskultur und -struktur; zum anderen sollen sie *anpassungsfähige Führungsprozesse* bewirken (vgl. auch Weber/Linder, 2003, S. 21 ff).

Ausgangspunkt und Prinzipien des Beyond Budgeting

Damit Unternehmungen kundenorientiert und flexibel auf sich rasch ändernde Märkte reagieren können, setzt das Konzept im Hinblick auf Unternehmenskultur und -struktur auf eine stark *dezentralisierte Organisation*. Dennoch sollte die einzelne Unternehmung als Einheit auftreten. Deshalb ist entsprechend dem *1. Prinzip* dafür zu sorgen, dass ihre dezentralen Manager über eine *gemeinsame Wertbasis* verfügen. Zudem müssen sie im Sinne der *Self-Governance* in die Lage versetzt werden, schnell auf Änderungen zu reagieren und deshalb eigenständige Entscheidungen zu treffen. Hierzu dürfen sie nicht in starre Pläne und Regelungen eingebunden sein. Zu derartigen Entscheidungen sind Führungskräfte aber nur in der Lage, wenn sie über die entsprechenden Handlungsspielräume verfügen. Deshalb müssen sie mit der notwendigen Entscheidungsfreiheit und den erforderlichen Ressourcen ausgestattet sein. Das fordert das *2. Prinzip* zum *Empowerment dezentraler Manager*. Einer solchen Übertragung von Entscheidungskompetenzen entspricht dann ihre *dezentrale Ergebnisverantwortung* des *3. Prinzips*. Dabei ist ihr Erfolg nicht an vorgegebenen internen Zielen, sondern an dem *Ergebnis von Wettbewerbern* zu messen.

Unternehmenskultur und -struktur

Um eine hohe *Flexibilität* zu erreichen, wird in dem Konzept im *4. Prinzip* eine *Netzwerkorganisation* empfohlen. Die gängige Hierarchie von Funktionen

---

Abb. 11-15

Die zwölf Prinzipien des Beyond-Budgeting-Konzepts

Unternehmenskultur und -struktur	Anpassungsfähiger Führungsprozess
1. Gemeinsame Werte und Self-Governance	7. Relative Zielvorgaben
2. Empowerment dezentraler Manager	8. Rollierender Strategieprozess
3. Dezentrale Ergebnisverantwortung	9. Früherkennung und rollierende Prognose
4. Netzwerkorganisation	10. Flexible Ressourcenallokation
5. Marktähnliche Koordination	11. Selbstkontrolle
6. Coaching und Challenging	12. Relative, teambasierte Vergütung

Vergleiche Fraser/Hope, 2001, S. 439; Weber/Linder, 2003, S. 21; Weber/Linder/Spillecke, 2003, S. 112

und Bereichen soll von einem Netzwerk *unabhängiger kundenorientierter Einheiten* abgelöst werden. Mit einer solchen Struktur soll auch eine *Unternehmenskultur* erreicht werden, die von Verantwortlichkeit, Unternehmertum, Vertrauen und Loyalität geprägt ist. Zudem können in ihr die Einheiten schneller und zeitgleich auf das vorhandene Wissen zugreifen. Die *Koordination* zwischen den dezentralen Einheiten soll ausdrücklich nicht über zentrale Planung, Budgetierung und Kontrolle, sondern gemäß dem *5. Prinzip marktähnlich* erfolgen. Die dezentralen Einheiten sind demnach als *Profit* oder *Investment Center* zu gestalten. Man strebt an, sie über Instrumente für einen internen Markt zu koordinieren und zu steuern. Ohne dass dies explizit angesprochen wird, benötigt man hierfür *Verrechnungs- und Lenkungspreise* zur Steuerung der zwischen den Bereichen fließenden sowie von zentralen Einheiten bereitgestellten Güter und Dienste (Kapital, Forschung und Entwicklung usw.). Damit das Konzept erfolgreich umgesetzt werden kann, müssen die Leiter der dezentralen Einheiten nach dem *6. und letzten Prinzip* des *Coaching und Challenging* auf ihre Aufgaben entsprechend vorbereitet werden. Deshalb muss ihre Führungsfähigkeit herausgefordert und durch Kurse über die hierfür notwendigen Kenntnisse und Instrumente geschult werden (vgl. hierzu auch Gruber, 2002). Die Steuerung ihrer Mitarbeiter soll durch »*leadership*« erfolgen, »challenge and coach people, don't command and control them« (Fraser/Hope, 2001, S. 440; im Original z. T. fett).

Anpassungsfähiger Führungsprozess

Während die ersten sechs Prinzipien zur Unternehmenskultur und -struktur auf grundlegende Komponenten gerichtet sind, beinhalten die Prinzipien sieben bis zwölf zur Schaffung anpassungsfähiger Führungsprozesse konkretere Komponenten des Führungssystems. Am *7. Prinzip* wird deutlich, dass im Beyond Budgeting (auch) über Ziele koordiniert und gesteuert werden soll. Entsprechend der grundlegenden Prinzipien zur Unternehmenskultur und -struktur sind dabei zwar *Zielvorgaben* zu setzen, diese aber nicht aus einem zentralen Plan oder Budget abzuleiten. Sie sollen sich vielmehr am *Wettbewerb* orientieren und *relativ* zu diesem gesetzt werden. Aufgrund der Unsicherheit und hohen Dynamik der externen Bedingungen sollen die Strategien nach dem *8. Prinzip* nicht in einem jährlichen Top-down-Prozess bestimmt werden. Vielmehr ist ein *rollierendes Verfahren* anzuwenden. Dies bedeutet, dass die Strategien kontinuierlich überprüft und an Umweltänderungen angepasst werden. Dazu ist es entsprechend dem *9. Prinzip* notwendig, über Instrumente der *Früherkennung* und einer *rollierenden Prognose* zu verfügen. Bei hoher Dynamik der Märkte muss man rechtzeitig erkennen, wann Anpassungen vorzunehmen sind. Im Hinblick auf strategische Pläne kommt dabei der Überprüfung und Prognose der Entwicklung der Prämissen und Randbedingungen eine hohe Bedeutung zu. Deshalb muss die Prognose in begrenzten Abständen immer wieder rollierend an neue Erkenntnisse angepasst werden. Ressourcen sind möglichst effizient zu nutzen und sollen daher an die Stellen fließen, an denen sie benötigt werden. Dies lässt sich durch ihre Verteilung im Jahresrhythmus bei sich schnell ändernden Rahmenbedingungen nicht erreichen. Dem entsprechend wird im *10. Prinzip* eine *flexible Ressourcenallokation* gefordert.

Die Stärkung der dezentralen Manager zeigt sich auch darin, dass nach dem *11. Prinzip* die *Selbstkontrolle* im Vordergrund stehen soll. Diese hat gegenüber Fremdkontrollen den Vorteil, dass die für die Entscheidungen vor Ort und deren Ausführung Verantwortlichen den besten Informationsstand haben, als erste Abweichungen erkennen und deshalb am schnellsten reagieren können. Auch hierdurch verlagert sich die Funktion der übergeordneten Führung von der Vorgabe und Überwachung auf die *Unterstützung* der dezentralen Einheiten. Letztere sollen hierdurch ebenso motiviert werden wie durch die im *12. Prinzip* angesprochene Vergütung. Das *monetäre Anreizsystem* setzt nicht an vorgegebenen oder vereinbarten Planzielen oder -budgets an, sondern ist mit dem Erfolg der Einheit oder der Unternehmung zu verknüpfen. Damit geht es um den am Markt *relativ zu den Wettbewerbern* tatsächlich erzielten Gewinn, den man im *Team* erreicht hat.

Für die Unternehmensführung ist eine Vielzahl von Modellen, Instrumenten und Techniken entwickelt worden. Zur *Umsetzung dieser Prinzipien* des Beyond Budgeting eignen sich nach Fraser und Hope mehrere *Instrumente* in besonderer Weise (vgl. Fraser/Hope, 2001, S. 441). Dazu rechnen sie einmal spezifische Instrumente wie die Balanced Scorecard, das Activity-Based Management und das Benchmarking (vgl. Abbildung 11-16). Zum anderen sind nach ihrer

Instrumente zur Umsetzung

Abb. 11-16

Relevante Instrumente und Techniken im Beyond Budgeting-Konzept

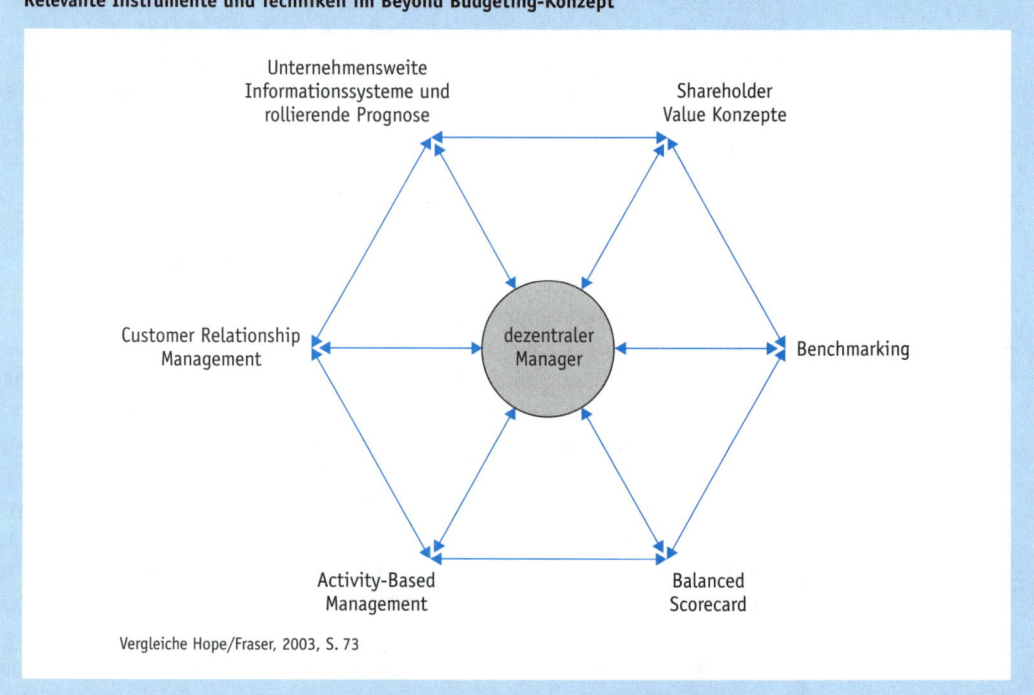

Vergleiche Hope/Fraser, 2003, S. 73

Auffassung allgemeine Instrumente wie ein unternehmensweites EDV-gestütztes Informationssystem, Verfahren für rollierende Prognosen und marktwert- bzw. Shareholder-Value-basierte Erfolgsgrößenmodelle erforderlich. Bei der *Balanced Scorecard* (vgl. hierzu ausführlich Abschnitt 12.3.1.2) werden Visionen und Strategien in mehreren Dimensionen mit Zielen, Kennzahlen, Maßgrößen und Anreizen verknüpft, jedoch stellt sie selbst ein zielorientiertes Koordinations- und Steuerungssystem dar. Insoweit bildet sie eigentlich ein alternatives Konzept zum Beyond Budgeting. Das schließt aber nicht aus, Komponenten der Balanced Scorecard in ein Führungssystem des Beyond Budgeting einzubauen. Beim *Activity-based Management* werden vor allem die Struktur und die Kosten der Einzelprozesse des Leistungssystems und die Serviceprozesse genau analysiert, um diese möglichst optimal zu gestalten (vgl. Schweitzer/Küpper, 2011, S. 352 ff). Im Rahmen des Beyond Budgeting wird die Funktion des Activity-based Management darin gesehen, die Organisationseinheiten im Leistungssystems (»front line units«) zu stärken. *Benchmarking* zielt auf einen Vergleich mit den jeweils besten ab, der sich auf andere Einheiten sowie Unternehmungen innerhalb oder außerhalb der eigenen Branche beziehen kann. Durch den Einsatz dieses Instruments kann ein laufender Verbesserungsprozess in Gang gehalten werden. Die Verwendung eines leistungsfähigen *Informationssystems* mit einer intensiven Nutzung der IT-Technologie erscheint in jedem Führungssystem zweckmäßig. Deshalb ist es ebenso wenig wie die Verwendung von *Prognoseverfahren* ein Spezifikum des Beyond Budgeting, aber auf dessen Konzept hin auszurichten. Mit der Nutzung von *Shareholder-Value-Modellen* wie dem Economic Value Added (EVA) wird die Erkenntnis aufgegriffen, dass in vielen erwerbswirtschaftlichen Unternehmungen die Steigerung des Marktwerts (des Eigenkapitals) das zentrale Erfolgsziel darstellt, aus dem die Ziele für die dezentralen Bereiche und deren Teilbereiche abzuleiten sind.

11.6.3 Analyse und Einordnung des Beyond Budgeting

Anliegen des Beyond Budgeting

Wie schon seine Bezeichnung zum Ausdruck bringt, wendet sich das Beyond Budgeting ausdrücklich gegen ein traditionelles Managementsystem. Seine Bezeichnung ist jedoch irreführend, weil es den *Gegenentwurf* zu einem ganz *bestimmten Konzept des Budgeting* darstellt. Dieses Konzept einer *starren* Planung mit starker *Fremdkontrolle* und einer Koordination über Pläne weist charakteristische Komponenten einer zentralistischen Führung und der *einfachsten Budgetierungstechniken*, z. B. Fortschreibungsbudgetierung, auf. Das wichtigste Anliegen des Beyond Budgeting kann in einer weitgehenden Dezentralisierung und Delegation von Führungskompetenzen gesehen werden. Schon durch den Übergang von einer zentralistischen Führung, in der die Koordination und Steuerung über Pläne erfolgt, zu besser ausgebauten Systemen der inputorientierten Budgetvorgabe werden den dezentralen Einheiten Handlungsspielräume eingeräumt. Dies geht jedoch auch bei outputorientierten Techniken der Budgetvorgabe noch nicht so weit wie im Beyond Budgeting. Insofern reicht letzteres über die Systeme der Budgetvorgabe hinaus.

Mit dem Beyond Budgeting soll nicht nur eine starre zentralistische Planung und Budgetierung überwunden werden. Dieses Konzept erhebt darüber hinaus den *Anspruch*, den Herausforderungen einer dynamischen wirtschaftlichen Entwicklung im 21. Jahrhundert zu begegnen. Grundsätzlich leuchtet es ein, dass seine auf Dezentralisierung und Marktorientierung gerichteten Prinzipien der Unternehmenskultur und -struktur diesem Zweck dienen können. Das Konzept erscheint aber vor allem in den Führungsprinzipien noch *nicht ausreichend konkretisiert*, um dem mit ihm verbundenem hohen und allgemeingültig formulierten Anspruch zu genügen. Die in ihm enthaltenen Empfehlungen sind weder durch *wissenschaftliche Theorien* noch durch *empirische Tests* belegt. Vielmehr wird auf die Erfahrungen der an seiner Ausarbeitung beteiligten Unternehmungen sowie eine Reihe von Beispielen verwiesen, in denen Firmen Komponenten des Konzepts umgesetzt haben (vgl. Hope/Fraser, 2000, S. 32 f.; Weber/Linder/Spillecke, 2003, S. 111). Es *fehlt* eine explizite und tiefergehende *Auseinandersetzung* mit anderen Systemen der Budgetvorgabe oder einer Steuerung über Ziele und/oder Verrechnungs- bzw. Lenkungspreise. Erkenntnisse der wissenschaftlichen und der praxisnahen Literatur zu deren Gestaltung, Wirkungen und Zweckmäßigkeit werden nicht herangezogen, um auf deren Grundlage das Konzept des Beyond Budgeting zu beurteilen und dessen Vorzüge zu begründen. Deshalb erscheinen weder die pauschalierende negative Bewertung der Budgetierung noch die mit hohen Ansprüchen versehene Empfehlung des Beyond Budgeting ausreichend fundiert.

Kritik am Beyond Budgeting

Die Situationsbedingungen, in denen sich eine Unternehmung befindet, bestimmen welches Controllingsystem zur Koordination und Steuerung bei ihm am zweckmäßigsten ist. Die in Abschnitt 11.6.1 skizzierten Gründe für die Entwicklung des Beyond Budgeting (beispielsweise eine hohe Dynamik und Unsicherheit) treffen nicht auf alle Wirtschaftszweige und Unternehmungen gleichermaßen zu. Deshalb sind die jeweiligen Bedingungen im Einzelnen zu untersuchen, in denen dieses Konzept am besten geeignet ist. Unter anderen Rahmenbedingungen können gegebenenfalls eines der Systeme der Budgetvorgabe, Konzepte eines »Better Budgeting« (vgl. Weber/Linder, 2003, S. 14 ff.; Schäffer/Zyder, 2003, S. 107; Gleich/Kopp, 2001) oder auch Ausprägungen der zentralistischen Führung zu einem höheren Erfolg führen.

Relevante Situationsbedingungen

An wichtigen Prinzipien des Beyond Budgeting wird erkennbar, dass dieses Konzept Komponenten von mehreren der nachfolgend dargestellten Systeme aufnimmt. So soll man (relative) Ziele vorgeben und eine marktähnliche Koordination innerhalb der Unternehmung anstreben, wie sie für eine *Koordination über Ziele* bzw. *Verrechnungs- und Lenkungspreise* charakteristisch sind. Insoweit steht das Beyond Budgeting *zwischen verschiedenen Controllingsystemen* und fügt eine Reihe von Elementen sowie Instrumenten aus ihnen ein, ohne diese zu einem klaren und einheitlichen Konzept zusammenzubinden. Es bietet damit *keinen* alternativen Ansatz der innerbetrieblichen Lenkung. An ihm wird aber auch deutlich, dass die in diesem Kapitel gekennzeichneten Typen übergreifender Koordinati-

Einordnung in die Steuerungs- und Lenkungssysteme

onssysteme des Controlling nicht als einander ausschließende Alternativen nebeneinander stehen. Vielmehr kann das für eine Unternehmung geeignete System Komponenten von verschiedenen Typen aufnehmen (vgl. Hofmann, 2001).

Wiederholungsfragen Kapitel 11

1. *Wodurch unterscheiden sich Budgetvorgabe und Maßnahmenplanung?*
2. *Inwiefern erfüllen Budgets eine Koordinationsfunktion?*
3. *Welche Ableitungsrichtungen liegen output- und inputorientierten Budgetierungstechniken zugrunde?*
4. *Untersuchen Sie die Gemeinsamkeiten zwischen dem Ansatz der Zielkostenrechnung (Target Costing) und inputorientierten Verfahren der Budgetvorgabe.*
5. *Welche Bedeutung können Verfahren der Kostenrechnung in der Budgetierung besitzen?*
6. *Welche Zwecksetzungen liegen der Gemeinkosten-Wertanalyse und dem Zero-Base-Budgeting zugrunde?*
7. *Nennen Sie zwei grundlegende Merkmale, in denen sich die Gemeinkosten-Wertanalyse und das Zero-Base-Budgeting unterscheiden.*
8. *Welche Eigenschaften haben Gemeinkosten-Wertanalyse und Zero-Base-Budgeting gemeinsam?*
9. *Warum ist die Gemeinkosten-Wertanalyse i. d. R. nur aperiodisch einsetzbar?*
10. *Worin liegt die Motivationsfunktion von Budgets?*
11. *Worauf beruht die Steuerungswirkung von Budgets?*

Aufgaben Kapitel 11

1. *Vergleichen Sie die Gemeinkosten-Wertanalyse und das Zero-Base-Budgeting anhand folgender Merkmale:*
   a) *Zwecksetzung,*
   b) *grundlegende Merkmale,*
   c) *Verfahrensschritte,*
   d) *praktische Anwendbarkeit und Anwendungsbereiche,*
   e) *praktische Erfahrungen.*

2. *Vergleichen Sie folgende Ansätze zur Bestimmung und Vorgabe von Gemeinkostenbudgets:*
   a) *Bezugsgrößenorientierte Gemeinkostenplanung der Grenzplankostenrechnung,*
   b) *Deckungsbudgets im Sinne von Riebel,*
   c) *Zero-Base-Budgeting.*

3. *Verhaltenswirkungen von Budgets*

a) *Kennzeichnen Sie einen theoretischen Ansatz, mit dem sich Hypothesen über die Verhaltenswirkungen von Budgets begründen lassen.*

b) *Wie beurteilen Sie die Möglichkeiten, mit Hilfe von*

▸ *Fortschreibungsbudgetierung und*

▸ *Zero Base Budgeting*

auf das Unternehmensziel ausgerichtete Steuerungswirkungen in einer Unternehmung zu erreichen? Begründen Sie Ihre Aussagen anhand des in a) dargestellten Ansatzes.

Lösungen Kapitel 11

1.

	Gemeinkosten-Wertanalyse	Zero-Base-Budgeting
a) Zwecksetzung	Analyse des Kosten-Nutzen-Verhältnisses aller Leistungen der Gemeinkostenbereiche mit dem Ziel einer Kosteneinsparung ohne Reduzierung des Nutzens	Analyse der zu erbringenden Leistungen und Entwicklung neuer Leistungsprogramme mit dem Ziel, eine bloße Fortschreibung bisheriger Vorgaben zu verhindern
b) Grundlegende Merkmale	▸ Inputorientiert ▸ Das bisherige Leistungsniveau soll beibehalten werden ▸ Kosten aller Leistungen werden genau, Nutzen nur begrenzt analysiert ▸ Einbindung der Leiter der betroffenen organisatorischen Einheiten ▸ Präzise und umfassende Planung, genaue Vorgaben für die Organisation und den Ablauf	▸ Outputorientiert ▸ Die bisherigen Leistungen sollen geprüft, ggf. erweitert und neue Leistungen eingeführt werden ▸ Kosten und Nutzen aller Leistungen werden genau analysiert ▸ Einbindung der Leiter der betroffenen organisatorischen Einheiten ▸ Weniger durchstrukturierte Vorgehensweise
c) Verfahrensschritte	▸ Analyse beginnt bei Auflistung aller bisherigen Leistungen und Abschätzung ihrer Kosten ▸ Durch Vorschläge für eine rationellere Erbringung der Leistungen ergibt sich ein günstigeres Kostenbudget	▸ Analyse beginnt bei der Basis null, Grundlage der Analyse sind die Ziele des Unternehmens ▸ Budgetvorgabe erfolgt auf der Grundlage einer Rangfolge von Entscheidungspaketen, die alternative Leistungen zusammenfassen
d) Praktische Anwendbarkeit und Anwendungsbereiche	▸ Sehr aufwändig, nur in größeren Zeitabständen durchführbar	▸ Sehr aufwändig, nur in größeren Zeitabständen durchführbar
e) Praktische Erfahrungen	▸ Einsparungen in Höhe von 10–20 % der ursprünglichen Kosten	▸ Nur begrenzte Anwendung

2. a) *In der bezugsgrößenorientierten Gemeinkostenplanung der Grenzplan-kostenrechnung wird die Beschäftigung als wichtigste Kosteneinfluss-größe betrachtet. Je höher das Verständnis des Zusammenhangs zwischen Kosteneinflussgröße und Kosten, desto leistungsfähiger ist dieses Budgetierungskonzept. Es ist besonders gut geeignet für regelmäßige Aufgaben und Cost Center.*

b) *Der Grundgedanke besteht aus einer Schichtung der Jahreskosten. Hinter der schichtenweisen Aufteilung über das gesamte Planjahr steht ein Anreizkonzept, das dem Grundgedanken der Break-even-Analyse ähnlich ist. Unterstellt wird, dass zuerst eine Kostendeckung angestrebt wird, um dann Gewinne zu erwirtschaften. Wie bei der Grenzplankostenrechnung werden Bezugsgrößen verwendet. Zusätzlich werden die Gemeinkosten auf die jeweilige Organisationseinheit aufgeschlagen. Nicht nur Kosten werden geplant, sondern auch Deckungsbeiträge. Vorteilhaft ist, dass man analysieren kann, ab wann die jeweils betrachtete Organisations-einheit einen Gewinn erwirtschaftet.*
Es ist besonders gut geeignet für regelmäßige Aufgaben und Profitcenter.

c) *Zero-Base-Budgeting ist besonders gut geeignet zur Budgetierung von unregelmäßigen Aufgaben (Projekten). Der Planungsprozess beginnt bei der Basis null. Grundlage des Vorgehens sind die strategischen und operativen Ziele der Unternehmung. Abteilungsleiter bereiten Entschei-dungspakete vor und priorisieren diese nach Leistungsniveaus. Abschließend entscheidet die Unternehmensleitung, welche Pakete durchgeführt werden.*
Zero-Base-Budgeting ist aufwändiger als a) und b), insbesondere auf-grund des hohen Kommunikationsbedarfs.

3. a) *Hypothesen über die Verhaltenswirkungen von Budgets lassen sich z. B. mit dem Erwartungs-Valenz-Modell begründen. Das prozessorientierte Er-wartungs-Valenz-Modell greift auf das Handlungsprinzip der Maximie-rung des Erwartungsnutzens zurück. Die Arbeitsleistung eines Individu-ums ist von drei Größen abhängig: Motivation, Fähigkeiten und Problemlösungsansatz. Das Erwartungs-Valenz-Modell beschäftigt sich vor allem mit den Bestimmungsgrößen der Motivation.*

b) *Fortschreibungsbudgetierung: Man geht im Wesentlichen vom bisherigen Leistungsniveau aus. Dabei kann man entweder den jeweils letzten Ist-wert oder den Vorgabewert der Vorperiode zugrunde legen. Dieser Wert lässt sich auch durch die Berücksichtigung übergreifender Einflussgrößen anpassen, z. B. durch die Inflationsrate. Bei der Fortschreibungsbudge-tierung führt man keine echte Planung durch, und die Höhe des Budgets wird nicht aus den zu erbringenden Leistungen abgeleitet. Die Motivati-onswirkung ist gering. Motivation, Fähigkeiten und Problemlösungsan-satz werden nur zu einem geringen Grad verwendet, so dass anhand des Erwartungs-Valenz-Modells eine niedrige Zufriedenheit zu erwarten ist.*
Zero-Base-Budgeting: Der Planungsprozess beginnt bei der Basis null.

Grundlage des Vorgehens sind die strategischen und operativen Ziele der Unternehmung. Abteilungsleiter bereiten Entscheidungspakete vor und priorisieren diese nach Leistungsniveaus. Abschließend entscheidet die Unternehmensleitung, welche Pakete durchgeführt werden. Da man mit der Basis null beginnt und die jeweilige Organisationseinheit einen großen Beitrag zur Planung leisten kann, stellt das Zero-Base-Budgeting eine geeignete Plattform dar, um Erfahrungen aus ähnlichen Situationen einzubringen und Fähigkeiten zu präsentieren. Lediglich der Budgetschnitt könnte demotivierend wirken.

12 Kennzahlen- und Zielsysteme

Kennzahlen stellen wichtige Sachverhalte in komprimierter Form dar. In einem Kennzahlensystem sind diese Zahlen beispielsweise nach sachlichen Aspekten strukturiert. Zu Zielsystemen werden sie, wenn die Größen dezentralen Leitern als Ziele vorgegeben werden. Die Unternehmensleitung erreicht dabei eine vertikale Steuerung und Koordination, wenn sie ihre Oberziele zu Unterzielen herunterbricht und die Unterziele den dezentralen Leitern vorgibt. Beispielsweise soll die Marketingabteilung durch geeignete Werbemaßnahmen die Bekanntheit der Unternehmensprodukte als Unterziel derart steigern, dass die erwünschten Umsatzziele als Oberziel erreicht werden. Hingegen erreicht die Unternehmensleitung eine horizontale Steuerung und Koordination, wenn den Leitern dezentraler Bereiche solche Ziele vorgegeben werden, die im Einklang mit dem Gesamtziel der Unternehmung stehen. Hierfür muss beispielsweise der Unternehmenserfolg den Bereichen in geeigneter Form zugerechnet werden.

12.1 Charakterisierung von Kennzahlen und Kennzahlen- sowie Zielsystemen

Kennzahlen können verschiedene Ausprägungen annehmen. Die Beziehungen zwischen den Kennzahlen liefern die Basis für die Entwicklung von Kennzahlensystemen.

12.1.1 Merkmale von Kennzahlen und Kennzahlen- sowie Zielsystemen

Unter den in einer Unternehmung ermittelten Zahlen bezeichnet man diejenigen als Kennzahlen, die besonders informativ erscheinen. Sie stellen Größen dar, die als Zahlen einen quantitativ messbaren Sachverhalt wiedergeben (vgl. Reichmann, 1993a, S. 16) und relevante Tatbestände sowie Zusammenhänge in einfacher, verdichteter Form kennzeichnen sollen. Damit sind sie speziell herauszuhebende Informationen.

Begriff der Kennzahl

Als Kennzahlen lassen sich entsprechend Abbildung 12-1 sowohl absolute als auch Verhältniszahlen verwenden. Erstere können Einzelwerte wie eine Bestandsgröße (z. B. Anlagenbestand, Kassenbestand), Summen (z. B. Bilanzsumme) oder Differenzen (z. B. Gewinn) sein. Häufig bildet man Verhältniszahlen, die als relative Größen auf einen Vergleich ausgerichtet sind. Sie treten als Beziehungs-, Gliederungs- oder Indexzahlen auf.

Absolute vs. Verhältniszahlen

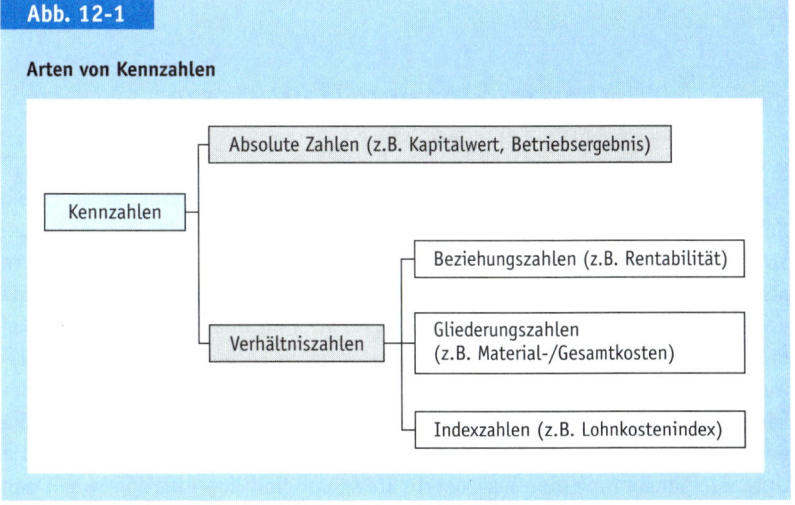

Abb. 12-1

Arten von Kennzahlen

Kennzahlen
- Absolute Zahlen (z.B. Kapitalwert, Betriebsergebnis)
- Verhältniszahlen
  - Beziehungszahlen (z.B. Rentabilität)
  - Gliederungszahlen (z.B. Material-/Gesamtkosten)
  - Indexzahlen (z.B. Lohnkostenindex)

Beziehungszahlen

Bei Beziehungszahlen werden zwei verschiedenartige Größen (z. B. Rentabilität als Gewinn zu Kapital) zueinander ins Verhältnis gesetzt. Damit wird eine Größe für unterschiedliche Ausprägungen der Nennergröße gleichnamig gemacht. Zähler und Nenner können in derselben (z. B. Euro/Euro) oder in unterschiedlichen (z. B. Euro/Stunde) Dimensionen gemessen werden. Da sich Zähler und Nenner auf verschiedenartige Größen beziehen, muss ein sachlicher Zusammenhang zwischen ihnen herstellbar sein, damit die sich ergebende Kennzahl einen informativen Gehalt besitzt. Maßgeblich ist, dass eine sinnvolle Beziehung hergestellt wird.

Gliederungszahlen

Gliederungszahlen geben den Anteil einer Größe (z. B. der Materialkosten) an einer Gesamtmenge (z. B. den Periodenkosten) an. Auch hier liegt ein sachlicher Zusammenhang zwischen Zähler und Nenner vor. Da beide Größen denselben Tatbestand betreffen, ist diese Forderung grundsätzlich erfüllt. Zudem werden beide Größen in derselben Dimension gemessen. Durch die Bildung der Gliederungszahl lässt sich das Gewicht der Zählergröße abschätzen.

Indexzahlen

Indexzahlen setzen inhaltlich gleichartige, aber zeitlich oder örtlich verschiedene Größen zueinander in Beziehung (z. B. Lohnkostenindex). Sie messen damit die betrachtete Zählergröße an einer Basisgröße. Man erkennt an ihnen, wie stark die interessierende Größe von der Basis abweicht. Auch damit nimmt der Aussagegehalt gegenüber der absoluten Größe zu. Besonders häufig werden sie als Preis- oder Kostenindices verwendet.

Kennzahlensystem

In der Regel zieht man zur Beurteilung wirtschaftlicher Sachverhalte nicht nur eine, sondern mehrere Kennzahlen heran. Verwendet man sie zusammenhanglos nebeneinander, gelangt man leicht zu verwirrenden und widersprüchlichen Aussagen. Deshalb wird es notwendig, die Menge an Kennzahlen in eine Ordnung zu bringen. Damit gelangt man zu einem Kennzahlensystem. Es soll die Beziehungen zwischen den als wichtig erachteten Größen wiedergeben.

Durch die Einordnung in ein System erreicht man eine Informationsverdichtung und eine höhere Übersichtlichkeit.

Eine spezifische Klasse von Kennzahlen bilden die *quantitativen Ziele* der Unternehmung. Die charakteristischen Merkmale einer Kennzahl treffen auf sie in besonderem Maße zu. Als Ziele besitzen sie eine hohe Relevanz für den Entscheidungsträger. In den quantitativen Zielen verdichten sich mehr als in anderen Größen die Gesichtspunkte, die für ihn maßgeblich sind. Soweit sich ein *Zielsystem* aus quantitativen Größen zusammensetzt, ist es zugleich als Kennzahlensystem interpretierbar. Voraussetzung für eine Verwendung von Kennzahlen als Zielen ist, dass die Unternehmung ihre Ausprägung beeinflussen kann. Aus diesem engen Zusammenhang zwischen Kennzahlen und Zielen folgt, dass ein Teil der Überlegungen zu Kennzahlensystemen auch für Zielsysteme gilt. Die wesentlichen Unterschiede liegen einmal darin, dass Zielsysteme nicht-quantifizierbare Ziele enthalten können. Zum anderen gibt es ein Vielzahl von Kennzahlen, die nicht beeinflussbar sind und/oder nur Informationszwecken, aber nicht der Beurteilung von Handlungsalternativen dienen.

Zielsystem aus quantitativen Zielen

12.1.2 Beziehungen zwischen Kennzahlen

Zwischen Kennzahlen können gemäß Abbildung 12-2 vor allem logische, empirische und hierarchische Beziehungen bestehen.

Logische Beziehungen können definitorisch oder mathematisch sein. Sie sind *definitorischer* Art, wenn Kennzahlen aufgrund ihrer begrifflichen Abgrenzung zusammenhängen. Wird beispielsweise Gewinn als Differenz zwischen Erlösen und Kosten definiert, so sind diese beiden Größen wegen dieser Begriffsabgrenzung mit dem Gewinn verknüpft. Erlöse und Kosten beeinflussen die Gewinn-

Logische Beziehungen

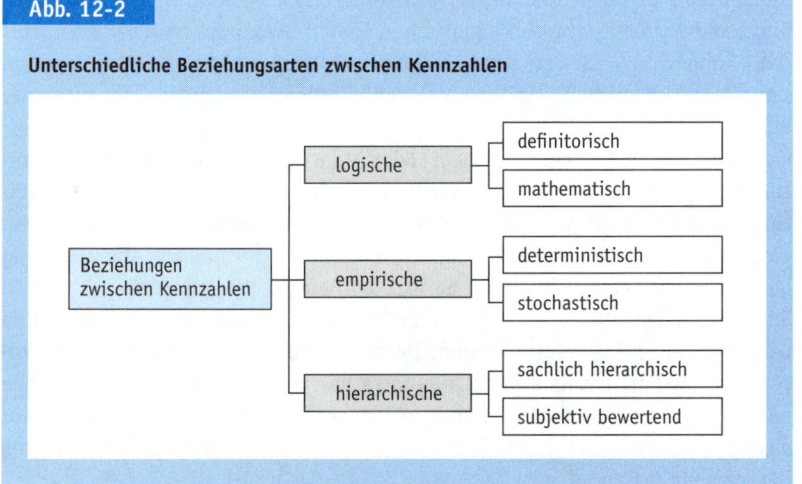

Abb. 12-2

Unterschiedliche Beziehungsarten zwischen Kennzahlen

Beziehungen zwischen Kennzahlen

- logische
  - definitorisch
  - mathematisch
- empirische
  - deterministisch
  - stochastisch
- hierarchische
  - sachlich hierarchisch
  - subjektiv bewertend

höhe positiv bzw. negativ, jedoch nicht, weil dies empirisch zu beobachten ist, sondern weil sie die beiden Begriffskomponenten dieser Größe darstellen.

Mathematische Beziehungen entstehen durch die Anwendung mathematischer Regeln der Transformation. Erweitert man zum Beispiel die Kennzahl Gesamtkapitalrentabilität als G/K im Zähler und Nenner um den Umsatz, so kann man über die mathematisch zulässige Umformung zu der Beziehung

$$\frac{G}{K} = \frac{G \cdot U}{K \cdot U} = \frac{G}{U} \cdot \frac{U}{K} \qquad (12\text{-}1)$$

gelangen. Damit lässt sich begründen, dass die Kennzahl Gesamtkapitalrentabilität von den beiden Kennzahlen Umsatzrentabilität G/U und Kapitalumschlag U/K abhängig ist. Der Zusammenhang zwischen den drei Kennzahlen besteht aber nicht, weil man ihn in der Realität so beobachten kann und andere empirische Zusammenhänge zwischen diesen drei Größen denkbar wären. Er ist vielmehr aufgrund der Begriffsdefinitionen und der mathematischen Beziehung logisch und damit tautologisch. Dies bedeutet, dass er keinen empirischen Aussagegehalt besitzt.

Empirische
Beziehungen

Demgegenüber sind empirische Beziehungen in Gegebenheiten der Realität begründet. Für Kennzahlensysteme sind dabei die generellen Beziehungen maßgebend, die möglichst allgemeingültige Zusammenhänge erfassen. Ihre Existenz wird in Hypothesen oder theoretischen Aussagen behauptet, deren Geltung an der Realität zu überprüfen ist. Erst wenn sie durch empirische Überprüfungen nicht widerlegt wurden, können sie als gut bestätigt gelten. Im Unterschied zu logischen Beziehungen handelt es sich hier um Zusammenhänge, die nicht aus Begriffen und mathematischen Transformationen herleitbar sind. Ihr empirischer Aussagehalt ist umso größer, je mehr denkbare andere Beziehungen sie ausschließen. Beispiele derartiger Beziehungen sind die Abhängigkeit der Absatzmenge vom Verkaufspreis oder der Kosten von der Beschäftigung.

Ökonomische Zusammenhänge beruhen zu großen Teilen auf den Entscheidungen von Personen. Da dieses Verhalten keinen *deterministischen Gesetzen* folgt, sollten die relevanten empirischen Hypothesen *stochastischen* Charakter (vgl. Küpper, 1974, S. 42 ff.) haben. Soweit dennoch deterministische Hypothesen verwendet werden, stellen sie jedenfalls Vereinfachungen gegenüber der Realität dar.

Hierarchische
Beziehungen

Hierarchische Beziehungen begründen eine Rangordnung zwischen Kennzahlen. Sie sind damit eine wichtige Basis für die Schaffung hierarchisch strukturierter Kennzahlensysteme. *Sachlich hierarchische Beziehungen* kennzeichnen eine sachlich begründete Rangordnung zwischen Tatbeständen, die auf Gegebenheiten der Realität beruhen. So ist zum Beispiel die Anlagenkapazität von Entscheidungen abhängig, die den Entscheidungen über Auftragsfolgen und Durchlaufzeiten übergeordnet sind. Derartige sachliche Rangbeziehungen lassen sich zwischen vielen Entscheidungstatbeständen feststellen. Sie beruhen auf Sachmerkmalen wie der zeitlichen Reichweite und den Auswirkungen auf das Unternehmensziel, die sich zur Bestimmung der Über- und Unterordnung heranziehen lassen.

Eine subjektive Bewertung kommt in *Präferenz-Beziehungen* zum Ausdruck. Mit ihnen gelangt man zu einer Ordnung nach wichtigen *Haupt-* und weniger wichtigen *Neben-Kennzahlen*. Sie beruhen auf der Bedeutung, welche die jeweilige Größe für den Entscheidungsträger besitzt. Diese Art der Beziehung spielt vor allem bei der Ordnung der Kennzahlen eine Rolle, die zugleich als Ziele dienen. Für deren Auswahl ist die subjektive Wertschätzung des jeweiligen Entscheidungsträgers maßgebend.

12.1.3 Verwendbarkeit von Kennzahlen und Kennzahlen- sowie Zielsystemen

Kennzahlen sowie Kennzahlen- und Zielsysteme können zur Erfüllung einer Reihe von Funktionen herangezogen werden. Als wichtigste lassen sich entsprechend Abbildung 12-3 *Informations- und Steuerungszwecke* unterscheiden. Erstere stehen im Vordergrund, wenn man Kennzahlen für eine benutzeradäquate Informationsbereitstellung zur Analyse von Sachverhalten oder als Indikatoren verwendet. Entwickelt man aus Kennzahlen ein Zielsystem, so steht die Steuerungsfunktion im Vordergrund. Dann dienen sie als Ziele zur Planung und

Funktionen von Kennzahlensystemen

Abb. 12-3

Verwendbarkeit von Kennzahlen und Kennzahlensystemen

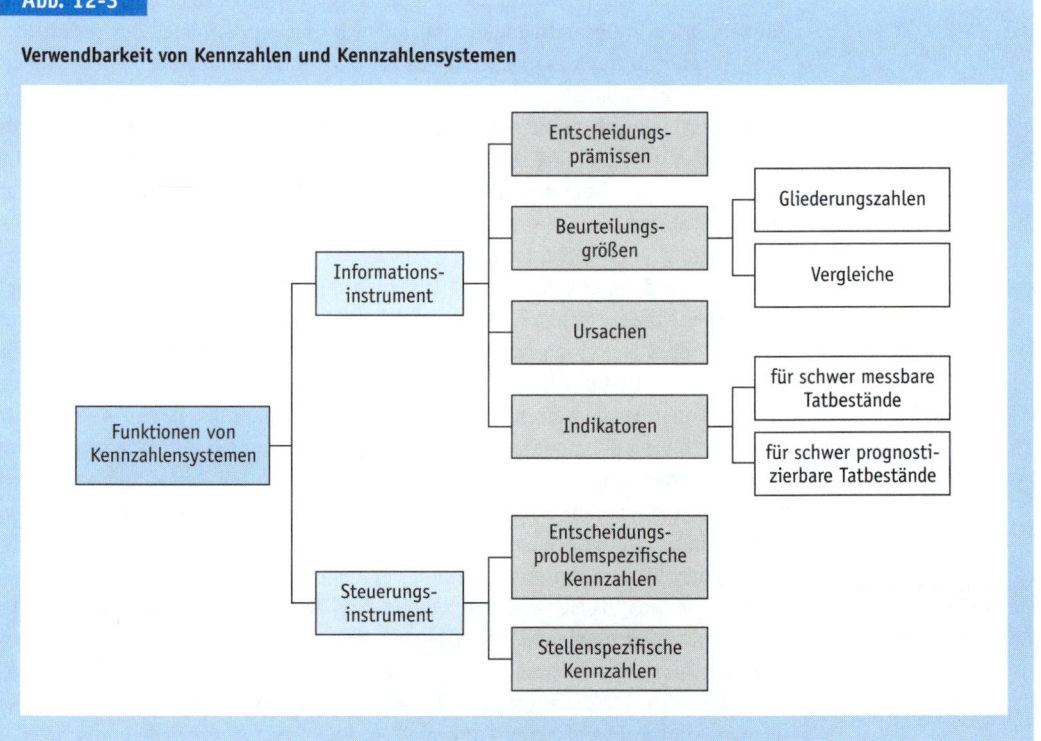

Bewertung von Alternativen, zur Verhaltensbeeinflussung von Handlungsträgern und zur Durchführung von Kontrollen.

12.1.3.1 Verwendung von Kennzahlen als Informationsinstrument

Der grundlegende Informationszweck von Kennzahlen kann darin gesehen werden, dass sie Daten angeben, die für das Handeln wichtig sind. So können sie Wirkungen von Alternativen auf Randbedingungen wie Kapazitäten oder auf Handlungsziele wie Gewinne bzw. Rentabilitäten abbilden.

Prämissen von Entscheidungen

Sie beziehen sich damit auf Prämissen von Entscheidungen. Aus der Menge aller Daten, die bei Entscheidungen möglicherweise eine Rolle spielen, sind diejenigen als Kennzahlen auszuwählen und vom Informationssystem bereitzustellen, die für ihre Entscheidungsfindung und das Handeln maßgebend werden können. Durch die Auswahl der Informationen aus der Datenfülle und ihre Ausrichtung auf den jeweiligen Handlungsträger wird eine Informationsverdichtung erreicht. Die Zwecksetzung dieser Kennzahlen liegt in der benutzeradäquaten Informationsbereitstellung.

Beurteilung von Sachverhalten

Eine Informationsanalyse wird angestrebt, wenn man aus vorliegenden Informationen (z. B. einem Jahresabschluss) Erkenntnisse über die Einordnung und Beurteilung angegebener Größen, Anhaltspunkte für deren Entwicklung in Vergangenheit und Zukunft sowie Hinweise auf Zusammenhänge zwischen verschiedenen Größen gewinnen möchte. Hierzu dient einmal die Bildung von *Gliederungszahlen* (z. B. Anlage- zu Gesamtvermögen). Mit ihnen lassen sich Einzelgrößen in Gesamtmengen einordnen. Durch den Vergleich der verschiedenen Anteile an der Gesamtmenge lassen sich Schlüsse auf die Bedeutung der einzelnen Größe ziehen.

Kennzahlengestützte Informationsanalysen werden in der Regel mit Hilfe von *Vergleichen* durchgeführt. Erst durch sie erhält man Gesichtspunkte für die Einordnung von Größen oder Anhaltspunkte für Entwicklungen. Hierzu kann man die Ausprägungen einer Kennzahl in unterschiedlichen Bereichen derselben Unternehmung oder verschiedener Unternehmungen einander gegenüberstellen. Vereinfachend spricht man hierbei (in Anlehnung an die Kostenrechnung) auch von »Betriebsvergleichen«. Die Vergleichsgröße dient als eine Art Norm, durch die sich die Ausprägung der betrachteten Größe bewerten lässt. Deshalb orientiert man sich in der Analyse häufig an Durchschnittswerten beispielsweise einer Branche oder der gesamten Wirtschaft. Damit gewinnt man einen Anhaltspunkt zur Beurteilung der eigenen Unternehmung gegenüber der Referenzgruppe. Eine solche Verwendung bietet sich in besonderem Maße bei Beziehungszahlen an. Derartige Kennzahlen sind im Unterschied zu Gliederungszahlen allein kaum aussagefähig. Ob beispielsweise eine bestimmte Arbeitsproduktivität hoch oder niedrig ist, lässt sich erst über einen Vergleich beurteilen.

Aufzeigen von Zusammenhängen

Kennzahlensysteme sind ein geeignetes Instrument zur Informationsanalyse, weil sie *Zusammenhänge zwischen verschiedenen Größen* aufzeigen. Sie geben die Zusammensetzung oder die wichtigsten Einflussgrößen einer übergeordneten Kennzahl wieder. Ist z. B. das Betriebsergebnis in die verschiedenen Ertrags- und Aufwandsarten aufgespalten, kann man untersuchen, aus welchen

Komponenten sich eine Gesamtwirkung zusammensetzt. Die Analyse kann auch dazu führen, dass man erkennt, welche Handlungsvariablen und/oder Randbedingungen eine bestimmte Ausprägung der übergeordneten Kennzahl verursacht haben. So kann beispielsweise sichtbar werden, in welchem Umfang eine Umsatzsteigerung auf Markt- oder auf interne Einflüsse zurückzuführen ist. In diesem Fall werden die Beziehungen zwischen einer Kennzahl (im Beispiel dem Umsatz) und ihren Bestimmungsgrößen (z. B. Marktpreis- und Marktvolumenänderungen sowie eigener Preisstellung) wiedergegeben. Ferner kann man Auswirkungen auf Kennzahlen der gleichen Stufe untersuchen. So könnte ein Kennzahlensystem in der Weise aufgebaut werden, dass man die Wirkungen von Zinsänderungen auf Erfolg und Liquidität nachvollziehen kann. Die Bedeutung von Kennzahlensystemen als Analyseinstrumenten liegt demnach darin, dass man die Wirkung von Veränderungen einer oder mehrerer Größen auf die anderen Kennzahlen im System aufzeigen und damit ihre Bedeutung herausarbeiten kann.

Als Indikator lässt sich eine Kennzahl verwenden, wenn ihre Ausprägung oder Veränderung einen Schluss auf eine andere, als wichtig erachtete Größe zulässt. Charakteristisch ist dabei, dass man keinen eindeutigen und sicheren Zusammenhang kennt. Es liegt also eine weniger zuverlässige Beziehung als bei einer theoretischen Hypothese vor. Man vermutet, dass der Indikator mit der relevanten Größe korreliert ist. Dieses Wissen ist jedoch nicht gesichert, d. h., es ist nicht über ein theoretisches Aussagensystem begründet und auch nicht empirisch überprüft. Der Indikator gibt ein »Anzeichen« für die eigentlich interessierende Größe an. Letztere ist zum Betrachtungszeitpunkt nicht unmittelbar beobachtbar, weil sie entweder überhaupt nicht bzw. nur sehr schwer gemessen werden kann oder erst in Zukunft realisiert sein wird. Damit dient der Indikator zur näherungsweisen Abbildung nicht direkt messbarer Tatbestände. Ferner ermöglicht er eine Abschätzung schwer prognostizierbarer Größen. So können Indikatoren z. B. auf schwer messbare Tatbestände wie die Wirtschaftlichkeit von Planungssystemen oder die innere Einstellung von Personen verweisen. Dann vermutet man, dass die eigentlich relevanten Größen (z. B. der Erfolg eines Planungssystems) mit dem beobacht- oder prognostizierbaren Indikator (z. B. der Zuverlässigkeit der Planwerte) in bestimmter Weise verknüpft sind. Ferner kann zwischen beiden eine zeitliche Verschiebung existieren, so dass man von dem Indikator (z. B. Anfragen für Produkte) auf die spätere Ausprägung der interessierenden Größe (z. B. Umsatz) schließt. Solche Größen benötigt man beispielsweise als Konjunkturindikatoren.

Die *Verwendung von Kennzahlen als Indikatoren* ist vor allem in den Bereichen wichtig, in denen sich die Zusammenhänge nicht durch bestätigte Funktionen abbilden lassen. Sind die Beziehungen nicht über ein fundiertes Planungs- und Rechnungssystem (z. B. die Kostenrechnung) erfassbar, treten Indikatoren an dessen Stelle. So verfügt man in Industrieunternehmungen in der Regel über ein gut ausgebautes System, mit dem sich die Höhe der Kosten im Fertigungsbereich planen und aufgetretene Abweichungen erklären lassen. In Dienstleistungsunternehmungen wie Beratungsbetrieben, Ausbildungseinrichtungen oder Kran-

Indikatoren schwer
messbarer Sachverhalte

kenhäusern und im Verwaltungsbereich von Industrieunternehmungen lassen sich die Zusammenhänge zwischen Input und Output viel schwieriger erkennen. Deshalb greift man hier – zumindest in einem ersten Schritt – auf Kennzahlen zurück, welche die Zusammenhänge als Indikatoren näherungsweise wiedergeben sollen. Da man über kein präziseres Wissen verfügt, ist es dabei meist notwendig, mehrere Kennzahlen als Indikatoren zu berücksichtigen. Diese spiegeln dann verschiedene Aspekte der möglichen Einflüsse wider und lassen erst in ihrer Gesamtheit einen einigermaßen begründeten Schluss auf die interessierende Größe bzw. deren Entwicklung zu.

Indikatorfunktion der Jahresabschlussanalyse

Ein deutliches Beispiel für dieses Vorgehen liefert die Verwendung der *Jahresabschlussanalyse* für die Einschätzung der künftigen Ertragskraft einer Unternehmung. Eigentlich müsste man über theoretisch begründete und empirisch bewährte Hypothesen über die Bestimmungsgrößen des Ertragswerts einer Unternehmung verfügen. Dann ließe sich dessen Entwicklung fundiert prognostizieren. Da man eine solche Funktion nicht kennt, schließt man aus mehreren Kennzahlen des Jahresabschlusses darauf, ob eine Unternehmung über hohe Erfolgspotenziale verfügt und daher voraussichtlich Überschüsse erzielen wird. Mit Hilfe der Diskriminanzanalyse lässt sich dieses Vorgehen anhand mehrerer Kennzahlen aus empirischen Daten statistisch untermauern (vgl. Schneider, 1985a, S. 1489 ff.; Baetge/Beuter, 1992, S. 749 ff.; Erxleben et al., 1992, S. 1237 ff.).

Indikatorfunktion von Früherkennungs- oder Frühwarninstrumenten

Eine spezielle Verwendung von Kennzahlen als Indikatoren liegt in ihrem Einsatz als Früherkennungs- oder Frühwarninstrument. Hier deuten sie als »schwache Signale« (vgl. Ansoff, 1976) künftige Entwicklungen an, über die sich noch keine fundierten Prognosen treffen lassen. Sie weisen auf mögliche Chancen und Risiken hin, die erst in der Zukunft auftreten. Die Information ist noch unschärfer als in den obigen Beispielen. Deshalb dienen solche Kennzahlen nicht zur Analyse oder Schätzung. Vielmehr lösen sie nähere Analysen aus. Mit ihnen werden genauere Informations- und Planungsprozesse angestoßen.

12.1.3.2 Verwendung von Kennzahlen als Steuerungsinstrument

Steuerung über Ziele

Zu einem Steuerungsinstrument werden Kennzahlen, wenn man sie als *Ziele* verwendet. Damit gewinnen sie einen Vorgabecharakter, an dem Entscheidungen und Handlungen auszurichten sind (vgl. auch Trauzettel, 1997). Entscheidungsträger und Mitarbeiter der Unternehmung will man motivieren, die Erreichung dieser Größen anzustreben. Zugleich werden die Kennzahlen zu einem Maßstab, an dem man die geplante oder realisierte Zielerreichung von Handlungsalternativen misst.

Kennzahlen können zum einen als *Ziele für die Lösung von Entscheidungsproblemen* vorgegeben werden (vgl. Caduff, 1982, S. 76 ff.; Schmidt, 1986, S. 204 ff.). Dann gelten sie für ein sachlich und zeitlich abgegrenztes Entscheidungsfeld, aus dem die Alternative zu wählen ist, mit der man eine optimale Ausprägung der Kennzahl als quantitativem Ziel erreicht. Zum anderen lassen sich Kennzahlen als *Ziele für organisatorische Einheiten* wie Stellen, Abteilungen, Bereiche oder (Teil-)Unternehmungen formulieren. Bei dieser Verwendung sollen sich die Entscheidungen und Handlungen der Organisationseinheiten an der vorgegebenen Kennzahl orientieren. Entsprechend diesen beiden Ausrichtungen kann man zwischen entscheidungsproblem- und stellenspezifischen Kennzahlen(systemen) trennen.

Bei entscheidungsproblemspezifischen Kennzahlen handelt es sich um Größen, die von den Variablen des Entscheidungsfelds abhängig sind. Die als Ziel ausgewählte Kennzahl muss problemadäquat und auf die Handlungssituation bezogen definiert sein. Beispielsweise bildet der Umsatz kein geeignetes Ziel für ein Reihenfolgeproblem der Ablaufplanung in der Fertigung, da er von ihr nicht in erkennbarer Weise beeinflusst wird. Für dieses Entscheidungsproblem müssen vielmehr Ziele wie die Minimierung der Durchlaufzeiten, die Maximierung der Kapazitätsauslastung oder die Termineinhaltung herangezogen werden, auf die sich die Reihenfolgeplanung unmittelbar auswirkt (vgl. Küpper/Helber, 2004, S. 21 ff.). Ein charakteristisches Beispiel für eine entscheidungsproblembezogene Kennzahl stellen Deckungsbeiträge je Engpasseinheit dar. Bei ihnen kommt der Bezug sowohl zur Entscheidungsvariablen als auch zur Entscheidungssituation deutlich zum Ausdruck. Sie ermöglichen die Auswahl einer gewinnoptimalen Produktionsprogrammalternative bei unveränderlichen Kapazitäten und Vorliegen eines einzigen Produktionsengpasses. Werden mehrere Engpässe relevant, sind sie nicht mehr geeignet, um die gewinnmaximale Alternative zu finden. Die Art und Präzision der zum Ziel erklärten Kennzahl korrespondiert mit dem Umfang des Entscheidungsfelds. Daher sind für operative Entscheidungstatbestände andere Größen relevant als für taktische oder strategische.

Der Anwendungsbereich stellenspezifischer Kennzahlen richtet sich nach der organisatorischen Kompetenzaufteilung. Sie müssen daher auf verschiedene Entscheidungsprobleme und in unterschiedlichen Situationen anwendbar sein. Insofern besitzen sie einen weiteren Geltungsbereich als entscheidungsproblembezogene Kennzahlen und müssen offener sein. Bei ihnen gewinnt die Motivationsfunktion großes Gewicht. Derartige Kennzahlen können ihre Funktion nur dann erfüllen, wenn sie von den Stelleninhabern als Ziele akzeptiert werden und diese keine abweichenden Individual- oder Bereichsziele verfolgen.

Wenn man die vorzugebenden Kennzahlen zu einem Kennzahlensystem ordnet, verbindet sich mit dem Steuerungscharakter eine *Koordinationsfunktion*. Das Kennzahlen- und Zielsystem ist dann im Hinblick auf eine optimale Gesamtzielerreichung so aufzubauen, dass es eine Koordination der Einzelentscheidungen bewirkt oder zumindest fördert.

Bei entscheidungsproblemspezifischen Kennzahlen richtet sich die Ordnung des Zielsystems nach den Beziehungen zwischen den verschiedenen Entscheidungsproblemen, für welche die Ziele vorgegeben werden. Dies bedeutet, dass sich die *sachliche Hierarchie der Entscheidungsprobleme* in der Strukturierung des Zielsystems widerspiegeln muss.

Stellenspezifische Kennzahlen- und Zielsysteme sollen ein koordiniertes Handeln der verschiedenen Organisationseinheiten bewirken. Damit richten sie sich nach der hierarchischen Organisationsstruktur der Unternehmung und nach der Aufteilung der sachlichen Entscheidungs- und Handlungskompetenzen auf

Marginalien:

Entscheidungsproblemspezifische Kennzahlen

Stellenspezifische Kennzahlen

Strukturierung entscheidungsproblemspezifischer Kennzahlen

Strukturierung stellenspezifischer Kennzahlen

diese Einheiten. Ihre Gestaltung wird maßgeblich von der *Organisation* der Unternehmung bestimmt. Eine funktionale Organisation erfordert daher ein anderes Zielsystem als eine divisionale oder eine Matrixorganisation. Die Entwicklung stellenspezifischer Systeme wird dadurch erschwert, dass einzelnen Organisationseinheiten möglicherweise eine größere Zahl verschiedenartiger Entscheidungsprobleme übertragen ist, diese lediglich global erfasst und abgegrenzt werden können und die individuellen Motive sowie die Informationsstände der jeweiligen Stelleninhaber berücksichtigt werden müssten. Ansätze zur Bestimmung stellenspezifischer Kennzahlen- und Zielsysteme sind daher vor allem in den in Abschnitt 8.3.2 dargestellten Instrumenten zur Koordination von Planungsträgern zu sehen. Diese abstrahieren jedoch von den Entscheidungsgegenständen und bilden daher nur einen globalen Rahmen, um zu Zielsystemen zu gelangen, mit denen ein hohes Maß an Koordination erreicht wird.

12.1.4 Anforderungen an Kennzahlen- und Zielsysteme

Kennzahlen werden häufig als Instrument des Controlling empfohlen und eingesetzt. Dabei besteht die Gefahr, eine solche Fülle von Kennzahlen zu ermitteln, dass ihre Vielfalt eine klare Analyse und/oder Steuerung eher verhindert. Dieses Problem verstärkt sich bei einer Verwendung als Indikatoren, wenn man keine genauen Vorstellungen über die Einflussgrößen und Zusammenhänge besitzt. Im Zweifel ermittelt man eher mehr Kennzahlen, um auf jeden Fall die relevanten einzubeziehen. Deren Herausfinden und Einschätzung bleibt dem Anwender überlassen. Dann kann es dazu kommen, dass jeder die Kennzahlen und die Interpretationen wählt, die seinen individuellen Zielen und Anschauungen am besten entsprechen.

Dieser Gefahr kann durch die *Ordnung in einem Kennzahlensystem* entgegengewirkt werden. Eine systematische Struktur kann die beliebige individuelle Interpretation von Ergebnissen einschränken. Zugleich wirken die durch eine Ordnung hergestellten Zusammenhänge zwischen Entscheidungsproblemen und Organisationseinheiten auf ein koordiniertes Handeln hin.

Kennzahlen- und Zielsysteme sollten gemäß Abbildung 12-4 mehreren *Anforderungen* genügen. Sie sollten eine klare und hierarchische Struktur besitzen, um durchsichtig und verständlich zu sein. Insbesondere als Steuerungsinstrument müssen sie von den Mitarbeitern akzeptiert werden. Dazu ist es erforderlich, dass diese ihren Aufbau nachvollziehen können.

Als Steuerungsinstrument darf ein Kennzahlen- und Zielsystem nicht zu kompliziert sein. Personen lassen sich nur über eine begrenzte Zahl von Zielen steuern. Deshalb beinhaltet Klarheit im Hinblick auf die Steuerungsfunktion auch die Forderung nach einer gewissen *Einfachheit*. Wenn beispielsweise der Einfluss eines Verwaltungsbereichs auf den Unternehmenserfolg nicht mit Hilfe einer Erfolgsrechnung erfassbar ist und deshalb über Kennzahlen näherungsweise bestimmt werden soll, darf die Anzahl der als relevant angesehenen Kennzahlen nicht zu groß sein. Die Analyse und Steuerung eines Bereichs muss

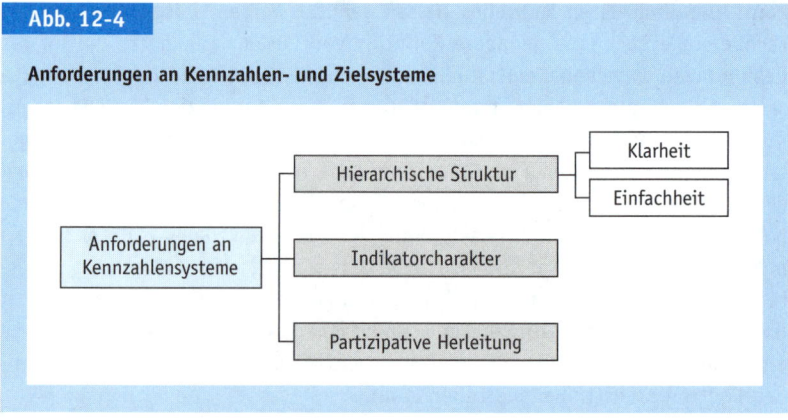

Abb. 12-4

Anforderungen an Kennzahlen- und Zielsysteme

sich an wenigen Größen orientieren, um wirksam zu sein. Dabei kann ein System umso mehr Kennzahlen umfassen, ohne die Durchsichtigkeit und Einfachheit zu verlieren, je klarer seine Struktur ist.

Dies wird insbesondere durch eine hierarchische Struktur des Systems erreicht. Bei ihr besteht die Möglichkeit, jede Kennzahl durch eine Aufspaltung in den darunter liegenden Ebenen näher zu analysieren. Dadurch wird es möglich, dass man sich zwar an wenigen Kennzahlen der oberen Ebene orientiert, bei Bedarf aber auf die sie bestimmenden Zahlen zurückgreift. Eine hierarchische Struktur bietet sich zudem für eine Ursachenanalyse an. Kennzahlen der unteren Ebene sollten anzeigen, wie die übergeordnete Kennzahl zustande kommt. Im Fall logischer Beziehungen veranschaulichen sie deren Zusammensetzung. Bei empirischen Beziehungen geben sie Hinweise auf Ursachen ihrer Ausprägung. Die systematische Aufspaltung kann auch für eine Zuordnung von Kennzahlen zu untergeordneten Stellen dienen. Dann muss sich die hierarchische Struktur des Kennzahlen- und Zielsystems an der Organisationshierarchie ausrichten.

Hierarchische Struktur

Indikatorcharakter bedeutet ein Maß an Offenheit, Strukturierung zielt dagegen auf Eindeutigkeit. Diesem Konflikt kann man begegnen, indem auch innerhalb eines Kennzahlensystems auf einzelnen Stufen mehrere Größen nebeneinander berücksichtigt werden. Eine systematische hierarchische Struktur muss nicht unbedingt zu einem »Einliniensystem« von Kennzahlen führen, bei dem jeder Kennzahl nur eine einzige andere übergeordnet ist. Vielmehr kann es sein, dass sowohl mehrere Kennzahlen auf einer Stufe nebeneinander stehen als auch, dass eine untere Kennzahl mehrere übergeordnete beeinflusst. Zudem kann der Indikatorcharakter durch die Kennzeichnung der Zusammenhänge zum Ausdruck gebracht werden. Bei empirischen Beziehungen ist anzugeben, wie zuverlässig und gut begründet diese sind.

Erfüllung des Indikatorcharakters

Für die *Akzeptanz* eines Kennzahlen- und Zielsystems in der Praxis ist ferner wichtig, dass es zusammen mit den betroffenen Führungskräften und ggf. fachkundigen Mitarbeitern entwickelt wird. Im Hinblick auf seine Analysefunktion

Partizipative Herleitung

kann hierdurch deren spezielles Wissen genutzt werden. Häufig verfügen die Fachbereiche über eine genauere Kenntnis von Zusammenhängen, die für die Beziehungen zwischen Kennzahlen relevant sind. Soweit die Zentrale die Zusammenhänge nicht genau kennt, ist dies vielfach der einzige Weg, um zu einem wenigstens durch Erfahrungswissen begründeten Kennzahlensystem zu gelangen. Sollen Zielsysteme zur Steuerung eingesetzt werden, ist die Mitwirkung der Betroffenen zweckmäßig, um deren Identifikation mit den im System enthaltenen Zielgrößen und Zusammenhängen zu erhöhen. Dabei kann es sich als notwendig erweisen, Kennzahlensysteme in der praktischen Anwendung zu testen und an die gewonnenen Erfahrungen anzupassen. Dann gelangt man erst über einen Prozess der Formulierung, praktischen Prüfung und Verbesserung zu einem Zielsystem, das die Anforderungen eines koordinierenden und steuernden Controllinginstruments erfüllen kann.

12.2 Entwicklung von Kennzahlen- und Zielsystemen

Für die Entwicklung von Kennzahlen- und Zielsystemen bieten sich entsprechend Abbildung 12-5 die logische Herleitung, die empirisch-theoretische Fundierung, die empirisch-induktive Gewinnung und die modellgestützte Kennzahlenrechtfertigung an.

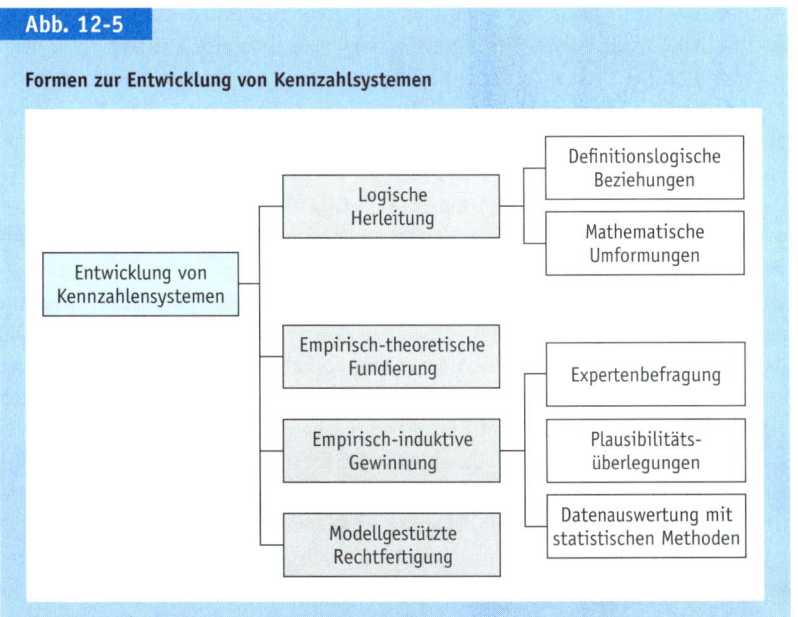

Abb. 12-5

Formen zur Entwicklung von Kennzahlsystemen

12.2.1 Logische Herleitung von Kennzahlen- und Zielsystemen

Die *logische Herleitung* nutzt definitionslogische Beziehungen und mathematische Umformungen. Mit dieser Form der Entwicklung eines Kennzahlensystems erreicht man den höchsten Grad an Geschlossenheit. Daher lassen sich die einzelnen Verknüpfungen genau wiedergeben, die zu dem System führen. Das bekannteste Beispiel dieser Art ist das in Abbildung 12-6 wiedergegebene DuPont-Kennzahlensystem.

Ausprägungen logischer Herleitung

Abb. 12-6

DuPont-Kennzahlensystem

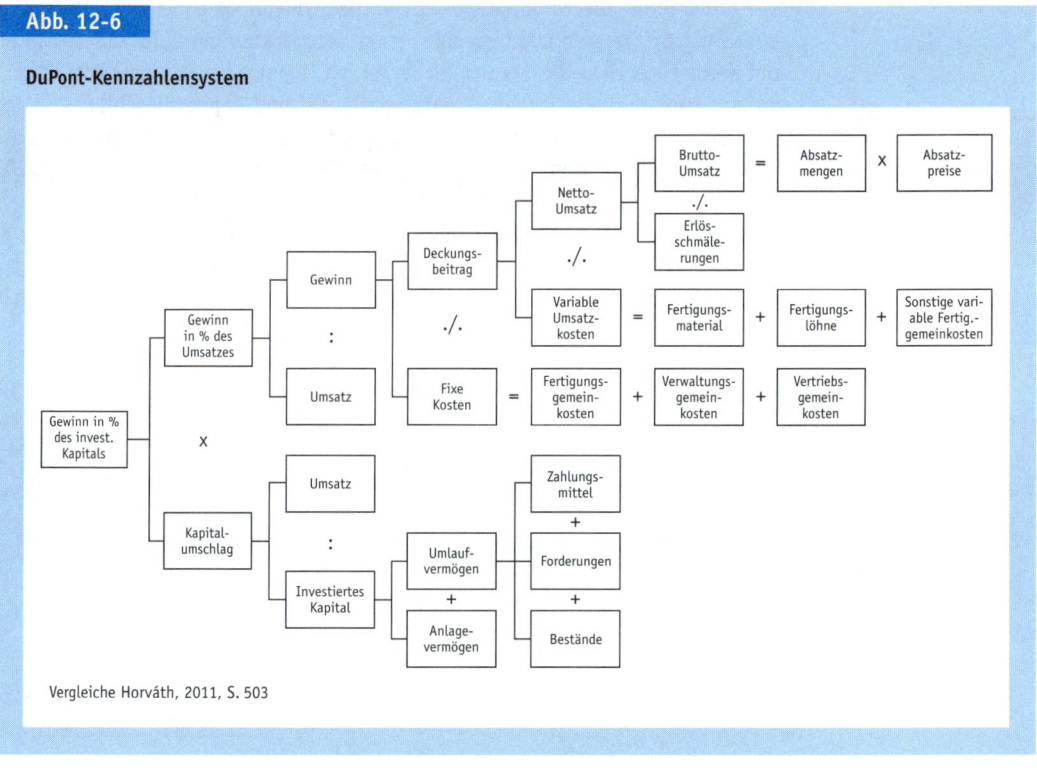

Vergleiche Horváth, 2011, S. 503

Bei dieser Form nutzt man einmal den *begrifflichen Zusammenhang* zwischen verschiedenen Größen. Ansatzpunkte hierfür bieten sämtliche Beziehungszahlen. Da sich bei ihnen Zähler und Nenner auf verschiedenartige Größen beziehen, lassen sich diese jeweils in eigenen Ästen weiterverfolgen. In dem DuPont-Beispiel wird dieses Vorgehen an der Untergliederung des Gewinns und des investierten Kapitals deutlich. In Ausweitung des in Abbildung 12-6 dargestellten Beispiels könnte auch der Umsatz weiter zerlegt werden, indem man ihn nach verschiedenen Produktgruppen bzw. -arten oder nach Mengen- und Preiskomponenten aufspaltet. Die Verwendung von Begriffsdefinitionen erkennt man in diesem Beispiel besonders an dem Kapitalumschlag als Umsatz zu investiertem

Definitionslogische Beziehungen

Kapital bzw. Vermögen, der Aufteilung des investierten Kapitals in Anlage- und Umlaufvermögen und dem Deckungsbeitrag, der als Differenz zwischen Erlös und variablen Kosten definiert ist. Nicht rein definitorisch begründet, sondern auf empirische Gegebenheiten sind die Zusammensetzung des Netto- und des Brutto-Umsatzes, der variablen und fixen Kosten sowie des Umlaufvermögens zurückzuführen.

Mathematische Umformungen

Mathematische Umformungen kann man insbesondere durch eine multiplikative oder additive Verknüpfung nutzen. Um den Bezug von einer Kennzahl zu anderen herzustellen, bieten sich Erweiterungen von Verhältniszahlen oder Gleichungen an. Dieses Vorgehen wird in dem DuPont-Beispiel beim Übergang von seiner Spitzenkennzahl zu den beiden Hauptästen gewählt, indem Zähler und Nenner mit dem Umsatz erweitert werden. Daraus erhält man die multiplikative Verknüpfung zwischen Umsatzrentabilität und Kapitalumschlag.

Beispiel

In besonderem Maße werden die Möglichkeiten der mathematischen Umformung in einem Kennzahlensystem von Klaus Dellmann (Dellmann, 1990, S. 5 ff.) genutzt, das aus Abbildung 12-7 ersichtlich ist.

Die oberen Stufen dieses Schemas ergeben sich aus begrifflichen Zusammenhängen. Der Produkterfolg entspricht der Differenz zwischen Produktdeckungsbeitrag und Produktfixkosten. Der Deckungsbeitrag eines Produkts j ist gleich der Differenz zwischen seinem Produkterlös U_j und seinen variablen Kosten K_j^v. Um die Beziehung zwischen Sparten-, (ggf. Produktgruppen-) und Produktartenebene herzustellen, werden mathematische Zusammenhänge genutzt. In

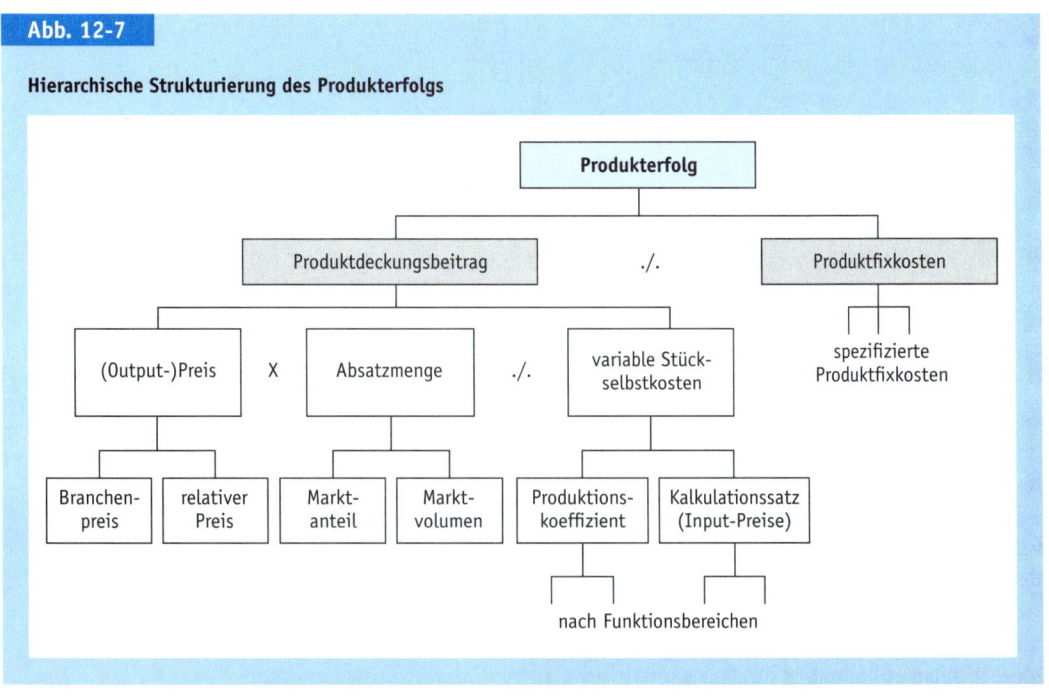

Abb. 12-7

Hierarchische Strukturierung des Produkterfolgs

einem ersten Schritt kann der Spartendeckungsbeitrag DB als Summe der Produktdeckungsbeiträge angegeben werden:

$$DB = \sum_j \left(U_j - K_j^v \right) \qquad (12\text{-}2)$$

Erweitert man diese Kennzahl einerseits um das Umsatzvolumen U der Sparte und andererseits die Produkterlöse U_j, so lässt sich der Gesamtdeckungsbeitrag als Produkt aus den drei Kennzahlen Umsatzvolumen, Umsatzrentabilität und Umsatzstruktur verstehen:

$$DB = U \cdot \sum_j \left(\frac{U_j - K_j^v}{U_j} \right) \cdot \frac{U_j}{U} \qquad (12\text{-}3)$$

$$= Umsatzvolumen \cdot Umsatzrentabilität \cdot Umsatzstruktur$$

Diese bilden den Ausgangspunkt für tiefergehende Analysen (vgl. Dellmann, 1990, S. 6 ff.).

An diesen Beispielen wird der klare und durchsichtige Aufbau solcher Kennzahlensysteme deutlich. Durch die logische Herleitung untergeordneter Kennzahlen ist ihre Struktur leicht nachvollziehbar. Die Beziehungen sind gut überprüfbar und eindeutig. Aufgrund dieser Eleganz haben logisch hergeleitete Kennzahlensysteme eine hohe Attraktivität.

Dabei ist aber zu beachten, dass durch *tautologische Umformungen* der Aussagegehalt nicht zunehmen kann. Logische Zusammenhänge sagen nichts über empirische Ursache-Wirkungs-Beziehungen aus. Mit einer logischen Zerlegung kann man nicht zu den empirischen Bestimmungsgrößen von Kennzahlen gelangen. Das zeigt sich u.a. daran, dass vielfach eine isolierte Variation einzelner untergeordneter Kennzahlen nicht möglich ist. Beispielsweise gilt die in einem logisch hergeleiteten Kennzahlensystem angegebene Beziehung »Umsatz = Absatzmenge · Absatzpreis« aus definitionslogischen Gründen immer. Aufgrund empirischer Beziehungen kann aber eine isolierte Variation einer der beiden Größen ausgeschlossen sein. Über die zwischen diesen Größen existierenden empirischen Beziehungen sagt das logisch gebildete Kennzahlensystem nichts aus. Sie können aber für seine Verwendung als Analyse- oder Steuerungsinstrument wichtig sein.

Logisch hergeleitete Kennzahlensysteme liefern im Normalfall keine entscheidungsproblem- oder stellenspezifischen Kennzahlen. Der Zusammenhang zwischen Entscheidungsproblemen und Kompetenzverteilung folgt i.d.R. nicht logischen, sondern empirischen Gesichtspunkten.

Die Vorteile und Grenzen logisch hergeleiteter Kennzahlensysteme sprechen für ihre Verbindung mit empirisch begründeten Systemen. Dadurch kann man einerseits zu einem klaren und zuverlässigen Aufbau kommen und gleichzeitig maßgebliche Einflussbeziehungen aufnehmen.

Merkmale logischer Kennzahlensysteme

12.2.2 Empirisch-theoretische Fundierung von Kennzahlen- und Zielsystemen

Hintergrund der empirisch-theoretischen Fundierung

Bei der *empirisch-theoretischen Fundierung* nutzt man theoretische Aussagensysteme und Hypothesen für die Entwicklung von Kennzahlen- und Zielsystemen. Hierzu lassen sich Erkenntnisse beispielsweise der betriebswirtschaftlichen Produktions- und Kostentheorie, der Preistheorie oder der Organisationstheorie sowie der volkswirtschaftlichen Konjunktur- oder der Wachstumstheorie nutzen. In diesen sind Hypothesen über empirische Zusammenhänge aufgestellt und an der Realität überprüft worden. Deshalb kann man die Bestimmungsgrößen als Kennzahlen verstehen, von deren Ausprägungen die übergeordneten Kennzahlen abhängen. Soweit derartige Hypothesen empirisch gut bestätigt sind, bilden sie die zuverlässigste wissenschaftliche Grundlage für die Berücksichtigung empirischer Zusammenhänge in Kennzahlen- und Zielsystemen.

Beispiel Produktions- und Kostentheorie

Für ein derartiges Kennzahlensystem könnte beispielsweise die betriebswirtschaftliche Produktions- und Kostentheorie herangezogen werden. So kann man im Anschluss an Erich Gutenberg (Gutenberg, 1983, S. 344 ff.) die Beschäftigung, die Qualität der Einsatzgüter, deren Preise, die Betriebsgröße und das Fertigungsprogramm als die Größen ansehen, welche die Ausprägung der Kennzahl *Kosten* bestimmen. Ferner ist es möglich, die Beschäftigung durch zeitliche, intensitätsmäßige und quantitative Anpassungen zu verändern, woraus sich unterschiedliche Kostenverläufe ergeben. Während man die Einsatzgüterqualität und das Fertigungsprogramm häufig nur artmäßig kennzeichnen kann, sind die Ausprägungen der anderen Einflussgrößen i. d. R. quantitativ messbar. Damit lassen sie sich durch Kennzahlen ausdrücken. Unter Nutzung der kostentheoretischen Hypothesen von Gutenberg gelangt man entsprechend zu dem in Abbildung 12-8 dargestellten Kennzahlensystem. Hierzu muss es aber gelingen, jede Einflussgröße durch eine quantitative Größe zu erfassen.

Beispiel Grenzplankostenrechnung

Ein weiter verfeinertes Einflussgrößensystem der Kosten legt Wolfgang Kilger (Kilger, 1988, S. 135 ff.) der Grenzplankostenrechnung zugrunde. Die von ihm unterstellten Zusammenhänge sind in Abbildung 12-9 wiedergegeben.

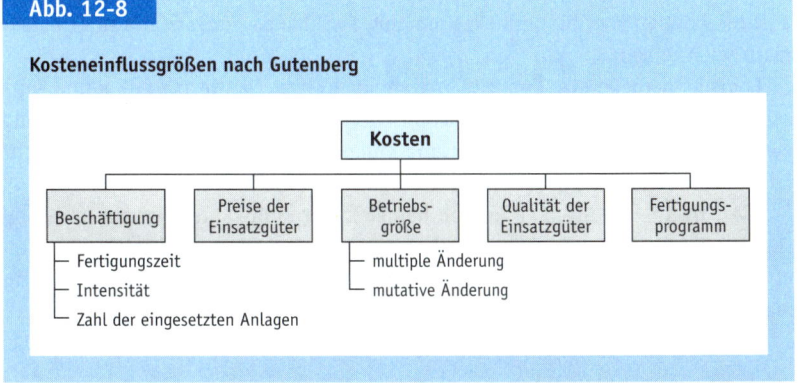

Abb. 12-8

Kosteneinflussgrößen nach Gutenberg

Abb. 12-9

System der Kostenbestimmungsfaktoren nach Kilger

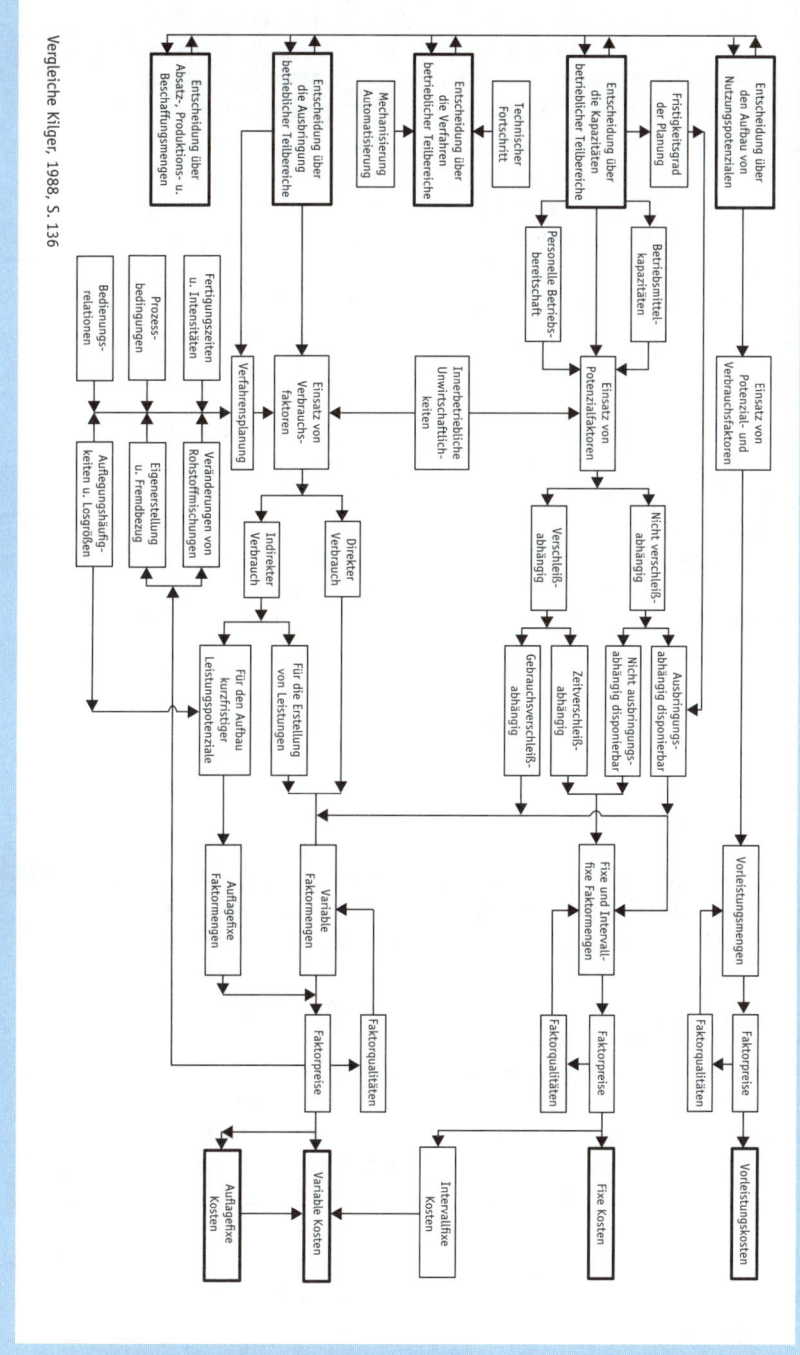

Vergleiche Kilger, 1988, S. 136

An die Stelle von Fertigungsprogramm und Beschäftigung treten bei ihm die *Produktions-, Absatz- und Beschaffungsmengen* sowie die Ausbringung und die (Fertigungs-)Verfahren der Teilbereiche. Die Betriebsgröße wird durch die Kennzeichnung von Nutzungspotenzialen implizit berücksichtigt. Auch dieses System kann man in ein Kennzahlensystem überführen, soweit die Einflussgrößen quantitativ messbar sind. Sein Vorteil liegt darin, dass es sich unmittelbar mit der (Grenzplan-)Kostenrechnung verbinden lässt.

Im *Absatzbereich* bietet sich ein Rückgriff auf theoretische Aussagensysteme zum Marketing-Instrumentarium an. Dann kann die Abhängigkeit des Umsatzes von exogenen Marktgrößen wie Marktvolumen, Marktwachstum und Branchenpreisen sowie endogenen Handlungsvariablen wie den eigenen Preisen, Werbung und weiteren Marketingmaßnahmen berücksichtigt werden (vgl. Kolb, 1978, S. 224 ff.; Albers, 1989, S. 641 ff.).

Dieser Ansatz zur Herleitung von Kennzahlen- und Zielsystemen ist bislang noch wenig genutzt worden. Die Betriebswirtschaftslehre verfügt lediglich in begrenztem Maß über empirische Hypothesen, die aufgrund ausreichender Überprüfungen an der Realität als gut bestätigt gelten können. In einigen Gebieten ist das realtheoretische Wissen jedoch so fundiert, dass es für die Herleitung und Begründung von Kennzahlen- und Zielsystemen herangezogen werden könnte. Soweit Kennzahlen Indikatorcharakter besitzen, erscheinen zudem für sie auch Hypothesen geeignet, die noch nicht als gut bestätigt gelten können.

12.2.3 Empirisch-induktive Gewinnung von Kennzahlen- und Zielsystemen

Empirisch-induktive Gewinnung von Kennzahlensystemen

Wesentlich stärker verbreitet ist die empirisch-induktive Gewinnung von Kennzahlen- und Zielsystemen. Kennzahlen geben bei ihnen wichtige Einflussgrößen oder Indikatoren an, deren Einfluss weder logisch noch über Ursache-Wirkungs-Beziehungen begründet ist. Induktive Gewinnung bedeutet nämlich, dass diese Kennzahlen aus empirischem Wissen oder Daten entwickelt werden. Hierzu kann man einmal die Erfahrung von Personen auswerten, die den betrachteten Bereich gut kennen. Dann versucht man, die relevanten Kennzahlen und ihre Beziehungen insbesondere über Expertenbefragungen zu ermitteln. Zum anderen lassen sich empirische Daten mit Hilfe statistischer Methoden auswerten.

Expertenbefragung

Im Fall der Expertenbefragung kann man beispielsweise entsprechend dem Vorgehen der »Critical-Success-Factor«-Methode untersuchen, welche Größen für die Erreichung der Ziele ihres Aufgabenbereichs kritisch sind (vgl. Rockart, 1979, S. 81 ff.). Diese können als Einflussgrößen für die Zielerreichung des jeweiligen Bereichs angesehen werden. Häufig bietet eine derartige Erhebung bei kompetenten Führungskräften und Mitarbeitern die Grundlage für eine erste Entwicklung von Kennzahlen- und Zielsystemen.

Plausibilitätsüberlegungen

Induktives Wissen liegt aber auch zugrunde, wenn man Kennzahlensysteme unter Plausibilitätsüberlegungen aufstellt. Die Hervorhebung einzelner Kennzahlen als relevante Einflussgrößen und die Annahmen über die Beziehungen zwischen den Kennzahlen des Systems beruhen hier auf einem ungenauen und unvollständigen Wissen. Die aufgestellten Zusammenhänge werden jedoch als recht wahrscheinlich und daher »plausibel« angesehen.

Die skizzierten Formen der induktiven Gewinnung führen in der Regel zu einer *relativ großen Zahl von Kennzahlen*. Meist werden mehrere Größen nebeneinander als bestimmend für die davon abhängige Kennzahl angesehen. Dies liegt zum einen darin begründet, dass man mehrvariable Beziehungen vermutet, die oft schwer zu erfassen sind. Die Einflüsse der verschiedenen Größen lassen sich kaum gegeneinander abgrenzen. Zum anderen beruht es auf unvollständigem Wissen, weil man den genauen Zusammenhang nicht kennt und ihn nicht über ein prüfbares theoretisches Aussagensystem begründen kann. Zudem lassen sich die Beziehungen nicht quantitativ angeben. Dann muss man sich mit der Existenz einer Beziehung (»Kennzahl A beeinflusst Kennzahl B«) oder einer Aussage über deren Richtung (»je größer Kennzahl A, desto mehr steigt Kennzahl B an«) zufrieden geben.

Auf diesem induktiven Vorgehen beruht eine Vielzahl von Kennzahlensystemen, wie sie in der Praxis verwendet werden. Als Beispiele können die in Teil IV (Kapitel 15 bis 20) wiedergegebenen Kennzahlensysteme zum Bereichs-Controlling dienen.

Qualitativ begründete Aussagen lassen sich mit Hilfe statistischer Methoden gewinnen. Zur Untersuchung von Abhängigkeiten setzt man dabei die Verfahren der *Dependenz- und Interdependenzanalyse* ein (vgl. Hochstädter, 1993, Sp. 3998 f.). Sie lassen sich nach der Zahl der abhängigen Variablen in uni- und multivariate Analyseverfahren einteilen. Über die Regressionsanalyse werden beispielsweise das Vorliegen eines signifikanten Zusammenhangs zwischen zwei und mehr Größen sowie dessen Stärke untersucht. Mit ihr kann man also prüfen, ob zwei oder mehr Kennzahlen miteinander verbunden sind.

Ferner können für die Gewinnung von Kennzahlen aus empirischen Daten *struktur-entdeckende und struktur-prüfende Verfahren* der Statistik genutzt werden. Bei ersteren besteht keine Vorstellung über die Beziehungszusammenhänge in dem Datenmaterial. Diese versucht man z. B. mit der Faktorenanalyse, der Clusteranalyse oder der Multidimensionalen Skalierung herauszufinden. So dient die Faktorenanalyse dazu, »eine Vielzahl von beobachteten interdependenten Variablen auf einige wenige latente, die Erscheinung erklärende unabhängige Merkmale zu reduzieren« (Hochstädter, 1993, Sp. 4001). Als strukturprüfend werden die Verfahren bezeichnet, bei denen man Zusammenhänge untersucht, über die man schon eine Vorstellung besitzt. Hierzu dienen neben der Regressions- und der Varianzanalyse die Diskriminanzanalyse, die Conjoint-Analyse und der LISREL-Ansatz der Kausalanalyse.

Bei der Diskriminanzanalyse ermittelt man beispielsweise im Rahmen der Jahresabschlussanalyse (vgl. Gebhardt, 1980, S. 202 ff. u. 242 ff.) durch die Gegenüberstellung von erfolgreichen und gefährdeten bzw. gescheiterten Unternehmungen eine Diskriminanzfunktion, in der mehrere Kennzahlen miteinander verknüpft werden. Sie zeigt an, inwieweit eine zu untersuchende Unternehmung zu den gefährdeten gehört und daher in den kommenden Jahren eine

Statistische Methoden

Diskriminanzanalyse

Insolvenz auftreten könnte. Die Kombination von i. d. R. relativ wenigen Kennzahlen kann als Indikator für die künftige Erfolgserzielung oder Gefährdung einer Unternehmung angesehen werden. Wegen der vielfältigen Einflussfaktoren des Erfolgs, der Rückwirkung derartiger Aussagen auf die Unternehmung sowie die Kreditgeber und der fehlenden realtheoretischen Fundierung ist die Verwendung dieses Instruments für die Insolvenzanalyse jedoch stark umstritten (vgl. Schneider, 1985a, S. 1489 ff.; Niehaus, 1987, S. 119 ff.; Baetge/Beuter, 1992, S. 749 ff.; Erxleben et al., 1992, S. 1237 ff.).

Diese Methoden werden bisher wenig für die Entwicklung von Kennzahlen- und Zielsystemen genutzt. Sie könnten zu einer leistungsfähigen Datenauswertung und Begründung empirischer Kennzahlensysteme verhelfen. Zudem liegt ihre Verbindung mit theoretischen Erkenntnissen nahe. Durch die Aufstellung von Hypothesen über Kennzahlenbeziehungen und deren Überprüfung mit Hilfe statistischer Methoden anhand empirischer Daten könnte man zu äußerst fundierten empirischen Kennzahlen- und Zielsystemen gelangen.

PIMS-Programm

Ein intensiv genutztes Instrument der Verbindung empirischer Befragung mit statistischer Auswertung bildet das PIMS-Programm (Profit Impact of Market Strategies; vgl. Wakerly, 1984, S. 92 ff.; Venohr, 1985 und 1988, S. 47 ff.; Buzzel/Gale, 1989; Homburg, 1991, S. 49 ff.). Ausgehend von Projekten, die bis in die 1950er-Jahre zurückreichen, wurde ab 1972 unter Leitung der Harvard Business School die PIMS-Datenbank aufgebaut. In diese wurden die Daten von strategischen Geschäftseinheiten nordamerikanischer Firmen eingegeben. Durch einen ständigen Ausbau enthielt sie 1986 die Daten von über 2.600 strategischen Geschäftseinheiten aus der gesamten Welt mit mehr als 200 Informationen über jede Geschäftseinheit. Hierzu gehören insbesondere Angaben über die Wettbewerbsposition (Marktanteil, Produktqualität u. a.) und deren Veränderungen, geschäftliche Umfelder (z. B. Marktwachstum), Investitionsprozesse (z. B. Investitionsintensität, Kapazitätsauslastung), Kosten (z. B. für Marketing, Forschung und Entwicklung), allgemeine Merkmale (Größe, Diversifikation u. a.) sowie den Unternehmenserfolg. Letzterer wird am Return on Investment ROI (Gesamtkapitalrentabilität), am Return on Sales ROS (Umsatzrentabilität), am Cashflow und an Wachstumskennzahlen gemessen.

Aus den enthaltenen Daten versucht man, über die Branchen hinweg gültige Marktgesetze zu erkennen, die zur Erklärung des Erfolgs einer strategischen Geschäftseinheit herangezogen werden können. Das Konzept geht davon aus, dass der Erfolg grundsätzlich von den drei Dimensionen Marktstruktur, Wettbewerbsposition und verfolgten Strategien sowie deren operativer Umsetzung bestimmt wird. Insoweit hat die empirische Analyse zu einer theoretischen Grundvorstellung geführt.

Determinanten des ROI

Die empirische Datenbasis wurde und wird für eine Vielzahl von Forschungsarbeiten herangezogen. Grundlegende Ergebnisse erhielt man mit Hilfe multipler Regressionsanalysen, nach denen die Höhe des ROI statistisch zu 80 % durch 37 unabhängige Variablen erklärt werden kann. Die sich aus diesen Untersuchungen ergebenden Hauptbestimmungsgrößen des ROI sind in Abbildung 12-10 wiedergegeben.

Abb. 12-10

Haupteinflussgrößen des ROI nach PIMS

1. **Marktattraktivität**
   langfristiges Marktwachstum
   kurzfristiges Marktwachstum
   Exportanteil
   Konzentrationsgrad auf der
   Anbieterseite
   Konzentrationsgrad auf der
   Abnehmerseite

2. **Wettbewerbsposition**
   Marktanteil
   relativer Marktanteil (relativ zu den
   drei größten Konkurrenten)
   relatives Gehaltsniveau (Vergütung
   in Abhängigkeit von den Arbeits-
   marktverhältnissen)
   relative Produktqualität

3. **Investitionsattraktivität**
   Investitions-(Kapital-)intensität
   Wertschöpfung/Umsatz (Produktivität)
   Kapazitätsauslastung

4. **Kostenattraktivität**
   Marketingaufwand/Umsatz
   Rate von Neuprodukteinführungen

5. **Allgemeine Unternehmensmerkmale**
   Unternehmensgröße
   Diversifikationsgrad

6. **Veränderung von Schlüsselfaktoren
   aus 1–5**
   Marktanteilsänderung
   vertikale Integrationsveränderung
   relative Preisänderung
   Produktqualitätsänderung
   Kapazitätsänderung

Homburg, 1991, S. 55

Unter ihnen haben sich als wichtigste Determinanten die Investitionsintensität, der relative Marktanteil und die relative Produktqualität herausgestellt. Sie erklären 15 %, 12 % und 10 % der Varianz des ROI (vgl. Luchs/Müller, 1985, S. 79 ff.). Dieses empirisch ermittelte Ergebnis lässt sich durch die Aufstellung von Hypothesen theoretisch analysieren, wobei insbesondere die gegenläufige Beziehung zwischen Investitionsintensität und ROI den Anlass für eine Reihe von Untersuchungen bildete (vgl. u. a. Schoeffler, 1977; Homburg, 1991, S. 55 ff.). Da diese Ergebnisse auf empirische Datenauswertungen zurückgehen, beruhen sie ursprünglich auf einem induktiven Ansatz.

12.2.4 Modellgestützte Ableitung von Kennzahlen- und Zielsystemen

Einen anderen Weg zur Bestimmung von Kennzahlen sowie Kennzahlen- und Zielsystemen zeigt Eckart Zwicker (1976, S. 225 ff.) mit der modellgestützten Kennzahlenrechtfertigung auf. Er schlägt vor, für den jeweils betrachteten Bereich ein dynamisches Entscheidungsmodell zu formulieren, das die wichtigsten Handlungs- und Zustandsvariablen sowie die Zielgröße enthält. Das Modell umfasst Hypothesen über die Beziehungen zwischen den enthaltenen Größen. Dabei kann es sich je nach Umfang des Betrachtungsbereichs zum Beispiel um einfache Lagerhaltungsmodelle bis hin zu umfassenden Gesamtplanungsmodellen handeln, wie sie in Abschnitt 4.3 skizziert worden sind.

Modellgestützte Kennzahlenrechtfertigung

Als Kennzahlen sucht man Sollgrößen, deren Ausprägung eine optimale bzw. befriedigende Zielerreichung sichern. In der Praxis muss man sich bei einer Steuerung über Kennzahlen in der Regel mit einer befriedigenden, aber nicht extremalen Zielerreichung zufriedengeben (Zwicker, 1976, S. 237 f.). Dann wird durch die Vorgabe eines Fest- oder Mindestwertes der Kennzahl(en) gewährleistet, dass die Zielsetzung mit einem bestimmten Anspruchsniveau erreicht wird.

Zwicker unterscheidet *direkt* und *indirekt* kontrollierbare Größen. Erstere können durch den Entscheidungsträger genau festgelegt werden. Dies gilt beispielsweise für das Verhältnis zwischen der Produktionsmenge eines Monats und dem Auftragsbestand des Vormonats. Dagegen kann der Entscheidungsträger indirekte Kennzahlen nur beeinflussen. So wirken sich auf seinen Monatsumsatz neben den eigenen Entscheidungen (z. B. verfügbare Liefermengen und Angebotspreise) externe Größen wie die Kundennachfrage aus.

Beispiel der Simulationsanalyse

In den jeweils formulierten Modellen wird über eine Simulationsanalyse untersucht, welche Kennzahlen und welche ihrer Werte die Erreichung eines vorgegebenen Anspruchsniveaus des oder der Ziele gewährleisten. Zur Veranschaulichung des Vorgehens wendet Zwicker ein einfaches *kontrolltheoretisches* Entscheidungsmodell der Lagerhaltung an (Holt et al., 1960, S. 51 ff.). Dessen Handlungsvariablen sind der monatliche Arbeitskräftebestand $A(t)$ und die monatliche Produktionsmenge $x(t)$. Der monatliche Lagerbestand des Produkts $l(t)$ hängt vom Bestand des Vormonats $l(t-1)$, der Produktionsmenge $x(t)$ und der Nachfrage- und Absatzmenge $n(t)$ des Monats ab:

$$l(t) = l(t-1) + x(t) - n(t) \qquad (12\text{-}4)$$

Ein negativer Lagerbestand bezeichnet einen nicht erfüllten Auftragsbestand. Die monatlichen Gesamtkosten $K(t)$ ermittelt er aus Arbeits-, Einstellungs- und Entlassungs-, Überstunden-, Fertigungs- sowie Lagerkosten entsprechend der folgenden Gleichung:

$$
\begin{aligned}
K(t) = {} & 340 \cdot A(t) && \text{Arbeitskosten} && (12\text{-}5) \\
& + 64{,}3 \cdot \big(A(t) - A(t-1)\big)^2 && \text{Einstellungs- und Entlassungkosten} \\
& + 0{,}2 \cdot \big(x(t) - 5{,}67 \cdot A(t)\big)^2 && \text{Überstundenkosten} \\
& + 51{,}2 \cdot x(t) - 281 \cdot A(t) && \text{Fertigungskosten} \\
& + 0{,}0825 \cdot \big(l(t) - 320\big)^2 && \text{Lagerkosten}
\end{aligned}
$$

Zielgröße ist der Erwartungswert der Stückkosten im Planungszeitraum T:

$$Z = E\left[\sum_{t=1}^{T} \frac{K(t)}{x(t)}\right] \qquad (12\text{-}6)$$

Als mögliche Kennzahlen, durch deren Einhaltung eine befriedigende Stückkostenhöhe von 80 zu erreichen ist, werden drei Alternativen geprüft. Bei diesen werden die beiden Handlungsvariablen Arbeitskräftebestand $A(t)$ und Produktionsmenge $x(t)$ in Abhängigkeit von

▶ der durchschnittlichen Quartalsnachfrage $N(t)$:
   $A(t) \sim N(t)$ sowie $x(t) \sim N(t)$ (12-7)

▶ dem Auftragsbestand $AU(t)$:
   $A(t) \sim AU(t)$ sowie $x(t) \sim AU(t)$ bzw. (12-8)

▶ dem Liefergrad im vergangenen Quartal $LIG(t-1)$:
   $A(t) \sim LIG(t-1)$ sowie $x(t) \sim LIG(t-1)$ (12-9)

festgelegt.

Eine Stichprobe aus 50 Simulationsläufen hat zu den aus Abbildung 12-11 ersichtlichen Stückkosten für jedes Kennzahlenpaar geführt.

Abb. 12-11

Beispiel zur Bestimmung modellgestützter Kennzahlen

Direkt kontrollierbare Sollkennzahl		
$A(t) = 0,13\ N(t)$ $x(t) = 1,00\ N(t)$	$A(t) = 0,07\ AU(t)$ $x(t) = 1,00\ AU(t)$	$A(t) = 60\ LIG(t-1)$ $x(t) = 601\ LIG(t-1)$
76,5	113,6	140,3
Minimale Erwartungswerte der durchschnittlichen Stückkosten in GE/Stück		

Vergleiche Zwicker, 1976, S. 236

Die Ergebnisse zeigen, dass lediglich das erste Kennzahlenpaar zu Stückkosten unter 80 führt. Deshalb erweist sich eine Vorgabe der Werte

$$\frac{A(t)}{I(t)} = 0,13 \quad \text{und} \quad \frac{x(t)}{I(t)} = 1,00 \tag{12-10}$$

für die beiden Kennzahlen als am günstigsten. Sie können daher als Einflussgrößen für die Stückkosten verwendet werden, durch deren Festlegung sich eine befriedigende Zielerreichung sicherstellen lässt. Entsprechende Modellrechnungen können für indirekte Kennzahlen wie den gleitenden jährlichen Lagerumschlag durchgeführt werden (vgl. Zwicker, 1976, S. 238 ff.).

Mit der modellgestützten Kennzahlenrechtfertigung wird ein Ansatz zur Entwicklung von Kennzahlen und ihren Ausprägungen aufgezeigt, die zu einer befriedigenden Ausprägung übergeordneter Ziele führen. Die Geltung der Ergebnisse hängt davon ab, inwieweit das formulierte Modell die realen Beziehungen und Bedingungen des jeweiligen Entscheidungsfelds wiedergibt. Insofern beruhen sie auf den im Modell enthaltenen Hypothesen. Da über die Simulation die Bedeutung alternativ möglicher Kennzahlen ohne tiefergehende theoretische Analyse untersucht wird, handelt es sich um eine Art theoretisch-induktiven Vorgehens.

Wenn man über ein entsprechendes Modell verfügt, liegt es eigentlich nahe, dieses unmittelbar als Planungsmodell zur Bestimmung von optimalen Planwerten der Handlungsvariablen (im Beispiel des Arbeitskräftebestands und der Pro-

Merkmale des Verfahrens

duktionsmengen) zu verwenden. Sein Einsatz für die Herleitung und Begründung von Kennzahlen wird erst dann sinnvoll, wenn man zu einer dezentralen Planung übergeht. Hieran zeigt sich, welche Bedeutung Kennzahlen für eine Koordination und Zielausrichtung gewinnen können.

12.2.5 Kombination der Verfahren zur Entwicklung umfassender Kennzahlen- und Zielsysteme

Um zu aussagefähigen Kennzahlen- und Zielsystemen zu gelangen, muss man sich nicht auf einen Weg zu ihrer Entwicklung beschränken. Vielmehr bietet sich eine Kombination der verschiedenen Vorgehensweisen an. Dadurch kann man gleichzeitig logische Beziehungen berücksichtigen, die zu Eindeutigkeit und Klarheit führen, den empirischen Informationsgehalt erhöhen, das Erfahrungswissen von Experten sowie theoretische Erkenntnisse nutzen und über Modelle ggf. die wichtigsten Steuerungsgrößen herausfinden.

Rentabilitäts-Liquiditäts-Kennzahlensystem

Als umfassendes Beispiel, dem ein solches Vorgehen aber höchstens rudimentär zugrunde liegt, ist das von Reichmann und Lachnit (vgl. Reichmann/Lachnit, 1976; Reichmann, 1993a, S. 29 ff.) vorgeschlagene Rentabilitäts-Liquiditäts-Kennzahlensystem anzusehen.

Es verwendet entsprechend Abbildung 12-12 als oberste Zielkennzahlen das Ordentliche Ergebnis nach Steuern und die Liquiden Mittel. Damit ist es auf das Erfolgs- und das Liquiditätsziel von Unternehmungen ausgerichtet. Zu jeder dieser beiden Größen gehört ein System abgeleiteter Kennzahlen. Bei deren Entwicklung werden einerseits *definitorische Beziehungen* verwendet. Dies zeigt sich z. B. an der Aufspaltung des Gesamtergebnisses in ein ordentliches und ein außerordentliches Ergebnis, des ordentlichen in ein Finanz- und ein Betriebsergebnis sowie der Untergliederung des Betriebsergebnisses. Im Vordergrund steht jedoch die *empirisch-induktive Gewinnung von Kennzahlen*. So deutet die gleichzeitige Berücksichtigung von Eigen- und Gesamtkapitalrentabilität, (einem davon unterschiedenen) Return on Investment, der Kapitalumschlagshäufigkeit und der Umsatzrentabilität als Einflussgrößen des Ordentlichen Ergebnisses darauf hin, dass diese Kennzahlen als Indikatoren verstanden werden. Ein theoretisch klarer Zusammenhang liegt ihrer gleichzeitigen Berücksichtigung nicht zugrunde. Bei der Untergliederung der Kapitalumschlagshäufigkeit werden mit der Erzeugnis-, Material- und Forderungsumschlagszeit einige ausgewählte Vermögenspositionen herausgestellt. Dahinter steht offensichtlich die als plausibel unterstellte Vermutung, dass diese Größen für die Kapitalumschlagshäufigkeit und deren Einfluss auf das Ordentliche Ergebnis besonders wichtig sind. Auch die Zurückführung der Kennzahl Liquide Mittel auf Cashflow, Einnahmenüberschüsse, Intervallfinanzplanung sowie Working Capital folgt Plausibilitätsüberlegungen.

Das eher induktive Vorgehen führt bei diesem Kennzahlensystem dazu, dass die Zusammenhänge nur eine begrenzte Klarheit aufweisen. Ob und in welchem Ausmaß die einzelnen Unterziffern die übergeordneten Kennzahlen beeinflus-

Abb. 12-12

Rentabilitäts-Liquiditäts-Kennzahlensystem

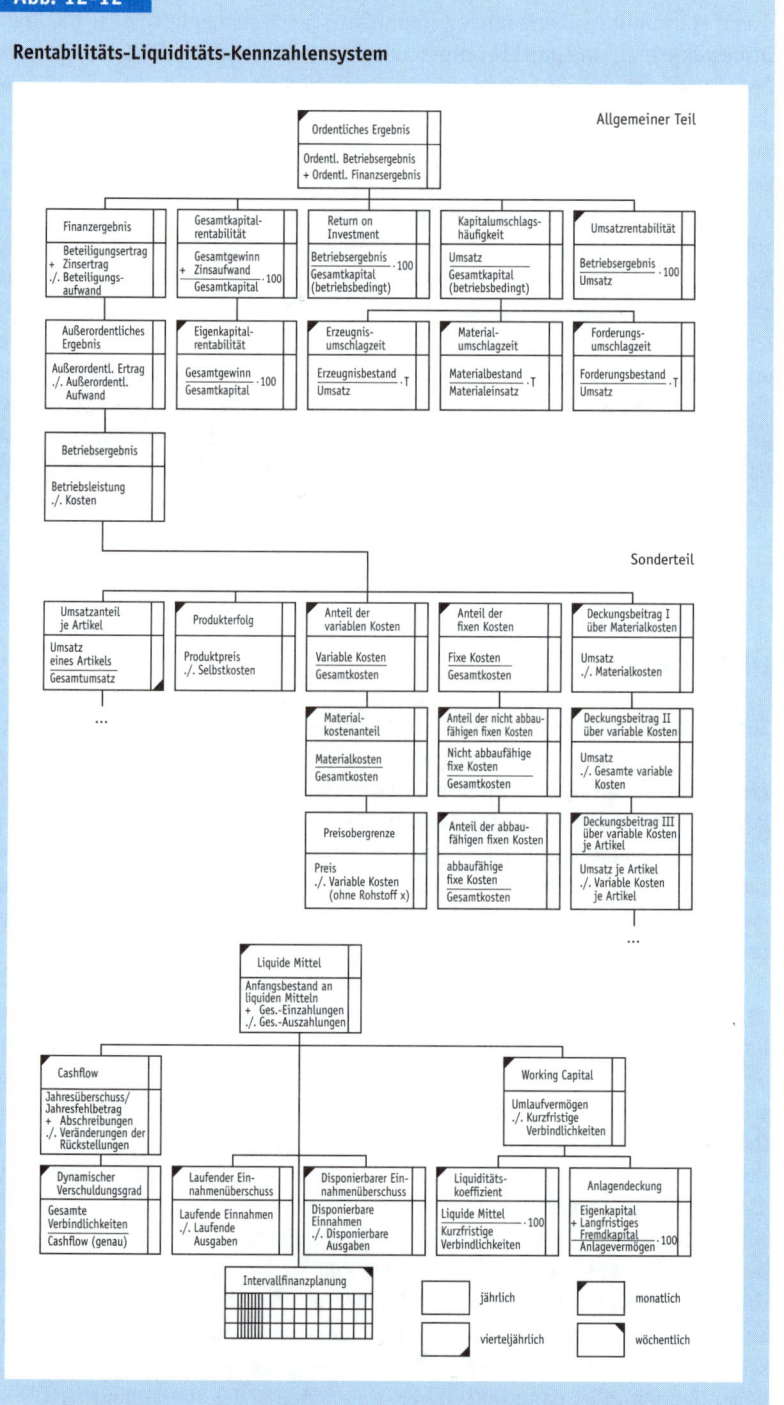

sen, muss die Unternehmung, welche dieses Kennzahlensystem anwendet, durch Plausibilitätsüberlegungen und praktische Tests herausfinden. Die Breite insbesondere an ergebnisbeeinflussenden Größen und die geringe theoretische Begründung gehen zu Lasten der Aussagefähigkeit und inhaltlichen Klarheit des Systems. Erst die empirische Anwendung kann der betreffenden Unternehmung zeigen, inwieweit dieses System die tatsächlich relevanten Einflussgrößen der beiden Zielgrößen ordentliches Ergebnis und Liquidität enthält.

Das Beispiel zeigt Ansatzpunkte und Probleme einer Herleitung von Kennzahlen- und Zielsystemen auf. Es veranschaulicht die Notwendigkeit, durch Nutzung aller Möglichkeiten für eine Gewinnung und Begründung von Kennzahlen sowie Kennzahlensystemen zu einer effizienten Anwendung dieses Controllinginstruments zu gelangen. Damit ist es insbesondere in den Bereichen einsetzbar, die sich nicht durch eindeutige Erfolgsrechnungen abbilden lassen. Jedoch wird man erst über die kombinierte Nutzung der unterschiedlichen Begründungsmöglichkeiten zu klar aufgebauten und gleichzeitig empirisch inhaltsvollen Systemen gelangen, welche die Problematik eines begrenzten empirischen Informationsgehalts, der Vielfalt und der Mehrdeutigkeit überwinden.

12.3 Formen und Kennzeichen der Koordination über Ziele

Zur Koordination dienen Kennzahlen, wenn sie als Ziele zur Steuerung herangezogen werden. Der eingeräumte Handlungsspielraum soll durch die Vorgabe von Zielen zweckmäßig genutzt werden. Hierbei kann man zwischen einer vertikalen Koordination untergeordneter Einheiten und einer horizontalen Koordination von Unternehmensbereichen unterscheiden. Als Analyseinstrumente sind Kennzahlen hingegen für das Controlling im Hinblick auf die Abstimmung des Informationsbedarfs wichtig, soweit dieser nicht durch ausgebaute Rechnungssysteme gedeckt werden kann.

Steuerung über
Handlungsspielräume
und Zielvorgaben

Charakteristisch für die Koordination und Steuerung über Ziele ist, dass die dezentralen Einheiten wie bei der Budgetvorgabe einen *Handlungsspielraum* erhalten. In einer Principal-Agent-Beziehung, in welcher der Principal die Handlung des Agent nicht beobachten kann (hidden action), muss diese Handlungsmöglichkeit bei der Gestaltung von Anreizsystemen berücksichtigt werden. Damit sollen ihr Wissen für die Planung und Entscheidungsfindung genutzt und ihre Motivation gefördert werden. Im Unterschied zur Budgetvorgabe erfolgt die Koordination und Steuerung jedoch nicht über eine Beschränkung der einzelnen Handlungsspielräume, sondern über die *Vorgabe konkreter Ziele*. Diese beziehen sich auf die jeweilige Einheit und sind unmittelbar auf deren Entscheidungstatbestände anwendbar. Ein auf das Gesamtziel der Unternehmung ausgerichtetes Handeln soll erreicht werden, indem jede Einheit ihr spezifisches Ziel verfolgt. Voraussetzung für ein koordiniertes Vorgehen der verschiedenen Einheiten ist dann, dass deren Ziele aufeinander abgestimmt sind.

Die Vorgabe an die Einheiten kann dabei in der Maximierung bzw. Minimierung der Zielsetzung oder in der Festlegung eines Satisfizierungsniveaus liegen. Mit letzterem nähert sich die Zielvorgabe der Budgetvorgabe an, weil das mit einem Mindest- oder Höchstniveau zu erreichende Ziel ebenfalls den Handlungsspielraum beschränkt. Dennoch erscheint es zweckmäßig, als grundsätzliche Alternativen einer Koordination die Vorgabe von Rahmenbedingungen und von Zielen zu unterscheiden.

Für die Nutzung der Zielvorgabe zur Koordination lassen sich *zwei Richtungen* trennen. Zum einen kann ein Zielsystem dazu dienen, *vertikal* über die verschiedenen *Hierarchieebenen* hinweg die Bereiche, Abteilungen und Stellen auf das Unternehmensziel auszurichten und ihr Handeln zu koordinieren. Dann geht es primär um die *Steuerung untergeordneter Einheiten* über die verschiedenen Hierarchieebenen hinweg. In diesem Fall stehen die Probleme der Bildung mehrstufiger Zielsysteme im Vordergrund. Diese Blickrichtung ist in dem System des »Management by Objectives« am stärksten ausgebaut worden.

Vertikale Koordination untergeordneter Einheiten

Zum anderen steht die Frage im Vordergrund, wie man eine aus mehreren, weitgehend *selbständigen Bereichen* bestehende Unternehmung über die Vorgabe geeigneter Bereichsziele steuern kann. Dann geht es um eine *horizontale Koordination von Unternehmensbereichen*, durch die ein auf das Gesamtziel der Unternehmung ausgerichtetes Handeln bewirkt werden soll. Diese Betrachtung bezieht sich lediglich auf die obere Ebene des Zielsystems. Man spricht bei der zugrunde liegenden Organisationsform im Allgemeinen von Profit Centern. Da sie unterschiedliche Grade der Dezentralisierung vom Cost Center bis zum Investment Center (vgl. Abschnitt 8.4) annehmen kann und aus Controllingsicht das Koordinationsinstrument im Vordergrund steht, ist sie den Systemen der Koordination über Ziele zuzuordnen.

Horizontale Koordination von Unternehmens-bereichen

12.3.1 Vertikale Koordination durch Zielvorgabe und Zielvereinbarung

12.3.1.1 Führungssysteme des Management by Objectives

In den Systemen der »Führung über Ziele« (Management by Objectives) (vgl. Odiorne, 1967; Humble, 1972; Wild, 1973; Frese, 1972) soll ein Zielsystem entwickelt werden, das möglichst jeder Organisationseinheit auf den verschiedenen Hierarchieebenen ein für sie operationales Ziel zuordnet und die Grundlage für die Planung bildet. Deren Entscheidungen müssen sich an ihm orientieren. Zugleich ist es der Maßstab, an dem die Einheit im Nachhinein gemessen wird.

»Führung über Ziele« (Management by Objectives)

Die Ziele werden in einem mehrphasigen Zielbildungsprozess festgelegt (vgl. Schweitzer, 1977, S. 77). Zuerst präzisiert die Unternehmensleitung die obersten Ziele als konkretes Handlungssoll. Dann führt man mehrstufige Verhandlungsprozesse durch, in denen nacheinander für die Bereiche, Abteilungen und Stellen Ziele bestimmt werden. In diesem Prozess lassen sich die in Abschnitt 12.2 gekennzeichneten Methoden zur Herleitung von Kennzahlen und Zielen nutzen. Für eine zielgerichtete Koordination ist die Vereinbarkeit der

Mehrphasiger Ziel-bildungsprozess

Unterziele mit dem Unternehmensziel von zentraler Bedeutung. Um das Verhalten intensiv zu beeinflussen, sollten die in Abschnitt 7.4.4 diskutierten Erkenntnisse über die Wirkungen von Vorgaben berücksichtigt werden. Sie zeigen u. a., dass die Ziele klar und präzise, d. h. möglichst quantitativ formuliert sein sollten (vgl. Drucker, 1956, S. 159; Frese, 1987, S. 279). Dies spricht für eine Festlegung von Anspruchsniveaus. Ferner müsse der »betroffene Mitarbeiter ... das Gefühl haben, der vorgegebene Realisationsgrad des Zieles sei für ihn erreichbar« (Frese, 1987, S. 280).

Zielvorgabe oder -vereinbarung

Die *Zielfestlegung* kann über eine Vorgabe der Zentrale bzw. der jeweils übergeordneten Einheiten oder eine Vereinbarung mit den jeweils Betroffenen erfolgen. Durch eine Partizipation nutzt man deren Kenntnisse und hofft, dass eine stärkere Identifikation mit den Zielen sowie ein höheres Maß an Motivation erreicht werden. Auf den untersten Ebenen geht eine Zielfestlegung vielfach in konkrete Handlungsvorgaben über. Zudem benötigen die dort tätigen, weniger qualifizierten Mitarbeiter häufig detaillierte Handlungsanweisungen. Bei der Unternehmensleitung stößt eine Operationalisierung der Ziele auf das Problem der Unsicherheit längerfristiger Prognosen. Mit diesen Gesichtspunkten lässt sich begründen, warum das Konzept vor allem in den *mittleren Ebenen* verwirklicht wird (vgl. Frese, 1987, S. 280). Bei ihnen sind die Voraussetzungen für die Bestimmung von Zielen am besten gegeben, die einerseits eindeutig und realistisch sind, aber andererseits einen ausreichenden Handlungsspielraum belassen.

Ziele als Maßstab für Kontrollen

Die vorgegebenen oder vereinbarten Ziele liefern den Maßstab der Kontrolle. Die erreichten Größen werden periodisch mit ihnen verglichen und die Abweichungen analysiert. Deren Ergebnisse kann man für eine laufende Überprüfung, Fortschreibung oder Anpassung der Ziele verwenden. Über die periodische Kontrolle wird es möglich, das Zielsystem relativ schnell an geänderte Umweltsituationen anzupassen.

Durch die klare Zielvorgabe können Kontrollen als Soll-Ist-Vergleiche vorgenommen werden. In welchem Umfang man sie dabei als Eigenkontrollen auf den ausführenden Mitarbeiter überträgt, hängt von der eher kooperativen oder autoritären Prägung des Führungsstils ab. So korrespondiert eine Zielvorgabe mehr mit einem straffen *Kontrollsystem*, durch welches die »unter Druck gesetzten Mitarbeiter zu einer größeren Leistung veranlaßt werden« (Frese, 1987, S. 281) sollen. In dieser Form wird die Position des Vorgesetzten gestärkt. Dagegen wird man in einer kooperativen Ausgestaltung partizipative Zielvereinbarungen mit einem Vorrang von Eigenkontrollen verbinden. Die Kontrollen beschränken sich auf besonders große Abweichungen und Ausnahmesituationen. Dies ist vor allem möglich, wenn man über ein ausgebautes Rechnungssystem die Realisierung der Zielgrößen messen kann. Dann besitzt der Mitarbeiter weniger Möglichkeiten, den Vorgesetzten durch falsche oder zurückgehaltene Informationen über den tatsächlichen Verlauf zu täuschen. Bei der kooperativen Form setzt man mehr auf die Motivation der Mitarbeiter und möchte die Vorteile der schnelleren Eigenkontrolle sowie des geringeren Kontrollaufwands nutzen.

Die Ergebnisse der Kontrolle können für eine Leistungsbeurteilung herangezogen werden, die vielfach ein Element des Management by Objectives bildet. Die Leistungen der Mitarbeiter werden periodisch bewertet, wobei man sie üblicherweise zu den Ergebnissen anhört. Zugleich sollen ihre Leistungsfähigkeit und ihre Aufstiegsmöglichkeiten durch *Fortbildungsmaßnahmen* gefördert werden. Zielfestlegung und -erreichung können also mit dem Anreizsystem für die Entlohnung und die Karriereplanung gekoppelt werden.

Die Ziele sind nicht nur ein Instrument zur zielorientierten Koordination der Planung untergeordneter Organisationseinheiten. Durch ihre konkrete Festlegung bilden sie auch den Ausgangspunkt der Kontrolle. Ferner liefern sie einen Ansatzpunkt für die Gestaltung der Personalführung. An diesen Merkmalen wird deutlich, dass es sich um ein Koordinationssystem handelt, das Komponenten aller Führungsteilsysteme umfasst (vgl. Abbildung 9-1).

Das Koordinations- und Steuerungsinstrument der Zielvorgabe bzw. -vereinbarung ist bei unterschiedlichen *Organisationsformen* anwendbar (vgl. Wild, 1973; Wild/Schmidt, 1973). Ziele lassen sich sowohl bei *funktionaler* als auch bei *divisionaler Gliederung* für die untergeordneten Einheiten ableiten. Dieses System der vertikalen Koordination bietet sich insbesondere bei einer hierarchischen Organisationsstruktur an, wo die Weisungsrechte weitgehend dem *Einliniensystem* folgen. Den Organisationseinheiten wird ein gewisses Maß an Entscheidungsautonomie zur Erreichung der Ziele eingeräumt. Eine Reihe von Entscheidungen ist an untere Organisationseinheiten delegiert, jedoch nicht so weit, dass sie zu selbständigen Bereichen werden. Zudem bleiben die wichtigsten Entscheidungen häufig bei der Unternehmensleitung zentralisiert. Dagegen kann die *Partizipation* an der Festlegung der abgeleiteten Ziele groß sein. Sie erstreckt sich i. d. R. aber nicht auf die Oberziele.

Die *Planung* kann wie die Organisationsform nach Funktionen, Objekten oder ggf. weiteren Merkmalen differenziert sein. Die Planungsaufgaben sind nach ihrer Bedeutung über die Hierarchieebenen verteilt. Die Zielfestlegung geht von den obersten Unternehmenszielen aus und wird über die Hierarchieebenen heruntergebrochen. Insofern besteht eine Tendenz zu einem *Top-down-Vorgehen* in der Planung. Ansätze einer Rückkoppelung im Hinblick auf ein Gegenstromverfahren ergeben sich aus einer Beteiligung der Betroffenen an der Zielfestlegung und der Forderung nach realistischen Zielvorgaben.

Die Kontrolle ist auf *Ergebniskontrollen* ausgerichtet. Nach dem Grad an Zielvereinbarungen und Eigen- statt Fremdkontrollen kommt man zu einer eher *kooperativen* oder autoritären *Führung*. Das Anreizsystem lässt sich sowohl für das Entgelt als auch die Aufstiegsmöglichkeiten an die Zielerreichung koppeln. Hierdurch wird die Motivationswirkung der Zielvorgabe oder -vereinbarung verstärkt.

Dieses Koordinationssystem benötigt ein *Informationssystem*, mit dem die Erreichung der Ziele über alle Ebenen hinweg zuverlässig gemessen werden kann. Seine Ausgestaltung richtet sich nach der Art der Zielgrößen. Umgekehrt müssen sich die Ziele an der Ermittelbarkeit der erforderlichen Daten orientieren. Dies spricht dafür, dass Ziele vor allem in Form von Gewinn-, Deckungsbei-

Leistungsbeurteilung

Ziele und Organisationsformen

Ziele und Planung

Ziele, Kontrolle und Personalführung

Ziele und Informationssystem

trags-, Erlös- sowie Kostengrößen formuliert werden, welche die gängigen *Systeme der Unternehmensrechnung* bereitstellen. Darüber hinaus können für die unteren Ebenen beispielsweise des Fertigungsbereichs Mengengrößen wie Durchlaufzeit, Kapazitätsauslastung oder Termineinhaltung einbezogen werden. Ihre Ausprägung lässt sich über Systeme der Betriebsdatenerfassung messen.

12.3.1.2 Kennzahlen- und Managementsystem der Balanced Scorecard

Während das Führungssystem des Management by Objectives zwischen 1960 und 1980 intensiv diskutiert wurde, hat nach 1990 das von Robert S. Kaplan und David P. Norton (vgl. Kaplan/Norton, 1992; 1993; 1996a; 1996b; 2001) vorgeschlagene Konzept der »Balanced Scorecard« (BSC) großes Interesse erlangt. Auf der Basis einer Untersuchung zum »Performance Measurement« in zwölf US-amerikanischen Großunternehmen haben sie ein Steuerungssystem entwickelt, das über rein finanzielle Kennzahlen hinausgeht. Sie streben ein theoretisch fundiertes Konzept an, das finanzielle sowie nicht-finanzielle Kennzahlen einschließt und ein umfassendes Managementsystem darstellen soll. Dieses erfährt auch in deutschen Unternehmungen große Aufmerksamkeit.

Funktionen der BSC

Mit Balanced Scorecards sollen Unternehmungen über ein Zielsystem gesteuert werden. Die grundlegende Zwecksetzung besteht darin, die gesamte Unternehmung auf ein einheitliches Zielsystem auszurichten und ihre Entscheidungen zu koordinieren. Das Zielsystem ist breit anzulegen und erfasst finanzielle, personelle, materielle sowie ggf. weitere Größen. Es erstreckt sich von der strategischen bis zur operativen Ebene und kann sowohl für die Planung als auch für Durchführung sowie Kontrolle genutzt werden. Das Instrumentarium des Konzepts soll dazu dienen, Strategien zu formulieren und Maßnahmen sowie Größen zu deren Umsetzung zu konkretisieren. Im Hinblick auf die Steuerung sind die Zielgrößen mit dem Anreizsystem zu verknüpfen. An diesen Zwecksetzungen und Merkmalen wird erkennbar, dass es sich um ein übergreifendes Controllingsystem zur Koordination und Steuerung handelt, das Komponenten verschiedener Führungsdimensionen umfasst.

Das System der Balanced Scorecard ist unmittelbar auf die Anwendung in der Praxis gerichtet. Deshalb wird die Zahl der in ihm enthaltenen Kennzahlen (im Unterschied zu anderen Kennzahlensystemen) beschränkt, um es handhabbar zu halten. Diesem Zweck dient die klare und einfache Struktur, die jedoch zugleich alle wichtigen Bereiche und Dimensionen der Unternehmung abdecken soll. Das Konzept gibt der Unternehmung entsprechend Abbildung 12-13 plausible Empfehlungen für die Entwicklung einer Strategie und deren Umsetzung bis zu konkreten Aktivitäten.

Die Struktur des Konzepts, z. B. im Hinblick auf die maßgeblichen Perspektiven, die bei seiner Umsetzung vorzunehmenden Schritte und die Auswahl der Kennzahlen werden nicht theoretisch oder anhand empirischer Erhebungen untermauert. Die Vorgehensweise wird eher aus »Erfahrungen« heraus begründet und anhand von Praxisbeispielen sowie Fallstudien veranschaulicht. Deshalb können die enthaltenen Empfehlungen auch nicht als wissenschaftlich bestä-

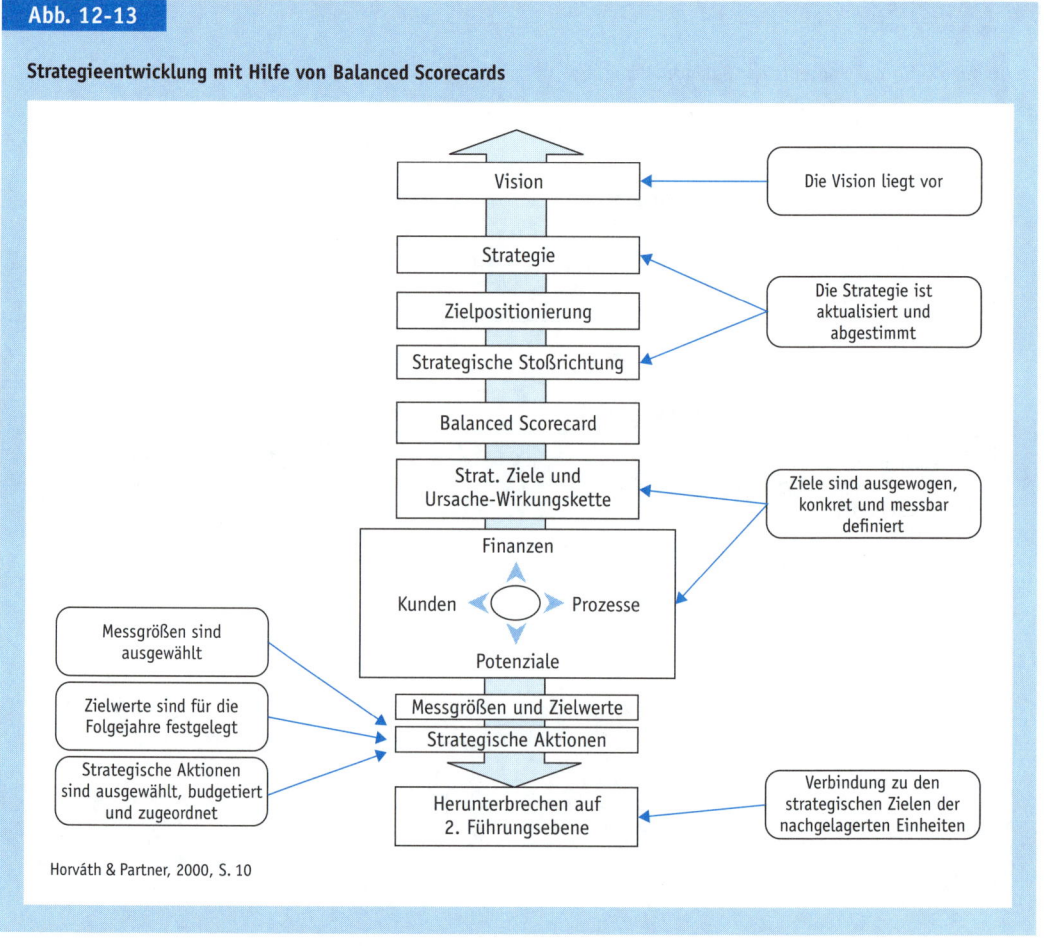

Abb. 12-13

Strategieentwicklung mit Hilfe von Balanced Scorecards

- Vision — Die Vision liegt vor
- Strategie
- Zielpositionierung — Die Strategie ist aktualisiert und abgestimmt
- Strategische Stoßrichtung
- Balanced Scorecard
- Strat. Ziele und Ursache-Wirkungskette — Ziele sind ausgewogen, konkret und messbar definiert
  - Finanzen
  - Kunden — Prozesse
  - Potenziale
- Messgrößen sind ausgewählt
- Zielwerte sind für die Folgejahre festgelegt
- Messgrößen und Zielwerte
- Strategische Aktionen
- Strategische Aktionen sind ausgewählt, budgetiert und zugeordnet
- Herunterbrechen auf 2. Führungsebene — Verbindung zu den strategischen Zielen der nachgelagerten Einheiten

Horváth & Partner, 2000, S. 10

tigt bezeichnet werden. Vielmehr handelt es sich mehr um einleuchtende Ratschläge. Verfahren zur konkreten Ausgestaltung des Konzepts als Managementsystem werden nur teilweise gegeben (vgl. z. B. Weber/Schäffer, 2000, S. 8, 12 f., 18, 20 f., 30). An diesen Aspekten wird deutlich, dass nicht die Entwicklung eines theoretisch umfassend begründeten Instruments zur Steuerung über Ziele, sondern die unmittelbare praktische Anwendbarkeit im Vordergrund steht.

Die Grundstruktur des Systems ist aus den in Abbildung 12-14 wiedergegebenen Komponenten ersichtlich. In seinem Mittelpunkt stehen Vision und Strategie. Deshalb hat die Unternehmensleitung als erstes eine Vorstellung über die strategische Positionierung zu entwickeln, aus der die strategischen Ziele abzuleiten sind. In dieser ist die strategische Ausrichtung der Unternehmung zu klären und aufzuzeigen, welche Produkt-Markt-Strategie sowie welche Stellung am Markt angestrebt werden. Hierzu gehören die Auswahl einer geeigneten

Struktur der BSC

Abb. 12-14

Grundstruktur des Konzepts der Balanced Scorecard

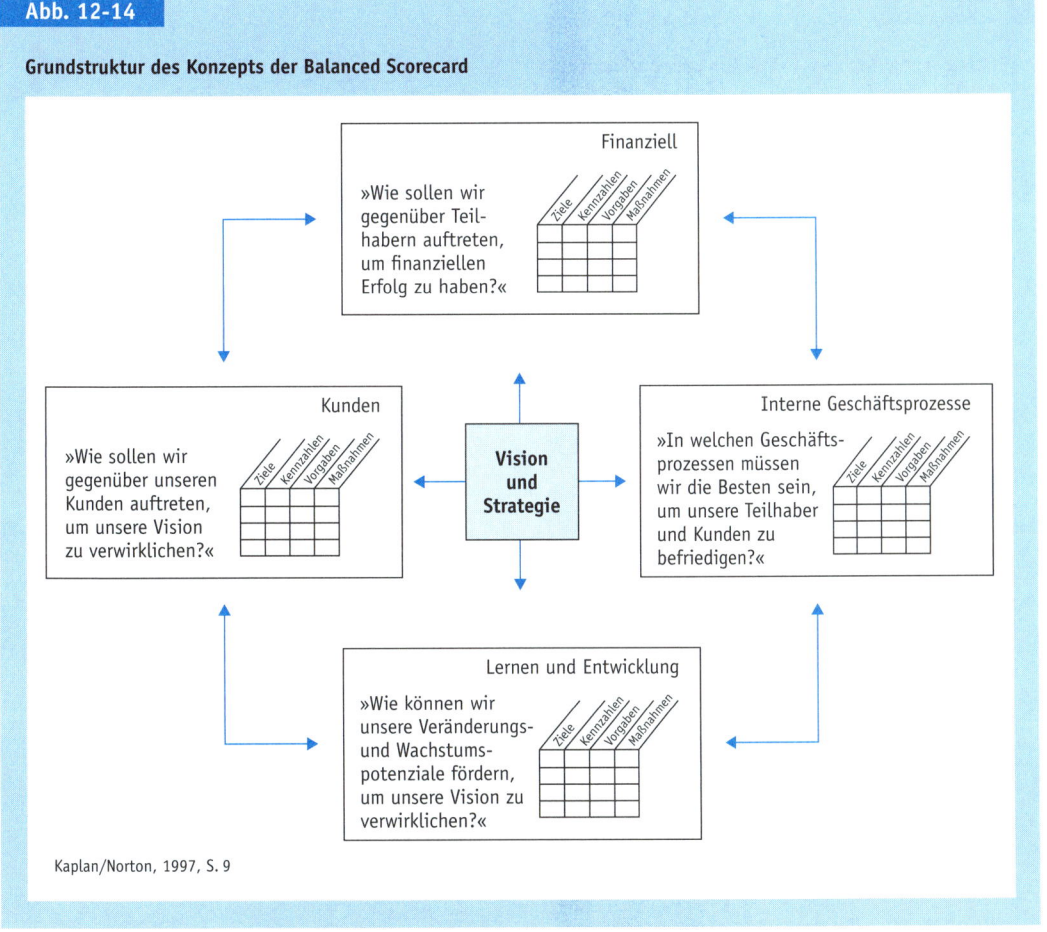

Kaplan/Norton, 1997, S. 9

Wettbewerbsstrategie und der Ausbau sowie Einsatz eigener Erfolgspotenziale und Kernkompetenzen (vgl. Weber/Schäffer, 2000, S. 54). Vision und Strategie sind also sowohl im Hinblick auf den Markt als auch auf die Ressourcen zu operationalisieren.

Finanzielle Perspektive der BSC

Die Umsetzung des Konzepts soll in vier *Perspektiven* erfolgen. Jede von ihnen ist im Hinblick auf klare Ziele, dafür geeignete Messgrößen, anzustrebende Zielwerte als Vorgaben und Maßnahmen zu konkretisieren. Die *finanzielle Dimension* bezieht sich auf die Erfolgsziele und die finanzielle Lage der Unternehmung (vgl. Kaplan/Norton, 1996b, S. 25 f. und 47 ff.). Deshalb ist in dieser Perspektive zu bestimmen, welche Veränderungen der lang- und der kurzfristigen Erfolgs- sowie Finanzziele erreicht werden sollen. Dabei sind die Auswirkungen der Strategien z. B. auf das Erfolgspotenzial als strategisches Ziel zu bestimmen, das beispielsweise am Marktwert der Unternehmung gemessen werden kann, der sich bei börsennotierten Unternehmungen aus dem Börsenkurs und dessen Entwicklung herleiten lässt. Um die Durchführung der Strategien zu steuern, benötigt man klare Vorgaben, zu welchen Zeitpunkten welche Ausprägungen des Marktwertes erreicht sein sollen. Dazu müssen auch finanzielle Aktivitäten beitragen, die festzulegen sind. Eine derartige Konkretisierung der Strategie über die vier Elemente Ziel, Kennzahl als Messgröße, Vorgabe und Maßnahmen sollte in der finanziellen Perspektive sowohl in Bezug auf den Erfolg als auch die Kapitalstruktur und die Liquidität vorgenommen werden. Ferner sollte sie nicht nur für die strategische, sondern auch für die operative Ebene erfolgen, auf der die unmittelbare Umsetzung stattfindet und kontrolliert werden kann. Hierzu dienen Ziele und Aktivitäten in Bezug auf die Entwicklung der Erlöse und der Kosten, der Produktivität, der Kapazitätsauslastung und der Investition. Maßgebend sind dabei neben den Wirkungen auf Erfolg und Liquidität das mit den Strategien sowie Aktivitäten verbundene Risiko, dessen Ausprägung ebenfalls durch vorzugebende Ziele z. B. in Form von Risikolimits und risikobeschränkende Maßnahmen wie der Absicherung zu steuern ist.

Die Kundenperspektive zeigt die Umsetzung der Strategie in Bezug auf den Markt. In ihr ist zu klären, welche Marktziele die Unternehmung anstrebt und durch welche Aktivitäten diese erreicht werden sollen. Dazu muss sich die Unternehmung strategische Marktziele hinsichtlich Marktanteil, relativen Wettbewerbsvorteilen u. Ä. setzen, und es ist festzulegen, durch welche Größen diese Ziele zu messen sind. Damit lässt sich dann auch vorgeben, zu welchem Zielwert die in dieser Perspektive erarbeiteten Maßnahmen führen sollen. Beispiele derartiger Maßnahmen sind Produktinnovationen oder -variationen, der Einstieg in bisher nicht bearbeitete Märkte, neue Formen der Kommunikation mit den Kunden usw.

Kundenperspektive der BSC

Dem Blick nach außen steht die interne Prozessperspektive gegenüber. Sie betrifft die in der Unternehmung ablaufenden Geschäftsvorgänge. Ein Schwerpunkt liegt dabei in der Regel im Produktionsbereich. Strategische Ziele können in ihm eine Rationalisierung der Fertigung, die Veränderung der Fertigungstiefe oder eine gleichzeitige Erhöhung ihrer Flexibilität und Produktivität sein (vgl. Küpper/Bronner/Daschmann, 1994, S. 265 ff.). Deren Ausprägung ist anhand von Messgrößen wie den Produktionskosten, der Wertschöpfung, der Zahl herstellbarer Varianten und der Arbeits-, Kapital- sowie Materialproduktivität (vgl. hierzu z. B. Dellmann/Pedell, 1994, S. 16 ff.) zu messen. Für jedes gesetzte strategische Ziel sind konkrete Ausprägungen sowie der Zeitraum festzulegen, in dem es erfüllt werden soll. Als Maßnahmen zur Umsetzung einer Strategie in diesem Bereich können u. a. der Übergang auf flexible Fertigungssysteme und das Outsourcing von Einsatzgütern gewählt werden.

Prozessperspektive der BSC

Die vierte Perspektive bezeichnen Kaplan und Norton als *Learning and Growth* (vgl. Kaplan/Norton, 1996b, S. 28 f. und S. 126 ff.). Sie meinen damit die Infrastruktur, durch die ein langfristiges Wachstum und Verbesserungen erzielt werden sollen und die sich vor allem auf die in der Unternehmung verfügbaren Technologien, Kompetenzen und Fähigkeiten bezieht. Die Quelle von Lernen und Wachstum sehen sie bei den in einer Unternehmung tätigen Menschen,

Potenzialperspektive der BSC

den in ihr eingesetzten Systemen und organisatorischen Regeln. Strategische Ziele und Maßnahmen betreffen deshalb in dieser Perspektive vor allem die Fähigkeiten der Mitarbeiter und Systeme sowie die Motivation und Zielausrichtung der Mitarbeiter. Erstere können z. B. über Zufriedenheitsmaße, die Dauer der Betriebszugehörigkeit und die Arbeitsproduktivität gemessen werden. Charakteristische Maßnahmen können in der Weiterbildung ihrer Fähigkeiten bestehen. Die Leistungsfähigkeit der Informationssysteme richtet sich nach dem bestehenden Informationsbedarf und erstreckt sich insbesondere auf die Art, die Menge und die zeitliche Verfügbarkeit relevanter Informationen. Als Ansatzpunkt für die Gewinnung von Indikatoren für Motivation und Identifikation der Mitarbeiter mit der Unternehmung empfehlen Kaplan und Norton das Vorschlagswesen und dessen Nutzung. Die hier relevanten Aktivitäten können u. a. daran ansetzen, die individuellen und die Bereichsziele mit den Geschäftszielen abzustimmen sowie geeignete Maße der Teambildung und -Performance heranzuziehen.

Für die vierte Perspektive werden von anderen Autoren abweichende Bezeichnungen vorgeschlagen (vgl. Horváth & Partner, 2000, S. 23 f.). Da es in ihr nach Kaplan und Norton vor allem um die personellen und technologischen Fähigkeiten in einer Unternehmung geht, leuchtet es ein, dies in der Bezeichnung als *Potenzialperspektive* (vgl. Horváth & Partner, 2000, S. 23) zum Ausdruck zu bringen.

Anzahl an Perspektiven

In der *Reduktion auf vier Perspektiven* liegt im Hinblick auf die Durchsichtigkeit, Verständlichkeit und Anwendbarkeit ein Vorzug des Konzepts der Balanced Scorecard. Zugleich beinhaltet dies zwangsläufig eine Komprimierung und Verengung, da hinter den besonders herausgestellten Perspektiven weitere Dimensionen und Aspekte des betrieblich relevanten Geschehens stehen. So wird mit der *Kundenperspektive* der Funktionsbereich des Marketing besonders angesprochen, obwohl andere Funktionsbereiche wie Produktion, Beschaffung oder Investition ebenfalls eine hohe Bedeutung besitzen können. Die *finanzielle Perspektive* bezieht sich nicht auf die Finanzierungsfunktion, sondern auf finanzielle Ziele und Performancemaße. Neben den Erfolgs- und Finanz- bzw. Liquiditätszielen können jedoch, insbesondere in Non-Profit-Unternehmungen, andere Zielgrößen in gleichem Maße bedeutsam oder noch wichtiger sein. Wichtige Teile des Führungssystems wie die Planung oder die Personalführung sind höchstens indirekt angesprochen.

Für die *praktische Umsetzung* des Konzepts ist eine derart einfache Struktur mit nur vier Perspektiven förderlich. Da die Konzentration auf die Dimensionen finanzieller Ziele, Kunden, Potenziale und Prozesse nicht allgemein begründbar ist, kann es zweckmäßig sein, für bestimmte Unternehmenstypen andere Perspektiven auszuwählen.

Analyse von Ursache-Wirkungs-Beziehungen

Diesem pragmatischen Konzept entspricht auch die Empfehlung, die Menge der aufgenommenen Kennzahlen auf ca. 20 (vgl. Weber/Schäffer, 2000, S. 22) bzw. zwischen 15 und 25 (vgl. Horváth & Partner, 2000, 2000, S. 32) zu begrenzen. Grundlage für die Ableitung und Auswahl dieser Kennzahlen soll eine Analyse von *Ursache-Wirkungs-Beziehungen* sein (vgl. Kaplan/Norton, 1996b,

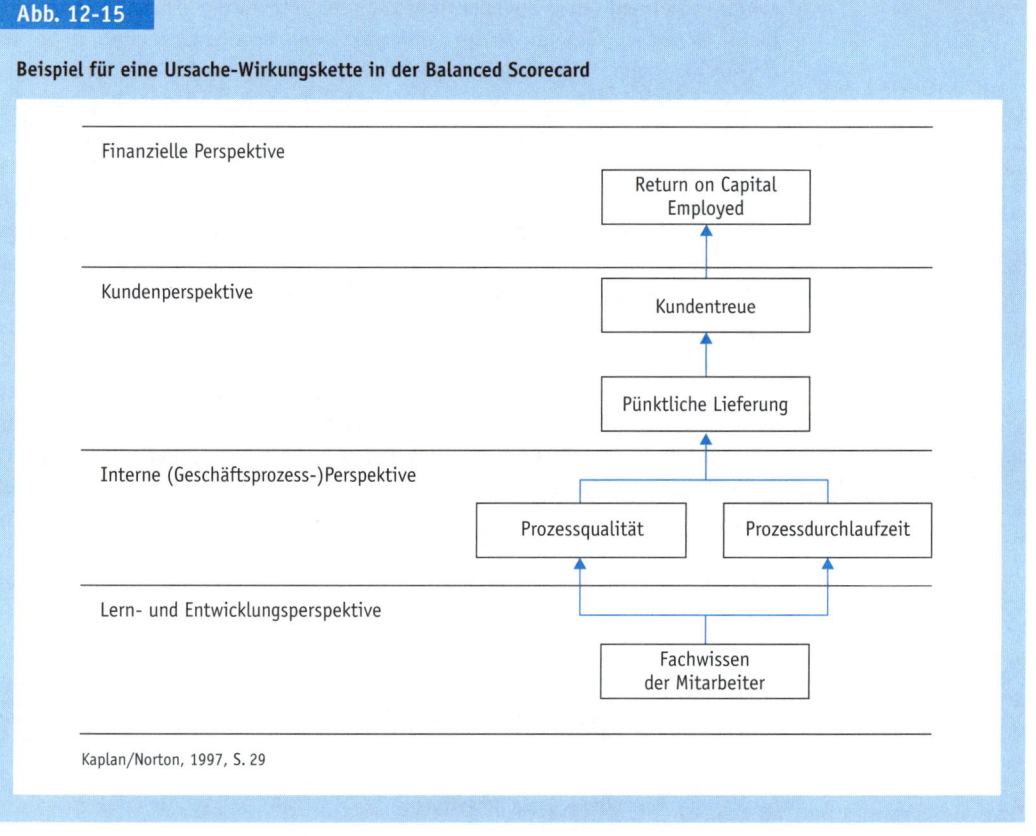

Abb. 12-15

Beispiel für eine Ursache-Wirkungskette in der Balanced Scorecard

Finanzielle Perspektive

Return on Capital Employed

Kundenperspektive

Kundentreue

Pünktliche Lieferung

Interne (Geschäftsprozess-)Perspektive

Prozessqualität

Prozessdurchlaufzeit

Lern- und Entwicklungsperspektive

Fachwissen der Mitarbeiter

Kaplan/Norton, 1997, S. 29

S. 30 f.). Insofern wird eine empirisch-theoretische Fundierung des Kennzahlensystems angestrebt. Kaplan und Norton veranschaulichen dies an dem in Abbildung 12-15 wiedergegebenen Beispiel, das Ursache-Wirkungs-Beziehungen zwischen Maßgrößen aller vier Perspektiven unterstellt (vgl. Horváth & Partner, 2000, S. 43). Sie weisen darauf hin, dass eine Strategie als Menge von Ursache-Wirkungs-Hypothesen verstanden werden kann (vgl. Kaplan/Norton, 1996b, S. 149). Dies gilt vor allem dort, wo die zu einer Strategie gehörenden Aktivitäten über die Perspektiven hinweg miteinander verknüpft und von der strategischen bis zur operativen Ebene heruntergebrochen sind.

Jedoch wird kein allgemeines Hypothesensystem entwickelt und nicht näher untersucht, wie man über theoretische Ansätze und/oder empirische Methoden zu einem derartigen System von Ursache-Wirkungs-Beziehungen gelangen kann. In diesem grundlegenden Schritt zur Ausfüllung der Balanced Scorecard sind daher die in Abschnitt 12.2 dargestellten *Verfahren zur Entwicklung von Kennzahlen- und Zielsystemen* anzuwenden. Vielfach wird dabei eine Kombination der verschiedenen Verfahren zweckmäßig sein. Das Kennzahlensystem kann nicht alle Beziehungen erfassen und muss auf die jeweils zentralen Einflüsse beschränkt werden, um es übersichtlich und praktisch anwendbar zu halten. Daher bietet es sich an, Ergebnisse der *Erfolgsfaktorenforschung* zu nutzen, in der für unterschiedliche Unternehmenstypen eine Vielzahl empirischer Erhebungen vorgenommen worden sind (vgl. zum Überblick Daschmann, 1994; Küpper/Bronner/Daschmann, 1994, S. 27 ff.; Schwarz, 1998, S. 100 ff.; Glasl, 2000, S. 47 ff.).

BSC als Strategisches Management- und Steuerungssystem

Für die Gestaltung und Anwendung der Balanced Scorecard als strategisches Management- bzw. Steuerungssystem schlagen Kaplan und Norton vier allgemein gehaltene Verfahrensschritte vor (vgl. Abbildung 12-16). Den Ausgangspunkt bilden die Festlegung sowie Übertragung der *Vision* und *Strategie* in ein abgestimmtes Zielsystem. Dem folgen die *Kommunikation* und weitere Konkretisierung der Strategie. An dieser Stelle wird erkennbar, dass eine wichtige Eigenschaft der Balanced Scorecard darin liegen soll, den Informationsaustausch in der Unternehmung zu fördern und eine Basis für ihn zu liefern. Zur Umsetzung gehören die Bestimmung der einzelnen Ziel- und Messgrößen sowie ihre Verwendung als Bemessungsgrundlagen des Anreizsystems. Der nächste Schritt bezieht sich auf die *Planung* und *Steuerung*, der in die Vorgabe konkreter Zielwerte mündet, nämlich die Abstimmung der strategischen Maßnahmen, die Ressourcenzuteilung und die Einrichtung von Meilensteinen der Planung und Kontrolle. Der Abschluss besteht in der Analyse der Strategien, ihrer Umset-

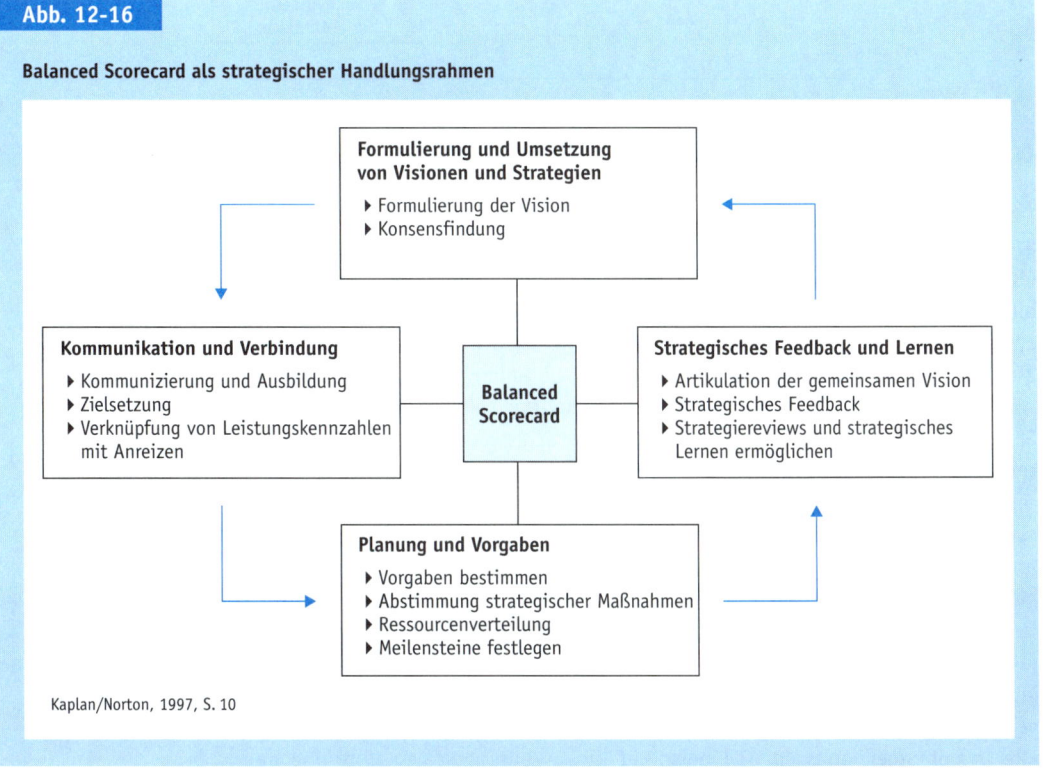

Abb. 12-16

Balanced Scorecard als strategischer Handlungsrahmen

Formulierung und Umsetzung von Visionen und Strategien
▸ Formulierung der Vision
▸ Konsensfindung

Kommunikation und Verbindung
▸ Kommunizierung und Ausbildung
▸ Zielsetzung
▸ Verknüpfung von Leistungskennzahlen mit Anreizen

Balanced Scorecard

Strategisches Feedback und Lernen
▸ Artikulation der gemeinsamen Vision
▸ Strategisches Feedback
▸ Strategiereviews und strategisches Lernen ermöglichen

Planung und Vorgaben
▸ Vorgaben bestimmen
▸ Abstimmung strategischer Maßnahmen
▸ Ressourcenverteilung
▸ Meilensteine festlegen

Kaplan/Norton, 1997, S. 10

zung und der zu erwartenden Ergebnisse. Er ist zugleich Ausgangspunkt für ein weiteres Durchlaufen des gesamten Prozesses. Ein solches Feedback, in dem die Strategie bzw. einzelne ihrer Elemente ggf. zu ändern sind, ist häufig notwendig, um zu einer in allen Dimensionen koordinierten und durchweg akzeptierten Strategie zu kommen. Der vierte Schritt umfasst daher Prozesse des *Lernens* und der *Anpassung*.

Das Konzept der Balanced Scorecard ist ein übergreifendes Controllingsystem, bei dem die Bestimmung und Vorgabe von Zielen das zentrale Koordinationsinstrument bildet. In der Top-down-Festlegung von Zielen weist es enge Bezüge zum *Management by Objectives* auf. Jedoch werden die Erarbeitung von und die Ausrichtung auf Strategien in den Vordergrund gestellt. Daran zeigt sich eine stärkere Berücksichtigung der Planungskomponente. Die vertikale Zielkoordination wird weniger aus organisatorischer Sicht als über die Führungsebenen bis hin zu konkreten operativen Zielen und Handlungen gesehen. Fragen der organisatorischen Bedingungen und Umsetzung werden wenig und eher implizit angesprochen. Beispielsweise wäre zu untersuchen, welche Auswirkungen unterschiedliche Organisationsformen und Dezentralisierungsgrade auf das Konzept haben. Ein weiterer Unterschied zum Management by Objectives liegt in der gleich starken Berücksichtigung verschiedener Perspektiven, der genaueren Strukturierung der Elemente und der jeweiligen Verknüpfung der Ziele mit Maßnahmen. Die Vorgabe von Zielwerten liefert die Grundlage für Kontrollen. Der Bezug zur Personalführung wird daran deutlich, dass eine Verbindung zum Anreiz- und Entlohnungssystem hergestellt werden soll.

Wenig untersucht sind bisher die Anforderungen an das Informationssystem, das die Daten liefern muss, mit denen man das Erreichen von Meilensteinen und der Zielwerte messen kann. Daher ergibt sich aus der Balanced Scorecard und dem Prozess ihrer Aufstellung der vom Informationssystem zu deckende Informationsbedarf. An ihm kann man erkennen, welche Defizite z. B. im Hinblick auf strategische Größen oder Daten über die Nutzung von Potenzialen sowie den Ablauf von Prozessen bestehen. Dann ist zu prüfen, inwieweit die bisherigen Informationssysteme zur Bereitstellung dieser Daten ausgebaut oder zusätzliche Systeme eingerichtet werden müssen.

Ein wesentlicher Vorzug des Konzepts der Balanced Scorecard kann darin gesehen werden, dass es dazu zwingt, den Blick in sachlicher und zeitlicher Hinsicht in verschiedene Dimensionen zu öffnen. Dies kann besonders wichtig im Hinblick auf immaterielle Vermögenswerte und die Beziehungen zu den verschiedenen Stakeholdergruppen einer Unternehmung sein, für die ggf. spezifische Investitionen geleistet werden, deren Wert bei Fortführung der Kooperation signifikant höher ist (vgl. Speckbacher/Bischof, 2000, S. 797 ff.). Wenig ausgebaut sind die theoretische Fundierung des Konzepts sowie die Verfahren zur Herleitung der Kennzahlen und Zielvorgaben. Insoweit ist das Konzept eher pragmatisch angelegt.

Eine empirische Erhebung von Speckbacher und Bischof (2000) über die Nutzung der Balanced Scorecard bei den DAX-100-Unternehmen in Deutschland ließ erkennen, dass dieses System damals bei ca. einem Viertel für die gesamte Un-

BSC als übergreifendes Controllingsystem

Anforderungen der BSC an das Informationssystem

Empirische Verbreitung der BSC

ternehmung, einzelne Bereiche oder Projekte eingesetzt wurde (vgl. auch Speck-bacher/Bischof/Pfeiffer, 2003). Es stieß bei einer Reihe von Unternehmungen auf großes Interesse, viele Unternehmungen waren jedoch abwartend hinsicht-lich eines weiteren Vorgehens. Am intensivsten wurde das Konzept in den Bran-chen Chemie & Pharma, Maschinenbau & Industrie sowie Software & Technologie verfolgt. Auffallend ist, dass die Balanced Scorecard »vor allem als ein Hilfsmittel zur Steigerung der finanziellen Performance angesehen« (Speckbacher/Bischof, 2000, S. 805) und mehr als Kennzahlen- denn als strategisches Managementsys-tem genutzt wird. Es wird demnach primär als ein Strukturierungskonzept für ein auch nicht-finanzielle Größen umfassendes Kennzahlensystem verwendet. Der Übergang auf ein zugleich strategisch ausgerichtetes übergreifendes Control-lingsystem wird in der Praxis bis jetzt selten vollzogen. Zudem reicht die Umset-zung des Systems bisher kaum bis zur Ebene der Mitarbeiter.

12.3.2 Horizontale Koordination über Bereichsziele

Kennzeichnung

In eine andere Richtung geht die *horizontale Koordination* von weitgehend selb-ständigen Einheiten über Bereichserfolge. Sie dienen als Zielsetzungen für die dezentralen Planungs- und Entscheidungsprozesse sowie zur Beurteilung ihres Handelns. Dabei sind die Belohnung und die Aufstiegsmöglichkeiten der Be-reichsleiter üblicherweise an Bereichserfolgsgrößen geknüpft (vgl. Wolf, 1985, S. 229 f.). Der zentrale Unterschied zu den Systemen der Zielvorgabe oder -ver-einbarung liegt in der Konzentration auf die Frage der Koordination und Ge-samtzielausrichtung mehrerer Bereiche derselben Organisationsebene. Die Ko-ordination und Steuerung innerhalb der Bereiche wird nicht näher untersucht.

Voraussetzungen

Eine gesamtzielorientierte Koordination durch Maximierung der Bereichser-folge kann mit der Festlegung eines mindestens zu erreichenden Anspruchsni-veaus, z. B. als Mindest-Gewinn oder Mindest-Rentabilität, verknüpft werden. Maßgeblich für die Koordination ist die *Auswahl der geeigneten Zielgröße*, weni-ger die Festlegung einer präzisen Vorgabe. Die Planung eines Bereichs soll auf diese Zielgröße ausgerichtet sein. Zudem dient das Ziel zur Beurteilung seiner wirtschaftlichen Lage sowie als Problemindikator (vgl. Frese, 1987, S. 289).

Für die Realisierbarkeit einer gesamtzielorientierten Koordination weitge-hend selbständiger Einheiten über die Bereichserfolge sind drei *Bedingungen* maßgebend (vgl. Frese, 1987, S. 284 ff.):

1. Die Bereichserfolge müssen der jeweiligen Einheit zurechenbar sein.
2. Für die Bereichsleiter muss ein Anreiz bestehen, durch ihre Entscheidungen den Bereichserfolg zu maximieren.
3. Die Messung des Bereichserfolgs darf nicht vom Bereichsleiter manipulierbar sein.

Zurechnungsprobleme

Die Lösung des Zurechnungsproblems hängt von den Interdependenzen zwi-schen den Bereichen sowie ggf. zur Zentrale ab. Sie ist am einfachsten erreich-bar in einer produktbezogenen Organisation, bei der jede Sparte einen freien

Zugang zu ihren Absatz- und Beschaffungsmärkten besitzt. Damit können ihr die Erlöse und Einnahmen für die hergestellten und abgesetzten sowie die Kosten und Ausgaben für die eingesetzten Güter direkt zugerechnet werden. Die Verflechtungen zwischen den Sparten sind gering. Sofern bestimmte Tätigkeiten wie z. B. die Kapitalbeschaffung, EDV-Unterstützung, strategische Planung oder der Einkauf einzelner Güter über die Zentrale erfolgen, ist für deren Kosten ein Zurechnungsproblem zu lösen. Des Weiteren sind Verrechnungspreise für die über die Zentrale bezogenen Güter zu bestimmen. Dadurch tritt zur Koordination über Bereichserfolge die in Kapitel 13 behandelte Koordination über Verrechnungspreise. Dennoch reduziert sich das Zurechnungsproblem auf eine beschränkte Zahl von Gütern.

Im Falle einer *marktorientierten Regionalorganisation* (vgl. Frese, 1987, S. 244 ff.) lassen sich die Erlöse und Einzahlungen eher jedem Bereich direkt zurechnen. »Marktinterdependenzen werden in der Regionalorganisation ... weitgehend vermieden« (vgl. Frese, 1987, S. 246). Maßgebend für die Zurechnung der Kosten und Auszahlungen ist, inwieweit auch die Produktionsseite regional gegliedert ist. Je stärker man die Fertigung und die Beschaffung für mehrere Regionen zusammenfasst, umso mehr Verflechtungen ergeben sich zwischen den Bereichen. Dementsprechend komplizierter wird die Zurechnung ihrer Kosten und Ausgaben.

Der höchste Grad an Verflechtungen tritt bei funktional gegliederter Organisation auf. In diesem Fall lassen sich die realisierten Markterlöse und Einnahmen nur dem Absatzbereich und die Ausgaben nur dem Beschaffungsbereich direkt zurechnen. Um auch in diesem Fall Bereichserfolge ermitteln zu können, müssen für die Beziehungen zwischen den Funktionsbereichen fiktive Märkte mit Verrechnungspreisen für die fließenden Güter eingeführt werden. Damit geht die Koordination durch Bereichserfolge in eine Koordination durch Lenkungspreise über.

Die Zurechnung von Erfolgen setzt eine hinreichende *Entscheidungsautonomie* voraus. Ein Bereich kann nur für die Erfolge verantwortlich sein, die auf seine Entscheidungen zurückgehen. Seine Entscheidungsautonomie hängt von dem Einfluss der zentralen Unternehmensleitung und den Interdependenzen zwischen den Bereichen ab. Bei der Koordination über Bereichserfolge wird den dezentralen Einheiten Entscheidungsautonomie eingeräumt, um die Vorteile der Dezentralisierung zu nutzen.

Zurechnung und Entscheidungsautonomie

Die *Eignung einer Zielgröße* hängt von den Entscheidungskompetenzen des Bereichs und der Fristigkeit ihrer Wirkungen ab. Sofern die langfristigen Investitions- und Finanzierungsentscheidungen allein von der Unternehmensleitung festgelegt werden, scheint eine Verwendung einperiodiger Erfolgsgrößen möglich. Diese sichern aber keine Ausrichtung auf die langfristigen, übergeordneten Unternehmensziele. Zudem werden auch durch Absatz-, Fertigungs-, Beschaffungs- und Personalentscheidungen längerfristige Erfolgswirkungen ausgelöst.

Anforderungen an Bereichsziele

Die in Abschnitt 7.4.3 vorgenommene *Untersuchung alternativer Erfolgsgrößen* hat gezeigt, dass sowohl der aus der Buchhaltung abgeleitete Bereichserfolg als auch der Return on Investment für eine Steuerung wenig geeignet sind, da sie eine Tendenz zu Über- bzw. Unterinvestition auslösen. Derartige Wirkungen treten bei dem von Laux/Liermann vorgeschlagenen Residualgewinn und der von Arnd Kah entwickelten Annuität der Projektkapitalwerte nicht auf. Eine Orientierung am übergeordneten, längerfristigen Gesamtziel der Unternehmung wird nur erreicht, wenn die Periodenerfolgsgrößen entsprechend dem Konzept des investitionstheoretischen Ansatzes (vgl. Abschnitt 5.2.2.5) oder eines auf dem *Preinreich-Lücke-Theorem* (vgl. Abschnitt 5.2.2.4) beruhenden *Residualgewinns* (vgl. Abschnitt 7.4.3.3) mit ihm verknüpft sind.

Manipulationsfreiheit

Die Ausrichtung auf längerfristige Zielgrößen geht zu Lasten der obigen Forderung nach Manipulationsfreiheit. Die Ausprägung der realisierten Periodenerfolge wird in der Kosten- und Erlösrechnung sowie für den Jahresabschluss relativ zuverlässig ermittelt. Mit der Berücksichtigung von Zukunftsgrößen erhält der Bereichsleiter einen Schätzspielraum, der ihn zu Fehlinformationen verleiten kann. Deshalb müssen zusätzliche Mechanismen eingebaut werden, durch die er zu einer weitgehend wahrheitsgemäßen Berichterstattung angeregt wird.

Sie können einmal in der Berücksichtigung von Plan-Ist-Abweichungen bei der Prämienbemessung entsprechend den Vorschlägen von Dieter Schneider (vgl. Abschnitt 7.3.4.3) oder Arnd Kah (vgl. Abschnitt 7.4.3.4) liegen. Verwendet man den Residualgewinn, so ist eine gesamtzieloptimale Entscheidung des Bereichsleiters nicht sichergestellt, wenn er auch nichtfinanzielle Interessen verfolgt. In diesem Fall führt eine Erhöhung der Kapitalkosten zu der angestrebten Wirkung des Anreizsystems. Für die nähere Analyse dieser Problematik sind die in Abschnitt 7.3.3 wiedergegebenen Gesichtspunkte der Agencytheorie relevant, nach denen sich Anreizsysteme zur Vermeidung von Informationsmanipulationen gestalten lassen.

Indikatorfunktion des Bereichserfolgs

In der Praxis sieht man einen Ausweg aus diesem Problem vielfach darin, die Beurteilung des Bereichs und seiner Leitung nicht allein an einer Größe auszurichten (vgl. Wolf, 1985, S. 236 ff.). Dahinter steht die Auffassung, dass eine Größe kaum zugleich die Bereiche motivieren, die Interdependenzen der Gesamtunternehmung berücksichtigen, den jeweiligen Erfolgsbeitrag erfassen und die Managementleistungen zuverlässig wiedergeben kann. Zudem machen die Zurechnungsprobleme für zentrale Güter (z. B. Kapital, F & E-Leistungen) sowie Währungs- und Besteuerungsprobleme (vgl. Kellers/Lederle, 1984, S. 165 ff.) bei international tätigen Unternehmungen die Bestimmung von Bereichserfolgen schwierig. In diesen Fällen misst man dem Bereichserfolg mehr den Charakter eines *Indikators* zu (vgl. Wolf, 1985, S. 254 und S. 266). Das Leistungsentgelt und die Aufstiegschancen werden nicht nur an die Bereichserfolge gekoppelt, sondern eine genaue Kenntnis der Sparten als wichtig angesehen. Durch die Berücksichtigung verschiedener Leistungsgrößen und eine zuverlässige Unternehmensrechnung wirkt man dem Problem der Manipulierbarkeit entgegen. Die Koordination der Bereiche wird dann nicht allein über die Bereichserfolge erreicht.

Charakteristika der horizontalen Koordination

Die verschiedenen Komponenten der Systeme einer horizontalen Koordination über Bereichserfolge lassen sich gemäß Abbildung 9-1 stichpunktartig charakterisieren. Ihre Anwendung setzt eine *Delegation von Entscheidungsrechten* auf dezentrale Bereiche voraus. Bei einer produktorientierten Spartengliederung kann trotz der geringen innerbetrieblichen Leistungsverflechtung eine Reihe von Interdependenzen bestehen (vgl. Frese, 1995, S. 362 ff.; Wolf, 1985, S. 60), die zur besseren Gesamtzielerreichung genutzt werden. Dann bildet man häufig neben der Unternehmensleitung weitere Zentralbereiche und gelangt zu einem Mehrliniensystem. Soweit Entscheidungsrechte bei der Zentrale liegen, kann eine Partizipation der Sparten an der Entscheidungsfindung vorgesehen werden (vgl. Streim, 1975, S. 26).

In Bereichserfolgssystemen folgt das *Planungssystem* der organisatorischen Differenzierung. Die Bereiche können in die strategische Planung einbezogen sein. An sie ist aber i. d. R. die operative Planung der anderen Funktionsbereiche delegiert (vgl. Welge, 1975, Sp. 3182; Wolf, 1985, S. 80). Die Teilnahme der Bereiche an der Umsetzung der strategischen Planung zeigt eine *Tendenz zum Gegenstromverfahren*.

Soweit die Kontrolle an die Bereichserfolge gekoppelt ist, handelt es sich um *Ergebniskontrollen*. Durch die in der Praxis beobachtbare Berücksichtigung weiterer Größen zur Beurteilung der Bereichsleiter versucht man, deren Verhalten zu erfassen. Damit werden die Ergebnis- um *Verhaltenskontrollen* ergänzt. Für die *Personalführung* ist die Koppelung des Anreizsystems an die Bereichserfolge kennzeichnend. Eine Partizipation der Bereiche an Entscheidungen der Zentrale deutet auf einen eher *kooperativ geprägten Führungsstil* hin.

Um eine Bestimmung der Bereichserfolge zu ermöglichen, muss das *Informationssystem* nach der organisatorischen Gliederung segmentiert sein. Die aus den Interdependenzen zwischen den Bereichen und mit der Zentrale folgenden Zurechnungsprobleme sind so klar zu regeln, dass die Manipulationsmöglichkeiten der Bereiche gering bleiben. Soweit die Bereichserfolge an kapitaltheoretischen Größen ansetzen, müssen die Finanz- und die Investitionsrechnung so ausgebaut werden, dass sie eine fundierte Prognose der projekt- und bereichsbezogenen Zahlungen ermöglichen.

Wiederholungsfragen Kapitel 12

1. *Wodurch unterscheiden sich Kennzahlen von anderen Größen?*
2. *Für welche beiden Möglichkeiten kann man Kennzahlensysteme verwenden? Welche Sachverhalte werden jeweils erfasst?*
3. *Untersuchen Sie, inwieweit Kennzahlensysteme die vier Funktionen der koordinationsorientierten Controlling-Konzeption erfüllen können.*
4. *Auf welcher Art von Zusammenhängen basieren logisch hergeleitete Kennzahlen- und Zielsysteme? Nennen Sie jeweils ein Beispiel aus dem DuPont-Kennzahlensystem.*
5. *Wie lassen sich auf empirisch-induktivem Wege Kennzahlen- und Zielsysteme gewinnen?*

6. Wodurch unterscheiden sich definitionslogisch, empirisch-induktiv und empirisch-theoretisch aufgebaute Kennzahlensysteme?

7. Analysieren Sie die Beziehungen zwischen der Struktur eines Kennzahlensystems und der funktionalen sowie der divisionalen Organisationsform einer Unternehmung.

8. Welche vier Perspektiven werden typischerweise bei der Balanced Scorecard unterschieden?

9. Kennzeichnen Sie, wie aus den Perspektiven einer Balanced Scorecard ein Kennzahlensystem wird.

10. Arbeiten Sie heraus, inwieweit und auf welch unterschiedliche Weise Kennzahlen-und/oder Zielsysteme übergreifende Controllinginstrumente darstellen.

Aufgaben Kapitel 12

1. Kennzeichnen Sie zwei verschiedene Methoden zur Bestimmung von Kennzahlen und Kennzahlensystemen. Veranschaulichen Sie diese jeweils an einem konkreten Beispiel und beurteilen Sie ihre
   a) Anwendbarkeit in einem Dienstleistungsunternehmen
   b) Zuverlässigkeit im Hinblick auf eine zielorientierte Unternehmenssteuerung.

2. Zielsysteme
   a) Kennzeichnen Sie die Koordination über Bereichserfolge als übergreifendes Controllingsystem.
   b) Untersuchen Sie die Verwendbarkeit des buchhalterischen Jahresüberschusses, des Return on Investment und des Kapitalwertes für Bereichserfolgssysteme.
   c) Wie sehen Sie den Bezug dieses Controllingsystems zu dem einer Koordination über Zielvereinbarungen im Sinne des Management by Objectives? Vergleichen Sie beide Konzepte.

Lösungen Kapitel 12

1. Kennzahlen und Kennzahlensysteme lassen sich z. B. auf logische Weise herleiten oder empirisch-induktiv gewinnen. Als Beispiel für die logische Herleitung lässt sich der Gewinn einer Automobilwerkstatt untergliedern bis hin zum Marktvolumen nachgefragter Reparaturen im jeweiligen Einzugsgebiet und dem prozentualen Marktanteil. Kundenbefragungen stellen ein Beispiel für eine empirisch-induktive Gewinnung dar.

a) *Sowohl die logische Herleitung als auch die empirisch-induktive Gewinnung sind in einem Dienstleistungsunternehmen anwendbar. Die logische Herleitung ist aufgrund ihrer Geschlossenheit und Konsistenz besonders gut zur Festlegung der Struktur des Kennzahlensystems geeignet. Zur Priorisierung von Kennzahlen anhand ihres Effekts auf den Unternehmensgewinn sind empirisch-induktive Methoden jedoch besser geeignet. Beide Formen der Herleitung sind also anwendbar, jedoch mit unterschiedlichem Fokus.*

b) *Eine zielorientierte Unternehmenssteuerung ist dadurch charakterisiert, dass alle Entscheidungen des Unternehmens am Gesamtziel des Unternehmens ausgerichtet sind. Die hierfür notwendige Untergliederung ist bei einer logischen Herleitung gewährleistet, jedoch kann es zu einer Vernachlässigung von Unterschieden in der relativen Bedeutung von Kennzahlen kommen. Die empirisch-induktive Herleitung ist besonders gut geeignet, um die Priorisierung von Kennzahlen/Zielen an die Bedarfe des jeweiligen Unternehmens anzupassen.*

2. a) *Die Koordination über Bereichserfolge stellt ein übergreifendes Controllingsystem dar, weil sie mehrere Führungsteilsysteme betrifft. Sie ist besonders gut zur horizontalen Koordination von Bereichen geeignet. Im Vergleich zu Budgetierungs- und Zielvorgabesystemen steht eine Koordination über Bereichserfolge mit einer höheren Entscheidungsautonomie der Organisationseinheiten in Zusammenhang.*

b) *Kennzahlen lassen sich anhand der Kriterien Beeinflussbarkeit, Zielkongruenz und Manipulationsfreiheit beurteilen. Die drei Kennzahlen unterscheiden sich primär in Bezug auf Zielkongruenz und Manipulationsfreiheit. Die Zielkongruenz des buchhalterischen Jahresüberschusses hängt einerseits von den Periodenabgrenzungen ab (Abschreibungen, Umsatzabgrenzungen); andererseits führt der Jahresüberschuss tendenziell zu Überinvestition. Im Gegensatz hierzu motiviert der Return on Investment zur Unterinvestition. Ein Vorteil beider Kennzahlen ist, dass sie sich aus dem externen Rechnungswesen ableiten lassen. Der Kapitalwert weist die höchste Zielkongruenz auf; er lässt sich jedoch manipulieren, weil er zum großen Teil auf prognostizierten Daten basiert.*

c) *Die beiden Konzepte sind unterschiedlich gut für verschiedene Hierarchieebenen geeignet: Koordination über Bereichserfolge eher zur Steuerung von eigenständigen Organisationseinheiten (z. B. Profit Center), Zielvorgaben/Management by Objectives eher zur Steuerung von Teams innerhalb eines Bereichs oder einzelnen Mitarbeitern. Management by Objectives kann die gleichen Kennzahlen wie eine Steuerung über Bereichserfolge verwenden. Dem Grundverständnis nach vertreten beide Konzepte einen eher kooperativen Führungsstil.*

13 Verrechnungs- und Lenkungspreissysteme

Verrechnungspreise bewerten die zwischen Unternehmensbereichen ausgetauschten Leistungen. Mit der Einführung eines Verrechnungs- und Lenkungspreissystems bezweckt die Unternehmensleitung die fiktive Übertragung des Marktes auf die Unternehmung. Das Führungssystem hat sie dabei so zu gestalten, dass die Bereichsleiter wie eigenständige Unternehmensleiter agieren. Zur Bestimmung der Verrechnungspreise kann sich die Unternehmensleitung an Marktpreisen orientieren, Auf- oder Abschläge auf Kostenbeträge vornehmen oder die dezentralen Bereiche die Verrechnungspreise frei aushandeln lassen. Mit Verrechnungs- und Lenkungspreissystemen wählt die Unternehmensleitung im Kontinuum zwischen Hierarchie und Markt ein sehr marktnahes betriebswirtschaftliches Steuerungsinstrument.

13.1 Merkmale und Funktionen von Verrechnungs- und Lenkungspreisen

Der Bereichserfolg dezentraler Einheiten hängt maßgeblich von den Preisen ihrer Einsatz- und Ausbringungsgüter ab. Soweit sie diese von anderen Bereichen derselben Unternehmung beziehen bzw. an sie liefern, bieten deren Verrechnungspreise einen weiteren Ansatz zur Koordination. Bei derartigen *Verrechnungspreisen* handelt es sich um in der Unternehmung selbst festgelegte Werte für eingesetzte bzw. abgesetzte materielle und immaterielle Güter.

Die Nutzung von Verrechnungspreisen als Koordinationsinstrument setzt eine Dezentralisierung der Organisation voraus. Die Unternehmung muss funktional oder divisional in Bereiche mit eigener Entscheidungskompetenz gegliedert sein. Die Bedeutung der Verrechnungspreise hängt von den innerbetrieblichen Leistungsverflechtungen ab. Diese betreffen zum einen die zwischen den dezentralen Einheiten fließenden Güter. So lassen sich in einer funktionalen Organisation aus Beschaffung, Fertigung oder einzelnen Fertigungsstufen und Vertrieb eigenständige Bereiche bilden oder die von einer Sparte hergestellten Produkte auch in einer anderen Sparte einsetzen. Zum anderen werden häufig einzelne Güter wie FuE-, Beschaffungs-, Informations- oder Planungsleistungen von der Zentrale bereitgestellt. Dann können für deren Nutzung Verrechnungspreise angesetzt werden.

Hinter der Verwendung von Verrechnungspreisen für eine gesamtzielorientierte Koordination dezentraler Organisationseinheiten steht die schon von Eugen Schmalenbach (vgl. Schmalenbach, 1947, S. 28 ff.; 1963, S. 150 ff.) entwickelte Idee einer (fiktiven) Übertragung des Marktes auf die einzelne

Abhängigkeit von
Leistungsverflechtungen

Unternehmung. Die Bereiche sollen wie selbständige Unternehmungen ihre Entscheidungen treffen und sich dabei an ihren Bereichserfolgen orientieren. Über die Festlegung der Verrechnungspreise will man erreichen, dass die dezentralen Entscheidungen zugleich zur Maximierung des Gesamterfolges der Unternehmung führen.

Funktionen von Verrechnungspreissystemen

Damit werden Verrechnungspreise zu Lenkungspreisen und übernehmen eine *Koordinationsfunktion*. Sie zielen darauf ab, die Entscheidungen der Bereiche aufeinander abzustimmen und auf das Gesamtziel der Unternehmung hin zu steuern. Man will die Bereichsleiter motivieren, Entscheidungen zu treffen, die letztlich der Gesamtunternehmung dienen. Die Koordinationsfunktion schließt insoweit eine *Motivations-* und *Anreizfunktion* ein. Die Ausrichtung auf das Gesamtziel erfolgt dabei über die Verrechnungspreise indirekt, weil die Bereichsleiter unmittelbar auf ihren Bereichserfolg ausgerichtet sind.

Der Bereichserfolg kann die Grundlage für eine Beurteilung seines Erfolgsbeitrages liefern. Da er von den Verrechnungspreisen abhängt, kommt diesen auch eine Funktion der *Erfolgsermittlung* zu (vgl. Ewert/Wagenhofer, 2008, S. 575). Deshalb soll der Bereichserfolg so aussagefähig sein, dass die Unternehmensleitung Entscheidungen beispielsweise über die Verteilung von Ressourcen oder strategische Maßnahmen an ihm orientieren kann.

Mit Preisen, die eine gesamtzielgerichtete Koordination und Steuerung der Bereiche bewirken, erhält man nicht zwangsläufig aussagefähige Bereichserfolge. So kann es für eine Koordination der Entscheidungen zweckmäßig sein, den Einsatz nicht voll ausgelasteter Bereiche mit einem Verrechnungspreis von null zu bewerten. Dann entsteht in ihnen kein Gewinn. Dies erscheint im Hinblick auf die Beurteilung ihres tatsächlichen Beitrages zur Gewinnerzielung problematisch und für den Bereich schwer verständlich. Deshalb können die Koordinations- sowie Anreiz- oder Steuerungsfunktion in *Konflikt* zu der Erfolgsermittlungsfunktion treten.

In Konzernen benötigt man Verrechnungspreise für die *Bilanzierung*. Ihre Höhe ist bestimmend für die in den Einzelabschlüssen ausgewiesenen Gewinne und damit für Gewinnverlagerungen. Des Weiteren lassen sich Verrechnungspreise für die *Preisfestlegung und -rechtfertigung* heranziehen. Schließlich können sie dazu dienen, innerbetriebliche Leistungen zwischen Kostenstellen zu verrechnen und in Plankostenrechnungen den innerbetrieblichen Güterverbrauch von Marktpreisschwankungen frei zu halten.

Empirische Erhebungen

Empirische Erhebungen zeigen, dass die *Koordinationsfunktion in der Praxis* nicht hoch eingeschätzt wird. In einer Befragung kanadischer Unternehmungen wurde sie nur von 13 % genannt, gegenüber 57 % für die Erfolgsbeurteilung und 21 % für die Kostenanalyse (vgl. Atkinson, 1987, S. 53, zitiert nach Ewert/Wagenhofer, 2000, S. 594). Entsprechende Ergebnisse zeigen deutsche Umfragen (vgl. Küpper, 1992b, S. 128; Wolf, 1985, S. 154). Dennoch spielen Verrechnungspreise insbesondere bei großen Unternehmungen und international tätigen Konzernen eine wichtige Rolle für das Controlling. Die Umfrageergebnisse deuten an, dass die Unternehmungen ihre Wirkung auf die Koordination und Steuerung wenig erkennen und nutzen.

13.2 Bestimmungsgrößen und Verfahren der Festlegung von Verrechnungs- und Lenkungspreisen

Die Bestimmung von Verrechnungs- und Lenkungspreisen hängt von den mit ihnen verfolgten Funktionen und den jeweiligen Anwendungsbedingungen ab. Wenn die Koordinationsfunktion im Vordergrund steht, gewinnen die Anwendungsbedingungen großes Gewicht. Sie lassen sich in Markt-, Produktions-, Planungs- und personelle Bedingungen einteilen.

Die Marktbedingungen umfassen die für den Bezug der Einsatzgüter bzw. die Verwertung der erstellten Güter relevanten Größen. Maßgeblich ist, ob der einzelne Bereich nur einem innerbetrieblichen oder auch einem externen Markt gegenübersteht. Der mögliche Einfluss eines externen Marktes folgt aus der qualitativen Vergleichbarkeit der angebotenen Güter, der Lieferfähigkeit sowie Lieferzuverlässigkeit seiner Güter und der Marktstruktur. Dies hängt von der Vollkommenheit des Marktes ab. Ferner kommt es darauf an, ob der Bereich ihn selbst beeinflussen kann oder den Marktpreis hinnehmen muss. Für die Bestimmung von Verrechnungspreisen ist des Weiteren zu beachten, inwieweit Beschaffungs- bzw. Absatznebenkosten anfallen, die Marktpreise Schwankungen unterliegen oder besondere Konditionen wie Mindermengenzuschläge bzw. Mengenrabatte gelten.

Marktbedingungen

Zu den Produktionsbedingungen eines Bereichs gehören in erster Linie seine Kapazitäts- und Beschäftigungssituation. Die Höhe seiner Produktionskapazität sowie die Abstimmung und Veränderlichkeit ihrer Komponenten sind zusammen mit der von anderen Unternehmensbereichen und vom externen Markt auf den Bereich treffenden Nachfrage maßgeblich für die erreichbare Kapazitätsauslastung. Diese zeigt an, in welchem Umfang Beschäftigungsengpässe bei der Verrechnungspreisbildung zu berücksichtigen sind.

Produktionsbedingungen

Die betrieblichen Planungsbedingungen beinhalten einmal Vorgaben der Zentrale. So können das zu verfolgende Bereichsziel und die Verrechnungspreise vorgegeben oder frei wählbar sein. Ferner ist maßgeblich, ob der Bereich zu einem unternehmensinternen Bezug bzw. zu einer innerbetrieblichen Lieferung verpflichtet ist oder zwischen internem und externem Markt wählen kann. Im zweiten Fall kann sein Handeln durch Vorschriften der Meistbegünstigung eingeschränkt werden, nach denen für unternehmensinterne Lieferungen der Preis anzusetzen ist, der an externe Kunden als günstigster geboten wird. Des Weiteren haben die Verfügbarkeit und die Verteilung von Informationen auf die Bereiche und die Zentrale einen Einfluss. Zum einen kann die Unsicherheit der Informationen durch nicht-deterministische Ansätze der Preisbestimmung beachtet werden. Zum anderen lassen sich Informationsasymmetrien berücksichtigen. Darüber hinaus wird die Risikoeinstellung der Entscheidungsträger relevant. Eine zusätzliche Einflussgröße liegt in der Dauer des Planungszeitraums, weil sie bestimmt, in welchem Ausmaß längerfristige Wirkungen und Kapazitätsänderungen in die Planung einzubeziehen sind.

Planungsbedingungen

Personelle Bedingungen

Als personelle Bedingungen sind die Eigenschaften der Entscheidungsträger in der Unternehmensleitung und den dezentralen Bereichen bedeutsam. Hierzu zählt ihre jeweilige Risikoeinstellung. Das Risiko hat bei unvollkommener Information nur dann keinen Einfluss auf die Entscheidungen, »sofern die Entscheidungsträger *risikoneutral* sind« (Ewert/Wagenhofer, 2000, S. 631). Eine risikoaverse Einstellung der Bereichsleiter und ggf. der Unternehmensleitung kann zur Folge haben, dass ein Erwartungsnutzen des Bereichsleiters verfolgt wird, der nicht zur Maximierung des erwarteten Unternehmenserfolgs führt. Dann hängt die Bestimmung der Verrechnungspreise auch davon ab, wie das gesamte Risiko aufgeteilt wird (vgl. Ewert/Wagenhofer, 2008).

Als weitere Eigenschaften spielen die Qualifikation und Verhaltensgrundsätze der Bereichsleiter eine Rolle. Sie wirken sich beispielsweise darauf aus, inwieweit sich diese Führungskräfte zur Einhaltung von Vorgaben und zu wahrheitsgemäßer Berichterstattung verpflichtet fühlen oder eigene Interessen uneingeschränkt verfolgen.

Verfahren zur Festlegung von VP

Die Verrechnungspreise (VP) können durch unterschiedliche Entscheidungsträger bestimmt werden. Hierbei bieten sich folgende Verfahren zu ihrer Festlegung an:

▸ Vorgabe durch die Zentrale,
▸ Freies Aushandeln der Bereiche,
▸ Aushandeln der Bereiche unter Mitwirkung der Zentrale.

Im ersten Fall kann die *Zentrale* die Verrechnungspreise so festlegen, dass die von ihr angestrebten Funktionen möglichst gut erfüllt werden. Auf diesen Fall sind die im folgenden Abschnitt dargestellten Konzepte ursprünglich gerichtet.

Das Gegenstück hierzu bildet ein *freies Aushandeln* der Preise zwischen den Bereichen. Dann legen diese nicht nur die zwischen ihnen fließenden Gütermengen, sondern auch deren Preise wie auf einem freien Markt fest. Hierdurch werden der Entscheidungsspielraum und die Motivation der Bereiche gefördert (vgl. Ewert/Wagenhofer, 2008, S. 615 ff.). In den Verhandlungen findet zudem ein Austausch von Informationen statt, durch welchen das Wissen jedes Bereichs für die eigenen Entscheidungen zunimmt.

Die Position des einzelnen Bereichs wird durch dessen Kosten- und Beschäftigungssituation beeinflusst. Die Verhandlungsergebnisse hängen aber auch von dem Verhandlungsgeschick der jeweiligen Personen ab. Deshalb lassen sich die Preise von der Unternehmensleitung nur begrenzt vorhersagen. Diese kann nicht absichern, dass die Ergebnisse auf die für die Gesamtunternehmung sachlich optimale Lösung hinauslaufen. In den Verhandlungen begeben sich die Bereiche in eine Konfliktsituation, weil sich der Vorteil des einen in einem geringeren Bereichserfolg des anderen niederschlägt. Der Konflikt kann einerseits motivierend wirken, indem die Bereiche zur Suche nach neuen Lösungen angeregt werden. Andererseits können Verhandlungen langwierig sein. Besonders schwierig sind die Verhandlungen, wenn es sich um spezifische, nicht marktgängige Güter handelt. Führen sie nicht in angemessener Zeit oder überhaupt nicht zum Erfolg, so wird möglicherweise die Zusammenarbeit zwischen den Bereichen auch in anderen Fragen beeinträchtigt. Wenn durch eine Klimaverschlechterung die laterale Kooperation in der Unternehmung abnimmt, kann sich dies negativ auf den Gesamterfolg auswirken.

Um derartige Konsequenzen zu vermeiden, *beteiligt* man häufig die *Zentrale* an den Verhandlungen. Dieses Verfahren lässt sich unterschiedlich ausgestalten. So kann die Zentrale beispielsweise über eine Controlling- oder Planungsabteilung gleichberechtigt an den Verhandlungen zwischen den Bereichen teilnehmen und auf eine Versachlichung hinwirken. Dabei lässt sich vor allem ihr methodisches Wissen einbringen, durch welches die Funktionen von Verrechnungspreisen stärker beachtet werden. Ferner kann sie die Wirkungen auf die Gesamtunternehmung verdeutlichen und im Sinne eines Maklers »faire« Lösungen vorschlagen.

Das Gewicht der Zentrale in den Verhandlungen nimmt zu, wenn sie sich das Recht vorbehält, die Preise im Falle der Nichteinigung festzulegen. Ferner lässt sich für diesen Fall eine spezielle Schlichtungsstelle mit Regeln für ein Einigungsverfahren einrichten. Das letzte Entscheidungsrecht lässt sich auch mit einer Mitwirkung von Vertretern der Zentrale an den Verhandlungen koppeln. Durch entsprechende Regelungen nimmt die Möglichkeit der Unternehmensleitung zu, die Verrechnungspreisbildung auf das Gesamtziel auszurichten. Ihre Macht ist aber wesentlich geringer als bei zentraler Vorgabe. Die Bereiche können einvernehmliche Lösungen suchen, die ihre Interessen berücksichtigen und zu Lasten der Gesamtunternehmung gehen.

Das Verfahren zur Festlegung von Verrechnungs- und Lenkungspreisen betrifft neben dem hierfür verantwortlichen Entscheidungsträger auch die Gültigkeitsdauer der Preise. Letztere hängt von den Planungsbedingungen ab. Für die methodische Herleitung von Verrechnungspreisen ist es maßgeblich, ob sie nur auf kurze Sicht oder für eine längere Frist gelten.

Schließlich besteht die Möglichkeit, für das einzelne Gut *einen oder mehrere Verrechnungspreis(e)* zu setzen. Im Hinblick auf die Koordination kann es zweckmäßig sein, dem liefernden und dem empfangenden Bereich verschiedene Preise vorzugeben (vgl. Ronen/McKinney, 1970; Ewert/Wagenhofer, 2008, S. 571ff.). Hierdurch können Fertigungsbereiche enger mit dem Absatzmarkt des Endprodukts verbunden werden. Mit solchen Preisen lassen sie sich aber nicht in Bezug auf ihren Gewinnbeitrag beurteilen. Gegen einen Ansatz unterschiedlicher Verrechnungspreise spricht, dass sich den Bereichen schwer vermitteln lässt, warum für dasselbe Gut mehrere Preise gelten sollen.

Gültigkeitsdauer der VP

Anzahl an VP

13.3 Methodische Ansätze zur Bestimmung von Verrechnungs- und Lenkungspreisen

Verrechnungspreise lassen sich marktorientiert aus den Preisen an einem externen Markt ableiten. Zieht man zu ihrer Ableitung hingegen ein Kostenrechnungssystem heran, so kann man zwischen grenzkostenorientierten, entscheidungsfeldorientierten sowie vollkostenorientierten Verrechnungspreisen unterscheiden.

13.3 Verrechnungs- und Lenkungspreissysteme
Methodische Ansätze zur Bestimmung von Verrechnungs- und Lenkungspreisen

520

Die Bestimmung von Verrechnungspreisen, mit denen eine gesamtzieloptimale Koordination bei dezentraler Planung erreicht wird, gehört zu den intensiv untersuchten Fragestellungen der Betriebswirtschaftslehre (vgl. Laux/Liermann, 1997, S. 394). Als Alternativen werden dabei ihre Herleitung aus Marktpreisen, Voll- und Grenzkosten sowie Opportunitätskosten unterschieden (vgl. Hax, 1981, Sp. 1692 ff.; Drumm, 1973, S. 95 ff.).

Marktorientierte VP

Eine spezielle Ausprägung der marktorientierten Preisbestimmung ist die Herleitung aus Wiederverkaufspreisen. Bei ihr subtrahiert man die auf nachfolgenden Stufen entstehenden Kosten von dem Marktpreis des Endprodukts.

Kostenorientierte VP

Kostenorientierte Verrechnungspreise können von Ist-, Normal- oder Plankosten ausgehen. Als Basis zukunftsgerichteter Entscheidungen in den Bereichen erfüllen lediglich Plankosten die Koordinationsfunktion. Vollkostenorientierte Preise können allein Kostenbestandteile mit oder ohne kalkulatorische Zinsen enthalten. Wenn sie zusätzlich einen Gewinnaufschlag umfassen, spricht man von »Cost-plus«-Preisen.

Knappheits-, entscheidungsfeld- oder nutzenorientierte VP

Opportunitätskosten gehen in knappheits-, entscheidungsfeld- oder nutzenorientierte Verrechnungspreise ein. Diese werden aus dem Erfolgsziel hergeleitet und berücksichtigen die jeweilige Entscheidungssituation. Damit beinhalten sie nicht nur direkte Kosten- oder Erlöskomponenten. Sie bringen auch anderweitige Verwendungsmöglichkeiten als entgehenden Nutzen des zu bewertenden Gutes zum Ausdruck.

Empirische Verbreitung der Ansätze

Verschiedene empirische Untersuchungen, deren wichtigste Ergebnisse in Abbildung 13-1 zusammengestellt sind, zeigen eine häufige Verwendung markt- und vollkostenorientierter Verrechnungspreise. Dagegen werden Grenzkosten- und Knappheitspreise nur selten angesetzt. Dies entspricht der begrenzten Beachtung der Koordinationsfunktion von Verrechnungspreisen.

Abb. 13-1

Ergebnisse empirischer Untersuchungen

Stichprobe	markt-orientiert	kosten-orientiert	knappheits-orientiert	aus Verhandlungen
24 Unternehmen (BRD 1973)	46 %	46 %	4 %	–
49 Unternehmen (BRD 1990)	40 %	57 %	–	–
80 Unternehmen (CH 1989)	24 %	41 %	–	35 %
239 Unternehmen (USA 1979)	31 %	47 %	–	22 %
152 Unternehmen (Kanada 1987)	30 %	57 %	–	7 %
67 Unternehmen (GB 1973)	48 %	31 %	–	21 %

In Anlehnung an Ewert/Wagenhofer, 2008, S. 581 und die dort verwendete Quellen: Drumm, 1973; Scholdei, 1990; Weilenmann, 1989; Vancil, 1979; Atkinson, 1987; Tomkins, 1973; vgl. auch die Übersicht in Coenenberg, 1992, S. 472

13.3.1 Marktorientierte Verrechnungs- und Lenkungspreise

Am attraktivsten erscheint eine Herleitung von Verrechnungspreisen aus Marktpreisen (vgl. zum Folgenden Ewert/Wagenhofer, 2008, S. 584 ff.). Diese Preise sind bei hoher Markttransparenz kaum manipulierbar. Da sie jeden Bereich an Marktbedingungen messen, wird die *Erfolgsermittlungsfunktion* durch sie gut erfüllt, sofern die Bereiche keine wesentlichen Synergien nutzen können. Diese schlagen sich nämlich nicht im Marktpreis nieder.

Erfüllung der Erfolgs-ermittlungsfunktion

Beispielsweise ist es oft für eine längerfristige Risikoabsicherung zweckmäßig, Kapazitäten z.B. für die Erzeugung eines unbedingt benötigten Rohstoffs oder einer entsprechend wichtigen Dienstleistung (EDV, F & E o. Ä.) aufzubauen, um in Zukunft von Marktschwankungen unabhängiger zu werden. Dann darf der Marktpreis unter den betrieblichen Durchschnittskosten liegen. Dennoch ist die Entscheidung für den Aufbau und die betriebliche Nutzung der Kapazität möglicherweise aus langfristiger Sicht und zur Risikoabsicherung gerechtfertigt. Wenn sich die dezentralen Bereiche am Marktpreis orientieren, führt dies ggf. aus Sicht der Gesamtunternehmung zu einer zu geringen oder zu hohen Auslastung der betreffenden Kapazität. Dann bewirkt der Marktpreis keine gesamtzieloptimale Koordination ihrer Entscheidungen.

Eine Herleitung aus Marktpreisen ist jedoch nur möglich, wenn das innerbetrieblich gelieferte materielle oder immaterielle Gut auf einem *externen Markt* gehandelt wird. Interne und externe Güter müssen dabei weitgehend homogen sein. Die dezentralen Bereiche sollten einen ungehinderten Marktzugang besitzen und durch keine Bezugs- bzw. Lieferverpflichtungen eingeschränkt sein. Ferner darf der Marktpreis nicht durch das Angebot bzw. die Nachfrage des Unternehmensbereichs beeinflusst werden. Seine Geltungsdauer sollte der innerbetrieblichen Planungsfrist entsprechen.

Zur *Bestimmung des Verrechnungspreises* ist bei Einsatzgütern der auf dem externen Markt geltende Preis um *Beschaffungsnebenkosten* zu erhöhen, weil der Bereich diese tragen müsste. Ansonsten würde der externe Bezug günstiger als ein interner erscheinen, wenn der Verrechnungspreis knapp über dem Marktpreis liegt. In Wirklichkeit verursacht er jedoch auch Nebenkosten, wodurch seine Gesamtkosten diejenigen des internen Bezugs übersteigen. Entsprechend ist der Marktpreis bei erzeugten Gütern um *Absatznebenkosten* zu vermindern, soweit sie bei einer innerbetrieblichen Lieferung nicht anfallen.

Marktorientierte Ableitung des VP

Eine Orientierung an den Marktpreisen führt bei *vollkommenen Märkten* zu einer gesamtzieloptimalen Koordination. Dann sind die Bereiche aber so unabhängig voneinander, dass innerbetriebliche Lieferungen im Unterschied zur Marktbeziehung weder Vor- noch Nachteile bringen (vgl. Laux/Liermann, 1997, S. 372). Dieser »Idealfall« ist selten gegeben. Die Einbindung der Bereiche in eine Unternehmung mit einheitlicher Leitung hat i.d.R. wirtschaftliche Gründe, die eine Beschränkung der Unabhängigkeit der Bereiche zweckmäßig erscheinen lässt.

Marktorientierte VP bei vollkommenen Märkten

Bei *unvollkommenen Märkten* kann die Koordinationsfunktion durch eine Orientierung an Marktpreisen nicht optimal erfüllt werden. So führen beispiels-

Marktorientierte VP bei unvollkommenen Märkten

13.3 Verrechnungs- und Lenkungspreissysteme
Methodische Ansätze zur Bestimmung von Verrechnungs- und Lenkungspreisen

522

weise externe und interne Bezugs- oder Absatzbeschränkungen dazu, dass der Marktpreis keine Erreichung des Gesamtziels gewährleistet. Wenn die Vollkommenheit des Marktes eingeschränkt ist, haben die Marktpreise nur noch den Charakter von Opportunitätskosten. Sie geben an, welche Kosten bei externem Bezug entstehen bzw. welche Erlöse bei externem Verkauf erzielt werden könnten. In Höhe dieser Opportunitätskosten müssen sie in die Bestimmung des Verrechnungspreises eingehen (vgl. das ausführliche Beispiel bei Ewert/Wagenhofer, 2008, S. 584 ff.).

Je größer die Marktvollkommenheit, umso eher muss sich der Verrechnungspreis am Marktpreis orientieren. Ferner sollten die durch Marktpreise vernachlässigten Synergieeffekte oder der Umfang der innerbetrieblichen Güterströme so gering sein, dass sie die Vorteile dieser einfachen und einleuchtenden Methode der Preisbestimmung nicht aufwiegen können. Sonst muss man für eine gesamtzielorientierte Koordination auf einen anderen Ansatz übergehen.

13.3.2 Grenzkostenorientierte Verrechnungs- und Lenkungspreise

Grenzkosten als variable Stückkosten

Bei einer Verwendung von Grenzkosten werden die innerbetrieblich fließenden Güter nur mit den zusätzlich entstehenden Kosten belastet. Im Fall linearer Kostenfunktionen sind diese von der Liefermenge unabhängig und entsprechen den *variablen Stückkosten*.

Zurechnung von Fixkosten

Für die Ermittlung des Bereichserfolgs bedeutet dies, dass *Fixkostenanteile innerbetrieblicher Güter* dem liefernden Bereich zugerechnet werden. Dies erscheint gerechtfertigt, wenn man die Bereiche allein anhand der Deckungsbeiträge auf ihre kurzfristigen Entscheidungen und Erfolgsbeiträge hin beurteilt. Ihre Bereichsgewinne nach Fixkosten werden durch eine Verrechnung innerbetrieblicher Leistungen zu Grenzkosten verzerrt. Die Funktion der Erfolgsermittlung erfüllen sie nicht. Hierzu müsste man die grenzkostenorientierte Bewertung innerbetrieblicher Leistungen um eine periodische Belastung der Bereiche mit anteiligen Fixkosten und ggf. Gewinnen ergänzen, deren Höhe sich zum Beispiel nach der durch die innerbetriebliche Leistung genutzten Kapazität richten könnte (vgl. Ewert/Wagenhofer, 2008, S. 593 ff.). Die Fixkostenverteilung ist jedoch nicht frei von Willkür und schränkt damit die Aussagefähigkeit der Bereichserfolge ein.

Koordinationsfunktion

Deshalb steht bei der Verwendung von Grenzkosten die Koordinationsfunktion im Vordergrund. Maßgeblich ist dabei einmal, dass für die innerbetrieblichen Güter kein externer Markt existiert und ihre Lieferung nicht durch Beschaffungs- oder Produktionsbedingungen begrenzt wird. Ferner ist zu beachten, ob lineare oder nichtlineare Kostenfunktionen vorliegen.

Graphische Bestimmung des VP

Wenn auf einem rein internen Markt keine Beschränkungen relevant werden und die Kostenfunktionen linear verlaufen, führen die Grenzkosten zu einer gesamtzieloptimalen Koordination. Diese Bedingungen sind aber in der Realität selten zu finden. Bei *nichtlinearen Kostenfunktionen* lässt sich die Bestimmung des optimalen Lenkungspreises graphisch veranschaulichen (vgl. ausführlich Laux/Liermann, 1997, S. 373). Im einfachsten Fall stehen sich ein anbietender und ein nachfragender Bereich gegenüber. Der Verrechnungspreis liegt beim Schnittpunkt ihrer Angebots- und Nachfragekurve. Erstere entspricht der Grenzkostenkurve des liefernden Bereichs, letztere der Grenzerlöskurve des abnehmenden Bereichs. Beispielsweise kann man eine linear fallende Preis-Absatz-Funktion (PAF) für das Endprodukt des abnehmenden und eine zuerst proportional und dann überlinear ansteigende Kostenfunktion des liefernden Bereichs unterstellen. Dann kommt man zu den in Abbildung 13-2 wiedergegebenen *Kurven der Grenzkosten* K'_A des liefernden und durch Verringerung der Grenzerlöskurve E'_N um die Grenzkosten der Weiterbearbeitung zu der *Grenzgewinnkurve* G'_N des empfangenden Bereichs.

Ihr *Schnittpunkt S* kann im konstanten bzw. im ansteigenden Teil der Grenzkosten oder auf der Kapazitätsgrenze des Lieferbereichs liegen. Im letzten Fall entspricht der optimale Verrechnungspreis nicht mehr den Grenzkosten. Die farblich hervorgehobenen Flächen zeigen die Gewinne des liefernden bzw. des empfangenden Bereichs. Sie lassen erkennen, dass im Bereich der konstanten Grenzkosten der gesamte Gewinn dem empfangenden Bereich zugerechnet wird. Im liefernden Bereich entsteht ein *Verlust in Höhe der Fixkosten*. Dies folgt aus der Koordinationsfunktion der Lenkungspreise und veranschaulicht die eingeschränkte Aussagefähigkeit im Hinblick auf die Beurteilung der Erfolgsbeiträge. Wegen der fallenden Preis-Absatz-Funktion für das Endprodukt beschränkt die mit dem Preis abnehmende Nachfrage die Gewinnerzielungsmöglichkeiten. Damit liegen auch keine konstanten Preise vor, wie sie in der Deckungsbeitragsrechnung unterstellt werden. In diese Form der Darstellung lassen sich externe Marktpreise für die innerbetriebliche Leistung ohne Schwierigkeiten einfügen (vgl. hierzu Laux/Liermann, 1997, S. 379).

Die graphische Herleitung veranschaulicht, dass bei *nichtlinearen Kosten- und Erlösfunktionen* der optimale Verrechnungspreis zusammen mit der zu liefernden Menge *x* ermittelt wird. Dann wird die Information über den Verrechnungspreis überflüssig, da man unmittelbar die Gütermenge vorgeben kann. Diese Problematik stellt sich nicht, wenn die Zentrale nicht den Verrechnungspreis, sondern nur das Verfahren seiner Festlegung vorgibt. Dann kommt es darauf an, ob sich die Bereiche an diese Vorgabe halten (vgl. Ewert/Wagenhofer, 2000, S. 608 ff.). Da jeder Bereich seine Kostenstruktur am besten kennt, besteht ein Anreiz, den Verlauf der Kostenfunktion und beispielsweise die Verteilung variabler Grenzkosten auf verschiedene Produkte so anzugeben, dass der Bereichsgewinn zu Lasten des Gesamtgewinns zunimmt.

Eine Orientierung der Verrechnungspreise an den Grenzkosten bewirkt also nur unter sehr engen, in der Realität selten vorliegenden Bedingungen eine *gesamtzieloptimale Koordination*. Da die Aussagefähigkeit grenzkostenorientierter Verrechnungspreise auch im Hinblick auf die Erfolgsermittlung sehr eingeschränkt ist, besitzt dieser Ansatz insgesamt einen äußerst engen Geltungsbereich.

Anwendbarkeit von Grenzkosten

13.3 Verrechnungs- und Lenkungspreissysteme
Methodische Ansätze zur Bestimmung von Verrechnungs- und Lenkungspreisen

524

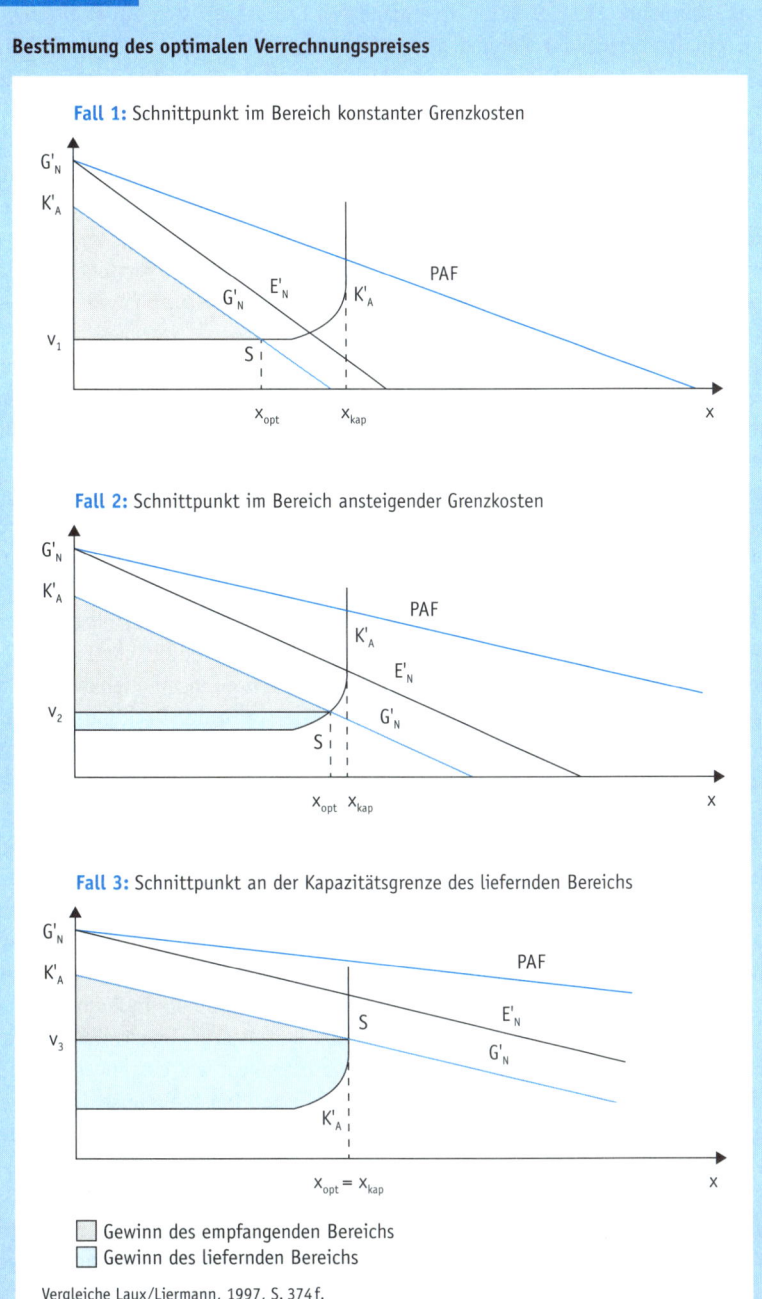

Abb. 13-2

Bestimmung des optimalen Verrechnungspreises

Fall 1: Schnittpunkt im Bereich konstanter Grenzkosten

Fall 2: Schnittpunkt im Bereich ansteigender Grenzkosten

Fall 3: Schnittpunkt an der Kapazitätsgrenze des liefernden Bereichs

☐ Gewinn des empfangenden Bereichs
☐ Gewinn des liefernden Bereichs

Vergleiche Laux/Liermann, 1997, S. 374 f.

13.3.3 Entscheidungsfeldorientierte Verrechnungs- und Lenkungspreise

Die Analyse hat gezeigt, dass der für eine Koordination geeignete Lenkungspreis bei Wirksamwerden von Kapazitätsgrenzen über die Grenzkosten hinausgeht. Die Beachtung von Handlungsbeschränkungen bedeutet einen Übergang zu entscheidungsfeldorientierten Verrechnungs- und Lenkungspreisen. Man berücksichtigt, dass eine gesamtzielbezogene Koordination der Entscheidungen von den *Bedingungen der jeweiligen Entscheidungssituation* abhängig ist.

VP bei Kapazitätsgrenzen

Sofern nur eine innerbetriebliche Kapazitätsbeschränkung wirksam wird, lässt sich der Lenkungspreis bei konstanten Absatzpreisen aus den relativen Deckungsbeiträgen herleiten. Kann beispielsweise ein in begrenzter Menge verfügbares oder herstellbares Zwischenprodukt für die Erzeugung mehrerer Endprodukte verwendet werden, so entspricht der Lenkungspreis dem Deckungsbeitrag je Zwischenprodukteinheit für dasjenige Endprodukt, das gerade noch bzw. gerade nicht mehr gefertigt werden kann. Dieser Lenkungspreis gibt an, wie sich der Gesamtdeckungsbeitrag durch Ausweitung des Engpasses um eine Einheit erhöhen würde. Der Fall einer einzigen wirksamen Kapazitätsbeschränkung tritt in der Realität selten ein. Er zeigt daher mehr die Grundüberlegung für die Bestimmung von Lenkungspreisen auf, an der die Bedeutung der Zielgröße, der Knappheit des Einsatzgutes und der Verdrängung nicht realisierbarer Alternativen deutlich werden.

Eine innerbetriebliche Kapazitätsgrenze

Für die Lenkungspreisermittlung bei mehreren Engpässen sind mit der linearen und der nichtlinearen Optimierung exakte Ansätze entwickelt worden (vgl. Hax, 1965, 155 ff.; Dantzig/Wolfe, 1960; Winter, 1986). Bei ihnen formuliert man zu dem primalen Mengenproblem der Bestimmung eines optimalen Produktions- und Absatzprogramms ein duales Wertproblem, das als Modell zur Berechnung von Lenkungspreisen für die eingesetzten Kapazitäten interpretierbar ist (vgl. ausführlich z. B. Schweitzer/Küpper, 2011, S. 509 ff.). Die optimalen Lösungen des primalen und des dualen Problems stimmen gemäß des *Preistheorems der linearen Programmierung* bzw. den *Kuhn-Tucker-Bedingungen der nichtlinearen Programmierung* überein. Mit der Lösung des Mengenproblems erhält man zugleich sogenannte Dualwerte für die eingesetzten Kapazitäten. Sie sind bei nicht ausgelasteten Kapazitäten gleich null. Die Werte der ausgelasteten Kapazitäten können als Preise je Kapazitätseinheit interpretiert werden. Multipliziert man sie mit der jeweiligen Kapazitätsmenge, so entspricht die Summe über alle eingesetzten Kapazitäten dem Gesamtdeckungsbeitrag. Mit den Dualwerten können die optimalen Lenkungspreise berechnet werden, indem man zu den Grenzkosten des gelieferten Gutes die mit den Dualwerten multiplizierten Kapazitätsmengen je Stück als Opportunitätskosten addiert. Es lässt sich zeigen, dass bei Vorgabe dieser Lenkungspreise für die innerbetrieblich fließenden Güter trotz dezentraler Planung der Gesamterfolg der Unternehmung maximiert wird.

Mehrere Engpässe

Obwohl dieser Ansatz zu den für eine Koordination geeigneten exakten Lenkungspreisen führt, lässt er sich zumindest nicht unmittelbar praktisch anwenden. Neben dem Aufwand für die Aufstellung derartiger Simultanmodelle und

Dilemma der pretialen Lenkung

13.3 Verrechnungs- und Lenkungspreissysteme
Methodische Ansätze zur Bestimmung von Verrechnungs- und Lenkungspreisen

526

der begrenzten Lösbarkeit bei nichtlinearen Funktionen (z. B. für den Erlös) schränken die *Unsicherheit* und die *Ganzzahligkeit* von Daten seine Nutzung ein. Die Höhe der Dualwerte hängt von der jeweils optimalen Lösung ab, die ggf. schon bei kleinen Datenänderungen springen und damit zu völlig anderen Preisen führen kann. Es gibt Fälle, in denen kein Lenkungspreis existiert, bei ganzzahligen Variablen lassen sich keine Dualwerte bestimmen (vgl. Laux/Liermann, 1997, S. 388 ff.). Ferner können die Bereiche die Zentrale über ihre Kosten- und Erlöskurven täuschen, um bessere Bereichserfolge zu erzielen. Die Orientierung an gegebenen Kapazitäten kann ferner dazu führen, dass Bereiche Investitionen unterlassen, »weil sie zu einem niedrigeren Abteilungsgewinn führen würden« (Laux/Liermann, 1997, S. 393). Der wichtigste Einwand liegt jedoch darin, dass sich die Dualwerte und über sie die Lenkungspreise nicht berechnen lassen, ohne das primale *Mengenproblem* zu lösen. Wenn man aber die herzustellenden und die zu liefernden Gütermengen der Bereiche kennt, ist eine dezentrale Planung auf der Basis von Verrechnungspreisen überflüssig.

Ausweg durch Dekomposition

Aus diesem »Dilemma der pretialen Lenkung« hat man mehrere Auswege gesucht. Ein Versuch besteht in der Entwicklung von Dekompositionsverfahren (vgl. z. B. Dantzig/Wolfe, 1960; Adam, 1970, S. 228 ff.). Bei ihnen handelt es sich um Algorithmen der linearen bzw. nichtlinearen Planungsrechnung, mit denen ein umfassendes Optimierungsmodell in ein koordinierendes Haupt- und mehrere Untermodelle zerlegt wird. Die optimale Gesamtlösung versucht man in einem iterativen Prozess zu finden, in dem das Haupt- und die Untermodelle ggf. mehrfach nacheinander gelöst werden. Der Algorithmus muss eine Konvergenz zum Optimum gewährleisten. In dem Lösungs- und Abstimmungsprozess werden den Teilbereichen vorläufige Vorgaben z. B. in Form von Lenkungspreisen oder anteiligen Ressourcen gemacht. Mit diesen Daten bestimmen sie dezentral optimale Lösungen der Untermodelle und übermitteln deren Ergebnisse an die Zentrale. Diese löst anschließend das Hauptmodell, dessen Ergebnisse in Form von Lenkungspreisen und/oder zugeteilten Ressourcen wieder vorgegeben werden. Der Prozess wird so lange wiederholt, bis ein Abbruchkriterium eine ausreichende Annäherung an das Gesamtoptimum anzeigt.

Die meisten Dekompositionsverfahren unterstellen, dass die Teilbereiche lediglich um gemeinsame Unternehmensressourcen (z. B. Kapital) konkurrieren. Einzelne Ansätze erfassen auch Leistungsbeziehungen und Marktinterdependenzen. Da die Koordination über die Vorgabe von Lenkungspreisen und/oder Ressourcenanteilen erfolgt, kann man zwischen *preis- und budgetorientierten* sowie *gemischt preis- und budgetorientierten* Verfahren unterscheiden (vgl. zum Überblick Schmidt, 1986, S. 237 ff.). Die preisorientierten Verfahren bilden das Problem der Lenkung über Verrechnungspreise ab, während die Ressourcenzuteilung der budgetorientierten Verfahren als Instrument der Budgetvorgabe interpretiert werden kann. Jedoch zieht man in ihnen ebenfalls Lenkungspreise zur Abstimmung heran.

Auch diese Dekompositionsverfahren haben bisher *nicht* den Grad *praktischer Anwendbarkeit* erreicht. Dies liegt vor allem daran, dass sie wohldefinierte Entscheidungsprobleme voraussetzen und die zugrunde liegenden Entscheidungsmodelle äußerst restriktiv formuliert sind. Reale Planungsprobleme lassen sich mit ihnen nur sehr begrenzt abbilden. Ferner sind der Kommunikationsaufwand zwischen Zentrale und Bereichen ebenso wie der Planungsaufwand so hoch, dass wesentliche Vorteile des Konzepts der pretialen Lenkung nicht zum Tragen kommen.

Ein anderer Ausweg wird in einer schrittweisen Annäherung an die optimalen Lenkungspreise gesehen (vgl. Hax, 1965, 162 ff.; Koopmans, 1951, S. 93 f.; Laux/Liermann, 1993, S. 409 ff.). Nach einer Vorgabe beliebiger Verrechnungspreise durch die Zentrale bestimmen die Bereiche die von ihnen angebotenen bzw. nachgefragten innerbetrieblichen Gütermengen und geben diese der Zentrale an. Stimmen die Mengen nicht überein, verändert die Zentrale die Verrechnungspreise in der Richtung, dass die erneute Optimierung in den Bereichen zu einer Annäherung der Angebots- und Nachfragemengen führt. Dieses, den Algorithmen der Dekompositionsverfahren ähnliche Verfahren ist jedoch nicht klar strukturiert. Es garantiert nicht, dass man nach einer begrenzten Anzahl von Schritten und mit begrenztem Kommunikations- sowie Planungsaufwand zumindest näherungsweise zum Optimum gelangt.

Schrittweise Annäherung an optimalen VP

Die Bedeutung der Ansätze zur Bestimmung entscheidungsfeldorientierter Lenkungspreise liegt daher nicht in ihrer praktischen Anwendung. Vielmehr liefern sie *Einsichten in Zusammenhänge*, die bei einer Bestimmung von Verrechnungspreisen zu berücksichtigen sind, wenn man eine gesamtzielbezogene Koordination anstrebt. Sie geben die Richtung an, in welcher die Verrechnungspreise bei Relevanz von Beschränkungen gesucht werden müssen, auch wenn sie keine praktikablen Verfahren zur Berechnung »optimaler« Preise liefern (vgl. Laux/Liermann, 1997, S. 394). In ihnen wird das Konzept einer Reduktion der Komplexität durch Dezentralisierung der Planung präzise theoretisch analysiert und gezeigt, dass eine Koordination auf das Gesamtziel über die Verrechnungspreise grundsätzlich möglich ist.

Relevanz entscheidungsfeldorientierter VP

Einer unmittelbaren Übertragung dieser Ansätze auf die Realität stehen darüber hinaus ihre *Ausrichtung auf die kurzfristige Planung*, die Annahme sicherer Daten und die Nichtberücksichtigung der Motivation der Entscheidungsträger entgegen. In ihnen wird unterstellt, dass die Kapazitäten der Bereiche und der Zentrale gegeben und nicht veränderbar sind. Dies scheint insoweit berechtigt, als häufig vor allem operative Entscheidungen auf die Bereiche delegiert werden. Jedoch haben diese Entscheidungen oft auch längerfristige Wirkungen. Zudem können Verrechnungspreise in der Realität vielfach nicht allzu oft geändert werden. Vor allem ist es nicht immer möglich, die Beschäftigung der Bereiche laufend an die jeweiligen Engpasssituationen anzupassen. Die hiermit verbundenen Auswirkungen insbesondere auf das Personal in Form von Kurzarbeit, Entlassungen oder Einstellungen lassen sich nicht kurzfristig durchsetzen und können hohe Kosten verursachen. Deshalb haben Verrechnungspreise nicht nur Bedeutung für die kurzfristige Planung. Darin kann ein Grund liegen, dass man einer an der *längerfristigen Planung* orientierten Durchschnittsbetrachtung, die sich in vollkostenorientierten Verrechnungspreisen niederschlägt, mehr Gewicht beimisst als kurzfristigen Anpassungen an möglicherweise schnell wechselnde Engpässe (vgl. Kilger, 1984, S. 13; Josephi, 1984, S. 42).

13.3 Verrechnungs- und Lenkungspreissysteme
Methodische Ansätze zur Bestimmung von Verrechnungs- und Lenkungspreisen

528

Transferregeln bei
unsicheren Daten

Berücksichtigt man die *Unsicherheit der Daten*, so wird deutlich, dass mit der Festlegung von Verrechnungspreisen allein noch keine Koordination zwischen den Bereichen sichergestellt ist (vgl. Winter, 1986; Liermann, 1987). Da die Zentrale und jeder Bereich unvollkommene Informationen haben, können die von ihnen geplanten Verrechnungspreise von den Preisen abweichen, die eine gesamtzieloptimale Abstimmung ihrer Entscheidungen bewirken. Deshalb führt eine »zentrale Ermittlung und Vorgabe eines Verrechnungspreises ... in der Regel zu anderen Konsequenzen als die zentrale Fixierung der auszutauschenden Mengen.« (Laux/Liermann, 1997, S. 393). Um dennoch die innerbetrieblich angebotenen und nachgefragten Mengen zur Übereinstimmung zu bringen, wird es notwendig, *Transferregeln* (vgl. Winter, 1986, S. 189 ff.) festzulegen. Sie geben an, ob die Liefermenge durch das Angebot des produzierenden oder die Nachfrage des abnehmenden Bereichs bestimmt wird.

VP bei asymmetrischer
Informationsverteilung

Ein maßgeblicher Grund für die Dezentralisierung der Planung liegt in der asymmetrischen Informationsverteilung zwischen Zentrale und Bereichen. Würde nämlich die Zentrale ohne Kommunikation mit den Bereichen über alle erforderlichen Informationen verfügen, wäre eine zentrale Planung der dezentralen überlegen. Mit der Dezentralisierung erhalten die Bereichsleiter jedoch die Möglichkeit, eigene, dem Gesamtziel der Unternehmung zuwiderlaufende Ziele zu verfolgen und die Zentrale mit falschen Informationen zu versorgen. Diese Problematik ist in den Ansätzen zur Bestimmung entscheidungsfeldorientierter Verrechnungspreise nicht berücksichtigt. Aus ihr können sich daher weitere Einsichten für die Herleitung der Preise ergeben.

13.3.4 Vollkostenorientierte Verrechnungs- und Lenkungspreise

Vorteile vollkostenorientierter VP

Verrechnungspreise auf Vollkostenbasis ohne oder mit Gewinnzuschlag weisen auf den ersten Blick eine Reihe von Vorteilen auf (vgl. zum Folgenden Ewert/Wagenhofer, 2008, S. 599 ff.). Im Unterschied zu Grenzkosten- und zu entscheidungsfeldorientierten Preisen werden mit ihnen zumindest die durchschnittlichen Gesamtkosten des jeweiligen Gutes vergütet. Hierdurch vermeidet man, dass in einzelnen Bereichen Verluste entstehen. Dies deckt sich mit der leichter akzeptierbaren Vorstellung, dass jeder Bereich einen Beitrag zur Fixkostendeckung und Gewinnerzielung leistet. Der »Cost plus«-Ansatz entspricht weit verbreiteten Vorstellungen der Preisermittlung. Zudem können Vollkosten als *vereinfachte Approximation* der für längerfristige Entscheidungen relevanten (Investitions-)Ausgaben aufgefasst werden (vgl. Abschnitt 5.2.2.5 sowie Küpper, 1985b, S. 30 ff.; 1998, S. 86 ff.).

Gefahr von Fehlentscheidungen

Dem steht gegenüber, dass sich Vollkosten ohne Beachtung des jeweiligen Planungsproblems nicht auf die entscheidungsabhängigen Kosten beschränken und daher zu Fehlentscheidungen führen können. Dies gilt in besonderem Maße für kurzfristige Entscheidungen. Das Problem der Zurechnung von Fix- und Gemeinkosten ist bei ihnen nicht entscheidungsabhängig gelöst. Vielmehr sind die Schlüsselungsverfahren mit Willkür behaftet. In Kalkulationen mit Prozentaufschlägen für anteilige Gemeinkosten und Gewinne unterschiedlicher Bereiche können Fixkosten mehrfach verrechnet werden. Zudem weist man die Kostenstruktur auf nachfolgenden Ebenen irreführend aus, weil die (Einstands-)Kosten für innerbetrieblich bezogene Güter als Einzelkosten behandelt werden, obwohl sie aus Sicht der Gesamtunternehmung Gemein- und Fixkosten enthalten.

Für die Beurteilung des vollkostenorientierten Ansatzes ergeben sich durch die Berücksichtigung des Anreizproblems bei asymmetrischer Information neue Gesichtspunkte. Diese sind durch Übertragung von Principal-Agent-Modellen auf das Problem der Verrechnungspreisbestimmung erarbeitet worden (vgl. hierzu Sappington, 1983; Wagenhofer, 1992; 1993; Ewert/Wagenhofer, 2008, S. 623 ff.). Derartige Modelle greifen einmal den Tatbestand auf, dass der Bereichsleiter in seinem Handlungsbereich mehr Informationen besitzt als die Zentrale. Zum anderen wird berücksichtigt, dass sein Handeln von seinen Fähigkeiten abhängig ist, welche die Unternehmensleitung nicht genau kennt. Damit wird das Problem der »hidden characteristics« in die Betrachtung einbezogen (vgl. Abschnitt 3.4.1).

Anreizprobleme und vollkostenorientierte VP

Durch den Einsatz der ihm zusätzlich verfügbaren Informationen und seiner Fähigkeiten kann der Bereichsleiter bessere Lösungen erarbeiten. Beispielsweise könnte er durch verstärkte Bemühungen einen effizienteren Produktionsablauf finden. Deshalb muss ein *Anreiz* geschaffen werden, dass er seine Informationen und Fähigkeiten zugunsten der Gesamtunternehmung einsetzt. Der Verrechnungspreis ist so anzusetzen, dass der von ihm abhängige Bereichserfolg eine solche Wirkung auf den Bereichsleiter ausübt.

Diese Problemstruktur lässt sich in einfachen *spieltheoretischen* und *Principal-Agent-Modellen* abbilden (vgl. im Einzelnen Wagenhofer, 1992; Ewert/Wagenhofer, 2008, S. 625 ff.; Wagenhofer, 1994). Um die grundlegenden Aspekte zu verdeutlichen, unterstellen diese nur zwei Typen von Agenten, z. B. einen Bereichsleiter mit hoher und einen mit geringer Produktivität. Jedem von ihnen muss ein Reservationsnutzen gewährt werden, damit er zur Mitarbeit in der Unternehmung bereit ist. Im Fall asymmetrischer Information, bei der die Zentrale den Typ des Bereichsleiters, d. h. dessen Informationsstand und Fähigkeiten nicht kennt, zeigt sich als Ergebnis, dass der Verrechnungspreis des weniger effizienten Managers den durchschnittlichen Produktionskosten, nicht den Grenzkosten entspricht. Für den effizienteren Manager enthält er zusätzlich einen festen Gewinnzuschlag. Der »Plus«-Teil ist ein Informations- bzw. Produktivitätsgewinn. Der Verrechnungspreis wird von der produzierten Menge abhängig gemacht, über die der Bereichsleiter entscheidet. Durch die Verrechnungspreisfunktion besteht für diesen ein Anreiz, unter Einsatz seiner Informationen und Fähigkeiten die für seinen Bereichs- und zugleich den Gesamterfolg optimale Menge zu produzieren. Beide Managertypen wählen dabei unterschiedliche Mengen. Deshalb kann man aus ihrer Entscheidung auf ihre jeweiligen Eigenschaften zurückschließen. Die Entscheidung hat also im Sinn der »self selection« einen Informationseffekt (*revelation principle*).

VP aus Principal-Agent-Modellen

In diesen Principal-Agent-Modellen erweisen sich vollkostenorientierte Verrechnungspreise vom »Cost plus«-Typ als optimal. Den Bereichsleitern ist über den Verrechnungspreis ein Mindestnutzen zu gewähren, um sie zur Mitarbeit zu

Ausgleich von Lenkungs- und Anreizfunktion

bewegen. Zur Motivation muss dem effizienteren Manager zusätzlich zum Mindestnutzen ein Gewinnanteil zugestanden werden. Der Verrechnungspreis beruht auf einem *Ausgleich zwischen Lenkungs- und Anreizfunktion* (vgl. Wagenhofer, 1992, S. 654 f.). Der erzielte Gesamterfolg ist geringer als bei dem für Informationssymmetrie bestimmbaren Verrechnungspreis, dafür erhält der Bereichsleiter einen Anreiz zum Einsatz seiner Informationen und Fähigkeiten zugunsten der Gesamtunternehmung. Für eine Beurteilung der Erfolgskraft der Bereiche z. B. im Hinblick auf eine Verteilung knapper Ressourcen eignet sich der Bereichserfolg nicht. Die Funktion der Erfolgsermittlung wird von diesem Konzept nicht erfüllt.

Diese anreizorientierten Ansätze bieten bisher keine Verfahren für eine praktische Bestimmung koordinierender Verrechnungspreise. Sie gewähren vielmehr *konzeptionelle Einsichten* und dienen »dem Verständnis des Zusammenhangs von Koordinations- und Beurteilungsfunktion sowie des Entstehens von Verrechnungspreisen, die die Kosten abdecken und einen Gewinnaufschlag beinhalten« (vgl. Ewert/Wagenhofer, 2000, S. 633).

Zu ähnlichen Einsichten führen Agency-Modelle, die eine *optimale Allokation der Kosten auf Bereiche* untersuchen (vgl. Ewert/Wagenhofer, 2000, S. 633 ff.). Wenn die Bereiche eine zentral zu planende Ressource nutzen, ist die Zentrale für ihre Investitionsentscheidung darauf angewiesen, von ihnen die richtigen Informationen über den Bedarf zu erhalten. Wie das in Abschnitt 7.3.3.1 dargestellte Beispiel veranschaulicht, ist bei Informationsasymmetrie die Möglichkeit der Informationsmanipulation zu berücksichtigen. Die Bereiche können ihre Information an die Zentrale von den jeweils erzielbaren Bereichserfolgen abhängig machen. Dann wirkt sich der Verrechnungspreis für die Kapazitätsnutzung auf ihr Informationsverhalten aus. Die bisher entwickelten Principal-Agent-Modelle deuten darauf hin, dass in diesem Fall ein vollkostenorientierter Preis eher zu einer dem Gesamtziel entsprechenden Information führt.

13.4 Kennzeichen der Koordination über Verrechnungs- und Lenkungspreise

Wenngleich Verrechnungs- und Lenkungspreissysteme die Delegation von Entscheidungs- und Weisungsrechten an dezentrale Einheiten voraussetzen, hat die Unternehmensleitung zahlreiche Möglichkeiten zu ihrer Ausgestaltung. Erkenntnisse zur optimalen Ausgestaltung lassen sich mittels agency- oder spieltheoretischer Modelle gewinnen.

13.4.1 Strukturmerkmale der Koordination über Verrechnungs- und Lenkungspreise

Verrechnungspreise lassen sich in Unternehmungen zur Koordination heranziehen, bei denen die Entscheidungs- und die Weisungsrechte in hohem Maße auf *dezentrale Einheiten* delegiert sind (vgl. Abbildung 9-1). Diese können nach

Voraussetzungen
des Einsatzes von VP

dem Funktions-, dem Objekt- oder einem anderen Prinzip gebildet sein. Der Unternehmensleitung sind nur noch wenige Entscheidungen vorbehalten. Im Idealkonzept sind alle Entscheidungsrechte bis auf die Festlegung von Verrechnungspreisen delegiert.

Die Koordination der von den verschiedenen Bereichen getroffenen Entscheidungen und ihre Ausrichtung auf das Zielsystem der Gesamtunternehmung erfolgen über die Verrechnungspreise. Diese werden damit zu Lenkungspreisen. Ihre Höhe wirkt sich auf die Bereichserfolge aus. Ein Konflikt ergibt sich aber, wenn diese Erfolge auch zur Beurteilung der Erfolgsträchtigkeit der dezentralen Einheiten dienen sollen. Wie die Analyse verschiedener Ansätze zur Bestimmung von Verrechnungspreisen zeigt, lassen sich die Funktionen der *Koordination* und der *Erfolgsermittlung* i. d. R. nicht mit denselben Verrechnungspreisen erfüllen. Darüber hinaus kann es bei einem Informationsvorsprung der Bereichsleiter notwendig sein, diesen *Anreize* für ein gesamtunternehmensbezogenes Verhalten zu geben, welches zu Lasten einer gesamtzieloptimalen Koordination geht.

Charakteristisch für das Konzept der Koordination über Preise ist die an der organisatorischen Gliederung ausgerichtete Dezentralisierung der Planung. Die Mengenplanung erfolgt in den Bereichen. Während im Idealmodell die Verrechnungspreise zentral bestimmt werden, gibt es in der Praxis mehrere Verfahren ihrer Festlegung. Eine Ausrichtung auf das Gesamtziel der Unternehmung erfordert eine Mitwirkungsmöglichkeit der Zentrale, ob in Form einer laufenden Einflussnahme oder eines Genehmigungsvorbehalts und damit eines letztlichen Entscheidungsrechts. Die Planungskompetenzen der Bereiche sind vielfach auf die operative Ebene beschränkt. Die strategische Planung bleibt der Zentrale ggf. unter Mitwirkung der Bereiche vorbehalten. Um das höhere Wissen der Bereiche zu nutzen, erscheint ihre *Mitwirkung* an der Festlegung der Verrechnungspreise zweckmäßig. Auch die Vorschläge zur Bestimmung entscheidungsfeldorientierter Verrechnungspreise über Schätz- oder Dekompositionsverfahren laufen auf einen iterativen Prozess hinaus. Dies spricht für eine Planung der Verrechnungspreise im *Gegenstromverfahren*.

Dezentralisierung der Planung

Für die Kontrolle der Bereiche bieten sich in erster Linie die Bereichserfolge an. Dem steht jedoch entgegen, dass koordinationsorientierte Verrechnungspreise in vielen Fällen zu wenig aussagefähigen Erfolgsgrößen führen. So kann die Verwendung von Grenzkosten und Knappheitspreisen bei unausgelasteten Kapazitäten Verluste zur Folge haben, obwohl sich die Bereiche gesamtzielkonform verhalten. Die Anreizfunktion lässt sich nach ersten Ergebnissen aus Agency-Ansätzen mit Vollkostenpreisen oder zumindest über den Grenzkosten liegenden Preisen besser erfüllen. Diese Modelle deuten an, dass im Hinblick auf die Anreizwirkung auch Verhaltenskomponenten in der Festlegung von Verrechnungspreisen berücksichtigt werden sollten. Dies spricht dafür, dass bei einer Koordination über Verrechnungspreise nicht nur Ergebniskontrollen zweckmäßig sind. Für eine fundiertere Beurteilung dieser Fragestellung reichen die bisherigen Forschungsergebnisse jedoch noch nicht aus.

Kontrolle der Bereichserfolge

Aufgrund der begrenzten Aussagefähigkeit der Bereichserfolge kann das Anreizsystem nicht ohne weiteres an sie gekoppelt werden. Es hängt von dem Verfahren zur Festlegung der Verrechnungspreise und den methodischen Ansätzen ihrer Bestimmung ab, inwieweit die Bereichserfolge zugleich die Anreizfunktion erfüllen können. Das hohe Maß an Delegation fördert eine Tendenz zu einem eher *kooperativen Führungsstil*. Zudem ist die Erreichung des Gesamtziels der Unternehmung von einer intensiven Kooperation zwischen den Bereichen abhängig. Dies setzt voraus, dass die zwischen ihnen bestehenden und durch das Koordinationssystem bewirkten Konflikte produktiv genutzt werden. Eine Festlegung der Verrechnungspreise unter Mitwirkung der Bereiche und der Zentrale wirkt ebenso wie die Notwendigkeit ihrer iterativen Bestimmung in die Richtung eines kooperativen Führungsstils.

Das Informationssystem muss die Ermittlung von Bereichserfolgen ermöglichen. Ferner muss es die Zentrale mit den Informationen versorgen, die für ihre Mitwirkung bei der Bestimmung der Verrechnungspreise erforderlich sind. Seine konkrete Ausprägung hängt daher von den Verfahren und methodischen Ansätzen der Verrechnungspreisbildung ab. Dabei kann es zum einen notwendig sein, die Grenz- und/oder Vollkosten der innerbetrieblichen Güter sehr differenziert nach ihren Kostenbestandteilen zu ermitteln. Zum anderen kann man anspruchsvolle Koordinationsrechnungen zur Optimierung, Dekomposition oder zur Bestimmung von Prämienfunktionen einsetzen. Dann bedingt die methodisch fundierte Bestimmung von Verrechnungspreisen eine ausgebaute, nach den Bereichen *segmentierte Unternehmensrechnung*.

13.4.2 Gestaltungsparameter der Koordination über Verrechnungs- und Lenkungspreise

Verrechnungspreise bilden neben Maßnahmenplänen, Budgets und Zielen wichtige Ansatzpunkte zur Koordination und Steuerung betrieblicher Einheiten. Ihre Analyse ist in den vergangenen fünfzehn Jahren wiederum zu einem Schwerpunkt der Controllingforschung geworden. Nachdem die Optimierungstheorie vor längerer Zeit wichtige Erkenntnisse zur Bestimmung entscheidungsfeldorientierter Preise erbracht hatte (vgl. Abschnitt 13.3.3), boten Agency-, Spiel- und Transaktionskostentheorie (vgl. Abschnitt 13.3.4) neue Einsichten. In den Vordergrund sind dabei die Fragen gerückt, ob sich Vorzüge einer Steuerung dezentraler Einheiten gegenüber der zentralen Führung innerhalb eines Modells zeigen lassen und welche Koordinations- und Steuerungsmechanismen dabei vorteilhaft sind.

Lange stand die Frage im Vordergrund, welche methodischen Ansätze und damit welche Preise die beste Ausrichtung auf das Gesamtziel der Unternehmung erreichen. Demgegenüber machen die neueren theoretischen Arbeiten deutlich, dass die Betrachtung auszuweiten ist und mehr Parameter des Koordinations- und Steuerungsmechanismus in die Analyse einzubeziehen sind. Maßgeblich ist dabei, welche *Entscheidungsrechte* den dezentralen Einheiten übertragen werden und durch welche Vorgaben die Zentrale eine gesamtzielorientierte Koordination bewirken kann. Im Unterschied zu den Ansätzen der Optimierungstheorie geht man in der Regel von unsicheren Erwartungen und *asymmetrischer Information* aus, bei der die Bereiche einen Informationsvorsprung gegenüber der Zentrale besitzen. Dadurch wird bedeutsam, ob die Zentrale den »Typ« bzw. die Leistungsfähigkeit der Bereiche (hidden characteristics), deren Maßnahmen (hidden action) und die für sie relevanten Kosten-, Erlös- oder Produktivitätskoeffizienten (hidden information) beobachten oder verifizieren kann (vgl. Pfaff/Pfeiffer, 2004, S. 301 ff.). Da die Zentrale in diesen Fällen auf die Informationen der Bereiche angewiesen ist, muss man beachten, inwieweit die Kommunikation zwischen ihr und den Bereichen eingeschränkt ist, Kosten verursacht, und wie eine *wahrheitsgemäße Berichterstattung* sichergestellt werden kann.

Die Gestaltung und die Wirkungen des Koordinationsmechanismus hängen wesentlich davon ab, welche Entscheidungskompetenzen an die Bereiche delegiert sind. Bei den früheren Analysen verschiedener Verrechnungspreise hat man in der Regel unterstellt, dass die dezentralen Einheiten lediglich die von ihnen herzustellenden sowie innerhalb der Unternehmung zu beziehenden bzw. abzugebenden Mengen bestimmen. Insofern ist man davon ausgegangen, dass sie *Profit Center* (vgl. hierzu Abschnitt 8.4.2) bilden, die über Produktion, Einkauf und Absatz entscheiden können. In der neueren Forschung wird zusätzlich untersucht, welche Auswirkungen Verrechnungspreise auf die Investitionsanreize haben. Damit unterstellt man einen weiteren Entscheidungsspielraum der Bereiche, der *Investitionen* einschließt, durch welche beispielsweise Produktionskosten gesenkt und die am Markt zu erzielenden Erlöse erhöht werden. Dann sind die dezentralen Einheiten als *Investment Center* zu sehen (vgl. insbesondere Edlin/Reichstein, 1995); Baldenius/Reichelstein, 1998; Baldenius/Reichelstein/Sahay, 1999; Baldenius, 2000; Pfeiffer, 2002). Die Besonderheit dieser Erweiterung liegt darin, dass derartige Investitionen »spezifisch« sind, wenn sie nur im Hinblick auf die innerbetriebliche Leistung getätigt werden. Wenn der sie tätigende Bereich zwar die Ausgaben für eine solche Investition allein zu tragen hat, die mit ihr erzielbaren Erfolge jedoch nicht voll ihm selbst zugutekommen, mindert dies seinen Investitionsanreiz. Er gerät in eine sogenannte »Hold-up-Situation«. Gegenüber einer zentralen Festlegung der Investitionen bei vollkommener Information als »First-best-Lösung« kommt es dadurch zu einem Unterinvestitionsproblem.

Die Festlegung der Parameter des Koordinationsmechanismus beinhaltet eine Aufteilung der Entscheidungskompetenzen zwischen der (zentralen) Unternehmensleitung und den (dezentralen) Bereichen. Sie betrifft entsprechend Abbildung 13-3 auf einer ersten Ebene das *Verfahren zur Festlegung der Verrechnungs- und Lenkungspreise* sowie der zwischen den dezentralen Einheiten zu liefernden Mengen. Die wichtigsten Alternativen sind hierbei das *freie Aushandeln* durch die Bereiche und *Vorgaben* durch die Zentrale. Im ersten Fall legen die dezentralen Einheiten in bilateralen Verhandlungen sowohl die zwischen ihnen fließenden Mengen für innerbetriebliche Güter als auch deren Preise fest.

Investitionsanreize von VP

Systematik der Festlegung von VP

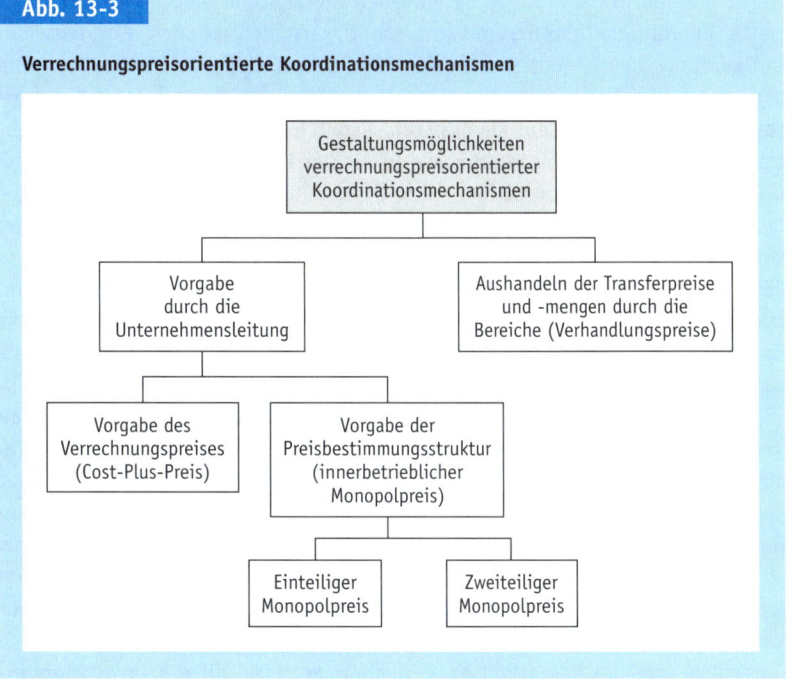

Abb. 13-3

Verrechnungspreisorientierte Koordinationsmechanismen

In der modelltheoretischen Analyse wird hierbei (bislang) keine Beteiligung der Zentrale an derartigen Verhandlungen berücksichtigt. Maßgeblich für das Verhandlungsergebnis ist vor allem die Machtverteilung zwischen den Bereichen.

Bei der anderen Alternative kann die Unternehmensleitung einmal den *Verrechnungspreis selbst festlegen* und vorgeben. Häufig handelt es sich dabei um Istkosten, die durch einen z. B. prozentualen Aufschlag erhöht werden können. Dann spricht man vielfach von einem »Cost-plus-Preis«. Die dezentralen Einheiten wählen hierfür die im Hinblick auf ihr Bereichsziel optimalen Mengen. Jedoch kann die Zentrale nun außerdem auch die *Entscheidungskompetenzen* über die Festlegung des Preises und der Menge *zwischen den Bereichen aufteilen*. Üblicherweise geht man dann davon aus, dass der abgebende Bereich den Transferpreis bestimmt und der abnehmende daraufhin die Transfermenge auswählt (vgl. Baldenius/Reichelstein, 1998, S. 242 f.; Pfeiffer, 2002, S. 1277 f.). Dadurch wird die Situation eines Monopols gebildet, weshalb man auch von *innerbetrieblichen Monopolpreisen* spricht. Diese können lediglich einen Stückpreis oder zusätzlich einen mengenunabhängigen Pauschbetrag umfassen, um den empfangenden Bereichen über einen festen Anteil an den Fixkosten des liefernden Bereichs zu beteiligen. Dementsprechend lassen sich ein- und zweiteilige innerbetriebliche Monopolpreise unterscheiden.

13.4.3 Theoretische Erkenntnisse zur Vorteilhaftigkeit von Verrechnungspreismechanismen

Die intensive theoretische Analyse von Verrechnungspreismechanismen hat vor allem zu qualitativen Ergebnissen geführt, die für ihren Einsatz als übergreifendes Controllingsystem wertvoll und in der Praxis zu nutzen sind. In Optimierungsmodellen der linearen und nichtlinearen Programmierung führt ein Ansatz der Verrechnungspreise in Höhe der Summe aus *Grenzkosten und Opportunitätskosten* (für den Grenznutzen) auch bei dezentraler Planung der Bereiche zur gesamtzieloptimalen Lösung. Jedoch lassen sich diese Lenkungspreise nur bestimmen, indem man das zentrale Mengenplanungsproblem löst. Darin zeigt sich ein »Dilemma der pretialen Lenkung«, weil sie dann nicht mehr benötigt werden. Es ist nicht einsichtig, warum die Bereiche eine dezentrale Planung mit diesen Lenkungspreisen vornehmen sollten, wenn deren optimale Handlungen durch die erforderliche zentrale Planung bekannt sind. Die Prämissen dieser Modelle sind zu eng, um aufzuzeigen, weshalb eine dezentrale Planung vorteilhaft sein könnte. Sie setzen eine zentrale Planung voraus, um über den dezentralen Mechanismus eine zieloptimale Koordination zu erreichen.

> VP aus Optimierungsmodellen

Über Anpassungsmechanismen für die Verrechnungspreise, wie sie z.B. Dekompositionsverfahren (vgl. Abschnitt 13.3.3) enthalten, hat man versucht, dieses Dilemma zu umgehen. Das Bestreben, auf derartigen Wegen zu praktisch anwendbaren Verfahren zu gelangen, hat sich nicht als erfolgreich erwiesen. Aus theoretischer Sicht bleibt hierbei insbesondere die Frage offen, warum eine dezentrale Planung vorgenommen werden sollte, wenn man entsprechend den Modellen uneingeschränkten und kostenlosen Informationsaustausch sowie wahrheitsgemäße Berichterstattung der Bereiche an die Zentrale unterstellt (vgl. Pfaff/Pfeiffer, 2004, S. 299 ff.).

> Anpassungsmechanismen für VP

Diese Ausgangsbedingungen werden durch die Berücksichtigung der unvollkommenen sowie asymmetrischen Information in agencytheoretischen Modellen realistischer gestaltet. In ihnen wird berücksichtigt, dass die Bereiche und ihre Leiter wesentlich besser informiert sind als die Unternehmensleitung. Sie kennen insbesondere die eigenen Fähigkeiten, Produkte kostengünstiger herzustellen oder mit höheren Erlösen am externen Markt abzusetzen. Für die Bestimmung des Verrechnungspreises, der zur gesamtzieloptimalen Koordination führt, müsste die Zentrale diesen »Typ« der Bereiche kennen. Um diese Information von dem bzw. den Bereichen wahrheitsgemäß zu erhalten, muss sie eine Informationsrente bezahlen. Der Verrechnungspreis setzt sich in diesen Modellen aus den *Produktionskosten* und (zumindest) einer *Informationsrente* zusammen. In Letzterer kann man (neben der Knappheit von Ressourcen) eine weitere Begründung dafür sehen, dass Lenkungspreise häufig über den Grenzkosten der innerbetrieblichen Güter liegen. Als Probleme zeigen sich bei diesen Ansätzen häufig komplizierte Kommunikationsstrukturen für die vorzugebenden Verrechnungspreise oder Regeln zu deren Bestimmung (vgl. Wagenhofer, 1992; Schweitzer/Küpper, 2011, S. 509 ff. und S. 655 ff.). Vor allem kann die dezentrale Planung höchstens das Ergebnis der zentralen Lösung erreichen.

> VP aus Principal-Agent-Modellen

Deshalb kann nicht modellendogen gezeigt und damit eine Erklärung dafür geliefert werden, warum eine dezentrale Planung in der Praxis vielfach als vorteilhaft angesehen wird. Insofern zeigt sich auch hier ein *Dilemma der pretialen Lenkung*, weil im Hinblick auf eine gesamtzielorientierte Koordination den Bereichen Anreize gegeben werden müssen, die den Gesamterfolg verringern und dazu führen, dass es einen ebenso guten zentralen Koordinationsmechanismus gibt.

Dieses Ergebnis ist darauf zurückzuführen, dass die Modellprämissen noch zu eng sind. Zu ihnen gehört die Annahme, dass die Informationsvermittlung von den Bereichen zur Unternehmensleitung uneingeschränkt und kostenlos möglich ist. Ferner wird unterstellt, dass die Zentrale mit den Bereichen Anreiz- und Entlohnungsverträge abschließen kann, die umfassend sowie verifizierbar sind. Zudem darf keine Kollusion der Bereiche vorliegen, d. h. die Bereiche stimmen sich also nicht zu Lasten der Unternehmensleitung untereinander ab.

VP bei eingeschränkter Kommunikation der Bereiche

Wenn man die Betrachtung auf eingeschränkte Kommunikation oder transaktionsspezifische Investitionen ausdehnt, werden Transaktionskosten berücksichtigt. Der erste Fall kann sich darin niederschlagen, dass die Unternehmensleitung nicht mehr aus den Berichten der Bereiche deren (Typ der) Leistungsfähigkeit erkennen kann. Dann muss sie den Anreiz- und Entlohnungsvertrag aufgrund der Transaktionskosten unabhängig vom Leistungstyp vorgeben (vgl. Vaysman, 1996; Pfaff/Pfeiffer, 2004, S. 306 ff.). Bei dezentraler Planung richten die Bereiche jedoch ihre Entscheidungen an der eigenen Leistungsfähigkeit aus. Dieser Koordinations- und Steuerungsmechanismus besitzt damit einen Flexibilitätsvorteil gegenüber der zentralen Planung, der zu einem höheren Gesamterfolg führen kann. In diesem Fall erweist er sich modellendogen als überlegen.

VP bei transaktionsspezifischen Investitionen

Eine andere Form von Transaktionskosten liegt vor, wenn die Bereiche transaktionsspezifische Investitionen tätigen (vgl. hierzu Williamson, 1985, S. 52ff; 1979, S. 239 ff.). Dies beinhaltet, dass sie als *Investment Center* über eine ausgeweitete Entscheidungskompetenz verfügen oder ihre laufenden Ausgaben für Maßnahmen verwenden können, die für eine größere Zahl von Produkten investiv wirksam werden. Beispielsweise kann ein Produktionsbereich Rationalisierungsinvestitionen durchführen, welche die Herstellungskosten senken, oder ein Absatzbereich Marketingmaßnahmen ergreifen, mit denen sich bessere Absatzerlöse erzielen lassen. Wenn diese Investitionen lediglich für die innerbetriebliche Leistung nutzbar sind und durch sie nicht die Erzeugung oder der Verkauf anderer Produkte gefördert werden kann, wird für jeden Bereich die längerfristige (vertragliche) Bindung über die Regelung der Transaktion und die Aufteilung der Gewinne maßgebend. Er wird solche Investitionen nur tätigen, wenn sein Bereichsgewinn und die ggf. daran gebundene Entlohnung hierdurch positiv beeinflusst werden. Im Fall einer Koordination und Steuerung der Bereiche über Verrechnungspreise sind deshalb nicht nur deren Produktmengen-, sondern auch deren Investitionsentscheidungen zu berücksichtigen. In diesem Fall ist zu untersuchen, wie sich die Verrechnungspreismechanismen auf diese dezentralen Entscheidungen und deren Konsequenzen für den Gesamterfolg der Unternehmung auswirken. Der *Koordinationsmechanismus* wird dann als Instrument der Unternehmensleitung eingesetzt, um die Mengenentscheidungen aufeinander abzustimmen und die Investitionsanreize so zu setzen, dass die Investitionen denjenigen bei zentraler Planung unter der (irrealen) Annahme vollkommener Information und verifizierbaren Investitionen möglichst nahe kommen. Auf diesem Wege soll auch dem Unterinvestitionsproblem begegnet werden.

Dieses erweiterte Koordinations- und Steuerungsproblem ist in einer Reihe von Arbeiten modellmäßig untersucht worden (vgl. insbesondere Edlin/Reichelstein, 1995; Baldenius/Reichelstein, 1998; Baldenius/Reichelstein/Sahay, 1999; Baldenius, 2000; Pfeiffer, 2002). In ihnen werden verschiedene Verfahren der Preisfestlegung miteinander *verglichen*. Zu diesen gehören entsprechend Abbildung 13-3 die Vorgabe eines *Cost-plus-Verrechnungspreises* durch die Zentrale, die Behandlung als *innerbetriebliches Monopol* mit *ein-* oder *zweiteiliger Preisstruktur* und das *freie Aushandeln* der Preise zwischen den Bereichen. In der Modellanalyse werden die mit jedem Mechanismus erreichbaren Gesamterfolge einander gegenübergestellt und an der First-best-Lösung für zentrale Planung bei vollkommener Information gemessen. Im Hinblick auf die Investitionsentscheidungen wird danach unterschieden, ob nur der liefernde (Produktions-), lediglich der empfangende (Absatz-)Bereich oder beide Bereich investieren können. Thomas Pfeiffer kommt zu dem Ergebnis, dass »es aus Unternehmenssicht optimal (ist), bei dem Cost-plus-Verfahren auf einen Zuschlag zu verzichten« (Pfeiffer, 2002, S. 1288) und nur die Grenzkosten anzusetzen, sofern allein der abnehmende Bereich investiert. Dann werden die entsprechend der First-best-Lösung effiziente Menge produziert sowie geliefert und die optimale Investition getätigt, weil der abnehmende Bereich den gesamten Überschuss erhält. Wenn dagegen nur der liefernde Bereich investiert, muss dieser über eine Beteiligung am Überschuss einen Investitionsanreiz erhalten. Deshalb gibt es beim *Cost-plus-Verfahren* einen Trade-off zwischen seiner Investitions- und seiner Mengenentscheidung. Rechnet die Zentrale in den Verrechnungspreis keinen Zuschlag auf die Grenzkosten ein, wird zwar die effiziente Menge hergestellt. Jedoch hat der Produktionsbereich keinen Investitionsanreiz mehr. Über einen Zuschlag kommt es zum Ausgleich zwischen Investitionsanreiz und Mengenreduktion. Das First-best-Ergebnis kann in dieser Situation also nicht erreicht werden.

Im Fall eines Aushandelns des Verrechnungspreises zwischen den Bereichen wird deren relative Verhandlungsmacht bestimmend für die Höhe des Preises. In einem Modell von Baldenius und Reichelstein erweisen sich Verhandlungspreise in den meisten untersuchten Fällen als vorteilhaft (Baldenius/Reichelstein, 1998, S. 254). Lediglich bei einseitigen Investitionen des liefernden Bereichs führen bei ihnen zweiteilige Monopolpreise aus Stückpreis und Pauschale zu einem höheren Gesamterfolg als dezentral ausgehandelte Preise. Pfeiffer stützt dieses Ergebnis und weitet es auf vorgegebene Cost-plus-Verrechnungspreise aus. Seine Analyse zeigt, »dass bei verhandelten Verrechnungspreisen immer

Cost-plus-Verfahren

Verhandlungsbasierte VP

eine Verhandlungsmachtverteilung gefunden werden kann, so dass verhandelte Verrechnungspreise auch gegenüber dem Cost-plus-Verfahren dominieren.« (Pfeiffer, 2002, S. 1288). Die *Verhandlungsmacht* stellt jedoch einen vorzugebenden Parameter dar. Wenn dieser von der Unternehmensleitung für eine gesamtzielorientierte Steuerung herangezogen werden sollte, müsste diese die optimale Lösung zu seiner Festlegung und Vorgabe kennen. Insoweit zeigt sich auch hier ein *Dilemma der pretialen Lenkung*. Zudem stellt sich die Frage, mit welchen Instrumenten die Unternehmensleitung die Verteilung der Verhandlungsmacht beeinflusst.

Die bisher modellmäßig abgeleiteten Ergebnisse deuten darauf hin, dass die *Vorteilhaftigkeit* der verschiedenen Verfahren insbesondere von den Situationsbedingungen der ein- oder zweiseitigen Investition, der tatsächlichen Verteilung der Verhandlungsmacht sowie den Parametern der Erfolgsfunktion abhängig ist. Eine generelle Überlegenheit eines Verfahrens erscheint daher nicht ausreichend begründbar (vgl. Göx, 1999, S. 19).

VP aus spieltheoretischen Ansätzen

Weitere Erkenntnisse sind mithilfe spieltheoretischer Ansätze hergeleitet worden. Sie machen deutlich, dass Verrechnungspreise »auch als Instrument der Selbstbindung des Unternehmens gegenüber externen Konkurrenten eingesetzt werden, weniger starken Preiswettbewerb zu betreiben« (Gal-Or, 1993; vgl. auch Wagenhofer, 2002, Sp. 2080 f.; Göx, 1999; Schiller, 2000b). Ferner kann die Unternehmensleitung die Festlegung von Verrechnungspreisen heranziehen, um einen internen *Preiswettbewerb* zu mildern (vgl. Wagenhofer, 1995, S. 286 ff.).

Interdependenzparameter

Die Ergebnisse der agency- und spieltheoretisch fundierten Arbeiten weisen darauf hin, »dass Verrechnungspreissysteme nicht unabhängig von der dezentralen Organisation und von Anreizsystemen ... gestaltet werden können« (Wagenhofer, 2002, Sp. 2080). Daran wird deutlich, dass es sich bei ihnen um ein übergreifendes Koordinations- und Steuerungssystem handelt, für welches die aus den verschiedenen Führungsteilsystemen stammenden Komponenten festzulegen und deren Interdependenzen zu berücksichtigen sind. Die Verrechnungspreise können als *Interdependenzparameter* verstanden werden, über welche eine Koordination zwischen den segmentierten Bereichen erfolgt.

Diesem Controllingsystem liegt eine Aufteilung in dezentrale Einheiten mit eigenen Handlungsspielräumen zugrunde. Je weiter diese beispielsweise im Hinblick auf Investitions-, Mengen- und Verrechnungspreisentscheidungen gestaltet werden, umso näher kommt man einem innerbetrieblichen Markt. Wie die Überlegungen der Transaktionskostentheorie zeigen, muss es jedoch Gründe geben, warum die Integration der Bereiche in einer Unternehmung vorteilhaft ist (vgl. Neus, 1997, S. 44). Das spricht dafür, Verrechnungspreise nicht als einzeln angewandtes Koordinationssystem zu sehen, sondern die *Beziehungen* zwischen den verschiedenen übergreifenden Controllingsystemen und deren Kombinationsmöglichkeiten zu untersuchen.

Wiederholungsfragen Kapitel 13

1. Arbeiten Sie heraus, inwiefern Verrechnungs- und Lenkungspreise charakteristische Controllinginstrumente im Sinne der koordinationsorientierten Controlling-Konzeption darstellen.
2. Zeigen Sie auf, welche Größen für die Festlegung von Verrechnungs- und Lenkungspreisen maßgeblich sind.
3. Skizzieren Sie die wichtigsten methodischen Ansätze zur Bestimmung von Lenkungspreisen.
4. Kennzeichnen Sie drei verschiedene (organisatorische) Formen der Festlegung von Verrechnungs- und Lenkungspreisen.
5. Unter welchen Bedingungen führen Verrechnungspreise auf der Basis von
   ‣ Marktpreisen,
   ‣ Grenzkosten
   zu einer gesamtzieloptimalen Steuerung dezentraler Bereiche?
6. Diskutieren Sie die Möglichkeiten einer Steuerung mit Hilfe von entscheidungsfeldorientierten Lenkungspreisen. Untersuchen Sie insbesondere die relevanten Entscheidungssituationen und die Verfahren zur Bestimmung der exakten Preise.
7. Diskutieren Sie drei Argumente, die gegen eine Verwendung Linearer Planungsmodelle zur Festlegung von Lenkungspreisen in der Praxis sprechen.
8. Welche Gründe sind für die Nichtanwendbarkeit entscheidungsfeldorientierter Lenkungspreise in der Praxis anzuführen?
9. Worin besteht das Dilemma der pretialen Lenkung?
10. Unter welchen Voraussetzungen können vollkostenbasierte Verrechnungspreise sinnvoll für die Steuerung dezentraler Bereiche sein?

Aufgaben Kapitel 13

1. Vergleichen Sie die wichtigsten Ansätze zur kostenrechnerischen Ableitung von Verrechnungspreisen. Wie beurteilen Sie deren
   ‣ Zweckmäßigkeit für eine zieloptimale Steuerung der Unternehmung,
   ‣ praktische Anwendbarkeit,
   ‣ empirische Verbreitung?

2. Eine Unternehmung bestehe aus den Abteilungen I und II. Abteilung I stellt aus Rohstoffen ein Zwischenprodukt her, das von Abteilung II zu einem Endprodukt weiterverarbeitet und vertrieben wird. Für die Abteilung II sei folgende lineare und differenzierbare Preisabsatzfunktion gegeben: $p(x) = -2 \cdot x + 100$. Die Grenzkostenfunktionen der Abteilungen lauten wie folgt:

$$k_{vI} = \begin{cases} 10 & \text{für } 0 \leq x < 10 \\ 0{,}1 \cdot x^2 & \text{für } 10 \leq x \leq 25 \end{cases} \quad \text{und} \quad k_{vII} = 5.$$

Ermitteln Sie mit Hilfe eines Optimierungskalküls analytisch den Verrechnungspreis, der bei dezentraler Planung vorgegeben werden müsste, damit sowohl die Abteilungsgewinne als auch der Gesamtgewinn der Unternehmung maximiert werden.

3. *Die WaveRider Inc. fertigt und vertreibt Surfboards. Für das kommende Geschäftsjahr liegen die folgenden Plandaten für die vier Produkte vor:*

	Malibu	Longboard	Shortboard	Wombat
Stückerlös [€/Stk.]	390	322,5	299	499
Variable Stückkosten [€/Stk.]	270	235	179	309
benötigtes Glaserfasergewebe [kg/Stk.]	3	3,5	2	4
Absatzgrenze [Stk.]	600	450	500	400

Bei der Bestimmung des optimalen Produktionsprogramms ist zu beachten, dass alle vier Produkte aus Glasfasergewebe bestehen. Dieses Glaserfasergewebe wird intern durch einen aufwändigen Produktionsprozess hergestellt. Da das Gewebe zudem besondere Eigenschaften aufweist, existiert kein externer Markt für dieses Vorprodukt. Pro Geschäftsjahr stehen WaveRider aus der Vorproduktion maximal 5.030 kg Glasfasergewebe zur Verfügung.

a) *Prüfen Sie zunächst, ob ein Engpass für das Glasfasergewebe vorliegt. Bestimmen Sie anschließend das optimale Produktionsprogramm für das kommende Geschäftsjahr. Berücksichtigen Sie dabei, dass die Kosten für das Glasfasergewebe je Surfboard bereits in den jeweiligen variablen Stückkosten enthalten sind. Wie hoch ist der Gesamtdeckungsbeitrag des ermittelten Produktionsprogramms?*

b) *Welchen Verrechnungspreis für das Vorprodukt Glasfasergewebe können Sie aus Ihrer Rechnung ableiten? Bedenken Sie hierbei, dass es sich im vorliegenden Fall um einen internen Markt mit Beschränkungen handelt.*

c) *Nehmen Sie an, dass WaveRider im kommenden Geschäftsjahr eine baugleiche Maschine zur Vorproduktion von Glasfasergewebe mieten kann. Bestimmen Sie den Betrag, den WaveRider maximal als Jahresmiete zahlen würde.*

Lösungen Kapitel 13

1. *Die wichtigsten Ansätze zur kostenrechnerischen Ableitung stellen marktpreisorientierte, grenzkostenorientierte und vollkostenorientierte Verrechnungspreise dar.*

▸ *Bei homogenen Gütern (auf internen und externen Märkten) und Vernachlässigung von Synergien zwischen den Bereichen ist die Erfolgsermittlung durch marktorientierte Verrechnungspreise unmittelbar gegeben. Marktpreise sind nicht manipulierbar und führen bei vollkommenen Märkten*

*(Idealfall) zu einer gesamtzieloptimalen Koordination. Bei unvollkomme-
nen Märkten (Regelfall) wird die Koordinationsfunktion jedoch im Allgemeinen nicht optimal erfüllt. Grenzkostenorientierte Verrechnungspreise
werden für rein innerbetriebliche Leistungsbeziehungen verwendet. Ohne
Beschränkungen und bei linearen Kostenfunktionen führt der grenzkos-
tenbasierte Verrechnungspreis zu einer gesamtzieloptimalen Koordination. Bei innerbetrieblichen Kapazitätsbeschränkungen lässt sich der Verrechnungspreis aus relativen Deckungsbeiträgen ableiten. Allerdings tritt
bei der Bestimmung das Dilemma der pretialen Lenkung auf. In beiden
Fällen verbleiben die Fixkosten in den liefernden Bereichen, und erfüllen
die Verrechnungspreise somit nicht die Funktion der Erfolgsermittlung.
Vollkostenbasierte Verrechnungspreise können insbesondere bei kurzfristigen Entscheidungen zu Fehlentscheidungen führen, wenn sie sich nicht
auf die entscheidungsabhängigen Kosten beschränken. Ebenso muss ein
Anreiz gegeben werden, Kosten trotz der vollkostenbasierten Leistungsverrechnung stetig zu senken, um das Unternehmensziel zu unterstützen.
Eine Erfolgsermittlungsfunktion ist insofern gegeben, als in den einzelnen
Bereichen keine durch den Verrechnungspreis induzierten Kosten entstehen.*

▸ *Die praktische Anwendbarkeit ist am stärksten durch marktpreisorientierte Verrechnungspreise gegeben, da diese direkt ermittelbar sind. Liegt
kein externer Markt vor, erzielt der vollkostenorientierte Verrechnungspreis die höchste praktische Anwendbarkeit.*

▸ *Marktpreisorientierte und vollkostenorientierte Verrechnungspreise stellen
die empirisch am häufigsten genutzten Methoden dar.*

2. *Gewinnfunktionen*

$G_I = v \cdot x - K_I(x)$

$G_{II} = p(x) \cdot x - K_{II}(x) - v \cdot x$

$G = G_I + G_{II}$

$\quad = p(x) \cdot x - K_I(x) - K_{II}(x)$

Fall 1: $0 \leq x < 10$

$max_x\, G = (100 - 2x) \cdot x - K_I(x) - K_{II}(x)$

$\dfrac{\partial G}{\partial x} = 100 - 4x - k_I - k_{II} = 0$

$\qquad \leftrightarrow 100 - 4x - 10 - 5 = 0$

$\qquad \leftrightarrow x = 21{,}5 \rightarrow$ *unzulässiger Wertebereich*

Fall 2: $10 \leq x < 25$

$max_x\, G = (100 - 2x) \cdot x - K_I(x) - K_{II}(x)$

$\dfrac{\partial G}{\partial x} = 100 - 4x - k_I - k_{II} = 0$

$\qquad \leftrightarrow 100 - 4x - 0{,}1x^2 - 5 = 0$

$\qquad \leftrightarrow x^2 + 40x - 950 = 0$

$\qquad \leftrightarrow x_{1,2} = -20 +/- \sqrt{20^2 + 950}$

$\leftrightarrow x_1 \approx 16{,}74$

$\leftrightarrow x_2 \approx -56{,}74 \rightarrow$ unzulässiger Wertebereich

$\rightarrow x = 16{,}74$

Ermittlung des Verrechnungspreises:

$G_I \quad = v \cdot x - K_I(x)$

$\dfrac{\partial G_I}{\partial x} \quad = v - 0{,}1\,x^2 = 0$

$\leftrightarrow v = 0{,}1 \cdot 16{,}74^2$

$\leftrightarrow v \approx 28{,}06$

Der Verrechnungspreis zur Maximierung des Gesamtgewinns der Unternehmung entspricht $\approx 28{,}06$ Geldeinheiten.

3. a) Berechnung Engpass (in kg):

$600 \cdot 3 + 450 \cdot 3{,}4 + 500 \cdot 2 + 400 \cdot 4 = 5.975 > 5.030$

Engpass liegt vor.

Optimales Produktionsprogramm:

	Malibu	Longboard	Shortboard	Wombat
DB (in €/Stk)	120	87,5	120	190
Relativer DB (in €/kg)	40	25	60	47,5
Rang	3	4	1	2
Optimale Produktionsmenge (in Stück)	600	180	500	400
Erforderliche Kapazität	1.800	630	1.000	1.600

Berechnung des Gesamtdeckungsbeitrags (in €):

$120 \cdot 600 + 87{,}5 \cdot 180 + 120 \cdot 500 + 190 \cdot 400 = 223.750$

b) Verrechnungspreis – relativer Deckungsbeitrag des Grenzproduktes (Longboard): 25

c) Berechnung der maximalen Miete (in €):

$(450 - 180) \cdot 87{,}5 = 23.625$

Das Unternehmen ist bereit, maximal 23.625 € zu zahlen.

14 Entwicklungslinien der übergreifenden Koordinationssysteme des Controlling

Zentralistische Führungssysteme, Budgetierungssysteme, Kennzahlen- und Zielsysteme sowie Verrechnungs- und Lenkungspreissysteme sind die charakteristischen Controllinginstrumente. Sie lassen sich einerseits in einem Kontinuum zwischen Hierarchie und Markt einordnen und weisen andererseits spezifische Ausprägungen der Führungsteilsysteme auf. Für die Unternehmensleitung bestehen zudem Entscheidungsprobleme der Auswahl zwischen verschiedenen Controllinginstrumenten sowie ihrer Ausgestaltung bei einem kombinierten Einsatz. Erkenntnisse zur Ausgestaltung wurden insbesondere durch die Analyse agencytheoretischer Modelle gewonnen.

14.1 Zusammenhänge zwischen den übergreifenden Koordinationssystemen des Controlling

Um das für eine Unternehmung passende Controllingsystem herauszufinden, muss man die Zusammenhänge zwischen den übergreifenden Koordinationssystemen kennen. Deshalb werden diese nachfolgend analysiert.

Die in Teil III (Kapitel 9 bis 13) dargestellten Systeme bieten ein breites Instrumentarium für eine übergreifende Koordination und Steuerung von Entscheidungen und Handlungen. Jedes von ihnen setzt an einem bestimmten Instrument zur Beeinflussung der Bereiche, Abteilungen und Stellen an. Für zentralistische Führungssysteme liegt es in der Vorgabe *expliziter Verhaltensnormen*. Man gibt den Bereichen, Abteilungen und Stellen die durchzuführenden Maßnahmen vor. Hierdurch wird die Planung äußerst komplex. Das Wissen der Mitarbeiter in den unteren Hierarchieebenen wird wenig ausgewertet oder nur über einen aufwändigen Informationsprozess nutzbar, ihre Motivation nicht gefördert.

Vorgabe der Maßnahmen

Mit der Vorgabe von Handlungsbeschränkungen, Zielen oder Lenkungspreisen erhalten die untergeordneten Einheiten *Entscheidungsspielräume*. In die dezentralen Entscheidungen gehen die genaueren Kenntnisse der in ihnen tätigen Mitarbeiter und deren Fähigkeiten ein. Ferner kann die Erweiterung der individuellen Handlungsmöglichkeiten die Einsatzbereitschaft erhöhen. Um dennoch eine Koordination auf das Gesamtziel der Unternehmung hin zu erreichen, werden in der Budgetvorgabe Nebenbedingungen für die dezentralen Entscheidungen gesetzt. Die untergeordneten Einheiten können also nicht völlig frei entscheiden. Sie sind dadurch gebunden, dass sie nur über begrenzte Ressourcen verfügen und vorgegebene Leistungen erbringen sollen. Die Koordination wird erreicht, indem die Budgets der verschiedenen Organisationseinhei-

Budgetierung

14.1 Übergreifende Koordinationssysteme des Controlling
Zusammenhänge zwischen den übergreifenden Koordinationssystemen

544

ten durch die Zentrale aufeinander abgestimmt werden. Dann kann sie damit rechnen, dass die von den dezentralen Einheiten getroffenen Maßnahmen weitgehend zueinander passen.

Vorgabe von Zielen

Da Entscheidungen durch die zielorientierte Auswahl zwischen Alternativen in beschränkten Entscheidungsfeldern getroffen werden, bietet die Vorgabe von Zielen einen weiteren Ansatzpunkt zur Koordination. Dabei können zum einen über mehrere Stufen hinweg *Unterziele* für die verschiedenen Hierarchieebenen abgeleitet werden. Durch deren Vorgabe oder Vereinbarung mit den Untergebenen beabsichtigt man eine vertikale Koordination und Steuerung. Zum andern versucht man, die Entscheidungen weitgehend selbständiger Bereiche durch die Wahl geeigneter *Bereichserfolgsgrößen* zu beeinflussen. Um die Verfolgung der Ziele zu sichern, bietet sich in beiden Systemen die Koppelung mit einem Anreizsystem an.

Verrechnungspreise

Wenn zwischen solchen Bereichen materielle oder immaterielle Güter fließen, gewinnen deren Preise an Bedeutung. In diesen Fällen bieten Verrechnungspreise einen weiteren Ansatzpunkt zur gesamtzielorientierten Koordination. Je größer ihr Gewicht für die Höhe der Bereichserfolge ist, umso eher können sie zum zentralen Koordinationsinstrument werden.

Ansatzpunkte gesamtzielorientierter Koordination

Vorgaben in Form von expliziten Verhaltensnormen, Budgets, Zielen oder Verrechnungspreisen sind unterschiedliche Ansatzpunkte für eine gesamtzielorientierte Koordination und Steuerung der Unternehmung. Sie stellen aber keine sich gegenseitig ausschließenden Alternativen dar (vgl. Streim, 1975). So müssen z. B. in Verrechnungspreissystemen die Bereiche ihre Erfolge maximieren. Bei einer Koordinierung über Bereichserfolge spielen Verrechnungspreise eine Rolle, sobald ein Bereich von der Zentrale oder einem anderen Bereich Güter bezieht. Innerhalb der Bereiche können die untergeordneten Einheiten über abgeleitete Unterziele, Budgets und/oder explizite Verhaltensnormen gesteuert werden. In einem auf die Bereichserfolge gerichteten System kann es zweckmäßig sein, für die dezentralen Investitionsentscheidungen Investitionsbudgets und für das in Anspruch genommene Kapital einen Verrechnungspreis vorzugeben.

Empirische Erhebungen weisen auf eine häufige Nutzung der Budget- und der Zielvorgabe hin. Lenkungspreise spielen ihnen gegenüber eine viel geringere Rolle (vgl. Abschnitt 17.3 sowie Küpper/Winckler/Zhang, 1990; Küpper, 1992a).

Dimensionen der Führungskoordination

Die in der Praxis eingesetzten Koordinationssysteme enthalten i. d. R. gleichzeitig mehrere dieser Instrumente. Betrachtet man sie über alle horizontalen Bereiche und vertikalen Ebenen hinweg, so werden in vielen Unternehmungen explizite Verhaltensnormen, Budgets, Ziele und Verrechnungspreise nebeneinander zur koordinierten Steuerung genutzt. Deshalb lassen sich diese Instrumente als unterschiedliche Dimensionen zur Koordination der Führung auffassen. Die einzelne Unternehmung kann jedes von ihnen in mehr oder weniger starkem Umfang einsetzen.

Jedoch erweist sich nicht jede Kombination als zweckmäßig. Wenn das Schwergewicht auf explizite Verhaltensvorgaben gelegt wird, ist eine gleichzeitige Vorgabe von Budgets, Zielen und Verrechnungspreisen überflüssig. Auch dürfte es selten günstig sein, ein ausgebautes System an Lenkungspreisen mit genauen Budgets für Input- und Outputgrößen zu koppeln. Deshalb lassen sich trotz der grundsätzlichen Kombinierbarkeit schwerpunktmäßig Systeme unterscheiden, in denen jeweils eines der Koordinationsinstrumente im Vordergrund steht.

Die »typischen« Ausprägungen der Führungsteilsysteme können vielfältig kombiniert werden. Vergleicht man ihre wichtigsten Merkmale, so lassen sich entsprechend Abbildung 14-1 Zusammenhänge zwischen ihnen erkennen. Sie stützen die Hypothese, dass die verschiedenen Koordinationsinstrumente nicht beliebig kombinierbar sind. Vielmehr wird deutlich, dass sie sich in einem *Kontinuum* bewegen, in dem die hierarchische Führung durch eine zunehmend laterale Kooperation ersetzt wird.

Die *organisatorische Komponente* ist von der zentralistischen Führung bis zu Lenkungspreissystemen durch eine zunehmende Delegation von Entscheidungsrechten gekennzeichnet. Damit geht eine Tendenz zur Partizipation sowie von Ein- zu Mehrliniensystemen einher. Das Koordinations- und Steuerungsinstru-

Organisation:
Zunehmende Delegation

Abb. 14-1

Zusammenhänge zwischen Koordinationssystemen

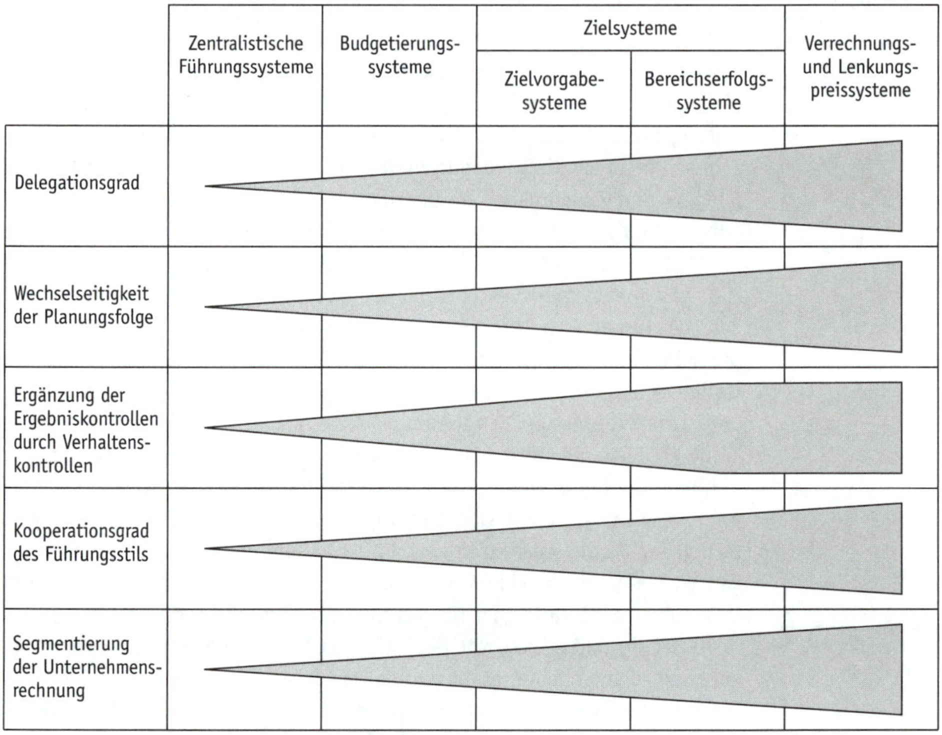

	Zentralistische Führungssysteme	Budgetierungs-systeme	Zielsysteme		Verrechnungs- und Lenkungs-preissysteme
			Zielvorgabe-systeme	Bereichserfolgs-systeme	
Delegationsgrad					
Wechselseitigkeit der Planungsfolge					
Ergänzung der Ergebniskontrollen durch Verhaltens-kontrollen					
Kooperationsgrad des Führungsstils					
Segmentierung der Unternehmens-rechnung					

14.1 Übergreifende Koordinationssysteme des Controlling
Zusammenhänge zwischen den übergreifenden Koordinationssystemen

546

ment verändert sich von der Vorgabe expliziter Handlungsnormen über die Setzung ökonomischer Rahmenbedingungen bis zur Vorgabe und Vereinbarung von Zielen sowie von Verrechnungspreisen. Die Entscheidungsautonomie der dezentralen Einheiten wird größer. Das Kontinuum reicht also von der Vorgabe der durchzuführenden Maßnahmen, der zentralen Festlegung von Budgets für Input und Output über die horizontale und vertikale Zielvorgabe bei gleichzeitiger Zentralisierung der Finanz- und ggf. wichtiger Investitionsentscheidungen bis zur Beschränkung auf die Bestimmung von Lenkungspreisen. Von den Handlungsvariablen als den Ansatzpunkten zur Koordination geht man auf Nebenbedingungen, Zielgrößen und schließlich Verrechnungspreise als Koordinations- und Steuerungsgrößen über.

Planung: Stärkere Differenzierung

Dieser Entwicklungslinie der Organisation entspricht in der Planungskomponente eine Tendenz zur stärkeren Differenzierung des Planungssystems, zur Verteilung der Planungsaufgaben und zum Gegenstromverfahren. Eine Differenzierung nach dem Produktprinzip ermöglicht dabei eher eine Verringerung von Verflechtungen zwischen den Bereichen. Ihre Umsetzbarkeit hängt von den Situationsbedingungen der Unternehmung ab. Mit Lenkungspreisen kann man versuchen, auch bei funktionaler Gliederung eine dezentrale Planung zu ermöglichen. Die Dezentralisierung von Planungsaufgaben betrifft vor allem die operative Ebene. Die Unternehmensleitung beschränkt sich immer mehr auf die wesentlichen strategischen Größen.

Kontrolle: Ergänzung von Ergebnis- durch Verhaltenskontrollen

In der Kontrolle herrschen bei zentralistischer Führung, Budgetierung und vertikaler Zielvorgabe Ergebniskontrollen vor. Während sie sich bei ersterer auf die plangemäße Durchführung von Maßnahmen bezieht, werden in der Budgetierung umfassendere Wertgrößen für den Input- und Outputbereich herangezogen. Damit ist die Kontrolle breiter angelegt. Mit einer Flexibilisierung von Budgets und Zielvorgaben berücksichtigt man Änderungen von Rahmenbedingungen. Darin ist ein Ansatz zur Beachtung der Reaktion auf diese Änderungen in Richtung von Verhaltenskontrollen zu sehen. Soweit für die Beurteilung des Managements neben den Bereichserfolgen weitere Größen herangezogen werden, gewinnen Verhaltenskontrollen indirekt an Gewicht. Je selbständiger die Bereiche entscheiden, umso stärker sind Ergebniskontrollen um Verhaltenskontrollen zu ergänzen. Wie besonders die Modelle zur Bestimmung koordinations- und anreizkonformer Verrechnungspreise zeigen, geben die Bereichserfolge keine ausreichend fundierte Information über den Erfolgsbeitrag des Bereichs und die Leistung seines Leiters. Es handelt sich um Indikatoren, die über eine Analyse wichtiger Einflussgrößen und damit des Verhaltens der Bereiche zu interpretieren sind. Ansonsten erscheint es kaum möglich, die positiven Wirkungen von Motivation, Eigeninitiative und hohem Informationsstand der dezentralen Entscheidungsträger für das Gesamtziel zu nutzen.

Belohnungssysteme und kooperativer Führungsstil

Dieser Gesichtspunkt gilt auch für das Belohnungssystem. Es muss mit zunehmender Entscheidungsautonomie immer stärker die individuellen Ziele und Interessen berücksichtigen. Dem entspricht, dass sowohl der Übergang von der hierarchischen zu einer eher gleichrangigen Kooperation als auch die Nutzung dieser Vorteile für einen kooperativeren Führungsstil sprechen. Er bewegt sich von einer mehr autoritären Ausprägung bei expliziten Verhaltensvorgaben immer stärker in diese Richtung.

In Bezug auf das Informationssystem zeigt sich die zunehmende Notwendigkeit einer Segmentierung der Rechnungen. Je selbständiger die Bereiche werden, desto notwendiger wird eine leistungsfähige Bereichserfolgsrechnung. Um die Vorteile der Dezentralisierung zu nutzen, muss man gleichzeitig zu einer Verringerung der Modellkomplexität kommen. Während eine optimale Planung bei Zentralisierung den Einsatz äußerst komplexer und aufwändiger Simultanmodelle erfordern würde, gelangt man durch die Delegation von Entscheidungen zu einfacheren Problemen. Wichtige Interdependenzen werden durch die Koordination zwischen den Organisationseinheiten aufgenommen. Hierdurch vereinfachen sich die dezentralen Rechnungen. Die Komplexität verlagert sich auf das Koordinationssystem und die in ihm vorzunehmenden Rechnungen, beispielsweise zur Budgetvorgabe oder zur Bestimmung von Verrechnungspreisen. Durch die Zerlegung in mehrere, hierarchisch geordnete Rechnungen nimmt die Komplexität aber insgesamt ab.

Die für alle Teilsysteme ähnlich geprägten Entwicklungslinien von der zentralistischen Führung bis zur marktähnlichen Lösung zeigen die Einbettung der unternehmensinternen Koordination in den größeren Zusammenhang *wirtschaftlicher Koordinations- und Steuerungsmechanismen*. Hierarchie oder Markt sind nicht einander ausschließende Alternativen wirtschaftlicher Kooperation (vgl. Williamson, 1985; Hauser, 1991). Sie stellen vielmehr die Eckpunkte eines Kontinuums von Instrumenten zur Koordination innerhalb von Wirtschaftseinheiten und zwischen diesen dar. Die Controllingsysteme der Unternehmung sind nur ein Ausschnitt der weiterreichenden Mechanismen, die in einer Gesamtwirtschaft wirken.

Für die Analyse der einzelnen Koordinationsinstrumente lassen sich insbesondere mit Hilfe der mathematischen Optimierungstheorie, der Agencytheorie, der Organisations- und der Verhaltenstheorie Einzelhypothesen ableiten. Umfassendere Hypothesen für eine allgemeine Beurteilung der Koordinationssysteme können über die Transaktionskostentheorie gewonnen werden. Nach ihr bilden rechtliche und technologische Rahmenbedingungen neben der Mehrdeutigkeit der Transaktionssituation, der Umweltunsicherheit und der Häufigkeit der Transaktion grundlegende Einflussgrößen für die Transaktionskosten (vgl. Picot, 1982, S. 271). So ist eine im Ausland angesiedelte Unternehmung einer anderen Rechtsordnung unterworfen. Die von einer Unternehmung gewählte Unternehmensverfassung wird von Gesichtspunkten der Unternehmens- und Gesellschafterentwicklung sowie des Steuersystems beeinflusst. Technologieänderungen, Diversifikation und Marktdynamik sind davon abhängig, in welchen Produktbereichen eine Unternehmung tätig ist. Diese Einflussgrößen wirken auf die Unsicherheit der Umwelt und die Mehrdeutigkeit der Kooperationssituationen ein. Technologieänderungen erhöhen die Unsicherheit. Bei hoher Diversifikation sinkt die Verflechtung zwischen den Produktbereichen. Damit verringert sich der innerbetriebliche Güteraustausch.

Informationssystem: Segmentierung der Rechnungen

Mechanismen zwischen Hierarchie und Markt

Determinanten der Auswahl

14.1 Übergreifende Koordinationssysteme des Controlling
Zusammenhänge zwischen den übergreifenden Koordinationssystemen

548

Im Transaktionskostenansatz werden vier typische Steuerungsmechanismen herausgestellt: Der *hierarchische* bzw. *bürokratische*, der *Markt-* und der *Clan-Mechanismus* sowie *Strategische Netzwerke* (vgl. Ouchi, 1979; Jarillo, 1988). Überträgt man sie auf die unternehmensinternen Koordinationssysteme, so entsprechen die zentralistische Führung dem bürokratischen und das Lenkungspreiskonzept dem Marktmechanismus. Der Clan-Mechanismus ist durch einen Sozialisationsprozess gekennzeichnet, in dem nicht nur eine Anpassung der Fertigkeiten, sondern auch der Wertvorstellungen erfolgt. Größere Unsicherheit der Umwelt und hohe Komplexität erschweren bei konfliktären Individualzielen und geringer Häufigkeit der Kooperation marktorientierte Lösungen (vgl. Williamson, 1975, S. 40; Ouchi, 1980, S. 133). Wenn darüber hinaus eine hohe Integration besteht und keine eindeutigen Leistungsmaßstäbe verfügbar sind, versagt eine hierarchische Lösung (vgl. Ouchi, 1980, S. 134 f.). Dann ist nach der Transaktionskostentheorie ein Clan-Mechanismus am ehesten effizient. In diesem Fall werden die Personalauswahl sowie die Schaffung gemeinsamer Wertvorstellungen und Ziele zu den maßgeblichen Instrumenten der Steuerung und Kontrolle (vgl. Ouchi, 1979, S. 840 ff.). Daraus ergibt sich ein Bezug zu Zielvorgabesystemen.

Strategische Netzwerke werden von selbständig bleibenden Wirtschaftseinheiten gebildet, deren Ziele in hohem Maße übereinstimmen. Durch eine vertraglich vereinbarte Kooperation erreichen ihre Mitglieder Vorteile z. B. durch eine Konzentration auf ihre jeweiligen Kernkompetenzen, eine höhere Flexibilität und/oder eine günstigere Risikoteilung bei niedrigen Transaktionskosten. Wichtig für die Zuverlässigkeit der Verbindung sind die langfristige Orientierung und das Vertrauen (vgl. Jarillo, 1988, S. 36 ff.). Mit strategischen Netzen versucht man, positive Merkmale der hierarchischen und der Marktlösung zu kombinieren. In Bezug auf betriebliche Koordinationssysteme liefern sie Gesichtspunkte für die Steuerung relativ selbständiger Bereiche, wie man sie besonders in den über eine Holding geführten Konzernen findet. Die zu ihnen entwickelten Überlegungen der Transaktionskostentheorie lassen sich am ehesten für die Erklärung von Systemen der Steuerung über Bereichserfolge heranziehen.

Diese Hypothesen bieten weitere Erklärungen für das empirische Phänomen, dass Lenkungspreissystemen in der Praxis so wenig Gewicht beigemessen wird. Auch wenn bei hoher Diversifikation, raschen Technologieänderungen sowie einem dynamischen Umfeld die Schaffung relativ autonomer Bereiche zweckmäßig erscheint, lassen sich deren Erfolge nur schwer messen. Die Kooperationssituation zwischen der Unternehmensleitung und den Bereichen zeichnet sich durch eine Mehrdeutigkeit aus. Deshalb verlässt man sich bei der Beurteilung der Bereiche nicht nur auf einzelne Größen, sondern eher auf ein System relevanter Größen. Das Aushandeln und Vereinbaren von Zielvorgaben oder Budgets kann man zugleich als Prozess zur Vereinheitlichung der Wertvorstellungen interpretieren. Vor diesem Hintergrund wird verständlich, warum viele Unternehmungen auch bei günstigen Situationsbedingungen nicht auf eine Koordination über Lenkungspreise übergehen und ggf. mehrere Koordinationsinstrumente miteinander koppeln.

14.2 Strukturelle Gesichtspunkte für die Gestaltung und Kombination übergreifender Koordinationssysteme

Unternehmungen stehen vor dem Problem, das für sie geeignete Controllingsystem einzurichten. Deshalb liegt eine zentrale Aufgabe der Theorie des Controlling darin, Gesichtspunkte für die Lösung dieses Problems zu liefern. Sie sollte u. a. aufzeigen, welche Bestimmungsgrößen für die Auswahl eines Koordinations- und Steuerungssystems maßgebend sind und welche Aspekte hierbei besonders zu beachten sind. Dabei ist auch herauszufinden, ob die Konzentration auf ein bestimmtes dieser Systeme oder eine Kombination von ihnen zu einer besseren Zielerreichung der jeweiligen Unternehmung führt.

Erste *Anhaltspunkte* für die Gestaltung, Anwendung und Kombination verschiedener Koordinationssysteme liefern Erkenntnisse der Agencytheorie (vgl. hierzu Abschnitt 3.4.1). In ihr sind sowohl Modelle für einzelne Koordinationssysteme (vgl. insbesondere Ewert/Wagenhofer, 2008, S. 391 ff.; Riegler, 2000a, S. 67 ff.) als auch für deren Kombination (vgl. insbesondere Hofmann, 2001) entwickelt worden. Deutlich wird an diesen Modellen, dass die Gestaltung eines derartigen Koordinationssystems sich auf mehrere Führungsteilsysteme bezieht. Die Modelle gehen jeweils von einer bestimmten *Aufteilung des Entscheidungsfelds* aus, durch die maßgebliche Merkmale des Planungssystems und gegebenenfalls der Organisation, z. B. über die Delegation von Entscheidungen, festgelegt werden. Wichtige Modellvariablen sind die Handlungen des Agent (z. B. Bereichsleiter) sowie die Entscheidungsalternativen des Principal (z. B. Unternehmensleitung). Über die explizite Berücksichtigung des *Informationsstands von Principal und Agent* wird auf das Informationssystem Bezug genommen. Da in Principal-Agent-Modellen die Struktur des Anreizsystems optimiert wird, stellen sie die Verbindung zum Personalführungssystem her. Dabei ist dem Agent schon in der First-best-Lösung (vgl. hierzu Abschnitt 3.4.1) zumindest ein solcher Anreiz – i. d. R. in Form einer monetären Belohnung – anzubieten, dass er überhaupt zur Tätigkeit in der Unternehmung bereit ist und seine Kooperationsbedingung erfüllt wird. Wenn darüber hinaus Informationsasymmetrie besteht, wird zur Herleitung der Second best-Lösung die Entscheidung des Agent explizit in die Analyse einbezogen. Deshalb sind die Modelle so angelegt, dass der Principal bei der Maximierung seiner Zielfunktion neben der Kooperationsbedingung auch die Aktionswahlbedingung beachtet, nach welcher der Agent ebenfalls seinen eigenen Nutzen maximiert.

Erkenntnisse der Agencytheorie

14.2.1 Vergleich der Struktur der Koordinationssysteme

Im Hinblick auf einen Vergleich der verschiedenen Koordinationssysteme erscheint es zweckmäßig, ihre grundlegende Struktur an einfachen Principal-Agent-Modellen zu verdeutlichen. Die in Anschluss an Christian Hofmann (vgl.

Struktur von Koordinationssystemen

14.2 Übergreifende Koordinationssysteme des Controlling
Gestaltung und Kombination übergreifender Koordinationssysteme

550

zum Folgenden Hofmann, 2001, Abschnitte 2.2.1–2.2.3) vorgenommene Gegenüberstellung in Abbildung 14-2 macht deutlich, dass die *Zielfunktionen* des Principal sowie die *Kooperations-* und die *Aktionswahlbedingungen* für das Handeln des Agent bei allen Koordinationssystemen eine übereinstimmende Struktur aufweisen. Als einfachster Fall wird im Folgenden jeweils die Steuerung eines Bereichs dargestellt, was dann für reale Problemstellungen auf mehrere Bereiche zu erweitern ist. Die unterschiedlichen Ansatzpunkte für die Koordination und Steuerung der Bereiche zeigen sich an den Variablen, über die in der Zielfunktion zu maximieren ist. Neben den in allen Fällen zu optimierenden Anreizsystemen in Form von Entlohnungsfunktionen s sind dies die vorgegebenen Aktionen $\bar{a}$ bei zentralistischer Führung, die Handlungsvorgaben und -beschränkungen L sowie B bei der Budgetierung, die Unterziele Z bei Zielsystemen oder der Verrechnungspreis q bei Verrechnungspreissystemen.

Koordinationsbedingungen

Grundlegende *Unterschiede* zwischen diesen Koordinations- und Steuerungssystemen zeigen sich an der Struktur und den Komponenten des *Anreizsystems* sowie an den systemspezifischen Nebenbedingungen, die als *Koordinationsbedingungen* bezeichnet werden können. Bei zentralistischer Führung bringt das Anreizsystem zum Ausdruck, dass die Unternehmensleitung unmittelbar festlegt, welche Aktionen $\bar{a}$ der Agent durchzuführen hat. Maßgeblich ist dabei, ob die Unternehmensleitung die Handlungen des Agent unmittelbar beobachten oder mit Hilfe eines entsprechenden Kontrollsystems überprüfen kann. Dem Agent wird ein festes Entgelt F gezahlt, durch das seine Kooperationsbedingung gerade erfüllt wird, wenn er die vorgegebene Handlung $a = \bar{a}$ durchführt. Mit der andernfalls angedrohten Sanktion $-S$ wird dies erzwungen. Besteht dagegen Informationsasymmetrie, so ist das Anreizsystem derart zu erweitern, dass die exakte Einhaltung der Vorgaben sichergestellt wird. Dies lässt sich z. B. entsprechend dem Anreizsystem für die Budgetierung in Abbildung 14-2 erreichen, indem der Agent eine über das Festentgelt hinausgehende Prämie P erhält, wenn er bestimmte Leistungsergebnisse L mindestens erreicht, deren Ausprägungen von seinen Aktionen gemäß $l(a)$ abhängen.

Koordination über Budgets oder Ziele

Anhand dieser formalen Darstellung können die Unterschiede zwischen einer Koordination und Steuerung über Budgets und über Ziele verdeutlicht werden. Beide Mechanismen lassen dem Agent einen Handlungsspielraum, setzen im Hinblick auf die Koordination seiner Handlungen mit anderen Bereichen und der Unternehmensleitung jedoch an unterschiedlichen Größen an. Systeme der *Budgetvorgabe* geben *Handlungsbeschränkungen* vor. Diese beziehen sich vor allem auf die Input- und/oder Outputseite. Besonders erkennbar ist ein solches Konzept bei der Vorgabe von Ausgaben- oder Kostenbudgets, durch welche die Handlungsmöglichkeiten der Bereiche beispielsweise im Hinblick auf Beschaffungs-, Produktions- und Investitionsentscheidungen begrenzt werden. Im Grenzfall kann dies bedeuten, dass der Handlungsspielraum auf die Wahl zwischen wenigen Alternativen eingeschränkt wird. Dagegen setzt die Koordination über *Zielsysteme* an den von den Bereichen zu verfolgenden Zielen an. Indem ihr Handeln zum Beispiel über das Anreizsystem auf diese Ziele *ausge-*

Abb. 14-2

Gegenüberstellung der agencytheoretischen Struktur der übergreifenden Koordinationssysteme

	Zentralistische Führung	Budgetierung	Zielsysteme	Verrechnungspreise
Zielfunktion	$\max\limits_{s,\bar{a}} E\big[G(x(a)-s)\big]$	$\max\limits_{s,L,B} E\big[G(x(a)-s)\big]$	$\max\limits_{s,Z} E\big[G(x(a)-s)\big]$	$\max\limits_{s,q} E\big[G(x(a)-s)\big]$
Kooperations-bedingung	$E\big[H(s,a)\big] \geq \bar{H}$	$E\big[H(s,a)\big] \geq \bar{H}$	$E\big[H(s,a)\big] \geq \bar{H}$	$E\big[H(s,a)\big] \geq \bar{H}$
Aktionswahl-bedingung	$a = \arg\max\limits_{a'} E\big[H(s,a')\big]$	$a = \arg\max\limits_{a'} E\big[H(s,a')\big]$	$a = \arg\max\limits_{a'} E\big[H(s,a')\big]$	$a = \arg\max\limits_{a'} E\big[H(s,a')\big]$
Anreizsystem	$s = \begin{cases} \bar{F}, & \text{falls } a = \bar{a} \\ -S, & \text{sonst} \end{cases}$	$s = \begin{cases} \bar{F}+P, & \text{falls } l(a) \geq L \\ \bar{F}, & \text{sonst} \end{cases}$	$s = s(Z(a))$	$s = s(x_b)$
Koordinations-bedingungen		Budgetbedingung: $b(a) \leq B$		Verrechnungspreise: $x_b = x(a) + x_v(q,a)$

B = Ressourcenbudget
F = fixes Entgelt
G = Nutzen des Principal P
H = Nutzen des Agent A
$\bar{H}$ = Reservationsnutzen

L = Leistungsziel
P = Prämie/Bonus
−S = Sanktion
Z(a) = Unterziele

a = Aktion des A
$\bar{a}$ = Aktionsvorgabe
b(a) = Ressourcenverbrauch
l(a) = Leistungsergebnis
q = Verrechnungspreis

s = Entlohnung (Anreiz) für A
x(a) = Ergebnis für P
x_b = Bereichserfolg
$x_v(q,a)$ = verrechneter Erfolg

14.2 Übergreifende Koordinationssysteme des Controlling
Gestaltung und Kombination übergreifender Koordinationssysteme

552

richtet wird, kann eine Abstimmung mit dem Oberziel der Unternehmung und der Ausrichtung anderer Bereiche erreicht werden.

Grundmodell der Entscheidungstheorie

Geht man von der vereinfachenden Vorstellung eines Handelns entsprechend dem *Grundmodell der Entscheidungstheorie* (vgl. Laux, 1998a, S. 19 ff.) aus, so werden die Beschränkungen des Handlungsspielraums in *Nebenbedingungen* abgebildet, während die Zielausrichtung in der zu extremierenden *Zielfunktion* zum Ausdruck kommt. An dieser einfachen Modellvorstellung werden *zwei Aspekte* deutlich. *Erstens* ist das Handeln im Allgemeinen immer durch beide Komponenten beeinflusst, Handlungsbeschränkungen und Ziele. Bei einer Koordination über Budgets muss daher einerseits auch beachtet werden, dass die Agents ihre Handlungen innerhalb des ihnen gewährten Spielraums aufgrund der von ihnen verfolgten Ziele auswählen. Im Falle einer Koordination über Ziele müssen die Agents andererseits gewisse Handlungsvorgaben z.B. aufgrund der ihnen übertragenen Aufgaben einhalten und sind ihre Ressourcen in der Realität begrenzt. Budgets und Ziele bilden daher den jeweils maßgeblichen Ansatzpunkt für die Gestaltung des Controllingsystems. *Zweitens* kann ein Entscheidungsfeld auch durch die Vorgabe von Mindest- oder Höchstzielen begrenzt werden. Derartige Zielbeschränkungen sind formal ebenfalls Nebenbedingungen wie Ressourcenbeschränkungen. Dann verwischt im formalen Modell der Unterschied zwischen Beschränkungen und Zielen. Vielfach bedeutet eine derartige Vorgabe eines Anspruchsniveaus (vgl. Abschnitt 4.2.3) für ein Ziel in Form einer Nebenbedingung, dass zumindest diese Zielausprägung erreicht werden soll, aber darüber hinaus unter den verbleibenden Alternativen diejenige mit der höchsten Zielerreichung zu wählen ist. Im formalen Modell benötigt man zusätzlich zu der Nebenbedingung eine zu extremierende Zielfunktion, um zu einer Entscheidung zu gelangen. Für die Steuerung über Ziele heißt dies, dass in der Regel Zielbeschränkungen durch die Vorgabe bzw. Vereinbarung weiterer zu extremierender Ziele zu ergänzen sind.

Im Hinblick auf die Unterscheidung der beiden Controllingsysteme ist maßgebend, ob die Koordination primär an der *Beschränkung des Handelns* mit Hilfe von Budgets oder an dessen *Ausrichtung auf die zu verfolgenden Ziele* ansetzt. Da Vorgaben im Sinne von Handlungsbeschränkungen auch für Ziele gegeben werden können, wird die Zielvorgabe insbesondere in agencytheoretisch orientierten Analysen häufig ebenfalls als Budgetierung bezeichnet (vgl. insbesondere Ewert/Wagenhofer, 2000, S. 456 ff.; Demski/Feltham, 1978; Magee, 1980; Hofmann, 2001, Abschnitt 7.1.2; Kirby et al., 1991; Reichelstein, 1992; Trauzettel, 1999, S. 171 ff.). Diesem Sprachgebrauch wird hier nicht gefolgt, um herauszustellen, worin der zentrale Ansatzpunkt für die Koordination und Steuerung des Handelns liegt.

Koordination über Budgets

In Systemen der Budgetvorgabe betreffen daher die Koordinationsbedingungen primär die Zuordnung der Ressourcen auf den bzw. die Bereiche, durch welche der jeweilige Handlungsspielraum beschränkt wird. Diese bilden Vorgaben auf der Inputseite. Eine zielorientierte Steuerung ist hierdurch nur erreichbar, wenn zugleich der Output in irgendeiner Weise vorgegeben ist. An den in Kapitel 11 gekennzeichneten Techniken der Budgetvorgabe wird dies daran deutlich, dass z.B. bei der Gemeinkosten-Wertanalyse Kostensenkungsziele bei gleich bleibender Leistung oder beim Zero-Base-Budgeting Entscheidungspakete für bestimmte Leistungen mit festgelegtem Gütereinsatz ausgewählt werden. Eine präzise Formulierung des Budgetierungssystems erfordert daher neben Koordinationsbedingungen in Form von Ressourcenbeschränkungen Vorgaben über die zu erbringenden Leistungen. Diese betreffen nicht die angestrebten monetären Formalziele, sondern die durchzuführenden Aufgaben oder Sachziele (zu den Begriffen »Formalziel« und »Sachziel« vgl. Kosiol, 1966, S. 212 f.). Die outputbezogenen Vorgaben können beispielsweise in das Anreizsystem eingebunden sein, indem der Bereichsleiter eine Prämie P lediglich dann erhält, wenn er das festgelegte Leistungsergebnis oder Sachziel L mindestens erfüllt. Andernfalls verbleibt ihm nur das fixe Entgelt F.

Die *formale Analyse der Budgetvorgabe* macht damit deutlich, dass die Begrenzung des Handlungsspielraums über inputbezogene Nebenbedingungen ergänzt werden muss durch Vorgaben in Bezug auf die zu erbringenden Leistungen oder Sachziele. Auf deren Erreichung muss das Handeln der Agents entweder über ein Kontrollsystem oder insbesondere im Fall der Informationsasymmetrie mit Hilfe des Anreizsystems ausgerichtet werden. Sonst könnten die Agents die ihnen zugewiesenen Ressourcen für individuelle Ziele nutzen, die nicht dem Unternehmensziel entsprechen.

Bei der Koordination und Steuerung über Verrechnungspreise setzt das Anreizsystem entsprechend Abbildung 14-2 explizit an einem Bereichserfolg x_b der dezentralen Einheiten an. Ein spezifisches Problem, das auf die Notwendigkeit einer Kombination dieses Koordinationssystems mit der Steuerung über Zielsysteme hinweist, liegt darin, wie der Bereichserfolg gemessen und wie er mit dem Unternehmenserfolg als Zielgröße des Principal verknüpft wird (vgl. Abschnitt 7.4). An die Stelle der Budgetbedingung tritt bei diesem Koordinationssystem eine Bedingung, welche die Wirkung der Verrechnungspreise auf Bereichs- und Unternehmenserfolg erfasst. In der Darstellung von Abbildung 14-2 wird deshalb davon ausgegangen, dass sich der Bereichserfolg als Summe aus dem von den Aktionen a des Agent abhängigen Anteil am Unternehmenserfolg $x(a)$ und einem vom Verrechnungspreis q sowie den Handlungen a abhängigen Verrechnungserfolg $x_v(q,a)$ ergibt.

Koordination über Verrechnungspreise

14.2.2 Sicherung wahrheitsgemäßer Berichterstattung durch Profit Sharing und Groves-Schema

Die Unternehmensleitung kann einmal anhand ihres Informationsstandes Entscheidungen über die Ausprägung der Aufgaben und der Handlungsbeschränkungen treffen sowie zentral vorgeben. Bei Informationsasymmetrie kann es aber andererseits zweckmäßig sein, das Wissen der Bereichsleiter zu nutzen und zu einer partizipativen Festlegung der Vorgaben für Output- sowie Inputgrößen überzugehen. Wenn man entsprechend den Annahmen der Agencytheorie davon ausgeht, dass jeder Agent seinen individuellen Nutzen maximiert, wird ein an der Entscheidung mitwirkender Bereichsleiter von seinem Nutzen

Partizipative Festlegung von Budgets

14.2 Übergreifende Koordinationssysteme des Controlling
Gestaltung und Kombination übergreifender Koordinationssysteme

554

abhängig machen, welche Informationen er in den Budgetierungsprozess einbringt. Deshalb muss er über das Anreizsystem zu einer wahrheitsgemäßen Berichterstattung (vgl. hierzu Abschnitt 7.3.3.2) veranlasst werden. In das Principal Agent-Modell ist dann eine Informationsbedingung aufzunehmen, nach welcher der Nutzen H des Agent bei wahrheitsgemäßer Information zumindest so groß ist wie bei fehlerhafter Information.

Sofern die Zentrale knappe Ressourcen auf mehrere Bereiche verteilt, wird sie darüber auf der Basis der von allen Bereichen erhaltenen Berichte entscheiden. Daher sind für den Anteil des einzelnen Bereichsleiters nicht nur sein eigener, sondern auch die Berichte der anderen Manager relevant. Aus diesem Grund kann die Einhaltung der Informationsbedingung nicht mehr über Anreizsysteme wie z. B. das Weitzman-Schema (vgl. Abschnitt 7.3.3.2) erreicht werden, weil diese lediglich die Übereinstimmung zwischen der berichteten eigenen Prognose und dem tatsächlich realisierten Wert der betreffenden Größe berücksichtigen (vgl. hierzu und zum Folgenden Ewert/Wagenhofer, 2000, S. 555 ff.; 2008, S. 417 ff. und 497 ff.). Aufgrund der Mittelinterdependenz ist ein Anreizsystem erforderlich, das die Berichte aller Bereiche einbezieht. Beispiele hierfür sind das »Profit Sharing« und das »Groves-Schema«.

Profit Sharing

Beim Profit Sharing erhält jeder der insgesamt J Bereichsleiter als Entlohnung s_k neben einem fixen Entgelt F einen proportionalen Anteil α am Gesamtgewinn G der Unternehmung; letzterer ergibt sich als Summe der vom jeweiligen Ressourcen- bzw. Kapitaleinsatz R_j abhängigen Bereichsgewinne G_j und dem von der Zentrale auf dem Kapitalmarkt zum Zinssatz i angelegten Kapital R_M:

$$s_k = F + \alpha \cdot G = F + \alpha \cdot \left(\sum_{j=1}^{J} G_j\left(R_j\right) + i \cdot R_M \right) \qquad (14\text{-}1)$$

Man kann zeigen, dass die Beteiligung am Unternehmensgewinn G eine Ausrichtung der Manager auf das Gesamtziel der Unternehmung bewirkt. Sie führt dazu, dass die Manager ihr Handeln auf dieses Unternehmensziel ausrichten, weil sie dadurch die höchste Entlohnung erreichen (vgl. Ewert/Wagenhofer, 2000, S. 522; Abschnitt 7.4.2.2).

Wahrheitsgemäße Berichterstattung

Damit die Unternehmensleitung die hierzu erforderliche optimale Aufteilung der Ressourcen vornehmen kann, wird jeder Bereichsleiter wahrheitsgemäß an sie berichten, vorausgesetzt, dass auch die anderen Bereichsleiter wahrheitsgemäß berichten. Da dies für jeden von ihnen gleichermaßen gilt, bildet die wahrheitsgemäße Berichterstattung eine spieltheoretische Gleichgewichtslösung. Jedoch kann es auch andere Gleichgewichtslösungen, bei denen die Manager nicht korrekt berichten, für dieses Problem geben. Weil die Zentrale dann jedoch nicht die optimale Verteilung der Ressourcen vornehmen kann, ergibt sich hierdurch insgesamt und für alle Manager eine niedrigere Zielerreichung. Deshalb ist es für jeden von ihnen besser, sich auf die wahrheitsgemäße Information zu verständigen (vgl. Ewert/Wagenhofer, 2000, S. 560 ff.).

Ein alternatives Anreizsystem, bei dem die Entlohnung des Einzelnen nicht davon abhängt, ob die anderen Manager wahrheitsgemäß berichten oder nicht, ist das Groves-Schema (vgl. Groves, 1973; Groves/Loeb, 1979). Es verknüpft die Entlohnung eines jeden Managers mit dem tatsächlichen Gewinn seines eigenen Bereiches und den im Planungsprozess berichteten Gewinnerwartungen der anderen Bereiche. Bezeichnet man den realisierten Gewinn des Bereichs k mit G_k sowie die berichteten (Prognose-)Gewinne der anderen Bereiche j mit $\hat{G}_j$ und hängen diese Gewinne jeweils von den einsetzbaren Ressourcen R_k bzw. R_j ab, so lautet die Entlohnungsfunktion des Groves-Schemas:

Groves-Schema

$$s_k = F + \alpha \cdot \left(G_k(R_k) + \sum_{\substack{j=1 \\ j \neq k}}^{J} \hat{G}_j(R_j) + i \cdot R_M \right) \qquad (14\text{-}2)$$

Der variable Teil der Entlohnung eines jeden Managers k ist in diesem Mechanismus nicht mehr proportional zum tatsächlichen Gesamtgewinn, sondern zu einer fiktiven Gewinnsumme, die sich aus dem realisierten Gewinn $G_k(R_k)$ des betrachteten Bereichs k und den in der Planung berichteten Prognosegewinnen $\hat{G}_j(R_j)$ aller anderen Bereiche $j \neq k$ zusammensetzt. Dies hat zur Folge, dass für jeden einzelnen Bereichsleiter die beste Politik darin liegt, den (von ihm tatsächlich erwarteten) Bereichsgewinn zu berichten, der zum optimalen Gesamtgewinn der Unternehmung führt, weil die Unternehmensleitung dann die Möglichkeit hat, die optimale Ressourcenzuteilung vorzunehmen. Unabhängig von der Berichterstattung der anderen Bereiche ist es für den jeweiligen Bereichsleiter optimal, der Zentrale die zutreffenden Informationen zu liefern, damit diese die für ihn optimale Ressourcenzuteilung bestimmen kann. Wie beim Profit Sharing kann es jedoch Fälle geben, in welchen daneben andere Gleichgewichte existieren.

Im Unterschied zum Profit Sharing könnten sich die Bereichsleiter beim Groves-Schema untereinander absprechen (zur Kollusionsproblematik vgl. Krapp, 1999; Tirole, 1986). Wenn sie vereinbaren, dass jeder höhere Gewinne berichtet, als er tatsächlich erwartet, steigt für jeden die Entlohnung. Dann sind in (14-2) die Summe der berichteten Gewinne $\hat{G}_j(R_j)$ und damit die Entlohnung bei jedem Manager höher. Diese Lösung führt aber nur zu einem Gleichgewicht, wenn die Absprachen verbindlich getroffen werden können. Ansonsten kann jeder durch eine individuelle wahrheitsgemäße Berichterstattung versuchen, einen Vorteil für sich selbst zu erreichen (vgl. Budde/Göx/Luhmer, 1998). Sofern nämlich alle anderen überhöhte Gewinnerwartungen berichten und lediglich ein Bereichsleiter den tatsächlich erwarteten (und eintretenden) Gewinn angibt, ist bei ihm als einzigem die Summe der berichteten anderen Gewinne $\hat{G}_j(R_j)$ größer. Für eine exakte Analyse ist daher modellmäßig abzubilden, ob und wodurch Absprachen bei rationalem Verhalten sichergestellt werden können (vgl. auch Deliano, 2001).

Um bei partizipativer Budgetvorgabe wahrheitsgemäße Berichte an die Zentrale sicherzustellen, ist für Mechanismen wie das Profit Sharing oder das Groves-Schema darüber hinaus der Zielbezug wesentlich und setzt ihre Bemessungsgrundlage der Entlohnung am Unternehmensziel an. Mit Hilfe des Anreizsystems wird also das Handeln der Bereichsleiter auf das formale bzw.

Verknüpfung der Koordinationssysteme

14.2 Übergreifende Koordinationssysteme des Controlling
Gestaltung und Kombination übergreifender Koordinationssysteme

556

monetäre Unternehmensziel ausgerichtet. Insofern werden die Koordination über Budgets und über Ziele miteinander verknüpft. Dies ist ein Hinweis darauf, dass eine Kombination zwischen verschiedenen Koordinationssystemen zweckmäßig sein kann (vgl. schon Streim, 1975).

Dabei bietet sich vor allem eine Kombination der Ausrichtung auf das Zielsystem mit einer Koordination über die Budgetvorgabe und/oder über Verrechnungspreise an. Die Ausrichtung der dezentralen Bereichsleiter auf die Unternehmensziele kann insbesondere über das Anreizsystem erfolgen. Dadurch wird erreicht, dass die Agents ihren Handlungsspielraum im Sinne der Gesamtunternehmung ausnutzen. Dagegen werden über die Festlegung von Ressourcenbudgets oder Verrechnungspreisen für innerbetrieblich zu beziehende Einsatzgüter wie Kapital, Anlagen, Material oder Dienstleistungen explizite oder implizite Grenzen für ihr Handeln gesetzt.

14.2.3 Kombination übergreifender Koordinationssysteme

Kombination von Budgetierungs- und Zielsystemen

Wichtige Erkenntnisse über eine effiziente *Kombination* dieser Koordinationssysteme sind anhand agencytheoretischer Modelle von Christian Hofmann abgeleitet worden. Bei einem kombinierten Einsatz von Budgetierungs- und Zielsystemen (vgl. Hofmann, 2001, Kapitel 4) arbeitet er heraus, welche Bedeutung den Handlungsvorgaben über die zu erbringenden Leistungen bzw. Sachziele zukommt. Grundsätzlich kann die Unternehmung *starre* oder *flexible* Handlungsbudgets festlegen. Bei starren Budgets wird lediglich eine bestimmte, zum Beispiel hohe oder niedrige Ausprägung der zu erbringenden Sachleistung fest vorgegeben. Dagegen kann der Agent im flexiblen Fall zwischen mehreren Handlungsbudgets, also beispielsweise einer hohen, einer mittleren und einer niedrigen Erfüllung der Sachleistung wählen. Mit Hilfe von Principal Agent-Modellen lassen sich qualitative Aussagen über den zweckmäßigen Einsatz von flexiblen oder starren Handlungsbudgets begründen.

Flexible vs. starre Handlungsbudgets

Dabei zeigt sich beispielsweise, dass *flexible Handlungsbudgets* nur dann überlegen sind, wenn die Aktionen des Agent relativ große Produktivitätsunterschiede aufweisen und die Wahrscheinlichkeit für eine hohe Produktivität seines Arbeitseinsatzes im Falle positiver Anstrengung niedrig ist (vgl. Hofmann, 2001, Abschnitt 4.3). Die Produktivität bringt zum Ausdruck, in welchem Ausmaß der Agent durch seine Anstrengungen den Erfolg beeinflussen kann. Für den Principal ist sie ein nicht beobachtbarer Umweltzustand. Sofern die Unternehmensleitung die Handlungsvorgaben ohne Partizipation des Agent festlegt, hängt die zweckmäßige Auswahl eines starren oder flexiblen Budgetierungssystems nur von der Informationsasymmetrie zwischen Unternehmensleitung und Bereichsleiter ab. Flexible Handlungsbudgets sind eher dann geeignet, wenn nach Einschätzung der Unternehmensleitung mehrere relevante Umweltzustände bestehen, die sich ausreichend voneinander unterscheiden. In den entwickelten Modellen erweisen sie sich als unabhängig von der Risikoeinstellung des Bereichsleiters und der Varianz des vom Agent durchgeführten Produktionsprozesses. Eine Vorgabe *starrer Handlungsbudgets* ist demgegenüber bei geringen Unterschieden der Produktivitäten effizient. In diesem Fall ist es günstiger, auf eine Differenzierung der Leistungsziele für verschiedene Umweltzustände zu verzichten.

Geht man auf eine partizipative Budgetvorgabe über, so umfassen die von Hofmann entwickelten Modelle Bedingungen für eine wahrheitsgemäße Berichterstattung. Durch eine berichtsabhängige Festlegung der Handlungsbudgets vergrößert sich der Einsatzbereich flexibler Budgets. Jedoch verringern sich die Effizienzunterschiede zur Vorgabe starrer Budgets mit zunehmender Varianz des Produktionsprozesses sowie Risiko- und Arbeitsaversion des Agent (vgl. Hofmann, 2001, Abschnitt 4.5). Diese Größen beeinflussen auch den *Kommunikationswert* (vgl. Melumad/Reichelstein, 1989; Christensen, 1981) der berichtsabhängigen Steuerung. Je kleiner dieser Wert der Information ist, desto weniger lohnt sich eine Beteiligung des Bereichsleiters an der Budgetfestlegung. Der Kommunikationswert und damit dessen Partizipation sinkt mit zunehmender Varianz und ist bei starren Budgets relativ niedrig. Vorteilhaft ist eine berichtsabhängige Festlegung der Budgets bei deutlichen Produktivitätsunterschieden zwischen den möglichen Aktionen des Agent, vergleichbaren Erwartungswerten der Produktivitäten und moderaten Unsicherheiten des Produktionsprozesses.

Partizipative Budget-vorgabe

Die Kombination der Koordination über Zielsysteme mit Budget- oder Verrechnungspreissystemen wird von Hofmann im Hinblick auf die Steuerung von Investitionsentscheidungen untersucht (vgl. Hofmann, 2001, Kapitel 5). Dabei nimmt er an, dass die Unternehmensleitung dem dezentralen Bereich im Fall der Budgetvorgabe einen bestimmten Kapitalbetrag zur Verfügung stellt, während sie bei der Koordination über Verrechnungspreise die Kapitalkosten vorgibt. In beiden Koordinationssystemen gehen die von der Unternehmung zu bezahlenden Kapitalkosten in die Zielfunktion des Principal ein. Bei Systemen der Budgetvorgabe enthält das Principal Agent-Modell eine Budgetbedingung entsprechend Abbildung 14-2. Dagegen werden bei der Steuerung über Verrechnungspreise das Bereichsergebnis und damit die variable Vergütung des Bereichsleiters um die mit dem internen Verrechnungspreis berechneten Kapitalkosten vermindert.

Kombination Ziel-mit Budget- oder VP-Systemen

Wenn die Zuweisung eines Investitionsbudgets bzw. die Bestimmung des Verrechnungspreises von einem Bericht des Bereichsleiters über die mit den Investitionen verbundenen Zahlungsströme abhängig gemacht wird, muss eine zusätzliche Informationsbedingung die *wahrheitsgemäße Berichterstattung* sicherstellen. Darüber hinaus ist dann zu berücksichtigen, dass die Unternehmensleitung nach Eingang der (korrekten) Berichte ein Interesse an einer Änderung des Anreizsystems haben könnte. Da rationale Agents eine derartige Möglichkeit der Nachverhandlung in ihre Überlegungen einbeziehen (vgl. die Kennzeichnung des Hold-up-Problems in Abschnitt 3.4.1.2), werden sie nicht bereit sein, den ursprünglich unterstellten Vertrag zu schließen bzw. wahrheitsgemäß zu berichten. Um dieses Problem auszuschließen, ist für beide Koordinationssysteme in die ursprüngliche Modellformulierung eine Nebenbedingung aufzunehmen, welche die »*Nachverhandlungssicherheit*« gewährleistet. Diese verlangt, dass der

14.2 Übergreifende Koordinationssysteme des Controlling
Gestaltung und Kombination übergreifender Koordinationssysteme

558

Nutzen des Agent aus dem neuen Vertrag nach der Berichterstattung zumindest dem Nutzen des Vertrages vor Informationszugang entsprechen muss. Eine solche Bedingung ist nicht notwendig, wenn sich der Verzicht auf eine Vertragsanpassung für den Principal längerfristig lohnt und deshalb seine Bindung bzw. sein Commitment an den ursprünglichen Vertrag glaubwürdig ist.

Koordination über Investitionsbudgets oder VP

Aus der Untersuchung von Hofmann ergibt sich, dass die Koordination über Investitionsbudgets und über Verrechnungspreise für die zugrunde gelegten Modelle bei

▸ relativ hohen Zinssätzen,
▸ eher geringen Produktivitätsunterschieden der Arbeitseinsätze der Bereichsleiter und
▸ hoher Varianz des Produktionsprozesses

sowie auch im Fall

▸ einer relativ hohen Wahrscheinlichkeit für eine hohe Produktivität der Arbeitseinsätze

zu *identischen Ergebnissen* zugunsten der Unternehmensleitung führen. Dabei liegen entweder nachverhandlungssichere Verträge vor oder wird bei niedriger Produktivität auf Anreize zum Arbeitseinsatz verzichtet. Einen wichtigen *Unterschied* der beiden Systeme sieht Hofmann darin, dass Verrechnungspreise weniger flexibel als Investitionsbudgets sind. Ihre Starrheit, wie sie besonders bei einer Verwendung von Marktpreisen vorliegt, hat die positive Wirkung, dass Verrechnungspreise die Möglichkeiten zum Nachverhandeln verringern. Daraus ergibt sich ein Trade off zwischen der Flexibilität einer Steuerung über Budgets und einer Einschränkung des Nachverhandlungspotenzials. Soweit eine Steuerung über Preise zweckmäßig ist, werden hierzu Marktpreise herangezogen. Dieser Fall zeigt sich vor allem als günstig bei kurzfristiger Ausrichtung der Unternehmensleitung, geringer Informationsasymmetrie und relativ hoher Prozesssicherheit.

Anwendungsbereiche der Koordinationssysteme

Tendenziell vermutet Hofmann aufgrund seiner Modellanalyse (vgl. Hofmann, 2001, Abschnitt 5.4.2), dass eine Koordination und Steuerung über *Budgets* eher bei großen Sparten des Investitionsgüterbereichs und bei Standardprodukten für personalintensive Dienstleistungen auf erschlossenen Märkten vorteilhaft ist. Dagegen können sich *Verrechnungspreise* und *Investitionsbudgets* bei Unternehmungen der Konsumgüterindustrie mit kleinen Geschäftsbereichen als gleich effizient erweisen, wenn sie innovative Produkte auf neuen Märkten anbieten und eine anlagenintensive Lagerfertigung betreiben. Die beispielhaften Modellauswertungen für alternative Parameterkonstellationen deuten jedoch darauf hin, dass Systeme der Budgetvorgabe der Steuerung über Preise in einem größeren Anwendungsbereich überlegen sind. Hofmann konnte aus seinen agencytheoretischen Modellen kaum Bedingungen für eine Vorteilhaftigkeit der *Steuerung über Verrechnungspreise* finden. Dieses Ergebnis steht in Einklang mit der mehrfach beobachteten geringeren Nutzung von Verrechnungspreisen als übergreifendes Koordinationssystem der Praxis (vgl. beispielsweise Frese/Glaser, 1980, S. 119 ff.; Küpper/Winckler/Zhang, 1990, S. 439 f.; Küpper, 1992a, S. 130 f.).

Wiederholungsfragen Kapitel 14

1. Beschreiben Sie den Zusammenhang zwischen der Delegation von Entscheidungskompetenzen und den übergreifenden Koordinationssystemen.
2. Arbeiten Sie heraus, wie sich die Differenzierung der Planung mit den übergreifenden Koordinationssystemen verändert.
3. Diskutieren Sie, welche unterschiedlichen Anforderungen die übergreifenden Koordinationssysteme an das Informationssystem stellen.
4. Vergleichen Sie, auf welche Weise und in welchem Umfang
   ▸ Planvorgaben,
   ▸ Budgets,
   ▸ Zielvorgaben und
   ▸ Verrechnungspreise
   die Controllingfunktionen Koordination, Zielausrichtung und Innovation erfüllen.
5. Kennzeichnen Sie, inwiefern man die übergreifenden Koordinationssysteme in ein Kontinuum zwischen Hierarchie und Markt einordnen kann.
6. Welche Aussagen lassen sich mit Hilfe der Transaktionskostentheorie über die Koordinationssysteme treffen?
7. Wie lassen sich die übergreifenden Koordinationssysteme mit Hilfe des Grundmodells der Entscheidungstheorie beschreiben?
8. Vergleichen Sie das Profit Sharing mit dem Groves-Schema.
9. Beschreiben Sie eine Möglichkeit zur Kombination von Budgetierungs- und Zielsystemen.
10. Kennzeichnen Sie eine Entscheidungssituation, die eine Kombination von Ziel- mit Budget- oder Verrechnungspreissystemen sinnvoll macht.

Aufgaben Kapitel 14

1. Vergleichen Sie Kennzahlen- und Zielsysteme mit Budgetierungssystemen in Bezug auf
   ▸ wichtige Bestimmungsgrößen für die Festlegung von Kennzahlen/Zielen bzw. Budgets,
   ▸ ihren Delegationsgrad,
   ▸ ihren Partizipationsgrad,
   ▸ ihre Planungsfolge,
   ▸ ihre Kontrollform.
2. Vergleichen Sie Budgetierungs- und Lenkungspreissysteme im Hinblick auf folgende Merkmale:
   ▸ Funktionen von Budgets bzw. von Lenkungspreisen,
   ▸ Gestaltungsmöglichkeiten von Budgets bzw. Lenkungspreisen,
   ▸ Verfahren zur Bestimmung von Budgets bzw. Lenkungspreisen sowie
   ▸ den Möglichkeiten der theoretischen Fundierung der Vorgabe von Budgets bzw. Lenkungspreisen.

1.

	Kennzahlen- und Zielsysteme	Budgetierungssysteme
Wichtige Bestimmungsgrößen	‣ Marktbedingungen ‣ Strategie des Unternehmens ‣ Steuerungszweck	‣ Planungsbedingungen ‣ Produktionsbedingungen ‣ Aufbauorganisation der Unternehmung
Delegationsgrad	mittel bis stark	gering: Budgetfestlegung zentral, Delegation operativer Maßnahmen
Partizipationsgrad	mittel bis stark: Partizipation durch Zielvereinbarung & z. T. bei zentralen Entscheidungen	Gering bei Top-down Budgetierung, stark bei Bottom-up-Budgetierung
Planungsfolge	‣ Top-down ‣ Gegenstromverfahren	‣ Top-down ‣ Bottom up ‣ Gegenstromverfahren
Kontrollform	‣ Ergebniskontrollen ‣ Eigenkontrollen ‣ Verhaltenskontrollen	Ergebniskontrollen

2.

	Budgetierungssysteme	Lenkungspreissysteme
Funktionen	‣ Motivationsfunktion ‣ Koordinationsfunktion ‣ Bewilligungs- und Allokationsfunktion ‣ Vorgabefunktion ‣ Initiierungsfunktion ‣ Kontrollfunktion	‣ Motivations- und Anreizfunktion ‣ Koordinationsfunktion ‣ Erfolgsermittlungsfunktion
Gestaltungs-möglichkeiten	‣ Für alle Wert- und Mengengrößen der Unternehmung verwendbar (nicht nur Kosten bzw. Ausgaben) ‣ Fristigkeit ‣ Partizipationsgrad ‣ Flexibilität	‣ Gültigkeitsdauer ‣ Anzahl an Verrechnungspreisen ‣ Grad der Einbindung der Zentrale
Verfahren zur Bestimmung	‣ Problemorientierte Techniken: – Entscheidungsmodelle – Prognosemodelle ‣ Verfahrensorientierte Techniken: – Inputorientiert – Outputorientiert	‣ Marktorientierte Herleitung ‣ Kostenorientierte Herleitung – Grenzkostenorientiert – Entscheidungsfeld-orientiert – Vollkostenorientiert ‣ Knappheitsorientiert ‣ Aus Verhandlungen
Möglichkeiten der theoretischen Fundierung der Vorgabe	‣ Agencytheoretische Modelle ‣ Verhaltens-Experimente ‣ Empirische Befragungen	‣ Optimierungsmodelle ‣ Agencytheoretische Modelle ‣ Spieltheoretische Ansätze

Teil IV
Aufgaben und Instrumente des bereichsbezogenen Controlling

15 Abgrenzung des Bereichs-Controlling

Die Praxis zeigt, dass es – nicht zuletzt beeinflusst von der Größe einer Unternehmung – häufig zu einer Dezentralisierung des Controlling kommt: weg von einem zentralen Controlling hin zu einem Bereichs-Controlling mit entsprechender funktionsspezifischer Ausrichtung. Die damit zusammenhängende Auslagerung von Aufgaben und Funktionen des Controlling in Teilbereiche der Unternehmung kann sinnvoll sein, erfordert jedoch eine Verknüpfung mit dem Zielsystem sowie dem bereichsübergreifenden, zentralen Controlling. Ausgangspunkt einer Herausarbeitung der Aufgaben und Instrumente eines bereichsbezogenen Controlling kann die Trennung zwischen Führungs- und Leistungssystem sein, aber auch die Ausrichtung auf einzelne Branchen oder Industriezweige.

15.1 Konzeption und Ausprägungen des Bereichs-Controlling

Die Funktion Controlling ist auch in den Einzelbereichen zu erfüllen. Seine Aufgaben hängen vom jeweiligen Verständnis dieser Funktion ab. Nachfolgend wird gezeigt, wie man systematisch zu unterschiedlichen Ausprägungen des Bereichs-Controlling gelangt.

Obwohl die Diskussion über den Gegenstand und die Aufgaben des Controlling noch nicht abgeschlossen ist, wird es auf die verschiedensten Einzelbereiche übertragen. In Zeitschriften zum Controlling findet man eine Vielzahl von Beiträgen vom Marketing- bis zum Öko-Controlling (vgl. z.B. die Zeitschriften Controller Magazin, Controlling, Zeitschrift für Controlling und Management). Seiner Anwendung auf Funktions- und andere Teilbereiche der Unternehmung, auf Wirtschaftszweige oder spezifische Probleme wie die Umweltbelastung (vgl. z.B. Wagner, 1993) scheinen keine Grenzen gesetzt zu sein. Es fragt sich, ob eine Inflation von Controlling-Anwendungen nicht zu einer Aushöhlung seiner Bedeutung führt, weil es mit einer zu großen Fülle an Aufgaben und Instrumenten verbunden wird.

In der Praxis ist ein relativ großes Interesse an Fragen eines bereichsbezogenen Controlling zu beobachten. Kongresse beispielsweise zum Logistik-, Marketing- und Personal-Controlling sind gut besucht. Gegenüber der Schaffung von Abteilungen und Stellen eines dezentralen Controlling schien lange gewisse Zurückhaltung zu bestehen, wie die Umfrageergebnisse in Abbildung 15-1 veranschaulichen (Küpper, 1991 g, S. 246; vgl. auch Reichmann/Kleinschnittger/Kemper, 1988, S. 34 f., sowie Landsberg/Mayer, 1988, S. 66 f.).

Interesse der Praxis

Abb. 15-1

Zentrales und dezentrales Controlling

Organisatorische Eingliederung der Controlling-Stellen	Zahl der Unternehmen
Zentrale Controlling-Abteilung	176 (80,2%)
Controlling-Gruppen in den Funktionsbereichen	55 (25,3%)
Controlling-Gruppen in den Geschäftsbereichen	40 (18,4%)
Sonstige	16 (7,4%)
Summe	217 (100,0%)

Küpper/Winckler/Zhang, 1990, S. 440

Ansatzpunkte für Bereichs-Controlling

Um die Aufgaben und Instrumente eines bereichsbezogenen Controlling herauszuarbeiten, kann von der in Abschnitt 1.4.1 zugrunde gelegten Trennung zwischen Führungs- und Leistungssystem ausgegangen werden. In den Leistungsprozessen der Forschung und Entwicklung (F&E), Beschaffung, Fertigung und des Absatzes bzw. Marketing werden unterschiedliche Güter oder Produktionsfaktoren eingesetzt und miteinander kombiniert, um Güter zu erstellen bzw. zu verwerten. Als wichtigste Einsatzgüterarten kann man Material, die vom Personal erbrachte menschliche Arbeit, die Nutzung von Anlagen (insbesondere maschinelle Arbeit), Informationen und Nominalgüter unterscheiden. Mit den beiden Dimensionen (Umlauf-)Phasen und Güter(-arten) lässt sich der Leistungsvollzug entsprechend Abbildung 15-2 systematisieren.

Übertragung der Controllingfunktion auf Teilbereiche des Leitungssystems

Diese vereinfachte Klassifizierung ist geeignet, die Aufgaben eines bereichsbezogenen Controlling innerhalb der Unternehmung herauszuarbeiten. Dessen Gegenstand ergibt sich durch Übertragung der Controllingfunktion auf einzelne Teilbereiche des Leistungssystems.

Eine noch weitergehende Differenzierung lässt sich durch die Berücksichtigung zusätzlicher Dimensionen vornehmen (vgl. Weber, 1993a, Sp. 301ff.). Nach dem spezifischen Produktionsprogramm der Unternehmung kann man Wirtschaftszweige wie Industrie, Handel, Banken, Verkehr, Versicherungen, Wirtschaftsprüfung usw. und öffentliche Unternehmungen oder Verwaltungen wie Hochschulen, Krankenhäuser u.a. unterscheiden. Damit gelangt man zur Herausarbeitung charakteristischer Controllingaufgaben und -instrumente in einzelnen Branchen und Institutionen.

Die Leistungsprozesse vollziehen sich in den zu einer Unternehmung gehörenden *Teileinheiten*, den Betriebsstätten, Werken, Tochter- und Muttergesellschaften. Für größere Aufgaben werden häufig Projekte definiert. Jede Teileinheit besitzt ein Führungssystem. Sofern die in ihm auftretenden Controllingprobleme eigenständigen Charakter aufweisen, bietet es sich an, diese gesondert zu analysieren und von einem eigenständigen Bereichs-Controlling zu sprechen. Auf diesem Weg kann man zu den Aufgaben eines Werks-, Beteiligungs- sowie Konzern-Controlling und eines Projekt-Controlling gelangen.

Abb. 15-2

Leistungssystem und Führungssystem der Unternehmung

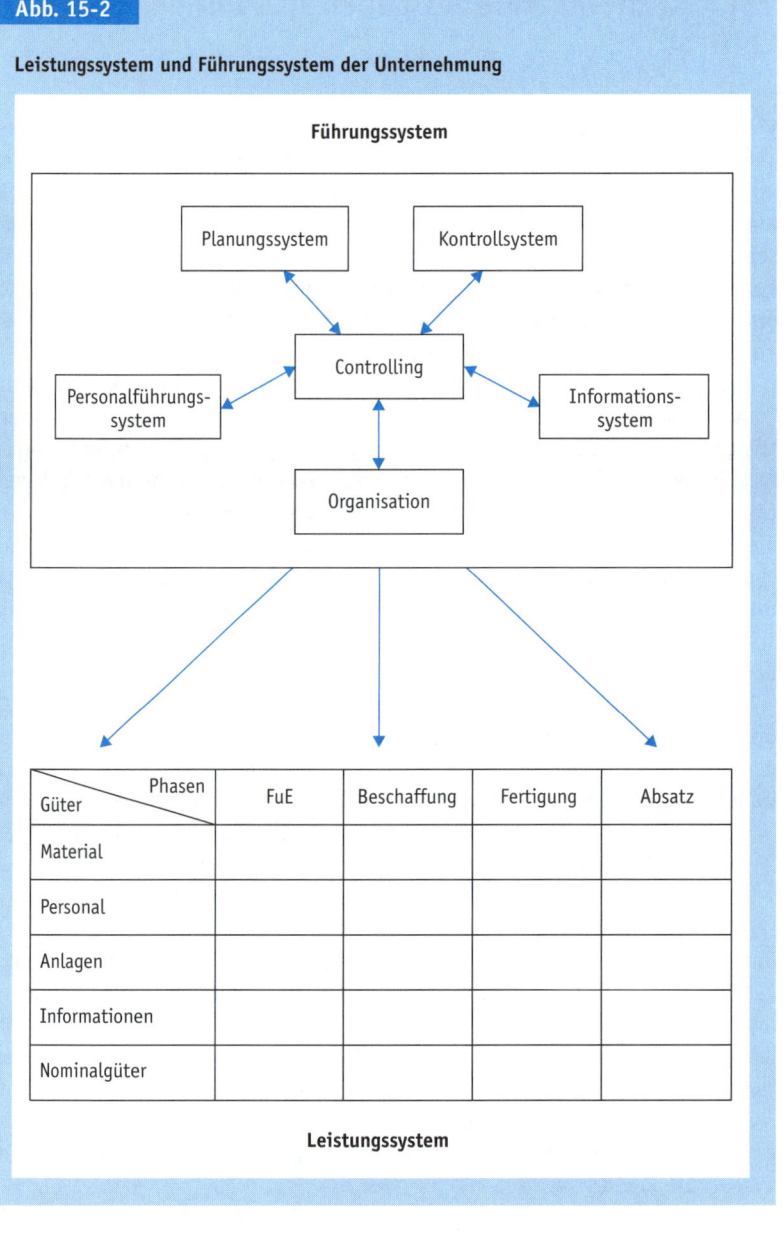

Leistungssystem

15.2 Grundlegende Aufgaben des Bereichs-Controlling

Vielfach sind die Teilsysteme der Führung in einzelnen Bereichen speziell ausgebaut. Einzelne Leistungsbereiche müssen in bestimmter Weise organisiert, eigens geplant sowie kontrolliert werden. Die Unternehmensrechnung kann z. B. eine Marketing-Erfolgsrechnung enthalten. Ferner kann ein bereichsspezifisches Anreizsystem bestehen. Durch die Entwicklung derartiger Führungsteilsysteme für den Einzelbereich entstehen spezifische Interdependenzen und Koordinationsprobleme. Sie bilden den Kern für die Kennzeichnung der Aufgaben eines bereichsbezogenen Controlling.

Auch bei der Kennzeichnung bereichsbezogener Controllingaufgaben ist die Trennung zwischen Funktion und Organisation des Controlling zu beachten. Mit der Herausarbeitung charakteristischer Merkmale von Controllingaufgaben in einzelnen Bereichen ist nicht verbunden, dass ihre Übertragung auf dezentrale Controllingstellen zweckmäßig sein muss. Sie kann vielmehr dazu dienen, die Besonderheiten des Controlling in dem betreffenden Bereich zu verdeutlichen. Erst eine Untersuchung der Rahmenbedingungen sowie der Gesamtorganisation einer Unternehmung kann zeigen, ob eine organisatorische Verselbständigung des Bereichs-Controlling zu einer besseren Zielerreichung beiträgt oder nicht.

Richtungen der Koordination

Die Koordination des Führungssystems für einen bestimmten Bereich betrifft diesen selbst, jedoch auch die Beziehungen zur Gesamtunternehmung und zu den anderen Bereichen. Daraus ergeben sich drei Richtungen der Koordination, in denen die Aufgaben des jeweiligen Bereichs-Controlling liegen:
▸ die Koordination der Führungsteilsysteme im jeweiligen Bereich,
▸ die Koordination mit dem Unternehmens-Controlling und
▸ die Koordination mit dem dezentralen Controlling anderer Bereiche.

Koordination im Bereich

Die in Teil II (Kapitel 4 bis 8) für das (Unternehmens-)Controlling herausgearbeiteten Aufgaben bestehen grundsätzlich in jedem Bereich. Sie treten jedoch mit unterschiedlichem Gewicht auf, das einmal von den spezifischen Merkmalen des Bereichs abhängt. Ferner ist ihre Bedeutung umso größer, je weiter dessen Führungsteilsysteme ausgebaut sind. So wird beispielsweise eine Abstimmung des Informationssystems auf den Informationsbedarf zum Gegenstand eines bereichsbezogenen Controlling, wenn der betreffende Bereich über eine ausgebaute Planung verfügt.

Koordination mit Unternehmens-Controlling

Die Koordinationsaufgaben gehen jedoch über die Abstimmung der Führungsteilsysteme innerhalb des Bereichs hinaus. Dessen Führung ist in die Führung der Gesamtunternehmung einzuordnen. Daraus ergeben sich Beziehungen zum Unternehmens-Controlling. Vor allem sind die jeweiligen Führungsteilsysteme mit den entsprechenden Systemen der Gesamtunternehmung zu verknüpfen. So sind Rechnungssysteme der Bereiche in die gesamte Unternehmensrechnung oder die Bereichsplanung in die Gesamtplanung einzubinden.

Mit der Konzentration auf einen Bereich geraten Interdependenzen zu den Führungssystemen anderer Bereiche der Unternehmung außer Sicht. Damit erwächst dem Bereichs-Controlling ein drittes Aufgabenfeld, das sich auf die Koordination zwischen den Führungsteilsystemen verschiedener Bereiche bezieht. An ihm zeigt sich eine typische *Schnittstellenfunktion* des bereichsbezogenen Controlling.

Koordination mit anderen Bereichen

Diese grundsätzlich gekennzeichneten Aufgaben lassen sich an den verschiedenen Ausprägungen des Bereichs-Controlling konkretisieren. Nach der in Abbildung 15-2 vorgenommenen Klassifikation des Leistungssystems führt die horizontale Gliederung zu *phasen- oder funktionsbezogenen*, die vertikale zu *güter- oder faktorbezogenen* Typen des Bereichs-Controlling. Die sich aus der koordinationsorientierten Konzeption ergebende Kennzeichnung seiner spezifischen Aufgaben und Instrumente soll im Folgenden am Marketing-, Logistik-, Personal- und Investitions-Controlling sowie dem Hochschul-Controlling für eine Institution aus dem öffentlichen Bereich beispielhaft verdeutlicht werden.

Typen des Bereichs-Controlling

Wiederholungsfragen Kapitel 15

1. *Wie lassen sich Zentralcontrolling und Bereichs-Controlling voneinander abgrenzen? Inwiefern bestehen Überschneidungen?*
2. *Wie lassen sich die Aufgaben und Instrumente eines bereichsbezogenen Controlling systematisch herausarbeiten?*
3. *Worin bestehen die grundlegenden Aufgaben des Bereichs-Controlling?*

Aufgaben und Lösungen zu Kapitel 15 finden Sie am Ende von Kapitel 20.

16 Aufgaben und Instrumente des Marketing-Controlling

Das Marketing-Controlling beinhaltet neben der Informationsgewinnung und -bereitstellung vor allem die Abstimmung zwischen Informationssystem, Planung, Kontrolle, Personalführung und Organisation innerhalb des Marketing. Dabei kommt – neben der Ausrichtung an den Unternehmenszielen – der frühzeitigen Antizipation von Änderungen auf dem Absatzmarkt und der Unternehmensumwelt eine besondere Bedeutung zu.

16.1 Gegenstand des Marketing-Controlling

Die grundlegenden Aufgaben des Marketing-Controlling lassen sich durch Übertragung der Zwecksetzungen des Controlling auf das Marketing herleiten.

Nach der hier entwickelten Konzeption ist die zentrale Funktion eines Marketing-Controlling in der Koordination der Führungsteilsysteme im Marketing zu sehen. Geht man von der in Abbildung 15-2 vorgenommenen Systematisierung aus, so handelt es sich hierbei um die Übertragung der Controllingaufgaben auf die Absatzfunktion. Mit der weitgehend verwendeten Bezeichnung (vgl. Palloks, 1991, S. 21 ff.) Marketing- statt Absatz-Controlling wird die konsequente Ausrichtung auf gegenwärtige und künftige Marktbeziehungen zum Ausdruck gebracht (vgl. Meffert, 1986, S. 31 f.).

Übertragung der Controllingaufgaben

Dies könnte man so weit fassen, dass darin auch die Marktorientierung der Beschaffungsseite eingeschlossen wäre. Im Hinblick auf die weithin übliche Vorgehensweise wird dem hier nicht gefolgt. Vielmehr steht die auf den Kunden gerichtete Marktorientierung im Vordergrund (vgl. Palloks, 1991, S. 42 ff.). Damit lässt sich eine klare Abgrenzung zum Beschaffungs-Controlling vornehmen. Während sich das (absatzorientierte) Marketing-Controlling auf jene Marktaktivitäten bezieht, die der Verwertung der Unternehmensprodukte dienen, ist das Beschaffungs-Controlling auf die Bereitstellung von Einsatzgütern gerichtet.

Kundengerichtete Marktorientierung

Wegen der zentralen Bedeutung des Marketing für die Erfolgserzielung sind dessen Führungsteilsysteme vielfach weit ausgebaut. Dies gilt besonders für die Planung und Kontrolle von Marketingaktivitäten sowie die Informationsbereitstellung für das Marketing. Darüber hinaus werden zur Steuerung der Mitarbeiter dieses Bereichs häufig eine eigene Marketingorganisation und spezifische Anreizsysteme eingerichtet. Die Koordination zwischen diesen Führungsteilsystemen des Marketing bildet den Kern für die Abgrenzung seiner Controllingaufgaben. Die *Schwerpunkte* liegen dabei in

Koordinationsfunktion

▸ der Ausrichtung der Informationsgewinnung und -bereitstellung auf den Bedarf von Marketingplanung und -kontrolle,

‣ der Koordination der Marketingplanung,
‣ der Abstimmung zwischen Marketingplanung und -kontrolle sowie
‣ der Koordination zwischen Planung, Kontrolle und Personalführung innerhalb des Marketing.

Diese Aufgaben betreffen die Abstimmung in diesem Bereich. Vor allem in den Beziehungen zur Unternehmensrechnung und zur Unternehmensplanung gehen sie jedoch über ihn hinaus.

Zielausrichtungsfunktion

Den abgeleiteten Controllingfunktionen der Zielausrichtung und der Anpassung an Umweltentwicklungen (vgl. Abschnitt 1.4.2) kommt im Marketing-Controlling eine besondere Bedeutung zu. Da Marketingaktivitäten auf die Verwertung der Unternehmensprodukte gerichtet sind, schlagen sie sich primär in der Erlöskomponente des Erfolgs nieder. Zudem haben in diesem Bereich nichtmonetäre Ziele großes Gewicht. Daraus erwachsen spezifische Aufgaben der Koordination der spezifischen Marketingziele mit den Gesamtzielen der Unternehmung.

Anpassungsfunktion

Die Bedeutung der Anpassungsfunktion ergibt sich daraus, dass der Absatzmarkt i. d. R. die wichtigste Schnittstelle zur Umwelt der Unternehmung bildet. Die Reaktionen auf Umweltänderungen und ggf. deren Beeinflussung sind grundlegende Bestimmungsgrößen für den künftigen Erfolg der Unternehmung. Umweltänderungen lassen sich über Informationssysteme erkennen. Dies erklärt, warum die Informationsversorgung und die Gestaltung geeigneter Informationssysteme als zentrale Funktionen des Marketing-Controlling angesehen werden (vgl. z.B. Palloks, 1991, S. 134 ff. oder Köhler, 1993a, S. 279 ff.).

16.2 Spezifische Aufgaben des Marketing-Controlling

Aus der Zielsetzung des Marketing lassen sich zwei in besonderem Maße relevante Controlling-Aufgaben ableiten: Dies sind zum einen die Koordination von Informationsversorgung und Planung, zum anderen die Koordination zwischen Planung, Kontrolle und Personalführung sowie der Organisation im Marketing.

16.2.1 Koordination der Informationsversorgung des Marketing

Die Koordinationsaufgabe im Hinblick auf das Marketing-Informationssystem erstreckt sich in mehrere Richtungen. An der Schnittstelle zwischen (Absatz-)Markt und Unternehmung benötigt man sowohl Markt- als auch Unternehmensdaten. Neben Informationen für operative und taktische Entscheidungen gewinnen in diesem Bereich strategisch relevante Daten eine besondere Bedeutung, für die spezifische Informationsinstrumente eingesetzt werden müssen.

Qualitative und quantitative Daten

Marktdaten und strategische Daten sind vielfach nicht quantitativ messbar. Aussagen über Produkteigenschaften, Kundenstrukturen, Marketingaktivitäten

u. Ä. oder über Geschäftsfelder, Technologieentwicklungen usw. lassen sich häufig nur klassifikatorisch oder komparativ wiedergeben. Deshalb müssen qualitative ebenso wie quantitative Daten verarbeitet werden. Unter den quantitativen Informationen spielen im Marketing Mengen-, Zeit- und andere Größen, z. B. für Marktanteile oder Marktdurchdringung eine zentrale Rolle. Daraus folgt, dass im Informationssystem qualitative und quantitative sowie verschiedene Arten von Daten miteinander verknüpft werden müssen. Vor allem verlangen sie eine Verbindung der Daten mit den im Zielsystem enthaltenen Erfolgsgrößen. Das Marketing-Controlling muss daher eine Schnittstellenfunktion zwischen Unternehmensrechnung und Marketing-Informationssystem wahrnehmen (vgl. Köhler, 1993a, S. 260).

Die Informationsbedarfsermittlung erstreckt sich im *strategischen* Bereich vor allem auf die längerfristigen Entwicklungen bei der Nachfrage, im Wettbewerb und in der Umwelt. Veränderungen in diesen Gebieten sollen möglichst frühzeitig erkannt werden. Die Informationsgewinnung dient in besonderem Maße »der Suche nach erfolgversprechenden künftigen Angebotsbereichen« (Köhler, 1993a, S. 258). Man kann sie auf die zu erfüllenden Funktionen, die einsetzbaren Technologien und die ansprechbaren Nachfragergruppen ausrichten (vgl. Abell, 1980). Dann lassen sich aus den vom Markt geforderten Funktionen Bedarfsmerkmale für künftige Produkte ableiten. Die zu ihrer Herstellung geeigneten Technologien sind für die längerfristige Gestaltung der Produktion und des absatzpolitischen Instrumentariums bedeutsam. Mit den potenziellen Nachfragergruppen werden künftig relevante Marktsegmente erkennbar.

Im *taktisch-operativen* Bereich betrifft die Abstimmung zwischen Informationsbedarf und Informationssystem in erster Linie die Gestaltung der Unternehmensrechnung. Durch sie sind die für absatzpolitische Entscheidungen benötigten Informationen bereitzustellen. Damit werden die im Marketing eingesetzten Instrumente und deren »Mix« zu einer maßgeblichen Bestimmungsgröße für die Gestaltung der absatzbezogenen Teile der Unternehmensrechnung. Dies betrifft einerseits die erfolgszielorientierten Teilsysteme, d. h. die Kosten- und Erlösrechnung sowie die Investitionsrechnung. Durch ihren Ausbau gelangt man zu einem »Marketing Accounting«. Zum anderen muss mit Systemen der Marktforschung der Bedarf an Marktdaten gedeckt werden.

Informationsbedarfs-ermittlung

Gestaltung der Unternehmensrechnung

16.2.2 Koordination der Marketing-Planung

Im Hinblick auf die Koordination der Marketing-Planung sind vier Aufgabenschwerpunkte des Marketing-Controlling herauszustellen:
▸ die Koordination von Marketingzielen,
▸ die Abstimmung innerhalb des Marketing-Mix,
▸ die Verknüpfung der strategischen mit der taktisch-operativen Marketing-Planung und
▸ die Koordination der Marketing- mit der Unternehmensplanung.

Marketing-Zielplanung

In der Marketing-Zielplanung (vgl. hierzu Köhler, 1993a, S. 263 f.) stellt sich insbesondere das Problem der Verknüpfung zwischen nichtmonetären Zielen und den monetären Erfolgsgrößen, die im Zielsystem der Unternehmung i. d. R. eine zentrale Rolle einnehmen. Sowohl in der strategischen als auch in der taktisch-operativen Planung arbeitet man häufig mit nichtmonetären Zielgrößen. Charakteristische Beispiele sind Bekanntheitsgrade von Produkten und Erinnerungswerte bei Werbebotschaften, Einstellungen von Nachfragern, Image-Positionen von Produkten, Distributionsgrade, Maße der Marktpenetration oder Wiederkaufsraten. Vielfach lassen sich die Wirkungen absatzpolitischer Maßnahmen auf diese Größen (z. B. bei Preisänderungen, Werbemaßnahmen) messen. Dagegen ist ihr Einfluss auf Erfolgsgrößen wie Umsatz, Deckungsbeitrag, Periodengewinn kaum isolierbar, weil diese von mehreren Bestimmungsfaktoren abhängen. Man benötigt jedoch operationale Größen, um zumindest die unmittelbare Wirkung einzelner marketingpolitischer Maßnahmen bestimmen zu können.

Verknüpfung mit übergeordneten Erfolgszielen

Auch wenn sich Interdependenzen zwischen den externen Einflussgrößen und den Marketingaktivitäten nur schwer erfassen lassen, verbleibt die Aufgabe, den Bezug zu den im Allgemeinen übergeordneten Erfolgszielen herzustellen. Deshalb müssen die operationalen Marketingziele zumindest näherungsweise mit den Oberzielen verknüpft werden. Man muss die Kosten- und Erlöskonsequenzen der einzelnen Maßnahmen des Marketing und ihrer jeweiligen Mischung auf die ökonomischen Ziele abschätzen. Die Durchführung entsprechender Wirkungsprognosen erfordert die Verknüpfung von Marketingwissen mit Kenntnissen, wie sie in der Erfolgsplanung genutzt werden.

Marketing-Mix

Das absatz- oder marketingpolitische Instrumentarium wird i. d. R. in die Bereiche Produkt- und Sortiments-, Konditionen-, Kommunikations- sowie Distributionspolitik gegliedert (vgl. Nieschlag/Dichtl/Hörschgen, 1997; Meffert, 1986; Berndt, 1990; Kotler, 1994). Deren Planung muss aufeinander abgestimmt werden. Die Grundlage hierfür bietet die Analyse ihrer gegenseitigen Beziehungen und ihrer ggf. interdependenten Wirkungen auf die Zielgrößen. Die Abstimmung der einzelnen Handlungsvariablen in den Bereichen des Marketing, vor allem aber zwischen diesen, bilden den sogenannten Marketing-Mix. Dessen Abstimmung ist damit eine Kernaufgabe des Marketing-Controlling.

Umsetzung der strategischen Planung

Die strategische Planung ist im Marketing häufig weit ausgebaut. Ein zentrales, aber schwieriges Problem besteht in ihrer Verknüpfung mit der taktisch-operativen Planung. Die strategischen Pläne müssen in diese umgesetzt werden. Daraus erwächst die Aufgabe, die Auswirkungen von Entscheidungen über bestimmte Strategien, z. B. der Differenzierung in einzelnen Geschäftsfeldern, auf Maßstäbe der operativen Rechnung wie Kosten und Erlöse bzw. Ausgaben und Einnahmen abzuschätzen. Dies verlangt häufig eine Umsetzung von qualitativen in quantitative Größen und eine Verknüpfung verschiedenartiger Zielgrößen. Während im strategischen Bereich entsprechend Abbildung 16-1 vielfach mit qualitativen Größen wie Erfolgspotenzial, Branchenattraktivität, Image, Innovationsfähigkeit, Kompetenz usw. gearbeitet wird,

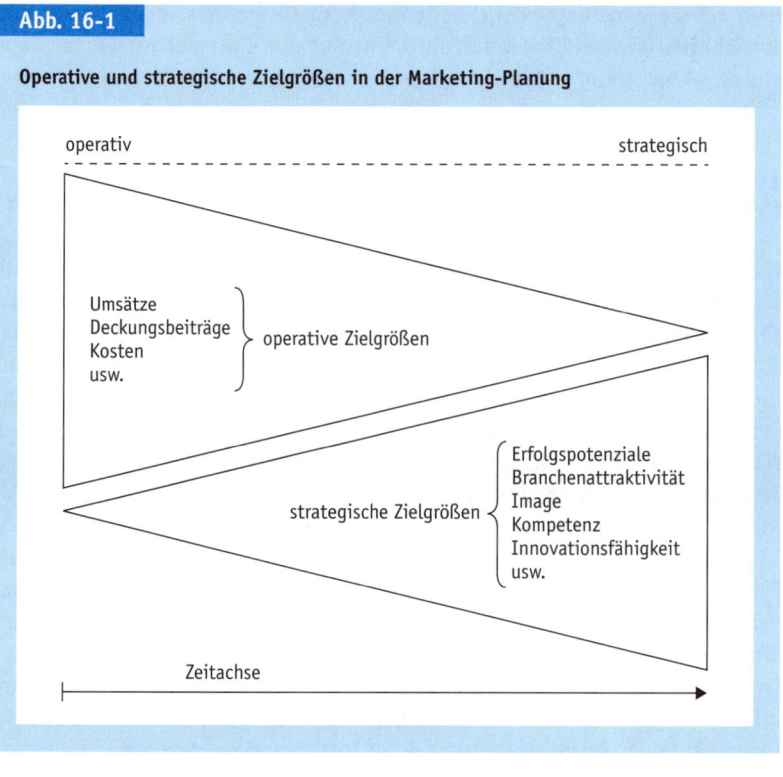

Abb. 16-1

Operative und strategische Zielgrößen in der Marketing-Planung

operativ — strategisch

Umsätze
Deckungsbeiträge
Kosten
usw.
} operative Zielgrößen

strategische Zielgrößen {
Erfolgspotenziale
Branchenattraktivität
Image
Kompetenz
Innovationsfähigkeit
usw.

Zeitachse

herrschen im operativ-taktischen Bereich quantitative Größen wie Umsätze, Deckungsbeiträge oder Kosten vor. Die Verbindung zwischen ihnen muss in der Koordination der strategischen mit der taktischen und operativen Planung hergestellt werden.

Die Marketing-Planung muss in die Gesamtplanung der Unternehmung eingebettet sein. Dies ist in Bezug auf die Zielplanung und die strategische Planung offensichtlich. Marketingziele leiten sich aus dem Zielsystem der Unternehmung ab und können sich nicht auf die Absatzseite beschränken. Beispielsweise würde eine alleinige Orientierung an Umsatzgrößen im operativen Bereich dazu führen, dass die Kostenwirkungen vernachlässigt werden und sich der Erfolg verringert. Deshalb sind ihre Wirkungen auf alle Komponenten der Unternehmensziele zu berücksichtigen. In der strategischen Sicht fließen die Maßnahmen der verschiedenen Funktionsbereiche zusammen. Wenn man beispielsweise Produkt-Markt-Kombinationen betrachtet, so schließt dies die für die Produktion relevante technologische Komponente ein.

Einbettung in Gesamt-planung

Da der Absatzmarkt in vielen Situationen den Ausgangspunkt der gesamtbetrieblichen Planung bildet, muss die Marketing-Planung mit der Planung der anderen Bereiche und der Gesamtunternehmung eng verknüpft werden. Dabei sind auch die Rückwirkungen beispielsweise der Produktion und der Finanzie-

Verknüpfung mit anderen Planungen

rung auf die Handlungsmöglichkeiten im Marketing zu beachten. Dies betrifft die Schnittstelle des Marketing-Controlling mit dem Unternehmens-Controlling und dem Controlling anderer Bereiche.

16.2.3 Koordination zwischen Planung, Kontrolle und Personalführung sowie Organisation im Marketing

Abstimmung mit der Personalführung und der Organisation

Während man die Beziehungen zwischen Planung und Kontrolle üblicherweise als Aufgaben des Marketing-Controlling beachtet (vgl. Köhler, 1993a, S. 255 ff.; Köhler, 1989, S. 84 ff.; Liebl, 1989; Heinzelbecker, 1991, S. 244 ff.; Palloks, 1991, S. 149 ff.; Haag, 1990, S. 175 ff.), werden die Abstimmung mit der Personalführung und der Organisation nicht betont. Dabei ist die Notwendigkeit einer Koordination von Planung, Kontrolle und Informationssystem auch mit diesen Führungsteilbereichen gerade im Marketing leicht erkennbar. Fragen der Mitarbeitersteuerung z. B. im Außendienst (vgl. z. B. Rudolphi, 1981; Zentes, 1980; Albers, 1995) spielen hier eine besonders große Rolle. Deren Handeln ist in hohem Maße von Individualität bestimmt und verlangt einen ausreichend großen Spielraum. So müssen Reisende die Kunden nach den jeweiligen Umständen behandeln und unmittelbar auf deren Wünsche reagieren können. Eine enge Einbindung in vorgegebene Verhaltensweisen und eine überbetonte Pflicht zur laufenden Abstimmung mit der Unternehmung in Preisverhandlungen könnten ihre Erfolgschancen mindern. Umso wichtiger wird es, ihr Verhalten durch geeignete Instrumente der Personalführung z. B. in Form von Besuchsnormen, Zielvorgaben und Prämien auf die Unternehmensziele hin auszurichten.

Steuerung der Marketing-Mitarbeiter

In der Analyse und Gestaltung geeigneter Systeme zur Steuerung der Mitarbeiter im Marketing eröffnet sich damit eine bedeutende Aufgabe des Marketing-Controlling. Sie erstreckt sich auf die Frage, welche Systeme der Verhaltenssteuerung einsetzbar sind und wie sie wirken. Dies betrifft vor allem die auf dem Absatzmarkt tätigen Mitarbeiter, deren Beziehung zur Unternehmung bzw. zur Marketingleitung einen typischen Principal-Agent-Charakter hat (vgl. Abschnitt 3.4.1). Der Entscheidungsträger vor Ort verfügt über eine Reihe genauerer Marktkenntnisse. Sein Handeln ist von der Zentrale schwer beobachtbar, dessen Ergebnisse lassen sich nicht ihm allein zurechnen. Ferner muss man damit rechnen, dass er abweichende individuelle Ziele verfolgt, die sich auf nichtmonetäre Aspekte wie Restaurant- und Theaterbesuche mit Kunden usw. beziehen können. Damit kommt der Gestaltung des Anreizsystems im Marketing eine zentrale Bedeutung zu. Insbesondere ist zu prüfen, welche Bemessungsgrundlage eine Ausrichtung auf die Unternehmensziele gewährleistet. Im operativen Bereich wird man sich eher an Deckungsbeiträgen als an Umsätzen orientieren, um zu verhindern, dass hohe Erlöse und damit Provisionen durch kostenintensive Absatzmaßnahmen der Werbung, der Verkaufsförderung u. Ä. erzielt werden. Darüber hinaus muss eine geeignete Form der Bemessungsfunktion festgelegt werden. Agency-Modelle können helfen, strukturelle Erkenntnisse über deren Gestaltung zu gewinnen.

Die Zurechenbarkeit von Erfolgen auf Entscheidungsträger wird von der Organisation des Marketing beeinflusst. Je unabhängiger die von einer Einheit betreuten Produkte, Aufträge, Kunden, Absatzgebiete und Absatzwege voneinander sind, umso eher ist die betreffende Organisationseinheit für die Wirkungen absatzpolitischer Maßnahmen verantwortlich. Dann vereinfachen sich die Erfolgs- sowie Abweichungsanalysen, da sie keine Segmentierung erfordern. Für jede Einheit kann eine eigenständige Erfolgsrechnung zumindest in Form einer Deckungsbeitragsrechnung durchgeführt werden. Hieran zeigt sich der enge Bezug zwischen der Organisation, dem Informationssystem und der Kontrolle des Marketing, der die Interdependenzen zur Organisation des Marketing erkennen lässt.

Organisation
des Marketing

16.3 Spezifische Instrumente des Marketing-Controlling

Die Charakteristika spezifischer Aufgabenstellungen des Marketing-Controlling machen es notwendig, auch die Controllinginstrumente auf die Marketingziele auszurichten. Im Gegenzug kann so durch ein Marketing-Controlling sichergestellt werden, dass die langfristigen Bereichsziele erreicht werden. Von besonderer Bedeutung für das Marketing-Controlling sind Informationsinstrumente, Kennzahlen- und Budgetierungssysteme sowie Ansätze des Marketing-Audit.

16.3.1 Informationsinstrumente des Marketing-Controlling

Die für das Marketing-Controlling einsetzbaren Informationsinstrumente müssen Daten für die strategische und die taktisch-operative Planung sowie für die Steuerung und Kontrolle der Mitarbeiter liefern. Zu diesen Zwecken lassen sich
- strategische Informationsinstrumente,
- marketingbezogene Teilsysteme der Unternehmensrechnung sowie
- Marketing-Berichtssysteme

einsetzen.

16.3.1.1 Strategische Informationsinstrumente

Auf die strategische Marketingplanung sind Früherkennungs- und Analyseinstrumente gerichtet. Erstere dienen der Beobachtung des Umfeldes der Unternehmung, um rechtzeitig auf Gefahren und Chancen aufmerksam zu werden. Mit ihnen sind die Entwicklungen und Veränderungen auf den relevanten Märkten zu verfolgen. Ein spezifisches Instrument zur Umfeldbeobachtung stellt das Environmental Scanning dar (vgl. Palloks, 1991, S. 195 ff.; Horváth, 1998a, S. 405 ff. und die dort angegebene Basisliteratur). Mit ihm wird das Umfeld »abgetastet«, um schwache Signale zu erfassen. Diese liefern noch unscharfe Anhaltspunkte für mögliche Veränderungen. Die Beobachtung kann durch eine

Früherkennungs- und
Analyseinstrumente

eher zufällige Informationsbeschaffung ohne spezielle Aktivitäten, verbunden mit der allgemeinen Informationsgewinnung, oder in gezielter und formal geregelter Weise erfolgen (vgl. Aguilar, 1967, S. 32 ff.). Über das Marketing-Controlling ist auf ein gezieltes Vorgehen hinzuwirken. Dabei sind die für die Erfolgspotenziale und Erfolgsfaktoren der Unternehmung besonders relevanten Bereiche auszuwählen. Im Hinblick auf die Nachfrageentwicklung können dies die Werthaltungen bestimmter Verbrauchergruppen, in Bezug auf die Technologieentwicklung die Zahl der Patentanmeldungen oder im politischen Bereich die Vorgänge bzw. gesetzgeberischen Vorhaben in wichtigen Ländern sein. Deshalb sind beispielsweise die Harmonisierung der Rechtsvorschriften beim Marken-, Patentrecht usw. und der Abbau von Handelshemmnissen in der EU kontinuierlich zu erfassen. Um die Bedeutung der Daten einzuordnen, lassen sie sich in einem Relevanzraster den strategischen Tatbeständen zuordnen, für die sie bedeutsam werden könnten.

Impact- bzw. Cross-Impact-Matrix

Eine Bewertung der schwachen Signale kann mit Hilfe einer Impact- bzw. Cross-Impact-Matrix erfolgen (vgl. Palloks, 1991, S. 201 ff. und die dort angegebene Literatur). In ihr stellt man entsprechend Abbildung 16-2 die in den Matrixzeilen angegebenen Umwelttrends sowie -erwartungen den wichtigsten Strategien und Marktaufträgen gegenüber. Durch Experten wird jedes Matrixfeld in einer Skala von –5 bis +5 in Bezug auf die einzelnen Risiken und Chancen bewertet. Zeilen- und spaltenweise addiert man jeweils isoliert die negativen und die positiven Werte. Die horizontalen Summen geben an, welche externen Einflüsse besonders große Chancen (positive Werte) oder Risiken (negative Werte) enthalten und daher genau verfolgt werden sollten. Aus den vertikalen Additionen je Spalte wird erkennbar, mit welchen Strategien und Marktaufträgen hohe Chancen oder Risiken verbunden sind. Die Bewertungen beruhen auf subjektiven Einschätzungen. Wenn sie von fachkundigen Personen stammen, liefern sie verwendbare erste Einschätzungen für die weitere Umfeldbeobachtung und die strategische Planung.

Checklisten und Leitindikatoren

Für die Erfassung schwacher Signale lassen sich ferner Checklisten nutzen. Sie enthalten einen Überblick über die wichtigsten Faktoren, von denen Einflüsse auf künftige Entwicklungen ausgehen könnten. Zuverlässigere Hinweise auf Veränderungen liefern Leitindikatoren und Ergebnisse von Zwischenkontrollen. Als Leitindikatoren kann man Daten verwenden, die der jeweils interessierenden Größe zeitlich vorausgehen. So erlaubt beispielsweise die Bevölkerungsstruktur Rückschlüsse auf die künftige Stärke bestimmter Nachfragegruppen. Die Beziehung zwischen den zeitlich aufeinanderfolgenden Tatbeständen lässt sich durch statistische Verfahren wie z. B. die Regressionsrechnung untersuchen. Die ermittelten Funktionen bieten eine Grundlage zur Prognose künftiger Entwicklungen wie die Ausbreitung technologischer Neuerungen u. a.

Zwischenkontrollen

Zwischenkontrollen eignen sich zur Überprüfung von Prognosen oder Vorgaben über die zeitliche Entwicklung von Größen. Sobald deutliche Abweichungen von den geplanten Werten auftreten, ist dies als Hinweis auf eine unerwartete Änderung zu interpretieren, die eine genauere Analyse und ggf. Anpassungsmaßnahmen auslösen sollte.

Abb. 16-2

Beispiel einer Impact-Matrix

			S₁	S₂	S₃	S₄	S₅	S₆	S₇	S₈	Wessen Bedürfnisse / M1	Welches Bedürfnis / M2	Welche Bedeutung / M3	Impact I₁ +	Impact I₁ −
Externe Einflussgrößen	Trends	T₁	0	0	0	+5	−3	−5	+3	0	+1	0	0	+9	−8
		T₂	0	−5	−4	−4	+1	0	0	0	0	+5	0	+6	−13
		T₃	+1	−2	−1	+3	0	−2	+2	0	0	+5	−5	+11	−10
		T₄	+1	−1	+3	0	0	−1	+4	0	0	0	−5	+8	−7
		T₅	0	0	+2	0	+3	0	+1	0	+2	0	−4	+8	−4
		T₆	0	0	0	+3	0	+1	0	0	0	+5	0	+9	0
		T₇	+4	0	0	0	+2	−3	0	0	0	0	0	+8	−3
		T₈	0	0	0	+2	+2	0	0	+5	−1	+5	0	+12	−1
	Erwartungen	E₁	−5	+1	−1	0	0	−5	−2	−2	0	0	−5	+1	(−20)
		E₂	−1	0	0	+1	+1	−5	−1	−3	0	0	−4	+1	−14
		E₃	−1	0	+1	0	0	0	−2	0	−1	0	0	+1	−4
		E₄	0	+2	−2	−3	−3	0	0	0	0	0	+1	+5	−5
		E₅	0	0	0	−2	−2	+1	+1	0	+2	−5	+5	(+14)	−7
		E₆	+1	0	+2	−3	−3	−3	+1	0	0	0	+5	+9	−7
		E₇	0	0	0	0	0	0	0	0	−1	0	0	0	−1
		E₈	−3	−1	0	+1	+1	−4	0	+1	−2	+1	0	+5	−10
		E₉	+2	−3	0	0	0	0	−1	0	−1	+5	−3	+7	−8
Impact I₂		+	+9	+3	+8	(+22)	+10	+2	+12	+6	+5	(+26)	+11		
		−	−10	−12	−8	−5	−11	(−28)	−6	−5	−6	−5	(−26)		

Selektions-Kriterien — Strategien / Marktauftrag / Impact I₁

Bedeutsame externe Einflussgrößen

Bedeutsame Strategie (Chance)

Bedeutsame Strategie (Risiko)

Bedeutsames Element des Marktauftrags (Chance)

Bedeutsames Element des Marktauftrags (Risiko)

Vergleiche Neubauer/Solomon, 1977, S. 17

Die Gegenüberstellung von geplanter und erwarteter Entwicklung lässt sich mit Hilfe der Lücken- oder Gap-Analyse veranschaulichen. Bei ihr trägt man entsprechend Abbildung 16-3 den gewünschten Verlauf einer relevanten Zielgröße wie Umsatz, Marktvolumen, Marktanteil o. Ä. für den Planungszeitraum in ein zweidimensionales Diagramm ein. Zugleich schätzt man deren Entwicklung bei Realisierung der bisher geplanten Maßnahmen. Eine hierbei auftretende Differenz zwischen Ziel- und Entwicklungslinie lässt eine Ziellücke erkennen. Sie macht

Lücken- oder Gap-Analysen

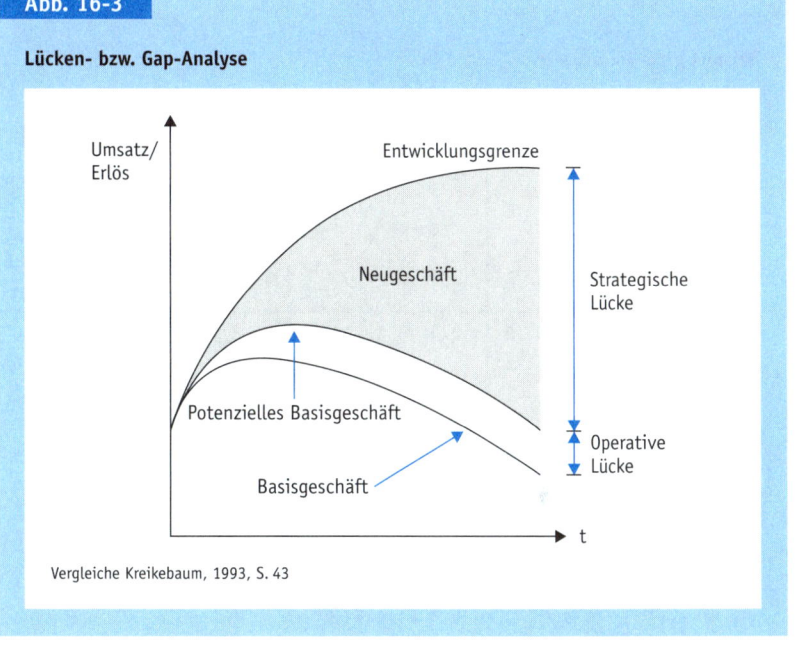

Abb. 16-3

Lücken- bzw. Gap-Analyse

Vergleiche Kreikebaum, 1993, S. 43

deutlich, inwieweit die Einleitung neuer Planmaßnahmen zweckmäßig erscheint, um mit Hilfe zusätzlicher Projekte das gesetzte Ziel dennoch zu erreichen.

Stärken-Schwächen-Analysen

Durch eine systematische Untersuchung der für das Marketing relevanten externen und internen Einflussbereiche gelangt man zu einer Stärken-Schwächen-Analyse. Die eigene Position wird in jeder Dimension in Bezug auf unterschiedliche Merkmale an der Konkurrenz gemessen (vgl. zum Vorgehen im Einzelnen Küpper/Bronner/Daschmann, 1994, S. 175–261). Durch den Vergleich mit dem besten Wettbewerber lässt sich beurteilen, ob die betreffende Eigenschaft eine Stärke oder Schwäche darstellt. Deren Bedeutung kann ferner durch die Abschätzung der künftigen Entwicklung und ihrer Wirkung auf die Marketingziele eingeordnet werden. Das Ergebnis der Analyse lässt sich in Stärken-Schwächen-Profilen entsprechend Abbildung 16-4 veranschaulichen. Sie machen im Sinne der Anpassungsfunktion des Controlling deutlich, an welchen Stellen die Marketingplanung vorrangig anzusetzen hat.

Gewinnung strategischer Informationen

Neben den hier skizzierten Instrumenten bieten sich für die Gewinnung strategischer Informationen im Marketing insbesondere Portfolio- (vgl. Abschnitt 4.3.2.1), Verbraucher-, Wettbewerbs-, Produkt-, Abnehmer- sowie aktivitätsbezogene Konkurrenzanalysen (vgl. Köhler, 1993a, S. 263) und Image-Analysen (vgl. Haag, 1990, S. 204) an. Das Marketing-Controlling hat dafür zu sorgen, dass diese Instrumente auf die in Planung, Steuerung und Kontrolle verfolgten Zwecke ausgerichtet werden. Ferner ist eine Controllingaufgabe darin zu sehen, die zwischen den Instrumenten bestehenden Beziehungen bei-

Abb. 16-4

Beispiel für ein Stärken-Schwächen-Profil

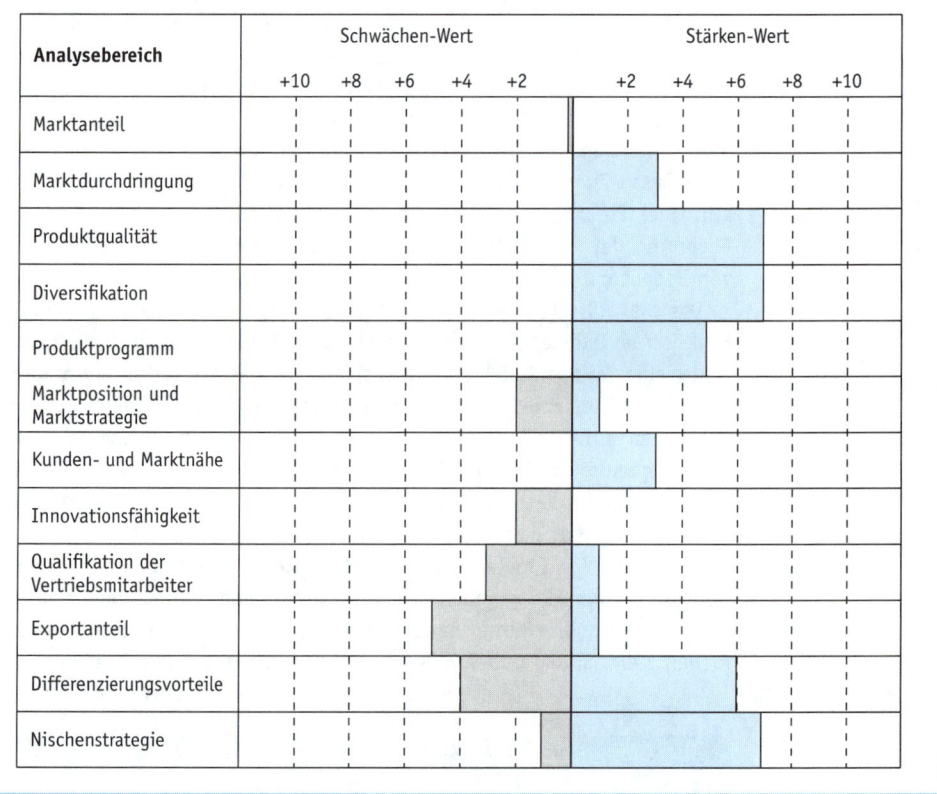

spielsweise in Bezug auf die Marktorientierung, das Erkennen von Stärken und Schwächen u. Ä. zu erfassen. Sie können die Grundlage für die Entwicklung eines einheitlichen strategischen Informationssystems bilden.

16.3.1.2 Marketingbezogene Teile der Unternehmensrechnung
Ein höherer Grad an Integration ist bei der Informationsbereitstellung für die taktische und operative Ebene erreichbar. Hier werden in stärkerem Maße quantitative Daten verwendet. Zudem greift man in ihr auf die Systeme der Investitions- und Finanzrechnung, vor allem aber der Kosten- und Erlösrechnung zurück, welche für die Zwecke des Marketing ausgebaut werden müssen.

Verfahren der Investitionsrechnung sind auch im Marketing für die ökonomische Beurteilung mittel- bis längerfristiger Entscheidungen geeignet. Fragen der Einführung neuer oder der Eliminierung bisheriger Produkte aus dem Programm haben ebenso wie Organisationsänderungen z. B. im Außendienst mit-

Investitionsrechnung

tel- bis längerfristige Auswirkungen auf die Zahlungsströme. Daher können sie über Kosten höchstens näherungsweise beurteilt werden.

Finanzrechnung

Zudem wirken sich Marketingentscheidungen unmittelbar auf die Einzahlungen der Unternehmung aus. In bestimmten Situationen versucht man, durch Marketinganreize wie Skontogewährung u. Ä. die Zahlungszeitpunkte zu beeinflussen (vgl. Köhler, 1993a, S. 289). Damit wird die Finanzrechnung zu einem für das Marketing wichtigen Teilsystem der Unternehmensrechnung. Die Kapitalbindung schlägt sich in Vermögensbeständen nieder. Vor allem die Endprodukt- und Debitorenbestände werden direkt durch Marketingentscheidungen beeinflusst. Zugleich liefern die Bestandswerte Anhaltspunkte für die Prognose künftiger Einzahlungen. Deshalb ist neben der reinen Zahlungsrechnung die Rechnung der kurzfristig gebundenen Vermögensbestände für das Marketing von Bedeutung (vgl. Kilger, 1987, S. 7 ff.).

Marketing Accounting

Das am stärksten genutzte Teilsystem der Unternehmensrechnung ist die Kosten- und Erlösrechnung, die in vielfältiger Hinsicht auswertbar sein muss. Die zahlreichen Aktivitätsfelder und Instrumente des Marketing begründen einen Bedarf an unterschiedlichen Informationen, wie die in Abbildung 16-5 wiedergegebenen Informationsbereiche eines Marketing Accounting verdeutlichen. Um Entscheidungen über die Produkt-Markt-Beziehungen, absatzpolitische Maßnahmen und Marketing-Organisationseinheiten planen sowie kontrollieren zu können, muss der marketingbezogene Teil der Kosten- und Erlösrechnung auf verschiedenartige Probleme und Zwecke ausgerichtet sein. Dies spricht dafür, dass die mit der EDV gegebenen Möglichkeiten zum Aufbau einer vielfältig auswertbaren Grundrechnung genutzt werden. In relationalen Datenbanken (vgl. Riebel, 1994, S. 640 und S. 688 sowie Sinzig, 1990) können Auszahlungen bzw.

Abb. 16-5

Analyse- und Entscheidungsdimensionen im Marketing

Marketing Accounting		
Führungsinformationen aus der Unternehmensrechnung über		
Produkt-Markt-Beziehungen	Absatzpolitische Maßnahmen	Marketing-Organisations-einheiten
▸ Produkte ▸ Strategische Geschäftsfelder ▸ Kunden ▸ Verkaufsgebiete ▸ Absatzwege	▸ Produkt- und Sortimentspolitik ▸ Preispolitik ▸ Kommunikationspolitik ▸ Distributionspolitik	▸ Stellen/Abteilungen als Cost Center ▸ Stellen/Abteilungen als Profit Center bzw. Investment Center ▸ Budgetierung für Organisationseinheiten
Zeitbezug der Informationen für das Marketing-Management: ▸ rückblickende Überwachungsinformationen (Ergebnisanalysen) ▸ kurzfristige Marketing-Planung ▸ längerfristige Marketing-Planung		

In Anlehnung an Köhler, 1993, S. 283

Kosten und Erlöse mit einer Vielzahl von Deskriptoren versehen und abgespeichert werden, die ihre sachlichen Zuordnungsmöglichkeiten angeben. Beispielsweise wird bei Versandkosten gespeichert, für welchen Auftrag, welche Kunden, welche Produkte und welche Versandart sie entstanden sind. Über derart genau gekennzeichnete Einzeldaten, welche die ursprünglichen Vorgänge wiedergeben, erhält man die Basis für vielfältige Auswertungsmöglichkeiten.

Die Gestaltung der Grundrechnung richtet sich einerseits nach den Bezugsgrößen, denen die Kosten und die Erlöse zugerechnet werden. Im Marketing spielen neben den Produkten oder Artikeln die Produktgruppen, Aufträge, Kunden sowie Kundengruppen und Verkaufsgebiete eine wichtige Rolle. Ferner sind die Kostenstellen und ggf. Kostenbereiche, Sparten sowie die Gesamtunternehmung als Bezugsgrößen zu berücksichtigen. Im Anschluss an Paul Riebel (vgl. Riebel, 1994) kann man dabei nicht nur nach kurzfristig variablen und Bereitschaftskosten, sondern nach wichtigen Einflussgrößen des Absatzes und der Fertigung sowie nach der Bindungsdauer differenzieren. Berücksichtigt man diese Merkmale, so kommt man beispielsweise zu dem in Anlehnung an Richard Köhler (vgl. Köhler, 1993a, S. 286; Köhler, 1993e, S. 436) entwickelten Aufbau der Grundrechnung in Abbildung 16-6. Die konkrete Ausprägung eines solchen Rechnungssystems wird durch die Marketingentscheidungen und deren Ein-

Grundrechnung

Abb. 16-6

Ausschnitt aus einer Grundrechnung

Kostenkategorien			Kostenarten (z. B.)	Produkte (Artikel)	Produktgruppen	Aufträge	Kunden	Kundengruppen	Verkaufsgebiete	Kostenstellen des Absatzbereiches	Sonstige Stellenbereiche (Fertigung usw.)
Für bestimmte Perioden festgelegte Kosten (»Bereitschaftskosten«)	Jeweils untergliederbar nach Funktionsbereichen (Absatz, Fertigung usw.)	Monatlich disponibel	Hilfslöhne								
		Vierteljährlich	Gehälter bei vierteljährlicher Kündigung (Beispiel: Kundengruppenmanager)								
		Jährlich disponibel	Jahresmiete, Bsp: für ein Verkaufsbüro								
			An Agentur vergebener Jahres-Werbe-etat; Bsp.: für eine Markenartikelgruppe								
		Für mehr als ein Jahr festliegend	Beratungskosten bei Mehrjahres-Vertrag								
			Kalenderzeitabhängige Abschreibungen (falls kein Anlagenverkauf möglich)								

Bezugsgrößen (Beispiel)

Vergleiche Köhler, 1993, S. 286

flussgrößen bestimmt, für welche in der jeweiligen Unternehmung Informationen bereitgestellt werden.

Die marketingbezogene Kosten- und Erlösrechnung soll einerseits die in diesem Bereich vorgenommenen Aktivitäten erfassen, andererseits die Beziehungen zu den Produkten und Märkten wiedergeben. Deshalb sind zwei wichtige Aspekte für ihre Gestaltung die Planung und Kontrolle der im Marketing ablaufenden Prozesse und die Erfolgsanalyse mit Hilfe von Absatzsegmentrechnungen.

Prozesskostenrechnung

Für den ersten Problemkreis bietet es sich an, die Prozesskostenrechnung (vgl. Coenenberg/Fischer, 1991; Franz, 1992; Fröhling, 1992; Horváth/Mayer, 1989; Kloock, 1992a; Küpper, 1991c) zu nutzen. Sie geht von den durchzuführenden Aktivitäten aus und bestimmt die für sie maßgeblichen Einflussgrößen. So können beispielsweise im Marketingbereich Prozesse für Angebotsabgabe, Kundengewinnung, Kundenbesuche, Werbeaktionen, Fakturierung, Versand usw. unterschieden werden. Deren Kostenbestimmungsfaktoren bilden die Kosteneinflussgrößen oder »Kostentreiber«. Durch eine genaue Analyse der Tätigkeiten und der für sie benötigten Zeiten kann man zumindest näherungsweise bestimmen, welche Kosten für die einzelnen Marketingprozesse aufgebracht werden müssen. Damit wird es möglich, diese genauer zu planen und zu kontrollieren.

Absatzsegment-rechnungen

Absatzsegmentrechnungen (vgl. Köhler, 1993a, S. 303–307; Köhler, 1993d, Sp. 7–15; Nieschlag/Dichtl/Hörschgen, 1997, S. 967–978) sind mehrstufige Deckungsbeitragsrechnungen für den Marketingbereich, wie sie in Abschnitt 8.2.2.2 beschrieben worden sind. Ihnen liegt eine Bezugsgrößenhierarchie zugrunde, die sich an den für das Marketing jeweils wichtigen Zurechnungsgrößen orientiert und entsprechend dem aus Abbildung 16-7 ersichtlichen Beispiel Produkte, Produktgruppen, Aufträge mit Auftragspositionen, Auftragsgröße und Auftragsart, Kunden, Kundengruppen, Vertriebswege des direkten und indirekten Absatzes sowie den Gesamtverkauf als Komponenten enthalten kann. Über die Zuordnung der variablen und der fixen Kosten zu diesen Bezugsgrößen lässt sich in der Plan- und der Istrechnung bestimmen, welche Deckungsbeiträge auf die jeweilige Komponente zurückzuführen sind. Damit wird es möglich, den Periodenerfolg im Hinblick auf diese Handlungsvariablen des Marketing zu analysieren. Man erkennt dann, welche Bezugsgrößen zu hohen Deckungsbeiträgen führen und bei welchen ggf. Verluste auftreten.

Mehrdimensionale Rechnung

Sofern Fixkosten lediglich mehreren Bezugsgrößen gemeinsam zurechenbar sind, lässt sich die Analyse durch eine mehrdimensionale Rechnung (vgl. Abschnitt 8.2.2) verfeinern. In diesem Fall bestimmt die Reihenfolge, in der die Bezugsgrößen hierarchisch gestuft werden, die Höhe der jeweils ausgewiesenen Deckungsbeiträge, obwohl der am Ende ausgewiesene Periodenerfolg übereinstimmt. Entsprechend dem in Abbildung 16-8 wiedergegebenen Beispiel kann man dann präziser erkennen, welche Größen mehr oder weniger positiv bzw. negativ zum Gesamterfolg beitragen. Die Deckungsbeiträge über Produkte, Absatzgebiete, Kunden(gruppen), Vertriebswege, Regionen usw. geben Hinweise auf die jeweilige Wirkung dieser Variablen. Daraus lassen sich Schlüsse ziehen, welche Bereiche näher untersucht, in welchen erfolgssteigernde Maßnahmen ergriffen und welche ausgebaut werden sollten.

Abb. 16-7

Bezugsgrößenhierarchie in der Absatzsegmentrechnung

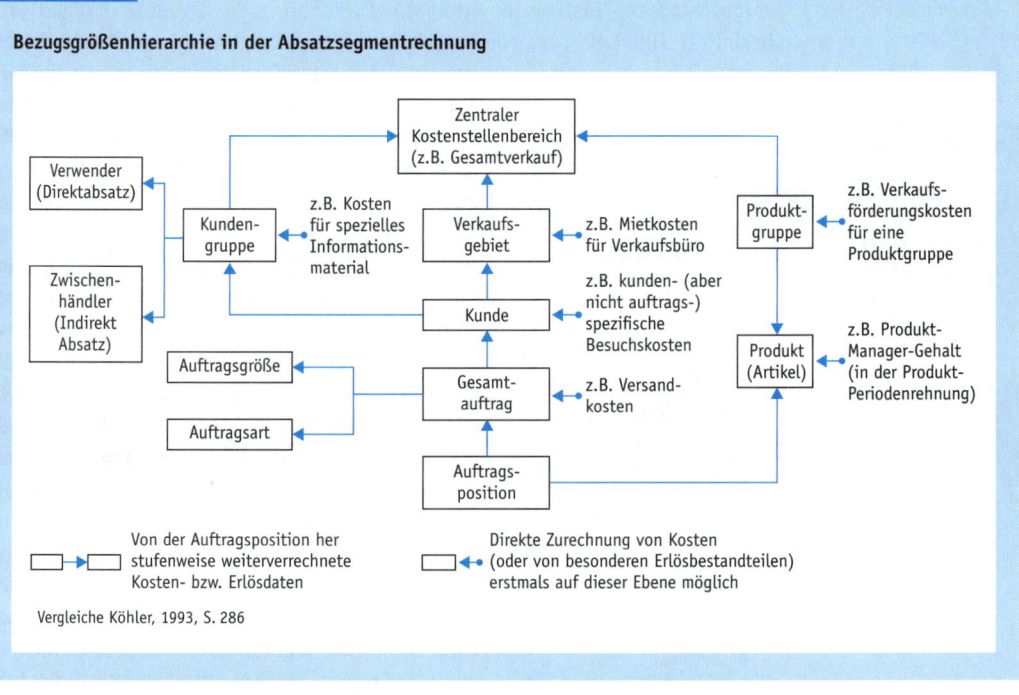

Von der Auftragsposition her stufenweise weiterverrechnete Kosten- bzw. Erlösdaten

Direkte Zurechnung von Kosten (oder von besonderen Erlösbestandteilen) erstmals auf dieser Ebene möglich

Vergleiche Köhler, 1993, S. 286

Abb. 16-8

Beispiel für eine mehrdimensionale Deckungsbeitragsrechnung für den Absatzbereich

Produktgruppe (P)	P1				P2			
Absatzgebiet (A)	A1		A2		A1		A2	
Kundengruppe (K)	K1	K2	K1	K2	K1	K2	K1	K2
DB I	200	100	10	20	50	250	80	60
– FK je A und P	–80		–40		–60		–10	
DB II	220		–10		240		130	
– FK je P	–50				–100			
– FK je P und K	–20				–40			
DB III	140				230			
– FK für alle P	–210							
– FK je A	–60							
– FK je K	–30							
– FK des Unternehmens	–40							
Gewinn	30							

FK: Fixkosten
Vergleiche Küpper, 1991, S. 62

Direkte Produkt-
Profitabilität

Ein weiteres, vor allem für die Beziehungen zwischen Industrie und Handel vorgeschlagenes Instrument stellt die Berechnung der Direkten Produkt-Profitabilität (DPP) dar, welches, auch wenn eine Ermittlung von Rentabilitätsziffern nicht stattfindet, häufig unter der irreführenden Bezeichnung Direkte Produkt-Rentabilität DPR zu finden ist (vgl. Köhler, 1993a, S. 305). Mit ihr wird ein Bruttoergebnis pro Artikel ermittelt. Entsprechend Abbildung 16-9 subtrahiert man hierzu unter Berücksichtigung sonstiger Vergütungen vom Netto-Verkaufspreis neben dem Netto-Einkaufspreis verschiedene direkte Produktkosten. Zu ihnen gehören die Kosten für jene Tätigkeiten, die im Handel unmittelbar für die einzelnen Artikel vollzogen werden. Im Unterschied zur Deckungsbeitragsrechnung schlüsselt man dabei auch die mit diesen Tätigkeiten verbundenen Fixkosten (z. B. für Personal, Raum und Anlagen) auf die Leistungseinheiten. Darin und in der Orientierung an Aktivitäten wird ein enger Bezug zur Prozesskostenrechnung erkennbar. Die über Zeit-, Flächen-, Mengen- und andere Größen vorgenommene Schlüsselung macht die Verwendung der sich ergebenden Profitgröße je Produkt für kurzfristige Entscheidungen problematisch. Auch für längerfristige Planungszwecke kann sie höchstens als durchschnittlicher Näherungswert verstanden werden. Deshalb ist sie primär als Ersatzindikator interpretierbar.

Abb. 16-9

Schema einer DPP-Kalkulation

Netto-Verkaufspreis

– Netto-Einkaufspreis
+ sonstige Vergütungen
– direkte Produktkosten

▸ Zentrallager
  – Disposition
  – Warenannahme
  – Ein-/Umlagern
  – Kommissionieren
  – Warenausgang
  – Raum/Einrichtung
  – Transport

▸ Einzelhandelsgeschäft
  – Disposition
  – Warenannahme
  – Ein-/Auslagern
  – Transport zum Regal
  – Auspacken
  – Auszeichnen
  – Einräumen ins Regal
  – Kassieren
  – Raum/Einrichtung

Direkter Produktprofit (DPP)

Vergleiche Hambuch, 1988, S. 53

16.3.1.3 Marketing-Berichtssysteme

Die große Zahl der für das Marketing ermittelten Daten wird in Marketing-Berichtssystemen gesammelt und für die laufende Berichterstattung geordnet. Die Berichte müssen so strukturiert sein, dass die Entscheidungsträger des Marketing die für sie geeigneten Planungs- und Kontrollinformationen übersichtlich erhalten. In Marketing-Kontrollberichten werden die Ist- den Vorgabewerten gegenübergestellt und die aufgetretenen Abweichungen ausgewiesen. Ferner spielen vielfach Außendienstberichte sowie Marktforschungsberichte eine wichtige Rolle.

Marketing-Informations-
system

Durch die Nutzung der EDV lässt sich das Berichtswesen zu einem Marketing-Informationssystem (vgl. Heinzelbecker, 1985) ausbauen. Von der reinen Verkaufsstatistik und -analyse über Marketingerfolgsrechnungen, Außendienstberichts- und -steuerungssysteme kann man bis zu Absatzplanungs-, Absatzprognose- sowie Marktforschungssystemen gelangen. Dabei sind moderne Auskunfts- und Entscheidungsunterstützungssysteme einsetzbar.

16.3.2 Kennzahlen- und Budgetierungssysteme für das Marketing

Wie in anderen Bereichen lässt sich das realisierte oder geplante Geschehen im Marketing durch Kennzahlen näher analysieren. Diese eignen sich zur Beschreibung von Marktmerkmalen, zur Analyse der Wirkung absatzpolitischer Instrumente und zur Analyse des Periodenerfolgs (vgl. Köhler, 1993b, S. 439 ff. sowie die dort angegebene Literatur). Für die Kennzeichnung des Marktes können Kaufkraftkennzahlen, Elastizitätskoeffizienten, Marktwachstumsraten, Marktanteile, Penetrationsraten, Wiederkaufsraten u. Ä. herangezogen werden.

Kennzeichnung des Marktes

Bei der Analyse absatzpolitischer Maßnahmen eignen sich Kennzahlen insbesondere zur Erfassung von nichtmonetären Wirkungen. So setzt man Werbewirkungen wie die Bekanntheit oder die Zahl an Anfragen ins Verhältnis zu den aufzuwendenden Kosten, ermittelt Reichweitenmaße der Werbung, Distributionsindices aus Panelerhebungen, Preiselastizitäten der Nachfrage sowie Lieferservicegrade u. Ä. Häufig versucht man, die Wirkungen des Außendienstes über geeignete Kennzahlen für die Häufigkeit von Besuchen, damit verbundene Anfragen, Bestellungen und Umsätze usw. zu durchleuchten. Wichtige Kennzahlen der Erfolgsanalyse sind neben verschiedenartigen Deckungsbeiträgen Einzelkennzahlen für die Kosten-, Absatzmengen- und Preiskomponenten.

Maßnahmen- und Erfolgsanalyse

Wegen der Vielzahl an Einflussgrößen und der Bedeutung marktbezogener sowie nichtmonetärer Größen bietet sich im Marketing die Verwendung von Kennzahlen in besonderer Weise an. Sie ermöglichen eine über die Absatzsegmentrechnung hinausgehende Analyse, weil sich den einzelnen absatzpolitischen Variablen häufig keine Erfolgswirkungen unmittelbar zurechnen lassen. Darüber hinaus sind Kennzahlen gerade im Marketing für die *Steuerung von Mitarbeitern* und deren Aktivitäten geeignet.

Marktbezogene Kennzahlensysteme

Dennoch ist dieses Instrument bisher nur begrenzt ausgebaut. Vor allem wird es noch wenig zur Koordination und Steuerung genutzt, was eine Ordnung der Einzelkennzahlen zu einem Kennzahlensystem erfordert (vgl. Köhler, 1993a, S. 440; Reichmann, 1995, S. 343 ff.). Hierzu schlägt Monika Palloks (vgl. Palloks, 1991, S. 247 ff.) entsprechend Abbildung 16-10 vor, von der Umsatzrentabilität auszugehen und diese einerseits nach Kosten- und Erfolgskennzahlen sowie andererseits nach marktbezogenen Kennzahlen zu unterteilen. Den erstgenannten Bereich gliedert sie nach Deckungsbeiträgen, Fixkosten und Umsatzgrößen. In Bezug auf den Markt bildet der Marktanteil die Ausgangsgröße. Für dessen Ausprägung werden strategische Zielgrößen wie das Marktpotenzial der Branche, das Marktvolumen und die Marktdurchdringung sowie weitere Einflussgrößen wie die Kaufkraft, Elastizitäten sowie Konkurrenzkennzahlen als maßgeblich angesehen.

Dieser Vorschlag enthält mit der Berücksichtigung von Marktvolumen und Marktanteilen Komponenten, wie sie für die Analyse von Erlösabweichungen (vgl. Abschnitt 6.2.2) verwendet werden. Damit sind Wege erkennbar, auf denen man zu Kennzahlensystemen gelangen kann, die sich als Analyse- und Steuerungsinstrumente für das Marketing-Controlling einsetzen lassen.

Analyse von Erlösabweichungen

Abb. 16-10

Struktur eines Marketing-Kennzahlensystems

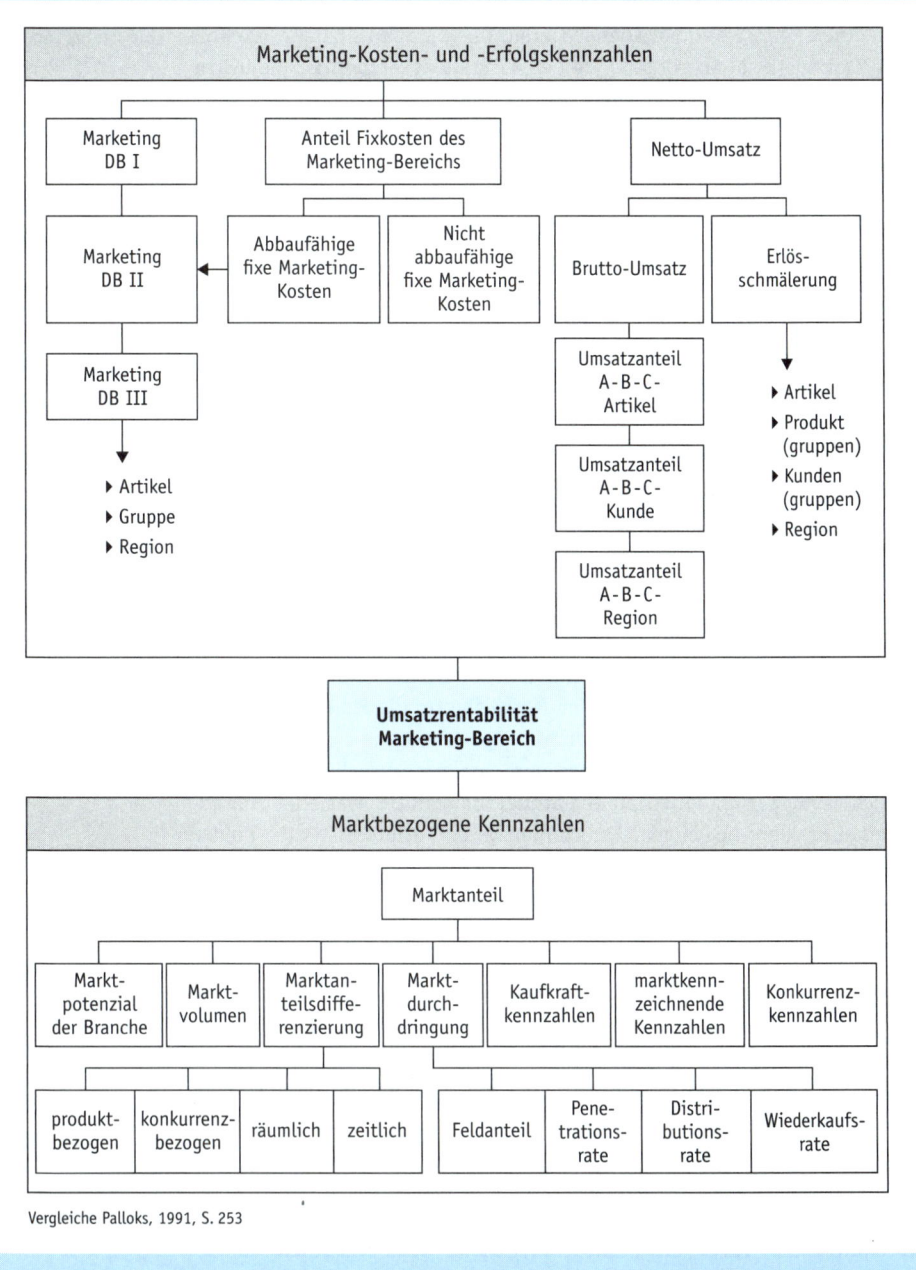

Vergleiche Palloks, 1991, S. 253

Marketing-Budgets

Grundlage für die Bestimmung von Marketing-Budgets (vgl. hierzu Barzen, 1990) ist im Allgemeinen die operative Marketingplanung. Durch die Abschätzung der Konsequenzen geplanter Maßnahmen gelangt man unter Berücksichtigung der schon früher getroffenen Entscheidungen zu Kosten- und ggf. Erlösbudgets für Marketingstellen, -abteilungen sowie -bereiche. Ferner sind Werbe- und Verkaufsförderungsbudgets üblich, deren Höhe häufig mit einfachen Faustregeln festgelegt wird (vgl. Köhler, 1993c, S. 429 f.), die dem Vorgehen einer Fortschreibungsbudgetierung entsprechen.

Für eine fundiertere Budgetvorgabe lassen sich insbesondere die in Abschnitt 11.3.3 gekennzeichneten Verfahren zur Bestimmung von Deckungsbudgets bzw. Soll-Deckungsbeiträgen heranziehen, wie sie von Paul Riebel (vgl. Riebel, 1994) bzw. Wolfgang Kilger (vgl. Kilger, 1993) für die Kosten- und Erlösrechnung vorgeschlagen worden sind.

Ferner zeigen sich Beziehungen zu Konzepten eines »Responsibility Accounting« (vgl. Köhler, 1993a, S. 288; Horngren/Sundem, 1993, S. 295 ff.), indem man versucht, Beurteilungsmaßstäbe für die Leiter einzelner Organisationseinheiten zu finden. Im Marketing bietet es sich an, hierzu von der Absatzsegmentrechnung auszugehen, sofern die Stellenleiter die Entscheidungskompetenz über die Absatzmaßnahmen haben, welche für die Höhe der ihnen zugerechneten Kosten und Erlöse bestimmend sind. Dies gilt vor allem für die Leiter von Sparten, nur eingeschränkt für Produkt- sowie Kunden-Manager und Außendienstmitarbeiter. Durch eine partizipative Mitwirkung der betreffenden Führungskräfte kann man zu Budgets gelangen, die trotz der interdependenten Erfolgseinflüsse als Beurteilungsmaßstäbe akzeptiert werden und damit eine auf das Gesamtziel ausgerichtete Koordination bewirken.

Das Instrument der Budgetvorgabe ist auch für das Marketing-Controlling weiter auszubauen. Die Ansätze der outputorientierten Budgetvorgabe könnten zu einer umfassenderen Koordination und Steuerung des Marketingbereichs herangezogen werden.

Responsibility Accounting

16.3.3 Marketing-Audit als grundlegendes Prüfungs- und Abstimmungsinstrument

Die Prüfung der Rahmenbedingungen und Prämissen von Planung, Steuerung und Kontrolle wird im Marketing im Rahmen von »Audits« vorgenommen (vgl. hierzu Kiener, 1980; Köhler, 1993a, S. 267; Sommer, 1984). Man analysiert also nicht Ergebnisse, sondern deren Voraussetzungen. Die verschiedenen Teilbereiche von Marketing-Audits lassen sich im Anschluss an Köhler (vgl. Köhler, 1992, Sp. 1277) entsprechend Abbildung 16-11 in einen Verfahrens-, Strategien-, Marketing-Mix- und Organisations-Audit einteilen.

Der Verfahrens-Audit umfasst die Prüfung der Instrumente und Methoden der Planung, Kontrolle sowie Informationsversorgung. Er erstreckt sich einerseits auf die Frage, ob die am Markt verfügbaren Techniken in ausreichendem Maße genutzt werden oder das in der Unternehmung eingesetzte Instrumenta-

Verfahrens-Audit

Abb. 16-11

Prüfungsgebiete im Rahmen von Marketing-Audits

Marketing-Audits	
Verfahrens-Audit: Prüfung der ▸ Planungsverfahren ▸ Kontrollverfahren ▸ Informationsversorgung	**Strategien-Audit:** Prüfung der ▸ zugrunde gelegten Prämissen ▸ strategischen Ziele ▸ Konsistenz von Schlussfolgerungen

Marketing-Mix-Audit:
Prüfung der
▸ Vereinbarkeit mit strategischen Grund-
  konzeptionen
▸ wechselseitigen Maßnahmenabstimmung
▸ Mittel-Zweck-Angemessenheit
	Organisations-Audit:
	Prüfung der
	▸ vollständigen Berücksichtigung
	  von Marketing-Aufgaben
	▸ aufgabenentsprechenden Organisations-
	  form
	▸ Koordinationsregelungen

Vergleiche Köhler, 1992, Sp. 1277

rium modernisiert werden muss. Insofern beinhaltet er dessen Anpassung an die externe Entwicklung auf diesen Gebieten der Verfahrenstechnik. Zum anderen wird untersucht, inwieweit das eingesetzte Instrumentarium die im Marketing zu treffenden Entscheidungen unterstützt. Damit dient die Analyse der Ausrichtung dieser Instrumente auf das Führungssystem der Unternehmung.

Strategien-Audit

Der Strategien-Audit ist auf eine Prüfung der Annahmen gerichtet, von denen man bei der Formulierung strategischer Alternativen und Entwürfe ausgeht. Ferner sollen die Vereinbarkeit der Marketingziele mit dem Zielsystem der Gesamtunternehmung und die Konsistenz der strategischen Alternativen untersucht werden. Man muss also analysieren, ob zwischen den in der strategischen Planung zugrunde gelegten Prämissen, den verfolgten strategischen Zielen und den zur Umsetzung entwickelten Maßnahmen keine Widersprüche bestehen. Die Abstimmung zwischen diesen Grundkomponenten der strategischen Planung ist eine Voraussetzung dafür, dass ihre Durchführung überhaupt möglich wird.

Marketing-Mix-Audit

Im Marketing-Mix-Audit geht es um die Koordination zwischen den verschiedenen Marketing-Maßnahmen. Er erstreckt sich auf die Koordination zwischen strategischer und taktisch-operativer Planung, zwischen den absatzpolitischen Instrumenten sowie auf die Angemessenheit von Budgetvorgaben. Mit ihm wird untersucht, inwieweit zentrale Controllingaufgaben erfüllt sind. Aus seinen Ergebnissen muss das Marketing-Controlling Rückschlüsse auf notwendige Änderungen bei der Koordination der Marketingplanung ziehen.

Organisations-Audit

Der Organisations-Audit bezieht sich auf die Zweckmäßigkeit der Aufbau- und Ablaufregelungen für die Erfüllung der Marketingaufgaben, inwieweit also die Aufgaben- und Kompetenzverteilung im Marketing und dessen Prozessabläufe effizient geregelt sind. Sein Gegenstand ist die Abstimmung zwischen der Organisation des Marketingbereichs und dessen anderen Führungsteilsystemen.

Schließlich ist zu analysieren, ob die in den Teilgebieten des Audits geprüften Verfahren, Strategien, Marketing-Maßnahmen und organisatorischen Regelungen miteinander vereinbar sind. Auf diese Weise wird die Koordination zwischen den Führungsteilsystemen im Marketing betrachtet.

Obwohl der Marketing-Audit in erster Linie Kontrollaufgaben enthält, rechtfertigt seine nähere Analyse die Einordnung als wichtiges Controllinginstrument. Die Prüfung ist in allen Teilgebieten auf Beziehungen innerhalb des Marketing-Führungssystems gerichtet. Darin ist eine zentrale Aufgabe des Marketing-Controlling zu sehen, weil nicht das Erkennen fehlerhafter Handlungen, sondern die Verbesserung der Koordination im Marketing im Vordergrund steht.

Koordination im Marketing

Wiederholungsfragen Kapitel 16

1. *Warum kommt der abgeleiteten Controllingfunktion der Zielausrichtung im Marketing-Controlling besondere Bedeutung zu?*
2. *Was versteht man unter einem Stärken-Schwächen-Profil und wie wird es im Rahmen des Marketing-Controlling genutzt?*
3. *Worum geht es im sogenannten Marketing-Mix-Audit?*
4. *Was kann als grundlegendes Prüfungs- und Abstimmungsinstrument im Marketing-Controlling genannt werden?*

Aufgaben und Lösungen zu Kapitel 16 finden Sie am Ende von Kapitel 20.

17 Aufgaben und Instrumente des Logistik-Controlling

Als charakteristisches Beispiel für ein güterbezogenes Bereichs-Controlling hat das Logistik-Controlling in der Praxis an Bedeutung gewonnen. Ursächlich hierfür ist nicht zuletzt die im globalen Wettbewerb notwendige Aufspaltung der Wertschöpfungsketten auf global verteilte Unternehmungen. Diese geht oftmals mit einer großen Erwartungshaltung von Seiten der Unternehmensleitung einher, dass sich über die Einführung eines Logistik-Controlling wichtige Einsparungspotenziale erschließen lassen.

17.1 Abgrenzung und Bedeutung des Logistik-Controlling

Eine Besonderheit des Logistik-Controlling liegt darin, dass in ihm zwei Querschnittsfunktionen miteinander verbunden werden. Einerseits erfasst die Logistik den Material- und Warenfluss von der Beschaffung bis zum Vertrieb. Andererseits koordiniert das Controlling die Führungsteilsysteme.

Die Logistik erfasst den Material- und Warenfluss einer Unternehmung von der Beschaffung über den Einsatz in der Produktion, den Fluss der Halb- und Fertigprodukte bis zum Vertrieb der Absatzgüter. Zu ihr gehören alle Tätigkeiten der raum-zeitlichen Gütertransformation mit den zugehörigen Informationsprozessen. Deshalb stellt sie eine Querschnittsfunktion dar, deren Anknüpfungspunkt entsprechend Abbildung 16-2 die Einsatzgüterart Material über alle Umlaufphasen hinweg ist. Ihre wichtigsten Komponenten sind die Auftragsabwicklung, die Lagerung mit Lagerhaltung, Warenumschlag und Lagerhaus, der Transport und die Verpackung (Pfohl, 2000). Das Ziel der Logistik besteht darin, die Beziehungen zwischen den Bewegungs-, Lagerungs- und Umschlagsvorgängen aller Materialien und Waren vom Lieferanten bis zum Kunden zu erfassen und in ein Gesamtsystem zu integrieren.

Logistik und Controlling sind beide auf eine Verknüpfung von Bereichen gerichtet. Ihr grundlegender Unterschied liegt darin, dass die Logistik eine Querschnittsfunktion im Leistungssystem und das Controlling im Führungssystem wahrnimmt. Die Logistik befasst sich mit unmittelbar produktbezogenen Prozessen. Dagegen betrifft das Controlling Handlungen, mit denen diese gesteuert werden sollen. Das Logistik-Controlling (LC) betrifft also die Koordination der Führungsaufgaben in diesem Bereich.

Die vergangenen Jahre haben gezeigt, dass sowohl die Logistik als auch das Controlling wichtige Problembereiche der Praxis abdecken. Durch ihren Ausbau konnten bedeutende Rationalisierungsmöglichkeiten erschlossen werden.

Logistik als Querschnittsfunktion

Logistik, Controlling und Logistik-Controlling

Notwendigkeit der Koordination

Mit der Verankerung dieser relativ neuen Funktionen steigt die Notwendigkeit ihrer Verknüpfung. Deshalb wird auch das Logistik-Controlling immer mehr an Bedeutung gewinnen. Da in ihm quantitativ fundierte Methoden anwendbar sind, lassen sich seine Wirkungen besser als in anderen Bereichen erfassen. Unter den verschiedenen dezentralen Controllingfunktionen werden ihm besonders hohe Erwartungen entgegengebracht. Durch die Konzentration auf die charakteristischen Controlling-Aufgaben und eine Weiterentwicklung seiner Instrumente kann man ihrer Erfüllung nahe kommen.

17.2 Spezifische Aufgaben des Logistik-Controlling

Die spezifischen Aufgaben des Logistik-Controlling leiten sich aus dem Verständnis des Controlling her. Nach der in diesem Buch vertretenen Konzeption beinhalten sie daher zum einen Koordinationsaufgaben innerhalb der Logistik und zum anderen übergreifende Koordinationsaufgaben mit den Führungsinstrumenten der Unternehmung und anderer Bereiche.

Koordinationsaspekt des Logistik-Controlling

Eine Befragung ausgewählter Industrieunternehmungen (Küpper/Hoffmann, 1988) ließ 1986 entsprechend Abbildung 17-1 erkennen, dass der Aufgabenschwerpunkt des Logistik-Controlling in der Vergangenheit in der Mitwirkung an Planung, Kontrolle und im Informationssystem gesehen wurde. Er bezog sich vor allem auf die Kosten von Logistikprozessen. Die Bedeutung des Koordinationsaspektes war noch kaum erkennbar. Nur mit ihm wird aber eine systematische Abgrenzung gegenüber der Logistik-Kostenrechnung und der Logistik-Planung möglich.

Abb. 17-1

Aufgaben des Logistik-Controlling

Konkrete Aufgaben	140 Unternehmen	
	Anzahl	Anteil in %
Planung und Kontrolle der Logistikkosten	86	61,4
Abweichungsanalysen im Logistikbereich	45	32,1
Bestandsoptimierungen (-rechnungen)	39	27,9
Entscheidungsorientierte Informationsbeschaffung	28	20,0
Beschaffungsplanung	25	17,9
Transportplanung	23	16,4
Materialflussplanung	21	15,0
Sonderrechnungen	18	12,9
Kennzahlenbildung	17	12,1
Absatzplanung	16	11,4
Produktionsplanung	12	8,6
Planung und Kontrolle des Lieferservices	12	8,6
Fertigungssteuerung	11	7,9
Koordination logistischer Subsysteme	7	5,0
Berichtswesen	7	5,0

17.2.1 Koordinationsaufgaben innerhalb der Logistik

17.2.1.1 Koordination der Logistik-Planung

Die Planung der Logistik bezieht sich auf alle raum-zeitlichen Überbrückungsprozesse von der Materialbeschaffung beim Lieferanten bis zur Produktübergabe an den Kunden. Zum Gegenstand der Logistik gehört es, die Beziehungen zwischen diesen Planungstatbeständen in Beschaffung, Fertigung sowie Absatz zu erfassen und zu integrieren. Insoweit entspricht sie unmittelbar der Koordinationsfunktion des Controlling. Für die Lösung dieser Aufgabe benötigt das Logistik-Controlling geeignete Modelle und Methoden zur Integration von Teilplänen, Bereitstellung der relevanten Informationen und EDV-Unterstützung (vgl. zur Integration logistischer Teilpläne Hofmann, 1994).

Planung raum-zeitlicher Überbrückungsprozesse

Dabei muss das Logistik-Controlling die Verbindung zwischen den verschiedenen Planungsebenen herstellen. Dies bedeutet beispielsweise, dass im Hinblick auf die taktische Planung die Interdependenzen zwischen den Investitionsentscheidungen in Transportmittel sowie Lagerhäuser und den laufenden Logistikentscheidungen erfasst werden. Schwieriger ist die Umsetzung qualitativer Planungen im strategischen Bereich, beispielsweise der angestrebten Logistikkonzepte in quantitative taktische sowie operative Plangrößen.

Verbindung zwischen den Planungsebenen

17.2.1.2 Koordination der Planungs- und Kontrollprozesse in der Logistik mit der Informationsversorgung

Die »Brücke« des Informationssystems zur Planung und Kontrolle ist ein zentraler Kern des Logistik-Controlling. Dies wird auch aus der Einschätzung der Praxis in Abbildung 17-1 ersichtlich. Planungsmodelle und -verfahren sind in der Logistik nur dann effizient anwendbar, wenn die zu ihrer Lösung erforderlichen Informationen verfügbar sind. Durch unzutreffend und ungenau ermittelte Daten kann das Ergebnis von Planungsmodellen verfälscht werden. Zwischen der Struktur von Planungsmodellen und den Anforderungen an die Datenermittlung bestehen enge Beziehungen. Deshalb muss das Controlling die Datenbeschaffung und -bereitstellung auf die in der Logistik angewandten Planungsmodelle ausrichten. Durch den Einsatz z. B. von Barcodes an Werkstücken oder Transportbehältern lassen sich in einer computer-integrierten Fertigung diese Daten beschaffen. Analog können im Bereich der Distribution Bordcomputer in Lastkraftwagen über Funk mit der Zentrale vernetzt werden. In beiden Fällen kann so ein aktuelles und detailliertes Prozessmodell ermittelt und zur Grundlage für den Einsatz von Planungsmodellen gemacht werden.

Ausrichtung auf Planungsmodelle

Entsprechende Gesichtspunkte gelten für die *Kontrolle*. Sie beruht auch in der Logistik vor allem auf Soll-Ist-Vergleichen und Abweichungsanalysen zur Erkennung sowie Beseitigung von Abweichungsursachen. Dies ist nur möglich, wenn die Vorgabewerte der Planung auf die ermittelbaren Istwerte über die Durchführung abgestimmt sind. Man benötigt Verfahren, mit denen sich die Ursachen von Differenzen ergründen und Maßnahmen zu ihrer Vermeidung finden lassen.

Abweichungsanalysen

Dabei ist bedeutsam, dass im Logistikbereich neben den Wertgrößen des Rechnungswesens Mengen- und Zeitgrößen eine maßgebliche Rolle spielen. Ins-

Betriebsdatenerfassung

besondere benötigt man Daten über die gelagerten und transportierten Mengen, die hierfür erforderlichen (Stell-)Flächen und die Dauer dieser Prozesse. Die Koordinationsaufgabe geht also über die Beziehungen zum traditionellen Rechnungswesen hinaus. Die erforderlichen Mengen- und Zeitgrößen sind insbesondere durch eine ausgebaute Betriebsdatenerfassung zu ermitteln. Ferner werden im Beschaffungs- und Absatzbereich Daten der Marktforschung benötigt.

17.2.1.3 Koordination mit der Organisation und der Personalführung in der Logistik

Während man die bisher skizzierten Aufgaben entsprechend Abbildung 17-1 überwiegend zu den Kernaufgaben des Logistik-Controlling zählt, sind die Abstimmung zur Organisation und Personalführung bisher weniger beachtet worden.

Beziehungen zu Organisation und Personalführung

Das Logistik-Controlling untersucht, in welchem Umfang beispielsweise die Optimierung von Lager- und Transportprozessen durch alternative Organisationsformen beeinflusst wird. Dabei ist herauszufinden, von welchen Bestimmungsgrößen die Organisation der Logistik abhängig ist und welche Freiräume für die Logistik in der jeweiligen Unternehmensorganisation bestehen.

Die Personalführung kann im Logistikbereich vor allem durch die Aus- und Weiterbildung sowie das Lohn- und Prämiensystem gestaltet werden. Zum Beispiel ist die Aus- und Weiterbildung so durchzuführen, dass in ihr die in der Planung eingesetzten Instrumente vermittelt werden. Die Einführung von Prämiensystemen erfordert eine Abstimmung mit der Logistik-Kostenrechnung und der Bereitstellung von Mengen- und Zeitgrößen sowie ggf. Kennzahlen, an welche die Prämien gebunden werden.

17.2.2 Übergreifende Koordinationsaufgaben für das Logistik-Controlling

17.2.2.1 Koordination mit der Unternehmensplanung und -kontrolle

Zielausrichtung des Logistik-Controlling

Die Koordination mit der Unternehmensplanung und -kontrolle setzt an der Ausrichtung auf das Zielsystem der Unternehmung an. Die Ziele der Logistik sind aus den allgemeinen Unternehmenszielen herzuleiten. Sie müssen auf die logistischen Entscheidungen unmittelbar anwendbar sein und zugleich zur Erreichung der Oberziele dienen. Nur dann ist gewährleistet, dass die Gestaltung der Logistikprozesse nicht von den Oberzielen der Unternehmung sowie den Wirkungen logistischer Entscheidungen auf andere Bereiche abgekoppelt wird.

Ziele des Logistik-Controlling

Nach den in Abbildung 17-2 wiedergegebenen Umfrageergebnissen werden in der Praxis verschiedene Ziele des Logistik-Controlling verfolgt (Küpper, 1992a). Hierzu gehören insbesondere Kostenminimierung, Erhaltung der Lieferbereitschaft, optimale Kapazitätsauslastung, Durchlaufzeitenverkürzung und Minimierung von Beschaffungsrisiken. Die weiter genannten Größen bezeichnen dagegen allgemeine (Transparenz logistischer Kosten und Leistungen, Informationsgewinnung) und spezifische (Bestands- und Transportoptimierung) Aufgaben des Logistik-Controlling.

Abb. 17-2

Ziele des Logistik-Controlling

Ziele	143 Unternehmen	
	Anzahl	Anteil in %
Bestandsoptimierung	60	42,0
Transparenz logistischer Kosten und Leistungen	59	41,3
Minimierung logistischer Kosten	59	41,3
entscheidungsorientierte Informationsgewinnung	43	30,1
Erhaltung der Lieferbereitschaft	32	22,4
Durchlaufzeitverkürzung	27	18,9
Transportoptimierung	8	5,6
optimale Auslastung der Produktionskapazitäten	4	2,8
Minimierung der Beschaffungsrisiken	3	2,1

Vergleiche Küpper, 1992 a, S. 127

Zwischen den logistischen Zielen bestehen in vielen Situationen Zielkonflikte. Beispielsweise verursachen die Erhaltung einer höheren Lieferbereitschaft und die Verringerung von Beschaffungsrisiken durch Sicherheitsbestände Kosten. Auch zwischen Kapazitätsauslastung und Durchlaufzeiten gibt es konkurrierende Beziehungen. Die Integration der verschiedenen Logistikaufgaben schließt die Erkennung und Lösung der Gegensätze ein, die beispielsweise zwischen Beschaffungs-, Fertigungs- und Absatzzielen, zwischen Senkung von Fertigungs- und Transportkosten durch Vergrößerung der Lose und Bestandsminderung, zwischen hoher Termintreue und optimaler Kapazitätsauslastung bestehen können. Dabei muss die Lösung dieser Konflikte so erfolgen, dass die übergeordneten Unternehmensziele gewahrt werden.

Zielkonflikte

Als Querschnittsfunktion ist die Logistik abhängig von der Planung in den anderen Funktionsbereichen. Sie weist viele Schnittstellen zur Beschaffungs-, Fertigungs- und Absatzplanung auf. Daher muss das Controlling die Einordnung der Logistik-Planung in das Gesamtplanungssystem gestalten und die Schnittstellen erfassen. Dies beinhaltet eine Koordination der Logistikpläne mit den Plänen der Gesamtunternehmung und der anderen Funktionsbereiche. Ferner bedeutet es eine Abstimmung der Budgetierungsprozesse in der Logistik mit der Gesamtplanung und deren Rahmenbedingungen. In entsprechender Weise ist das logistische Kontrollsystem in dasjenige der Gesamtunternehmung einzuordnen.

Einordnung in Gesamtplanungssystem

17.2.2.2 Koordination mit dem Informationssystem der Unternehmung

Die Informationsbereitstellung für die Logistik hängt von der Struktur des gesamten Informationssystems der Unternehmung ab. Von besonderer Bedeutung sind hierbei die Unternehmensrechnung, das Berichtswesen sowie die Betriebsdatenerfassung. Als spezielle Informationssysteme für die Logistik können eine Logistik-Kostenrechnung sowie dezentrale Datenverarbeitungssysteme eingerichtet werden.

Logistik-Kostenrechnung

Die Kosten- und die Investitionsrechnung müssen logistikspezifische Daten liefern. Sofern eine spezielle Logistik-Kostenrechnung eingerichtet wird, muss sie mit der übergreifenden Kostenrechnung abgestimmt sein. Ihre Gestaltung als Vollkosten-, Teilkosten- oder kombinierte Rechnung, die Kostenauflösung in Einzel- und Gemein- sowie variable und fixe Kosten, die Wahl der Bezugsgrößen u. Ä. müssen deren Struktur entsprechen. Zudem sollten die Daten der logistikbezogenen Rechnung in der übergeordneten Unternehmensrechnung weiter verarbeitbar sein und umgekehrt. Einerseits benötigt man zur Bestimmung von Deckungsbeiträgen auch die Logistikkosten, andererseits müssen bei den Kosten von Logistikprozessen oft übergeordnete Gemeinkosten berücksichtigt werden.

Berichtswesen

Diese Beziehungen schlagen sich auch im Berichtswesen nieder. Die Berichte der Logistik sind Teil des übergeordneten Systems. Daher ist zu klären, welche Teile nur für die Führungskräfte der Logistik benötigt werden und welche Informationen an andere Funktionsbereiche sowie in höhere Hierarchiestufen weitergegeben werden.

17.2.2.3 Koordination mit anderen Controllingbereichen

Abgrenzung von Beschaffungs-, Fertigungs- und Marketing-Controlling

Die Einbindung der Logistik in die Umlaufphasen Beschaffung, Fertigung und Absatz führt zu Schnittstellen, die Probleme in der Abgrenzung gegenüber den zugehörigen Controllingbereichen auslösen. So ist es wegen der hohen Überlappung ihrer jeweiligen Aufgaben schwierig, neben dem Logistik-Controlling ein eigenständiges Beschaffungs-Controlling zu unterscheiden. Auch die Überschneidung mit dem Fertigungs-Controlling ist sehr groß, weil die Prozessabläufe in hohem Maße den Materialfluss in der Fertigung bestimmen. Eine relativ einfache Abgrenzung zum Marketing-Controlling ist erreichbar, wenn die Koordinationsprobleme der physischen Distribution dem Logistik-Controlling zugerechnet werden.

Aus diesem Grund können die neueren PPS-Systeme z. B. nach dem Just-in-Time-Prinzip gleichzeitig als Produktionssteuerungs- und als Logistik-Systeme angesehen werden. Die konkrete Gestaltung der Controllingbereiche und ihre organisatorische Aufgaben- sowie Kompetenzabgrenzung hängen wesentlich von den situativen Bedingungen jeder Unternehmung ab, vor allem von der Unternehmensgröße, dem Produktionsprogramm, der Produktions- und Informationstechnologie und ihrer Gesamtorganisation.

17.3 Spezifische Instrumente des Logistik-Controlling

Organisatorische Regelungen oder mathematische Planungsmodelle sind einzelnen Führungsteilsystemen wie der Organisation bzw. der Planung zurechenbar. Sie haben ebenso wie die Logistik-Kostenrechnung und die Datenverarbeitung unterstützenden Charakter für das Logistik-Controlling. Unmittelbar auf das Logistik-Controlling sind lediglich die übergreifenden Koordinationsinstrumente gerichtet. Daher können sie auch als spezifische Instrumente des Logistik-Controlling bezeichnet werden.

17.3.1 Übergreifende Koordinationsinstrumente des Logistik-Controlling

Für die Koordination in der Logistik spielen vor allem Budgets und Zielvorgaben, daneben auch Kennzahlensysteme und organisatorische Regelungen eine maßgebliche Rolle, wie Abbildung 17-3 veranschaulicht. Lenkungspreisen sowie Operations Research-Methoden der linearen Programmierung oder Simulation wird dagegen eine geringe Bedeutung beigemessen.

Koordinations-
instrumente des LC
in der Praxis

Abb. 17-3

Koordinationsinstrumente der Logistik

aufgeschlüsselt nach der Institutionalisierung der Controlling-Aufgaben	alle Unternehmen (von 180)		zentrale Controlling-Abteilung (von 85)		begleitendes Controlling (von 55)		ohne Controlling-Abteilung (von 23)	
Budgets	157	87,2%	77	90,6%	51	92,7%	15	65,2%
Zielvorgaben	135	75,0%	63	74,1%	46	83,6%	15	65,2%
Kennzahlen(systeme)	81	45,0%	41	48,2%	30	54,5%	7	30,4%
organisatorische Regelungen	70	38,9%	31	36,5%	22	40,0%	11	47,8%
Lenkungspreise	17	9,4%	7	8,2%	5	9,1%	3	13,0%
Simulationsmodelle	14	7,8%	7	8,2%	5	9,1%	1	4,3%
Lineare Programme	12	6,7%	6	7,1%	3	5,5%	1	4,3%

Vergleiche Küpper, 1992a, S. 128

17.3.1.1 Budgetvorgabe in der Logistik

Die Übersicht in Abbildung 17-3 lässt erkennen, dass die Bedeutung der Budgetvorgabe für die Logistik mit der Einrichtung des Controlling deutlich zunimmt. In der Praxis gibt man primär Budgets für Bereiche des Transportwesens und einzelne Lagerbereiche vor (vgl. Abbildung 17-4). Deren Genauigkeit kann mit einem Übergang auf Transport-, Lager-, Umschlags-, Verpackungs- und Auftragsabwicklungsleistungen erhöht werden, weil sich der Bedarf am geplanten Output orientiert. In der Praxis deutet sich die Tendenz an, die Budgetfestlegung auf Aufgaben und Programme auszurichten (Küpper, 1992a). Sie wird durch die Einrichtung von Controllingstellen gefördert.

Logistik-Arten
von Budgets

Um gut begründete Budgets für die Logistik aufstellen zu können, muss sie in geeignete Verantwortungsbereiche gegliedert sein. Ferner müssen für eine outputorientierte Budgetermittlung die in jedem Bereich durchzuführenden Prozesse analysiert werden. Dies wird durch eine Logistik-Kostenrechnung unterstützt. Des Weiteren können Verfahren der Gemeinkosten-Wertanalyse, der Programmbudgetierung und des Zero-Base-Budgeting eingesetzt werden. Maßgeblich bleibt dabei eine enge Koordination mit der Planung und Budgetierung

Outputorientierte
Budgetermittlung

Abb. 17-4

Budgets für den Logistikbereich

aufgeschlüsselt nach der Institutionalisierung der Controlling-Aufgaben	alle Unternehmen (von 176)		zentrale Controlling-Abteilung (von 84)		begleitendes Controlling (von 51)		ohne Controlling-Abteilung (von 23)	
für Bereiche des Transportwesens	72	40,9 %	38	45,2 %	23	45,1 %	6	26,1 %
für einzelne Lagerbereiche	86	48,9 %	42	50,0 %	35	68,6 %	3	13,0 %
für Transportleistungen	50	28,4 %	30	35,7 %	18	35,3 %	0	0,0 %
für Lagerleistungen	20	11,4 %	9	10,07 %	11	21,6 %	0	0,0 %
für Umschlags- und Verpackungsleistungen	33	18,8 %	18	21,4 %	14	27,5 %	0	0,0 %
Auftragsabwicklungsbudgets	40	22,7 %	19	22,6 %	20	39,2 %	0	0,0 %
keine Budgetierung im Logistikbereich	63	35,8 %	25	29,8 %	12	23,5 %	16	69,6 %

Vergleiche Küpper, 1992 a, S. 129

von Beschaffung, Fertigung und Absatz, um eine hohe Einbindung der Querschnittsfunktion Logistik zu gewährleisten.

17.3.1.2 Ziel- und Kennzahlensysteme der Logistik

Quantitative Orientierung der Logistik

Logistikkennzahlen (vgl. insbesondere Reichmann, 1995, S. 338 ff.; Pacher-Theinburg, 1992, S. 21 ff.; Schulte, 1992, S. 244 ff.; Stölzle/Gaiser, 1996, S. 40 ff.) sollen die Logistikprozesse und deren Wirkungen sichtbar machen. Zum Beispiel will man ihre Kosten, ihre Geschwindigkeit, die Lagerbestandshöhen und/oder den Lagerumschlag untersuchen. Ferner muss man geeignete Größen finden, die als Ziele vorgebbar sind oder die Wirkungen auf die Unternehmensziele zumindest als Indikatoren anzeigen.

Da die Logistik quantitativ orientiert ist, bietet sich in ihr die Verwendung von Kennzahlen zur Analyse und Zielvorgabe besonders an. Für sie ist daher eine Vielzahl von Kennzahlen vorgeschlagen worden, insbesondere Umschlagshäufigkeiten in den verschiedenen Lagern, Durchlauf- und Verweilzeiten in allen Funktionsbereichen, verschiedene Logistikkostenarten, der Servicegrad, der Automatisierungs- und der Kapazitätsgrad. Diese Größen beziehen sich auf wichtige Ziele der Logistik (Logistikkosten, Lieferservice u. a.) oder deren Einflussgrößen.

Wichtige Logistikkennzahlen

Nach den aus Abbildung 17-5 ersichtlichen Befragungsergebnissen werden in der Praxis vor allem Umschlagshäufigkeiten, dagegen selten Produktivitätsziffern und Leistungsgrade berechnet. Die Lieferbereitschaft wird für den Absatz häufiger als für die Beschaffung ermittelt. Den Lagerkosten wird mehr Aufmerksamkeit als den Transportkosten geschenkt. Die Analyse nach Controllingstellen unterstreicht, dass deren Einrichtung zu einem intensiveren Umgang mit Kennzahlen in der Logistik führt.

Abb. 17-5

Verwendung von Logistik-Kennzahlen

aufgeschlüsselt nach der Institutionalisierung der Controlling-Aufgaben	alle Unternehmen (von 181)		zentrale Controlling-Abteilung (von 84)		begleitendes Controlling (von 55)		ohne Controlling-Abteilung (von 24)	
Umschlagshäufigkeiten in Beschaffungslagern	107	59,1%	48	57,1%	40	72,7%	11	45,8%
Umschlagshäufigkeiten in Fertiglagern	101	55,8%	45	53,6%	38	69,1%	11	45,8%
Lagerkostenkennzahlen	76	42,0%	36	42,9%	27	49,1%	7	29,2%
Transportkostenkennzahlen	63	34,8%	32	38,1%	19	34,5%	5	20,8%
Lieferbereitschaftsgrade im Absatz	71	39,2%	37	44,0%	21	38,2%	5	20,8%
Lieferbereitschaftsgrade der Beschaffung	50	27,6%	23	27,4%	19	34,5%	6	25,0%
Produktivitätskennzahlen für Lager-/Transportprozesse	23	12,7%	10	11,9%	8	14,5%	2	8,3%
Leistungsgrade im Lager-/Transportbereich	18	9,9%	9	10,7%	8	14,5%	1	4,2%
keine Logistikkennzahlen	46	25,4%	20	23,8%	11	20,0%	10	41,7%

Vergleiche Küpper, 1992a, S. 130

Ein zentrales Problem besteht in der Auswahl der wichtigsten Logistikkennzahlen. Bei den für die Logistik vorgeschlagenen Kennzahlen wird die Gefahr einer zu großen Fülle besonders deutlich. Der Datenüberfluss kann ihren Nutzen mindern. Für die Informationsanalyse und die Zielvorgabe muss man sich auf wichtige Größen konzentrieren (vgl. Abschnitt 12.2). Beispielsweise können die Gesamtkosten der Logistik deduktiv in die Kosten der einzelnen logistischen Aktivitäten (Lagerung, Transport, Auftragsabwicklung, Warenumschlag) und diese weiter in wichtige Kostenarten (Personal, Material, Fremddienste usw.) aufgespalten werden. Der Vorteil eines solchen Systems liegt in der Klarheit der (definitions-)logischen Beziehungen. In die Auswahl der Kennzahlen fließen bei empirisch-induktiver Ermittlung Kenntnisse der im jeweiligen Bereich Tätigen ein, deren Erfahrung maßgeblich für die Zuverlässigkeit der Zusammenhänge ist. Durch empirische Erhebungen lässt sich die Auswahl von Kennzahlen methodisch absichern. Die modellgestützte Herleitung könnte in der Logistik mehr an Bedeutung gewinnen, da sich ihre Prozesse gut in Modellen abbilden lassen (vgl. Abschnitt 12.2.4).

Auswahl von Logistik-kennzahlen

Die meisten in der Literatur vorgeschlagenen Kennzahlensysteme für die Logistik beruhen auf einer Mischung der deduktiven und empirisch-induktiven Herleitung anhand von Plausibilitätsüberlegungen. So gliedert Thomas Reichmann in dem aus Abbildung 17-6 ersichtlichen System nach den Logistikbereichen Materialwirtschaft, Fertigungs- und Absatzlogistik sowie den wichtigsten Aktivitäten in ihnen (in Anlehnung an Reichmann, 1995, S. 338.). Als

Logistik-Kennzahlen-systeme

Abb. 17-6

Logistik-Controlling-Kennzahlensystem

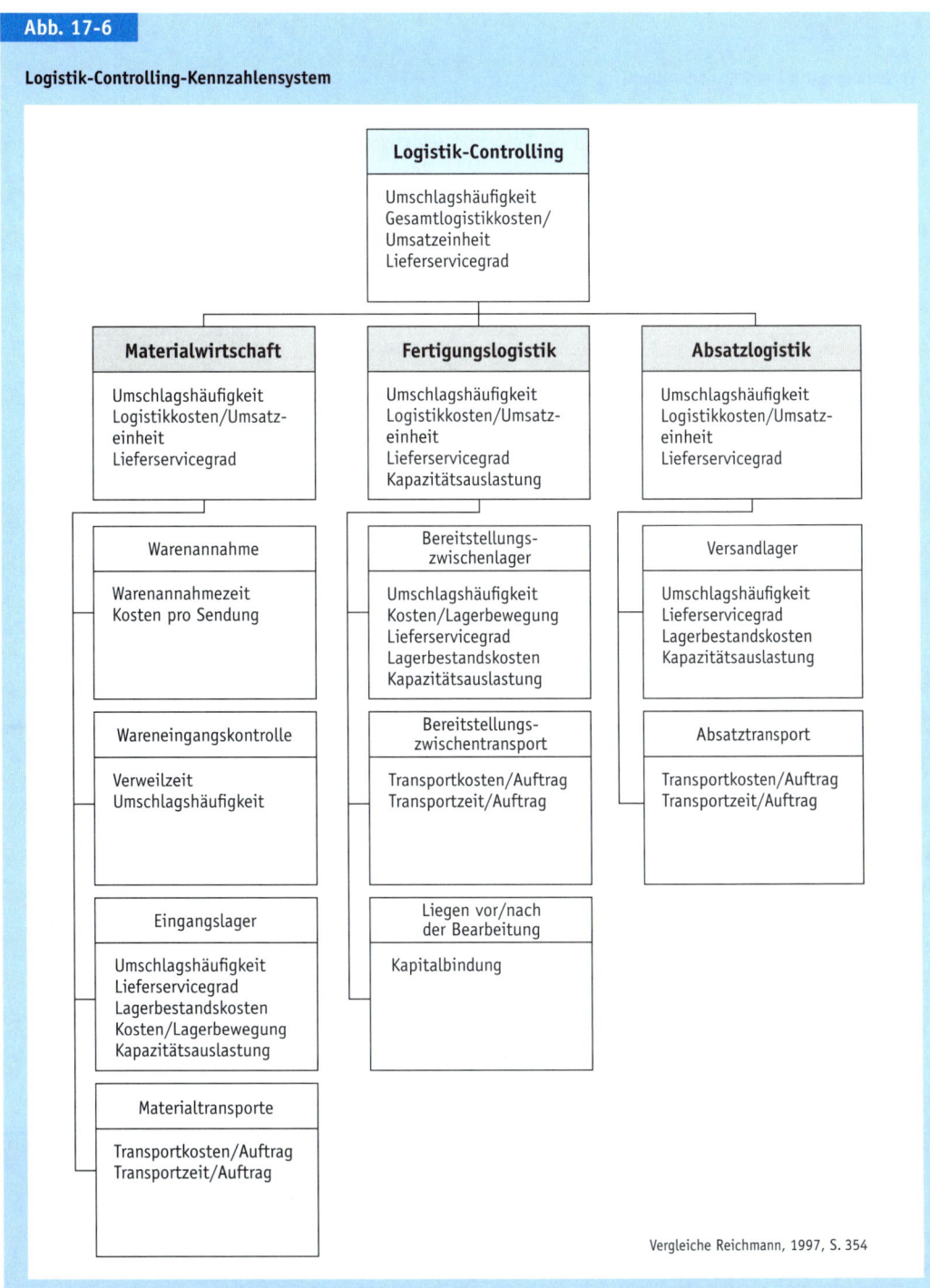

Logistik-Controlling

Umschlagshäufigkeit
Gesamtlogistikkosten/
Umsatzeinheit
Lieferservicegrad

Materialwirtschaft

Umschlagshäufigkeit
Logistikkosten/Umsatz-
einheit
Lieferservicegrad

Fertigungslogistik

Umschlagshäufigkeit
Logistikkosten/Umsatz-
einheit
Lieferservicegrad
Kapazitätsauslastung

Absatzlogistik

Umschlagshäufigkeit
Logistikkosten/Umsatz-
einheit
Lieferservicegrad

Warenannahme

Warenannahmezeit
Kosten pro Sendung

Bereitstellungs-
zwischenlager

Umschlagshäufigkeit
Kosten/Lagerbewegung
Lieferservicegrad
Lagerbestandskosten
Kapazitätsauslastung

Versandlager

Umschlagshäufigkeit
Lieferservicegrad
Lagerbestandskosten
Kapazitätsauslastung

Wareneingangskontrolle

Verweilzeit
Umschlagshäufigkeit

Bereitstellungs-
zwischentransport

Transportkosten/Auftrag
Transportzeit/Auftrag

Absatztransport

Transportkosten/Auftrag
Transportzeit/Auftrag

Eingangslager

Umschlagshäufigkeit
Lieferservicegrad
Lagerbestandskosten
Kosten/Lagerbewegung
Kapazitätsauslastung

Liegen vor/nach
der Bearbeitung

Kapitalbindung

Materialtransporte

Transportkosten/Auftrag
Transportzeit/Auftrag

Vergleiche Reichmann, 1997, S. 354

Kennzahlen werden vor allem Umschlagshäufigkeiten, Logistik-Kosten, Lieferservicegrade sowie Verweil- bzw. Transportzeiten und Kapazitätsauslastungen verwendet. Dagegen ermittelt Christof Schulte (Schulte, 1992, S. 244 ff.) Produktivitäts-, Wirtschaftlichkeits- und Qualitätskennzahlen für die Bereiche Beschaffungslogistik, Materialfluss und Transport, Lager und Kommissionierung, Produktionsplanung und -steuerung sowie Distributionslogistik. Er differenziert dabei stärker nach den einzelnen logistischen Aktivitäten.

Die Kennzahlen der Logistik als Zielgrößen logistischer Prozesse oder als Indikatoren für wichtige Einflussgrößen sollten auch einen Bezug zu den Unternehmenszielen und den für das Gesamtunternehmen verwendeten Kennzahlen aufweisen. Hieran wird die Notwendigkeit der Abstimmung mit dem Unternehmens-Controlling sichtbar.

Bezug zu den Unternehmenszielen

17.3.1.3 Verrechnungs- und Lenkungspreise für die Logistik
In der Logistik werden Verrechnungs- und Lenkungspreise bislang noch wenig als Controllinginstrument verwandt. Entsprechend der Bedeutung von Verrechnungspreisen für das Unternehmens-Controlling dürfte ihr Gewicht auch für das Logistik-Controlling zunehmen. Je stärker die Logistik in ihrer eigenständigen Bedeutung beachtet wird, desto eher wird man die Notwendigkeit der Ermittlung von Verrechnungspreisen für ihre Leistungen erkennen.

Bedeutung von Verrechnungspreisen für LC

Eine Übernahme dieses Konzepts bedeutet, dass die Logistik oder einzelne ihrer Teile als eigenständige Erfolgszentren betrachtet werden. Die an die Bereiche Beschaffung, Fertigung und Absatz erbrachten Leistungen werden zu Lenkungspreisen in Rechnung gestellt. Damit lassen sich die Nachfrage und die Verwendung von Logistikleistungen beeinflussen. Zugleich werden die Bedeutung dieser Leistungen für die anderen Bereiche klarer ersichtlich sowie eine bessere Vergleichbarkeit zwischen innerbetrieblicher Inanspruchnahme und dem externen Bezug hergestellt. Gerade bei Transporttätigkeiten sind derartige Vergleiche gebräuchlich. Bei Lager- und anderen Logistikprozessen sind sie in vielfältiger Weise möglich.

Erfolgszentren der Logistik

Eine wichtige *Voraussetzung* für den Einsatz dieses Controllinginstruments ist eine gut ausgebaute Logistik-Kostenrechnung. Nur mit ihr lassen sich voll- und teilkostenorientierte Preise für Logistikleistungen ermitteln.

17.3.2 Unterstützende Instrumente für das Controlling

17.3.2.1 Logistik-Kostenrechnung
In traditionellen Kostenrechnungen werden die in der Logistik anfallenden Kosten meist undifferenziert innerhalb der Gemeinkosten verrechnet. Um die logistischen Kosten und Erlöse transparent zu machen und die Planung, Steuerung sowie Kontrolle von Logistikentscheidungen durch Informationen zu fundieren, muss daher eine Logistik-Kostenrechnung als Teil der Unternehmensrechnung aufgebaut werden. Die Grundzüge ihrer Struktur sind schon vor ca. 25 Jahren entwickelt worden (vgl. Weber, 1987; Teichmann, 1989).

Kosten logistischer
Aktivitäten

Ein maßgebliches Informationsbedürfnis des Logistik-Controlling liegt in den Kosten der einzelnen logistischen Aktivitäten und ihrer Zuordnung zu den Kostenträgern der Unternehmung. Diese Aufgabe ist schwieriger als in der industriellen Produktkostenrechnung, weil die Logistiktätigkeiten Dienstleistungen darstellen und darüber hinaus häufig Kuppelprodukte sind. Zum einen wird eine Reihe von Logistiktätigkeiten wie der Transport oder die Lagerung verschiedener Güter im Verbund erbracht. Zum andern fallen Logistikaktivitäten teilweise gemeinsam mit Beschaffungs-, Fertigungs- oder Absatzaktivitäten an.

Logistik-Kostenarten

Der Ausbau zu einer Logistik-Kostenrechnung verlangt eine zweckentsprechende Differenzierung der Kostenarten und die Einrichtung logistikbezogener Kostenstellen. Mit der Einrichtung des Controlling wird einer tiefergehenden Gliederung mehr Bedeutung beigelegt. Als wichtigste Logistik-Kostenarten unterscheidet man zweckmäßigerweise:

▸ Fremdleistungskosten für Transport und Lagerung,
▸ Personalkosten,
▸ Kosten für Transport-, Handling-, Lager-, Verpackungs-, Büro- und sonstige Logistikanlagen sowie
▸ sonstige Logistikkosten für Material, Energie, Dienstleistungen, Steuern u. Ä., Versicherungen, Zinsen usw.

Sie sind nach der Zurechenbarkeit in Logistik-Einzel- und -Gemeinkosten sowie nach der Beschäftigungsabhängigkeit in variable und fixe Kosten einzuteilen. Bezugspunkt für diese Unterscheidung sind dabei die Logistikleistungen.

Logistik- und Misch-
kostenstellen

Als Kostenstellen lassen sich eigenständige Logistikstellen und »Mischkostenstellen« unterscheiden. Erstere erbringen nur logistische Leistungen und befinden

---

Abb. 17-7

Beispiel für den Aufbau von Leistungs- und Kostenberichten

Kostenarten	Summe	Variable Kosten		Fixe Kosten	
		Transportmengen-abhängig	Transportzeiten-abhängig	Sprungfix	Absolut fix
Personalkosten ▸ Grundlöhne ▸ …					
Anlagenkosten ▸ Gabelstapler ▸ …					
Materialkosten ▸ Schmierstoffe ▸ …					
Energiekosten ▸ Benzin ▸ …					
Sonstige Kosten ▸ …					

sich vor allem im kunden- sowie lieferantennahen Bereich. Zu ihnen gehören Eingangs- und Versandlager, Fuhrpark, Bestelldisposition sowie interne Transportstellen. Mischkostenstellen treten vor allem im Fertigungsbereich auf, wenn logistische mit anderen Leistungen zusammen erbracht werden. Beispielsweise können Arbeitsgänge mit dem Abtransport der Werkstücke gekoppelt sein. Je nach dem Anspruch an Genauigkeit nimmt man eine Untergliederung nach Kostenplätzen oder eine näherungsweise Aufteilung über Funktionsanalysen u. Ä. vor. Für die innerbetriebliche Leistungsverrechnung benötigt man Logistikkostensätze. Dabei bietet sich insbesondere bei Transportstellen eine auftragsweise Kostenerfassung an. Zur besseren Transparenz dienen *Leistungs- und Kostenberichte* für wichtige Stellen, deren Aufbau in Abbildung 17-7 beispielhaft angedeutet ist.

Die Logistik-Kostenrechnung mündet in die Kalkulation der Unternehmensprodukte ein. An die Stelle von Gemeinkostenzuschlägen, in denen die Logistikkosten pauschal enthalten sind, treten *differenzierte Zuschläge* für die Logistik. Diese können auf einzelne Logistiktätigkeiten entsprechend dem Vorgehen der Prozesskostenrechnung (vgl. hierzu Abschnitt 8.2.2.2) oder auf Einzel- bzw. Gemeinkosten der Logistik bezogen sein. Die mit ihnen durchführbare positionsweise Erweiterung der Kalkulation ist in Abbildung 17-8 an einem Beispiel veranschaulicht.

Die spezifischen Probleme der Logistik-Kostenrechnung folgen aus dem Dienstleistungs- und dem Verbundcharakter der Logistik-Leistungen sowie den vielfältigen Kosteneinflussgrößen, die in diesem Bereich wirksam sind. Mit der Datenverarbeitung können diese Probleme durch eine Betriebsdatenerfassung und den Einsatz von Datenbanken einer Lösung nähergebracht werden. Sie ermöglichen zahlreiche Auswertungsrechnungen, wobei sich insbesondere das Instrumentarium der mehrstufigen und mehrdimensionalen Deckungsbeitragsrechnung anbietet (vgl. Abschnitt 8.2.2.3).

Abb. 17-8

Beispiel für die positionsweise Erweiterung der Kalkulation

Stückgutfrachten	400,–
Verpackungs- und Abwicklungskosten	35,–
Transportkosten	435,–
Anschaffungskosten	8.000,–
Beschaffungskosten des Materials	8.435,–
Lagerkosten Eingangslager	515,–
Materialkosten	8.950,–
Fertigungskosten Stelle A	65.000,–
Transportkosten A und B	250,–
Lagerkosten Zwischenlager B	175,–
Transportkosten B nach C	10,–
Fertigungskosten Stelle C	42.000,–
Transportkosten B nach Absatzlager	1.000,–
Herstellkosten	117.385,–
Verwaltungskosten	1.166,–
Lagerkosten Absatzlager	2.500,–
Verpackungs- und Abwicklungskosten	1.250,–
Selbstkosten des Produkts	122.301,–

Küpper, 1991, S. 25

17.3.2.2 Logistik-Modelle des Operations Research

Da sich Logistikprozesse in hohem Maße quantitativ abbilden lassen, sind sie ein wichtiges Einsatzgebiet für quantitative Prognose- und Entscheidungsmodelle des Operations Research. Bestellmengen-, Lagerhaltungs- und Transportmodelle gehören seit langem zu den wichtigsten Anwendungsgebieten mathematischer Modelle. Neben Optimierungsverfahren haben heuristische Verfahren die praktische Nutzbarkeit der Modelle wesentlich erhöht.

Die Aufgabe des Logistik-Controlling liegt nicht in der Formulierung von Operations Research-Modellen und der Entwicklung geeigneter Lösungsverfahren. Stattdessen kommt hier die Koordinationsfunktion zwischen dem Operations Research und der Anwendung für die Logistik zum Tragen. Hierfür ist zu analysieren, für welche Logistikprobleme der Einsatz von Operations Research-Methoden zweckmäßig sein könnte. Soweit quantitative Modelle entwickelt und implementiert werden, liegt eine wichtige Aufgabe in der frühzeitigen Verknüpfung mit der Logistik-Kostenrechnung zur Ermittlung der erforderlichen Modelldaten.

17.3.2.3 EDV-Unterstützung der Logistik

Die Aufgaben des Logistik-Controlling wären ohne EDV-Unterstützung nur in deutlich vermindertem Umfang realisierbar. Die Entwicklung der Datenverarbeitung hat die differenzierte Datenerfassung, Kosten- und Erlösplanung sowie -kontrolle und den Einsatz zahlreicher quantitativer Planungsmodelle in der Logistik erst möglich gemacht. Ihre zentrale Bedeutung für die Logistik beginnt in der Datenverwaltung, zeigt sich in EDV-gestützten Lagersystemen und reicht bis zur Zusammenarbeit mit Lieferanten und Kunden in Form eines computergestützten Systemverbunds, insbesondere bei Just-in-Time-Systemen.

Die Schnittstellenfunktion des Logistik-Controlling bezieht sich auf die Abstimmung zwischen Logistik, Logistik-Kostenrechnung, Operations Research und Datenverarbeitung. Durch die vielfältigen und zunehmenden Einsatzmöglichkeiten der EDV in der Logistik wird diese Koordinationsfunktion immer wichtiger.

Wiederholungsfragen Kapitel 17

1. *Warum hat das Logistik-Controlling in der Unternehmenspraxis einen hohen Stellenwert?*
2. *Welche Instrumente spielen bei der Koordination der Logistik eine wichtige Rolle?*
3. *Welche Größen spielen im Logistikbereich neben den Wertgrößen des Rechnungswesens eine maßgebliche Rolle?*
4. *Worauf bezieht sich die Schnittstellenfunktion des Logistik-Controlling?*

Aufgaben und Lösungen zu Kapitel 17 finden Sie am Ende von Kapitel 20.

18 Aufgaben und Instrumente des Personal-Controlling

Das Personal-Controlling sollte auf die Gesamtunternehmung und die anderen Controllingbereiche ausgerichtet sein. Dadurch leiten sich Aufgaben aus der Verbindung zum Zentral- und Bereichs-Controlling des Unternehmens ab. Als primäre Aufgaben des Personal-Controlling können die Verknüpfung von singulären Personalplanungsaufgaben mit anderen Führungsinstrumenten, die Verknüpfung des Personalbereichs mit der Gesamtunternehmung und den anderen Funktionsbereichen, die Einbindung in die strategische Personalarbeit sowie die Bewertung und Ausrichtung der Personalarbeit auf die Unternehmensziele gesehen werden. Zur Erfüllung dieser Aufgaben bedient sich das Personal-Controlling eines Instrumentariums, welches auf Koordinationsaufgaben konzentriert ist.

18.1 Abgrenzung des Personal-Controlling

Die Kernfunktion des Personal-Controlling umfasst die Koordination im Personalbereich, zwischen diesem und den anderen Bereichen sowie zur Gesamtunternehmung. Aufgrund der spezifischen Merkmale dieses Bereichs ist es in geringerem Maße quantitativ orientiert als das Controlling anderer Bereiche.

Die Assoziation des Wortes Controlling zur Kontrolle scheint im Personalbereich ein besonderes Hindernis zu bilden (vgl. Wunderer/Sailer, 1988, S. 123). Deshalb wurde anfangs diskutiert, eine andere Bezeichnung wie z. B. Personalwirtschaft, Human Resources Management, Personalplanung oder Personalinformation und -planung (vgl. Wunderer, 1989, S. 253) für die Funktion Personal-Controlling zu verwenden. Keine davon hat sich durchgesetzt. Vielmehr scheint die Bezeichnung Personal-Controlling (PC) inzwischen als weniger problematisch empfunden zu werden.

Das Personal-Controlling kann sich nicht unabhängig von dem Controlling der Gesamtunternehmung und der anderen Bereiche entwickeln. Es bildet nur dann eine leistungsfähige Funktion der Unternehmung, wenn es in seiner Grundkonzeption der Ausrichtung anderer Controllingbereiche entspricht. Dies bedeutet, dass sich seine Aufgaben aus der Verbindung zum Controlling der anderen Bereiche sowie der Gesamtunternehmung ergeben, also kein isoliertes Gebiet des Personalbereichs abdecken. Seine Funktion besteht vor allem in der Koordination innerhalb des Personalbereichs, zwischen diesem und den anderen Bereichen sowie zur Gesamtunternehmung.

Daraus folgt zugleich, dass man nicht einfach die Aufgaben eines eher quantitativ orientierten Bereichs wie z. B. des Logistik- oder Finanz-Controlling über den Personalbereich stülpen kann. Damit würden die Besonderheiten dieses Be-

Grundkonzeption des PC

reichs nicht berücksichtigt. Mitarbeiter des Personal-Controlling werden im Personalbereich leicht als Fremdkörper abgelehnt, wenn man es als rein quantitative finanzielle Kontrollfunktion missversteht.

Eigenständigkeit des PC

Wenn man von den spezifischen Aufgaben des Controlling ausgeht, so werden an der Schnittstelle zwischen dem Personalwesen und den anderen Unternehmensbereichen eigenständige Problembereiche sichtbar. Die Chance eines Personal-Controlling liegt darin, diese ansonsten von keiner Funktion ausreichend abgedeckten Problemfelder zu erkennen, ihre Bedeutung für die Unternehmung zu analysieren und Lösungswege zu entwickeln. Hierdurch kann es zu einem Führungsteilsystem werden, das einerseits im Personalbereich und zugleich im Unternehmenscontrolling verankert ist.

18.2 Spezifische Aufgaben des Personal-Controlling

Zur Herausarbeitung der spezifischen Aufgaben des Personal-Controlling werden, ausgehend von der in der Praxis vorfindbaren Gestaltung, systematisch wichtige Koordinationsaufgaben hergeleitet. An vier Komponenten lässt sich verdeutlichen, dass ihm eine besondere Brückenfunktion zukommt.

18.2.1 Aufgaben des Personal-Controlling in der Praxis

Abgrenzung des PC

Für den Gegenstand und die Abgrenzung des Personal-Controlling in der Praxis gibt es eine Reihe von Anhaltspunkten. In einer 1987 von Wunderer/Sailer (vgl. Wunderer/Sailer, 1988, S. 119 ff.; vgl. auch Wunderer/Schlagenhaufer, 1994, S. 21 f.) durchgeführten Umfrage bei 90 Vertretern der Praxis, die insbesondere von Personalabteilungen und aus der Unternehmensführung kamen, war das Personal-Controlling in ca. einem Drittel der befragten Unternehmungen organisatorisch verankert. Seine Kernfunktionen wurden in der Entscheidungsvorbereitung und Beratung gesehen. Sie erstreckten sich vor allem auf die in Abbildung 18-1 wiedergegebenen personalwirtschaftlichen Aktivitäten. Mitentscheidungskompetenzen bestanden insbesondere bei Ausbildungs- und Entwicklungsprogrammen, der Lohn- und Gehaltsstruktur und dem Budget für die Personalarbeit. »Kompetenzen für Durchführungskontrollen und Evaluationen (d. h. Erfolgskontrollen) ... werden hingegen weitgehend abgelehnt« (Wunderer/Sailer, 1988, S. 121).

Ziele des PC

Als wichtigste Ziele des Personal-Controlling betrachtete man die Verbesserung der Übersicht über Struktur und Entwicklung der Personalkosten sowie der Entscheidungsgrundlagen für personalwirtschaftliche Aktivitäten. Das Instrumentarium zu ihrer Erreichung war noch wenig ausgebaut. Dies galt ganz besonders für den strategischen Bereich.

Widerstände gegen das PC

Widerstände gegen das Personal-Controlling resultieren vor allem aus Konflikten um seine Kompetenzen und seine organisatorische Stellung sowie aus Bedenken der Mitarbeitervertretung. Ferner wirken Widersprüche zum Selbst-

Abb. 18-1

Personal-Controlling in der Praxis

Aufgaben	Kompetenzen	Probleme
Personalkostenstruktur	Ausbildungsprogramme	Kompetenzkonflikte
Entscheidungsgrundlagen für personalwirtschaftliche Aktivitäten	Lohn- und Gehaltsstruktur	Widerstände aus Mitbestimmung
Personalengpässe	Budget für Personalarbeit	Selbstverständnis der Personalabteilung
Personalfluktuation	Grundsätze der Personalpolitik	Fehlende Instrumente
Arbeitsproduktivität	Rekrutierung	Fehlende Ressourcen
Personalkosten	Selektionsverfahren	
Leistungsmotivation		

verständnis der Personalabteilung, Datenerfassungsprobleme sowie fehlende Ressourcen hemmend.

Insgesamt zeigte diese Umfrage ein »Bedürfnis nach Stärkung der Controlling-Funktion« (Wunderer/Sailer, 1988, S. 123; vgl. Wunderer/Schlagenhaufer, 1993, S. 281). Die wichtigste Aufgabe wurde in der Entwicklung von Personal-Informationssystemen gesehen. Erst sekundär schien die Mitwirkung an operativen und strategischen Planungsaufgaben bedeutsam. Kontrollaufgaben standen, auch aufgrund eines besonderen Misstrauens des Personalbereichs gegenüber einer rein monetären Erfolgsorientierung, im Hintergrund.

18.2.2 Koordinationsaufgaben des Personal-Controlling

Neben der Koordination der Führungsteilsysteme im Personalbereich und den Beziehungen zum Controlling anderer Bereiche lassen sich entsprechend Abbildung 18-2 zwei spezifische Aspekte der Integration in die Gesamtunternehmung erkennen. Sie beziehen sich auf die strategischen Wirkungen und die Zielausrichtung der Personalarbeit.

Koordination der Personalplanung

Innerhalb des Personalbereichs betreffen die Controllingaufgaben zunächst die Koordination der Personalplanung. Deren wichtigste Bestandteile sind die Personalbedarfs-, Personalbeschaffungs-, Personaleinsatz-, Personalfreisetzungs- und Personalentwicklungsplanung. Die zwischen ihnen bestehenden Interdependenzen müssen erfasst und in eine integrierte Personalplanung eingebracht werden. Ferner sind Personalplanung und -kontrolle aufeinander abzustimmen. Die Koordination zum Personalinformationssystem verlangt eine Orientierung der Informationserzeugung an den für die Personalplanung sowie -kontrolle eingesetzten Modellen und Verfahren. Schließlich erstrecken sich die Controllingaufgaben auf die Interdependenzen zwischen der Planung, Kontrolle sowie dem Informationssystem im Personalwesen und dessen Organisation sowie der Personalführung im Personalbereich.

Abb. 18-2

Spezifische Aufgaben des Personal-Controlling

Koordination im Personal- bereich	Verknüpfung zu anderen Funktionsbereichen	Mitwirkung an strategi- scher Personalarbeit	Bewertung und Ausrichtung der Personalarbeit
▸ zwischen Bestandteilen der Personalplanung ▸ zwischen Personalplanung und Personalkontrolle ▸ zum Personalinformati- onssystem ▸ zu Organisation und Personalführung	▸ Koordination der Personal- planung mit Investitions-, Finanz- u. a. Planungen ▸ Berücksichtigung des Personalwesens in der Gesamtplanung	▸ strategische Wirkungen personalwirtschaftlicher Entscheidungen ▸ Anpassung an Umwelt- änderungen	▸ ökonomische Durch- dringung der Personal- arbeit ▸ ökonomische Bedeutung der Personalarbeit

Verknüpfung mit anderen Führungsinstrumenten

Die spezifische Aufgabe des Controlling liegt nicht in der Durchführung der Einzelaufgaben, d. h. beispielsweise der Personalbedarfsermittlung oder der Informationsgewinnung, sondern in deren Verknüpfung mit den anderen Führungsinstrumenten. Dies ist durch die Schaffung sowie Nutzung geeigneter Systeme und Methoden zu erreichen. Deshalb wird durch das Personal-Controlling z. B. die Gestaltung des Personalplanungssystems und des Personalinformationssystems maßgeblich bestimmt. Ferner müssen die Interdependenzen in den laufenden Planungsprozessen ausreichende Berücksichtigung finden.

Verknüpfung mit Gesamt- unternehmung

Ein zweiter Aufgabenbereich bezieht sich auf die Verknüpfung des Personalbereichs mit der Gesamtunternehmung und den anderen Funktionsbereichen. Er beinhaltet die Koordination der Personalplanung mit der Absatz-, Fertigungs- und Beschaffungsplanung sowie der Investitions- und Finanzplanung. Diese Koordination erfolgt in erster Linie über das Unternehmens-Controlling und das dezentrale Controlling der anderen Bereiche. Dabei verlangt Personal-Controlling in der einen Richtung, dass die Planungen innerhalb des Personalwesens mit der Gesamtplanung der Unternehmung kompatibel sind. Zum anderen beinhaltet es eine ausreichende Beachtung des Faktors Personal in den Plänen der Gesamtunternehmung und der anderen Bereiche.

Einbindung in die strate- gische Personalarbeit

Führt man diesen Gedanken weiter und verknüpft ihn mit der Anpassungs- und Innovationsfunktion des Controlling, so wird als dritter Aufgabenbereich die Einbindung in die strategische Personalarbeit deutlich (vgl. Wunderer, 1989, S. 248; Wunderer, 1991, S. 273; Wunderer/Schlagenhaufer, 1994, S. 43 f.). Das Personal-Controlling umfasst eine Analyse der strategischen Wirkungen personalwirtschaftlicher Entscheidungen. Hierzu müssen Umweltänderungen im Personalbereich frühzeitig erkannt und Anpassungsstrategien entwickelt werden.

Bewertung und Zielaus- richtung der Personal- arbeit

Die Zielorientierung des Controlling lässt einen vierten Aufgabenbereich erkennen, die Bewertung und Ausrichtung der Personalarbeit auf die Unternehmensziele. Vielfach verlangt diese Aufgabe eine stärkere ökonomische Durchdringung der Personalarbeit (vgl. Wunderer/Sailer, 1987, S. 602 ff.; Wunderer

1989, S. 250 ff.; Wunderer/Schlagenhaufer, 1994, S. 43 ff.). Das Personal-Controlling muss insbesondere in erfolgszielorientierten Unternehmungen Instrumente entwickeln, mit denen die Wirkungen der Personalarbeit auf den Gewinn abschätzbar werden. Dies bedeutet nicht einfach eine Kontrolle personalwirtschaftlicher Tätigkeiten unter rein ökonomischen Aspekten. Vielmehr hat das Personal-Controlling den Beitrag herauszuarbeiten, den die Personalabteilung zur Erreichung der Unternehmensziele leistet.

In umgekehrter Richtung beinhaltet die Zielorientierung aber auch die *Berücksichtigung personalwirtschaftlicher und sozialer Aspekte* bei den Entscheidungen der anderen Bereiche. Ein als Schnittstelle konzipiertes Personal-Controlling hat daher die Beachtung sozialer Komponenten des Zielsystems in die Aktivitäten der anderen Bereiche einzubringen. Organisatorisch ist dies nur umsetzbar, wenn es über eine enge Verbindung zum Unternehmens-Controlling sowie zum Controlling der anderen Bereiche verfügt.

18.2.3 Brückenfunktion des Personal-Controlling

Die Konzeption des Personal-Controlling an der Schnittstelle zwischen dem Personal- und den anderen Bereichen hat maßgebliche Konsequenzen für die Art seiner Aufgabenerfüllung, die Anforderungen an die in ihm tätigen Mitarbeiter und seine Wirkung in der Unternehmung. Die zu leistende Brückenfunktion lässt sich an *vier Komponenten* verdeutlichen:
▸ Verbindung von Erfolgs- und Sozialzielausrichtung
▸ Verknüpfung zwischen Rechnungs- und Verhaltensorientierung
▸ Verbindung von strategischen mit operativen Gesichtspunkten
▸ Verankerung des Personalbereichs in der Gesamtunternehmung.

Entsprechend der ersten Komponente beinhaltet die Brückenfunktion einerseits eine stärkere Durchdringung der ökonomischen Wirkungen aller Aktivitäten des Personalbereichs. Dies erweist sich bei vielen Tätigkeiten als recht schwierig. Beispielsweise lassen sich die Auswirkungen von Aus- und Weiterbildungsmaßnahmen auf den Unternehmenserfolg kaum fundiert abschätzen. Daher ist nach Ersatzgrößen und zusätzlichen Instrumenten zu suchen, welche sie zumindest näherungsweise wiedergeben können. Man benötigt also Indikatoren der Erfolgswirkung, z.B. in Form von Kennzahlen. Ferner bieten sich Instrumente der Nutzwert- oder Kosten-Wirksamkeits-Analyse an. Auch wenn sich keine eindeutigen Beziehungen in einer Kosten- und Erlösrechnung abbilden lassen, können Indikatoren wichtige Anhaltspunkte für die Bewertung von Aktivitäten der Personalarbeit liefern (vgl. Wunderer, 1989, S. 248).

Das Problem begrenzter Messbarkeit stellt sich auch für die Erfassung sozialer Wirkungen der Entscheidungen verschiedener Unternehmensbereiche. Soweit eine Unternehmung sozialen Zielen ein Gewicht beimisst bzw. sie als Mittel zur besseren Erfolgserzielung ansieht, kann diese Komponente über das Personal-Controlling in die Planung anderer Bereiche eingebracht werden.

Ökonomische Wirkungen der Personalarbeit

Erfassung sozialer Wirkungen

Erfassung von
Verhaltenswirkungen

Die Erfüllung des Erfolgsziels wird mit den traditionellen Rechnungssystemen gemessen. Deshalb gehören Kosten- und Investitionsrechnung zu den wichtigsten Instrumenten des Controlling, die auch durch das Personal-Controlling zu nutzen sind. Neben diese Rechnungsorientierung tritt jedoch die Aufgabe, die Wirkungen von Planungs-, Informations- und Kontrollaufgaben auf das Verhalten der Mitarbeiter zu analysieren und in die Entscheidungsfindung einzubringen. Steuerung verlangt eine entsprechende Einflussnahme auf das Verhalten der Mitarbeiter. Die für ein Personal-Controlling tätigen Mitarbeiter müssen für diese Verhaltensorientierung die erforderlichen Kenntnisse mitbringen. Den Mitarbeitern im Personalwesen sind die Bedeutung und die Zusammenhänge der Verhaltensbeeinflussung i. d. R. besser bekannt als beispielsweise den Mitarbeitern des Rechnungswesens. Die Aufgaben des Personal-Controlling werden sie aber nur dann effizient wahrnehmen können, wenn sie sowohl Kenntnisse über die quantitativen Rechnungssysteme als auch über qualitative Verhaltenswirkungen besitzen und beide miteinander verbinden.

Strategische Bedeutung
der Personalarbeit

Die Personalarbeit besitzt vielfach eine strategische Bedeutung, deren Auswirkungen sich in operativen Ergebnissen niederschlagen. Da strategische Ziele und Maßnahmen weitgehend qualitativer Art sind, ist diese Brückenbildung äußerst schwierig. Dies ändert nichts an ihrer Notwendigkeit, auch wenn man sich mit begrenztem, oft unsicherem Wissen und geringer Präzision zufrieden geben muss.

In der Wahrnehmung dieser Brückenfunktion könnte das Personal-Controlling einen wertvollen Beitrag zur Integration der Personalarbeit in die Gesamtplanung leisten. Damit ist die vierte Komponente angesprochen, die stärkere Verankerung personalwirtschaftlicher Maßnahmen und Wirkungen in der Gesamtunternehmung (vgl. Küpper, 1990c). Wenn es dem Personal-Controlling gelingt, einerseits die ökonomischen Wirkungen der Personalarbeit transparent zu machen und andererseits personalwirtschaftliche und sozialzielorientierte Aspekte in anderen Bereichen einzubringen, wird seine Bedeutung offensichtlich.

18.3 Spezifische Instrumente des Personal-Controlling

Das Instrumentarium des Personal-Controlling wird vielfach sehr breit gesehen. Man findet praktisch alle Instrumente der Informationsversorgung von der Lohn- und Gehaltsabrechnung bis zu Personalinformationssystemen, die Instrumente der operativen, taktischen und strategischen Planung von der Personalbedarfsplanung bis zu Mitarbeiter-Portfolios ebenso wie Kontrollinstrumente. Grundsätzlich beziehen sich diese auf wichtige Problembereiche, welche die Aufgaben des Personal-Controlling berühren. Die Problematik besteht aber darin, dass viele von ihnen primär auf Einzelaufgaben des Personalbereichs gerichtet sind. Deshalb erscheint es auch in diesem Bereich zweckmäßig, das Instrumentarium für das Personal-Controlling auf Koordinationsaufgaben zu konzentrieren.

18.3.1 Informationsinstrumente für das Personal-Controlling

Die Basis für die Nutzung von Koordinationsinstrumenten liefern drei Informationsinstrumente des Personalbereichs:
▶ Personalkostenrechnung
▶ Investitions- und Humanvermögensrechnung
▶ Personalkennzahlen.

Die Personalkostenrechnung muss zum einen die Personalkosten in allen Unternehmensbereichen für Planungs-, Steuerungs- und Kontrollzwecke erfassen. Zum anderen dient sie der erfolgsrechnerischen Abbildung der Personalarbeit. Bestimmungsgrößen der Kosten des Personalbereichs sind dessen Ausstattung mit Personal und Sachmitteln (Räumen, Anlagen u. a.) sowie die personalwirtschaftlichen Aktivitäten. Für eine präzise *Personalkostenplanung* benötigt man Kostenfunktionen, welche die Abhängigkeit der einzelnen Kostenarten (Löhne, Gehälter, Sozialkosten usw.) von den skizzierten Bestimmungsgrößen quantitativ wiedergeben. Sie sind für den produktiven Bereich im Allgemeinen verfügbar. Dort werden die Lohn- und Gehaltskosten sowie die Sozialkosten der in den Material- und Fertigungsstellen tätigen Mitarbeiter in Abhängigkeit von der Beschäftigung bestimmt. Dagegen ist in den Vertriebs- und Verwaltungsbereichen, zu denen auch der Personalbereich gehört, vielfach von den Stellenplänen und der Planung des Personalbedarfs auszugehen. Mit dem Instrument der *Funktionsanalyse* lässt sich die Aufteilung der Kosten auf die unterschiedlichen Tätigkeiten transparent machen. Als vereinfachte Form kann man eine indirekte Planung mit Hilfe von Kennzahlen vornehmen. In ihr können z. B. die durchschnittlichen Personalkosten je Mitarbeiter aus der Summe von Löhnen, Gehältern und Personalnebenkosten ermittelt werden. Unter Beachtung einer globalen Steigerungsrate und des erwarteten Belegschaftsstandes lassen sich die gesamten Personalkosten für eine kommende Periode prognostizieren und anschließend entsprechend der bisherigen Personalkostenstruktur in einzelne Personalkostenarten zerlegen.

Personalkostenrechnung

Für die Planung der Kosten des Personalbereichs erscheint das indirekte Vorgehen wenig zweckmäßig. Zuverlässige Planwerte sind nur über eine Differenzierung nach Kostenarten, Kostenstellen und personalwirtschaftlichen Aktivitäten bzw. Aktivitätengruppen zu gewinnen. Wenn man hierbei keine genauen Kostenbeziehungen kennt, lassen sich Kostenbudgets für die einzelnen Aufgabenbereiche und Aktivitäten ansetzen. Über sie sind eine zielorientierte Steuerung der Maßnahmen und eine Koordination mit anderen Bereichen sicherzustellen.

Planung der Kosten des Personalbereichs

Eine auf die Personalarbeit bezogene Kostenrechnung hat als Rechnungsziel auch die Kalkulation der verschiedenen personalwirtschaftlichen Aktivitäten. Hierzu sind die in den Kostenstellen des Personalbereichs anfallenden Kostenarten auf dessen Maßnahmen als Kostenträger zu beziehen. Dann wird sichtbar, welche Kosten die Inanspruchnahme und Veränderung dieser Aktivitäten verursachen.

Schwierigkeiten
der Kostenplanung

Die Gliederung der Aktivitäten oder Kostenträger des Personalbereichs kann von dessen wichtigsten Aufgaben ausgehen. Beispielsweise bietet sich eine Einteilung in die Aufgabenbereiche der Personalbedarfsermittlung, der Personalbeschaffung, des Personaleinsatzes, der Personalentwicklung und der Personalfreistellung an. Besondere Schwierigkeiten bereiten die Vielfalt und Verschiedenartigkeit dieser Aktivitäten. Dem lässt sich durch eine tiefgehende Maßnahmen- und Kostenträgergliederung sowie über eine genaue Kostenerfassung und Zurechnung zu Kostenstellen begegnen. Damit werden aber die Probleme der Kostenverteilung und der Erfassungsaufwand deutlich erhöht. Vielfach muss man sich deshalb mit durchschnittlichen Näherungswerten zufrieden geben.

Investitions- und
Humanvermögens-
rechnungen

Personalwirtschaftliche Maßnahmen dienen häufig dem Aufbau künftiger Nutzungspotenziale. Aus- und Weiterbildungsmaßnahmen machen dies besonders deutlich. Sie haben i. d. R. langfristigen Charakter. Deshalb bildet die Investitionsrechnung das geeignete Instrument zur Bestimmung ihrer Wirtschaftlichkeit. Sie setzt aber eine Prognostizierbarkeit der Wirkungen auf Aus- und Einzahlungen voraus, was bei personalwirtschaftlichen Maßnahmen schwierig erscheint. Zudem besitzen qualitative und soziale Faktoren gerade für die längerfristige Abschätzung von Erfolgspotenzialen ein großes Gewicht. Zu ihrer Berücksichtigung kann auf Kosten-Wirksamkeits-Analysen übergegangen werden. Für eine Gesamtbeurteilung der Personalarbeit bieten sich Ansätze der Humanvermögensrechnung an (vgl. Streim, 1993, Sp. 1681 ff.; Breid, 1994, S. 231 ff.).

Personalwirtschaftliche
Kennzahlen

Besonders im Personalbereich ist eine exakte Erfassung der Zielwirkungen in Rechnungssystemen wie der Kosten- und der Investitionsrechnung häufig nicht möglich, was den Übergang auf Kennzahlen als schwächere Informationsinstrumente nahe legt. Sie ermöglichen eine nähere Analyse der verfügbaren Daten. Da sich eine Erfolgsrechnung der Personalarbeit als kaum durchführbar erweist und sich der ökonomische Nutzen personalwirtschaftlicher Aktivitäten oft schwer messen lässt, sind Kennzahlen für den Personalbereich besonders bedeutsam.

Eine erste Gruppe von Kennzahlen dient zur *Analyse des Personaleinsatzes* in der Unternehmung. Mit ihr sollen die Struktur der Mitarbeiter, ihre Arbeit und ihre Kosten durchleuchtet werden. Die *Mitarbeiterstruktur* kann z. B. gemäß dem Schema in Abbildung 18-3 aufgegliedert werden (vgl. Potthoff/Trescher, 1986, S. 239 f.). Zur Kennzeichnung des *Arbeitseinsatzes* bieten sich Kennzahlen über die Arbeitszeit, beispielsweise das Verhältnis von effektiven zu Normalarbeitsstunden, und des Anteils von Schichtarbeit, Überstunden, Fehlzeiten und Ausschusszeiten an der Gesamtarbeitszeit an. Ferner liefern Fluktuationskennzahlen und Kennzahlen des Krankenstandes relevante Daten. Die Produktivität des Arbeitseinsatzes kann durch Kennzahlen erfasst werden, in denen die Produktionsmengen oder Umsätze auf die eingesetzte Arbeit bezogen werden. Eine Vielzahl von Ansatzpunkten bietet die Aufspaltung der Personalkosten. Insbesondere ermittelt man den Anteil einzelner Kostenarten an den gesamten Personalkosten und bezieht die Personalkosten bzw. Teile von ihnen auf

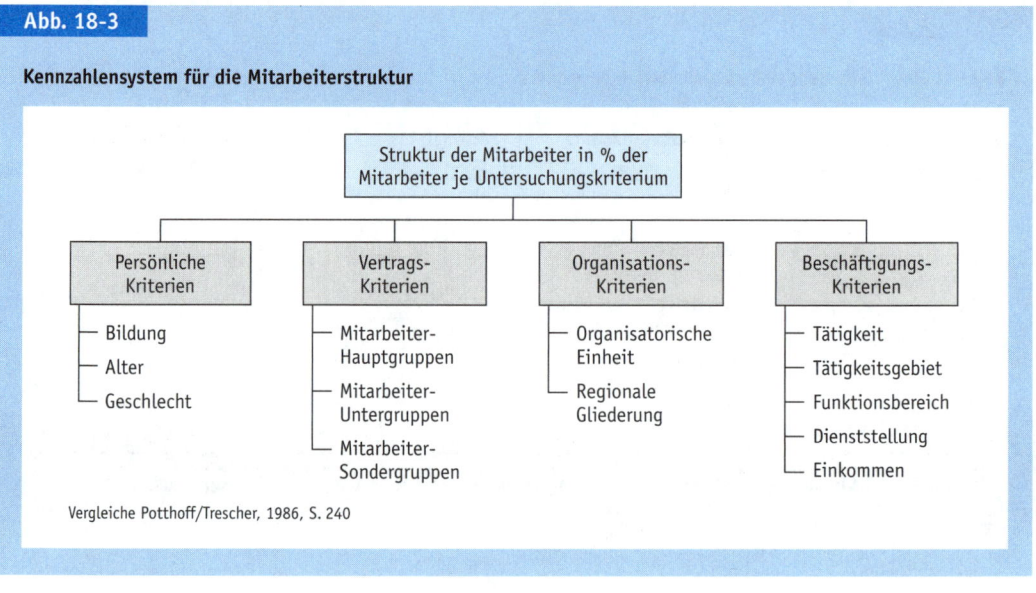

Abb. 18-3

Kennzahlensystem für die Mitarbeiterstruktur

Struktur der Mitarbeiter in % der Mitarbeiter je Untersuchungskriterium

Persönliche Kriterien	Vertrags-Kriterien	Organisations-Kriterien	Beschäftigungs-Kriterien
Bildung	Mitarbeiter-Hauptgruppen	Organisatorische Einheit	Tätigkeit
Alter	Mitarbeiter-Untergruppen	Regionale Gliederung	Tätigkeitsgebiet
Geschlecht	Mitarbeiter-Sondergruppen		Funktionsbereich
			Dienststellung
			Einkommen

Vergleiche Potthoff/Trescher, 1986, S. 240

den durchschnittlichen Personalbestand. Ihr Verhältnis zu den Gesamtkosten oder anderen Kostenarten wie Material- bzw. Anlagekosten zeigt die Personalkostenintensität auf.

Für die Analyse der Wirtschaftlichkeit der Personalarbeit erscheinen Kennzahlen gegenwärtig als das wichtigste Instrument. Sie ermöglichen es, die verschiedenartigen Aktivitäten besser zu analysieren. Über den Vergleich der Kennzahlen im Zeitablauf und mit anderen Unternehmen lassen sich Anhaltspunkte über die Zweckmäßigkeit der eigenen Aktivitäten gewinnen.

18.3.2 Übergreifende Koordinationsinstrumente für das Personal-Controlling

Aufgrund der begrenzten Anwendbarkeit kostenrechnerischer Verfahren und der Bedeutung qualitativer Größen in der Personalwirtschaft erwiesen sich Kennzahlen- und Zielsysteme sowie Budgetierungssysteme auch für den Personalbereich als wichtige Controllinginstrumente. Abbildung 18-4 gibt ein von Christof Schulte aus der Praxis heraus entwickeltes umfassendes Kennzahlensystem für das Personal-Controlling wieder (vgl. Schulte, 1989, S. 35 ff.). In ihm ist eine Vielzahl an Kennzahlen enthalten, die nur sehr begrenzt systematisch miteinander verbunden sind.

Personalwirtschaftliche Kennzahlensysteme

Die logische und empirische Entwicklung personalwirtschaftlicher Kennzahlensysteme kann die Kosten personalwirtschaftlicher Maßnahmen und ihre Zusammensetzung transparenter machen. Beispielsweise lässt sich der Bildungsaufwand für unterschiedliche Mitarbeitergruppen aufzeigen. Ferner können mit

Abb. 18-4

Beispiel eines umfassenden Personalkennzahlensystems

Personalbedarf und -struktur	Personalbeschaffung	Personaleinsatz	Personalerhaltung und Leistungsstimulation
Netto-Personalbedarf	Bewerber pro Ausbildungs-platz	Leistungsgrad	Fluktuationsrate
Qualifikationsstruktur	Personalbeschaffungs-kosten je Eintritt	Arbeitsproduktivität	Krankheitsquote
Durchschnittsalter der Belegschaft	Produktivität der Personal-beschaffung	Überstundenquote	Lohngruppenstruktur
Durchschnittsdauer der Betriebszugehörigkeit	Anzahl Versetzungs-wünsche nach kurzer Dienstdauer	Leistungsspanne	Erfolgsbeteiligung je Mitarbeiter
...	...	...	...

Personalentwicklung	Betriebliches Vorschlagswesen	Personalfreisetzung	Personalkostenplanung und -kontrolle
Ausbildungsquote	Verbesserungsvorschlags-rate	Sozialplankosten pro Mitarbeiter	Personalintensität
Übernahmequote	Annahmequote	Abfindungsaufwand je Mitarbeiter	Personalzusatzkostenquote
Jährliche Weiterbildungs-zeit pro Mitarbeiter	Realisierungsquote	...	Personalkosten je Mitarbeiter
Anteil der Personal-entwicklungskosten an den Gesamtkosten	Durchschnittsprämie		Personalkosten je Stunde
...	...		...

Vergleiche Schulte, 1989, S. 51 f.

ihnen Tätigkeiten der Personalbedarfsermittlung, der Personalbeschaffung, des Personaleinsatzes und der Personalfreistellung untersucht werden.

Schwierig ist es, geeignete Kennzahlen für den Output oder das Ergebnis personalwirtschaftlicher Maßnahmen zu finden. Anhaltspunkte liefern hier die Zahl der Ausgebildeten und ihre Positionsänderung in Folgejahren. In der Personalbeschaffung kann man an der Zahl der Neueinstellungen, im Personaleinsatz an der Zahl der neu eingearbeiteten Mitarbeiter, in der Personalfreistellung am Personalabbau und dessen Kosten anknüpfen.

Budgetierung der Personalarbeit

Die angedeuteten Weiterentwicklungen der Personalkostenrechnung und der Personalkennzahlensysteme liefern die Basis, um Werte zu einer fundierten Budgetierung der Personalarbeit zu erhalten. Wie in den anderen Bereichen bildet sie eines der charakteristischen Instrumente des Personal-Controlling. Die Verfahren der wertanalyse- und der programmbezogenen Budgetierung lassen sich auch für den Personalbereich einsetzen. Aus ihren Elementen lassen sich spezifische Verfahren zur Herleitung von Budgets entwickeln, welche auf die Besonderheiten der personalwirtschaftlichen Aktivitäten ausgerichtet sind.

Sofern dieser Weg weiter beschritten wird, erscheint es realistisch, Verrechnungspreise für personalwirtschaftliche Leistungen zu bestimmen. Dann lässt sich der Personalbereich als eigenständiges Wertschöpfungszentrum (vgl. Wunderer, 1992, S. 149 ff.; Wunderer/Schlagenhaufer, 1993, S. 280 ff.; Wunderer/Schlagenhaufer, 1994, S. 93 ff.) verstehen, dessen Leistungen von den anderen Unternehmensbereichen zu nutzen sind. Durch den Ansatz von Verrechnungspreisen wird der Wert der Personalarbeit betont (vgl. Wunderer/Schlagenhaufer, 1994, S. 116 f.). Beispielsweise kann die Nutzung von Bildungsarbeit und von Maßnahmen der Personalbeschaffung in Rechnung gestellt werden. Als Basis für die Bestimmung von Verrechnungspreisen benötigt man eine relativ genaue Kostenrechnung des Personalbereichs. Bei den Problemen, welche die Bestimmung von koordinierenden Verrechnungspreisen schon für die anderen Funktionsbereiche verursacht, ist ihr Einsatz keine leicht durchführbare Aufgabe für das Personal-Controlling.

Personalbereich als Wertschöpfungszentrum

Wiederholungsfragen Kapitel 18

1. *Warum ist die Assoziation des Wortes Controlling mit Kontrolle im Personalbereich besonders problematisch?*
2. *Worin bestehen die Ziele des Personal-Controlling?*
3. *An welchen vier Komponenten lässt sich die Brückenfunktion des Personal-Controlling verdeutlichen?*
4. *Welche Informationsinstrumente des Personalbereichs liefern die Basis für die Nutzung von Koordinationsinstrumenten?*
5. *Worin besteht die Schwierigkeit, Verrechnungspreise für personalwirtschaftliche Leistungen zu bestimmen?*

Aufgaben und Lösungen zu Kapitel 18 finden Sie am Ende von Kapitel 20.

19 Aufgaben und Instrumente des Investitions-Controlling

Als zentraler Gegenstand des Investitions-Controlling ist die Koordination der Führungsaufgaben zu sehen, mit denen Investitionsprozesse gesteuert werden. Dessen Aufgaben liegen in der Koordination innerhalb der Investitions- und Kapazitätsplanung sowie mit der Durchführung, Nutzung und Kontrolle der Investitionen und der Einbindung von Investitions- sowie Kapazitätsplanung in die Unternehmensplanung. Ferner umfassen sie die Abstimmung mit der Investitionsrechnung, der Organisation und der Personalführung bei Investitionsprozessen.

19.1 Abgrenzung des Investitions-Controlling

Durch die Doppelgesichtigkeit von Investitionen mit ihrer finanz- und ihrer realwirtschaftlichen Seite erhält die Koordinationsfunktion im Investitions-Controlling einen spezifischen Charakter. Die Koordination von Führungsaufgaben ist hier auf die Steuerung der Investitionsprozesse gerichtet. Dazu kann dieses Bereichs-Controlling einen eigenen Beitrag leisten.

19.1.1 Finanz- und realwirtschaftliche Aspekte von Investitionen

Mit dem Begriff Investition verbinden sich keine ebenso klaren Sachverhalte wie mit anderen Funktionen wie z. B. Beschaffung, Fertigung oder Absatz. Auch wenn Investition »regelmäßig definiert (wird) als die Umwandlung von Geld in Betriebsgüter« (Schneider, 1992a, S. 8), ist das konkrete Begriffsverständnis unterschiedlich (vgl. Schierenbeck, 1995, S. 304 ff.; Bitz, 1993, S. 459; Kruschwitz, 1995, S. 3 f.; Schmidt, 1993, Sp. 2034; Lücke, 1991, S. 152; Eich, 1976, Sp. 830 f.). Die betriebswirtschaftliche Literatur engt ihre Analysen weitgehend auf den Zahlungsaspekt ein. Man untersucht Investitionen anhand der Wirkungen, die sich in Zahlungsströmen niederschlagen. Demgegenüber versteht man in der Praxis unter Investition im Allgemeinen die Anlage von Geld in längerfristig genutzten Gütern. Anderen Aspekten neben den Zahlungswirkungen wie z. B. technologischen Gesichtspunkten, Kapazitätsänderungen und sozialen Wirkungen wird ebenfalls ein hohes Gewicht beigemessen. Die leistungswirtschaftliche Komponente erfährt neben der finanzwirtschaftlichen eine gleich starke Beachtung.

Zur Steuerung von Investitionsprozessen müssen auch die *Vorgänge im Realgüterbereich* verfolgt werden (siehe Kosiol, 1966, S. 111 ff.). Deshalb kann das Investitions-Controlling nicht einfach als bereichsbezogenes Controlling von Finanzgütern gekennzeichnet werden. Es bezieht sich sowohl auf die Anlage finanzieller Mittel als auch auf die daraus folgenden Prozesse im Realgüterbereich und deren Rückwirkungen auf den Finanzbereich.

Doppelgesichtigkeit von Investitionen

Dies ist die Folge der Doppelgesichtigkeit von Investitionen, mit denen Kapazitäten im Realgüterbereich aufgebaut werden (vgl. Küpper, 1992b, S. 118 ff.). Durch die mit einer Investition erreichte Verfügbarkeit über Betriebsgüter erhält die Unternehmung ein Nutzungspotenzial. Dieses kann »im Zeitablauf technische und wirtschaftliche Leistungen erbringen« (Kern, 1975, Sp. 2084). Die geschaffene Kapazität ist maßgebend für die Leistungen, die in nachfolgenden Zeitabschnitten erbracht werden können. Kapazität als Leistungsvermögen ist eine Voraussetzung für die Erstellung und Verwertung von Produkten und damit die Erzielung von Einnahmen. Sie ermöglicht die Erreichung von Unternehmenszielen.

Realwirtschaftlicher Aspekt von Investitionen

Der realwirtschaftliche Aspekt einer Investition wird sichtbar, sobald man die *Verbindung zwischen Investition und Kapazität* näher betrachtet. Art, Höhe und zeitlicher Anfall der künftigen Zahlungen hängen vielfach von der verfügbaren Kapazität und deren Nutzung ab. Um die Zahlungsströme zu prognostizieren, benötigt man Kenntnisse über die konkrete Verwendung des Investitionsobjekts. Die erfolgszielorientierte Beurteilung der Investition anhand von Zahlungen setzt in diesen Fällen eine Prognose der Kapazitätspolitik voraus.

Diese Überlegung gilt für eine an anderen Zielen orientierte Beurteilung von Investitionen in gleichem Maße. Auch beim Aufbau von Bildungseinrichtungen, Krankenhäusern, Kulturstätten wie Theatern u. Ä. hängt die Zweckmäßigkeit der jeweiligen Investition davon ab, wie das mit ihr geschaffene Potenzial real gestaltet und in welcher Weise es genutzt wird. Investition und Kapazität sind aus dieser Sicht interdependent. Einerseits verlangt die Schaffung von Kapazitäten die Anlage von Geld oder zumindest den Verzicht auf eine anderweitige Nutzung schon verfügbarer Einsatzgüter wie Arbeitskräften, Grundstücken u. Ä. und damit auf die Erzielung alternativer Einnahmen. Andererseits erfordert die Beurteilung von Investitionen Kenntnisse und Prognosen über die mit ihnen erreichte Kapazität und deren Nutzen. Aus dieser Interdependenz erhalten die Aufgaben des Investitions-Controlling einen besonderen Charakter.

19.1.2 Gegenstand des Investitions-Controlling

Koordinationsfunktion des IC

Zentraler Gegenstand des Investitions-Controlling (IC) ist die Koordination der Führungsaufgaben, mit denen Investitionsprozesse gesteuert werden (vgl. Adam, 1997, S. 9 ff.). Wichtige Systeme zur Führung des Investitionsbereichs sind neben dessen Organisation und der Personalführung die Investitionsplanung und -kontrolle. Diese Einzelaufgaben gehören selbst nicht zum Investitions-Controlling. Dessen Aufgaben liegen in der Koordination innerhalb der Investitions- und Kapazitätsplanung sowie mit der Durchführung, Nutzung und Kontrolle der Investitionen, der Einbindung von Investitions- und Kapazitätsplanung in die Unternehmensplanung sowie in der Abstimmung mit der Investitionsrechnung, der Organisation und der Personalführung bei Investitionsprozessen.

Die längerfristige Anlage finanzieller Mittel und längerfristige Erfolgsziele bilden den Ausgangspunkt für die Abgrenzung des Investitions-Controlling. Dabei sind die Zahlungsströme als Investitionsfolgen wichtig für die Erfolgsbeurteilung. Das *Finanz-Controlling* bezieht sich demgegenüber ausschließlich auf Finanzprozesse. Sein Gegenstand kann zum einen in der kurzfristigen Beschaffung und Anlage finanzieller Mittel gesehen werden. Zum anderen kann es die längerfristige Finanzierung umfassen. Neben dem Erfolgsziel gewinnt in ihm das Liquiditätsziel eine maßgebliche Bedeutung (vgl. Reichmann, 1995, S. 181). Das *Anlagen-Controlling* erstreckt sich auf den Einsatz und die Nutzung materieller Gebrauchsgüter. Bei ihm tritt die leistungswirtschaftliche Komponente in den Vordergrund. Das Investitions-Controlling schließt diese Aufgaben ein, geht jedoch darüber hinaus. Es umfasst auch die Umwandlung finanzieller Mittel in immaterielle Realgüter (z. B. Informationen) und Nominalgüter (Finanzanlagen). Ferner haben bei ihm die Beziehungen zwischen Real- und Nominalgüterprozess sowie deren Auswirkungen auf die Zahlungsströme mehr Gewicht.

Abgrenzung des IC

19.2 Spezifische Aufgaben des Investitions-Controlling

Auch für diesen Bereich lassen sich die spezifischen Aufgaben eines dezentralen Controlling aus der Notwendigkeit einer internen Koordination seiner Führungsteilsysteme und der Abstimmung mit anderen Bereichen sowie der Führung der Gesamtunternehmung herleiten.

19.2.1 Koordination innerhalb des Investitionsbereichs

Innerhalb der Investitionsplanung beinhaltet das Controlling eine Abstimmung zwischen den verschiedenen Investitionsprojekten. Bei der Zusammenstellung des Investitionsprogramms muss man sowohl die Wirkungen auf die Zahlungsströme als auch auf die realwirtschaftlichen Kapazitäten beachten. Ferner sind die Beziehungen zwischen den Entscheidungen über einzelne Investitionsprojekte, deren Nutzungsdauern, Einsatz und Instandhaltung zu erfassen.

Koordination der Investitionsplanung

Die Investitionsplanung muss sich am Zielsystem der Unternehmung orientieren. Zur Beurteilung von Investitionen werden neben finanziellen Zielen wie Kapital- oder Endwert, internem Zinsfuß u. Ä. auch andere Kriterien wie Flexibilität (vgl. Wolf, 1989, S. 4 ff.), Wachstum, ökologische oder soziale Aspekte herangezogen. Deren Abstimmung stellt ebenso wie die Verknüpfung der Investitionsziele mit den übergeordneten Unternehmenszielen eine Controllingaufgabe dar. Zu ihrer Lösung müssen die Zielbeziehungen untersucht werden. Ferner sind die Auswirkungen der Unsicherheit und Risikobereitschaft der verantwortlichen Entscheidungsträger in der Unternehmung zu berücksichti-

Koordination der Investitionsziele

gen. Über diese Abstimmungsprozesse lässt sich die Zielausrichtungsfunktion des Investitions-Controlling erfüllen.

Darüber hinaus muss die Entwicklung im Investitionsbereich an die Veränderungen in der Umwelt laufend angepasst werden. Zur Erfüllung der Anpassungs- und Innovationsfunktion sind insbesondere Früherkennungssysteme zu entwickeln, die Hinweise für die Korrektur eingeleiteter oder die Auslösung neuer Investitionsprozesse geben.

Anpassungs- und Innovationsfunktion des IC

Die Betriebswirtschaftslehre hat sich intensiv mit Verfahren der Investitionsplanung, aber nur wenig mit den Problemen ihrer Umsetzung und Kontrolle befasst (vgl. Reichmann/Lange, 1985, S. 485 ff.; Lange, 1988, S. 139 ff.; Eilenberger, 1994, S. 143 ff.; Lüder, 1993, Sp. 1991 ff.). Da der Investitionserfolg erst nach Realisation und Nutzung eines Investitionsprojektes beurteilt werden kann, eröffnet die Verbindung zwischen der Planung, Beurteilung und Durchführung sowie Kontrolle von Investitionsprojekten ein wichtiges Aufgabenfeld für das Investitions-Controlling (vgl. Adam, 1997, S. 354 ff.).

Kontrolle von Investitionen

Der längerfristige Charakter und die große Unsicherheit bei der Planung erhöhen die Notwendigkeit einer Kontrolle von Investitionen (vgl. Osterloh, 1974; Lüder, 1976; Lüder, 1979, Sp. 851 ff.; Spielberger, 1983, S. 30 ff.; Reichmann/Lange, 1985), S. 485 ff.; Lange, 1988, S. 139 ff.; Eilenberger, 1994, S. 143 ff.; Lüder, 1993, Sp. 1991 ff.). Dies ist jedoch nicht immer unproblematisch; Endergebniskontrollen kommen meist zu spät. Aus ihnen lassen sich nur noch Erkenntnisse für künftige Investitionsprozesse ziehen. Da sich zumindest größere Projekte oft voneinander unterscheiden, ist die Übertragbarkeit dieser Erkenntnisse begrenzt. Aus diesem Grund leuchtet die Notwendigkeit von Ergebniskontrollen besonders bei Investitionsprojekten oft wenig ein.

Steuerungsprobleme

Die Realisation größerer Investitionen vollzieht sich i.d.R. in einem schrittweisen Prozess. In diesem Fall werfen nicht nur die Nutzung, sondern schon die einzelnen Maßnahmen zur Erstellung des Investitionsprojektes Steuerungsprobleme auf. Dann bieten sich die Einzelabschnitte der Projekterstellung und seiner Nutzung für eine an Teilergebnissen orientierte Investitionskontrolle an. Als Fortschrittskontrolle liefert sie Anhaltspunkte für die laufende Überprüfung der Planung und ihrer Umsetzung (vgl. Spielberger, 1983, S. 18 ff.; Lüder, 1980, S. 355 ff.; Matschke, 1993, S. 338 ff.). Sie kann einen Abbruch bzw. eine Revision des Projektes oder sonstige Anpassungsmaßnahmen auslösen.

Informationssystem für den Investitionsbereich

Investitionsplanung und -kontrolle bedürfen der Unterstützung durch geeignete Rechnungssysteme. Die Verfahren der Investitionsrechnung zur Beurteilung der Vorteilhaftigkeit von Investitionsprojekten und -programmen sowie zur Berücksichtigung unsicherer Erwartungen (zum Überblick: vgl. Bitz, 1993, S. 461 ff.; Blohm/Lüder, 1991, S. 231 ff.; Hax, 1985, S. 122 ff.; Kruschwitz, 1995, S. 27 ff., Schmidt/Terberger, 1996), S. 195 ff.; Küpper, 1994a, S. 892 f.) bilden den Kern des Informationssystems für den Investitionsbereich. Es ist zu ergänzen um Systeme zur Bestimmung der in ihnen sowie zur Abweichungsanalyse benötigten Ist- und Prognosedaten. Dabei liegt die Aufgabe des Investitions-Controlling in der Ausrichtung dieser Instrumente auf die konkreten Investitionsprobleme und -prozesse. Es hat dafür zu sorgen, dass geeignete Planungs- und Kontrollverfahren und die zu ihrer Durchführung notwendigen Daten zur Verfügung stehen.

19.2.2 Übergreifende Koordinationsaufgaben des Investitions-Controlling

Die Abstimmung des Investitionsbereichs mit anderen Funktionsbereichen schlägt sich in der Unternehmensgesamtplanung nieder. Dabei lassen sich mehrere Problemfelder für das Investitions-Controlling erkennen. Die Entscheidung über die konkrete Gestaltung insbesondere der maschinellen und personellen Kapazitäten ist vielfach der taktischen Planung zuzuordnen. Diese muss mit den weiterreichenden Zielen und Perspektiven der strategischen Planung verbunden werden.

Abstimmung mit anderen Bereichen

Die in der strategischen Planung betrachteten Ziele, Alternativen und Rahmenbedingungen sind häufig qualitativer Art. Ihre Verknüpfung mit der taktischen Planung verlangt eine Konkretisierung, die in vielen Fällen den Übergang auf quantitative Größen beinhaltet. Eine typische Controllingaufgabe liegt daher in der Überführung qualitativer Zielgrößen (z. B. Erfolgspotenziale) in quantitative Zielgrößen der Investitions- und Kapazitätsplanung (z. B. Kapital- und Endwerte) (vgl. Bronner, 1994, S. 61 ff.). Strategische Alternativen sind in ihren Anforderungen an bestimmte Kapazitäten im Produktions- und Marketingbereich umzusetzen. Der Übergang von Aussagen über strategische Potenziale auf Märkten sowie im Führungs- und Leistungssystem in konkrete Kapazitäten beinhaltet die schwierige Aufgabe der Präzisierung von Maßgrößen.

Konkretisierung der Investitionsziele

Die für die taktische Planung notwendige Konkretisierung erfordert eine stärkere Beachtung der Maßnahmen in den einzelnen Funktionsbereichen. Damit tritt das Problem der Koordination der Planung insbesondere von maschinellen und personellen Kapazitäten mit der Absatz- und Finanzplanung in den Vordergrund. Aus der Absatzplanung ergeben sich die Verwertungsmöglichkeiten der Produkte auf den Märkten der Unternehmung. Diese bilden eine zentrale Bestimmungsgröße für den Kapazitätsbedarf. Die Finanzplanung zeigt den finanziellen Rahmen für den Aufbau und die Nutzung von Kapazitäten auf. Eine spezielle Aufgabe ist in der *Abstimmung der Forschungs- und Entwicklungsplanung* mit der Planung von Produktionskapazitäten zu sehen. Die Umsetzung von FuE-Ergebnissen erfordert die Schaffung neuer Produktionskapazitäten. Deshalb erweist sich ihre enge Koordination mit der Kapazitätspolitik als unerlässlich.

Koordination mit anderen Planungsbereichen

Die Informationsbereitstellung für den Investitionsbereich ist in das Informationssystem der Gesamtunternehmung zu integrieren. Daraus ergibt sich die Aufgabe der Einbindung der Investitionsrechnung in die Unternehmensrechnung. Zu ihrer Wahrnehmung sind Informationen für die Planung, den Einsatz und die Kontrolle von Investitionsprojekten erforderlich. Dies kann das traditionelle Rechnungswesen mit seiner Trennung von Investitions-, Kosten- und Finanzrechnung nur unvollständig leisten. Deshalb muss es zu einer umfassenden Unternehmensrechnung (vgl. Abschnitt 5.2) ausgebaut werden. Hierzu sind die Investitions-

Einbindung von Investitions- in Unternehmensrechnung

rechnung und eine ausgebaute Finanzrechnung in die Unternehmensrechnung zu integrieren. Ferner müssen die zwischen Kosten- und Investitionsrechnung bestehenden Beziehungen entsprechend den in Abschnitt 5.2.2 dargestellten Konzepten genutzt werden, um eine einheitliche Planungs- und Kontrollrechnung zu schaffen (vgl. Küpper, 1985a, S. 412; Küpper, 1989, S. 227 ff.).

Einflüsse der Gesamt-
organisation

Der organisatorische Aufbau der Gesamtunternehmung beeinflusst die Gestaltung des Investitionsbereichs maßgeblich. Funktional-, Divisional- oder Matrixorganisation haben jeweils andere Kompetenzverteilungen zur Folge. Zu den Aufgaben des Investitions-Controlling muss es gehören, diese Einflüsse der Gesamtorganisation zu untersuchen und für eine geeignete Berücksichtigung der Konsequenzen auf den Investitionsbereich zu sorgen. Die Verteilung der Kompetenzen für Investitionsentscheidungen stellt ein wichtiges Instrument zur Steuerung der Gesamtunternehmung dar. Die Vorgabe von Investitionszielen, von Mindestrenditen und Kalkulationszinssätzen, von Investitionsbudgets und die Genehmigungspflicht größerer Investitionsprojekte bilden Instrumente zur Koordination der Bereiche bei dezentraler Planung (vgl. Küpper, 1991f, S. 184 ff.). Diese werden unterstützt durch Vorschriften und Richtlinien für den Vollzug von Investitionsprozessen. Die übergreifende Koordination durch Budgets, Zielvorgaben, Bereichserfolgsgrößen und/oder Lenkungspreise (vgl. Teil III, Kapitel 9 bis 14) hängt maßgeblich von der Kompetenzverteilung in Bezug auf die Investitionsentscheidungen ab.

19.3 Spezifische Instrumente des Investitions-Controlling

Die spezifischen Instrumente des Investitions-Controlling konzentrieren sich auf Koordinationsaufgaben bei Investitionsprozessen. Hierfür bieten sich vor allem integrierte Planungsmodelle, Planungs- und Kontrollrechnungen sowie Kennzahlensysteme als typische Koordinationsinstrumente an. Darüber hinaus lässt sich eine Vielzahl der gängigen Controllinginstrumente auch im Investitions-Controlling einsetzen. Neben Instrumenten für eine isolierte Beurteilung von Vorhaben, wie z. B. die Wertanalyse oder die Nutzwertanalyse, können übergreifende Steuerungskonzepte wie die Budgetierung zum Einsatz kommen. Ferner können Verrechnungspreissysteme, in denen vor allem Kalkulationszinsfüße und Renditegrößen eine koordinierende Funktion übernehmen, auch auf die Steuerung von Investitionsprozessen angewandt werden.

19.3.1 Einsetzbarkeit integrierter Planungsmodelle

Integrierte Optimie-
rungs- und Simulations-
modelle

Die Einsetzbarkeit und Akzeptanz integrierter Optimierungsmodelle im Rahmen des Investitions-Controlling ist in der Praxis insbesondere wegen der Vernachlässigung dezentraler Planungs- und Entscheidungsstrukturen beschränkt. Größere praktische Bedeutung besitzen Simulationsmodelle. Mit ihnen lassen sich die Beziehungen zwischen verschiedenen Investitionsprojekten sowie zu anderen Planungsvariablen abbilden, analysieren und befriedigende Lösungen finden. Über die simulative Risikoanalyse kann das Problem unvollkommener Information berücksichtigt werden. Ihre vielfältigen Gestaltungsmöglichkeiten machen Simulationsmodelle zu einem wichtigen Instrument der Interdependenzanalyse und der Koordination für das Investitions-Controlling.

Einen weiteren Ansatz liefern hierarchische Planungsmodelle, welche auf die Abstimmung der Investitionsplanung mit anderen Planungsbereichen übertragen werden sollten (vgl. Abschnitt 4.3.5). Auf der *obersten Modellebene* können z. B. die Interdependenzen zwischen Investitions- und Finanzierungsalternativen entsprechend den Modellen von Horst Albach oder Herbert Hax in simultanen linearen Optimierungsmodellen abgebildet werden (vgl. Abschnitt 3.3.1.1). Die grundlegenden Alternativen werden dabei relativ allgemein wiedergegeben. So können Investitions- und Finanzierungsalternativen lediglich durch die Höhe ihrer Kapitalwerte oder durch einfache Annahmen über die Höhe und Struktur der mit ihnen verbundenen Zahlungsströme gekennzeichnet werden. Die mit derartigen Modellen ermittelten Lösungen lassen sich mit Sensitivitäts- und Risikoanalysen auf ihre Abhängigkeit von der Datenunsicherheit untersuchen.

Über Investitionsentscheidungen festgelegte Kapazitäten sowie Prognosen über Absatzober- und ggf. -untergrenzen je Produktgruppe oder Produktart bilden die wichtigsten Beschränkungen für die Fertigungs- und Absatzprogrammplanung auf der *zweiten Hierarchieebene*. An die Stelle zahlungsorientierter Kapitalwert-, Endwert- oder Entnahmeziele kann die ein- oder mehrperiodige Deckungsbeitragsmaximierung treten. Periodenübergreifende Wirkungen des Anlageneinsatzes lassen sich über investitionstheoretische Abschreibungen (vgl. Abschnitt 5.2.2.5) einbeziehen. Über Lagerbestandsvariablen kann man einfache dynamische Beziehungen zwischen den Produktionsmengen aufeinanderfolgender Perioden (siehe Küpper, 1979a; Küpper, 1980a, S. 76 ff.) berücksichtigen. Aus den Erlösen und Kosten der Absatz- und Fertigungsmengen sind dann über vereinfachende Annahmen die Zahlungsströme und Kapitalwerte des optimalen Produktionsprogramms zu ermitteln. Weichen diese deutlich von den in der übergeordneten Investitions- und Finanzierungsplanung zugrunde gelegten ab, muss letztere mit angepassten Werten erneut durchgeführt werden. Damit gelangt man zu einer gegenseitigen Abstimmung. Je detaillierter die Modelle formuliert sind, umso genauer lässt sich analysieren, inwieweit die ermittelten Lösungen mit den Ergebnissen der anderen Modellebene vereinbar sind. Der Abstimmungsprozess ist so lange zu durchlaufen, bis eine in sich konsistente und gute Lösung gefunden ist. Auch auf der zweiten Planungsebene lässt sich die Unsicherheit der Daten über entsprechende Parametervariationen und deren Auswirkungen auf die andere Ebene untersuchen.

Die Verknüpfung der hierarchischen Planungsebenen wird durch Koeffizienten hergestellt, deren Werte von den Entscheidungen der jeweils anderen Ebene abhängen. So bestimmt die Investitionsplanung die Ausprägung der Kapazi-

Hierarchische Planungsmodelle

Verknüpfung der Planungsebenen

tätskoeffizienten in den Nebenbedingungen der Programmplanung. In den Investitions- und Finanzierungsmodellen schlagen sich die Erwartungen über die Fertigungs- und Absatzmengen der Alternativen in den Zahlungsströmen und Kapitalwerten nieder. Deren Höhe hängt von den Einzahlungen für die in einer Periode abgesetzten Produkte und die mit der Fertigung verbundenen Kosten bzw. Auszahlungen ab. Je feiner die Programmplanung durchgeführt wird, desto genauer lassen sich aus ihr die mit der optimalen Alternative verbundenen Zahlungsströme ermitteln.

Ausbaumöglichkeiten für das IC

An diesen Strukturierungsmöglichkeiten wird erkennbar, dass das Konzept einer hierarchischen Planung in vielfältiger Weise für das Investitions-Controlling ausbaufähig ist. Seine zentralen Probleme liegen in der Formulierung geeigneter Planungsmodelle sowie -verfahren für die verschiedenen Hierarchieebenen und in der Entwicklung leistungsfähiger, anwendbarer Abstimmungsverfahren.

19.3.2 Integrierte Planungs- und Kontrollrechnungen

Mit dem investitionstheoretischen Ansatz der Kostenrechnung sowie dem Preinreich-Lücke-Theorem sind Bausteine für eine integrierte Planungs- und Kontrollrechnung verfügbar (vgl. die Abschnitte 5.2.2.4 und 5.2.2.5). Eine nähere Analyse von Investitionsprozessen lässt jedoch erkennen, dass bei größeren und mehrteiligen Investitionsprojekten die unmittelbare Verknüpfung zwischen Investitions- und Kostenrechnung für eine zielorientierte Steuerung der Investitionen oft nicht ausreicht. Die Investitionsrechnung ist auf die Beurteilung und Auswahl von in der Regel längerfristig einsetzbaren Betriebsgütern gerichtet. Die Kosten- und Erlösrechnung erfasst dagegen den Gebrauch dieser Güter vom Zeitpunkt ihrer Betriebsbereitschaft an. Sie liefert Informationen über die Nutzung ihrer Kapazität. Nicht genügend erfasst wird damit der Prozess von der Auswahl einer Investitionsalternative bis zu deren erstem Einsatz in der Unternehmung.

Soweit Betriebsgüter nicht unmittelbar vom Markt bezogen werden können, muss zwischen Investitionsrechnung und Kosten-/Erlösrechnung ein weiteres Rechnungssystem treten, mit dem sich der Prozess der Umsetzung von Investitionsalternativen planen, steuern und kontrollieren lässt. Es kann als Kostenrechnung des Anlagenbaus oder als Projektkostenrechnung gestaltet werden.

Kostenrechnung des Anlagenbaus

Eine Kostenrechnung des Anlagenbaus ist erforderlich, wenn eine größere Zahl gleichartiger oder ähnlicher Investitionsprojekte errichtet werden muss. Dies gilt für Unternehmungen, deren Leistungsprozess die Verfügung über spezifische Anlagen voraussetzt, die sie selbst erstellen oder deren Bau von ihnen gesteuert wird. Derartige Beispiele finden sich bei Unternehmen, die über Netze wie Telekommunikationsnetze, Bahnstrecken (vgl. Morach, 1990) u. Ä. verfügen.

So wird bei der Deutschen Telekom AG laufend eine Vielzahl von Fernmeldelinien, Vermittlungsstellen und Übertragungseinrichtungen gebaut. Deren Erstellung erfordert einen mehrjährigen Planungs- und Realisationsprozess. Im Anschluss an die durch Investitionsrechnungen und ggf. Nutzwertanalysen untermauerte Entscheidung für eine Investitionsalternative werden die Anlagenkosten relativ grob in einer 5-jährigen Vorschauplanung bestimmt (siehe Küpper, 1990a, S. 5 ff.). Zwei Jahre vor der geplanten Realisation wird die Kostenplanung in einer »Ausbauplanung« präzisiert, anschließend in einem noch kurzfristigeren »Bauanschlag« konkretisiert.

Durch die Ergebnisse der mittelfristigen und der beiden kurzfristigen Planungsphasen lassen sich die Resultate vorgelagerter Investitionsrechnungen vor der Projektrealisation überprüfen. Man erhält Hinweise für eine ggf. notwendige Revision oder Anpassung der Investitionsentscheidung. Ferner bieten die Abweichungen zwischen den Werten aufeinanderfolgender Phasen Ansatzpunkte für eine Beurteilung der Planungszuverlässigkeit und das frühzeitige Erkennen unerwarteter Entwicklungen.

Eine derartige Kostenrechnung des Anlagenbaus ermöglicht nicht nur eine zuverlässigere Planung der Investitionskosten (und -auszahlungen) einschließlich einer Kontrolle der Investitionsentscheidung. Mit ihr soll vor allem eine zielgerichtete Durchführung des Investitionsvorhabens erreicht werden. Sie bildet daher ein Instrument zur Steuerung des Investitionsprozesses. Hierzu ist es notwendig, dass die in den verschiedenen Planungsphasen bestimmten Kostenwerte den Charakter von Vorgabewerten für die nachfolgenden Phasen erhalten. Im Sinne einer Budgetierung liefern sie dann eine Orientierung für die koordinierte Steuerung des gesamten Investitionsprozesses und die Überprüfung der tatsächlichen Werte. Ein solches System erweist sich nur dann als leistungsfähig, wenn zumindest ab der Projektgenehmigung für jedes Projekt ein Verantwortlicher bestimmt wird. Ihm obliegen die Wirtschaftlichkeitsbeurteilung und die Durchführung eines Projektes. Hieran zeigt sich die für das Controlling charakteristische enge Verknüpfung zwischen Rechnungssystem, Organisation und Personalführung.

Steuerung des Investitionsprozesses

Die in der mittelfristigen und den kurzfristigen Planungsphasen bestimmten Kostenwerte bilden eine Basis für die Ermittlung von Abweichungen zwischen den Werten aufeinanderfolgender Planungsphasen und der Realisierung. Die Plan-Plan-Abweichungen informieren über die Zuverlässigkeit und Genauigkeit der Planung. Über den Vergleich der Planwerte aufeinanderfolgender Planungsphasen gelangt man zu Kontrollformen, wie man sie aus der strategischen Kontrolle kennt (vgl. Horovitz, 1979; Zettelmeyer, 1984; Schreyögg/Steinmann, 1985; Steinmann/Schreyögg, 1985; Henzler, 1988; Pfohl, 1988; Hasselberg, 1989).

Ermittlung von Abweichungen

Das Schwergewicht verlagert sich von der reinen Soll-Ist-Kontrolle auf die Kontrolle der Planungsprämissen und die Fortschrittskontrolle. Zugleich lässt sich die Verbindung zu den in der Investitionsrechnung verwendeten Planwerten herstellen. Man erkennt frühzeitig, ob die dort getroffene Beurteilung annähernd zuverlässig war oder revidiert werden muss. Die Kostenrechnung des Anlagenbaus liefert die Werte für eine Kontrolle der Investitionsrechnung. Eigene Nachschau-Investitionsrechnungen erübrigen sich damit.

Kontrolle der Planungsprämissen und Fortschrittskontrolle

Eine solche Kostenrechnung des Anlagenbaus dient als Informationsinstrument für einen ggf. mehrphasigen Planungs- und Kontrollprozess bei relativ ähnlichen Investitionsvorhaben. Demgegenüber ist das Instrumentarium der

Projektkostenrechnung

Projektkostenrechnung (vgl. Solaro, 1979; Madauss, 1994, S. 251 ff.) stärker auf die Durchführung komponentenreicher Einzelvorhaben gerichtet. Ihr Schwerpunkt liegt auf den Beziehungen zwischen der Vielzahl an Komponenten, aus denen sich die mehrteiligen Projekte (wie z. B. Gebäude, Kraftwerke, Entwicklungsprojekte) zusammensetzen. Neben der laufenden Kontrolle der Kostenentstehung gewinnt die Terminverfolgung eine hohe Bedeutung, weil sich Verzögerungen bei einzelnen Komponenten durch die verzweigte Projektstruktur stark auf das Gesamtprojekt auswirken können.

Verbindung von Investitions- mit Kosten- und Erlösrechnung

Anlagen- und Projektkostenrechnungen werden entsprechend Abbildung 19-1 zu einem Verbindungsglied zwischen Investitionsrechnung und periodenbezogener Kosten- und Erlösrechnung. Sie ermöglichen einerseits eine Investitionskontrolle schon während der Planung und Realisation der ausgewählten Investitionsalternativen. Auf der anderen Seite liefern sie den nachfolgenden periodenbezogenen Rechnungen der Anlagen- oder Projektnutzung die Anschaffungswerte der neuen Investitionsgüter. Aus diesen lassen sich die Kapitalkosten in Form von Abschreibungen und Zinsen für den laufenden Einsatz in der Abrechnungsperiode bestimmen.

Abb. 19-1

Verbindung von Investitions- sowie Kosten- und Erlösrechnung über eine Kostenrechnung des Kapazitätsaufbaus

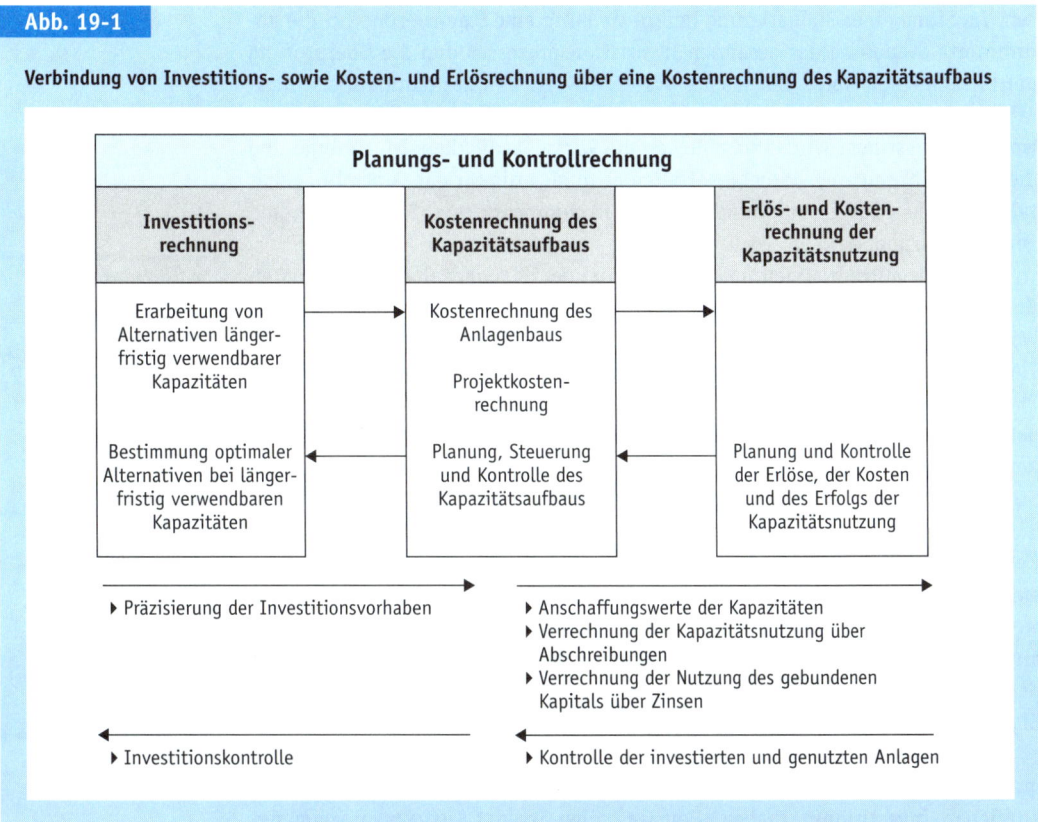

Mit der Vereinheitlichung von Investitions- und Kostenrechnung über das investitionstheoretische Konzept und die Verbindung beider Rechnungssysteme durch eine anlagen- bzw. projektbezogene Rechnung der Investitionsdurchführung wird die Grundstruktur einer umfassenden Planungs- und Kontrollrechnung erkennbar. Als integrierte Rechnung bildet sie eines der wichtigsten Informationsinstrumente für ein Investitions-Controlling, das der koordinationsorientierten Konzeption entspricht.

Umfassende Planungs-
und Kontrollrechnung

Um die Beziehungen zwischen der Entwicklung, der Gestaltung und der Nutzung von Investitionsvorhaben stärker zu erfassen, erscheint es darüber hinaus zweckmäßig, Ansätze und Erkenntnisse des Lebenszykluskonzepts (vgl. Madauss, 1994, S. 290 ff.; Fröhling, 1994, S. 261 ff.; Ewert/Wagenhofer, 2000, S. 321 ff.; Schweitzer/Küpper 2011, S. 217 ff.; Wildemann, 1982, S. 39 ff.; Wübbenhorst, 1984) in die Planungs- und Kontrollrechnung einzubauen. In diesem Konzept wird der gesamte Ablauf großer Investitionsprojekte von der ersten Planung bis zum Ende ihrer Nutzung betrachtet. Zwischen den Kosten der verschiedenen Lebenszyklen eines Projekts bestehen vielfach enge Beziehungen. In einer Reihe von Fällen verhalten sich beispielsweise die Anschaffungs- und die Nutzungskosten substitutional zueinander. Vor allem zeigt sich häufig, dass in der Entwicklungsphase eines Projekts ein großer Anteil seiner späteren Kosten festgelegt wird (vgl. Blanchard/Fabrycky, 1990, S. 501 ff.; Wübbenhorst, 1984, S. 130 ff.). Dieser Zusammenhang untermauert die Notwendigkeit einer integrierten Betrachtung, die bei einzelnen Projekten bis in die Entwicklungsphase hineinreicht. Hierzu bietet das Lebenszykluskonzept wichtige Ansatzpunkte.

Lebenszykluskonzept

19.3.3 Kennzahlensysteme des Investitions-Controlling

Vielfach lassen sich die Wirkungen von Handlungen auf ein- oder mehrperiodige Erfolgsziele nicht unmittelbar und mit ausreichender Zuverlässigkeit erfassen. Beispielsweise kann man die Wirkungen von komplexen Investitionsvorhaben auf die quantitativen Unternehmensziele nur schwer abschätzen. Da man die Beziehungen zwischen derartigen Handlungsvariablen, relevanten externen Einflussgrößen und den gewählten Zielgrößen nicht genügend kennt, ist eine Prognose der Zielwirkungen kaum möglich. Es fehlen die Kosten- und Erlös- bzw. Kapitalwertfunktionen für eine ausreichend zuverlässige Abbildung in Kosten- bzw. Investitionsrechnungen. So stößt bei einer Reihe von Investitionsprojekten die Prognose und Zurechnung der von ihnen verursachten Einnahmen(-änderungen) auf große Probleme. Ferner können andere qualitative Beurteilungskriterien wie die Kapazitätsausnutzung, Flexibilität oder Umweltverträglichkeit u. a. maßgebend werden.

Prognoseprobleme

Deshalb ist es zur Durchdringung der Investitionsplanung und -kontrolle entsprechend dem in Abbildung 19-2 ersichtlichen Beispiel häufig zweckmäßig, auf die Planungsaktivitäten, die Zuverlässigkeit der Planung und Durchführung sowie die Erfolgswirksamkeit abzustellen. Kennzahlen zur Planungsaktivität

Kennzahlen zur
Planungsaktivität

Abb. 19-2

Beispiel eines Kennzahlensystems für die Analyse der Investitionstätigkeit

Kennzahlensystem für Investitionsprozesse		
Planungsaktivitäten	**Zuverlässigkeit der Planung**	**Erfolgswirksamkeit der Investitionen**
▸ Anteilige Personalkosten ▸ Anteilige Planungs- und Durchführungskosten ▸ Durchgeführte Investitionsrechnungen	▸ Kostenabweichungen der Planungsphasen ▸ Vorlaufzeiten der Planungsphasen ▸ Terminabweichungen bei Projektplanung und Projektrealisation ▸ Abweichungen bei prognostizierten Absatzmengen und -erlösen	▸ Anteiliger Kapazitätszugang ▸ Gesamtkapazität ▸ Kapazitätserweiterung ▸ Kapazitätsausnutzung

verdeutlichen, mit welcher Intensität Investitionen und deren Realisierung geplant werden. Beispielsweise kann man die durchschnittlichen Planungskosten je Vorhaben und die relative Anzahl durchgeführter Investitionsrechnungen ermitteln. Über die Zuverlässigkeit der Planung informieren die durchschnittlichen prozentualen Kostenabweichungen zwischen den verschiedenen Planungsphasen und der Realisation. Daneben spielen durchschnittliche Vorlaufzeiten der Planungsphasen sowie Abweichungen bei den Fertigstellungsterminen und bei wichtigen Planungsprämissen (z. B. Kapazitätsausnutzung und -bedarf) eine bedeutende Rolle.

Optimierung der Planungsaktivitäten

An den Kennzahlen zur Planungsaktivität und Zuverlässigkeit wird ihr Indikatorcharakter deutlich. Der Erfolg steigt nicht unmittelbar mit der Intensität der Planung oder der Zahl vorgenommener Investitionsrechnungen. Vielmehr ist eine Optimierung der Planungsaktivitäten anzustreben. Anhaltspunkte für ein solches Optimum kann der Vergleich zwischen den Aktivitäten verschiedener Stellen oder Betriebe liefern. Das Abweichen vom Durchschnitt ist nicht ohne weiteres positiv oder negativ zu bewerten. Es bildet vielmehr den Anlass für eine nähere Analyse. Entsprechendes gilt für die Zuverlässigkeit der Planung und Durchführung. Insbesondere in der längerfristigen Planung sind Abweichungen unvermeidlich. Sie können durch das Auffinden günstigerer Alternativen in nachfolgenden Phasen verursacht sein. Deshalb sind außergewöhnliche Abweichungen nur ein Signal dafür, dass ein Vorgang oder eine Abteilung genauer analysiert werden sollten, um gegebenenfalls vorhandene Mängel abzustellen.

Indikatoren des Investitionserfolgs

Die schwierigste Aufgabe besteht darin, Indikatoren für die Beurteilung des Investitionserfolges zu finden, wenn keine zuverlässige Einnahmenprognose und -zurechnung möglich ist. Wegen der großen zeitlichen Distanz zwischen Investitionsentscheidung und Nutzung des Investitionsvorhabens sowie wegen der vielfältigen Bestimmungsfaktoren der erzielbaren Einnahmen kann dieses Problem fast unüberwindlich erscheinen. Als brauchbare Indikatoren lassen sich beispielsweise im Telekommunikationsbereich bei Ortslinien die Zahl erreichbarer Hauptanschlüsse für Telefone heranziehen. Mit jeder innerhalb einer Ortschaft verlegten Linie kann man eine bestimmte Anzahl von Anschlüssen schalten, die nicht exakt der tatsächlichen späteren Anschlusszahl entspricht. Darüber hinaus ist die Zahl der Anschlüsse nicht proportional zu den erzielten Einnahmen, weil unterschiedlich häufig und weit telefoniert wird. Man muss also den Anspruch an Genauigkeit vermindern. Dies scheint jedoch der einzige Weg zu sein, um bei derart komplizierten Beziehungen zwischen Investitionsprojekt und Einnahmenwirkung überhaupt zu Erfolgsindikatoren zu gelangen.

Das Kennzahlensystem liefert den Führungspersonen keine genauen Zahlen über den wirtschaftlichen Erfolg ihres Bereichs. Jedoch bekommen sie Anhaltspunkte, um den Investitionsprozess zu beeinflussen. Zusammen mit der Planungs- und Kontrollrechnung bildet das Kennzahlensystem entsprechend Abbildung 19-3 ein umfassendes Informationssystem für das Investitions-Controlling.

Abb. 19-3

Grundaufbau eines umfassenden Informationssystems für das Investitions-Controlling

Planungs- und Kontrollrechnung		
▸ Investitionsrechnung	▸ Projektbezogene Kostenrechnung	▸ Periodenbezogene Kosten- und Erlösrechnung

Kennzahlensysteme		
▸ Planungsaktivitäten ▸ Nutzwertanalysen ▸ Erfolgsindikatoren	▸ Planungsaktivitäten ▸ Planungszuverlässigkeit ▸ Erfolgswirksamkeit	▸ Kostenkennzahlen ▸ Umsatzkennzahlen ▸ Erfolgskennzahlen

---

Wiederholungsfragen Kapitel 19

1. *Warum kann das Investitions-Controlling nicht einfach als bereichsbezogenes Controlling von Finanzgütern bezeichnet werden?*
2. *Worin besteht der zentrale Gegenstand des Investitions-Controlling?*
3. *Inwiefern ist die Endergebniskontrolle im Rahmen des Investitions-Controlling problematisch?*
4. *Warum ist im Investitions-Controlling eine Optimierung der Planungsaktivitäten anzustreben?*

Aufgaben und Lösungen zu Kapitel 19 finden Sie am Ende von Kapitel 20.

20 Aufgaben und Instrumente des Hochschul-Controlling

Controlling wird zunehmend auch in öffentlichen Unternehmungen als Teilsystem und Instrument der Führung genutzt. Ein wichtiges Beispiel hierfür bilden Hochschulen, deren Führungsstrukturen und -instrumente immer wieder intensiv diskutiert werden. Im Hinblick auf eine effektive und effiziente Führung von Hochschulen erkennt man die Notwendigkeit des Einsatzes moderner betriebswirtschaftlicher Systeme und Instrumente. Eine zentrale Schwierigkeit gegenüber erwerbswirtschaftlichen Unternehmungen besteht aber darin, dass den Hochschulen von Staat und Gesellschaft mehrere Ziele in Forschung, Studium und Lehre sowie Service vorgegeben sind. Ihr Führungssystem muss sich an diesen Zielen orientieren. Daraus leiten sich spezifische Aufgaben und Instrumente des Hochschul-Controlling ab.

20.1 Stellung des Controlling im Führungssystem von Hochschulen

Um Controlling in Hochschulen einordnen und nutzen zu können, benötigt man eine systematische Ordnung ihrer wichtigsten Komponenten. Diese werden in einem »Schichtenmodell« dargestellt, das wie in wirtschaftlichen Unternehmungen ein Führungssystem umfasst, zu dem das Controlling gehört.

20.1.1 Ebenen zur Analyse von Hochschulen

Beim Aufbau leistungs- und belastungsfähiger Hochschulstrukturen wird dem Controlling eine zentrale Rolle beigemessen (vgl. u. a. Weber/Tylkowski, 1990). Um das Geschehen in Hochschulen und ihre Struktur zu erfassen, bietet sich eine Differenzierung von fünf Ebenen an, wie sie Abbildung 20-1 wiedergibt. Auf der untersten Ebene befinden sich die beobachtbaren Aktivitäten und *Geschäftsprozesse*, die in Hochschulen vollzogen werden. Sie sind einmal entsprechend den von der Verfassung vorgegebenen Zielen auf Forschung und Lehre ausgerichtet. Daher bilden Studium und Lehre sowie Forschung ihre beiden Hauptprozesse. Auf deren Durchführung ist eine größere Zahl von Serviceprozessen gerichtet. Zu diesen gehören entsprechend Abbildung 20-2 beispielsweise das Bibliothekswesen, Rechenzentrum, Einkauf, die Personalverwaltung usw.

Diese Haupt- und Nebenprozesse werden von Personen unter Verwendung verschiedenartiger Ressourcen vorgenommen. Jeder Prozess stellt eine Form der Kombination von Einsatzgütern dar, indem beispielsweise Lehrkräfte unter Zuhilfenahme von Anlagen (z. B. Computer) und Material (Papier, Stifte u. a.) In-

Schichtenmodell von Hochschulen

Prozessgefüge einer Universität

Abb. 20-1

Schichtenmodell für Hochschulen

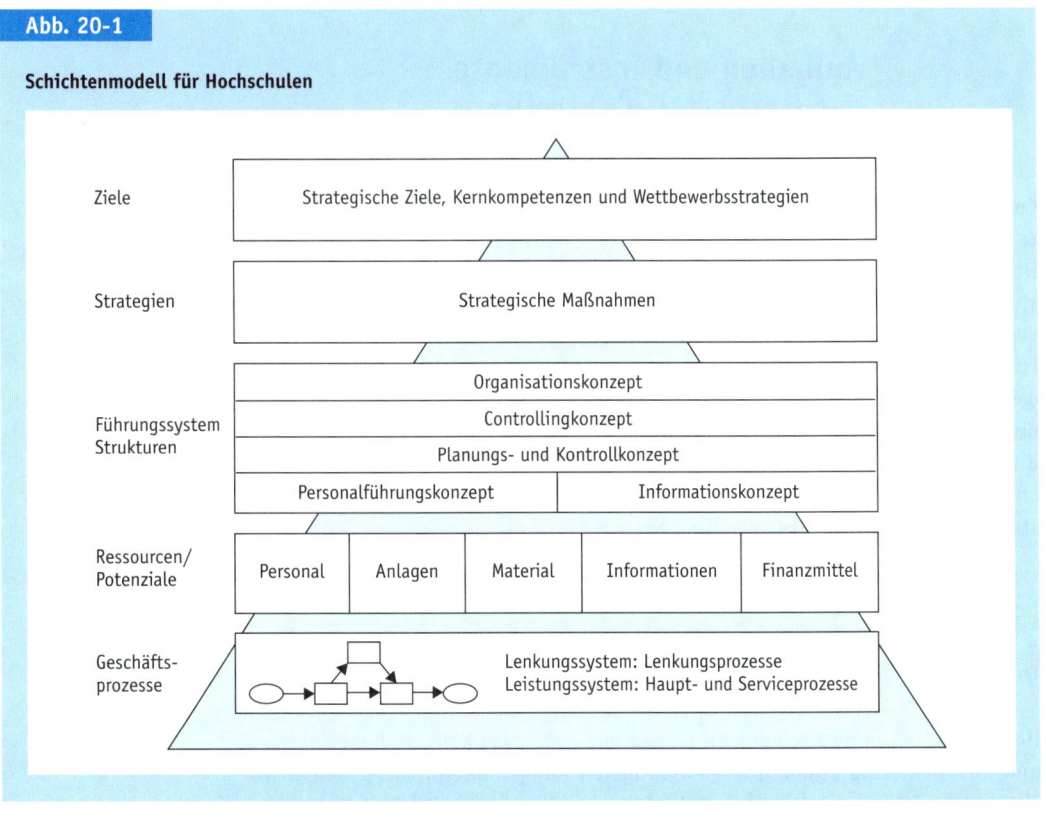

Geschäftsprozesse und die sie vollziehenden Ressourcen können gemeinsam als das Leistungssystem der Hochschule bezeichnet werden. Das Ergebnis der Forschungs-, Lehr- und Serviceprozesse sind nämlich immaterielle und in geringerem Umfang materielle Leistungen. Diese bilden die »Produkte« als Ergebnis der Leistungserstellung in Hochschulen. Um das Leistungssystem zielorientiert auszurichten, benötigen auch Hochschulen ein Führungssystem, dessen Ausbaugrad von dem industrieller Unternehmungen teilweise deutlich abweicht.

formationen an andere Personen (Studierende) weitergeben. Ein Spezifikum insbesondere der Lehrprozesse, aber auch der anderen Dienstleistungsprozesse in Hochschulen besteht darin, dass ihr angestrebtes Ergebnis die Mitwirkung des »Kunden« (insbesondere der Studierenden) erfordert. Die wichtigsten Einsatzgüter oder Ressourcen von Hochschulprozessen sind in diesen beteiligten Personen sowie in Anlagen (einschl. Gebäuden und Grundstücken), Material, Informationen (einschl. den Informationsträgern) und Finanzmitteln zu sehen.

Geschäftsprozesse und die sie vollziehenden Ressourcen können gemeinsam als das Leistungssystem der Hochschule bezeichnet werden. Das Ergebnis der Forschungs-, Lehr- und Serviceprozesse sind nämlich immaterielle und in geringerem Umfang materielle Leistungen. Diese bilden die »Produkte« als Ergebnis der Leistungserstellung in Hochschulen. Um das Leistungssystem zielorientiert auszurichten, benötigen auch Hochschulen ein Führungssystem, dessen Ausbaugrad von dem industrieller Unternehmungen teilweise deutlich abweicht.

Strategische Ziele und Wettbewerbsstrategien

Eine rationale Führung ist auf Ziele ausgerichtet, zu deren Erreichung bestimmte Strategien entwickelt werden. Die Ziele leiten sich vielfach aus einem Wertesystem her, welches die grundlegenden Normen wiedergibt, die für eine Institution maßgebend sein sollen. Für Hochschulen sind die bestimmenden

Abb. 20-2

Prozessgefüge einer Universität

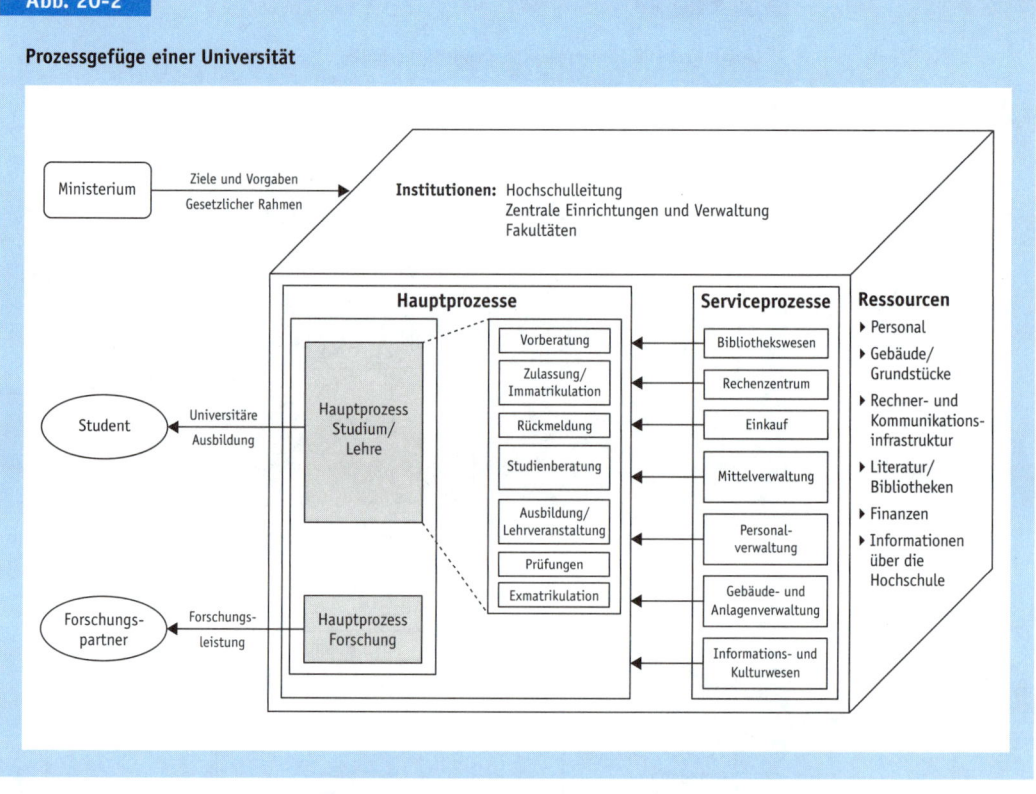

Normen und Ziele durch Grundgesetz sowie Landesverfassung, Hochschulgesetze und Grundordnung vorgegeben. Sie bilden wie bei anderen Unternehmungen die Basis für die Formulierung strategischer Ziele, die sie durch Einsatz ihrer *Kernkompetenzen* und mit Hilfe geeigneter Wettbewerbsstrategien zu erreichen suchen. Im Hinblick auf die einzelnen strategischen Ziele sind konkrete strategische Maßnahmen abzuleiten. Ziele und Strategien können daher entsprechend dem in Abbildung 20-1 wiedergegebenen Schichtenmodell als oberste Ebenen der Analyse von Hochschulen angesehen werden.

20.1.2 Einordnung des Controlling in das Führungssystem von Hochschulen

Um die Einordnung und die Aufgaben des Hochschul-Controlling herauszuarbeiten, ist das Führungssystem von Hochschulen gemäß Abbildung 20-3 näher zu betrachten. Das am weitesten ausgebaute Führungsteilsystem bildet in Hochschulen die Organisation. Die Ausprägung der wichtigsten organisatorischen Strukturvariablen (vgl. Picot, 1993a, S. 121 ff.) wie Verteilung von Aufgaben,

Organisation

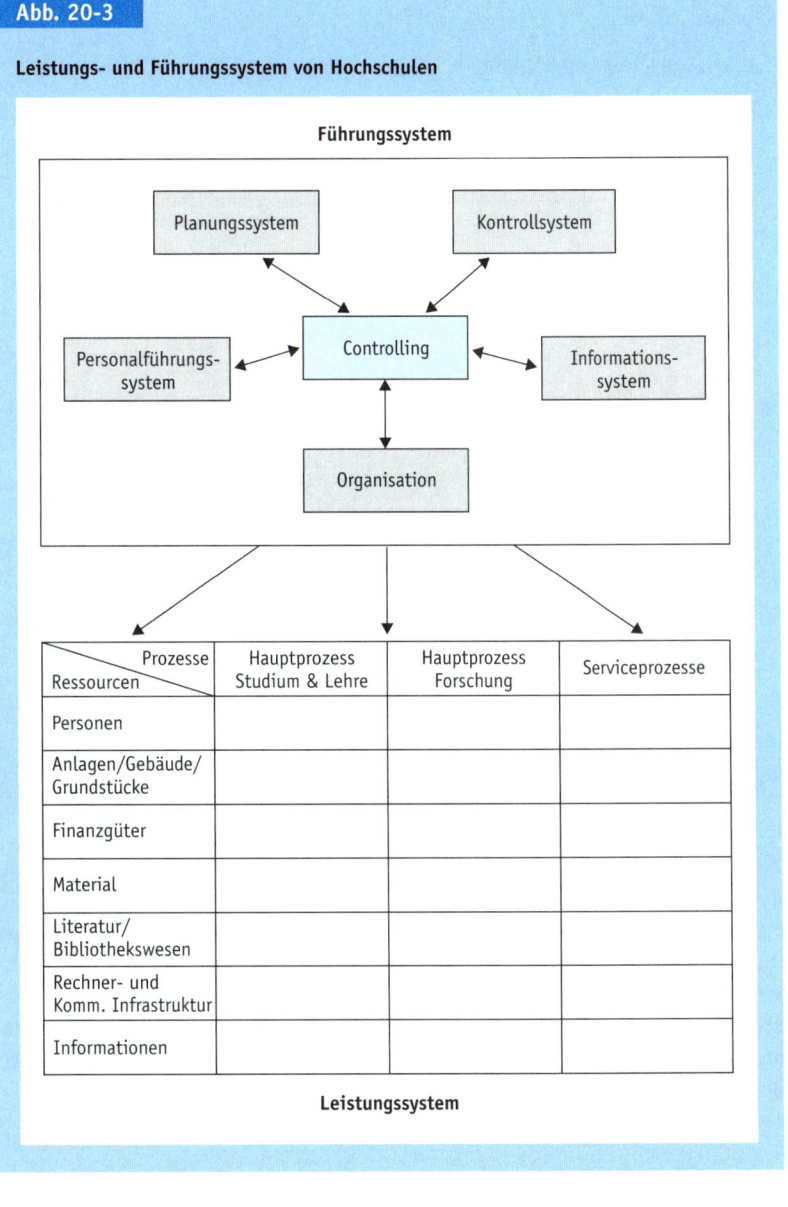

Abb. 20-3

Leistungs- und Führungssystem von Hochschulen

Führungssystem

Leistungssystem

Weisungs- und Entscheidungsrechten, der formalen Informationswege und der legitimierten Machtstruktur sowie bestimmter Programme für Berufungen u. a. sind durch Gesetze, Rechtsverordnungen und Satzungen meist relativ genau bestimmt. Professuren bzw. Lehrstühle, Institute, Fakultäten oder Fachbereiche und Hochschulleitung bilden im Allgemeinen die Ebenen ihres hierarchischen Aufbaus. Die maßgeblichen Entscheidungsgremien sind u. a. die Institutsvorstände, die Fachbereichsräte mit dem Dekan sowie der Senat und das Rektorat bzw. Präsidium auf Hochschulebene. Diese Leitungsorgane werden unterstützt durch Instituts-, Fakultäts- bzw. Fachbereichs- und Zentral-Verwaltungen, an deren Spitze der Kanzler steht.

Die Organisation deutscher Hochschulen wird durch staatliche Gesetze und Verordnungen beeinflusst und unterliegt der Aufsicht staatlicher Organe. Recht genau geregelt ist einerseits die Verteilung von Aufgaben, Entscheidungs- und Weisungsrechten zwischen Ministerium, Hochschulleitung, Fakultäten bzw. Fachbereichen und Instituten sowie Professuren. Zum anderen gibt es häufig Vorschriften für bestimmte Abläufe wie den Erlass von Studien-, Prüfungs-, Promotions- und Habilitationsordnungen, die Durchführung der entsprechenden Verfahren u. Ä. Eine nähere Analyse der Geschäftsprozesse lässt insbesondere in der Ablauforganisation eine größere Zahl von Lücken und Mängeln erkennen (vgl. Bodendorf et al., 1996). Dies zeigt sich besonders deutlich, wenn Überschneidungen sowie Überbelegungen von Lehrveranstaltungen und Hörsälen auftreten.

Rechtliche Rahmenbedingungen

Weniger ausgebaut ist in der Regel das Planungssystem von Hochschulen. In die Richtung einer strategischen Planung können Struktur- und Entwicklungspläne gehen. Meist enthalten sie jedoch kaum Aussagen über die Leistungspotenziale von Hochschulen und Fakultäten, deren Kernkompetenzen und Strategien. Auf der Basis der Istdaten zeigen sie häufig die mittelfristige Planung der Fakultäten in Bezug auf Studiengänge, Forschungsschwerpunkte und Ausstattung auf. Zu den maßgeblichen mittel- bis langfristig wirksamen Entscheidungen gehören Berufungen und die mit ihnen verbundene Zuweisung von Stellen und Haushaltsmitteln sowie wichtige Investitionsprojekte. Im Mittelpunkt der operativen Planung steht die jährliche Planung und Verteilung der Haushaltsmittel auf Hochschulen, Fakultäten, Institute und Professuren. Da diese vom öffentlichen Haushaltsplan abhängen, die meisten Personalstellen auf mittlere oder längere Sicht besetzt sind und für einen wesentlichen Teil der Mittel Schlüssel vereinbart sind, ist der operative Planungsspielraum oft eng. Veränderungen folgen am häufigsten aus der zeitlich begrenzten Zuweisung von Sondermitteln sowie von Ressourcen im Rahmen von Berufungsverhandlungen.

Planungssystem

Das Kontrollsystem ist in erster Linie durch die für öffentliche Verwaltungen geltenden Vorschriften bestimmt. Es betrifft den Umgang mit den Ressourcen, insbesondere den Haushaltsmitteln. Dabei unterliegen die Hochschulen und ihre Einrichtungen der Prüfung durch den Rechnungshof. Kontrollen auf der Leistungsseite sind nur begrenzt erkennbar. Jedoch können die Bewerbungsverfahren der Professoren, die Vergabesysteme für Drittmittel und der Veröffentlichungsmarkt, besonders in referierten wissenschaftlichen Zeitschriften, als Formen einer Kontrolle von Forschungsleistungen interpretiert werden. Ansätze für eine weitergehende Kontrolle, bei der auch die Lehre ein Gewicht bekommt, stellen die Vorschläge und Verfahren zur Evaluation von Fakultäten bzw. Fächern dar.

Kontrollsystem

Das formale Informationssystem, durch welches den Entscheidungsträgern der Hochschule führungsrelevante Informationen bereitgestellt werden, ist sehr unterschiedlich ausgebaut. Bei entsprechender DV-Unterstützung verfügt eine

Informationssystem

Reihe von Hochschulen über recht differenzierte Systeme insbesondere der Haushaltsmittel-, Stellen-, Personal- und Raumverwaltung. Inzwischen wurden die Anstrengungen zur Einrichtung von Hochschulkostenrechnungen wieder intensiviert, während die Bemühungen der 1970er-Jahre (vgl. z. B. Schweitzer, 1978; Angermann/Blechschmidt, 1972; Loitlsberger/Rückle/Knolmayer, 1973) relativ wenig Wirkung gezeigt hatten. Wenig entwickelt ist im Allgemeinen die Informationsbereitstellung für die Fakultäten. Auch über die Leistungsseite in Lehre und Forschung sind häufig nur in beschränktem Maße Daten verfügbar. Ein oft feststellbares Problem liegt darin, dass die Daten an verschiedenen Stellen erhoben und gesammelt werden, aber nur selten bis zu den Entscheidungsträgern auf Hochschul- und Fakultätsebene gelangen und für deren Entscheidungen genutzt werden.

Personalführungssystem

Die Einsatzmöglichkeiten des Personalführungssystems und seiner Instrumente (vgl. Abschnitt 7.2) für die Führung von Hochschulen werden noch zu wenig erkannt und genutzt. In diesem Bereich lassen sich an Hochschulen deutliche Defizite feststellen.

Die Kernaufgabe des Controlling liegt auch in Hochschulen darin, die Beziehungen zwischen diesen Führungsteilsystemen zu erfassen und ihre Aktivitäten zu koordinieren. Deshalb bilden die Interdependenzen innerhalb des Führungssystems, d. h. die gegenseitigen Beziehungen innerhalb und zwischen den Führungsteilsystemen, den Ausgangspunkt für seine Kennzeichnung und Gestaltung.

20.2 Spezifische Aufgaben des Controlling in Hochschulen

Auch in öffentlichen Hochschulen kommt dem Controlling eine wichtige Bedeutung zu. Über die Berücksichtigung der Interdependenzen zwischen den Führungsteilsystemen erhält man relevante Gesichtspunkte für die Gestaltung der Einzelsysteme, durch welche der Tendenz ihrer Verselbständigung vorgebaut wird. Unter diesem Aspekt erscheinen gegenwärtig zwei Aufgaben für Hochschulen besonders dringlich, bei deren Lösung die Beziehungen zwischen den Teilsystemen wesentlich sind: die Gestaltung der Informationssysteme und des Anreizsystems.

20.2.1 Zielorientierte Koordination und Ausrichtung der Informationssysteme von Hochschulen

Informationsbedarfs-analyse

Die Aufgabe des Hochschul-Controlling im Hinblick auf die Gestaltung formaler Informationssysteme besteht darin, diese auf die relevanten Ziele und Entscheidungstatbestände auszurichten. Eine Koordination mit den anderen Führungsteilsystemen, insbesondere der Planung, Kontrolle und Personalführung, setzt eine eingehende Analyse des Informationsbedarfs der Entscheidungs- und

Handlungsträger in der Hochschule voraus. Hierfür lassen sich geeignete induktive und deduktive Verfahren heranziehen (vgl. Abschnitt 12.2). Deren Ergebnisse zeigen an, welche Daten von den betreffenden Personen (möglicherweise) benötigt und genutzt werden. Aufgabe des jeweiligen Informationssystems ist es, diese Daten zu erfassen, in systematischer Weise zu ordnen, zu speichern und für Abfragen bereit zu halten.

Dies erfordert einerseits eine sachliche Strukturierung des Informationssystems, wie man sie aus der Struktur der Finanzbuchhaltung oder der Kosten- und Erlösrechnung privater Unternehmungen kennt. Andererseits benötigt man eine entsprechende Anwendungsarchitektur und geeignete Software, um die Informationsverarbeitung effizient durchführen zu können. Strukturierung des Informationssystems

Damit die ermittelten Daten von den relevanten Personen genutzt werden, müssen sie anwendergerecht bereitgestellt werden. Hierzu ist die Einrichtung von Berichtssystemen notwendig. Durch sie sollten einerseits laufend »Standardberichte« erstellt werden, welche lediglich die wichtigsten Informationen z. B. über Lehrveranstaltungen und Studienverläufe enthalten. In ihnen können auffallende Daten als Abweichungen o. Ä. speziell markiert sein. Darüber hinaus ist das Berichtssystem technisch so zu gestalten, dass bei Bedarf alle benötigten Daten aus dem Informationssystem schnell und einfach abgerufen werden können. Berichtssysteme

Für die Struktur des Berichtssystems sind die Ergebnisse der Informationsbedarfsanalysen maßgeblich. Neben sachlogischen Gesichtspunkten spielen dabei die Wirkungen der Informationen auf das Verhalten der Informationsempfänger eine wichtige Rolle. Insofern ergibt sich ein Bezug zum Anreizsystem und damit zur Personalführung innerhalb von Hochschulen. Informationsbedarfsanalysen und Berichtswesen sind offensichtlich die »Brücken«, an denen die Verbindung des Informationssystems zu den anderen Führungsteilsystemen deutlich wird. Brückenfunktion zur Personalführung

20.2.1.1 Komponenten von Hochschul-Informationssystemen

Grundlage für die Gestaltung der Informationssysteme von Hochschulen ist ein Überblick über deren wichtigste Komponenten. Die Art der in Hochschulen durchgeführten Aufgaben und Aktivitäten führt dazu, dass ihre Informationssysteme mehrdimensional und komplex sind. Im Unterschied zu den meisten Wirtschaftsunternehmungen besteht das »Produktionsprogramm« von Hochschulen aus Dienstleistungen, die vielfältig, verschiedenartig und wenig standardisierbar sind. Dies macht ein Vergleich zwischen Forschungs-, Lehr- und Serviceleistungen oder zwischen den Forschungs- bzw. Lehraufgaben in unterschiedlichen natur- und geisteswissenschaftlichen Fächern offensichtlich. Zudem werden unterschiedliche und häufig schwer operationalisierbare Ziele verfolgt. Das zeigt sich besonders klar, wenn man versucht, Ziele der Forschung und der Lehre zu konkretisieren. Aus diesen Gesichtspunkten folgt, dass das »Rechnungswesen« oder die »Unternehmensrechnung« von Hochschulen in höherem Maße mehrdimensional sein muss als in Unternehmungen, die auf eine ökonomische Erfolgserzielung ausgerichtet sind. Notwendigkeit mehrdimensionaler Informationssysteme

Als zentrale Komponenten zur Kennzeichnung und Systematisierung von Hochschul-Informationssystemen bieten sich ihre Bezugsebenen, ihre Abbildungsgegenstände, die in ihnen verwendeten Basisgrößen und die mit ihnen verfolgten Informations- bzw. Rechnungszwecke an. Wie im traditionellen Rechnungswesen könnte man zusätzlich nach ihrem zeitlichen Bezug zwischen vergangenheits- und zukunftsorientierten sowie zwischen ein- und mehrperiodigen Informationssystemen trennen, ohne dass sich hieraus hochschulspezifische Merkmale ergeben.

Bezugsebenen des Hochschul-Informationssystems

Die Bezugsebenen von Hochschul-Informationssystemen richten sich nach der Organisationsstruktur der jeweiligen Hochschule. Vielfach ergibt sich hierbei in vertikaler Sicht eine Trennung zwischen Hochschulleitung, Fakultäten (bzw. Fachbereichen), Instituten und Professuren sowie in vertikaler Sicht zwischen den Forschungs- und Lehreinheiten, Zentralverwaltung und sonstigen (zentralen bzw. dezentralen) Einrichtungen (z. B. Bibliothek, Rechenzentrum u. a.). Diesen Bezugsebenen sind durch die Organisation unterschiedliche Kompetenzen übertragen, nach denen ein auf Entscheidungsprobleme ausgerichtetes Informationssystem strukturiert sein muss. Das spricht dafür, dass in Hochschulen mehrere Informationssysteme für diese verschiedenen Ebenen einzurichten sind. Deren Gestaltung richtet sich nach der Art und dem Grad der Zentralisation bzw. Dezentralisation von Entscheidungen und Aufgaben insbesondere zwischen Hochschulleitung, Fakultäten, Instituten und Professuren.

Abbildungsgegenstand

Auf diesen Handlungsebenen werden verschiedenartige Geschäftsprozesse vollzogen. Um diese zu erfassen, sind durch ein Informationssystem sowohl die Prozesse als auch die wichtigsten zu ihrer Durchführung eingesetzten Ressourcen wiederzugeben. Nach dem Abbildungsgegenstand kann man daher entsprechend Abbildung 20-3 einerseits zwischen Lehr- bzw. Studien-, Forschungs- und Serviceprozessen und deren einzelnen Ausprägungen, andererseits zwischen der Abbildung von Personal, Anlagen (einschl. Grundstücken und Gebäuden), Finanz- bzw. Haushaltsmitteln, Material, Rechner- und Kommunikationsinfrastruktur, wissenschaftlicher Literatur (Büchern, Zeitschriften) und anderen Informationen unterscheiden.

Basisgrößen

Diese Prozesse und Ressourcen lassen sich durch zahlreiche Merkmale beschreiben. Beispielsweise kann man eine Lehrveranstaltung anhand von Inhalt, Dauer, Art und Anzahl der Mitwirkenden u. a., ein wissenschaftliches Buch durch seinen Inhalt, Umfang, Preis u. Ä. kennzeichnen. Ein Informationssystem bildet von diesen Attributen nur jene ab, die im Hinblick auf die Informationszwecke (besonders) wichtig erscheinen. Daraus ergeben sich seine Basisgrößen. Bei privatwirtschaftlichen Unternehmungen folgt die Verwendung von Zahlungen sowie Kosten und Erlösen bzw. Aufwendungen und Erträgen als Basisgrößen des Rechnungswesens aus der Ausrichtung auf das Liquiditäts- und das Gewinnziel. Ein derart klarer Zusammenhang besteht für Hochschulen nicht. Dennoch spielen für sie wegen der Abhängigkeit vom verfügbaren Finanzrahmen Zahlungen eine wichtige Rolle. Um die Effizienz ihrer Güterverwendung zu beurteilen, muss man ihre i. d. R. nichtmonetären Leistungen als Output zu dem Ressourceneinsatz als Input in Beziehung setzen. Dies spricht dafür, dass in Hochschulen nichtmonetäre (Forschungs-, Lehr- und Service-)Leistungen und monetäre Kosten als bewerteter Gütereinsatz wichtige Basisgrößen bilden sollten. Weitere Basisgrößen in Form von Güterarten und -mengen sowie Zeiten ergeben sich aus den jeweiligen Rechnungszwecken und Abbildungsgegenständen.

Die für Wirtschaftsunternehmungen relevanten Rechnungszwecke der Abbildung und Dokumentation, Planung, Steuerung und Kontrolle (vgl. Schweitzer/Küpper, 2011, S. 27 ff.) sind im Prinzip auch auf Hochschulen übertragbar. Durch die Abbildung von Prozessen soll in ihnen vor allem Transparenz geschaffen werden (vgl. Hofmann, 2008). Dieser Zweck hat in Hochschulen mehr Gewicht als die Dokumentation, die in Wirtschaftsunternehmungen insbesondere für die Nachprüfung durch Wirtschafts- oder Steuerprüfer notwendig ist. Die anderen Rechnungszwecke erhalten umso mehr Gewicht, als auch in Hochschulen Planungs-, Anreiz- sowie Kontrollsysteme eingesetzt und ausgebaut werden.

Transparenz

20.2.1.2 Führungsorientierte Struktur wichtiger Informations- und Berichtssysteme in Hochschulen

Die Informationssysteme einer Hochschule sind so zu gestalten, dass sie ihre Führung auf den verschiedenen Ebenen unterstützen. Bei den Instituten und Professuren hängen die Struktur und die Nutzung der Informationssysteme in starkem Maße von den jeweiligen Bedingungen und Zielsetzungen ab. Deshalb wird man für sie nur in begrenztem Umfang zentrale Vorgaben setzen. Ein großes Informationsdefizit ist häufig bei den Fakultäten zu beobachten. Sie besitzen vielfach wenig Informationen über die sich in Forschung und Lehre vollziehenden Prozesse. Dabei sind Informationen über ihre Prozesse nicht nur für die Untermauerung von Entscheidungen nötig. Sie sind schon erforderlich, um Probleme überhaupt sowie rechtzeitig zu erkennen und Aktivitäten in Gang zu setzen. Für die auf der Leitungsebene einer Hochschule tätigen Organe stehen vielfach mehr Informationen und Informationssysteme zur Verfügung. Dennoch erscheint auch hier eine stärker am Informationsbedarf orientierte Gestaltung der Informationssysteme erreichbar. Die Informationsbereitstellung für die Studierenden zeichnet sich häufig durch eine eher verwirrende Vielfalt aus. Ihr kann durch die Schaffung klar strukturierter Studenten-Informationssysteme entgegengewirkt werden. Damit stellt sich als unmittelbare Aufgabe für das Hochschul-Controlling entsprechend Abbildung 20-4 die Einrichtung von Hochschul-, Fakultäts- und Studenten-Informationssystemen.

Informationsdefizite bei Fakultäten

Im Hinblick auf die verschiedenartigen Dienstleistungsprozesse von Forschung, Lehre sowie Service einerseits und die Bedeutung des Finanzmitteleinsatzes andererseits erscheint es in Hochschulen notwendig, zumindest zwei Typen von Informations- und Berichtssystemen zu schaffen. Das auf die Abbildung der Leistungen in Forschung, Studium und Lehre sowie Servicebereichen gerichtete System verwendet unterschiedliche Güterarten-, Mengen- und Zeitmaße als Basisgrößen. Neben ihm benötigt man zahlungs- und *ggf. kostenorientierte* Rechnungssysteme, mit denen der Finanz- und Sachmitteleinsatz verfolgt und geplant werden kann.

Leistungs- und zahlungsorientierte Rechnungssysteme

Abb. 20-4

Wichtige Teilsysteme eines Hochschulberichtswesens

	Informationsempfänger	Informationsbedarf zur Entscheidungsvorbereitung
Hochschul-Informations-system	▸ Rektor/Präsident ▸ (Vizerektor/-präsident) ▸ Kanzler ▸ Professoren ▸ Wissenschaftliche Mitarbeiter ▸ Studentenvertreter ▸ Nichtwissenschaftliches Personal	▸ Parlament/Versammlung ▸ Senat ▸ Kommissionen ▸ Ausschüsse
Fakultäts-Informations-system	▸ Professoren ▸ Wissenschaftliche Mitarbeiter ▸ Studentenvertreter ▸ Nichtwissenschaftliches Personal	▸ Dekan/Dekanat ▸ Fachbereichsrat ▸ Ausschüsse ▸ Institute ▸ Lehrstühle
Studenten-Informations-system	▸ Studierende ▸ Studieninteressenten	

Gliederung nach Entscheidungstat-beständen

Für die Strukturierung der leistungsorientierten Informations- und Berichtssysteme geht man zweckmäßigerweise von den Entscheidungstatbeständen der jeweiligen Ebene aus. Dies führt beispielsweise entsprechend Abbildung 20-5 für Fakultäten zu einer Gliederung in die Bereiche »Strukturelle Rahmenbedingungen«, »Ausstattungsplanung« sowie »Prozessplanung« mit Studium/Lehre, Forschung und Service.

Fakultätsdatenbanken

Die wichtigsten Komponenten dieser Berichte bilden den Ansatzpunkt für die Module einer Fakultätsdatenbank. Die in die Datenbanken einzuspeisenden Daten kommen aus verschiedenen Quellen. Um überflüssige Erhebungsarbeiten zu vermeiden, sind sie weitestgehend von schon vorhandenen Datenbanken zu übernehmen. Dies kann für eine Fakultät bedeuten, dass sie z. B. Studenten-, Haushalts-, Ressourcen- sowie andere Daten von der Zentralverwaltung und Studienverlaufsdaten vom Prüfungsamt erhält. Darin zeigt sich die Aufgabe des Hochschul-Controlling, eine sachliche und technische Abstimmung zwischen den unterschiedlichen Informationssystemen auf derselben und verschiedenen Ebenen in der Hochschule herbeizuführen.

Neben den aus solchen Systemen verfügbaren und laufend geführten Daten erscheint es zumindest auf Fakultätsebene zweckmäßig, in periodischen Abständen Befragungen von Studierenden und Lehrenden durchzuführen (vgl. Webler, 1995, S. 303 f.). In ihnen können einerseits Ziele, Einstellungen, Beurteilungen, Anteil der Teilzeitstudenten u. a. im jeweiligen Studiengang, andererseits Erfahrungen über einzelne Lehrveranstaltungen ermittelt werden. Mit solchen Befragungen lassen sich Problemfelder beispielsweise der Belegung, Überschneidung und dem Ausfall von Lehrveranstaltungen aufdecken, wie sie aus den eher »harten« Daten der Studien- und Prüfungsverläufe, Ressourcen usw. nicht erkennbar sind.

Abb. 20-5

Entscheidungstatbestände von Fakultäten

STRUKTURELLE RAHMENBEDINGUNGEN

(A) Satzungen und Ordnungen von Studium und Lehre
(B) Zulassungszahlen
(C) Berufungen/Emeritierungen
(D) Lehrdeputate, Lehraufträge
(E) Festlegungen/Besetzungen von Organen, Kommissionen, Gremien und einzelnen Fachbeauftragten
(F) Verleihung akademischer Titel und Ehrungen

AUSSTATTUNGSPLANUNG

(A) Stellen
(B) Mittel
(C) Räume
(D) Ausstattung fakultärer Servicezentren (Bibliothek, RZ u. Ä.)

PROZESSPLANUNG

Studium/Lehre	**Forschung**	**Service**
(A) Studierende und Studienverlauf	(A) Kooperationen (SFB)	(A) Bibliothek
(B) Lehrveranstaltungen	(B) Forschungsschwerpunkte (DFG)	(B) CIP-Labor
(C) Studienarbeiten	(C) Forschungsprojekte	(C) Sprachenzentrum
(DA, Magisterarbeit etc.)	(D) Forschungsstudium	(D) Auslandsamt
(D) Prüfungen	(E) Graduiertenkolleg	(E) Praktikumsamt
(schriftlich/mündlich)	(F) Herausgebertätigkeit	(F) Fachbereichsverwaltung
(E) Vorträge	(G) Gutachtertätigkeit	
(F) Beratung, Information	(H) Veröffentlichungen	
	(I) Mitwirkung in Forschungs-ausschüssen	

Vergleiche Zboril, 1998, S. 50

Für ein standardisiertes Berichtssystem auf Fakultätsebene (vgl. Zboril, 1998, S. 153 ff.) bietet sich damit eine Gliederung in drei Teile an, wie sie in Abbildung 20-6 wiedergegeben ist. Ihr umfangreichster erster Teil enthält Kennzahlen als komprimierte Informationen über die »Strukturellen Rahmenbedingungen«, die »Ausstattung« sowie die »Prozesse« in Forschung, Lehre/Studium und Service.

Standardisiertes Berichtssystem

Eine wichtige Controllingaufgabe liegt darin, aus der Vielzahl an Informationen, die zu diesen Bereichen erfasst und verfügbar sind, die im Hinblick auf die Führung einer Fakultät relevanten herauszufinden. Hierzu können systematisch-deduktive Analysen der wichtigsten Entscheidungsprobleme ebenso wie eine induktive Befragung von Fakultätsmitgliedern über die nach ihrer Einschätzung maßgeblichen Größen beitragen. Abbildung 20-7 zeigt beispielhaft wichtige Kennzahlen zur Ausstattung mit Ressourcen im Fakultätsbereich.

Diese *Kennzahlen* sind als Indikatoren zu verstehen, welche wie die Bewerberzahl je Studienplatz, Betreuungsrelationen je Professor u. a. Hinweise auf Leistungsmerkmale geben. Ein zweiter Teil des Fakultätsberichtssystems basiert auf der *Befragung* von Lehrpersonen und Studierenden über die Fakultät und die in ihr ablaufenden Prozesse. Aus den zum Beispiel jährlich erhobenen Antworten

Dreiteiliges Fakultätsberichtssystem

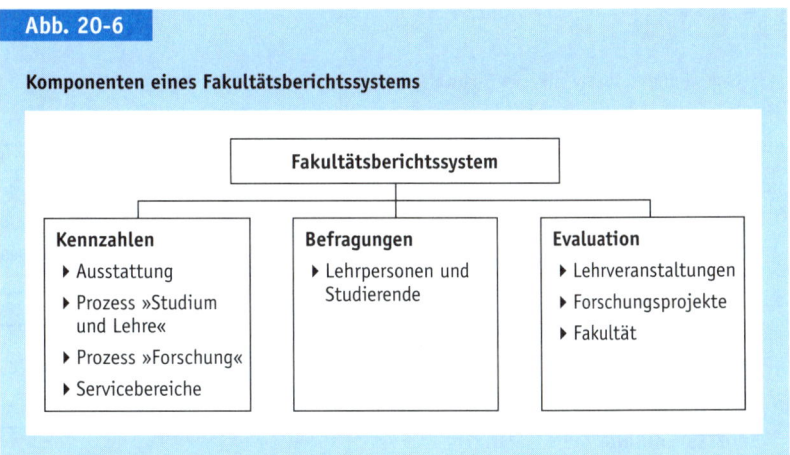

Abb. 20-6

Komponenten eines Fakultätsberichtssystems

Fakultätsberichtssystem		
Kennzahlen	**Befragungen**	**Evaluation**
▸ Ausstattung	▸ Lehrpersonen und Studierende	▸ Lehrveranstaltungen
▸ Prozess »Studium und Lehre«		▸ Forschungsprojekte
▸ Prozess »Forschung«		▸ Fakultät
▸ Servicebereiche		

Abb. 20-7

Fakultätsberichtssystem – Ausstattungskennzahlen

Gegenstand	Grunddaten	Indikatoren
Stellen	▸ Professoren ▸ wissenschaftliche Mitarbeiter ▸ Verwaltungsangestellte ▸ Drittmittel-Mitarbeiter	Betreuungsrelationen ▸ Studierende je Professor ▸ Studierende je wissenschaftliches Personal ▸ Absolventen je Professor ▸ Absolventen je wissenschaftliches Personal

(Finanz-)Mittel	▸ Laufende Sachmittel
	▸ Laufende Mittel für studentische Hilfskräfte
	▸ (ggf. extra laufende Bibliotheksmittel)
	jeweils:
	  – Fakultät insgesamt
	  – je einzelner Professur
	▸ Laufende Mittel der Servicebereiche
	▸ Einmalmittel
		∅ Laufende Sachmittel je Professur
		∅ Laufende Hiwi-Mittel je Professur
		∅ Laufende Sachmittel je Student
		∅ Laufende Hiwi-Mittel je Absolvent

Räume	▸ qm der Gesamtfakultät ▸ Aufteilung (qm je …) auf einzelne Professuren, Unterrichtsräume und Servicebereiche	▸ qm je Professur ▸ Arbeitsplätze je Student

lassen sich Problemfelder, übereinstimmende sowie gegensätzliche Zielsetzungen und Einstellungen erkennen. Schließlich können als dritter Teil dieses Berichtssystems die *Evaluationen einzelner Lehrveranstaltungen und Forschungsprojekte*, der für sie verantwortlichen Personen und der gesamten *Fakultät* eingeordnet werden. In welchem Umfang diese dem Aufgabenbereich einer Fakultät und der Kompetenz der jeweiligen Professur zugeordnet werden, hängt von dem Selbstverständnis der einzelnen Fakultät und ihrer Mitglieder ab. Auf jeden Fall macht dieses dreiteilige Konzept deutlich, dass ein Fakultätsberichtssystem wesentlich mehr als eine Evaluation von Lehrveranstaltungen umfassen sollte.

Berichtssysteme auf der Hochschulebene und für die Institute sowie Professuren könnten in analoger Weise strukturiert werden. Für das Hochschul-Controlling besteht dabei die Aufgabe, auf ein hohes Maß an Übereinstimmung im strukturellen Aufbau und der technischen Umsetzung hinzuwirken. Damit ist eine weitgehende und effiziente Nutzbarkeit gleicher Daten zu erreichen. Im Hinblick auf die Interpretation der Daten ist darüber hinaus eine hohe Vergleichbarkeit zwischen den Einheiten und den Prozessen zweckmäßig.

20.2.1.3 Hochschulrechnungen als Basis-Informationssysteme

Wie erwerbswirtschaftliche Unternehmungen benötigen Hochschulen ein grundlegendes Informationssystem. Nachdem ihr bisheriges kameralistisches Rechnungswesen die in den vorhergehenden Abschnitten gekennzeichneten Aufgaben nicht ausreichend erfüllen kann, werden zunehmend Systeme der Hochschulrechnung entwickelt und eingeführt. Der »Arbeitskreis Hochschulrechnungswesen der deutschen Universitätskanzler« hat dazu Empfehlungen erarbeitet, deren Kernaussagen in eine »Greifswalder Erklärung« aller Universitätskanzler mündeten (vgl. Arbeitskreis Hochschulrechnungswesen 1999; Kronthaler, 1999).

Auch wenn man Hochschulen als Dienstleistungsunternehmen begreift, ist eine bloße Übertragung der Erfolgsrechnungen erwerbswirtschaftlicher Unternehmungen auf sie problematisch und kann zu Fehlsteuerungen führen (vgl. Küpper, 2000a). Neben den *Besonderheiten* ihres »Produktionsprozesses« in Forschung, Lehre und Studium sowie Service (vgl. insbesondere Küpper/Sinz, 1998, Küpper, 1997, S. 577 ff.) (z. B. Rechenzentrum, Personal- oder Mittelverwaltung) ist dafür vor allem maßgebend, dass zumindest für Hochschulen in staatlicher Trägerschaft *kein ökonomisches Erfolgsziel* vorgegeben ist (vgl. Küpper, 2000a, S. 350 f.). Da sich ihr Erfolg nicht in einer quantitativen ökonomischen Größe, sondern in spezifischen Maßgrößen für Forschung und Studium niederschlägt, können traditionelle Systeme der Gewinn- und Verlustrechnung oder der Kosten- und Erlösrechnung bei ihnen nicht die geeigneten Informationen liefern. Für die Hochschulen müssen vielmehr eigenständige Systeme der Erfolgsrechnung entwickelt werden, die auf ihre spezifischen Prozesse sowie Erfolgsmaßstäbe ausgerichtet sind.

Die in einer Hochschulrechnung ermittelten Informationen dienen wie in erwerbswirtschaftlichen Unternehmungen (vgl. Küpper, 1997, S. 574 ff.) der Abbildung sowie der Planung, (Verhaltens-)Steuerung und Kontrolle. Gegenwärtig kommt dabei der Schaffung von Transparenz eine herausragende Bedeutung zu (vgl. Hofmann, 2008). Aus den Rechnungszwecken sind als Rechnungsziele (vgl. Abschnitt 5.2.1.2) die Größen abzuleiten, welche in den Rechnungssystemen zu ermitteln sind. Neben dem bislang im Vordergrund stehenden Überblick über die Einnahmen sowie Ausgaben und die jahresbezogenen Ausgabereste erscheinen für Hochschulen auch die Ermittlung ihres Vermögens und dessen Änderungen sowie die Bestimmung von Erfolgsgrößen erforderlich (vgl. Arbeitskreis Hochschulrechnungswesen 1999, S. 17 ff.; Weichselbaumer, 1999, S. 283 ff.). Dies spricht dafür, das Rechnungswesen von Hochschulen zu einem mehrteiligen Füh-

Notwendigkeit eigenständiger Rechnungssysteme

Grundstruktur einer Hochschulrechnung

rungsinformationssystem auszubauen, das Einblick in die Finanz-, die Vermögens- und die Erfolgssituation einer Hochschule (vgl. analog dazu § 264 HGB für Kapitalgesellschaften) gibt. Dazu bietet sich eine Trennung in Systeme für eine *finanz-* sowie *vermögensorientierte Rechnungslegung* und eine *erfolgsorientierte Rechnungslegung* an (vgl. Küpper, 2001). Ein Grund für diese Differenzierung liegt darin, dass sich die handelsrechtliche Rechnungslegung nicht für eine Erfolgsermittlung in Hochschulen nutzen lässt. Diese ist vielmehr anhand von Konzepten der internen Rechnung zu entwickeln. Dabei lassen sich die wichtigsten Inputgrößen aus den Zahlungen und damit der Finanzrechnung (bzw. -buchhaltung) herleiten, während die nichtmonetären Leistungsdaten aus eigenständigen Erfassungssystemen gewonnen werden müssen.

Dreiteilige Finanz- und Vermögensrechnung

Die wesentlichen ökonomischen Grunddaten liegen auch bei Hochschulen in den Zahlungen. Deshalb sollte eine ausgebaute Finanzrechnung die Basis ihrer Rechnungslegung bilden, die sich durch eine zweckbezogene Gliederung und Ordnung aus der kameralistischen Rechnung heraus entwickeln lässt, aber auch aus einer doppelten Buchführung herleitbar ist. Das Informationsdefizit hinsichtlich der Vermögenswerte kann durch die Aufstellung einer Bilanz im Sinne einer Vermögensübersicht beseitigt werden. Um darüber hinaus die Wertänderungen des Vermögens zu erkennen, bietet es sich an, entsprechend Abbildung 20-8 daneben eine Vermögensänderungsrechnung als eigenständige Rechnung auszuweisen. Damit gelangt man zu einem *dreiteiligen Rechnungssystem*

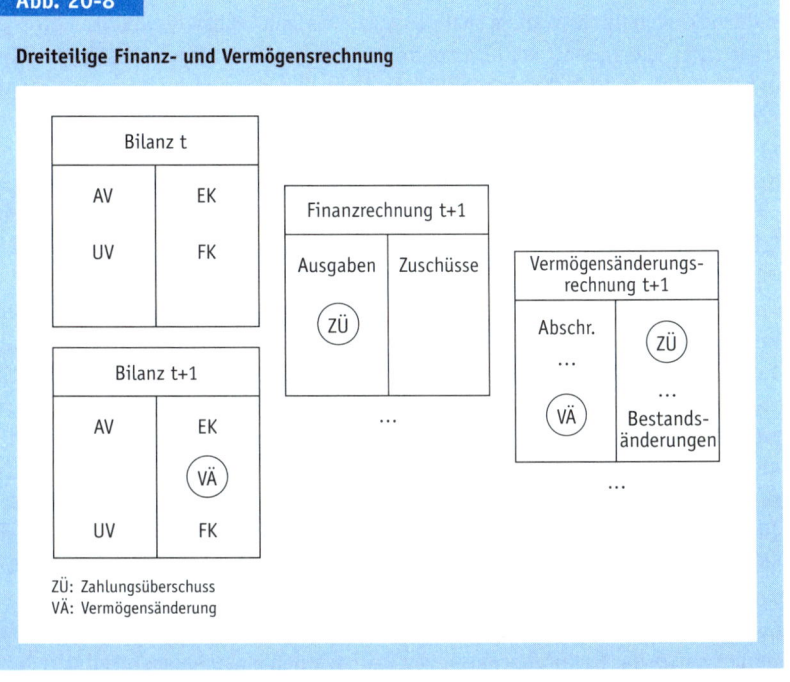

Abb. 20-8

Dreiteilige Finanz- und Vermögensrechnung

ZÜ: Zahlungsüberschuss
VÄ: Vermögensänderung

mit den Salden Zahlungsüberschuss (ZÜ) und Vermögenswertänderung (VÄ) (vgl. Küpper, 2000a, S. 361 ff.).

Die zentralen Entscheidungen in Hochschulen über die Einrichtung von Fakultäten, die Berufung von Professoren u. Ä. haben *strategischen* Charakter. Dem entspricht der hohe Anteil ihrer Fixkosten mit einer vielfach langen Bindungsdauer. Deshalb benötigen Hochschulen in erster Linie Rechnungssysteme zur Planung und Steuerung dieser Entscheidungen und sollten über diese Rechenschaft ablegen. Operative Erfolgsgrößen und zu ihrer Messung einzurichtende Rechnungssysteme müssten konzeptionell aus den strategischen Erfolgsgrößen und Rechnungssystemen hergeleitet werden. Beim gegenwärtigen Entwicklungsstand der Hochschulrechnung scheint ein solcher Weg aber nicht gangbar. Auch strategische Rechnungen müssen auf der Kenntnis vielfältiger Istgrößen und deren Entwicklung in der Vergangenheit basieren. Daher setzt die Entwicklung von Rechnungssystemen zur Fundierung von Investitions- und strategischen Entscheidungen in Hochschulen das Vorliegen einer leistungsfähigen Rechnung in der operativen Ebene voraus. Deren Systeme liefern die Basisdaten und die Erkenntnisse für die Gestaltungsmöglichkeiten, die Grenzen sowie die Durchführung weiterreichender Rechnungen.

Notwendigkeit operativer Rechnungen

Aus diesem Grund liegt der Schwerpunkt gegenwärtig in dem Ausbau der operativen Erfolgsrechnung (vgl. Küpper, 2002). Diese hat einperiodigen Charakter und kann sich zum Teil am Aufbau von Kostenrechnungen erwerbswirtschaftlicher Unternehmungen orientieren. Solange der Output von Hochschulen nicht monetär an Märkten bewertet wird, bietet es sich an, einer monetären Ausgaben- und Kostenrechnung eine Leistungsrechnung mit weitgehend nichtmonetären Mengengrößen gegenüberzustellen. Aus der Verknüpfung von mengenmäßigen Output- und mengen- sowie wertmäßigen Inputgrößen kommt man zu Kennzahlen als Indikatoren des Erfolgs. Damit gelangt man entsprechend Abbildung 20-9 zu einem dreiteiligen System der periodischen Erfolgsrechnung aus Ausgaben- und Kosten-, Leistungs- und Erfolgskennzahlenrechnung (vgl. Küpper/Zboril, 1997, S. 340 ff.).

Für die Gestaltung von Hochschulrechnungen erscheint das auf Schmalenbach (vgl. Schmalenbach, 1947 sowie 1919; vgl. auch Riebel, 1994, S. 149 ff.) zurückgehende Konzept einer Trennung zwischen Grund- (vgl. auch Albach/Fandel/Schüler, 1978, S. 153) und Auswertungsrechnung besonders wichtig. Mehr als in erwerbswirtschaftlichen Unternehmungen sollen sie unterschiedlichen Informationsempfängern, Rechnungszwecken und -zielen dienen. Daher ist die Existenz einer zweckneutralen Grundrechnung unabdingbar. Um die Auswertbarkeit in verschiedenartige Richtungen zu gewährleisten, muss eine Hochschulrechnung die Grunddaten enthalten, die im Hinblick auf bestimmte Zwecke noch nicht geschlüsselt (vgl. Albach, 2000, S. 220), aggregiert oder in anderer Weise verarbeitet sind. Auf dieser Basis können dann regelmäßig oder für sporadische Informationsbedarfe Auswertungsrechnungen durchgeführt werden.

Grund- und Auswertungsrechnungen

Die Ausgaben bzw. Kosten fallen für Einsatzgüter an, die in den organisatorischen Einheiten der Hochschule genutzt werden. Dementsprechend bietet sich wie im traditionellen Rechnungswesen die Durchführung einer periodischen Ar-

Ausgaben- und Kostenartenrechnung

Abb. 20-9

Systeme einer periodischen Hochschulerfolgsrechnung

Hochschul-
Erfolgsrechnung

Ausgaben- und Kostenrechnung
▸ Artenrechnung
  – laufende Artenrechnung
  – Investitions-Artenrechnung
▸ Mehrstufige Einzelkostenrechnung

Leistungsrechnung
▸ Studium und Lehre
▸ Forschung
▸ Service

Erfolgs- und Kennzahlenrechnung
▸ Studium und Lehre
▸ Forschung
▸ Service

ten- und Stellenrechnung an. In der Artenrechnung werden die Ausgaben zweckmäßigerweise in laufende Ausgaben oder Kosten für Verbrauchs- oder Umlaufgüter und Investitionsausgaben für Gebrauchs- oder Anlagegüter getrennt. Hält man sich streng an das Prinzip, auf Schlüsselungen und Bewertungen in der Grundrechnung zu verzichten, dann sind in ihr keine Abschreibungen für mehrperiodig genutzte Gebrauchsgüter enthalten. An deren Stelle treten in diesem Fall die in der betrachteten Periode anfallenden Investitionsausgaben; daran wird deutlich, dass es sich um eine Ausgabenartenrechnung handelt. Um einen zumindest näherungsweisen Überblick über die einer Periode zuzurechnenden Beträge zu erhalten, kann man diesem Prinzip weniger streng folgen und zusätzlich zu den Investitionsausgaben in einer Kostenartenrechnung die periodisierten Abschreibungen aufzeigen. Deren Bestimmung kann sich an einfachen Regeln und Verfahren orientieren (vgl. Küpper, 2000a, S. 360f.).

Einnahmen- und Erlös-
rechnung

    Die Zuweisungen des Staates bilden für die meisten deutschen Hochschulen die wichtigste Einnahmenquelle. Da ein Großteil der Mittel für Forschung und Lehre gemeinsam zugewiesen werden, lassen sich die Einnahmen nur teilweise in die Bereiche Studium und Lehre sowie Forschung trennen (vgl. Arbeitskreis Hochschulrechnungswesen 1999, S. 71 ff.; Küpper, 2002, S. 939). Bei Drittmitteln erscheint eine Differenzierung nach ihrer Herkunft von der DFG und ähnlichen Forschungsinstitutionen, von Bundes- und Landesministerien oder von privaten Einrichtungen zweckmäßig (siehe Wissenschaftsrat 2000, S. 57 ff.; vgl. auch Harnier, 2000). Zusätzlich kann eine Hochschule Markterlöse durch die Vermietung von Räumen, den Verkauf von Dienstleistungen u. a. erzielen. Weitere Einnahmenarten können sich im Hinblick auf (mögliche) Aktivitäten der Hochschule am Kapitalmarkt ergeben.

Im Rahmen der Stellenrechnung sind die Ausgaben und Kosten bei den orga- Stellenrechnung
nisatorischen Einheiten auszuweisen, denen sie unmittelbar zuzurechnen sind (vgl. Albach/Fandel/Schüler, 1978, S. 153). Hierfür bieten sich die zentralen sowie die dezentralen wissenschaftlichen und sonstigen Einrichtungen an. Entsprechend der Forderung nach eindeutiger Zurechenbarkeit sind hochschulinterne Leistungen in der Grundrechnung nach dem Einzelkostenverfahren (vgl. Schweitzer/Küpper, 2003, S. 133 f.) zu verrechnen. Aus diesem Grund sind insbesondere die Kosten für den Lehrexport sowie den Lehrimport zwischen den Fächern und Fakultäten erst in Auswertungsrechnungen zu verteilen (siehe beispielhaft Albach/Fandel/Schüler, 1978, S. 90 ff.). Die *Problematik der Gemeinkostenverteilung* ist darauf zurückzuführen, dass unterschiedliche organisatorische Einheiten Leistungen, beispielsweise der zentralen Verwaltung, gemeinsam nutzen, ihre jeweilige Beanspruchung die Höhe der Gemeinkosten aber nicht unmittelbar verändert. Will man willkürbehaftete Schlüsselungen vermeiden, bedarf es einer zweckentsprechenden Aggregation der Ausgaben- und Kostendaten. Damit gelangt man zu mehrstufigen Einzelausgaben- bzw. Einzelkostenrechnungen, wie sie als Deckungsbeitragsrechnungen in erwerbswirtschaftlichen Unternehmungen große Verbreitung gefunden haben. Da die Höhe der Einnahmen nur in begrenztem Umfang von den Aktivitäten der einzelnen Einheit abhängig ist und die Differenz zwischen Einnahmen und Ausgaben lediglich einen periodischen Ausgaberest angibt, wäre ein Ausbau zu einer Deckungsbeitragsrechnung eher irreführend. Als Aggregationsstufen für die mehrstufige Einzelausgaben- bzw. -kostenrechnung bieten sich die Professuren, Fächer, Departments oder Institute, Fakultäten bzw. zentralen Verwaltungseinheiten und die gesamte Hochschule an.

Da (und solange) Hochschulen vielfältige Leistungen erbringen, die nicht über Leistungsrechnung
einen Markt monetär bewertet werden, muss ihre Leistungsrechnung unterschiedliche Leistungsarten erfassen (vgl. Arbeitskreis Hochschulrechnungswesen 1999, S. 39 ff.; Fandel, 1998, S. 245 f.; Albers, 1999, S. 585 ff.). Als Rechnungsgrößen zu ihrer Kennzeichnung erscheinen daher vor allem die in Abbildung 20-10 angegebenen Größen geeignet. Diese Leistungsdaten sind (zumindest) für die Bezugsgrößen Studiengang, Professur und Fakultät zu ermitteln. Studierende sind u. a. nach Fach- und Hochschulsemester, In- und Ausländern sowie an ausländischen Hochschulen tätigen eigenen Studierenden zu differenzieren.

Wie im erwerbswirtschaftlichen Bereich liefert die Gegenüberstellung von Kennzahlen als Erfolgs-
indikatoren
Output- oder Leistungsgrößen und Einsatz- oder Ausgaben- bzw. Kostendaten die Grundlage für eine Beurteilung der Effizienz sowie des Erfolgs der betrachteten Institution. Die Ermittlung von Kennzahlen als Erfolgsindikatoren erfordert i. d. R. eine Zuordnung bestimmter Leistungs- und Inputgrößen. Da die Hochschulen vielfältige Leistungen erbringen und über die wichtigsten Kennzahlen zumindest bisher keine *einheitliche* Auffassung besteht, ist der Katalog an Kennzahlen eher breit anzulegen. Beispielhaft sind in Abbildung 20-11 mengenmäßige Indikatoren für die Bereiche Studium und Lehre, Forschung, Förde-

Abb. 20-10

Rechnungsgrößen der Leistungsrechnung

Studium und Lehre	Forschung	Service
Studierende ▸ Studienplätze ▸ Studienanfänger ▸ Studierende im Grundstudium ▸ Studierende im Hauptstudium – in der Regelstudienzeit ▸ Studienabbrecher ▸ Studienfachwechsler ▸ Studienortwechsler	**Förderung von wiss. Nachwuchs** ▸ Postgraduales Studium ▸ Veranstaltungen ▸ Veranstaltungsstunden ▸ Studienplätze ▸ Promotionen ▸ Habilitanden ▸ Habilitationen	**Bibliotheken** ▸ Zugänge ▸ Bestände ▸ Ortsleihen ▸ Fernleihen ▸ Benutzer
Lehre ▸ Lehrveranstaltungen ▸ Veranstaltungsstunden	**Nutzung wiss. Ergebnisse** ▸ Wiss. Publikationen ▸ Zitation wiss. Publikationen ▸ Patente, Urheberrechte u. a.	**Betriebsdienste** ▸ Räume ▸ Flächen
Prüfungen ▸ Prüfungen im Grundstudium ▸ Prüfungsfälle im Hauptstudium ▸ Prüfungen im Hauptstudium ▸ Bachelor- und Masterarbeiten	**Drittmittel von** ▸ Öffentlichen Institutionen ▸ Stiftungsinstitutionen ▸ Industrie ▸ Privaten u. a.	**Personalverwaltung** ▸ Betreute Personen ▸ Einstellungen ▸ Arbeitsgerichtsprozesse ▸ …
Absolventen	**Forschungskooperationen**	**Studentenverwaltung**
	Herausgeber- und Gutachtertätigkeiten	**Prüfungsverwaltung**
	Wiss. Auszeichnungen und Rufe	**Finanzverwaltung**
		Liegenschaften

rung des wissenschaftlichen Nachwuchses sowie Service aufgeführt (vgl. auch Fandel, 1998, S. 245 f.).

Erfolgsübersichten

Die Informationsadressaten einer derartigen Hochschulerfolgsrechnung haben ein Interesse daran, die für sie wichtigen Daten in geeigneter Berichtsform zu erhalten. Daher sollte die Vielzahl an Daten in Erfolgsübersichten münden, welche den jeweiligen Organisationseinheiten in der Hochschule – von den Professuren über die Fakultäten bis zur Hochschulleitung – zur Verfügung gestellt werden. Ihr Aufbau ähnelt dem Betriebsabrechnungs- oder Kostensammelbogen (vgl. Schweitzer/Küpper, 2011, S. 134 ff. und 546 ff.) traditioneller Kostenrechnungen, indem die Spalten nach organisatorischen Einheiten gegliedert sind. In den Zeilen geht er aber insbesondere durch die Einbeziehung von Leistungsgrößen sowie Erfolgsindikatoren darüber hinaus.

Universitäre Erfolgsrechnung

Für die Ebene der Hochschulleitung hat der Arbeitskreis Hochschulrechnungswesen der deutschen Universitätskanzler (Arbeitskreis Hochschulrechnungswesen 1999, S. 45) den in Abbildung 20-12 vereinfacht wiedergegebenen Vorschlag einer universitären Erfolgsrechnung erarbeitet. In ihm werden die auf Leistungsgrößen basierenden Erfolgsindikatoren von den Zahlungsgrößen getrennt. Die Zeilen beziehen sich auf Erfolgsindikatoren der Lehre, der Förderung des wissenschaftlichen Nachwuchses und der Forschung. Diesen »*nichtmonetären Erfolgsgrößen*« werden die Einnahmen als verfügbare Budgetsumme und die Einzelkosten sowie die Gemeinkosten als Komponenten eines »*monetären*

Abb. 20-11

Beispiele für Erfolgsindikatoren der verschiedenen Leistungsbereiche

Studium und Lehre	Forschung	Förderung des wissen-schaftlichen Nachwuchses	Service
Bewerber je Studienplatz ▸ bzw. je Student im 1. FS	Publikationen je Professor ▸ Monographien ▸ referierte Zeitschriften ▸ Beiträge und sonstige Zeitschriften	Postgraduale Studierende je Professor	**Bibliothek:**
Studierende je Professor		Postgraduale Stud./Absol-venten	Zugang an Bänden je Perso-nalstelle in Bibliothek (PS)
Studierende je wiss. Personal ▸ im 1. Fachsemester ▸ in Regelstudienzeit		Promotionen je Professor	Ortsleihen je PS
	Publikationen je wiss. Pers. ▸ Monographien ▸ referierte Zeitschriften ▸ Beiträge und sonstige Zeitschriften	⌀ Promotionsdauer	Fernleihen je PS
Prüfungsfälle je Professor		⌀ Alter der Promovenden	Lesesaalbenutzer je PS
Prüfungsfälle je wiss. Personal		Habilitationen je Professor	
Absolventenquote (bezogen auf Studienanfänger)	Drittmittel je Professor	⌀ Habilitationsdauer	
Absolventen je Professor	Drittmittel je wiss. Personal	⌀ Alter der Habilitanden ⌀ Verbleibezeit nach Habilitation	
Absolventen je wiss. Personal	Drittmittel zu Gesamtbudget		
⌀ Fachstudiendauer je Studiengang	Wiss. Auszeichnungen je wiss. Personal		
⌀ Alter der Absolventen	Patente je wiss. Personal		
Absolventenqualität (Anteil der Absolventen mit adäqua-ter Beschäftigung nach best. Zeitraum)			
Anteil ausländischer Studenten			
Gesamtzahl der Studenten			

Erfolgs« gegenübergestellt. In den Spalten werden diese Daten für die dezen-tralen und die zentralen Einheiten ausgewiesen. Mit einem solchen Konzept er-hält man eine Übersicht über die wichtigsten Daten, die für eine Analyse des Erfolgs von Hochschulen herangezogen werden können. Ihre konkrete Nutzung hängt vom jeweiligen Rechnungszweck ab und ist in Auswertungsrechnungen vorzunehmen.

Als operative Systeme erstrecken sich diese Rechnungen im Allgemeinen auf ein Jahr für einen abgelaufenen Zeitraum sowie im Fall eines Ausbaus zu einer Planungs- und Kontrollrechnung auf die bevorstehende kurzfristige Periode. Daneben müssen längerfristig ausgerichtete Rechnungen treten. Ein Schwer-punkt hat dabei auf der Investitionsplanung zu liegen, da ein wesentlicher Teil der Entscheidungen in Hochschulen mittel- bis langfristigen Charakter besitzt. Entscheidungen über die Einführung von Studiengängen, die Festlegung und Aufnahme von Studierenden, die Einrichtung, Ausstattung und Besetzung von Professuren u. Ä. sind in ihren Auswirkungen auf die Auszahlungen zu prognos-tizieren. Wegen des Fehlens eines rein ökonomischen Erfolgsziels können für

Bedeutung der Investitionsplanung

Abb. 20-12

Grundstruktur einer universitären Erfolgsrechnung

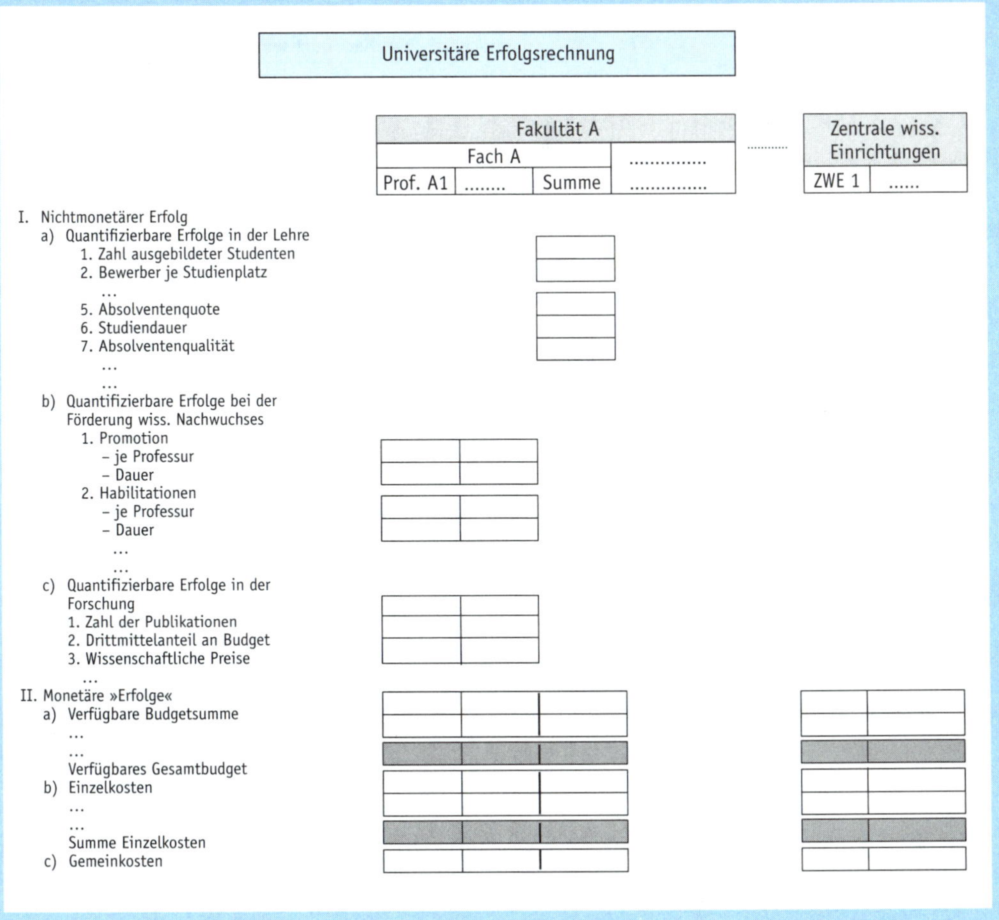

	Universitäre Erfolgsrechnung	

	Fakultät A		....	Zentrale wiss. Einrichtungen
	Fach A		....	
	Prof. A1	....	Summe	....	ZWE 1	......

I. Nichtmonetärer Erfolg
  a) Quantifizierbare Erfolge in der Lehre
      1. Zahl ausgebildeter Studenten
      2. Bewerber je Studienplatz
      ...
      5. Absolventenquote
      6. Studiendauer
      7. Absolventenqualität
      ...
      ...
  b) Quantifizierbare Erfolge bei der Förderung wiss. Nachwuchses
      1. Promotion
        – je Professur
        – Dauer
      2. Habilitationen
        – je Professur
        – Dauer
      ...
  c) Quantifizierbare Erfolge in der Forschung
      1. Zahl der Publikationen
      2. Drittmittelanteil an Budget
      3. Wissenschaftliche Preise
      ...
II. Monetäre »Erfolge«
  a) Verfügbare Budgetsumme
      ...
      ...
    Verfügbares Gesamtbudget
  b) Einzelkosten
      ...
    Summe Einzelkosten
  c) Gemeinkosten

sie keine Investitionsrechnungen im üblichen Sinne durchgeführt werden. Dem für sie erforderlichen Input können jedoch wie in der kurzfristigen Rechnung die mit ihnen angestrebten nichtmonetären Leistungen gegenübergestellt werden, die zumindest teilweise in quantitativen Größen ausdrückbar sind. Aus der Verknüpfung von Input- und Outputgrößen kann man auch in dieser Planungsebene zu Erfolgsindikatoren gelangen, anhand derer sich die jeweiligen Vorhaben analysieren und bewerten lassen.

Hochschulen wird als Forschungs- und Lehreinrichtungen eine große Bedeutung für die künftige Entwicklung eines Landes beigemessen. Ihre grundlegenden Entscheidungen in Forschung und Lehre können daher eine über sie hi-

Erfolgspotenzial-
rechnungen

nausreichende *strategische* Bedeutung besitzen. Um diese fundiert zu treffen, sollte man beispielsweise das (Erfolgs-)Potenzial einzelner Institute, Fakultäten, Forschungsverbünde, Serviceeinheiten oder anderer Einrichtungen kennen. Dies spricht dafür, dass es notwendig ist, Systeme zu entwickeln, mit denen sich ihre Erfolgspotenziale erfassen und prognostizieren lassen. Für die Entwicklung derartiger Erfolgspotenzialrechnungen kann man Konzepte zur Erfassung des Intellectual Capital heranziehen (vgl. z.B. Edvinsson/Malone, 1997; Roos et al., 1997; Wiig, 1997). Es muss sich zeigen, inwieweit sich auch Komponenten kapitaltheoretischer Konzepte (vgl. Breid, 1994) sowie der Humanvermögensrechnung (vgl. Aschoff, 1978; Streim, 1981; Streim, 1993) nutzen und für Hochschulen zweckentsprechend anpassen lassen.

20.2.2 Anreizwirksame Gestaltung der Steuerungssysteme von Hochschulen

20.2.2.1 Bedeutung der Anreizorientierung von Controllingsystemen in Hochschulen

Auch die Führungssysteme von Hochschulen sind so zu gestalten, dass sie das Verhalten der in ihnen tätigen Personen auf die verfolgten Ziele hin ausrichten. Für Hochschulen sind dabei primär drei unterschiedliche Personengruppen relevant, die Forschungs- und Lehrpersonen, die Studierenden und die Verwaltungsmitarbeiter.

Determinanten des Anreizsystems

Anreizsysteme sind nur verhaltenswirksam, wenn sie an den Motiven der betreffenden Personen ansetzen. Deshalb sind für eine Hochschule die verschiedenartigen Motivstrukturen der in ihr tätigen Gruppen wichtig. Beispielsweise kann man davon ausgehen, dass zwischen den Studierenden sowie Wissenschaftlern einerseits und dem Verwaltungspersonal andererseits deutliche Unterschiede bestehen. Ferner gibt es Differenzen zwischen den auf Sicht und den für eine begrenzte Zeit angestellten Wissenschaftlern sowie zwischen den Angehörigen verschiedener Fächer, z.B. zwischen Natur-, Geistes-, Sozial- und Wirtschaftswissenschaftlern. Konkrete Hinweise auf die Motive der in einer Fakultät studierenden und lehrenden Personen könnten unmittelbar über entsprechende Befragungen im Rahmen des Fakultätsinformationssystems gewonnen werden.

Allgemeine Informationen über die Motivstruktur der Studierenden und wichtige Unterschiede zwischen den Fächern sind aus einer Vielzahl von Erhebungen bekannt (vgl. z.B. Kiener/Christen, 1992; Schindler, 1993). Bedeutsam erscheint immer mehr, dass für einen nicht geringen Teil der Studierenden der Tätigkeit neben dem Studium kein geringes bzw. (bei ca. einem Drittel) das primäre Gewicht zukommt (vgl. Berning/Schindler/Kunkel, 1996). In der Motivstruktur von Hochschullehrern sind ihre Freiheit und Autonomie, der intellektuelle Austausch, die Lehre und der Kontakt mit den Studierenden, die Leistungsmotivation in Bezug auf Forschung und Lehre sowie der Wunsch nach Anerkennung für ihre Zufriedenheit bestimmend (vgl. McKeachie, 1979, zitiert in Weber, 1996, S. 169). Für befristet tätige wissenschaftliche Mitarbeiter dürf-

Motivstruktur von Studierenden und Hochschullehrern

ten die Art der Forschungs- und Lehrtätigkeit, der soziale Kontakt und die soziale Anerkennung sowie die Möglichkeit zu eigener wissenschaftlicher Arbeit im Rahmen einer Promotion wichtige Antriebe sein.

Monetäre Anreize

Diesen Motivstrukturen müssen Anreizsysteme Rechnung tragen. Die monetären Anreize beziehen sich auf die Entlohnung, die in staatlichen Institutionen bislang kaum unmittelbar leistungsabhängige Komponenten umfasst. Abgesehen von der Einordnung und ggf. Veränderung der Besoldungsstufe gibt es bei den mit Vollzeitverträgen Beschäftigten begrenzte Möglichkeiten einer leistungsbezogenen Zusatzentlohnung. Für die Professoren besteht ein Leistungsanreiz insbesondere in der Möglichkeit, über Rufe im Rahmen der gesetzlichen Grenzen in höhere Besoldungsklassen zu gelangen. Hierdurch kann das Gehalt um mehr als 50 % erhöht werden. Daneben haben sie finanzielle Einkunftsmöglichkeiten über Honorare für Bücher, Aufsätze, Vorträge, Gutachten sowie andere Arten von Nebentätigkeiten.

Nichtmonetäre Anreize

Ein Spezifikum von Hochschulen liegt darin, dass nichtmonetären Anreizen großes Gewicht zukommt. Sie spielen bei Studierenden die maßgebliche und bei Wissenschaftlern eine zumindest sehr wichtige Rolle. In diesem Bereich gibt es eine Vielzahl von Anreizen. *Für Hochschullehrer* sind es vor allem die weitgehende Eigenständigkeit in der Gestaltung ihrer Tätigkeit, die Möglichkeit der Erkenntnisgewinnung und der Selbstverwirklichung, Einflussmöglichkeiten in Hochschule und Gesellschaft sowie Auszeichnungen und soziale Anerkennung (vgl. Weber, 1996, S. 170 ff.). Ein zentraler Anreiz ihrer Tätigkeit liegt in der verfassungsmäßig verankerten Freiheit von Forschung und Lehre. Durch sie haben Hochschullehrer in Bezug auf die Strukturierung ihrer Arbeit einen großen Freiheitsraum, der hinsichtlich ihrer Lehrtätigkeit durch Studien- und Prüfungsordnungen in begrenztem Umfang und hinsichtlich ihrer Forschungstätigkeit praktisch nicht eingeschränkt wird. Ihr Einfluss erstreckt sich unmittelbar auf die eigene Professur und ihr Institut. In diesen Einheiten steigen die Gestaltungsmöglichkeiten mit der Personal-, Sach- und Finanzmittelausstattung, die sich vor allem über Berufungsverhandlungen und die Einwerbung von Drittmitteln erhöhen lässt. Ferner können Hochschullehrer Einfluss auf die Prozesse in ihrer Fakultät und Hochschule nehmen sowie über entsprechende Positionen und Aufträge auf Wissenschaft, Wirtschaft und Gesellschaft einwirken. Hierdurch kann auch die eigene Karriere gefördert werden. Vielfach sind Hochschullehrer in Bezug auf die Forschung so intrinsisch motiviert, dass ihnen die Gewinnung neuer Erkenntnisse und deren Dokumentation in Aufsätzen, Büchern u. Ä. wichtig ist, um hierdurch Anerkennung in der Wissenschaft und ggf. darüber hinaus zu erhalten. Diese verschiedenen nichtmonetären Anreize können dazu dienen, die über die physiologischen Grundbedürfnisse hinausgehenden Bedürfnisse nach Sicherheit, sozialem Kontakt, Achtung und Selbstverwirklichung (vgl. Maslow, 1954, S. 80 ff.; Maslow, 1970b, S. 143 ff.) in hohem Maße zu befriedigen.

Bei *wissenschaftlichen Mitarbeitern* können diese Anreize auch wirksam werden. Dazu erhält bei ihnen der Einfluss auf die Karriere ein hohes Gewicht, die primär über Promotion, wissenschaftliche Veröffentlichungen und Habilitation gefördert wird.

20.2.2.2 Ansatzpunkte für anreizorientierte Steuerungssysteme in Hochschulen

Anreizsysteme bieten im öffentlichen Bereich die Möglichkeit, den Grad an Steuerung über Vorschriften und Kontrollen, also an bürokratischen Regelungsmechanismen, abzubauen. Sie helfen dazu, Motivation freizusetzen und zu Systemen zu gelangen, die einen hohen Grad an Selbststeuerung aufweisen. Dies erscheint für die Leistungsfähigkeit von Hochschulen von zentraler Bedeutung, weil der Freiheitsraum ihrer Handlungsträger groß ist.

Bedeutung von Anreizsystemen in Hochschulen

Wichtige Ansatzpunkte für die Nutzung von Anreizsystemen liegen in Hochschulen vor allem in den Verhaltenswirkungen von Transparenz (vgl. Hofmann, 2007b, Hofmann, 2008), der Attraktivität von Forschungsprojekten und der Schaffung anreizorientierter Belohnungssysteme. In der theoretischen Forschung zum Controlling sind die Verhaltenswirkungen von entscheidungsrelevanten Vorgabe- und Kontrollinformationen eingehend herausgearbeitet worden (vgl. Abschnitt 7.3.2). Je nach Gestaltung des Anreizsystems kommt es zur Unterdrückung, Manipulation oder Hervorhebung von Informationen und wirken sich Informationen in der beabsichtigten oder in dysfunktionaler Weise auf das Verhalten aus (vgl. Abschnitt 5.3.2.4).

Ansatzpunkte für Anreizsysteme

Ein wichtiges Problem ist gegenwärtig (noch) darin zu sehen, dass die Kenntnisse der Hochschulen und Fakultäten über die sich in ihnen vollziehenden Prozesse der Forschung und Lehre meist eingeschränkt sind. Die Schaffung von Transparenz dürfte daher nicht geringe Verhaltenswirkungen auslösen. Sie bildet die Basis, um Vergleiche vorzunehmen, wie sie trotz sachlicher Unterschiede stets möglich sind. Informationen sind eine wesentliche Grundlage dafür, dass Wettbewerb entstehen kann. Eine Transparenz über die Struktur, Dauer und Ergebnisse von Lehr- und Forschungsprozessen wird nicht ohne Wirkungen bleiben, weil sie ein wenigstens approximatives Urteil über die Qualität der Prozesse ermöglicht. Dabei liegt eine nicht unwesentliche Aufgabe des Controlling darin, über die Gestaltung von Informations- und Berichtssystemen innerhalb von Fakultäten, Hochschulen sowie zwischen diesen die Vergleichbarkeit zu fördern.

Verhaltenswirkungen von Transparenz

Ein leistungsfähiges Instrument zur Nutzung von Anreizwirkungen in Hochschulen stellen Forschungsprojekte dar. In ihnen werden i. d. R. junge Wissenschaftler eingestellt, deren individuelle Forschungstätigkeit z. B. im Hinblick auf eine Promotion oder Habilitation mit dem Gegenstand des Forschungsprojekts eng verknüpft wird. Durch die Verbindung der individuellen Anreize für den Mitarbeiter mit dem Forschungsziel lässt sich eine hohe Motivation erzeugen. Die zeitliche Begrenzung stärkt die Leistungsbereitschaft, weil die Einsatzdauer und ihr Zweck für den Mitarbeiter abzusehen sind. Die Anreizwirkung nimmt ab, wenn die Synergie zwischen individuellem und Projektziel vermindert und die Beschränkung der Projektdauer aufgehoben werden.

Daneben gibt es in Hochschulen eine Reihe von Ansatzpunkten für die Gewährung von Anreizen insbesondere an Wissenschaftler, die bislang eher wenig und zu wenig systematisch genutzt werden. Die Möglichkeiten einer leistungsorientierten Entlohnung sind im Rahmen des öffentlichen Besoldungssystems

Grenzen leistungsorientierter Entlohnung

eingeschränkt. Sie liegen beispielsweise in der Gewährung von Zulagen, Honoraren aus Projekten u. Ä. Ferner gibt es Formen der Gewinnbeteiligung an Instituten, welche über Projekte, Seminare u. Ä. finanzielle Überschüsse erzielen.

Ressourcenverteilung
als Leistungsanreiz

Ein Schwerpunkt zur Verstärkung von Leistungsanreizen stellt die Verteilung von Ressourcen dar. Oft erfolgt die Zuweisung von Stellen, Räumen, Investitions- und laufenden Mitteln an den meisten Hochschulen nach relativ festen Schlüsseln, die am ehesten bei Berufungsverhandlungen beeinflussbar sind. Da die Hochschulen in diesem Feld einen größeren Spielraum als bei der Besoldung besitzen und aufgrund der dynamischen Umwelt eine höhere Flexibilität zweckmäßig erscheint, bietet sich dieses Instrument für die Schaffung zusätzlicher Anreize besonders an. Neben dem in Berufungen zum Ausdruck kommenden Leistungsaspekt können damit weitere Leistungsmerkmale in Forschung, Lehre und Service treten. Dafür geeignete Konzepte einzusetzen, die auf die Aufgaben einer Hochschule ausgerichtet und mit ihrer Planung, ihrer Organisation und ihren Informationssystemen abgestimmt sind, gehört zu den dringlichen Aufgaben für ein Hochschul-Controlling. Mit ihm kann die Brücke zu anreizorientierten Budgetierungs- sowie Zielvereinbarungssystemen geschlagen werden.

20.3 Übergreifende Controllingsysteme für Hochschulen

Neben den Basisaufgaben der Einrichtung führungsorientierter Informations- und Anreizsysteme bildet die Analyse und Gestaltung übergreifender Controllingsysteme eine zentrale Aufgabe des Hochschul-Controlling. Ihre Kennzeichnung macht deutlich, dass in Hochschulen zunehmend wichtige Komponenten übergreifender Koordinationssysteme genutzt werden.

20.3.1 Systematik und Einordnung übergreifender Controllingsysteme

Die in Teil III (Kapitel 9 bis 14) gekennzeichneten Systeme der Koordination lassen sich auch in Hochschulen finden bzw. auf diese übertragen, wie Abbildung 20-13 veranschaulicht.

Fortschreibungs-
budgetierung

Lange herrschten in Hochschulen zentralistisch-bürokratische Führungssysteme vor, die mit einfachen Formen der Budgetierung verbunden sind. In wichtigen Entscheidungen der Einrichtung und Gestaltung von Studiengängen, der Personalausstattung und -besetzung sowie der Ressourcenausstattung hatten die zentralen Gremien der Hochschule und das zuständige Ministerium maßgebliche Entscheidungskompetenz. Über die Festlegung der personellen, sachlichen und finanziellen Rahmenbedingungen legten sie einen Handlungsspielraum fest, innerhalb dessen die Fakultäten, Institute und Professuren eine hohe Selbständigkeit besitzen, die der übergeordneten Kontrolle unterliegt.

Abb. 20-13

Wichtige Merkmale übergreifender Koordinationssysteme im Hochschulbereich

	Zentralistisch-bürokratische Systeme	Budgetierung		Zielsysteme		Marktelemente
		Inputorientiert	Outputorientiert	Kennzahlen	Zielvereinbarungen	

Organisation	▸ Hierarchisch	▸ Hierarchisch	▸ Zentrale Budgetfestlegung
			▸ Dezentrale Budgetverteilung
					▸ Partizipation	▸ Auswahl der
						  – Studierenden
						  – Mitarbeiter
						▸ Zielabhängige Mittelzuteilung
						▸ Erfolgsbeteiligung

Planung	▸ Strukturpläne ▸ Zentrale Haushaltspläne ▸ Top-down-Planung	▸ Strukturpläne ▸ Zentrale Haushaltspläne ▸ Fortschreibungspläne	▸ Zentrale Strukturpläne ▸ Dezentrale, leistungsbezogene Planung im Gegenstromverfahren	▸ Zentrale Strukturpläne ▸ Kennzahlenbezogene Ausgaben- und Leistungsplanung	▸ Zentrale Strukturpläne ▸ Ziel- und Leistungsplanung im Gegenstromverfahren	▸ Weitgehende Dezentralisation auf Hochschulen und Fakultäten

Kontrolle	▸ Revision durch Rechnungshof	▸ Budgeteinhaltung
		▸ Revision durch Rechnungshof
			▸ Budgeteinhaltung
			▸ Leistungserfüllung
			▸ Revision durch Rechnungshof
				▸ Leistungserfüllung
				▸ Abweichungsanalyse
				▸ Revision durch Rechnungshof
					▸ Erfüllung der Ziel- und Leistungsvereinbarung
					▸ Abweichungsanalysen
					▸ Revision durch Rechnungshof
						▸ Attraktivität:
						  – Studienbewerber
						  – Drittmittelprojekte

Anreizsysteme	▸ Berufungen ▸ Drittmittelprojekte	▸ Berufungen ▸ Drittmittelprojekte	▸ Berufungen ▸ Drittmittelprojekte ▸ Leistungsbezogene Mittelverteilung ▸ Prämien	▸ Berufungen ▸ Drittmittelprojekt ▸ Leistungsbezogene Mittelverteilung	▸ Berufungen ▸ Drittmittelprojekte ▸ Zielabhängige Mittelzuteilung ▸ Erfolgsbeteiligung	▸ Berufungen ▸ Drittmittelprojekte ▸ Mittelverteilung ▸ Finanzierung über Stiftungen
Informationssystem	▸ Kameralistisches Haushaltswesen	▸ Kameralistisches Haushaltswesen	▸ Hochschulfinanz-, -kosten und -leistungsrechnung	▸ Lehrbelastung ▸ Betreuungsrelationen ▸ Forschungsleistungen ▸ Ressourcen	▸ Hochschulfinanz-, -kosten und -leistungsrechnung ▸ Kennzahlen aus Berichtssystemen	▸ Hochschulvergleiche ▸ Evaluationen

Die Zuteilung von laufenden Finanzmitteln vollzog sich im Rahmen einer Fortschreibungsbudgetierung. Sie richtete sich nach den vergangenen Haushaltsansätzen und nicht nach geplanten Aktivitäten und Programmen, war also inputorientiert. Lediglich für Einmalmittel waren die geplanten Vorhaben maßgebend.

Gewichtige Nachteile einer derartigen Koordination liegen in der Verschleierung von Ineffizienzen, ihrer Starrheit und dem Fehlen von Anreizen. Diese Mängel sprachen dafür, auch in Hochschulen auf andere Controllingsysteme überzugehen oder sie zumindest in Teilbereichen zu verwenden. Budgetierungssysteme nutzen die Schaffung von Freiräumen mit dem höheren Informationsgrad und der Motivation dezentraler Einheiten. Um zu einer effizienten und anreizorientierten Bestimmung der Budgets zu gelangen, sind auch viele Hoch-

Outputbezogene
Budgetierungstechniken

schulen von der Fortschreibungsbudgetierung zumindest teilweise auf ouputbezogene Budgetierungstechniken übergegangen. Die Budgets kann man anhand der geplanten Aktivitäten, Projekte sowie Programme zuteilen, die im Budgetierungsprozess in ihren wichtigsten Input- und Leistungs-Merkmalen analysiert, verglichen und beurteilt werden. Eine inputorientierte Analyse der Bereiche beispielsweise mit Verfahren der Gemeinkosten-Wertanalyse kann dabei eine Vorstufe auf dem Weg zu einer outputbezogenen Budgetierung bilden.

Zielvereinbarung

Die Vorgabe oder Vereinbarung von Zielen und die Messung an der Zielerreichung liefern einen weiteren Ansatzpunkt zur Koordination verschiedener Organisationseinheiten und wurden daher als leistungsfähiges Koordinations- und Steuerungsinstrument für Hochschulen zunehmend eingeführt. Da in Forschung, Lehre und Service verschiedenartige Leistungsziele maßgebend sind, lassen sich ihre Einheiten nicht über ökonomische Bereichserfolgsgrößen (vgl. hierzu Abschnitt 12.3.2; Laux/Liermann, 1993, S. 373 ff.; Schweitzer/Küpper, 2011 ff.) steuern. In ihnen stehen die vertikale Koordination durch Zielvorgabe bzw. Zielvereinbarung zwischen Ministerium, Hochschulleitung, Fakultäten, Instituten und Professuren sowie die horizontale Zielvereinbarung zwischen gleichberechtigten Einheiten auf den verschiedenen Ebenen (z. B. Fakultäten auf Ebene der Hochschulleitung, Instituten oder Professuren innerhalb einer Fakultät) im Vordergrund.

Kennzahlensysteme

Die vorzugebenden bzw. zu vereinbarenden Ziele können sich in Hochschulen auf vielfältige Merkmale ihrer Forschungs-, Lehr- und Serviceprozesse beziehen. Um geeignete Zielgrößen auszuwählen und deren Ausprägung zu messen, erweist sich daher die Einrichtung eines Kennzahlensystems als zweckmäßig. Es dient zur Durchleuchtung der Hochschulprozesse und bietet eine Basis für die Festlegung der Zielgrößen. Durch die Auswahl bestimmter Kennzahlen als Zielen werden diese zu Steuerungsgrößen. Insofern sind Kennzahlen- und Zielsysteme eng miteinander verbunden. Da Kennzahlen als verdichtete, informative Größen vom Informationssystem zu messen und Ziele in der Planung festzulegen sind, wird hieran die Notwendigkeit der Abstimmung zwischen ihnen erkennbar. Für die Entwicklung von Kennzahlensystemen stehen die in Abschnitt 12.2 beschriebenen deduktiven und induktiven Verfahren (vgl. ferner Dellmann/Pedell, 1994, S. 116 ff.) zur Verfügung, die sich auch kombiniert einsetzen lassen. An der Zielerreichung lässt sich im Nachhinein feststellen, wie erfolgreich die jeweilige Einheit ihre Prozesse durchgeführt hat. Daher bietet es sich an, in diesem System die (Ergebnis-)Kontrolle an den vorgegebenen bzw. vereinbarten Zielen anzusetzen. Zugleich besteht die Möglichkeit, Anreize in Form von Belohnungen oder künftigen Zielvorgaben mit dem Grad der Zieleinhaltung zu verknüpfen und auf diese Weise eine Abstimmung zur Personalführung herbeizuführen.

Verrechnungs- und Lenkungspreissysteme

Wegen der Vielfalt und Verschiedenartigkeit der in Hochschulen erbrachten Leistungen kann man ihren »Erfolg« nicht durch *eine* Größe messen. Dies spricht dafür, dass Verrechnungs- und Lenkungspreissysteme in ihnen eine geringere Bedeutung als in Wirtschaftsunternehmen erlangen können. Eine Bewertung beispielsweise des Lehrimports und -exports zwischen Fakultäten in

Geldgrößen würde schwierige Zurechnungsprobleme aufwerfen. Zudem fehlt es an Märkten, auf denen solche Lehrleistungen in Preisen gehandelt werden, wie sie für viele innerbetriebliche Güter von Wirtschaftsunternehmen existieren. Deshalb dürften derartige Koordinationssysteme höchstens für zentral beschaffte und bereitgestellte Güter wie Material, EDV-Leistungen oder ggf. Dienstleistungen im Personalbereich nutzbar sein (vgl. z. B. Wunderer/Schlagenhaufer, 1994).

Die Controllingsysteme nähern sich dennoch einer Steuerung über Märkte an. Auch wenn eine innerbetriebliche Lenkung über Preise in Hochschulen weitgehend ausscheidet, erscheint es möglich, bei einzelnen Entscheidungen den Handlungsspielraum so auszuweiten, dass sich ein Wettbewerb und damit ein Markt zwischen den dezentralen Einheiten derselben und verschiedener Hochschulen entwickelt. Gegenwärtig ist dies am deutlichsten bei der Einwerbung von Drittmitteln realisiert, die von den Hochschulen unterstützt, aber nicht geplant und kontrolliert wird. In diese Richtung geht auch eine freie Auswahl der Studierenden, sie ist zudem im Hinblick auf die Mitarbeiter und Professoren durch die Hochschulen oder die Fakultäten gegeben. Damit öffnet sich das Controllingsystem an diesen Stellen im Hinblick auf eine hochschulübergreifende Marktkoordination (vgl. Abbildung 20-13)

Wettbewerb

20.3.2 Gestaltungsparameter und Ebenen für die Einführung von Controllingsystemen in Hochschulen

Die Skizzierung dieser Typen von Koordinationssystemen lässt das Spektrum erkennen, in dem sich das Controlling von Hochschulen bewegen kann. Jedes dieser Systeme ist in Bezug auf seine Organisations-, Planungs-, Kontroll-, Personalführungs- sowie Informationssystemkomponenten näher zu analysieren. Durch deren unterschiedliche Gestaltung gelangt man zu vielfältigen Ausprägungen der Controllingsysteme, die sich zudem miteinander kombinieren lassen. Für die Nutzung der Vorteile einer Dezentralisierung von Kompetenzen, der Motivation über Anreizsysteme, der Verminderung von Kontrollaufwand und der Schaffung von Wettbewerb innerhalb und zwischen Hochschulen gibt es ein breites Controllinginstrumentarium.

Vielfalt der Gestaltungsmöglichkeiten

Die Einführung von Controllingsystemen steht in engem Bezug zu allen Führungsteilsystemen einer Hochschule. Ihre Grundlage muss der Ausbau des Informationssystems sein. Wegen der dort zu beobachtenden Defizite bildet dieser die wichtigste Voraussetzung für ein effizientes Controlling. Er muss inhaltlich in drei Richtungen gehen, die Erfassung der Finanzmittelverwendung, des sonstigen Ressourceneinsatzes und der Leistungserbringung.

Ausbau des Informationssystems

Viele Hochschulen verfügen (noch) über ein kameralistisches Rechnungswesen. Dieses ist jedoch nicht so strukturiert, dass es ausreichend Transparenz über die Mittelverwendung und Informationen für die Entscheidungsfindung in den Hochschulen liefert. Seine Gliederung ist zu wenig auf die unterschiedlichen Geschäftsprozesse für Forschung, Lehre und Service, die Handlungsebenen

Ausbau des Rechnungswesens

von der Hochschulleitung bis zu den Professuren und deren wichtigsten Entscheidungstatbeständen gerichtet. Deshalb sollte das Rechnungswesen von Hochschulen Strukturmerkmale betrieblicher Kostenrechnungssysteme aufnehmen, ohne dass ein vollständiger Ausbau zu einer sich von den Zahlungen lösenden Kosten- und Erlösrechnung zweckmäßig erscheint.

Vielfältige Ressourcen- und Leistungserfassung

Da Hochschulen nicht auf eine Gewinngröße ausgerichtet sind, muss daneben ein Rechnungssystem treten, das die Verteilung und den Einsatz der wichtigsten anderen Ressourcen in Mengen- und Zeitgrößen erfasst (siehe Abschnitt 20.2.1.3). Dieses betrifft in erster Linie die längerfristig genutzten Potenzialgüter, d. h. den Einsatz von Personal, Räumen, Bibliotheken, Rechenzentren und entsprechenden Einrichtungen. Schließlich benötigt man Informationen über die Leistungen in Forschung, Lehre und Service. Wegen der Verschiedenartigkeit und Vielfalt der Leistungen muss dieses Informationssystem unterschiedliche Mengen- und Zeitgrößen wie die Zahl an Studierenden, Absolventen, Promotionen und Habilitationen, Studiendauern, Durchfallquoten u. a. als Basisgrößen heranziehen.

Differenziertes Hochschul-Informationssystem

Diese Informationssysteme sollten nicht nur auf Hochschul-, sondern zumindest auch auf Fakultätsebene eingerichtet werden. Dann liefert ihre Struktur genügend Anhaltspunkte, um vereinfachte Systeme in Instituten und Professuren einzusetzen und mit den Fakultäts- sowie Hochschulinformationssystemen zu verknüpfen. Zugleich bieten die Informationssysteme auf Hochschulebene die Grundlage für einen Vergleich zwischen den Hochschulen, wie er z. B. für die Entscheidungen auf Landesebene notwendig sein kann.

Die Daten über Input- und Outputgrößen sind eine wertvolle Basis für die Analyse der Geschäftsprozesse. Damit kann durch ihre Ermittlung der Diskurs über die Gestaltung dieser Prozesse und die sie bestimmenden Entscheidungen auf Hochschul- und Fakultätsebene angestoßen sowie unterstützt werden. Für den Vergleich und die Beurteilung der Prozesse wird es notwendig, *Kennzahlen* z. B. aus dem Verhältnis zwischen Output- und Inputgrößen (als eine Art von Produktivitätskennzahlen) zu bilden, die als Indikatoren für deren Effektivität, Qualität oder Effizienz deutbar sind. Da sich die Forschungs-, Lehr- und Serviceprozesse nicht in ökonomischen Größen bewerten lassen, ist ein intensiver Diskussionsprozess über den Gehalt verschiedener Kennzahlen zweckmäßig, in dem sich die als relevant erachteten Zielgrößen herausschälen. Durch die Schaffung von Transparenz und die Auslösung von Diskussionsprozessen werden darüber hinaus das Wertesystem und die »Kultur« (vgl. Heinen, 1987; Lattmann, 1990; Schein, 1984) der Hochschule sowie ihrer Fakultäten beeinflusst.

Organisation des Hochschul-Controlling

Für die Gestaltung des Hochschul-Controlling besitzt aus organisatorischer Sicht die Kompetenzaufteilung zwischen Ministerium, Hochschulleitung, Fakultäten sowie Instituten und Professuren eine maßgebliche Bedeutung. Je stärker die Entscheidungen dezentralisiert werden, desto eher kann man im Controlling auf Koordinationssysteme mit einem großen Handlungsspielraum für diese Bereiche übergehen. Wichtige Entscheidungstatbestände sind hierbei die Verteilung der Ressourcen und Finanzmittel, der Ressourceneinsatz und die Auswahl der Studierenden. Beispielsweise werden durch eine Flexibilisierung bis hin zu Globalhaushalten für Hochschulen, Fakultäten, Instituten und Professuren dezentrale Entscheidungsspielräume erweitert.

Das Planungssystem ist ebenso wie das Anreizsystem in Hochschulen nur begrenzt ausgebaut. Für die Aufgaben und die Strukturierung des Controlling ist daher bestimmend, inwieweit auch in ihnen die strategische Planungsebene über allgemein gehaltene Strukturpläne hinaus verstärkt und die operative Planung über den Ansatz von Haushaltstiteln hinaus beispielsweise durch eine explizite Zielplanung, Prognoseverfahren und Abweichungsanalysen u. a. erweitert werden. Das Anreizsystem hat Einfluss darauf, in welchem Umfang die Motivation der in Hochschulen Tätigen zur Erreichung gemeinsamer Ziele genutzt wird und man dadurch zu einer effizienten Gestaltung von Controllingsystemen gelangen kann.

Die Komponenten dieser Führungsteilsysteme bilden die Rahmenbedingungen für die Wahl geeigneter Koordinationsinstrumente. Je mehr die Informationssysteme führungsrelevante Daten bereitstellen und je mehr Organisation, Planung und Kontrolle sowie Anreizsystem dezentrale Handlungsspielräume schaffen, desto eher wird man outputorientierte Techniken der Budgetvorgabe, Zielvereinbarungen sowie Marktkomponenten in das Controllingsystem einbauen können. Hierdurch lassen sich die Informationsvorsprünge der dezentralen Handlungsträger und deren Leistungsmotivation nutzen. Die Koordination beschränkt sich dann auf zentrale Größen wie Budgets und Ziele. Durch das höhere Maß an budget- und zielbezogener Selbstkoordination und -steuerung nimmt der (Verwaltungs-)Aufwand für die Führung ab.

Übergang zu dezentralen Steuerungssystemen

Diese Gesichtspunkte gelten für die verschiedenen *Ebenen*, auf denen Führungs- und Controllingsysteme in Hochschulen wirksam werden. Die Ebene der Hochschulleitung betrifft deren Lenkung aus Sicht des Ministeriums und der gesamten Hochschule. Sie bildet daher den Ort für die Einrichtung eines zentralen Hochschul-Controlling. Die wichtigsten Teileinheiten innerhalb der Hochschule sind die Fakultäten sowie ggf. Institute. Fakultäts- bzw. Instituts-Controllingsysteme werden notwendig, um auch auf dieser Ebene zu einer zielorientierten Steuerung zu kommen. Ferner müssen sie die zentralen Systeme mit wichtigen Daten aus diesen Einheiten versorgen. Deshalb sind die Controllingsysteme auf Hochschul- und Fakultäts- oder Institutsebene miteinander zu verknüpfen. Darüber hinaus kann es zweckmäßig sein, Informations- und Steuerungssysteme auch in Professuren einzurichten. Wegen der höheren Überschaubarkeit dieser Einheiten, können ihre Systeme einfacher und in Bezug auf die jeweiligen Bedingungen individuell gestaltet sein.

Zentrales Fakultäts- und Instituts-Controlling

Maßgebend für die Effektivität derartiger Lösungen ist, inwieweit die für Hochschulen gesetzten Ziele in Forschung und Lehre erreicht werden. Um dies zu beurteilen, bilden aussagefähige Informationssysteme eine zentrale Voraussetzung. Damit zeigt sich auch hier ihre Bedeutung als Ausgangspunkt auf dem Weg zu Controllingsystemen, die der Koordination und Steuerung von Hochschulen dienen.

Wiederholungsfragen Kapitel 20

1. Was versteht man unter dem Schichtenmodell einer Hochschule? Warum ist es für das Hochschul-Controlling von Bedeutung?
2. Wie wirkt sich das Leistungs- und Führungssystem einer Hochschule auf die Gestaltung des Hochschul-Controlling aus?
3. Worin bestehen die Hauptaufgaben des Hochschul-Controlling?
4. Welche Komponenten beinhaltet das Hochschul-Informationssystem?
5. Wodurch ist ein Fakultätsberichtssystem gekennzeichnet?
6. Was sind Erfolgsindikatoren universitärer Leistungsbereiche?

Aufgaben Kapitel 15–20

1. Bereichsbezogenes Controlling
   a) Kennzeichnen Sie allgemein die Anwendung der koordinationsorientierten Controlling-Konzeption auf die Herausarbeitung des Gegenstands bereichsbezogener Controlling-Funktionen.
   b) Wenden Sie Ihr Vorgehen auf einen von Ihnen ausgewählten speziellen Bereich an. Veranschaulichen Sie an ihm je zwei typische Controllingaufgaben und Controllinginstrumente in diesem Bereich.
   c) Welche spezifischen Organisationsprobleme ergeben sich bei der Einrichtung des betrachteten Bereichs-Controlling? Welche Alternativen zu ihrer Lösung sehen Sie und wie beurteilen Sie diese Alternativen?

2. Hochschulcontrolling
   a) Kennzeichnen Sie den Gegenstand und zwei charakteristische Aufgaben eines bereichsbezogenen Controlling am Beispiel des Hochschulcontrolling.
   b) Begründen Sie anhand der typischen Bestimmungsgrößen des Informationsbedarfs vier verschiedene Kennzahlen, die nach Ihrer Auffassung auf jeden Fall in einem Fakultätsbericht enthalten sein sollten.
   c) Analysieren Sie eine typische Principal-Agent- Beziehung in Hochschulen. Geben Sie für das von Ihnen ausgewählte Beispiel den Principal und den Agent an, charakterisieren Sie die Art ihrer Beziehung und deren Abbildung in einem formalen Modell. Für die Lösung welchen Problems könnte eine nähere Analyse dieser Beziehung hilfreich sein?

Lösungen Kapitel 15–20

1. *Bereichsbezogenes Controlling*

    a) *Bei einer Analyse bereichsbezogener Controllingfunktionen gilt es – innerhalb eines Unternehmensbereichs – die Koordination zwischen Führungsteilsystemen, innerhalb eines Führungsteilsystems und zwischen Führungs- und Leistungssystems zu berücksichtigen. Zusätzlich bedarf es der Koordination zwischen dem jeweiligen Unternehmensbereich und anderen Unternehmensbereichen sowie dem zentralen Controlling.*

    b) *Das Marketing-Controlling dient u. a. einer Koordination zwischen Marketing-Planung und Informationssystem sowie der Abstimmung der Marketing-Planung mit anderen Unternehmensbereichen und dem zentralen Controlling. Als Instrumente können Kennzahlensysteme und Budgets zum Einsatz kommen, nachdem sie inhaltlich an den spezifischen Einsatzbereich angepasst wurden.*

    c) *Das Marketing-Controlling kann organisatorisch entweder in den Marketing-Bereich eingegliedert werden oder direkt an die Controlling-Abteilung berichten. Im ersten Fall ist eine reibungslosere Kommunikation mit dem Marketing-Bereich zu erwarten, im zweiten Fall eine höhere Objektivität und Ausrichtung auf Ziele des Gesamtunternehmens. Zusätzlich gilt es, die Aufgaben und Verantwortlichkeiten so zwischen Marketing-Controlling, anderen Abteilungen des Marketing-Bereichs und zentralem Controlling abzugrenzen, dass einerseits effiziente und zielkongruente Entscheidungen sichergestellt sind und andererseits Kommunikationsaufwand und Redundanzen minimiert werden.*

2. *Hochschulcontrolling*

    a) *Gegenstand des Bereichs-Controlling*
    Spezieller Ausbau einzelner Führungsteilsysteme in bestimmten Leistungsbereiche (eigene Organisation, Planung und Kontrolle etc.; die Unternehmensrechnung kann z. B. eine bereichsspezifische Bereichserfolgsrechnung enthalten oder aber der Bereich ein bereichsspezifisches Anreizsystem anwenden). Durch die Entwicklung derartiger Führungsteilsysteme für den Einzelbereich entstehen spezifische Interdependenzen und Koordinationsprobleme. Folglich ergeben sich die zentralen Aufgabe des Bereichs-Controlling aus den drei Richtungen der Koordination a) die Koordination der Führungsteilsysteme im jeweiligen Bereich, b) die Koordination mit dem Unternehmens-Controlling und Abstimmung der Führungsteilsysteme mit den entsprechenden Systemen der Gesamtunternehmung, und c) die Koordination mit dem dezentralen Controlling anderer Bereiche. Mit der Konzentration auf den eigenen Bereich würden Interdependenzen zu den Führungssystemen anderer Bereiche außer Sicht geraten.

Darüber hinaus gilt es, die abgeleiteten Zwecksetzungen des Controlling zu beachten (Anpassungs- und Innovationsfunktion, Zielausrichtungsfunktion und Servicefunktion).

Zwei charakteristische Aufgaben des Hochschul-Controlling
Das sind beispielsweise die Koordination der Führungsteilsysteme im jeweiligen Leistungsbereich der Hochschule: Studium und Lehre, Forschung und Serviceprozesse sowie die Gestaltung formaler Informationssysteme derart, dass diese auf die relevanten Ziele und Entscheidungstatbestände ausgerichtet sind. Eine Koordination mit den anderen Führungsteilsystemen, insbesondere der Planung, Kontrolle und Personalführung, setzt eine eingehende Analyse des Informationsbedarfs der Entscheidungs- und Handlungsträger in der Hochschule voraus. Hierfür lassen sich geeignete induktive und deduktive Verfahren heranziehen.

b) Bestimmungsgrößen des Informationsbedarfs

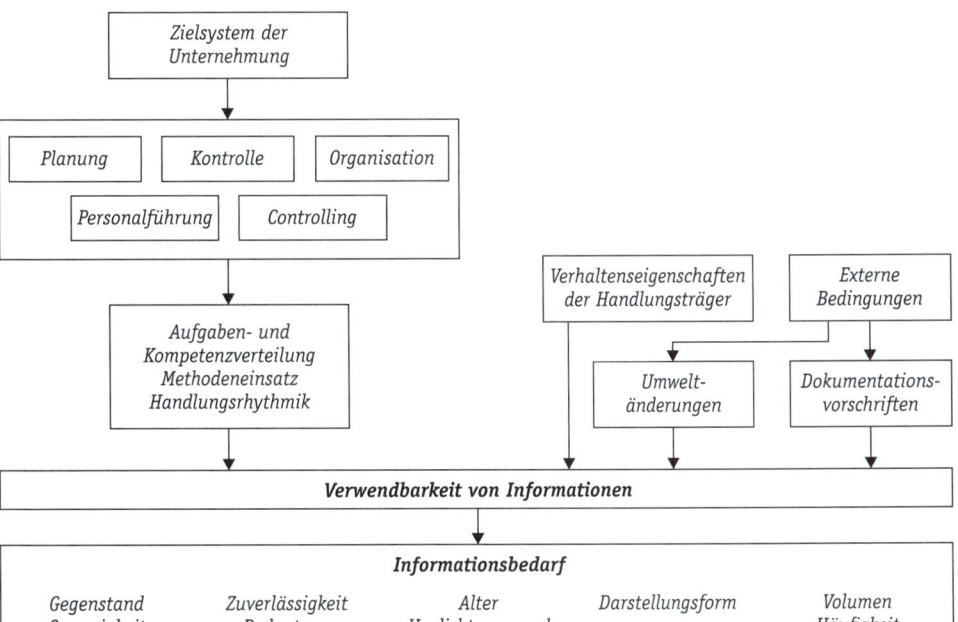

Mögliche Kennzahlen für Fakultätsberichte
▸ Strukturelle Rahmenbedingungen (Bezug: Externe Bedingungen)
  – Zulassungsvoraussetzung: z. B. örtlicher Numerus clausus
  – Mittel je Fakultät
  – Betreuungsverhältnis pro Professor oder wissenschaftlichem Assistenten

▸ *Lehrstühle (Aufgaben- und Kompetenzverteilung; Methodeneinsatz; Handlungsrhythmik)*
  – *Übungen pro Veranstaltung*
  – *Anzahl Klausurteilnehmer*
  – *Durchfallquote*

c) *Analyse der Principal-Agent-Beziehung*
   Ein Agency-Modell kann als Instrument zur Analyse von Verhaltensinterdependenzen eingesetzt werden. Es gibt dann Hinweise für die Koordination aller Führungsteilsysteme.

PA-Beziehung in Hochschulen – Modellbeschreibung
▸ *P: Professor eines Lehrstuhls*
▸ *A: wissenschaftliche Mitarbeiter (MA)*

PA-Beziehung in Hochschulen – Problembeschreibung
▸ *Hidden characteristics: Professor kennt die Eigenschaften eines Bewerbers (Bewerber für eine Assistenten-Stelle) nicht genau. Lösung des Problems: Signalling (Informationsübermittlung).*
▸ *Hidden action: Professor kann die Betreuungsleistung des Assistenten bei der Betreuung der Bachelor-Absolventen nicht bewerten. Gute Bachelorarbeitsnote kann auf Betreuung zurückzuführen sein oder auf die selbständige Arbeit des Studenten (vergleichbares Problem: Lehre), Professor kann Assistent Anreize (z. B. Teilnahme an Kongress) geben, um Anstrengungsniveau zu erhöhen, damit er sich i. S. des Professors verhält*

Formales Modell: Standardmodell
x: *Ergebnis, Output*
ρ: *absoluter Risikoaversionskoeffizient des Principal*
G(x):   *Nutzenfunktion des Principal*
a: *Aktion des Agenten (Arbeitseinsatz, Entscheidung)*
θ: *unsicherer Umweltzustand*
s(x):   *Entlohnung an den Agenten in Abhängigkeit von x*
s_0:   *fixer Entlohnungsbestandteil*
s_1:   *variabler Entlohnungsanteil*
r: *absoluter Risikoaversionskoeffizient des Agent*
H(s,a): *Nutzenfunktion des Agent*
V(a):   *Disnutzen des Agent*
H_0:   *Reservationsnutzen*

Annahmen des LEN-Modells
1. *lineares Entlohnungsschema (L)*
   $s(x) = s_0 + s_1 \cdot x$ *mit* $x = x(a,\theta)$
2. *exponentielle Nutzenfunktionen (E)*
   Principal: $G(x) = -e^{-\rho \cdot x}$
   Agent: $H(s,a) = -e^{-r(s-V(a))}$

Die exponentiellen Nutzenfunktionen ermöglichen die Charakterisie-
rung des optimalen Entlohnungsschemas unabhängig vom Wohl-
stand der Beteiligten und damit auch von der Höhe des Reservations-
nutzens des Agenten.

3. *Normalverteilung der Umweltzustände θ und additive Produktions-*
   funktion (N)
   $x = x(a,\theta) = a + \theta$ *wobei* $\theta \sim N(0, \sigma^2)$ *verteilt ist.*
   Dies führt zwangsläufig zu einer Normalverteilung des Ergebnisses x
   für jedes beliebige Anstrengungsniveau a des Agent.

Weitere vereinfachende Annahmen (rechentechnische Erleichterungen)
▸ *risikoneutraler Principal:* $G(x) = x$
▸ *Disnutzen des Agent:* $V(a) = a^2$

Zielfunktion des LEN-Modells

$Max\ E(G)$ $= E(x - s(x)) = E(x - (s_0 + s_1 \cdot x)) = E(a + \theta - s_0 - s_1 \cdot (a + \theta))$
$= a \cdot (1 - s_1) - s_0$

Nebenbedingungen des LEN-Modells
Partizipationsbedingung des Agent

$E\ (H) = E(-e^{-r(s(x)-a^2)}) \geq H_0$

Analyse der Beziehung:
Die asymmetrische Informationsverteilung über die Aktivität des Agent bzw.
über das Ergebnis seiner Handlungen liefert Ansatzpunkte zur Gestaltung des
Informations- und des Kontrollsystems. Beispielsweise die Einführung einer
Evaluation, Schaffung eines Diskussionsforums im Internet. Das Zielsystem
beinhaltet die Erhöhung der Qualität der Lehre und umfasst auch über das
Anreizsystem (Entlohnung auf Basis der Evaluation) den Nutzen des Agen-
ten.

Teil V
Organisation des Controlling

21 Einrichtung einer eigenständigen Controlling-Organisation

Liegt in der Koordination von Führungsaufgaben der spezifische Kern der Funktion Controlling, wäre es am effizientesten, wenn diese bei allen Entscheidungen von den Managern wahrgenommen würde und man keine eigenen Controller benötigte. Da diese Idealvorstellung nicht der Realität entspricht, wird in vielen Unternehmungen eine eigenständige Controlling-Organisation eingerichtet. Deshalb wird nachfolgend untersucht, von welchen Größen deren Einrichtung abhängt und welche Argumente für und gegen eine Ausgliederung eigener Stellen für Controller sprechen. Schließlich wird gezeigt, wie sich deren Aufgaben gegenüber den Aufgaben anderer (verwandter) Bereiche abgrenzen lassen.

21.1 Ausgangspunkt und Fragestellungen der Organisation des Controlling

In den bisherigen Teilen dieses Buches wurde die Controlling-*Funktion* betrachtet. Seine Aufgaben wurden aus einer ganz bestimmten konzeptionellen Sicht hergeleitet. Von Anfang an war bestimmend, dass deren Kennzeichnung noch keine Zuordnung zu eigenen Controlling-Stellen zur Folge hat, da die Funktion von der *Organisation* des Controlling zu trennen ist. Diesem Problemkreis muss sich der letzte Teil zuwenden.

Im Vordergrund stehen die Probleme der Aufgaben- und Kompetenzverteilung an eigenständige Controller-Stellen. Deshalb ist zu untersuchen, welche Einflussgrößen und welche Gesichtspunkte für eine organisatorische Verselbständigung des Controlling maßgebend sein können. Gegenstand der Aufgabenverteilung ist die Frage, inwieweit Controlling-Aufgaben auf spezifische Stellen übertragen oder aber von anderen Stellen auf den verschiedenen Hierarchieebenen und in den unterschiedlichen Funktionsbereichen mit wahrgenommen werden. Die Kompetenzverteilung betrifft die Ausstattung von Controller-Stellen mit Entscheidungs- und Weisungsrechten. Dies schließt ihre Einordnung in die *Organisationshierarchie* und die Gestaltung der Beziehungen zwischen Controller-Stellen sowie zu den jeweiligen Unternehmensbereichen ein. Neben diesen aufbauorganisatorischen Fragen sind Aspekte der *Ablauforganisation* zu betrachten. Hierzu gehören neben der Gestaltung innerhalb des Controlling-Bereichs Fragen der Einführung und Änderung der Controlling-Organisation.

Controller-Stellen

21.2 Einflussgrößen der Organisation des Controlling

Die Zweckmäßigkeit und der Umfang einer eigenständigen Controlling-Organisation hängen von den jeweiligen Bedingungen der Unternehmung ab. Für ihre Beurteilung gibt es eine Reihe von Anhaltspunkten. Empirische Untersuchungen haben als zentrale Einflussgrößen für die Ausgestaltung von Controlling-komponenten die Unternehmensgröße, die Umwelt und die Organisationsstruktur herausgeschält (vgl. Welge, 1988, S. 62 ff.).

Abhängigkeit von Unternehmensgröße

Die *Einrichtung eigener Controller-Stellen* nimmt mit wachsender Unternehmensgröße zu (vgl. zum Folgenden Welge, 1988, S. 62 ff.). Verschiedene Erhebungen im Verlauf der vergangenen Jahre zeigen nicht nur eine Zunahme der Controller-Stellen, sondern auch deren Abhängigkeit von der Unternehmensgröße (vgl. z. B. Bozem, 1995, S. 206 ff.; Hoppenheit, 1993, 146). Wie schon die Ergebnisse einer empirischen Untersuchung von 1988 in Abbildung 21-1 veranschaulichen, finden sie sich in praktisch allen großen Unternehmungen (Küpper/Winckler/Zhang, 1990, S. 439).

Demnach wurden vermehrt Stellen mit spezifischen Führungsteilaufgaben geschaffen. Dies erfordert den stärkeren Einsatz von Koordinationsinstrumenten. Deren Einrichtung, Ausgestaltung und laufende Sicherung kann von den Aufgabenträgern der Linie oder anderer Führungsteilsysteme wie der Planung nicht genügend wahrgenommen werden. Sie wird daher auf eigene Controller-Stellen übertragen. Die Hypothese, dass sich mit der *Unternehmensgröße* die organisatorische Differenzierung erhöht, wurde durch verschiedene empirische Erhebungen weitgehend bestätigt (vgl. Uebele, 1981; Döpke, 1986, S. 232 ff.; Rosenzweig, 1981, S. 343 ff.). Sie gilt sowohl für die organisatorische Verankerung des Controlling als auch für dessen Aufgaben und Instrumente. Jedoch

Abb. 21-1

Einrichtung von Controlling-Stellen (1988)

Beschäftigtenzahl	Zahl der Unternehmen	Unternehmen mit Controlling-Stellen	
bis 199	99	53	(53,5 %)
200–499	88	64	(72,7 %)
500–999	35	31	(88,6 %)
1.000–4.999	43	36	(83,7 %)
5.000–9.999	12	11	(91,7 %)
10.000–49.999	17	16	(94,1 %)
50.000 und mehr	6	6	(100,0 %)
Alle Klassen	300	217	(72,3 %)

zeigt sich kein signifikanter Zusammenhang zwischen Unternehmensgröße und der Größe der Controllingabteilung (vgl. Rosenzweig, 1981, S. 345).

Eine Reihe von Untersuchungen hat einen Zusammenhang zwischen der Unternehmensumwelt und der Einrichtung sowie den Bausteinen des Controlling festgestellt. Sie betreffen Einzelaspekte und sind in keine umfassendere Theorie eingebunden. Beispielsweise analysierte Ulrich Döpke (vgl. Döpke, 1986, S. 225 ff.) die Beziehung zwischen den Marktverhältnissen der Unternehmung und der Einrichtung von Stellen des Marketing-Controlling. Jedoch konnte er keinen signifikanten Einfluss der Komplexität und Dynamik sowie der Anzahl und Verschiedenartigkeit der Märkte und der Aggressivität der Konkurrenten nachweisen. Unternehmensumwelt

In verschiedenen Untersuchungen werden Beziehungen zwischen Merkmalen der Organisationsstruktur und der Einrichtung sowie Gestaltung des Controlling vermutet. So kann man annehmen, dass mit einer Dezentralisierung von Entscheidungen der Bedarf an Koordinationsinstrumenten und die Tendenz zur Einrichtung von Controller-Stellen zunehmen (vgl. z. B. Gordon/Miller, 1976, S. 61 f.). In einer empirischen Untersuchung von Herbert Uebele (1981, S. 75 ff.) traten Controller-Stellen bei divisionaler Organisation wesentlich häufiger als bei funktionaler auf. Er weist aber darauf hin, dass für diesen Tatbestand die Unternehmensgröße bestimmend sein könnte, da kleine Unternehmungen eher funktional strukturiert sind. Von der Organisationsform war auch der Stabs- bzw. Liniencharakter des Controlling beeinflusst. Bei Spartenorganisation hatten sie eher Stabs-, bei funktionaler häufiger Liniencharakter. Merkmale der Organisationsstruktur

Die Gesamtorganisation der Unternehmung hat Einfluss auf die organisatorischen Gestaltungsmöglichkeiten des Controlling. Eine Vielzahl der in Praxis und Literatur zum Controlling gerechneten Aufgaben kann auch anderen Bereichen zugeordnet werden, z. B. der Unternehmensrechnung, Planung oder Personalführung. Als koordinierendes Führungsteilsystem steht das Controlling immer in Bezug zu diesen. Daher ist die Konzeption und organisatorische Gestaltung dieser Teilsysteme zugleich bestimmend dafür, welche Aufgaben speziellen Controller-Stellen übertragen werden könnten. Gesamtorganisation

Als weitere Einflussgrößen des Controlling und der Ausprägung einzelner seiner Komponenten zeigten sich mit deutlich geringerem Gewicht die Branche, die Fertigungstechnologie und die Konzernabhängigkeit (vgl. Welge, 1988, S. 61). Ihr Einfluss macht deutlich, dass die Organisation des Controlling und die Gestaltung seiner Komponenten von einer Vielzahl von Einflussgrößen oder Kontextfaktoren abhängen. Die empirischen Befunde können hierfür lediglich erste Hinweise geben, solange sie sich nur auf Einzelaspekte und nicht auf ein System von Hypothesen beziehen. Dies erscheint nicht allzu verwunderlich bei der Vielfalt und Mehrdeutigkeit der Auffassungen zum Controlling und seiner praktischen Umsetzung. Branche, Fertigungstechnologie und Konzernabhängigkeit

21.3 **Einrichtung einer eigenständigen Controlling-Organisation**
Gesichtspunkte zur organisatorischen Ausgliederung von Controller-Stellen

670

21.3 Gesichtspunkte zur organisatorischen Ausgliederung von Controller-Stellen

Das Fehlen einer Organisationstheorie des Controlling hat zur Folge, dass sich die Zweckmäßigkeit einer organisatorischen Ausgliederung von Controllingaufgaben nur über das Abwägen ihrer positiven und negativen Aspekte beurteilen lässt. Sie richtet sich zudem nach der jeweiligen Konzeption des Controlling.

Bedarf an Controller-Stellen

Eine zentrale Ursache für die Einrichtung von Controller-Stellen ist darin zu sehen, dass Controllingaufgaben von anderen Stellen nicht oder nicht in ausreichendem Maße wahrgenommen werden. Deshalb wird die *Unterstützungsfunktion* häufig als eine wichtige Zwecksetzung genannt, durch welche die Unternehmensleitung und die Instanzen bei Controllingaufgaben entlastet werden. Durch Einsetzung eigener Controller-Stellen sollen die ihnen übertragenen Controlling-Aufgaben mehr Beachtung finden und die Stelleninhaber ein spezifisches Wissen sowie Erfahrung sammeln können. Damit besteht die Chance, jene Fähigkeiten zu verstärken, die für die Funktion des Controlling benötigt werden. Deren Inhalt richtet sich nach der in der Unternehmung verfolgten Auffassung zum Controlling und der Aufgabenübertragung an die Controller-Stellen.

Abstimmung auf Informationsbedarf

Auf diesem Weg kann beispielsweise die explizite Abstimmung des Informationssystems mit dem Informationsbedarf der Führung sichergestellt werden. Über die Einsetzung von Controllern wird so die Unternehmensrechnung zu einem stärker auf die Planung, Steuerung und Kontrolle ausgerichteten Informationslieferanten. Ferner besteht die Möglichkeit, dass Controller aufgrund ihres breiteren Überblicks und ihrer genaueren Kenntnis von Methoden der Informationsgewinnung und -verarbeitung deren Bereitstellung besser veranlassen können als die nachfragenden Bereiche selbst (vgl. Franz, 1989, S. 91 ff.).

Gestaltung von Berichten

In entsprechender Weise kann die intensive Beschäftigung mit der Gestaltung von Berichten dazu führen, dass diese in höherem Maße auf die Bedürfnisse der Verwender in den verschiedenen Unternehmensbereichen zugeschnitten sind. Inwieweit diese Zwecksetzungen über die Einrichtung von Controller-Stellen erreicht werden, hängt von der Aufgabenausführung ab. Die Spezialisierung birgt auch die Gefahr in sich, dass die Wahrnehmung einzelner Tätigkeiten zu sehr ausgeweitet und zum Selbstzweck wird. Beispielsweise ist für die Strukturierung des Berichtswesens maßgeblich, dass sie in enger Zusammenarbeit mit den Anwendern und auf diese bezogen erfolgt. Sonst könnte es sein, dass zu viele Berichte erstellt werden und zu sehr auf weniger relevante Merkmale geachtet wird, ohne dass diese für die Nutzung der Berichte von Bedeutung sind.

Koordination der Planung

Neben der Ausrichtung des Informationssystems auf dessen Nutzer in den Führungs- und Funktionsbereichen kann durch eine organisatorische Verselbstständigung des Controlling insbesondere die Koordination der Planung gefördert werden. Beispielsweise werden durch die Controller-Stellen Richtlinien für die Gestaltung und den Ablauf der Planung für alle Bereiche erarbeitet, die ggf.

in ein Planungshandbuch eingehen. Damit werden maßgebliche Komponenten des Planungssystems bestimmt. Die von den Controllern hierbei wahrgenommene Aufgabe ist systembildend (vgl. Horváth, 1998a, S. 120 f.). Die Konzentration von Aufgaben der Planungskoordination bietet ferner Ansatzpunkte für eine verstärkte Beschäftigung mit Instrumenten der Koordination (vgl. Abschnitt 4.1.4). Sie können von den Controller-Stellen ausgewählt, geprüft und getestet werden, bevor sie in breiterem Umfang in Zusammenarbeit mit den Funktionsbereichen in der Unternehmung eingesetzt werden. Die Einrichtung von Controller-Stellen bietet die Möglichkeit, die Planungskoordination methodisch vermehrt zu unterstützen.

Die Koordination der Planung wird über die entsprechende Gestaltung des Planungssystems und den Einbau von Koordinationsinstrumenten allein nicht sichergestellt. Sie muss in den einzelnen Planungsprozessen konkret durchgeführt werden. Deshalb bietet es sich an, Controllern spezifische Koordinationsaufgaben beim Vollzug der Planung zu übertragen (als systemkoppelnde Aufgaben) (vgl. Horváth, 1998a, S. 122 f.). Sie können einmal in der *Gestaltung des zeitlichen Ablaufs der Planung* liegen. Um eine Koordination zwischen den Bereichen vornehmen zu können, müssen diese sich an den ggf. von der Controlling-Abteilung ausgearbeiteten Planungskalender halten. Dann haben Controller dafür zu sorgen, dass die Einzelpläne rechtzeitig erstellt oder die säumigen Abteilungen angemahnt werden. Ferner kann ihnen die *Konsolidierung der Einzelpläne* übertragen sein. In diesem Fall werden die von den anderen Führungs- und den Funktionsbereichen erarbeiteten Pläne im Controller-Bereich zu einem Gesamtplan zusammengefügt. Hierzu müssen die Schnittstellen zwischen den Einzelplänen aufeinander abgestimmt und Unvereinbarkeiten beseitigt werden. Dies kann eine Änderung und Anpassung der Einzelpläne erfordern. Um die Notwendigkeit derartiger Abstimmungsprozesse zu verringern, können zudem Controller in wichtige Planungsprozesse von Bereichen eingebunden sein. Dann müssen sie schon bei der dezentralen Erstellung der Planungsvorschläge darauf achten, dass die Beziehungen zu den anderen Bereichen berücksichtigt werden.

Die Einrichtung von Controller-Stellen dient dem Zweck, die Interdependenzen zwischen den Bereichen in der Führung explizit zu beachten. Dies bedeutet auch, dass die zwischen ihnen bestehenden *Konflikte* in verstärktem Maße offengelegt und über geeignete Koordinationsmaßnahmen einer Lösung zugeführt werden sollen. Die Wahrnehmung von Koordinationsaufgaben verlangt eine intensive Kommunikation mit und zwischen den Bereichen. Ferner müssen die Betroffenen und in erster Linie die vermittelnden Controller Techniken der Konflikthandhabung und -lösung entwickeln (vgl. Weber, 1995a, S. 344). Dies bietet Ansatzpunkte, um ein Know-how im Umgang mit Konflikten aufzubauen.

Der Nutzen einer Schaffung von Controller-Stellen liegt in der Chance, für Koordinationsaufgaben systematisch Instrumente zu entwickeln und über die mit ihnen gesammelten Erfahrungen Wissen aufzubauen. Ferner werden die Stellen in den anderen Führungs- und Funktionsbereichen, welche diese Aufga-

Übertragung spezifischer Koordinationsaufgaben

Offenlegung und Lösung von Konflikten

Nutzen von Controllerstellen

21.3 Einrichtung einer eigenständigen Controlling-Organisation
Gesichtspunkte zur organisatorischen Ausgliederung von Controller-Stellen

672

ben sonst wahrzunehmen hätten, von ihnen entlastet. Damit erhalten sie Freiraum für eine bessere Erfüllung ihrer anderen oder die Übernahme weiterer Aufgaben.

Kosten für Controllerstellen

Dem stehen zuerst die Kosten für Controllerstellen gegenüber. Neben den Personalkosten für zusätzlich geschaffene Stellen betreffen sie die Kosten für Ausstattung und laufenden Betrieb, welche durch deren Einrichtung anfallen. Mit der organisatorischen Verselbständigung wächst zudem die Gefahr, sich intensiver mit Controlling-Funktionen zu beschäftigen, als dies im Hinblick auf ihre effiziente Berücksichtigung notwendig wäre. Daraus kann das Bestreben folgen, neue Controlling-Aufgaben zu suchen und ein »Eigenleben« des Controlling zu entwickeln. Das Erkennen vieler Koordinationsprobleme löst ggf. die Tendenz aus, zusätzliche Stellen und Ressourcen für den Controller-Bereich zu fordern. Da in jeder Unternehmung eine Vielzahl von Interdependenzen existiert, bieten sich hierfür viele Begründungsansätze. Effiziente organisatorische Lösungen für das Controlling bestehen jedoch nicht darin, alle ihm zurechenbaren Aufgaben auf Controller-Stellen zu übertragen. Vielmehr wird es stets zweckmäßig sein, einen Teil von ihnen in den anderen Führungs- und den Funktionsbereichen zu belassen.

Gefahren der Ausgliederung

Die organisatorische Ausgliederung des Controlling birgt des Weiteren die Gefahr in sich, dass die Stelleninhaber der anderen Bereiche Controlling-Aufgaben vernachlässigen. Sie tritt vor allem auf, wenn die Aufteilung dieser Aufgaben nicht genügend klar vorgenommen ist. Ferner kann die organisatorische Ausgliederung als Argument für ihre geringere Beachtung in den Bereichen verwandt werden (vgl. Weber, 1995a, S. 346). Man geht davon aus, dass beispielsweise für die Koordination der Planung andere Stellen zuständig sind. Daran wird auch deutlich, dass die Einrichtung spezieller Zuständigkeiten für Controlling-Aufgaben zusätzliche Koordinationsprobleme schafft. Damit alle wichtigen Controlling-Aufgaben beachtet und gelöst werden, muss ihre Aufteilung zwischen den Controllern und den anderen Bereichen genau abgestimmt sein. Ansonsten können sowohl eine doppelte Bearbeitung als auch eine Vernachlässigung die Folge sein. Die Verteilung der Aufgaben schließt eine klare *Regelung der Verantwortlichkeiten* ein. Dieter Schneider hat auf das Phänomen hingewiesen, dass Controller in vielen Fragen mitbestimmen, ohne die zugehörige Ergebnisverantwortung zu übernehmen (vgl. Schneider, 1991, S. 765).

Wirksamkeit der Ausgliederung

Ein charakteristisches Merkmal koordinierender Funktionen liegt darin, dass sie mindestens zwei miteinander verbundene Tatbestände betreffen. Ihre Wirksamkeit ist daher weniger einfach zu erfassen als bei Tätigkeiten innerhalb eines Funktionsbereichs. Die Schwierigkeit der Messung von Ergebniswirkungen stellt sich jedoch grundsätzlich für alle Führungsteilsysteme. Auch die Wirkungen der Planung, Informationsversorgung oder Organisation usw. sind nicht ohne weiteres zu messen. Vielfach bleibt nichts anderes übrig, als ihre Beziehung zu den Unternehmenszielen, insbesondere dem Erfolg, über Effizienzgrößen als Indikatoren näherungsweise abzuschätzen (vgl. hierzu Kapitel 24).

Verantwortung von Controllern

Mit der Übertragung von Controlling-Aufgaben an spezifische Stellen und Abteilungen sind deren Verantwortung zu klären. Wenn es sich um abgrenzbare

Komplexe beispielsweise der Gestaltung von Systemen der Planung, der Unternehmensrechnung, der Motivation, der Koordination von Einzelplänen, der Informationsbedarfsermittlung u. Ä. handelt, lässt sie sich zumindest über qualitative Merkmale operationalisieren. Soweit Controller in die Zusammenarbeit mit anderen Stellen eingebunden sind, ist ihre Wirkung nicht isolierbar. Dann müssen sie zusammen mit den anderen Beteiligten Verantwortung übernehmen, die sich auch auf Ergebnisgrößen beziehen kann. Eine derartige Zurechnung von Verantwortung und Ergebnissen auf mehrere Personen ist auch in anderen Fällen unvermeidlich, wo Gremien, wie ein Gesamtvorstand, und nicht Einzelpersonen Entscheidungen tragen.

21.4 Abgrenzung von Controller-Aufgaben gegenüber anderen Bereichen

Die genaue Kennzeichnung der Aufgaben von Controllern erfordert ihre Abgrenzung insbesondere gegenüber Stellen im Rechnungswesen, Finanzbereich, der Planung und der internen Revision.

Als Koordinationsfunktion weist Controlling enge Bezüge zu jedem anderen Führungsteilsystem auf. Daraus erwächst die Schwierigkeit der Aufgabenabgrenzung gegenüber den in ihm eingerichteten Stellen. Die organisatorische Gliederung richtet sich nach den Situationsbedingungen der jeweiligen Unternehmung. Deshalb kann es in einer Unternehmung zweckmäßig sein, einzelne Führungsteilsysteme wie z. B. die Kosten- und Erlösrechnung der Controlling-Abteilung unterzuordnen. Dagegen ist möglicherweise für eine andere Unternehmung eine klare organisatorische Trennung von diesen zweckmäßig. Einerseits bedeutet die in dieser Schrift vorgenommene Herausarbeitung charakteristischer Aufgaben der Funktion Controlling nicht, dass für deren Wahrnehmung eigene Controller-Stellen einzurichten sind. Umgekehrt beinhaltet die Abgrenzung von Aufgaben des Controlling auch nicht, dass ihre Zusammenfassung in einem eigenen Organisationsbereich in allen Fällen unzweckmäßig sei. Im Folgenden können daher lediglich Gesichtspunkte angeführt werden, die im Hinblick auf die Abgrenzung relevant erscheinen.

Abhängigkeit von Situationsbedingungen

Beispiele für verschiedene organisatorische Lösungen in der Praxis sind aus Abbildung 21-2 ersichtlich. Dabei bildet in dem ersten Fall das Rechnungswesen eine eigene Abteilung neben dem Controlling. Dagegen ist das Rechnungswesen des Stammhauses im zweiten Beispiel in das Controlling eingeordnet. Die Aufgaben des Controlling erstrecken sich im ersten Fall auf wichtige Funktionen wie die Leistungserstellung und -verwertung, Forschung & Entwicklung sowie Beschaffung und Logistik, auf einzelne Sparten und Werke sowie auf Auditprogramme und die Gewinnanalyse. In dem zweiten Beispiel sind sie in ein Controlling für die Konzerngesellschaften, die Funktionsbereiche und Divisionen, die Entwicklung der Berichts- und Abrechnungssysteme sowie die Konzernberichterstattung gegliedert.

Beispiele der Einordnung

21.4 Einrichtung einer eigenständigen Controlling-Organisation
Abgrenzung von Controller-Aufgaben gegenüber anderen Bereichen

674

Abb. 21-2

Beispiele für die Organisation der Controlling-Abteilung

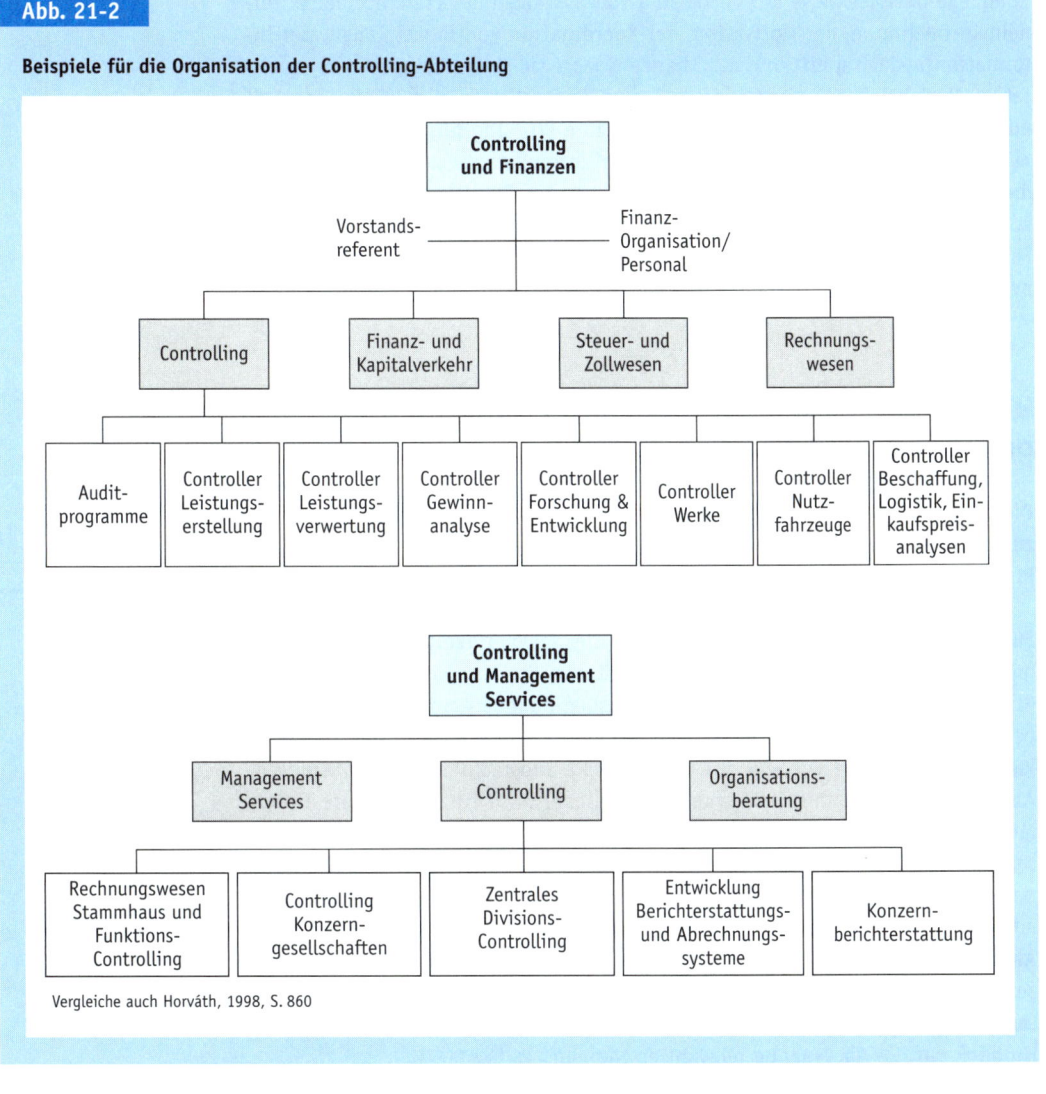

Vergleiche auch Horváth, 1998, S. 860

Abgrenzung zum
Rechnungswesen

In der Praxis besitzen Controlling-Abteilungen die engste Verbindung zum Rechnungswesen (vgl. Hahn, 1979, S. 5 ff.). In den USA geht man i.d.R. von der Trennung zwischen Erfolgs- und Liquiditätsorientierung aus (vgl. auch Hahn, 1996, S. 772 ff.). Für sie ist die Aufspaltung in einen Controlling- und einen Finanz-(Treasuring-)Bereich maßgebend. Dagegen sind die Aufgaben der externen Rechnungslegung z.B. in Deutschland über die Finanzbuchhaltung eng mit dem Finanzwesen verbunden und besitzen ein solches Eigengewicht gegenüber dem internen Bereich, dass sie häufig mit der Finanzwirtschaft zusammengefasst werden.

Für die Eingliederung der Kosten- und Erlösrechnung als internes Rechnungswesen in einen Organisationsbereich Controlling spricht dessen Bedeutung als Informationslieferant für die Planung und Kontrolle. Um eine enge Koordination zu diesen Führungsteilsystemen sicherzustellen, muss das Controlling die Struktur dieses Rechnungssystems entsprechend gestalten. Dies erscheint am einfachsten durchführbar, wenn es ihm eingegliedert ist. Auch die Erfüllung unregelmäßiger Informationsbedarfe kann hier am ehesten gewährleistet werden.

Dieser Gesichtspunkt gilt aber nicht nur für die eher kurzfristige und periodisch ausgerichtete Kosten- und Erlösrechnung, sondern auch für die längerfristige *Investitionsrechnung*. Wegen ihrer engen Orientierung an Zahlungen wird diese meist dem Finanzbereich zugeordnet. Entsprechende Argumente können für weitere Informationssysteme wie Marktforschung, volkswirtschaftliche Analysen, Betriebsdatenerfassung und -verarbeitung geltend gemacht werden. Gegen die Einordnung aller Informationssysteme in einen Controllingbereich sprechen jedoch neben dem sich daraus ergebenden Aufgabenumfang die Besonderheiten und damit die Unterschiedlichkeit der Systeme.

Die Unterstellung des internen Rechnungswesens und/oder anderer Informationssysteme kann dazu führen, dass deren Probleme in den Vordergrund rücken und die Beachtung der Kernaufgaben des Controlling mindern. Dann können z. B. technische Probleme der Gestaltung von Grundrechnungen der Kosten und Erlöse, von Erfolgsberichten u. Ä. die Ausrichtung auf die Entscheidungen der anderen Bereiche und deren Informationsbedarf verdrängen.

Diese gegenläufigen Aspekte sind jeweils abzuwägen. Dabei können sich auch für einzelne *Phasen* der Veränderung von Organisationsstrukturen unterschiedliche Lösungen anbieten. So kann es für die Einführung des Controlling und die Absicherung einer bedarfsorientierten Umgestaltung des Rechnungswesens zu einem führungsorientierten Instrument notwendig sein, den Controllingbereich mit hohem Gewicht auszustatten. Aus diesem Grund kann er die Kompetenz über das interne Rechnungswesen erhalten. Ist dagegen eine derartige Umstrukturierung vollzogen, können seine Aufgaben auf den Kern der Koordination zurückgeführt und die laufenden Tätigkeiten des Rechnungswesens aus seinem Aufgabenbereich herausgenommen werden.

Eine auch organisatorische Trennung zwischen Controlling und externem Rechnungswesen kann durch die spezifische Orientierung der Finanzbuchhaltung und des Jahresabschlusses an den gesetzlichen Bestimmungen begründet werden. Zudem sind Handelsbilanz sowie Gewinn- und Verlustrechnung über das Maßgeblichkeitsprinzip mit der Steuerbilanz verbunden. Je stärker sich diese Verknüpfung in der Organisation niederschlägt, desto eher wird man sie vom Controllingbereich abgrenzen. Eine solche Lösung bietet sich vor allem an, wenn die Unternehmensentscheidungen auf der Basis von Kosten- und Erlösgrößen getroffen und die Bereiche sowie Abteilungen der Unternehmungen über kalkulatorische Größen gesteuert werden.

Strebt man hingegen eine weitgehende *Verknüpfung von externem und internem Rechnungswesen* an, und schließt die Steuerung von Unternehmensberei-

Eingliederung der Kosten- und Erlösrechnung

Bezug zu anderen Informationssystemen

Probleme der Einordnung

Änderung der Zuordnung

Trennung oder Verknüpfung von Controlling und Rechnungswesen

21.4 Einrichtung einer eigenständigen Controlling-Organisation
Abgrenzung von Controller-Aufgaben gegenüber anderen Bereichen

676

chen z. B. im Rahmen einer Profit Center-Organisation an handels- oder steuer-rechtlichen Ergebnisgrößen an, liegt eine Eingliederung auch des externen Rechnungswesens in einen Controllingbereich nahe. Zumindest bietet sich dann eine enge Verknüpfung mit diesem beispielsweise durch eine organisatorische Eingliederung in einen, beiden gemeinsam übergeordneten Bereich (des Finanz- und Rechnungswesens o. Ä.) an.

Bezug zum Finanzbereich

Auch wenn die Controllingfunktion bei einer solchen Lösung nahe beim Finanzbereich angesiedelt wird, ist sie von dessen Aufgaben relativ klar abgrenzbar (vgl. auch Welge, 1988, S. 428 f.). Die finanzielle Betrachtung erstreckt sich über alle Unternehmensbereiche. Zudem besitzen finanzielle Ziele wie Kapital- oder Marktwert und die Sicherung der Liquidität ein hohes Gewicht. Die in der Abgrenzung gegenüber dem »Treasuring« vielfach betonte unterschiedliche Ausrichtung auf Ergebnis- bzw. Liquiditäts- und Finanzziele liefert keine völlig klare Trennlinie. Die dem Controlling zugesprochenen Ergebnisziele münden nämlich bei langfristiger Betrachtung i. d. R. auch in zahlungsorientierte Ziele wie Kapital- und Marktwert. Zudem sind die Aktivitäten des Finanzbereichs nicht nur auf Liquiditäts-, sondern auch auf Erfolgsziele der Unternehmung gerichtet. Über die Aufnahme und Anlage finanzieller Mittel soll im Allgemeinen gleichermaßen der Erfolg gesteigert werden.

Die im Finanzbereich wahrgenommenen Aufgaben sind jedoch nicht dem Führungs-, sondern dem Vollzugssystem zuzuordnen. Durch die Orientierung an den Zahlungsströmen haben sie einen eindeutigen Bezugspunkt. Darüber hinaus erfordern die Tätigkeiten der Kapitalbeschaffung und -anlage sowie der Liquiditäts- und Finanzplanung insbesondere im Hinblick auf die Vielzahl an Finanzierungsinstrumenten und Ansätzen der finanziellen Risikobegrenzung spezialisierte Kenntnisse. Diese unterscheiden sich weitgehend von den Fähigkeiten, die für Controllingaufgaben der zielgerichteten Koordination erforderlich sind. Damit lassen sich die Aufgaben des Finanz- deutlich von denen eines Controlling-Bereichs trennen.

Übertragung einzelner Planungsaufgaben

Die *Koordination zwischen Informationssystem und Planung* erfordert nicht nur die Bereitstellung, sondern auch die Nutzung der relevanten Informationen. Um dies abzusichern, kann man dem Controllingbereich Planungsaufgaben übertragen. Während jedoch das Rechnungswesen in hohem Maße verselbständigt werden kann, müssen die Funktionsbereiche in die Planung eingebunden bleiben. Die in ihnen, also z. B. in Marketing, Fertigung, Finanzierung oder Personalwesen, tätigen Mitarbeiter besitzen nämlich in erster Linie das für ihre jeweilige Planung notwendige Wissen auf der operativen, taktischen und strategischen Ebene. Deshalb belässt man im Allgemeinen einen großen Teil der Planungsaufgaben in den Bereichen. Auch wenn in diesen spezifische Planungsstellen eingerichtet werden, bleiben die Bereichsinstanzen in die Planung eingebunden und i. d. R. aufgrund ihrer Entscheidungskompetenz für die verabschiedeten Pläne mitverantwortlich. Eine Herauslösung von Planungstätigkeiten erscheint am ehesten für die Ausarbeitung des Planungssystems, die Analyse, Entwicklung und den Einsatz von Planungstechniken, die EDV-Unterstützung der Planung, die Überprüfung von Plänen, ihre Konsolidierung u. Ä.

Abb. 21-3

Beispiel für die Aufgabenverteilung zwischen Linienmanagern und Controllern

Linienmanager	Controller
Problemanalyse Problemidentifikation Informationsbedarfsermittlung Informationsbeschaffung/-erzeugung Informationsauswertung	**Bereitstellung und Pflege der planungs- bezogenen Infrastruktur** Gestaltung des Planungssystems Entwicklung/Auswahl von Planungs- techniken Sicherstellung der EDV-Unterstützung Motivierung und Schulung der Planungs- träger
Entscheidungsvorbereitung Erarbeitung von Zielentwürfen Ermittlung von Handlungsalternativen Festlegung der Planprämissen Bewertung der Handlungsalternativen Konzipierung der Planentwürfe	**Wahrnehmung der Koordinationsfunktion** Überprüfung von Plänen Konsolidierung der Einzelpläne
Genehmigung von Plänen **Plananpassung/-modifikation**	**Ausübung von Kontrollfunktionen** Planüberprüfung Prämissenkontrolle Planfortschrittskontrolle Realisationskontrolle Systemkontrolle

---

geeignet. Diese Aufgaben können speziellen Planungs- oder Controllingabteilungen übertragen werden. Hierdurch kommt man zu einer Aufgabenverteilung zwischen den in der Linie verantwortlichen Planern und den Controllern, wie sie in Abbildung 21-3 beispielhaft vorgenommen ist.

Ob sich eine Übertragung all dieser Aufgaben auf das Controlling anbietet, hängt vor allem von der Unternehmensgröße ab. Je mehr diese zunimmt, umso eher wird man die Controller auf die Koordination beschränken und zusätzlich eine Planungsabteilung einrichten. Ferner ist die Trennung nach Planungsebenen maßgebend. So findet man häufig eine selbständige strategische Planung, während die Koordinationsfunktion vor allem bei der Konkretisierung auf der taktischen Ebene und deren Umformung in (Jahres-)Budgets ansetzt. Für die Abstimmung zwischen der strategischen und den anderen Planungsebenen kann es jedoch zweckmäßig sein, Controller in die strategische Planung einzubinden. Um Einzelpläne technisch zusammenzufügen und inhaltlich eine ausreichende Abstimmung zu erreichen, erweist es sich vielfach als notwendig, entsprechende Stellen zu schaffen. Für eine effiziente Organisation ist maßgebend, dass sich die Planung über solche Stellen nicht zu weit von den Handlungsbereichen und deren Wissen entfernt, aber andererseits eine ausreichende Nutzung von Planungstechniken und gesamtzielorientierte Koordination erfolgt.

Im Hinblick auf das Kontrollsystem stellen sich für die Organisation des Controlling vor allem zwei Probleme. Zum einen sind die von ihm übernommenen Kontrollaufgaben von denjenigen in den Linienfunktionen abzugrenzen. Zum andern steht sie in Beziehung zur internen Revision als einem für spezifische Kontrollaufgaben eingerichteten Unternehmensbereich.

Zweckmäßigkeit
der Übertragung

Bezug zum Kontroll-
system

21.4 Einrichtung einer eigenständigen Controlling-Organisation
Abgrenzung von Controller-Aufgaben gegenüber anderen Bereichen

678

Aufgaben der Internen Revision

Die interne Revision »beinhaltet im funktionalen Sinn jede auf Veranlassung der Unternehmungsleitung nachträglich von *internen*, natürlichen, *prozessunabhängigen*, neutralen und objektiven Personen durchgeführte Überwachungstätigkeit« (Hoffmann, 1983, Sp. 668). Ihre charakteristischen Merkmale liegen darin, dass sie eine unabhängige und nur der Unternehmensleitung verantwortliche Stelle bzw. Abteilung bildet, die nicht in die laufenden Prozesse eingebunden ist und objektive Prüfungen vornimmt (vgl. Hofmann, 1992, Sp. 855 ff.). Zentrale Maßstäbe für die von ihr durchzuführenden Kontrollen sind die Zuverlässigkeit, Ordnungsmäßigkeit und Richtigkeit von Handlungen, Ergebnissen und Systemen. Ferner hat sie auch deren Wirtschaftlichkeit zu überprüfen.

Financial, Operational und Management Auditing

Traditionelles Prüfungsobjekt ist im Rahmen des Financial Auditing das Rechnungswesen. Dabei geht es um die Ordnungsmäßigkeit insbesondere der Buchhaltung, des Zahlungsverkehrs, der Finanzplanung und der Kalkulation (vgl. Hofmann, 1972, S. 84). Im Rahmen des *Operational Auditing* wird der Prüfungsumfang auf alle Funktionsbereiche ausgeweitet. Er bezieht sich auf die Überprüfung der internen Kontrolleinrichtungen sowie die Einhaltung von Anweisungen und Richtlinien u. Ä. Ferner gehören zu ihm System- und Organisationsprüfungen, in denen die Ordnungsmäßigkeit von Systemen und Verfahren sowie Organisationsabläufen untersucht wird. Immer mehr Bedeutung haben EDV-Prüfungen bekommen, deren Gegenstand die Ordnungsmäßigkeit, Sicherheit und Wirtschaftlichkeit der Datenverarbeitungsprozesse sowie der zugrundeliegenden Software ist. Schließlich kann die Revision in der Weiterentwicklung zum *Management Auditing* eine Beurteilung unternehmerischer Entscheidungen sowie der Ursachen- und Schwachstellenanalyse, die Beratung der Unternehmensleitung, die Erstellung von Gutachten sowie die Ausarbeitung von Verbesserungsvorschlägen übernehmen (vgl. Hofmann, 1992, Sp. 862).

Unterschiede zwischen Controlling und Interner Revision

Vergleicht man die Aufgaben der internen Revision mit den Funktionen des Controlling, so lassen sich deutliche Unterschiede erkennen. Die Zielsetzung der internen Revision besteht darin, Fehler aufzudecken bzw. deren Entstehung über die Kontrollandrohung zu verringern. Ihr zentraler Schwerpunkt ist die Prüfung der Ordnungsmäßigkeit. Dabei untersucht sie vor allem realisierte Handlungen, Ergebnisse und Verfahren, führt also Ex-post-Betrachtungen durch. Die Kontrollen bestehen weitgehend in der Prüfung von Ist-Werten anhand vorgegebener Bestimmungen, Richtlinien und Anweisungen. Dagegen soll durch die Kontrolltätigkeit von Controllern eine bessere Koordination, Erfolgszielausrichtung und Anpassung von Entscheidungen bewirkt werden. Die zielorientierte Verhaltenssteuerung hat für sie mehr Gewicht als die Feststellung der Ordnungsmäßigkeit von Vorgängen. Während sich die Kontrollen der Revision weithin an klaren Maßstäben für die formelle und materielle Ordnungsmäßigkeit orientieren, erstrecken sich Kontrollen im Hinblick auf die Koordinationsfunktion auf viele Prozesse, die man nicht an eindeutigen Kriterien messen kann. Dies gilt besonders deutlich für die Kontrolle strategischer Pläne. Deshalb liegt für Controller der Schwerpunkt auf der Ex-ante-Betrachtung. Durch ihre Tätigkeit und die von ihnen vorgenommenen Kontrollen soll die Motivation der Handlungsträger in den Bereichen eher erhöht, zumindest aber nicht beeinträchtigt werden. Aus diesen Zwecksetzungen folgt, dass Revisionen häufig unerwartet und sporadisch durchgeführt werden. Demgegenüber sind die Aktivitäten von Controllern in die laufenden Planungs- und Kontrollprozesse einzubinden. Ihre Kontrollen erfolgen eher regelmäßig.

Diese Unterschiede schlagen sich in der organisatorischen Eingliederung beider Bereiche nieder. Als äußerst wichtige Voraussetzung für die objektive Tätigkeit der Revision ist ihre Unabhängigkeit anzusehen. Sie muss bei der Durchführung von Prüfungen große Einsichtsmöglichkeiten und eine hohe legitimierte Autorität besitzen. Dagegen sollen Controller unmittelbar an Informations- und Planungsprozessen mitwirken. Ihr Einfluss soll sich stark auf Fachwissen stützen.

Unabhängigkeit der Internen Revision

Aus den Funktionen von interner Revision und Controlling lassen sich damit entsprechend Abbildung 21-4 deutliche Unterschiede in der Art ihrer jeweiligen Kontrolltätigkeiten herleiten, die sich auf die Organisation auswirken. Dennoch weisen sie Überschneidungen auf, soweit die Funktion Controlling in das Kontrollsystem hineinreicht. Diese werden umso größer, je mehr Aufgaben der Beratung und der Ex-ante-Prüfung die Revision im Sinne eines Operational oder Management Auditing übernimmt. Daraus ergibt sich, dass man in der Praxis verschiedenartige Abgrenzungen zwischen beiden Bereichen und unterschiedliche organisatorische Zuordnungen vorfindet (vgl. Horváth, 1998a, S. 773 ff.).

Im Allgemeinen werden die Gestaltung der Aufbauorganisation einer Unternehmung und ihre Änderung durch eine eigenständige *Organisationsabteilung* wahrgenommen. An ihnen wirken Controller insoweit mit, als es um die spezifische Beachtung von Interdependenzen zwischen den Bereichen geht. Aufbau- und ablauforganisatorische Aufgaben können Controllern vor allem im Hinblick auf die Strukturierung von Informations-, Planungs- und Kontrollsystemen übertragen werden. Für die gegenseitige Abstimmung dieser Systeme spielt die

Bezug zur Organisation

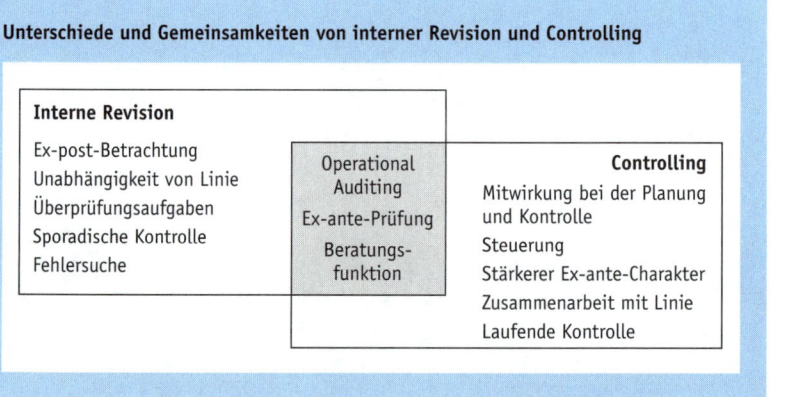

Abb. 21-4

Unterschiede und Gemeinsamkeiten von interner Revision und Controlling

Interne Revision
Ex-post-Betrachtung
Unabhängigkeit von Linie
Überprüfungsaufgaben
Sporadische Kontrolle
Fehlersuche

Operational Auditing
Ex-ante-Prüfung
Beratungsfunktion

Controlling
Mitwirkung bei der Planung und Kontrolle
Steuerung
Stärkerer Ex-ante-Charakter
Zusammenarbeit mit Linie
Laufende Kontrolle

21.4 **Einrichtung einer eigenständigen Controlling-Organisation**
Abgrenzung von Controller-Aufgaben gegenüber anderen Bereichen

680

Systemgestaltung eine wichtige Rolle. Deshalb weist man die Kompetenz für sie häufig einem eigenen Controlling-Bereich zu.

Bezug zur Personal-
führung

Die Aufgaben der Personalführung sind in erster Linie den Instanzeninhabern und dem Personalbereich zugeordnet. Eine Übertragung von Kompetenzen in Form von Mitwirkungs- und Mitentscheidungsrechten bietet sich für Controller an, soweit es um die Gestaltung spezifischer Anreizsysteme geht. Wegen deren engem Bezug zum Personalwesen wird man sie am ehesten in Stellen eines Personal-Controlling organisatorisch verselbständigen.

*Wiederholungsfragen, Aufgaben und Lösungen zu Kapitel 21
finden Sie am Ende von Kapitel 24.*

22 Gestaltung und Einordnung der Controller-Organisation

Für die organisatorische Übertragung von Aufgaben in der Aufbauorganisation einer Unternehmung gibt es zahlreiche Alternativen. Dem widmet sich dieses Kapitel. Hierzu gehört die Frage, mit welchen Kompetenzen Controller auszustatten sind. Die Unterstützungsfunktion spricht für Stabskompetenzen; dadurch könnten die Controllingaufgaben aber zu schwach vertreten sein. Deshalb bietet sich vielfach eine differenzierte Übertragung von Kompetenzen an. Entsprechend stellen sich die Probleme, auf welcher Ebene der höchste Controller eingeordnet und wie das Verhältnis zwischen zentralen und dezentralen Controllern gestaltet werden sollte. Schließlich wird herausgearbeitet, welche verschiedenartigen fachlichen und persönlichen Anforderungen Controller erfüllen sollten, um ihre spezifischen Aufgaben erfüllen zu können.

22.1 Kompetenzausstattung von Controller-Stellen

Im Hinblick auf die Kompetenzen von Controllern ist die zentrale Frage, ob sie lediglich Stabsfunktionen wahrnehmen sollen bzw. inwieweit sie mit Linienkompetenzen auszustatten sind.

Im Anschluss an die Ausgliederung von Controllingaufgaben und ihre Übertragung auf Controller stellt sich die Frage, mit welchen Entscheidungs- und Weisungsrechten diese ausgestattet werden sollten. Häufig diskutiert man daher, ob ihre Stellen Stabs- oder Linienkompetenzen erhalten sollten (vgl. u. a. Horváth, 1998a, S. 797 ff.; Welge, 1988, S. 404 ff.; Weber, 1991a, S. 125 ff.). Vor allem in der älteren Literatur wurde betont, dass die Funktion des Controlling auf die Definitionsmerkmale von Stäben passt (vgl. Agthe, 1960, S. 52; Agthe, 1969, S. 358 ff.; Littmann, 1974, S. 1085 f.). Dabei stand die Unterstützungs- und Entlastungsfunktion gegenüber der Unternehmensleitung im Vordergrund. Man betrachtete das Controlling als informationsverarbeitendes und -bereitstellendes Koordinationssystem. Um diese Funktion wahrnehmen zu können, müsse eine Abwehrhaltung der Linien ausgeschlossen werden. Die Servicefunktion sei mit einer Entscheidungskompetenz, wie sie für Instanzen der Linie gelte, schwer vereinbar. Diese Auffassung legt das Hauptgewicht auf den *führungsunterstützenden Charakter des Controlling*. Dies erscheint verständlich, wenn man seine Verwechslung mit einer reinen Kontrollfunktion vermeiden will, wie sie insbesondere bei der Neueinführung von Controlling häufig zu beobachten ist. Zudem sind Controller in ihrer Koordinationsaufgabe auf die Zusammenarbeit mit vielen Instanzen in den verschiedenen Bereichen angewiesen.

Stabs- oder Linienkompetenz

Kritik reiner Stabs-
kompetenz

Mit einer solchen organisatorischen Gestaltung wird die Tätigkeit von Controllern auf Informations- und Serviceaufgaben beschränkt. Ihnen obliegt die Suche und Analyse von Informationen, durch sie sollen die Entscheidungen von (anderen) Instanzen nur vorbereitet werden. Die konzeptionelle Begründung des Stabscharakters von Controller-Stellen überzeugt aber nicht. Unterstützungs- und Servicefunktion stellen keine Merkmale dar, welche den spezifischen Gegenstand des Controlling inhaltlich bezeichnen können (vgl. Abschnitt 1.4.2). Zumindest die Unterstützung ist ein organisatorisches Merkmal, das für Stäbe in allen Funktionsbereichen gilt.

Zur Wahrnehmung von Einfluss müssen Controller mit ausreichenden Kompetenzen ausgestattet sein (vgl. Mann, o.J., S. 177 ff.; Horváth, 1998a, S. 778). In reinen Stabsstellen verfügen sie über wenig Autorität. Insbesondere für die Durchsetzung von Anpassungen und Innovationen erscheinen Weisungsrechte unerlässlich.

Kompetenzen
in der Praxis

Auch in der Praxis ist ihre Tätigkeit vielfach nicht auf Unterstützung und Beratung beschränkt. Zum Beispiel kann die Nutzung der von der Unternehmensrechnung bereitgestellten Informationen möglicherweise nicht allein den empfangenden Instanzen überlassen bleiben. Informationsbedarfsanalysen und zweckorientierte Berichtsgestaltung reichen vielfach nicht aus. Dann wird es zweckmäßig, den Controllern Rechte zu geben, mit denen sie eine Verwendung der Daten beispielsweise durch Kompetenzen für die zur Entscheidungsfindung einzusetzenden Methoden stärken können. Für die Sicherung der Plankoordination erhalten sie die Kompetenz zur Gestaltung des Planungssystems, zur Überprüfung des Planungsprozesses und der Pläne, zur Mitentscheidung bei der Abstimmung zwischen den Bereichen sowie zur Festlegung der Budgets u.Ä. Entsprechende Regelungen sind hinsichtlich ihres Einflusses in allen Führungsteilsystemen möglich.

Übertragung
von Weisungs- und Entscheidungsrechten

Schon mit der Kompetenz für die Gestaltung von Informations-, Planungs-, Kontroll- und Anreizsystemen gehen Controller über reine Stabsfunktionen hinaus. Durch Rechte zur Mitwirkung an Entscheidungen in diesen Führungteilbereichen wird ihre Kompetenz ausgeweitet. Je stärker der Controlling-Bereich personell besetzt ist, umso mehr Weisungs- und Entscheidungrechte entstehen dann in ihm selbst. Die Notwendigkeit der Regelung von Beziehungen zwischen Controllern nimmt mit der Schaffung von bereichsbezogenen Stellen des Marketing-, Logistik-, Personal-Controlling o.Ä. weiter zu.

Gründe für Linienkompetenz

Diese Überlegungen lassen erkennen, warum Controllern häufig auch die Kompetenzen von Linienstellen übertragen werden. Die Problematik ihrer Kompetenzausstattung rührt weniger davon her, dass Controlling eine führungs»unterstützende« Funktion darstellt (vgl. Schneider, 1991, S. 770 f.). Dies gilt für Planung, Kontrolle, Organisation und Personalführung gleichermaßen. Vielmehr ergibt sie sich aus seiner Koordinationsfunktion, die sich als solche immer auf andere Führungsbereiche bezieht. Eine Koordination beispielsweise zwischen Informationssystem und Planung ist kaum realisierbar, ohne dass an ihr die für das Informationssystem und die für Planung zuständigen Stelleninhaber mitwirken. Richtet man eine spezifische Koordinationsstelle ein, so greift deren Kompetenz in diejenige dieser Personen ein. Zugleich ist sie auf deren Mitwirkung angewiesen, wenn man den Controller nicht zu ihrem Vorgesetzten (und damit letztlich zum Unternehmensleiter) machen will. Als Inhaber einer »Querschnittsfunktion« im Führungssystem müssen Controller einerseits über eine hohe fachliche Kompetenz verfügen, mit der sie überzeugen (vgl. Pohle, 1993, Sp. 666). Sie bildet eine maßgebliche Machtgrundlage für sie. Andererseits sind sie oft auch mit formalen Kompetenzen auszustatten, um ihre Aufgaben mit ausreichendem Gewicht erfüllen zu können. Zugleich müssen die durch sie koordinierten Instanzen für die Wahrnehmung ihrer eigenen Aufgaben Kompetenzen behalten.

Zwischen den Controllern und den Instanzen der anderen Führungsteilsysteme muss aus diesen Gründen eine genaue und vielfach schwierige Kompetenzabgrenzung erfolgen. Dabei verbleibt i. d. R. ein Bereich, in dem sie gemeinsam verantwortlich sind. Eine zielentsprechende Koordination zwischen ihnen lässt sich nur erreichen, wenn die Lösungen von den betroffenen Bereichen zusammen mit dem Controller getroffen und getragen werden. Wie groß der Bereich einer gemeinsamen Verantwortung ist, richtet sich nach den eingesetzten Controllingsystemen und der konkreten organisatorischen Ausgestaltung des Controlling. Beispielsweise ist er in einem System der Zielvereinbarung umfangreicher als in Systemen der Budgetvorgabe oder Systemen mit zentral vorgegebenen Lenkungspreisen.

Probleme der Kompetenzabgrenzung

Der spezifische Charakter des Controlling führt dazu, dass die Trennung zwischen Stab und Linie bei Controller-Stellen im Allgemeinen nicht streng vorzunehmen ist. Dies erscheint möglich, nachdem man insbesondere über Matrixorganisationen mit derartigen Gestaltungen der Weisungsrechte vertrauter ist. Die Ausstattung mit Entscheidungs- und Weisungskompetenzen wird dann bei Controller-Stellen stärker differenziert. Damit sie ihre Querschnittsfunktion wahrnehmen können, ist ihr Aufgabenbereich zu unterteilen. Für eine Reihe von Aufgaben können ihnen *Entscheidungs-* und/oder *Weisungskompetenzen* übertragen werden, insbesondere im Hinblick auf die Einrichtung und Gestaltung von Informations- sowie Planungssystemen. Ferner beziehen sich Entscheidungs- und Weisungsrechte auf den Controlling-Bereich und ggf. auf dezentrale Controlling-Bereiche. Bei anderen Aufgaben wie der Plankoordination weist man ihnen *Vorschlags-, Beratungs-* und *Mitentscheidungskompetenzen* zu. In einem weiteren Teil nehmen sie rein unterstützende *Informations-* und *Beratungsfunktionen* wahr, wie sie für Stäbe charakteristisch sind. Hierzu können zum Beispiel das Erstellen von Planungsgrundlagen und die Ermittlung von Abweichungen zählen (vgl. Baumgartner, 1980, S. 126). Darüber hinaus können die Weisungsrechte beispielsweise nach sachlich-funktionalen und disziplinarischen Tatbeständen verfeinert unterteilt werden. Ein praktisches Beispiel für eine aufgabenbezogene Differenzierung der Kompetenzen nach den verschiedenen Aufgaben ist aus der in Abbildung 22-1 wiedergegebenen Stellenbeschreibung ersichtlich. Bei kleinen Unternehmungen können mehr Controllingaufgaben durch die Leitung wahrgenommen werden. Deshalb ist es bei ihnen eher möglich, diese allein durch Controller mit Stabsfunktionen zu unterstützen (vgl. Pohle, 1993, Sp. 666).

Differenzierte Übertragung von Stabs- und Linienkompetenzen

22.2 Gestaltung und Einordnung der Controller-Organisation
Einordnung von Controlling-Bereichen in die Unternehmenshierarchie

684

Abb. 22-1

Stellenbeschreibung eines Controllers mit Linien- und Stabsfunktionen

Stellenbeschreibung
Leiter des Planungs- und Rechnungswesens (Controller)

I. Stellenbezeichnung: Leiter des Planungs- und Rechnungswesens (Controller)

II. Rang: Prokurist (ggf. Direktor)

III. Unterstellung: Der Stelleninhaber ist dem Ressort-Chef Finanzen (o. Vorstands-mitglied) fachlich und disziplinarisch unterstellt.

IV. Überstellung: Dem Stelleninhaber sind folgende Mitarbeiter unterstellt:
a) in Linienfunktion
    1. Leiter der Gruppe Planung (Finanzplanung, Kosten-/Erlösplanung)
    2. Leiter der Gruppe Finanzbuchhaltung (Handels- und Steuerbilanz)
    3. Leiter der Gruppe Kontrolle (Finanzkontrolle, Kosten-/Erlös-Kontrolle).
b) in Stabsfunktion
    ggf. Leiter der Gruppen Steuern, Recht, Fracht, Zölle.

V. Ziele der Stelle:
Der Controller trägt Rechnungsverantwortung, er hat für Entscheidungen und Kontrollen im Unternehmen laufend die benötigten Informationen zu liefern. ...

VI. Stellvertretung: Der Stelleninhaber wird durch den Leiter der Gruppe Finanz-buchhaltung vertreten.

VII. Aufgabenbereiche im Einzelnen:
Folgende fachliche Aufgaben hat der Stelleninhaber selbst wahrzunehmen:
a) in Linienfunktion
    1. Planungsrechnungen
       – Er entscheidet über ein zweckentsprechendes Mitteilungs- und Formular-System zur Erfassung der Urdaten der Planung in den operativen Berei-chen, wenn notwendig nach Mengen und ... Werten. ...
    2. Finanzbuchhaltung ...
    3. Kontrollrechnungen ...
b) in Stabsfunktion
    – Er berät den Vorstand über den Aufbau und die Verbesserung des Informationssystems, ...

22.2 Einordnung von Controlling-Bereichen in die Unternehmenshierarchie

Für die organisatorische Einordnung von Controllern bieten sich verschiedene hierarchische Ebenen an. Aus dieser Zuordnung folgt ihr Gewicht. Sind Control-ler auch in den dezentralen Einheiten tätig, müssen deren Beziehungen zum zentralen Controlling geregelt werden.

22.2.1 Ebene der Einordnung eines Controlling-Bereichs

Verankerung auf Vorstands- bzw. Geschäftsführerebene

Für die *hierarchische Einordnung* eines Controlling-Bereichs bietet sich eine Reihe von Alternativen an, von denen einige Beispiele in Abbildung 22-2 zu-sammengestellt sind (vgl. Gaydoul, 1980, S. 259). Das höchste Gewicht erhält dessen Leiter bei einer Verankerung auf Vorstands- bzw. Geschäftsführerebene. Dann werden seine Aufgaben innerhalb der Unternehmung als so wichtig eingeschätzt, dass man für sie einen eigenen Vorstands- bzw. Geschäftsführungsbereich einrichtet. In einem solchen Fall können diesem zumindest die Bereiche der internen Unternehmensrechnung einschließlich der Investitionsrechnung und ggf. das externe Rechnungswesen eingegliedert werden.

Durch eine solche Lösung wird der Controller mit hoher Autorität ausgestattet. Er besetzt eine Instanz der obersten Ebene und verfügt über umfangreiche Entscheidungs- und Weisungskompetenzen. Diese rücken gegenüber der Informations- und Beratungsfunktion in den Vordergrund. Der Controller wird als gleichberechtigtes Leitungsmitglied akzeptiert, was auch die Bewertung der Controllingfunktion stärkt. Er wird unmittelbar über alle wichtigen Vorgänge und Entscheidungen informiert. Seine Einordnung bewirkt, dass die Koordination auf der höchsten Leitungsebene umfassend eingebracht wird und er einer zu starken Beachtung einzelner Bereiche sowie Interessen entgegentreten kann.

Gesichtspunkte für oberste Ebene

Abb. 22-2

Typische Einordnungen des Controlling

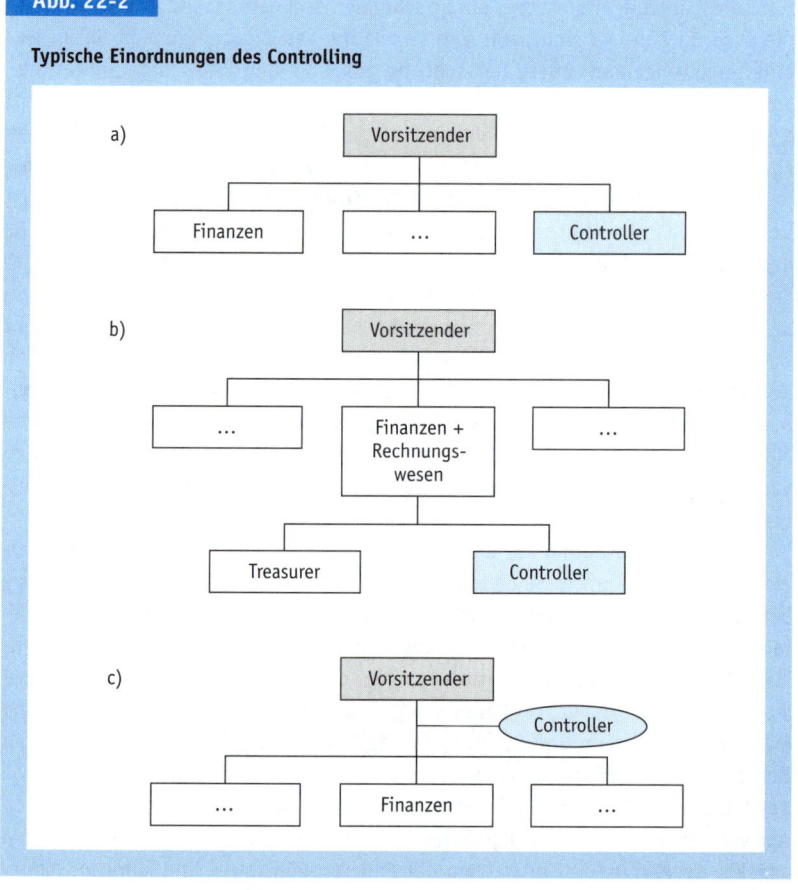

22.2 **Gestaltung und Einordnung der Controller-Organisation**
Einordnung von Controlling-Bereichen in die Unternehmenshierarchie

686

Probleme

Damit ist der Controller an der laufenden Geschäftspolitik beteiligt. Er kann bei allen Entscheidungen für eine ausreichende Berücksichtigung von Koordinationsaspekten Sorge tragen. Andererseits verliert er mit einer solchen Einbindung seine Unabhängigkeit vom Gesamtvorstand und den laufenden Aufgaben, wie man sie für eine kritische Analyse (vgl. Heigl, 1978, S. 20 f.; Serfling, 1992, S. 81 ff.; Baumgartner, 1980, S. 130) der Unternehmenspolitik als zweckmäßig ansieht. Diese Lösung bedeutet, dass zentrale Koordinationsaufgaben vom Gesamtvorstand auf eines seiner Mitglieder übertragen und andere Vorstandsmitglieder teilweise von Controllingaufgaben entbunden werden. Der Controller muss dafür sorgen, dass sie dennoch die Interdependenzen in den Entscheidungen des obersten Leitungsgremiums ausreichend beachten. Deshalb hat eine solche Lösung nicht zwangsläufig eine stärkere Berücksichtigung von Controllingaufgaben zur Folge.

Verankerung auf zweiter Leitungsebene

Häufig findet man in der Praxis eine Einordnung des obersten Controllers in die zweite Leitungsebene (vgl. Horváth, 1998a, S. 798 ff.). Vielfach ist er dabei einem für das Finanz- und Rechnungswesen zuständigen Vorstands- oder Geschäftsführungsmitglied direkt unterstellt. Damit ist eine relativ hohe Verankerung des Controllers mit einer entsprechenden Kompetenzausstattung gewahrt. Gleichzeitig kann er sich mehr von den laufenden Entscheidungen lösen, was eine unvoreingenommenere Betrachtung von Koordinations- und Innovationsaufgaben fördert.

Bei dieser Einordnung hängt der Einfluss des Controlling auf der obersten Ebene davon ab, welches Gewicht es innerhalb des eigenen Geschäftsführungsbereichs besitzt. Das ihm übergeordnete Mitglied des Leitungsorgans vertritt neben dem Controlling weitere Bereiche, beispielsweise die Finanzwirtschaft, das externe Rechnungswesen und/oder das Steuerwesen. Deren Gewicht hat Einfluss darauf, in welchem Ausmaß Controllinggesichtspunkte im obersten Leitungsgremium zur Geltung kommen. Je nach Ausgestaltung des Bereichs können die Sichtweisen beispielsweise der bilanziellen und der steuerlichen Betrachtung oder der Planung auch für die Ausrichtung des Controlling maßgebend werden. Auf der anderen Seite bietet die Einbindung in einen Bereich die Möglichkeit, die Beziehungen zwischen den zusammengefassten Funktionen zu verstärken. Sie kann z. B. die Basis für eine Integration der gesamten Unternehmensrechnung liefern.

Verankerung auf niedrigerer Ebene

Durch die Einordnung auf einer niedrigeren Ebene der Unternehmenshierarchie nehmen die Einflussmöglichkeiten von Controllern weiter ab. Werden sie beispielsweise dem internen Rechnungswesen innerhalb eines Vorstandsbereichs für Finanz- und Rechnungswesen unterstellt, erhält die bedarfsorientierte Gestaltung des Informationssystems gegenüber anderen Koordinationsaufgaben mehr Gewicht. Daran zeigt sich der faktische Zusammenhang zwischen Konzeption und Organisation des Controlling. Für eine Sicherung der Koordination im Führungssystem, der Nutzung von Innovationschancen sowie der Anpassung aufgrund aufgedeckter Abweichungen besitzen Controller bei einer solchen Lösung wenig legitimierte Macht. Deshalb können sie Controllingaspekte gegenüber den Interessen der anderen Führungs- und Funktionsbereiche höchstens begrenzt durchsetzen. Ihre Tätigkeit beschränkt sich häufig auf einzelne Teilaufgaben des Controlling.

Die in Abbildung 22-2 dargestellten Organisationsalternativen zeigen auf, dass neben der Einordnung in die Linie die Möglichkeit der Zuordnung zu einer Instanz besteht. Dann bilden der bzw. die Controller beispielsweise einen Stab, welcher der Geschäftsführung zuarbeitet. Diese Lösung bietet sich insbesondere für kleinere Unternehmungen an. Durch sie erhalten die Controller keine originären Entscheidungs- und Weisungsrechte. Ihr Einfluss wird nur über ihren Vorgesetzten wirksam. Ist dieser sehr hoch angesiedelt, so kann er eine intensive Berücksichtigung von Controllingaspekten sicherstellen. Über den ihm zuarbeitenden Stab wird seine Kapazität ausgeweitet. Ferner kann er Controllern für Einzelaufgaben ein abgeleitetes Weisungsrecht übertragen.

In den Abbildungen 22-3 (vgl. Winkel, 1991, S. 264) und 22-4 (vgl. Nieswandt, 1992, S. 30) sind mehrere praktische Beispiele für die hierarchische Einordnung von Controller-Stellen wiedergegeben. In dem ersten Beispiel ist das Controlling in einem Zentralbereich sowie in den Divisionen und den Werken

Zuordnung zu einer Instanz

Beispiele

Abb. 22-3

Beispiel 1 für die organisatorische Eingliederung des Controlling

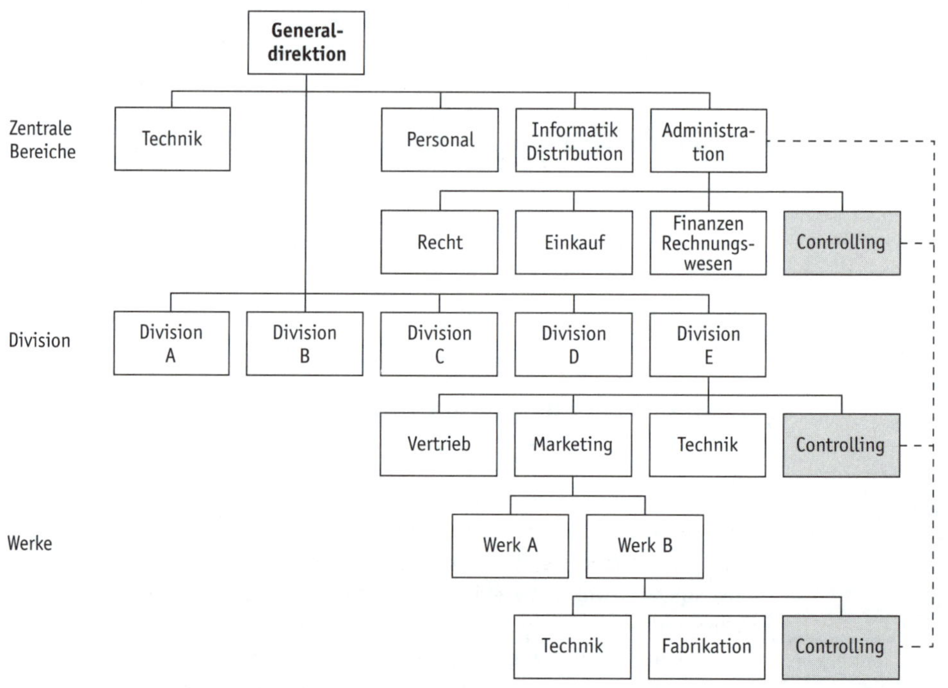

22.2 Gestaltung und Einordnung der Controller-Organisation
Einordnung von Controlling-Bereichen in die Unternehmenshierarchie

688

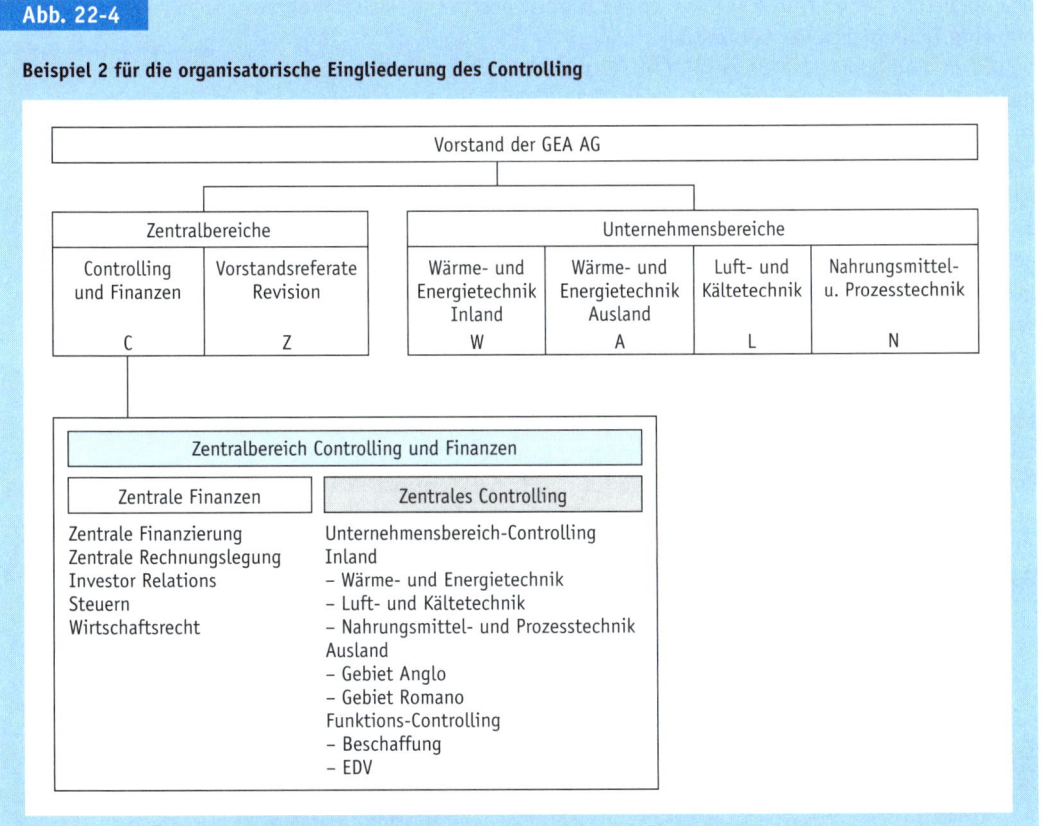

Abb. 22-4

Beispiel 2 für die organisatorische Eingliederung des Controlling

verankert. Dagegen sind im zweiten Beispiel alle Controllingfunktionen in einem Bereich für »Controlling und Finanzen« zentralisiert. In beiden Beispielen ist das Controlling unterhalb des Vorstands eingegliedert.

22.2.2 Gestaltung der organisatorischen Beziehungen zwischen Controller-Stellen

Die Gestaltung der Beziehungen zwischen verschiedenen Controller-Stellen innerhalb eines einzelnen Controlling-Bereichs wirft keine spezifischen Probleme auf. In ihm sind die Zahl der Hierarchiestufen und damit die Leitungsspannen festzulegen, wofür dieselben Gesichtspunkte wie bei anderen Funktionsbereichen gelten.

Liegen jedoch dezentrale Controlling-Bereiche vor, ist deren Verhältnis zum zentralen Unternehmenscontrolling zu regeln. Daraus erwächst ein Spannungsverhältnis gegenüber ihrer Einordnung in andere Organisationseinheiten. Die

Organisation im Controllingbereich

Dezentrale Controlling-Bereiche

Ordnung der Beziehungen zwischen zentralem und dezentralem Controlling beinhaltet in diesem Fall die Regelung der Beziehungen zu den Fachbereichen vor
Ort. Dezentrale Controllingeinheiten können in einzelnen Funktionsbereichen,
Sparten, Werken, Regionen oder Tochtergesellschaften eingerichtet werden und
übernehmen in diesen die Controllingaufgaben. Das Beispiel eines Konzerns mit
weit ausgebautem dezentralem Controlling gibt Abbildung 22-5 wieder (vgl.
Pohle, 1993, S. 666).

Das zentrale Controlling ist für die Koordination aller Unternehmens- und
Controlling-Bereiche zuständig und hat dafür zu sorgen, dass sie auf das
Gesamtzielsystem der Unternehmung ausgerichtet bleiben. Grundsätzliche Pro-
blemstellungen des Controlling werden in ihm bearbeitet. Bei allen controlling-

Aufgaben eines zentralen
Controlling

Abb. 22-5

Controlling-Organisation in einer multinationalen Unternehmung

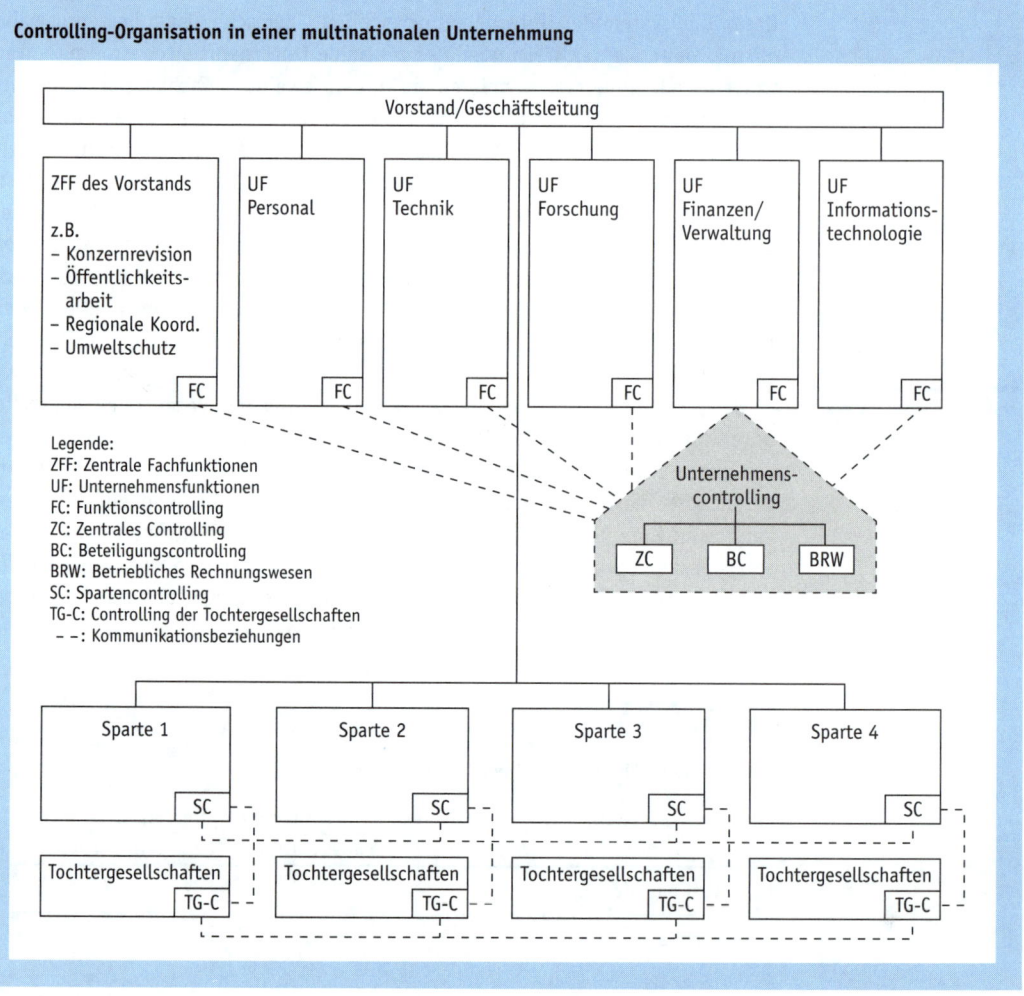

22.2 Gestaltung und Einordnung der Controller-Organisation
Einordnung von Controlling-Bereichen in die Unternehmenshierarchie

690

relevanten Tätigkeiten und Instrumenten sichert das Unternehmenscontrolling eine ausreichende Übereinstimmung. So werden von ihm die in der Unternehmung anzuwendenden Controllingsysteme und -instrumente ausgewählt, eingeführt und weiterentwickelt (vgl. Weber, 1995, S. 385 f.). Ihm obliegt die grundsätzliche Gestaltung des Informationssystems, in das die Systeme der Bereiche einzubinden sind. Ferner übernimmt es die Ausstattung der dezentralen Controller mit den relevanten Controlling-Informationen, deren fachliche und personelle Koordination sowie Aus- und Weiterbildung. Zugleich bietet es ihnen eine Ansprechstelle.

Hierarchische
Einordnung dezentraler
Controller

Schwieriger als die Aufgabenverteilung zwischen zentralen und dezentralen Controllingeinheiten ist die *Regelung* ihrer *hierarchischen Beziehungen*. Für sie ist maßgebend, dass einerseits eine ausreichende Ausrichtung auf das Gesamtcontrolling sichergestellt bleiben soll. Die dezentralen Controller sollen ihre Aufgabe der Koordination zwischen den Bereichen und die Ausrichtung auf das Gesamtzielsystem der Unternehmung erfüllen. Dies scheint am besten gewährleistet, wenn sie den Weisungen des zentralen Unternehmenscontrolling unterworfen sind. Andererseits müssen sie in den jeweiligen Fachbereich eingebunden werden. Werden sie in ihm als Fremdkörper behandelt, laufen sie Gefahr, von den dort für sie erforderlichen Informationen abgeschnitten zu werden. Gegen den Widerstand der in den Fachbereichen tätigen Personen werden sie nur schwer ihre Aufgaben erfüllen können. Die Controller müssen von ihnen akzeptiert und in der laufenden Arbeit berücksichtigt werden. Nur dann werden sie eine Koordination von Führungsaufgaben innerhalb des Bereichs sowie mit anderen Bereichen und der Gesamtunternehmung erreichen können. Hierfür scheint es zweckmäßig, sie in die hierarchische Struktur des Fachbereichs einzufügen.

Eindeutige oder differen-
zierte Unterstellung

Die *Extremlösungen* einer reinen Unterordnung der dezentralen Controller unter den zentralen Controlling-Bereich (Fall I in Abbildung 22-6) auf der einen Seite oder unter den Leiter seines dezentralen Fachbereichs (Fall IV) auf der anderen Seite besitzen deutliche Nachteile. Um sie weitgehend zu vermeiden, kann man *Zwischenlösungen* wählen, die sich über eine Aufspaltung der Weisungsrechte ergeben. Hierzu trennt man zwischen der *fachlichen* und der *disziplinarischen Unterstellung*. Erstere beinhaltet die Kompetenz für den Aufgabeninhalt und die Art der Lösung. Beispielsweise umfasst sie die Vorgehens-

Abb. 22-6

Alternativen der Unterstellung dezentraler Controller

Fachvorgesetzter	Disziplinarvorgesetzter	
	Zentralcontroller	Bereichsleiter
Zentralcontroller	I	II
Bereichsleiter	III	IV

weise bei der Erfüllung von Controllingaufgaben und die hierbei anzuwendenden Methoden. Dagegen bezieht sich die disziplinarische Unterstellung auf
Fragen der Arbeits- und Zeitregelung, Personalbeurteilung, Entlohnung u. Ä.

Eine doppelte Einbindung wird erreicht, wenn man die dezentralen Controller
entsprechend den Alternativen II und III in Abbildung 22-6 entweder fachlich
dem Zentralcontroller und disziplinarisch dem Bereichsleiter (Fall II) oder umgekehrt disziplinarisch dem Zentralcontroller und fachlich dem Bereichsleiter
(Fall III) unterordnet. In diesem Fall spricht man von der Anwendung eines
»Dotted-line-Prinzips«. Die Verbindung des Untergebenen zu seinem fachlichen
Vorgesetzten wird durch eine »punktierte« Linie dargestellt, wie die Beispiele in
den Abbildung 22-7 und 22-8 (in Anlehnung an Liessmann, 1990, S. 522, S. 525
und S. 528) veranschaulichen. In der funktionalen Organisation ist in diesem
Beispiel der Funktionsbereichscontroller dem Zentralcontroller disziplinarisch
unterstellt, dem Funktionsvorstand dagegen fachlich. Für die divisionale Organisation ist hier das disziplinarische Weisungsrecht dem Divisionsvorstand, das
fachliche dem Zentralcontroller zugeordnet. Jedoch können je nach Situationsbedingungen umgekehrte Unterstellungsverhältnisse zweckmäßig sein. Während bei den Extremlösungen der fachlichen und disziplinarischen Unterstellung
nur der Zentralcontroller bzw. allein der Fachbereich eine starke Stellung haben,

Doppelte Unterstellung: Dotted-line-Prinzip

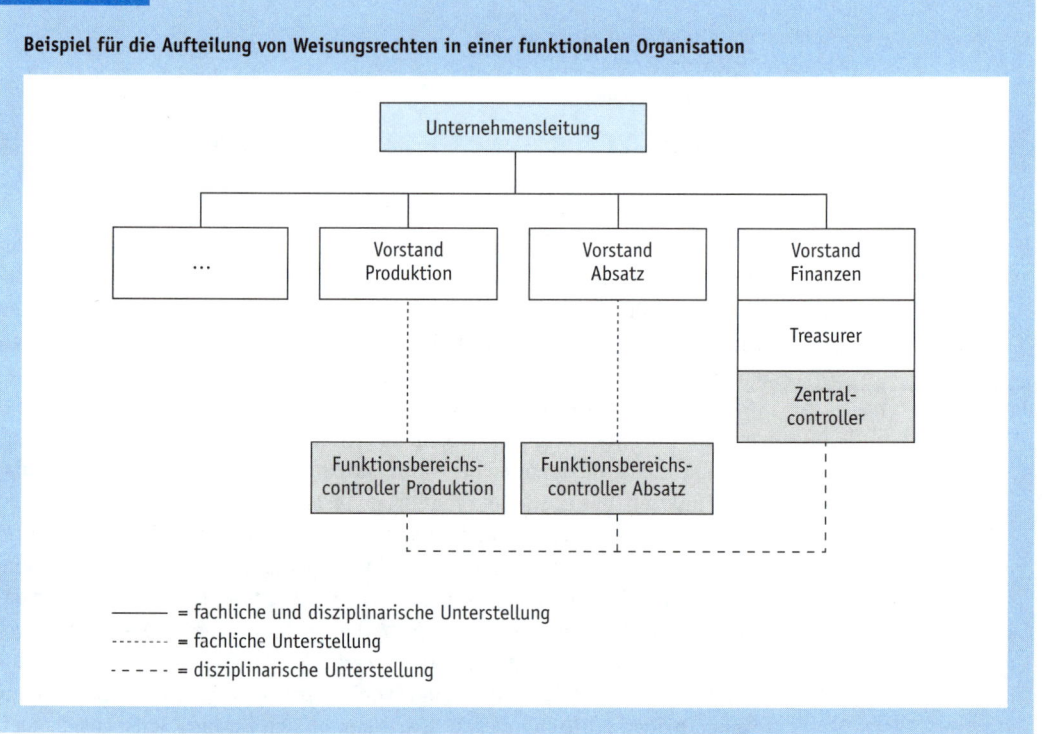

Abb. 22-7

Beispiel für die Aufteilung von Weisungsrechten in einer funktionalen Organisation

——— = fachliche und disziplinarische Unterstellung
········· = fachliche Unterstellung
- - - - - = disziplinarische Unterstellung

22.2 Gestaltung und Einordnung der Controller-Organisation
Einordnung von Controlling-Bereichen in die Unternehmenshierarchie

692

Abb. 22-8

Beispiel für die Aufteilung von Weisungsrechten in einer divisionalen Organisation

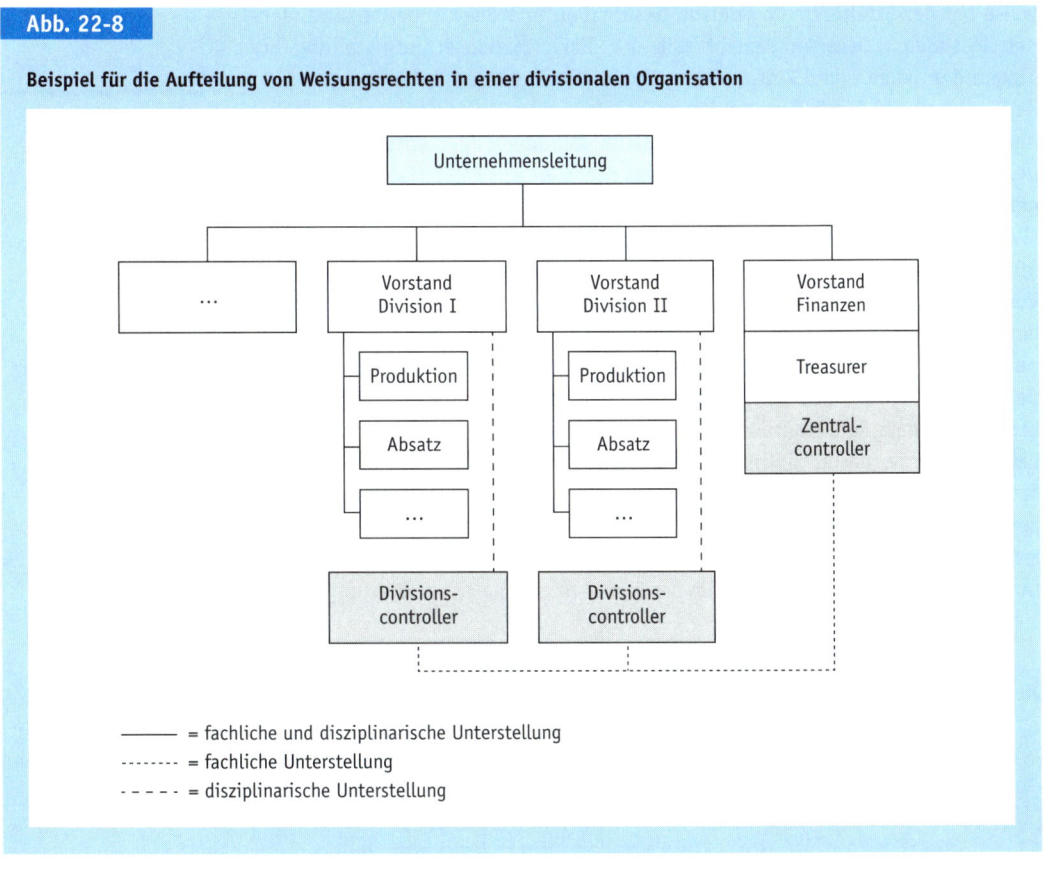

besitzen in den Mischformen beide Einfluss. Damit wird erreicht, dass die Gesichtspunkte des Unternehmenscontrolling in entsprechendem Maß in den dezentralen Fachbereichen zur Geltung kommen. Zugleich besteht die Chance, den dezentralen Controller so stark in den Bereich einzubinden, dass er dort ausreichend mit Informationen versorgt und beachtet wird.

Unterordnung dezentraler Controller

Grundsätzlich scheint es angemessener, wenn das Zentralcontrolling dem dezentralen Controller fachliche Weisungen erteilt, da die Tätigkeit des Controlling auf die sachliche Abstimmung gerichtet ist. Ferner kann die Zentrale disziplinarische Funktionen wegen der räumlichen Distanz weniger zuverlässig als der Fachbereichsleiter ausüben. Andererseits besitzt für den einzelnen Mitarbeiter die disziplinarische Unterordnung das höhere Gewicht. Daraus erwächst die Tendenz, den Disziplinarvorgesetzten stärker zu beachten. Zudem kann die doppelte Unterstellung Konflikte auslösen. Bei Meinungsverschiedenheiten zwischen Zentralcontroller und Fachbereich gerät der dezentrale Controller in eine schwierige Lage. Nicht in allen Fällen wird es ihm gelingen, eine Abstimmung zwischen beiden Positionen zu finden. Wenn er sich für eine Seite entscheidet, kann sein Verhältnis zur anderen erschwert werden. Treten die Konflikte regelmäßig auf und versucht er, eine vermittelnde Position zu bewahren, wird er möglicherweise von keiner Seite akzeptiert. Die Vor- und Nachteile der beiden Extremlösungen und der Mischlösungen wurden von Stefan Schüller entsprechend Abbildung 22-9 zusammengestellt (vgl. Schüller, 1984, S. 210).

Die Koordinationsfunktion des Controlling ist auch hier die Ursache dafür, dass jede Alternative Nachteile aufweist. Deshalb erfordert die Einrichtung von Controller-Stellen die Bereitschaft, von einfachen, eindeutigen Lösungen abzurücken. Controller können ihre Aufgaben nur dann erfolgreich erfüllen, wenn sie auf eine Bereitschaft zur Zusammenarbeit stoßen bzw. diese schaffen können. Dann besteht die Möglichkeit, auf eine starre Regelung der Weisungsrechte zu verzichten. Mit einer gewissen Flexibilität in Abhängigkeit von der jeweiligen Aufgabe und einer stärkeren Differenzierung von fachlicher sowie disziplinarischer Kompetenz lassen sich aufgaben- und situationsspezifische Lösungen finden (vgl. Weber, 1995a, S. 388). Beispielsweise können die Rechte des zentralen Controlling für bestimmte Aufgaben und Situationen begrenzt und im Hinblick auf Information, Beratung, Mitentscheidung oder Genehmigungsvorbehalt abgestuft werden. Analog müssen die Kompetenzen des Fachbereichs nicht alle disziplinarischen Aspekte umfassen. Sie können in einzelne fachliche Tatbestände hineinreichen und z. B. als Veto-Rechte ausgestaltet wer-

Notwendigkeit und Komplexität flexibler Organisationslösungen

---

Abb. 22-9

Vor- und Nachteile alternativer Unterstellungsmöglichkeiten dezentraler Controller (vgl. Schüller, 1984)

	Unterstellung Lineninstanz	Unterstellung Zentralcontroller	»Dotted-line-Prinzip«
positiv	gute und vertrauliche Zusammenarbeit mit der Lineninstanz	einheitliche Durchführung des Controllingkonzepts	Kompromiss zwischen zwei Extremen
	schnelle Information der Zentrale	Gegengewicht bei Beteiligung an Entscheidungen der Lineninstanz	Möglichkeit, Linienerkenntnisse mit Controllingnotwendigkeiten zu verbinden
	guter Zugang zu formellen und informellen Quellen	starke Betonung des integrativen Koordinationsaspekts	flexible Einflussnahme auf Spezialcontroller
	Möglichkeit, Lineninstanz bei Entscheidungen zu unterstützen	schnelle Durchsetzung neuer Konzepte	
	starkes Eingehen auf Linienbedürfnisse	Unabhängigkeit gegenüber Lineninstanzen	
		schnelle Information der Zentrale	
negativ	Controlling-Gesamtkonzept wird vernachlässigt	Spezialcontroller = Spion der Zentrale	Doppelunterstellung = Dauerkonflikt
	Verstärkung des Partikularismus	Informationsblockade der Linie	wird weder von der Linie noch vom Zentralcontrolling akzeptiert
	Berichterstattung an Zentralcontroller wird vernachlässigt	Spezialcontroller wird isoliert	Objektivität und Neutralität nicht gegeben
	mangelnde Distanz und Objektivität zu Linienaktivitäten	geringe Akzeptanz	
		wird nicht zur Entscheidungsunterstützung herangezogen	
		linienspezifische Besonderheiten werden wenig beachtet	

den. Durch eine solche Differenzierung wird die organisatorische Regelung komplizierter. Effizientes Handeln wird mit ihr nur erreicht, wenn die Bereitschaft zur Zusammenarbeit im Hinblick auf gemeinsame Unternehmensziele vorliegt. Die Wahrnehmung von Koordinationsaufgaben über Controller-Stellen stellt daher spezifische Anforderungen an die in ihnen tätigen Personen.

22.3 Anforderungen an Controller

An Controller werden fachliche und persönliche Anforderungen gestellt. Diese ergeben sich aus den spezifischen Merkmalen des Controlling und hängen damit von dessen Verständnis ab.

Einen Überblick über die nachfolgend näher gekennzeichneten und begründeten Anforderungen liefert Abbildung 22-10.

Abb. 22-10

Überblick über wichtige Komponenten des Anforderungsprofils für Controller

Fachliche Anforderungen		Persönliche Anforderungen
Art der Fachkenntnisse und Erfahrungen	Inhaltliche Gegenstände	
Betriebswirtschaftliche Theorien der Beziehungen im Führungs- und im Leistungssystem	**Informationssystem** Kosten- und Erlösrechnung Investitionsrechnung (Externe Rechnungslegung) (Sozialbilanzrechnung) (Humanvermögensrechnung) EDV	**Intelligenz** Analytisches Denkvermögen Geistige Flexibilität
Koordinationsinstrumente Ziel- und Kennzahlensysteme Budgetierungssysteme Lenkungspreissysteme		**Sozialverhalten** Kontaktfähigkeit Überzeugungsfähigkeit
Methoden der Erfolgsplanung und -kontrolle	**Planung und Kontrolle** Systeme Prozesse Instrumente	**Zuverlässigkeit**
Verhaltenstheorien		**Führungseigenschaften**
Motivationsinstrumente	**Zielsysteme** Lösung von Zielkonflikten Zielbildung	
Früherkennungsmethoden	**Personalführung** Führungsstile Anreizsysteme Bestimmungsgrößen menschlichen Verhaltens	
Kreativitätstechniken		
	Organisation	
	Interdependenzen im Leistungssystem	

Vergleiche Küpper, 1990, S. 325 ff.

22.3.1 Art der fachlichen Anforderungen an Controller

Um eine Koordinationsfunktion wahrzunehmen, benötigt man Kenntnisse über die abzustimmenden Bereiche und besonders die zwischen ihnen bestehenden Beziehungen. Zum einen wird demnach ein *faktisches Wissen* verlangt. Interdependenzen betreffen darüber hinaus Zusammenhänge, die durch Hypothesen zu erfassen sind, da sie keine einmaligen Wirkungen auf Einzelereignisse, sondern (relativ) regelmäßige Beziehungen wiedergeben. Deshalb hat zum anderen das *theoretische Wissen* für Controller ein hohes Gewicht. Da ihre Tätigkeit in besonderer Weise auf die Verknüpfung im Führungs- und im Leistungssystem gerichtet ist, gewinnt für sie die Kenntnis von Zusammenhängen und damit das theoretische Wissen eine spezifische Bedeutung. Um Interdependenzen zu beeinflussen, muss man Instrumente der Koordination einsetzen. Hierzu gehören neben den isolierten Koordinationsinstrumenten die übergreifenden Controllingsysteme. Deren Aufbau, Gestaltungsmöglichkeiten und Wirkungen bilden einen Schwerpunkt in dem *methodischen Wissen*, das von Controllern zu fordern ist. Aus der Koordinationsfunktion des Controlling lässt sich demnach begründen, dass sich die fachlichen Anforderungen an Controller vor allem auf theoretisches und methodisches Wissen beziehen.

Anforderungen aus Koordinationsfunktion abgeleitet

Diese Prägung der Art des Wissens folgt auch aus den anderen Zwecksetzungen des Controlling. Die Zielausrichtungsfunktion verlangt i. d. R. eine genaue Kenntnis der *Methoden zur Erfolgsplanung und -kontrolle*. Für die Ausrichtung der Mitarbeiter auf die Unternehmensziele ist deren Verhalten zu beeinflussen, wozu man ein Wissen über *Theorien des Verhaltens* und Instrumente der *Motivation* benötigt. Dies unterstreicht die Notwendigkeit der Verknüpfung von technisch-ökonomischen mit verhaltenswissenschaftlichen Kenntnissen.

Anforderungen aus Zielausrichtungsfunktion abgeleitet

Weitere methodische und theoretische Anforderungen leiten sich aus der Anpassungs- und Innovationsfunktion ab. Deren Erfüllung erfordert das frühzeitige *Erkennen von Markt- und Umweltänderungen*. Vielfach sind diese längerfristig orientiert und stehen damit in enger Beziehung zum strategischen Bereich. Innovationen setzen das *Finden von Ideen und Lösungsalternativen* voraus. Aus diesen Aspekten folgen Anforderungen in Bezug auf Früherkennungsmethoden, Verfahren der strategischen Planung und Kontrolle sowie Kreativitätstechniken.

Anforderungen aus Anpassungs- und Innovationsfunktion abgeleitet

22.3.2 Gegenstand der fachlichen Anforderungen an Controller

Die Wahrnehmung der Koordinationsfunktion im *Führungssystem* verlangt Grundkenntnisse über alle betroffenen Bereiche. Deshalb ist das von einem Controller abzudeckende Feld sehr weit (für die aus der Praxis hergeleiteten Anforderungen vgl. Landsberg/Mayer, 1988; Landsberg, 1990). Es betrifft einerseits Allgemeinkenntnisse zum jeweiligen Bereich, andererseits ein Wissen über dessen Ausprägung in der eigenen Unternehmung.

Bedeutung der fachlichen Anforderungen

Den Kern und Ausgangspunkt bildet hierbei das interne Rechnungswesen. Um das Informationssystem auf den Bedarf der Planung und Kontrolle, aber

Kenntnis interner Erfolgsrechnungen

auch den der Personalführung ausrichten zu können, benötigt der Controller fundierte Kenntnisse in *Kosten- und Erlösrechnung*. Zur Beurteilung ihrer Verwendbarkeit müssen ihm die Gestaltungsmöglichkeiten sowie die Verwendbarkeit der verschiedenen Systeme geläufig sein. Sein Aufgabengebiet erstreckt sich aber gleichermaßen auf die *Investitionsrechnung*. Neben den Verfahren zur wirtschaftlichen Beurteilung von Investitionsalternativen und den Ansätzen zur Berücksichtigung der Unsicherheit besitzen für ihn die Verknüpfungen zur Kosten- und Erlösrechnung eine hohe Bedeutung.

EDV-Kenntnisse

Für beide Teile der internen Planungsrechnung ist die EDV das wichtigste Instrument zur Datenerfassung, -verarbeitung und -bereitstellung. Daher müssen Controller sie in zweckmäßiger Weise einsetzen können, ohne an die Stelle der Informatiker und Programmierer zu treten. Ihre Aufgaben beziehen sich vielmehr auf den Inhalt der Informationsprozesse. Sie müssen in der Lage sein, eine effiziente Nutzung der EDV als Führungsinstrument zu gewährleisten.

Kenntnis von externem Rechnungswesen und Steuern

Im Hinblick auf die Koordination innerhalb des Informationssystems sind zumindest Grundkenntnisse zum externen Rechnungswesen, d. h. zur handels- und steuerrechtlichen Rechnungslegung notwendig. Je größer die Bedeutung von Steuern in der Planung ist, umso mehr reichen die Anforderungen an Controller auch in diesen Bereich hinein.

Kenntnis von Sozialbilanzen und Humanvermögensrechnungen

Darüber hinaus bieten sozialorientierte Rechnungen wie Sozialbilanzen und Humanvermögensrechnungen Ansatzpunkte für eine stärkere Berücksichtigung von gesellschaftlichen und Umweltaspekten sowie des Faktors Mensch in der Rechnungslegung. Bislang gehören sie nicht zu den zentralen Aufgabengebieten von Controllern. Soweit das Gewicht von Sozialzielen, z. B. im Rahmen der Wahrnehmung von Corporate Social Responsibility (CSR), zunimmt, werden Sozialbilanzen im Hinblick auf die Abstimmung der Unternehmung mit Gesellschaft und Umwelt sowie Humanvermögensrechnungen in Bezug auf die stärkere Verknüpfung mit Personalführung für Controller bedeutsamer. Dann wird die Gestaltung einer weitreichenden *Unternehmensrechnung* zu einem Kernbereich der Controllertätigkeit.

Kenntnis der anderen Führungsteilsysteme

Für die Koordination der Planung und Kontrolle benötigen Controller Kenntnisse über die *Struktur von Planungs- und Kontrollsystemen* sowie deren Eigenschaften. Um eine Abstimmung zwischen den Planungsebenen zu bewirken, muss der Controller Einblicke in die wichtigsten Komponenten operativer, taktischer und strategischer Planungen besitzen. Die Koordination zu Personalführung und Organisation verlangt Kenntnisse und Erfahrungen über *Führungsstile, Anreizsysteme, Bestimmungsgrößen menschlichen Verhaltens* und *organisatorische Gestaltungsmöglichkeiten*.

Kenntnisse des Leistungssystems

Die Führungsaufgaben des Controllers sind indirekt auf das Leistungssystem gerichtet, das letztlich gesteuert werden soll. Das für sie relevante Wissen über die Funktionsbereiche betrifft vor allem die Interdependenzen im Leistungssystem. Diese Anforderungskomponente verstärkt sich für das bereichsbezogene Controlling. Die in ihm tätigen Controller sollten sich in ihren jeweiligen Bereichen gut auskennen. Dies verlangt im Produktions- und Logistikbereich eher methodisches und technisches, im Marketingbereich auch empirisches und im

Personalbereich stärker verhaltenswissenschaftliches Wissen. Bereichsbezogene Controller müssen vertiefte Kenntnisse der jeweiligen Funktion oder Sparte mit Kenntnissen über das Führungssystem verbinden.

Durch eine praktische Tätigkeit gewinnt man vertiefte Einsichten in die Wirkung von Instrumenten und die Vorgehensweisen bei der Lösung übertragener Aufgaben. Da sich Controllertätigkeiten auf eine Verbindung zwischen Bereichen richten, sind *berufliche Erfahrungen* wichtig, die nicht nur in Controller-Stellen gewonnen wurden. Zum einen benötigt man Erfahrungen in einzelnen Führungsteilsystemen wie dem Rechnungswesen, der Planung oder der Revision. Zum anderen fordert die Ausrichtung auf den Leistungsbereich, dass Controller und besonders bereichsbezogene Controller in den Funktionsbereichen oder Sparten Erfahrungen gesammelt haben.

Die Gegenstände der fachlichen Anforderungen an Controller decken ein breites Spektrum an Gebieten ab. Da Controller stärker den Anforderungen von *Generalisten* als von Spezialisten zu genügen haben, muss ein Ausgleich zwischen Breite und Tiefe gefunden werden. Ihre Kenntnisse und Erfahrungen sind weniger tiefgehend als beim jeweiligen Spezialisten. Dafür betreffen sie in wesentlich höherem Maße die *Verknüpfungen* zwischen den Leistungs- und den Führungsbereichen.

Wert beruflicher Erfahrungen

Ausgleich zwischen Breite und Tiefe des Wissens

22.3.3 Persönliche Anforderungen an Controller

Da Controller mit vielen Stellen und Bereichen der Unternehmung zusammenarbeiten, erhalten ihre persönlichen Eigenschaften besonderes Gewicht. Als Träger einer Querschnittsfunktion, deren Weisungsrechte gegenüber anderen Stellen begrenzt sind, können sie ihre Auffassungen häufig nicht über eine formale Kompetenz durchsetzen. Oft ist es schwierig, als Generalist zu überzeugen, wenn man in Fragen des Einzelbereichs dem Spezialisten unterlegen ist. Ihre Aufgabenerfüllung ist daher von der persönlichen Überzeugungsfähigkeit bestimmt.

Gewicht persönlicher Erfahrungen und Fähigkeiten

Die Vielfalt an fachlichen Anforderungen kann zu starken persönlichen Belastungen führen. Häufig werden an einen Controller hohe Erwartungen gestellt. Die fehlende Tiefe der Kenntnisse muss er durch intellektuelle und persönliche Fähigkeiten ausgleichen.

Die breiten fachlichen Anforderungen lassen sich nur mit entsprechender Intelligenz erfüllen. Die Verankerung in Unternehmensrechnung, Planung und Kontrolle erfordert *analytisches Denkvermögen*. Zugleich müssen Controller in der Lage sein, sich in viele Gebiete und Probleme hineinzudenken. Von ihnen wird eine große geistige Flexibilität verlangt. Wegen der begrenzten Ausstattung mit formaler Kompetenz sollten sie ferner ein hohes Maß an *Willenskraft* zur Durchsetzung ihrer Argumente mitbringen. Ihre Leistungsbereitschaft muss bei der Vielzahl betroffener Bereiche und Fachgebiete groß sein.

Denkvermögen und Willenskraft

Besondere persönliche Anforderungen werden in Bezug auf das Sozialverhalten gestellt. Controller müssen zwischen Bereichen, Abteilungen und Personen

Sozialverhalten

vermitteln und Teamgeist schaffen. Neben Denkvermögen und Flexibilität ist die Fähigkeit zum Verstehen, Reden und Überzeugen in besonderem Maße gefordert. Nur damit kann es ihnen gelingen, ein abgestimmtes und zielgerichtetes Handeln zu erreichen. Kontakt- und Überzeugungsfähigkeit bilden deshalb zentrale Eigenschaften, die Controller zur Aufgabenerfüllung benötigen.

Zuverlässigkeit

Ihre Durchsetzungsfähigkeit hängt weiter von ihrer Zuverlässigkeit ab. Je deutlicher wird, dass die von ihnen eingebrachten Informationen und Argumente zutreffen, wird ihre Mitwirkung akzeptiert und geschätzt.

Führungskompetenz

Innerhalb von Controllingabteilungen wird von den Instanzeninhabern Führungseigenschaft verlangt. Ferner ist diese erforderlich, soweit Controllern gegenüber anderen Stellen oder Bereichen Kompetenzen übertragen sind oder ihnen beispielsweise im Konfliktfall das Entscheidungsrecht zufällt.

22.3.4 Charakteristische Typen von Anforderungsprofilen für Controller

Aus den skizzierten Controlling-Konzeptionen und den entwickelten fachlichen sowie persönlichen Anforderungsarten lassen sich Typen von Anforderungsprofilen bilden. Dabei schälen sich vier Ausprägungen heraus: der operative, der strategische und der verhaltensorientierte Controller auf Unternehmensebene sowie die Bereichscontroller.

Operativer Controller

Den Ausgangspunkt für den operativen Controller bilden die Kosten- und Investitionsrechnung sowie die operative Planung. Diese Systeme sind von ihm zu koordinieren. Er ist an quantitativen Größen orientiert, analytische Fähigkeiten stehen im Vordergrund. Seinen Einfluss nimmt er mehr über »harte« Daten, die Einführung von Planungs- und Kontrollmethoden und die Orientierung am Gewinn als maßgeblicher Zielsetzung wahr.

Strategischer Controller

Beim strategischen Controller treten die strategische Planung mit den dort angewandten »weicheren« Planungs- und Kontrollverfahren sowie die Anpassungs- und Innovationsfunktion in den Mittelpunkt. Von ihm wird mehr qualitatives Denken verlangt. Neben analytischem Denkvermögen benötigt er Kreativität und Flexibilität. In hohem Maße muss er Sensibilität für Änderungen entwickeln und Neuerungen gegenüber aufgeschlossen sein. Innerhalb der Unternehmensrechnung erhalten Frühwarnsysteme, Systeme strategischer Erfolgsfaktoren, Sozialbilanzen und Humanvermögensrechnungen an Gewicht. Zugleich muss er aber die Verbindung zum operativen Bereich wahren.

Verhaltensorientierter Controller

Der verhaltensorientierte Controller bildet die Brücke zur Personalführung und Organisation. Bei ihm liegt das Schwergewicht auf den Anforderungen im Sozialverhalten. Seine Kenntnisse und Erfahrungen erstrecken sich vor allem auf die Wirkungen von Informationen, Vorgaben und Kontrollen auf das Mitarbeiterverhalten. Er muss hohe Überzeugungskraft besitzen.

Bereichscontroller

In der Übertragung auf das Bereichscontrolling lassen sich diese Ausrichtungen grundsätzlich wiederfinden. Die Anforderungen an die dort tätigen Controller werden in starkem Maße vom jeweiligen Bereich bestimmt. So besteht im Beschaffungs-, Logistik- und Fertigungsbereich eine Tendenz zum quantitativ orientierten Controller, während im Personal-Controlling die Verhaltenskomponente hervortritt.

Die Zwecksetzungen des Controlling lassen sich nur begrenzt erfüllen, wenn sich diese Typen zu weit auseinander entwickeln. Die Aufgabe der Koordination im Führungssystem erfordert letztlich in allen Controllerstellen eine Mischung aus den verschiedenen Anforderungen (vgl. Hahn, 1995, S. 336 f.). Deshalb können diese Typen höchstens als Schwerpunktbildungen verstanden werden. Daraus ergibt sich die Forderung an die Unternehmung, eine ausgewogene Besetzung ihrer Controllerstellen vorzunehmen, durch welche die vielfältigen und anspruchsvollen Controllingaufgaben erfüllbar werden.

Ausgewogenheit der Anforderungen

Wiederholungsfragen, Aufgaben und Lösungen zu Kapitel 22 finden Sie am Ende von Kapitel 24.

23 Ablauforganisatorische Probleme des Controlling

Neben aufbau- sind ablauforganisatorische Fragen zu klären. Diese treten primär bei der Einführung von Controlling mit eigenständiger Organisation auf. Im laufenden Vollzug stellen sie sich besonders im Hinblick auf die Regelung des Ablaufs von Planungs- und Kontrollprozessen.

23.1 Einführung einer Controlling-Organisation

Die Einführung des Controlling setzt ein entsprechendes Konzept voraus. Sie kann in verschiedene Phasen gegliedert werden, die jeweils spezifische Merkmale aufweisen.

Die organisatorische Einführung einer relativ neuen und noch nicht einheitlich verstandenen Funktion wirft spezifische Probleme auf. Wenig erfolgswirksam dürfte ein nicht selten beobachtbares Vorgehen sein, ohne genaueres Konzept Controller-Stellen zu schaffen und zu besetzen, deren Inhaber dann selbständig ihren Aufgabenbereich »suchen« und abstecken. Für die zielgerichtete Einführung eines Controlling-Bereichs bietet sich vielmehr ein mehrphasiger Ablauf an, der sich am allgemeinen Phasenschema der Entscheidungslehre orientiert. Ein solches *Konzept* ist z. B. entsprechend Abbildung 23-1 von Becker/Mackenthun/Müller (1978, S. 134) ausgearbeitet worden, das die Phasen Soll-Ist-Vergleich, Diagnose, Zielsetzung, Strategienentwicklung und Realisierung unterscheidet.

Einen geeigneten Ausgangspunkt für die Einführung von Controller-Stellen bildet eine Effizienzuntersuchung der bisherigen Organisation. In einer Schwachstellenanalyse ist herauszufinden, wo deren Mängel liegen und inwieweit Controller-Stellen notwendig erscheinen. Hierzu kann man insbesondere prüfen, in welchem Umfang Controllingaufgaben beispielsweise der Informationsbedarfsermittlung, der Plankoordination oder eines gesamtzielbezogenen Anreizsystems nicht bzw. nicht zufriedenstellend erfüllt werden. Für diese Aufgaben sind Soll-Anforderungen zu formulieren und mit dem gegenwärtigen Erfüllungsstand zu vergleichen. Soweit möglich, werden dabei auch Soll- und Ist-Werte für Kosten- und Ergebnisgrößen ermittelt. Erst wenn die Vergleiche deutliche Abweichungen aufzeigen, ist die Notwendigkeit einer organisatorischen Unterstützung des Controlling begründet.

Ein empirisches Beispiel für eine derartige Analyse findet sich in der Arbeit von Stefan Franz (1989, S. 122 ff.). Er hat im Einzelnen untersucht, inwieweit die Manager einer Einzelhandelsunternehmung für Einrichtungsbedarf die ihnen zur Verfügung gestellten Daten zur Erfolgserzielung nutzen. Im Hinblick auf die von ihnen zu treffenden Entscheidungen beispielsweise über die Plat-

Abb. 23-1

Ablauf der Entwicklung und Realisierung von Controlling-Konzeptionen

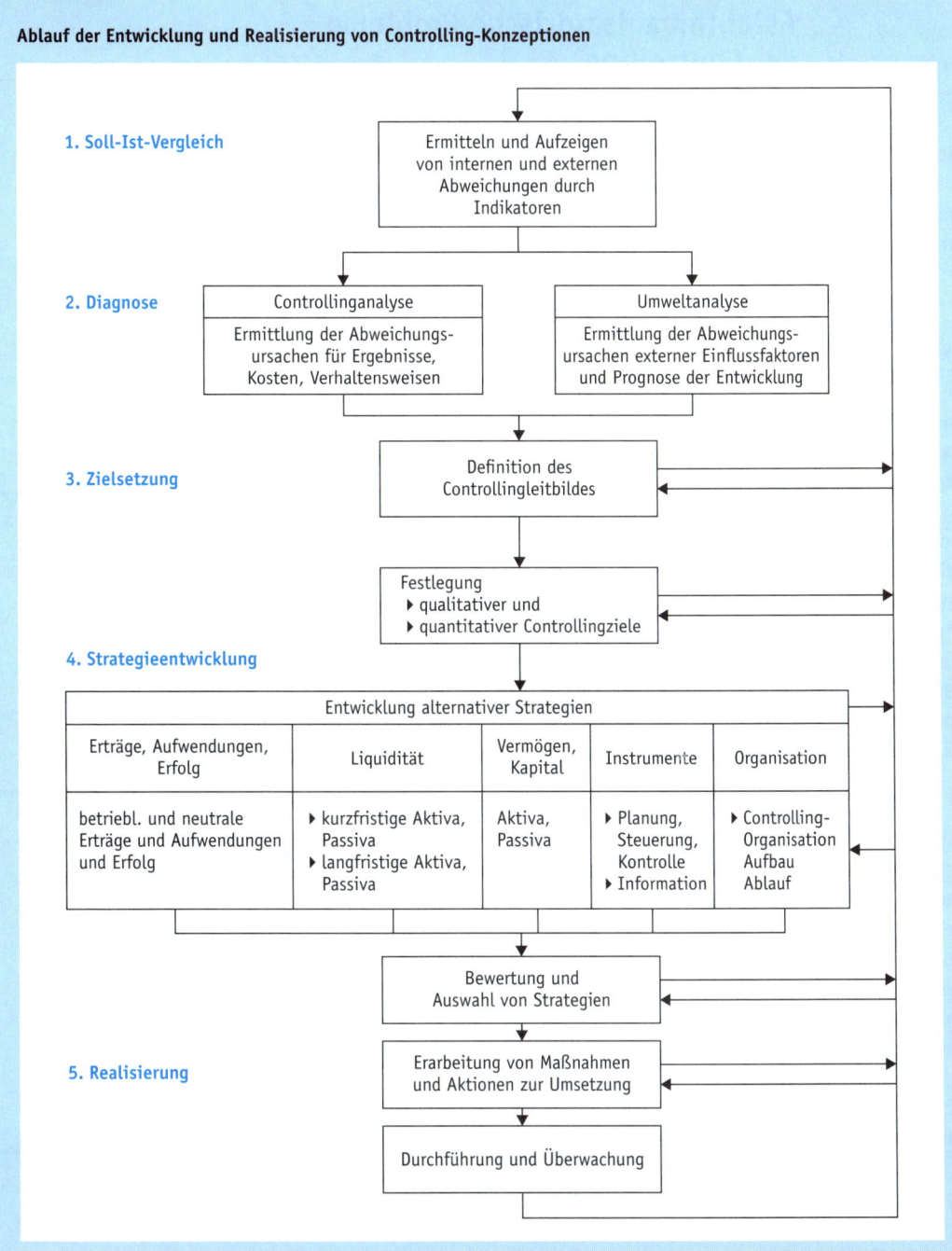

zierung von Ware, die Höhe von Preisen sowie Provisionen und die Werbung konnte er in empirischen Tests die Kenntnisse der Mitarbeiter in Verkauf, Einkauf und Filialen prüfen. Die Antworten deckten bei vielen eine geringe Nutzung der verfügbaren Daten auf. Seine Analyse ergab hinsichtlich der Koordination mit dem Informationssystem deutliche Soll-Ist-Abweichungen. Diese verwendete er als Ausgangspunkt für die Erarbeitung und Prüfung des Konzepts einer Controlling-Organisation.

Die Ergebnisse des Soll-Ist-Vergleichs sind in der Diagnosephase auf ihre Ursachen hin auszuwerten. Diese erstreckt sich sowohl auf den internen als auch den externen Bereich. Bei der internen Controllinganalyse können die Ursachen für die Abweichungen bei Ergebnissen, Kosten und Verhaltensweisen beispielsweise in der Struktur, der Anwendung oder der Nutzung angewandter Systeme liegen. So kann sich erweisen, dass in der Kosten- und Erlösrechnung ggf. mit hohem Aufwand Daten ermittelt werden, die nur in geringem Maße in der Planung Verwendung finden. In der Planung kann es an Verfahren zur Abstimmung zwischen den Planungsbereichen und den Planungsebenen fehlen. Ferner zeigt sich z. B., dass die Planwerte zu wenig mit dem Belohnungssystem der Manager verknüpft sind. Entsprechende Mängel sind möglicherweise in allen Feldern des Controlling zu finden.

Diagnosephase und Controllinganalyse

In der Umweltanalyse ist zu prüfen, welche Abweichungen auf externe Einflussfaktoren zurückzuführen sind. Diese sind u. a. in der Entwicklung der Informations- oder der Fertigungstechnologie sowie der Verfügbarkeit von Fachkräften auf dem Arbeitsmarkt zu suchen. Neben der Feststellung der gegenwärtigen Bedingungen prognostiziert man die künftige Entwicklung, um zu erkennen, inwieweit sich Probleme verschärfen. Nach einer Auflistung aller Abweichungsursachen lassen sich die internen und externen Ergebnisse in einem Stärken- und Schwächenprofil veranschaulichen. Ferner ist ihre Bedeutung für die Unternehmung zu bewerten.

Umweltanalyse

In der Zielsetzungsphase bestimmt man, welche Zwecke mit der Einführung der Controlling-Organisation erreicht werden sollen. Sie erstrecken sich auf die sachliche Verbesserung des Führungssystems sowie seiner Teilsysteme und münden in eine angestrebte Erhöhung der Unternehmensziele. Während die Sachziele beispielsweise im Hinblick auf die Informationsversorgung, das Planungs-, Budgetierungs- oder das Anreizsystem relativ weit operationalisiert werden können, sind die Kosten- und Erfolgszieländerungen wegen der Vielzahl an Einflüssen nur grob in Größenordnungen bestimmbar. Dennoch erhält man wertvolle Anhaltspunkte, um den Bezug zum Erfolg herzustellen und für eine spätere Überprüfung.

Aufgaben der Zielsetzungsphase

Maßgeblich für die Formulierung der Ziele ist die Controlling-Konzeption, von der man ausgeht. Häufig wird empfohlen, sie in einem Leitbild für den Controlling-Bereich niederzulegen, das die Zwecksetzung und das Selbstverständnis des Controlling verdeutlicht. Es liefert eine Basis für die Einarbeitung der Controller und ihre Zusammenarbeit mit den anderen Unternehmensbereichen. Um wirksam zu werden, darf ein solches Leitbild nicht zu einfach sein und keine Leerformeln enthalten. Seine Aussagen müssen so konkret sein, dass ihre

Zielfestlegung in Leitbild

Umsetzung durch die Controller überprüfbar wird. Die Ziele der Einführung eines Controlling-Bereichs sind weiter nach Inhalt, angestrebter Ausprägung und zeitlicher Fristigkeit zu konkretisieren. Je klarer man sie formuliert, umso eher lassen sich Einführungsstrategien entwickeln und bewerten. Schließlich sind sie mit den Zielen der anderen Bereiche abzustimmen, um schon hier die Einbettung der Controller in die Unternehmung zu berücksichtigen.

Umsetzung in Strategien-entwicklung und Reali-sierungsphase

Die qualitativen und quantitativen Controllingziele bilden die Richtschnur für die *Strategienentwicklung*. Diese umfangreichste Phase kann entsprechend dem für größere Projekte weitgehend üblichen Vorgehen in Schritten der Problemanalyse, Ideenfindung, Grob- und Feinplanung sowie Bewertung vollzogen werden (vgl. im Einzelnen Becker/Mackenthun/Müller, 1978, S. 136 f.). Auf der Grundlage einer genaueren Untersuchung der in der Diagnose erkannten Problemfelder werden die als lösbar erachteten Probleme abgegrenzt. Dann sucht man unter Verwendung geeigneter Methoden der Ideenfindung nach Ansätzen und Verfahren zu ihrer Lösung. Diese werden nach einer Grobanalyse mit ihren sachlichen und kosten- sowie erfolgsmäßigen Konsequenzen relativ detailliert ausgearbeitet. Aus ihnen werden die im Hinblick auf das Zielsystem der Unternehmung besten und mit den für dieses Projekt bereitgestellten Ressourcen realisierbaren Alternativen durch eine Bewertung ausgewählt. In der *Realisierungsphase* sind die konkreten Durchführungsmaßnahmen zu erarbeiten und umzusetzen. Dies umfasst die Bereitstellung der erforderlichen Mittel, die Auswahl und Einweisung der Controller u. Ä. Durch eine laufende Überwachung lassen sich Abweichungen von den festgelegten Zielen frühzeitig erkennen und ggf. Anpassungen an die tatsächlichen Gegebenheiten vornehmen.

Einführung mithilfe eines Projektteams

Die Einführung einer Controlling-Organisation stellt ein eigenständiges Projekt dar. Sie kann einem *Team* übertragen werden, welches die skizzierten Schritte der einzelnen Phasen erarbeitet bzw. steuert. Ihm obliegt auch die Aufgabe, Widerstände zu erkennen und abzubauen. Da durch die Einrichtung von Controller-Stellen Aufgaben und Kompetenzen von anderen Stellen abgezogen werden, kann nicht mit einer positiven Akzeptanz des Projekts in allen Bereichen gerechnet werden. So können die Mitarbeiter im Finanz- und Rechnungswesen in den Controllern eine Konkurrenz sehen. Vielfach findet man vor allem die Sorge, Controlling bedeute letztlich doch eine Kontrolle aller Bereiche, bei der die Erfolgsziele allein im Vordergrund stünden. Deshalb vermutet man, dass mit seiner organisatorischen Verankerung die Zahl und Intensität an Kontrollen und der Zwang zur Kosteneinsparung zunehme.

Überwindung von Wider-ständen

Um derartigen Widerständen zu begegnen, müssen die Ziele des Controlling beispielsweise anhand des Leitbildes klargelegt werden. Die betroffenen Bereiche sind eingehend zu informieren und die Controller sowie die mit ihnen zusammenarbeitenden Personen zu schulen. Über die mit der Einführung angestrebten Ziele verdeutlicht man, inwiefern die neue Organisation der gesamten Unternehmung und den einzelnen Bereichen bei der Informationsversorgung, der Planungsabstimmung oder bei anderen Aufgaben Vorteile bringt. Auf diesem Wege können die Beteiligten motiviert werden, die Dienstleistungen der Controller und die von ihnen angebotenen Instrumente zu nutzen.

Da die organisatorische Einrichtung einer neuen Funktion auf Widerstände und Zweifel stößt, bedarf sie nicht nur einer genauen Planung und Information. Organisiert man sie als Projekt, so muss dessen Leiter mit relativ hohen Kompetenzen ausgestattet sein. Die Unternehmensleitung muss voll hinter ihm stehen.

Wenn eine Unternehmung schon über eine Controlling-Organisation verfügt, muss sie in Abständen prüfen, ob diese die gestellten Ziele erfüllt und noch zu den jeweiligen Situationsbedingungen passt. Hierzu können in angemessenen Abständen Soll-Ist-Vergleiche durchgeführt werden. Ergeben sich dabei gewichtige Abweichungen, so ist ein *Reorganisationsprozess* in Gang zu setzen. Regelmäßige Kontrollen des Controlling und seiner Organisation sind notwendig, um der Gefahr einer Ausuferung dieser Funktion zu begegnen.

Anpassung der Controlling-Organisation

Bei einer Reorganisation sind grundsätzlich dieselben Phasen wie bei der erstmaligen Einführung zu durchlaufen. Sie lassen sich i. d. R. schneller und fundierter durchführen, weil man auf Erfahrungen mit der bestehenden Controlling-Organisation zurückgreifen kann. Damit kann man die Ansatzpunkte für Verbesserungen klarer herausarbeiten. Erschwert werden deren Aufdeckung und organisatorische Änderungen durch das Beharrungsvermögen der Controller. Diese wehren sich häufig gegen eine Begrenzung der Ressourcen für den Controlling-Bereich und eine Verringerung seines Einflusses.

23.2 Ablauforganisation innerhalb einer bestehenden Controlling-Organisation

Innerhalb einer bestehenden Controlling-Organisation stellt sich eine Vielzahl ablauforganisatorischer Probleme, die insbesondere die Verteilung der Controllingaufgaben auf die in diesem Bereich tätigen Personen und die Reihenfolge ihrer Bearbeitung betreffen (vgl. Küpper, 1982; Gaitanides, 1992). Deren Lösung hängt wie in anderen Bereichen (z. B. Planung, Rechnungswesen) von den jeweiligen Aufgaben und ihrer Bedeutung für die Unternehmung ab. Deshalb lassen sich für sie nur schwer allgemeine Aussagen formulieren.

Spezifikum der Ablauforganisation

Eine spezifische Aufgabe ist darin zu sehen, dass sich die Controller intensiv mit der Ablauforganisation all der Systeme und Instrumente befassen, durch die eine Koordination erreicht werden soll. So ist die klare Regelung des Planungs- und des Kontrollablaufs ein wichtiger Ansatzpunkt für ihre Abstimmung (als Beispiele vgl. Schüller, 1984, S. 263; Welge, 1988, S. 432 ff.). Die Koordination zwischen den Führungsteilsystemen bezieht sich dementsprechend in starkem Maße auf die Einführung ablauforganisatorischer Regeln, durch welche eine inhaltliche Abstimmung zwischen den Bereichen erst möglich wird.

Regelung des Planungs- und Kontrollablaufs

Wiederholungsfragen, Aufgaben und Lösungen zu Kapitel 23 finden Sie am Ende von Kapitel 24.

24 Ansatzpunkte zur Bestimmung der Effizienz des Controlling

Wie mit allen Führungsfunktionen sollen durch Controlling die Ziele einer Unternehmung besser erreicht werden. Da sich dieser Zusammenhang schwer unmittelbar erfassen lässt, versucht man ihn über Effizienzindikatoren wenigstens näherungsweise abzuschätzen. Hierzu werden Ergebnisse verschiedener empirischer Untersuchungen skizziert. Besser fundierte und generellere Aussagen über die Wirkungen der organisatorischen Verankerung des Controlling sind erst auf Basis einer Theorie des Controlling begründbar.

24.1 Problematik der Bestimmung von Wirkungen des Controlling

Da sich die Wirkung des Controlling auf die typischen Unternehmensziele wie Kapitalwert und Gewinn nicht isoliert erfassen lässt, muss man auf Indikatoren seiner Effizienz zurückgreifen. Dies wirft schwierige Probleme auf.

Die Einführung einer Controlling-Organisation ist nur dann gerechtfertigt, wenn sie zu einer besseren Erfüllung der Unternehmensziele beiträgt. Erstrebenswert wäre es daher, ihren Einfluss auf den Periodenerfolg, längerfristige Erfolgsziele wie den Kapitalwert, die Liquidität und ggf. andere Unternehmensziele zu prognostizieren und zu messen.

Zielgrößen zur Bewertung des Controlling

Zur Bestimmung der *Erfolgswirkungen* lassen sich die Kosten einer Controlling-Organisation noch relativ gut erfassen, insbesondere für das in Controller-Stellen eingesetzte Personal. Auch die Kosten für die Einführung neuer Controllingsysteme beispielsweise der Erfolgsplanung, der Budgetierung oder der Bestimmung von Verrechnungspreisen kann man im Allgemeinen recht präzise prognostizieren und im Nachhinein prüfen. Sie setzen sich aus den Personalkosten für den Zeitaufwand der beteiligten Mitarbeiter, Kosten für Beratung, Software u. Ä. zusammen.

Kostenwirkungen

Wesentlich schwieriger sind die Outputwirkungen der Tätigkeit von Controllern erfassbar. Sie beziehen sich als Führungshandlungen nicht auf Prozesse, die unmittelbar zu Einzahlungen führen. Während man beispielsweise die Wirkungen einer Preisänderung auf die Erlöse zumindest näherungsweise abschätzen kann, sind mit Führungsprozessen nur indirekte positive Erfolgswirkungen verbunden. Aus diesem Grund ist es kaum möglich, diese für einzelne Informations- bzw. Planungssysteme oder bestimmte Organisationsformen zu isolieren. Man benötigt hierzu Hypothesen über die Wirkungen der Führungssysteme und -prozesse auf die Prozesse des Leistungsvollzugs sowie auf deren Input und Output. Sowohl innerhalb des Führungssystems als auch im Leistungsvollzug

Outputwirkungen

24.2 Ansatzpunkte zur Bestimmung der Effizienz des Controlling
Empirische Ergebnisse zu Effizienzwirkungen des Controlling

708

wird dabei eine Reihe verschiedener Einflussgrößen wirksam. Darüber hinaus bestimmen externe Bedingungen auf den Märkten, der Konjunkturverlauf u. a. die Erfolgswirkungen. Ein derart umfassendes Hypothesensystem lässt sich kaum formulieren und empirisch prüfen. Deshalb ist man auf vereinfachte Modelle angewiesen.

Bewertung über Effizienzindikatoren

Der Anspruch, die positiven Erfolgswirkungen des Controlling als einer die anderen Führungsteilsysteme koordinierenden Funktion erfassen und von anderen Einflüssen auch nur näherungsweise isolieren zu können, greift daher zu weit. Wie bei der Beurteilung anderer Führungsteilsysteme bleibt nur ein Übergang auf quantitative oder qualitative Ersatzgrößen, d. h. Größen, deren Beeinflussung durch die Tätigkeit von Controllern zumindest näherungsweise bestimmbar erscheint. Sie können als *»Effizienzindikatoren«* interpretiert werden, wenn man annimmt, dass der Unternehmenserfolg von ihnen abhängt bzw. sich in derselben Richtung wie diese Faktoren verändert.

Zwecke als Effizienzindikatoren

Wichtige Effizienzindikatoren sind die Zwecke, die man mit dem Controlling erreichen möchte (Welge, 1988, S. 451 ff.). Hierzu gehören z. B. als qualitative Größen der Grad an Versorgung mit benötigten Informationen, der Koordinationsgrad der Planung, die Integration von Planung und Kontrolle, die Sicherung der Planung, die Flexibilität der Planung und die subjektive Zufriedenheit mit der Zielerreichung. Als quantitative Größen bieten sich u. a. der Zeitbedarf für Abstimmungsprozesse, das Ausmaß der Budgeteinhaltung sowie finanzielle Kriterien wie die Veränderungsrate von Gewinn bzw. Umsatz an. Insbesondere bei den qualitativen Kriterien stellt sich das Problem, mit welchen Skalen ihre ordinale oder nominale Ausprägung gemessen werden kann.

24.2 Empirische Ergebnisse zu Effizienzwirkungen des Controlling

Anhaltspunkte für die Wirkung des Controlling liefern empirische Erhebungen, wie sie zu zahlreichen Einzelaspekten durchgeführt wurden.

Grenzen genereller Aussagen

In einer Reihe empirischer Studien hat man versucht, Hypothesen über den Einfluss des Controlling auf Effizienzindikatoren zu überprüfen (zum Überblick vgl. Welge, 1988, S. 456 ff.). Jedoch betrachten sie jeweils nur *Einzelzusammenhänge*. Zudem hängen ihre Ergebnisse von den Situationsbedingungen ab, in denen sich die berücksichtigten Unternehmungen befanden. Deshalb lassen sich mit ihnen keine allgemeingültigen Behauptungen über Wirkungen des Controlling untermauern. Sie liefern eher Anhaltspunkte über beobachtete Wirkungen, deren Übertragung auf den Einzelfall genau zu untersuchen ist.

Methodisches Vorgehen

In der Regel liegt diesen Untersuchungen eine *Fragebogenerhebung* zugrunde, deren Antworten mit Hilfe von statistischen Analysen ausgewertet wurden. Die Effizienz des Controlling wurde mit unterschiedlichen qualitativen oder quantitativen Kriterien operationalisiert. So untersuchen beispielsweise Anderson/O'Reilly (1981) den Einfluss des *Steuerungssystems* auf die Zufriedenheit der Mitarbeiter und die Effizienz dieses Systems. Letztere wird durch das Ausmaß der Zielerreichung gemessen und ist von den Vorgesetzten zu beurteilen. Ihre Erhebung aus einer Stichprobe von 121 amerikanischen Führungskräften der Industrie zeigte, dass diese Effizienz am deutlichsten vom Ausmaß der Systemunterstützung durch das Topmanagement positiv beeinflusst wird. Ferner wirkten sich der Schwierigkeitsgrad der Zielerreichung sowie ein hochqualitatives Feedback signifikant positiv auf dieses Effizienzkriterium aus. Die wichtigste Einflussgröße wird von ihnen so gedeutet, »dass ein hohes Vertrauen in die Topmanagement-Systemunterstützung in ein höheres Effizienzniveau mündet« (Welge, 1988, S. 462). Jedoch könnte dieses Vertrauen auch auf die hohe Effizienz zurückzuführen sein. Empirische Erhebungen zeigen nur die Existenz von Zusammenhängen.

Die Beziehungen zwischen Systemen der Budgetvorgabe und der Unternehmensgröße sowie der Diversifikation und dem Zentralisationsgrad hat Kenneth A. Merchant (1981; 1984) in zwei Studien bei 19 Elektronikunternehmungen der USA erhoben. In ihnen hat er untersucht, wie die Befragten die Effizienz ihrer Abteilung bzw. ihres Bereichs auf einer fünfstufigen Skala subjektiv bewerten. Faktoren- und Korrelationsanalysen ergaben beispielsweise, dass die Wirkung von Budgetierungssystemen von der Unternehmensgröße abhängt. Gut bestätigt wurde die Hypothese, dass größere Unternehmungen eine höhere Effizienz erreichen, wenn sie administrativ geprägte Budgetierungssysteme einsetzen. Partizipation sowie eine hohe Einschätzung von Budgetsitzungen und -besprechungen scheinen effizienzfördernd zu wirken. Dagegen erwiesen sich kleine Unternehmen erfolgreicher, wenn ihre Budgetierungssysteme eher personenorientiert und weniger administrativ waren. Für den Einsatz des Zero-Base-Budgeting ergab sich über die gesamte Stichprobe hinweg eine negative Beziehung zur Effizienz. In einer vertieften Analyse dieser Stichprobe fand Merchant heraus, dass größere, stärker differenzierte Abteilungen zum Einsatz formaler Systeme neigen und damit eine bessere Effizienz erzielen. Die Effizienz war aber davon abhängig, dass die Formalisierung der Budgetierung auf die Abteilungsgröße passte.

Erhebungen zur Budgetvorgabe

Mit den Wirkungen eines bereichsbezogenen Controlling befassen sich z.B. die empirischen Erhebungen von Vijay Sathe (1982), Andreas Offermann (1985) und Ulrich Döpke (1986). Bei Sathe wird u.a. ein positiver Zusammenhang zwischen der *Entscheidungsbeteiligung des Divisioncontrollers* und dem mit unterschiedlichen Indikatoren gemessenen finanziellen Erfolg der Unternehmung festgestellt. Dieses Ergebnis ist jedoch ebenfalls mehrdeutig interpretierbar. Neben der Vermutung einer positiven Wirkung des Controllers lassen sich die empirischen Daten auch so auslegen, dass erfolgreiche Unternehmungen eher Ressourcen zur Einrichtung des Controlling bereitstellen. Die befragten Manager äußerten aber die Auffassung, der Erfolg sei mit auf den Controller zurückzuführen.

Erhebungen zum bereichsbezogenen Controlling

In seiner Untersuchung zum Projekt-Controlling misst Offermann die Effizienz über einen Gesamtnutzenindex der Zufriedenheit mit dem Projektablauf. Einen positiven Einfluss auf diese Effizienz besaß in seiner Stichprobe die Pro-

Erhebung zum Projekt-Controlling

24.2 Ansatzpunkte zur Bestimmung der Effizienz des Controlling
Empirische Ergebnisse zu Effizienzwirkungen des Controlling

710

jektkontrolle. Deutlich schwächer waren die Wirkung der Ziel- und Einsatzparameterplanung sowie der Koordination und Administration der Kostenbudgets. Unter verschiedenen Formen des Controlling erwies sich die Effizienz bei derjenigen am größten, die den Schwerpunkt auf die Informationsanalyse legte. Eine nähere Analyse dieser Formen lässt vermuten, dass ihre Wirkung auch von anderen Einflussgrößen wie der Umweltdynamik und -komplexität sowie der Art der Projekte abhängig ist (Welge, 1988, S. 471). Diese Befunde sind daher ebenfalls als Hinweise auf beobachtbare Einzelbeziehungen zu werten.

Erhebung zum Marketing-Controlling

Auf die Wirkung des Marketing-Controlling konzentriert sich die Untersuchung von Döpke, dessen Effizienz er an einer Reihe von Indikatoren misst. Seine empirischen Befunde weisen darauf hin, dass die Effizienz der Informationsversorgung durch die Koordination des Informationsbedarfs für die strategische Marketingplanung sowie die Koordination von Analysen gesteigert wird. Auf die Effizienz der Marketingkontrolle wirken sich in seiner Stichprobe die Erarbeitung von Marketingbudgets, die Koordination des Marketing- mit anderen Funktionsbudgets und die Kontrolle von Budgetnachfrage sowie -verbrauch positiv aus. Die Zufriedenheit mit dem Planungsprozess war mit einer größeren Zahl von Aufgaben des Marketing-Controllers positiv korreliert. Ferner ergab sich, dass bei Unternehmungen mit institutionalisiertem Marketing-Controlling der Zeitbedarf für Abstimmungsprozesse signifikant niedriger war, Planungstermine tendenziell besser eingehalten wurden und bessere Informationen für strategische Entscheidungen zur Verfügung standen. Diese Erhebung lässt für die einbezogenen Unternehmungen einen relativ engen positiven Zusammenhang zwischen dem Marketing-Controlling und der Zufriedenheit mit dem Planungsprozess sowie der Verbesserung der Informationsversorgung erkennen.

Aussagegrenzen der Erhebungen

Aus diesen empirischen Untersuchungen und ihren Einzeldaten kann nicht auf die Vorteilhaftigkeit der Einführung einer Controlling-Organisation geschlossen werden. Dafür beziehen sich ihre Ergebnisse zu sehr auf *Einzelaspekte*, ist die Zahl berücksichtigter Unternehmungen nicht groß genug und sind die ermittelten Zusammenhänge *mehrdeutig* interpretierbar. Sie geben lediglich Hinweise auf mögliche positive Wirkungen einer organisatorischen Verankerung des Controlling.

Notwendigkeit umfassender Theorien zum Controlling

Aussagefähigere empirische Ergebnisse setzen ein System von Hypothesen über das Controlling voraus. Eine solch umfassende Theorie ist inzwischen entsprechend der Kennzeichnung in Kapitel 3 erkennbar. Mit ihm liegen *Bausteine theoretischer Ansätze* für wichtige Komponenten des Controlling vor. Aus ihnen lassen sich Argumente über die Zweckmäßigkeit bestimmter Controllinglösungen für konkrete Problemstellungen und Situationen ableiten und begründen. Dies ist eine Grundlage für weitere empirische Untersuchungen, über die man zu besser fundierten Erkenntnissen über die Wirkungen des Controlling gelangen kann. Sie können nicht nur die Verankerung des Controlling in der Betriebswirtschaftslehre verstärken, sondern auch der Praxis Hilfestellungen bei der Entscheidung über Art und Ausmaß der organisatorischen Umsetzung der Controllingfunktion bieten.

Wiederholungsfragen Kapitel 21–24

1. *Warum ist es notwendig, zwischen der Organisation und der Funktion des Controlling zu trennen?*
2. *Wodurch unterscheidet sich eine Stabs- von einer Linienstelle? Welche Gesichtspunkte sprechen dafür, Controller nicht nur mit Stabskompetenzen auszustatten? Wovon hängt dies ab?*
3. *Warum werden an Controller häufig vielfältige Anforderungen gestellt? Welche Fachkenntnisse und Erfahrungen stehen dabei im Vordergrund? Warum sollten sie spezifische persönliche Fähigkeiten einbringen?*
4. *Welche Phasen können systematisch durchlaufen werden, um Controlling in einer Unternehmung erfolgreich einzuführen?*
5. *Aus welchen Gründen erscheint es praktisch nicht möglich, die Wirkungen verschiedener Organisationsalternativen des Controlling auf das bzw. die ökonomischen Unternehmensziele zu prognostizieren? Wie kann man sich bei der Entscheidung über die Organisation des Controlling behelfen? Auf welche Erkenntnisse kann man dabei zurückgreifen?*

Aufgaben Kapitel 21–24

1. *Kennzeichnen Sie vier Alternativen zur organisatorischen Einordnung des obersten Controllers in die Unternehmenshierarchie.*
2. *Stellen Sie systematisch zusammen, welche Argumente für jede dieser vier Alternativen sprechen.*
3. *Welche grundlegenden Organisationsprobleme sind zu lösen, wenn es in einer Unternehmung neben dem Unternehmenscontrolling auch dezentrale Controllingbereiche gibt?*
4. *Auf welch unterschiedliche Weise kann die Unterstellung eines dezentralen Controllers vorgenommen werden? Wägen Sie die Argumente ab, die für die jeweiligen Alternativen sprechen.*

Lösungen Kapitel 21–24

1. *Einordnung*
   ▸ *auf der Vorstands- bzw. Geschäftsführungsebene;*
   ▸ *in die zweite Leitungsebene, z. B. unter den Vorstand für Finanzen und Rechnungswesen;*
   ▸ *in eine niedrigere Ebene der Unternehmenshierarchie, z. B. das Finanz- und Rechnungswesen;*
   ▸ *Zuordnung als Stab zu einer Instanz wie dem Vorstandsvorsitzenden oder dem Vorstand für Finanzen und Rechnungswesen.*

2. *Kennzeichnung der Einordnungsalternativen nach*
   ‣ *den jeweiligen Entscheidungs- und Weisungskompetenzen,*
   ‣ *dem beabsichtigten Einfluss des Controllers,*
   ‣ *der Abhängigkeit von dem zugrunde liegendem Verständnis des Controlling,*
   ‣ *der Unternehmensgröße,*
   ‣ *der unmittelbaren Wahrnehmung von Controllingfunktionen durch die Mitglieder von Vorstand bzw. Geschäftsführung,*
   ‣ *dem Gewicht und Beachtung der dem Controlling übertragenen Aufgaben (Information, Koordination, ...)*
   ‣ *der Entlastung anderer Bereiche,*
   ‣ *der Nähe der übertragenen Controllingaufgaben zu Aufgaben anderer Bereiche wie Finanz- und Rechnungswesen.*

3. *Es geht vor allem um die fachliche und die disziplinarische Unterstellung der Controller unter das zentrale Unternehmenscontrolling und die jeweilige Fachabteilung.*

4. *Grundsätzlich gibt es vier Alternativen der fachlichen bzw. disziplinarischen Unterstellung unter den Vorgesetzten im Zentralcontrolling bzw. der Fachabteilung. Beide Unterstellungsformen können durch ein Dotted-line-Prinzip kombiniert werden. Die Argumente für die Alternativen sind in Abbildung 22-9, S. 697, systematisch zusammengestellt.*

Literatur

Abell, Derek F. (1980): Defining the Business. The Starting Point of Strategic Planning, Englewood Cliffs, New Jersey 1980.

Ackerman, Robert W. (1970): Influence of Integration and Diversity on the Investment Process, in: ASQ, (15) 1970, S. 341–351.

Adam, Dietrich (1969): Produktionsplanung bei Sortenfertigung. Ein Beitrag zur Theorie der Mehrproduktunternehmung, Wiesbaden 1969.

Adam, Dietrich (1970): Entscheidungsorientierte Kostenbewertung, Wiesbaden 1970.

Adam, Dietrich (1983): Kurzlehrbuch Planung, 2. Aufl., Wiesbaden 1983.

Adam, Dietrich (1997): Investitionscontrolling, 2. Aufl., München, Wien 1997.

Adam, Dietrich (2000): Investitionscontrolling, 3. Aufl., München, Wien 2000.

Agthe, Klaus (1960): Der Controller in der Organisation amerikanischer Unternehmungen, in: ZfO, (29) 1960, S. 48–54.

Agthe, Klaus (1969): Controller, in: HWO, hrsg. v. Erwin Grochla, Stuttgart 1969, Sp. 351–362.

Aguilar, F. J. (1967): Scanning the Business Environment, New York, London 1967.

Ahn, Heinz (1999): Ansehen und Verständnis des Controlling in der Betriebswirtschaftslehre – Grundlegende Ergebnisse einer empirischen Studie, in: Con, (11) 1999, S. 109–114.

Ahn, Heinz (2003): Effektivitäts- und Effizienzsicherung – Controlling-Konzept und Balanced Scorecard, Frankfurt/Main et al., 2003.

Ahn, Heinz/Dyckhoff, Harald (2004): Zum Kern des Controllings: Von der Rationalitätssicherung zur Effektivitäts- und Effizienzsicherung, in: Controlling. Theorien und Konzeptionen, hrsg. v. Ewald Scherm und Gotthard Pietsch, München 2004, S. 501–525.

Ahrens, Thomas (1999): Contrasting Involvements. A Study of Management Accounting Practices in Britain and Germany, Amsterdam 1999.

Albach, Horst (1962a): Investition und Liquidität. Die Planung des optimalen Investitionsbudgets, Wiesbaden 1962.

Albach, Horst (1962b): Zur Verbindung von Produktionstheorie und Investitionstheorie, in: Zur Theorie der Unternehmung, hrsg. v. Helmut Koch, Wiesbaden 1962, S. 137–203.

Albach, Horst (1987): Investitionspolitik erfolgreicher Unternehmen, in: ZfB, (57) 1987, S. 636–661.

Albach, Horst (1988): Maßstäbe für den Unternehmenserfolg, in: Handbuch Strategische Führung, hrsg. v. Herbert A. Henzler, Wiesbaden 1988, S. 69–83.

Albach, Horst (2000): Zu neuen Entwicklungen in der Hochschul-Kostenrechnung, in: Hochschulorganisation und Hochschuldidaktik. ZfB Ergänzungsheft 3/2000, hrsg. von Horst Albach und Peter Mertens, S. 219–223.

Albach, Horst/Bock, Kurt/Warnke, Thomas (1984): Kritische Wachstums-schwellen in der Unternehmensentwicklung, in: Schriften zur Mittelstandsforschung Nr. 7, Stuttgart 1984.

Albach, Horst/Fandel, Günter/Schüler, Wolfgang (1978): Hochschulplanung, Baden-Baden 1978.

Albach, Horst/Weber, Jürgen (Hrsg.) (1991): Controlling. Selbstverständnis – Instrumente – Perspektiven, ZfB Ergänzungsheft 3/1991.

Albers, Sönke (1989): Ein System zur IST-SOLL-Abweichungs-Ursachenanalyse von Erlösen, in: ZfB, (59) 1989, S. 637–654.

Albers, Sönke (1995): Optimales Verhältnis zwischen Festgehalt und erfolgsabhängiger Entlohnung bei Verkaufsaußendienstmitarbeitern, in: ZfbF, (47) 1995, S. 124–142.

Albers, Sönke (1999): Optimale Allokation von Hochschul-Budgets, in: DBW, (59) 1999, S. 583–598.

Amling, Thomas K. (1997): Ansatzpunkte und Instrumente des Personal-Controlling auf der strategischen und operationalen Problemebene im Industriebetrieb, Frankfurt am Main, 1997.

Amshoff, Bernhard (1993): Controlling in deutschen Unternehmen. Realtypen, Kontext und Effizienz, 2. Aufl., Wiesbaden 1993.

Anderson, J. C./O'Reilly, C. A. (1981): Effects of an Organizational Control System on Managerial Satisfaction and Performance, in: Human Relations, (34) 1981, S. 491–501.

Angermann, Adolf/Blechschmidt, Uwe (1972): Hochschulkostenrechnung, Basel 1972.

Ansoff, H. Igor (1976): Die Bewältigung von Überraschungen. Strategische Reaktionen auf schwache Signale, in: ZfbF, (28) 1976, S. 129–152.

Arbeitskreis »Externe und interne Überwachung der Unternehmung« der Schmalenbach-Gesellschaft/Deutsche Gesellschaft für Betriebswirtschaft e. V. (1995a): Grundsätze ordnungsmäßiger Aufsichtsratstätigkeit – ein Diskussionspapier, in: DB, (48) 1995, S. 1–4.

Arbeitskreis »Externe und interne Überwachung der Unternehmung« der Schmalenbach-Gesellschaft/Deutsche Gesellschaft für Betriebswirtschaft e. V. (1995b): Replik des Arbeitskreises »Externe und interne Überwachung der Unternehmung« der Schmalenbach-Gesellschaft/Deutsche Gesellschaft für Betriebswirtschaft e. V., in: DB, (48) 1995, S. 1926.

Arbeitskreis Hochschulrechnungswesen (1999): Arbeitskreis Hochschulrechnungswesen der deutschen Universitätskanzler: Schlussbericht, München 1999.

Argyris, Chris (1953): Human Problems with Budgets, in: HBR, (31) 1953, S. 97–110.

Arrow, Kenneth J. (1963): Social Choice and Individual Values, 2. Aufl., New York 1963.

Aschoff, Christoff (1978): Betriebliches Humanvermögen. Wiesbaden 1978.

Asser, Günter (1971): Das Berichtswesen, in: Handbuch der Kostenrechnung, hrsg. v. R. Bobsin, München 1971, S. 653–678.

Atkinson, Anthony A. (1987): Intra-firm Cost and Resource Allocation: Theory and Practice, Toronto 1987.

Atkinson, Anthony A./Banker, Rajiv D./Kaplan, Robert S./Young, S. Mark (1997): Management Accounting, Upper Saddle River, New Jersey, 2. Aufl. 1997

Atkinson, Anthony A./Matsumura, Ella Mae D./Kaplan, Robert S./Young, S. Mark (2007): Management Accounting, 5. Aufl., Upper Saddle River, New Jersey 2007.

Atkinson, John W. (1975): Einführung in die Motivationsforschung, Stuttgart 1975.

Atkinson, John W. (Hrsg.) (1958): Motives in Fantasy, Action and Society, Princeton 1958.

Axsäter, Sven (1981): Aggregation of Product Data for Hierarchical Production Planning, in: OR, (29) 1981, S. 744–756.

Axsäter, Sven/Jönsson, Henrik (1984): Aggregation and disaggregation in hierarchical production planning, in: EJOR, (17) 1984, S. 338–350.

Axsäter, Sven/Jönsson, Henrik/Thorstenson, Anders (1983): Approximate Aggregation of Product Data, in: Engineering Costs and Production Economics, (7) 1983, S. 119–126.

Backhaus, Klaus/Erichson, Bernd/Plinke, Wulff/Weiber, Rolf (2011): Multivariate Analysemethoden: Eine anwendungsorientierte Einführung, 13. Aufl., Berlin et al. 2011.

Baetge, Jörg (1980): Kontrolltheorie, in: HWO, hrsg. v. Erwin Grochla, 2. Aufl., Stuttgart 1980, Sp. 1091–1104.

Baetge, Jörg (1993): Überwachung, in: Vahlens Kompendium der Betriebswirtschaftslehre, Bd. 2, hrsg. v. Michael Bitz et al., 3. Aufl., München 1993, S. 175–218.

Baetge, Jörg (1995): Konzernbilanzen, 2. Aufl., Düsseldorf 1995.

Baetge, Jörg (2000): Konzernbilanzen, 5. Aufl., Düsseldorf 2000.

Baetge, Jörg (2011): Konzernbilanzen, 9. Aufl., Düsseldorf 2011.

Baetge, Jörg/Beuter, Hubert B. (1992): Kreditwürdigkeitsprüfung mit Diskriminanzanalyse, in: WPg, (45) 1992, S. 749–761.

Baetge, Jörg/Kirsch, Hans-Jürgen/Thiele, Stefan (2012): Bilanzen, 12. Aufl., Düsseldorf 2012.

Baiman, Stanley (1982): Agency Research in Managerial Accounting: A Survey, in: Journal of Accounting Literature, (1) 1982, S. 154–213.

Baiman, Stanley (1990): Agency Research in Managerial Accounting: A Second Look, in: AOS, (15) 1990, S. 341–371.

Baiman, Stanley/Evans III, John H. (1983): Pre-Decision Information and Participative Management Control System, in: JAR, (21) 1983, S. 371–395.

Baldenius, Tim (2000): Intrafirm Trade, Bargaining Power, and Specific Investments, in: RASt, (5) 2000, S. 27–56.

Baldenius, Tim/Reichelstein, Stefan (1998): Alternative Verfahren zur Bestimmung innerbetrieblicher Verrechnungspreise, in: ZfbF, (50) 1998, S. 236–259.

Baldenius, Tim/Reichelstein, Stefan/Sahay, Savita A. (1999): Negotiated versus Cost-Based Transfer Pricing, in: RASt, (4) 1999, S. 67–91.

Ballwieser, Wolfgang (1991): Das Rechnungswesen im Lichte ökonomischer Theorie, in: Betriebswirtschaftslehre und ökonomische Theorie, hrsg. v. Dieter Ordelheide, Bernd Rudolph und Elke Büsselmann, Stuttgart 1991, S. 97–124.

Ballwieser, Wolfgang (2003): Enron und die Folgen für die Jahresabschlussprüfung, in: Wirtschaftsprüfer-Jahrbuch 2003, hrsg. v. Institut Österreichischer Wirtschaftsprüfer, Wien 2003, S. 9–19.

Ballwieser, Wolfgang/Clemm, Hermann (1999): Wirtschaftsprüfung, in: Handbuch der Wirtschaftsethik, Band 3, hrsg. v. Wilhelm Korff et al., Gütersloh 1999, S. 399–416.

Ballwieser, Wolfgang/Dobler, Michael (2003): Bilanzdelikte: Konsequenzen, Ursachen und Maßnahmen zu ihrer Vermeidung, in: DU, (57) 2003, S. 449–469.

Bamberg, Günter/Coenenberg, Adolf G. (1992): Betriebswirtschaftliche Entscheidungslehre, 7. Aufl., München 1992.

Bamberg, Günter/Coenenberg, Adolf G. (2000): Betriebswirtschaftliche Entscheidungslehre, 10. Aufl., München 2000.

Bamberg, Günter/Coenenberg, Adolf G. (2004): Betriebswirtschaftliche Entscheidungslehre, 12. Aufl., München 2004.

Bamberg, Günter/Coenenberg, Adolf G./Krapp, Michael (2012): Betriebswirtschaftliche Entscheidungslehre, 15. Aufl., München 2012.

Bankhofer, Udo/Hilbert, Andreas (1995): Eine empirische Untersuchung zum Berufseinstieg von Wirtschafts- und Sozialwissenschaftlern, in: ZfB, (65) 1995, S. 1423–1441.

Barnea, Amir/Haugen, Robert A./Senbet, Lemma W. (1985): Agency Problems and Financial Contracting, Englewood Cliffs, New Jersey 1985.

Barzen, Dietmar (1990): Marketing-Budgetierung, Frankfurt et al. 1990.

Baum, Heinz-Georg/Coenenberg, Adolf G./Günther, Thomas (1999): Strategisches Controlling, 2. Aufl., Stuttgart 1999.

Baum, Heinz-Georg/Coenenberg, Adolf G./Günther, Thomas (2007): Strategisches Controlling, 4. Aufl., Stuttgart 2007.

Baumgartner, Beat (1980): Die Controlling-Konzeption. Theoretische Darstellung und praktische Anwendung, Bern, Stuttgart 1980.

Baums, Theodor (2001): Bericht der Regierungskommission Corporate Governance, Köln 2001.

Baxter, Jane/Chua, Wai Fong (2003): Alternative management accounting research – whence and whither, in: AOS, (28) 2003, S. 97–126.

Bea, Franz Xaver (1993): Rechnungswesen, Grundbegriffe, in: HWB, Teilband 3, hrsg. v. Waldemar Wittmann et al., 5. Aufl., Stuttgart 1993, Sp. 3697–3715.

Bea, Franz Xaver/Dichtl, Erwin/Schweitzer, Marcell (1989): Allgemeine Betriebswirtschaftslehre, 4. Aufl., Stuttgart, New York 1989.

Bea, Franz Xaver/Dichtl, Erwin/Schweitzer, Marcell (2006): Allgemeine Betriebswirtschaftslehre, 9. Aufl., Stuttgart 2006.

Bea, Franz Xaver/Haas, Jürgen (1999): Strategisches Management, 2. Aufl., Stuttgart 1999.

Bea, Franz Xaver /Haas, Jürgen (2005): Strategisches Management, 4. Aufl., Stuttgart 2005.

Becker, Albrecht (2003): Controlling als reflexive Steuerung von Organisationen, Stuttgart 2003.

Becker, Albrecht (2004): Jenseits des Kerns des Controlling: Management Accounting as Social and Institutional Practice, in: ZfCM, (48) 2004, S. 95–106.

Becker, Roald/Mackenthun, Michael/Müller, Rolf (1978): Controlling, in: Strategische Unternehmensführung, Bd. 8, hrsg. v. Gerhard Kienbaum, München 1978.

Becker, Selwyn W./Green, David Jr. (1962): Budgeting and Employee Behavior, in: Journal of Business, (35) 1962, S. 392–402.

Becker, Selwyn W./Green, David Jr. (1964): Budgeting and Employee Behavior: A Rejoinder to a Reply, in: Journal of Business, (37) 1964, S. 203–205.

Belkaoui, Ahmed (1989): Behavioral Accounting: The Research and Practical Issues, New York 1989.

Benz, Karsten (1998): Effizienz des Controlling, Bamberg 1998.

Berens, Wolfgang (2000): Controlling international tätiger Unternehmen, Stuttgart 2000.

Berliner Initiativkreis German Code of Corporate Governance (2000): German Code of Corporate Governance (GCCG), in: DB, (53) 2000, S. 1573–1581.

Berndt, Ralph (1990): Marketing. Marketing-Politik, Berlin et al. 1990.

Berndt, Ralph (1992): Marketing. Marketing-Politik, 2. Aufl., Berlin et al. 1992.

Berning, Ewald/Schindler, Götz/Kunkel, Ulrike (1996): Teilzeitstudenten und Teilzeitstudium an den Hochschulen in Deutschland, München 1996.

Berthel, Jürgen (1975): Betriebliche Informationssysteme, Stuttgart 1975.

Berthel, Jürgen (1995): Personal-Management: Grundzüge für Konzeptionen betrieblicher Personalarbeit, 4. Aufl., Stuttgart 1995.

Berthel, Jürgen (2000): Personal-Management: Grundzüge für Konzeptionen betrieblicher Personalarbeit, 6. Aufl., Stuttgart 2000.

Berthel, Jürgen/Becker, Fred G. (2007): Personal-Management: Grundzüge für Konzeptionen betrieblicher Personalarbeit, 8. Aufl., Stuttgart 2007.

Bertsekas, D. P. (1987): Dynamic Programming, Englewood Cliffs, New Jersey 1987.

Bertsekas, Dimitri P. (2007): Dynamic Programming, 3. Aufl., Nashua 2007.

Bhimani, Alnoor (1994): Accounting and the Emergence of »Economic Man«, in: AOS, (19) 1994, S. 637–674.

Binder, Christoph/Schäffer, Utz (2005): Deutschsprachige Controllinglehr-stühle an der Schwelle zum Generationswechsel, in: ZfCM, (49) 2005, S. 100–104.

Birnberg, Jacob G. (1993): Current Trends in Behavioral Accounting Research in the United States, in: DBW, (53) 1993, S. 5–25.

Bitran, Gabriel R./Haas, Elizabeth A./Hax, Arnoldo C. (1981): Hierarchical Production Planning: A Single Stage System, in: OR, (29) 1981, S. 717–743.

Bitran, Gabriel R./Haas, Elizabeth A./Hax, Arnoldo C. (1982): Hierarchical Production Planning: A Two-Stage System, in: OR, (30) 1982, S. 232–251.

Bitran, Gabriel R./Hax, Arnoldo C. (1977): On the Design of Hierarchical Pro-duction Planning Systems, in: Decision Sciences, (8) 1977, S. 28–55.

Bitz, Michael (1977): Die Strukturierung ökonomischer Entscheidungsmo-delle, Wiesbaden 1977.

Bitz, Michael (1993): Investition, in: Vahlens Kompendium der Betriebswirt-schaftslehre, Bd. 1, hrsg. v. Michael Bitz et al., 3. Aufl., München 1993, S. 457–519.

Blanchard, Benjamin S./Fabrycky, Wolter J. (1990): Systems Engineering and Analysis, 2. Aufl., Englewood Cliffs, New Jersey 1990.

Blanchard, Benjamin S./Fabrycky, Wolter J. (2005): Systems Engineering and Analysis, 4. Aufl., Upper Saddle River, New Jersey 2005.

Bleicher, Knut (1960): Der Planrahmen. Ein Mittel zur Steuerung von Unter-nehmungen, in: ZfB, (30) 1960, S. 612–625.

Bleicher, Knut (1989): Planrahmen, in: HWPlan, hrsg. v. Norbert Szyperski, Stuttgart 1989, Sp. 1406–1414.

Bleicher, Knut (1991): Organisation. Strategien – Strukturen – Kulturen, 2. Aufl., Wiesbaden 1991.

Bleicher, Knut/Meyer, Erik (1976): Führung in der Unternehmung. Formen und Modelle, Reinbek bei Hamburg 1976.

Blohm, Hans (1969): Informationswesen, in: HWO, hrsg. v. Erwin Grochla, Stuttgart 1969, Sp. 727–734.

Blohm, Hans (1974): Die Gestaltung des betrieblichen Berichtswesens als Pro-blem der Leitungsorganisation, 2. Aufl., Herne, Berlin 1974.

Blohm, Hans/Heinrich, Lutz J. (1965): Schwachstellen der betrieblichen Be-richterstattung, Baden-Baden, Bad Homburg 1965.

Blohm, Hans/Lüder, Klaus (1991): Investition. Schwachstellen im Investiti-onsbereich des Industriebetriebes und Wege zu ihrer Beseitigung, 7. Aufl., München 1991.

Blumentrath, U. (1969): Investitions- und Finanzplanung mit dem Ziel der Endwertmaximierung, Wiesbaden 1969.

Bodendorf, Freimut/Küpper, Hans-Ulrich/Oechsler, Walter/Reichwald, Ralf/Rosenstiel, Lutz v./Sinz, Elmar (1996): Loseblattsammlung der Pro-jektgruppe »Optimierung von Universitätsprozessen«, München 1996.

Bohr, Kurt (1985): Betriebswirtschaftlicher Wertbegriff und seine Anwen-dung, in: Information und Produktion, hrsg. v. Siegmar Stöppler, Stuttgart 1985, S. 59–81.

Bohr, Kurt (1988): Zum Verhältnis von klassischer investitions- und entscheidungsorientierter Kostenrechnung, in: ZfB, (58) 1988, S. 1171–1180.

Bohr, Kurt/Schwab, Hermann (1984): Überlegungen zu einer Theorie der Kostenrechnung, in: ZfB, (54) 1984, S. 139–159.

Bommes, Wolfgang (1984): Darstellung und Beurteilung von Verfahren der Kostenabweichungsanalyse bei ein- und mehrstufigen Fertigungsprozessen, Essen 1984.

Borch, K. (1962): Equilibrium in a Reinsurance Market, in: EC, Bd. 30, 1962, S. 424–440.

Botta, Volkmar (1993): Kennzahlensysteme als Führungsinstrumente, 4. Aufl., Berlin 1993.

Botta, Volkmar (1997): Kennzahlensysteme als Führungsinstrumente, 5. Aufl., Berlin 1997.

Botta, Volkmar (1998): Rechnungswesen und Controlling: Bausteine des Rechnungswesens und ihre Verknüpfung, Herne, Berlin 1998.

Botta, Volkmar (2002): Rechnungswesen und Controlling: Bausteine des Rechnungswesens und ihre Verknüpfung, 2. Aufl., Berlin 2002.

Bottler, Joerg (1975): Das Controlling-Konzept, in: Controlling und automatisierte Datenverarbeitung, hrsg. v. Péter Horváth, H. Kargl und Heiner Müller-Merbach, Wiesbaden 1975, S. 21–34.

Bozem, Karlheinz (1995): Entwicklungsstand der Controllingpraxis in der Versorgungswirtschaft – eine empirische Untersuchung, in: Controller Magazin, (14) 1995, S. 206–214.

Bramsemann, Rainer (1978): Controlling, Wiesbaden 1978.

Bramsemann, Rainer (1990): Handbuch Controlling – Methoden und Techniken, 2. Aufl., München, Wien 1990.

Bramsemann, Rainer (1993): Handbuch Controlling – Methoden und Techniken, 3. Aufl., München, Wien 1993.

Brede, Hauke (1998): Prozeßorientiertes Controlling: Ansatz zu einem neuen Controllingverständnis im Rahmen wandelbarer Prozeßstrukturen, München 1998.

Brede, Helmut (1975): Kontrolle, betriebliche, in: HWB, Teilband 2, hrsg. v. Erwin Grochla und Waldemar Wittmann, 4. Aufl., Stuttgart 1975, Sp. 2218–2220.

Breid, Volker (1994): Erfolgspotentialrechnung – Konzeption im System einer finanzierungstheoretisch fundierten, strategischen Erfolgsrechnung, Stuttgart 1994.

Breid, Volker (1995): Aussagefähigkeit agencytheoretischer Ansätze im Hinblick auf die Verhaltenssteuerung von Entscheidungsträgern, in: ZfbF, (47) 1995, S. 821–854.

Bretzke, Wolf-Rüdiger (1980): Der Problembezug von Entscheidungsmodellen, Tübingen 1980.

Brink, Hans-Josef (1978): Die Kosten- und Leistungsrechnung im System der Unternehmensrechnung, in: BFuP, (30) 1978, S. 565–576.

Brockhoff, Klaus (1991): Prognosen, in: Allgemeine Betriebswirtschaftslehre, Bd. 2, hrsg. v. Franz Xaver Bea, Erwin Dichtl und Marcell Schweitzer, 5. Aufl., Stuttgart 1991, S. 551–592.

Brockhoff, Klaus (1993): Forschung und Entwicklung, in: Vahlens Kompendium der Betriebswirtschaftslehre, Bd. 1, hrsg. v. Michael Bitz et al., 3. Aufl., München 1993, S. 171–201.

Brönimann, Charles (1970): Aufbau und Beurteilung des Kommunikationssystems von Unternehmungen, Bern, Stuttgart 1970.

Bronner, Tillmann (1995): Wertsteigerung durch strategische Entscheidungen, Stuttgart 1995.

Brunner, Jürgen (1999): Value-Based Performance Management: Wertsteigernde Unternehmensführung. Strategie – Instrumente – Praxisbeispiele, Wiesbaden 1999.

Buchegger, Otto (1979): Anwendung der Gestaltpsychologie zur Verbesserung der visuellen Kommunikation in der Datenverarbeitung, in: Elektronische Rechenanlagen, (21) 1979, S. 268–273.

Buchmann, Ruth/Chmielewicz, Klaus (1990): Finanzierungsrechnung. Empfehlungen des Arbeitskreises »Finanzierungsrechnung« der Schmalenbach-Gesellschaft Deutsche Gesellschaft für Betriebswirtschaft e.V., in: ZfbF-Sonderheft 26, 1990.

Budde, Jörg/Göx, Robert/Luhmer, Alfred (1998): Absprachen beim Groves-Mechanismus: Eine spieltheoretische Analyse, in: ZfbF, (49) 1998, S. 3–20.

Budde, Rainer/Maas, Robert (1986): Die Praxis der Betriebsdatenerfassung, Nürnberg 1986.

Busse von Colbe, Walther (1990): Rechnungswesen, in: Lexikon des Rechnungswesens, hrsg. v. Walther Busse von Colbe, Wien 1990, S. 403–406.

Busse von Colbe, Walther/Ordelheide, Dieter (1993): Konzernabschlüsse – Rechnungslegung für Konzerne nach betriebswirtschaftlichen Grundsätzen und gesetzlichen Vorschriften, 6. Aufl., Wiesbaden 1993.

Busse von Colbe, Walther/Ordelheide, Dieter/Gebhardt, Günther/Pellens, Bernhard (2010): Konzernabschlüsse: Rechnungslegung nach betriebswirtschaftlichen Grundsätzen sowie nach Vorschriften des HGB und der IAS/IFRS, 9. Aufl., Wiesbaden 2010.

Buzzell, Robert D./Gale, Bradley T. (1989): Das PIMS-Programm, Wiesbaden 1989.

Caduff, Thomas (1982): Zielerreichungsorientierte Kennzahlennetze industrieller Unternehmungen. Bedingungsmerkmale, Bildung, Einsatzmöglichkeiten, Thun, Frankfurt 1982.

Camerer, Colin F. (2003): Behavioral Game Theory, Princeton 2003.

Carlson, W. (1980): Business Information Analysis and Integration Technique (BIAIT) – The New Horizon, in: Data Base, (10) 1980, S. 3–9.

Chandler, Alfred D. (1962): Strategy and Structure: Chapters in the History of the Industrial Enterprise, Cambridge et al. 1962.

Chayes, Abram/Chayes, Antonia Handler (1995): The New Sovereignty: Compliance with International Regulatory Agreements. Cambridge, Harvard (Mass.) 1995.

Chmielewicz, Klaus (1995): Unternehmensverfassung und Führung, in: Handwörterbuch der Führung, hrsg. v. Alfred Kieser, Gerhard Reber und Rolf Wunderer, 2. Aufl., Stuttgart 1995, Sp. 2074–2081.

Christensen, John (1981): Communication in Agencies, in: BJE, (12) 1981, S. 661–674.

Coase, R. (1937): The Nature of the Firm, in: Economica, Vol 4, 1937, S. 386–405.

Coenenberg, Adolf G. (1992): Kostenrechnung und Kostenanalyse, Landsberg 1992.

Coenenberg, Adolf G. (1999): Kostenrechnung und Kostenanalyse, 4. Aufl., Landsberg 1999.

Coenenberg, Adolf G. (1993): Rechnungswesen und Unternehmensrechnung, in: HWB, Teilband 3, hrsg. v. Waldemar Wittmann et al., 5. Aufl., Stuttgart 1993, Sp. 3677–3696.

Coenenberg, Adolf G. (2000): Jahresabschluß und Jahresabschlußanalyse. Betriebswirtschaftliche, handels- und steuerrechtliche Grundlagen, 17. Aufl., Landsberg 2000.

Coenenberg, Adolf G./Baum, Heinz/Heinhold, Michael/Steiner, Manfred (1997): Controlling öffentlicher Einrichtungen, Stuttgart 1997.

Coenenberg, Adolf G./Fischer, Thomas M. (1991): Prozesskostenrechnung – Strategische Neuorientierung in der Kostenrechnung, in: DBW, (51) 1991, S. 21–38.

Coenenberg, Adolf G./Fischer, Thomas M./Günther, Thomas (2012): Kostenrechnung und Kostenanalyse, 8. Aufl., Stuttgart 2012.

Coenenberg, Adolf G./Haller, Axel/Schultze, Wolfgang (2012): Jahresabschluss und Jahresabschlussanalyse: Betriebswirtschaftliche, handelsrechtliche, steuerrechtliche und internationale Grundlagen – HGB, IAS/IFRS, US-GAAP, DRS, 22. Aufl., Stuttgart 2012.

Cooper, Robin/Kaplan, Robert S. (1988): Measure Costs Right: Make the Right Decisions, in: HBR, Bd. 5, 1988, S. 96–103.

Copeland, Tom/Koller, Tim/Murrin, Jack (1998): Unternehmenswert: Methoden und Strategien für eine wertorientierte Unternehmensführung, 2. Aufl., Frankfurt/Main u. a. 1998.

Copeland, Tom/Koller, Tim/Murrin, Jack (2002): Unternehmenswert: Methoden und Strategien für eine wertorientierte Unternehmensführung, 3. Aufl., Frankfurt/Main u. a. 2002.

Cordes, Hans-Peter (1976): Das Problem der Berücksichtigung von Interdependenzen in der Planung, Münster 1976.

Corsten, Hans (1993): Dienstleistungsproduktion, in: HWB, Teilband 1, hrsg. v. Waldemar Wittmann et al., 5. Aufl., Stuttgart 1993, Sp. 765–776.

Corsten, Hans/Friedl, Birgit (1999): Einführung in das Produktionscontrolling, München 1999.

Crane, Andrew/Matten, Dirk (2004): Business Ethics: A European Perspective, Oxford 2004.

Cyert, Richard M./March, James G. (1963): A Behavioral Theory of the Firm, Englewood Cliffs, New Jersey 1963.

Cyert, Richard M./March, James G. (1992): A Behavioral Theory of the Firm, 2. Aufl., Malden, Oxford 1992.

Dantzig, George B./Wolfe, Philip (1960): Decomposition Principle for Linear Programms, in: OR, (8) 1960, S. 101–111.

Daschmann, Hans-Achim (1994): Erfolgsfaktoren mittelständischer Unternehmen. Ein Beitrag zur Erfolgsfaktorenforschung, Stuttgart 1994.

Daum, Jürgen H. (2003): Von der Budgetsteuerung zum Beyond Budgeting, in: ZfCM-Sonderheft 1, hrsg. v. Utz Schäffer, 2003, S. 77–90.

Deliano, Markus (2001): Computersimulation als Instrument zur Analyse von Anreizsystemen. Eine Untersuchung am Groves-Mechanismus, Diss. München 2001.

Dellmann, Klaus (1975): Entscheidungsmodelle für die Serienfertigung, Opladen 1975.

Dellmann, Klaus (1987): Kosten- oder Erfolgsanalyse als Basis der Wirtschaftlichkeitskontrolle, in: ZfB, (57) 1987, S. 367–383.

Dellmann, Klaus (1990): Operatives Controlling durch Erfolgsspaltung, in: Con, (2) 1990, S. 4–11.

Dellmann, Klaus (1992): Eine Systematisierung der Grundlagen des Controlling, in: Controlling, hrsg. v. Klaus Spremann und Eberhard Zur, Wiesbaden 1992, S. 113–140.

Dellmann, Klaus (1993): Kosten- und Leistungsrechnungen, in: Vahlens Kompendium der Betriebswirtschaftslehre, Bd. 2, hrsg. v. Michael Bitz et al., 3. Aufl., München 1993, S. 315–403.

Dellmann, Klaus/Pedell, Karl Ludwig (Hrsg.) (1994): Controlling von Produktivität, Wirtschaftlichkeit und Ergebnis, Stuttgart 1994.

Demski, Joel S. (1980): Information Analysis, 2. Aufl., Reading, Mass. et al. 1980.

Demski, Joel S. (2002): Management Accounting, in: Handwörterbuch Unternehmensrechnung und Controlling, hrsg. v. Hans-Ulrich Küpper und Alfred Wagenhofer, 4. Aufl., Stuttgart 2002, S. 1231–1243.

Demski, Joel S./Feltham, Gerald A. (1978): Economic Incentives in Budgetary Control Systems, in: TAR, (53) 1978, S. 336–359.

Demski, Joel S./Sappington, David E. M. (1984): Optimal Incentive Contracts with Multiple Agents, in: JET, (33) 1984, S. 152–171.

Deutsche Schutzvereinigung für Wertpapierbesitz e. V. (1998): DSW Guidelines, Düsseldorf 1998.

Dey, Mukul K./Kaur, Gurminder (1965): Facilitation of Performance by Experimentally Induced Ego Motivation, in: Journal of General Psychology, (73) 1965, S. 237–247.

Deyhle, Albrecht (1990): Controller Handbuch, 3. Aufl., Gauting 1990.

Deyhle, Albrecht (1996): Controller Handbuch, 4. Aufl., Gauting 1996.

Deyhle, Albrecht (2008): Controller Handbuch, 6. Aufl., Gauting 2008.

Dietl, Helmut Max (1991): Institutionen und Zeit, München 1991.

DiMaggio, Paul J./Powell, Walter W. (1991): Introduction, in: The New Institutionalism in Organizational Analyses, hrsg. v. Walter W. Powell und Paul J. DiMaggio, Chicago 1991, S. 1–38.

Dinkelbach, Werner (1964): Zum Problem der Produktionsplanung in Ein- und Mehrproduktunternehmen, Würzburg, Wien 1964.

Dinkelbach, Werner (1982): Entscheidungsmodelle, Berlin, New York 1982.

Döpke, Ulrich (1986): Strategisches Marketing-Controllership, Frankfurt, Bern, New York 1986.

Domsch, Michel (1970): Simultane Personal- und Investitionsplanung im Produktionsbereich, Bielefeld 1970.

Domschke, Wolfgang/Drexl, Andreas (1995): Einführung in Operations Research, 3. Aufl., Berlin u. a. 1995.

Domschke, Wolfgang/Drexl, Andreas (1998): Einführung in Operations Research, 4. Aufl., Berlin u. a. 1998.

Domschke, Wolfgang/Drexl, Andreas (2007): Einführung in Operations Research, 7. Aufl., Berlin 2007.

Domschke, Wolfgang/Scholl, Armin/Voß, Stefan (1993): Produktionsplanung. Ablauforganisatorische Aspekte, Berlin et al. 1993.

Domschke, Wolfgang/Scholl, Armin/Voß, Stefan (2007): Produktionsplanung, Ablauforientierte Aspekte, 2. Aufl., Berlin 2007.

Downs, George W./Rocke, David M./Barsoom, Peter N. (1996): Is the Good News about Compliance Good News about Cooperation?, in: International Organization, (50) 1996, S. 379–406.

Drucker, Peter F. (1956): Praxis des Managements. Ein Leitfaden für die Führungsaufgaben in der modernen Wirtschaft, Düsseldorf 1956.

Drumm, Hans J. (1973): Zu Stand und Problematik der Verrechnungspreisbildung in deutschen Industrieunternehmungen, in: Verrechnungspreise: Zweck und Bedeutung für die Spartenorganisation in der Kostenrechnung, hrsg. v. Günter Danert, Hans Jürgen Drumm und Karl Hax, Opladen 1973, S. 91–107.

Dürr, Heinz (1990): Controlling als Instrument der Unternehmensführung, in: Unternehmensführung und Controlling, hrsg. v. Hans-Ulrich Küpper et al., Wiesbaden 1990, S. 57–66.

Dunst, Klaus H. (1983): Portfolio Management – Konzeption für die strategische Unternehmensplanung, Berlin, New York 1983.

Dyckhoff, Harald (1998): Produktentstehung, Controlling und Umweltschutz: Grundlagen eines ökologieorientierten F & E – Controlling, Heidelberg 1998.

Dyckhoff, Harald/Ahn, Heinz (2001): Sicherstellung der Effektivität und Effizienz der Führung als Kernfunktion des Controlling, in: KRP, (45) 2001, S. 111–121.

Edlin, Aaron S./Reichelstein, Stefan (1995): Specific Investment under Negotiated Transfer Pricing: An Efficiency Result, in: TAR, (70) 1995, S. 275–291.

Edvinsson, Leif/Malone, Michael S. (1997): Intellectual Capital: Realizing Your Company's True Value By Finding It's Hidden Brainpower, New York 1997.

Egger, Anton/Winterheller, Manfred (1982): Kurzfristige Unternehmensplanung, Wien 1982.

Egger, Anton/Winterheller, Manfred (2007): Kurzfristige Unternehmensplanung, 14. Aufl., Wien 2007.

Eich, Detlev (1976): Investition, Begriff, in: HWF, hrsg. v. Hans E. Büschgen, Stuttgart 1976, Sp. 828–833.

Eilenberger, Guido (1994): Betriebliche Finanzwirtschaft, 5. Aufl., München, Wien 1994.

Eilenberger, Guido (1997): Betriebliche Finanzwirtschaft, 6. Aufl., München, Wien 1997.

Eisenhardt, Kathleen M. (1989): Agency Theory: An Assessment and Review, in: Academy of Management Review, Bd. 14, (19) 1989, S. 57–74.

Elschen, Rainer (1992): Gegenstand und Anwendungsmöglichkeiten der Agency-Theorie, in: ZfbF, (43) 1992, S. 1002–1012.

Erxleben, Karsten/Baetge, Jörg/Feidicker, Markus/Koch, Heidi/Krause, Clemens/Mertens, Peter (1992): Klassifikation von Unternehmen. Ein Vergleich von Neuronalen Netzen und Diskriminanzanalyse, in: ZfB, (62) 1992, S. 1237–1262.

Eschenbach, Rolf (1995): Controlling, Stuttgart 1995.

Ewert, Ralf (1990): Wirtschaftsprüfung und asymmetrische Information, Heidelberg 1990.

Ewert, Ralf (1992): Controlling, Interessenkonflikte und asymmetrische Information, in: BFuP, (44) 1992, S. 277–303.

Ewert, Ralf (1993): Finanzwirtschaft und Leistungswirtschaft, in: HWB, Teilband 1, hrsg. v. Waldemar Wittmann et al., 5. Aufl., Stuttgart 1993, Sp. 1150–1161.

Ewert, Ralf/Wagenhofer, Alfred (2000): Rechnungslegung und Kennzahlen für das wertorientierte Management, in: Wertorientiertes Management: Konzepte und Umsetzungen zur Unternehmenswertsteigerung, hrsg. v. Alfred Wagenhofer und Gerhard Hrebicek, Stuttgart 2000, S. 3–64.

Ewert, Ralf/Wagenhofer, Alfred (2000): Interne Unternehmensrechnung, 4. Aufl., Berlin et al. 2000.

Ewert, Ralf/Wagenhofer, Alfred (2005): Interne Unternehmensrechnung, 6. Aufl., Berlin et al. 2005.

Ewert, Ralf/Wagenhofer, Alfred (2008): Interne Unternehmensrechnung, 7. Aufl., Berlin et al. 2008.

Fandel, Günter (1972): Optimale Entscheidung bei mehrfacher Zielsetzung, Berlin 1972.

Fandel, Günter (1983): Begriffe, Ausgestaltung und Instrumentarium der Unternehmensplanung, in: ZfB, (53) 1983, S. 479–508.

Fandel, Günter (1993): Mehrfachzielsetzungen, in: HWB, Teilband 2, hrsg. v. Waldemar Wittmann et al., 5. Aufl., Stuttgart 1993, Sp. 2849–2863.

Fandel, Günter (1998): Funktionalreform der Hochschulleitung, in: ZfB, (68) 1998, S. 241–257.

Fehr, Ernst/Fischbacher, Urs (2002): Why Social Preferences Matter – The Impact of Nonselfish Motives on Competition, Cooperation, and Incentives, in: Economic Journal, (112) 2002, S. C1–C33.

Fehr, Ernst/Schmidt, Klaus M. (2003): Theories of Fairness and Reciprocity – Evidence and Economic Applications, in: Advances in Economics and Econometrics, Eighth World Congress of the Econometric Society, Vol. 1, hrsg. v. Mathias Dewatripont, Lars P. Hansen und Stephen J. Turnovsky, Cambridge 2003, S. 208–257.

Feichtinger, Gustav/Hartl, Richard F. (1986): Optimale Kontrolle ökonomischer Prozesse. Anwendungen des Maximumprinzips in den Wirtschaftswissenschaften, Berlin, New York 1986.

Feltham, Gerald A./Xie, J. (1994): Performance Measure Congruity and Diversity in Multi-Task Principal/Agent Relations, in: TAR, Vol. 69, 1994, S. 429–453.

Festinger, Leon (1957): A Theory of Cognitive Dissonance, Stanford 1957.

Flechtner, Hans-Joachim (1972): Grundbegriffe der Kybernetik, Stuttgart 1972.

Fleischer, Holger (2006): Handbuch des Vorstandsrechts, München 2006.

Foucault, Michael (2006): Überwachen und Strafen. Die Geburt des Gefängnisses, 16. Aufl., Frankfurt a. M. 2006.

Franke, Günter (1976): Kalkulatorische Kosten: Ein funktionsgerechter Bestandteil der Kosten, in: WPg, (29) 1976, S. 185–194.

Franke, Günter/Hax, Herbert (1999): Finanzwirtschaft des Unternehmens und Kapitalmarkt, 4. Aufl., Berlin, Heidelberg 1999.

Franke, Günther/Hax, Herbert (2009): Finanzwirtschaft des Unternehmens und Kapitalmarkt, 6. Aufl., Berlin 2009.

Franz, Klaus-Peter (1992): Moderne Methoden der Kostenbeeinflussung, in: Handbuch Kostenrechnung, hrsg. v. Wolfgang Männel, Wiesbaden 1992, S. 1492–1505.

Franz, Klaus-Peter (2004): Die Ergebniszielorientierung des Controlling als Unterstützungsfunktion, in: Controlling. Theorien und Konzeptionen, hrsg. v. Ewald Scherm und Gotthard Pietsch, München 2004, S. 271–288.

Franz, Stefan (1989): Controlling und effiziente Unternehmensführung, Wiesbaden 1989.

Fraser, Robin/Hope, Jeremy (2001): Beyond budgeting, in: Con, (13) 2001, S. 437–442.

Freiling, Dieter (1980): Budgetierungs- und Controlling-Praxis. Gewinn-Management im mittleren Industriebetrieb, Wiesbaden 1980.

French, John R./Raven, Bertram (1968): The Bases of Social Power, in: Group Dynamics: Research and Theory, hrsg. v. Dorwin Cartwright und Alvin Zander, 3. Aufl., New York 1968, S. 259–269.

Frese, Erich (1968): Kontrolle und Unternehmensführung, Wiesbaden 1968.

Frese, Erich (1972): Ziele als Führungsinstrumente, in: ZfO, 1972, S. 227–238.

Frese, Erich (1981): Kontrolle und Rechnungswesen, in: HWR, hrsg. v. Erich Kosiol, Klaus Chmielewicz und Marcell Schweitzer, 2. Aufl., Stuttgart 1981, Sp. 915–923.

Frese, Erich (1987): Unternehmensführung, Landsberg 1987.

Frese, Erich (1989): Koordinationskonzepte, in: HWPlan, hrsg. v. Norbert Szyperski, Stuttgart 1989, Sp. 913–923.

Frese, Erich (1991): Grundlagen der Organisation, 4. Aufl., Wiesbaden 1991.

Frese, Erich (1995): Grundlagen der Organisation, 6. Aufl., Wiesbaden 1995.

Frese, Erich (2000): Grundlagen der Organisation, 8. Aufl., Wiesbaden 2000.

Frese, Erich (2005): Grundlagen der Organisation, 9. Aufl., Wiesbaden 2005.

Frese, Erich (1993): Organisation, in: HWR, hrsg. v. Klaus Chmielewicz und Marcell Schweitzer, 3. Aufl., Stuttgart 1993, Sp. 1456–1472.

Frese, Erich (1994): Industrielle Personalwirtschaft, in: Industriebetriebslehre, hrsg. v. Marcell Schweitzer, 2. Aufl., München 1994, S. 219–325.

Frese, Erich/Glaser, Horst (1980): Verrechnungspreise in Spartenorganisationen, in: DBW, (40) 1980, S. 109–123.

Frese, Erich/Graumann, Matthias/Theuvsen, Ludwig (2011): Grundlagen der Organisation, 10. Aufl., Wiesbaden 2011.

Frey, D./Faulmüller, N./Winkler, M./Wendt, M. (2002): Verhaltensregeln als Voraussetzung zur Realisierung moralisch-ethischer Werte in Firmen, in: Zeitschrift für Personalforschung, (16) 2002, S. 135–155.

Friedl, Birgit (1990): Grundlagen des Beschaffungscontrolling, Berlin 1990.

Friedl, Birgit (1993): Anforderungen an die Prozesskostenrechnung bei unterschiedlichen Rechnungszielen, in: KRP Sonderheft 2/93, 1993, S. 37–42.

Friedl, Birgit (2003): Controlling, Stuttgart 2003.

Fröhling, Oliver (1992): Thesen zur Prozesskostenrechnung, in: ZfB, (62) 1992, S. 723–741.

Fröhling, Oliver (1994): Dynamisches Kostenmanagement. Konzeptionelle Grundlagen und praktische Umsetzung im Rahmen eines strategischen Kosten- und Erfolgs-Controlling, München 1994.

Fröhling, Oliver (2000): KonTraG und Controlling: Eckpfeiler eines entscheidungsrelevanten und transparenten Segmentcontrolling und -reporting, München 2000.

Furubotn, Eirik G./Richter, Rudolf (1991): The New Institutional Economics: An Assessment, in: The New Institutional Economics, hrsg. v. Eirik G. Furubotn und Rudolf Richter, Tübingen 1991, S. 1–32.

Gabele, Eduard (1979): Unternehmensstrategie und Organisationsstruktur, in: ZfO, (48) 1979, S. 181–190.

Gächter, Simon/Königstein, Manfred (2002): Experimentelle Forschung, in: Handwörterbuch Unternehmensrechnung und Controlling, hrsg. v. Hans-Ulrich Küpper und Alfred Wagenhofer, 4. Aufl., Stuttgart 2002, Sp. 504–512.

Gälweiler, Aloys (1976): Controller & Strategische Planung – 10 Thesen, in: Controller Magazin, (5) 1976, S. 174–179.

Gälweiler, Aloys (1990): Strategische Unternehmensführung, 2. Aufl., Frankfurt, New York 1990.

Gälweiler, Aloys (2005): Strategische Unternehmensführung, 3. Aufl., Frankfurt/Main 2005.

Gaitanides, Michael (1983): Prozessorganisation, München 1983.

Gaitanides, Michael (2006): Prozessorganisation, 2. Aufl., München 2006.

Gaitanides, Michael (1989): Zeitliche Koordination, Konzepte zur, in: HWPlan, hrsg. v. Norbert Szyperski, Stuttgart 1989, Sp. 2258–2270.

Gaitanides, Michael (1992): Ablauforganisation, in: HWO, hrsg. v. Erich Frese, 3. Aufl., Stuttgart 1992, Sp. 1–18.

Gal-Or, Esther (1993): Strategic Cost Allocation, in: JIE, (41) 1993, S. 387–402.

Garbe, Helmut (1975): Informationsbedarf, in: HWB, Teilband 2, hrsg. v. Erwin Grochla und Waldemar Wittmann, 4. Aufl., Stuttgart 1975, Sp. 1873–1882.

Gaugler, Eduard (1967): Innerbetriebliche Information als Führungsaufgabe, 2. Aufl., Hilden 1967.

Gaydoul, Peter (1980): Controlling in der deutschen Unternehmenspraxis, Darmstadt 1980.

Gebhardt, Günther (1980): Insolvenzprognosen aus aktienrechtlichen Jahresabschlüssen, Wiesbaden 1980.

Gebhardt, Günther (1993): Segmentierte Finanzierungsrechnung, in: HWR, hrsg. v. Klaus Chmielewicz und Marcell Schweitzer, 3. Aufl., Stuttgart 1993, Sp. 1801–1808.

Gege, M. (1981a): Berufsziel: Controller, in: NB, Heft 1, 1981, S. 52–60.

Gege, M. (1981b): Aufgabenstellung des Controlling in deutschen Unternehmen, in: DB (34) 1981, S. 1293–1296.

Georg, Stefan (2000): Die balanced scorecard als Controlling- bzw. Managementinstrument, Aachen 1999.

Gerhards, Ralf (1998): Das Verhältnis von Interner Revision und Controlling: Literaturanalyse und empirische Untersuchung, Trier 1998.

Gerum, Elmar (2004): Corporate Governance, internationaler Vergleich, in: Handwörterbuch Unternehmensführung und Organisation, hrsg. v. Georg Schreyögg und Axel von Werder, 4. Aufl., Stuttgart 2004, Sp. 171–178.

Gillenkirch, Robert M./Arnold, Markus C. (2008): State of the Art des Behavioral Accounting, in: WiSt, (37) 2008, S. 128–134.

Gjesdal, Froystein (1982): Information and Incentives: The Agency Information Problem, in: RESt, (49) 1982, S. 373–390.

Glaser, Horst (1991): Prozesskostenrechnung als Kontroll- und Entscheidungsinstrument, in: Rechnungswesen und EDV. 12. Saarbrücker Arbeitstagung 1991. Kritische Erfolgsfaktoren im Rechnungswesen und Controlling, hrsg. v. August-Wilhelm Scheer, Heidelberg 1991, S. 222–240.

Glasl, Markus (2000): Controllinginstrumente als Erfolgsfaktoren im Handwerk, München 2000.

Gleich, Ronald/Kopp, Jens (2001): Ansätze zur Neugestaltung der Planung und Budgetierung, in: Con, (13) 2001, S. 429–436.

Göpfert, Ingrid (1993): Budgetierung, in: HWB, Teilband 1, hrsg. v. Waldemar Wittmann et al., 5. Aufl., Stuttgart 1993, S. 589–602.

Göx, Robert F. (1999): Strategische Transferpreispolitik im Dyopol, Wiesbaden 1999.

Gollwitzer, Michael/Rudi, Karl (1998): Logistik-Controlling, München 1998.

Gomez, Peter/Probst, Gilbert J. (1997): Die Praxis des ganzheitlichen Problemlösens, 2. Aufl., Bern et al. 1997.

Gomez, Peter/Probst, Gilbert J. (2007): Die Praxis des ganzheitlichen Problemlösens, 3. Aufl., Bern et al. 2007.

Gordon, Lawrence A./Miller, Danny (1976): A Contingency Framework for the Design of Accounting Information Systems, in: AOS, Heft 1, (1) 1976, S. 59–69.

Graves, Stephen C. (1982): Using Lagrangean Techniques to solve Hierarchical Production Planning Problems, in: Management Science, (28) 1982, S. 260–275.

Grimmer, Herbert (1980): Budgets als Führungsinstrument in der Unternehmung, Frankfurt et al. 1980.

Grochla, Erwin (1972): Unternehmungsorganisation. Neue Ansätze und Konzeptionen, Reinbek bei Hamburg 1972.

Grochla, Erwin (1982): Grundlagen der organisatorischen Gestaltung, Stuttgart 1982.

Grochla, Erwin/Szyperski, Norbert (1973): Modell- und computer-gestützte Unternehmensplanung, Wiesbaden 1973.

Grossmann, S./Hart, O. (1986): The Costs and Benefits of Ownership: A Theory of Vertical and Lateral Integration, in: JPE, (94), 1986, S. 691–719.

Grothe, Martin (1997): Ordnung als betriebswirtschaftliches Phänomen, Wiesbaden 1997.

Groves, Theodore M. (1973): Incentives in Teams, in: EC, 1973, S. 617–631.

Groves, Theodore M./Loeb, Martin (1979): Incentives in a Divisionalized Firm, in: Management Science, (25) 1979, S. 221–230.

Gruber, Horst Franz (2002): Coaching und Moderation, in: Handwörterbuch Unternehmensrechnung und Controlling, hrsg. v. Hans-Ulrich Küpper und Alfred Wagenhofer, 4. Aufl., Stuttgart 2002, Sp. 261–271.

Gruber, Klaus (1998): Dezentrale Budgetierung, Kosten-Leistungsrechnung und Controlling: Instrumente des modernen Verwaltungsmanagements, Kronach, München et al. 1998

Grundsatzkommission Corporate Governance (2000): Corporate Governance Grundsätze (»Code of Best Practice«) für börsennotierte Gesellschaften, in: DB, (53) 2000, S. 238–241.

Günther, Thomas (1997): Unternehmenswertorientiertes Controlling, München 1997.

Günther, Thomas (2007): Unternehmenswertorientiertes Controlling, 2. Aufl., München 2007.

Günther, Thomas (2004): Theorien von Shareholder Value-Ansätzen und unternehmenswertorientiertem Controlling, in: Controlling. Theorien und Konzeptionen, hrsg. v. Ewald Scherm und Gotthard Pietsch, München 2004, S. 315–340.

Gutenberg, Erich (1983): Grundlagen der Betriebswirtschaft. Die Produktion, 24. Aufl., Berlin et al. 1983.

Haag, Jürgen (1990): Marketing-Controlling, in: Handbuch Controlling, hrsg. v. Elmar Mayer und Jürgen Weber, Stuttgart 1990, S. 175–209.

Haase, Klaus D. (1974): Segment-Bilanzen, Wiesbaden 1974.

Haase, Klaus D. (1993): Segmentbilanz, in: HWR, hrsg. v. Klaus Chmielewicz und Marcell Schweitzer, 3. Aufl., Stuttgart 1993, Sp. 1782–1789.

Haberfellner, Reinhard/Witschi, André (1978): Rationalisierung im Overhead-Bereich, in: IO, (47) 1978, S. 177–188.

Hahn, Dietger (1979): Konzepte und Beispiele zur Organisation des Controlling in der Industrie, in: ZfO, (48) 1979, S. 4–24.

Hahn, Dietger (1985): PuK – Planungs- und Kontrollrechnung, 3. Aufl., Wiesbaden 1985.

Hahn, Dietger (1986): Stand und Entwicklungstendenzen des Controlling in der Industrie, in: Zukunftsaspekte der anwendungsorientierten Betriebswirtschaftslehre, hrsg. v. Eduard Gaugler, Stuttgart 1986, S. 267–287.

Hahn, Dietger (1989): Integrierte Planung, in: HWPlan, hrsg. v. Norbert Szyperski, Stuttgart 1989, Sp. 770–788.

Hahn, Dietger (1993): Planung und Kontrolle, in: HWB, Teilband 2, hrsg. v. Waldemar Wittmann et al., 5. Aufl., Stuttgart 1993, Sp. 3185–3200.

Hahn, Dietger (1995): Unternehmensziele im Wandel – Konsequenzen für das Controlling, in: Con, (7) 1995, S. 328–338.

Hahn, Dietger (1996): PuK, Planung und Kontrolle, Planungs- und Kontrollsysteme, Planungs- und Kontrollrechnung, Controllingkonzepte, 5. Aufl., Wiesbaden, 1996.

Hahn, Dietger/Hölter, Erich/Steinmetz, Dieter (1990): Gesamtunternehmensmodelle als Entscheidungshilfe im Rahmen der Zielplanung, strategischen und operativen Planung, in: Strategische Unternehmungsplanung – Strategische Unternehmungsführung. Stand und Entwicklungstendenzen, hrsg. v. Dietger Hahn und Bernard Taylor, 5. Aufl., Heidelberg 1990, S. 687–717.

Hahn, Dietger/Hungenberg, Harald (2001): PuK – Wertorientierte Controllingkonzepte, 6. Aufl., Wiesbaden 2001.

Hambuch, P. (1988): Direkte Produkt-Rentabilität (DPR). Ein Marketinginstrument für Handel und Industrie, in: DPR '88, Direkte Produkt-Rentabilität, hrsg. v. Institut für Selbstbedienung und Warenwirtschaft e.V., Köln 1988, S. 52–58.

Hans, Lothar/Warschburger, Volker (1996): Controlling, München 1996.

Hans, Lothar/Warschburger, Volker (1998): Controlling, 2. Aufl., München 1998.

Harbert, Ludger (1982): Controlling-Begriffe und Controlling-Konzeptionen. Eine kritische Betrachtung des Entwicklungsstandes des Controlling und Möglichkeiten einer Fortentwicklung, Bochum 1982.

Harnier, Louis von (2000): Drittmittel als Zuweisungskriterium im staatlichen Haushalt am Beispiel der bayerischen Universitäten, in: Beiträge zur Hochschulforschung, (22), Nr. 4 2000, S. 409–428.

Harris, Milton/Raviv, Artur (1979): Optimal Incentive Contracts with Imperfect Information, in: JET, (20) 1979, S. 231–259.

Hart, O./Moore, J. (1990): Property Rights and the Nature of the Firm, in: JPE, (98), 1990, S. 1119–1158.

Hartmann, Frank G. H. (2000): The Appropriateness of RAPM: Toward the further development of theory, in: AOS, (25) 2000, S. 451–482.

Hartmann, Yvette E. (1998): Controlling interdisziplinärer Forschungsprojekte. Theoretische Grundlagen und Gestaltungsempfehlungen auf der Basis einer empirischen Erhebung, Stuttgart 1998.

Hasselberg, Frank (1989): Strategische Kontrolle im Rahmen strategischer Unternehmensführung, Frankfurt et al. 1989.

Hauschildt, Jürgen (1992): Zielsysteme, in: HWO, hrsg. v. Erich Frese, 3. Aufl., Stuttgart 1992, Sp. 2419–2430.

Hauer, Harald (2000): Ergebnisse der Studie zur Implementierung des wertorientierten Management in österreichischen Unternehmen, in: Wertorientiertes Management: Konzepte und Umsetzungen zur Unternehmenswertsteigerung, hrsg. v. Alfred Wagenhofer und Gerhard Hrebicek, Stuttgart 2000, S. 211–237.

Hauser, Heinz (1991): Institutionen zur Unterstützung wirtschaftlicher Kooperation, in: Kooperation. Gestaltungsprinzipien und Steuerung der Zusammenarbeit zwischen Organisationseinheiten, hrsg. v. Rolf Wunderer, Stuttgart 1991, S. 107–123.

Hax, Arnoldo C./Candea, Dan (1984): Production and Inventory Management, Englewood Cliffs, New Jersey 1984.

Hax, Arnoldo C./Meal, Harlan C. (1975): Hierarchical Integration of Production Planning and Scheduling, in: Studies in Management Sciences, (1) 1975, S. 53–69.

Hax, Herbert (1964): Investitions- und Finanzplanung mit Hilfe der Linearen Programmierung, in: ZfbF, (16) 1964, S. 430–446.

Hax, Herbert (1965): Die Koordination von Entscheidungen, Köln 1965.

Hax, Herbert (1967): Bewertungsprobleme bei der Formulierung von Zielfunktionen für Entscheidungsmodelle, in: ZfbF, (19) 1967, S. 749–761.

Hax, Herbert (1981): Verrechnungspreise, in: HWR, hrsg. v. Erich Kosiol, Klaus Chmielewicz und Marcell Schweitzer, 2. Aufl., Stuttgart 1981, Sp. 1688–1699.

Hax, Herbert (1985): Investitionstheorie, 5. Aufl., Würzburg, Wien 1985.

Hax, Herbert (1989): Investitionsrechnung und Periodenerfolgsmessung, in: Der Integrationsgedanke in der Betriebswirtschaftslehre, hrsg. v. Werner Delfmann, Wiesbaden 1989, S. 154–170.

Heckhausen, Heinz (1965): Leistungsmotivation, in: Handbuch der Psychologie, Bd. 2, hrsg. v. H. Thomae, Göttingen 1965, S. 602–702.

Hedley, B. (1977): Strategy and the Business Portfolio, in: LRP, (2) 1977, S. 9–15.

Heigl, Anton (1978): Controlling – Interne Revision, Stuttgart, New York 1978.

Heigl, Anton (1989): Controlling – Interne Revision, 2. Aufl., Stuttgart 1989.

Heinen, Edmund (1976): Grundlagen betriebswirtschaftlicher Entscheidungen – Das Zielsystem der Unternehmung, 3. Aufl., Wiesbaden 1976.

Heinen, Edmund (1983): Betriebswirtschaftliche Kostentheorie, 6. Aufl., Wiesbaden 1983.

Heinen, Edmund (1987): Unternehmenskultur, München, Wien 1987.

Heinen, Edmund (1991): Industriebetriebslehre als entscheidungsorientierte Unternehmensführung, in: Industriebetriebslehre – Entscheidungen im Industriebetrieb, 9. Aufl., Wiesbaden 1991, S. 1–71.

Heinen, Edmund/Fank, Matthias (1997): Unternehmenskultur, 2. Aufl., München et al. 1997.

Heinzelbecker, Klaus (1985): Marketing-Informationssysteme, Stuttgart et al. 1985.

Heinzelbecker, Klaus (1991): Informationsversorgung im Marketing-Controlling, Ein praxisorientiertes Konzept, in: Controlling, Nr. 5/1991, S. 244–251.

Heiser, Herman C. (1964): Budgetierung. Grundsätze und Praxis der betriebswirtschaftlichen Planung, Berlin 1964.

Henderson, Bruce D. (1984): Die Erfahrungskurve in der Unternehmensstrategie, 2. Aufl., Frankfurt, New York 1984.

Henzler, Herbert (1988): Von der strategischen Planung zur strategischen Führung: Versuch einer Positionsbestimmung, in: ZfB, (58) 1988, S. 1287–1307.

Herzberg, Frederick H./Mausner, Bernard/Snyderman, Barbara (1959): The Motivation to Work, New York 1959.

Hettich, Günter O. (1981): Struktur, Funktion und Effizienz betrieblicher Informationssysteme, Tübingen 1981.

Hieber, Wolfgang L. (1991): Lern- und Erfahrungskurveneffekte und ihre Bestimmung in der flexibel automatisierten Produktion, München 1991.

Hill, Wilhelm/Fehlbaum, Raymond/Ulrich, Peter (1989): Organisationslehre 1: Ziele, Instrumente und Bedingungen sozialer Systeme, 4. Aufl., Bern, Stuttgart 1989.

Hill, Wilhelm/Fehlbaum, Raymond/Ulrich, Peter (1994): Organisationslehre 1: Ziele, Instrumente und Bedingungen sozialer Systeme, 5. Aufl., Stuttgart 1994.

Hirsch, Bernhard (2006): Behavioral Controlling. Skizze einer verhaltenswissenschaftlich fundierten Controlling-Konzeption, Wiesbaden 2006.

Hirschberger-Vogel, Magdalena (1990): Die Akzeptanz und die Effektivität von Standardsoftwaresystemen, Berlin 1990.

Hochstädter, Dieter (1993): Statistik, betriebliche, in: HWB, Teilband 3, hrsg. v. Waldemar Wittmann et al., 5. Aufl., Stuttgart 1993, Sp. 3987–4002.

Höller, Hans (1978): Verhaltenswirkungen betrieblicher Planungs- und Kontrollsysteme, München 1978.

Hoffmann, Friedrich (1980): Organisation, Begriff der, in: HWO, hrsg. v. Erwin Grochla, 2. Aufl., Stuttgart 1980, Sp. 1425–1431.

Hoffmann, Friedrich (1983): Interne Revision – Organisation, in: HWRev, hrsg. v. Adolf G. Coenenberg und Klaus von Wysocki, Stuttgart 1983, Sp. 668–677.

Hofmann, Christian (1994): Abstimmung von Produktions- und Transportlosgrößen zwischen Zulieferer und Produzent. Eine Analyse auf der Grundlage stationärer Losgrößenmodelle, in: ORS, (16) 1994, S. 9–20.

Hofmann, Christian (2001): Anreizorientierte Controllingsysteme. Agencytheoretische Analyse des kombinierten Einsatzes von Budgetierungs-, Ziel- und Verrechnungspreissystemen, Stuttgart 2001.

Hofmann, Ingo (1998): Contolling und interne Revision – Service-Center zur Unterstützung der Geschäftsleitung, Bochum 1998.

Hofmann, Rolf (1972): Interne Revision – Organisation und Aufgaben der Konzernrevision, Opladen 1972.

Hofmann, Rolf (1983): Interne Revision, Aufgaben, in: HWRev, hrsg. v. Adolf G. Coenenberg und Klaus von Wysocki, Stuttgart 1983, Sp. 655–662.

Hofmann, Rolf (1992): Interne Revision, Aufgaben, in: HWRev, hrsg. v. Adolf G. Coenenberg und Klaus von Wysocki, 2. Aufl., Stuttgart 1992, Sp. 855–864.

Hofmann, Yvette E. (2007a): Behavioral Accounting, in: Handwörterbuch der Betriebswirtschaftslehre, hrsg. v. Richard Köhler, Hans-Ulrich Küpper und Andreas Pfingsten, 6. Aufl., Stuttgart 2007, Sp. 77–86.

Hofmann, Yvette E. (2007b): Transparenz in Unternehmungen – Leistungsanreiz oder Leistungsbremse für ihre Mitglieder? in: Zeitschrift für Management, 1 (2) 2007, S. 6–27.

Hofmann, Yvette E. (2008): Steuerung durch Transparenz. Die Rolle transparenzinduzierter Emotionen bei der Realisierung von Koordinations- und Motivationswirkungen, Stuttgart 2008.

Hofstede, Geert H. (1967): The Game of Budget Control, Assen 1967.

Holler, Manfred J./Illing, Gerhard (1993): Einführung in die Spieltheorie, 2. Aufl., Berlin et al. 1993.

Holler, Manfred J./Illing, Gerhard (2000): Einführung in die Spieltheorie, 4. Aufl., Berlin et al. 2000.

Holmström, Bengt R. (1979): Moral Hazard and Observability, in: BJE, (10) 1979, S. 74–91.

Holmström, Bengt R. (1982): Moral Hazard in Teams, in: BJE, (13) 1982, S. 324–340.

Holt, Charles C./Modigliani, Franco/Muth, John F./Simon, Hermann (1960): Planning Production, Inventory and Work Force, New York 1960.

Holzwarth, Jochen (1993): Strategische Kostenrechnung? Zum Bedarf an einer modifizierten Kostenrechnung für die Bewertung der Alternativen strategischer Entscheidungen, Stuttgart 1993.

Homann, Klaus (1999): Immobiliencontrolling, Wiesbaden 1999.

Homburg, Christian (1991): Modellgestützte Unternehmensplanung, Wiesbaden 1991.

Hommelhoff, Peter/Schwab, Martin (1996): Zum Stellenwert betriebswirtschaftlicher Grundsätze ordnungsmäßiger Unternehmensleitung und -überwachung im Vorgang der Rechtserkenntnis, in: Grundsätze ordnungsmäßiger Unternehmensführung (GoF), hrsg. v. Axel von Werder, in: ZfbF, (Sonderheft 36) 1996, S. 149–178.

Hoover, Steward V./Perry, Ronald F. (1990): Simulation: a problem-solving approach, Reading, Mass. et al. 1990.

Hope, Jeremy/Fraser, Robin (2000): Beyond Budgeting, in: Strategic Finance, (82) 2000, S. 30–35.

Hope, Jeremy/Fraser, Robin (2003): The Time Has Come to Abandon the Budget, in: ZfCM-Sonderheft 1, hrsg. v. Utz Schäffer, 2003, S. 71–76.

Hope, Jeremy/Fraser, Robin (2003): Beyond budgeting. How managers can break free from the annual performance trap, Boston 2003.

Hoppenheit, Christoph (1993): Controlling in Softwareunternehmen – Konzeption für Entwicklungsbereiche, Wiesbaden 1993.

Hopper, Trevor/Macintosh, Norman B. (1993): Management Accounting as Disciplinary Practice: The Case of ITT Under Harold Geenen, in: MAR, (4) 1993, S. 181–216.

Hopper, Trevor/Macintosh, Norman B. (1998): Management Accounting Numbers: Freedom or Prison – Geenen or Foucault, in: Foucault, Management and Organization Theory, hrsg. v. Alan McKinlay und Ken Starkey, London 1998, S. 126–150.

Hopwood, Anthony G. (1972): An Empirical Study of the Role of Accounting Data in Performance Evaluation, in: JAR (10), Supplement/1972, S. 156–182.

Hopwood, Anthony G. (1974): Leadership Climate and the Use of Accounting Data in Performance Evaluation, in: TAR (49), 1974, S. 485–495.

Hopwood, Anthony G. (1990): Accounting and Organisation Change, in: Accounting, Auditing & Accountability Journal, (3) 1990, S. 7–17.

Horngren, Charles T./Sundem, Gary L. (1993): Management Accounting, 9. Aufl., Englewood Cliffs, New Jersey 1993.

Horngren, Charles T./Sundem, Gary L. (1999): Management Accounting, 11. Aufl., Englewood Cliffs, New Jersey 1999.

Horovitz, Jacques Henri (1979): Strategic Control in Three European Countries: A New Task for Top Management, in: International Studies of Management and Organization, (8) 1979, S. 96–112.

Horváth, Péter (1979): Controlling, 1. Aufl., München 1979.

Horváth, Péter (1981): Entwicklungstendenzen des Controlling: Strategisches Controlling, in: Unternehmensführung aus finanz- und bankwirtschaftlicher Sicht, hrsg. v. Edwin Rühli und Jean-Paul Thommen, Stuttgart 1981, S. 397–415.

Horváth, Péter (1986): Controlling, 2. Aufl., München 1986.

Horváth, Péter (1990): Strategieunterstützung durch das Controlling: Revolution im Rechnungswesen, Stuttgart 1990.

Horváth, Péter (1991): Controlling, 4. Aufl., München 1991.

Horváth, Péter (1993): Controllinginstrumente, in: HWB, Teilband 1, hrsg. v. Waldemar Wittmann et al., 5. Aufl., Stuttgart 1993, Sp. 669–680.

Horváth, Péter (1994): Controlling, 5. Aufl., München 1994.

Horváth, Péter (1996): Controlling, 6. Aufl., München 1996.

Horváth, Péter (1998a): Controlling, 7. Aufl., München 1998.

Horváth, Péter (1998b): Innovative Controlling-Tools und Konzepte von Spitzenunternehmen: Controlling der Champions, Stuttgart 1998.

Horváth, Péter (1999): Controlling & Finance: Aufgaben, Kompetenzen und Tools effektiv koordinieren, Stuttgart 1999.

Horváth, Peter (2003): Controlling, 9. Aufl., München 2003.

Horváth, Peter (2006): Controlling, 10. Aufl., München 2006.

Horváth, Péter (2011): Controlling, 12. Aufl., München 2011.

Horváth, Péter/Gaydoul, Peter (1978): Bestandsaufnahme zur Controllingpraxis in deutschen Unternehmen, in: DB, (31) 1978, S. 1989–1999.

Horváth, Péter/Mayer, Reinhold (1989): Prozesskostenrechnung. Der neue Weg zu mehr Kostentransparenz und wirkungsvolleren Unternehmensstrategien, in: Con, (1) 1989, S. 214–219.

Horváth, Péter/Niemand, Stefan/Wolbold, Markus (1993): Target Costing – State of the Art, in: Target Costing, hrsg. v. Péter Horváth, Stuttgart 1993, S. 1–27.

Horváth, Péter/Seidenschwarz, Werner (1992): Zielkostenmanagement, in: Con, (4) 1992, S. 142–150.

Horváth & Partner (2000): Balanced Scorecard umsetzen, Stuttgart 2000.

Horváth & Partner (2007): Balanced Scorecard umsetzen, 4. Aufl., Stuttgart 2007.

Hoskin, Keith W./Macve, Richard H. (1986): Accounting and the Examination: A Genealogy of Disciplinary Power, in: AOS, (11) 1986, S. 105–136.

Hoss, Klaus (1965): Fertigungsablaufplanung mittels operationsanalytischer Methoden unter Berücksichtigung des Ablaufplanungsdilemmas in der Werkstattfertigung, Würzburg, Wien 1965.

Hotelling, Harold (1925): A General Mathematical Theory of Depreciation, in: Journal of the American Statistical Association, (20) 1925, S. 340–353.

Huch, Burkhard/Behme, Wolfgang/Ohlendorf, Thomas (1992): Rechnungswesenorientiertes Controlling, Heidelberg 1992.

Huch, Burkhard/Behme, Wolfgang/Ohlendorf, Thomas (1995): Rechnungswesenorientiertes Controlling, 2. Aufl., Heidelberg 1995.

Huch, Burkhard/Behme, Wolfgang/Ohlendorf, Thomas (2003): Rechnungswesenorientiertes Controlling, 4. Aufl., Heidelberg 2003.

Hüchtebrock, Michael (1983): Begründungen von Abschreibungsverfahren und ihre kapitaltheoretischen Unterstellungen, Frankfurt 1983.

Hügler, Gert L. (1988): Controlling in Projektorganisationen, München 1988.

Humble, John W. (1972): Praxis des Management by Objectives, München 1972.

Hummel, Siegfried/Männel, Wolfgang (1986): Kostenrechnung 1. Grundlagen, Aufbau und Anwendung, 4. Aufl., Wiesbaden 1986.

IBM Deutschland (1981): Business Systems Planning Guide (GE 20-052 7-3) 3. Ausgabe, IBM-Firmenschrift, 1981.

IBM Deutschland (1983): Die Kommunikations-System-Studie (KSS) als Werkzeug für Planung und Entwicklung von Informations-Systemen bei der Esso AG, Stuttgart 1983.

Intriligator, Michael D. (1971): Mathematical Optimization and Economic Theory, Englewood Cliffs, New Jersey 1971.

Intriligator, Michael D. (2002): Mathematical Optimization and Economic Theory, 2. Aufl., Cambridge 2002.

Isermann, Heinz (1979): Strukturierung von Entscheidungsprozessen bei mehrfacher Zielsetzung, in: ORS, (1) 1979, S. 3–26.

Jacob, Herbert (1968): Investitionsplanung mit Hilfe der Optimierungsrechnung, in: Optimale Investitionspolitik. Schriften zur Unternehmensführung, Bd. 4, hrsg. v. Herbert Jacob, Wiesbaden 1968, S. 93–115.

Jacob, Herbert (1974): Neuere Entwicklungen in der Investitionsrechnung, Wiesbaden 1974.

Jarillo, J. Carlos (1988): On Strategic Networks, in: Strategic Management Journal, (9) 1988, S. 31–41.

Jasper, Thomas/Wangler, Clemens (1999): Irrelevanz der steuerlichen Behandlung von Stock options beim Begünstigten, in: Finanzbetrieb, (1) 1999, S. 113–116.

Jehle, Egon (1982a): Der Beitrag der verhaltenswissenschaftlich orientierten Rechnungswesenforschung für die Gestaltung der Plankosten, in: KRP, 1982, S. 205–214.

Jehle, Egon (1982b): Gemeinkostenmanagement. Effizienzsteigerung im Gemeinkostenbereich von Unternehmen durch Overhead-Value-Analysis (OVA), Zero-Base-Budgting (ZBB) und Adminstrative Wertanalyse (AWA), in: DU, (36) 1982, S. 59–76.

Jehle, Egon (1991): Wertanalyse – Ein System zum Lösen komplexer Probleme, in: WiSt, (6) 1991, S. 287–294.

Jehle, Egon (1992): Gemeinkostenmanagement, in: Handbuch Kostenrechnung, hrsg. v. Wolfgang Männel, Wiesbaden 1992, S. 1506–1523.

Jehle, Egon (1993): Wertanalyse, in: HWB, Teilband 3, hrsg. v. Waldemar Wittmann et al., 5. Aufl., Stuttgart 1993, Sp. 4647–4659.

Jensen, Michael C. (1983): Organisation Theory and Methodology, in: TAR, (58) 1983, S. 319–339.

Jobst, Stephen (1999): Gedanken zum koordinationsorientierten Controlling: eine systemtheoretische Argumentation, Braunschweig 1999.

Josephi, M. (1984): Konzernverrechnungspreise in der Automobilindustrie, in: Die Aufgaben von Konzernverrechnungspreisen in der Planung und im Rechnungswesen, hrsg. v. Volkswagenwerk AG, Wolfsburg 1984, S. 34–48.

Kah, Arnd (1994): Profitcenter-Steuerung. Ein Beitrag zur theoretischen Fundierung des Controlling anhand des Principal-Agent-Ansatzes, Stuttgart 1994.

Kaplan, Robert S./Norton, David P. (1992): The Balanced Scorecard – Measures that drive Performance, in: HBR, (70) 1992 (1), S. 71–79.

Kaplan, Robert S./Norton, David P. (1993): Putting the Balanced Scorecard to work, in: HBR, (71) 1993 (5), S. 134–147.

Kaplan, Robert S./Norton, David P. (1996a): Using the BSC as a Strategic Management System, in: HBR, (74) 1996 (1), S. 75–85.

Kaplan, Robert S./Norton, David P. (1996b): The Balanced Scorecard: Translating Strategy into Action, Boston/Mass. 1996.

Kaplan, Robert S./Norton, David P. (1997): Balanced Scorecard: Strategien erfolgreich umsetzen, Stuttgart 1997.

Kaplan, Robert S./Norton, David P. (2001): The Strategy Focused Organization: How Balanced Scorecard Companies Thrive in the New Business Environment, Boston/Mass. 2001.

Keilus, Michael (1993): Produktions- und kostentheoretische Grundlagen einer Umweltplankostenrechnung, Bergisch Gladbach 1993.

Kellers, Rolf/Lederle, Herbert (1984): Preisbildung zwischen Konzerngesellschaften, in: Planungs- und Kontrollrechnung im internationalen Konzern, hrsg. v. Walther Busse von Colbe und Eberhard Müller, Düsseldorf, Frankfurt 1984, S. 163–171.

Kenis, J. (1979): Effects of Budgetary Goal Characteristics on Managerial Attitudes and Performance, in: TAR, (54) 1979, S. 701–721.

Kenter, Michael E. (1985): Die Steuerung ausländischer Tochtergesellschaften: Instrumente und Effizienz, Frankfurt et al. 1985.

Kern, Werner (1967): Optimierungsverfahren in der Ablauforganisation, Essen 1967.

Kern, Werner (1971): Kennzahlensysteme als Niederschlag interdependenter Unternehmungsplanung, in: ZfbF, (23) 1971, S. 701–718.

Kern, Werner (1975): Kapazität und Beschäftigung, in: HWB, Teilband 2, hrsg. v. Erwin Grochla und Waldemar Wittmann, 4. Aufl., Stuttgart 1975, Sp. 2083–2087.

Kern, Werner (1976): Innovation und Investition, in: Investitionstheorie und Investitionspolitik privater und öffentlicher Unternehmen, hrsg. v. Horst Albach und Hermann Simon, Wiesbaden 1976, S. 273–301.

Kern, Werner (1990): Industrielle Produktionswirtschaft, 4. Aufl., Stuttgart 1990.

Kern, Werner (1992): Industrielle Produktionswirtschaft, 5. Aufl., Stuttgart 1992.

Kerner, D. (1979): Business Information Characterization Study, in: Data Base, No. 4, (10) 1979, S. 71 ff.

Kiener, Joachim (1980): Marketing-Controlling, Darmstadt 1980.

Kiener, Stefan (1990): Die Principal-Agent-Theorie aus informationsökononischer Sicht, Regensburg, Heidelberg 1990.

Kiener, Urs/Christen, Stephan (1992): Studienziele, Studienmotive, Studien-verhalten – Literaturstudie, Zürich 1992.

Kieser, Alfred/Kubicek, Herbert (1983): Organisation, 2. Aufl., Berlin, New York 1983.

Kieser, Alfred/Kubicek, Herbert (1992): Organisation, 3. Aufl., Berlin, New York 1992.

Kieser, Alfred/Walgenbach, Peter (2003): Organisation, 4. Aufl., Stuttgart 2003.

Kieser, Alfred/Walgenbach, Peter (2010): Organisation, 6. Aufl., Stuttgart 2010.

Kilger, Wolfgang (1984): Die Aufgaben von Konzernverrechnungspreisen in der Planung und im Rechnungswesen, in: Die Aufgaben von Konzernverrech-nungspreisen in der Planung und im Rechnungswesen, hrsg. v. Volkswagen-werk AG, Wolfsburg 1984, S. 3–33 und 51–59.

Kilger, Wolfgang (1987): Einführung in die Kostenrechnung, 3. Aufl., Wiesba-den 1987.

Kilger, Wolfgang (1988): Flexible Plankostenrechnung und Deckungsbeitrags-rechnung, 9. Aufl., Wiesbaden 1988.

Kilger, Wolfgang (1993): Flexible Plankostenrechnung und Deckungsbeitrags-rechnung, bearbeitet durch Kurt Vikas, 10. Aufl., Wiesbaden 1993.

Kilger, Wolfgang/Pampel, Jochen/Vikas, Kurt (2012): Flexible Plankosten-rechnung und Deckungsbeitragsrechnung, 13. Aufl., Wiesbaden 2012.

Kirby, Alison-J./Reichelstein, Stefan/Sen, Pradyot K./Paik, Tae-Young (1991): Participation, Slack, and Budget-Based Performance Evaluation, in: JAR, (29) 1991, S. 109–128.

Kirsch, Werner (1971a): Entscheidungsprozesse, Band 2: Informationsverar-beitungstheorie des Entscheidungsverhaltens, Wiesbaden 1971.

Kirsch, Werner (1971b): Entscheidungsprozesse, Band 3: Entscheidungen in Organisationen, Wiesbaden 1971.

Kirsch, Werner (1992): Kommunikatives Handeln, Autopoiese, Rationalität – Sondierungen zu einer evolutionären Führungslehre, München 1992.

Kirsch, Werner (1994): Die Handhabung von Entscheidungsproblemen – Ein-führung in die Theorie der Entscheidungsprozesse, 4. Aufl., München 1994.

Kirsch, Werner (1998): Die Handhabung von Entscheidungsproblemen (Son-dereinband), 5. Aufl., Herrsching 1998.

Kirsch, Werner/Knyphausen, Dodo zu (1993): Strategische Unternehmens-führung, in: Ergebnisse empirischer betriebswirtschaftlicher Forschung, hrsg. v. Jürgen Hauschildt und Oskar Grün, Stuttgart 1993, S. 83–114.

Kistner, Klaus-Peter (1992): Koordinationsmechanismen in der hierar-chischen Planung, in: ZfB, (62) 1992, S. 1125–1146.

Kistner, Klaus-Peter/Luhmer, Alfred (1981): Zur Ermittlung der Kosten der Betriebsmittel in der statischen Produktionstheorie, in: ZfB, (51) 1981, S. 165–179.

Kistner, Klaus-Peter/Steven, Marion (1991): Die Bedeutung des Operations Research für die hierarchische Produktionsplanung, in: ORS, (13) 1991, S. 123–132.

Kistner, Klaus-Peter/Steven, Marion (1993): Produktionsplanung, 2. Aufl., Heidelberg 1993.

Kistner, Klaus-Peter/Steven, Marion (2001): Produktionsplanung, 3. Aufl., Heidelberg 2001.

Kistner, Klaus-Peter/Switalski, Marion (1989): Hierarchische Produktions-planung, in: ZfB, (59) 1989, S. 477–503.

Kleine, Andreas (1995): Entscheidungstheoretische Aspekte der Principal-Agent-Theorie, Heidelberg 1995.

Klenk, Peter (1997): Controllingbezogene Ausrichtung eines universitären Führungssystems am Beispiel der Universität Regensburg, Frankfurt am Main 1997.

Klis, Manfred (1970): Überzeugung und Manipulation, Wiesbaden 1970.

Kloock, Josef (1978): Aufgaben und Systeme der Unternehmensrechnung, in: BFuP, (30) 1978, S. 493–510.

Kloock, Josef (1981): Mehrperiodige Investitionsrechnungen auf der Basis kalkulatorischer und handelsrechtlicher Erfolgsrechnungen, in: ZfbF, (33) 1981, S. 873–890.

Kloock, Josef (1986): Perspektiven der Kostenrechnung aus investitionstheo-retischer und anwendungsorientierter Sicht, in: Zukunftsaspekte der anwen-dungsorientierten Betriebswirtschaftslehre, hrsg. v. Eduard Gaugler, Hans Günther Meissner und Norbert Thom, Stuttgart 1986, S. 289–302.

Kloock, Josef (1987): Erfolgsrevision mit Deckungsbeitrags-Kontrollrechnun-gen, in: BFuP, (39) 1987, S. 109–126.

Kloock, Josef (1988): Erfolgskontrolle mit der differenziert-kumulativen Ab-weichungsanalyse, in: ZfB, (58) 1988, S. 423–433.

Kloock, Josef (1992a): Prozesskostenrechnung als Rückschritt und Fortschritt der Kostenrechnung. Teil I und II, in: KRP, 1992, S. 183–193 und 237–245.

Kloock, Josef (1992b): Kostenrechnung mit integrierter Umweltschutzpolitik als Umweltkostenrechnung, in: Handbuch Kostenrechnung, hrsg. v. Wolf-gang Männel, Wiesbaden 1992, S. 929–940.

Kloock, Josef/Bommes, Wolfgang (1982): Methoden der Kostenabweichungs-analyse, in: KRP, (5) 1982, S. 225–237.

Kloock, Josef/Dörner, Erich (1988): Kostenkontrolle bei mehrstufigen Pro-duktionsprozessen, in: ORS, (10) 1988, S. 129–140.

Kloock, Josef/Sabel, Hermann/Schuhmann, Werner (1987): Die Erfahrungs-kurve in der Unternehmenspolitik. Theoretische Präzisierungen und prakti-sche Perspektiven, in: ZfB, Ergänzungsheft 2/87, 1987, S. 3–51.

Kloock, Josef/Sieben, Günter/Schildbach, Thomas (1990): Kosten- und Leistungsrechnung, 5. Aufl., Düsseldorf 1990.

Kloock, Josef/Sieben, Günter/Schildbach, Thomas (1999): Kosten- und Leistungsrechnung, 8. Aufl., Düsseldorf 1999.

Kloock, Josef et al. (2008): Kosten- und Leistungsrechnung, 10. Aufl., Stuttgart et al. 2008.

Kluxen, Wolfgang (1999): Selbstverständnis und Aufgabe der Ethik, in: Handbuch der Wirtschaftsethik, Band 1, hrsg. v. Wilhelm Korff et al., Gütersloh 1999, S. 152–198.

Knights, David/Collinson, David (1987): Disciplining, The Shopfloor: A Comparison of the Disciplinary Effects of Managerial Psychology and Financial Accounting, in: AOS, (12) 1987, S. 457–477.

Knoll, Leonhard (1998a): Besteuerung von Stock options – Anmerkungen zu einer juristischen Frontlinie im ökonomischen Niemandsland, in: Steuer und Wirtschaft (N.F.), (28) 1998, S. 133–137.

Knoll, Leonhard (1998b): Besteuerung von Stock options als Beispiel für Effizienzschranken anreizkompatibler Entlohnungsformen, in: Modellgestützte Personalentscheidungen 2, hrsg. von H. Kossbiel, München-Mering 1998, S. 53–72.

Knoll, Leonhard (1998c): Die mangelnde Eignung von Stock options für die flexible Entlohnung tariflicher Mitarbeiter, in: Der Aufbruch ist möglich: Standorte und Arbeitswelten zwischen Globalisierung und Regulierungsdickicht – Mittelstand und »Neue Selbständigkeit« als Innovationskräfte im Strukturwandel? – Ein Almanach junger Wissenschaftler, hrsg. von Hanns Martin Schleyer-Stiftung, Köln 1998, S. 152–153.

Koch, Helmut (1961): Betriebliche Planung. Grundlagen und Grundfragen der Unternehmenspolitik, Wiesbaden 1961.

Koch, Helmut (1977): Aufbau der Unternehmensplanung, Wiesbaden 1977.

Koch, Helmut (1982): Integrierte Unternehmensplanung, Wiesbaden 1982.

Koch, Helmut (1993): Planungssysteme, in: HWB, Teilband 2, hrsg. v. Waldemar Wittmann et al., 5. Aufl., Stuttgart 1993, Sp. 3251–6262.

Koch, Ingo (1994): Kostenrechnung unter Unsicherheit. Theoretische Fundierung und Instrumentarium zur Einbeziehung unsicherer Erwartungen in die Kostenrechnung, Stuttgart 1994.

Koch, Rembert (1994): Betriebliches Berichtswesen als Informations- und Steuerungsinstrument, Frankfurt et al. 1994.

Köhler, Richard (1989): Marketing-Effizienz durch Controlling, in: Con, (1) 1989, S. 84–95.

Köhler, Richard (1992): Überwachung des Marketing, in: HWRev, hrsg. v. Adolf G. Coenenberg und Klaus v. Wysocki, Stuttgart 1992, Sp. 1269–1284.

Köhler, Richard (1993a): Beiträge zum Marketing-Management, Planung, Organisation, Controlling, 3. Aufl., Stuttgart 1993.

Köhler, Richard (1993b): Marketing-Kennzahlensysteme, in: Vahlens Großes Controlling Lexikon, hrsg. v. Péter Horváth und Thomas Reichmann, München 1993, S. 439–440.

Köhler, Richard (1993c): Marketing-Audit, in: Vahlens Großes Controlling Lexikon, hrsg. v. Péter Horváth und Thomas Reichmann, München 1993, S. 428–429.

Köhler, Richard (1993d): Absatzsegmentrechnung, in: HWR, hrsg. v. Klaus Chmielewicz und Marcell Schweitzer, 3. Aufl., Stuttgart 1993, Sp. 7–15.

Köhler, Richard (1993e): Marketing-Früherkennung, in: Vahlens Großes Controlling Lexikon, hrsg. v. Péter Horváth und Thomas Reichmann, München 1993, S. 435–437.

Kolb, Jürgen (1978): Industrielle Erlösrechnung – Grundlagen und Anwendung, Wiesbaden 1978.

Koopmans, Tjalling C. (1951): Analysis of Production as an Efficient Combination of Activities, in: Activity Analysis of Production and Allocation, hrsg. v. Tjalling C. Koopmans, New York, London, Sydney 1951, S. 33–97.

Koreimann, Dieter S. (1976): Methoden der Informationsbedarfsanalyse, Berlin, New York 1976.

Korte, Rolf-Jürgen (1977): Verfahren der Wertanalyse, Berlin 1977.

Kosiol, Erich (1966): Die Unternehmung als wirtschaftliches Aktionszentrum – Einführung in die Betriebswirtschaftslehre, Hamburg 1966.

Kosiol, Erich (1972): Zur Theorie und Systematik des Rechnungswesens, in: Analysen zur Unternehmenstheorie, hrsg. v. Karl Lechner, Berlin 1972, S. 133–147.

Kosiol, Erich (1975a): Typologische Gegenüberstellung von standardisierender (technisch orientierter) und prognostizierender (ökonomisch ausgerichteter) Plankostenrechnung, in: Plankostenrechnung als Instrument moderner Unternehmensführung, hrsg. v. Erich Kosiol, 3. Aufl., Berlin 1975, S. 49–76.

Kosiol, Erich (1975b): Die Plankostenrechnung als Mittel zur Messung der technischen Ergiebigkeit des Betriebsgeschehens (als Instrument moderner Unternehmensführung), hrsg. v. Erich Kosiol, 3. Aufl., Berlin 1975, S. 15–48.

Kosiol, Erich (1976): Organisation der Unternehmung, 2. Aufl., Wiesbaden 1976.

Kosiol, Erich (1979): Kostenrechnung der Unternehmung, 2. Aufl., Wiesbaden 1979.

Kosiol, Erich (1980): Ablauforganisation, Grundprobleme der, in: HWO, hrsg. v. Erwin Grochla, 2. Aufl., Stuttgart 1980, Sp. 1–8.

Kotler, Philip (1994): Marketing Management. Analysis, Planning, Implementation, and Control, 8. Aufl., Englewood Cliffs 1994.

Kotler, Philip (2005): Marketing Management. Analyse, Planung und Verwirklichung, 10. Aufl., München 2005.

KPMG Consulting (2000): Value Based Management – Shareholder Value Konzepte: Eine Untersuchung der DAX 100 Unternehmen, Frankfurt/Main 2000.

Krahnen, Jan Pieter (1991): Sunk Costs und Unternehmensfinanzierung, Wiesbaden 1991.

Krahnen, Jan Pieter (1993): Integrierte Investitionsmodelle, in: HWB, Teilband 2, hrsg. v. Waldemar Wittmann et al., 5. Aufl., Stuttgart 1993, Sp. 1952–1965.

Krahnen, Jan Pieter (1994): Kostenschlüsselung und Investitionsentscheidung – Plädoyer für eine empirisch orientierte Kostenrechnungsforschung, in: ZfB, (64) 1994, S. 189–202.

Krapp, Michael (1999): Anreizverträge bei Kollusionsgefahr, in: ZfB, (69) 1999, S. 211–232.

Kreikebaum, Hartmut (1993): Strategische Unternehmensplanung, 5. Aufl., Stuttgart, Berlin, Köln 1993.

Kreikebaum, Hartmut (1997): Strategische Unternehmensplanung, 6. Aufl., Stuttgart, Berlin, Köln 1997.

Kreilkamp, E. (1987): Strategisches Management und Marketing, Berlin, New York 1987.

Krieg, Walter (1971): Kybernetische Grundlagen der Unternehmungsgestaltung, Bern, Stuttgart 1971.

Krieger, Ralf G. (1998): Entscheidungsorientierte Kosten- und Erfolgsrechnung und dynamische Investitionsrechnung als separate Führungsinstrumente eines koordinationsorientierten Controlling und Ansätze zu ihrer Integration, Frankfurt am Main et al. 1998.

Kroeber-Riel, Werner (1986): Vorteile der Business Graphik: zu den Wirkungen von Bild und Graphik auf das Entscheidungsverhalten, in: Information Management, (3) 1986, S. 17–23.

Kronthaler, Ludwig (1999): Greifswalder Grundsätze: Weshalb Hochschulen ein modernes Rechnungswesen brauchen, in: Forschung & Lehre, Nr. 11 1999, S. 582–583.

Krüger, Wilfried (1979): Controlling: Gegenstandsbereich, Wirkungsweise und Funktionen im Rahmen der Unternehmenspolitik, in: BFuP, (31) 1979, S. 158–169.

Krümmel, Hans J. (1993): Finanzplanung und -kontrolle, in: HWB, Teilband 1, hrsg. v. Waldemar Wittmann et al., 5. Aufl., Stuttgart 1993, Sp. 1134–1150.

Kruschwitz, Lutz (1995): Investitionsrechnung, 6. Aufl., Berlin, New York 1995.

Kruschwitz, Lutz (2000): Investitionsrechnung, 8. Aufl., Berlin, New York 2000.

Kruschwitz, Lutz (2007): Investitionsrechnung, 11. Aufl., München et al. 2007.

Kubicek, Herbert (1981): Unternehmungsziele, Zielkonflikte und Zielbildungsprozesse, in: WiSt, (10) 1981, S. 458–466.

Kühn, Richard (1993): Unternehmens- und Führungsgrundsätze, in: HWB, Teilband 3, hrsg. v. Waldemar Wittmann et al., 5. Aufl., Stuttgart 1993, Sp. 4286–4294.

Küpper, Hans-Ulrich (1974): Grundlagen einer Theorie der betrieblichen Mitbestimmung, Berlin 1974.

Küpper, Hans-Ulrich (1978): Analyse der Differenzierung zwischen Standard- und Prognosekostenrechnung, in: WiSt, (7) 1978, S. 562–568.

Küpper, Hans-Ulrich (1979a): Dynamische Produktionsfunktionen der Unternehmung auf der Basis des Input-Output-Ansatzes, in: ZfB, (49) 1979, S. 93–106.

Küpper, Hans-Ulrich (1979b): Ablauforganisation, Wiesbaden 1979.

Küpper, Hans-Ulrich (1980a): Interdependenzen zwischen Produktionstheorie und der Organisation des Produktionsprozesses, Berlin 1980.

Küpper, Hans-Ulrich (1980b): Ansatz einer theoretischen Analyse von Interdependenzen von Investitions-, Personal- und Produktionsplanung, in: Proceedings in Operations Research 9, hrsg. v. Jochen Schwarze et al., Würzburg, Wien 1980, S. 66–72.

Küpper, Hans-Ulrich (1982): Ablauforganisation, Stuttgart, New York 1982.

Küpper, Hans-Ulrich (1984): Kosten- und entscheidungstheoretische Ansatzpunkte zur Behandlung des Fixkostenproblems in der Kostenrechnung, in: ZfbF, (36) 1984, S. 794–811.

Küpper, Hans-Ulrich (1985a): Investitionstheoretischer Ansatz einer integrierten betrieblichen Planungsrechnung, in: Information und Wirtschaftlichkeit, hrsg. v. Wolfgang Ballwieser und Karl-Heinz Berger, Wiesbaden 1985, S. 405–432.

Küpper, Hans-Ulrich (1985b): Investitionstheoretische Fundierung der Kostenrechnung, in: ZfbF, (37) 1985, S. 26–46.

Küpper, Hans-Ulrich (1987): Konzeption des Controlling aus betriebswirtschaftlicher Sicht, in: Rechnungswesen und EDV. 8. Saarbrücker Arbeitstagung 1987, hrsg. v. August-Wilhelm Scheer, Heidelberg 1987, S. 82–116.

Küpper, Hans-Ulrich (1988a): Koordination und Interdependenz als Bausteine einer konzeptionellen und theoretischen Fundierung des Controlling, in: Betriebswirtschaftliche Steuerungs- und Kontrollprobleme, hrsg. v. Wolfgang Lücke, Wiesbaden 1988, S. 163–183.

Küpper, Hans-Ulrich (1988b): Investitionstheoretische versus kontrolltheoretische Abschreibung: Alternative oder gleichartige Konzepte einer entscheidungsorientierten Kostenrechnung?, in: ZfB, (58) 1988, S. 397–415.

Küpper, Hans-Ulrich (1988c): Gegenstand und Ansätze einer dynamischen Theorie der Kostenrechnung, in: Zeitaspekte in betriebswirtschaftlicher Theorie und Praxis, hrsg. v. Herbert Hax, Werner Kern und Hans-Horst Schröder, Stuttgart 1988, S. 43–59.

Küpper, Hans-Ulrich (1989): Rechnungswesen und Allgemeine Betriebswirtschaftslehre, in: Die Betriebswirtschaftslehre im Spannungsfeld zwischen Spezialisierung und Generalisierung, hrsg. v. Werner Kirsch und Arnold Picot, Wiesbaden 1989, S. 215–233.

Küpper, Hans-Ulrich (1990a): Gestaltung des Investitions-Controlling in anlagenintensiven öffentlichen Institutionen, in: Konzepte und Instrumente von Controlling-Systemen in öffentlichen Institutionen, hrsg. v. Jürgen Weber und Otto Tylkowski, Stuttgart 1990, S. 1–29.

Küpper, Hans-Ulrich (1990b): Controller-Anforderungsprofil in der Theorie, in: Handbuch Controlling, hrsg. v. Elmar Mayer und Jürgen Weber, Stuttgart 1990, S. 325–342.

Küpper, Hans-Ulrich (1990c): Personal-Controlling: Einbindung in das Unternehmens-Controlling, in: Personalführung, 1990, S. 522–526.

Küpper, Hans-Ulrich (1991a): Logistik-Controlling, in: RKW-Handbuch Logistik, hrsg. v. Helmut Baumgarten et al., Berlin 1991, S. 1–31.

Küpper, Hans-Ulrich (1991b): Gegenstand, theoretische Fundierung und Instrumente des Investitions-Controlling, in: ZfB-Ergänzungsheft Nr. 3, 1991, S. 167–192.

Küpper, Hans-Ulrich (1991c): Prozesskostenrechnung – ein strategisch neuer Ansatz?, in: DBW, (51) 1991, S. 388–391.

Küpper, Hans-Ulrich (1991d): Entwicklungslinien der Kostenrechnung in Dienstleistungsunternehmen, in: Grenzplankostenrechung. Stand und aktuelle Probleme, hrsg. v. August-Wilhelm Scheer, 2. Aufl., Wiesbaden 1991, S. 53–82.

Küpper, Hans-Ulrich (1991e): Bestands- und zahlungsstromorientierte Berechnung von Zinsen in der Kostenrechnung, in: ZfbF, (43) 1991, S. 3–20.

Küpper, Hans-Ulrich (1991f): Betriebswirtschaftliche Steuerungs- und Lenkungsmechanismen organisationsinterner Kooperation, in: Kooperation – Gestaltungsprinzipien und Steuerung der Zusammenarbeit zwischen Organisationseinheiten, hrsg. v. Rolf Wunderer, Stuttgart 1991, S. 175–203.

Küpper, Hans-Ulrich (1991g): Übersicht und Entwicklungstendenzen im Controlling, in: Rechnungswesen und EDV. 12. Saarbrücker Arbeitstagung 1991, hrsg. v. August-Wilhelm Scheer, Heidelberg 1991, S. 242–270.

Küpper, Hans-Ulrich (1991h): Multi-Period Production-Planning and Managerial Accounting, in: Modern Production Concepts – Theory and Applications, hrsg. v. Günter Fandel und Günther Zäpfel, Heidelberg et al. 1991, S. 46–62.

Küpper, Hans-Ulrich (1992a): Logistik-Controlling, in: Con, (4) 1992, S. 124–132.

Küpper, Hans-Ulrich (1992b): Kapazität und Investition als Gegenstand des Investitions-Controlling, in: Kapazitätsmessung, Kapazitätsgestaltung, Kapazitätsoptimierung – eine betriebswirtschaftliche Kernfrage, hrsg. v. Richard Köhler et al., Stuttgart 1992, S. 115–132.

Küpper, Hans-Ulrich (1992c): Unternehmensethik – ein Gegenstand betriebswirtschaftlicher Forschung und Lehre, in: BFuP, (44) 1992, S. 498–518.

Küpper, Hans-Ulrich (1993a): Beschaffung, in: Vahlens Kompendium der Betriebswirtschaftslehre, hrsg. v. Michael Bitz et al., 3. Aufl., München 1993, S. 203–262.

Küpper, Hans-Ulrich (1993b): Kostenrechnung auf investitionstheoretischer Basis, in: Zur Neuausrichtung der Kostenrechnung. Entwicklungsperspektiven für die 90er Jahre, hrsg. v. Jürgen Weber, Stuttgart 1993, S. 79–136.

Küpper, Hans-Ulrich (1994a): Industrielles Controlling, in: Industriebetriebslehre, hrsg. v. Marcell Schweitzer, 2. Aufl., München 1994, S. 849–959.

Küpper, Hans-Ulrich (1994b): Interne Unternehmensrechnung auf kapitaltheoretischer Basis, in: Bilanzrecht und Kapitalmarkt, hrsg. v. Wolfgang Ballwieser et al., Düsseldorf 1994, S. 967–1002.

Küpper, Hans-Ulrich (1994c): Vergleichende Analyse moderner Ansätze des Gemeinkostenmanagements, in: Neuere Entwicklungen im Kostenmanagement, hrsg. v. Klaus Dellmann und Klaus Peter Franz, Bern 1994, S. 31–77.

Küpper, Hans-Ulrich (1995a): Wirtschaftswissenschaft und Ethik – unvereinbare Gegensätze?, in: Experimente mit der Natur: Wissenschaft und Verantwortung; interdisziplinäres Forum, hrsg. v. Venanz Schubert, St. Ottilien 1995, S. 241–266.

Küpper, Hans-Ulrich (1995b): Unternehmensplanung und -steuerung mit pagatorischen oder kalkulatorischen Erfolgsrechnungen?, in: ZfbF, (Sonderheft 34) 1995, S. 19–50.

Küpper, Hans-Ulrich (1997): Hochschulrechnung zwischen Kameralistik und Kostenrechnung, in: Das Rechnungswesen im Spannungsfeld zwischen strategischem und operativem Management, hrsg. von Hans-Ulrich Küpper und Ernst Troßmann, Berlin 1997, S. 565–588.

Küpper, Hans-Ulrich (1998a): Angleichung des externen und internen Rechnungswesen, in: Controlling und Rechnungswesen im internationalen Wettbewerb, hrsg. v. Clemens Börsig und Adolf G. Coenenberg, Stuttgart 1998, S. 143–162.

Küpper, Hans-Ulrich (1998b): Marktwertorientierung – neue und realisierbare Ausrichtung für die interne Unternehmensrechnung?, in: BFuP, (50) 1998, S. 517–539.

Küpper, Hans-Ulrich (2000a): Hochschulrechnung auf der Basis von doppelter Buchführung und HGB?, in: ZfbF, (52) 2000, S. 348–369.

Küpper, Hans-Ulrich (2000b): Cash Flow and Asset Based Interest Calculation in Cost Accounting, Working Paper 2000–03 (Reihe: Münchener betriebswirtschaftliche Beiträge – Munich Business Research), Fakultät für Betriebswirtschaft, Ludwig-Maximilians-Universität München, 2000.

Küpper, Hans-Ulrich (2001): Rechnungslegung von Hochschulen. In: BFuP, (53) 2001, S. 578–592.

Küpper, Hans-Ulrich (2002): Konzeption einer Perioden-Erfolgsrechnung für Hochschulen, in: ZfB, (72) 2002, S. 929–951.

Küpper, Hans-Ulrich (2005): Analytische Unternehmensethik als betriebswirtschaftliches Konzept zur Behandlung von Wertkonflikten in Unternehmungen, in: ZfB, (75) 2005, S. 833–857.

Küpper, Hans-Ulrich (2007): Business Ethics in Germany – Problems, Concepts, and Functions, in: Zeitschrift für Wirtschafts- und Unternehmensethik, (8) 2007, S. 250–269.

Küpper, Hans-Ulrich (2011): Unternehmensethik – Hintergründe, Konzepte, Anwendungsbereiche, 2. Aufl., Stuttgart 2011.

Küpper, Hans-Ulrich/Friedl, Gunther/Hofmann, Christian/Pedell, Burkhard (2010): Übungsbuch zur Kosten- und Erlösrechnung, 6. Aufl., München 2010.

Küpper, Hans-Ulrich/Bösl, Konrad/Breid, Volker/Koch, Ingo (1999): Übungsbuch zur Kosten- und Erlösrechnung, 3. Aufl., München 1999.

Küpper, Hans-Ulrich/Bronner, Tillmann/Daschmann, Hans-Achim (1994): RKW-Strategiemappe. Strategisches Analyse- und Planungssystem SAPS, Eschborn 1994.

Küpper, Hans-Ulrich/Helber, Stefan (1995): Ablauforganisation in Produktion und Logistik, 2. Aufl., Stuttgart 1995.

Küpper, Hans-Ulrich/Helber, Stefan (2004): Ablauforganisation in Produktion und Logistik, 3. Aufl., Stuttgart 2004.

Küpper, Hans-Ulrich/Hoffmann, Heinz (1988): Ansätze und Entwicklungstendenzen des Logistik-Controlling in Unternehmen der Bundesrepublik Deutschland, in: DBW, (48) 1988, S. 587–601.

Küpper, Hans-Ulrich/Sandner, Kai (2008): Differences in Social Preferences: Are They Profitable for the Firm? LMU München, Munich School of Management, Discussion Paper (3) 2008.

Küpper, Hans-Ulrich/Sinz, E. (Hrsg.) (1992): Gestaltungskonzepte für Universitäten, Stuttgart 1992.

Küpper, Hans-Ulrich/Sinz, Elmar (Hrsg.) (1998): Gestaltungskonzepte für Hochschulen: Effizenz, Effektivität, Evolution, Stuttgart 1998.

Küpper, Hans-Ulrich/Weber, Jürgen/Zünd, André (1990): Zum Verständnis des Controlling – Thesen zur Konsensbildung, in: ZfB, (60) 1990, S. 281–293.

Küpper, Hans-Ulrich/Weber, Jürgen (1995): Grundbegriffe des Controlling 1995, Stuttgart 1995.

Küpper, Hans-Ulrich/Winckler, Barbara/Zhang, Suixin (1990): Planungsverfahren und Planungsinformationen als Instrumente des Controlling, in: DBW, (50) 1990, S. 435–458.

Küpper, Hans-Ulrich/Zboril, Nicole (1997): Rechnungszwecke und Struktur einer Kosten-, Leistungs- und Kennzahlenrechnung für Fakultäten, in: Kostenrechnung: Stand und Entwicklungsperspektiven, hrsg. von Wolfgang Becker und Jürgen Weber, Festschrift für Wolfgang Männel, Wiesbaden 1997, S. 337–366.

Kupsch, Peter (1979): Unternehmungsziele, Stuttgart, New York 1979.

Lachnit, Laurenz (1989): Controllingsystem zur DV-gestützten Erfolgs- und Finanzlenkung in mittelständischen Betrieben, in: Con, (1) 1989, S. 346–355.

Lachnit, Laurenz (1998): Zukunftsfähiges Controlling: Konzeption, Umsetzung, Praxiserfahrungen; Prof. Dr. Thomas Reichmann zum 60. Geburtstag, München 1998.

Lachnit, Laurenz/Ammann, Helmut (1986): PC-gestützte Erfolgsplanung – Ausgestaltung und Anwendungsmöglichkeiten zur Unternehmensführung in mittelständischen Betrieben, in: Handbuch der modernen Datenverarbeitung, Bd. 132, 1986, S. 71–83.

Lachnit, Laurenz/Ammann, Helmut (1992a): PC-gestützte Erfolgs- und Finanzplanung als Instrument der Unternehmensführung und Unternehmensberatung (Teil I), in: Deutsches Steuerrecht, Heft 24, 1992, S. 829–833.

Lachnit, Laurenz/Ammann, Helmut (1992b): PC-gestützte Erfolgs- und Finanzplanung als Instrument der Unternehmensführung und Unternehmensberatung (Teil II), in: Deutsches Steuerrecht, Heft 25–26, 1992, S. 881–884.

Laffont, Jean-Jacques (1990): The Economics of Uncertainty and Information, Cambridge 1990.

Lambert, Richard A. (1983): Long-term Contracts and Moral Hazard, in: BJE, Bd. 14, 1983, S. 441–452.

Landsberg, Georg v. (1990): Controller-Anforderungen in der Praxis, in: Handbuch Controlling, hrsg. v. Elmar Mayer und Jürgen Weber, Stuttgart 1990, S. 343–363.

Landsberg, Georg v./Mayer, Elmar (1988): Berufsbild des Controllers, Stuttgart 1988.

Lange, Christoph (1988): Investitionsentscheidungen im Umbruch: Struktur eines Investitions-Controllingsystems, in: Controlling-Praxis. Erfolgsorientierte Unternehmenssteuerung, hrsg. v. Thomas Reichmann, München 1988, S. 133–146.

Lange, Christoph (1990): Transparenz und Flexibilität: Erfolgsfaktoren für Investitionsentscheidungen, in: Con, (2) 1990, S. 134–142.

Langer, Thomas (2007): Experimentelle Forschung, in: Handwörterbuch der Betriebswirtschaftslehre, hrsg. v. Richard Köhler, Hans-Ulrich Küpper und Andreas Pfingsten, 6. Aufl., Stuttgart 2007, Sp. 421–430.

Laßmann, Arndt (1992): Organisatorische Koordination, Wiesbaden 1992.

Laßmann, Gert (1968): Die Kosten- und Erlösrechnung als Instrument der Planung und Kontrolle in Industriebetrieben, Düsseldorf 1968.

Laßmann, Gert (1981): Einflussgrößenrechnung, in: HWR, hrsg. v. Erich Kosiol, Klaus Chmielewicz und Marcell Schweitzer, 2. Aufl., Stuttgart 1981, Sp. 427–438.

Lattmann, Charles (1990): Die Unternehmenskultur: Ihre Grundlagen und ihre Bedeutung für die Führung der Unternehmung, Heidelberg 1990.

Laux, Helmut (1988): Optimale Prämienfunktionen bei Informationsasymmetrie, in: ZfB, (58) 1988, S. 588–612.

Laux, Helmut (1990): Risiko, Anreiz und Kontrolle, Heidelberg 1990.

Laux, Helmut (1995): Erfolgssteuerung und Organisation 1: Anreizkompatible Erfolgsrechnung, Erfolgsbeteiligung und Erfolgskontrolle, Berlin u. a. 1995.

Laux, Helmut (1998a): Entscheidungstheorie, 4. Aufl., Berlin, Heidelberg, New York 1998.

Laux, Helmut (1998b): Risikoteilung, Anreiz und Kapitalmarkt, Heidelberg 1998.

Laux, Helmut (2005): Entscheidungstheorie, 6. Aufl., Berlin 2005.

Laux, Helmut (2012): Entscheidungstheorie, 8. Aufl., Berlin 2012.

Laux, Helmut/Franke, Günter (1970): Der Erfolg im betriebswirtschaftlichen Entscheidungsmodell, in: ZfB, (40) 1970, S. 31–52.

Laux, Helmut/Liermann, Felix (1997): Grundlagen der Organisation. Die Steuerung von Entscheidungen als Grundproblem der Betriebswirtschaftslehre, 4. Aufl, Berlin et al. 1997.

Laux, Helmut/Liermann, Felix (2005): Grundlagen der Organisation. Die Steuerung von Entscheidungen als Grundproblem der Betriebswirtschaftslehre, 6. Aufl., Berlin et al. 2005.

Lawler, Edward E. (1970): Job Attitudes and Employee Motivation: Theory, Research and Practice, in: Personel Psychology, (23) 1970, S. 223–237.

Lawler, Edward E. (1971): Pay and Organizational Effectiveness: A Psychological View, New York 1971.

Lawler, Edward E. (1973): Motivation in work organisations, Belmont, Calif. 1973.

Lawler, Edward E./Porter, Lyman W. (1967): Antecedent Attitudes of Effective Managerial Performance, in: Organizational Behavior and Human Performance, (2) 1967, S. 122–142.

Lechner, Karl (1981): Rechnungstheorie der Unternehmung, in: HWR, hrsg. v. Erich Kosiol, Klaus Chmielewicz und Marcell Schweitzer, 2. Aufl., Stuttgart 1981, Sp. 1407–1415.

Leinfellner, Werner (1965): Struktur und Aufbau von Theorien. Eine wissenschaftstheoretisch-philosophische Untersuchung, Wien, Würzburg 1965.

Levinthal, Daniel (1988): A Survey of Agency Models of Organisations, in: Journal of Economic Behavior and Organisation, Bd. 9, 1988, S. 153–185.

Lewin, Kurt (1963): Feldtheorie in den Sozialwissenschaften, Bern et al. 1963.

Lewin, Kurt/Dembo, T./Festinger, Leon/Snedden Sears, P. (1944): Level of Aspiration, in: Personality and Behavior Disorders, hrsg. v. J. M. Hunt, (1) New York 1944, S. 333–378.

Lewis, Thomas G. (1994): Steigerung des Unternehmenswertes. Total Value Management, Landsberg am Lech 1994.

Liebl, Walter (1989): Marketing-Controlling. Theorie-Praxis-Möglichkeiten, Wiesbaden 1989.

Liedtke, Udo (1991): Controlling und Informationstechnologie. Auswirkungen auf die organisatorische Gestaltung, München 1991.

Liermann, Felix (1987): Lenkpreise bei unsicheren Erwartungen als Instrument zur Koordination von Entscheidungen, in: OR-Proceedings 1986, hrsg. v. Heinz Isermann et al., Berlin 1987, S. 487–494.

Liesegang, Günter (1980): Aggregation bei linearen Optimierungsmodellen, Beiträge zur Konzipierung, Formalisierung und Operationalisierung, Köln 1980.

Liessmann, Konrad (1990): Bestimmungsfaktoren und Varianten der Controller-Organisation, in: Handbuch Controlling, hrsg. v. Elmar Mayer und Jürgen Weber, Stuttgart 1990, S. 511–533.

Link, Jörg (1978): Der Planrahmen in der Konsum- und Investitionsgüterindustrie, in: ZfO, (47) 1978, S. 129–134.

Link, Jörg (1982): Die methodologischen, informationswirtschaftlichen und führungspolitischen Aspekte des Controlling, in: ZfB, (52) 1982, S. 261–280.

Link, Jörg (1987): Schwachpunkte der kumulativen Abweichungsanalyse in der Erfolgskontrolle, in: ZfB, (57) 1987, S. 780–792.

Link, Jörg (1988): Erfolgskontrolle unter ceteris-paribus-Bedingungen, in: ZfB, (58) 1988, S. 1204–1215.

Link, Jörg (1996): Führungssysteme, München 1996.

Link, Jörg (2007): Führungssysteme, 3. Aufl., München 2007.

Link, Jörg/Gerth, Norbert/Voßbeck, Eckart (2011): Marketing-Controlling, 3. Aufl., München 2011.

Link, Jörg/Weiser, Christoph (2011): Marketing-Controlling, 3. Aufl., München 2006.

Lisson, Friedbert (1989): Gemeinkostenwertanalyse, in: REFA-Institut Darmstadt, Darmstadt 1989.

Littmann, Hans E. (1974): Controller, in: HWB, Teilband 1, hrsg. v. Erwin Grochla und Waldemar Wittmann, 4. Aufl., Stuttgart 1974, Sp. 1084–1088.

Lochthowe, Rainer (1992): Controlling-Profil: C. Josef Lamy GmbH, in: Con, (4) 1992, S. 92–99.

Loitlsberger, Erich/Rückle, Dieter/Knolmayer, Gerhard (1973): Hochschulplanungsrechnung, Aktivitätenplanung und Kostenrechnung an Hochschulen, Wien et al. 1973.

Long, Michael S. (1992): The Incentives Behind the Adoption of Executive Stock Option Plans in U. S. Corporations, in: Financial Management, Corporate Control Special Issue (21) 1992 (3), S. 12–21.

Lowin, Aaron (1968): Participative Decision Making: A Model, Literature Critique, and Prescriptions for Research, in: Organizational Behavior and Human Performance, (3) 1968, S. 68–106.

Luchs, Robert/Müller, Rainer (1985): Das PIMS-Programm – Strategien empirisch fundieren, in: Strategic Planning, (1) 1985, S. 79–98.

Lück, Wolfgang (1984): Betriebswirtschaftliche Perspektiven der Rationalisierung (Teil II), in: DB, (37) 1984, S. 1050–1054.

Lücke, Wolfgang (1955): Investitionsrechnungen auf der Grundlage von Ausgaben oder Kosten, in: ZfbF, (7) 1955, S. 310–324.

Lücke, Wolfgang (1965a): Finanzplanung und Finanzkontrolle in der Industrie, Wiesbaden 1965.

Lücke, Wolfgang (1965b): Die kalkulatorischen Zinsen im betrieblichen Rechnungswesen, in: ZfbF, (35) 1965, S. 3–28.

Lücke, Wolfgang (1989): Der Integrationsgedanke im Rechnungswesen des Unternehmens und des Betriebes, in: Der Integrationsgedanke in der Betriebswirtschaftslehre, hrsg. v. Werner Delfmann, Wiesbaden 1989, S. 220–253.

Lücke, Wolfgang (1991): Investition, in: Investitionslexikon, hrsg. v. Wolfgang Lücke, 2. Aufl., München 1991, S. 151–152.

Lüder, Klaus (1969): Investitionskontrolle, Wiesbaden 1969.

Lüder, Klaus (1976): Investitionskontrolle, in: HWF, hrsg. v. Hans E. Büschgen, Stuttgart 1976, Sp. 867–872.

Lüder, Klaus (1979): Investitionen, Planung und Kontrolle der, in: HWProd, hrsg. v. Werner Kern, Stuttgart 1979, Sp. 846–856.

Lüder, Klaus (1980): Investitionskontrolle in industriellen Großunternehmen, in: ZfB, (50) 1980, S. 351–376.

Lüder, Klaus (1993): Investitionsplanung und -kontrolle, in: HWB, Teilband 2, hrsg. v. Waldemar Wittmann et al., 5. Aufl., Stuttgart 1993, Sp. 1982–1999.

Luhmer, Alfred (1975): Maschinelle Produktionsprozesse – Ein Ansatz dynamischer Produktions- und Kostentheorie, Opladen 1975.

Luhmer, Alfred (1980): Fixe und variable Abschreibungskosten und optimale Investitionsdauer, in: ZfB, (50) 1980, S. 897–903.

Luhmer, Alfred (1993): Kontrolltheorie und Betriebswirtschaftslehre, in: HWB, Teilband 2, hrsg. v. Waldemar Wittmann et al., 5. Aufl., Stuttgart 1993, Sp. 2261–2273.

Lutter, Marcus (1995): Grundsätze ordnungsmäßiger Aufsichtsratstätigkeit – Erwiderung zu dem Beitrag des Arbeitskreises »Externe und interne Überwachung der Unternehmung« der Schmalenbach-Gesellschaft/Deutsche Gesellschaft für Betriebswirtschaft e. V., in: DB, (48) 1995, S. 1925–1926.

Lutter, Marcus (2004): Hauptversammlung und Aktionärseinfluss, in: Handwörterbuch Unternehmensführung und Organisation, hrsg. v. Georg Schreyögg und Axel von Werder, 4. Aufl., Stuttgart 2004, Sp. 399–407.

Ma, Ching-To/Moore, John/Turnbull, Stephen (1988): Stopping Agents from »Cheating«, in: JTE, (46) 1988, S. 355–372.

Macintosh, Norman B./Scapens, Robert W. (1990): Structuration Theory in Management Accounting, in: AOS, (15) 1990, S. 455–477.

Madauss, Bernd (1994): Handbuch Projektmanagement, 5. Aufl., Stuttgart 1994.

Madauss, Bernd (2000): Handbuch Projektmanagement, 6. Aufl., Stuttgart 2000.

Männel, Wolfgang (1993): Logistik-Controlling, Wiesbaden 1993.

Mag, Wolfgang (1993): Planung, in: Vahlens Kompendium der Betriebswirtschaftslehre, Bd. 2, hrsg. v. Michael Bitz et al., 3. Aufl., München 1993, S. 1–58.

Magee, Robert P. (1980): Equilibria in Budget Paricipation, in: JAR, (18) 1980, S. 551–573.

Mahlert, Arno (1976): Die Abschreibung in der entscheidungsorientierten Kostenrechnung, Opladen 1976.

Makido, Takao (1989): Recent Trends in Japan's Cost Management Practices, in: Japanese Management Accounting, hrsg. v. Yasuhiro Monden und Michiharu Sakurai, Cambridge 1989, S. 3–13.

Maleri, Rudolf (1991): Grundlagen der Dienstleistungsproduktion, 2. Aufl., Berlin et al. 1991.

Maleri, Rudolf/Frietzsche, U. (2008): Grundlagen der Dienstleistungsprozession, 5. Aufl., Berlin 2008.

Maltry, Helmut (1989): Plankosten- und Prospektivkostenrechnung, Bergisch Gladbach, Köln 1989.

Mann, Rudolf (o. J.): Die Praxis des Controlling. Instrumente – Einführung – Konflikte, München o. J.

Manz, J. (1983): Zur Anwendung der Aggregation auf mehrperiodische lineare Produktionsprogrammplanungsprobleme, Frankfurt 1983.

March, James G./Simon, Herbert A. (1993): Organizations, 2. Aufl., Cambridge 1993.

Markowitz, Harry M. (1991): Portfolio Selection, 2. Aufl., Padstow, Cornwall 1991.

Marr, Rainer/Stitzel, Michael (1979): Personalwirtschaft: Ein konfliktorientierter Ansatz, München 1979.

Marschak, Jacob (1954): Towards an Economic Theory of Organization and Information, in: Decision Processes, hrsg. v. Thrall, R. M., Coombs, C. H. und Davis, R. L., 1954, S. 187–220.

Marx, Gerd R. (1979): Zero-Base-Budgeting, in: DU, (33) 1979, S. 227–241.

Maslow, Abraham H. (1954): Motivation and Personality, New York et al. 1954.

Maslow, Abraham H. (1970a): Motivation and Personality, 2. Aufl., Princeton, New Jersey 1970.

Maslow, Abraham H. (1970b): A Theory of Human Motivation, in: Organization Theories, hrsg. v. W. P. Sexton, Columbus, Ohio 1970, S. 143–166.

Matschke, Manfred J. (1993): Investitionsplanung und Investitionskontrolle, Herne, Berlin 1993.

Matschke, Manfred J./Kolf, J. (1980): Historische Entwicklung, Begriff und organisatorische Probleme des Controlling, in: DB, (33) 1980, S. 601–607.

Maune, Rudolf (1980): Planungskontrolle – Die Kontrolle des Planungssystems der Unternehmung, Thun, Frankfurt 1980.

Mayer, Elmar/Liessmann, Konrad/Freidank, Carl-Christian (2000): Controlling-Konzepte, 4. Aufl., Wiesbaden 1999.

Mayer, Elmar/Freidank, Carl-Christian (2003): Controlling-Konzepte, 6. Aufl., Wiesbaden 2003.

Mayer, Hans/Däumer, Ute/Rühle, Hermann (1982): Werbepsychologie, Stuttgart 1982.

Mayer, Hans/Däumer, Ute/Rühle, Hermann (1993): Werbepsychologie, 2. Aufl., Stuttgart 1993.

McClelland, D. C./Atkinson, J. W./Clark, R. A. et al. (1953): The Achievement Motive, New York 1953.

McClelland, David C./Atkinson, John W./Clark, Russel A./Lowel, Edgar L. (1976): The Achievement Motive, 2. Aufl., New York et al. 1976.

McGuire, William J. (1969): The Nature of Attitudes and Attitude Change, in: Handbook of Social Psychology, Bd. 3, hrsg. v. Lindzey Gardner und Aronson Elliot, Reading 1969, S. 136–314.

McKeachie, W. J. (1979): Perspectives from Psychology – Financial Incentives are Ineffctive for Faculty, in: Academic Rewards in Higher Education, hrsg. v. D. R. Lewis und E. E. Jr. Becker, Cambridge 1979, S. 3–20.

Mead, George H. (2008): Geist, Identität und Gesellschaft aus der Sicht des Sozialbehaviorismus, 15. Aufl., Frankfurt a. M. 2008.

Meckl, Reinhard (2000): Controlling im internationalen Unternehmen: Erfolgsorientiertes Management internationaler Organisationsstrukturen, München 2000.

Meffert, Heribert (1986): Marketing. Grundlagen der Absatzpolitik, 7. Aufl., Wiesbaden 1986.

Meffert, Heribert (1988): Strategische Unternehmensführung und Marketing, Wiesbaden 1988.

Meffert, Heribert (2007): Marketing, Grundlagen marktorientierter Unternehmensführung, 10. Aufl., Wiesbaden 2007.

Mellerowicz, Konrad (1981): Betriebswirtschaftslehre der Industrie, 7. Aufl., Freiburg im Breisgau 1981.

Melumad, Nahum D./Reichelstein, Stefan (1989): Value of Communication in Agencies, in: JET, (47) 1989, S. 334–368.

Mengele, Andreas (1999): Shareholder-Return und Shareholder-Risk als unternehmensinterne Steuerungsgrößen: Wertsteigerungs- und risikoorientierte Unternehmensführung auf Basis des Shareholder Value-Konzepts, Stuttgart 1999.

Menn, Bernd-Joachim (1995): Die spartenorientierte Kapitalergebnisrechnung im Bayer-Konzern, in: Das Rechnungswesen im Konzern, hrsg. v. Karlheinz Küting und Claus-Peter Weber, Stuttgart 1995, S. 217–234.

Menz, Wolf-Dieter (1973): Die Profit Center Konzeption – Theoretische Darstellung und praktische Anwendung, Bern 1973.

Merchant, Kenneth A. (1981): The Design of the Corporate Budgeting System: Influences on Managerial Behavior and Performance, in: TAR, (56) 1981, S. 813–829.

Merchant, Kenneth A. (1984): Influences on Departmental Budgeting: An Empirical Examination of a Contingency Model, in: AOS, (9) 1984, S. 291–307.

Merchant, Kenneth A. (1985): Control in Business Organizations, Boston, Mass. 1985.

Mertens, Peter/Griese, Joachim (1988): Industrielle Datenverarbeitung, Informations-, Planungs- und Kontrollsysteme, 5. Aufl., 1988.

Mertens, Peter/Schrammel, Dieter (1977): Betriebliche Dokumentation und Information, 2. Aufl., Meisenheim am Glan 1977.

Meyer, Bernd E./Schneider, Hans-Jochen/Stübel, Günter (1983): Computergestützte Unternehmensplanung. Eine Planungsmethodologie mit Planungsinstrumentarium für das Management, Berlin, New York 1983.

Meyer, John W./Rowan, Brian (1977): Institutionalized Organizations: Formal Structure as Myth and Ceremony, in: American Journal of Sociology, (83) 1977, S. 340–363.

Meyer-Piening, Arnulf (1990): Zero Base Planning. Zukunftssicherndes Instrument der Gemeinkostenplanung, in: Leitfaden für Unternehmer und Führungskräfte, Köln 1990.

Meyhak, Hermann (1970): Simultane Gesamtplanung im mehrstufigen Mehr-produktunternehmen. Ein Modell der linearen Planungsrechung, Wiesbaden 1970.

Milgrom, P. R. (1981): Good News and Bad News: Representation Theorems and Applications, BJE, (2) 1981, S. 380–391.

Miller, Danny (1986): Configurations of Strategy and Structure: Towards a Synthesis, in: Strategic Management Journal, (7) 1986, S. 233–249.

Miller, Danny (1987): The Structural and Environmental Correlates of Business Strategy, in: Strategic Management Journal, (8) 1987, S. 55–76.

Miller, Peter (2002): Sociology and Accounting, in: Handwörterbuch Unternehmensrechnung und Controlling, hrsg. v. Hans-Ulrich Küpper und Alfred Wagenhofer, 4. Aufl., Stuttgart 2002, Sp. 1771–1784.

Mintzberg, Henry (1979): The Structuring of Organizations, Englewood Cliffs, New Jersey 1979.

Mookherjee, Dilip (1984): Optimal Incentive Schemes with Many Agents, in: RESt, (51) 1984, S. 433–446.

Moore, David Chioni (1991): Accounting on Trial: The Critical Legal Studies Movement and its Lessons for Radical Accounting, in: AOS, (16) 1991, S. 763–791.

Morach, Urs A. (1990): Das Investitions-Controlling bei den Schweizerischen Bundesbahnen, in: BFuP, (42) 1990, S. 283–293.

Moxter, Adolf (1964): Präferenzstruktur und Aktivitätsfunktion des Unternehmers, in: ZfbF, (16) 1964, S. 6–35.

Moxter, Adolf (1985): Das System der handelsrechtlichen Grundsätze ordnungsmäßiger Buchführung, in: Der Wirtschaftsprüfer im Schnittpunkt nationaler und internationaler Entwicklungen, hrsg. v. Gerhard Gross, Düsseldorf 1985, S. 17–28.

Moxter, Adolf (1986): Bilanzlehre. Band II: Einführung in das neue Bilanzrecht, 3. Aufl., Wiesbaden 1986.

Moxter, Adolf (1991): Bilanzlehre. Band II: Einführung in das neue Bilanzrecht, 4. Aufl., Wiesbaden 1991.

Müller, Eberhard (1980): Entscheidungsorientiertes Konzernrechnungswesen, Neuwied 1980.

Müller, Eberhard/Ordelheide, Dieter (1984): Konzerndeckungsbeitragsrechnung, in: Planungs- und Kontrollrechnung im internationalen Konzern, hrsg. v. Walther Busse von Colbe und Eberhard Müller, Düsseldorf 1984, S. 172–188.

Müller, Wolfgang (1974): Die Koordination von Informationsbedarf und Informationsbeschaffung als zentrale Aufgabe des Controlling, in: ZfbF, (26) 1974, S. 683–693.

Müller-Böling, Detlef (1989): Organisationsformen von Planungssystemen, in: HWPlan, hrsg. v. Norbert Szyperski, Stuttgart 1989, Sp. 1310–1320.

Müller-Merbach, Heiner (1983): Schönheitsfehler der Betriebswirtschaftslehre – Eine subjektive Sammlung subjektiver Wahrnehmungen, in: ZfB, (53) 1983, S. 811–830.

Müller-Merbach, Heiner/Sommerer, Hartmut (1982): Die betrieblichen Funktionsbereiche im Verbund, in: WiSt, (11) 1982, S. 263–270.

Myerson, Roger B. (1979): Incentive Compatibility and the Bargaining Problem, in: EC, (47) 1979, S. 61–73.

Nam, Sang-jin/Logendran, Rasaratnam (1992): Aggregate production planning – A survey of models and methodologies, in: EJOR, (61) 1992, S. 255–272.

Neubauer, Franz F./Solomon, Norman B. (1977): A Managerial Approach to Environmental Assessment, in: LRP, Heft 2, (10) 1977, S. 13–20.

Neuberger, Oswald (1974): Theorien der Arbeitszufriedenheit, Stuttgart 1974.

Neubürger, Heinz-Joachim (2000): Wertorientierte Unternehmensführung bei Siemens, in: ZfbF, (52) 2000, S. 188–196.

Neumann, Klaus/Morlock, Martin (1993): Operations Research, Wien 1993.

Neumann, Klaus/Morlock, Martin (2002): Operations Research, 2. Aufl., München 2002.

Neus, Werner (1989): Ökonomische Agency-Theorie und Kapitalmarktgleichgewicht, Wiesbaden 1989.

Neus, Werner (1997): Verrechnungspreise – Rekonstruktion des Marktes innerhalb der Unternehmung?, in: DBW, (57) 1997, S. 38–47.

Niedermayr, Rita (1994): Entwicklungsstand des Controlling, Wiesbaden 1994.

Niehaus, Hans-Jürgen (1987): Früherkennung von Unternehmenskrisen. Die statistische Jahresabschlussanalyse als Instrument der Abschlussprüfung, Düsseldorf 1987.

Nieschlag, Robert/Dichtl, Erwin/Hörschgen, Hans (1997): Marketing, 18. Aufl., Berlin 1997.

Nieschlag, Robert/Dichtl, Erwin/Hörschgen, Hans (2002): Marketing, 19. Aufl., Berlin 2002.

Nieswandt, Norbert (1992): Controlling-Profil: GEA AG, in: Con, (4) 1992, S. 28–37.

Nordsieck, Fritz (1934): Grundlagen der Organisationslehre, Stuttgart 1934.

Ockenfels, Axel (1999): Fairness, Reziprozität und Eigennutz. Ökonomische Theorie und experimentelle Evidenz, Tübingen 1999.

Odiorne, George S. (1966): Management by Objectives. A System of Managerial Leadership, New York, Toronto, London 1966.

Odiorne, George S. (1967): Management by Objectives – Führung durch Vorgabe von Zielen, München 1967.

Offermann, Andreas (1985): Projekt-Controlling bei der Entwicklung neuer Produkte, Frankfurt 1985.

Onsi, Mohamed (1973): Factor Analysis of Behavioral Variables Affecting Budgetary Slack, in: TAR, (48) 1973, S. 535–548.

Ordelheide, Dieter (1993): Externes Rechnungswesen, in: Vahlens Kompendium der Betriebswirtschaftslehre, Bd. 2, hrsg. v. Michael Bitz et al., 3. Aufl., München 1993, S. 219–314.

Osband, Kent/Reichelstein, Stefan (1985): Information-Eliciting Compensation Schemes, in: Journal of Public Economics, (27) 1985, S. 107–115.

Ossadnik, Wolfgang (1998): Controlling, 2. Aufl. München et al. 1998.

Ossadnik, Wolfgang (2003): Controlling, 3. Aufl., München et al. 2003.

Osterloh, Brun W. (1974): Die betriebliche Investitionskontrolle, Probleme der Kontrolle betrieblicher Investitionen unter besonderer Berücksichtigung der Kontrolle der Investitionsplanung, Berlin 1974.

Ouchi, William G. (1979): A Conceptual Framework for the Design of Organisational Control Mechanisms, in: Management Science, (25) 1979, S. 833–848.

Ouchi, William G. (1980): Markets, Bureaucracies, and Clans, in: ASQ, (25) 1980, S. 129–141.

Pacher-Theinburg, Franz von (1992): Integriertes Logistik-Controlling in einem Unternehmen der Elektronikbranche, in: Con, (4) 1992, S. 20–26.

Palloks, Monika (1991): Marketing-Controlling, Frankfurt et al. 1991.

Pape, Ulrich (1999): Wertorientierte Unternehmensführung und Controlling, 2. Aufl., Sternenfels 1999.

Pape, Ulrich (2004): Wertorientierte Unternehmensführung und Controlling, 3. Aufl., Sternenfels 2004.

Papmehl, André (1990): Personal-Controlling, Heidelberg 1990.

Papmehl, André (1999): Personal-Controlling, 2. Aufl., Heidelberg 1999.

Pastijn, Hugo/Leysen, J. (1989): Constructing an Outranking Relation with ORESTE, in: Math. Computat. Modelling, (12) 1989, S. 1255–1268.

Peemöller, Volker H. (1990): Controlling. Grundlagen und Einsatzgebiete, Herne, Berlin 1990.

Peemöller, Volker H. (2005): Controlling. Grundlagen und Einsatzgebiete, 5. Aufl., Herne, Berlin 2005.

Pellens, Bernhard/Crasselt, Nils (1999): Virtuelle Aktienoptionsprogramme (Stock Appreciation Rights) im handelsrechtlichen Jahresabschluß, in: WPg, (13) 1999, S. 765–772.

Pellens, Bernhard/Crasselt, Nils/Rockholtz, Carsten (1998): Wertorientierte Entlohnungssysteme für Führungskräfte – Anforderungen und empirische Evidenz, in: Unternehmenswertorientierte Entlohnungssysteme, hrsg. v. Bernhard Pellens, Stuttgart 1998, S. 1–28.

Perridon, Louis/Steiner, Manfred (1993): Finanzwirtschaft der Unternehmung, 7. Aufl., München 1993.

Perridon, Louis/Steiner, Manfred (1999): Finanzwirtschaft der Unternehmung, 10. Aufl., München 1999.

Perridon, Louis/Steiner, Manfred (2007): Finanzwirtschaft der Unternehmung, 14. Aufl., München 2007.

Petersen, Thomas (1989): Das Delegationsproblem zwischen Principalen und Agenten, in: Organisation – Mikroökonomische Theorie und ihre Anwendungen, hrsg. v. Horst Albach, Wiesbaden 1989, S. 109–131.

Petsch, Manfred (1985): Budgetinformationssysteme – Computergestützte Erfolgsplanung und -kontrolle, in: Controlling Praxis, hrsg. v. Péter Horváth, Darmstadt 1985.

Pfaff, Dieter (1993): Kostenrechnung, Unsicherheit, Organisation, Heidelberg 1993.

Pfaff, Dieter (1998): Wertorientierte Unternehmenssteuerung, Investitionsentscheidungen und Anreizprobleme, in: BFuP, (50) 1998, S. 491–516.

Pfaff, Dieter/Bärtl, Oliver (1999): Wertorientierte Unternehmenssteuerung – Ein kritischer Vergleich ausgewählter Konzepte, in: ZfbF-Sonderheft 41/ 1999, hrsg. v. Günther Gebhardt und Bernhard Pellens, S. 85–115.

Pfaff, Dieter/Pfeiffer, Thomas (2004): Verrechnungspreise und ihre formaltheoretische Analyse: Zum State of the Art, in: DBW, (64) 2004, S. 296–319.

Pfeiffer, Thomas (1997): Innerbetriebliche Verrechnungspreisbildung bei dezentralen Entscheidungsstrukturen, Heidelberg 1997.

Pfeiffer, Thomas (2000): Good and Bad News for the Implementation of Shareholder-Value Concepts in Decentralized Organizations, in: sbr, (52) 2000, S. 68–91.

Pfeiffer, Thomas (2002): Kostenbasierte oder verhandlungsorientierte Verrechnungspreise? Weiterführende Überlegungen zur Leistungsfähigkeit der Verfahren, in: ZfB, (72) 2002, S. 1269–1296.

Pfeiffer, Werner/Dögl, Rudolf (1990): Das Technologie-Portfolio-Konzept zur Beherrschung der Schnittstelle Technik und Unternehmensstrategie, in: Strategische Unternehmungsplanung-Strategische Unternehmungsführung. Stand und Entwicklungstendenzen, hrsg. v. Dietger Hahn und Bernard Taylor, 5. Aufl., Heidelberg 1990, S. 254–282.

Pfeiffer, Werner/Metze, Gerhard (1989): Technologische Analyse, in: HWPlan, hrsg. v. Norbert Szyperski, 1989, Sp. 2002–2015.

Pfohl, Hans-Christian (1981): Planung und Kontrolle, Stuttgart, Berlin, Köln 1981.

Pfohl, Hans-Christian (1988): Strategische Kontrolle, in: Handbuch Strategische Führung, hrsg. v. Herbert Henzler, Wiesbaden 1988, S. 801–824.

Pfohl, Hans-Christian (2000): Logistiksysteme, 6. Aufl., Berlin et al. 2000.

Pfohl, Hans-Christian (2004): Logistiksysteme. Betriebswirtschaftliche Grundlagen, 7. Aufl., Berlin 2004.

Pfohl, Hans-Christian/Braun, Günther E. (1981): Entscheidungstheorie – Normative und deskriptive Grundlagen des Entscheidens, Landsberg 1981.

Pfohl, Hans-Christian/Stölzle, Wolfgang (1997): Planung und Kontrolle, 2. Aufl., München 1997.

Pfohl, Hans-Christian/Zettelmeyer, Bernd (1987): Strategisches Controlling?, in: ZfB, (57) 1987, S. 145–175.

Picot, Arnold (1975): Experimentelle Organisationsforschung, Wiesbaden 1975.

Picot, Arnold (1982): Transaktionskostenansatz in der Organisationstheorie, in: DBW, (42) 1982, S. 267–284.

Picot, Arnold (1991): Ökonomische Theorien der Organisation – Ein Überblick über neuere Ansätze und deren betriebswirtschaftliches Anwendungspotential, in: Betriebswirtschaftslehre und ökonomische Theorie, hrsg. v. Dieter Ordelheide, Bernd Rudolph und Elke Büsselmann, Stuttgart 1991, S. 143–170.

Picot, Arnold (1993a): Organisation, in: Vahlens Kompendium der Betriebswirtschaftslehre, Bd. 2, hrsg. v. Michael Bitz et al., 3. Aufl., München 1993, S. 101–174.

Picot, Arnold (1993b): Transaktionskostenansatz, in: HWB, Teilband 3, hrsg. v. Waldemar Wittmann et al., 5. Aufl., Stuttgart 1993, Sp. 4194–4204.

Picot, Arnold (1999): Controlling in dezentralen Unternehmensstrukturen, München 1999.

Picot, Arnold (2005): Organisation, in: Vahlens Kompendium der Betriebswirtschaftslehre, Bd. 2, hrsg. v. Michael Bitz et al., 5. Aufl., München 2005, S. 43–121.

Picot, Arnold/Dietl, Helmut/Franck, Egon/Fiedler, Marina/Royer, Susanne (2012): Organisation. 6. Aufl., Stuttgart 2012.

Picot, Arnold/Rischmüller, Gerhard (1981): Planung und Kontrolle der Verwaltungskosten in Unternehmungen, in: ZfB, (49) 1981, S. 331–346.

Pietsch, Gotthard (2003): Reflexionsorientiertes Controlling – Konzeption und Gestaltung, Wiesbaden 2003.

Pietsch, Gotthard/Scherm, Ewald (2000): Managementwissenschaft und Controlling. Zur Rekonstruktion eines theoretischen Gesamtkonzepts, Diskussionsbeiträge Fachbereich Wirtschaftswissenschaft der Fernuniversität Hagen, Nr. 287, Hagen 2000.

Pietsch, Gotthard/Scherm, Ewald (2001a): Neue Controlling-Konzeptionen, in: wisu, (30) 2001, S. 206–213.

Pietsch, Gotthard/Scherm, Ewald (2001b): Die Reflexionsaufgabe im Zentrum des Controlling, in: KRP, (45) 2001, S. 307–313.

Pietsch, Gotthard/Scherm, Ewald (2004): Reflexionsorientiertes Controlling, in: Controlling. Theorien und Konzeptionen, hrsg. v. Ewald Scherm und Gotthard Pietsch, München 2004, S. 530–553.

Pieper, Annemarie (2003): Einführung in die Ethik, 5. Aufl., Tübingen, Basel 2003.

Poensgen, Otto H. (1973): Geschäftsbereichsorganisation, Opladen 1973.

Pohle, Klaus (1993): Controlling und Organisation, in: HWB, Teilband 1, hrsg. v. Waldemar Wittmann et al., 5. Aufl., Stuttgart 1993, Sp. 661–669.

Pontrjagin, L. S. u. a. (1964): Mathematische Theorie optimaler Prozesse, München 1964.

Popp, Werner (1990): Simultane strategische Planung betrieblicher Funktionsbereiche, in: Strategische Unternehmungsplanung-Strategische Unternehmungsführung. Stand und Entwicklungstendenzen, hrsg. v. Dietger Hahn und Bernard Taylor, Heidelberg 1990, S. 718–731.

Popper, Karl (1989): Logik der Forschung, 9. Aufl., Tübingen 1989.

Popper, Karl (2001): Logik der Forschung, 10. Aufl., Tübingen 2001.

Porter, Lyman W./Lawler, Edward E. (1968): Managerial Attitudes and Performance, Homewood, Ill. 1968.

Potthoff, Erich/Trescher, Karl (1986): Controlling in der Personalwirtschaft, Berlin, New York 1986.

Powelz, Herbert (1984): Gewinnung und Nutzung von Erlösinformationen, in: ZfB, (54) 1984, S. 1090–1115.

Preinreich, Gabriel A. D. (1937): Valuation and Amortization, in: TAR, (12) 1937, S. 209–226.

Pressmar, Dieter B. (1975): Stationäre Planung und Losgrößenanalyse, in: ZfB, (44) 1975, S. 729–748.

Pritzl, Rupert F. J./Schneider, Friedrich (1999): Korruption, in: Handbuch der Wirtschaftsethik, Band 4, hrsg. v. Wilhelm Korff et al., Gütersloh 1999, S. 310–333.

Pyhrr, Peter (1973): Zero-Base-Budgeting: A Practical Management Tool for Evaluating Expenses, New York 1973.

Radner, Roy (1981): Monitoring Cooperative Agreements in a Repeated Principal Agent Relationship, in: EC, (49), 1981, S. 1127–1148.

Radner, Roy (1985): Repeated Principal-Agent Games with Discounting, in: EC, Bd. 53, 1985, S. 1173–1198.

Ramanauskas-Marconi, Helene (1989): Behavioral Aspects of Profit Planning and Budgeting-II, in: Behavioral Accounting, hrsg. v. Gary Siegel und Helene Ramanauskas-Marconi, Cincinnati (Ohio) 1989, S. 269–285.

Rappaport, Alfred (1998): Creating Shareholder Value: a Guide for Managers and Investors, 2. Aufl., New York u. a. 1998.

Rau, Karl-Heinz/Rüd, Michael (1991): Erfahrungen mit der Prozesskostenrechnung, in: KRP, 1991, S. 13–17.

Rees, Ray (1985): The Theory of Principal and Agent: Part II, in: Bulletin of Economic Research, Heft 2, (37) 1985, S. 3–26.

Regierungskommission Deutscher Corporate Governance Kodex (2002): Deutscher Corporate Governance Kodex, Düsseldorf 2002.

Reichelstein, Stefan (1992): Constructing Incentive Schemes for Government Contracts: An Application of Agency Theory, in: TAR, 1992, S. 712–731.

Reichelstein, Stefan (1997): Investment Decisions and Managerial Performance Evaluation, in: RASt, (2) 1997, S. 157–180.

Reichelstein, Stefan/Osband, Kent (1984): Incentives in Government Contracts, in: Journal of Public Economics, (24) 1984, S. 257–270.

Reichmann, Thomas (1993a): Controlling mit Kennzahlen und Managementberichten, 3. Aufl., München 1993.

Reichmann, Thomas (1993b): Kennzahlensysteme, in: HWB, Teilband 2, hrsg. v. Waldemar Wittmann et al., 5. Aufl., Stuttgart 1993, Sp. 2159–2174.

Reichmann, Thomas (1995): Controlling mit Kennzahlen und Managementberichten, 4. Aufl., München 1995.

Reichmann, Thomas (1998): Kostenmanagement und Controlling, Frankfurt am Main 1998.

Reichmann, Thomas (2000): Controlling mit Kennzahlen und Managementberichten, 6. Aufl., München 2000.

Reichmann, Thomas (2006): Controlling mit Kennzahlen und Management-Tools: Die systemgestützte Controllingkonzeption, 7. Aufl., München 2006.

Reichmann, Thomas (2011): Controlling mit Kennzahlen: Die systemgestützte Controlling-Konzeption mit Analyse- und Reportinginstrumenten, 8. Aufl., München 2011.

Reichmann, Thomas/Lachnit, Laurenz (1976): Planung, Steuerung und Kontrolle mit Hilfe von Kennzahlen, in: ZfbF, (28) 1976, S. 705–723.

Reichmann, Thomas/Lange, Christian (1985): Aufgaben und Instrumente des Investitions-Controlling, in: DBW, (45) 1985, S. 454–466.

Reichmann, Thomas/Kleinschnittger, Ulrich/Kemper, Werner (1988): Empirische Untersuchung zur Funktionsbestimmung und Funktionsabgrenzung des Controlling, in: Controlling-Praxis, Erfolgsorientierte Unternehmenssteuerung, hrsg. v. Thomas Reichmann, München 1988, S. 16–59.

Riebel, Paul (1990): Einzelkosten- und Deckungsbeitragsrechnung. Grundfragen einer markt- und entscheidungsorientierten Unternehmensrechnung, 6. Aufl., Wiesbaden 1990.

Riebel, Paul (1994): Einzelkosten- und Deckungsbeitragsrechnung. Grundfragen einer markt- und entscheidungsorientierten Unternehmensrechnung, 7. Aufl., Wiesbaden 1994.

Rieg, Robert (2001): Beyond Budgeting. Ende oder Neubeginn der Budgetierung, in: Con, (13) 2001, S. 571–576.

Riegler, Christian (2000a): Hierarchische Anreizsysteme im wertorientierten Management: eine agency-theoretische Untersuchung, Stuttgart 2000.

Riegler, Christian (2000b): Anreizsysteme und wertorientiertes Management, in: Wertorientiertes Management: Konzepte und Umsetzungen zur Unternehmenswertsteigerung, hrsg. v. Alfred Wagenhofer und Gerhard Hrebicek, Stuttgart 2000, S. 145–176.

Rieper, Bernd (1986): Die Bestellmengenrechnung als Investitions- und Finanzierungsproblem, in: ZfB, (56) 1986, S. 1230–1255.

Rieper, Bernd (1992): Betriebswirtschaftliche Entscheidungsmodelle – Grundlagen, Herne, Berlin 1992.

Rockart, John F. (1979): Chief Executives Define Their Own Data Needs, in: HBR, March-April, (57) 1979, S. 81–93.

Roever, Michael (1982): Gemeinkosten-Wertanalyse. Erfolgreiche Antwort auf den wachsenden Gemeinkostendruck, in: ZfO, (51) 1982, S. 249–253.

Rogerson, William P. (1997): Intertemporal Cost Allocation and Managerial Investment Incentives: A Theory Explaining the Use of Economic Value Added as a Performance Measure, in: JPE, (105) 1997, S. 770–795.

Roiger, Manuela B. (2006): Gestaltung von Anreizsystemen und Unternehmensethik. Eine norm- und wertbezogene Analyse der normativen Principal-Agent-Theorie, Wiesbaden 2006.

Ronen, Joshua/McKinney, George (1970): Transfer Pricing for Divisional Autonomy, in: JAR, 1970, S. 99–112.

Roos, Johan/Roos, Göran/Edvinsson, Leif/Dragonetti, Nicola C. (1997): Intellectual Capital, London 1997.

Rosenberg, Otto (1975): Investitionsplanung im Rahmen einer simultanen Gesamtplanung, Köln et al. 1975.

Rosenberg, Otto (1993): Produktionskontrolle, in: HWB, Teilband 2, hrsg. v. Waldemar Wittmann et al., 5. Aufl., Stuttgart 1993, Sp. 3433–3442.

Rosenstiel, Lutz von (1973): Psychologie der Werbung, 2. Aufl., Rosenheim 1973.

Rosenstiel, Lutz von (1975): Die motivationalen Grundlagen des Verhaltens in Organisationen – Leistung und Zufriedenheit, Berlin 1975.

Rosenstiel, Lutz von (1992): Grundlagen der Organisationspsychologie, 3. Aufl., Stuttgart 1992.

Rosenstiel, Lutz von (2000): Grundlagen der Organisationspsychologie, 4. Aufl., Stuttgart 2000.

Rosenstiel, Lutz von (2007): Grundlagen der Organisationspsychologie, 6. Aufl., Stuttgart 2007.

Rosenzweig, K. (1981): An Explanatory Field Study of the Relationships between the Controller's Department and Overall Organizational Characteristics, in: AOS, (6) 1981, S. 339–354.

Roski, Reinhold (1986): Einsatz von Aggregaten – Modellierung und Planung, Berlin 1986.

Roski, Reinhold (1987): Planungsrelevante Aggregatskosten, in: ZfB, (57) 1987, S. 526–545.

Roslender, Robin (1992): Sociological Perspectives on Modern Accountancy, London 1992.

Roth, Gerhard (2004): Fühlen, Denken, Handeln. Wie das Gehirn unser Verhalten steuert, 2. Aufl., Frankfurt am Main 2004.

Roth, Gerhard (2011): Persönlichkeit, Entscheidung und Verhalten. Warum es so schwierig ist, sich und andere zu ändern, 6. Aufl., Stuttgart 2011.

Roubens, Marc (1982): Preference Relations on Actions and Criteria in Multicriteria Decision Making, in: EJOR, (10) 1982, S. 51–55.

Rückle, Dieter (1996): Grundsätze ordnungsmäßiger Abschlußprüfung (GoA) – Stand und Entwicklungsmöglichkeiten im Rahmen des Gesamtsystems der Unternehmungsführung, in: Grundsätze ordnungsmäßiger Unternehmungsführung (GoF), hrsg. v. Axel von Werder, ZfbF (Sonderheft 36) 1996, S. 107–148.

Rudolph, Bernd (1983): Zur Bedeutung der kapitaltheoretischen Separationstheoreme für die Investitionsplanung, in: ZfB, (53) 1983, S. 261–287.

Rudolphi, Michael (1981): Außendienststeuerung im Investitionsgütermarketing, Frankfurt 1981.

Saliger, Edgar (1988): Betriebswirtschaftliche Entscheidungstheorie, 2. Aufl., München, Wien 1988.

Saliger, Edgar (2003): Betriebswirtschaftliche Entscheidungstheorie, 5. Aufl., München et al. 2003.

Sandner, Kai (2008): Behavioral Contract Theory – Einfluss sozialer Präferenzen auf die Steuerung dezentraler Organisationseinheiten, Berlin 2008.

Sappington, David E. M. (1983): Limited Liability Contracts between Principal and Agent, in: JET, (29) 1983, S. 1–21.

Sathe, Vijay (1982): Controller Involvement in Management, Englewood Cliffs, New Jersey 1982.

Sauter, Bernhard (1959): Die Bedeutung der Kybernetik für die Betriebsorganisation, Mannheim 1959.

Scapens, Robert.W./Bromwich, Michael (2001): Management Accounting Research: The First Decade, in: MAR, (12) 2001, S. 245–254.

Schadenhofer, Manfred (2000): Neuausrichtung des Controlling: Mit der Balanced Scorecard zum Balanced Controlling, Wien 2000.

Schäffer, Utz (2001): Kontrolle als Lernprozess, Wiesbaden 2001.

Schäffer, Utz (2004a): Rationalisierung durch Kontrolle, in: Controlling. Theorien und Konzeptionen, hrsg. v. Ewald Scherm und Gotthard Pietsch, München 2004, S. 487–500.

Schäffer, Utz (2004b): Zum Verhältnis von Unternehmensethik und Controlling, in: Zeitschrift für Wirtschafts- und Unternehmensethik, (5) 2004, S. 55–71.

Schäffer, Utz/Weber, Jürgen (2004): Thesen zum Controlling, in: Controlling. Theorien und Konzeptionen, hrsg. v. Ewald Scherm und Gotthard Pietsch, München 2004, S. 459–466.

Schäffer, Utz/Zyder, Michael (2003): Beyond Budgeting – ein neuer Management Hype?, in: ZfCM-Sonderheft 1, hrsg. v. Utz Schäffer, 2003, S. 101–110.

Schanz, Günther (1982): Organisationsgestaltung, München 1982.

Schanz, Günther (1988): Erkennen und Gestalten, Stuttgart 1988.

Schanz, Günther (1993a): Verhaltenswissenschaftliche Ansätze, in: HWR, hrsg. v. Klaus Chmielewicz und Marcell Schweitzer, 3. Aufl., Stuttgart 1993, Sp. 2006–2012.

Schanz, Günther (1993b): Verhaltenswissenschaften und Betriebswirtschaftslehre, in: HWB, Teilband 3, hrsg. v. Waldemar Wittmann et al., 5. Aufl., 1993, Sp. 4521–4532.

Schanz, Günther (1995): Organisationsgestaltung. Management von Arbeitsteilung und Koordination, 2. Aufl., München 1995.

Schein, Edgar (2004): Organizational Culture and Leadership, 3. Aufl., New York 2004.

Scherm, Ewald/Pietsch, Gotthard (Hrsg.) (2004): Controlling – Theorien und Konzeptionen, München 2004.

Schickel, Heiko (1999): Controlling internationaler strategischer Allianzen, Wiesbaden 1999.

Schiemenz, Bernd (1993): Systemtheorie, betriebswirtschaftliche, in: Handwörterbuch der Betriebswirtschaft, 5. Aufl., hrsg. v. Waldemar Wittmann u. a., Stuttgart 1993, Sp. 4127–4140.

Schierenbeck, Henner (1995): Grundzüge der Betriebswirtschaftslehre, 12. Aufl., München, Wien 1995.

Schierenbeck, Henner (2000): Grundzüge der Betriebswirtschaftslehre, 15. Aufl., München, Wien 2000.

Schierenbeck, Henner (2003): Grundzüge der Betriebswirtschaftslehre, 16. Aufl., München et al. 2003.

Schildbach, Thomas (1992): Begriff und Grundproblem des Controlling aus betriebswirtschaftlicher Sicht, in: Controlling. Grundlagen – Informationssysteme – Anwendungen, hrsg. v. Klaus Spremann und Eberhard Zur, Wiesbaden 1992, S. 21–47.

Schildbach, Thomas (1993): Entscheidung, in: Vahlens Kompendium der Betriebswirtschaftslehre, Bd. 2, hrsg. v. Michael Bitz et al., 3. Aufl., München 1993, S. 59–99.

Schiller, Ulf (2000a): Informationsorientiertes Controlling in dezentralisierten Unternehmen, Stuttgart 2000.

Schiller, Ulf (2000b): Strategische Selbstbindung durch Verrechnungspreise?, in: ZfbF, (Sonderheft 45) 2000, S. 1–21.

Schindler, Götz (1993): Studentische Einstellungen und Studienverhalten, München 1993.

Schmahle, Hugo/Tietze, Bruno (1975): Arbeitsanforderungen, in: HWP, hrsg. v. Eduard Gaugler, Stuttgart 1975, Sp. 132–142.

Schmalenbach, Eugen (1919): Selbstkostenrechnung, in: ZfhF, (13) 1919, S. 257–299 und 321–356.

Schmalenbach, Eugen (1947): Pretiale Wirtschaftslenkung. Band 1: Die optimale Geltungszahl, Bremen-Horn et al. 1947.

Schmalenbach, Eugen (1963): Kostenrechnung und Preispolitik, 8. Aufl., Köln, Opladen 1963.

Schmidt, Andreas (1986): Das Controlling als Instrument zur Koordination der Unternehmensführung, Frankfurt, Bern, New York 1986.

Schmidt, Ralf-Bodo (1977): Wirtschaftslehre der Unternehmung. Bd. 1: Grundlagen und Zielsetzung, 2. Aufl., Stuttgart 1977.

Schmidt, Ralf-Bodo (1987): Zielsetzung, Führung durch, in: HWFü, hrsg. v. Alfred Kieser, Gerhard Reber und Rolf Wunderer, Stuttgart 1987, Sp. 2083–2091.

Schmidt, Reinhardt H. (1990): Grundzüge der Investitions- und Finanzierungstheorie, 2. Aufl., Wiesbaden 1990.

Schmidt, Reinhardt H. (1993): Investitionstheorie, in: HWB, Teilband 2, hrsg. v. Waldemar Wittmann et al., 5. Aufl., Stuttgart 1993, Sp. 2033–2044.

Schmidt, Reinhard H./Terberger, Eva (1996): Grundzüge der Investitions- und Finanzierungstheorie, 3. Aufl., Wiesbaden 1996.

Schmidt, Reinhard H./Terberger, Eva (1999): Grundzüge der Investitions- und Finanzierungstheorie, 4. Aufl., Wiesbaden 1999.

Schmidt-Sudhoff, Ulrich (1967): Unternehmerziele und unternehmerisches Zielsystem, Wiesbaden 1967.

Schmidtke, Heinz/Schmahle, Hugo (1961): Arbeitsanforderung und Berufseignung, Bern 1961.

Schneeweiß, Christoph (1991): Planung 1 – Systemanalytische und entscheidungstheoretische Grundlagen, Berlin et al. 1991.

Schneeweiss, Christoph (1999): Hierarchies in Distributed Decision Making, Heidelberg 1999.

Schneider, Dieter (1984): Entscheidungsrelevante fixe Kosten, Abschreibungen und Zinsen zur Substanzerhaltung – Zwei Beispiele von »Betriebsblindheit« in Kostentheorie und Kostenrechnung, in: DB, (37) 1984, S. 2521–2528.

Schneider, Dieter (1985a): Warnung vor Frühwarnsystemen, in: DB, (38) 1985, S. 1489–1494.

Schneider, Dieter (1985b): Die Unhaltbarkeit des Transaktionskostenansatzes für die »Markt oder Unternehmung«-Diskussion, in: ZfB, (55) 1985, S. 1237–1254.

Schneider, Dieter (1988a): Grundsätze anreizverträglicher Wirtschaftsrechnung zur Steuerung und Kontrolle von Fertigungs- und Vertriebsentscheidungen, in: ZfB, (58) 1988, S. 1181–1192.

Schneider, Dieter (1988b): Reformvorschläge zu einer anreizverträglichen Wirtschaftsrechnung bei mehrperiodiger Lieferung und Leistung, in: ZfB, (58) 1988, S. 1371–1386.

Schneider, Dieter (1989): Marktwirtschaftlicher Wille und planwirtschaftliches Können: 40 Jahre Betriebswirtschaftslehre im Spannungsfeld zur marktwirtschaftlichen Ordnung, in: ZfbF, (41) 1989, S. 11–43.

Schneider, Dieter (1991): Versagen des Controlling durch eine überholte Kostenrechnung, in: DB, (44) 1991, S. 765–772.

Schneider, Dieter (1992a): Investition, Finanzierung und Besteuerung, 7. Aufl., Wiesbaden 1992.

Schneider, Dieter (1992b): Controlling im Zwiespalt zwischen Koordination und interner Mißerfolgs-Verschleierung, in: Effektives und schlankes Controlling, hrsg. v. Péter Horváth, Stuttgart 1992, S. 11–35.

Schneider, Dieter (1993): Betriebswirtschaftslehre. Band 1: Grundlagen, München, Wien 1993.

Schneider, Dieter (1994a): Betriebswirtschaftslehre. Band 2: Rechnungswesen, München, Wien 1994.

Schneider, Dieter (1994b): Allgemeine Betriebswirtschaftslehre, 3. Aufl., München, Wien 1994.

Schneider, Dieter (1995): Betriebswirtschaftslehre. Band 1: Grundlagen, 2. Aufl., München, Wien 1995.

Schneider, Dieter (1997): Betriebswirtschaftslehre. Band 2: Rechnungswesen, 2. Aufl., München, Wien 1997.

Schneider, Dieter (2005): Controlling als postmodernes Potpourri, in: Con, (17) 2005, S. 65–69.

Schneider, Uwe H./Schneider, Sven H. (2007): Konzern-Compliance als Aufgabe der Konzernleitung, in: Zeitschrift für Wirtschaftsrecht 2007, S. 2061–2065.

Schoder, Thomas (1999): Budgetierung als Koordinations- und Steuerungsinstrument des Controlling in Hochschulen, München 1999.

Schoeffler, S. (1977): Cross-Sectional Study of Strategy, Structure and Performance: Aspects of the PIMS Program, in: Strategy + Structure = Performance, hrsg. v. Hans Thorelli, Bloomington 1977.

Schoenfeld, Hanns-Martin (1993): Behavioral Accounting, in: HWB, Teilband 1, hrsg. v. Waldemar Wittmann et al., 5. Aufl., Stuttgart 1993, Sp. 280–292.

Scholdei, D. (1990): Verrechnungspreise zur Steuerung divisionalisierter Unternehmen, unveröffentlichte Diplomarbeit, Universität Augsburg 1990.

Scholes, Myron S./Wolfson, Mark A. (1992): Taxes and Business Strategy: A Planning Approach, Englewood Cliffs, New Jersey 1992.

Scholes, Myron S./Wolfson, Mark A./Erickson, Merle M. (2008): Taxes and Business Strategy: A Planning Approach, 4. Aufl., Upper Saddle River, New Jersey 2008.

Schramm, Klaus (1987): Über die Kapitalwertfunktion des klassischen Losgrößenmodells, in: ZfB, (57) 1987, S. 465–482.

Schreyögg, Georg/Steinmann, Horst (1985): Strategische Kontrolle, in: ZfbF, (37) 1985, S. 391–410.

Schröder, Jürgen/Cervellini, Udo (1991): Controlling-Profil: Porsche AG, in: Con, (3) 1991, S. 24–30.

Schüller, Stefan (1984): Organisation von Controllingsystemen in Kreditinstituten, Münster 1984.

Schulte, Christof (1989): Personal-Controlling mit Kennzahlen, München 1989.

Schulte, Christof (1992): Logistik-Controlling: Optimierung von Struktur, Produktivität, Wirtschaftlichkeit und Qualität in der Logistik, in: Con, (4) 1992, S. 244–253.

Schulte, Christof (1999): Logistik, 3. Aufl., München 1999.

Schulte, Christof (2002): Personal-Controlling mit Kennzahlen, 2. Aufl., München 2002.

Schulte, Christof (2008): Logistik: Wege zur Optimierung der Supply-Chain, 5. Aufl., München 2008.

Schultheiss, Luc (1990): Auswirkungen der Profit-Center-Organisation auf die Ausgestaltung des Controlling, St. Gallen 1990.

Schwarz, Wolfgang U. (1998): Strategische Unternehmensführung im Handwerk, München 1998.

Schweim, Joachim (1969): Integrierte Unternehmensplanung, Bielefeld 1969.

Schweitzer, Marcell (1964): Probleme der Ablauforganisation in Unternehmungen, Berlin 1964.

Schweitzer, Marcell (1969): Arbeitsanalyse, in: HWO, hrsg. v. Erwin Grochla, Stuttgart 1969, Sp. 89–97.

Schweitzer, Marcell (1977): Führungssysteme für private Unternehmungen und öffentliche Verwaltungen, in: Führungssysteme für Universitäten, hrsg. v. Marcell Schweitzer und Hans D. Plötzeneder, Stuttgart 1977, S. 73–89.

Schweitzer, Marcell (1978): Zwecksetzung und Aufbau einer Kostenrechnung für Hochschulen, Arbeitsbericht Nr. 7, Tübingen 1978.

Schweitzer, Marcell (1990): Gegenstand der Betriebswirtschaftslehre, in: Allgemeine Betriebswirtschaftslehre, Bd. 1, hrsg. v. Franz Xaver Bea, Erwin Dichtl und Marcell Schweitzer, 5. Aufl., Stuttgart, New York 1990, Sp. 15–53.

Schweitzer, Marcell (1994): Industrielle Fertigungswirtschaft, in: Industriebetriebslehre, hrsg. v. M. Schweitzer, 2. Aufl., München 1994, S. 569–746.

Schweitzer, Marcell (Hrsg.) (1994): Industriebetriebslehre, 2. Aufl., München 1994.

Schweitzer, Marcell/Friedl, Birgit (1992): Beitrag zu einer umfassenden Controlling-Konzeption, in: Controlling. Grundlagen – Informationssysteme – Anwendungen, hrsg. v. Klaus Spremann und Eberhard Zur, Wiesbaden 1992, S. 141–167.

Schweitzer, Marcell/Küpper, Hans-Ulrich (1997): Produktions- und Kostentheorie: Grundlagen – Anwendungen, 2. Aufl., Wiesbaden 1997.

Schweitzer, Marcell/Küpper, Hans-Ulrich (1998): Systeme der Kosten- und Erlösrechnung, 7. Aufl., München 1998.

Schweitzer, Marcel/Küpper, Hans-Ulrich (2003): Systeme der Kosten- und Erlösrechnung, 8. Aufl., München 2003.

Schweitzer, Marcel/Küpper, Hans-Ulrich (2011): Systeme der Kosten- und Erlösrechnung, 10. Aufl., München 2011.

Schweitzer, Marcell/Troßmann, Ernst (1986): Break-Even-Analysen. Grundmodell, Varianten, Erweiterungen, Stuttgart 1986.

Schweitzer, Marcell/Troßmann, Ernst (1998): Break-Even-Analysen: Methodik und Einsatz, 2. Aufl., Berlin 1998.

Seeberg, Thomas (1999): Wertorientierte Unternehmensführung bei Siemens mit EVA/GWB, in: Unternehmenssteuerung und Anreizsysteme: Kongress-Dokumentation/52. Deutscher Betriebswirtschafter-Tag 1998, hrsg. v. Wolfgang Bühler und Theo Siegert, Stuttgart 1999, S. 269–278.

Seelbach, Horst (1973): Interdependente Programm- und Prozessplanung, in: Zur Theorie des Absatzes, hrsg. v. Helmut Koch, Wiesbaden 1973, S. 447–474.

Seelbach, Horst (1975): Ablaufplanung, Würzburg, Wien 1975.

Seibert, Ulrich (1999): OECD Principles of Coporate Governance – Grundsätze der Unternehmensführung und -kontrolle für die Welt, in: Die Aktiengesellschaft, (44) 1999, S. 337–350.

Seidenschwarz, Barbara (1992): Controllingkonzept für öffentliche Institutionen, München 1992.

Seidenschwarz, Werner (1991): Target Costing – ein japanischer Ansatz für das Kostenmanagement, in: Con, (3) 1991, S. 198–203.

Seidenschwarz, Werner (1993): Target Costing, München 1993.

Serfling, Klaus (1983): Controlling, Stuttgart et al. 1983.

Serfling, Klaus (1992): Controlling, 2. Aufl., Stuttgart, Berlin, Köln 1992.

Shavell, Steven (1979): Risk Sharing and Incentives in the Principal and Agent Relationship, in: BJE, (10) 1979, S. 55–73.

Shields, M. D. (1997): Research in Management Accounting by North Americans in the 1990s, in: JMAR, (9) 1997, S. 3–61.

Shields, Michael D. (2002): Psychology and Accounting, in: Handwörterbuch Unternehmensrechnung und Controlling, hrsg. v. Hans-Ulrich Küpper und Alfred Wagenhofer, 4. Aufl., Stuttgart 2002, Sp. 1631–1640.

Sieben, Günter/Schildbach, Thomas (1990): Betriebswirtschaftliche Entscheidungstheorie, 3. Aufl., Düsseldorf 1990.

Sieben, Günter/Schildbach, Thomas (1994): Betriebswirtschaftliche Entscheidungstheorie, 4. Aufl., Düsseldorf 1994.

Siegwart, Hans/Menzl, Inge (1978): Kontrolle als Führungsaufgabe. Führung durch Kontrolle von Verhalten und Prozessen, Bern, Stuttgart 1978.

Siemens AG (2008a): Geschäftsbericht 2007, München 2008.

Siemens AG (2008b): Konzernzwischenbericht für das zweite Quartal und das erste Halbjahr 2008, München 2008.

Sierke, Bernt (2000): Zeitgerechtes Controlling: Strategie, Innovation, Wertorientierung, Virtualität, Wiesbaden 2000.

Singh, Nirvikar (1985): Monitoring and Hierarchies: The Managerial Value of Information in a Principal-Agent-Model, in: JPE, (93) 1985, S. 599–609.

Sinzig, Werner (1990): Datenbankorientiertes Rechnungswesen. Grundzüge einer EDV-gestützten Realisierung der Einzelkosten- und Deckungsbeitragsrechnung, 3. Aufl., Berlin et al. 1990.

Sjurts, Insa (1995): Kontrolle, Controlling und Unternehmensführung, Wiesbaden 1995.

Solaro, Dietrich (1979): Projekt-Controlling, hrsg. v. Dietrich Solaro, Stuttgart 1979.

Sommer, Kuno (1984): Marketing-Audit, Basel 1984.

Speckbacher, Gerhard/Bischof, Jürgen (2000): Die Balanced Scorecard als innovatives Managementsystem, in: DBW, (60) 2000, S. 795–810.

Speckbacher, Gerhard/Bischof, Jürgen/Pfeiffer, Thomas (2003): A descriptive analysis on the implementation of Balanced Scorecards in German-speaking countries, in: MAR, (14) 2003, S. 361–387.

Spielberger, Michael (1983): Betriebliche Investitionskontrolle. Grundprobleme und Lösungsansätze, Würzburg, Wien 1983.

Spies, Werner (1979): Das Budget als Führungsinstrument öffentlicher Wirtschaftseinheiten, München 1979.

Spremann, Klaus (1987): Agent and Principal, in: Agency Theory, Information and Incentives, hrsg. v. Günter Bamberg und Klaus Spremann, Berlin et al. 1987, S. 3–37.

Spremann, Klaus (1991): Investition und Finanzierung, 4. Aufl., München, Wien 1991.

Spremann, Klaus (1996): Investition und Finanzierung, 5. Aufl., München, Wien 1996.

Spremann, Klaus (2007): Wirtschaft, Investition und Finanzierung, 6. Aufl., München et al. 2007.

Spremann, Klaus/Zur, Eberhard (Hrsg.) (1992): Controlling. Grundlagen – Informationssysteme – Anwendungen, Wiesbaden 1992.

Stadtler, Hartmut (1988): Hierarchische Produktionsplanung bei losweiser Fertigung, Heidelberg 1988.

Staehle, Wolfgang H. (1991): Management. Eine verhaltenswissenschaftliche Perspektive, 6. Aufl., München 1991.

Staehle, Wolfgang (1999): Management. Eine verhaltenswissenschaftliche Perspektive, 8. Aufl., München 1999.

Staehle, Wolfgang H./Sydow, Jörg (1987): Führungsstiltheorien, in: HWFü, hrsg. v. Alfred Kieser, Gerhard Reber und Rolf Wunderer, 1987, Sp. 661–671.

Stedry, Andrew C. (1960): Budget Control and Cost Behavior, Englewood Cliffs, New Jersey 1960.

Stedry, Andrew C. (1964): Budgeting and Employee Behavior: A Reply, in: Journal of Business, (37) 1964, S. 195–202.

Stedry, Andrew C./Kay, Emanuel (1966): The Effect of Goal Difficulty on Performance: A Field Experiment, in: Behavioral Science, (11) 1966, S. 459–470.

Steers, Richard M./Porter, Lyman W. (1974): The Role of Task-Goal Attributes in Employee Performance, in: Psychological Bulletin, (81) 1974, S. 434–452.

Stegmüller, Wolfgang (1969): Probleme und Resultate der Wissenschaftstheorie und Analytischen Philosophie. Band I: Wissenschaftliche Erklärung und Begründung, Berlin, Heidelberg, New York 1969.

Stegmüller, Wolfgang (1985): Theorie und Erfahrung Band II, Theoriestrukturen und Theoriedynamik, 2. Aufl., Berlin et al. 1985.

Stegmüller, Wolfgang (1998): Probleme und Resultate der Wissenschaftstheorie und Analytischen Philosophie, Band I: Wissenschaftliche Erklärung und Begründung, 2. Aufl., Berlin 1998.

Stein, Christoph W. (1998): Transaktionskostenorientiertes Controlling der Organisation und Personalführung, Wiesbaden 1998.

Steinbach, Walter (1985): Erfassen und Beurteilen von Qualitätskosten, Düsseldorf 1985.

Steinbichler, Georg (1990): Das Berichtswesen im internationalen Unternehmen, in: Con, (2) 1990, S. 144–147.

Steiner, George A. (1981): Die Budgetierung ist ein wichtiges Integrationsinstrument, in: Unternehmensplanung – Readers + Abstracts, 2. Aufl., Reinbek bei Hamburg 1981, S. 329–355.

Steinle, Claus (1975): Leistungsverhalten und Führung in der Unternehmung, Berlin 1975.

Steinle, Claus (1999): Controlling: Kompendium für Controller/innen und deren Ausbildung, 2. Aufl., Stuttgart 1999.

Steinle, Claus (2004): Controlling: Von der erweiterten Koordinationsorientierung zur qualitätszentrierten Dienstleistung, in: Controlling. Theorien und Konzeptionen, hrsg. v. Ewald Scherm und Gotthard Pietsch, München 2004, S. 442–456.

Steinle, Claus/Daum, Andreas (2007): Controlling: Kompendium für Controller/innen und deren Ausbildung, 4. Aufl., Stuttgart 2007.

Steinle, Claus/Eggers, Bernd/Lawa, Dieter (1998): Zukunftsgerichtetes Controlling, 3. Aufl., Wiesbaden 1998.

Steinle, Claus/Lawa, Dieter/Kolbeck, Felix (1994): Strategieentwicklung und strategisches Controlling – Plädoyer für eine klare Aufgabentrennung und Gestaltungshinweise zum Zusammenwirken, in: BFuP, (46) 1994, S. 376–395.

Steinmann, Horst/Löhr, Albert (1992): Grundlagen der Unternehmensethik, Stuttgart 1992.

Steinmann, Horst/Schreyögg, Georg (1985): Strategische Kontrolle, Unsicherheit und Flexibilität, in: Information und Wirtschaftlichkeit, hrsg. v. Wolfgang Ballwieser und Karl-Heinz Berger, Wiesbaden 1985, S. 655–674.

Stern, Joel M./Stewart, G. Bennett III./Chew, Donald H. (1998): The EVA Financial Management System, in: Journal of Applied Corporate Finance, Summer 1995, S. 32–46. Wiederabdruck in: The Revolution in Corporate Finance, hrsg. v. Joel M. Stern und Donald H. Chew, 3. Aufl., Malden MA 1998, S. 474–488.

Stewart, G. Bennet III. (1991): The Quest for Value. A Guide to Senior Managers, New York 1991.

Stiglitz, Joseph (1974): Incentives and Risk Sharing in Sharecropping, in: RESt, (41) 1974, S. 219–255.

Stölzle, Wolfgang/Gaiser, Cornelius (1996): Logistik-Kennzahlensysteme. Kennzahlen als Instrument für den Leistungsvergleich von Distributionslagerhäusern, in: Con, (8) 1996, S. 40–48.

Stöppler, Siegmar (1975): Dynamische Produktionstheorie, Opladen 1975.

Stoffel, Kurt (1995): Controllership im internationalen Vergleich, Wiesbaden, 1995.

Strebel, Heinz (1984): Industriebetriebslehre, in: Kohlhammer Studienbücher Wirtschaftswissenschaften, hrsg. v. Hans G. Schachtschabel, Stuttgart 1984.

Streim, Hannes (1975a): Heuristische Lösungsverfahren. Versuch einer Begriffsklärung, in: ZOR, (19) 1975, S. 143–162.

Streim, Hannes (1975b): Profitcenter – Konzeption und Budgetierung, in: DU, (29) 1975, S. 23–42.

Streim, Hannes (1981): Human Resource Accounting, in: HWR, hrsg. v. Erich Kosiol, Klaus Chmielewicz und Marcell Schweitzer, 2. Aufl., Stuttgart 1981, Sp. 743–750.

Streim, Hannes (1982): Fluktuationskosten und ihre Ermittlung, in: ZfbF, (34) 1982, S. 126–146.

Streim, Hannes (1988): Grundzüge der handels- und steuerrechtlichen Bilanzierung, Stuttgart et al. 1988.

Streim, Hannes (1993): Humanvermögensrechnung, in: HWB, Teilband 1, hrsg. v. Waldemar Wittmann et al., 5. Aufl., Stuttgart 1993, Sp. 1681–1694.

Streitferdt, Lothar (1983): Entscheidungsregeln zur Abweichungsauswertung: Ein Beitrag zur betriebswirtschaftlichen Abweichungsanalyse, Würzburg, Wien 1983.

Strobel, Wilhelm (1978): Begriff und System des Controlling, in: WiSt, (9) 1978, S. 421–427.

Strong, Norman/Walker, Martin (1987): Information and Capital Markets, Oxford 1987.

Strunz, Horst (1992): Entscheidungstabellen, in: HWO, hrsg. v. Erich Frese, 3. Aufl., Stuttgart 1992, Sp. 575–585.

Studt, Jürgen (1983): Projektkostenrechnung, Thun, Frankfurt 1983.

Switalski, Marion (1988): Hierarchische Produktionsplanung und Aggregation, in: ZfB, (58) 1988, S. 381–395.

Switalski, Marion (1989): Hierarchische Produktionsplanung, Heidelberg 1989.

Swoboda, Peter (1965): Die simultane Planung von Rationalisierungs- und Erweiterungsinvestitionen und von Produktionsprogrammen, in: ZfB, (35) 1965, S. 148–163.

Swoboda, Peter (1979): Die Ableitung variabler Abschreibungskosten aus Modellen zur Optimierung der Investitionsdauer, in: ZfB, (49) 1979, S. 563–580.

Swoboda, Peter (1987): Kapitalmarkt und Unternehmensfinanzierung. Zur Kapitalstruktur der Unternehmung, in: Kapitalmarkt und Finanzierung, hrsg. v. Dieter Schneider, Berlin 1987, S. 49–68.

Swoboda, Peter (1992): Investition und Finanzierung, 4. Aufl., Göttingen 1992.

Swoboda, Peter (1996): Investition und Finanzierung, 5. Aufl., Göttingen 1996.

Szyperski, Norbert (1975): Informationssysteme, in: HWB, Teilband 2, hrsg. v. Erwin Grochla und Waldemar Wittmann, 4. Aufl., Stuttgart 1975, Sp. 1900–1910.

Szyperski, Norbert/Frese, Erich/Schmitz, Paul (1981): Organisation, Planung, Informationsysteme, Stuttgart 1981.

Szyperski, Norbert/Grochla, Erwin (1975): Information Systems and Organizational Structure, Berlin, New York 1975.

Szyperski, Norbert/Mußhoff, Heinz Josef (1989): Planung und Plan, in: HWPlan, hrsg. v. Norbert Szyperski, Stuttgart 1989, Sp. 1426–1438.

Szyperski, Norbert/Richter, Ursula (1981): Messung und Bewertung, in: HWR, hrsg. v. Erich Kosiol, Klaus Chmielewicz und Marcell Schweitzer, 2. Aufl., Stuttgart 1981, Sp. 1206–1214.

Taha, Hamdy A. (1987): Operations Research. An Introduction, 4. Aufl., New York 1987.

Taha, Hamdy A. (2006): Operations Research. An Introduction, 8. Aufl., Englewood Cliffs, New Jersey 2006.

Tallberg, Jonas (2002): Paths to Compliance: Enforcement, Management, and the European Union, in: International Organization, (56) 2002, S. 609–643.

Tanaka, Masayasu (1989): Cost Planning and Control Systems in the Design Phase of a New Product, in: Japanese Management Accounting, hrsg. v. Yasuhiro Monden und Michiharu Sakurai, Cambridge 1989, S. 49–71.

Tannenbaum, Robert/Schmidt, Waren H. (1958): How to Choose a Leadership Pattern, in: HBR, March–April, (36) 1958, S. 95–101.

Tapiero, C. S. (1988): Applied Stochastic Models and Control in Management, Amsterdam 1988.

Teichmann, Stephan (1989): Logistikkostenrechnung – Untersuchungen zur Bedeutung und Methodik einer betriebswirtschaftlichen Logistikkostenrechnung mittelständischer Industriebetriebe, Berlin 1989.

Teigeler, Peter (1982): Verständlich sprechen, schreiben, informieren, Bad Honnef 1982.

Tempelmeier, Horst (1995): Material-Logistik: Grundlagen der Bedarfs- und Losgrößenplanung in PPS-Systemen, 3. Aufl., Berlin et al. 1995.

Theisen, Manuel René (1987): Die Überwachung der Unternehmensführung: Betriebswirtschaftliche Ansätze zur Entwicklung erster Grundsätze ordnungsgemäßer Überwachung, Stuttgart 1987.

Theisen, Manuel René (1996): Grundsätze ordnungsmäßiger Überwachung (GoÜ) – Problem, Systematik und erste inhaltliche Vorschläge, in: Grundsätze ordnungsmäßiger Unternehmungsführung (GoF), hrsg. v. Axel von Werder, in: ZfbF (Sonderheft 36) 1996, S. 27–73.

Theisen, Manuel René (2004): Aufsichtsrat, in: Handwörterbuch Unternehmensführung und Organisation, hrsg. v. Georg Schreyögg und Axel von Werder, 4. Aufl., Stuttgart 2004, Sp. 62–70.

Theisen, Manuel René/Werder, Axel von (2004): Grundsätze ordnungsmäßiger Unternehmensführung, in: Handwörterbuch Unternehmensführung und Organisation, hrsg. v. Georg Schreyögg und Axel von Werder, 4. Aufl., Stuttgart 2004, Sp. 369–379.

Thieme, Hans-Rudolf (1982): Verhaltensbeeinflussung durch Kontrollen, Berlin 1982.

Tirole, Jean (1986): Hierarchies and Bureaucracies: On the Role of Collusion in Organisations, in: Journal of Law, Economics, and Organization, (2) 1986, S. 181–214.

Töpfer, Armin (1976): Planungs- und Kontrollsysteme industrieller Unternehmungen, Berlin 1976.

Tomkins, C. (1973): Financial Planning in Divisionalised Companies, London 1973.

Trautmann, Siegfried (1981): Koordination dynamischer Planungssysteme, Wiesbaden 1981.

Trauzettel, Volker (1999): Dynamische Koordinationsmechanismen für das Controlling: agencytheoretische Gestaltung von Berichts-, Budgetierungs- und Zielvorgabesystemen, Berlin 1999.

Treuz, Wolfgang (1974): Betriebliche Kontroll-Systeme, Berlin 1974.

Troßmann, Ernst (1992): Gemeinkosten-Budgetierung als Controlling-Instrument in Bank und Versicherung, in: Controlling, hrsg. v. Klaus Spremann und Eberhard Zur, Wiesbaden 1992, S. 511–539.

Turner, R. Kerry (1979): Cost-Benefit Analysis – a Critique, in: OMEGA, (7) 1979, S. 411–419.

Uebele, Herbert (1981): Verbreitungsgrad und Entwicklungsstand des Controlling in deutschen Industrieunternehmen. Ergebnisse einer empirischen Untersuchung, in: DBW-Depot, 82-2-7, Köln 1981.

Ulich, Eberhard (1991): Arbeitspsychologie, Stuttgart 1991.

Ulich, Eberhard (2005): Arbeitspsychologie, 6. Aufl., Stuttgart 2005.

Ulrich, Peter (2001): Integrative Wirtschaftsethik: Grundlagen einer lebensdienlichen Ökonomie, 3. Aufl., Bern et al. 2001.

Vancil, R. F. (1979): Decentralization: Managerial Ambiguity by Design, Homewood, Ill. 1979.

Vaysman, Igor (1996): A Model of Cost-Based Transfer Pricing, in: RASt, (1) 1996, S. 73–108.

VDI-Zentrum Wertanalyse (1991): Wertanalyse – Idee, Methode, System, hrsg. v. VDI-Zentrum Wertanalyse, 4. Aufl., Düsseldorf 1991.

VDI-Zentrum Wertanalyse (1995): Wertanalyse – Idee, Methode, System, hrsg. v. VDI-Zentrum Wertanalyse, 5. Aufl., Berlin 1995.

Venohr, Bernd (1985): PIMS Bibliography. A Listing of Research Work Done on the PIMS Database, Frankfurt 1985.

Venohr, Bernd (1988): »Marktgesetze« und strategische Unternehmensführung, Wiesbaden 1988.

Vikas, Kurt (1987): Controlling im Dienstleistungsbereich mit Grenzplankostenrechnung, Wiesbaden 1987.

Vroom, Victor H. (1964): Work and Motivation, New York 1964.

Wagenhofer, Alfred (1992): Verrechnungspreise zur Koordination bei Informationsasymmetrie, in: Controlling. Grundlagen – Informationssysteme – Anwendungen, hrsg. v. Klaus Spremann und Eberhard Zur, Wiesbaden 1992, S. 637–656.

Wagenhofer, Alfred (1993): Kostenrechnung und Agency-Theory, in: Zur Neuausrichtung der Kostenrechnung. Entwicklungsperspektiven für die 90er Jahre, hrsg. v. Jürgen Weber, Stuttgart 1993, S. 161–185.

Wagenhofer, Alfred (1994): Transfer pricing under asymmetric information. An evaluation of alternative methods, in: EAR, (1) 1994, S. 71–104.

Wagenhofer, Alfred (1995): Verhaltenssteuerung durch Verrechnungspreise, in: Rechnungswesen und EDV – 16. Saarbrücker Arbeitstagung 1995, hrsg. v. August-Wilhelm Scheer, Heidelberg 1995, S. 281–301.

Wagenhofer, Alfred (2002): Verrechnungspreise, in: Handwörterbuch Unternehmensrechnung und Controlling, hrsg. v. Hans-Ulrich Küpper und Alfred Wagenhofer, 4. Aufl., Stuttgart 2002, Sp. 2074–2083.

Wagenhofer, Alfred/Ewert, Ralf (1993): Linearität und Optimalität in ökonomischen Agency Modellen. Zur Rechtfertigung des LEN-Modells, in: ZfB, (63) 1993, S. 373–391.

Wagenhofer, Alfred/Gutschelhofer, Alfred (Hrsg.) (1995): Controlling und Unternehmensführung, Wien 1995.

Wagner, Gerd Rainer (1993): Das Ökologische Controlling als Konzeption interner Unternehmensrechnung, in: Betriebswirtschaft und Umweltschutz, hrsg. v. Gerd Rainer Wagner, Stuttgart 1993, S. 207–222.

Wagner, Gerd Rainer (1993): Rechnungswesen und Umwelt, in: HWB, Teilband 3, hrsg. v. Waldemar Wittmann et al., 5. Aufl., Stuttgart 1993, Sp. 3664–3677.

Wakerly, R. G. (1984): PIMS: A Tool for Developing Competitive Strategy, in: LRP, (17) 1984, S. 92–97.

Wall, Friederike (1999): Planungs- und Kontrollsysteme: Informationstechnische Perspektiven für das Controlling; Grundlagen – Instrumente – Konzepte, Wiesbaden 1999.

Wall, Friederike (2004): Modifikation der Koordinationsfunktion des Controlling, in: Controlling – Theorien und Konzeptionen, hrsg. v. Ewald Scherm und Gotthard Pietsch, München 2004, S. 387–407.

Waller, W. S. (1987): Slack in Participative Budgeting: Effects of Truth-Inducing Pay Schemes and Risk Preferences, in: AOS, 1987, S. 87–98.

Warren, James M./Shelton, John P. (1971): A Simultaneous Equation Approach to Financial Planning, in: JF, (26) 1971, S. 1123–1142.

Weber, Helmut Kurt (1977): Die Zwecke des Betriebswirtschaftlichen Rechnungswesens, in: WiSt, (6) 1977, S. 114–120.

Weber, Helmut Kurt (1988): Betriebswirtschaftliches Rechnungswesen, Bd. 1: Bilanz und Erfolgsrechnung, 3. Aufl., München 1988.

Weber, Helmut Kurt/Rogler, Silvia (2004): Betriebswirtschaftliches Rechnungswesen, Bd. 1: Bilanz sowie Gewinn- und Verlustrechnung, 5. Aufl., München 2004.

Weber, Jürgen (1987): Logistikkostenrechnung, Berlin et al. 1987.

Weber, Jürgen (1988): Einführung in das Controlling, Stuttgart 1988.

Weber, Jürgen (1990a): Einführung in das Controlling, 2. Aufl., Stuttgart 1990.

Weber, Jürgen (1990b): Ursprünge, Begriff und Ausprägungen des Controlling, in: Handbuch Controlling, hrsg. v. Elmar Mayer und Jürgen Weber, Stuttgart 1990, S. 3–32.

Weber, Jürgen (1991a): Einführung in das Controlling Teil 1: Konzeptionelle Grundlagen, 3. Aufl., Stuttgart 1991.

Weber, Jürgen (1991b): Kostenrechnung als Controlling-Objekt: Zur Neuausrichtung und Weiterentwicklung der Kostenrechnung, in: Unternehmensdynamik, hrsg. v. Klaus-Peter Kistner und Reinhart Schmidt, Wiesbaden 1991.

Weber, Jürgen (1991c): Logistik-Controlling, 2. Aufl., Stuttgart 1991.

Weber, Jürgen (1992): Logistikkostenrechnung, in: Handbuch Kostenrechnung, hrsg. v. Wolfgang Männel, Wiesbaden 1992, S. 878–897.

Weber, Jürgen (1993a): Bereichscontrolling, in: HWB, Teilband 1, hrsg. v. Waldemar Wittmann et al., 5. Aufl., Stuttgart 1993, Sp. 300–312.

Weber, Jürgen (1993b): Einführung in das Controlling, 4. Aufl., Stuttgart 1993.

Weber, Jürgen (1993c): Praxis des Logistik-Controlling, Stuttgart 1993.

Weber, Jürgen (1995a): Einführung in das Controlling, 6. Aufl., Stuttgart 1995.

Weber, Jürgen (1995b): Logistik-Controlling, 4. Aufl., Stuttgart 1995.

Weber, Jürgen (1996): Hochschulcontrolling – Das Modell WHU, Stuttgart 1996.

Weber, Jürgen (1998): Einführung in das Controlling, 7. Aufl., Stuttgart 1998.

Weber, Jürgen (1999): Einführung in das Controlling, 8. Aufl., Stuttgart 1999.

Weber, Jürgen (2000): Balanced Scorecard & Controlling: Implementierung – Nutzen für Manager und Controller – Erfahrungen in deutschen Unternehmen, 2. Aufl., Wiesbaden 2000.

Weber, Jürgen (2002): Logistikkostenrechnung, 2. Aufl., Berlin 2002.

Weber, Jürgen (2004a): Einführung in das Controlling, 10. Aufl., Stuttgart 2004.

Weber, Jürgen (2004b): Möglichkeiten und Grenzen der Operationalisierung des Konstrukts »Rationalitätssicherung«, in: Controlling. Theorien und Konzeptionen, hrsg. v. Ewald Scherm und Gotthard Pietsch, München 2004, S. 467–486.

Weber, Jürgen (2006): Einführung in das Controlling, 11. Aufl., Stuttgart 2006.

Weber, Jürgen/Bültel, Dirk (1992): Controlling – Ein eigenständiges Aufgabenfeld in den Unternehmen der Bundesrepublik Deutschland, in: DBW, (52) 1992, S. 535–546.

Weber, Jürgen/Kosmider, Andreas (1991): Controlling-Entwicklung in der Bundesrepublik Deutschland im Spiegel von Stellenanzeigen, in: Controlling, Selbstverständnis – Instrumente – Perspektiven, ZfB-Ergänzungsheft 3/91, hrsg. von Horst Albach und Jürgen Weber, Wiesbaden 1991, S. 17–35.

Weber, Jürgen/Linder, Stefan (2003): Budgeting, better budgeting oder beyond budgeting? Konzeptionelle Eignung und Implementierbarkeit, Vallendar 2003.

Weber, Jürgen/Linder, Stefan/Spillecke, Dennis (2003): Beyond Budgeting bei Verbundeffekten?, in: ZfCM-Sonderheft 1, hrsg. v. Utz Schäffer, 2003, S. 111–120.

Weber, Jürgen/Schäffer, Utz (1999): Sicherstellung der Rationalität von Führung als Aufgabe des Controlling?, in: DBW, (59) 1999, S. 731–747.

Weber, Jürgen/Schäffer, Utz (2000): Balanced Scorecard & Controlling, 3. Aufl., Wiesbaden 2000.

Weber, Jürgen/Schäfer, Utz (2011): Einführung in das Controlling, 13. Aufl., Stuttgart 2011.

Weber, Jürgen/Tylkowski, Otto (Hrsg.) (1990): Konzepte und Instrumente von Controlling-Systemen in öffentlichen Institutionen, Stuttgart 1990.

Webler, Wolff-Dietrich (1995): Evaluation im Kontext mit der Organisationsentwicklung – Erfahrungen mit einem Modell für Lehrberichte, in: Beiträge zur Hochschulforschung, (3) 1995, S. 293–326.

Wegmann, Manfred (1982): Gemeinkosten-Management: Möglichkeiten und Grenzen der Steuerung industrieller Verwaltungsbereiche, München 1982.

Weichselbaumer, Jürgen (1999): Hochschulrechnungswesen im Wandel: Entwicklungen, Bestandsaufnahme, Perspektiven, in: Beiträge zur Hochschulforschung, (21) Nr. 4 1999, S. 279–293.

Weigand, Christoph (1992): Vertriebskostenrechnung, in: Handbuch Kostenrechnung, hrsg. v. Wolfgang Männel, Wiesbaden 1992, S. 820–836.

Weilenmann, P. (1989): Dezentrale Führung: Leistungsbeurteilung und Verrechnungspreise, in: ZfB, (59) 1989, S. 932–956.

Weinert, Ansfried B. (1987): Lehrbuch der Organisationspsychologie, 2. Aufl., München, Weinheim 1987.

Weinert, Ansfried B. (1998): Organisationspsychologie, 4. Aufl., München, Weinheim 1998.

Weingartner, Hans M. (1964): Mathematical programming and the analysis of capital budgeting problems, 2. Aufl., Englewood Cliffs, New Jersey 1964.

Weingartner, Hans M. (1977): Capital rationing: Authors in Search of a Plot, in: JF, 1977, S. 1403–1431.

Weitzman, Martin L. (1976): The New Soviet Incentive Model, in: BJE, (7) 1976, S. 251–257.

Welge, Martin K. (1975): Profit Center, in: HWB, Teilband 3, hrsg. v. Erwin Grochla und Waldemar Wittmann, 4. Aufl., Stuttgart 1975, Sp. 3179–3188.

Welge, Martin K. (1985): Unternehmensführung – Band 1: Planung, Stuttgart 1985.

Welge, Martin K. (1987): Unternehmensführung – Band 2: Organisation, Stuttgart 1987.

Welge, Martin K. (1988): Unternehmensführung – Band 3: Controlling, Stuttgart 1988.

Wenger, Ekkehard/Knoll, Leonhard (1999): Aktienkursgebundene Management-Anreize: Erkenntnisse der Theorie und Defizite der Praxis, in: BFuP, (51) 1999, S. 565–591.

Wenger, Ekkehard/Knoll, Leonhard/Kaserer, Christoph (1999): Stock options, in: WiSt, (28) 1999, S. 35–38.

Werder, Axel von (1996a): Grundsätze ordnungsmäßiger Unternehmensführung (GoF) – Zusammenhang, Grundlagen und Systemstruktur von Führungsgrundsätzen für die Unternehmensleitung (GoU), Überwachung (GoÜ) und Abschlußprüfung (GoA), in: Grundsätze ordnungsmäßiger Unternehmungsführung (GoF), hrsg. v. Axel von Werder, ZfbF, (Sonderheft 36) 1996, S. 1–26.

Werder, Axel von (1996b): Grundsätze ordnungsmäßiger Unternehmensleitung (GoU) – Bedeutung und erste Konkretisierung von Leitlinien für das Top-Management, in: Grundsätze ordnungsmäßiger Unternehmungsführung (GoF), hrsg. v. Axel von Werder, ZfbF, (Sonderheft 36) 1996, S. 27–74.

Werder, Axel von (2001): Der German Code of Corporate Governance im Kontext der internationalen Governance-Debatte: Umfeld, Funktionen und inhaltliche Ausrichtung des GCCG, in: German Code of Corporate Governance, hrsg. v. Axel von Werder, 2. Aufl., Stuttgart 2001, S. 1–33.

Werder, Axel von (2004): Corporate Governance (Unternehmensverfassung), in: Handwörterbuch Unternehmensführung und Organisation, hrsg. v. Georg Schreyögg und Axel von Werder, 4. Aufl., Stuttgart 2004, Sp. 160–170.

Wiig, Karl M. (1997): Integrating Intellectual Capital and Knowledge Management, in: LRP, (30) 1997, S. 399–405.

Wild, Jürgen (1966): Grundlagen und Probleme der betriebswirtschaftlichen Organisationslehre. Entwurf eines Wissenschaftsprogramms, Berlin 1966.

Wild, Jürgen (1973): MbO als Führungsmodell für die öffentliche Verwaltung, in: Die Verwaltung, (6) 1973, S. 283–316.

Wild, Jürgen (1974a): Budgetierung, in: Marketing Enzyklopädie, München 1974, S. 325–340.

Wild, Jürgen (1974b): Grundlagen der Unternehmungsplanung, Reinbek bei Hamburg 1974.

Wild, Jürgen (1982): Grundlagen der Unternehmungsplanung, 4. Aufl., Wiesbaden 1982.

Wild, Jürgen/Schmidt, P. (1973): Managementsysteme für die Verwaltung: PPBS und MbO, in: Die Verwaltung, (6) 1973, S. 145–166.

Wildemann, Horst (1982): Kostenprognosen bei Großprojekten, Stuttgart 1982.

Wildemann, Horst (1998): Controlling: Leitfaden zur Steuerung von Unternehmensstrukturen, Geschäftsprozessen und als Frühwarnsystem, 5. Aufl., München 1998.

Wildemann, Horst (2008): Controlling: Leitfaden zum Controlling von Unternehmensstrukturen, Geschäftsprozessen und als Frühwarnsystem, 15. Aufl., München 2008.

Williamson, Oliver E. (1975): Markets and Hierarchies: Analysis and Antitrust Implications, New York 1975.

Williamson, Oliver E. (1979): Transaction Cost Economics: The Governance of Contractual Relations, in: Journal of Law and Economics, (22) 1979, S. 233–261.

Williamson, Oliver E. (1985): The Economic Institutions of Capitalism, New York 1985.

Wilms, Stefan (1988): Abweichungsanalysemethoden der Kostenkontrolle, Bergisch Gladbach, Köln 1988.

Wilson, R. (1968): The Theory of Syndicates, EC, (36) (1), S. 119–132.

Winckler, Barbara (1991): Investitions- und kontrolltheoretische Ansätze der Kostenrechnung, Wiesbaden 1991.

Winkel, Hans-Joachim (1991): Controlling-Profil: Nestlé Deutschland AG, in: Con, (3) 1991, S. 262–269.

Winter, Richard (1986): Pretiale Lenkung bei sicheren und unsicheren Erwartungen, Frankfurt 1986.

Wissenschaftsrat (2000): Drittmittel und Grundmittel der Hochschulen: 1993–1998, Köln 2000.

Witt, G. (1987): Personal-Portfolios, in: Controller Magazin, Heft 6, 1987, S. 271–274, 295.

Witte, Eberhard (1968): Phasen-Theorem und Organisation komplexer Entscheidungsverläufe, in: ZfbF, (20) 1968, S. 625–647.

Witte, Eberhard (1976): Kraft und Gegenkraft im Entscheidungsprozess, in: ZfB, (46) 1976, S. 319–326.

Witte, Eberhard (1978): Die Verfassung des Unternehmens als Gegenstand betriebswirtschaftlicher Forschung, in: DBW, (38) 1978, S. 331–340.

Witte, Thomas (1973): Simulationstheorie und ihre Anwendung auf betriebliche Systeme, Wiesbaden 1973.

Witte, Thomas (1979): Heuristisches Planen, Wiesbaden 1979.

Witte, Thomas (1993): Simulation und Simulationsverfahren, in: HWB, Teilband 3, hrsg. v. Waldemar Wittmann et al., 5. Aufl., Stuttgart 1993, Sp. 3837–3849.

Wittmann, Waldemar (1959): Unternehmung und unvollkommene Information, Köln 1959.

Wöhe, Günter (1996): Einführung in die Allgemeine Betriebswirtschaftslehre, 19. Aufl., München 1996.

Wöhe, Günter/Döring, Ulrich (2010): Einführung in die Allgemeine Betriebswirtschaftslehre, 24. Aufl., München 2010.

Wolf, Jürgen (1989): Investitionsplanung zur Flexibilisierung der Produktion, Wiesbaden 1989.

Wolf, Martin (1985): Erfahrungen mit der Profit-Center-Organisation, Frankfurt et al. 1985.

Wübbenhorst, Klaus L. (1984): Konzept der Lebenszykluskosten, Darmstadt 1984.

Wunderer, Rolf (1983): Führungsgrundsätze in Wirtschaft und öffentlicher Verwaltung, Stuttgart 1983.

Wunderer, Rolf (1989): Personal-Controlling, in: Organisation. Evolutionäre Interdependenzen von Kultur und Struktur der Unternehmung, hrsg. v. Eberhard Seidel und Dieter Wagner, Wiesbaden 1989, S. 243–257.

Wunderer, Rolf (1991): Kooperation – Gestaltungsprinzipien und Steuerung der Zusammenarbeit zwischen Organisationseinheiten, Stuttgart 1991.

Wunderer, Rolf (1992): Das Personalwesen auf dem Weg zu einem Wertschöpfungs-Center, in: Personal, (44) 1992, S. 148–154.

Wunderer, Rolf/Grunwald, Wolfgang (1980): Führungslehre Band 1 – Grundlagen der Führung, Berlin, New York 1980.

Wunderer, Rolf/Grunwald, Wolfgang (1980): Führungslehre Band 2 – Kooperative Führung, Berlin, New York 1980.

Wunderer, Rolf/Sailer, Martin (1987): Die Controlling-Funktion im Personalwesen – Teil 2: Instrumente und Verfahren des Personalcontrolling, in: Personalführung, (20) 1987, S. 600–606.

Wunderer, Rolf/Sailer, Martin (1987): Personal-Controlling – eine vernachlässigte Aufgabe des Unternehmenscontrolling, in: Personalwirtschaft, (14) 1987, S. 321–327.

Wunderer, Rolf/Sailer, Martin (1988): Personalverantwortlichkeit und Controlling. Ergebnisse einer Umfrage, in: Controller Magazin, (13) 1988, S. 119–124.

Wunderer, Rolf/Schlagenhaufer, Peter (1993): Die Personalabteilung als Wertschöfungs-Center – Ergebnisse einer Umfrage, in: Personal, (45) 1993, S. 280–283.

Wunderer, Rolf/Schlagenhaufer, Peter (1994): Personal-Controlling. Funktionen – Instrumente – Praxisbeispiele, Stuttgart 1994.

Zäpfel, Günther (1982): Produktionswirtschaft, Operatives Produktions-Management, Berlin, New York 1982.

Zäpfel, Günther (1989a): Strategisches Produktions-Management, Berlin, New York 1989.

Zäpfel, Günther (1989b): Taktisches Produktions-Management, Berlin, New York 1989.

Zäpfel, Günther (2000a): Strategisches Produktions-Management, 2. Aufl., Berlin, New York 2000.

Zäpfel, Günther (2000b): Taktisches Produktions-Management, 2. Aufl., Berlin, New York 2000.

Zäpfel, Günther/Gfrerer, Helmut (1984): Sukzessive Produktionsplanung, in: WiSt, (13) 1984, S. 235–241.

Zboril, Nicole (1998): Fakultäts-Informationssystem als Instrument des Hochschul-Controlling, Stuttgart 1998.

Zentes, Joachim (1980): Außendienststeuerung, Stuttgart 1980.

Zentes, Joachim (1993): Marketing, in: Vahlens Kompendium der Betriebswirtschaftslehre, Bd. 1, hrsg. v. Michael Bitz et al., 3. Aufl., München 1993, S. 321–395.

Zepf, Günter (1972): Kooperativer Führungsstil und Organisation, Wiesbaden 1972.

Zettelmeyer, Bernd (1984): Strategisches Management und strategische Kontrolle, Darmstadt 1984.

Zhang, Suixin (1990): Instandhaltung und Anlagenkosten, Wiesbaden 1990.

Ziener, Martin (1985): Controlling im multinationalen Unternehmen, Landsberg 1985.

Zimmerman, Jerold L. (1979): The Costs and Benefits of Cost Allocations, in: TAR, (54) 1979, S. 504–521.

Zischg, Kurt (1998): Controlling in Non-Profit-Organisationen: Eine empirisch explorative Studie, Frankfurt am Main et al. 1998.

Zünd, André (1979): Zum Begriff des Controlling – ein umweltbezogener Erklärungsversuch, in: Controlling – Integration von Planung und Kontrolle, hrsg. v. Wolfgang Goetzke und Günter Sieben, Köln 1979, S. 15–26.

Zwicker, Eckart (1976): Möglichkeiten und Grenzen der betrieblichen Planung mit Hilfe von Kennzahlen, in: ZfB, (46) 1976, S. 225–244.

Sachregister